CB056051

FUNDAÇÕES

FUNDAÇÕES

Critérios de Projeto | Investigação do Subsolo | Fundações Superficiais | Fundações Profundas

volume completo

Dirceu de Alencar Velloso
D. Sc., Professor Emérito, Escola Politécnica e COPPE,
Universidade Federal do Rio de Janeiro

Francisco de Rezende Lopes
Ph. D., Professor Titular, Escola Politécnica e COPPE,
Universidade Federal do Rio de Janeiro

oficina de textos

© Copyright 2011 Oficina de Textos
1ª reimpressão 2012 | 2ª reimpressão 2014
3ª reimpressão 2016 | 4ª reimpressão 2019

Grafia atualizada conforme o Acordo Ortográfico da Língua Portuguesa de 1990, em vigor no Brasil desde 2009.

Conselho editorial   Arthur Pinto Chaves; Cylon Gonçalves da Silva; Doris C. C. K. Kowaltowski; José Galizia Tundisi; Luis Enrique Sánchez; Paulo Helene; Rozely Ferreira dos Santos; Teresa Gallotti Florenzano

Capa Malu Vallim
Diagramação Douglas da Rocha Yoshida e Casa Editorial Maluhy & Co.
Revisão de textos Gerson Silva e Rachel Kopit Cunha
Impressão e acabamento BMF gráfica e editora

Dados Internacionais de Catalogação na Publicação (CIP)
(Câmara Brasileira do Livro, SP, Brasil)

Velloso, Dirceu de Alencar
    Fundações : critérios de projeto, investigação do subsolo, fundações superficiais, fundações profundas / Dirceu de Alencar Velloso, Francisco de Rezende Lopes. -- São Paulo : Oficina de Textos, 2010.

Bibliografia.
ISBN 978-85-7975-013-7

1. Fundações (Engenharia) I. Lopes, Francisco de Rezende. II. Título. III. Título: Critérios de projeto, investigação do subsolo, fundações superficiais, f.

10-13214   CDD-624.15

Índices para catálogo sistemático:
1. Engenharia de fundações 624.15
2. Fundações : Engenharia 624.15

Todos os direitos reservados à **Oficina de Textos**
Rua Cubatão, 798
CEP 04013-003 – São Paulo – Brasil
Fone (11) 3085 7933
www.ofitexto.com.br
atend@ofitexto.com.br

À memória de meus pais, José e Dina Velloso,
Ao amor e compreensão de minha esposa, Olga,
e de minhas filhas, Beatriz, Fernanda e Dina,
À alegria de meus netos, Eduardo, Ana Clara, Luiza e José Luiz;
(Dirceu)

Aos meus pais, Francisco de Paula M. Lopes e Zaira R. Lopes,
Ao amor e companheirismo de meu filho, Diogo,
Ao apoio de minha família;
(Francisco)

E a Deus, por tudo isso.
(Dirceu e Francisco)

APRESENTAÇÃO

O leitor, seja ele estudante de Engenharia Civil ou um profissional formado, encontrará neste livro, de modo ordenado, preciso e conciso, o estudo de Fundações. Foi a COPPE-UFRJ a "incubadora" da primeira edição. Agora é a Oficina de Textos, de São Paulo, que abre as portas para um público mais amplo, com esta nova edição.

Trata-se do tipo de livro de que mais carece a literatura técnico-científica brasileira. Escrito por quem ensina, pesquisa e exerce a profissão com seriedade e competência. Conhecimentos teóricos aprofundados e conhecimentos aplicados plenamente confiáveis. São estas as ferramentas que inspiram a asseguram o exercício da arte da Engenharia de forma plena e criativa.

Dirceu de Alencar Veloso, nascido em 1931, e Francisco de Rezende Lopes, nascido em 1948 – dois colegas tão próximos de mim por mais de trinta anos – aliam à extrema competência profissional, os dotes pessoais de cultura, generosidade, fino humor, modéstia e espiritualidade autêntica.

No primeiro curso de Fundações da Área de Mecânica dos Solos, do Programa de Engenharia Civil da COPPE-UFRJ, em 1967, estava a postos o Dirceu. Na Escola de Engenharia da UFRJ, onde se formou em 1954 e exerceu o magistério logo a seguir, conquistou o título de livre-docente em 1962. Mesmo aposentado não quis arredar pé do ensino, com total desprendimento. Prefere ser reconhecido profissionalmente como Engenheiro de Fundações. Porém sua cultura técnico-científica espraia-se pela Matemática, Teorias da Elasticidade e da Plasticidade, o Cálculo Estrutural. Bibliófilo apaixonado, reuniu um acervo de trinta mil volumes, ao longo de meio século. Sua atividade profissional tem uma referência inequívoca: foi o Dirceu, de 1955 a 1979, engenheiro da firma de Estacas Franki Ltda., e por muitos anos foi seu diretor técnico. De 1979 a 1993 trabalhou na Promon Engenharia. Atuou como membro do Conselho de Consultores, desde sua fundação em 1979, da revista *Solos e Rochas*, tendo sido seu editor.

O Francisco Lopes é um consagrado engenheiro geotécnico que trouxe da graduação – UERJ, 1971 – sólidos conhecimentos de Cálculo Estrutural. Fez o mestrado na COPPE-UFRJ em 1974, sendo o tema de sua tese o controle da água subterrânea em escavações, numa análise pelo Método dos Elementos Finitos. Fez o doutorado na Universidade de Londres em 1979, com tese sobre o comportamento de fundações em estacas. Uma de suas participações profissionais recentes de grande destaque foi o projeto do Tanque Oceânico, para o estudo de modelos de estruturas marítimas, na Ilha do Fundão, inaugurado em 2003.

Lembro aqui o papel essencial que desempenhou o Francisco nos primeiros passos da revista *Solos e Rochas* na COPPE, tendo-a gerenciado com obstinação de 1979 a 1987. Refiro-me à atual *Revista Latino-americana de Geotecnia*.

Sinto-me honrado por esta oportunidade de manifestar de público minha admiração e profundo respeito pelos colegas Dirceu e Francisco.

Termino com as palavras iniciais dos antigos copistas de livros em pergaminho: "*Lecturis salutem*", ou "Cumprimentos aos que lerem".

Jacques de Medina
Setembro 2004
Apresentação à primeira edição do volume 1

PREFÁCIO

Este livro sobre Fundações – mais um ! – teve um longo período de gestação. Há muitos anos lecionamos este tema nos cursos de graduação (Escola de Engenharia) e de pós-graduação (COPPE) da UFRJ, e praticamos esta fascinante especialidade da Engenharia Civil. Procuramos colocar neste livro aquilo que aprendemos nessa dupla atuação – magistério e prática profissional. Fundações é uma disciplina que só pode ser lecionada por quem tem prática na indústria, projetando, executando e fiscalizando. De outra forma, haverá sério risco de se ensinar algo totalmente diferente do que o engenheiro, ao se iniciar na profissão, verá acontecer. É claro que a maioria dos ensinamentos que transmitimos são colhidos na bibliografia, que é, em grande parte, estrangeira. Mas cabe ao profissional brasileiro adaptá-los às condições de solo, de equipamentos e de práticas executivas encontradas em nosso país. Ao longo do texto, sempre que julgamos cabível, indicamos nossas opiniões e sugestões pessoais. Além disso, os métodos de cálculo que apresentamos são aqueles que utilizamos no nosso dia a dia e, portanto, devidamente verificados.

O livro destina-se aos estudantes de graduação e pós-graduação e, também, sem querermos ser pretensiosos, aos profissionais que precisarem recordar os ensinamentos que receberam na faculdade. A ênfase é em aspectos geotécnicos, embora indiquemos os esforços que precisam ser considerados no dimensionamento estrutural dos elementos de fundação.

Gostaríamos de lembrar que Fundações é um casamento, nem sempre harmonioso, de técnica e arte. Portanto, o profissional que se decide por essa especialidade, que é, como já foi dito, fascinante, tem que ser prudente. Somente a experiência lhe permitirá ser mais ou menos audacioso.

Terminando este prefácio, gostaríamos de agradecer aos colegas da COPPE pelo estímulo contínuo para que esta empreitada se concretizasse. Fernando A. B. Danziger, Ian S. M. Martins, Luiz Fernando T. Garcia e Sergio F. Villaça, em especial, contribuíram com sugestões e revisões de alguns capítulos. Os professores Luiz Francisco Muniz da Silva (Univ. Veiga de Almeida), Bernadete R. Danziger (Univ. Federal Fluminense) e Mauro Jorge Costa Santos (Univ. Santa Úrsula) também fizeram sugestões importantes. Os alunos do curso de Fundações da COPPE, de 1996, ajudaram na revisão da digitação do texto, em especial Antonio Marcos L. Alves, Bruno T. Dantas e Marcos Massao Futai. Durante a preparação deste livro, os autores receberam apoio financeiro do CNPq – Conselho Nacional de Desenvolvimento Científico e Tecnológico.

Dirceu de Alencar Velloso
Francisco de Rezende Lopes

Agosto 2004

Prefácio à primeira edição do volume 1

A Oficina de Textos está lançando esta nova edição do livro Fundações, englobando os dois volumes tradicionais, ao mesmo tempo em que incorpora prescrições da nova norma NBR 6122 de 2010.

Gostaria de destacar que, falecido em março de 2005, o prof. Dirceu Velloso está entre nós de uma forma perene: através de seus ensinamentos e de seu exemplo pessoal. Durante toda sua vida profissional, procurou adquirir novos conhecimentos e dividi-los com seus alunos e colegas. Tinha o hábito de acordar muito cedo e estudar artigos e livros recentemente publicados por pelo menos uma hora antes de sair para o trabalho. Nesse processo, adquiriu uma biblioteca com cerca de 10.000 volumes, hoje incorporada por doação à UFRJ. Vale acrescentar que a UFRJ, em reconhecimento pelos seus 50 anos de ensino ininterrupto, concedeu ao prof. Dirceu, em 2006, o título de Professor Emérito.

Espero que, ao estudarem neste livro, compartilhem dos sentimentos de gratidão e admiração que tenho pelo prof. Dirceu.

Francisco R. Lopes

SUMÁRIO

Capítulo 1 – Introdução, 1
1.1 A engenharia de fundações 1
1.2 Conceitos na abordagem de um problema de fundações 3

Capítulo 2 – Sobre o projeto de fundações, 11
2.1 Tipos de fundações e terminologia 11
2.2 Elementos necessários ao projeto 13
2.3 Requisitos de um projeto de fundações 15
2.4 Verificação da segurança ao colapso e coeficientes de segurança 15
2.5 Deslocamentos em estruturas e danos associados 25

Capítulo 3 – Investigação do subsolo, 35
3.1 O programa de investigação 35
3.2 Processos de investigação do subsolo 36
3.3 Principais informações obtidas de ensaios *in situ* 46

Capítulo 4 – Capacidade de carga de fundações superficiais, 55
4.1 Introdução 55
4.2 Mecanismos de ruptura 56
4.3 Capacidade de carga para carregamentos verticais e centrados 59
4.4 Capacidade de carga para carregamentos inclinados e excêntricos – Fórmulas gerais 73
4.5 Condições não homogêneas do solo 78
4.6 Camada de espessura limitada 81
4.7 Influência do lençol freático 82

Capítulo 5 – Cálculo de recalques, 85
5.1 Introdução 85
5.2 Métodos de previsão de recalques 89
5.3 Obtenção de parâmetros em laboratório 89
5.4 Métodos racionais 93
5.5 Métodos semiempíricos 102
5.6 Métodos empíricos / Tabelas de tensões admissíveis 111
5.7 Ensaios de placa 113

Capítulo 6 – A análise da interação solo-fundação, 121
- 6.1 INTRODUÇÃO 121
- 6.2 PRESSÕES DE CONTATO 122
- 6.3 O PROBLEMA DA INTERAÇÃO SOLO-FUNDAÇÃO-ESTRUTURA 124
- 6.4 MODELOS DE SOLO PARA ANÁLISE DA INTERAÇÃO SOLO-FUNDAÇÃO 126
- 6.5 O COEFICIENTE DE REAÇÃO VERTICAL 127

Capítulo 7 – Blocos e Sapatas, 131
- 7.1 BLOCOS DE FUNDAÇÃO 131
- 7.2 SAPATAS 132
- 7.3 SAPATAS CENTRADAS E EXCÊNTRICAS 137
- 7.4 ASPECTOS PRÁTICOS DO PROJETO E DA EXECUÇÃO DE FUNDAÇÕES SUPERFICIAIS 140

Capítulo 8 – Vigas e grelhas, 143
- 8.1 INTRODUÇÃO 143
- 8.2 VIGAS – MÉTODOS ESTÁTICOS 144
- 8.3 VIGAS – MÉTODOS BASEADOS NA HIPÓTESE DE WINKLER 145
- 8.4 VIGAS – MÉTODOS BASEADOS NO MEIO ELÁSTICO CONTÍNUO 156
- 8.5 GRELHAS 161

Capítulo 9 – *Radiers*, 163
- 9.1 INTRODUÇÃO 163
- 9.2 MÉTODOS DE CÁLCULO 164
- 9.3 EXEMPLO DE FUNDAÇÃO EM *RADIER* 177

Capítulo 10 – Introdução às Fundações Profundas, 181
- 10.1 CONCEITOS E DEFINIÇÕES 181
- 10.2 BREVE HISTÓRICO 182
- 10.3 PRINCIPAIS PROCESSOS DE EXECUÇÃO E SEUS EFEITOS 184

Capítulo 11 – Principais Tipos de Fundações Profundas, 189
- 11.1 ESTACAS DE MADEIRA 189
- 11.2 ESTACAS METÁLICAS 192
- 11.3 ESTACAS PRÉ-MOLDADAS 197
- 11.4 ESTACAS DE CONCRETO MOLDADAS NO SOLO 204
- 11.5 ESTACAS ESCAVADAS 212
- 11.6 ESTACAS-RAIZ 224
- 11.7 MICROESTACAS – ESTACAS ESCAVADAS E INJETADAS 225
- 11.8 ESTACAS TIPO HÉLICE CONTÍNUA 226
- 11.9 ESTACAS PRENSADAS 231
- 11.10 TUBULÕES 232

Capítulo 12 – Capacidade de Carga Axial – Métodos Estáticos, 239
- 12.1 INTRODUÇÃO 239

12.2 Métodos racionais ou teóricos 240
12.3 Métodos semiempíricos que utilizam o CPT 257
12.4 Métodos semiempíricos que utilizam o SPT... 262
12.5 Estacas submetidas a esforços de tração 274
12.6 Considerações finais 276

Capítulo 13 – A Cravação de Estacas e os Métodos Dinâmicos, 283
13.1 A cravação de estacas 283
13.2 Métodos dinâmicos: as fórmulas dinâmicas 288
13.3 A cravação como um fenômeno de propagação de ondas de tensão em barras .. 296
13.4 Estudos de cravabilidade 308

Capítulo 14 – Estimativa de Recalques sob Carga Axial, 313
14.1 Mecanismo de transferência de carga e recalque 313
14.2 Métodos baseados na teoria da elasticidade 316
14.3 Métodos numéricos 326
14.4 Previsão da curva carga-recalque 329
14.5 Influência das tensões residuais de cravação no comportamento
     carga-recalque 330

Capítulo 15 – Estacas e Tubulões sob Esforços Transversais, 333
15.1 Introdução 333
15.2 A reação do solo 333
15.3 Soluções para estacas ou tubulões longos baseadas no coeficiente
     de reação horizontal 345
15.4 Cálculo da carga de ruptura 365
15.5 Tratamento pela teoria de elasticidade 373
15.6 Solução para estacas ou tubulões curtos, baseada no coeficiente
     de reação horizontal 377
15.7 Grupos de estacas ou tubulões 378

Capítulo 16 – Grupos de Estacas e Tubulões, 381
16.1 Grupo de estacas 381
16.2 Recalque de grupos sob carga vertical 382
16.3 Capacidade de carga de grupos sob carga vertical 389
16.4 Distribuição de esforços entre estacas ou tubulões de um grupo
     sob um carregamento qualquer 391

Capítulo 17 – Verificação da Qualidade e do Desempenho, 413
17.1 Monitoração de estacas na cravação 413
17.2 Verificação da integridade 422
17.3 Provas de carga estáticas 425

Capítulo 18 – Problemas Especiais em Fundações Profundas, 439
18.1 Atrito negativo 439
18.2 Esforços devidos a sobrecargas assimétricas ("efeito tschebotarioff") 468

18.3	Flambagem de estacas	490
18.4	problemas causados pela cravação de estacas	498

Apêndice 1 – Tabelas e ábacos para cálculo de acréscimo de tensão e recalque pela teoria da elasticidade, 507

Apêndice 2 – Cálculo do acréscimo de tensões sob fundações pelo Método de Salas, 514

Apêndice 3 – Exercício resolvido de cálculo de tensões pelo Método de Salas, 517

Apêndice 4 – Exercício resolvido de viga de fundação, 521

Apêndice 5 – Cálculo de placas circulares pelo Método de Grasshoff, 538

Apêndice 6 – Exercício resolvido de *radier*, 544

Apêndice 7 – Teoria da semelhança entre o ensaio cone penetrométrico e a estaca, 552

Apêndice 8 – Previsão da resistência de ponta de estacas a partir do CPT pelo método de De Beer, 556

Capítulo 1

INTRODUÇÃO

Because nature is infinitely variable, the geological aspects of our profession assure us that there will never be two jobs exactly alike. Hence, we need never fear that our profession will become routine or dull. If it should, we can rest assured that we would not be practicing it properly

(R.B. Peck)

1.1 A ENGENHARIA DE FUNDAÇÕES

O projeto e execução de fundações – a Engenharia de Fundações – requer conhecimentos de Geotecnia e Cálculo Estrutural (análise estrutural e dimensionamento de estruturas em concreto armado e protendido, em aço e em madeira); a Geotecnia, por outro lado, abrange a Geologia de Engenharia, a Mecânica dos Solos e a Mecânica das Rochas. Tome-se o caso simples de um edifício em terreno sem vizinhos. Em geral, a estrutura é calculada por um engenheiro estrutural que supõe os apoios indeslocáveis, daí resultando um conjunto de cargas (forças verticais, forças horizontais, momentos) que é passado ao projetista de fundações. Com o auxílio de uma série de elementos e informações, que serão detalhados adiante, ele projeta as fundações da obra. Acontece que essas fundações, quaisquer que sejam, quando carregadas, solicitarão o terreno, que se deforma, e dessas deformações resultam deslocamentos verticais (recalques), horizontais e rotações. Com isso, a hipótese usual de apoios indeslocáveis fica prejudicada, e nas estruturas hiperestáticas, que são a grande maioria, as cargas inicialmente calculadas são modificadas. Chega-se, assim, ao conhecido problema da *interação solo-estrutura*. O engenheiro de fundações deve participar da análise desse problema, juntamente com o engenheiro estrutural.

Conhecimentos de Geologia de Engenharia são necessários em obras em regiões desconhecidas, em obras extensas, como refinarias, grandes pontes etc., em que o engenheiro de fundações pode identificar e levantar problemas que deverão ser resolvidos pelo geólogo de engenharia. O mesmo acontece com a Mecânica das Rochas, uma disciplina da Geotecnia cujo conhecimento é necessário quando as fundações transmitem esforços importantes para a rocha ou quando essa possui baixa qualidade.

Já em relação à Mecânica dos Solos, o engenheiro de fundações deve possuir sólidos conhecimentos dos seguintes tópicos: (i) origem e formação dos solos, (ii) caracterização e classificação dos solos (parâmetros físicos, granulometria, limites de Atterberg etc.), (iii) investigações geotécnicas, (iv) percolação nos solos e controle da água subterrânea, (v) resistência ao cisalhamento, capacidade de carga e empuxos, (vi) compressibilidade e adensamento e (vii) distribuição de pressões e cálculo de deformações e recalques.

Quanto ao Cálculo Estrutural, o engenheiro de fundações deve conhecê-lo sob dois aspectos: (1º) para que possa dimensionar estruturalmente os elementos da fundação e as obras que, em geral, são necessárias à execução das fundações propriamente ditas (por exemplo, um escoramento) e (2º) para que possa, como já foi dito, avaliar o comportamento da estrutura diante dos inevitáveis deslocamentos das fundações. (Seria ideal que o engenheiro, antes de se especializar em fundações, calculasse e dimensionasse algumas superestruturas típicas: um edifício, uma ponte, um galpão etc.)

Não se erra se se disser que, dentro da Engenharia Civil, a especialização em Fundações é a que requer maior *vivência* e *experiência*. Entenda-se por *vivência* o fato de o profissional projetar ou executar inúmeras fundações, de diversos tipos e em condições diversas, passando de um caso para outro baseado, apenas, na sua própria observação do comportamento dos casos passados, sem dados quantitativos. A *experiência* seria a vivência completada com dados quantitativos referentes ao desempenho da obra. A norma brasileira de fundações (NBR 6122/96) recomenda e insiste na importância do acompanhamento das obras. Em nosso País, infelizmente, ainda não há essa mentalidade. Quando se consegue fazer alguma coisa, simplesmente se medem recalques, ignorando-se as cargas reais que atuam na estrutura, ou seja, as cargas que estão provocando aqueles recalques. Para se realizar uma prova de carga sobre um elemento de fundação, por exemplo, uma estaca, são levantadas objeções de toda ordem, desde a mais estúpida – *Para quê*? ou *Há algum perigo*? – até aquelas que culpam uma prova de carga por atrasar a obra.

Outro aspecto que deve ser assinalado diz respeito ao conhecimento do solo, que fica restrito, quase sempre, ao que fornecem as sondagens à percussão de simples reconhecimento. Assim, pode-se dizer com segurança que, em nosso País, a técnica das fundações não tem recebido o tratamento científico adequado. Essa afirmação pode ser comprovada se se considerar quão pequeno é o número de conceitos gerais, estabelecidos em base científica, utilizados na técnica das fundações. O projeto de fundações, ou mais precisamente seu dimensionamento, está calcado na utilização de correlações que são estabelecidas para determinadas regiões e extrapoladas para outras condições, às vezes, de maneira inescrupulosa. Tem-se que reconhecer que essas correlações são, pelo menos no presente, "um mal necessário". O que se impõe é que seus autores sejam bastante explícitos e precisos na caracterização das condições em que foram estabelecidas e que, por outro lado, aqueles que vão utilizá-las o façam com critério, comparando aquelas condições com as que têm diante de si. Por outro lado, é inquestionável o desenvolvimento de novos equipamentos e tecnologias de execução.

Finalizando esta introdução, chama-se atenção especial dos leitores para dois pontos: (1º) uma vez que os problemas de Geotecnia apresentam um maior grau de incerteza que os de Cálculo Estrutural, nem sempre é fácil conciliar as respectivas precisões (exemplificando: frequentemente, o Engenheiro Estrutural impõe ao Engenheiro de Fundações um requisito de *recalque zero*, o que é impossível, pois toda fundação, ainda que sobre rocha, recalca) e (2º) devem-se evitar as generalizações, pois, em Fundações, na grande maioria dos casos, cada obra apresenta suas peculiaridades, que devem ser consideradas adequadamente (menciona-se, como exemplo, o que aconteceu em duas obras no Rio de Janeiro, em terrenos vizinhos, ambas em estacas metálicas, em que na primeira encontrou-se um número razoável de matacões que obrigaram a sucessivas mudanças de posição das estacas, enquanto na segunda nenhum matacão foi encontrado).

1.2 CONCEITOS NA ABORDAGEM DE UM PROBLEMA DE FUNDAÇÕES

Pelo que já se disse na introdução, verifica-se que, na Engenharia de Fundações ou, de forma mais ampla, na Geotecnia, o profissional vai lidar com um material natural sobre o qual pouco pode atuar, isto é, tem que aceitá-lo tal como ele se apresenta, com suas propriedades e comportamento específicos. Decorre daí que, desde o início da concepção e do projeto de uma obra, deve-se levar em conta as condições do solo do local. Pode-se assegurar que a economia da obra muito ganharia com isso.

Há, assim, problemas que são inerentes à Engenharia Geotécnica e que levaram autores e pesquisadores a desenvolver conceitos gerais que merecem uma maior divulgação entre os profissionais da especialidade. Entre eles, destacam-se os conceitos de *previsões*, *risco calculado* e *Método Observacional*.

1.2.1 Previsões (Lambe, 1973)

É fácil compreender a importância das *previsões* na prática da Engenharia Civil. Qualquer tomada de decisão é baseada numa previsão. Assim, o engenheiro deve: (1º) identificar previsões que são críticas para a segurança, funcionalidade e economia do projeto; (2º) estimar a confiabilidade de cada uma de suas previsões; (3º) utilizar as previsões no projeto e construção; (4º) determinar as consequências das previsões; (5º) selecionar e executar ações baseadas em comparações de situações reais com suas previsões. Na Fig. 1.1, é apresentado o esquema do processo de previsão em Engenharia Geotécnica.

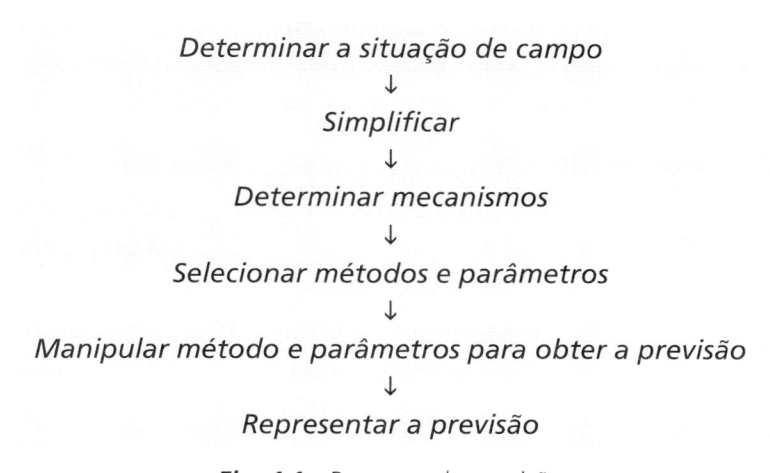

Determinar a situação de campo
↓
Simplificar
↓
Determinar mecanismos
↓
Selecionar métodos e parâmetros
↓
Manipular método e parâmetros para obter a previsão
↓
Representar a previsão

Fig. 1.1 - *Processo da previsão*

A título de exemplo, o processo será aplicado a um problema de fundações:
a. **Determinar a situação de campo** – É a etapa em que o engenheiro colhe os dados de campo: topografia, prospecção do subsolo, ensaios de campo e de laboratório, condições de vizinhos etc.
b. **Simplificar** – Em geral, a heterogeneidade e variação dos dados colhidos são de tal ordem que se é obrigado a eliminar dados, tomar médias, considerar as condições mais desfavoráveis, a fim de elaborar um *modelo*. Nesta etapa, pode-se utilizar, com bastante proveito, conhecimentos de Teoria das Probabilidades e Estatística (ver, p. ex., Smith, 1986).

c. **Determinar mecanismos** – Nesta etapa, o engenheiro deve determinar que *mecanismo* ou *mecanismos* estarão envolvidos no caso. Numa construção em encosta, por exemplo, ele pode concluir que o mecanismo de um deslizamento é mais importante que o mecanismo de ruptura de uma sapata isolada, embora os dois mecanismos devam ser analisados.
d. **Selecionar método e parâmetros** – Fixado o mecanismo, cabe estabelecer o método de análise desse mecanismo e os parâmetros do solo que serão utilizados.
e. **Manipular método e parâmetros para chegar à previsão** - Atualmente, esta etapa é muito facilitada com a utilização de computadores e programas (comerciais ou preparados para casos específicos). Para cada método escolhido, deve-se fazer uma *análise paramétrica*. No final, ter-se-á uma quantidade apreciável de resultados, cuja análise e interpretação conduzirão à etapa final do processo.
f. **Representar a previsão** - A representação ou o "retrato" da previsão dá ao engenheiro uma perspectiva e um entendimento do processo em estudo. Por exemplo, curvas carga-recalque-tempo constituem a melhor representação de comportamento de uma obra cujo processamento de recalques está sendo estudado.

De acordo com Lambe (1973), as previsões podem ser classificadas de acordo com a Tab. 1.1. Exemplificando quanto a recalques: uma previsão do tipo **A** seria feita antes do início da obra e com base em dados disponíveis na ocasião (resultados de sondagens, de ensaios etc.). Uma previsão do tipo **B** seria feita durante a construção e consideraria dados obtidos durante o início da construção, tais como medições de recalques feitas na fase de escavação, após a execução das fundações e aplicação dos primeiros carregamentos. O resultado do acontecimento em previsão pode ser desconhecido (previsão do tipo **B**) ou conhecido (previsão do tipo B_1). As previsões do tipo **B** estão relacionadas com o Método Observacional, a ser descrito adiante. Uma previsão do tipo **C** é feita após a ocorrência do evento; na realidade, ela constitui uma *autópsia*.

Tab. 1.1 – Classificação das previsões (Lambe, 1973)

Tipo de previsão	Quando a previsão é feita	Resultados no momento em que a previsão é feita
A	Antes do acontecimento	—
B	Durante o acontecimento	Não conhecidos
B_1	Durante o acontecimento	Conhecidos
C	Depois do acontecimento	Não conhecidos
C_1	Depois do acontecimento	Conhecidos

Inter-relação de métodos e dados

A idéia contida na Fig. 1.2a poderia ser aceita por um engenheiro inexperiente. De acordo com essa figura, a acurácia[1] da previsão depende da qualidade do método e dos dados utilizados, de tal forma que a deficiência de um deles pode ser compensada pela sofisticação do outro. A Fig. 1.2b representa o ponto de vista de Lambe: ao fazer uma previsão, o engenheiro

---

[1]. Traduziu-se *acuracy* como *acurácia* (e não – como é frequente – *precisão*), seguindo a terminologia adotada em Instrumentação: *precisão* descreve a repetibilidade da medição; *acurácia* descreve o quanto o valor medido se distancia do valor correto.

deve compatibilizar a sofisticação do método escolhido com a qualidade dos dados. Conforme indica esta figura, o aumento na sofisticação do método, utilizado com dados de má qualidade, pode resultar numa previsão pior que aquela que seria obtida com um método mais simples. Essa observação é importante sobretudo nos nossos dias, quando poderosos métodos computacionais – como o Método dos Elementos Finitos – são frequentemente utilizados com dados de baixa qualidade (uma análise interessante do emprego desse método em problemas geotécnicos é feita por Magnan e Mestat, 1992).

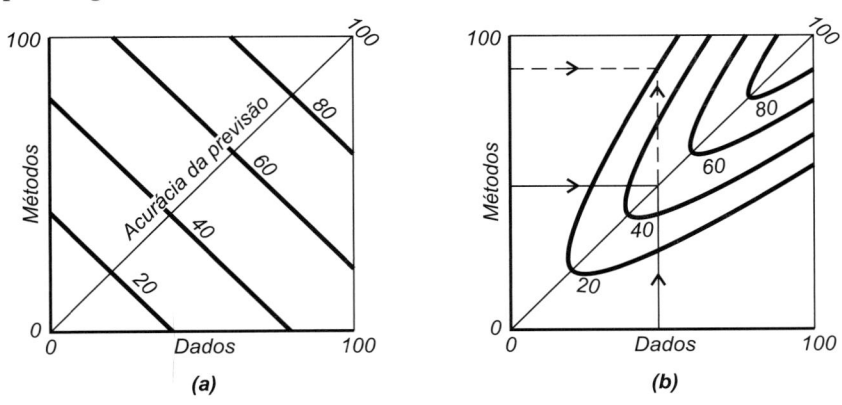

Fig. 1.2 - *Acurácia da previsão (Lambe, 1973)*

Outro aspecto importante da escolha de método de cálculo relacionado aos dados disponíveis é quando se pretende utilizar um método semiempírico. Por exemplo, o diagrama de empuxo de terra contra paredes flexíveis de escoramento de escavações, proposto por Terzaghi e Peck (1967), depende da resistência não drenada da argila. O valor do coeficiente de empuxo é:

$$K_a = 1 - m\,\frac{4S_u}{\gamma\,h}$$

O diagrama de empuxo proposto foi determinado empiricamente, com o S_u obtido em ensaios de compressão não confinada. Sabe-se que os valores de S_u assim obtidos são, em geral, menores que os obtidos por ensaios mais sofisticados. O emprego deste método com dados de ensaios mais sofisticados – que fornecem resistências maiores – pode distanciar-se da realidade de modo não seguro.

A avaliação de previsões

Não basta fazer previsões. É indispensável avaliá-las, ou seja, examiná-las e interpretá-las em face dos resultados conhecidos do evento previsto. Traduzindo Lambe:

as avaliações de previsões constituem uma das formas mais eficazes
(se não a mais eficaz) de fazer avançar o conhecimento de nossa profissão.

Dentro desse espírito, desde a edição de 1978, a norma brasileira de projeto e execução de fundações procura encorajar projetistas e construtores a instrumentar suas obras.

Finalizando essas considerações sobre previsões, cabe registrar a advertência de Lambe (1973) quanto à utilização de previsões do tipo C_1 para provar a validade de qualquer previsão técnica.

1.2.2 Risco calculado (Casagrande, 1965)

Em toda obra de Engenharia, há um certo "risco", ou seja, probabilidade de um insucesso. Nas obras de terra e fundações, como decorrência, sobretudo, da natureza do material com que se trabalha – o solo –, esse risco é sensivelmente maior que nas demais especialidades da Engenharia Civil. Por isso, ele tem sido objeto de estudos por parte de profissionais como Casagrande (1965), de Mello (1975, 1977) e Velloso (1985a, 1985b, 1987).

Para Casagrande, a expressão "risco calculado" envolve dois diferentes aspectos:

a. O uso de um conhecimento imperfeito, orientado pelo bom senso e pela experiência, para estimar as variações prováveis de todas as quantidades que entram na solução de um problema;

b. a decisão com base em uma margem de segurança adequada, ou grau de risco, levando em conta fatores econômicos e a magnitude das perdas que resultariam de um colapso.

O autor exemplifica com o seguinte caso fictício: um aterro a ser construído sobre argila mole. A partir das investigações, o projetista conclui que a resistência ao cisalhamento *in situ* pode variar entre 20 e 30 kPa. O limite superior foi obtido de ensaios convencionais de laboratório em amostras indeformadas e de ensaios *in situ* de palheta (*vane tests*). O limite inferior é baseado na experiência e no bom senso do projetista, considerando os possíveis efeitos combinados de: (1º) transmissão lateral de poropressões, em consequência da estratificação da camada argilosa, a qual reduziria a resistência ao cisalhamento a média ao longo de uma superfície de deslizamento potencial; (2º) a redução da resistência em longo prazo, quando a argila é submetida a uma deformação cisalhante não drenada. Depois de estabelecer o intervalo de variação para a resistência ao cisalhamento, o projetista escolhe um valor característico (ou valor de projeto) que será utilizado em suas análises de estabilidade. Se se tratar de importante barragem, cuja ruptura causaria uma catástrofe, ele poderá decidir adotar o valor bastante conservativo de 6 kPa. Com isso, ele estaria protegendo-se contra a ampla margem de incerteza, adotando uma ampla margem de segurança. Para conseguir uma maior economia sem comprometer a segurança, o projetista poderia optar por instalar um certo número de piezômetros na camada de argila e elaborar um projeto inicial com uma margem de segurança bem menor. Nesse caso, utilizaria a obra como ensaio em verdadeira grandeza e, com base nas observações piezométricas, poderia modificar o projeto se isso se mostrasse necessário (Método Observacional, Peck, 1969). Se a obra fosse um aterro rodoviário para o qual uma ruptura parcial pouco representasse em termos econômicos, o projetista poderia permitir um maior risco de ruptura. Consequentemente, poderia utilizar uma resistência ao cisalhamento de 12 kPa. Com observações piezométricas, ele poderia empregar bermas de equilíbrio se isso se mostrasse necessário. Assim, o projeto inicial permitiria uma certa probabilidade de ruptura que o projetista controlaria dentro de limites toleráveis com o auxílio de piezômetros. Ele poderia ainda ir mais adiante, provocando, deliberadamente, rupturas em seções experimentais (ensaios em verdadeira grandeza), com o que se reduziria, apreciavelmente, a faixa de incerteza da resistência ao cisalhamento.

As alternativas no exemplo dado não somente ilustram os dois aspectos que entram na avaliação de um risco calculado, como também mostram que o significado de uma asserção do tipo "o projetista teve que conviver com um elevado risco calculado" não é claro, uma vez que pode significar: (1º) uma larga faixa de incerteza acerca da resistência ou (2º) um elevado risco de ruptura.

Classificação dos riscos – Os riscos podem ser classificados em:

Riscos de Engenharia:
- Riscos desconhecidos;
- Riscos calculados.

Riscos humanos:

A maioria dos riscos humanos, tanto desconhecidos como calculados, podem ser agrupados em:
- Organização insatisfatória, incluindo divisão de responsabilidade entre projeto e supervisão de construção;
- Uso insatisfatório do conhecimento disponível e do bom senso;
- Corrupção.

Frequentemente, não há uma nítida demarcação entre esses três grupos de riscos humanos. Em particular, a divisão de responsabilidade é, quase sempre, a causa do uso insuficiente do conhecimento disponível e do bom senso, o que pode facilitar a corrupção.

Classificação de perdas potenciais – As perdas potenciais em obras de terra e fundações podem ser classificadas em:

- Perdas catastróficas de vidas e propriedades;
- Pesadas perdas de vidas e propriedades;
- Sérias perdas financeiras; provavelmente sem perda de vidas;
- Perdas financeiras toleráveis; sem perda de vidas.

Riscos de Engenharia

Riscos desconhecidos – Aqueles que são desconhecidos até que se revelam em um acidente, através do qual podem, então, ser observados e investigados. Na opinião de Casagrande, os conhecimentos atuais de Geotecnia permitem que se tenha, pelo menos, uma estimativa qualitativa da resposta de todos os solos e rochas quando submetidos às atividades convencionais das obras de Engenharia. Em outras palavras: é muito pouco provável encontrarem-se riscos desconhecidos.

Riscos calculados – Correspondem aos fenômenos para os quais a Geotecnia ainda não apresentou uma análise quantitativa satisfatória. Casagrande enumera os seguintes:
- Deslizamentos por liquefação em solos granulares;
- Deslizamentos por liquefação em argilas extremamente sensíveis;
- Características tensão-deformação-resistência em materiais granulares grossos, incluindo enrocamentos, sob elevadas pressões confinantes;
- Características tensão-deformação-resistência, a longo prazo, de argilas não drenadas;
- Características de estabilidade de argilas rijas e argilas siltosas muito plásticas;
- Controle de fissuras transversais e longitudinais no núcleo de barragens de enrocamento de grande altura;
- Efeitos de terremotos em barragens de terra ou enrocamento de grande altura.

A margem de segurança a ser considerada no projeto dependerá diretamente da magnitude das perdas potenciais e, também, do grau de incerteza envolvido.

Riscos humanos

Organização deficiente – A divisão de responsabilidade entre o projeto e a supervisão de construção é uma das causas mais frequentes de problemas na Engenharia Geotécnica e de Fundações. Havendo essa divisão, alguns problemas delicados são postos ao projetista, tais como:

(1º) Se o projetista não tem controle sobre a execução e, sobretudo, se ele não tem confiança em quem vai executar e supervisionar a construção, deverá introduzir uma margem de segurança adicional ou mesmo optar por uma solução menos econômica, porém menos vulnerável, a uma execução malcuidada?

(2º) Como pode o projetista se proteger, se não tem controle sobre a execução e nem mesmo é informado de modificações introduzidas pelos executores?

Não há solução satisfatória para esses problemas, senão a eliminação da causa básica, ou seja, *dar ao projetista a tarefa de supervisionar ou fiscalizar a execução das fundações por ele projetadas*. Uma revisão do projeto feita pelo cliente, sem participação do projetista, conduz a uma divisão de responsabilidade que pode ter consequências desastrosas sobre a obra. Segundo Casagrande, o único procedimento capaz de evitar dificuldades é reunir os consultores das partes interessadas (proprietário, projetista, empreiteiro geral, empreiteiro de fundações etc.) em uma comissão para discutir e deliberar sobre os problemas da obra.

Uso insatisfatório de conhecimento e experiência disponíveis – Neste item, são incluídos todos os casos em que conhecimento e experiência profissionais insuficientes são utilizados no projeto e na construção. Abrangem desde erros "honestos" e falta de conhecimento, ao extremo oposto em que um consultor é utilizado como mero "objeto de decoração". No último caso, ele pode mesmo servir de "bode expiatório" para qualquer erro que venha a ocorrer, ainda que seu conselho tenha sido inteiramente satisfatório.

O engenheiro, que é, em ultima instância, o responsável pelo projeto ou construção, depende de um certo número de subordinados cujo trabalho ele não pode verificar pessoalmente. Mesmo com o melhor sistema de controle e verificação, erros de julgamento[2] e avaliação podem escapar em alguma parte do projeto ou da construção.

Corrupção – Transcreve-se, no original, importante advertência de Casagrande:

Even the most experienced designer who can cope well with engineering
risks may see his career ruined by human risks, particularly by corruption.

As ideias de Casagrande foram retomadas por Morgenstern na *3ª Conferência Casagrande* (Morgenstern, 1995).

1.2.3 Método Observacional (Peck, 1969, 1984)

Peck escolheu como tema da 9ª. Rankine Lecture (1969) o que chamou de Método Observacional, resultado da convivência e troca de idéias com Terzaghi. Como ele próprio afirma, é um método inaplicável a uma obra cujo projeto não pode ser alterado durante a construção.

---
2. Conforme o sentido, em português mais apropriado, *judgement* foi traduzido como bom senso, experiência e julgamento.

Em resumo, a aplicação completa do método compreende as seguintes etapas:

1. Exploração (investigação) suficiente para estabelecer, pelo menos, a natureza, a distribuição e as propriedades, em geral, dos depósitos, sem necessidade de detalhes.
2. Avaliação das condições mais prováveis e dos desvios, em relação a essas condições, mais desfavoráveis que se possa imaginar. Nesta avaliação, a Geologia desempenha importante papel.
3. Estabelecimento do projeto com base em uma hipótese de trabalho de comportamento antecipado sob as condições mais prováveis.
4. Seleção de parâmetros a serem observados durante a construção, e cálculo de seus valores antecipados com base na hipótese de trabalho.
5. Cálculo dos valores dos mesmos parâmetros sob as condições mais desfavoráveis compatíveis com os dados disponíveis referentes ao terreno.
6. Seleção antecipada de um plano de ação ou de modificação de projeto para cada desvio significativo previsível entre os valores observados e os determinados com base na hipótese de trabalho.
7. Medição de parâmetros a serem observados e avaliação das condições reais.
8. Modificação de projeto para adequação às condições reais.

Até que ponto todos esses passos podem ser seguidos depende da natureza e complexidade da obra. Podem-se distinguir dois casos: (1º) obras em que, devido a um certo acontecimento, o Método observacional se impõe como única possibilidade de levar a construção a bom termo e (2º) obras em que o método é considerado desde o início da construção.

Um dos perigos mais sérios na aplicação do Método Observacional está no fracasso do estabelecimento de um plano de ação para todos os desvios previsíveis entre o que foi admitido e a realidade revelada pelas observações. Se, de repente, o engenheiro percebe, pelo exame das observações, que há algo a fazer que não havia sido previsto, ele deve tomar decisões cruciais sob pressão no momento, e aí poderá verificar que não há solução para o problema surgido. Tivesse ele considerado, originalmente, todas as possibilidades, teria concluído, antecipadamente, que, se dadas condições adversas prevalecessem, ele não seria capaz de levar adiante o empreendimento e não teria, obviamente, desenvolvido um projeto vulnerável a esse ponto.

Transcrevendo as palavras de Peck:

In short the engineer must devise solutions to all problems that could arise under the least favourable of the conditions that will remain undisclosed until the field observations are made. If he cannot solve these hypothetical problems, even if the probability of their occurrence is very low, he must revert to design based on the least favourable conditions. He can then no longer gain the advantages in cost or time associated with the Observational Method.

Tão importante quanto preparar planos de ação para todas as eventualidades é fazer as observações corretas. A seleção de parâmetros adequados a observar e medir requer uma percepção correta dos fenômenos físicos significativos que governam o comportamento da obra durante a construção e após sua conclusão. As observações devem ser confiáveis, e os resultados, levados imediatamente ao projetista.

O Método Observacional é mais aplicado em obras de terra (aterros, barragens) do que em fundações. Em nosso País, entretanto, não é raro ter-se que correr um certo "risco calculado" no projeto e na execução das fundações, em obras em locais para os quais a mobilização dos equipamentos adequados pode até inviabilizar o empreendimento. Tem-se, então, que se observar o comportamento da obra desde o início para que seja possível constatar, eventualmente, uma situação que obrigue a uma modificação do projeto; em geral, procede-se a um reforço das fundações.

REFERÊNCIAS

CASAGRANDE, A., 1965, Role of the "Calculated Risc" in earthwork and foundation engineering, *Journal Soil Mechanics and Foundations Division, ASCE*, v. 91, n. SM4, July 1965.

de MELLO, V. F. B., 1975, The philosophy of statistics and probability applied in soil mechanics. In: CONF. ON APLICATION OF STATISTICS AND PROBABILITY IN SOIL AND STRUCTURAL ENGINEERING, 2., 1975, Aachen. *Proceedings...* Aachen: Conf. on Application of Statistics and Probability in Soil and Structural Engineering, 1975.

de MELLO, V. F. B., 1977, Reflection on design decisions of practical significance to embankment dams. Rankine Lecture, *Geotechnique*, v. 27, n. 3, 1977.

LAMBE, T. W. Predictions in soil engineering. *Geotechnique*, v. 23, n. 2, p 149-202, 1973.

MAGNAN, J. P., MESTAT, P. Utilisation des élements finis dans les projects de Géotechnique. *Anales de l'Institut Technique du Bâtiment et des Travaux Publiques*, n. 506, 1992. (Série Sols et Fondations, n. 216).

MORGENSTERN, N. R. Managing risk in Geotechnical Engineering, 3rd. Casagrande Lecture. In: PANAMERICAN CONFERENCE ON SOIL MECHANICS AND FOUNDATION ENGINEERING, 10., 1955, Guadalajara. *Proceedings...* Guadalajara: Conference on Soil Mechanics and Foundation Engineering, 1995.

PECK, R. B. Advantages and limitations of the observational method in apllied soil mechanics, *Geotechnique*, v. 19, n. 2, 1969.

PECK, R. B. *Judgement in geotechnical engineering – the professional legacy of Ralph B. Peck*, DUNNNICLIFF, J.; DEERE, D. U. (Eds.). New York: John Willey, 1984.

SMITH, G. N., 1986, *Probability and statistics in civil engineering: an introduction.* London: W. Collins Sons & Co. Ltd., 1986.

TERZAGHI, K.; PECK, R.B. *Soil mechanics in engineering practice.* 2 ed. New York: John Wiley & Sons, 1967.

VELLOSO, D. A. Fundações profundas: segurança. In: SIMPÓSIO SOBRE TEORIA E PRÁTICA DE FUNDAÇÕES PROFUNDAS, 1985, Porto Alegre. *Anais...* Porto Alegre: UFRGS, 1985a.

VELLOSO, D. A. A segurança nas fundações. In: SEFE: SIMPÓSIO DE ENGENHARIA DE FUNDAÇÕES ESPECIAIS, 1., 1985, São Paulo. *Anais...* São Paulo: ABMS-ABEF, 1985b.

VELLOSO, D. A. Ainda sobre a segurança nas Fundações. In: Ciclo de Palestras sobre Engenharia de Fundações, ABMS – Núcleo Regional do Nordeste, Recife, 1987.

Capítulo 2

SOBRE O PROJETO DE FUNDAÇÕES

Neste capítulo, apresentam-se os elementos indispensáveis ao desenvolvimento de um projeto de fundações e discutem-se os requisitos básicos a que este projeto deve atender para um desempenho satisfatório das fundações.

2.1 TIPOS DE FUNDAÇÕES E TERMINOLOGIA

Um dos primeiros cuidados de um projetista de fundações deve ser o emprego da terminologia correta. As fundações são convencionalmente separadas em dois grandes grupos:
- fundações superficiais (ou "diretas" ou rasas);
- fundações profundas.

A distinção entre estes dois tipos é feita segundo o critério (arbitrário) de que uma fundação profunda é aquela cujo mecanismo de ruptura de base não surgisse na superfície do terreno. Como os mecanismos de ruptura de base atingem, acima dela, tipicamente duas vezes sua menor dimensão, a norma NBR 6122 determinou que fundações profundas são aquelas cujas bases estão implantadas a uma profundidade superior a duas vezes sua menor dimensão (Fig. 2.1), e a pelo menos 3 m de profundidade.

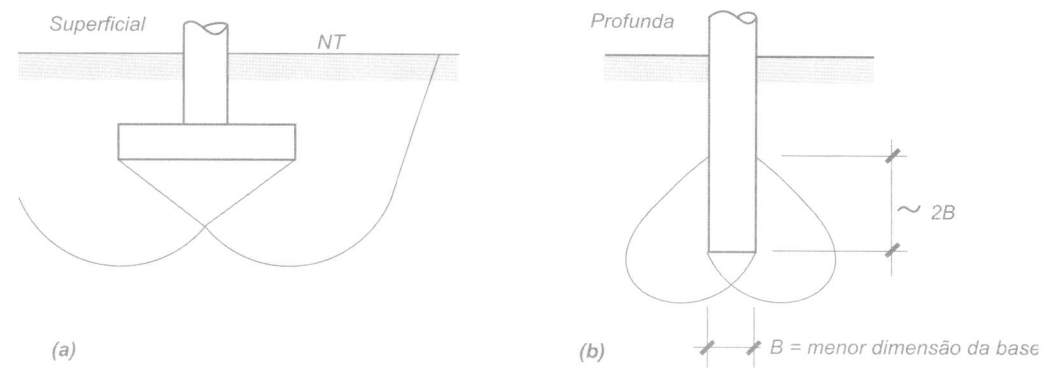

Fig. 2.1 - Fundação superficial e profunda

Quanto aos tipos de fundações superficiais, há (Fig. 2.2):

bloco – elemento de fundação de concreto simples, dimensionado de maneira que as tensões de tração nele resultantes possam ser resistidas pelo concreto, sem necessidade de armadura;

sapata – elemento de fundação superficial de concreto armado, dimensionado de modo que as tensões de tração nele resultantes sejam resistidas por armadura especialmente disposta para este fim (por isso as sapatas têm menor altura que os blocos);

sapata corrida – sapata sujeita à ação de uma carga distribuída linearmente ou de pilares em um mesmo alinhamento (às vezes chamada de *baldrame* ou de viga de fundação);

grelha – elemento de fundação constituído por um conjunto de vigas que se cruzam nos pilares (tipo não citado na norma NBR 6122/2010);

sapata associada – sapata que recebe mais de um pilar;

radier – elemento de fundação superficial que recebe parte ou todos os pilares de uma estrutura.

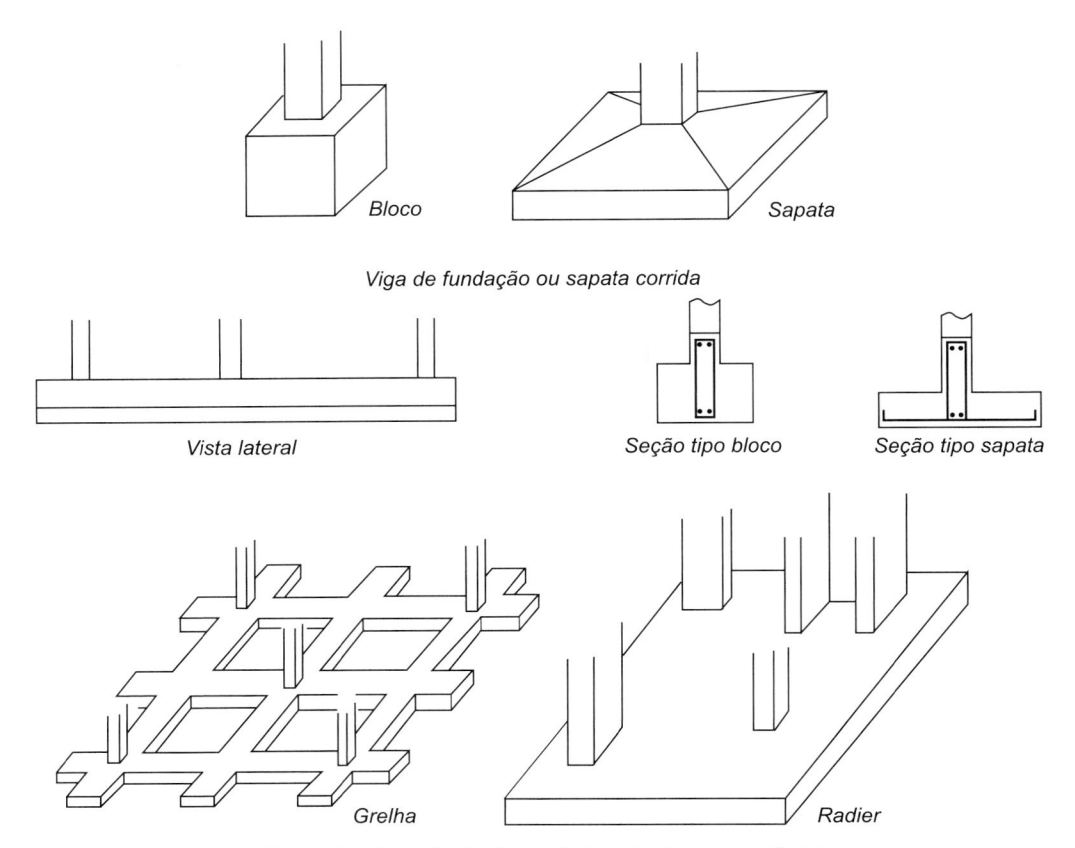

Fig. 2.2 - Principais tipos de fundações superficiais

Na norma NBR 6122/1996, a viga de fundação se distinguia da sapata corrida na medida em que a primeira recebia pilares num mesmo alinhamento e a segunda, uma carga distribuída (por exemplo, uma parede). De acordo com a NBR 6122/2010, os dois tipos passaram a se chamar sapata corrida, mas sua análise será objeto do Cap. 8, sob a denominação vigas de fundação. Ainda, na norma antiga, a expressão *radier* era reservada para a fundação que recebia todos os pilares de uma estrutura, ficando a expressão *sapata associada* para a fundação que recebesse parte dos pilares da estrutura. A nova norma permite o uso da expressão *radier* em qualquer caso. Seria interessante adotar as expressões utilizadas na França (país onde se originou a expressão *radier*): *radier parcial*, para o caso de receber parte dos pilares e *radier geral*, para o caso de receber todos os pilares da obra.

As fundações profundas, por sua vez, são separadas em três grupos (Fig. 2.3):

estaca – elemento de fundação profunda executado por ferramentas ou equipamentos, execução esta que pode ser por cravação ou escavação, ou ainda, mista;

tubulão – elemento de fundação profunda de forma cilíndrica que, pelo menos na sua fase final de execução, requer a descida de operário ou técnico (o tubulão não difere da estaca por suas dimensões, mas pelo processo executivo, que envolve a descida de pessoas);

caixão – elemento de fundação profunda de forma prismática, concretado na superfície e instalado por escavação interna (tipo não citado na norma NBR 6122/2010).

2 Sobre o Projeto de Fundações

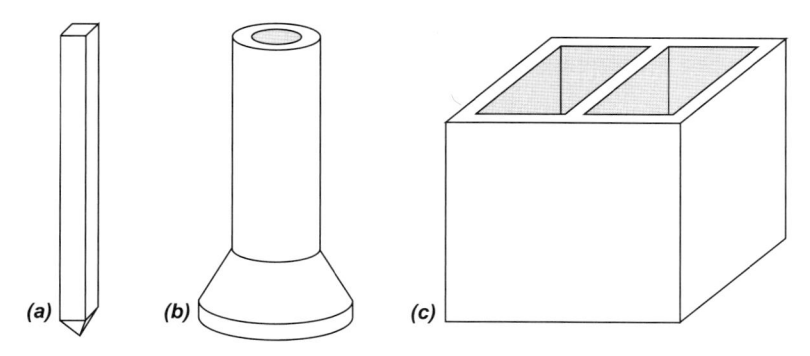

Fig. 2.3 - *Principais tipos de fundações profundas: (a) estaca; (b) tubulão; (c) caixão*

Existem, ainda, as fundações mistas, que combinam soluções de fundação superficial com profunda. Alguns exemplos estão mostrados na Fig. 2.4.

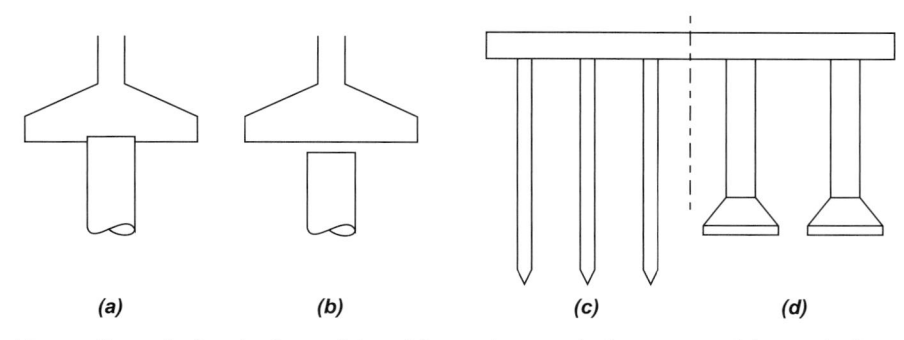

Fig. 2.4 - *Alguns tipos de fundações mistas: (a) sapata associada a estaca (chamada "estaca T"); (b) sapata associada a estaca com material compressível entre elas (chamada "estapata"); e radier sobre (c) estacas ou (d) tubulões*

2.2 ELEMENTOS NECESSÁRIOS AO PROJETO

Os elementos necessários para o desenvolvimento de um projeto de fundações são:

1. **Topografia da área**
   - Levantamento topográfico (planialtimétrico);
   - Dados sobre taludes e encostas no terreno (ou que possam atingir o terreno).

2. **Dados geológico-geotécnicos**
   - Investigação do subsolo (às vezes em duas etapas: preliminar e complementar);
   - Outros dados geológicos e geotécnicos (mapas, fotos aéreas e de satélite, levantamentos aerofotogramétricos, artigos sobre experiências anteriores na área etc.).

3. **Dados sobre construções vizinhas**
   - Número de pavimentos, carga média por pavimento;
   - Tipo de estrutura e fundações;
   - Desempenho das fundações;
   - Existência de subsolo;
   - Possíveis consequências de escavações e vibrações provocadas pela nova obra.

4. **Dados da estrutura a construir**
   - Tipo e uso que terá a nova obra;

- Sistema estrutural (hiperestaticidade, flexibilidade etc.);
- Sistema construtivo (convencional, pré-moldado etc.);
- Cargas (ações nas fundações).

Os conjuntos de dados 1 a 3 devem ser cuidadosamente avaliados pelo projetista em uma visita ao local de construção. O conjunto de dados 4 deve ser discutido com o projetista da obra (arquiteto ou engenheiro industrial, por exemplo) e com o projetista da estrutura. Dessa discussão vão resultar os deslocamentos admissíveis e os fatores de segurança a serem aplicados às diferentes cargas ou ações da estrutura.

No caso de fundações de pontes, dados sobre o regime do rio são importantes para avaliação de possíveis erosões e escolha do método executivo. Já nas zonas urbanas, as condições dos vizinhos constituem, frequentemente, o fator decisivo na definição da solução de fundação. E quando fundações profundas ou escoramentos de escavações são previstos, o projetista deve ter uma ideia da disponibilidade de equipamentos na região da obra.

Outro aspecto importante a ser levado em conta pelo projetista das fundações é a interface entre os projetos de superestrutura e de fundações/infraestrutura. É comum que essa interface seja o nível do topo das cintas, no caso de edifícios, e o topo de blocos de coroamento de estacas/tubulões ou de sapatas, no caso de pontes. Ao receber as ações que decorrem da estrutura, o projetista das fundações deve verificar se são fornecidas como *valores característicos*[1] ou como *valores de projeto* (valores majorados por fatores parciais de cargas, chamados de *fatores de ponderação* na Engenharia Estrutural), e ainda, que combinações foram utilizadas para o dimensionamento dos elementos na interface entre os dois projetos (tipicamente os pilares).

Ações nas Fundações

As solicitações a que uma estrutura está sujeita podem ser classificadas de diferentes maneiras. Em outros países, é comum separá-las em dois grandes grupos:

a. cargas "vivas";
b. cargas "mortas".

Esses dois grupos se subdividem em:

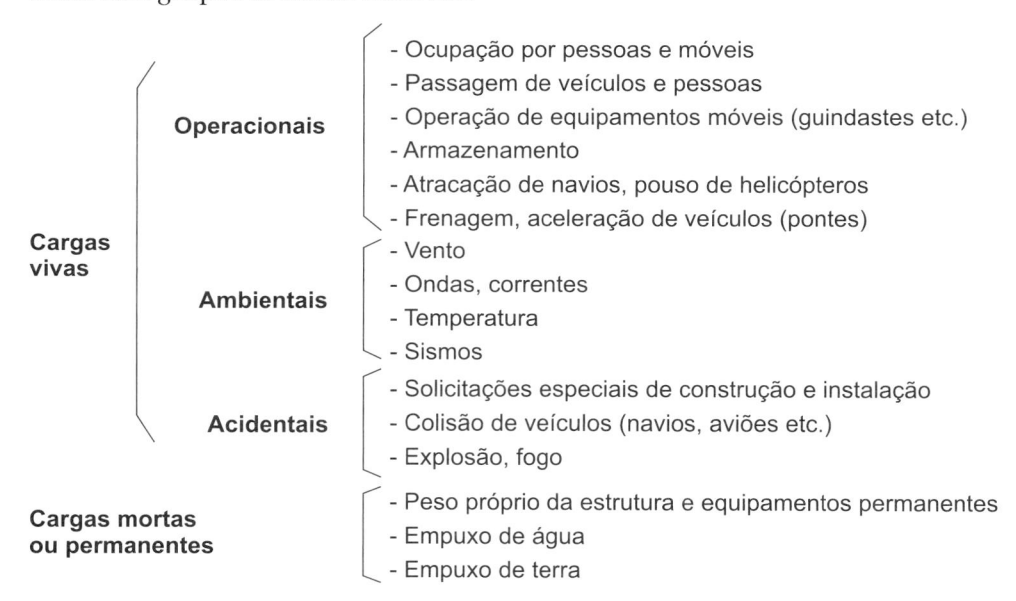

Cargas vivas
- Operacionais
  - Ocupação por pessoas e móveis
  - Passagem de veículos e pessoas
  - Operação de equipamentos móveis (guindastes etc.)
  - Armazenamento
  - Atracação de navios, pouso de helicópteros
  - Frenagem, aceleração de veículos (pontes)
- Ambientais
  - Vento
  - Ondas, correntes
  - Temperatura
  - Sismos
- Acidentais
  - Solicitações especiais de construção e instalação
  - Colisão de veículos (navios, aviões etc.)
  - Explosão, fogo

Cargas mortas ou permanentes
- Peso próprio da estrutura e equipamentos permanentes
- Empuxo de água
- Empuxo de terra

---

[1] A NBR 8681 usa a expressão *valores representativos*, entre os quais estariam os *valores característicos*, portanto, com um sentido mais amplo. Na literatura geotécnica internacional, a expressão *valores característicos* é mais utilizada e, por isso, será adotada neste texto.

2 Sobre o Projeto de Fundações

No Brasil, a norma NBR 8681 (*Ações e segurança nas estruturas*) classifica as ações nas estruturas em:

a. *Ações permanentes:* as que ocorrem com valores constantes ou de pequena variação em torno de sua média, durante praticamente toda a vida da obra (peso próprio da construção e de equipamentos fixos, empuxos, esforços devidos a recalques de apoios);
b. *Ações variáveis:* as que ocorrem com valores que apresentam variações significativas em torno de sua média, durante a vida da obra (ações variáveis devidas ao uso da obra e ações ambientais, como vento, ondas, correnteza etc.);
c. *Ações excepcionais:* são as que têm duração extremamente curta e muito baixa probabilidade de ocorrência durante a vida da construção, mas que devem ser consideradas nos projetos de determinadas estruturas (explosões, colisões, incêndios, enchentes, sismos).

A norma NBR 8681 estabelece critérios para combinações dessas ações na verificação dos *estados limites de uma estrutura* (assim chamados os estados a partir dos quais a estrutura apresenta desempenho inadequado às finalidades da obra):

a. *estados limites últimos*, ELU (associados a colapsos parciais ou a colapso total da obra);
b. *estados limites de utilização* ou *de serviço*, ELS (quando ocorrem deformações, fissuras etc. que comprometem o uso da obra).

O projetista de fundações deve avaliar cuidadosamente, ainda, as ações decorrentes do terreno (empuxos de terra) e da água superficial e subterrânea (empuxos hidrostático e hidrodinâmico), bem como ações excepcionais da fase de execução da fundação e infraestruturas (escoramentos provisórios por estroncas ou tirantes, operação de equipamentos pesados etc.).

2.3 REQUISITOS DE UM PROJETO DE FUNDAÇÕES

Tradicionalmente, os requisitos básicos a que um projeto de fundações deverá atender são:
1. Deformações aceitáveis sob as condições de trabalho (ver Fig. 2.5a);
2. Segurança adequada ao colapso do solo de fundação ou *estabilidade "externa"* (ver Fig. 2.5b);
3. Segurança adequada ao colapso dos elementos estruturais ou *estabilidade "interna"* (ver Fig. 2.5e).

Consequências do não atendimento a esses requisitos estão mostradas na Fig. 2.5.

O atendimento ao requisito (1) corresponde à verificação de *estados limites de utilização* ou *de serviço* (ELS) de que trata a norma NBR 8681. O atendimento aos requisitos (2) e (3) corresponde à verificação de *estados limites últimos* (ELU).

Outros requisitos específicos de certos tipos de obra são:
a. Segurança adequada ao tombamento e deslizamento (também *estabilidade "externa"*), a ser verificada nos casos em que forças horizontais elevadas atuam em elementos de fundação superficial (ver Fig. 2.5c-d);
b. Segurança à flambagem;
c. Níveis de vibração compatíveis com o uso da obra, a serem verificados nos casos de ações dinâmicas.

2.4 VERIFICAÇÃO DA SEGURANÇA AO COLAPSO E COEFICIENTES DE SEGURANÇA

Conforme mencionado anteriormente, a verificação dos possíveis colapsos é conhecida como verificação dos *estados limites últimos* (ELU).

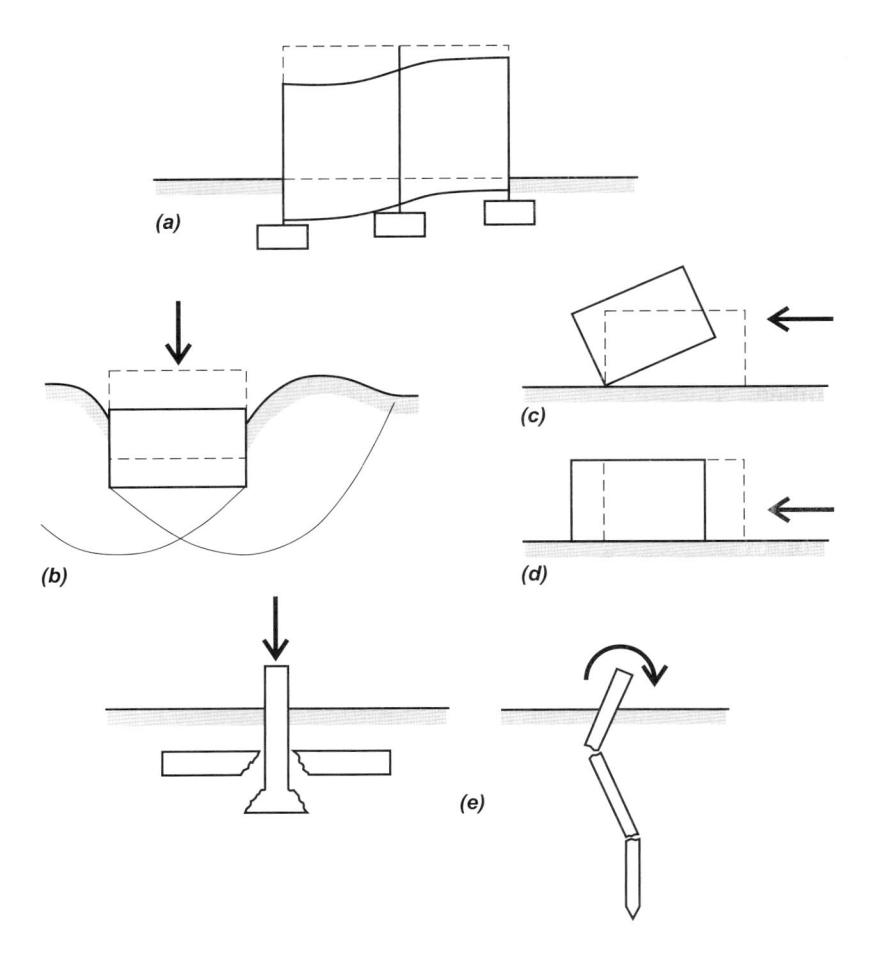

Fig. 2.5 - *(a) Deformações excessivas, (b) colapso do solo, (c) tombamento, (d) deslizamento e (e) colapso estrutural, resultante de projetos deficientes*

Nos problemas de fundações, há sempre incertezas, seja nos métodos de cálculo, seja nos valores dos parâmetros do solo que são introduzidos nesses cálculos, seja nas cargas a suportar. Consequentemente, há a necessidade de introdução de *coeficientes de segurança* (também chamados *fatores de segurança*) que levem em conta essas incertezas.

Conceitualmente, a fixação desses coeficientes de segurança para os problemas geotécnicos é bem mais difícil que no cálculo estrutural, onde entram materiais fabricados, relativamente *homogêneos* e, por isso, com propriedades mecânicas que podem ser bem determinadas. O solo que participa do comportamento de uma fundação é, na maioria das vezes, heterogêneo, e seu conhecimento é restrito ao revelado pelas investigações realizadas em alguns pontos do terreno e que não impedem a ocorrência de surpresas, seja durante a execução das fundações, seja depois da construção concluída.

O tema tem sido objeto de pesquisas e os trabalhos publicados são inúmeros, cabendo mencionar pela importância: Brinch-Hansen (1965), Feld (1965), Langejan (1965), Wu e Kraft (1967), Hueckel (1968), Meyerhof (1970), Lumb (1970), Nascimento e Falcão (1971), Wu (1974), Vanmarcke (1977), Meyerhof (1984), Baikie (1985) e Fleming (1992). Pelo envolvimento com a Teoria das Probabilidades, recomendam-se, também, Smith (1986) e Harr (1987).

A seguir, será feito um resumo dos conceitos mais importantes e exposta a forma como a norma brasileira NBR 6122 trata da segurança das fundações.

2.4.1 Conceitos e influências a considerar

Influências a considerar

As incertezas começam com as investigações geotécnicas, pois é praticamente impossível, como já foi assinalado, ter um conhecimento "completo" do subsolo sobre o qual se vai construir. Deve-se, portanto, prever uma margem de segurança para levar em conta a eventual presença de materiais menos resistentes não detectados pelas sondagens etc. (Meyerhof, 1970).

Os parâmetros de resistência e compressibilidade dos solos determinados, seja em ensaios de laboratório, seja a partir de correlações com ensaios de campo (SPT, CPT etc.), apresentam também, inevitavelmente, erros que devem ser cobertos por uma margem de segurança. Os cálculos de capacidade de carga (carga de ruptura do solo que suporta uma fundação) são elaborados sobre modelos que procuram representar a realidade, mas sempre requerem a introdução de simplificações das quais resultam erros que deverão ser cobertos por uma margem de segurança. Também as cargas para as quais se projetam as fundações contêm erros que deverão ser considerados pela margem de segurança. Finalmente, a margem de segurança deverá levar em conta as imperfeições da execução das fundações, que podem, mediante adequada fiscalização, ser reduzidas, mas nunca totalmente eliminadas.

Assim, há incertezas: nas investigações + nos parâmetros dos materiais + nos métodos de cálculo + nas ações + na execução.

Coeficientes de segurança globais e parciais

Se todas as incertezas anteriormente mencionadas forem incluídas num único coeficiente de segurança, ele será chamado *coeficiente* ou *fator de segurança global*. Se as incertezas indicadas forem tratadas nos cálculos com coeficientes de ponderação para cada aspecto do calculo, ter-se-ão os chamados *coeficientes de segurança parciais* (ou *fatores de ponderação*, na Engenharia Estrutural).

O uso de fator de segurança global é usualmente chamado de *Método de Valores Admissíveis*. O uso de fatores de segurança parciais é usualmente chamado de *Método de Valores de Projeto*.

Região representativa do terreno

Quando se deseja projetar uma obra de fundação, é importante conhecer detalhadamente como varia espacialmente a composição do subsolo, bem como as espessuras e características das diversas camadas de solo e de rocha. Frequentemente, em obras que se estendem por grandes áreas, essas variações são de tal magnitude que o comportamento de fundações ali executadas pode variar significativamente. Então, para a realização de investigações e de provas de carga *a priori* em elementos de fundação, é importante que o projetista defina regiões que, sob o ponto de vista prático de desempenho desses elementos, possam ser consideradas como uniformes. Para isso, a nova versão da norma NBR 6122 conceitua *região representativa do terreno* como aquela que apresente pequena variabilidade nas suas características geotécnicas, ou seja, que apresente perfis com as mesmas camadas de solo (que tenham influência significativa sobre o comportamento das estacas) e pequenas variações nas respectivas espessuras e resistências.

2.4.2 Uso de fator de segurança global ou Método de Valores Admissíveis

Quando se utiliza o Método de Valores Admissíveis, as tensões decorrentes das ações características, σ_k, não devem exceder as tensões admissíveis dos diferentes materiais, σ_{adm}, que são obtidas dividindo-se as tensões de ruptura ou escoamento (também chamadas de *últimas*), σ_{rup}, por um coeficiente ou *fator de segurança global*, FS, ou seja,

$$\sigma_k \leq \sigma_{adm} \ ; \ \sigma_{adm} = \frac{\sigma_{rup}}{FS} \tag{2.1}$$

No caso de fundações, o princípio pode ser aplicado às cargas:

$$Q_{trab} = \frac{Q_{ult}}{FS} \ \text{ou} \ FS = \frac{Q_{ult}}{Q_{trab}} \tag{2.2a}$$

onde Q_{trab} é a carga de trabalho (solicitação) característica admissível (ou Q_k) e Q_{ult} é a carga de ruptura (resistência) característica[2].

No caso de fundação superficial, o princípio pode ser aplicado às tensões na base:

$$q_{trab} = \frac{q_{ult}}{FS} \ \text{ou} \ FS = \frac{q_{ult}}{q_{trab}} \tag{2.2b}$$

onde q_{trab} é a tensão de trabalho (solicitação) característica admissível (ou q_k) e q_{ult} é a tensão de ruptura (resistência) característica.

A Tab. 2.1, recomendada por Terzaghi e Peck (1967), conforme Meyerhof (1977), explicita os fatores de segurança para alguns tipos de obras. Os valores superiores são usados em análises de estabilidade de estruturas sob condições normais de serviço e os valores inferiores, em análises baseadas nas condições de carregamento máximo e obras provisórias.

Tab. 2.1 – Coeficientes de segurança globais mínimos

Tipo de ruptura	Obra	Coef. de segurança
Cisalhamento	Obras de terra	1,3 a 1,5
	Estruturas de arrimo	1,5 a 2,0
	Fundações	2,0 a 3,0
Ação da água	Subpressão, levantamento de fundo	1,5 a 2,5
	Erosão interna, *piping*	3,0 a 5,0

Vesic (1970) sugere os valores mostrados na Tab. 2.2, que dependem (i) do tipo de obra (analisada do ponto de vista da possibilidade de ocorrência das cargas máximas e das consequências de uma ruptura) e (ii) do grau de exploração do subsolo.

A Norma Brasileira NBR 6122/2010

A norma estabelece que as fundações devem ser verificadas pela análise de *estados limites últimos* (além de *estados limites de utilização*, abordados no item 2.5). Os estados limites últimos podem ser vários (perda de capacidade de carga, tombamento, ruptura por tração,

---

2. Na norma, a resistência que o solo oferece à estaca tem a notação R, enquanto nos livros-texto se usa Q_{ult} (usualmente chamada de *capacidade de carga na ruptura* ou simplesmente *capacidade de carga*, ou ainda, *carga de ruptura*). A R ou Q_{ult} acrescenta-se o subscrito k para indicar valor característico (*Método de Valores Admissíveis*) ou d para valor de projeto (*Método de Valores de Projeto*); quando não há o subscrito, subentende-se valor característico.

2 Sobre o Projeto de Fundações

Tab. 2.2 – Fatores de segurança mínimos para fundações (Vesic, 1970)

Categoria	Características	Estruturas típicas	Exploração do subsolo	
			Completa	Limitada
A	Carga máxima de projeto ocorre frequentemente; consequências de colapso desastrosas	Pontes ferroviárias; armazéns; silos; estruturas hidráulicas e de arrimo	3,0	4,0
B	Carga máxima de projeto ocorre ocasionalmente; consequências de colapso sérias	Pontes rodoviárias; edifícios industriais e públicos	2,5	3,5
C	Carga máxima de projeto ocorre raramente	Edifícios de escritórios e residenciais	2,0	3,0

flambagem etc.). A seguir será tratada mais especificamente a verificação do estado limite último de *ruptura por perda da capacidade de carga* (ruptura do solo que suporta a fundação).

Na análise de um estado limite último, os valores das ações são comparados aos valores da resistência do elemento de fundação. As ações devem ser calculadas de acordo com as normas brasileiras em vigor. No que concerne aos valores de projeto da resistência do *elemento estrutural*, devem-se obedecer as prescrições pertinentes aos materiais constituintes desse elemento (concreto, aço ou madeira).

A *resistência de um elemento de fundação* deve ser obtida como *valor característico*, podendo-se utilizar:

i. método teórico (empregando-se v*alores característicos de resistência*[3] dos solos e rochas);
ii. método semiempírico ou empírico (mais comum em fundações profundas);
iii. resultados de prova(s) de carga.

No caso de uso de fator de segurança global (ou Método de Valores Admissíveis), o valor da *resistência admissível do elemento de fundação* é obtido dividindo-se a *resistência característica do elemento de fundação* por um fator de segurança global.

(a) Fundações superficiais

A versão mais recente da norma brasileira NBR 6122 fornece os valores de fatores de segurança globais da Tab. 2.3.

Tab. 2.3 - Fatores de segurança globais mínimos para elementos de fundação sob compressão

Tipo	Método de obtenção da resistência	FS
Superficial	Método analítico	3,0
	Método semiempírico	3,0*
	Método analítico ou semiempírico com duas ou mais provas de carga	2,0
Profunda	Método analítico	2,0
	Método semiempírico	2,0**
	Provas de carga	1,6**

* Adotar o valor proposto no próprio método semiempírico, se maior que 3,0.
** Esse valor pode ser reduzido em função do número de dados, como indicado no item (b) a seguir.

---

3. Não há uma definição única nas normas ou nos livros-texto de como deve ser escolhido o valor característico. Uma forma é pela média dos valores encontrados numa investigação (valor característico dito *médio*) e outra, por um valor abaixo do qual se situe uma pequena porcentagem dos valores encontrados (valor característico dito *inferior* ou *mínimo*).

(b) Fundações profundas

No caso de fundações profundas sob cargas axiais de compressão, o fator de segurança global, em princípio, é 2,0, como indicado na Tab. 2.3. O uso de um fator de segurança 1,6 é possível quando se dispõe do resultado de um número mínimo de provas de carga determinado em norma, em elementos representativos da fundação. As provas de carga devem ser executadas na fase de projeto ou de adequação deste antes do início da obra (e não com a obra avançada ou concluída, como instrumento de controle de qualidade das fundações).

Consideração do número de investigações ou de provas de carga

Quando se deseja considerar o número de investigações ou de provas de carga (executadas na fase de projeto ou de adequação deste antes do início da obra), a norma propõe um procedimento mais detalhado.

Em relação ao uso de métodos semiempíricos, a norma preconiza a obtenção da *resistência característica do elemento de fundação* de duas formas: (a) com valores característicos dados pelas médias dos parâmetros (obtendo-se $R_{k,méd}$) e (b) com valores dados pelos mínimos dos parâmetros (obtendo-se $R_{k,mín}$). A *resistência característica* será dada então por:

$$R_k = Mín\left[\frac{R_{k,méd}}{\xi_1}; \frac{R_{k,mín}}{\xi_2}\right] \quad (2.3a)$$

sendo os fatores ξ_1 e ξ_2 apresentados na Tab. 2.4.

Tab. 2.4 – Fatores ξ_1 e ξ_2 (n = número de perfis de ensaios por região representativa do terreno) e ξ_3 e ξ_4 (n = número de provas de carga por região representativa do terreno)

n	1	2	3	4	5	7	≥10
ξ_1	1,42	1,35	1,33	1,31	1,29	1,27	1,27
ξ_2	1,42	1,27	1,23	1,20	1,15	1,13	1,11
n	1	2	3	4	≥5		
ξ_3	1,14	1,11	1,07	1,04	1,00		
ξ_4	1,14	1,10	1,05	1,02	1,00		

Os valores de ξ_1 e ξ_2 poderão ser multiplicados por 0,9 no caso da execução de ensaios complementares às sondagens a percussão (SPT).

Em relação ao uso de resultados de provas de carga, a norma preconiza a obtenção da *resistência característica* de duas formas: (a) com valores característicos dados pelas médias dos valores ou parâmetros (obtendo-se $R_{k,méd}$) e (b) com valores dados pelos mínimos dos valores ou parâmetros (obtendo-se $R_{k,mín}$). A *resistência característica* será dada por:

$$R_k = Mín\left[\frac{R_{k,méd}}{\xi_3}; \frac{R_{k,mín}}{\xi_4}\right] \quad (2.3b)$$

sendo os fatores ξ_3 e ξ_4 apresentados na Tab. 2.4.

O valor da *resistência característica do elemento de fundação* (sob cargas axiais de compressão) obtido por qualquer dos dois casos descritos (uso de métodos semiempíricos ou de resultados de provas de carga) deve, então, ser dividido por um fator de segurança de 1,4 para obtenção do valor da *resistência admissível do elemento de fundação*.

2.4.3 Uso de fatores de segurança parciais ou Método de Valores de Projeto

Uma vez que as ações aplicadas às fundações e a resistência do solo são variáveis independentes, parece mais razoável, como acontece no cálculo estrutural, adotar *coeficientes de segurança parciais* (conforme sugerido inicialmente por Hansen, 1965).

A introdução da segurança consiste em multiplicar as ações características por coeficientes de segurança parciais (chamados de *fatores de majoração das cargas*), γ_f, obtendo-se as *ações de projeto*, e impor que as tensões obtidas dessas cargas sejam menores que as tensões de ruptura dos materiais minoradas por *fatores parciais de minoração das resistências*, γ_m, chamadas *resistências de projeto* (σ_d). Ou seja,

$$\sigma_k \cdot \gamma_f \leq \sigma_d \; ; \; \sigma_d = \frac{\sigma_{rup}}{\gamma_m} \tag{2.4a}$$

Em termos de cargas em fundações, tem-se:

$$Q_k \cdot \gamma_f \leq Q_d \; ; \; Q_d = \frac{Q_{ult}}{\gamma_m} \tag{2.4b}$$

onde Q_k é a carga de trabalho (solicitação) característica; Q_d é a carga de ruptura (resistência) de projeto; e Q_{ult} é a carga de ruptura (resistência) característica.

Tal é o princípio dos coeficientes de segurança parciais: as cargas ou ações são multiplicadas pelos respectivos coeficientes de segurança parciais (passando a *cargas de projeto*) e as resistências são divididas pelos respectivos coeficientes de segurança parciais (passando a *resistências de projeto*).

Na fixação dos coeficientes de segurança parciais são observados dois princípios:
a. Quanto maior a incerteza na determinação de uma dada quantidade, maior o seu coeficiente de segurança.
b. Aos coeficientes de segurança parciais devem ser atribuídos valores tais que as dimensões das estruturas com eles dimensionadas sejam da mesma ordem de grandeza das que seriam obtidas pelos métodos tradicionais.

Hansen (1965) sugeriu os seguintes valores de coeficientes de segurança parciais:

Coeficiente de majoração de cargas permanentes (γ_{per}):   1,0
Coeficiente de majoração de cargas acidentais (γ_{var}):   1,5
Coeficiente de majoração para empuxo de água (γ_{emp}):   1,0
Coeficientes de minoração das resistências para projeto de fundações:
            resistência/coesão não drenada (γ_{su}):   2,0
            atrito ($\gamma_{\varphi'}$, a ser aplicado à $tg\,\varphi'$):   1,2

O EuroCode 7 (2004), por sua vez, propõe alguns valores diferentes:

$\gamma_{per} = 1,1$; $\gamma_{su} = 1,4$ e $\gamma_{\varphi'} = 1,25$.

A Norma Brasileira NBR 6122/1996 propunha a aplicação de coeficientes de minoração diretamente aos parâmetros de resistência dos solos, antes dos cálculos, como preconizado por Hansen (1965). A nova versão da norma (2010) já preconiza a aplicação de coeficientes de minoração ao resultado do cálculo da resistência (ou capacidade de carga) da fundação.

A Norma Brasileira NBR 6122/2010

No caso de uso de coeficientes parciais (ou Método de Valores de Projeto), o valor da *resistência de projeto do elemento de fundação* é obtido dividindo-se o valor da *resistência característica do elemento de fundação* por coeficientes de minoração detalhados a seguir.

(a) Fundações superficiais

Para obtenção do valor da *resistência de projeto*, o valor da *resistência característica do elemento de fundação* deve ser dividido por um coeficiente de minoração da Tab. 2.5.

Tab. 2.5 - Coeficientes de minoração da resistência de elementos de fundação sob compressão

Tipo	Método de obtenção da resistência	Coeficientes de minoração
Superficial	Método analítico	2,15
	Método semiempírico	2,15*
	Método analítico ou semiempírico com duas ou mais provas de carga	1,40
Profunda	Método analítico	1,40
	Método semiempírico	1,40**
	Provas de carga	1,14**

*Adotar o valor proposto no próprio método semiempírico, se maior que 2,15.
** Esse valor pode ser reduzido em função do número de dados, como indicado no item (b) a seguir.

(b) Fundações profundas

No caso de fundações profundas sob cargas axiais de compressão, o coeficiente de minoração da resistência, em princípio, é 1,4, como indicado na Tab. 2.5. O uso de um coeficiente de minoração 1,14 é possível quando se dispõe do resultado de um número mínimo de provas de carga determinado em norma, como mencionado no item 2.4.2.

Consideração do número de investigações ou de provas de carga

Quando se deseja considerar o número de investigações ou de provas de carga, deve-se seguir o mesmo procedimento descrito no item 2.4.2 para a obtenção da *resistência característica do elemento de fundação* (pelo mínimo de dois valores característicos, um dado pelas médias dos parâmetros e outro, pelos mínimos dos parâmetros). Esta *resistência característica* não precisa ser dividida por nenhum fator de minoração para a obtenção do valor da *resistência de projeto do elemento de fundação*.

2.4.4 Abordagem probabilística

Os parâmetros de resistência dos solos e as cargas aplicadas às estruturas constituem, fora de dúvida, dois grupos independentes de grandezas aleatórias. Assim, se conhecidas as respectivas distribuições estatísticas, poder-se-á aplicar os conceitos da Teoria das Probabilidades para o estudo da segurança (Freudenthal, 1947, 1956, 1966; Meyerhof, 1970; Smith, 1986; Harr, 1987; Velloso, 1987; Aoki, 2002).

Na Fig. 2.6a são representadas as curvas de distribuição das ações ou cargas e das resistências, caracterizadas pelas médias m_Q e m_R e pelos desvios padrão σ_Q e σ_R.

O *fator de segurança global* (tratado no item 2.4.2) pode ser definido pela relação entre as médias:

$$FS = \frac{m_R}{m_Q}$$

(2.5)

2 Sobre o Projeto de Fundações

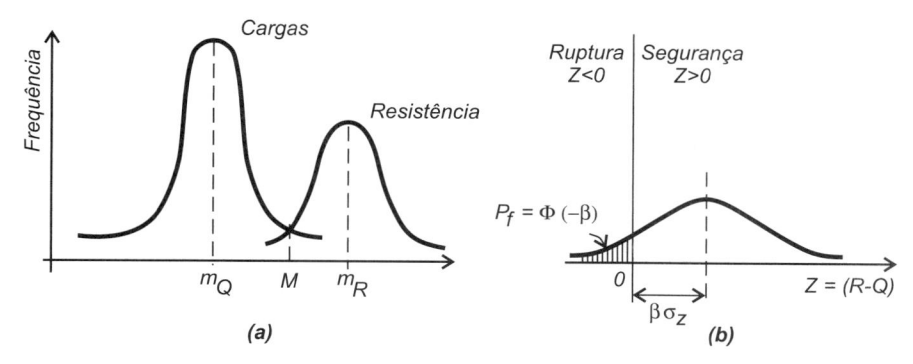

Fig. 2.6 -Índice de Confiabilidade

Quando a ação iguala a resistência, tem-se a ruptura, e os *coeficientes de segurança parciais* (tratados no item 2.4.3) podem ser definidos pelas relações:

$$FS_Q = \frac{M}{m_Q} \quad e \quad FS_R = \frac{m_R}{M} \tag{2.6}$$

Nas definições apresentadas, as ações e as resistências aparecem como grandezas determinísticas. Seu caráter aleatório em nada influi. Pode-se introduzir uma terceira grandeza:

$$Z = R - Q \tag{2.7}$$

A *probabilidade de ruptura* será definida por:

$$P_f = P[Z \leq 0] = P[(R-Q) \leq 0] \tag{2.8}$$

onde Z é chamada *função-estado limite* para o modo de ruptura particular que se está considerando.

A distância da média m_Z de Z ao ponto em que $Z = 0$ (Fig. 2.6b), expressa em termos de σ_Z, desvio padrão de Z, é igual a $\beta\sigma_Z$, onde β é o *índice de confiabilidade*, uma medida da segurança de uma estrutura. Têm-se as relações:

$$m_Z - \beta \sigma_Z = 0 \tag{2.9}$$

onde:

$$\beta = \frac{m_Z}{\sigma_Z} \tag{2.10}$$

e, como $m_Z = m_R - m_Q$, tem-se:

$$\beta = \frac{m_R - m_Q}{\sigma_Z} \tag{2.11}$$

O índice de confiabilidade leva em consideração, por meio dos desvios padrão, as incertezas nas ações e nas resistências. Quanto maior σ_Z, isto é, quanto mais incerteza houver na margem de segurança, tanto menor será o índice de confiabilidade. O índice de confiabilidade leva em conta, pois, a aleatoriedade das grandezas envolvidas e, por isso, deve ser preferido ao coeficiente de segurança.

Se as grandezas envolvidas tiverem distribuições próximas da distribuição normal de Gauss, a probabilidade de ruptura pode ser obtida pela expressão:

$$P_f = \phi(-\beta) \tag{2.12}$$

onde ϕ (-β) é o símbolo geral para o valor da probabilidade acumulada de Z, de -∞ até -β.

Para mais detalhes sobre a determinação do índice de confiabilidade em Geotecnia, recomendam-se Smith (1986) e Harr (1987).

Em Meyerhof (1970) encontram-se algumas indicações sobre a relação entre P_f e o coeficiente de segurança global. Para os valores normais desse coeficiente de segurança para fundações (2,0 a 3,0), verifica-se que a probabilidade de ruptura é da ordem de 1/5.000 a 1/10.000.

A abordagem probabilística não está incluída na norma NBR 6122, mas é extremamente interessante em várias situações, como, por exemplo, quando se tem resultados de um conjunto de provas de carga (realizadas para controle de qualidade), ou quando se quer avaliar os riscos de uma ruptura para a elaboração de planos emergenciais ou mesmo para a contratação de seguro. Ainda, a abordagem probabilística chama a atenção para o fato de que um fator de segurança (FS) elevado não garante uma segurança adequada se houver grande dispersão na resistência.

2.4.5 Situações a verificar

Dependendo das características de drenagem do solo, há diferentes situações a serem verificadas. Nos solos de drenagem lenta (solos argilosos saturados), há que se verificar as seguintes situações:

a. Segurança a *curto prazo* ou *não drenada* (geralmente é a situação crítica);
b. Segurança a *longo prazo* ou *drenada*.

Em princípio, para o caso de fundações – cujo carregamento produz excessos de poropressão –, a segurança aumenta com o tempo, uma vez que os excessos de poropressões se dissipam com o tempo, causando um aumento de tensões efetivas e, consequentemente, de resistência. Assim, a segurança a longo prazo é maior. A segurança a curto prazo pode não ser crítica em solos que apresentam comportamento viscoso (sujeitos a *creep*), pois as deformações que sofrem com o tempo podem gerar poropressões num processo mais rápido que o processo de drenagem (adensamento). Nesse caso, o fator de segurança passa por um mínimo algum tempo após o carregamento (e tem seu valor aumentado após esse ponto).

Nos solos de drenagem rápida (solos arenosos em geral e solos argilosos parcialmente saturados), basta, em princípio, verificar a condição drenada.

A análise drenada é feita em termos de tensões efetivas, com parâmetros drenados (c', φ', γ'), e a análise não drenada é feita normalmente em termos de tensões totais, com parâmetros não drenados (S_u, φ_u, γ).

Para decidir se uma análise não drenada é necessária, é preciso avaliar (i) a permeabilidade do solo (e as distâncias de drenagem, que são as distâncias às faces drenantes da camada de argila que será solicitada) e (ii) a velocidade do carregamento. Alguns tipos de carregamento são relativamente rápidos, como no caso do enchimento de silos, passagem de veículos, ação do vento etc. Na Fig. 2.7 estão indicados – de forma esquemática – dois tipos de carregamento. A Fig. 2.7a mostra uma evolução das cargas típica de um edifício residencial ou de escritório, caso em que o peso próprio da obra é maior que as cargas de ocupação. A Fig. 2.7b mostra a evolução das cargas em um silo ou armazém, onde as cargas operacionais são elevadas em relação ao peso próprio e podem variar rapidamente (este é o caso, também, de pontes ferroviárias, por exemplo).

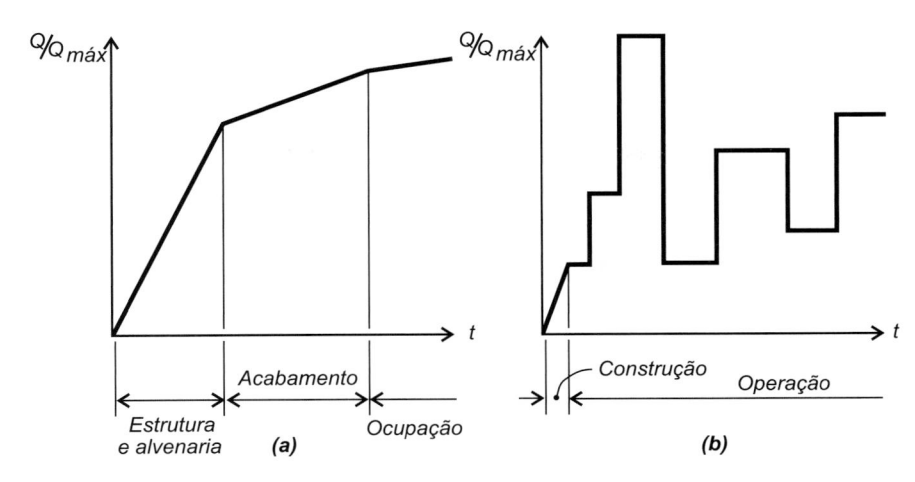

Fig. 2.7 - Diagrama de carregamento (a) de um prédio residencial ou de escritório e (b) de um silo ou armazém

2.5 DESLOCAMENTOS EM ESTRUTURAS E DANOS ASSOCIADOS

Toda fundação sofre deslocamentos verticais (recalques), horizontais e rotacionais em função das solicitações a que é submetida. Esses deslocamentos dependem do solo e da estrutura, isto é, resultam da *interação solo-estrutura*. Quando os valores desses deslocamentos ultrapassam certos limites, poder-se-á chegar ao colapso da estrutura pelo surgimento de esforços para os quais ela não está dimensionada. Pode-se dizer, assim, que os deslocamentos, conforme a sua magnitude, terão uma influência sobre a estrutura, que vai desde o surgimento de esforços não previstos até o colapso. Pela sua importância, o tema será detalhado e seguir-se-ão de perto as publicações do Institution of Structural Engineers (I.S.E., 1978, 1989).

Há dois procedimentos para o cálculo de uma estrutura: (i) a estrutura é calculada com a hipótese de que seus apoios – fundações – são indeslocáveis e os esforços assim obtidos são transmitidos ao projetista das fundações, que vai projetá-las de modo que seus inevitáveis deslocamentos sejam aceitáveis para a obra; (ii) o conjunto fundação-estrutura é calculado como um todo, levando-se em conta a interação que há entre a fundação e a estrutura.

O primeiro procedimento é o usual nos projetos correntes de pontes, edifícios etc., e os resultados obtidos são satisfatórios desde que os profissionais envolvidos tenham bom senso e competência. O segundo procedimento exige a utilização de um método de análise sofisticado, geralmente um método computacional. Há estruturas que exigem a consideração da interação solo-estrutura, como as estruturas hiperestáticas, para as quais se preveem recalques elevados, ou as estruturas não correntes de grande responsabilidade (plataformas *off-shore* e usinas nucleares, por exemplo). Em qualquer caso, não parece razoável utilizar um método de cálculo sofisticado com parâmetros dos solos que não representem a realidade.

De volta ao procedimento usual de cálculo, pelo que foi assinalado, é necessário conhecer, ainda que em ordem de grandeza, os *deslocamentos admissíveis*: aqueles que não prejudicam a *utilização* da obra. Na fixação de deslocamentos admissíveis são encontradas algumas dificuldades que podem ser resumidas no seguintes pontos (I.S.E., 1989):
- a utilização é subjetiva e depende tanto da função da obra como da reação dos usuários;
- as estruturas variam tanto entre si, seja no geral ou no detalhe, que é difícil estabelecer orientações gerais quanto aos deslocamentos admissíveis;

- as estruturas, inclusive as fundações, raramente se comportam como previsto, porque os materiais de construção apresentam propriedades diferentes das admitidas no projeto; além disso, uma análise "total" ou "global", incluindo terreno e alvenarias, seria extremamente complexa e conteria ainda hipóteses questionáveis;
- além de depender das cargas e dos recalques, os deslocamentos nas estruturas podem decorrer de outros fatores, tais como deformação lenta, retração e temperatura; no entanto, tem-se apenas um entendimento quantitativo desses fatores, e faltam medições cuidadosas do comportamento de estruturas reais.

2.5.1 Limites de utilização

É importante distinguir entre danos causados a elementos estruturais e danos causados a alvenarias e acabamentos. Os movimentos das fundações afetam a aparência visual, a função e a utilização, mas é essencial reconhecer que prejuízos de natureza puramente estética são menos importantes, e essa importância depende do tipo e da utilização da obra. A Tab.2.6 apresenta uma classificação de danos às paredes de edifícios de acordo com o seu uso.

O aparecimento de fissuras é sempre indício de que algo está acontecendo, embora elas nem sempre decorram de deslocamentos da estrutura. De qualquer forma, é aconselhável acompanhar sua evolução, medindo-se periodicamente as diagonais de um retângulo traçado de sorte a ser cortado pela fissura, ou por meio de um "fissurômetro" ou qualquer outro instrumento de medida de precisão.

Tab. 2.6 – Relação entre abertura de fissuras e danos em edifícios
(Thornburn e Hutchinson, 1985)

Abertura da fissura (mm)	Intensidade dos danos			Efeito na estrutura e no uso do edifício
	Residencial	Comercial ou público	Industrial	
< 0,1	Insignificante	Insignificante	Insignificante	Nenhum
0,1 a 0,3	Muito leve	Muito leve	Insignificante	Nenhum
0,3 a 1	Leve	Leve	Muito leve	Apenas estética; deterioração acelerada do aspecto externo
1 a 2	Leve a moderada	Leve a moderada	Muito leve	
2 a 5	Moderada	Moderada	Leve	Utilização do edifício será afetada e, no limite superior, a estabilidade também pode estar em risco
5 a 15	Moderada a severa	Moderada a severa	Moderada	
15 a 25	Severa a muito severa	Severa a muito severa	Moderada a severa	
> 25	Muito severa a perigosa	Severa a perigosa	Severa a perigosa	Cresce o risco de a estrutura tornar-se perigosa

2.5.2 Definições de deslocamentos e deformações

Os deslocamentos que uma fundação isolada pode sofrer (considerando apenas um plano vertical x, z) estão mostrados na Fig. 2.8. Em geral, há uma preocupação maior com os deslocamentos verticais ou *recalques* da estrutura, designados por w na figura.

A seguir, apresentam-se algumas definições para deslocamentos e deformações de uma estrutura indicados na Fig. 2.9 (I.S.E., 1989).

2 Sobre o Projeto de Fundações

a. *Recalque* (ver Fig. 2.9a), designado por *w*, implica que o deslocamento seja para baixo. Quando o deslocamento é para cima, é chamado de *levantamento* e designado por w_l.

b. *Recalque* (ou *levantamento*) *relativo* ou *diferencial*, designado por δw. Na Fig. 2.9a, o recalque de **C** em relação a **D** é designado por δw_{CD} e considerado positivo; o recalque de **D** em relação a **C** é designado por δw_{DC} e considerado negativo ($w_{CD} = -w_{DC}$). O recalque diferencial máximo é designado por $\delta w_{máx}$.

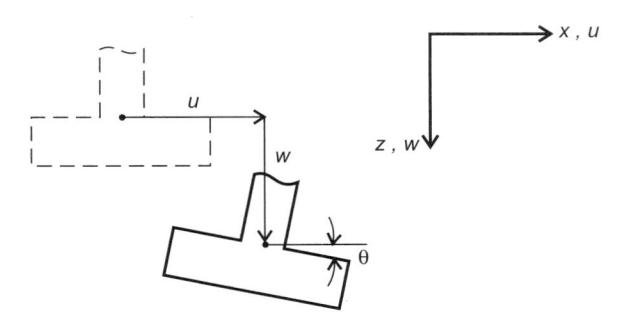

Fig. 2.8 - Deslocamentos de uma fundação

c. *Rotação*, designada por ϕ (ver Fig. 2.9a), é usada para descrever a variação da inclinação da reta que une dois pontos de referência da fundação.

d. *Desaprumo*, designado por ω (ver Fig. 2.9c), corresponde à rotação de uma estrutura rígida. Quando a estrutura se deforma, é mais difícil sua quantificação e, nesse caso, pode-se definir ω pelo recalque diferencial entre os extremos da obra dividido pela largura desta (na direção em estudo).

e. *Rotação relativa* (ou *distorção angular*), designada por β, corresponde à rotação da reta que une dois pontos de referência tomados para definir o desaprumo (ver Fig. 2.9c).

f. *Deformação angular*, designada por α. A Fig. 2.9a mostra que a deformação angular em **B** é dada por:

$$\alpha_B = \frac{\delta w_{BA}}{L_{BA}} + \frac{\delta w_{BC}}{L_{BC}} \quad (2.13)$$

A deformação angular é positiva se produz concavidade para cima, como em **B**. Note-se que, se o perfil deformado ao longo dos três pontos de referência **ABC** for suave, a curvatura média será dada por $2\alpha_B / L_{AC}$.

g. *Deflexão relativa*, designada por Δ (ver Fig. 2.9b), representa o deslocamento máximo em relação à reta que une dois pontos de referência afastados de *L*. Se a concavidade for para cima, Δ será positivo; caso contrário, Δ será negativo.

h. *Relação de deflexão*, designada por Δ/L. A convenção de sinal é a mesma de Δ. A relação de deflexão é idêntica à *deflexão relativa* de Polshin e Tokar (1957).

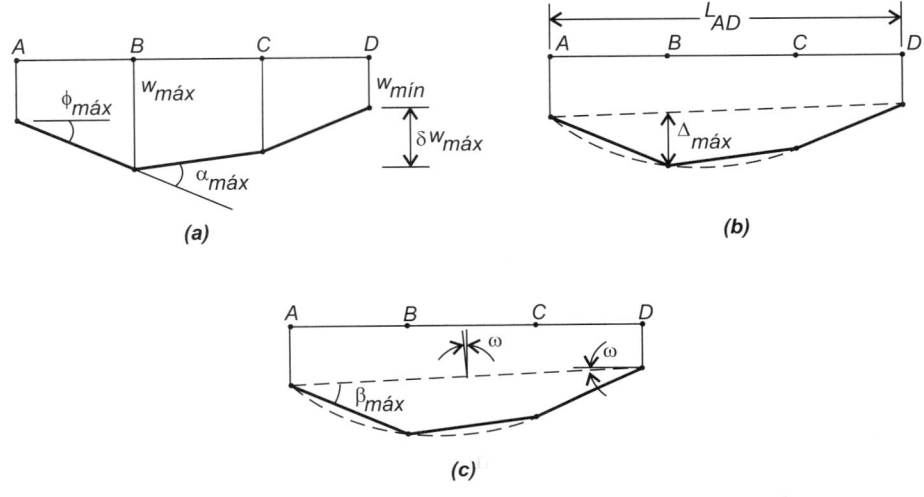

Fig. 2.9 - Deslocamentos de uma estrutura (I.S.E., 1989)

Numa edificação alta, o ângulo ω se manifesta mais claramente como um desaprumo, e numa edificação baixa, como um desnivelamento. Entre todos os parâmetros de deformação de uma obra aqui indicados, os mais avaliados em um projeto, na prática, são o recalque máximo, o ângulo de rotação ω, que indica o desaprumo/desnivelamento, e a distorção angular (ou rotação relativa) β máxima. Esses parâmetros precisam estar dentro de limites aceitáveis.

2.5.3 Deformações limites

Uma estrutura ou edificação pode deformar-se de um dos três principais modos mostrados na Fig. 2.10 ou numa combinação deles. No primeiro modo, ocorrem danos estéticos e funcionais – se os recalques forem muito grandes – e danos às ligações da estrutura com o exterior (tubulações de água, esgoto e outras; rampas, escadas, passarelas etc.). No segundo caso, ocorrem danos estéticos decorrentes do desaprumo (mais visível quanto mais alto o prédio) e danos funcionais decorrentes do desnivelamento de pisos etc. No último caso, além dos danos estéticos e funcionais mencionados nos dois casos anteriores, há também danos dessa mesma natureza decorrentes da fissuração, e há os danos estruturais.

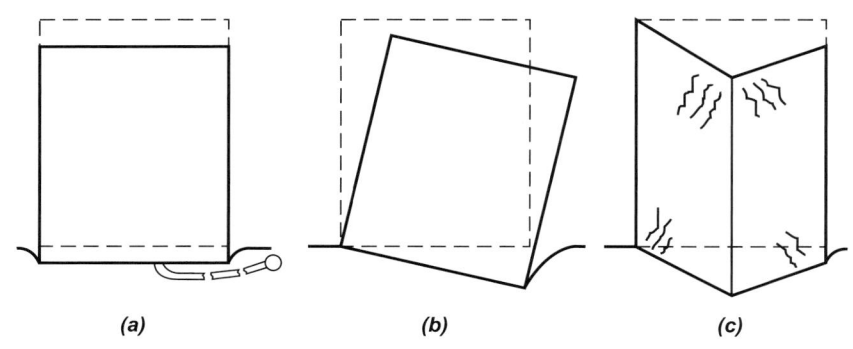

Fig. 2.10 - *Principais modos de deformação de uma estrutura: (a) recalques uniformes; (b) recalques desuniformes sem distorção; (c) recalques desuniformes com distorção*

O I.S.E. (1989) classifica as consequências dos deslocamentos das construções segundo:
- a aparência visual (estética);
- a utilização e a função;
- a estabilidade e os danos estruturais;

e propõe a fixação de deslocamentos e deformações limites em que esses três aspectos são considerados.

(a) Aparência visual
Deve-se considerar aqui:
i. *Movimentos relativos que provocam desaprumos e inclinações perceptíveis e antiestéticos*. Na fixação de valores limites, há a interveniência de fatores subjetivos. Por exemplo, os habitantes de Santos (SP) aceitam desaprumos de edifícios que dificilmente seriam aceitos em outro local. Em geral, desvios da vertical maiores que 1/250 são notados. Para peças horizontais, uma inclinação maior que 1/100 é visível, assim como uma relação de deflexão maior que 1/250.
ii. *Danos visíveis*. Para eliminar a influência de fatores subjetivos, sugere-se a classificação de danos segundo os critérios descritos na Tab. 2.7. Essa tabela preocupa-se apenas com o aspecto estético. Em situações em que a fissuração pode acarretar

corrosão de armadura ou permitir a penetração ou fuga de líquidos ou gases, os critérios devem ser mais severos.

Tab. 2.7 – Classificação de danos visíveis em paredes conforme a facilidade de reparação (I.S.E., 1989)

Categoria do Dano	Danos Típicos	Largura aproximada da fissura (mm)
	Fissuras capilares com largura menor que 0,1 mm são classificadas como desprezíveis.	<0,1
1	Fissuras finas que podem ser tratadas facilmente durante o acabamento normal.	<1,0
2	Fissuras facilmente preenchidas. Um novo acabamento provavelmente é necessário. Externamente, pode haver infiltrações. Portas e janelas podem empenar ligeiramente.	<5,0
3	As fissuras podem ser reparadas por um pedreiro. Fissuras que reabrem podem ser mascaradas por um revestimento adequado. Portas e janelas podem empenar. Tubulações podem quebrar. A estanqueidade é frequentemente prejudicada.	5 a 15 ou um número de fissuras (por metro) > 3
4	Trabalho de reparação extensivo, envolvendo a substituição de panos de parede, especialmente sobre portas e janelas. Esquadrias de portas e janelas distorcidas; pisos e paredes inclinados visivelmente. Tubulações rompidas.	15 a 25 mas também função do número de fissuras
5	Essa categoria requer um serviço de reparação mais importante, envolvendo reconstrução parcial ou completa. Vigas perdem suporte; paredes inclinam perigosamente e exigem escoramento. Janelas quebram com distorção. Perigo de instabilidade.	Usualmente > 25, mas também função do número de fissuras

(b) Utilização e função

As deformações admissíveis dependem da utilização da construção: fissuras aceitas em um prédio industrial não são aceitas em um hospital ou escola, por exemplo. A função da estrutura, também, frequentemente determina a magnitude das deformações admissíveis: máquinas de precisão, elevadores e pontes rolantes exigem, para o seu bom funcionamento, que as deformações sejam bastante limitadas. É necessário, todavia, um certo questionamento em relação às exigências dos fabricantes e fornecedores desses equipamentos, pois frequentemente são exageradas e levam a projetos de fundações e de estrutura antieconômicos (ver, por exemplo, Peck, 1994).

(c) Estabilidade e danos estruturais

As limitações de deformações para atender aos aspectos abordados anteriormente em geral garantem a estabilidade da obra e a ausência de danos estruturais que possam comprometer a sua segurança. Entretanto, há exceções. Por exemplo, uma estrutura muito rígida pode tombar como um todo sem apresentar, previamente, fissuração apreciável.

2.5.4 Recalques diferenciais admissíveis

A quantificação das deformações admissíveis é feita, em geral, em termos de distorções angulares (β) ou de relações de deflexão (Δ/L), conforme o tipo de estrutura. As Tabs. 2.8 e 2.9 apresentam algumas indicações.

Tab. 2.8 – Valores limites da rotação relativa ou distorção angular β para edifícios estruturados e paredes portantes armadas (I.S.E., 1989)

	Skempton e MacDonald (1956)	Meyerhof (1956)	Polshin e Tokar (1957)	Bjerrum (1963)
Danos estruturais	1/150	1/250	1/200	1/150
Fissuras em paredes e divisórias	1/300 (porém, recomendado 1/500)	1/500	1/500 (0,7/1000 a 1/1000 em painéis extremos)	1/500

Tab. 2.9 – Valores limites da relação de deflexão Δ/L para a ocorrência de fissuras visíveis em paredes portantes não armadas (I.S.E., 1989)

Configuração	Meyerhof (1956)	Polshin e Tokar (1957)	Burland e Wroth (1975)
Côncava para cima	1/2500	L/H<3: 1/3500 a 1/2500 L/H<5: 1/2000 a 1/1500	L/H=1: 1/2500 L/H=5: 1/1250
Convexa para cima	–	–	L/H=1: 1/5000 L/H=5: 1/2500

Na Fig. 2.11 são apresentados os valores da distorção angular β e os danos associados sugeridos por Bjerrum (1963) e complementados por Vargas e Silva (1973).

2.5.5 Recalques limites

A determinação dos recalques limites está relacionada à das deformações limites. A experiência mostra que, salvo em casos especiais, há uma correspondência entre os dois grupos de parâmetros.

Skempton e MacDonald (1956) estabeleceram algumas correlações que estão sumariadas na Tab. 2.10. Grant et al. (1974) reavaliaram essas correlações, chegando aos valores colocados na mesma tabela, que é transcrita, em parte, do trabalho de Novais-Ferreira (1976).

2.5.6 Deformação de tração crítica

Os trabalhos de Skempton e MacDonald (1956) e de Grant et al. (1974) tratam o problema dos recalques e das distorções angulares admissíveis de um ponto de vista empírico. Burland e Wroth (1974), numa tentativa para dar ao mesmo problema uma base de cálculo, introduziram

2 Sobre o Projeto de Fundações

```
  1/100  1/200  1/300  1/400  1/500  1/600  1/700  1/800  1/900  1/1000   β
```

← Limite a partir do qual são temidas dificuldades com máquinas sensíveis a recalques

← Limite de perigo para pórticos com contraventamentos

← *Edifícios estreitos: não são produzidos danos ou inclinações*

← Limite de segurança para edifícios em que não são admitidas fissuras

← *Edifícios largos: não são produzidos danos ou inclinações*

← *Edifícios largos (B>15m): fissuras na alvenaria*

← *Edifícios estreitos (B<15m): fissuras na alvenaria*

← Limite em que são esperadas dificuldades com pontes rolantes

← Limite em que são esperadas as primeiras fissuras em paredes divisórias

← *Edifícios estreitos: fissuras na estrutura e pequena inclinação*

← Limite em que o desaprumo de edifícios altos e rígidos se torna visível

← *Edifícios estreitos: fissuras na estrutura, inclinação notável, necessidade de reforço*

← *Edifícios largos: fissuras graves, pequena inclinação*

← Fissuração considerável em paredes de alvenaria

← Limite de segurança para paredes flexíveis de alvenaria (h/l < 1/4)

← Limite em que são temidos danos estruturais nos edifícios em geral

← *Edifícios largos: fissuras na estrutura, inclinação notável, necessidade de reforço*

———— Bjerrum   — — — — — —Vargas e Silva

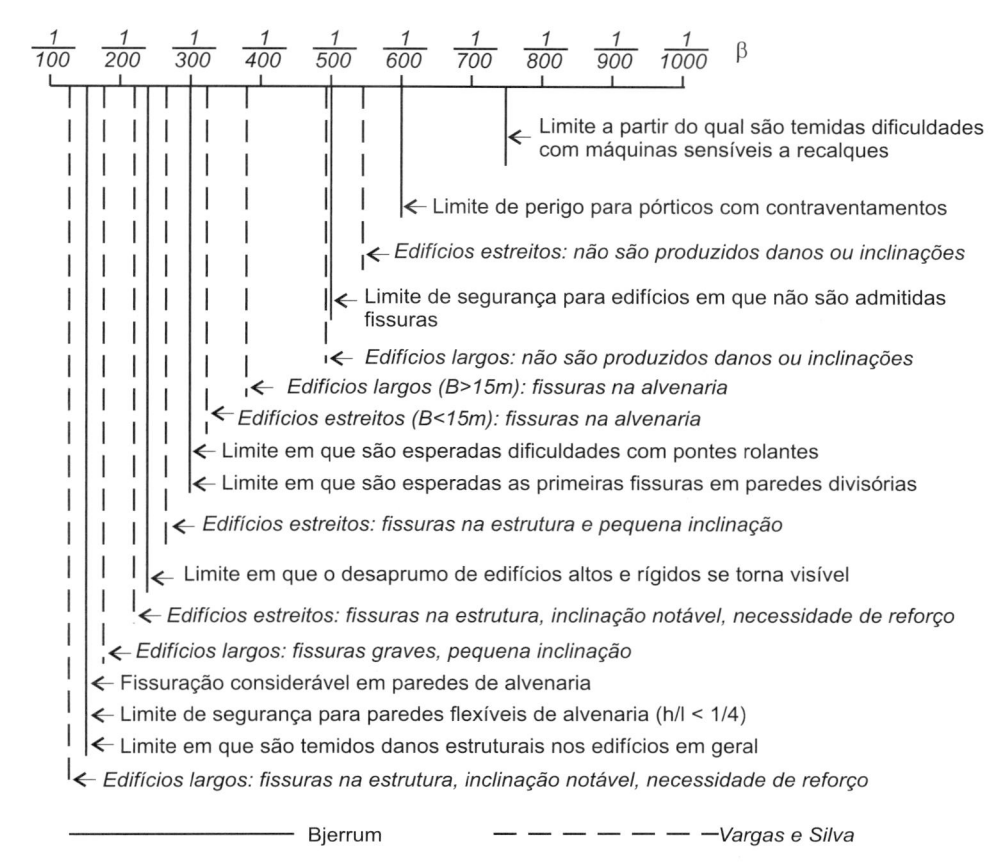

Fig. 2.11 - *Distorções angulares e danos associados*

Tab. 2.10 – Recalques máximos e distorções angulares ($w_{máx} = 1/R$ ($\delta w/l$))

Solo			Fundações isoladas		Radiers	
			(polegada)	(cm)	(polegada)	(cm)
argilas	$1/R$	S	1000	2540	1250	3175
		G	1200	3050	1 a 1,1B	1 a 1,1B
	$w_{máx}$	S	3	7,6	4	10,2
areias	$1/R$	S	600	1524	750	1905
		G	600	1524	Valores são duvidosos	
	$w_{máx}$	S	2	5,1	2,5	6,4

S = Skempton e MacDonald (1956); G = Grant et al. (1974)

B = largura da fundação; R é uma relação empírica entre $\delta w/l$ e $w_{máx}$

o conceito de *deformação de tração crítica*, postulando que o aparecimento de uma fissura visível em um dado material pode ser associado a uma deformação de tração limite ou crítica (ε_{crit}). Essa deformação nada tem a ver com a que faz o material perder sua resistência à tração.

Esses autores adotaram em suas análises o valor $\varepsilon_{lim} = 0,075$. Eles apresentam como vantagens desse tratamento:

- Pode ser aplicado a estruturas complexas por meio de técnicas de análise de tensões bem estabelecidas.
- Torna explícito o fato de que os danos podem ser controlados dando-se atenção aos modos de deformação dentro da estrutura e à composição do edifício.

- O valor da deformação limite pode ser modificado para levar em conta os materiais utilizados e os estados limites de utilização prescritos.

Algumas conclusões importantes são:
- As deformações diferenciais limites dependem da fragilidade dos materiais utilizados, da relação comprimento/altura, da rigidez relativa à flexão e ao cisalhamento, do modo de deformação (concavidade para cima ou para baixo).
- Os edifícios estruturados com paredes de simples fechamento são capazes de suportar, sem danos apreciáveis, deformações relativas maiores que os edifícios com paredes portantes não armadas.
- Há uma carência de registros de casos históricos de estruturas danificadas. Assim, é perigoso estabelecer regras concernentes às deformações limites. É mais importante que os fatores básicos sejam identificados e apreciados pelos engenheiros.

2.5.7 Recalques totais limites

A fixação de recalques absolutos limites é mais difícil que a fixação de recalques diferenciais limites. A orientação que é dada a seguir (I.S.E., 1989) é válida apenas para casos de rotina para os quais o projetista julga não ser necessária uma análise mais profunda. Mantém-se o tratamento dado por Terzaghi e Peck (1948), separando-se as fundações em areias das fundações em argilas.

Areias - Para sapatas em areias, é pouco provável que o recalque diferencial seja maior que 75% do recalque máximo. Como a maioria das estruturas é capaz de resistir a um recalque diferencial de 20 mm, recomenda-se adotar um recalque absoluto limite de 25 mm. Para fundações em *radiers*, esse valor pode ser elevado para 50 mm. Skempton e MacDonald (1956) sugerem 40 mm para sapatas isoladas e 40 a 65 mm para *radiers*, partindo da fixação de um β limite igual a 1/500.

Argilas - Procedendo como no caso das areias, Skempton e MacDonald (1956) chegaram, para as fundações em argilas, a um recalque diferencial máximo de projeto da ordem de 40 mm. Daí decorrem os recalques absolutos limites de 65 mm para sapatas isoladas e de 65 a 100 mm para *radiers*. Essa proposição foi criticada por Terzaghi na discussão do trabalho de Skempton e MacDonald. Em I.S.E. (1989) faz-se uma análise cuidadosa com base nos dados mais recentes. A conclusão é que aqueles valores, sobretudo o recalque diferencial, são razoáveis como "limites de rotina". Entretanto, valores maiores podem ser aceitos.

2.5.8 Monitoração de recalques

A norma NBR 6122/2010 recomenda a verificação do desempenho das fundações por meio do monitoramento dos recalques, medidos na estrutura, sendo obrigatório nos seguintes casos:
i. estruturas nas quais a carga variável é significativa em relação à carga total, tais como silos e reservatórios;
ii. estruturas com mais de 60 m de altura em relação ao térreo;
iii. estruturas com relação altura-largura (menor dimensão) superior a 4;
iv. fundações ou estruturas não convencionais.

REFERÊNCIAS

AOKI, N. Probabilidade de falha e carga admissível de fundação por estacas. *Revista de Ciência e Tecnologia*, v. XIX, I.M.E., Rio de Janeiro, 2002.

BAIKIE, L. D., 1985, Total and partial factors of safety in Geotechnical Engineering, *Canadian Geotechnical Journal*, v. 22, p. 477-482, 1985.

BARATA, F. E. *Recalques de edifícios sobre fundações diretas em terrenos de compressibilidade rápida e com consideração da rigidez da estrutura*. Tese (Concurso para Professor-Titular) Escola de Engenharia, UFRJ, Rio de Janeiro, 1986.

BJERRUM, L. Interaction between structure and soil. In: EUROPEAN CONFERENCE ON SOIL MECHANICS AND FOUNDATION ENGINEERING, Wiesbaden, 1963. *Proceedings...* Wiesbaden: ECSMFE, 1963, p. 135-137.

BRINCH-HANSEN, J. The philosophy of foundations design: design criteria, safety factors and settlement limits, In: SYMPOSIUM ON BEARING CAPACITY AND SETTLEMENTS OF FOUNDATIONS, 1965, Durham. *Proceedings...* Durham: Duke University, 1965. p. 9-13.

BURLAND, J. B.; WROTH, C. P. Settlement of buildings and associated damage. State-of-the-Art Report, In: CONF. ON SETTLEMENT OF STRUCTURES, 1974, Cambridge. *Proceedings...* London: Pentech Press, 1974. p. 611-654.

BURLAND, J. B.; BROMS, B. B.; de MELLO, V. F. B. Behaviour of foundations and structures. State-of-the-Art Report. In: INTERNACIONAL CONFERENCE ON SOIL MECHANICS AND FOUNDATION ENGINEERING, 9., 1977. *Proceedings...* Tokio: Japanese Geotechnical Society, 1977.

FELD, J. The factor of safety in soil and rock mechanics. In: INTERNATIONAL CONFERENCE ON SOIL MECHANICS AND FOUNDATION ENGINEERING, 6. 1965, Montreal. *Proceeding...* Montreal: Internacional Conference on Soil Mechanicas and Foundation Engineering, 1965.

FLEMING, W. G. K. Limit states and partial factors in foundation design. *Proceedings of the Institution of Civil Engineers*, Nov. 1992. p. 185-191.

FREUDENTHAL, A. M. The safety of structures. *Transactions ASCE*, v. 112, 1947.

FREUDENTHAL, A. M. Safety and probabity of structural failure. *Transactions ASCE*, v. 121, 1956

FREUDENTHAL, A. M., GARRELTS, J. M.; SHINOSUKA, M. The analysis of structural safety. *Journal of Structural Division* , ASCE, v. 112, p. 267-325, 1966.

GRANT, R.; CHRISTIAN, J. T., VANMARCKE, E. H. differential settlements of buildings, *Journal of Structural Division*, ASCE, v. 100, p. 937-991, 1974.

HARR, M. E. *Probability-based design in Civil Engineering*. New York: Mc-Graw-Hill Book Co., 1987.

HUECKEL, S. Détermination du coefficient de sécurité dans le domain de la mécanique des sols et des fondations. *Annales de L'institut Technique du Bâtiment et des Travaux Publiques*, 1968, n. 245, 1968.

INSTITUTION OF STRUCTURAL ENGINEERS (I.S.E.) *Structure-soil interaction*. London, 1978. A State-of-the-Art Report.

INSTITUTION OF STRUCTURAL ENGINEERS (I.S.E.). *soil-structure interaction: the real behaviour of structures*. London, 1989.

LANGEJAN, A. Some aspects of the safety factor in soil mechanics as a problem of probability. In: INTERNATIONAL CONFERENCE ON SOIL MECHANICS AND FOUNDATION ENGINEERING, 6. Montreal, 1965. *Proceedings...* Montreal: International Conference on Soil Mechanics and Foundation Engineering, 1965.

LUMB, P., 1970, safety factors and the probability distribution in soil strength. *Canadian Geotechnical Journal*, v. 7, n. 3, 1970.

MEYERHOF, G. G. Safety factors in soil mechanics. *Canadian Geotechnical Journal*, v. 7, n. 4, 1970.

MEYERHOF, G. G. Safety factors and limit state analysis in Geotechnical Engineering, *Canadian Geotechnical Journal*, v. 21, 1984.

NASCIMENTO, U; FALCÃO, C. B. Segurança e coeficiente de segurança em Geotecnia. *Geotecnia*, Lisboa, n. 1, 1971.

PECK, R. B. Use and abuse of settlement analysis. Invited Lecture. In: ASCE, Vertical and Horizontal Deformations of Foundations and Embankments. *Geotechnical Special Publication*, v. 1, n. 40, 1994.

POLSHIN, D. E.; TOKAR, R. A. Maximum allowable non-uniform settlement of structures. In: INTERNATIONAL CONFERENCE ON SOIL MECHANICS AND FOUNDATION ENGINEERING, 4., 1957, London. Proceedings... London: International Conference on Soil Mechanics and Foundation Engineering, 1957. p. 402-405.

SKEMPTON, A. W.; MAcDONALD, D. H. Allowable settlement of buildings. *Proceedings of the Institution of Civil Engineers*. London : 1956. v. 5. p. 727-784.

SMITH, G. N. *Probability and statistics in Civil Engineering: an introduction*. London: W. Collins Sons & Co. Ltd., 1986.

TERZAGHI, K.; PECK R. B. *Soil mechanics in engineering practice*. 2 ed. New York: John Wiley & Sons, 1967.

THORNBURN, S.; HUTCHINSON, J. F. *Underpinning*. london: Surrey University Press, 1985.

TSCHEBOTARIOFF, G. P. *Foundation, retaining and earth structures*. 2 ed. New York: MacGraw-Hill, 1973.

VANMARCKE, E. H. Probabilistic modeling of soil profiles. *Journal Geotechnical Engineering Division, ASCE*, v. 103, n. 11, p. 1227-1246, 1977.

VARGAS, M.; SILVA, F. R. O problema das fundações de edifícios altos: experiência em São Paulo e Santos. In: CONFERENCIA REGIONAL SUL-AMERICANA SOBRE EDIFÍCIOS ALTOS, Porto Alegre, 1973. *Anais*. Porto Alegre: Conferencia Regional Sul-Americana sobre Edifícios Altos, 1973.

VELLOSO, D. A. *Ainda sobre a Segurança nas Fundações*. Ciclo de Palestras sobre Engenharia de Fundações, ABMS. Recife, Núcleo Regional do Nordeste, 1987.

VESIC, A. S. Bearing capacity of shallow foundations. In: WINTERKORN, H. F.; FANG, H. Y. (Eds.). *Foundation Engineering Handbook*, New York: Van Nostrand Reinhold Co., 1975. p. 121-147.

WU, T. H. Uncertainty, safety and decision in soil engineering. *Journal Geotechnical Engineering Division, ASCE*, v. 100, n 3, p. 329-348, 1974.

WU, T. H.; KRAFT, L. M. The probability of foundation safety. *Journal Soil Mechanics and Foundations Division, ASCE*, v. 93, n. SM5, p. 213-231, 1967.

Capítulo 3

INVESTIGAÇÃO DO SUBSOLO

Neste capítulo serão apresentados, sumariamente, os principais processos de investigação do subsolo para fins de projeto de fundação para estruturas, juntamente com as informações que podem ser obtidas desses processos.

3.1 O PROGRAMA DE INVESTIGAÇÃO

O projetista de fundações deve se envolver com o processo de investigação do subsolo desde seu início. Infelizmente, na prática, isso frequentemente não acontece, e ao projetista é entregue, junto com informações sobre a estrutura para a qual deve projetar fundações, um conjunto de sondagens. Nesse caso, e havendo dúvidas que impeçam o desenvolvimento do projeto, essas sondagens devem ser consideradas uma investigação preliminar, e uma investigação complementar deve ser solicitada.

O primeiro passo para uma investigação adequada do subsolo é a definição de um programa, que irá definir as etapas da investigação e os objetivos a serem alcançados. As etapas são:

a. investigação preliminar;
b. investigação complementar ou de projeto;
c. investigação para a fase de execução.

Na investigação preliminar objetiva-se conhecer as principais características do subsolo. Nesta fase, em geral, são executadas apenas sondagens a percussão, salvo nos casos em que se sabe *a priori* da ocorrência de blocos de rocha que precisam ser ultrapassados na investigação, quando, então, solicitam-se sondagens mistas. O espaçamento ou a "malha" de sondagens é geralmente regular (por exemplo, 1 furo a cada 15 ou 20 m), e a profundidade das sondagens deve procurar caracterizar o embasamento rochoso.

Na investigação complementar, procuram-se esclarecer as feições relevantes do subsolo e caracterizar as propriedades dos solos mais importantes do ponto de vista do comportamento das fundações. Se antes desta fase já se tiver escolhido o tipo de fundação a ser adotado, questões executivas também podem ser esclarecidas. Nesta fase, são executadas mais algumas sondagens, fazendo com que o total atenda às exigências de normas, e, eventualmente, realizando-se sondagens mistas ou especiais para a retirada de amostras indeformadas, se forem necessárias. Nesta etapa, são realizados alguns ensaios *in situ* – além do ensaio de penetração dinâmica (*SPT*) que é executado nas sondagens a percussão –, como ensaios de cone (*CPT*), de placa etc. As amostras indeformadas podem ser utilizadas em ensaios em laboratório, os quais devem ser especificados e acompanhados pelo projetista.

A investigação para a fase de execução deve ser indicada também pelo projetista e poderá ser ampliada pelo responsável pela execução da obra. Ela visa confirmar as condições de projeto em áreas criticas da obra, assim consideradas pela responsabilidade das fundações (exemplo típico: pilares de pontes) ou pela grande variação dos solos na obra. Outra necessidade de investigação na fase de obra pode vir da dificuldade de executar o tipo de fundação previsto. Em qualquer dos casos, o projetista deve acompanhar as investigações desta fase ou, pelo menos, ser colocado a par dos resultados.

Para a definição de um programa de investigação, o projetista deve ter em mãos (ver item 2.2):

- a planta do terreno (levantamento planialtimétrico);
- os dados sobre a estrutura a ser construída e sobre vizinhos que possam ser afetados pela obra;
- informações geológico-geotécnicas disponíveis sobre a área (plantas, publicações técnicas etc.);
- normas e códigos de obras locais.

De posse dessas informações, o projetista deve visitar o local da obra, preferivelmente com o responsável pela execução das investigações, com quem deverá manter uma relação técnica próxima. Neste ponto, menciona-se a questão da idoneidade da firma executora das sondagens. Frequentemente a escolha da firma executora das investigações é feita pelo proprietário da obra com base no menor preço. Neste caso, cabe ao projetista estabelecer um padrão mínimo de qualidade para as investigações (além do que estabelecem as normas). É importante observar que o custo dessas investigações é uma fração muito pequena do custo da obra.

Na visita ao local da obra, o projetista deverá anotar na planta feições geológico-geotécnicas importantes, tais como afloramentos de rocha, taludes, erosões etc. Fotografias são muito úteis para registrar essas feições.

Após a fase preliminar, o projetista já deverá ter alguma idéia do tipo (ou tipos) de fundação possível(eis) para a obra e programar a investigação complementar. Se o embasamento estiver bem caracterizado, as novas sondagens poderão parar em profundidades nas quais as tensões impostas pelas fundações são muito pequenas em comparação com as tensões geostáticas (tensões devidas ao peso próprio do terreno), desde que nessas profundidades não ocorram solos fracos. A norma NBR 8036 (antiga NB 12) dá maiores detalhes sobre como calcular essua profundidade mínima. De qualquer forma, as sondagens não poderão parar antes da profundidade prevista para as fundações. No caso de edifícios, o total de sondagens deverá atender ao mínimo da norma NBR 8036: 1 furo a cada 200 m^2 de projeção do edifício e um mínimo de 3 sondagens na obra.

Na ocorrência de solos argilosos moles abaixo de cotas previstas para as fundações, amostras indeformadas[1] podem ser retiradas para ensaios em laboratório (determinação de umidade natural, caracterização, ensaios de compressão simples e/ou triaxial, de adensamento oedométrico etc.).

3.2 PROCESSOS DE INVESTIGAÇÃO DO SUBSOLO

Os principais processos de investigação do subsolo para fins de projeto de fundações de estruturas são:

a. Poços;
b. Sondagens a trado;
c. Sondagens a percussão com *SPT*;

---

[1]. Chama-se *amostra indeformada* a amostra retirada por processo que procura preservar o volume, a estrutura e a umidade do solo; as tensões são, naturalmente, aliviadas e deverão ser recompostas no laboratório.

d. Sondagens rotativas;
   e. Sondagens mistas;
   f. Ensaio de cone (*CPT*);
   g. Ensaio pressiométrico (*PMT*).

Do ponto de vista de fundações para estruturas, somente em casos excepcionais são usados os ensaios de campo de palheta (*vane test*) e de dilatômetro (*DMT*), uma vez que esses ensaios são indicados para argilas moles. Ainda, métodos geofísicos (sísmica de refração, sísmica de reflexão, resistividade elétrica e georradar) são normalmente usados em obras extensas ou como complemento aos métodos convencionais relacionados anteriormente. Pode ser considerado, ainda, como método de investigação, o ensaio ou prova de carga em placa. Este tipo de ensaio é descrito no Cap. 5, que trata da previsão de recalques de fundações superficiais.

3.2.1 Poços e sondagens a trado

Os poços são escavações manuais, geralmente não escoradas, que avançam até que se encontre o nível d'água ou até onde for estável. Os poços permitem um exame do solo nas paredes e no fundo da escavação, e a retirada de amostras indeformadas tipo bloco ou em anéis. Esse tipo de investigação está normalizado pela NBR 9604.

As sondagens a trado são perfurações executadas com um dos tipos de trado manuais mostrados na Fig. 3.1. A profundidade também está limitada à profundidade do nível d'água, e as amostras retiradas são deformadas. Esse tipo de investigação está normalizado pela NBR 9603.

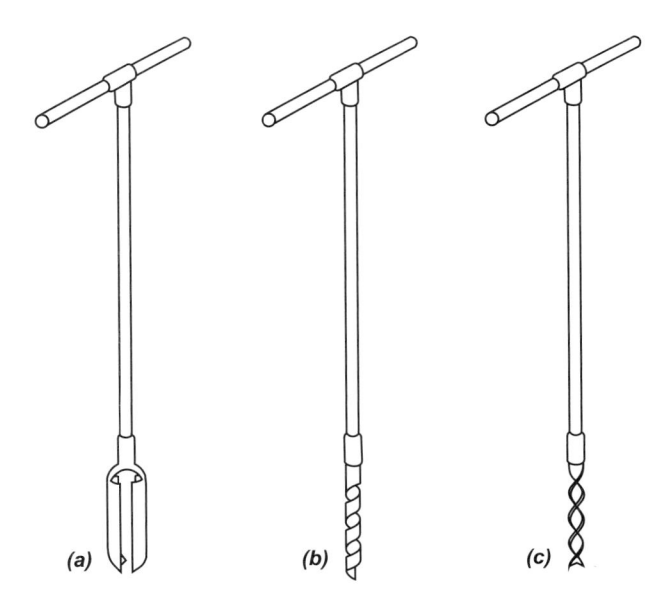

Fig. 3.1 - *Trados manuais mais utilizados: tipo (a) cavadeira, (b) espiral ou 'torcido' e (c) helicoidal*

3.2.2 Sondagens a percussão

As sondagens a percussão são perfurações capazes de ultrapassar o nível d'água e atravessar solos relativamente compactos ou duros. O furo é revestido se se apresentar instável; caso se apresente estável, a perfuração pode prosseguir sem revestimento, eventualmente adicionando-se um pouco de bentonita à água. A perfuração avança na medida em que o solo, desagregado com auxílio de um trépano, é removido por circulação de água (*lavagem*).

O equipamento de sondagem está mostrado na Fig. 3.2. Na Fig. 3.2a, vê-se o processo de perfuração, interrompido a cada metro, quando é feito um ensaio de penetração dinâmica (*Standard Penetration Test* ou *SPT*), mostrado na Fig. 3.2b.

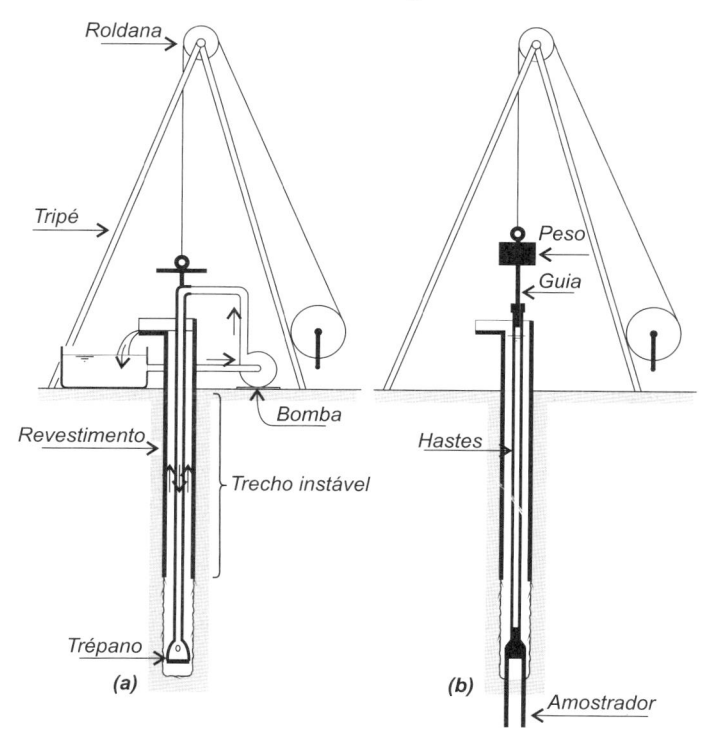

Fig. 3.2 - *Etapas na execução de sondagem a percussão: (a) avanço da sondagem por desagregação e lavagem; (b) ensaio de penetração dinâmica (SPT)*

As sondagens a percussão não ultrapassam, naturalmente, matacões e blocos de rocha (e são detidas às vezes por pedregulhos) e têm dificuldade de atravessar saprólitos (solos residuais jovens) muito compactos ou alterações de rocha. No caso de se encontrar grande dificuldade de perfuração, a sondagem é suspensa (ver Norma NBR 6484, para critérios para paralisação da sondagem).

O ensaio de penetração dinâmica (SPT), normalizado pela NBR 6484, é realizado a cada metro na sondagem a percussão (e também na mista, nas camadas de solo). O ensaio consiste na cravação de um amostrador normalizado, chamado originalmente de *Raymond-Terzaghi* (Fig. 3.3a), por meio de golpes de um peso de 65 kgf caindo de 75 cm de altura. Anota-se o número de golpes necessários para cravar os 45 cm do amostrador em 3 conjuntos de golpes para cada 15 cm. O resultado do ensaio SPT é o número de golpes necessário para cravar os 30 cm finais (desprezando-se, portanto, os primeiros 15 cm, embora o número de golpes para essa penetração seja também fornecido).

A amostra retirada com o amostrador *Raymond-Terzaghi* é deformada. Quando é necessário retirar amostras indeformadas para ensaio de laboratório, são empregados amostradores especiais. No caso de argilas, pode-se usar o amostrador com tubo de parede fina, conhecido como *Shelby*[2], mostrado na Fig. 3.3b. A amostra é retida no amostrador graças à válvula de esfera; um sistema alternativo para retenção da amostra, que consiste no uso de pistão, pode

---

2. O termo *Shelby* se deve à denominação dos tubos para gás, originalmente utilizados na confecção deste amostrador nos EUA.

ser visto na Fig. 3.3c. Esses dois últimos amostradores são cravados estaticamente (prensados). A norma de amostragem NBR 9820 recomenda um diâmetro mínimo do amostrador de 100 mm (4") e, em casos excepcionais, aceita um diâmetro de 76,2 mm (3"). Assim, quando se faz uso de um amostrador Shelby, o revestimento padrão de 2 1/2" não serve mais, e a sondagem precisa ter revestimento de maior diâmetro (6" ou excepcionalmente 4"). No caso de solos muito resistentes (p. ex., saprólitos), pode-se usar o amostrador *Denison* (Fig. 3.3d), que requer processo rotativo.

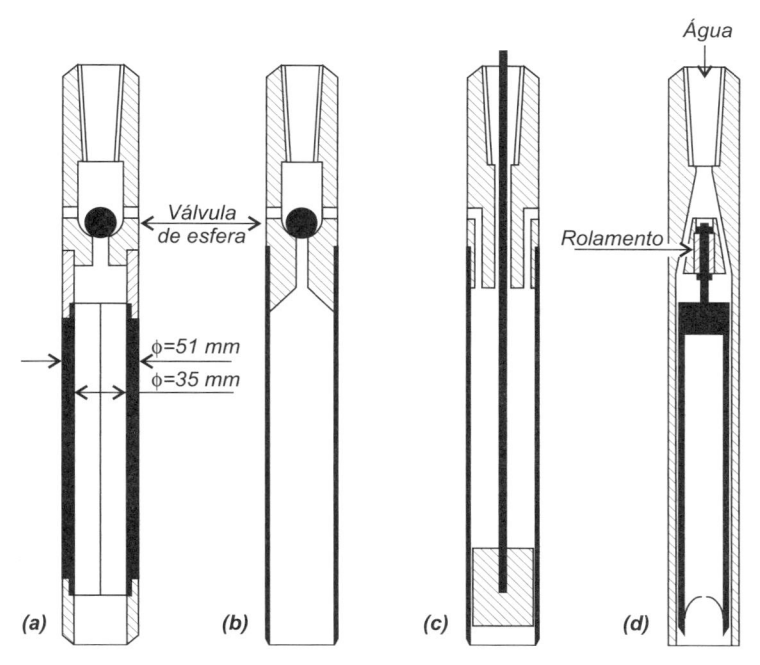

Fig. 3.3 - Amostradores para solos (esquematicamente representados): (a) Raymond-Terzaghi (usado no SPT), (b) de parede fina ou "Shelby" comum, (c) de parede fina de pistão e (d) Denison

Outras informações muito importantes fornecidas pela sondagem são as condições da água subterrânea. Inicialmente deve-se perfurar o terreno com trado até que se encontre água, para que se faça uma determinação da profundidade do *nível d'água freático* não influenciada pela sondagem. Quando se passa ao processo de circulação de água, devem-se anotar as profundidades onde ocorrem elevações no nível d'água no revestimento, o que indica artesianismo ou perdas d'água. Terminada a sondagem e retirado o revestimento, o nível d'água deve ser observado até que se estabilize (ou num período mínimo de 24 horas). Quando se deseja conhecer com mais precisão o nível piezométrico de uma dada camada, pode-se aproveitar o furo de sondagem para instalar um *piezômetro* (Fig. 3.4a). Para se conhecer com mais precisão o nível freático (quando este varia com o tempo ou com o regime de chuvas, p. ex.), pode-se aproveitar o furo de sondagem para instalar um *medidor de nível d'água*, mostrado na Fig. 3.4b (ou mesmo executar um poço).

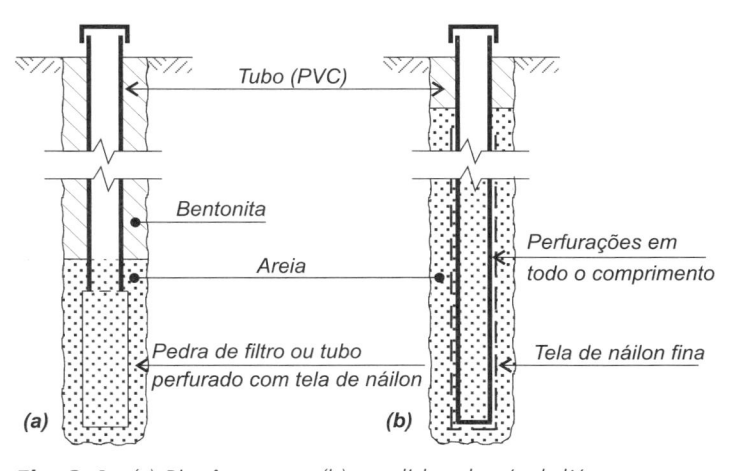

Fig. 3.4 - (a) Piezômetro e (b) medidor de nível d'água

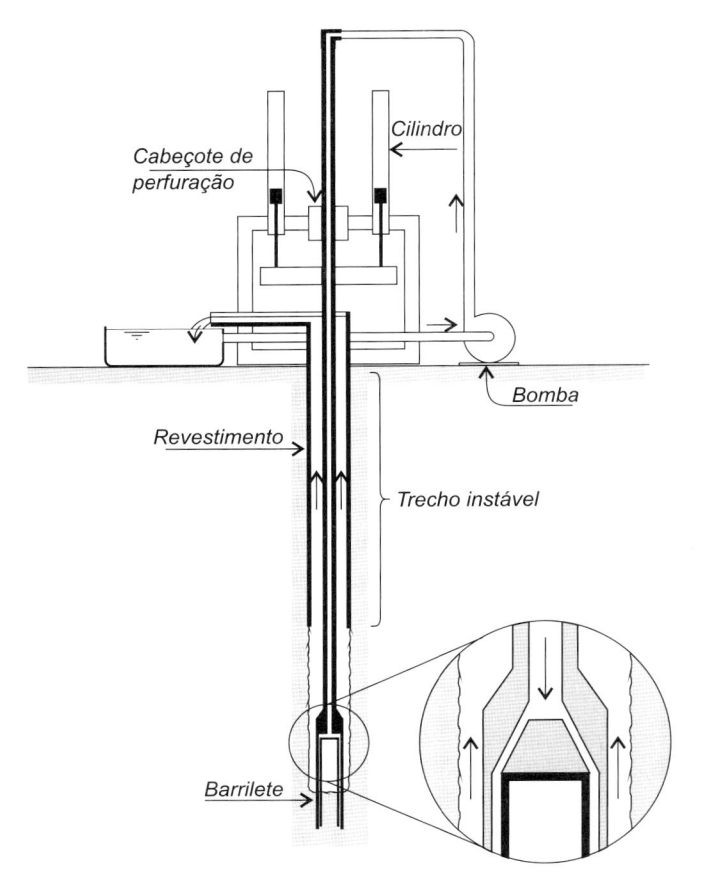

Fig. 3.5 - Esquema de funcionamento de sonda rotativa

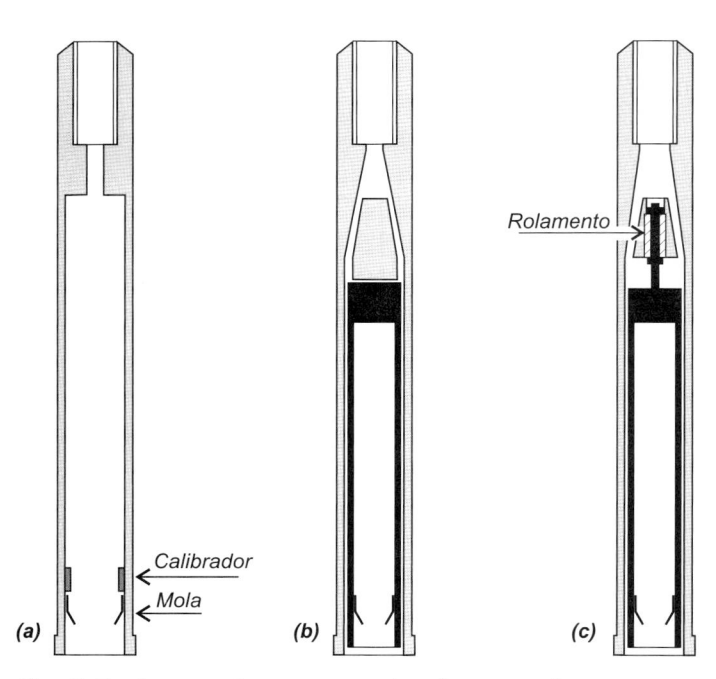

Fig. 3.6 - Amostradores para rochas (esquematicamente representados): (a) barrilete simples, (b) barrilete duplo e (c) barrilete duplo giratório

3.2.3 Sondagens rotativas e mistas

Na ocorrência de elementos de rocha que precisem ser ultrapassados no processo de investigação (caso de matacões ou blocos), ou que precisem ser caracterizados, utilizam-se as sondagens rotativas. Na Fig. 3.5, apresenta-se esquematicamente o processo de perfuração, que consiste basicamente em fazer girar as hastes (pelo cabeçote de perfuração) e em forçá-las para baixo (em geral, por um sistema hidráulico). No topo das hastes, há um acoplamento que permite a ligação da mangueira de água com as hastes que estão girando.

As sondagens mistas são uma combinação de um equipamento de sondagem rotativa (mesmo processo mostrado na Fig. 3.5) com um equipamento de sondagem a percussão (para SPT). Na sondagem mista, nos materiais que podem ser sondados a percussão, deve-se usar este processo (com execução de SPT), exceto quando se deseja retirar uma amostra com o amostrador Denison.

Durante o processo de sondagem rotativa, é utilizada ferramenta tubular chamada *barrilete* (do inglês *barrel*), para corte e retirada de amostras de rocha (chamadas de *testemunho*). Essas ferramentas têm em sua extremidade inferior uma coroa, que pode ter pastilhas de tungstênio (*wídia*) ou diamantes. A ferramenta completa de corte e amostragem é, assim, composta de (i) coroa, (ii) calibrador com mola retentora e (iii) barrilete (Fig. 3.6). O barrilete pode ser *simples*, *duplo rígido* ou *duplo giratório* (Fig. 3.6).

As sondagens rotativas são executadas em cinco diâmetros básicos (EX, AX, BX, NX, HX), indicados na Tab. 3.1. Esses diâmetros foram concebidos de tal maneira que, na impossibilidade de se avançar em um determinado diâmetro, a perfuração pode prosseguir no diâmetro imediatamente inferior.

A qualidade da amostra depende do tipo e diâmetro do amostrador utilizado, sendo preferíveis os barriletes duplos (se possível, giratórios). É preciso ter isso em mente, uma vez que uma indicação da qualidade da rocha é a percentagem de recuperação de amostra na sondagem (que é a razão – expressa em percentagem – entre o comprimento da amostra recuperada e o comprimento de perfuração). Assim, é importante que, junto com a percentagem de recuperação, seja informado o tipo e o diâmetro do amostrador utilizado. Essa percentagem de recuperação depende também do estado da coroa e da fixação da sonda, o que mostra que ela é função da qualidade da sondagem.

Tab. 3.1 - Diâmetros de perfuração em rocha

	Diâmetro da coroa (pol.; mm)	Diâm. testemunho (mm)
EX	1,47 ; 37,3	21
AX	1,88 ; 47,6	30
BX	2,35 ; 59,5	41
NX	2,97 ; 75,3	54
HX	3,89 ; 98,8	76

Uma melhor indicação da qualidade da rocha é o *RQD* (*Rock Quality Designation*), que consiste num cálculo de porcentagem de recuperação em que apenas os fragmentos maiores que 10 cm são considerados. Na determinação do *RQD*, apenas barriletes duplos com diâmetro NX (75,3 mm) ou maior podem ser utilizados. A classificação da rocha de acordo com o *RQD* está na Tab. 3.2.

Tab. 3.2 - Índice de qualidade da rocha - RQD

RQD	Qualidade do Maciço Rochoso
0 - 25%	Muito fraco
25 - 50%	Fraco
50 - 75%	Regular
75 - 90%	Bom
90 - 100%	Excelente

Mais detalhes sobre sondagens rotativas e mistas podem ser encontrados em Lima (1979).

3.2.4 Ensaio de cone (CPT)

Originalmente desenvolvido na Holanda na década de 1930 para investigar solos moles (e também estratos arenosos onde se apoiariam estacas), o ensaio de cone (CPT) se difundiu no mundo todo graças à qualidade de suas informações. Esse ensaio recebeu várias denominações, como "ensaio de penetração estática" (devido à sua forma de cravação), "ensaio de penetração contínua" (devido ao fato de fornecer informações quase contínuas nos cones mecânicos e realmente contínuas nos cones elétricos), ou *diepsondering* (termo dado a esse tipo de ensaio na Holanda). (Para uma revisão histórica deste ensaio, ver Danziger, 1994.)

O ensaio consiste basicamente na cravação a velocidade lenta e constante (dita "estática" ou "quase estática") de uma haste com ponta cônica, medindo-se a resistência encontrada na ponta e a resistência por atrito lateral (Fig. 3.7a).

No primeiro sistema desenvolvido, o atrito era medido em toda a haste, tendo esse cone – hoje em desuso - sido conhecido como "cone de Delft" ou "de Plantema" (Fig. 3.8a). Posteriormente, desenvolveu-se um cone com uma luva de atrito - conhecido como cone "de Vermeiden" ou "de Begemann" - , que avança primeiramente a ponta e depois a luva, para medição alternada da resistência de ponta, q_c, e do atrito lateral local, τ_c ou f_s (ver Fig. 3.8b). Nesses dois sistemas, as cargas (e daí as tensões) são geralmente medidas por sistemas mecânicos (ou hidráulicos) na superfície, daí serem chamados de "cones mecânicos".

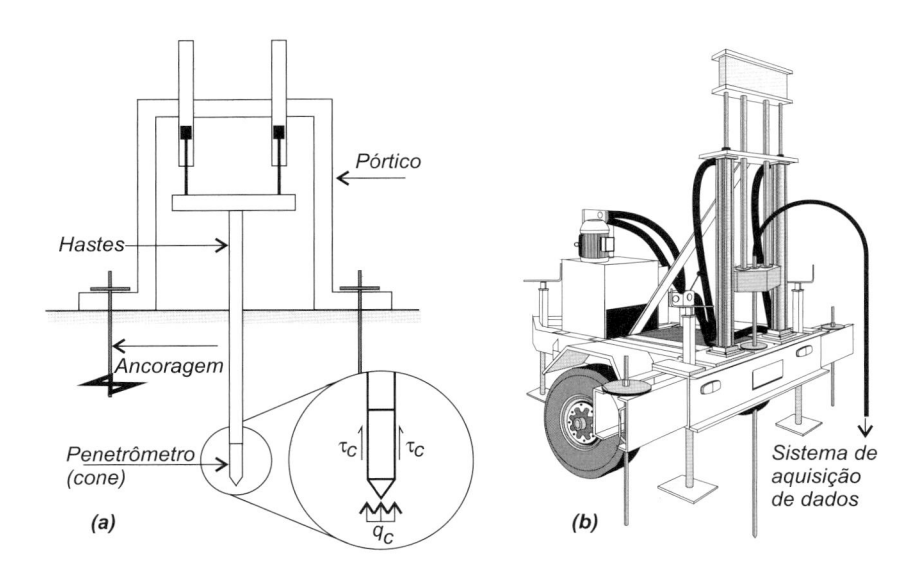

Fig. 3.7 - Ensaio CPT: (a) princípio de funcionamento e (b) vista de um equipamento (desenvolvido pela COPPE-UFRJ juntamente com a GROM - Automação e Sensores)

A partir da década de 1970, desenvolveu-se um sistema de medição da resistência de ponta e do atrito lateral local através de células de carga elétricas (locais), passando esses tipos de cones a ser conhecidos como "cones elétricos". Na Fig. 3.8c, está representado um cone elétrico da FUGRO "*tipo subtração*", assim denominado porque a segunda célula de carga mede a resistência lateral juntamente com a resistência de ponta, fazendo com que aquela seja obtida por subtração do valor medido na primeira célula de carga. Logo em seguida, introduziu-se um transdutor (medidor) de pressão da água (associado a um elemento poroso) colocado geralmente próximo à ponta do cone para medição de poro-pressões durante o ensaio. Este último tipo de cone passou a ser chamado "piezocone", e a sigla do ensaio que o emprega passou para CPTU. Na Fig. 3.8d, vê-se um piezocone desenvolvido na COPPE-UFRJ nos anos 1980.

Desde os cones mecânicos tem-se procurado normalizar a velocidade de cravação (inicialmente 1 cm/s e atualmente 2 cm/s), a área da ponta do cone em 10cm^2 e o ângulo da ponta em 60º. Esse ensaio é normalizado no Brasil pela NBR 12069.

Um resultado típico desse ensaio é mostrado na Fig. 3.9. No primeiro gráfico, é apresentado um perfil de resistência de ponta e de atrito lateral local. O segundo gráfico apresenta a razão entre o atrito lateral local e a resistência de ponta, $R = \tau_c / q_c$, que dá uma indicação do tipo de solo atravessado. O terceiro gráfico apresenta poropressões medidas no ensaio – o que é possível quando se utiliza um piezocone –, podendo-se observar que nas areias a poropressão é próxima da hidrostática, enquanto nas argilas há um excesso de poropressão gerado na cravação do cone.

Quando se está atravessando uma camada de argila, pode-se parar a cravação e observar a velocidade de dissipação do excesso de poropressão, operação conhecida como *ensaio de dissipação*; e sua interpretação fornece o coeficiente de adensamento horizontal, c_h.

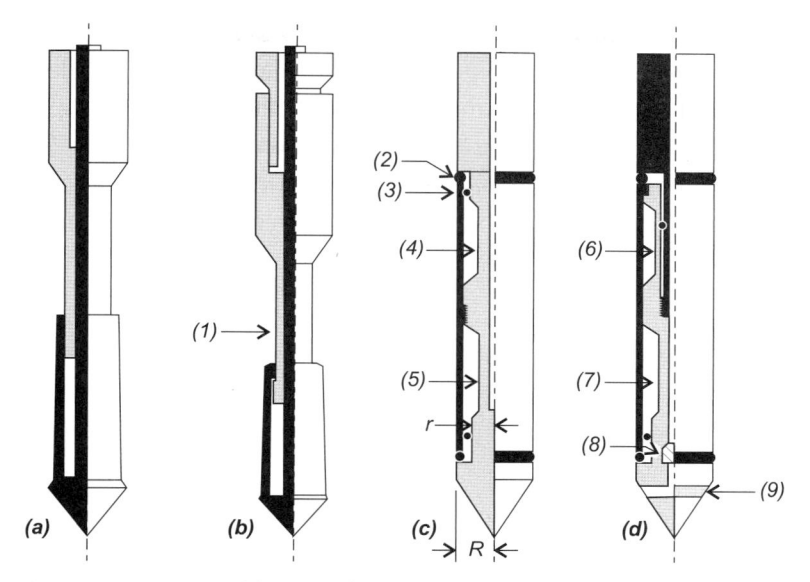

Fig. 3.8 - Penetrômetros para CPT: (a) de Delft; (b) Begemann; (c) cone elétrico (FUGRO - tipo subtração); (d) piezocone (COPPE-UFRJ Modelo 2). Estão indicados: (1) luva de atrito; (2) anel de vedação de solo; (3) idem, de água; (4) célula de carga total; (5) idem, de ponta; (6) idem, de atrito; (7) idem, de ponta; (8) transdutor (medidor) de poropressão; (9) elemento poroso

Neste ensaio, não são retiradas amostras dos solos atravessados e, por isso, é recomendável que este tipo de investigação seja associado a sondagens a percussão (com retirada de amostras para classificação tátil-visual).

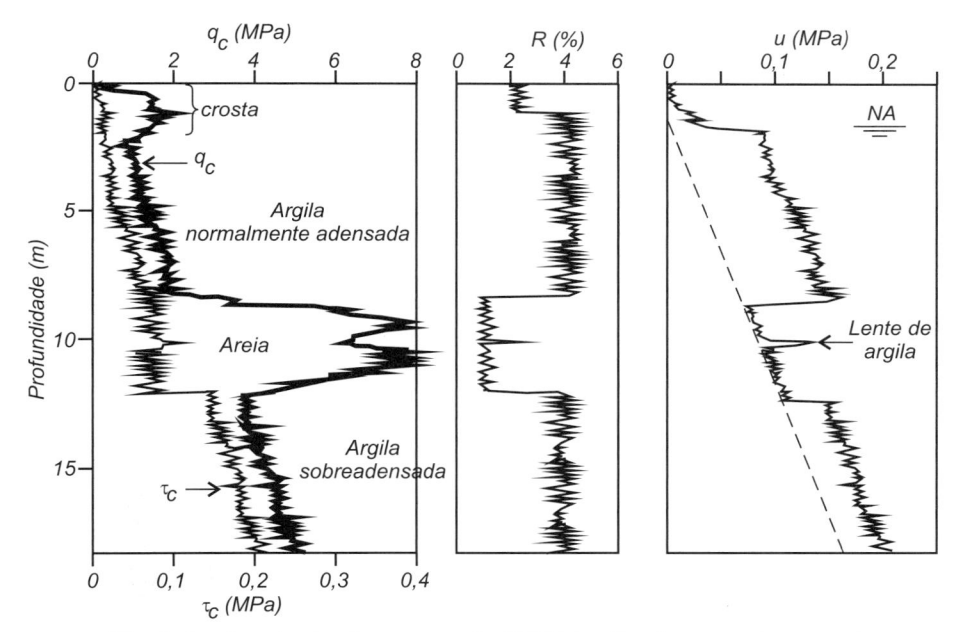

Fig. 3.9 - Resultado de um ensaio CPTU (realizado com piezocone)

3.2.5 Ensaio pressiométrico (PMT)

O ensaio pressiométrico consiste na expansão de uma sonda ou célula cilíndrica instalada em um furo executado no terreno. A célula, normalmente de borracha, expande-se com a injeção de água pressurizada, e a sua variação de volume é medida na superfície do terreno juntamente com a pressão aplicada (Fig. 3.10a). Essa é a descrição do pressiômetro Ménard, desenvolvido na década de 50 (Ménard, 1957). Posteriormente, na década de 70, desenvolveu-se o *pressiômetro autoperfurante*, com uma versão do LCPC da França (Fig. 3.10b) e outra da Universidade de Cambridge, esta denominada inicialmente *Camkometer* (de *Cambridge K_o meter*) e atualmente *Self Boring Pressuremeter* (Fig. 3.10c). Uma descrição das sondas autoperfurantes pode ser vista em Baguelin et al. (1972, 1974) e Wroth e Huges (1973).

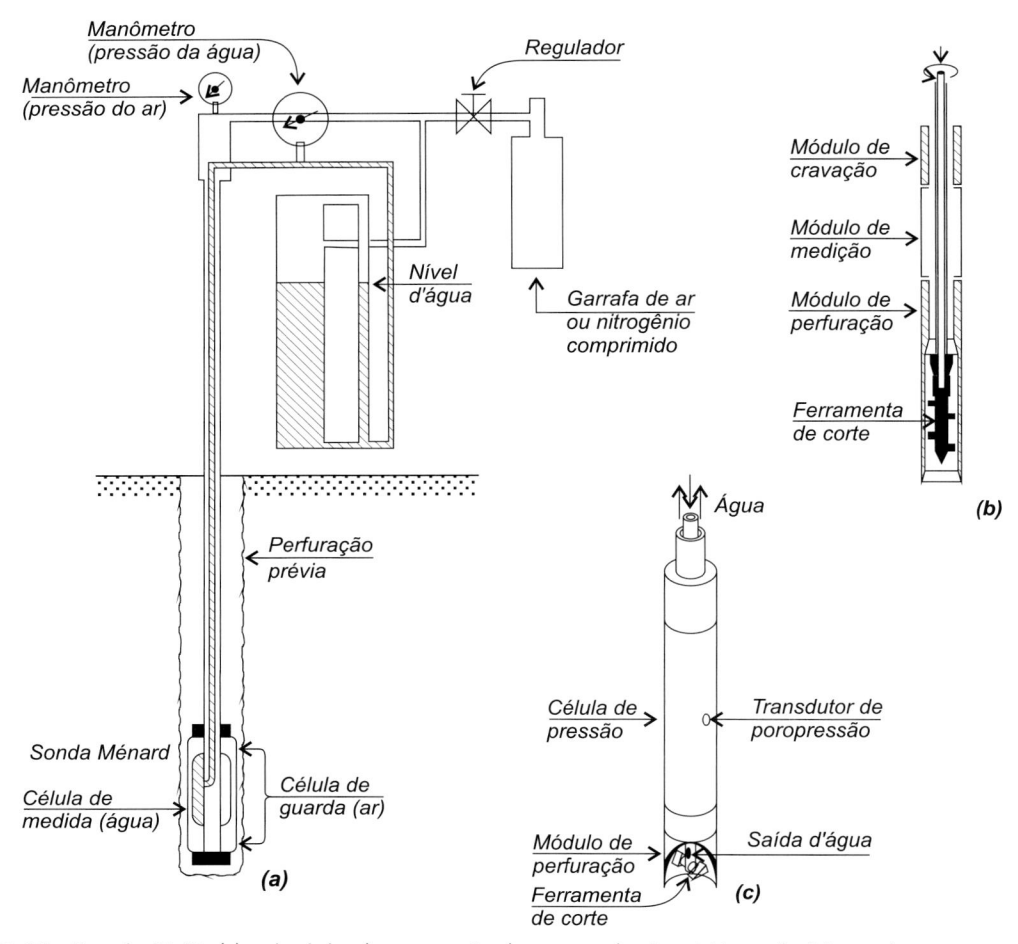

Fig. 3.10 - Ensaio PMT: (a) princípio de execução (com sonda tipo Ménard), (b) sonda autoperfurante tipo LCPC e (c) idem, tipo Camkometer

Um resultado típico do ensaio é apresentado na Fig. 3.11, que tem os seguintes trechos:
a. trecho de recompressão (0-A);
b. trecho aproximadamente elástico linear (A-B);
c. trecho elastoplástico (B-C).

A interpretação do ensaio fornece dados sobre:
a. o estado de tensões iniciais: a tensão horizontal, σ_h (ou σ'_h), e o coeficiente de empuxo no repouso, K_o, podem ser obtidos a partir da pressão p_o no ponto A do ensaio (levando-se em conta as pressões de água abaixo do NA, se for o caso);
b. propriedades de deformação (elásticas) do solo: o Módulo de Young pressiométrico, E, e o módulo cisalhante, G, podem ser obtidos por interpretação do trecho A-B,

3 Investigação do Subsolo

fazendo-se uso da solução da Teoria da Elasticidade para expansão de cavidade cilíndrica:

$$G = \frac{E}{2(1+\nu)} = V_m \frac{\Delta p}{\Delta v} \quad (3.1)$$

onde:

V_m = volume médio da sonda, que vale $V_m = [V_o + (V_o + \Delta v)]/2$;
Δp = variação de pressão;
Δv = variação de volume;

c. a resistência do solo: a resistência não drenada de argilas saturadas, S_u, pode ser obtida a partir da pressão limite (no ponto C), p_f, com:

$$s_u \approx \frac{p_f - p_o}{5,5} \quad (3.2)$$

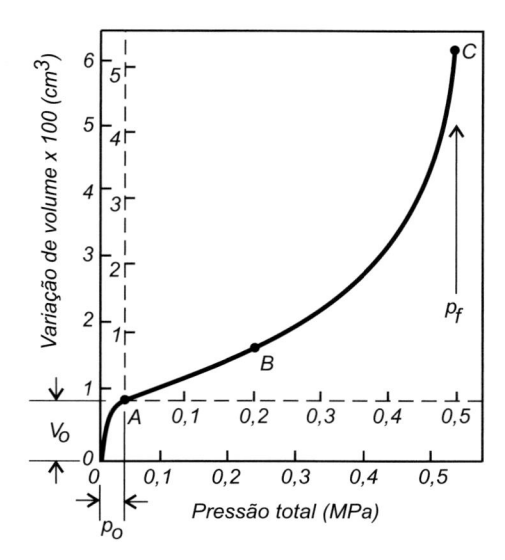

Fig. 3.11 - Resultado de ensaio pressiométrico

Trata-se de um ensaio bastante sofisticado, muito usado na Europa, especialmente na França, mas pouco empregado no Brasil.

3.2.6 Outros ensaios *in situ* (*vane test*, dilatômetro)

Há alguns outros tipos de ensaios *in situ*, como o ensaio de palheta (*"vane test"*) e o ensaio de dilatômetro (DMT), apresentados de forma sucinta a seguir. O primeiro desses ensaios é utilizado para caracterizar argilas moles e, por isso, tem uso limitado nos estudos de fundações para estruturas. Uma revisão dos métodos de investigação de solos moles pode ser vista em Almeida (1996).

No ensaio de palheta, a resistência não drenada da argila, S_u, é obtida admitindo-se que a ruptura se dá na superfície do cilindro de diâmetro d e altura h (diâmetro e altura da palheta, respectivamente) mostrado na Fig. 3.12. O torque ou momento necessário para causar esta ruptura, M, é medido. A versão mais simples da fórmula de interpretação é aquela que supõe que a resistência é a mesma em todas as superfícies de ruptura:

$$S_u = \frac{M}{\pi(\frac{d^2 h}{2} + \frac{d^3}{6})} \quad (3.3)$$

Para um estudo desse ensaio, recomendam-se os trabalhos de Collet (1978), Ortigão e Collet (1986) e Chandler (1987).

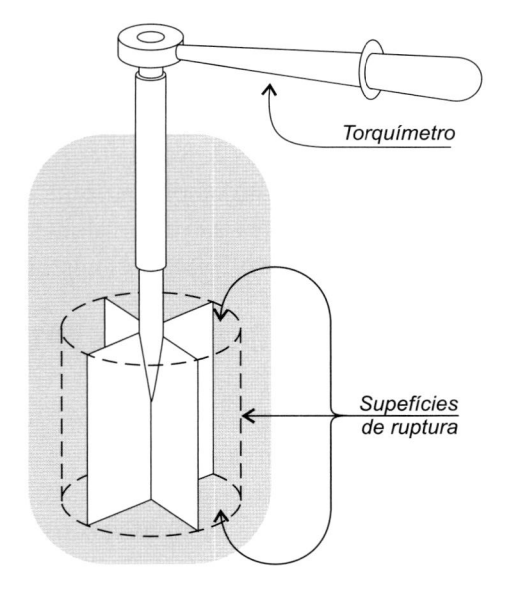

Fig. 3.12 - Ensaio de palheta (vane test), na sua versão mais simples (que utiliza um torquímetro para medição do momento aplicado, M)

O dilatômetro é cravado no terreno da mesma forma que o cone no ensaio CPT e, na profundidade desejada, recebe ar comprimido até que sua membrana (i) passe pela condição de repouso (a membrana, sob ação da cravação, sofre deslocamento negativo) e (ii) expanda-se 1 mm, quando então são registradas as pressões correspondentes (Fig. 3.13). Pode-se empregar esse ensaio para caracterizar tanto argilas como areias; e para um estudo desse tipo de ensaio, o leitor deverá consultar Marchetti (1980) e Vieira (1994).

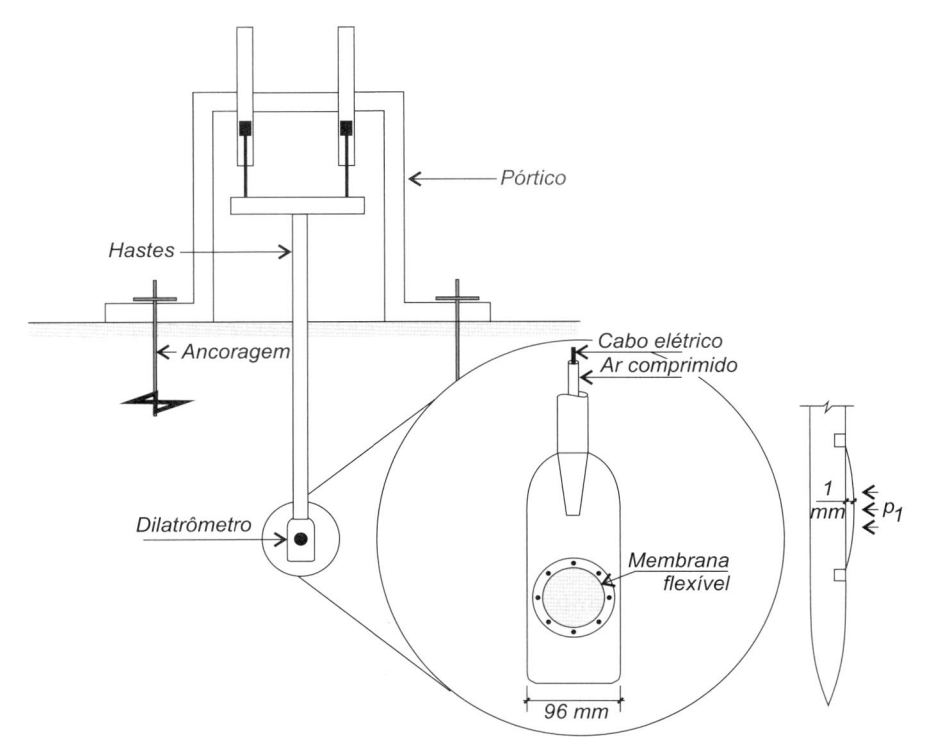

Fig. 3.13 - Ensaio de dilatômetro (DMT)

3.3 PRINCIPAIS INFORMAÇÕES OBTIDAS DE ENSAIOS *IN SITU*

Neste item serão apresentados apenas *parâmetros básicos* dos solos que podem ser obtidos dos ensaios *in situ*. Correlações associadas a métodos semiempíricos específicos de previsão de recalques e capacidade de carga de fundações serão tratadas (sob o título de *métodos semiempíricos*) nos capítulos que abordam o comportamento de cada tipo de fundação.

3.3.1 Ensaio SPT

O ensaio SPT tem uma primeira utilidade na indicação da compacidade de solos granulares (areias e siltes arenosos) e da consistência de solos argilosos (argilas e siltes argilosos). A norma de sondagem com SPT (NBR 6484) prevê que o boletim de sondagem forneça, junto com a classificação do solo, sua compacidade ou consistência de acordo com a Tab. 3.3.

Uma questão importante, quando o projetista se propõe a utilizar ábacos, tabelas etc., baseados na experiência estrangeira, é a da energia efetivamente aplicada no ensaio SPT, que varia com o método de aplicação dos golpes. No Brasil, o sistema mais comum é manual, e a energia aplicada é da ordem de 70% da energia nominal; nos Estados Unidos, o sistema é mecanizado, e a energia é da ordem de 60% (daí ser conhecido como N_{60}). Assim, antes de se utilizar uma correlação baseada na experiência americana, o número de golpes obtido com uma sondagem brasileira pode ser majorado de 10% a 20%.

(a) Areias

Foram estabelecidas algumas correlações entre N e a densidade relativa de areias, D_r, (Gibbs e Holtz, 1957; Bazaraa, 1967, p. ex.), uma delas apresentada na Fig. 3.14a. Essas correlações consideram a tensão efetiva vertical no nível do ensaio, $\sigma'_{v,o}$. Terzaghi e Peck (1948) propu-

3 Investigação do Subsolo

Tab. 3.3

Solo	N	Compacidade/Consistência
Areias e siltes arenosos	< 4	Fofa(o)
	5 - 8	Pouco compacta(o)
	9 - 18	Medianamente compacta(o)
	19 - 40	Compacta(o)
	> 40	Muito compacta(o)
Argilas e siltes argilosos	< 2	Muito mole
	3 - 5	Mole
	6 - 10	Média(o)
	11 - 19	Rija(o)
	> 19	Dura(o)

seram que, *no caso de areias finas* ou *siltosas submersas*, o valor de *N*, se acima de 15, fosse corrigido de acordo com:

$$N_{corr} = 15 + 0{,}5 \, (N - 15)$$

Essa correção é questionável, e muitos pesquisadores sugerem desconsiderá-la.

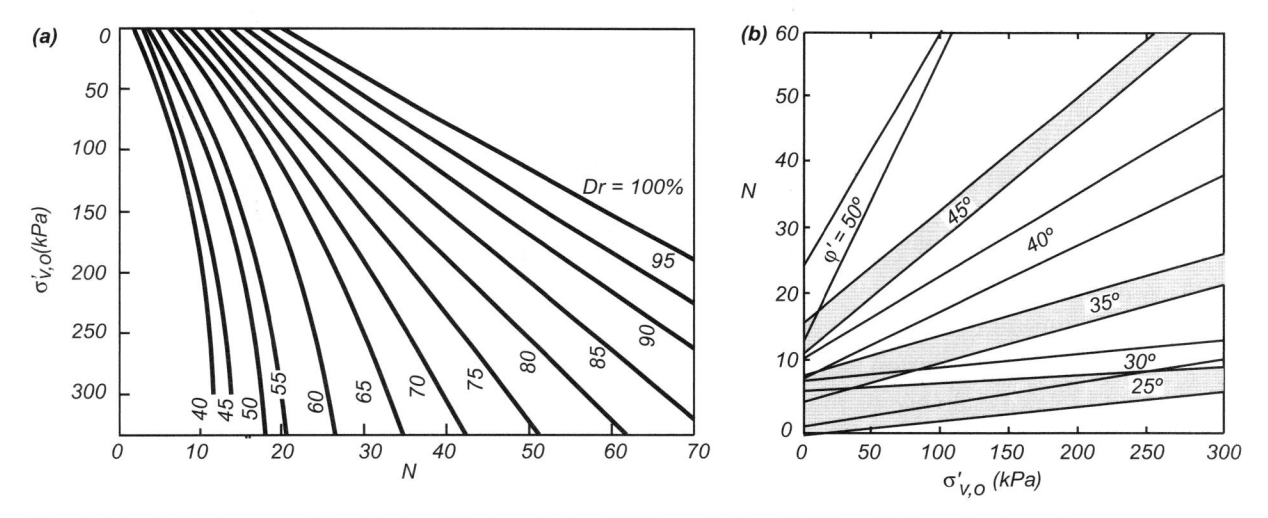

Fig. 3.14 - *Relação entre N e (a) densidade relativa (Gibbs e Holtz, 1957) e (b) ângulo de atrito efetivo de areias (De Mello, 1971)*

De Mello (1971) estabeleceu correlação entre *N* nas areias e o ângulo de atrito efetivo, φ', mostrada na Fig. 3.14b.

(b) Argilas

Quando se deseja avaliar a resistência não drenada de argilas saturadas, S_u, dispõe-se das relações apresentadas na Fig. 3.15 (sendo a relação de Terzaghi e Peck sabidamente conservadora).

(c) Propriedades de deformação

A utilização do SPT para obtenção de propriedades de deformação dos solos está associada a métodos semiempíricos para estimativa de recalques de fundações superficiais.

Essas associações serão vistas no item 5.5.1.

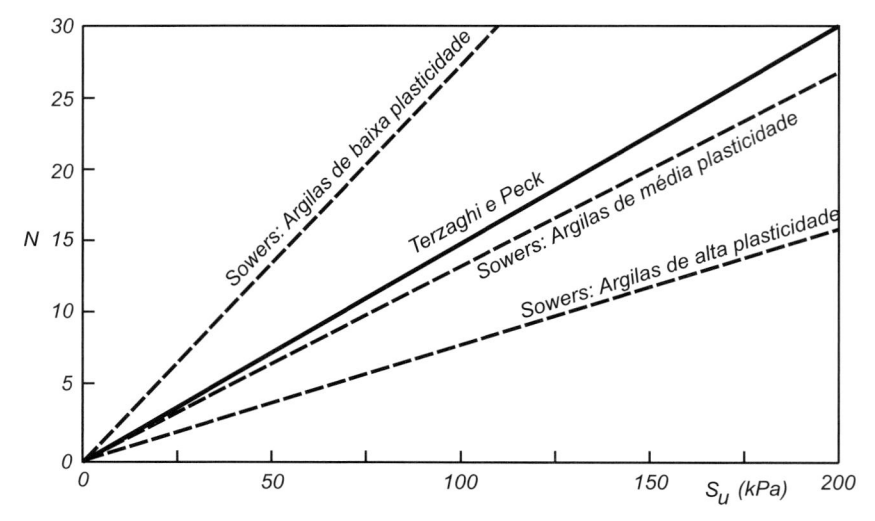

Fig. 3.15 - Relação entre N e a resistência não drenada de argilas (U.S. Navy, 1986)

(d) Procedimentos adicionais

Recentemente foram propostos alguns procedimentos adicionais com o objetivo de se obter mais dados deste ensaio, que é, de longe, o mais utilizado no Brasil. Esses procedimentos consistem (a) na aplicação de torque ao amostrador visando à estimativa do atrito lateral de estacas, idealizado por Ranzini (1988, 1994), e (b) na observação da penetração de um tubo que substitui o amostrador sob ação estática do peso de bater visando à estimativa da resistência de argilas muito moles, idealizado por Lopes (1995).

3.3.2 Ensaio CPT

Neste item, salvo onde mencionado, a resistência de ponta do ensaio é aquela obtida por cones mecânicos ou elétricos, e não por piezocones.

No caso do uso de piezocone, a resistência de ponta medida, q_c, deve ser corrigida para levar em conta a poropressão desenvolvida durante o ensaio. Se a poropressão é medida na base do cone (u_b), usa-se a expressão (Campanella et al., 1982):

$$q_T = q_c + u_b (1 - a) \tag{3.4}$$

onde a é a razão entre a área da base do cone (10 cm²) e a área da seção da célula de carga, após o anel de vedação (ver Fig. 3.8c) ou:

$$a = \frac{\pi r^2}{\pi R^2} = \frac{r^2}{R^2} \tag{3.5}$$

assumindo valores tipicamente entre 0,5 e 0,8. No caso em que a poropressão é medida em outro ponto do piezocone, a Eq. (3.4) toma a forma (Lunne et al., 1985):

$$q_T = q_c + \kappa u (1 - a) \tag{3.6}$$

onde κ é um fator de correção que depende da posição do elemento poroso no cone.

Ao solicitar um ensaio de piezocone, o projetista de fundações deve pedir os resultados em termos de q_c e f_s e de q_T (além dos critérios para correção adotados). Nas equações e nos gráficos a seguir, quando se tratar de piezocone, será utilizada a resistência de ponta corrigida, q_T.

(a) Classificação do solo atravessado

Conforme mencionado anteriormente, a razão entre o atrito lateral local e a resistência de ponta, $R_f = f_s / q_c$, denominada *razão de atrito*, pode ser usada numa identificação do tipo de solo atravessado. Os primeiros estudos desta razão, mostrados na Tab. 3.4, foram feitos por Begemann (1953). Estudos mais recentes estão resumidos na Fig. 3.16.

Em nosso País, onde o custo da sondagem é relativamente baixo, o ensaio CPT deve ser associado àquela investigação para melhor caracterização dos solos atravessados.

(b) Areias

No caso de areias, o CPT pode fornecer: densidade relativa (D_r), ângulo de atrito efetivo (φ'), módulo de Young drenado (E'), módulo confinado ou oedométrico (E_{oed}) e indicação sobre as tensões horizontais ($\sigma'_{h,o}$) ou coeficiente de empuxo no repouso (K_o). A maioria das relações utilizadas é empírica e foi obtida, principalmente, em ensaios em câmara de calibração.

A densidade relativa de areias pode ser estimada por meio da Fig. 3.17. Na Fig. 3.17a, obtida com areias normalmente depositadas (pluviadas em câmara de calibração), deve-se entrar com a tensão *vertical* inicial no nível da ponta. Na Fig. 3.17b, a pré-compressão da areia é levada em consideração, e a tensão *média* inicial, que vale $\sigma'_{m,o} = (\sigma'_{v,o} + 2\sigma'_{h,o})/3$, precisa ser estimada.

Tab. 3.4

Tipo de solo	R_f (%)
Areia fina e grossa	1,2 - 1,6
Areia siltosa	1,6 - 2,2
Areia siltoargilosa	2,2 - 4,0
Argila	> 4,0

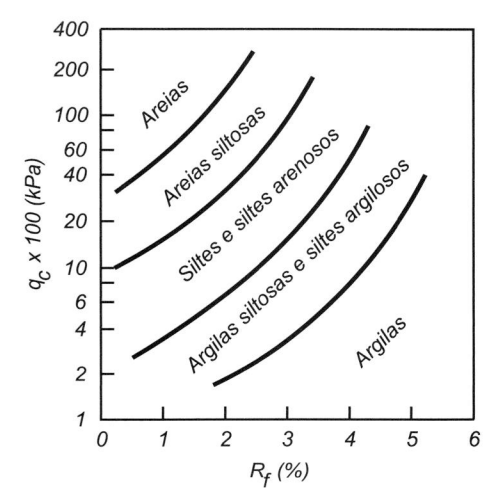

Fig. 3.16 - Relação entre a razão de atrito, resistência de ponta do cone e tipo de solo (Robertson e Campanella, 1983)

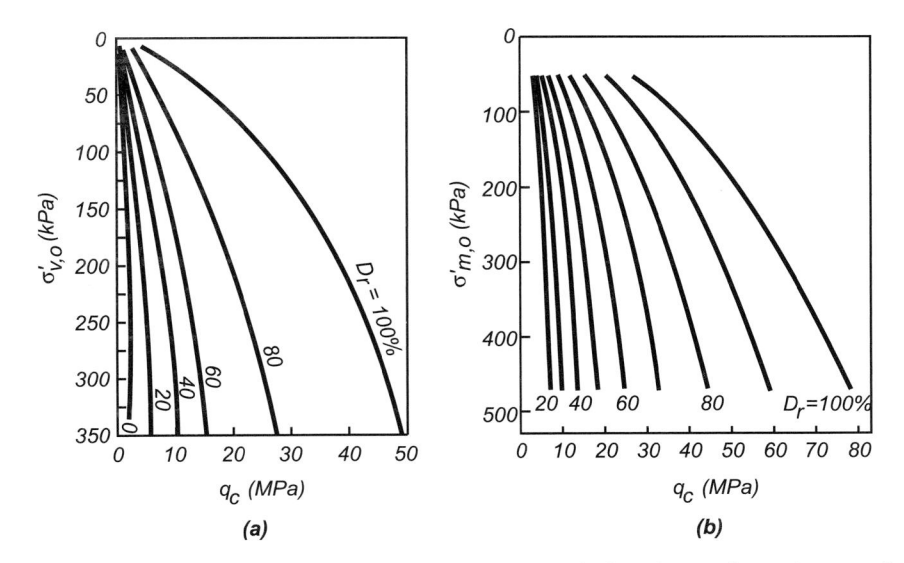

Fig. 3.17 - Relação entre resistência de ponta do cone e densidade relativa de areias, em função (a) da tensão vertical inicial (Bowles, 1988) e (b) da tensão média inicial (Bellotti et al., 1986)

O ângulo de atrito de areias quartzosas pode ser obtido por meio da Fig. 3.18; na Fig. 3.18a, φ' é correlacionado com a tensão vertical, enquanto na Fig. 3.18b o ângulo de atrito no ensaio triaxial de compressão, φ'_{tc}, é correlacionado com a tensão horizontal.

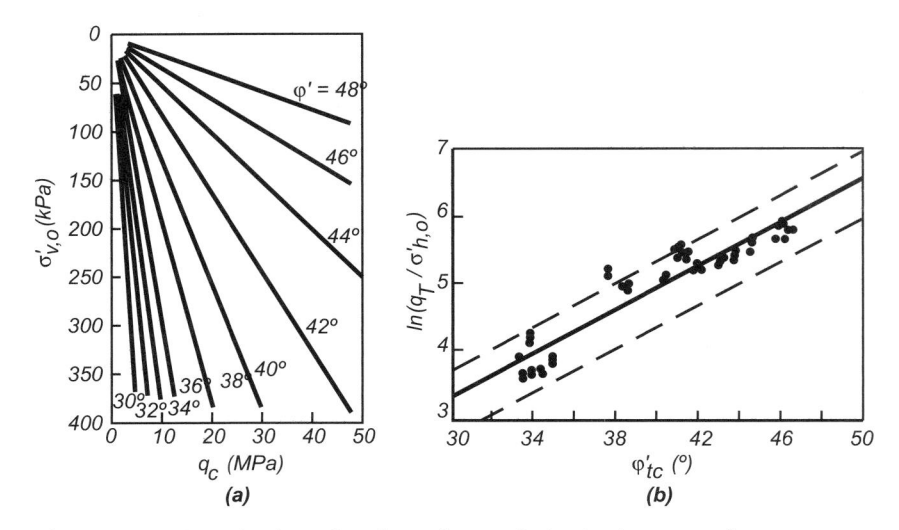

Fig. 3.18 - Relação entre ângulo de atrito de areias, resistência de ponta do cone e tensão efetiva (a) vertical (Robertson e Campanella, 1983) e (b) horizontal (Houlsby e Wroth, 1989)

As relações entre Módulo de Young drenado, resistência de ponta do cone e história das tensões (ou razão de sobreadensamento, OCR) são mostradas na Fig. 3.19 (Bellotti et al., 1989). A diferença entre a Fig. 3.19a e a Fig. 3.19b é que a primeira requer a densidade relativa. Nas duas figuras, é representada a tensão efetiva inicial média.

O módulo confinado ou oedométrico (E_{oed}) pode ser estimado a partir da Fig. 3.20 (Jamiolkowiski et al., 1988).

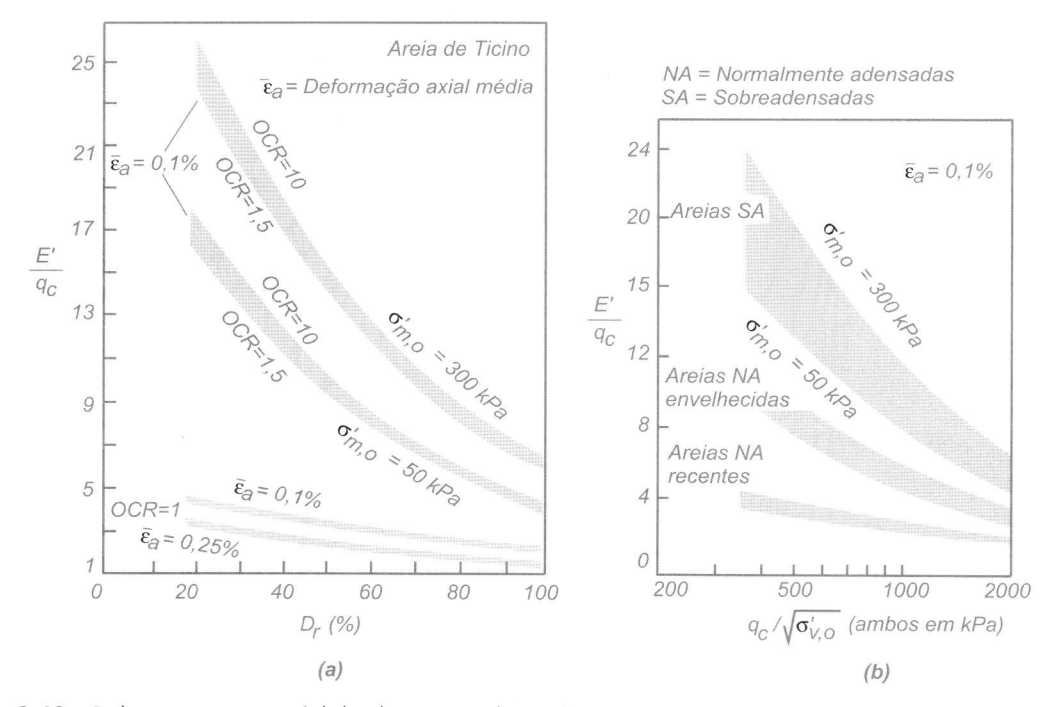

Fig. 3.19 - Relação entre o módulo de Young drenado, resistência de ponta do cone e razão de sobreadensamento, OCR (Bellotti et al., 1989)

(c) Argilas

No caso de argilas saturadas, o CPT pode fornecer: resistência não drenada (S_u), módulo de Young não drenado (E_u), módulo confinado ou oedométrico (E_{oed}) e – no caso do uso de piezocone – indicação sobre o coeficiente de empuxo no repouso (K_o) e coeficientes de adensamento vertical e horizontal (c_v e c_h). As relações são empíricas e foram obtidas pela comparação entre resultados de CPT e ensaios de laboratório ou de campo no mesmo material.

A resistência não drenada de argilas saturadas, S_u, pode ser estimada a partir da resistência de ponta do cone mecânico, por meio de:

$$S_u = \frac{q_c - \sigma_{v,o}}{N_k} \quad (3.7)$$

onde:

$\sigma_{v,o}$ = tensão total geostática;
N_k = fator de capacidade de carga (varia entre 10 e 25, com média em torno de 15).

No caso de uso de piezocone, a resistência da argila é calculada com a resistência de ponta corrigida (Eq. 3.4 ou 3.6):

$$S_u = \frac{q_T - \sigma_{vo}}{N_{kT}} \quad (3.8)$$

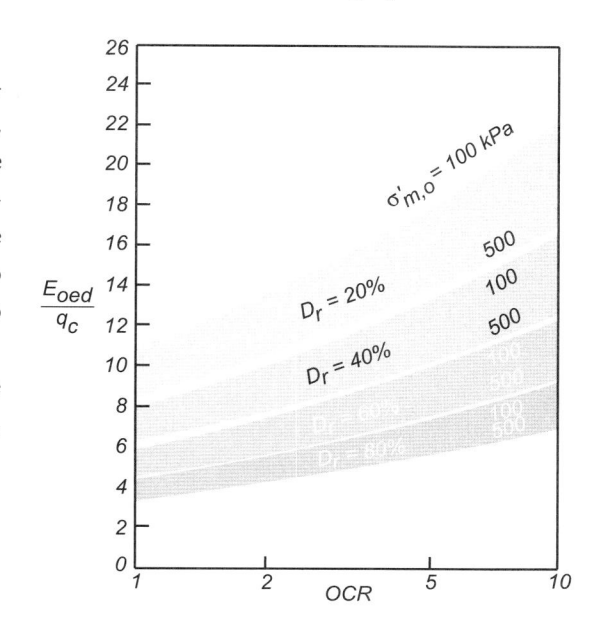

Fig. 3.20 - Relação entre módulo confinado, densidade relativa e tensão efetiva inicial média (Jamiolkowiski et al., 1988)

sendo N_{kT} um fator que varia tipicamente entre 10 e 20. Rad e Lunne (1988) propõem que esse fator seja obtido através de correlação com o OCR, enquanto Bowles (1988) sugere uma relação com o Índice de Plasticidade, I_p, dada por:

$$N_{kT} = 13 + \frac{5,5}{50} I_p \pm 2 \quad (3.9)$$

3.3.3 Relação entre o CPT e o SPT

O ensaio de cone (CPT) pode ser relacionado ao ensaio de penetração dinâmica (SPT) por meio de:

$$q_c = k\,N \quad (3.10)$$

Pesquisas brasileiras sobre o valor de k (para cones mecânicos) foram realizadas por Nunes e Fonseca (1959), Alonso (1980), Danziger (1982) e Danziger e Velloso (1986, 1995), entre outros. Resultados deste último trabalho são mostrados na Tab. 3.5, juntamente com uma proposição de Schmertmann (1978) – reconhecida como conservadora pelo próprio autor – e de Ramaswany et al. (1982). A Fig. 3.21 apresenta resultados de pesquisas internacionais.

Tab. 3.5 – Valores de k (para q_c em MPa) segundo Schmertmann (1970), Ramaswany et al. (1982) e Danziger e Velloso (1986)

Solo	Schmertman k	Ramaswany et al. k	Danziger e Velloso k
Areia	0,4 - 0,6	0,5 - 0,7	0,60
Areia siltosa, argilosa, siltoargilosa ou argilossiltosa	0,3 - 0,4	0,3	0,53
Silte, silte arenoso; argila arenosa	0,2	-	0,48
Silte arenoargiloso, argiloarenoso; argila siltoarenosa, arenossiltosa	-	0,2	0,38
Silte argiloso	-	-	0,30
Argila, argila siltosa	-	-	0,25

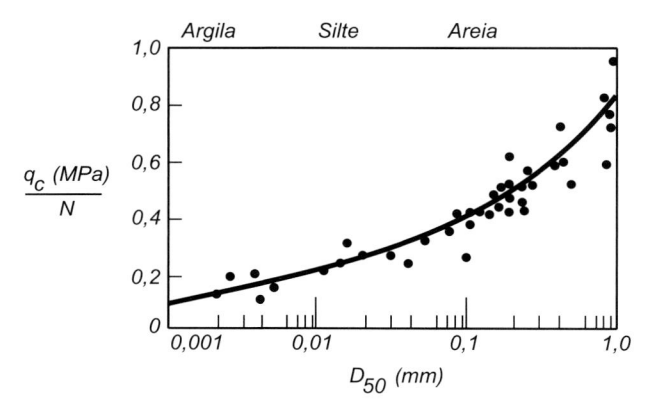

Fig. 3.21 - Valores de $k = q_c / N$ em função da granulometria do solo (Robertson et al., 1983)

REFERÊNCIAS

ALMEIDA, M. S. S. *Aterro sobre solos moles: da concepção à avaliação do desempenho* Rio de Janeiro: Editora da UFRJ, 1996.

ALONSO, U. R. Correlações entre resultados de ensaios de penetração estática e dinâmica para a cidade de São Paulo. *Solos e Rochas*, São Paulo, v. 3, n. 3, p. 19-25, 1980.

BAGUELIN, F. et al, Expansion of cylindrical probes in cohesive soils. *Journal Soil Mechanics and Foundations Division ASCE*, v. 98, n. 11 , p. 1129-1142, Nov 1972.

BAGUELIN, F.; JEZEQUEL, J. F.; LE MEHAUTE, A. The self-boring placement method of soil characteristics measurement. In: CONFERENCE ON SUB-SURFACE EXPLORATION FOR UNDERGROUND EXCAVATION AND HEAVY CONSTRUCTION, 1974. *Proceedings...* ASCE, 1974. p. 312-322.

BALDI, R. et al.. Modulus of sands from CPT's and DMT's. In: INTERNACIONAL CONFERENCE ON SOIL MECHANICS AND FOUNDATION ENGINEERING, 12., Rio de Janeiro, 1989. *Proceedings...* Rio de Janeiro: ICSMFE, 1989, v. 1, p. 165-170.

BAZARAA, A. R. S. S. *The use of the Standard Penetration Test for estimating settlement of shallow foundations on sand.* PhD Thesis-Champaigne-Urbana, University of Illinois, 1967.

BEGEMANN, H. K. S. P. Improved method of determining resistance to adhesion by sounding through a loose sleeve placed behind the cone. In: INTERNATIONAL CONFERENCEON SOIL MECHANICS AND FOUNDATION ENGINEERING, 3., Zurich, 1953. *Proceedings...* Zurich: ICSMFE, 1953. v. 1 p. 213-217.

BELLOTTI, R. et al. Deformation characteristics of cohesionless soils from in situ tests. In: CLEMENCE, S. P. (Ed.) *Use of In-Situ Tests in Geotechnical Engineerins*, New York: ASCE, 1986.

BELLOTTI, R. et al. Shear strength of sand from SPT. In: INTERNATIONAL CONFERENCE ON SOIL MECHANICS AND FOUNDATION ENGINEERING, 12., Rio de Janeiro, 1989. *Proceedings...* Rio de Janeiro: ICSMFE, 1989. v. 1, p. 179-184.

BOWLES, J. E. *Foundation analysis and design*. 4. ed. New York: MacGraw-Hill Book Co., 1988.

CAMPANELLA, R. G.; GILLESPIE, D.; ROBERTSON, P. K. Pore pressures during cone penetration testing. In: EUROPEAN SYMPOSIUM ON PENETRATION TESTING, 2., Amsterdam, 1982: *Proceedings...* Amsterdam: ESOPT-2, 1982. v. 2. p. 507-512.

CHANDLER, R. J. The *in-situ* measurement of the undrained shear strength of clays using the field vane. *Vane Shear Strenght Testing in Soils*: Field and Laboratory Studies. Philadelphia: A. F. Richards Ed, 1987. p. 13-44.

COLLET, H. B. *Ensaios de palheta de campo executados em argilas moles da baixada Fluminense*. Tese de M.Sc. Rio de Janeiro, COPPE-UFRJ, 1978.

DANZIGER, B. R. *Estudo de correlações entre os ensaios de penetração estática e dinâmica e suas aplicações ao projeto de fundações profundas*. Tese de M. Sc. COPPE-UFRJ, Rio de Janeiro, 1982.

DANZIGER, B. R.; VELLOSO, D. A. Correlações entre SPT e os resultados dos ensaios de penetração contínua. In: CONGRESSO BRASILEIRO DE MECÂNICA DE SOLOS E ENGENHARIA DE FUNDAÇÕES, 8., Porto Alegre, 1986. *Anais*. Porto Alegre: ABMS, 1986. v. 6, p. 103-113.

DANZIGER, B. R.; VELLOSO, D. A. Correlations between the CPT and the SPT for some Brazilian soils. In: CPT INTERNATIONAL SYMPOSIUM ON PENETRATION TESTING, 1995, Sweden. *Proceedings...* Sweden, CPT International Symposium on Penetration Testing, Linkoping, 1995. p. 155-160.

DANZIGER, F. A. B. *Desenvolvimento de equipamento para realização de ensaio de piezocone*: aplicação a argilas moles., Tese de D. Sc. COPPE-UFRJ, Rio de Janeiro, 1990.

DANZIGER, F. A. B. Ensaio de piezocone: histórico e desenvolvimento. In: COPPEGEO'93 – Simpósio Comemorativo dos 30 anos da COPPE, Rio de Janeiro, 1994. *Anais...* Rio de Janeiro: UFRJ, 1994. 137-172.

DE MELLO, V. F. B. The Standard Penetration Test. In: PANAMERICAN CONFERENCE ON SOIL MECHANICS AND FOUNDATION ENGINEERING, 4. San Juan, 1971. *Proceedings...* San Juan: PCSMFE, 1971. v. 1. p. 1-86.

GIBBS, H. J.; HOLTZ, W. G. Research on determining the density of sands by the spoon penetration test. In: INTERNATIONAL CONFERENCE ON SOIL MECHANICS AND FOUNDATION ENGINEERING, 4., London, 1957. *Proceedings...* London: ICSMFE, 1957. v. 1 p. 35-39.

HOULSBY, G. T.; WROTH, C. P. The influence of soil stiffness and lateral stress on the results of in situ soil tests. In: INTERNATIONAL CONFERENCE ON SOIL MECHANICS AND FOUNDATION ENGINEERING, 12., Rio de Janeiro, 1989. *Proceedings...* Rio de Janeiro: ICSMFE, 1989. v. 1. p. 227-232.

ISSMFE Technical Committee on Penetration Testing of Soils TC-16. *International Reference Test Procedure for Cone Penetration Test (CPT)*. Report f Technical Committee, 1989. (Publicado pela Swedish Geotechnical Society.)

JAMIOLKOWISKI, M. et. al. New correlations of penetration tests in design pratice. In: INTERNATIONAL SYMPOSIUM ON PENETRATION TESTING, 1., Orlando, 1988. *Proceedings...* Orlando: Balkema, 1988. v. 1. p. 263-296.

LIMA, M.J.C.P.A. *Prospecção geotécnica do subsolo*. Rio de Janeiro: Livros Técnicos e Científicos Ltda., 1979. 104 p.

LOPES, F. R. Uma proposta para avaliação da resistência de argilas moles no ensaio SPT. *Solos e Rochas*, v. 18, n. 3, 1995.

LUNNE, T. et al. SPT, CPT, Pressuremeter testing and recent developments on *In-situ* testing of soils – State-of-the-Art-Report. In: INTERNATIONAL CONFERENCE ON SOIL MECHANICS AND FOUNDATION ENGINEERING, 12., 1989, Rio de Janeiro. *Proceedings...* Rio de Janeiro: ICSMFE, 1989.

MARCHETTI, S. *In situ* tests by flat dilatometer. *Journal Geotechnical Engineering Division*, ASCE, v. 106, n. GT3, p. 299-321, 1980.

MÉNARD, L. Mesures *in-situ* des propriétés physiques des sols. *Annales...* Ponts et Chaussées, 1957. n. 14, p. 357-377.

NUNES, A. J. C.; FONSECA, A. M. M. C. C. Estudo da correlação entre o ensaio 'diepsondering' e a resistência à penetração do amostrador em sondagens. *Relatório Interno de Estacas Franki DT 37/59*, Rio de Janeiro, 1959.

ORTIGÃO, J. A. R.; COLLET, H. B. A eliminação de erros de atrito em ensaios de palheta. *Solos e Rochas*, v. 9, n. 2, p. 33-45, 1986.

RAD, N. S.; LUNNE, T. Direct correlations between piezocone test results and undrained strength. In: INTERNATIONAL SYMPOSIUM ON PENETRATION TESTING, 1., Orlando, 1988. *Proceedings...* Orlando: 1988. p. 911-917.

RAMASWANY, S.R.; DAULAH, I.U.; HAZAN, Z. Pressuremeter correlations with Standard Penetration and Cone Penetration Tests. In: EUROPEAN SYMPOSIUM on Penetration Testing, 1982, Amsterdam. *Proceedings...*, Amsterdam: ESOPT, 1982. v. 1, p. 137-142.

RANZINI, S.M.T. SPTF. *Solos e Rochas*, v. 11, 1988.

RANZINI, S.M.T. SPTF: 2ª Parte. *Solos e Rochas*, v. 17, n. 3, 1994.

ROBERTSON, P. K.; CAMPANELLA, R. G. Interpretation of cone penetration tests. Part I: Sand. *Canadian Geotechnical Journal*, v. 20, n. 4, p. 734-745, 1983.

ROBERTSON, P. K.; CAMPANELLA, R.G.; WIGHTMAN, A. SPT-CPT correlations. *Journal Geotechnical Engineering Division*, ASCE, v. 109, n. 11, p. 1449-1459, 1983.

SCHMERTMANN, J. H. Static cone to compute settlement over sand. *Journal Soil Mechanics and Foundations Division*, ASCE, v. 96, n. SM3, p. 1011-1043, 1970.

SOWERS, G.F. *Introductory soil mechanics and foundations*. 4. ed. New York: McMillan, 1979. 621 p.

TERZAGHI, K. PECK, R. B. *Soil mechanics in engineering practice*. New York: John Wiley & Sons, 1948.

TERZAGHI, K.; PECK, R. B. *Soil mechanics in engineering practice*. 2. ed. New York: John Wiley & Sons, 1967.

U.S. NAVY. *Design manual NAVFAC 7*. Naval Facilities Engineering Command. Washington: U.S. Government Printing Office, 1986.

VIEIRA, M. V. C. M. *Ensaios de dilatômetro na argila mole do Sarapuí*. Tese de M. Sc. COPPE/UFRJ, Rio de Janeiro, 1994.

WROTH, C. P.; HUGES, J. M. O. An instrument for the *in-situ* measurement of the properties of soft clays. In: INTERNATIONAL CONFERENCE ON SOIL MECHANICS AND FOUNDATION ENGINEERING, 8., Moscow, 1973. *Proceedings...* Moscow: ICSMFE, 1973. v. 1.2. p. 487-494.

Normas Brasileiras

NBR 6122 (antiga NB 51) – Projeto e execução de fundações
NBR 7421 – Ponte viaduto ferroviário – Fundação – Execução
NBR 5629 – Estrutura ancorada no terreno - Ancoragem injetada no terreno
NBR 9061 – Segurança de escavação a céu aberto
NBR 6497 – Levantamento geotécnico
NBR 8036 (antiga NB 12) – Programação de sondagens de simples reconhecimento dos solos para fundações de edifícios
NBR 6502 – Rochas e Solos – Terminologia
NBR 9603 - Sondagem a trado
NBR 9604 – Abertura de poço e trincheira de inspeção em solo com retirada de amostras deformadas e indeformadas
NBR 6484 – Execução de sondagens de simples reconhecimento dos solos (SPT)
NBR 9820 – Coleta de amostras indeformadas de solo em furos de sondagem
NBR 10905 – Solo: ensaio de palheta *in situ*
NBR 12069 – Solo: ensaio de penetração de cone *in situ* (CPT)
NBR 6489 (antiga NB 27) - Prova de carga direta sobre terreno de fundação
NBR 12131 - Estacas: prova de carga estática
NBR 13208 - Estacas: ensaios de carregamento dinâmico: método de ensaio

Capítulo 4

CAPACIDADE DE CARGA DE FUNDAÇÕES SUPERFICIAIS

Neste capítulo são apresentadas soluções para cálculo da *capacidade de carga na ruptura* ou simplesmente da *capacidade de carga* de fundações superficiais, ou seja, da carga que provoca ruptura do solo sob essas fundações.

4.1 INTRODUÇÃO

Imagine-se uma sapata caracterizada pela dimensão B, assente na superfície do terreno, submetida a uma carga Q crescente a partir de zero. Serão medidos os valores de Q e os deslocamentos verticais (ou recalques) w correspondentes. Para pequenos valores da carga, os recalques lhes serão, aproximadamente, proporcionais. É a chamada fase *elástica*. Os recalques se estabilizam com o tempo, ou seja, a velocidade de deformação diminui e tende a zero. Nessa fase, os recalques são reversíveis. Em uma segunda fase, surgem deslocamentos *plásticos*. O estado plástico aparece, inicialmente, junto às bordas da fundação. Crescendo o carregamento, cresce a *zona plástica*. Essa fase é caracterizada por recalques irreversíveis. Para cargas maiores que um determinado valor crítico, ocorre um processo de recalque continuado. A velocidade de recalque não diminui mesmo para carga constante; ela assume um valor também constante. A resistência ao cisalhamento do solo é, em certas regiões, totalmente mobilizada. Em uma terceira fase, a velocidade de recalque cresce continuamente até que ocorre a *ruptura do solo*. Para o carregamento correspondente, atingiu-se o limite de resistência da fundação, ou seja, sua *capacidade de carga na ruptura* (ou simplesmente *capacidade de carga*). Na Fig. 4.1, estão representados os fenômenos descritos (Kézdi, 1970).

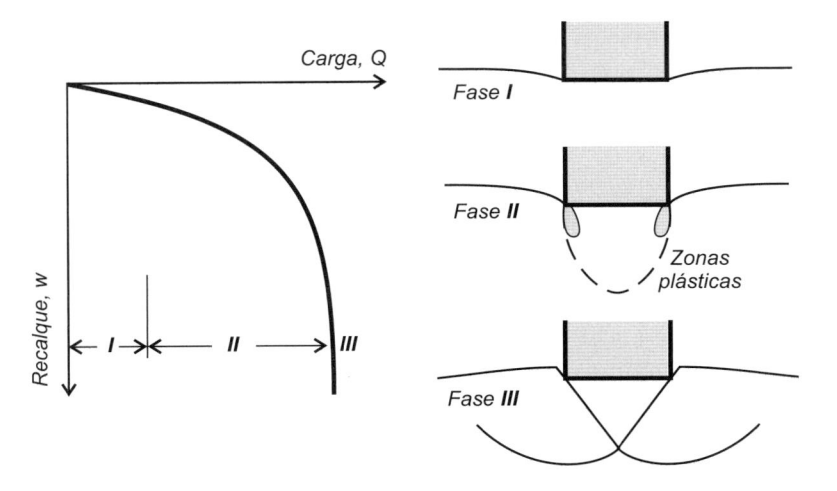

Fig. 4.1 - Comportamento de uma sapata sob carga vertical (Kézdi, 1970)

4.2 MECANISMOS DE RUPTURA

4.2.1 Mecanismos em função das características do solo

As curvas carga-recalque podem ter diferentes formas (Fig. 4.2). Há dois tipos característicos. No primeiro tipo, a ruptura ocorre bruscamente, após uma curta transição; a curva tem uma tangente vertical (Fig. 4.2a), e a ruptura é dita *generalizada*. No segundo tipo (Fig. 4.2b), quando a ruptura é dita *localizada*, a curva é mais abatida, quando comparada à primeira, e tem uma tangente inclinada no ponto extremo. O primeiro tipo ocorre nos solos mais rígidos, como areias compactas e muito compactas e argilas rijas e duras. O segundo tipo ocorre em solos mais deformáveis, como areias fofas e argilas médias e moles. Pelo exposto, verifica-se que nem sempre a capacidade de carga fica bem definida. Ver-se-á, a seguir, como essa dificuldade é superada na prática.

Terzaghi (1943) foi quem primeiro distinguiu os dois tipos de ruptura descritos acima. Propôs usar, no segundo caso, fatores de capacidade de carga reduzidos, além de uma redução no valor da coesão a ser utilizada na fórmula de capacidade de carga.

Vesic (1963) distinguiu três tipos de ruptura: (a) *generalizada*, (b) *localizada* e (c) *por puncionamento*, porém associando-os a areias, apenas. Em Vesic (1975), encontra-se uma análise cuidadosa desses mecanismos.

A *ruptura geral* ou *generalizada* caracteriza-se pela existência de um mecanismo de ruptura bem definido e constituído por uma superfície de deslizamento que vai de um bordo da fundação à superfície do terreno (Fig. 4.2a). Em condições de tensão controlada, que é o modo de trabalho da maioria das fundações, a ruptura é brusca e catastrófica. Em condições de deformação controlada (como acontece, por exemplo, quando a carga é aplicada por prensagem), constata-se uma redução da carga necessária para produzir deslocamentos da fundação depois da ruptura. Durante o processo de carregamento, registra-se um levantamento do solo em torno da fundação. Ao atingir a ruptura, o movimento se dá em um único lado da fundação.

Passando para o outro extremo, a *ruptura por puncionamento* é caracterizada por um mecanismo de difícil observação (Fig. 4.2c). À medida que a carga cresce, o movimento vertical da fundação é acompanhado pela compressão do solo imediatamente abaixo. A penetração da

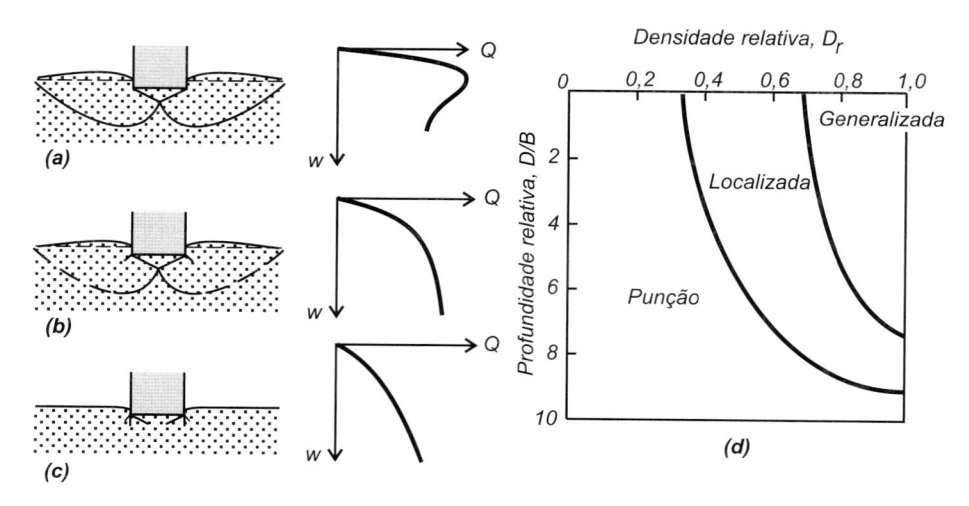

Fig. 4.2 - *Tipos de ruptura: (a) generalizada, (b) localizada, (c) por puncionamento e (d) condições em que ocorrem, em areias (Vesic, 1963)*

fundação é possibilitada pelo cisalhamento vertical em torno do perímetro da fundação. O solo fora da área carregada praticamente não participa do processo.

Finalmente, a *ruptura localizada* caracteriza-se por um modelo que é bem definido apenas imediatamente abaixo da fundação (Fig. 4.2b). Esse modelo consiste de uma cunha e de superfícies de deslizamento que se iniciam junto às bordas da fundação, como no caso da ruptura generalizada. Há uma tendência visível de empolamento do solo aos lados da fundação. Entretanto, a compressão vertical sob a fundação é significativa, e as superfícies de deslizamento terminam dentro do maciço, sem atingir a superfície do terreno. Somente depois de um deslocamento vertical apreciável (da ordem da metade da largura ou diâmetro da fundação) as superfícies de deslizamento poderão tocar a superfície do terreno. Mesmo então, não haverá um colapso ou um tombamento catastrófico da fundação, que permanecerá embutida no terreno, mobilizando a resistência de camadas mais profundas. Assim, a ruptura localizada tem características dos outros dois tipos de ruptura e, por isso, na realidade, ela representa um tipo da transição.

O tipo de ruptura que vai ocorrer, em determinada situação de geometria e carregamento, depende da compressibilidade relativa do solo. Se o solo for praticamente incompressível e tiver uma resistência finitaao cisalhamento finita, a ruptura será *generalizada*. Do contrário, se o solo, com uma certa resistência ao cisalhamento, for muito compressível, a ruptura será por *puncionamento*. Na Fig. 4.2d, há uma tentativa de relacionar o tipo de ruptura, para sapatas em areia, com a densidade relativa e a relação entre a profundidade e a largura da fundação.

Lopes (1979) propôs a análise do campo de deslocamentos (Fig. 4.3) para distinguir o modo de ruptura (válido tanto para areias como para argilas). Caracterizou a *ruptura generalizada* como aquela cujo campo de deslocamentos apresenta:
  i. levantamento acentuado da superfície do terreno próximo à carga;
  ii. formação de superfícies de ruptura, ou seja, descontinuidade no campo de deslocamentos;
  iii. deslocamentos acentuados fora da região comprimida pela sapata, características estas compatíveis tanto com areias densas como com argilas rijas.

E caracterizou a *ruptura por punção* como aquela que apresenta:
  i. pequeno (ou ausência de) levantamento da superfície do terreno – caso de areias fofas – ou levantamento discreto e alcançando maior distância – caso de argilas moles;
  ii. não formação de superfícies de ruptura (tanto areias fofas como argilas moles).

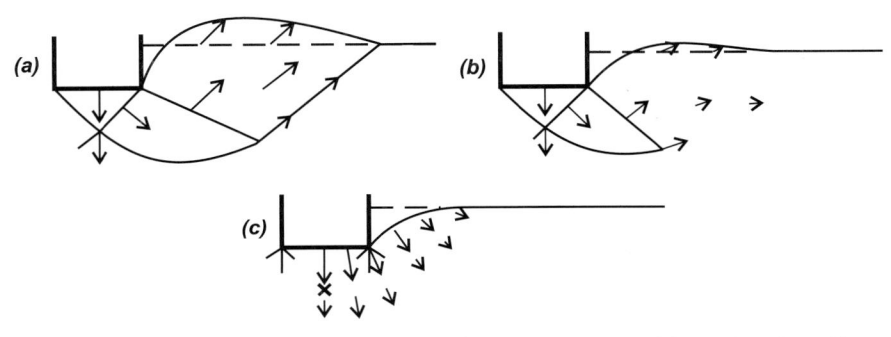

Fig. 4.3 - Campos de deslocamentos das rupturas (a) generalizada, (b) localizada e (c) por punção (Lopes, 1979)

Observou ainda o efeito da geometria da placa: uma placa circular apresenta, para o mesmo solo, um modo de ruptura mais próximo de punção (ou localizada) que uma placa corrida. Assim, os fatores que afetam o modo de ruptura são:

a. propriedades do solo (relação rigidez/resistência) – quanto maior a rigidez, mais próxima da generalizada;
b. geometria do carregamento
   b.1 profundidade relativa (D/B) – quanto maior D/B, mais próxima da punção;
   b.2 geometria em planta (L/B) – não parece haver uma tendência clara;
c. tensões iniciais – quanto maior o coeficiente de empuxo inicial K_o, mais próxima da generalizada.

O objetivo de se considerar o efeito da rigidez do solo é determinar uma carga de ruptura de caráter prático, definida por uma penetração da fundação no solo, que caracteriza o processo de ruptura deste, e não a carga última ou limite, que seria atingida, no caso de um solo de baixa rigidez, após um deslocamento muito grande. Esse deslocamento muito grande, além de impraticável de ser alcançado em provas de carga, tornaria questionável a interpretação, devido à alteração da geometria. Quanto à escolha de um recalque que caracterize a ruptura numa prova de carga, por exemplo, utiliza-se normalmente uma percentagem da dimensão da placa, como 10% (ou seja, $w_{rup} = 0{,}1\ B$).

4.2.2 Mecanismos em função da excentricidade e da inclinação da carga

Os mecanismos de ruptura são afetados também pelas características do carregamento. Os mecanismos descritos no item anterior são válidos para um carregamento vertical e centrado. Mecanismos associados a outros tipos de carregamento podem ser vistos na Fig. 4.4. Conforme pode ser observado nessa figura, duas outras características do carregamento precisam ser examinadas: a excentricidade e a inclinação da carga.

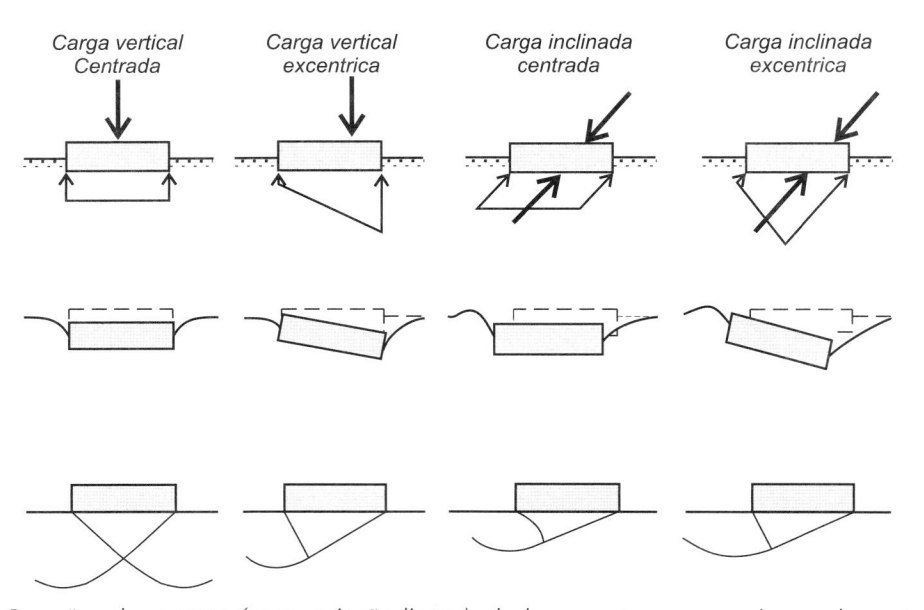

Fig. 4.4 - Pressões de contato (com variação linear), deslocamentos e mecanismos de ruptura em função da excentricidade e da inclinação da carga

4 Capacidade de Carga de Fundações Superficiais

4.3 CAPACIDADE DE CARGA PARA CARREGAMENTOS VERTICAIS E CENTRADOS

O primeiro autor a apresentar fórmulas para o cálculo da capacidade de carga das fundações superficiais e profundas foi Terzaghi (1925). Posteriormente, Terzaghi (1943) deu ao problema um tratamento racional, utilizando-se de resultados obtidos por Prandtl (1920) na aplicação da Teoria da Plasticidade aos metais. Além das contribuições de Prandtl (1920) e Reissner (1924), anteriores à de Terzaghi (1925), merecem destaque Meyerhof (1951), Balla (1962), Vesic (1973, 1975), Hansen (1961, 1970) e De Beer (1970).

4.3.1 Teoria de Terzaghi

Para Terzaghi (1943), uma fundação superficial é aquela cuja largura $2b$ é igual ou maior que a profundidade D da base da fundação. Satisfeita essa condição, pode-se desprezar a resistência ao cisalhamento do solo acima do nível da base da fundação, substituindo-o por uma sobrecarga $q = \gamma D$. Com isso, o problema passa a ser o de uma faixa (sapata corrida) de largura $2b$, carregada uniformemente, localizada na superfície horizontal de um maciço semi-infinito. O estado de equilíbrio plástico é mostrado na Fig. 4.5.

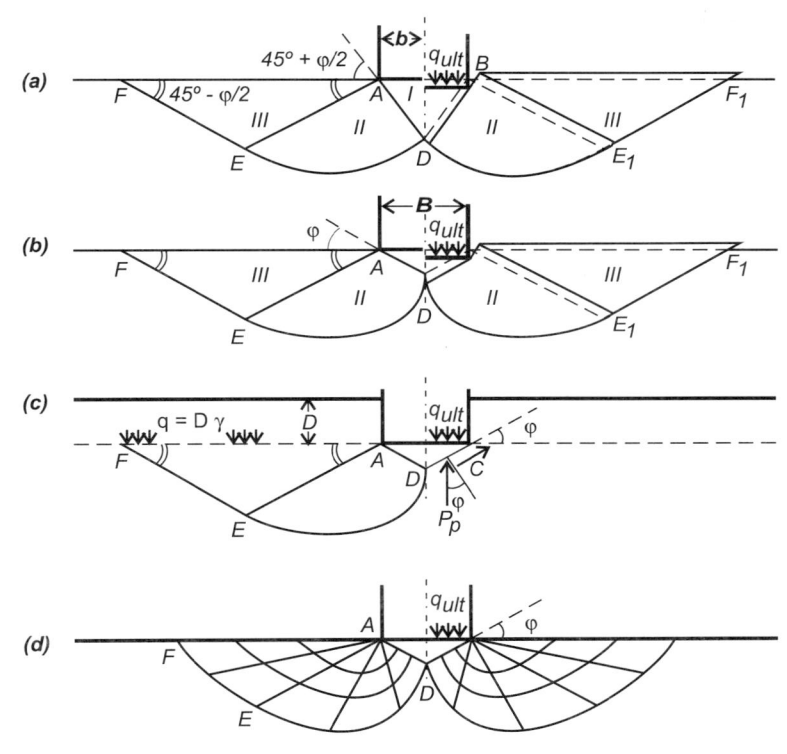

Fig. 4.5 - Zonas de escoamento plástico após a ruptura de uma fundação superficial (Terzaghi, 1943)

Na Fig. 4.5a, apresenta-se o caso em que não há tensões cisalhantes na interface fundação-solo. Em outras palavras: o atrito e a aderência entre a fundação e o solo são desprezados. A zona de equilíbrio plástico representada nessa figura pela área **FF₁E₁DE** pode ser subdividida em (I) uma zona em forma de cunha, localizada abaixo da sapata, na qual as tensões principais máximas são verticais, (II) duas zonas de cisalhamento radial, **ADE** e **BDE₁**, irradiando-se das arestas da fundação, cujas fronteiras fazem com a horizontal ângulos de *45º + φ/2* e *45º - φ/2* e (III) duas zonas passivas de Rankine. As linhas tracejadas na metade da direita da Fig. 4.5a representam as fronteiras das zonas I a III no instante da ruptura do solo, e as linhas cheias, as mesmas fronteiras quando a fundação penetra no solo. O solo localizado dentro da zona I espalha-se lateralmente, e uma seção dessa zona experimenta a distorção indicada na figura.

Se, como na realidade acontece, a base da fundação é rugosa (Fig. 4.5b), a tendência do solo da zona I de se espalhar é contrariada pelo atrito e pela aderência na interface fundação-solo. Isso faz com que o solo da zona I se comporte como se fizesse parte da própria fundação. A penetração da fundação só é possível se o solo imediatamente abaixo do ponto **D** se deslocar verticalmente para baixo. Esse tipo de movimento requer que a superfície de deslizamento **DE** que passa por **D** tenha aí uma tangente vertical. A fronteira **AD** da zona de cisalhamento radial **ADE** é, também, uma superfície de deslizamento. Do estudo de equilíbrio plástico nos solos, sabe-se que as superfícies de deslizamento se interceptam segundo um ângulo igual a *90º – φ*. Consequentemente, a fronteira **AD** deve fazer um ângulo φ com a horizontal, desde que o atrito e a aderência entre o solo e a base da fundação sejam suficientes para impedir um deslizamento na base. A metade da direita da Fig. 4.5b mostra a deformação associada à penetração da fundação. O levantamento brusco do solo nos dois lados da fundação tem suscitado algumas especulações e é chamado de *efeito de bordo*. Ele nada mais é que a manifestação visível da existência das duas zonas de cisalhamento radial. Pode-se verificar que o ângulo de atrito na base da fundação, necessário para produzir o estado de escoamento plástico mostrado na Fig. 4.5b, é muito menor que o ângulo de resistência ao cisalhamento do solo. Consequentemente, pode-se admitir que a fronteira inferior da zona central (I) faça um ângulo φ com a horizontal. Entretanto, teoricamente, o ângulo de inclinação dessas fronteiras pode ter qualquer valor ψ compreendido entre φ e *45º + φ/2*.

Qualquer que seja o ângulo de inclinação das fronteiras, a fundação não pode penetrar no solo enquanto a pressão exercida sobre o solo junto às fronteiras inclinadas da zona (I) não se torne igual à pressão passiva. Partindo dessa condição, pode-se calcular a capacidade de carga da fundação.

Considere-se a fundação representada na Fig. 4.5c. Se a fundação é superficial, o solo situado acima da base é substituído pela sobrecarga $q = \gamma D$. A resistência ao cisalhamento do solo é dada pela equação de Coulomb:

$$s = c + \sigma \, tg\varphi \tag{4.1a}$$

e as tensões cisalhantes em **AD** no instante da ruptura valem:

$$\tau = c + p_n \, tg\varphi \tag{4.1b}$$

onde:

p_n é a componente normal da pressão passiva em **AD**.

O empuxo passivo em **AD** (ou **BD**) consiste de duas componentes, P_P atuando segundo um ângulo δ (ângulo de atrito solo-parede) com a normal à face de contato e a componente da aderência

$$C = \frac{b}{\cos\varphi} c$$

O equilíbrio do solo em (I) permite escrever:

4 Capacidade de Carga de Fundações Superficiais

$$Q_{ult} + \gamma\, b^2\, tg\,\varphi - 2P_P - 2\,b\,c\,tg\,\varphi = 0 \tag{4.2a}$$

onde:
Q_{ult} = capacidade de carga da fundação;
$\gamma\, b^2\, tg\,\varphi$ = peso do solo em (I);
$b\,c\,tg\,\varphi$ = componente vertical de C.

Daí:

$$Q_{ult} = 2P_P + 2\,b\,c\,tg\,\varphi - \gamma\, b^2\, tg\,\varphi \tag{4.2b}$$

Essa equação fornece a solução do problema desde que conhecido P_P.

Se $D = 0$, $q = 0$ e $c = 0$, isto é, se a base da fundação repousa sobre a superfície de uma areia, tem-se:

$$Q_{ult} = 2P_P - \gamma\, b^2\, tg\,\varphi \tag{4.3a}$$

Se se tiver um anteparo, conforme mostrado na Fig. 4.6, o empuxo passivo será:

$$P_P = \frac{1}{2}\,\gamma\, H^2\, \frac{K_{P\gamma}}{sen\,\alpha\, \cos\delta} \tag{4.3b}$$

sendo $K_{P\gamma}$ o coeficiente de empuxo passivo para $c = 0$, $q = 0$, $\alpha = 180° - \varphi$ e $\delta = \varphi$.

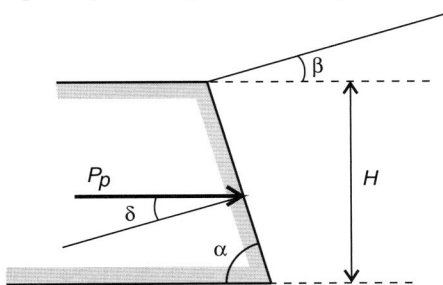

Fig. 4.6 - Esquema de cálculo do empuxo passivo

No caso presente, $\alpha = 180° - \varphi$; $\delta = \varphi$; $H = b\, tg\,\varphi$ e a Eq. (4.3b) fornece:

$$P_P = \frac{1}{2}\,\gamma\, b^2\, \frac{tg\,\varphi}{\cos^2\varphi}\, K_{P\gamma} \tag{4.3c}$$

Substituindo (4.3c) em (4.3a), obtém-se:

$$Q_{ult} = Q_\gamma = 2\,\frac{1}{2}\,\gamma\, b^2\, tg\,\varphi \left(\frac{K_{P\gamma}}{\cos^2\varphi} - 1\right) = 2\,b^2\,\gamma\, N_\gamma \tag{4.4}$$

onde:

$$N_\gamma = \frac{1}{2}\, tg\,\varphi \left(\frac{K_{P\gamma}}{\cos^2\varphi} - 1\right) \tag{4.5}$$

Como $K_{P\gamma}$ depende, nesse caso particular, apenas de φ, o mesmo acontecerá com N_γ, que é um dos três *fatores de capacidade de carga* instituídos por Terzaghi.

Para levar em conta a coesão e a sobrecarga, Terzaghi parte da expressão que deduziu para a componente normal do empuxo passivo:

$$P_n = \frac{H}{sen\,\alpha}(c\, K_{Pc} + q\, K_{Pq}) + \frac{1}{2}\,\gamma\, H^2\, \frac{K_{P\gamma}}{sen\,\alpha} \tag{4.6}$$

sendo os coeficientes K_{Pc}, K_{Pq} e $K_{P\gamma}$ independentes de H e de γ. Tendo em vista a Fig. 4.5c,
$$H = b\, tg\varphi \; ; \quad \alpha = 180° - \varphi \; ; \quad \delta = \varphi \; ; \quad c_a = c$$

Considerando, além disso, que o empuxo passivo total é:
$$P_p = \frac{P_n}{\cos\delta} = \frac{P_n}{\cos\phi}$$

vem:
$$P_p = \frac{b}{\cos^2\phi}(c\, K_{Pc} + q\, K_{Pq}) + \frac{1}{2}\gamma\, b^2 = \frac{tg\,\phi}{\cos\phi} K_{P\gamma}$$

e levando em (4.2b), tem-se:

$$Q_{ult} = 2\, b\, c\left(\frac{K_{Pc}}{\cos^2\phi} + tg\,\phi\right) + 2\, b\, q\, \frac{K_{Pq}}{\cos^2\phi} + \gamma\, b^2 tg\,\phi\left(\frac{K_{P\gamma}}{\cos^2\phi} - 1\right) \tag{4.7}$$

Essa equação é válida para a condição de *ruptura generalizada*.

Na parte superior da Fig. 4.7, está representada uma sapata corrida de largura 2b, com base rugosa. Se $\gamma = 0$, a ruptura ocorre ao longo da superfície **DE₁F₁**. O trecho curvo **DE₁** dessa superfície é uma espiral logarítmica cujo centro está localizado em **B** e cuja equação é:

$$r = r_o\, e^{\theta\, tg\varphi} \tag{4.8}$$

onde:
θ é o ângulo central medido em radianos a partir de **BD** = r_o.

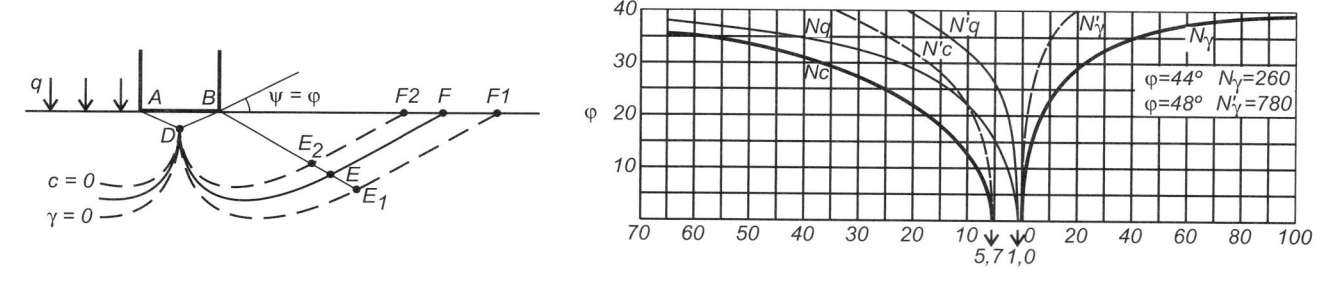

Fig. 4.7 - *Superfícies de deslizamento e ábaco para obtenção dos fatores de capacidade de carga*

Para $\varphi = 0$, a Eq. (4.8) representa um círculo de raio r_o. Visto que a equação que representa a superfície de deslizamento não contém c nem q, a forma dessa superfície será, também, independente da coesão e da sobrecarga. Para $\gamma = 0$, obtém-se, para a carga necessária à ruptura generalizada:

$$Q_c + Q_q = 2\, b\, c\left(\frac{K_{Pc}}{\cos^2\phi} + tg\,\phi\right) + 2\, b\, q\, \frac{K_{Pq}}{\cos^2\phi} = 2\, b\, c\, N_c + 2\, b\, q\, N_q \tag{4.9}$$

Nessa equação, N_c e N_q são grandezas que dependem apenas de φ. São os outros dois fatores de capacidade de carga. Q_c é a carga que um solo sem peso suportaria, se $q = 0$, e Q_q é a carga que suportaria se $\gamma = 0$ e $c = 0$.

Por outro lado, se $c = 0$, $q = 0$ e $\gamma > 0$, a superfície de deslizamento seria **DE₂F₂**. Cálculos aproximados mostram que o ponto mais baixo da curva **DE₂** está acima do ponto mais baixo de **DE₁**. A carga crítica capaz de produzir uma ruptura, segundo **DE₂F₂**, é determinada pela equação:

4 Capacidade de Carga de Fundações Superficiais

$$Q_\gamma = \gamma\, b^2\, tg\, \phi \left(\frac{K_{P\gamma}}{\cos^2 \phi} - 1 \right) = 2\, b^2\, \gamma\, N_\gamma \tag{4.10}$$

Se os valores de c, D e γ forem maiores do que zero, a ruptura ocorrerá ao longo de uma superfície de deslizamento **DE** localizada entre **BE$_1$F$_1$** e **BE$_2$F$_2$**. Cálculos numéricos mostraram que, nesse caso geral, a capacidade de carga é apenas ligeiramente maior que a soma das cargas $Q_c + Q_q$ dada pela Eq. (4.9), com a carga Q_γ dada por (4.10). Assim, pode-se escrever a expressão aproximada da capacidade de carga (de uma fundação de largura 2b):

$$Q_{ult} = Q_c + Q_q + Q_\gamma = 2\, b\, c\, N_c + 2\, b\, q\, N_q + 2\, b^2 \gamma\, N_\gamma \tag{4.11}$$

Fazendo $q = \gamma\, D$, vem:

$$Q_{ult} = Q_c + Q_q + Q_\gamma = 2\, b\, (c\, N_c + \gamma\, D\, N_q + \gamma\, b\, N_\gamma) \tag{4.12}$$

A capacidade de carga unitária será:

$$q_{ult} = \frac{Q_{ult}}{2b} = c\, N_c + \gamma\, D\, N_q + \gamma\, b\, N_\gamma \tag{4.13a}$$

Se a largura da fundação for B, essa equação assumirá a forma mais usual:

$$q_{ult} = c\, N_c + \gamma\, D\, N_q + \gamma\, \frac{B}{2}\, N_\gamma \tag{4.13b}$$

Trabalhos de Prandtl (1920) e Reissner (1924) conduziram às expressões:

$$N_c = \cot \varphi \left[\frac{a_\theta^2}{2\cos^2(45^\circ + \varphi/2)} - 1 \right] \tag{4.14}$$

$$N_q = \frac{a_\theta^2}{2\cos^2(45^\circ + \varphi/2)} \tag{4.15}$$

com:

$$a_\theta = e^{\left(\frac{3\pi}{4} - \frac{\varphi}{2}\right) tg\, \varphi} \tag{4.16}$$

Os valores de N_c, N_q e N_γ são calculados pelas Eqs. (4.14), (4.15) e (4.5) e estão apresentados na forma de ábaco na Fig. 4.7.

Para $\varphi = 0$, obtém-se:

$$N_c = \frac{3}{2}\pi + 1 = 5{,}7 \quad ; \quad N_q = 1 \quad ; \quad N_\gamma = 0 \tag{4.17}$$

No caso de uma fundação com base lisa (sem aderência), obtém-se:

$$N_c = \cot \varphi \left[a_\theta\, tg^2\left(45^\circ + \frac{\varphi}{2}\right) - 1 \right] \tag{4.18}$$

$$N_q = a_\theta^2\, tg^2\left(45^\circ + \frac{\varphi}{2}\right) \tag{4.19}$$

sendo:

$$a_\theta = e^{\frac{\pi}{2} tg\,\varphi} \tag{4.20}$$

Se $\varphi = 0$

$$N_c = \pi + 2 = 5{,}14 \quad ; \quad N_q = 1 \quad ; \quad N_\gamma = 0 \tag{4.21}$$

Tudo o que foi escrito até aqui se refere a um processo de *ruptura generalizada*. Para a *ruptura localizada*, Terzaghi sugere adotar para os parâmetros de resistência do solo:

$$tg\,\varphi^* = \frac{2}{3} tg\,\varphi \qquad c^* = \frac{2}{3} c$$

Uma alternativa para se calcular os fatores da capacidade de carga com φ^* é utilizar os valores de N'_c, N'_q e N'_γ, fornecidos na Fig. 4.7.

Sapatas com outras formas

Para sapatas circulares de raio R e sapatas quadradas de lado B, Terzaghi propõe que a fórmula deduzida para a sapata corrida seja modificada para as seguintes:

$$Q_{ult} = \pi R^2 (1{,}3\,c\,N_c + \gamma\,D\,N_q + 0{,}6\,\gamma\,R\,N_\gamma) \tag{4.22}$$

e:

$$Q_{ult} = B^2 \left(1{,}3\,c\,N_c + \gamma\,D\,N_q + 0{,}8\,\gamma\,\frac{B}{2}\,N_\gamma \right) \tag{4.23}$$

Skempton (1951) obteve resultados experimentais que suportam o valor de $N_c = 5{,}14$ de Prandtl para sapatas corridas e de $N_c = 6{,}20$ para sapatas circulares, o que indica um fator de correção de forma de *1,2*, um pouco inferior ao sugerido por Terzaghi, acima. Também estudos com o Método dos Elementos Finitos feitos por Lopes (1979) confirmam os valores *5,14* para sapatas corridas e *6,20* para sapatas circulares.

4.3.2 Teoria de Meyerhof

A teoria de Meyerhof (1951, 1963) representa, pode-se dizer, um aperfeiçoamento da de Terzaghi. Ele não despreza a resistência ao cisalhamento do solo acima da base da fundação. A superfície de deslizamento intercepta a superfície do terreno, no caso das fundações superficiais, e estará totalmente contida no solo, no caso das fundações profundas (Fig. 4.8).

No instante da ruptura, a região acima da superfície de ruptura composta é, em geral, considerada como constituída de duas zonas principais (Fig. 4.8), de cada lado da zona central **ABC**: uma zona de cisalhamento radial **BCD** e uma zona de cisalhamento mista **BDEF**, em que o cisalhamento varia entre os limites de cisalhamento radial e plano, dependendo da rugosidade e da profundidade da fundação. O equilíbrio plástico nessas zonas pode ser estabelecido pelas condições de fronteira partindo das paredes da fundação. Para simplificar a análise, a resultante das forças em **BF** e o peso da cunha de solo adjacente **BEF** são substituídos pelas tensões equivalentes p_o e s_o, normal e tangencial, respectivamente, ao plano **BE**. Esse plano pode ser considerado uma "superfície livre equivalente". A inclinação β da superfície livre equivalente cresce com a profundidade da fundação e, juntamente com as pressões p_o e s_o, constitui um parâmetro daquela profundidade.

Tal como Terzaghi, Meyerhof resolve o problema em duas etapas: (i) na primeira etapa, utiliza os trabalhos de Prandtl (1920) e Reissner (1924), para um material sem peso; (ii) na segunda, utiliza um trabalho de Ohde (1938), para levar em conta o peso do solo.

4 Capacidade de Carga de Fundações Superficiais

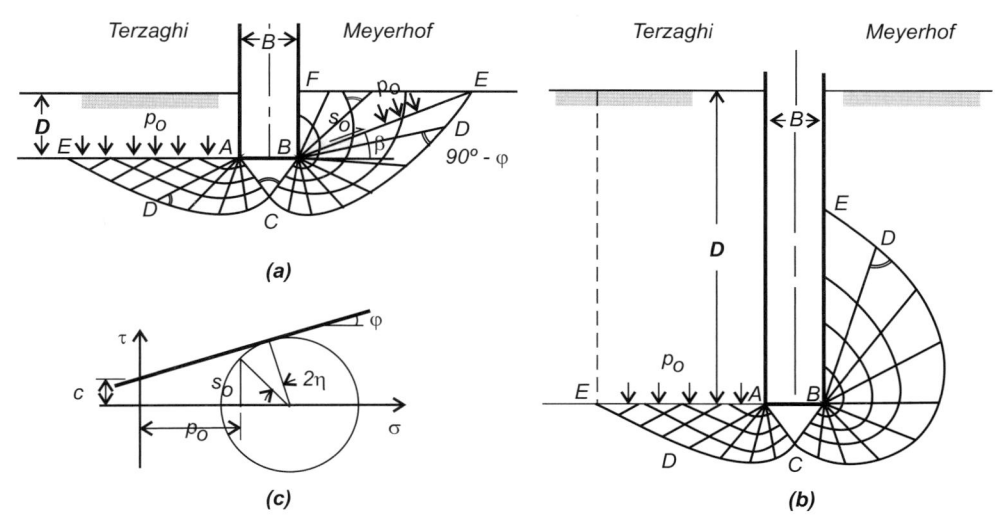

Fig. 4.8 - *Teoria de Meyerhof: mecanismos de ruptura de (a) fundações superficiais e (b) fundações profundas ($\beta = 90°$); (c) círculo de Mohr para obtenção do angulo β*

Na Fig. 4.9, são apresentados os fatores de capacidade de Meyerhof a serem introduzidos na expressão (para uma fundação corrida):

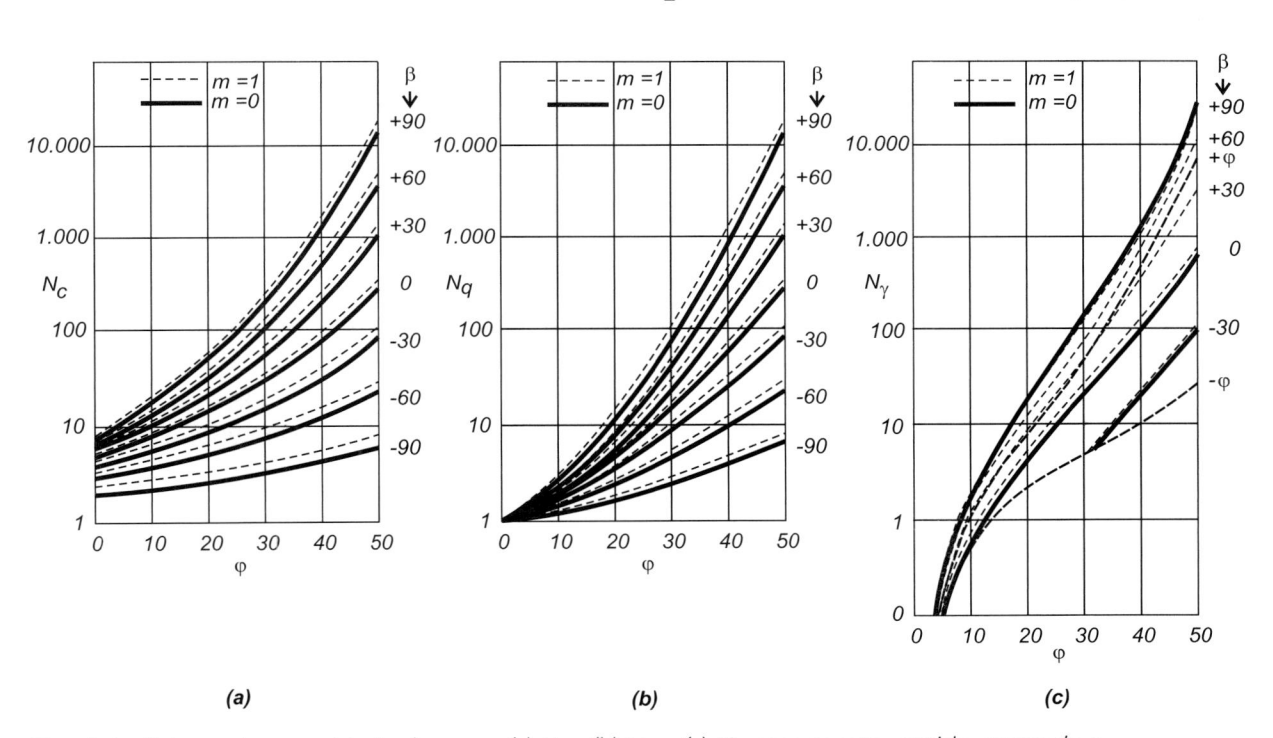

$$q_{ult} = c\,N_c + p_o\,N_q + \gamma\frac{B}{2}N_\gamma \tag{4.24}$$

Fig. 4.9 - *Fatores de capacidade de carga (a) N_c, (b) N_q e (c) N_γ para sapata corrida, segundo a teoria de Meyerhof*

A Fig. 4.9 mostra que, na teoria de Meyerhof, os fatores de capacidade de carga dependem de φ, do ângulo β de inclinação da *superfície livre equivalente* e do parâmetro m.

Para a determinação do angulo β, Monteiro (1997) sugere o seguinte procedimento:

(i) Arbitra-se um valor para β: β_1. O peso da cunha de solo **BEF** é equilibrado por uma força de coesão e uma de atrito, ambas ao longo de **BF**, e por uma força suposta uniformemente distribuída ao longo de **BE**. Desprezando aquelas duas forças, obtém-se para a componente normal $(p_o)_1 = \frac{1}{2}\gamma D \cos^2\beta_1$ e para a componente tangencial $(s_o)_1 = m(c + (p_o)_1 tg\varphi)$. Com esses valores de $(p_o)_1$ e $(s_o)_1$, traça-se um círculo de Mohr, que tangencia a envoltória de ruptura (Fig. 4.8c). Referindo-se à Fig. 4.8b, tem-se:

$$E\hat{B}D = \eta \quad ; \quad D\hat{B}C = \theta \quad ; \quad A\hat{B}C = 45° + \varphi/2$$

Logo $45° + \varphi/2 + \theta + \eta - \beta = 180°$, donde $\theta_1 = 135° + \beta_1 - \eta_1 - \varphi/2$.

(ii) Com os valores de θ_1 e η_1, calcula-se um novo valor de β pela expressão:

$$\frac{D}{B} = \frac{sen\beta \; cos\varphi \; e^{\theta \, tg\varphi}}{2 \, sen\left(45° - \frac{\varphi}{2}\right) cos(\eta - \varphi)}$$

(iii) Repetem-se as operações até que $\beta_{i-1} \cong \beta_i$.

O parâmetro m, dado por $m = (s_o)/(c + p_o \, tg\varphi)$, exprime o grau de mobilização da resistência ao cisalhamento ao longo da superfície livre equivalente $(0 \leq m \leq 1)$ e tem pequena influência nos fatores de capacidade de carga, como pode ser visto na Fig. 4.9.

Há outras teorias que permitem a consideração da resistência ao cisalhamento do solo acima do nível da base da sapata, sendo a mais conhecida aquela desenvolvida por Balla (1962).

4.3.3 Outras soluções para capacidade de carga

A determinação da capacidade de carga, conforme fizeram Prandtl, Terzaghi e Meyerhof, é dada pela aplicação do chamado Método do Equilíbrio Limite. Quando se obtém uma solução por esse método, não se sabe se ela está acima ou abaixo do valor correto da capacidade de carga. Em 1952, Drucker et al. (1952) enunciaram dois teoremas que constituem o fundamento do Método da Análise Limite. Esse método permite que se conheçam os limites entre os quais se situa a solução correta e permite avaliar, portanto, se uma solução obtida por qualquer outro método é a favor ou contra a segurança. Além desses métodos, há o Método das Linhas de Deslizamento (*Slip Line Method*), estudado por Sokolovski (1960, 1965), entre outros.

Análise Limite
São os seguintes os dois teoremas (Chen, 1976).

Teorema do Limite Inferior – "As cargas determinadas a partir de tensões que satisfaçam as equações de equilíbrio e as condições de fronteira em tensões e não violem a condição de escoamento (ruptura) em nenhum ponto *não são maiores* que as cargas reais de colapso".

O campo de tensões que satisfaz às três condições enunciadas é denominado *estaticamente admissível*, e o *teorema do limite inferior* assume a forma:

Se um campo de tensões estaticamente admissível puder ser obtido, não ocorrerá escoamento ou ruptura.

Deve-se notar que, quando se aplica o *teorema do limite inferior*, não há qualquer preocupação com a cinemática do problema. Consideram-se, apenas, o equilíbrio e o escoamento.

4 Capacidade de Carga de Fundações Superficiais

Teorema do Limite Superior – "As cargas que forem determinadas, igualando a potência de dissipação externa à potência de dissipação interna em um dado mecanismo de deformação (ou campo de velocidades) que satisfaça às condições de fronteiras em termos de velocidade e às condições de compatibilidade entre deformações e velocidades, *não são menores* que as cargas de colapso".

A potência de dissipação associada a um tal campo de velocidades, que é dito *cinematicamente admissível*, pode ser calculada a partir da relação idealizada entre tensões e velocidade de deformação, ou seja, da chamada *lei de escoamento*, e o Teorema do Limite Superior pode ser enunciado da seguinte forma:

Se se puder encontrar um campo de velocidades cinematicamente admissível, ocorrerá o escoamento ou ruptura.

Esse teorema se preocupa, portanto, apenas com o *aspecto cinemático do problema*. A distribuição de tensões não precisa satisfazer as leis do equilíbrio e é definida somente nas regiões que se deformam.

Mediante uma escolha adequada de campos de tensões e de velocidades, os dois teoremas permitem calcular cargas de ruptura que se aproximam da real, conforme mostrado no esquema a seguir.

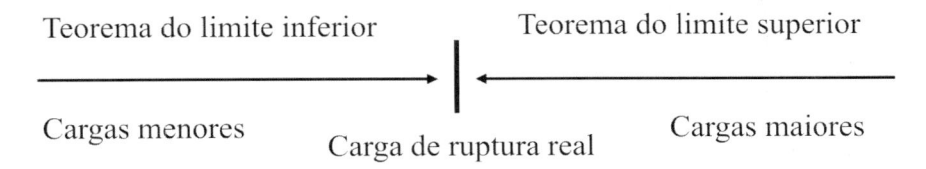

```
Teorema do limite inferior          Teorema do limite superior
─────────────────────────→ | ←─────────────────────────
Cargas menores      Carga de ruptura real      Cargas maiores
```

Os dois teoremas não requerem continuidade dos campos de tensões e velocidades. Por outro lado, requerem que o material tenha um comportamento elastoplástico perfeito, satisfazendo o critério de Coulomb e a *lei de escoamento associada*.

Pelo critério de Coulomb, o solo rompe por cisalhamento quando a tensão cisalhante em qualquer faceta em torno de um ponto atinge o valor dado pela Eq. (4.1).

Na Fig. 4.10, a Eq. (4.1) está representada pelas retas $\mathbf{M_0 M}$ e $\mathbf{M_0 M_1}$. A ruptura ocorre quando o raio do círculo de Mohr correspondente atinge o valor:

$$R = c\,\cos\varphi + \frac{(\sigma_x + \sigma_y)\,\textrm{sen}\varphi}{2} \tag{4.25}$$

Pela lei de escoamento associada, o vetor velocidade é normal à superfície de escoamento. No caso bidimensional, se se superpõem ao sistema de coordenadas σ, τ, as componentes $\dot{v}$ e $\dot{u}$ da velocidade, ter-se-á o que mostra a Fig. 4.10; a uma velocidade de deslizamento $\delta\dot{u}$ corresponderá uma velocidade $\delta\dot{v}$ perpendicular à superfície de deslizamento.

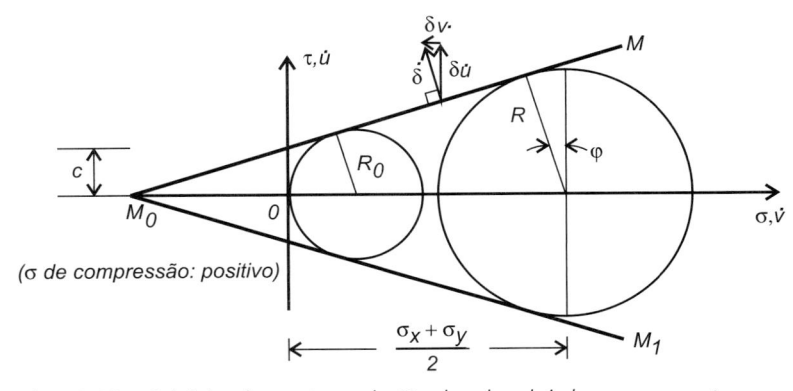

Para ser aplicado o teorema do limite superior, há necessidade de se conhecer a energia dissipada no mecanismo de defor-

Fig. 4.10 - Critério de ruptura de Coulomb e lei de escoamento associada

mação. Segundo Chen (1976), pode-se deduzir essa energia em três casos: (i) ao longo de uma zona de transição delgada, (ii) em uma zona de cisalhamento radial (material com $\varphi = 0$) e (iii) em uma zona de cisalhamento em espiral logarítmica (material com c, φ).

(a) Zona de cisalhamento delgada

A Fig. 4.11 mostra uma camada de material plástico que, na ruptura, obedece ao critério de Coulomb, separando dois corpos rígidos. Se imaginarmos que o corpo superior desliza para a direita de um valor $\delta \dot{u}$ haverá, necessariamente, uma separação dos dois corpos rígidos de valor $\delta \dot{v} = \delta \dot{u}\, tg\,\varphi$. Essa separação implica um aumento de volume do corpo plástico, que é a *dilatância*.

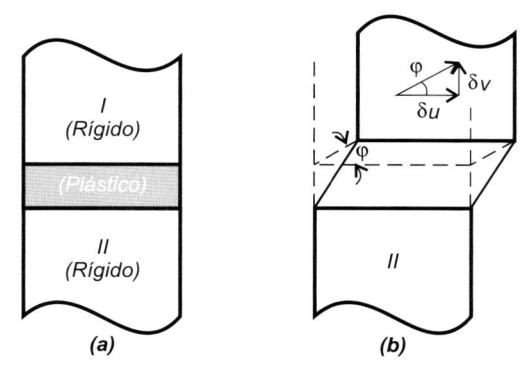

Fig. 4.11 - Deslizamento acompanhado de separação

A energia dissipada pode ser calculada pelo produto escalar do vetor tensão (σ, τ) pelo vetor velocidade de deslocamento $(\delta \dot{v}, \delta \dot{u})$:

$$D = -\sigma\, \delta \dot{v} + \tau\, \delta \dot{u} = -\sigma\, \delta\, \dot{u}\, tg\,\varphi + (c + \sigma\, tg\,\varphi)\, \delta\, \dot{u} = c\, \delta\, \dot{u} \qquad (4.26)$$

lembrando que σ e $\delta \dot{v}$ têm sentidos opostos.

Quando $\varphi \neq 0$, a superfície plana e a superfície em espiral logarítmica são as duas únicas superfícies de descontinuidade que permitem o movimento em relação a um corpo rígido.

(b) Zona de cisalhamento radial ($\varphi = 0$)

A Fig. 4.12 mostra uma zona de cisalhamento radial **ODG**. Para calcular a energia nela dissipada, pode-se supô-la decomposta em triângulo rígidos que deslizam entre si e ao longo da superfície de descontinuidade em relação ao corpo rígido.

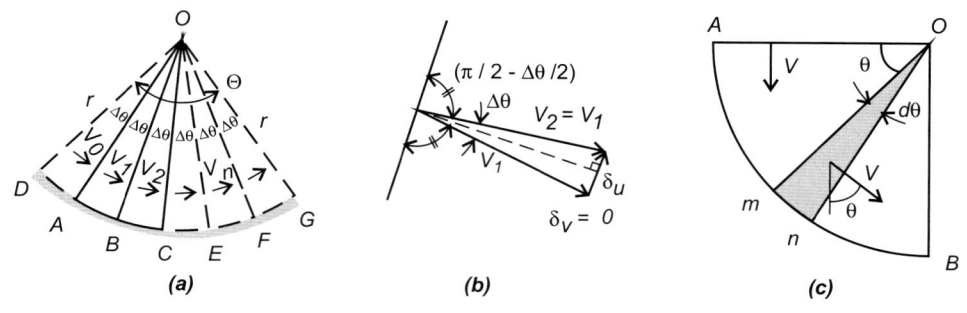

Fig. 4.12 - Zona de cisalhamento radial (solos na condição $\varphi = 0$)

Visto que o material deve permanecer em contato com a superfície **DABCEFG**, os triângulos devem mover-se paralelamente a **DA**, **AB**, **BC**, **CE**, **EF** e **FG**. Além disso, os triângulos

4 Capacidade de Carga de Fundações Superficiais

devem permanecer em contato entre si. O diagrama de velocidades da Fig. 4.12b mostra, então, que os triângulos terão, todos, a mesma velocidade.

Isso posto, a energia dissipada pode ser calculada com a Eq. (4.26). A energia dissipada ao longo de **OB** será:

$$c\,\delta\dot{u}\,r = 2\,c\,r\,V\,\text{sen}\,\frac{\Delta\theta}{2} \qquad (4.27a)$$

onde:
V é a velocidade de deslizamento.

A energia dissipada ao longo de **AB** será:

$$c\,V\,\overline{AB} = c\,V\,2\,r\,\text{sen}\,\frac{\Delta\theta}{2} \qquad (4.27b)$$

Conclui-se, então, que a energia dissipada ao longo do raio **OB** é igual à energia dissipada ao longo do arco **AB**. Consequentemente, a energia dissipada na zona de cisalhamento radial **DOG**, definida pelo ângulo central θ, será igual à energia dissipada ao longo do arco **DG**. Isso ocorre porque, quando n cresce, o setor **ODG** se aproxima da zona de cisalhamento radial, a qual ocorrerá quando n tender para o infinito. A energia dissipada no setor plástico será:

$$\lim_{n\to\infty} n\,2\,c\,V\,r\,\text{sen}\,\frac{\theta}{2n} = 2\,c\,r\,V\,\lim_{n\to\infty}\left(n\,\text{sen}\,\frac{\theta}{2n}\right) = c\,V\,(r\,\theta) \qquad (4.28)$$

(c) Zona de cisalhamento em espiral logarítmica (solos com c, φ)

A Fig. 4.13 mostra uma zona de cisalhamento em espiral logarítmica. Agora, um deslizamento δu é acompanhado por uma separação $\delta v = \delta u\,tg\phi$. Se $\Delta\theta$ é suficientemente pequeno, as velocidades nos triângulos elementares são obtidas sucessivamente:

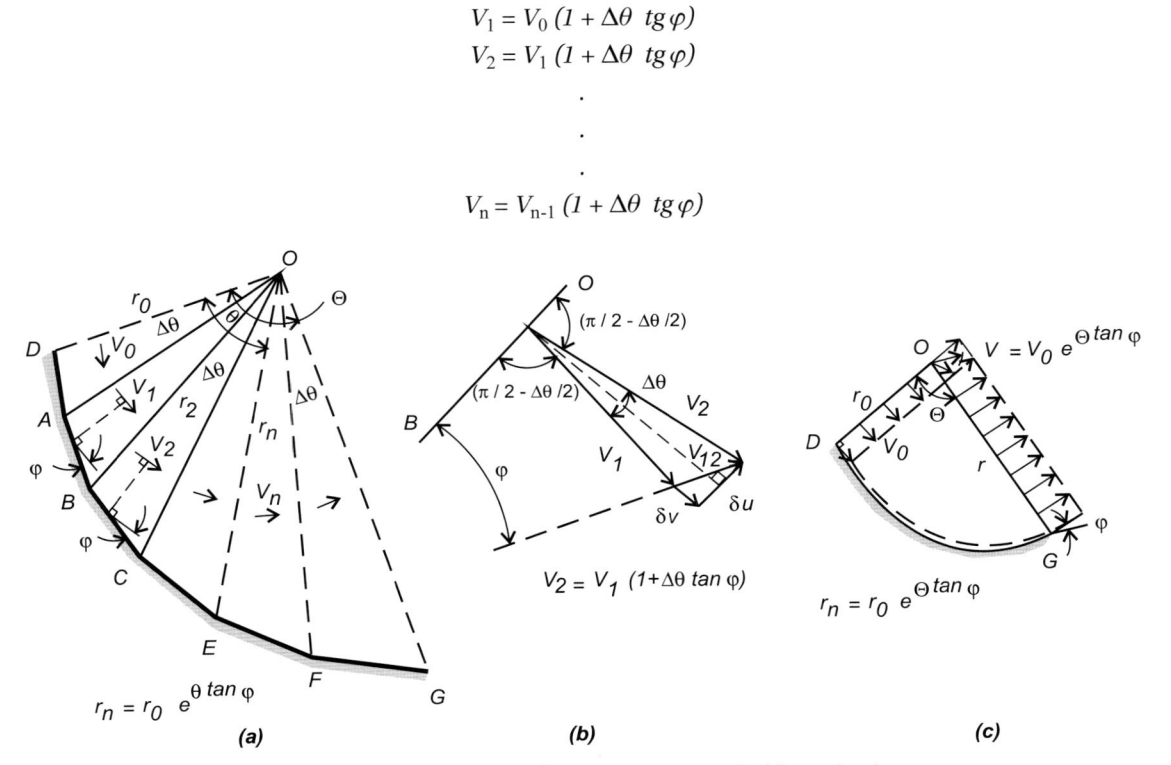

$$V_1 = V_0\,(1 + \Delta\theta\,tg\,\varphi)$$
$$V_2 = V_1\,(1 + \Delta\theta\,tg\,\varphi)$$
$$\vdots$$
$$V_n = V_{n-1}\,(1 + \Delta\theta\,tg\,\varphi)$$

Fig. 4.13 - *Zona de cisalhamento em espiral logarítmica*

Daí:
$$V_n = V_o (1 + \Delta\theta \, tg\,\varphi)^n \tag{4.29}$$

Fazendo $\Delta\theta = \theta/n$ e fazendo n tender para o infinito, obtém-se:

$$\lim_{n \to \infty} V_o \left(1 + \frac{\theta}{n} tg\,\varphi\right)^n = V_o \, e^{\theta \, tg\,\varphi} \tag{4.30a}$$

ou

$$V_\nu = V_o \, e^{\theta \, tg\,\varphi} \tag{4.30b}$$

onde V é a velocidade correspondente a uma abertura θ.

A energia dissipada ao longo de um raio **OB**, por exemplo, será:

$$c \, r_2 \, \delta\dot{u} = c \, r_2 \, V_1 \, \Delta\theta \tag{4.31}$$

Analogamente, a energia dissipada ao longo do arco **AB** da espiral será:

$$c \left(\frac{r_2 \, \Delta\theta}{\cos\varphi}\right)(V \cos\varphi) = c \, r_2 \, V_1 \, \Delta\theta \tag{4.32}$$

Assim, também aqui, a energia dissipada ao longo de um raio é igual à energia dissipada no longo do arco correspondente, desde que o ângulo $\Delta\theta$ seja pequeno. Consequentemente, a energia dissipada na zona limitada por um arco de espiral logarítmica será igual à energia dissipada ao longo da espiral que será obtida integrando a Eq. (4.32):

$$c \int r \, V d\theta = c \int (r_o \, e^{\theta \, tg\varphi})(V_o \, e^{\theta \, tg\varphi}) d\theta = \frac{1}{2} c \, V_o \, r_o \cot\varphi \, (e^{2\theta \, tg\varphi} - 1) \tag{4.33}$$

Aplicação a sapata corrida em solo com $\varphi = 0$

A título de ilustração, determinaremos a capacidade de carga de uma sapata corrida em solo com $\varphi = 0$ (Chen, 1976, 1991).

(a) Aplicação do Teorema do Limite Superior

Na Fig. 4.14, são apresentados 4 mecanismos de ruptura. Para exemplificar, vejamos a aplicação do teorema ao mecanismo da Fig. 4.14b. Imaginemos que, na ruptura, a sapata sofra um deslocamento de velocidade V. A energia dissipada pelas forças externas vale:

$$W_{ext} = Q V - \frac{B^2}{2} \gamma \, V - B D \gamma \, V + \frac{B^2}{2} \gamma \, V \tag{4.34}$$

onde $Q V$ decorre da carga $Q = q_{ult} B$ aplicada ao solo pela sapata, o segundo termo decorre do peso do solo de **OBC**, o terceiro termo é devido à sobrecarga e o quarto, ao peso próprio do solo na região **OAB**.

A energia dissipada pelo peso próprio do solo em **OBC** é igual ao produto do peso próprio pela velocidade de deslocamento vertical V ou:

$$1/2 \, B^2 \gamma \, V \tag{4.35}$$

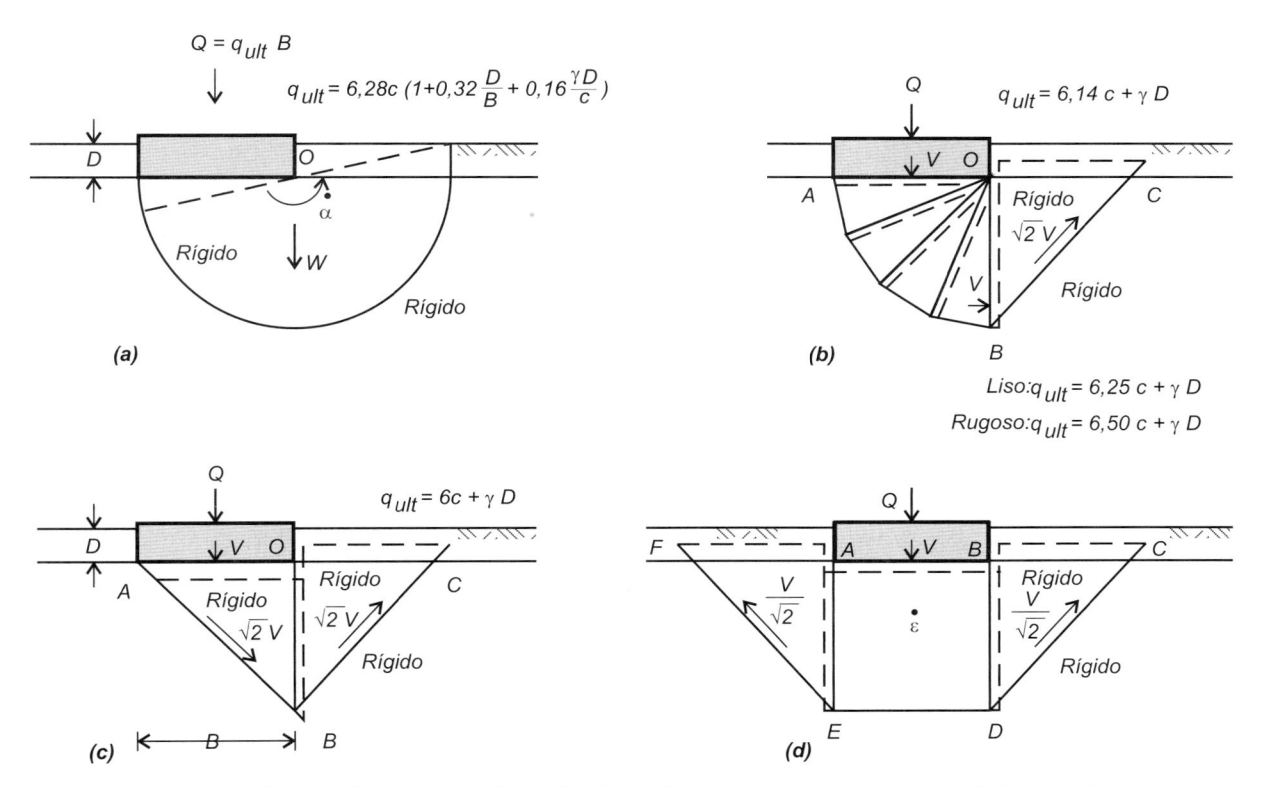

4 Capacidade de Carga de Fundações Superficiais

Fig. 4.14 - Aplicação do Teorema do Limite Superior a sapata corrida na condição $\varphi = 0$

A energia dissipada pelo peso próprio do solo em **OAB** é obtida da seguinte forma (Santa Maria, 1995): considerando-se o triângulo elementar **Omn** (Fig. 4.12c) de peso $1/2\ B^2\ d\theta\ \gamma$ e a velocidade de deslocamento para baixo $V \cos \theta$, a energia dissipada será:

$$1/2\ B^2\ V\gamma\ \cos\theta\ d\theta \tag{4.36}$$

Assim, a energia dissipada pelo setor **OAB** será:

$$\int_o^{2\pi} \frac{1}{2}B^2\ V\ \gamma\ \cos\theta\ d\theta\ =\ \frac{1}{2}\ B^2\ V\ \gamma \tag{4.37}$$

Desprezaram-se as parcelas correspondentes ao peso do solo em **OAB** (positiva) e em **OBC** (negativa).

A energia dissipada pelas forças internas é:

$$W_{int} = W_{oab} + W_{ab} + W_{bc} + W_{ob} + W_{ce} = \tag{4.38}$$

$$= c\frac{\pi B}{2}\ V + c\ \frac{\pi B}{2}\ V + c\ \sqrt{2B}.\ \sqrt{2}\ V + cBV + cDV = c\ \pi BV + 3\ c\ B + cDV$$

Igualando W_{ext} e W_{int}, tem-se:

$$Q_{ult} = 6{,}14\ c\ B + c\ D + \gamma\ B\ D \tag{4.39a}$$

ou

$$q_{ult} = 6{,}14\ c + c\ \frac{D}{B} + \gamma\ D \tag{4.39b}$$

(b) Aplicação do Teorema do Limite Inferior

Na Fig. 4.15, são mostradas 3 distribuições de tensões estaticamente admissíveis. A Fig. 4.15c conduz ao limite inferior para a capacidade de carga:

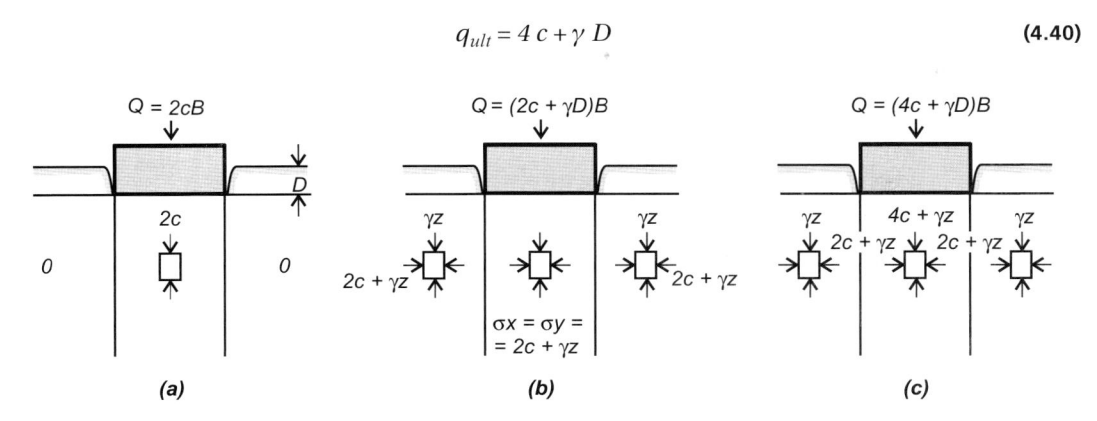

$$q_{ult} = 4c + \gamma D \tag{4.40}$$

Fig. 4.15 - Aplicação do teorema do limite inferior a sapata corrida na condição $\varphi = 0$

Se se fizer $D = 0$, tem-se que a capacidade de carga do solo na condição $\varphi = 0$ estará compreendida entre $4c$ e $6,14c$.

A Fig. 4.16 apresenta – em ordem cronológica – as diferentes soluções obtidas para a capacidade de carga de sapata sobre solo com $\varphi = 0$, mostrando que a solução que corresponde ao limite inferior foi obtida ainda no século passado, embora na época não se tivesse estabelecido a Análise Limite. É interessante notar, ainda, que a solução de Prandtl, que se situa no meio do intervalo entre o limite superior (com o mecanismo da Fig. 4.14a) e o inferior, é aquela que tem respaldo experimental (tanto em valor como em mecanismo de ruptura) e que foi confirmada recentemente por Análise Limite via Método dos Elementos Finitos (Pontes Filho, 1993). Para um estudo mais detalhado, recomenda-se, além dos trabalhos já mencionados de Chen, Atkinson (1981, 1993).

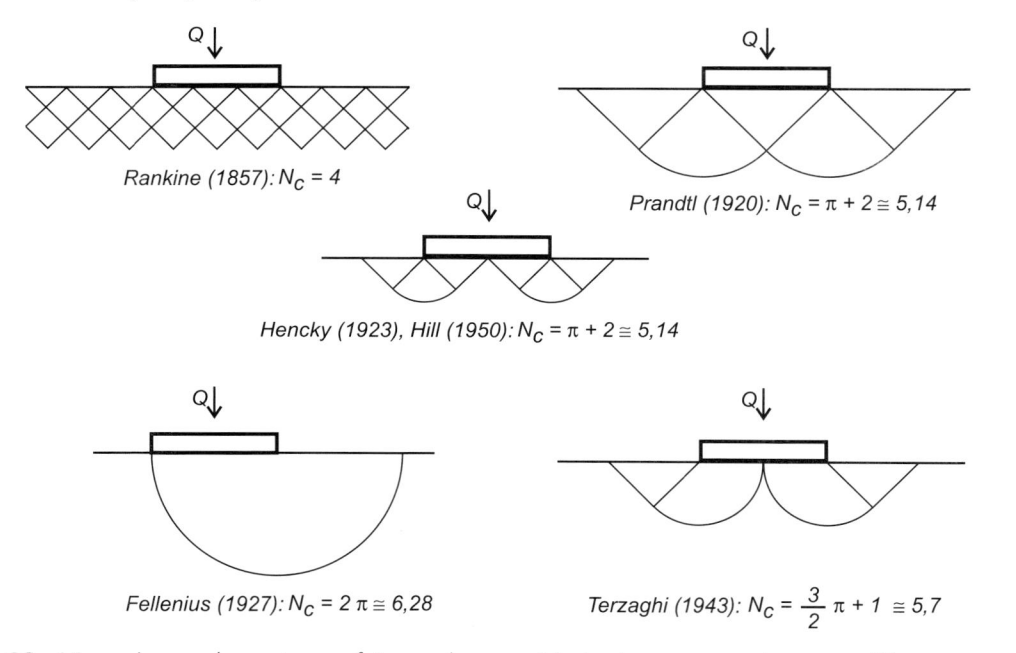

Rankine (1857): $N_C = 4$

Prandtl (1920): $N_C = \pi + 2 \cong 5,14$

Hencky (1923), Hill (1950): $N_C = \pi + 2 \cong 5,14$

Fellenius (1927): $N_C = 2\pi \cong 6,28$

Terzaghi (1943): $N_C = \frac{3}{2}\pi + 1 \cong 5,7$

Fig. 4.16 - Mecanismos de ruptura e fatores de capacidade de carga previstos em diferentes soluções para sapata corrida na condição $\varphi = 0$

4.4 CAPACIDADE DE CARGA PARA CARREGAMENTOS INCLINADOS E EXCÊNTRICOS - FÓRMULAS GERAIS

4.4.1 Contribuição de Hansen

Hansen (1961) fez importante contribuição ao cálculo da capacidade de carga das fundações submetidas a um carregamento qualquer. Para o caso de uma carga excêntrica, utilizou o conceito de *área efetiva da fundação*. Para levar em conta a forma da fundação, sua profundidade e a inclinação da carga, introduziu os *fatores de forma, de profundidade e de inclinação da carga*, respectivamente. Em trabalho posterior (Hansen, 1970), introduziu os *fatores de inclinação do terreno e de inclinação da base da fundação*. Com isso, chegou à fórmula geral:

$$q_{ult} = \frac{Q_{ult}}{A'} = c\,N_c\,s_c\,d_c\,i_c\,b_c\,g_c + q\,N_q\,s_q\,d_q\,i_q\,b_q\,g_q + \frac{B'}{2}\gamma\,N_\gamma\,s_\gamma\,d_\gamma\,i_\gamma\,b_\gamma\,g_\gamma \qquad (4.41)$$

onde:
s_c, s_q, s_γ = fatores de forma;
d_c, d_q, d_γ = fatores de profundidade;
i_c, i_q, i_γ = fatores de inclinação da carga;
b_c, b_q, b_γ = fatores de inclinação da base da fundação;
g_c, g_q, g_γ = fatores de inclinação do terreno;
A' = área efetiva de fundação.

Esta expressão fornece a tensão de ruptura q_{ult} que atua na área mais fortemente carregada da fundação, A', chamada de *área efetiva*. O conceito da *área efetiva*, introduzido por Meyerhof (1953), caracteriza uma área da sapata na qual as tensões (compressivas), mais elevadas, podem ser supostas uniformes. A área efetiva é determinada de maneira que a resultante das cargas atuantes passe pelo seu centro de gravidade. A Fig. 4.17 mostra alguns exemplos de sua determinação. No caso de uma fundação retangular (Fig. 4.17a), a área efetiva é um retângulo, de onde se tira a dimensão do lado menor B' para uso na Eq. (4.41). Nos outros casos mostrados nessa figura, a área efetiva é determinada por simetria em relação ao ponto de passagem da resultante e precisa ser transformada em um retângulo (chamado de *retângulo equivalente*). O retângulo deve ter a mesma área A' e possuir os mesmos eixos principais de inércia.

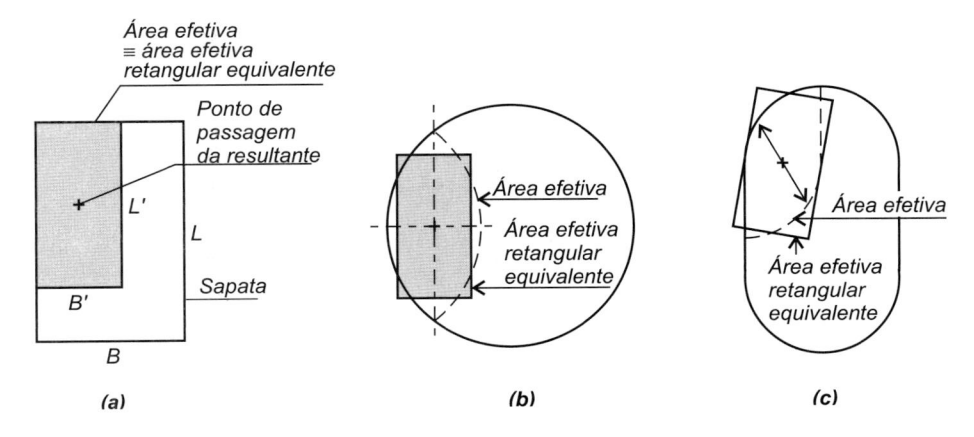

Fig. 4.17 - Áreas efetivas de fundação, inclusive áreas retangulares equivalentes

Para os fatores de capacidade de carga, são fornecidas as expressões :

$$N_c = (N_q - 1) \cot \varphi \tag{4.42}$$

$$N_q = e^{\pi \, tg \, \phi} \, tg^2 \left(45º + \frac{\phi}{2}\right) \tag{4.43}$$

$$N_\gamma = 1,5 \, (N_q - 1) \, tg \, \varphi \tag{4.44}$$

4.4.2 Contribuição de Vesic

Vesic (1965, 1969, 1973, 1975) tem importantes contribuições para o cálculo da capacidade de carga das fundações superficiais e profundas. Para as primeiras, pode-se dizer que seus estudos estão resumidos em seu trabalho de 1975.

Mantendo a Eq. (4.18), Vesic propôs, para os fatores de capacidade de carga devidos à coesão (N_c) e à sobrecarga (N_q), as mesmas expressões (4.42) e (4.43) de Hansen. Para o fator de peso próprio propôs:

$$N_\gamma = 2 \, (N_q + 1) \, tg \, \varphi \tag{4.45}$$

Os fatores propostos por Vesic estão indicados na Tab. 4.1. Para os fatores de correção, são recomendadas as expressões apresentadas a seguir.

Tab. 4.1 - Fatores de Capacidade de Carga

φ	N_c	N_q	N_γ	φ	N_c	N_q	N_γ
0	5,14	1,00	0,00	28	25,80	14,72	16,72
				29	27,86	16,44	19,34
5	6,49	1,57	0,45	30	30,14	18,40	22,40
				31	32,67	20,63	25,99
10	8,35	2,47	1,22	32	35,49	23,18	30,22
				33	38,64	26,09	35,19
15	10,98	3,94	2,65	34	42,16	29,44	41,06
16	11,63	4,34	3,06	35	46,12	33,30	48,03
17	12,34	4,77	3,53	36	50,59	37,75	56,31
18	13,10	5,26	4,07	37	55,63	42,92	66,19
19	13,93	5,80	4,68	38	61,35	48,93	78,03
20	14,83	6,40	5,39	39	67,87	55,96	92,25
21	15,82	7,07	6,20	40	75,31	64,20	109,41
22	16,88	7,82	7,13	41	83,86	73,90	130,22
23	18,05	8,66	8,20	42	93,71	85,38	155,55
24	19,32	9,60	9,44	43	105,11	99,02	186,54
25	20,72	10,66	10,88	44	118,37	115,31	224,64
26	22,25	11,85	12,54	45	133,88	134,88	271,76
27	23,94	13,20	14,47				

(a) Fatores de Forma
Os fatores de forma são indicados na Tab. 4.2.

Tab. 4.2 - Fatores de Forma

Forma da base	s_c	s_q	s_γ
corrida	1,0	1,0	1,0
retangular	$1 + (B'/L')(N_q/N_c)$	$1 + (B'/L')\,\text{tg}\,\varphi$	$1 - 0{,}4B'/L'$
circular e quadrada	$1 + (N_q/N_c)$	$1 + \text{tg}\,\varphi$	0,60

(b) Fatores de Inclinação da Carga
Para os fatores de inclinação da carga, são recomendadas as expressões:

$$i_c = 1 - \frac{mH}{B'L'cN_c} \qquad (\text{para }\varphi = 0) \tag{4.46a}$$

$$i_q = \left[1 - \frac{H}{V + B'L'c\cot\varphi}\right]^m \tag{4.46b}$$

$$i_\gamma = \left[1 - \frac{H}{V + B'L'c\cot\varphi}\right]^{m+1} \tag{4.46c}$$

com:

$$m = m_B = \frac{2 + B/L}{1 + B/L} \tag{4.46d}$$

ou:

$$m = m_L = \frac{2 + L/B}{1 + L/B} \tag{4.46e}$$

conforme a carga seja inclinada paralelamente à menor dimensão B ou à maior dimensão L, respectivamente. Se a inclinação da carga fizer um ângulo θ com a direção de L, adota-se:

$$m = m_n = m_L \cos^2\theta + m_B \,\text{sen}^2\theta \tag{4.46f}$$

Nessas expressões, V e H são as componentes vertical e horizontal da carga. A componente horizontal H deve satisfazer à condição:

$$H \leq V\,\text{tg}\,\delta + A'c_a \tag{4.47}$$

onde:
A' = área efetiva da fundação;
c_a = aderência entre o solo e a fundação;
δ = ângulo de atrito entre o solo e a fundação.

Os autores recomendam tomar, no caso de solos arenosos, $\delta = \varphi'$ e $c_a = 0$; no caso de solos argilosos saturados, em condição não drenada, $\delta = 0$ e $c_a = S_u$.

(c) Fatores de Profundidade
Os fatores de profundidade são calculados como indicado a seguir.

(c.1) Se D / B ≤ 1

$$d_c = 1 + 0{,}4 \frac{D}{B} \quad (\text{para } \varphi = 0) \tag{4.48a}$$

$$d_q = 1 + 2 \, tg\, \varphi \, (1 - sen\, \varphi)^2 \, \frac{D}{B} \tag{4.48b}$$

$$d_\gamma = 1 \tag{4.48c}$$

(c.2) Se D / B > 1

$$d_c = 1 + 0{,}4 \, arctg\left(\frac{D}{B}\right) \tag{4.48d}$$

$$d_q = 1 + 2 \, tg\, \varphi \, (1 - sen\, \varphi)^2 \, arctg\left(\frac{D}{B}\right) \tag{4.48e}$$

$$d_\gamma = 1 \tag{4.48f}$$

Tendo em vista o procedimento executivo usual das fundações superficiais (escava-se, executa-se a fundação, reaterra-se), Vesic desaconselha a utilização dos fatores de profundidade, com o que estes autores concordam.

(d) Fatores de inclinação da base da fundação e do terreno

Para levar em conta a inclinação da base da fundação, são sugeridas as expressões (Fig. 4.18):

$$b_c = 1 - [2\alpha / (\pi + 2)] \tag{4.49a}$$

$$b_q = b_\gamma = (1 - \alpha / tg\, \varphi)^2 \tag{4.49b}$$

com α expresso em radianos.

Para levar em conta o fato de a superfície do terreno ao lado da fundação estar inclinada (em talude), são sugeridas as expressões:

$$g_c = 1 - [2\omega / (\pi + 2)] \tag{4.50a}$$

$$g_q = g_\gamma = (1 - tg\, \omega)^2 \tag{4.50b}$$

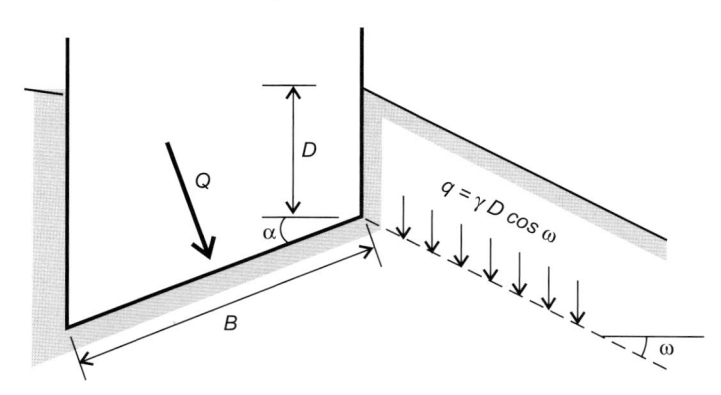

Fig. 4.18 - Fundação com base inclinada e terreno em talude

Cabe uma observação: as expressões (4.50) não levam em conta as tensões cisalhantes no solo. O efeito dessas tensões pode ser desprezado desde que $0 < \omega < \varphi/2$. É aconselhável proceder-se a uma análise de estabilidade quando $\omega > \varphi/2$. (Para fundações em taludes, recomenda-se ver Meyerhof, 1957.)

(e) Influência da compressibilidade do solo

Vesic estudou mais detalhadamente o *efeito da compressibilidade* do solo e concluiu que a sugestão de Terzaghi pode dar resultados satisfatórios em alguns casos, embora nem sempre do lado da segurança. Desenvolveu, então, uma teoria bastante elaborada para a consideração desse efeito e propôs sua inclusão na equação de capacidade de carga (Eq. 4.41), por meio de fatores de correção c_c, c_q e c_γ:

$$c_c = 0{,}32 + 0{,}12\, B/L + 0{,}60\, \log I_r \tag{4.51a}$$

$$c_q = c_\gamma = \exp\{[(-4{,}4 + 0{,}6\, B/L)\, tg\, \varphi] + [(3{,}07\, sen\, \varphi)\,(\log 2I_r)/(1 + sen\, \varphi)]\} \tag{4.51b}$$

onde I_r é o *índice de rigidez*, definido como a razão entre o módulo cisalhante e a resistência ao cisalhamento:

$$I_r = \frac{G}{c + \sigma\, tg\, \phi} = \frac{E}{2(1+\nu)(c + \sigma\, tg\, \phi)} \tag{4.52}$$

O σ que aparece no denominador deve representar a tensão vertical efetiva na região mais comprimida pela sapata (pode-se tomar a tensão vertical geostática a $B/2$ abaixo da sapata) e o E é o módulo de Young do solo naquela região (no caso de areias, ambos em termos de tensões efetivas). As Eqs. 4.51a e 4.51b devem ser utilizadas enquanto fornecerem valores menores que a unidade.

De (4.51a) pode-se determinar o índice de rigidez para qualquer valor de φ e da relação B/L, abaixo do qual é necessário reduzir a capacidade de carga para levar em conta os efeitos da compressibilidade. É o chamado *índice de rigidez crítico*:

$$I_{r,crit} = 1/2\, \exp\{(3{,}30 - 0{,}45\, B/L)\, \cot(45° - \varphi/2)\} \tag{4.53}$$

A Tab. 4.3 fornece os valores de $I_{r,crit}$ para os casos de sapatas corridas ($B/L = 0$) e quadradas ($B/L = 1$). O índice I_r, no caso de areias, é de difícil determinação na prática, uma vez que o módulo cisalhante G (ou o E') varia com as tensões confinantes σ'. No caso não drenado, em que se tem um G associado a um S_u (que substituiria $c + \sigma\, tg\, \varphi$ no denominador), essa determinação é mais fácil; porém, os índices obtidos na prática são sempre maiores que $I_{r,crit}$. Caso não se consiga uma redução com a proposta de Vesic, acima, a proposta mais simples de Terzaghi (1943) pode ser adotada.

Vesic discutiu, ainda, a questão do *efeito de escala* (ou seja, se o aumento da dimensão da sapata é acompanhado de uma variação na capacidade de carga, além daquela prevista na Eq. 5.11). Como essa é uma questão controvertida, e, aparentemente, de pouca influência no caso de sapatas, preferimos não incluí-la como uma das correções a serem feitas.

Tab. 4.3 – Índices de rigidez críticos

φ	Sapata corrida (B/L = 0)	Sapata quadrada (B/L = 1)
0	13	8
5	18	11
10	25	20
15	37	30
20	55	30
25	89	44
30	152	70
35	283	120
40	592	225
45	1442	486
50	4330	1258

4.5 CONDIÇÕES NÃO HOMOGÊNEAS DO SOLO

No que tange à heterogeneidade, podemos ter duas condições (Fig. 4.19):
- estratificação e
- variação linear de propriedades com a profundidade (chamada "heterogeneidade linear").

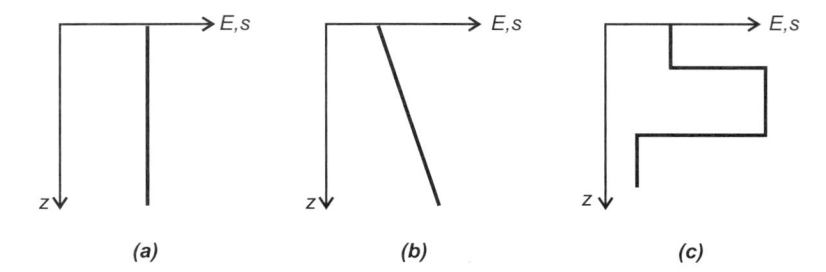

Fig. 4.19 - Condições de variação das propriedades (módulo E e resistência s) com a profundidade: (a) homogêneo, (b) linearmente heterogêneo e (c) estratificado

4.5.1 Argilas com resistência linearmente crescente com a profundidade

Em geral, a resistência ao cisalhamento nãodrenada de uma argila, c_u ou S_u, sobretudo quando há deposição marinha ou fluvial, cresce com a profundidade, em consequência do adensamento provocado pelo peso próprio das camadas superiores. Quando esse crescimento é linear, pode-se escrever:

$$c_u = c_o + \rho\, z \tag{4.54}$$

onde:
c_o = coesão da argila no nível da base da fundação;
ρ = acréscimo da coesão por unidade de profundidade.

Pinto (1965) obteve para os fatores de capacidade de carga N_c, que devem multiplicar c_o, os valores dados na Tab. 4.4, na qual N_c varia com o parâmetro adimensional:

$$p = c_o / \rho\, b \tag{4.55}$$

onde:
b é a semilargura da fundação.

Tab. 4.4 – Valores de N_c em função de $p = c_o/(\rho\, b)$

p	∞	10	5	2	1	0,5	0,2	0,1	0,05
N_c	5,50	5,97	6,40	7,55	9,31	12,49	21,07	34,34	61,47

Davis e Booker (1973) apresentam uma solução para este mesmo caso, em que a capacidade de carga é calculada com:

$$q_{ult} = F\left(5{,}14\, c_o + \rho\, \frac{B}{4}\right) \tag{4.56}$$

sendo F obtido do ábaco da Fig. 4.20.

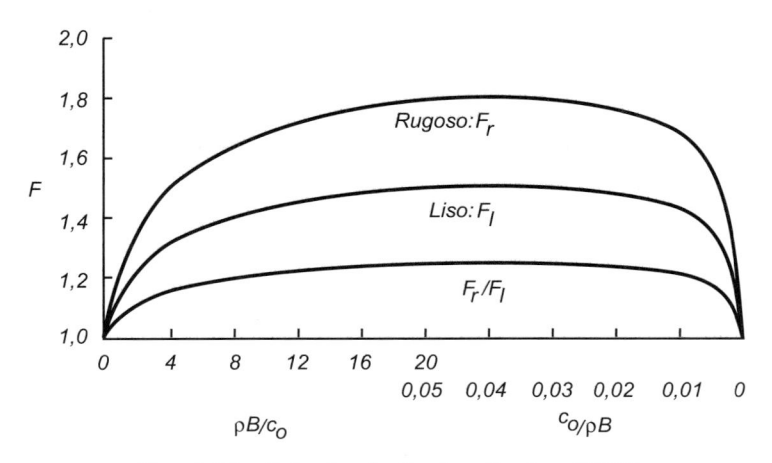

Fig. 4.20 - Solução de Davis e Booker (1973)

4.5.2 Condições Heterogêneas do Solo por Estratificação

Button (1953) analisou o caso de duas camadas com coesões diferentes e $\varphi = 0$, admitindo uma superfície de ruptura circular. Brown e Meyerhof (1969) mostraram que alguns casos são tratados de maneira não realista por Button (1953), como o caso de uma camada muito resistente em cima, que seria puncionada.

(a) Camada fraca sobrejacente a uma camada resistente

Segundo Vesic (1975), a capacidade de carga pode ser calculada pela expressão:

$$q_{ult} = c_1 N_m + q \qquad (4.57)$$

onde:
c_1 = resistência ao cisalhamento não drenada da camada superior;
N_m = um fator de capacidade de carga modificado, que depende da relação $k = c_2/c_1$, da espessura relativa da camada superior H/B e da forma da fundação.

Para o caso de uma camada de argila mole sobrejacente a uma camada de argila rija, Vesic sugere:

$$N_m = \frac{k N_c^*(N_c^* + \beta - 1)\left[(k+1)N_c^{*2} + (1+k\beta)N_c^* + \beta - 1\right]}{\left[k(k+1)N_c^* + k + \beta - 1\right]\left[(N_c^* + \beta)N_c^* + \beta - 1\right] - (k N_c^* + \beta - 1)(N_c^* + 1)} \qquad (4.58)$$

onde $\beta = BL/[2(B+L)H]$, que pode ser chamado de *índice de puncionamento da sapata*; $N^*_c = s_c N_c$ é o fator de capacidade de carga Nc corrigido pelo fator de forma (para uma sapata circular ou quadrada b = B/4H e $N^*_c = 6,17$; para uma sapata corrida $\beta = B/2H$ e $N^*_c = 5,14$).

A Tab. 4.5 fornece valores de N_m para sapatas quadradas ou circulares ($L/B = 1$) e para sapatas corridas ($L/B > 5$).

Vesic recomenda que o valor de c_1 na Eq. (4.33) seja reduzido por um fator apropriado que, no caso de argilas com sensibilidade da ordem de 2, é 0,75.

(b) Camada granular resistente sobrejacente a camada mole

Meyerhof e colaboradores (Meyerhof, 1974; Hanna e Meyerhof, 1980) fizeram importantes contribuições à solução do problema de uma camada granular resistente sobrejacente a uma camada argilosa mole (Fig. 4.21), situação que ocorre com frequência na prática.

Tab. 4.5 - Fatores de capacidade de carga modificados N_m (Vesic, 1975)

(i) Sapatas corridas (L/B > 5)

c_2/c_1 \ B/H	2	4	6	8	10	20	∞
1,0	5,14	5,14	5,14	5,14	5,14	5,14	5,14
1,5	5,14	5,31	5,45	5,59	5,70	6,14	7,71
2	5,14	5,43	5,69	5,92	6,13	6,95	10,28
3	5,14	5,59	6,00	6,38	6,74	8,16	15,42
4	5,14	5,69	6,21	6,69	7,14	9,02	20,56
5	5,14	5,76	6,35	6,90	7,42	9,66	25,70
10	5,14	5,93	6,69	7,43	8,14	11,40	51,40
∞	5,14	6,14	7,14	8,14	9,14	14,14	∞

(ii) Sapatas circulares ou quadradas (L/B = 1)

c_2/c_1 \ B/H	4	8	12	16	20	40	∞
1,0	6,17	6,17	6,17	6,17	6,17	6,17	6,17
1,5	6,17	6,34	6,49	6,63	6,76	7,25	9,25
2	6,17	6,46	6,73	6,98	7,20	8,10	12,34
3	6,17	6,63	7,05	7,45	7,82	9,36	18,51
4	6,17	6,73	7,26	7,75	8,23	10,24	24,68
5	6,17	6,80	7,40	7,97	8,51	10,88	30,85
10	6,17	6,89	7,74	8,49	9,22	12,58	61,70
∞	6,17	7,17	8,17	9,17	10,17	15,17	∞

Segundo Meyerhof (1974), a capacidade de carga de uma fundação nessa situação deve ser calculada considerando-se as duas possibilidades de ruptura mostradas na Fig. 4.21, devendo ser adotado o menor valor obtido. A expressão que corresponde ao primeiro modo é:

$$q_{ult} = \gamma D N q + \gamma \frac{B}{2} N_\gamma \qquad (4.59a)$$

(com os fatores de capacidade de carga obtidos com o φ' da areia), e a que corresponde ao segundo modo é (Hanna e Meyerhof, 1980):

$$q_{ult} = c_u N_c + \gamma H^2 \left(1 + \frac{2D}{H}\right) K_s \frac{tg\,\varphi'}{B} - \gamma H \qquad (4.59b)$$

Para a expressão (4.59b), o coeficiente de empuxo na punção K_s pode ser obtido com

$$K_s = K_p \frac{tg\,\delta}{tg\,\varphi'} \qquad (4.60)$$

onde:
δ = ângulo de atrito mobilizado na superfície do puncionamento (para uso prático, pode-se tomar $\delta \sim 0,5\,\varphi'$);
K_p = coeficiente de empuxo passivo.

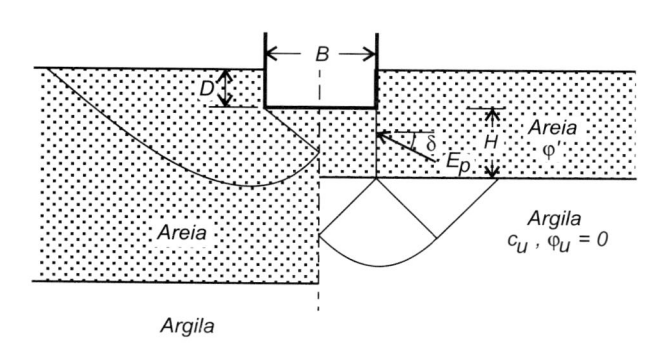

Fig. 4.21 - Modos de ruptura de sapata em meio heterogêneo (Hanna e Meyerhof, 1980)

4 Capacidade de Carga de Fundações Superficiais

As expressões (4.59a) e (4.59b) valem para sapatas corridas; para outras formas de sapatas, devem ser introduzidos fatores de forma (p. ex., da Tab. 4.2). A proposta aqui apresentada foi avaliada por Kenny e Andrawes (1997), através de ensaios em modelos.

4.6 CAMADA DE ESPESSURA LIMITADA

(a) Camada de argila com coesão constante

Segundo Matar e Salençon (1977), a capacidade de carga de uma sapata corrida de largura B assente numa camada de argila de espessura H é dada pela expressão:

$$q_{ult} = c_u N'_c + q \qquad (4.61)$$

onde:
N'_c = fator de capacidade de carga, que depende da relação B/H, dado na Fig. 4.22.

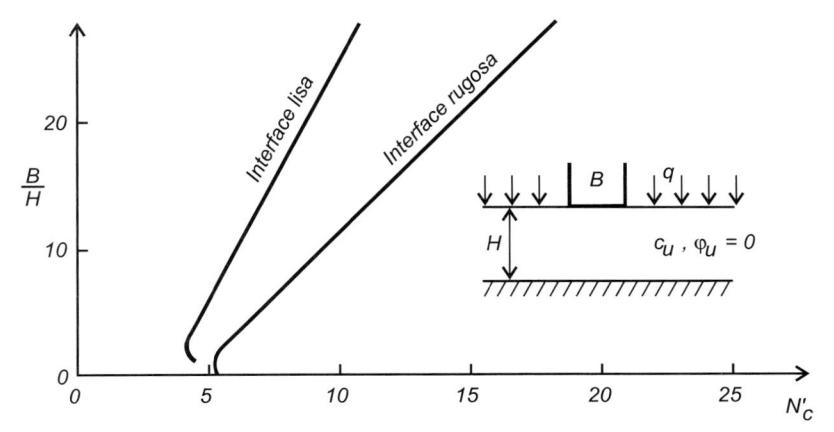

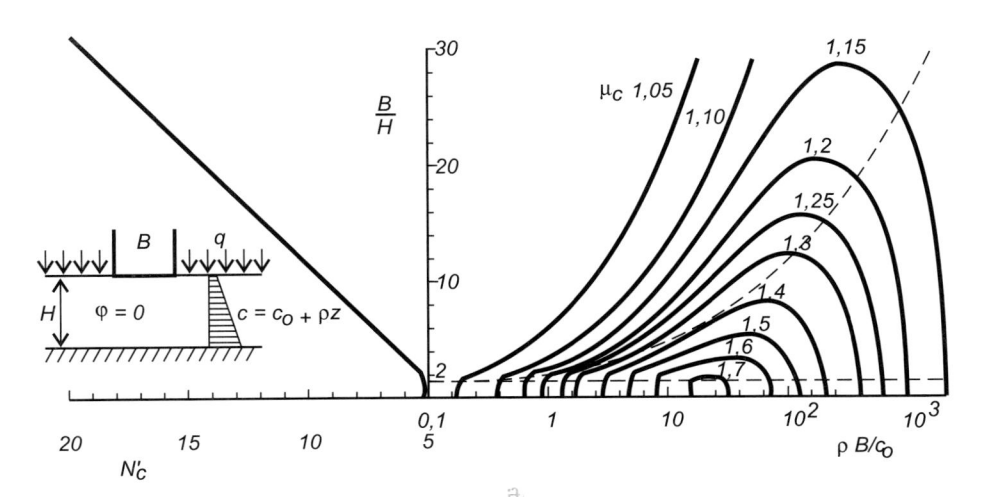

Fig. 4.22 - Fatores de capacidade de carga N'_c de Matar e Salençon (1977)

(b) Camada de argila com coesão variável linearmente com a profundidade

Nesse caso, a capacidade de carga é dada pela expressão (Matar e Salençon, 1977):

$$q_{ult} = \mu_c c_o \left(N'_c + \frac{1}{4} \frac{\rho B}{c_o} \right) + q \qquad (4.62)$$

onde:
N'_c e μ_c são tirados do gráfico da Fig. 4.23.

Fig. 4.23 - Fatores de capacidade de carga N'_c de Matar e Salençon (1977)

4.7 INFLUÊNCIA DO LENÇOL FREÁTICO

Ao observarmos uma fórmula de capacidade de carga, como a de Terzaghi (Eq. 4.13b), vemos que a água, ao submergir o solo, afeta o valor de γ, que está presente em dois termos:
- o termo $\gamma D N_q$
- o termo $B/2 \gamma N_\gamma$

A influência é considerada apenas na capacidade de carga drenada.

Podemos distinguir dois casos, como mostrado na Fig. 4.24:
- o nível d'água está entre o nível do terreno e a base da fundação (Caso 1) e
- o nível d'água está entre a base da fundação e o limite da superfície de ruptura (Caso 2).

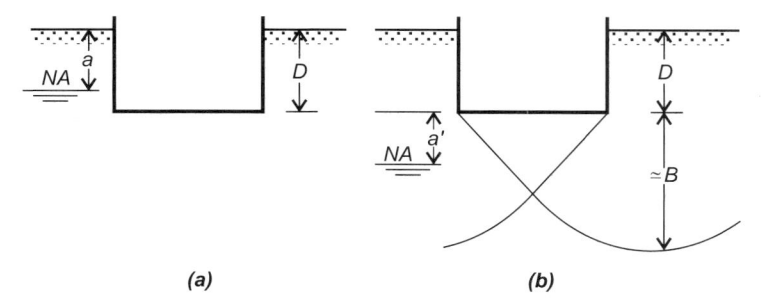

Fig. 4.24 - Influência do lençol d'água: (a) Caso 1 e (b) Caso 2

O procedimento no Caso 1 deve ser:
- termo em q, calcular com $q = \gamma_{nat} a + \gamma' (D - a)$
- usar γ' no termo em γ

onde:
γ' é o peso específico submerso;
γ_{nat} é o peso específico para o solo acima do lençol d'água.

Um procedimento simples para o Caso 2:
- termo em q, calcular com γ_{nat}
- termo em γ, calcular com

$$\gamma = \gamma' + \frac{a'}{B} (\gamma_{nat} - \gamma') \tag{4.63}$$

Esta expressão se baseia na hipótese de que a profundidade da superfície de ruptura é igual à dimensão B da sapata (Fig. 4.24b). Um procedimento mais rigoroso para se calcular o valor de γ para o termo em N_γ no Caso 2 foi desenvolvido por Meyerhof (1955).

Como o peso específico do solo submerso é da ordem da metade do seu valor quando acima do lençol d'água, a submersão do solo de fundação reduz apreciavelmente a sua capacidade de carga. Assim, o cálculo da capacidade de carga deve ser feito para a posição mais elevada do lençol d'água.

REFERÊNCIAS

ATKINSON, J. *Foundations and slopes*. London: McGraw-Hill Book Co. Ltd., 1981.
ATKINSON, J. *An introduction to the mechanics of soils and foundations*. London: McGraw-Hill Book Co. Ltd., 1993.
BALLA, A. Bearing capacity of foundations, *Journal Soil Mechanics and Foundations Division*, ASCE, v. 89, n. 5, p. 13-34, 1962.
BROWN, J. D.; MEYERHOF, G. G. Experimental study of bearing capacity of layered clays. In: INTERNATIONAL CONFERENCE ON SOIL MECHANICS AND FOUNDATION ENGINEERING, 7., Mexico, 1969. *Proceedings*... Mexico, ICSMFE, 1969. v. 2. p. 45-51.
BUTTON, S. J. The bearing capacity of footings on a two-layer cohesive subsoil. In: INTERNATIONAL CONFERENCE ON SOIL MECHANICS AND FOUNDATION ENGINEERING, 3., Zurich, 1953. *Proceedings*... Zurich, ICSMFE, 1953. v. 1. p. 332-335.
CAQUOT, A.; KERISEL, J., Sur le terme de surface dans le calcul des foundations en milieu pulverulent. In: INTERNATIONAL CONFERENCE ON SOIL MECHANICS AND FOUNDATION ENGINEERING, 3., Zurich, 1953. *Proceedings*... Zurich: ICSMFE, 1953. v. 1. p. 336-331.
CHEN, W. F. *Limit a Analysis and soil plasticity*. Amsterdam: Elsevier Scientific Publishing Co., 1975.
CHEN, W. F.; LIU, X.L. *Limit analysis in soil mechanics*. Amsterdam: Elsevier Scientific Publishing Co., 1990.
DAVIS, E. H.; BOOKER, J. R. The effect of increasing strength with depth on the bearing-capacity of clays. *Geotechnique*, v. 23, n. 4, p. 551-563, 1973.
de BEER, E. E. Experimental determination of the shape factors and the bearing capacity factors of sand. *Geotechnique*, v. 20, n. 4, 1970.
DRUCKER, D. C.; GREENBERG, H. J.; PRAGER, W. Extended limit design theorems for continuous media. *Quarterly of Applied Mathematics*, v. 9, n. 4, 1952.
FELLENIUS, W. *Erdstatische Berechnungen*. Berlin: Ernst, 1927. (*apud* Chen, 1975).
HANNA, A. M.; MEYERHOF, G. G. Design charts for ultimate bearing capacity of foundations on sand overlying soft clay. *Canadian Geotechnical Journal*, v. 17, p. 300-303, 1980.
HANSEN, J. B. A general formula for bearing capacity. (Danish) Geoteknisk Institut, *Bulletin n. 11*, Copenhagen, 1961.
HANSEN, J. B. The philosophy of foundation design: design criteria, safety factors and settlement limits. In: Symposium on Bearing Capacity and Settlement of Foundations, 1965, Durham. *Proceedings*... Durham: Duke University, 1965. p. 9-13.
HANSEN, J. B. A revised and extended formula for bearing capacity. Danish Geoteknisk Institut, *Bulletin n. 28*, Copenhagen, 1970, p. 5-11.
HENCKY, H. Uber einige statisch bestimmte Falle des Gleichgewichts in plastichen Körpern. *Zeitschrift Angew. Math. und Mech.*, v. 3, p. 241-246, 1923. (*apud* Vesic, 1975).
HILL, R. T*he mathematical theory of plasticity*. Oxford: Oxford University Press, 1950.
KENNY, M. J.; ANDRAWES, K. Z., The bearing capacity of footings on a sand layer overlying soft clay. *Geotechnique*, v. 47, n. 2, p. 339-345, 1997.
KÉZDI, A. *Handbuch der Bodenmechanik*. Berlin: VEB Verlag fur Bauwesen, 1970. Band 2.
LOPES, F. R. *The undrained bearing capacity of piles and plates studied by the Finite Element Method*. Ph.D. Thesis- University of London, London, 1979.
MATAR, M.; SALENÇON, J. Capacité portante d'une ssemelle filante sur sol purement cohérent d'epaisseur limitée et de cohésion variable avec la profundeur. *Annales de l'Institut Technique du Bâtiment et des Travaux Publiques*, 1977. n. 352.
MEYERHOF, G. G. The ultimate bearing capacity of foundations. *Geotechnique*, v. 2, p. 301-332, 1951.
MEYERHOF, G. G. The bearing capacity of foundations under eccentric and inclined loads. In: INTERNATIONAL CONFERENCE ON SOIL MECHANICS AND FOUNDATION ENGINEERING, 3., Zurich, 1953. *Proceedings*... Zurich: ICSMFE, 1953. v. 1. p. 440-445.
MEYERHOF, G. G. Influence of roughness of base and ground-water conditions on the ultimate bearing capacity of foundations. *Geotechnique*, v. 5, n. 3, p. 227-242, 1955.
MEYERHOF, G. G. The ultimate bearing capacity of foundations on slopes. In: INTERNATIONAL CONFERENCE ON SOIL MECHANICS AND FOUNDATION ENGINEERING, 4., London, 1957. *Proceedings*... London: ICSMFE, 1957. v. 1.
MEYERHOF, G. G. Some recent research on the bearing capacity of foundations, *Canadian Geotechnical Journal*, v. 1, n. 1, p. 16-26, 1963.
MEYERHOF, G.G. Ultimate bearing capacity of footings on sand layer overlying clay, *Canadian Geotechnical Journal*, v. 11, n. 2, p. 223- 229, 1974.
MONTEIRO, P. F. F. Comunicação pessoal. 1997.
OHDE, J. Zur theorie des erddruckes unter besonderer berucksichtigung der erddruckverteilung. *Bautechnick*, v. 16, p. 150, 1938.

PINTO, C.S. Capacidade de carga de argilas com coesão linearmente crescente com a profundidade. *Jornal de Solos*, São Paulo, v. 3, n. 1, 1965.

PONTES FILHO, I. D. S. *Análise Limite não linear em problemas geotécnicos*. Tese de D. Sc. COPPE-UFRJ, Rio de Janeiro, 1993.

PRANDTL, L. Uber die härte plasticher körper. *Nachr. Kgl. Ges. Wiss. Gottigen, Math. Phys. Klasse*. (*apud* Terzaghi, 1943).

REISSNER, H. Zum erddruckproblem. In: INTERNATIONAL CONGRESS OF APPLIED MECHANICS, 1., 1924, Delft. *Proceeding*... Delft: International Congress of Applied Mechanics, 1924. p.295-311.

SANTA MARIA, P. E. L. Comunicação pessoal. 1995.

SKEMPTON, A. W. The bearing capacity of clays. In: BUILDING RESEARCH CONGRESS, London, 1951. *Proceedings*... London: Building Research Congress, 1951. p. 180-189.

SOKOLOVSKI, V. V. *Statics of soil media*. London: Butterworths Scientific Publications, 1960.

SOKOLOVSKI, V. V. *Statics of granular media*. London: Pergamon Press, 1965.

TERZAGHI, K.. *Erdbaumechanik auf bodenphysikalischer grundlage*. Wien: Franz Deuticke, 1925.

TERZAGHI, K. *Theoretical soil mechanics*. New York: John Wiley & Sons, 1943.

TERZAGHI, K.:PECK, R.B. *Soil mechanics in engineering practic*. New York: John Wiley & Sons, 1948.

VESIC, A.S. Bearing capacity of deep foundations in sand. *Highway Research Record*, n. 39, p. 112-153, 1963.

VESIC, A.S. Effects of scale and compressibility on bearing capacity of surface foundations. In: INTERNATIONAL CONFERENCE ON SOIL MECHANICS AND FOUNDATION ENGINEERING, 7., Mexico, 1969. *Proceedings*... Mexico: ICSMFE, 1969. v. 3.

VESIC, A. S. Analysis of ultimate loads of shallow foundations. *Journal Soil Mechanics and Foundations Division, ASCE*, v. 99, n. SM1, 1973.

VESIC, A. S. Research on bearing capacity of soils. 1970. Inédito. (*apud* Vesic, 1975).

VESIC, A. S. Bearing capacity of shallow foundations. In: WINTERKORN, H.F.; FANG, H.-Y. (Eds.). *Foundation engineering handbook*. New York: Van Nostrand Reinhold Co., 175. p. 121-147.

Capítulo 5

CÁLCULO DE RECALQUES

Este capítulo apresenta metodologias para previsão do recalque de uma fundação superficial, sem levar em conta sua flexibilidade, ou seja, como se ela fosse rígida. O recalque assim calculado deve ser considerado como um recalque médio da fundação (ou o próprio recalque real se a fundação for rígida); a distribuição real do recalque será obtida quando se introduzir a flexibilidade da fundação, numa análise da interação solo-fundação, que será apresentada nos Caps. 6 a 9. É importante ressaltar que a previsão de recalques é um dos exercícios mais difíceis da Geotecnia e que o resultado dos cálculos, por mais sofisticados que sejam, deve ser encarado como uma estimativa.

5.1 INTRODUÇÃO

Observa-se que uma fundação, ao ser carregada, sofre recalques que se processam, em parte, imediatamente após o carregamento e, em parte, com o decorrer do tempo. O recalque que ocorre imediatamente após o carregamento é chamado de *recalque instantâneo* ou *imediato*, indicado como w_i na Fig. 5.1. A parcela que ocorre com o tempo está indicada como w_t na mesma figura. Assim, o *recalque total* ou *final* será:

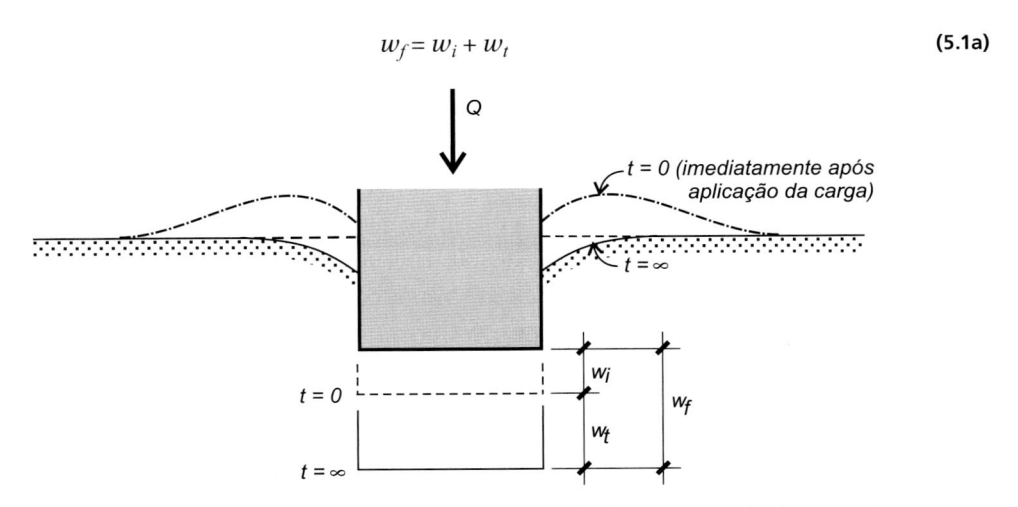

$$w_f = w_i + w_t \tag{5.1a}$$

Fig. 5.1 - Recalques de uma fundação superficial sob carga vertical centrada

O recalque que se processa com o tempo – chamado *recalque no tempo* – se deve ao adensamento (migração de água dos poros com consequente redução no índice de vazios) e a fenômenos viscosos (*creep*). O *creep*, também chamado de *fluência*, é tratado como "adensamento secundário" nos capítulos de adensamento dos livros-texto. Assim:

$$w_t = w_a + w_v \tag{5.1b}$$

onde:

w_a = parcela devida ao adensamento;
w_v = parcela devida a fenômenos viscosos.

Em solos de drenagem rápida (areias ou solos argilosos parcialmente saturados), w_f ocorre relativamente rápido, pois não há praticamente geração de excessos de poropressão com o carregamento.

A Fig. 5.2 mostra a evolução dos recalques com o tempo de uma fundação sob três níveis de carga, sendo que para o terceiro nível não houve estabilização. O gráfico da evolução dos recalques no tempo é dado pela curva **ABCDEFG**. A evolução dos recalques para os segundo e terceiro estágios pode ser mais bem observada trazendo-se para o início do gráfico (ponto **A**) o ponto do início do estágio. Assim, a curva do segundo estágio, **CDE**, passa a **AD'E'**, e a curva do terceiro estágio (que não apresenta estabilização) passa a **AF'G'**.

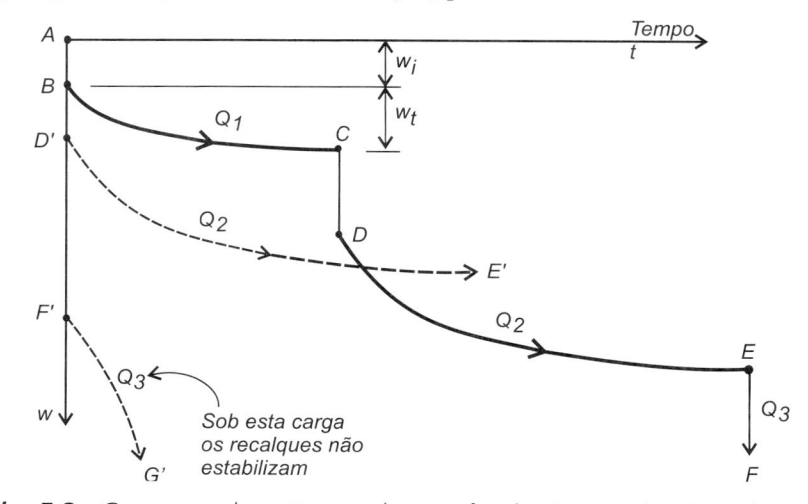

Fig. 5.2 - Curvas recalque-tempo de uma fundação em três níveis de carga

O tempo necessário para que cesse praticamente o *recalque no tempo* depende da permeabilidade do solo (e também da distância das fronteiras drenantes) e do seu potencial de *creep*. Em areias, que têm alta permeabilidade e são pouco sujeitas a *creep*, esse tempo pode ser de alguns minutos ou mesmo dias, enquanto em argilas plásticas, o tempo pode ser de vários anos.

A Fig. 5.3 mostra duas possibilidades de comportamento carga-recalque da fundação da Fig. 5.1: sob carregamento (i) rápido, não drenado e (ii) lento, drenado. As curvas **ABC** e **AD'E'** da Fig. 5.2 são aproveitadas nesta nova figura, na parte recalque-tempo. Ao se aplicar

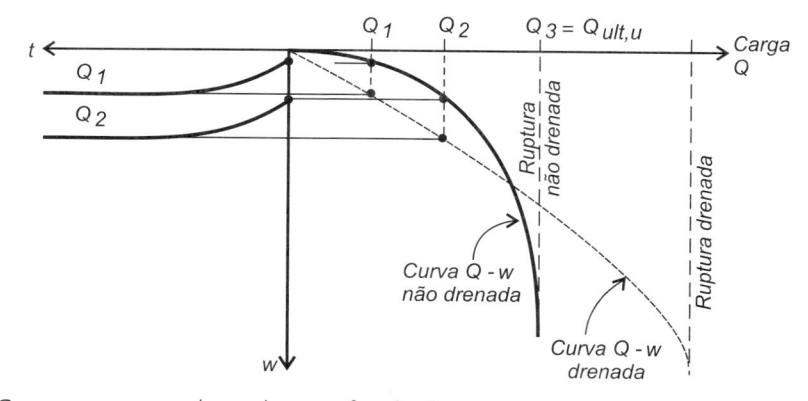

Fig. 5.3 - Curvas carga-recalque de uma fundação em carregamento não drenado e drenado

a carga Q_1, por exemplo, tem-se um recalque instantâneo e outro após estabilização (drenagem). Esses pontos, juntamente com seus equivalentes de outros níveis de carga, definem duas curvas, uma de carregamento rápido, não drenado, e outra de carregamento lento, drenado. A curva de carregamento rápido apresenta comportamento mais rígido que a de carregamento lento. O nível de carga que se atinge, entretanto, é maior no carregamento lento.

No laboratório, em um ensaio de compressão triaxial, observa-se um comportamento similar, como pode ser visto na Fig. 5.4. Nesta figura são comparados os resultados de dois ensaios triaxiais convencionais, sendo um drenado e outro, não drenado, em termos da *curva tensão-deformação*, e observando os respectivos *caminhos de tensão*. Para ambos os ensaios, o *caminho de tensões totais* (CTT) parte de **A** com uma inclinação de 1:1 (45°). Os caminhos de tensões efetivas (CTE), entretanto, seguem diferentes direções. No ensaio drenado, as poropressões mantêm-se constantes, e o caminho de tensões efetivas é paralelo ao caminho de tensões totais, atingindo a linha ou envoltória de ruptura em um ponto elevado (**C'**). No ensaio não drenado, as poropressões geradas pelo carregamento não se dissipam, e o caminho de tensões efetivas se distancia do caminho de tensões totais, atingindo a linha de ruptura em um ponto mais baixo (**B'**). Por outro lado, o ensaio não drenado apresenta uma curva tensão-deformação mais rígida que o drenado.

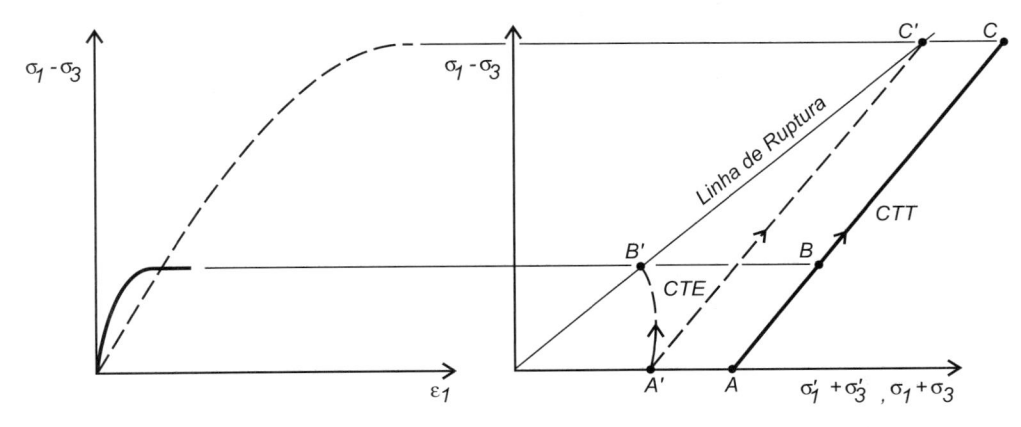

Fig. 5.4 - Resultados de ensaios triaxiais não drenado e drenado

A relação entre os recalques de uma fundação superficial (Fig. 5.3) e as deformações específicas num elemento de solo (Fig. 5.4) pode ser entendida com o auxílio da Fig. 5.5. Inicialmente é preciso lembrar que o recalque de um ponto é igual à integral das deformações verticais abaixo do ponto em estudo, ou:

$$w = \int \varepsilon_z \, dz \qquad (5.2)$$

Na Fig. 5.5, está representado por **A** o *estado de tensão e deformação* inicial de um ponto sob a fundação (cujas deformações serão associadas aos recalques da fundação). A evolução de **O** até **A** se deve ao processo de formação do depósito (o solo aqui imaginado é sedimentar). Normalmente, quando se analisa uma fundação, desprezam-se as deformações ocorridas antes da obra, o que equivale a trazer a origem do gráfico para a vertical do ponto **A**. Após a escavação (acrescentada, em relação à Fig. 5.3, mais esta etapa das obras reais), há um levantamento do fundo da escavação em consequência de as deformações serem negativas (trecho **AB**). Com a execução da fundação e seu carregamento, a fundação recalca um certo valor. Se essa fase ocorreu em condições rápidas e não drenadas, o estado final é dado pelo ponto **C**, e o recalque da fundação terá sido w_i da Eq. (5.1a). Com o tempo, ocorre migração da água dos poros (adensamento), e o estado final é dado pelo ponto **D**.

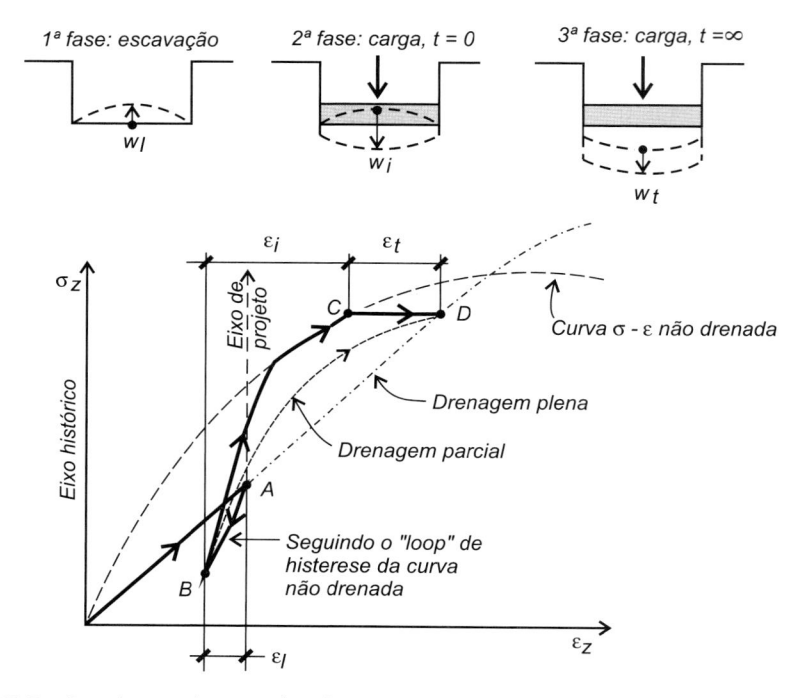

Fig. 5.5 - Recalques de uma fundação associados às deformações sob a mesma

A sequência que acaba de ser descrita – mostrada com linhas cheias na Fig. 5.5 – só ocorrerá se as duas primeiras fases forem executadas muito rapidamente e se o solo tiver baixíssima permeabilidade. Na prática, tem-se uma condição de drenagem parcial, também mostrada naquela figura. A evolução dos recalques da fundação acima, com o tempo, considerando as diferentes etapas de obra, para dois solos – um de drenagem rápida e outro de drenagem lenta – é representada na Fig. 5.6.

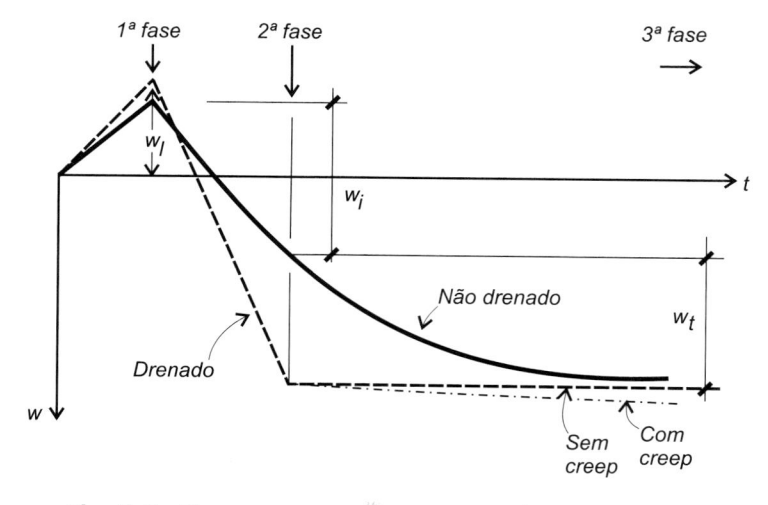

Fig. 5.6 - Curva carga-recalque-tempo de uma fundação

5.2 MÉTODOS DE PREVISÃO DE RECALQUES

Os métodos de previsão de recalques podem ser separados em três grandes categorias:
- Métodos racionais;
- Métodos semiempíricos;
- Métodos empíricos.

Nos *métodos racionais*, os parâmetros de deformabilidade, obtidos em laboratório ou *in situ* (ensaio pressiométrico e de placa[1]), são combinados a modelos para previsão de recalques teoricamente exatos. Esses métodos são objeto do item 5.4.

Nos *métodos semiempíricos*, os parâmetros de deformabilidade – obtidos por correlação com ensaios *in situ* de penetração (estática, CPT, ou dinâmica, SPT) – são combinados a modelos para previsão de recalques teoricamente exatos *ou adaptações deles*. Esses métodos são objeto do item 5.5.

Pode-se chamar de *método empírico* o uso de tabelas de valores típicos de tensões admissíveis para diferentes solos. Embora as tabelas não forneçam recalques, as tensões ali indicadas estão associadas a recalques usualmente aceitos em estruturas convencionais. Esses métodos são objeto do item 5.6.

5.3 OBTENÇÃO DE PARÂMETROS EM LABORATÓRIO

5.3.1 Aspectos gerais dos ensaios de laboratório

Além de parâmetros de resistência ao cisalhamento, os ensaios de laboratório fornecem parâmetros de deformabilidade dos solos, para cálculo de recalques de fundações. Os resultados, entretanto, estão sujeitos a perturbações inerentes à amostragem, estocagem e ao posterior ensaio em laboratório, e são, via de regra, inferiores aos reais. Essas perturbações são particularmente importantes nos solos granulares e nos solos parcialmente saturados. Uma maneira de minimizar esses problemas consiste em tirar proveito do *comportamento normalizado*, que vale para a maioria dos solos normalmente adensados. Esse procedimento, chamado de método SHANSEP (Ladd e Foott, 1974), consiste em: (1º) readensar a amostra a tensões acima das de campo, a fim de "apagar" as perturbações mencionadas, e aí realizar o ensaio, e (2º) estabelecer uma relação entre o comportamento do solo (resistência e módulo de elasticidade) e a tensão de adensamento, de maneira que os resultados dos ensaios possam ser extrapolados para as tensões de campo.

História das tensões

É importante observar que há uma mudança de rigidez do solo quando é ultrapassado o estado de tensões a que o solo já esteve submetido historicamente. (Diz-se comumente que o solo possui memória e que guarda a sua *história das tensões*.) O estado de tensões no qual ocorre a mudança de comportamento é chamado de *pré-adensamento*; usualmente se faz uma simplificação, tomando-se, para representá-lo, a tensão vertical (ou a de adensamento hidrostático), que é chamada de *tensão de pré-adensamento*. O estado de tensões de pré-adensamento é considerado um divisor entre o *comportamento elástico* e o

---

1. Ensaios de placa servem ainda para extrapolação de recalques para as fundações reais, desde que executados em três dimensões e em perfis em que o módulo E varie linearmente com z (ver item 5.7).

comportamento plástico do solo. O solo apresenta um comportamento tipicamente elástico quando é recarregado até o estado de pré-adensamento (no caso de *areias*, seria melhor dizer *de pré-compressão*), e um comportamento tipicamente plástico quando é solicitado a partir daí (quando é submetido à chamada *compressão primária* ou *virgem*). Assim, é importante avaliar se o estado de tensões após o carregamento da fundação ultrapassa ou não o de pré-adensamento, para que os parâmetros de deformação sejam tirados dos trechos corretos das curvas de laboratório.

Na Fig. 5.7b, está representado o resultado de um ensaio triaxial onde se pode notar uma mudança na curva tensão-deformação, que passa de um trecho praticamente linear para um trecho nitidamente curvo. Aquele ponto de mudança está associado ao pré-adensamento. A Fig. 5.8 apresenta um módulo de descarregamento-recarregamento, E_{ur}, que representa o comportamento elástico do solo, e que poderá ser usado quando as tensões finais não ultrapassarem as de pré-adensamento.

É preciso que se entendam os efeitos da amostragem (e outros problemas com os ensaios de laboratório, como a acomodação da amostra na fase inicial do ensaio), bem como os efeitos da história das tensões, para que se faça uma correta seleção de parâmetros para projeto.

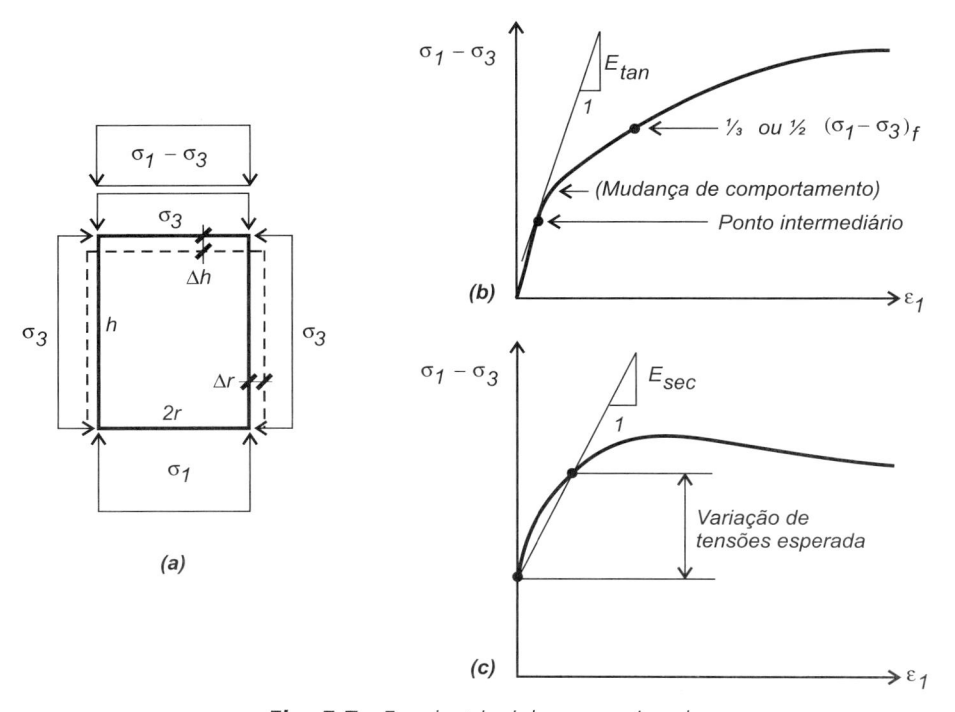

Fig. 5.7 - Ensaio triaxial convencional

5.3.2 Ensaio de compressão triaxial convencional

Parâmetros de deformabilidade podem ser obtidos de ensaios de compressão triaxial (usualmente chamados de ensaios triaxiais). Os ensaios ditos convencionais são aqueles nos quais a tensão confinante (σ_3) é mantida constante. A interpretação das deformações de um corpo de prova cilíndrico neste ensaio está representada na Fig. 5.7a e b. Os parâmetros obtidos são o Módulo de Young e o Coeficiente de Poisson, por meio de:

$$E = \frac{\Delta \sigma_1}{\Delta \varepsilon_1} = \frac{\sigma_1 - \sigma_3}{\varepsilon_1}$$

(5.3a)

$$\nu = \frac{\Delta r/r}{\Delta h/h} = -\frac{\Delta\varepsilon_3}{\Delta\varepsilon_1} \tag{5.3b}$$

Os ensaios não drenados (UU ou CU) fornecem E_u, ν_u, enquanto os ensaios drenados (CD) fornecem E', ν'. O primeiro par de parâmetros é associado a um estado de tensão de campo ou umidade (que se supõe se manterá inalterado durante o carregamento), enquanto o segundo é associado a um nível de tensão confinante. Com base na hipótese de que o módulo cisalhante, G, é o mesmo nos dois tipos de ensaios, dispõe-se da relação elástica:

$$\frac{E_u}{1+\nu_u} = \frac{E'}{1+\nu'} \tag{5.4}$$

A fase de adensamento *hidrostático*[2] de um ensaio triaxial pode fornecer o *Módulo de Compressibilidade Volumétrica*, K', por meio de:

$$K' = \frac{\Delta\sigma_3}{\Delta\varepsilon_{vol}} \tag{5.5}$$

Esse módulo, entretanto, é empregado juntamente com o módulo cisalhante, G, que é obtido pelo *ensaio de cisalhamento simples* ("*simple shear*"), pouco difundido entre nós.

O procedimento mais simples de ensaio é aquele em que a amostra sofre adensamento *isotrópico* (antes da fase de carregamento uniaxial). Um procedimento de ensaio mais rigoroso é aquele em que a amostra sofre adensamento *anisotrópico*, representando o estado de tensões do campo, e o Módulo de Young é tirado na faixa de variação de tensões esperada, como mostra a Fig. 5.7c.

A interpretação mostrada na Fig. 5.7b indica um *módulo tangente*, obtido num ponto intermediário entre a origem e uma tensão que corresponde a 1/2 ou 1/3 da tensão de ruptura (supõe-se que a tensão de trabalho não ultrapassará essa tensão em função do coeficiente de segurança). Na Fig. 5.7c está indicado um *módulo secante*. Na realidade, pode-se tirar o Módulo de Young de diferentes formas, a saber (Fig. 5.8):
- módulo tangente na origem ($E_{t,o}$);
- módulo tangente na variação de tensões esperada ($E_{t,\Delta\sigma}$);
- módulo de descarregamento-recarregamento (E_{ur});

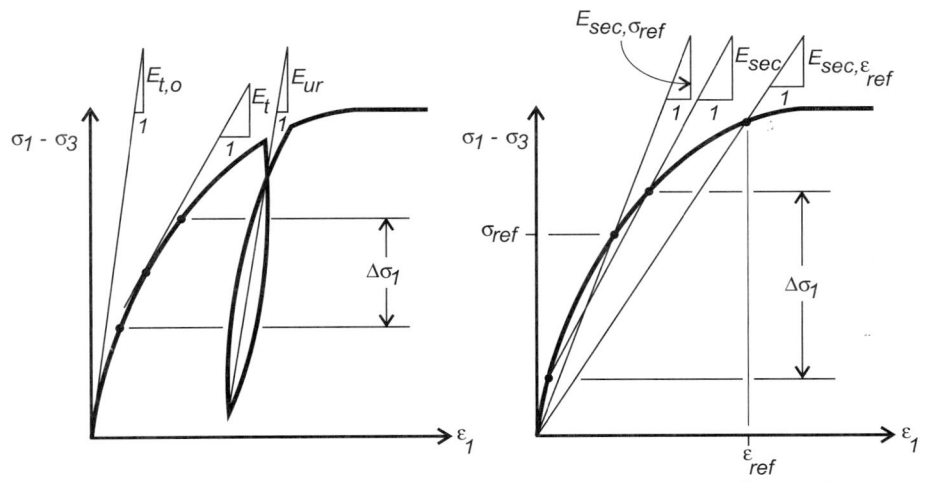

Fig. 5.8 - Diferentes formas de se interpretar o ensaio triaxial convencional para obtenção do Módulo de Young

---

2. Utilizou-se a expressão *hidrostático*, que é a mais correta, embora a mais usual seja *isotrópico*.

- módulo secante entre a origem e a tensão esperada ou de referência ($E_{sec,o-\sigma\,ref}$);
- módulo secante na variação de tensões esperada ($E_{sec,\Delta\sigma}$);
- módulo secante no nível de deformação esperado ou de referência ($E_{sec,o-\varepsilon\,ref}$).

Os módulos secantes na faixa de variação de tensões, avaliando-se corretamente se as tensões de pré-adensamento serão ultrapassadas, são mais representativos do que ocorrerá no campo.

5.3.3 Ensaio triaxial especial tipo K constante

Outro tipo de ensaio triaxial é aquele em que a tensão na célula (tensão confinante) varia com a aplicação da tensão vertical, mantendo com esta uma relação constante ($K = \sigma_3 / \sigma_1$ = constante). O módulo obtido diretamente na curva tensão-deformação não é mais o Módulo de Young, mas outro, que receberá a notação M (ver Fig. 5.9a).

$$M = \frac{\Delta\sigma_v}{\Delta\varepsilon_v} \tag{5.6}$$

Este módulo pode ser não drenado (M_u) ou drenado (M'). Janbu (1963) propôs o uso deste módulo no cálculo de recalques de fundações em que a dependência do nível de tensão é expressa por (ver Fig. 5.9b):

$$M = m\sigma_{atm} \left(\frac{\sigma_v}{\sigma_{atm}}\right)^{1-a} \tag{5.7}$$

A relação elástica entre o Módulo de Young, E, e o módulo M é:

$$M = \frac{E}{1 - 2\nu K} \tag{5.8}$$

É interessante notar que a curva tensão-deformação deste ensaio pode seguir diferentes tendências em função do valor de K, como mostra a Fig. 5.9c.

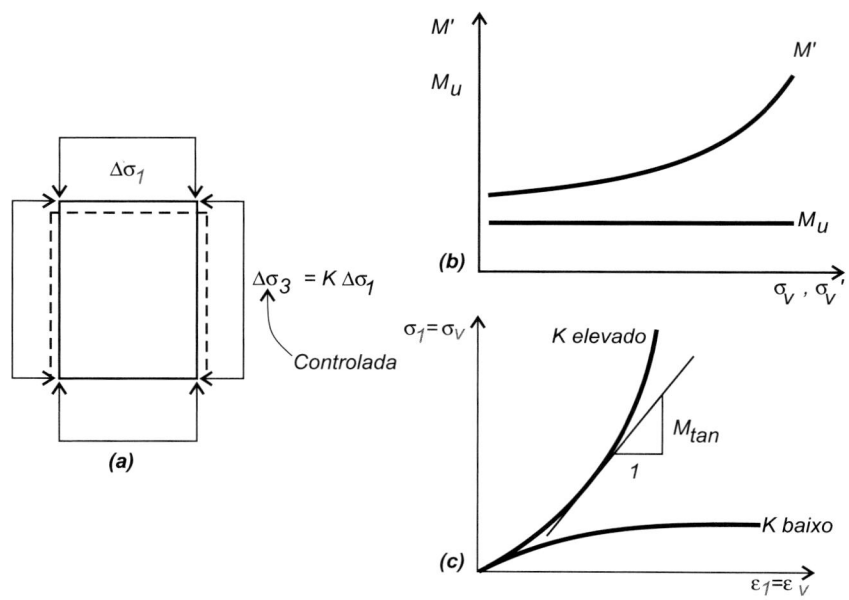

Fig. 5.9 - Ensaio triaxial tipo K constante

5.3.4 Ensaio oedométrico

O ensaio de adensamento em oedômetro é o ensaio mais utilizado na previsão de recalques em argilas. A sua interpretação pode ser feita tanto em termos de *Módulo Oedométrico* (Fig. 5.10b):

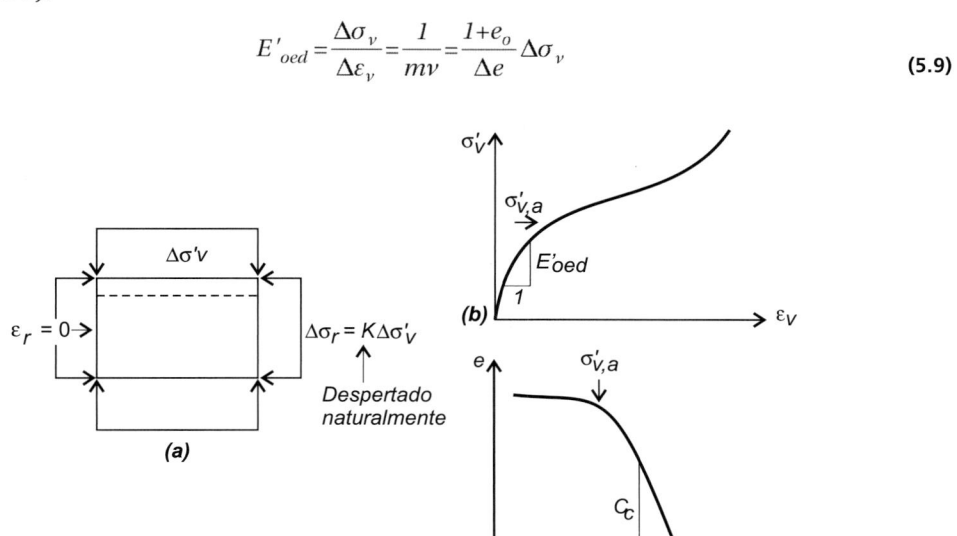

$$E'_{oed} = \frac{\Delta\sigma_v}{\Delta\varepsilon_v} = \frac{1}{mv} = \frac{1+e_o}{\Delta e}\Delta\sigma_v \quad (5.9)$$

Fig. 5.10 - Ensaio oedométrico

como em termos de *índice de compressão* (Fig. 5.10c):

$$C_c = \frac{\Delta e}{\log\dfrac{\sigma'_{v,f}}{\sigma'_{v,i}}} \quad (5.10)$$

Este ensaio, naturalmente, só pode ser drenado. Dispõe-se da relação elástica:

$$E'_{oed} = \frac{E'(1-v')}{(1+v')(1-2v')} \quad (5.11)$$

Mais informações sobre procedimentos de ensaio e interpretação podem ser encontradas, por exemplo, em Head (1986).

5.4 MÉTODOS RACIONAIS

Os procedimentos para cálculo de recalques podem ser separados em dois grupos, dependendo de o recalque ter sido fornecido:
  a. cálculos diretos – o recalque é fornecido diretamente pela solução empregada ou
  b. por cálculos "indiretos" – o recalque é fornecido por cálculo (à parte) de deformações específicas, posteriormente integradas.

5.4.1 Cálculo direto de recalques

O cálculo direto de recalques pode ser feito por:
- solução da Teoria da Elasticidade;
- métodos numéricos (Método das Diferenças Finitas, Método dos Elementos Finitos e Método dos Elementos de Contorno).

Na prática de fundações, métodos numéricos são raramente empregados numa análise apenas de deformações, visando à obtenção de recalques. Por essa razão, não serão abordados neste capítulo. Esses métodos são bastante utilizados – embora com modelos simplificados de comportamento de solos – na análise da *interação solo-fundação* ou *solo-fundação-estrutura*, como se verá nos Cap. 8 e 9.

Existem soluções da Teoria da Elasticidade que permitem o cálculo de recalques para um número de casos. Por exemplo, o recalque de uma sapata sob carga centrada pode ser previsto por:

$$w = q\,B\,\frac{1-\nu^2}{E}\,I_s\,I_d\,I_h \tag{5.12}$$

onde:
$q =$ pressão média aplicada;
$B =$ menor dimensão da sapata;
$n =$ Coeficiente de Poisson;
$E =$ Módulo de Young;
$I_s =$ fator de forma da sapata e de sua rigidez (no caso flexível, depende da posição do ponto: centro, bordo etc.);
$I_d =$ fator de profundidade/embutimento;
$I_h =$ fator de espessura de camada compressível.

Fatores de forma, I_s, para carregamentos na superfície ($I_d = 1,0$) de um meio de espessura infinita ($I_h = 1,0$) são mostrados na Tab. 5.1.[3]

Fatores de embutimento devem ser usados com restrição. Na realidade, o efeito da profundidade se deve mais ao fato de se alcançar um material de diferentes propriedades do que pelo efeito geométrico previsto nas soluções da Teoria da Elasticidade (segundo Fox, 1948: $0,5 < I_d < 1,0$). Assim, é recomendável desprezar esse fator (Lopes, 1979). Valores de $I_s \cdot I_h$ para carregamentos na superfície ($I_d = 1,0$) de um meio de espessura finita são mostrados na Tab. 5.2.

Há diversas publicações que apresentam uma coleção de soluções da Teoria da Elasticidade para cálculo de acréscimos de tensão e recalques, como: Harr (1966), Giroud (1973), Poulos e Davis (1974), Perloff (1975), Padfield e Sharrock (1983) e U.S. Army Corps of Engineers (1994). Soluções para meios com o Módulo de Young crescente linearmente com a profundidade foram desenvolvidas por Gibson (1967, 1974).

---

[3]. Há também uma fórmula análoga à Eq. (5.12) fornecida pela teria da Elasticidade para o cálculo da rotação de uma *sapata rígida*, θ, submetida a um momento aplicado, M (Bowles, 1988):

$$tg\theta = \frac{M}{BL^2}\,\frac{1-\nu^2}{E}\,I_m$$

onde $L =$ dimensão da sapata no plano do momento, $B =$ outra dimensão da sapata e $I_m =$ fator de forma (igual a 3,7 para sapatas quadradas, p. ex.). No caso de caga vertical e momento (ou de carga excêntrica), os resultados da equação acima e da Eq. (5.12) podem ser combinados.

Tab. 5.1 - Fatores de forma I_s para carregamentos na
superfície de um meio de espessura infinita (Perloff, 1975)

Forma	Flexível			Rígido
	Centro	Borda	Média	
Círculo	1,00	0,64	0,85	0,79
Quadrado	1,12	0,56	0,95	0,99
Retângulo				
L/B = 1,5	1,36	0,67	1,15	
2	1,52	0,76	1,30	
3	1,78	0,88	1,52	
5	2,10	1,05	1,83	
10	2,53	1,26	2,25	
100	4,00	2,00	3,70	
1000	5,47	2,75	5,15	
10000	6,90	3,50	6,60	

Embora o cálculo direto de recalques usando soluções da Teoria da Elasticidade seja mais frequentemente empregado para meios homogêneos, ele também pode ser usado em meios heterogêneos por meio do *Artifício de Steinbrenner*. Segundo esse artifício, o recalque na superfície de um meio estratificado é obtido pela soma das parcelas de recalque das camadas, sendo a parcela de cada camada calculada pela diferença entre os recalques do topo e da base da camada obtidos com as propriedades da camada em questão. Para uso desse artifício, pode-se lançar mão de tabelas para cálculo dos recalques de pontos no interior do meio, como a Tab. A1.1 do Apêndice 1.

Tab. 5.2 - Valores de $I_s \cdot I_h$ para carregamentos na superfície (I_d = 1,0)
de um meio de espessura finita (Harr, 1966)

h/a	Círculo	Retângulo						
		m = 1	m = 2	m = 3	m = 5	m = 7	m = 10	m = ∞
0	0,000	0,000	0,000	0,000	0,000	0,000	0,000	0,000
0,2	0,096	0,096	0,098	0,098	0,099	0,099	0,099	0,100
0,5	0,225	0,226	0,231	0,233	0,236	0,237	0,238	0,239
1	0,396	0,403	0,427	0,435	0,441	0,444	0,446	0,452
2	0,578	0,609	0,698	0,727	0,748	0,757	0,764	0,784
3	0,661	0,711	0,856	0,910	0,952	0,965	0,982	1,018
5	0,740	0,800	1,010	1,119	1,201	1,238	1,256	1,323
7	0,776	0,842	1,094	1,223	1,346	1,402	1,442	1,532
10	0,818	0,873	1,155	1,309	1,475	1,556	1,619	1,758
∞	0,849	0,946	1,300	1,527	1,826	2,028	2,246	∞

h = espessura do meio; a = B/2; m = L/B

Limitação do uso da teoria da elasticidade para cálculo de recalques drenados

Nas literaturas inglesa e norte-americana, soluções da Teoria da Elasticidade são utilizadas apenas para se estimar *recalques não drenados* (calculados com E_u, v_u) de solos saturados, enquanto nas literaturas alemã e francesa, por exemplo, essas soluções são usadas também para os *recalques finais* ou *drenados* (calculados com E', v'), sendo os recalques *por adensamento* obtidos pela diferença. Uma explicação para essa restrição das literaturas inglesa e norte-americana está no fato de que as soluções da Teoria da Elasticidade utilizam um único valor para os parâmetros elásticos, o que vale para o *caso não drenado*. Nesse caso, as tensões efetivas não mudam com o carregamento, e o módulo E_u é único (independente do caminho de tensões totais, ver Fig. 5.11a) e $v_u \cong 0{,}5$. Já no *caso drenado*, as tensões efetivas variam com o carregamento (Fig. 5.11b), daí resultando diferentes E's. Esse último ponto pode ser mais bem entendido estudando um caminho de tensões de campo em particular (Fig. 5.11c), que cruza vários caminhos de laboratório, ou seja, passa de um comportamento próprio de uma tensão confinante para outro, o que causa uma curva tensão-deformação de campo de rigidez crescente.

Essa discussão vale para cálculos de recalques drenados a partir de ensaios de laboratório. As soluções da Teoria da Elasticidade como a Eq. (5.12) são empregadas, por outro lado, com Módulos de Young drenados (E's) obtidos a partir de retroanálise de provas de carga no campo, como será visto no item 5.5.

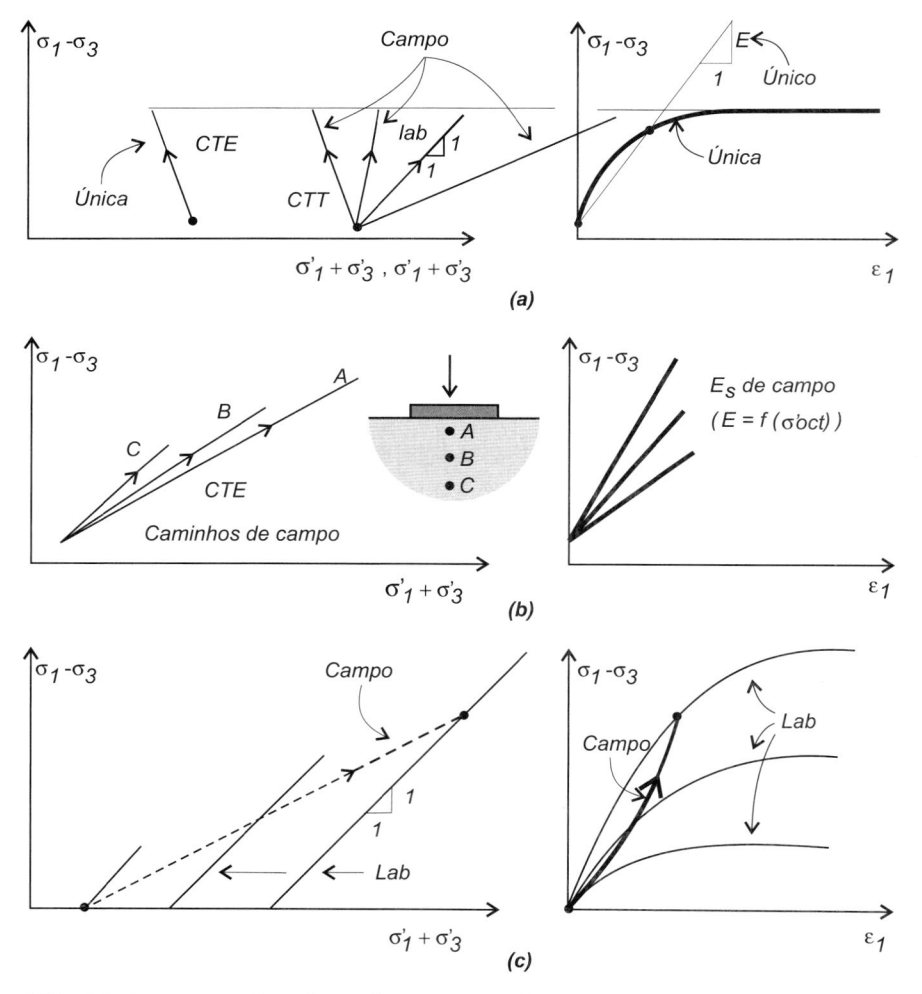

Fig. 5.11 - *Dificuldades no uso de solução linear para cálculo de recalques drenados (Vaughan, 1977)*

5 Cálculo de Recalques

5.4.2 Cálculo de recalques indiretamente

(a) Procedimento

No cálculo de recalques por meio "indireto" ou "por camadas", segue-se o procedimento descrito a seguir (ver Fig. 5.12).

i. Divisão do terreno em subcamadas, em função de:
- propriedades dos materiais (nas mudanças de material, iniciam-se novas subcamadas);
- proximidade da carga - ou variação no estado de tensão – (subcamadas devem ser menos espessas onde são maiores as variações no estado de tensão).

ii. Cálculo – no ponto médio de cada subcamada e na vertical do ponto onde se deseja conhecer o recalque – das tensões iniciais (ou geostáticas), σ_o, e o acréscimo de tensão, $\Delta\sigma$, por solução da Teoria da Elasticidade.

iii. Combinando (no ponto médio de cada subcamada) as tensões iniciais, o acréscimo de tensão e as propriedades de deformação da subcamada, obtém-se a *deformação (específica) média da subcamada*, ε_z. O produto da deformação pela espessura da camada, Δh, fornece a parcela de recalque da subcamada, ou seja:

$$\Delta w = \varepsilon_z \Delta h \tag{5.13}$$

iv. Somando-se as parcelas de recalques das subcamadas, obtém-se o recalque total:

$$w = \Sigma \Delta w \tag{5.14}$$

(Vale observar que o recalque da fundação – ou de qualquer ponto abaixo dela – será a área do diagrama deformação-profundidade abaixo do ponto em estudo.)

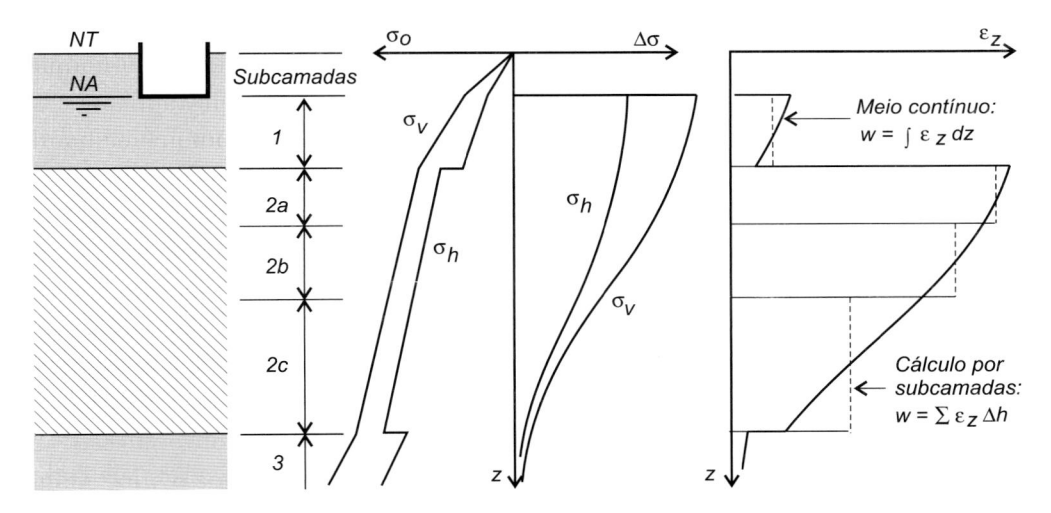

Fig. 5.12 - Esquema de cálculo "indireto" de recalques

(b) Cálculo dos acréscimos de tensão

Para o cálculo das tensões devidas a um carregamento na superfície ou mesmo no interior do terreno, há disponíveis várias soluções da Teoria da Elasticidade, baseadas na integração das equações de Boussinesq ou de Mindlin. No caso de um retângulo ou um círculo carregado, podem ser utilizados as tabelas e ábacos do Apêndice 1.

No caso de um carregamento retangular, os ábacos fornecem tensões apenas sob o canto do retângulo. Para o cálculo das tensões sob o centro, a sapata pode ser dividida por quatro, e o resultado assim obtido, multiplicado por quatro. Para o cálculo das tensões em outras verticais, fora do retângulo carregado, usa-se o princípio da superposição indicado na Fig. 5.13a.

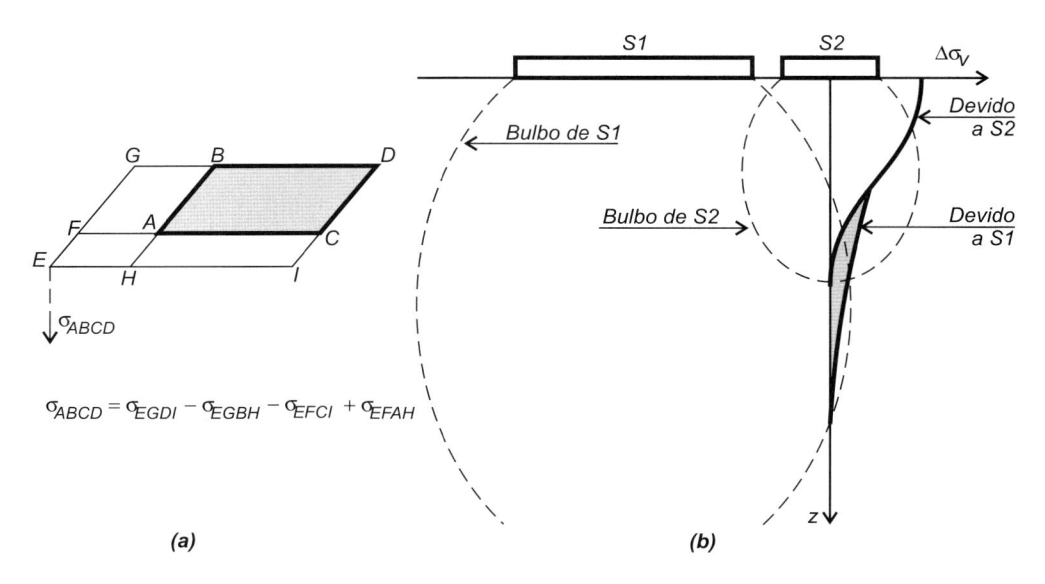

Fig. 5.13 - (a) Artifício para cálculo das tensões devidas a um retângulo carregado e (b) interação de tensões entre fundações próximas

O cálculo de tensões fora da área carregada é importante no caso de fundações próximas, quando uma sapata (ou *radier*) impõe tensões sob um elemento de fundação vizinho (ver Fig. 5.13b). Nesta figura, está representado o *bulbo de pressões*, definido como a região abaixo de uma fundação que sofre um aumento de tensão vertical de pelo menos 10% da pressão aplicada pela fundação.

Quando se deseja calcular as tensões em um ponto (sob uma sapata, p. ex.) devidas a um conjunto de áreas carregadas, dispõe-se de *ábacos de influência*, como os de Newmark (ver, p. ex., Bowles, 1988) e de Salas (1948, 1951). O método de Salas, apresentado no Apêndice 2, tem como vantagem sobre o de Newmark o fato de não requerer que as fundações sejam redesenhadas para cada profundidade em estudo.

(c) Considerações sobre o cálculo de deformações

As deformações a serem calculadas nas subcamadas podem ser consideradas parte de um *estado unidimensional* (1-D) ou *tridimensional* (3-D) de deformação, dependendo da importância das deformações horizontais em relação às verticais.

Deformação Unidimensional - O exemplo clássico de deformação 1-D é o aterro extenso mostrado na Fig. 5.14a. Neste caso, as deformações horizontais são nulas. O ensaio de laboratório que reproduz essa condição é o ensaio oedométrico.

Deformação Tridimensional - Nos casos em que as deformações horizontais são importantes, diz-se que se trata de um caso de deformação 3-D (Fig. 5.14b). Um ensaio de laboratório que reproduz essa condição é o ensaio de compressão triaxial.

5 Cálculo de Recalques

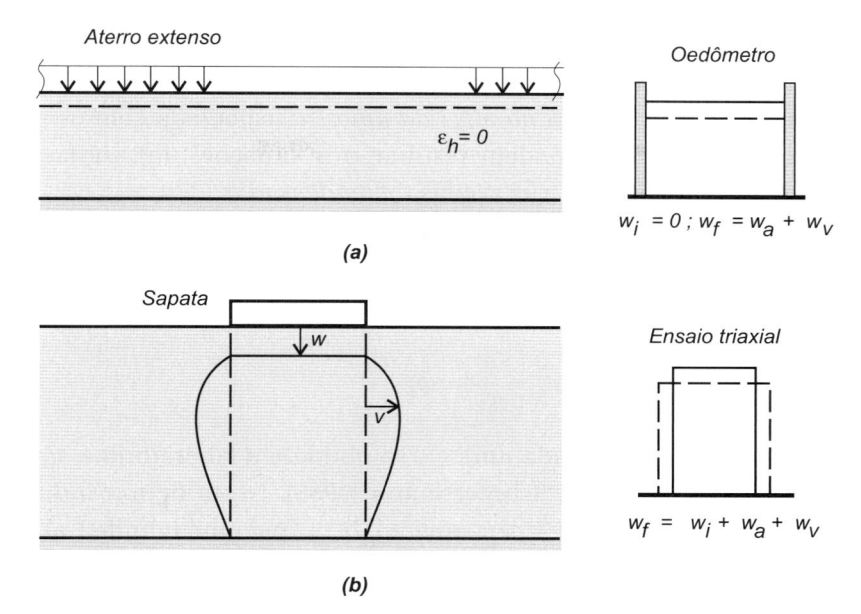

Fig. 5.14 - Relação entre condições no campo e em laboratório para deformação (a) unidimensional e (b) tridimensional

Observando a Fig. 5.14, conclui-se que a deformação será predominantemente 1-D se a sobrecarga for extensa em relação à espessura da camada compressível. Assim, um *radier*, que é uma fundação extensa, poderá produzir um estado de deformação 3-D se a espessura da camada deformável for grande (e mesmo uma sapata poderá criar um estado predominantemente 1-D se a espessura for muito pequena), como mostrado na Fig. 5.15.

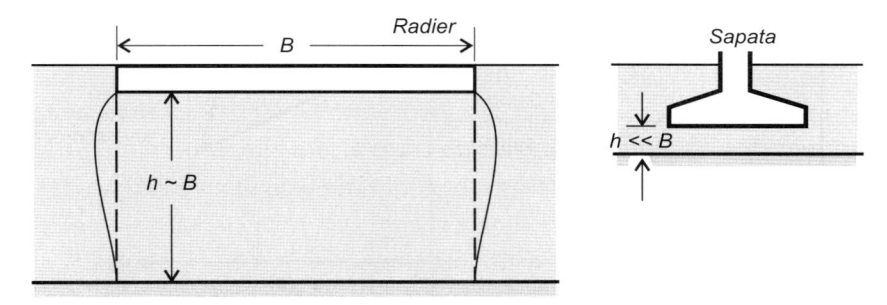

Fig. 5.15 - Casos de deformação 3-D e 1-D

(d) Cálculo de deformações

(d.1) Caso unidimensional

Para este caso, apresentar-se-á apenas a interpretação baseada no ensaio oedométrico, que reproduz as condições de campo. A fórmula para deformação – válida para qualquer situação – é aquela que utiliza a variação no índice de vazios:

$$\varepsilon_v = \frac{\Delta e}{1+e_o} \qquad (5.15)$$

onde:
Δ_e = variação no índice de vazios;
e_o = índice de vazios inicial.

Outras fórmulas que empregam as tensões serão mostradas a seguir, dependendo do resultado da comparação da *tensão de pré-adensamento* – revelada pelo ensaio – com a *tensão vertical geostática calculada no nível da amostra* (calculada com os pesos próprios das camadas). Dessa comparação podem resultar três situações: (a) argilas *normalmente adensadas*, (b) argilas *subadensadas* e (c) argilas *sobreadensadas*.

i. Argilas normalmente adensadas: quando $\sigma'_{v,o} = \sigma'_{v,a}$ (Fig. 5.16a)
Neste caso, a expressão a aplicar é:

$$\varepsilon_v = \frac{C_c}{1+e_o} \log \frac{\sigma'_{v,f}}{\sigma'_{v,o}} \tag{5.16}$$

Na Fig. 5.16a, está representada uma curva obtida em laboratório e aquela que seria obtida sem amolgamento, segundo Schmertmann (1955). Nesta figura, indica-se também a obtenção da tensão vertical de pré-adensamento, $\sigma'_{v,a}$, pelo método de Casagrande. Para um estudo mais aprofundado sobre a determinação dessa tensão, o leitor deverá consultar Schmertmann (1955), Leonards (1962, 1976), Silva (1970) e Martins e Lacerda (1994).

ii. Argilas subadensadas: quando $\sigma'_{v,o} > \sigma'_{v,a}$ (Fig. 5.16b)

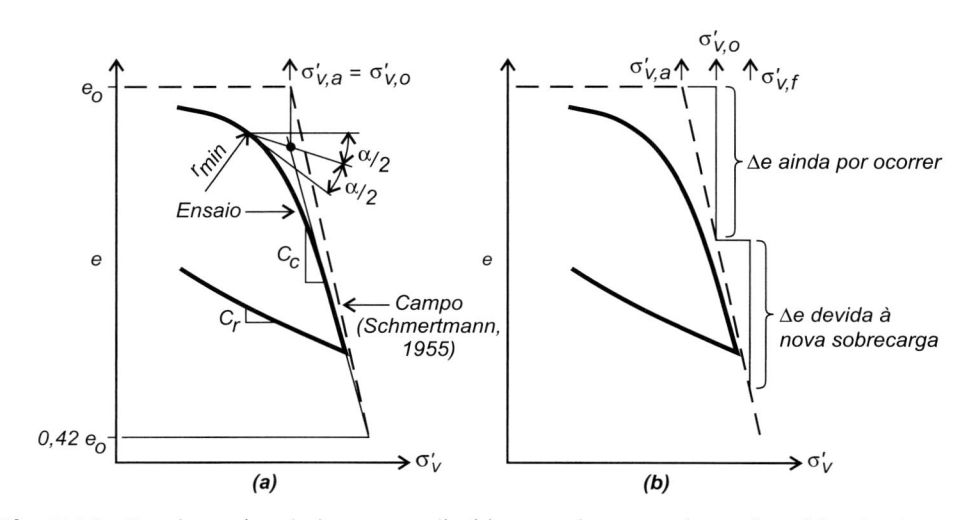

Fig. 5.16 - *Ensaio oedométrico em argila (a) normalmente adensada e (b) subadensada*

Neste caso, a expressão a utilizar é:

$$\varepsilon_v = \frac{C_c}{1+e_o} \log \frac{\sigma'_{v,f}}{\sigma'_{v,a}} \tag{5.17}$$

iii. Argilas sobreadensadas: quando $\sigma'_{v,o} < \sigma'_{v,a}$ (Fig. 5.17a)
Neste caso, a expressão a aplicar vai depender de se a tensão final ultrapassa ou não a tensão de pré-adensamento. Existem as seguintes possibilidades:
- caso $\sigma'_{v,f} < \sigma'_{v,a}$ (Fig. 5.17b):

$$\varepsilon_v = \frac{C_r}{1+e_o} \log \frac{\sigma'_{v,f}}{\sigma'_{v,o}} \tag{5.18a}$$

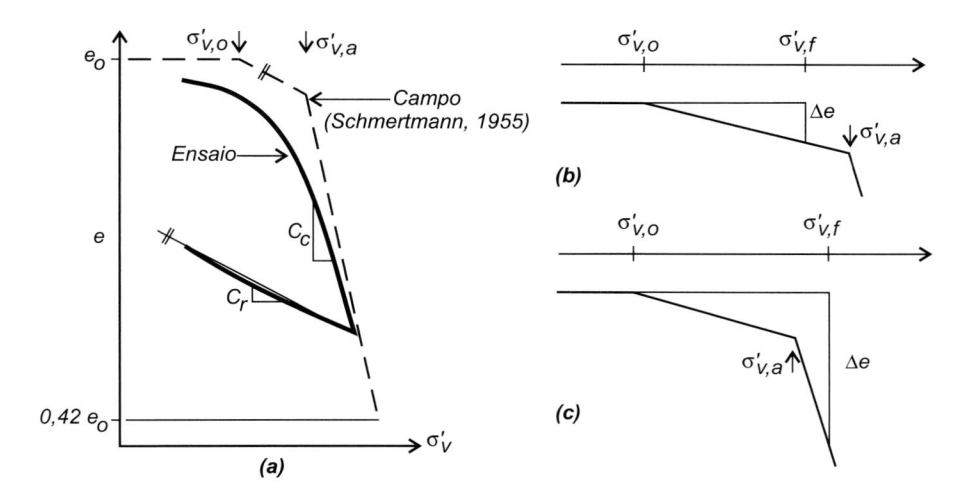

Fig. 5.17 - Ensaio oedométrico em argila sobreadensada

- caso $\sigma'_{v,f} > \sigma'_{v,a}$ (Fig. 5.17c) :

$$\varepsilon_v = \frac{C_r}{1+e_o} \log \frac{\sigma'_{v,a}}{\sigma'_{v,o}} + \frac{C_c}{1+e_o} \log \frac{\sigma'_{v,f}}{\sigma'_{v,a}} \tag{5.18b}$$

Os casos mais comuns de sobreadensamento são:
- Processos naturais: erosão, elevação do nível d'água;
- Processos artificiais (para se tirar proveito do sobreadensamento): sobreaterros, rebaixamento temporário do nível d'água;
- Escavações para implantação de *"fundações compensadas"*;
- Envelhecimento (*aging*), decorrente da idade do depósito (ver, p. ex., Bjerrum, 1967).

É interessante notar que o ensaio de adensamento inclui uma parcela de deformação viscosa (*creep*), comumente chamada de *adensamento secundário* (Buisman, 1936). As deformações viscosas são usualmente admitidas após cessar o processo de dissipação dos excessos de poropressão, embora, na realidade, ocorram ao mesmo tempo. Assim, quanto maior o tempo em que uma amostra é mantida em carga, maior será a parcela de deformação viscosa incorporada. Sobre o assunto, o leitor deverá consultar Crawford (1964) e Bjerrum (1967).

(d.2) Caso Tridimensional

i. Pela Teoria da Elasticidade

Para o cálculo de deformações, dispõe-se da equação clássica da Teoria da Elasticidade:

$$\varepsilon_z = \frac{1}{E} \left[\Delta\sigma_z - \nu \left(\Delta\sigma_x + \Delta\sigma_y \right) \right] \tag{5.19}$$

sendo E, ν obtidos de ensaios triaxiais convencionais (ver item 5.3) ou, preferivelmente, por retroanálise de *ensaios triaxiais especiais* – do tipo *caminho de tensões controlado* – (ver Davis e Poulos, 1963, 1968).

ii. Segundo Janbu (1963)

Janbu (1963) propôs o uso da expressão:

$$\varepsilon_z = \frac{\Delta\sigma_z}{M} \tag{5.20}$$

sendo *M* obtido de ensaios triaxiais tipo *K constante* (ver item 5.3). O valor de *K* a adotar pode ser calculado pela razão entre os acréscimos de tensão $\Delta\sigma_h / \Delta\sigma_v$ sob a fundação.

iii. Segundo Lambe (1964) – Método do Caminho de Tensões

Lambe (1964), em seu *Método do Caminho de Tensões* (*stress path method*), propôs que a deformação ε_z seja medida diretamente na amostra submetida a *ensaio triaxial de caminho de tensões controlado* (com caminho igual àquele esperado no campo).

iv. Segundo Skempton e Bjerrum (1957)

Segundo Skempton e Bjerrum (1957), o recalque final de uma fundação sobre argila saturada pode ser estimado pela soma do recalque instantâneo (não drenado) com o recalque por adensamento 3-D. O recalque instantâneo pode ser previsto com a Eq. (5.12), por exemplo (usando-se E_u, v_u). O recalque por adensamento 3-D, por outro lado, pode ser estimado a partir de um cálculo 1-D (convencional) ao qual se irá aplicar um fator μ. O raciocínio é apresentado a seguir.

O recalque 3-D deveria ser calculado com:

$$w_{3D} = m_v \sum \Delta u \, \Delta h \tag{5.21a}$$

sendo que:

$$\Delta u = B \left[\Delta\sigma_3 + A \left(\Delta\sigma_1 - \Delta\sigma_3 \right) \right]$$

onde *A* e *B* são os *parâmetros de poropressão* de Skempton (1954).

Como sob o eixo da fundação $\Delta\sigma_1 = \Delta\sigma_z$ e $\Delta\sigma_3 = \Delta\sigma_x$, e lembrando que $B \cong 1$ para solos saturados, vem:

$$w_{3D} = m_v \sum \left[\Delta\sigma_3 + A \left(\Delta\sigma_1 - \Delta\sigma_3 \right) \right] \Delta h \tag{5.21b}$$

Já o recalque 1-D é normalmente calculado com a hipótese de que $\Delta u = \Delta\sigma_z$, o que conduz a:

$$w_{1D} = m_v \sum \Delta u \, \Delta h = m_v \sum \Delta\sigma_z \, \Delta h \tag{5.22}$$

Skempton e Bjerrum (1957) propuseram, então, que o resultado do cálculo 1-D fosse corrigido de acordo com:

$$w_{3D} = \mu \, w_{1D} \tag{5.23}$$

onde μ depende do parâmetro de poropressão *A* (que é função do tipo de solo e do nível de carregamento) e da geometria do carregamento, sendo fornecido pelo ábaco da Fig. 5.18.

5.5 MÉTODOS SEMIEMPÍRICOS

A expressão "semiempírico", associada aos métodos de cálculo de recalques, deve-se à introdução de correlações para a definição de propriedades de deformação dos solos. As corre-

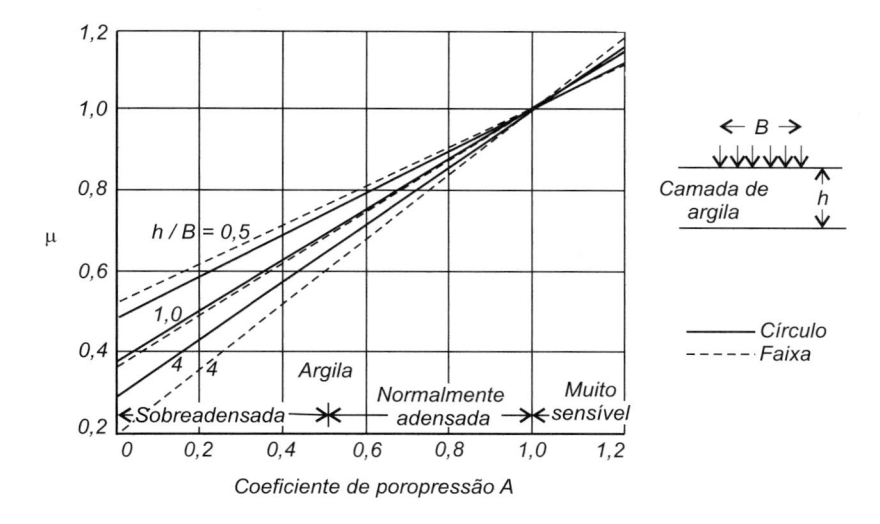

Fig. 5.18 - Fator de correção μ (Skempton e Bjerrum, 1957)

lações permitem a estimativa de propriedades de deformação por meio de ensaios outros que não aqueles que visam observar o comportamento tensão-deformação dos solos (no laboratório: ensaios triaxiais, oedométrico etc.; no campo: ensaios de placa e pressiométrico, PMT). Outros ensaios seriam os de penetração estática ou de cone (CPT) e dinâmica (SPT).

As correlações podem ser estabelecidas entre resultados de ensaios de penetração e
i. propriedades de deformação obtidas em ensaios (tipo tensão-deformação) executados em amostras retiradas próximo ao local do ensaio de penetração e
ii. propriedades de deformação obtidas por retroanálise de medições de recalques de fundações.

No segundo caso, em que se retroanalisam recalques medidos para se obter propriedades de deformação, é importante notar que assim se cria um vínculo entre a correlação e o método de análise a ser usado nas futuras previsões de recalque (o método deverá ser o mesmo usado na retroanálise para estabelecer a correlação).

Os métodos semiempíricos foram desenvolvidos inicialmente para prever recalques em areias, devido à dificuldade em se amostrar e ensaiar esses materiais em laboratório de maneira representativa das condições de campo. Em seguida, passaram a ser aplicados em argilas parcialmente saturadas e, depois, a argilas em geral.

Os métodos apresentados neste item são aqueles em que há correlações vinculadas a eles. As correlações apresentadas no Cap. 3 (item 3.3) também podem ser utilizadas, embora sem vínculo especial com algum método de cálculo.

5.5.1 Métodos Baseados no SPT

(a) Método de Terzaghi e Peck

Num trabalho pioneiro sobre o uso do ensaio SPT na previsão de recalques e de tensão admissível de sapatas em areia, Terzaghi e Peck (1948, 1967) indicaram que a tensão que provoca um recalque de 1 polegada pode ser obtida com:

$$q_{adm} = 4,4 \left(\frac{N-3}{10}\right) \left(\frac{B+1'}{2B}\right)^2 \tag{5.24}$$

onde:

q_{adm} = tensão, em kgf/cm², que produz $w = 1"$;
B = menor dimensão em pés ($B \geq 4'$);
N = número de golpes no ensaio SPT.

Terzaghi e Peck (1948, 1967) recomendaram que, se houvesse um nível d'água superficial ($D_w = 0$), q_{adm} deveria ser reduzida à metade.

Essa proposta, apresentada também na forma de um ábaco, é muito conservadora e foi posteriormente revista por alguns pesquisadores. Numa dessas revisões, feita por Peck e colaboradores, foram propostos os ábacos da Fig. 5.19, que levam em conta a profundidade da sapata (por meio da razão D/B).

(b) Método de Meyerhof

Segundo Meyerhof (1965), pode-se relacionar a tensão aplicada e o recalque de sapatas em areia pela expressão:

$$q_{adm} = \frac{N \cdot w_{adm}}{8} \quad para\ B \leq 4' \tag{5.25a}$$

$$q_{adm} = \frac{N\ w_{adm}}{12}\left(\frac{B+1'}{B}\right)^2 \quad para\ B > 4' \tag{5.25b}$$

sendo B em pés, w_{adm} em polegadas e q_{adm} em kgf/cm². Essa proposta também é conservadora.

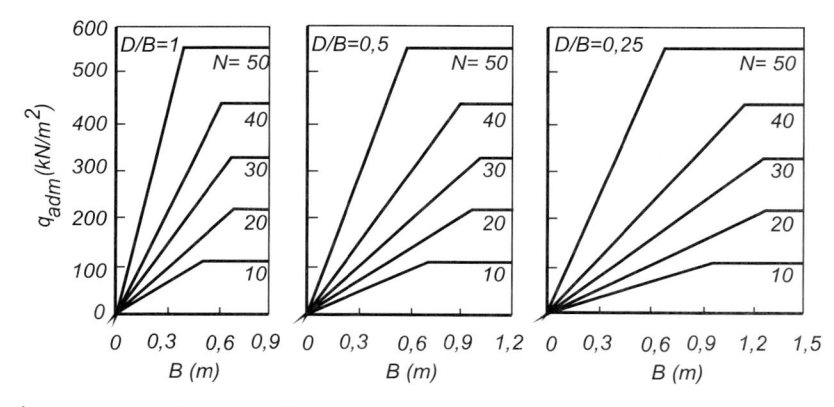

Fig. 5.19 - Ábacos para obtenção de tensão de trabalho de sapatas em areia (Peck et al., 1974)

(c) Método de Alpan

O método de Alpan (1964) baseia-se na previsão do recalque de uma placa quadrada de 1 pé (30 cm) no nível da fundação, usando valores de N corrigidos para a tensão geostática no nível do ensaio, e na extrapolação desse recalque (w_b) para a estrutura real (w_B). Na extrapolação, seria usada a relação empírica de Terzaghi e Peck (1948):

$$w_B = w_b \left(\frac{2B}{B+b}\right)^2 \tag{5.26}$$

O recalque da placa quadrada de 1 pé (30 cm) é dado por:

$$w_b = a_o q \tag{5.27}$$

onde:

q = tensão transmitida pela fundação;

a_o = inverso do coeficiente de reação vertical (k_v) para uma placa de 30 cm.

Para fundações que não sejam quadradas ou circulares, w_b deve ser multiplicado pelo fator de forma m, dado na Tab. 5.3.

Tab. 5.3 - Fatores de forma

L/B	1,0	1,5	2,0	3,0	5,0	10,0
m	1,0	1,21	1,37	1,60	1,94	2,36

O procedimento do método é o seguinte:

i. corrigir o valor de N ao nível da fundação para a tensão efetiva geostática, usando a Fig. 5.20a (escolhe-se a linha de densidade relativa correspondente a N e $\sigma'_{v,o}$, segue-se essa linha até a curva de Terzaghi e Peck e tira-se na vertical o valor de N corrigido);

ii. usar o valor de N corrigido na Fig. 5.20b para obter a_o (verificar, na Fig. 5.20b, se a combinação de N com q cai dentro do domínio linear);

iii. obter o recalque pelas Eqs. (5.26) e (5.27), aplicando-se o fator de forma m se necessário.

Ao se aplicar um método semiempírico baseado no SPT, frequentemente se encontra a situação em que o N varia com a profundidade. Quando o método não indica como proceder, pode-se fazer uma média ponderada até a profundidade atingida pelo bulbo de pressões, usando-se como fator de ponderação o acréscimo de tensão provocado pela fundação (Fig. 5.21a).

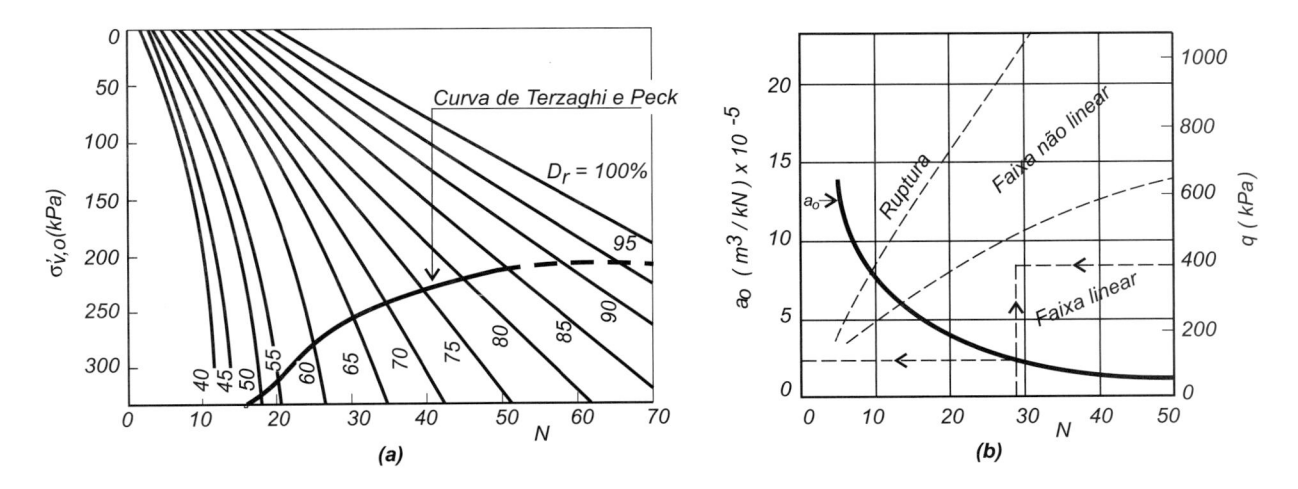

Fig. 5.20 - Ábacos para (a) correção do valor de N para a tensão vertical efetiva geostática e (b) determinação de a_o a partir de N (Alpan, 1964)

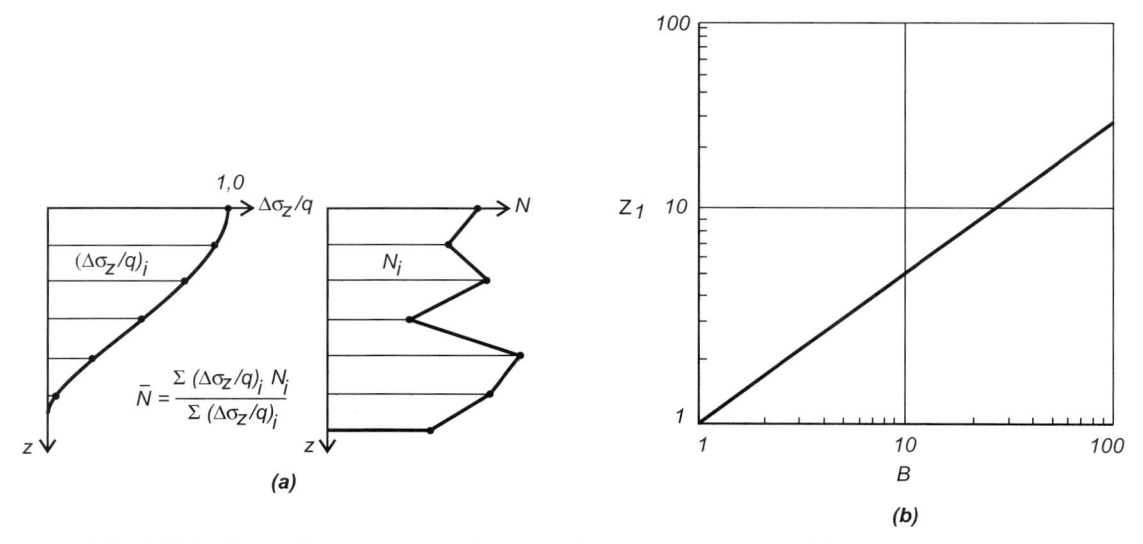

Fig. 5.21 - *Procedimentos para obtenção de N representativo: (a) por média ponderada (Lopes et al., 1994) e (b) pela média na profundidade de influência (Burland e Burbidge, 1985)*

(d) Método de Burland e Burbidge

Segundo Burland e Burbidge (1985), o recalque de fundações em areias pode ser estimado a partir do SPT com:[4]

$$w = q \, B^{0,7} \, \frac{1,71}{N^{1,4}} f_s \, f_l \qquad (5.28a)$$

onde:
w = recalque em mm;
q = pressão aplicada em kN/m²;
B = menor dimensão da fundação em m;
N = média do número de golpes no SPT na profundidade de influência Z_l;
f_s = fator de forma dado por:

$$f_s = \left(\frac{1,25 \frac{L}{B}}{\frac{L}{B} + 0,25} \right)$$

f_l = fator de espessura compressível (H) dado por:

$$f_l = \frac{H}{Z_I} \left(2 - \frac{H}{Z_I} \right)$$

sendo que, para $H > Z_I$, $f_l = 1,0$.

Se compararmos a Eq. (5.28a) com a equação clássica da Teoria da Elasticidade (5.12), teremos $E/(1-\nu^2) = 0,6 \, N^{1,4}$.

A profundidade de influência Z_I é dada pelo ábaco da Fig. 5.21b.

Os autores fazem as seguintes observações:

---

4. Se compararmos a Eq. (5.28a) com a equação clássica da Teoria da Elasticidade (5.12), teremos $E/(1-\nu^2) = N^{1,4} / 1,71 = 0,6 \, N^{1,4}$.

a. Em areias pré-comprimidas ou em fundações implantadas no fundo de escavações, os recalques podem ser até 3 vezes menores (se $\sigma'_{v,f} < \sigma'_{v,a}$). Nesses casos, deve-se usar:

$$w = \left(q - \frac{2}{3}\sigma'_{v,a}\right) B^{0,7} \frac{1,71}{N^{1,4}} f_s f_l \qquad (5.28b)$$

b. N não precisa ser corrigido para a tensão efetiva vertical geostática.

c. Se N for maior do que 15 em areias finas ou siltosas submersas, deve ser feita a correção (de Terzaghi e Peck, 1948):

$$N_{corr} = 15 + 0,5\,(N - 15) \qquad (5.29)$$

E, no caso de ocorrência de pedregulhos:

$$N_{corr} = 1,25\,N \qquad (5.30)$$

Para se estimar o recalque com o tempo, deve-se multiplicar o recalque inicial por um fator:

$$f_t = 1 + R_3 + R_t \, \log \frac{t}{3} \qquad (5.31)$$

onde:
R_3 = índice de recalque adicional que ocorrer nos primeiros 3 anos (sugerem 0,3 para cargas estáticas e 0,7 para cargas que variam);
R_t = índice de recalque adicional que ocorrer por cada ciclo logarítmico de tempo após 3 anos (sugerem 0,2 para cargas estáticas e 0,8 para cargas que variam);
t = número de anos (maior que 3 anos).
(Exemplo: para t = 30 anos, se cargas estáticas: $w_f = 1,5\,w$; se cargas variáveis, $w_f = 2,5\,w$.)

(e) Sandroni

Sandroni (1991) compilou resultados de provas de carga em solos residuais de gnaisse (a maioria do Brasil e uns poucos dos Estados Unidos), visando à obtenção do Módulo de Young desses solos, e obteve os pontos mostrados na Fig. 5.22. Esses módulos foram obtidos por retroanálise dos resultados das provas de carga com equação da Teoria de Elasticidade (como a Eq. 5.12), o que sugere o uso dessa equação em futuras previsões de recalques de fundações. Ainda, as pressões aplicadas não ultrapassaram 200 kPa, consideradas aquém dos níveis de plastificação.

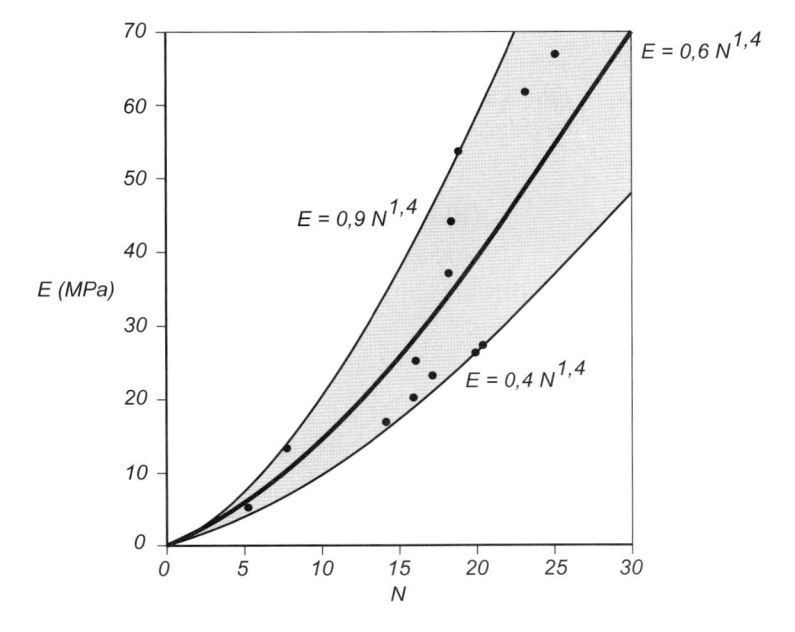

Fig. 5.22 - Relação entre N e o Módulo de Young de solos residuais (Sandroni, 1991)

5.5.2 Métodos baseados no ensaio de cone (CPT)

(a) Buisman

Buisman (1940) propôs para um cálculo "indireto" de recalques:

$$\varepsilon_v = \frac{1}{C} \ln \frac{\sigma'_{v,f}}{\sigma'_{v,o}} \qquad (5.32)$$

sendo:

$$C = 1{,}5 \frac{q_c}{\sigma'_{v,o}} \qquad (5.33)$$

válida, em princípio, para compressão primária. O procedimento de cálculo é o mesmo de um cálculo por deformações de subcamadas, como apresentado na Fig. 5.23.

Outros pesquisadores propuseram modificações apenas no cálculo de deformações, que passaria a utilizar:

$$C = \alpha \frac{q_c}{\sigma'_{v,o}} \qquad (5.34)$$

tendo sido encontrados valores de α entre 1,0 para areias e 4,0 para argilas (Sanglerat, 1972).

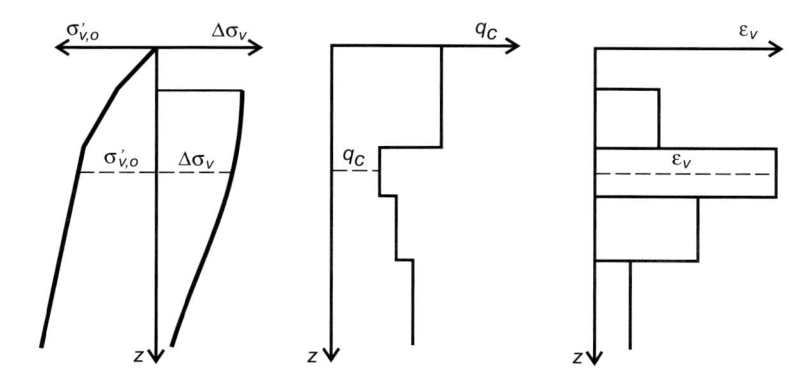

Fig. 5.23 - *Esquema de cálculo pelo método de Buisman: perfil de tensões iniciais e de acréscimos devidos à fundação, perfil de ensaio CPT e perfil de deformações calculadas*

(b) Costet e Sanglerat

Costet e Sanglerat (1969) propuseram o uso do ensaio CPT para cálculo de recalques ("indiretamente") por meio de:

$$\varepsilon_v = \frac{\Delta \sigma'_v}{E_{oed}} \qquad (5.35)$$

sendo:

$$E_{oed} = \beta \, q_c \qquad (5.36)$$

Valores de β foram encontrados entre 1,5 para areias e 10,0 para argilas (Sanglerat, 1972).

(c) Barata

Barata (1984), num resumo de seus trabalhos desde a década de 1950, sugere o uso da Teoria da Elasticidade para o cálculo de recalques, com o Módulo de Young obtido por meio de:

5 Cálculo de Recalques

$$E = \eta \, q_{cone} \quad (5.37)$$

tendo encontrado valores de η entre 2,0 para areias e 8,0 para argilas parcialmente saturadas.

(d) Método de Schmertmann

Schmertmann (1970) compilou perfis de deformação específica (ε_z) medidos debaixo de placas de prova e observou que esses perfis mostravam um pico a uma profundidade da ordem de $B/2$ e que a deformação se anulava a cerca de $2B$. Criou, então, um *índice de deformação específica*, definido como $I_\varepsilon = \varepsilon_z E / q$, cujo perfil é mostrado na Fig. 5.24a.

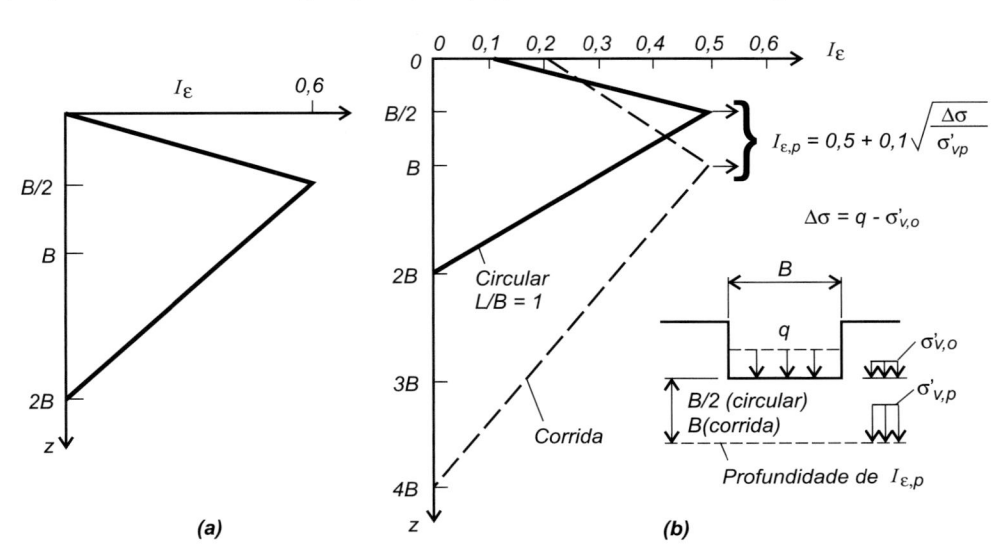

Fig. 5.24 - Perfis de índice de deformação específica

Com o perfil do índice de deformação específica, e conhecido o E, o recalque pode ser calculado com:

$$w = \int_0^H \varepsilon_z \, dz = q \int_0^{2B} \frac{I_\varepsilon}{E} \, dz = q \sum_{i=1}^n \frac{I_{\varepsilon,i}}{E_i} \Delta z \quad (5.38)$$

Schmertmann (1970) previu, ainda, duas correções, que alteram o recalque segundo:

$$w_f = w \, C_1 \, C_2 \quad (5.39)$$

A primeira correção se deve ao embutimento e vale:

$$C_1 = 1 - 0{,}5 \, \frac{\sigma'_{v,0}}{q} \quad (5.40)$$

sendo que $C_1 \geq 0{,}5$, e a segunda se deve a deformações viscosas (*creep*) e vale:

$$C_2 = 1 + 0{,}2 \log \frac{t}{0{,}1} \quad (5.41)$$

O módulo de elasticidade necessário para a Eq. (5.38) pode ser obtido por

$$E' = 2 \, q_c \quad (5.42)$$

Posteriormente (Schmertmann et al., 1978), o método sofreu modificações, ficando o perfil de *índice deformação específica* conforme mostrado na Fig. 5.24b, e com novas expressões para o módulo de elasticidade:

$$E' = 2,5\, q_c \tag{5.43a}$$

para sapatas circulares e quadradas, e:

$$E' = 3,5\, q_c \tag{5.43b}$$

para sapatas corridas.

No perfil de *índice deformação específica* da Fig. 5.24b, o I_ε do pico pode ser maior em função do acréscimo de tensão em relação à tensão geostática (no nível do pico), de acordo com:

$$I_{\varepsilon, pico} = 0,5 + 0,1\sqrt{\frac{\Delta\sigma}{\sigma'_{v,p}}} \tag{5.44}$$

No cálculo do acréscimo de tensão, pode-se considerar o alívio devido à escavação ($\Delta\sigma = q - \sigma'_{v,o}$).

5.5.3 Avaliação dos métodos

Um trabalho de avaliação dos métodos semiempíricos foi realizado por Andrade (1982), tendo sido examinados 19 métodos:

Baseados em SPT :	Baseados em CPT :
(1) Terzaghi e Peck (1948)	(14) Buisman-De Beer (1965)
(2) Meyerhof (1965)	(15) Meyerhof (1965)
(3) Peck e Bazaraa (1969)	(16) Barata (1970)
(4) Tomlinson (1969)	(17) Schmertmann (1970)
(5) Sutherland (1974)	(18) Schmertmann, Hartman e Brown (1978)
(6) Alpan (1964)	(19) Harr (1978)
(7) D'Applonia et al. (1970)	
(8) Parry (1971, 1978)	
(9) Schultze e Sherif (1973)	
(10) Peck, Hanson e Thornburn (1974)	
(11) Oweis (1979)	
(12) Arnold (1980)	
(13) Agnastopoulos e Papadopoulos (1982)	

(Nessa ocasião, não havia ainda o método de Burland e Burbidge, 1985.) Aplicando os diversos métodos a 4 provas de carga em placas e sapatas, Andrade (1982) concluiu que os métodos avaliados produzem resultados:
- Conservativos: os métodos 1, 2, 13, 17, 18, 19;
- Razoáveis: os métodos 4, 5, 6, 9, 10, 11, 14, 15, 16;
- Contra a segurança: os métodos 3, 7, 8, 12.

Trabalhos semelhantes foram realizados por Jeyalapan e Boehm (1986) e por Briaud e Gibbens (1994), com conclusões algo diferentes, que são referências importantes. Lopes et al.

5 Cálculo de Recalques

(1994) compararam a previsão pelo método de Burland e Burbidge (1985) com medições de longa duração de um *radier* em areia fina submersa e concluíram que a previsão do recalque inicial é conservadora, mas que a previsão do recalque no tempo é bastante boa.

Sobre o assunto métodos semiempíricos, recomenda-se, ainda, a leitura de Sanglerat (1972), Simons e Menzies (1981) e dos anais dos simpósios sobre ensaios de penetração, como o 1st. ESOPT (Stockholm, 1974), 2nd. ESOPT (Amsterdam, 1982), 1st. ISOPT (Miami, 1988), CPT'95 (Linkoping, 1995) etc.

5.6 MÉTODOS EMPÍRICOS / TABELAS DE TENSÕES ADMISSÍVEIS

São chamados métodos empíricos aqueles pelos quais se chega a uma previsão de recalque ou de tensão admissível com base na descrição do terreno (classificação e determinação da compacidade ou consistência por meio de investigações de campo ou laboratório). Esses métodos apresentam-se normalmente sob a forma de tabelas de tensões admissíveis ou *tensões básicas*. Embora essas tabelas indiquem tensões, e não recalques, que são o tema deste capítulo, deve-se considerar que as tensões ali indicadas estão associadas a recalques usualmente aceitos em estruturas convencionais.

Alguns códigos e normas de fundações apresentam tabelas de tensões admissíveis que podem ser utilizadas em anteprojetos e obras de pequeno vulto. Embora essas tabelas sejam quase sempre conservadoras, sua utilização requer algum cuidado na análise do perfil do terreno. Por exemplo, da Tab. 5.4, transcrita da norma brasileira NBR 6122/96 e que não mais figura na NBR 6122/2010, tira-se, para uma areia muito compacta, a tensão admissível de 0,5 MPa. Esse valor só é válido, porém, se abaixo dessa camada de areia não houver uma camada mais fraca ou compressível que possa ser solicitada pela fundação e que possa produzir recalques danosos à construção.

Tab. 5.4 - Tensões básicas da norma NBR 6122/96

Classe	Descrição	σ_o(MPa)
1	Rocha sã, maciça, sem laminações ou sinal de decomposição	3,0
2	Rochas laminadas, com pequenas fissuras, estratificadas	1,5
3	Rochas alteradas ou em decomposição	ver nota
4	Solos granulares concrecionados. Conglomerados	1,0
5	Solos pedregulhosos compactos e muito compactos	0,6
6	Solos pedregulhosos fofos	0,3
7	Areias muito compactas	0,5
8	Areias compactas	0,4
9	Areias medianamente compactas	0,2
10	Argilas duras	0,3
11	Argilas rijas	0,2
12	Argilas médias	0,1
13	Siltes duros (muito compactos)	0,3
14	Siltes rijos (compactos)	0,2
15	Siltes médios (medianamente compactos)	0,1

Nota: Para rochas alteradas ou em decomposição, deve-se levar em conta a natureza da rocha matriz e o grau de decomposição.

Na determinação da tensão admissível, fazendo uso da Tab. 5.4, a norma NBR 6122/96 recomendava que fossem considerados os aspectos a seguir.

Fundação sobre rocha – Em qualquer fundação sobre rocha, deve-se, para fixação de tensão admissível, levar em conta a continuidade da rocha, sua inclinação e a influência da atitude da rocha sobre a estabilidade. Pode-se assentar fundação sobre rocha de superfície inclinada desde que se prepare essa superfície (chumbamentos, escalonamento em superfícies horizontais, etc.) de modo a evitar um deslizamento da fundação.

Tensão admissível nas areias fofas, argilas moles, siltes fofos ou moles, aterros e outros materiais – Nesses solos, a implantação de fundações só pode ser feita após cuidadoso estudo com base em ensaios de laboratório e campo, compreendendo o cálculo de capacidade de carga (ruptura) e a análise da repercussão de recalques sobre o comportamento da estrutura.

Solos expansivos – Solos expansivos são aqueles que, por sua composição mineralógica, aumentam de volume quando há um aumento do teor de umidade. Nestes solos, não se pode deixar de levar em conta o fato de que, quando a pressão de expansão ultrapassar a pressão atuante, poderão ocorrer levantamentos. Por isso, é indispensável determinar, experimentalmente, a pressão de expansão, considerando que a expansão depende das condições de confinamento.

Solos colapsíveis – Solos de elevada porosidade, não saturados, estão sujeitos a sofrer uma forte redução de volume (denominada *colapso*) quando têm sua umidade aumentada até a saturação (ou sofrem *encharcamento*, segundo terminologia da norma). Em princípio, devem ser evitadas fundações superficiais apoiadas nessaes solos, a não ser que sejam feitos estudos considerando as tensões a serem aplicadas pelas fundações e a possibilidade de umedecimento do solo. A condição de colapsibilidade deverá ser verificada por meio de ensaios e critérios próprios, como a realização de ensaio oedométrico com saturação do corpo de prova em determinado estágio.

Prescrições especiais para solos granulares – Quando se encontram apenas solos granulares (classes 4 a 9) abaixo da cota de fundação, até uma profundidade de duas vezes a largura da construção, a tensão admissível dada na Tab. 5.4 (válida para fundações de 2 m de largura) pode ser aumentada – *no caso de construções não sensíveis a recalques* – em função da largura da fundação até um máximo de $2,5\,\sigma_o$. No caso de construções sensíveis a recalques, deve-se fazer uma verificação das consequências desses recalques ou manter o valor da tensão admissível igual ao valor da tabela. Para larguras inferiores a 2 m, deve ser feita uma pequena redução, conforme indicado na norma.

As tensões da Tab. 5.4 para solos granulares são indicadas quando a profundidade da fundação, medida a partir do topo da camada escolhida para assentamento da fundação, for menor ou igual a 1m; quando a fundação estiver a uma profundidade maior e for totalmente confinada pelo terreno adjacente, os valores básicos podem ser acrescidos de 40% para cada metro de profundidade além de 1m, limitado ao dobro do valor da tabela.

As majorações descritas nos dois parágrafos acima não podem ser consideradas cumulativamente se ultrapassarem $2,5\,\sigma_o$.

Prescrição especial para solos argilosos – As tensões da Tab. 5.4 para solos argilosos (classes 10 a 15) são aplicáveis a um corpo de fundação não maior do que 10 m². Para áreas carregadas maiores, ou na fixação da tensão média admissível sob um conjunto de corpos de fundação ou a totalidade da construção, devem-se reduzir os valores da tabela de acordo com $\sigma_{adm} = \sigma_o\,(10/A)^{1/2}$, onde A = área total da parte considerada, ou da construção inteira, em m².

5.7 ENSAIOS DE PLACA

5.7.1 Tipos de ensaio

Quanto à localização, têm-se os seguintes tipos de ensaio (ver Fig. 5.25a):
- na superfície;
- em cavas;
- em furos.

Quanto ao tipo de placa, tem-se (Fig. 5.25b):
- placa convencional;
- placa parafuso (*screw-plate*, desenvolvida por Janbu e Senneset, 1973).

Quanto ao modo de carregamento, tem-se (Fig. 5.25c-e):
- carga controlada;
- deformação controlada (diferentes velocidades) (Fig. 5.25c).

No caso de carga controlada, há:
- carga incremental mantida (por períodos de tempo preestabelecidos ou até a quase estabilização) (Fig. 5.25d);
- carga cíclica (com diferentes padrões de ciclagem) (Fig. 5.25e).

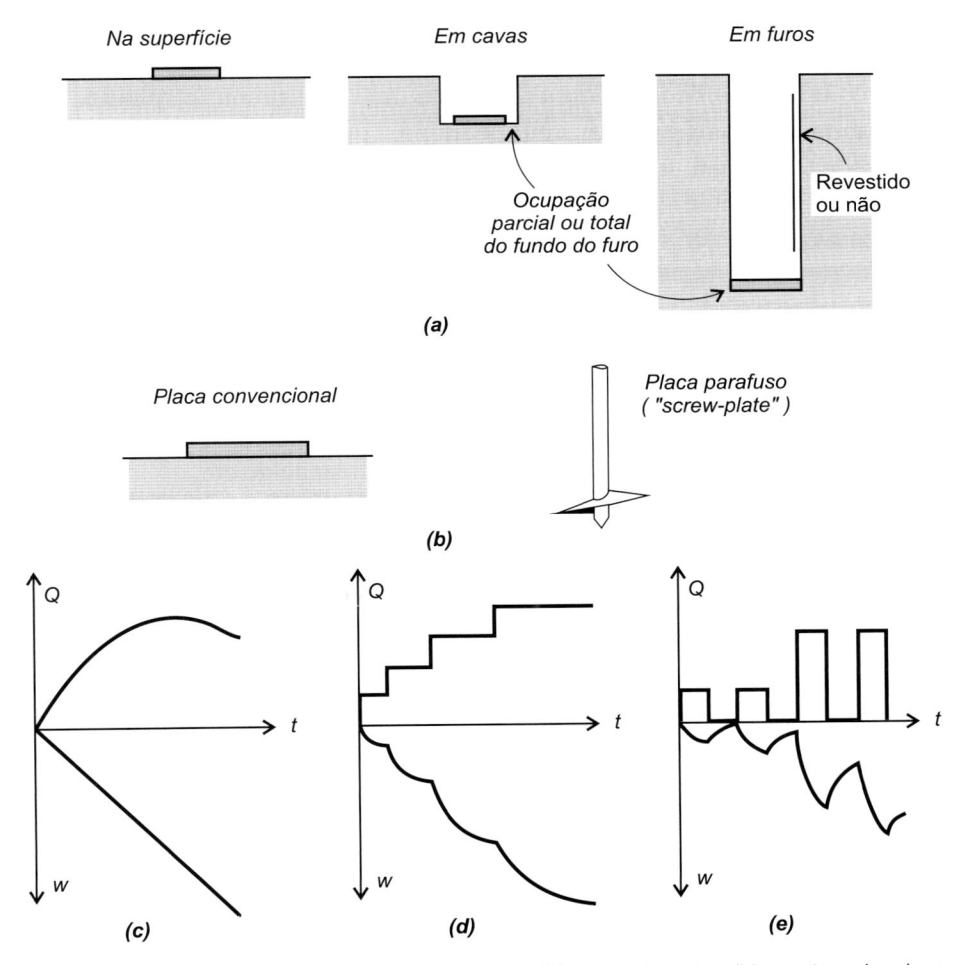

Fig. 5.25 - Tipos de ensaios de placa quanto (a) à localização, (b) ao tipo de placa e (c) - (e) ao modo de carregamento

A norma brasileira para provas de carga em placas

Segundo a Norma Brasileira NBR 6489, o ensaio de placa deve ter as seguintes características:

- placa circular com área de 0,5 m², ocupando todo o fundo da cava;
- a relação D/B igual à da fundação real;
- carregamento incremental mantido até a estabilização (mesmo critério de estabilização das provas de carga em estacas).

Cuidados na execução e interpretação

Alguns cuidados muito importantes devem ser tomados na execução e interpretação dos ensaios de placas:

- Heterogeneidade: caso haja estratificação do terreno (ou mesmo uma variação linear de E com z), os resultados do ensaio poderão indicar muito pouco do que acontecerá à fundação real (Fig. 5.26);
- Presença de lençol d'água: segundo Terzaghi e Peck (1948,1967), por exemplo, o recalque de placas em areias submersas pode ser até duas vezes maior que em areias secas ou úmidas;
- Drenagem parcial: em solos argilosos, dependendo do critério de estabilização, pode estar ocorrendo adensamento e, assim, o recalque observado estará entre o instantâneo e o final ou drenado;
- Não linearidade da curva carga-recalque: mesmo na parte inicial da curva carga-recalque (trecho de interesse no caso de uma interpretação, visando a recalques), pode haver uma forte não linearidade, e também mudança de comportamento quando o carregamento atinge a tensão de pré-adensamento (ou de pré-compressão).

5.7.2 Interpretação

A interpretação depende dos objetivos do ensaio. Os mais comuns são:
- obter parâmetros de deformação (E etc.)
- obter parâmetros de resistência (S_u ou φ')
- obter o coeficiente de reação vertical (k_v)
- prever o recalque de uma fundação por extrapolação direta.

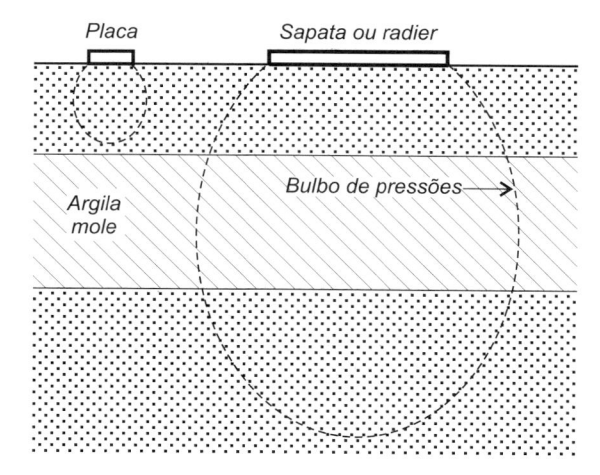

Fig. 5.26 - Cuidados na interpretação dos ensaios de placa: diferentes bulbos de pressão

5 Cálculo de Recalques

(a) Parâmetros de deformação

Geralmente se procede a uma retroanálise por fórmulas da Teoria da Elasticidade. Quando se dispõe de um ensaio em um diâmetro apenas, é comum adotar-se a hipótese de meio homogêneo e utilizar a Eq. (5.12), ou:

$$w = q B \frac{1-\nu^2}{E} I_s = q B \frac{1}{E^*} I_s \tag{5.45}$$

onde E^* é um módulo que incorpora o efeito do Coeficiente de Poisson, muito utilizado por autores alemães (que o denominam *steifezahl*), conforme será visto nos Caps. 8 e 9.

No caso de se ensaiarem três placas com dimensões (diâmetros) diferentes, é possível estabelecer a variação do E com a profundidade, como mostrado no item 5.7.3.

(b) Parâmetros de resistência

Geralmente se procede a uma retroanálise por fórmulas de capacidade de carga. Por exemplo, no caso de placa na superfície e solo com comportamento não drenado:

$$q_{ult} = S_u N_c \quad , \quad N_c = 6{,}2$$

Essa retroanálise fica mais difícil no caso de areias, visando-se à obtenção de φ' pela variedade de fatores N_q e N_γ.

(c) Coeficiente de reação

Quando se objetiva obter o *coeficiente de reação vertical*, k_v, suposta linear a relação pressão-recalque (para métodos de análise de fundações que utilizam a *Hipótese de Winkler*), aplica-se (Fig. 5.27a):

$$k_v = \frac{q}{w} \tag{5.46}$$

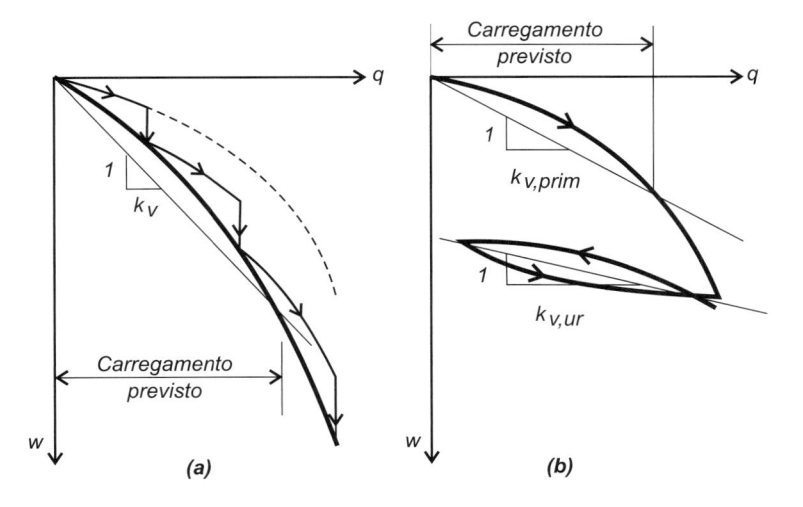

Fig. 5.27 - Ensaio de placa para obtenção de k_v: (a) interpretação pelo trecho de interesse de um ensaio com estabilização e (b) pelo trecho de descarregamento-recarregamento (comparado com aquele obtido no trecho de carregamento primário)

A não linearidade dessa relação pode ser levada em consideração em métodos de cálculo sofisticados (resolvidos com o computador), que representam o solo por uma mola não linear. Eses métodos, entretanto, não são ferramentas para o dia a dia do projetista de fundação. Alguns cuidados, por outro lado, permitem a consideração da não linearidade da relação pressão-recalque e de sua dependência do número de ciclos. É o caso quando o k_v é obtido na faixa de pressões prevista, e após ciclos de carga, se for o caso, como mostrado na Fig. 5.27b.

Antes de ser usado nos métodos de cálculo, o k_v precisa ser corrigido para a forma e as dimensões da fundação real (ver item 5.3). Isso se explica porque o k_v não é uma propriedade apenas do solo, mas também da forma (I_s) e da dimensão (B) da fundação. Comparando-se as Eqs. (5.12) e (5.46), obtém-se (para um meio elástico, homogêneo e semi-infinito):

$$k_v = \frac{E}{1-\nu^2} \frac{1}{I_s} \frac{1}{B} \tag{5.47}$$

A questão da correção a ser feita será examinada no item 6.5.2.

(d) Extrapolação direta de recalque

Pode-se tentar uma extrapolação direta de recalque da placa para a fundação real. Duas situações podem ser consideradas (Fig. 4.19).

Meio homogêneo (E constante) – Neste caso (Fig. 4.19a), tem-se:

$$w_B = w_b \frac{B}{b} \frac{I_{s,B}}{I_{s,b}} \tag{5.48}$$

Meio em que E cresce linearmente com z – Neste caso (Fig. 4.19b), pode-se utilizar uma equação empírica como a de Terzaghi e Peck:

$$w_B = w_b \left(\frac{2B}{B+b}\right)^2 \tag{5.26}$$

Outros pesquisadores propuseram expressões algo diferentes, nas quais o valor 2 do numerador 2B toma outros valores, como 3 (Tschebotarioff) ou 5 (Bjerrum). Na realidade, n depende da variação de E com z. Essa variação poderá ser determinada com um ensaio de penetração (CPT, por exemplo), que permitirá a utilização de ábacos ou soluções para E crescente com z da Teoria da Elasticidade, como a de Carrier III e Christian (1973), mostrada a seguir. Como alternativa, têm-se os ensaios com três placas.

5.7.3 Ensaios de três placas

Há algumas propostas para a interpretação de ensaios de placa, realizados em três diâmetros diferentes, visando prever recalques de sapatas em meios linearmente heterogêneos.

(a) Housel

Housel (1929) interpretou ensaios em placas de três diâmetros, como apresentado na Fig 5.28. Dos ensaios são retirados resultados em termos de tensões, que produzem o recalque admissível e devem conduzir a um gráfico como representado na Fig. 5.28b. Esse gráfico permitirá obter, para as dimensões da fundação real (expressas em termos de p/A, onde p é o perímetro, e A, a área da placa) a tensão que produzirá o recalque admissível.

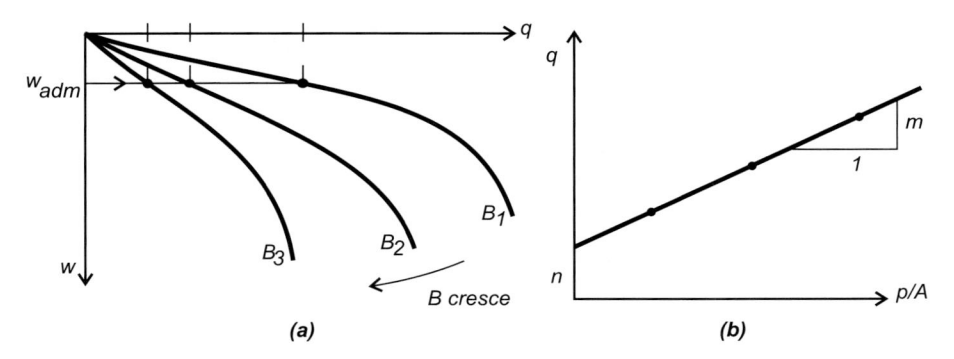

Fig. 5.28 - Interpretação de ensaios em três placas, segundo Housel (1929)

Do gráfico também podem ser tirados os parâmetros m e n para a equação:

$$q_{adm} = n + m \frac{p}{A} \tag{5.49}$$

Barata (1962, 1984) estendeu a teoria de Housel para placas quadradas (ou retangulares) e para placas em profundidade.

(b) Burmister

Burmister (1947) interpretou ensaios em três placas, partindo da hipótese de que o perfil do terreno apresenta módulo crescente com a profundidade, como mostrado na Fig 5.29a. Nesse perfil há, na profundidade $z = B$ (diâmetro da placa), um módulo equivalente do meio homogêneo que produziria aquele recalque.

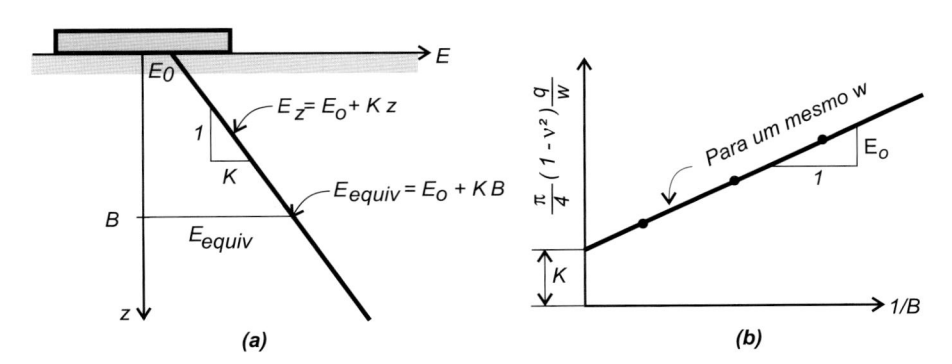

Fig. 5.29 - Interpretação de ensaios em três placas, segundo Burmister (1947)

Dos ensaios são retirados resultados em termos de $q/w \, (1-v^2) \, \pi/4$ que devem produzir um gráfico como mostrado na Fig. 5.29b. Esse gráfico permitirá obter K e E_o do perfil imaginado. Com tais parâmetros, é possível calcular o recalque da fundação (circular) com:

$$w = q B \frac{1-v^2}{E_o + K B} \frac{\pi}{4} \tag{5.50}$$

Comparando-se m e n de Housel com K e E_o de Burmister, tem-se:

$$m = \frac{E_o \, w}{1-v^2} \quad ; \quad n = \frac{K \, w}{(1-v^2)\frac{\pi}{4}} \tag{5.51}$$

(c) Carrier III e Christian (1973)

Carrier III e Christian (1973) apresentaram ábacos (Fig. 5.30a) para diferentes perfis do módulo E, entre eles aquele ao qual corresponde a relação empírica de Terzaghi e Peck (1967).

Parry (1978) realizou estudo semelhante ao de Carrier III e Christian (1973), do qual é reproduzido o gráfico da Fig. 5.30b, que mostra que a relação de Terzaghi e Peck corresponde a um perfil do módulo E que começa de um certo valor para então crescer com z. O leitor pode estranhar esse perfil para areias, que não começa em zero, mas basta lembrar que o módulo E debaixo da placa tem um valor considerável, em consequência do próprio carregamento da placa (ver Fig. 5.11).

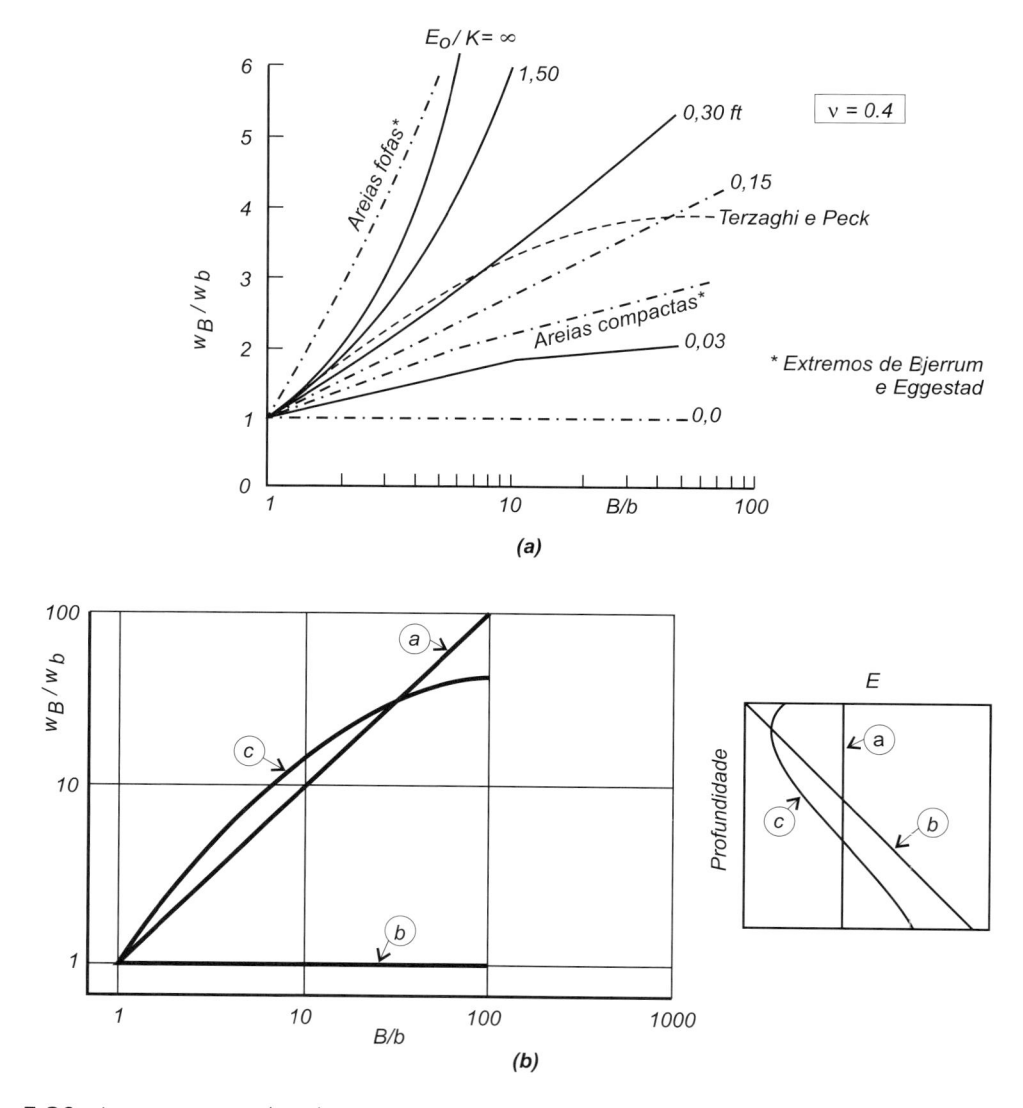

Fig. 5.30 - *Interpretação da relação entre recalques de placas de dimensões diferentes, segundo (a) Carrier III e Christian (1973) e (b) Parry (1978)*

REFERÊNCIAS

ALPAN, I., Estimating the settlements of foundations on sands. *Civil Engineering and Public Works Review*, v. 59, p. 1415-1418, November 1964.

ANDRADE, C.S.N. *Contribuição ao estudo do recalque de placas com base em ensaios de penetração*. Tese de M. Sc. COPPE-UFRJ, Rio de Janeiro, 1982. 210 p.

BARATA, F. E. *Tentativa de racionalização do problema da taxa admissível de fundações diretas*. Tese de Livre Docência-Escola de Engenharia, UFRJ, Rio de Janeiro, 1962.

BARATA, F. E. *Propriedades mecânicas dos solos – uma introdução ao projeto de fundações*. Rio de Janeiro. Livros Técnicos e Científicos Editora Ltda., 1984.

BJERRUM, L. Engineering geology of Norwegian normally consolidated clays as related to settlements of buildings. Rankine Lecture, *Geotechnique*, v. 17, n. 2, p. 81-118, 1967.

BOWLES, J. E. *Foundation analysis and design*. 4. ed. New York: MacGraw-Hill Book Co., 1988.

BRIAUD, J. L.; GIBBENS, R. M. Test and prediction results for five large spread footings on sand. In: Symposium on "Predicted and Measured Behaviour of Five Spread Footings on Sand", 1994, Texas. *Proceedings*... Texas, A&M University, ASCE Geotechnical Special Publication n.41, 1994.

BURLAND, J. B.; BURBIDGE, M. C. Settlements of foundations on sand and gravel. In: INSTITUTION OF CIVIL ENGINEERS, 1985, London. *Proceeedings*... London: Institution of Civil Engineers, 1985.

BUISMAN, A. S. K. Results of long duration settlement tests. In: INTERNATIONAL CONFERENCE ON SOIL MECHANICS AND FOUNDATION ENGINEERING, 1., Cambridge, 1936, *Proceedings*... Cambridge: ICSMFE, 1936.

BUISMAN, A. S. K. *Grondamechanica*. Delft: Waltman, , 1940.

BURMISTER, D.M. General Discussion. Symposium on Load Tests and Bearing Capacity of Soils. *ASTM Publication*, n. 79, 1947.

CARRIER III, W. D.; CHRISTIAN, J. T. Rigid circular plate resting on a non-homogeneous elastic half-space. *Geotechnique*, v. 23, n. 1, p. 67-84, 1973.

COSTET, J.; SANGLERAT, G. *Cours pratique de mécanique des sols*. Paris: Dunod, 1969.

CRAWFORD, C. B. Interpretation of the consolidation test. *Journal Soil Mechanics and Foundations Division*, ASCE, v. 90, n. SM5, p. 87-102, 1964.

DAVIS, E. H.; POULOS, H. G. Triaxial testing and three-dimensional settlement analysis. In: INTERNATIONAL CONFERENCE ON SOIL MECHANICS AND FOUNDATION ENGINEERING, 4., New Zealand, 1963. *Proceedings*... New Zealand, ICSMFE, 1963. p. 233-243.

DAVIS, E. H.; POULOS, H. G. The use of elastic theory for settlement prediction under three-dimensional condictions. *Geotechnique*, v. 18, n. 1, p. 67-91, 1968.

FOX, E. N. The mean elastic settlement of a uniform loaded area at a depth below the ground surface. In: INTERNATIONAL CONFERENCE ON SOIL MECHANICS AND FOUNDATION ENGINEERING, 1., Rotterdam, 1948. *Proceedings*... ICSMFE, 1948. v. 1.

GIBSON, R. E. Some results concerning displacements and stresses in a non-homogeneous elastic half-space. *Geotechnique*, v. 17, n. 1, p. 58-67, 1967.

GIBSON, R. E. The analytical method in Soil Mechanics. Rankine Lecture. *Geotechnique*, v. 24, n. 2, p. 113-140, 1974.

GIROUD, J. P. *Tables pour le calcul des fondations*. Paris: Dunod, 1972.

HARR, M. E. *Foundations of theoretical soil mechanics*. New York: MacGraw-Hill Book Co., 1966.

HARR, M. E. *Mechanics of particulate media*. New York: MacGraw-Hill Book Co., 1977.

HEAD, K. H. *Manual of soil laboratory testing*. London: Pentech Press, 1986.

HOUSEL, W. S. A practical method for the selection of foundations based on fundamental research in Soil Mechanics. *Research Bulletin*, n. 13, University of Michigan, Ann Arbour, 1929.

JANBU, N. Soil compressibility as determined by oedometer and triaxial tests. In: EUROPEAN CONFERENCE ON SOIL MECHANICS AND FOUNDATION ENGINEERING, Wiesbaden, 1963. *Proceedings*... Wiesbaden: ECSMFE, 1963.

JANBU, N.; SENNESET, K. Field compressometer – Principles and applications. In: INTERNATIONAL CONFERENCE ON SOIL MECHANICS AND FOUNDATION ENGINEERING, 8., Moscow, 1973. *Proceedings*... Moscow: ICSMFE, 1973.

JEYALAPAN, J. K.; BOEHM, R. Procedures for predicting settlements in sands. *Geotechnical Special Publication*, ASCE, n. 5, p. 1-22, 1986.

LADD, C. C.; FOOTT, R. New design procedure for stability of soft clays. *Journal Geotechnical Engineering Division*, ASCE, v. 100, n. 7, 1974.

LAMBE, T. W. Methods of estimating settlement. *Journal Soil Mechanics and Foundation Division*, ASCE, v. 90, n. SM5, 1964.

LEONARDS, G. A. Engineering properties of soils. In: LEONARDS, G. A. *Foundation engineering*. New York: McGraw-Hill Book Co., 1962.

LEONARDS, G. A. Estimating consolidation settlements of shalow foundations on overconsolidated clays. *Transportation Research Board Special Report*, n. 163, p. 13-16, 1976.

LOPES, F. R. *The undrained bearing capacity of piles and plates studied by the Finite Element Method*. Ph.D. Thesis- University of London, London, 1979.

LOPES, F. R.; SOUZA, O. S. N.; SOARES, J. E. S. Long-term settlement of a raft foundation on sand. *Geotechnical Engineering*, v. 107, n. 1, p. 11-16, 1994.

MARTINS, I. S. M.; LACERDA, W. A. Sobre a relação índice de vazios-tensão vertical efetiva na compressão unidimensional. *Solos e Rochas*, v. 17, n. 3, p. 157-166, 1994.

MEYERHOF, G.G. Shallow foundations. *Journal of Soil Mechanics and Foundations Division*, ASCE, v. 91, n. SM2, p. 21-31, 1965.

NEWMARK, N. M. Design charts for computation of stresses in elastic foundations. *Bulletin* n. 38 University of Illinois Eng. Expt. Station, 1942.

PADFIELD, C. J.; SHARROCK, M. J. Settlement of structures on clay soils. *CIRIA Special Publication 27/PSA Civil Engineering Technical Guide 38*, Department of the Environment, London, 1983.

PARRY, R. H. G. Estimating foundation settlements in sand from plate bearing tests. *Geotechnique*, v. 28, n. 1, p. 107-118, 1978.

PECK, R. B.; HANSON, W. E.; THORNBURN, T. H. *Foundation Engineering*. 2 ed. New York: John Willey and Sons, 1974.

PERLOFF, W.H. Pressure distribution and settlement. In: WINTERKORN, H. F.; FANG, H-Y (Eds.) *Foundation engineering handbook*. New York: Van Nostrand Reinhold Co., 1975.

POULOS, H. G.; DAVIS, E. H. *Elastic solutions for soil and rock mechanics*. New York: John Wiley and Sons, 1974.

SALLAS, J. A. J. Soil pressures computation: a modification of the Newmark's method. In: INTERNATIONAL CONFERENCE ON SOIL MECHANICS AND FOUNDATION ENGINEERING, 2., Rotterdam, 1948. *Proceedings...* Rotterdam: ICSMFE, 1948. v. 7.

SALLAS, J. A. J. *Mecanica de suelos*. Madrid: Editorial Dossat, 1951.

SANDRONI, S. S. Young metamorphic residual soils. In: Panamerican CSMFE, 9., Viña del Mar, 1991. *Proceedings...* PCSMFE, 1991.

SANGLERAT, G. *The penetrometer and soil exploration*. Amsterdam: Elsevier, 1972.

SCHMERTMANN, J. H. The undisturbed consolidation behaviour of clay, *Transactions*, ASCE, v. 120, p. 1201-1233, 1955.

SCHMERTMANN, J. H. Static cone to compute settlement over sand. Journal Soil Mechanics and Foundations Division, ASCE, v. 96, n. SM3, p. 1011-1043, 1970.

SCHMERTMANN, J. H.; HARTMAN, J. P.; BROWN, P. R. Improved strain influence factor diagrams. *Journal Geotechnical Division, ASCE*, v. 104, n. 8, Aug. 1978.

SILVA, F. P. Uma nova construção gráfica para a determinação da pressão de pré-adensamento de uma amostra de solo. In: CONGRESSO BRASILEIRO DE MECÂNICA DOS SOLOS E ENGENHARIA DE FUNDAÇÕES, 4., 1970. *Anais...* Rio de Janeiro: CBMSEF, 1970. v. 2. Tomo I.

SIMONS, N. E.; MENZIES, B. K. *Introdução à engenharia de fundações*. Rio de Janeiro: Editora Interciência, 1981.

SKEMPTON, A. W. The pore pressure coefficients A and B. *Geotechnique*, v. 4, p. 143, 1954.

SKEMPTON, A. W.; BJERRUM, L. A contribution to the settlement analysis of foundations on clay. *Geotechnique*, v. 7, n. 4, p. 168-178, 1957.

TERZAGHI, K.; PECK, R. B. *Soil mechanics in engineering practice*. New York: John Wiley & Sons, 1948.

TERZAGHI, K.; PECK, R. B. *Soil mechanics in engineering practice*. 2. ed. New York: John Wiley & Sons, 1967.

U. S. ARMY CORPS OF ENGINEERS. Engineering Manual, Settlement Analysis. *Publication EM 1110-2-1904*, 1994. Também publicado pela *ASCE*.

VAUGHAN, P. R. Foundation Engineering. *Lectures Notes*. Imperial College of Science and Technology London, 1977.

Capítulo 6

A ANÁLISE DA INTERAÇÃO SOLO-FUNDAÇÃO

Neste capítulo são apresentados conceitos e modelos da análise da *interação solo-fundação*, em que a rigidez real do elemento estrutural de fundação é considerada no cálculo de seus deslocamentos e esforços internos. A análise da interação solo-fundação pode ser estendida para considerar também a superestrutura, quando esta é levada em conta no cálculo dos deslocamentos e esforços internos do conjunto super/infraestrutura. Nesse caso, a análise é denominada *interação solo-estrutura* (ou do conjunto solo-fundação-estrutura).

6.1 INTRODUÇÃO

Uma *análise de interação solo-fundação* tem por objetivo fornecer os deslocamentos reais da fundação – e também da estrutura, se esta estiver incluída na análise – e seus esforços internos. Esses esforços podem ser obtidos diretamente pela análise da interação, ou, indiretamente, por meio das *pressões de contato*[1]. As pressões de contato são as pressões na interface estrutura-solo (Fig. 6.1). A determinação das pressões de contato é necessária para o cálculo dos esforços internos na fundação, a partir dos quais é feito seu dimensionamento estrutural (requisito "estabilidade interna" do elemento estrutural da fundação – ver Cap. 2).

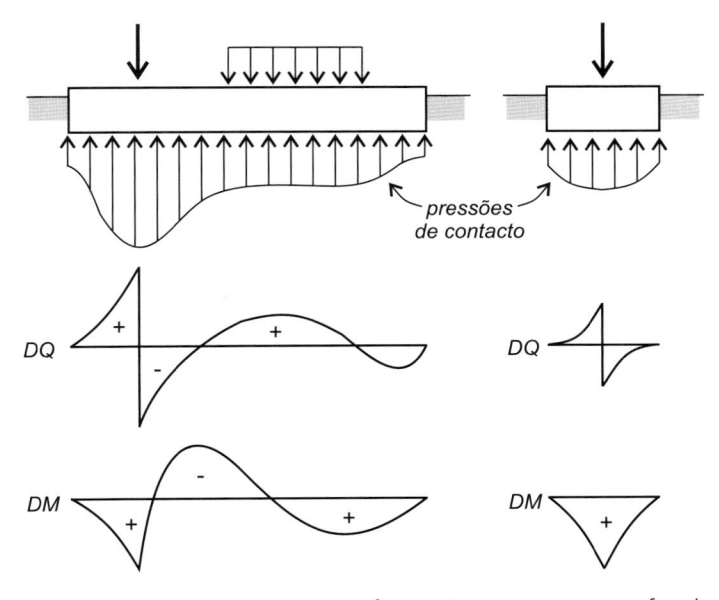

Fig. 6.1 - *Pressões de contato e esforços internos em uma fundação*

---

1. A expressão *pressão de contato* foi preferida a *tensão de contato*, seguindo terminologia da Teoria da Elasticidade, que assim denomina as ações na fronteira de um corpo (no caso, tanto o elemento estrutural de fundação quanto o solo). Essas ações podem ser separadas em sua componente normal, representada por q, e sua componente cisalhante, representada por t.

6.2 PRESSÕES DE CONTATO

Um aspecto importante quando se analisa um elemento de fundação é o das pressões de contato. Para melhor entendê-las, vamos examinar os fatores que as afetam e quantificar um desses fatores: a rigidez relativa fundação-solo.

6.2.1 Fatores que afetam as pressões de contato

As pressões de contato dependem principalmente:
- das características das cargas aplicadas;
- da rigidez relativa fundação-solo;
- das propriedades do solo;
- da intensidade das cargas.

Características das cargas aplicadas

As características das cargas aplicadas constituem o fator mais importante na definição das pressões de contato, uma vez que a resultante dessas pressões deve ser igual e oposta à resultante das cargas (Fig. 6.2a).

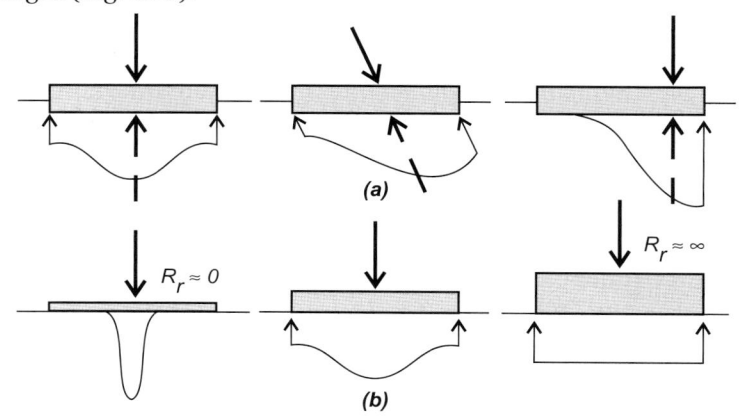

Fig. 6.2 - *Influência (a) das cargas aplicadas e (b) da rigidez relativa fundação-solo nas pressões de contato*

Rigidez relativa fundação-solo

O segundo fator mais importante é a rigidez relativa fundação-solo, R_r. Quanto mais flexível for a fundação, mais as pressões de contato refletirão o carregamento (Fig. 6.2b). A quantificação desse fator será discutida no item 6.2.2.

Propriedades do solo

As propriedades do solo também afetam as pressões de contato, uma vez que a resistência ao cisalhamento do solo determina as pressões máximas nos bordos. Na Fig. 6.3a, são mostradas três situações:
- fundação na superfície em solo sem resistência à superfície (caso de argilas normalmente adensadas e areias);
- fundação na superfície em solo com resistência à superfície (caso de argilas sobreadensadas);
- fundação a alguma profundidade.

Intensidade das cargas

Pela Teoria da Elasticidade, as pressões nos bordos de uma sapata rígida são (teoricamente) infinitas (Fig. 6.3b). Assim, mesmo para a carga de serviço, há plastificação do solo nos bordos (Fig. 6.3c). Com o aumento da carga, as pressões nos bordos se mantêm constantes (atingem seu limite), e há um aumento das pressões de contato na parte central (Fig. 6.3d).

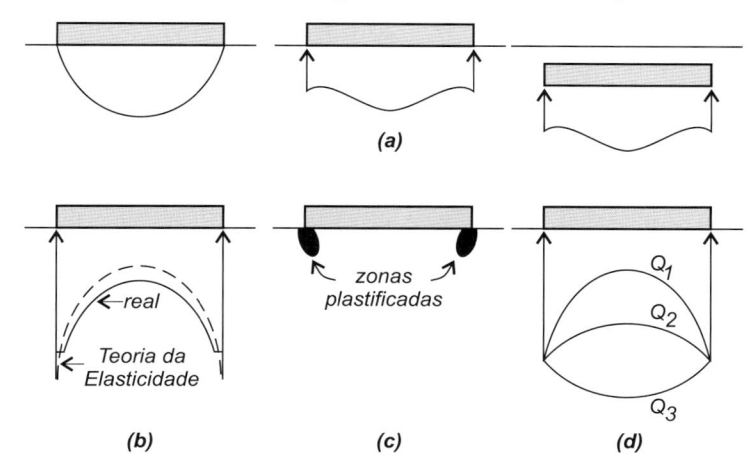

Fig. 6.3 - Influência (a) das propriedades do solo e (b) - (d) do nível de carga nas pressões de contato

6.2.2 A rigidez relativa fundação-solo

A rigidez relativa fundação-solo, R_r, conforme mencionado no item anterior, tem grande influência nas pressões de contato. Há diferentes formas de expressar a rigidez relativa, propostas por diferentes autores, em função de seus métodos de cálculo (p. ex., Borowicka, 1936).

A forma de expressar a rigidez relativa depende, naturalmente, do tipo de fundação, se vigas ou placas (se elementos unidimensionais ou bidimensionais). No caso de vigas, um método muito utilizado, o método de Hetenyi (ver Cap. 8, item 8.3.1) celebrizou uma definição de rigidez relativa, apresentada na Eq. (8.2). Já no caso de placas (*radiers*, sapatas), não há uma expressão de caráter geral, mas sim algumas propostas, com maior ou menor aceitação. Para uma fundação retangular (Fig. 6.4a), por exemplo, Meyerhof (1953) propôs:

$$R_r = \frac{E_c \, I}{E \, B^3} \tag{6.1a}$$

onde:

E_c = Módulo de Young do material da placa (concreto, p. ex.);
I = momento de inércia da seção transversal da placa, por unidade de largura;
E = Módulo de Young do solo.

Schultze (1966) utiliza:

$$R_r = \frac{E_c \dfrac{t^3}{12}}{E \, L^3} \tag{6.1b}$$

Procurando-se encontrar as bases dessas equações, observou-se que no numerador está a rigidez à flexão da placa, como elemento estrutural de fundação, enquanto o denominador é proporcional à rigidez à flexão de uma seção retangular com as dimensões da placa. Com efeito, se expressarmos a rigidez relativa fundação-solo como a razão entre as rijezas à flexão tomadas (i) da seção da placa e (ii) de uma seção com as dimensões em planta da placa, teremos, considerando um eixo segundo a dimensão B:

$$R_r' = \frac{E_c \dfrac{B\, t^3}{12}}{E \dfrac{B\, L^3}{12}} = \frac{E_c\, t^3}{E\, L^3} \qquad (6.2a)$$

ou, tomando-se a outra direção para estudo:

$$R_r'' = \frac{E_c\, t^3}{E\, B^3} \qquad (6.2b)$$

A Eq. (6.2a) coincide com a de Schultze, enquanto a Eq. (6.2b) coincide com a de Meyerhof, em ambos os casos a menos de uma constante (1/12). Pode-se concluir que a expressão da rigidez relativa depende da direção em estudo. Pode-se imaginar, ainda, que os denominadores das Eqs. (6.2) representam a rigidez à rotação da placa aderente ao solo (Fig. 6.4b).

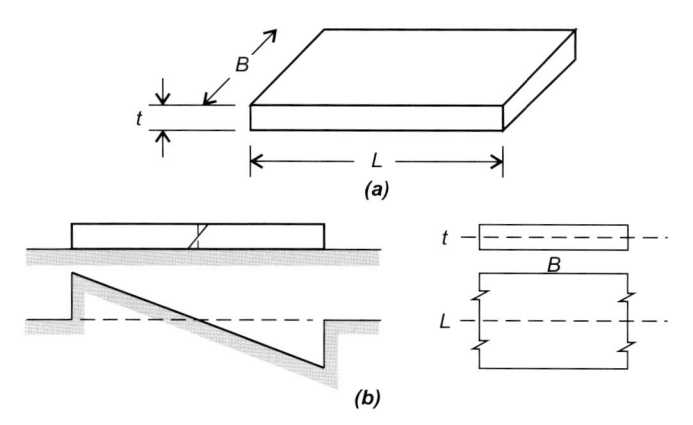

Fig. 6.4 - (a) Fundação em radier e (b) modos de deformação da fundação

A Eq. (6.2b) se aproxima, ainda, daquela apresentada por Padfield e Sharrock (1983) –como definição da rigidez relativa de caráter geral – em relatório da CIRIA (Construction Industry Research and Information Association) da Inglaterra :

$$R_r = \frac{4\, E_c\, t^3 (1 - v^2)}{3\, E\, B^3 (1 - v_c^2)} \qquad (6.3)$$

onde:
E, v e E_c, v_c são os pares de parâmetros elásticos do solo e da placa, respectivamente.

Essas definições da rigidez relativa servem para comparar as rijezas de diferentes tipos ou alternativas de fundação.

6.3 O PROBLEMA DA INTERAÇÃO SOLO-FUNDAÇÃO-ESTRUTURA

Conforme pode ser facilmente entendido, uma rigidez maior da fundação acarretará recalques mais uniformes. Se essa fundação receber mais de um pilar (fundação associada ou

6 A Análise da Interação Solo-Fundação

combinada), os recalques diferenciais entre pilares serão menores. Assim, pode-se dizer que, do ponto de vista de uma uniformização de recalques, é interessante adotar fundações combinadas e enrijecê-las.

Por outro lado, a rigidez da estrutura pode contribuir de forma marcante para a rigidez relativa do conjunto fundação + superestrutura – solo. A Fig. 6.5 mostra três situações em que a superestrutura oferece contribuições diferentes. Na primeira delas, a contribuição é pequena; na segunda (caixa d'água ou silo com paredes de concreto), a contribuição é muito importante; na terceira, a contribuição da estrutura é importante, e essa importância aumenta com o número de pavimentos.

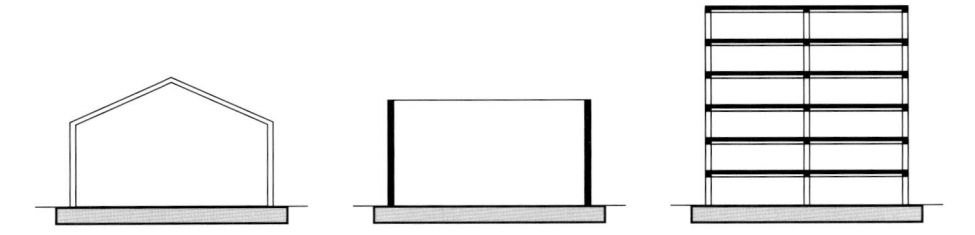

Fig. 6.5 - *Diferentes contribuições da estrutura: (a) galpão, (b) caixa d'água e (c) edifício*

Há uma outra situação em que o papel da superestrutura é importante. É quando a obra tem fundações isoladas e o efeito de uniformizar os recalques só pode vir da superestrutura (ver Fig. 6.6a).

Consideração da Estrutura

Meyerhof (1953) propôs (tanto para o caso de fundações isoladas como combinadas) que a contribuição da superestrutura – segundo uma direção de estudo – fosse considerada como a de uma viga de rigidez à flexão equivalente (Fig. 6.6b). No caso de um edifício com estrutura em pórtico de concreto e painéis de fechamento em alvenaria (Fig. 6.6a), tem-se:

$$E_c I = \Sigma E_c I_v + \Sigma E_a I_a \tag{6.4}$$

onde:
$E_c I$ = rigidez da viga equivalente;
$\Sigma E_c I_v$ = somatório das rijezas das vigas da superestrutura;
$\Sigma E_a I_a$ = somatório das rijezas dos painéis de alvenaria.

A expressão (6.4) pode ser expandida para incluir a contribuição dos pilares, como descrito por Meyerhof (1953).

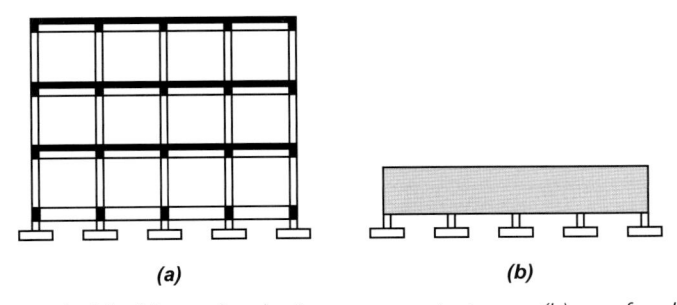

Fig. 6.6 - *Conjunto constituído (a) por fundação e superestrutura e (b) por fundação e viga equivalente*

Tanto no caso em que a fundação é combinada como no caso em que as fundações são isoladas, um cálculo de recalques, considerando o efeito da superestrutura (*análise da interação solo-estrutura*), é interessante. Numa análise desse tipo, além de recalques mais uniformes, obter-se-ão cargas nos pilares, diferentes daquelas obtidas pelo projetista da estrutura, com a hipótese de apoios indeformáveis (p. ex., os pilares periféricos receberão cargas maiores) e momentos fletores de certa magnitude nas cintas e vigas dos primeiros pavimentos, desde que se considerem as deformações axiais dos pilares. Um trabalho pioneiro sobre o assunto é o de Chameki (1956).

Esta análise de interação solo-estrutura pode ser feita com um método computacional, em que um programa de análise de estrutura (como um pórtico plano ou espacial) tem molas nos pontos que correspondem às fundações. Neste caso, programas comerciais podem ser utilizados. Quando as fundações são próximas e podem impor tensões umas às outras, os apoios em molas devem ser substituídos por uma solução de meio elástico contínuo para várias áreas carregadas (por ex., Aoki e Lopes, 1975). Nesse caso, as duas soluções (ambas computacionais) interagirão. Uma proposta desse tipo foi feita por Poulos (1975) e utilizada por Gusmão (1990). Um exemplo desse tipo de análise pode ser visto em Lopes e Gusmão (1991).

Outra maneira de fazer essa análise, mas de maneira bem mais simples, consiste em substituir a superestrutura pela viga de rigidez equivalente, como propôs Meyerhof (1953). No caso de uma fundação combinada, a rigidez da fundação é somada à da viga que representa a estrutura (Eq. 6.4). No caso de um conjunto de fundações isoladas, o cálculo de recalques é feito com as fundações ligadas à viga que representa a estrutura (com a rigidez dada pela Eq. 6.4). Esse procedimento foi avaliado favoravelmente por Gusmão e Lopes (1990).

Uma análise mais aperfeiçoada da interação solo-estrutura deve levar em conta o fator tempo, uma vez que as deformações, tanto do solo como da estrutura, dependem do tempo.

6.4 MODELOS DE SOLO PARA ANÁLISE DA INTERAÇÃO SOLO-FUNDAÇÃO

Há dois modelos principais para representar o solo, numa análise da interação solo-estrutura (Fig. 6.7):
- Hipótese de Winkler;
- meio contínuo.

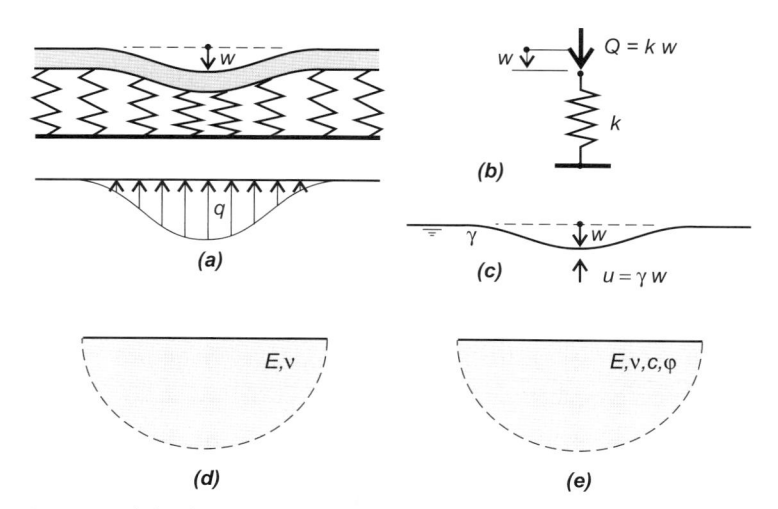

Fig. 6.7 - Modelo de Winkler: (a) - (c) e modelo do meio contínuo: (d) - (e)

Hipótese de Winkler

Pela Hipótese de Winkler, as pressões de contato são proporcionais aos recalques (ver Fig. 6.7a e Eq. 5.46), ou seja,

$$q = k_v\, w \qquad (6.5)$$

A constante de proporcionalidade k_v é usualmente chamada de *coeficiente de reação vertical*, mas recebe também as denominações *coeficiente de recalque*, *módulo de reação* ou *coeficiente de mola*.

Esse comportamento é típico de molas (Fig. 6.7b), o que explica por que este modelo é também conhecido como *modelo de molas*. O modelo é conhecido, ainda, como *modelo do fluido denso*, uma vez que seu comportamento é análogo ao de uma membrana assente sobre fluido denso (Fig. 6.7c), e, também, porque as unidades do coeficiente de reação são as mesmas de peso específico.

Meio Contínuo

O meio contínuo pode ser:
- elástico (Fig. 6.7d);
- elastoplástico (Fig. 6.7e).

No primeiro caso, há algumas soluções para vigas e placas pela Teoria da Elasticidade. O segundo caso, dificilmente justificado em projetos correntes, requer solução numérica, pelo Método dos Elementos Finitos, por exemplo.

Respostas dos diferentes modelos

As respostas dos diferentes modelos podem ser bem observadas nos casos extremos (rigidez relativa nula e infinita) mostrados na Fig. 6.8. A diferença é notável nas pressões de contato, para fundações rígidas, e nos recalques, para fundações muito flexíveis. Além disso, o modelo de Winkler só apresenta recalques debaixo da fundação, o que não corresponde à realidade.

6.5 O COEFICIENTE DE REAÇÃO VERTICAL

O coeficiente de reação vertical, definido pela Eq (6.5), pode ser obtido por meio de:
- ensaio de placa;
- tabelas de valores típicos ou correlações;
- cálculo do recalque da fundação real.

6.5.1 Ensaio de placa

A utilização do ensaio de placa para a obtenção do coeficiente de reação está descrita no item 5.7. O coeficiente de reação assim obtido é usualmente denominado k_{s1} (subscrito indicando placa quadrada de 1 pé de lado) ou k_o.

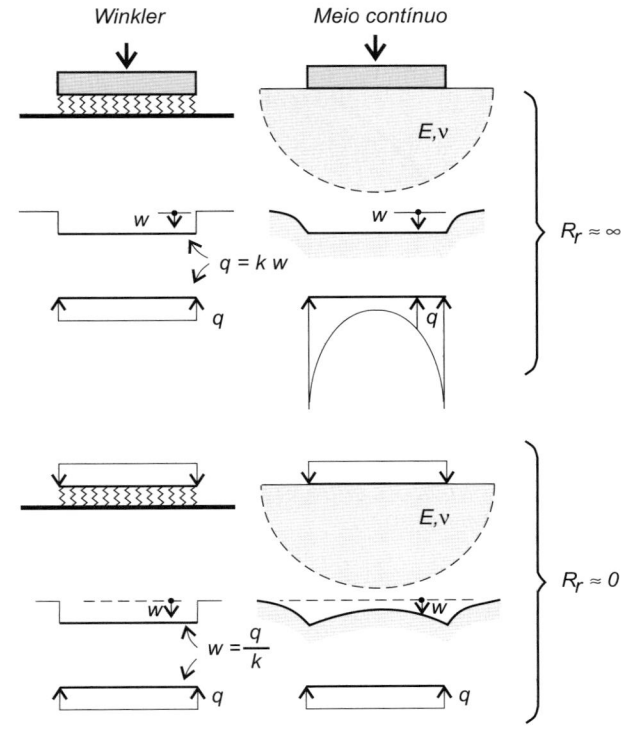

Fig. 6.8 - *Respostas dos diferentes modelos*

Esse valor precisará ser corrigido para a dimensão e forma da fundação, como descrito no item a seguir. O uso do ensaio de placa pode apresentar problema se o solo solicitado pela placa for diferente daquele solicitado pela fundação (ver item 5.7.1).

6.5.2 Uso de tabelas de valores típicos ou correlações

O coeficiente de reação pode ser estimado a partir de valores típicos fornecidos na literatura. Os valores de k_v de uma placa quadrada de 1 pé (k_{s1}), fornecidos por Terzaghi (1955), são apresentados na Tab. 6.1.

Tab. 6.1 - Valores de k_{s1} em kgf/cm³ (Terzaghi, 1955)

Argilas	Rija	Muito Rija	Dura
q_u (kgf/cm²)	1 - 2	2 - 4	> 4
faixa de valores	1,6 - 3,2	3,2 - 6,4	> 6,4
valor proposto	2,4	4,8	9,6
Areias	**Fofa**	**Med. Compacta**	**Compacta**
faixa de valores	0,6 - 1,9	1,9 - 9,6	9,6 - 32
areia acima N.A.	1,3	4,2	16
areia submersa	0,8	2,6	9,6

Há algumas correlações entre o coeficiente de reação vertical e ensaios *in situ*, como a que utiliza o SPT, mostrada na Fig. 6.9. Nessa figura, elaborada por de Mello (1971), está indicada uma faixa onde se situam os valores encontrados na literatura [a curva de Terzaghi e Peck corresponde à Eq. (5.24) e ao ábaco do método de Alpan, item 5.5.1c]. Pela amplitude dessa faixa, pode-se concluir que a correlação é fraca.

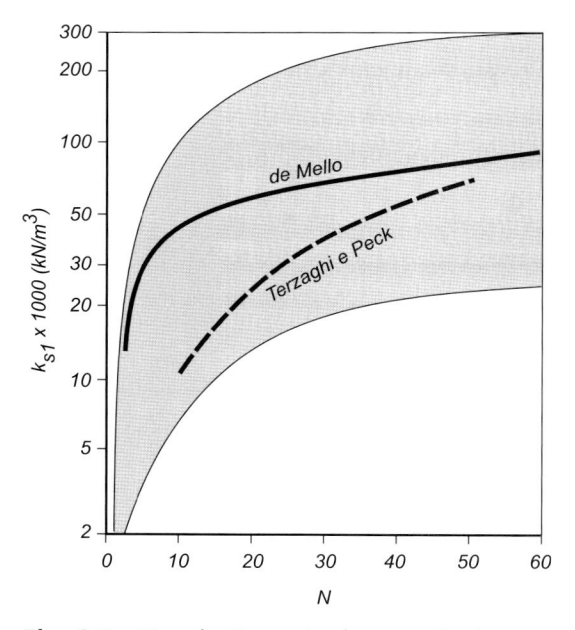

Fig. 6.9 - Correlações entre k_v e resultados do SPT (de Mello, 1971)

Correções de dimensão e de forma

Aos valores do coeficiente de reação obtidos por ensaios de placa e fornecidos na literatura cabe fazer as correções de dimensão e de forma. Conforme discutido no item 5.7.2, essas correções se devem ao fato de esse coeficiente não ser uma propriedade apenas do solo, mas *uma resposta do solo* a um carregamento aplicado por uma dada estrutura. Caso o solo apresente um perfil com propriedades constantes com a profundidade (ou seja, caso se possa associar o solo a um meio elástico homogêneo e semi-infinito), pode-se escrever:

$$k_{v,B} = k_{v,b} \frac{b}{B} \frac{I_{s,b}}{I_{s,B}} \tag{6.6}$$

onde $I_{s,b}$ e $I_{s,B}$ são os fatores de forma da placa e da fundação, respectivamente.

6 A Análise da Interação Solo-Fundação

Segundo o American Concrete Institute (1988), a passagem do k_{s1}, obtido no ensaio de placa, para o k_v, a ser utilizado no cálculo da fundação, pode ser feita com:

$$k_v = k_{s1}\left(\frac{b}{B}\right)^n \tag{6.7}$$

onde n varia entre 0,5 e 0,7. Se a espessura da camada compressível abaixo da fundação for menor que $4B$, deve-se adotar o menor valor de n.

Por outro lado, há uma questão controvertida: no caso de *radiers*, deve-se usar na correção o B do *radier* (muito grande, causando um k_v pequeno). Se as cargas forem concentradas e muito espaçadas ($l > 2{,}5R$), pode-se usar, na correção da dimensão, em vez de B, uma largura de influência $2R$ (ver Fig. 6.10), sendo (ver item 9.2.4):

$$R = 4\sqrt{\frac{64\,E_c\,t^3}{3\,(1-\nu_c^2)\,k_v}} \tag{6.8}$$

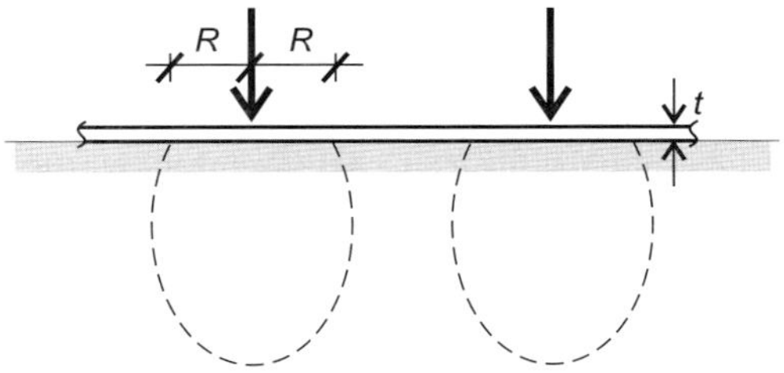

Fig. 6.10 - Zona de influência de cargas concentradas em placas flexíveis

6.5.3 Determinação a partir de cálculo do recalque da fundação real

O coeficiente de reação pode ser estimado a partir de um cálculo do recalque da fundação, seguindo um dos procedimentos do Cap. 5. Nesse caso, supõe-se a fundação rígida, submetida a um carregamento vertical igual ao somatório das cargas verticais. Com o recalque assim obtido (considerado médio), calcula-se o coeficiente de reação por meio de:

$$k_v = \frac{\overline{q}}{\overline{w}} \tag{6.9}$$

onde:
$\overline{q} = \Sigma V / A$

Esse procedimento permite levar em conta as propriedades das diferentes camadas submetidas a diferentes solicitações, o que não acontece nos procedimentos anteriores.

6.5.4 Relações entre o k_v e o Módulo de Young do meio elástico

Não é simples estabelecer uma relação entre o k_v e o Módulo de Young do meio elástico contínuo, E, uma vez que as respostas dos dois modelos diferem em função da rigidez da fundação. Há algumas relações, como aquela baseada na equiparação das equações de recalques (i) de placa rígida em meio elástico homogêneo (Eq. 5.12) com (ii) (parece faltar aqui uma palavra...) da placa em solo de Winkler (Eq. 5.46 ou 6.5), que fornece:

$$k_v = \frac{E}{1-v^2} \frac{1}{I_s} \frac{1}{B} \tag{6.10}$$

Há outras relações, como a de Vesic (1961), baseada na comparação dos momentos fletores obtidos com os dois modelos para placas flexíveis:

$$k_v = 0{,}65 \frac{E}{B(1-v^2)} \sqrt[12]{\frac{E\,B^4}{E_c\,I}} \tag{6.11}$$

REFERÊNCIAS

AMERICAN CONCRETE INSTITUTE (A. C. I.). Suggested analysis and design procedures for combined footings and mats. Report by ACI Committee 336. *Journal of the A. C. I.*, May-June, p. 304-324, 1988.

AOKI, N.; LOPES, F. R. Estimating stresses and settlements due to deep foundations by the Theory of Elasticity. In: PANAMERICAN CONFERENCE ON SOIL MECHANICS AND FOUNDATION ENGINEERING, 5., Buenos Aires, 1975. *Proceedings...* Buenos Aires: PCSMFE, 1975.

BARATA, F. E. *Recalques de edifícios sobre fundações diretas em terrenos de compressibilidade rápida e com consideração da rigidez da estrutura*. Tese de Concurso para Professor Titular-Escola de Engenharia/UFRJ: Rio de Janeiro, 1986.

BOROWICKA, H. Influence of rigidity of a circular foundation slab on the distribution of pressures over the contact surface. In: INTERNATIONAL CONFERENCE ON SOIL MECHANICS AND FOUNDATION ENGINEERING, 1., Cambridge, 1936. *Proceedings...* Cambridge: ICSMFE, 1936.

BOSWELL, L. F.; SCOTT, C. R. A flexible circular plate on a heterogeneous elastic half-space: influence coefficients for contact stress and settlement. *Geotechnique*, v. 25, n. 3, p. 604-610, 1975.

CHAMEKI, S. Structural rigidity in calculating settlements. *Journal Soil Mechanics and Foundations Division, ASCE*, v. 82, n. 1, Jan., 1956.

de MELLO, V. F. B. The Standard Penetration Test – State of the Art Report. In: PANAMERICAN CONFERENCE ON SOIL MECHANICS AND FOUNDATION ENGINEERING:, 4., Puerto Rico, 1971. *Proceedings...* Puerto Rico: PCSMFE, 1971.

GUSMÃO, A. D. *Estudo da interação solo-estrutura e sua influência em recalques de edificações*. Tese M. Sc. COPPE-UFRJ, Rio de Janeiro, 1990.

GUSMÃO, A. D.; LOPES, F. R. Um método simplificado para consideração da interação solo-estrutura em edificações. In: CONGRESSO BRASILEIRO DE MECÂNICA DOS SOLOS E ENGENHARIA DE FUNDAÇÕES, 9., Salvador, 1990. *Anais...* Salvador: ABMS, 1990.

LOPES, F. R.; GUSMÃO, A. D. On the influence of soil-structure interaction in the distribution of foundation loads and settlements. In: EUROPEAN CONFERENCE ON SOIL MECHANICS AND FOUNDATION ENGINEERING, 10., Firenze, 1991. *Proceedings...* Firenze: ECSMFE, 1991.

MEYERHOF, G. G. Some recent foundation research and its application to design. *The Structural Engineer*, v. 31, p. 151-167, 1953.

MEYERHOF, G. G. Soil structure interaction and foundations – General Report, Session III. In: PANAMERICAN CONFERENCE ON SOIL MECHANICS AND FOUNDATION ENGINEERING, 6, Lima, 1979. *Proceedings...* Lima, PCSMFE, 1979.

PADFIELD, C. J.; SHARROCK, M. J. Settlement of structures on clay soils. *CIRIA Special Publication 27 / PSA Civil Engineering Technical Guide 38*. London: Department of the Environment, 1983.

POULOS, H. G. Settlement analysis of structural foundation systems. In: SOUTH-EAST ASIAN CONFERENCE ON SOIL ENGINEERING, 4. Kuala Lumpur, 1975. *Proceedings...* Kuala Lumpur, South-East Asian Conference on Soil Engineering, 1975. v. 4, p. 52-62.

SCHULTZE, E. Druckverteilung und Setzungen. *Grundbau – Taschenbuch, Band I, 2. Auflage*, Berlin: W. Ernst und Sohn, 1966.

TERZAGHI, K. Evaluation of coefficient of subgrade reaction. *Geotechnique*, v. 5, n. 4, p. 297-326, 1955.

VESIC, A. S. Beams on elastic subgrade and Winkler's Hypothesis. In: INTERNATIONAL CONFERENCE ON SOIL MECHANICS AND FOUNDATION ENGINEERING, 5., Paris, 1961. *Proceedings...* Paris, ICSMFE, 1961.

VESIC, A. S. Bending of Beams Resting on Isotropic Elastic Solid. *Journal Engineering Mechanics Division, ASCE*. v. 87, n. 2, 1961.

VESIC, A. S. Slabs on elastic subgrade and Winkler's Hypothesis. In: INTERNATIONAL CONFERENCE ON SOIL MECHANICS AND FOUNDATION ENGINEERING, 8., Moscow, 1973. *Proceedings...* Moscow: ICSMFE, 1973.

WEISSMANN, G. F.; WHITE, S. R. Small angular deflections of rigid foundations, *Geotechnique*, v. 11, n. 3, p. 186-202, 1961.

WINKLER, E. *Die Lehre von der Elastizitat und Festigkeit*. Prague: Dominicus, 1867.

Capítulo 7

BLOCOS E SAPATAS

Neste capítulo serão estudados os blocos de fundação e as sapatas isoladas, ou seja, aquelas que recebem um único pilar. Esses dois tipos de fundação diferem na necessidade da armadura para flexão: os blocos são dimensionados estruturalmente, de forma a dispensar armadura, ao passo que as sapatas são armadas.

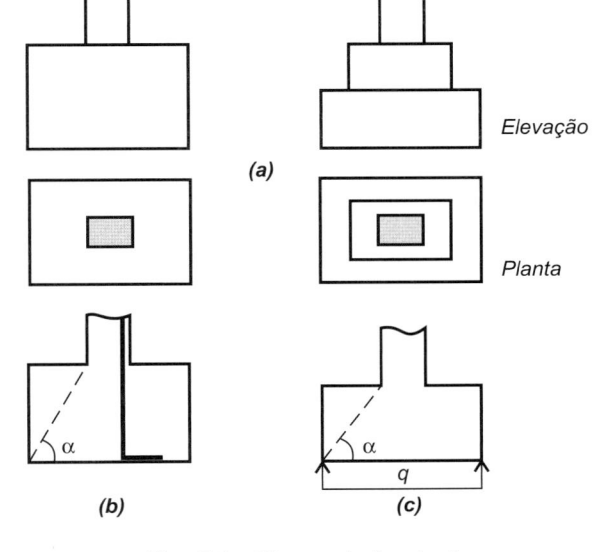

7.1 BLOCOS DE FUNDAÇÃO

Alguns tipos de blocos de fundação mais comuns estão representados na Fig. 7.1a. Os blocos são elementos de rigidez elevada. Em vista disto, os recalques dos blocos são calculados apenas como indicado no Cap. 5, sem necessidade de uma análise posterior de flexibilidade da fundação (ou da interação solo-fundação). Embora a distribuição das pressões de contato seja como a das sapatas rígidas (estudadas no item a seguir), essa distribuição não é necessária para um dimensionamento estrutural.

O dimensionamento estrutural dos blocos é feito de tal maneira que dispensem armação (horizontal) para flexão. Assim, as tensões de tração, que são máximas na base, devem ser inferiores à resistência à tração do concreto. Nessa condição, a segurança ao cisalhamento estará atendida.

Em geral, o dimensionamento é feito simplesmente adotando (Fig. 7.1b):

$$\alpha \geq 60° \tag{7.1}$$

ou por um critério que leva em conta o valor das pressões de contato, q (Fig. 7.1c):

$$\frac{tg\,\alpha}{\alpha} = \frac{q}{\sigma_{adm,t}} + 1 \tag{7.2}$$

onde:

$\sigma_{adm,t}$ = tensão admissível à tração do concreto, geralmente tomada como:

$$\sigma_{adm,t} \cong \frac{\sigma_{adm,c}}{10} \tag{7.3}$$

Há também ábacos para esse último caso (p. ex., Langendonk, 1954). Deve-se esclarecer que a Eq. (7.2) foi estabelecida para um problema de estado plano de deformações (bloco corrido).

Fig. 7.1 - Blocos de fundação

Ainda, ao dimensionar a altura do bloco, esta deve permitir a ancoragem dos ferros do pilar (Fig. 7.1b).

Não há qualquer impedimento ao uso de blocos em decorrência dos valores das cargas. Acontece que, para cargas elevadas, as alturas dos blocos podem obrigar a escavações profundas (às vezes atingindo o nível d'água) ou conduzir a volumes de concreto que os colocam em desvantagem quando comparados às sapatas.

7.2 SAPATAS

As sapatas de fundação podem ter altura constante ou variável, como se observa na Fig. 7.2. A adoção de altura variável proporciona uma economia considerável de concreto nas sapatas maiores. Em planta, as sapatas podem tomar as formas mais diversas, desde retângulos e círculos até polígonos irregulares.

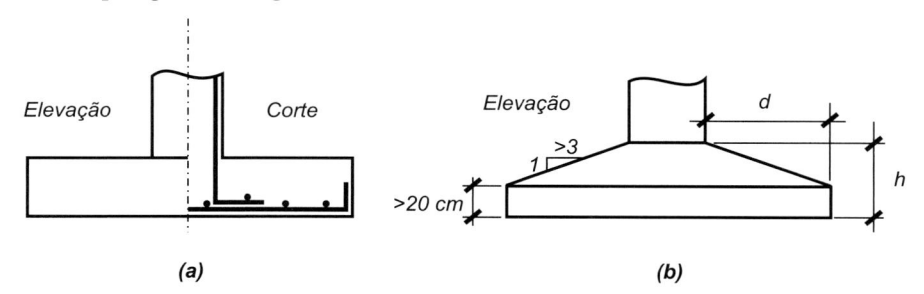

Fig. 7.2 - Sapatas (a) de altura constante e (b) de altura variável

As sapatas, em geral, têm uma rigidez elevada. Na prática de projeto de edifícios, geralmente se adota uma altura para as sapatas (considerando que a distância entre o eixo da armação e o fundo da sapata é de 5 cm) de:

$$h \geq d/2 + 5 \, cm$$

para dimensionamento pelo *Método das Bielas*, o que lhes confere uma rigidez elevada (para o dimensionamento estrutural de sapatas, ver Alonso, 1983).

Fora dos projetos de edifícios, fundações superficiais isoladas com alturas pequenas em relação às dimensões horizontais são adotadas para torres ou equipamentos industriais (como chaminés). Essas fundações são, às vezes, chamadas de *sapatas flexíveis* ou *placas*. Preferimos classificá-las como *radiers*, o que remete o seu cálculo para o Cap. 9.

O cálculo de recalques das sapatas é feito como um elemento isolado rígido, ou seja, seguindo-se o que foi visto Cap. 5, sem necessidade de uma análise posterior de flexibilidade da fundação (ou da interação solo-fundação). Caso haja excentricidade no carregamento, o momento decorrente dessa excentricidade provocará rotação da sapata, que deverá superpor-se ao recalque calculado com a carga vertical suposta centrada.

É importante conhecer as pressões de contato, especialmente nos casos de carga excêntrica, seja para o dimensionamento estrutural, seja para a verificação se as tensões admissíveis estimadas para o terreno não são ultrapassadas. As pressões de contato podem ser calculadas segundo três critérios:
   a. Hipótese de Winkler;
   b. considerando a *área efetiva*;
   c. como meio elástico contínuo.

7.2.1 Pressões de contato – Hipótese de sapata rígida sobre solo de Winkler

Adotando-se a Hipótese de Winkler, uma sapata rígida tem variação linear das pressões de contato. Isso porque o movimento de corpo rígido acarreta uma variação linear dos recalques, que, por sua vez, são proporcionais às pressões. A determinação do diagrama de pressões é bastante facilitada, uma vez que elas devem ter resultante que anula a resultante do carregamento.

Na Fig. 7.3 está representada uma sapata que recebe um pilar em cujo topo atuam uma carga vertical V e uma horizontal H (com resultante R). Esses esforços precisam ser trazidos para o plano da base da sapata, o que pode ser feito passando inicialmente por um ponto da base na vertical daquele onde atuam os esforços (obtendo-se V' e H' e o momento de transposição M) ou trazendo diretamente a resultante R. Normalmente, separam-se as componentes vertical e horizontal da resultante do carregamento (V'' e H''), sendo a primeira usada nos estudos de capacidade de carga e no dimensionamento estrutural, e a segunda, absorvida por atrito na base (e, eventualmente, por empuxo passivo).

Apresenta-se, a seguir, o cálculo das pressões de contato para sapatas sob cargas verticais e momentos (ou cargas verticais excêntricas transformadas em verticais centradas mais momentos de transposição).

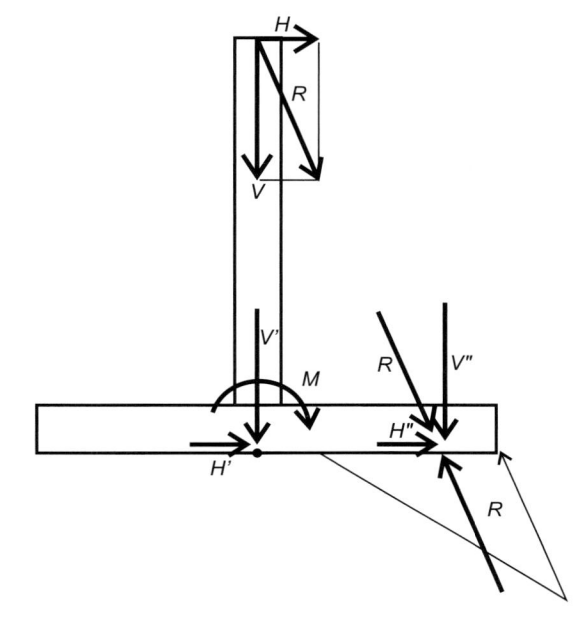

Fig. 7.3 - Pressões de contato em sapata admitida rígida sobre solo de Winkler

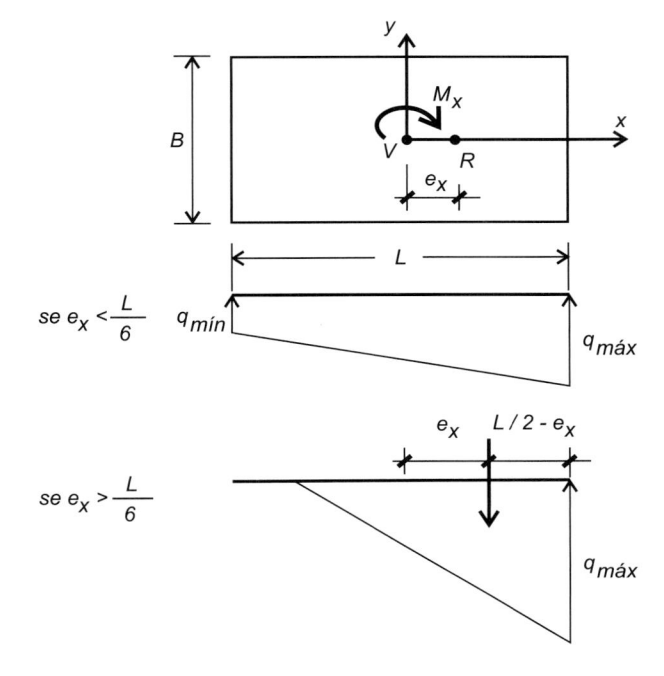

(a) Fundação retangular submetida a uma carga vertical e a um momento

Para uma fundação submetida a uma carga vertical e a um momento (ou uma carga vertical excêntrica), deve-se, inicialmente, determinar a excentricidade (ver Fig. 7.4)

$$e_x = \frac{M_x}{V} \qquad (7.4)$$

A partir daí, há duas possibilidades:

(i) Se $e \leq L/6$ (a resultante passa pelo núcleo central):

$$q = \frac{V}{A}\left(1 \pm \frac{6\,e_x}{L}\right) \qquad (7.5)$$

(ii) Se $e > L/6$:

$$\frac{q_{máx}}{2}\,3\left(\frac{L}{2} - e_x\right) B = V \qquad (7.6)$$

Fig. 7.4 - Fundação retangular submetida a uma carga vertical e a um momento

$$q_{máx} = \frac{4}{3} \frac{V}{B(L - 2e_x)} \tag{7.7}$$

(b) Fundação retangular submetida a uma carga vertical e a dois momentos

Para esse caso, após determinar a excentricidade também na direção y : $e_y = M_y/V$, devem-se verificar as seguintes possibilidades em relação ao ponto de passagem da resultante (Fig. 7.5):

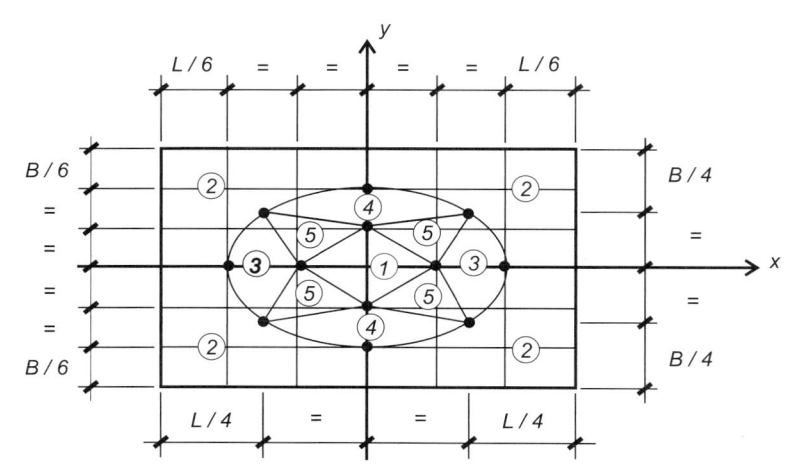

Fig. 7.5 - Fundação retangular submetida a uma carga vertical e a dois momentos

i. Se a resultante cai na Zona 1 (Núcleo Central):

$$q = \frac{V}{A}\left(1 \pm \frac{6e_x}{L} \pm \frac{6e_y}{B}\right) \tag{7.8}$$

ii. Se a resultante cai na Zona 2 (Zona Externa):
Essa situação é inadmissível, e a fundação deverá ser redimensionada.

iii. Se a resultante cai na Zona 3 (ver Fig. 7.6a):

$$s = \frac{B}{12}\left(\frac{B}{e_y} + \sqrt{\frac{B^2}{e_y^2} - 12}\right) \tag{7.9}$$

$$tg\ \alpha = \frac{3}{2}\frac{L - 2e_x}{s + e_y} \tag{7.10}$$

$$q_{máx} = \frac{12V}{B\ tg\ \alpha}\frac{B + 2s}{B^2 + 12s^2} \tag{7.11}$$

iv. Se a resultante cai na Zona 4 (ver Fig. 7.6b):

$$t = \frac{L}{12}\left(\frac{L}{e_x} + \sqrt{\frac{L^2}{e_x^2} - 12}\right) \tag{7.12}$$

$$tg\ \beta = \frac{3}{2}\frac{B - 2e_y}{t + e_x} \tag{7.13}$$

$$q_{máx} = \frac{12\,V}{L\,tg\,\beta}\,\frac{L+2\,t}{L^2+12\,t^2} \tag{7.14}$$

v. Se a resultante cai na Zona 5 (ver Fig. 7.6c):

$$\alpha = \frac{e_x}{L} + \frac{e_y}{B} \tag{7.15}$$

$$q_{máx} = \frac{V}{BL}\,\alpha\,\left[12 - 3{,}9\,(6\alpha - 1)(1 - 2\alpha)(2{,}3 - 2\alpha)\right] \tag{7.16}$$

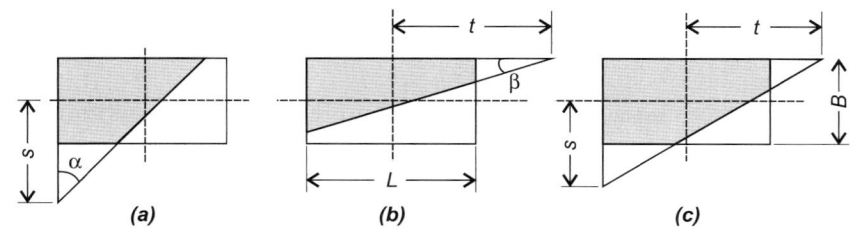

Fig. 7.6 - Zonas comprimidas de uma sapata retangular

(c) Fundação em anel

Definindo-se para este caso (Fig. 7.7) os parâmetros:

$$k_1 = 0{,}25\,R\left(1 + \frac{r^2}{R^2}\right) \tag{7.17}$$

$$k_2 = \frac{3\pi}{16}\,R\,\frac{1 - \dfrac{r^4}{R^4}}{1 - \dfrac{r^3}{R^3}} \tag{7.18}$$

há três possibilidades (considerando que $e = M/V$).

i. 1º caso: $e \leq k_1$

$$q_{máx} = \frac{V}{A}\left(1 + \frac{e}{k_1}\right) \tag{7.19}$$

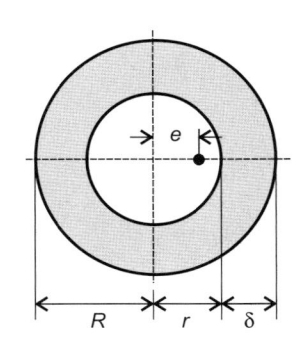

Fig. 7.7 - Fundação em anel

ii. 2º caso: $e > k_2$

Esta situação é inadmissível. Segundo a norma alemã DIN 1054 (1969), para $r = 0$: $e < 0{,}59$.

iii. 3º caso: $k_1 < e \leq k_2$

$$q_{máx} = \frac{V}{A}\,\frac{2e}{k_1}\left[1 - 0{,}7\left(\frac{e}{k_1} - 1\right)\left(1 - \frac{e}{k_2}\right)\left(1 + \frac{r}{R}\right)\right] \tag{7.20}$$

7.2.2 Pressões de contato considerando-se a área efetiva

As sapatas podem ser dimensionadas com pressões de contato supostas uniformes, calculadas a partir da *área efetiva de fundação*, A', descrita no Cap. 4. A pressão na área efetiva é calculada com (Fig. 4.17)

$$q = \frac{V}{A'} \quad (7.21)$$

Para o dimensionamento estrutural da fundação, pode-se admitir que essa pressão atue sob toda a área da sapata.

7.2.3 Pressões de contato – sapata rígida sobre meio elástico

As pressões de contato de uma sapata rígida podem ser calculadas como se ela estivesse assente sobre um meio elástico. Este enfoque é bastante comum na literatura alemã (p. ex., Schultze, 1959, 1966). Essa hipótese de comportamento do solo, entretanto, conduz a pressões extremamente elevadas nos bordos. Isso se explica pelo fato de que um material puramente elástico (que não se plastifica ou rompe) é capaz de suportar as pressões elevadas que decorrem de uma solução desse tipo. Entretanto, conforme discutido no item 6.2, as pressões de contato nos bordos são limitadas pela resistência ao cisalhamento do solo, e, por isso, os diagramas obtidos pela Teoria da Elasticidade devem ser adaptados ao comportamento real do solo.

Na prática, nas fundações em solos, tais soluções não são utilizadas, pois conduzem a dimensionamentos extremamente conservadores; em fundações em rochas, por outro lado, há espaço para o emprego dessas soluções. Serão apresentadas, a seguir, as soluções para sapatas rígidas, corridas e circulares, com cargas centradas, apenas a título de exemplo.

(a) Fundação rígida corrida submetida a carregamento centrado
Neste caso, as pressões são dadas por (Fig. 7.8a):

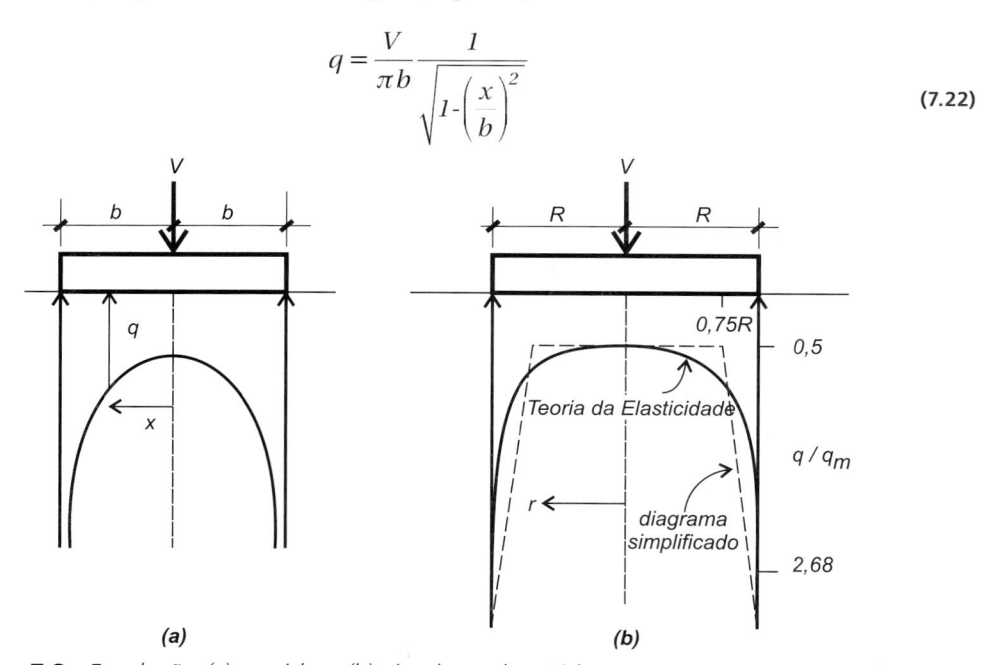

$$q = \frac{V}{\pi b} \frac{1}{\sqrt{1-\left(\frac{x}{b}\right)^2}} \quad (7.22)$$

Fig. 7.8 - *Fundação (a) corrida e (b) circular, submetidas a carregamento centrado*

(b) Fundação rígida circular submetida a carregamento centrado

Com (Fig. 7.8b):

$$q_m = \frac{V}{\pi R^2} \qquad (7.23)$$

tem-se:

$$q = \frac{q_m}{2\sqrt{1-\left(\frac{r}{R}\right)^2}} \qquad (7.24)$$

ou:

$$q = i\, q_m \qquad (7.25)$$

sendo *i* fornecido na Tab.7.1.

Segundo Grasshoff (1954), é possível calcular os momentos na fundação com o diagrama aproximado, mostrado na Fig. 7.8b, obtendo-se para os momentos tangencial e radial:

$$M_\theta = i'\, R^2\, q_m \quad ; \quad M_r = i''\, R^2\, q_m \qquad (7.26)$$

com os parâmetros i' e i'' fornecidos na Tab. 7.1.

Tab. 7.1 Valores de i, i' e i'' para fundação rígida circular

r/R	0	0,1	0,2	0,3	0,4	0,5	0,6	0,7	0,8	0,9	1,0
i	0,500	0,503	0,510	0,524	0,546	0,578	0,625	0,699	0,833	1,147	∞
i'	0,119	0,119	0,117	0,114	0,111	0,107	0,103	0,096	0,088	0,079	0,068
i''	0,119	0,118	0,115	0,109	0,102	0,094	0,085	0,072	0,053	0,030	0,000

7.3 SAPATAS CENTRADAS E EXCÊNTRICAS

Uma sapata é dita centrada quando a resultante do carregamento passa pelo centro de gravidade da área da base. Exemplos de sapatas centradas podem ser vistos na Fig. 7.9a; exemplos de sapatas excêntricas, na Fig. 7.9b. Uma situação de excentricidade comum na prática de projeto de edifícios é a das fundações de pilares junto à divisa, uma situação problemática, já que a sapata excêntrica impõe flexão ao pilar. Uma obra de escavação no vizinho que cause uma descompressão do terreno aumentará a excentricidade e, consequentemente, a flexão no pilar. Essa foi a causa do colapso de um prédio no Centro do Rio de Janeiro, em 1955. Assim, diversas normas (entre elas a NBR 6122/96) prescrevem que as sapatas de pilares junto às divisas devem ter suas excentricidades eliminadas por *vigas de equilíbrio*.

A norma brasileira NBR 6122 versão de 1986 estabelecia, para outras situações que não a acima, que uma fundação excêntrica deveria atender às seguintes prescrições:

- A resultante das **cargas permanentes** deve passar pelo núcleo central da base da fundação.
- A excentricidade da resultante das **cargas totais** é limitada a um valor tal que o centro de gravidade da base da fundação fique na zona comprimida, determinada na suposição de que entre o solo e a fundação não possa haver pressões de tração. No caso de fundação retangular de dimensões a e b, as excentricidades u e v, medidas paralelamente aos lados a e b, respectivamente, devem satisfazer à condição:

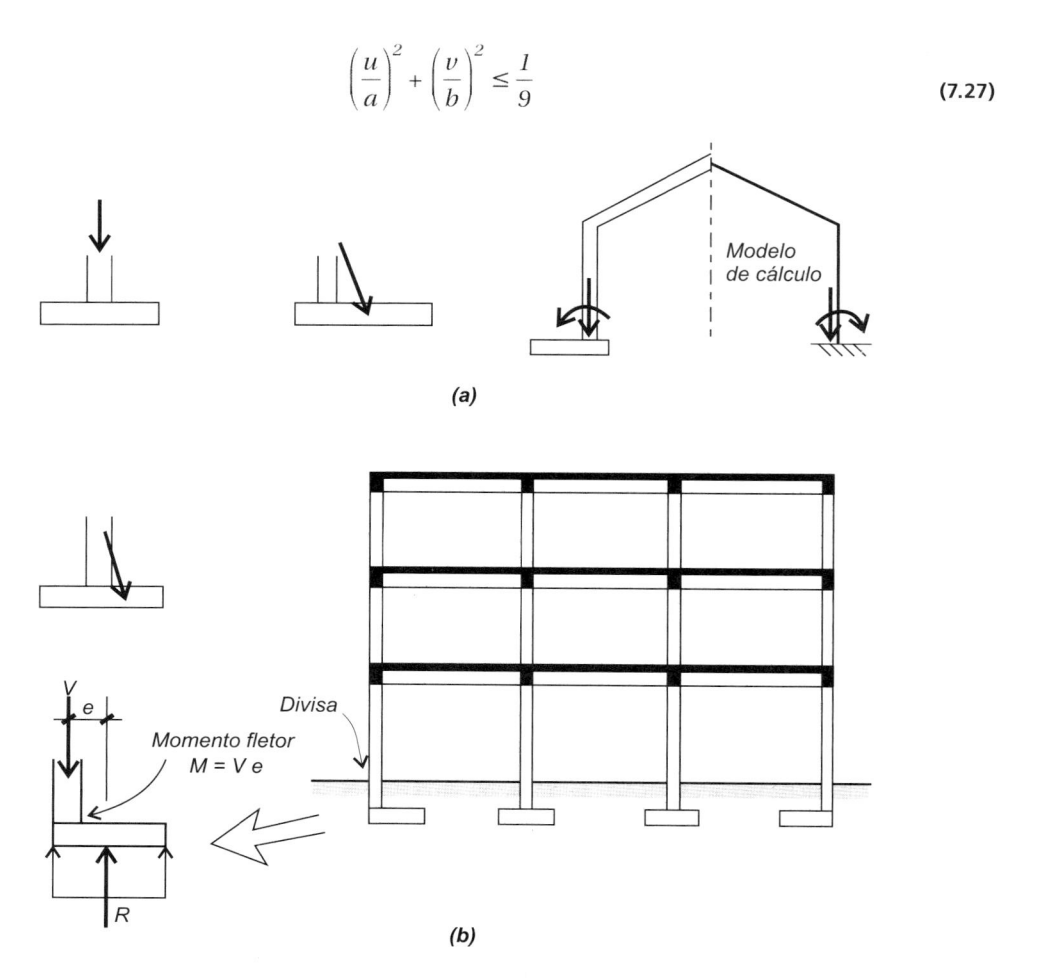

$$\left(\frac{u}{a}\right)^2 + \left(\frac{v}{b}\right)^2 \leq \frac{1}{9} \qquad (7.27)$$

Fig. 7.9 - Exemplos de sapatas (a) centradas e (b) excêntricas

- No caso de fundação circular de raio r: $e < 0{,}59$.

A norma brasileira NBR 6122 versão de 1996 eliminou essas exigências, quando passou a adotar o conceito de *área efetiva*. Entretanto, os autores são de opinião que a limitação das excentricidades é critério recomendável e prudente, mesmo adotando-se o conceito de área efetiva. A versão de 2010 da norma não aborda este assunto.

Vigas de Equilíbrio

As vigas de equilíbrio são elementos estruturais que ligam a sapata de um pilar na divisa com um pilar interno da obra, fazendo com que a sapata trabalhe com carga centrada. A Fig. 7.10 mostra uma viga de equilíbrio, com seu funcionamento e seus esforços internos.

Na prática de projeto, frequentemente surgem algumas complicações. Por exemplo, o pilar no interior da obra mais próximo do pilar na divisa não está localizado numa normal à divisa (Fig. 7.11a). Às vezes, há uma cortina de escoramento de subsolo, e a sapata junto à divisa precisa afastar-se dela (Fig. 7.11b). Outras vezes, o prédio é muito estreito e só tem pilares nas divisas; nesse caso, a solução pode ser aquela mostrada na Fig. 7.11c.

7 Blocos e Sapatas

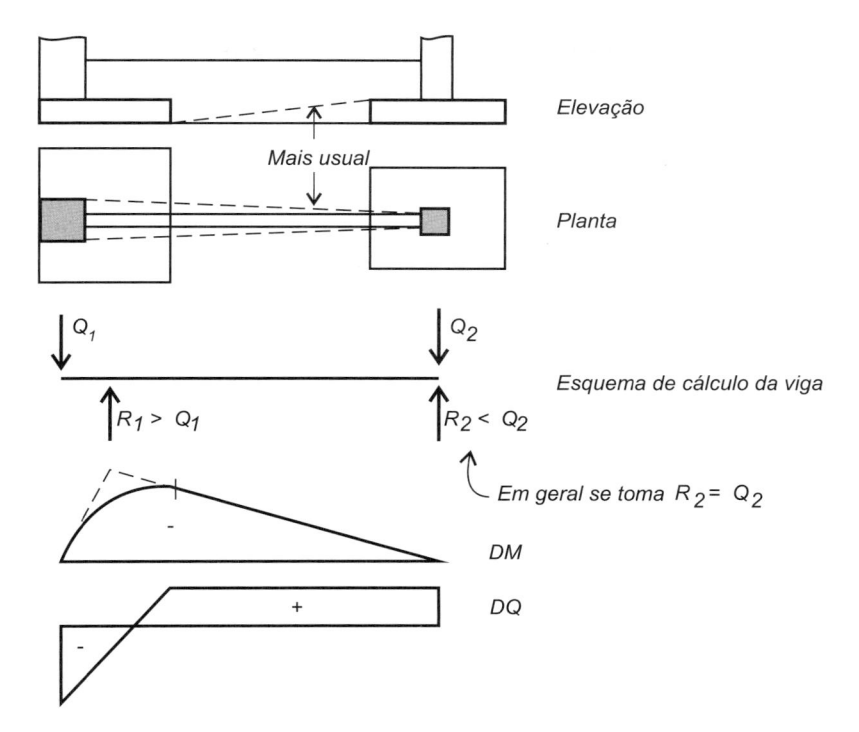

Fig. 7.10 - *Vigas de equilíbrio: princípio de funcionamento*

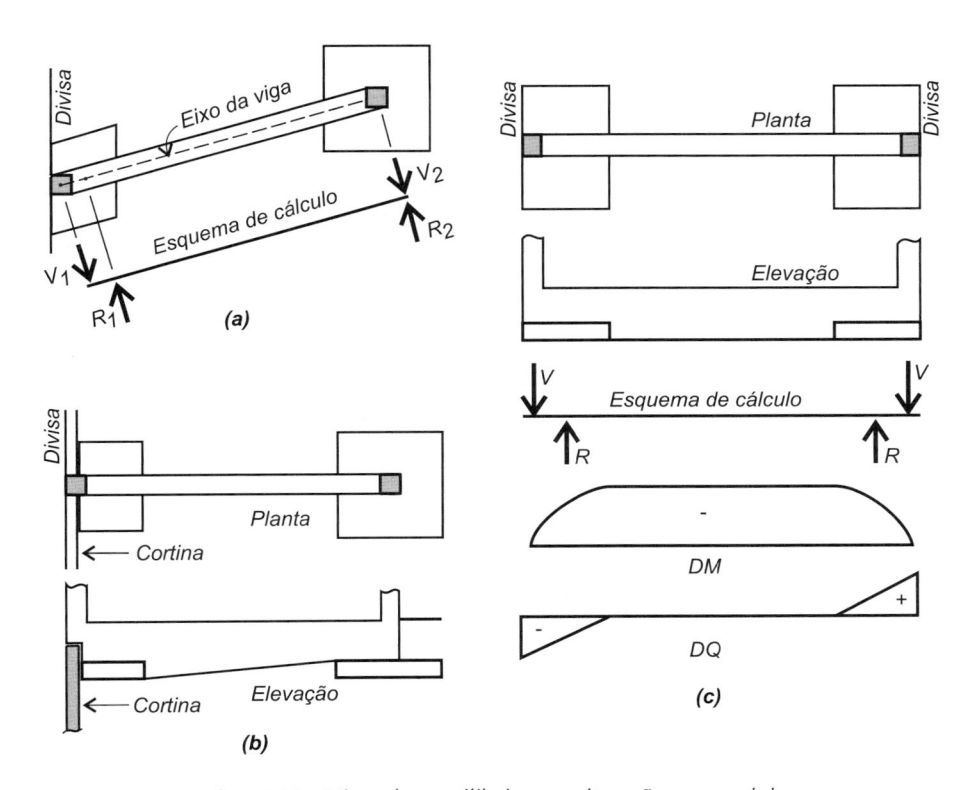

Fig. 7.11 - *Viga de equilíbrio em situações especiais*

7.4 ASPECTOS PRÁTICOS DO PROJETO E DA EXECUÇÃO DE FUNDAÇÕES SUPERFICIAIS

Disposição de fundações superficiais

A Fig. 7.12 apresenta um prédio hipotético, para o qual serão projetadas fundações superficiais. Procurou-se apresentar tipos variados de fundação superficial para ilustrar as soluções possíveis. O prédio é encostado em uma divisa lateral e nos fundos, enquanto na frente há um afastamento da divisa, exigido pelo Código de Obras local.

O conjunto de pilares P1, P2, P6 e P7 recebeu fundação associada como forma de tratar as excentricidades de três dos pilares. Como as cargas dos pilares não exigem uma área de sapata que ocupe todo o quadrângulo formado pelos pilares, decidiu-se deixar um trecho vazio. Esse tipo de fundação pode ser considerado uma *grelha de fundação*. Os pilares P3, P4, P5, P8, P9, P10, P13, P14 e P15 receberam uma fundação associada, atualmente denominada pela NBR 6122/2010 de *radier* (*parcial*). Em ambos os casos, deve-se procurar fazer com que o centro de gravidade da área da fundação fique o mais próximo possível do ponto de passagem da resultante das cargas dos pilares. Esses dois tipos de fundação serão abordados nos Caps. 8 e 9.

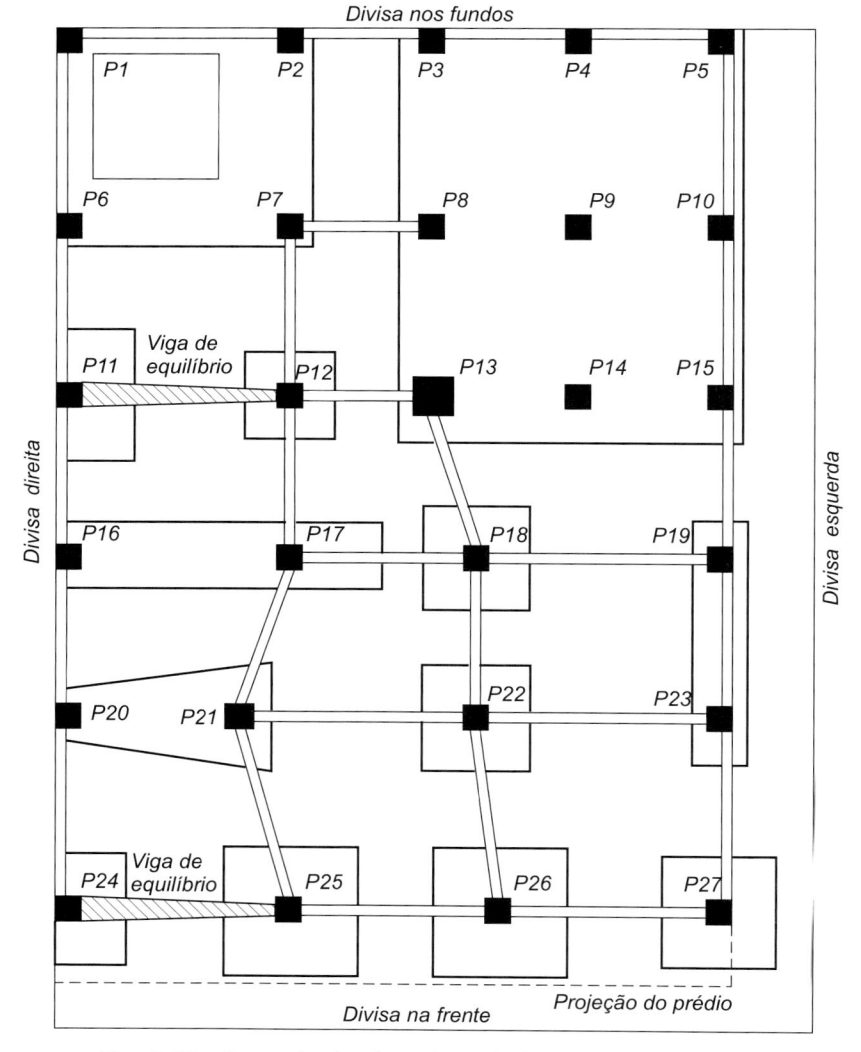

Fig. 7.12 - *Exemplo de disposição de fundações superficiais*

Os pilares P11, P16 e P20 estão junto à divisa direita e suas fundações foram centradas através de soluções diferentes, consistindo a primeira no uso de viga de equilíbrio e as duas outras, na adoção de fundação associada com o pilar do interior da obra. Essas duas últimas soluções são, a rigor, uma *viga de fundação* (os pilares estão alinhados), embora a última seja usualmente denominada *sapata associada*.

Como é comum em nossas cidades, a faixa de recuo exigida pelos Códigos de Obras acaba incorporada à calçada e, nesse caso, é interessante que as fundações se situem debaixo da projeção do prédio. Assim, a linha de pilares P24 a P27 foi recuada em relação à fachada do prédio, de comum acordo com o projetista da estrutura, para evitar mais uma linha de sapatas excêntricas (em especial, para evitar uma dupla excentricidade do pilar P24).

Cintas

Outro aspecto importante do projeto diz respeito às cintas. As fundações isoladas devem ser, sempre que possível, ligadas por cintas em duas direções ortogonais. As cintas desempenham papéis importantes, como (i) impedir deslocamentos horizontais das fundações, (ii) limitar rotações (absorvendo momentos) decorrentes de excentricidades construtivas, (iii) definir o comprimento de flambagem do primeiro trecho de pilares, nos caso de fundações profundas ou de sapatas implantadas a grande profundidade e (iv) servir de fundação para paredes no pavimento térreo. As cintas normalmente não têm o propósito de reduzir recalques diferenciais (isso pode ser feito, porém, com dimensões e armações fora do que é usual nessas peças). Por outro lado, em prédios que sofrem recalques consideráveis, estes são, em geral, maiores no centro da obra, e as cintas acabam sendo solicitadas à tração (é interessante, portanto, que as armações longitudinais das cintas sejam devidamente ancoradas em suas extremidades).

Aspectos construtivos

A execução de sapatas ou de qualquer fundação superficial deve ser cercada de alguns cuidados, entre os quais destacamos:

a. O fundo da escavação deve ser nivelado e seco. Depois de preparado, o fundo deverá receber uma camada de concreto magro de, pelo menos, 5 cm de espessura.
b. Caso a escavação atinja o lençol d'água, o fluxo de água para o interior da cava deverá ser controlado. O controle deverá ser feito por sistema de rebaixamento do lençol d'água (ponteiras ou injetores) ou, caso o solo tenha baixa permeabilidade, por um sistema de drenagem a céu aberto (canaleta periférica – fora da área da sapata – e bomba de lama).

Outros cuidados estão relacionados na NBR 6122.

REFERÊNCIAS

ALONSO, U.R. *Exercícios de fundações*. São Paulo: Editora Edgard Blucher, 1983.

GRASSHOFF, H. der einfluss der schichtstarke auf die sohldruckverteilung und die biegemomente einer kreisformigen grundungsplatte. *Bautechnick*, n. 31, p. 330, 1954.

LANGENDONK, T. van. *Cálculo de Concreto Armado*. 2. ed. São Paulo: Associação Brasileira de Cimento Portland, v.1, 1954.

SCHULTZE, E. *Flächengrundungen und Fundamentsetzungen – Erläuterungen und Berechnungsbeispiele fur die Anwendung der Normen DIN 4018 und DIN 4019, Blatt 1*, Berlin: W. Ernst und Sohn, 1959.

SCHULTZE, E. Druckverteilung und Setzungen. *Grundbau – Taschenbuch, Band I, 2. Auflage*. Berlin: W. Ernst und Sohn, 1966.

Capítulo 8

VIGAS E GRELHAS

Este capítulo aborda a análise da interação solo-fundação de vigas e grelhas de fundação.

8.1 INTRODUÇÃO

São chamadas *vigas de fundação* as fundações associadas para dois ou mais pilares alinhados. A Fig. 8.1 mostra algumas soluções de fundação (para três pilares, no caso) que podem ser chamadas de *vigas de fundação*.

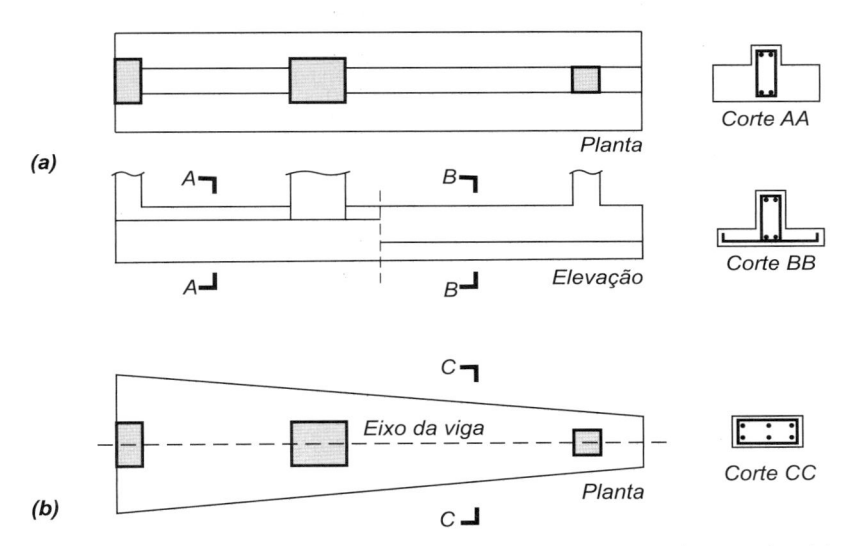

Fig. 8.1 - Vigas de fundação: (a) com largura constante e enrijecimento longitudinal (com alternativa de seção transversal tipo bloco ou tipo sapata) e (b) de largura variável e topo plano

Quando uma viga de fundação tem grande rigidez (comparada à rigidez do terreno) e quando o carregamento é centrado (a resultante das cargas passa pelo centro de gravidade da área de contato), todos os pontos da viga e, portanto, os pontos de ligação dos pilares, terão o mesmo recalque. Nesse caso, o cálculo de recalques feito como descrito no Cap. 5 é suficiente, e os esforços internos, necessários ao dimensionamento estrutural da viga podem ser obtidos a partir de pressões de contato uniformes (Hipótese de Winkler). Este, entretanto, é um caso particular. Frequentemente, a viga tem uma flexibilidade que, se considerada nos cálculos, pode levar a esforços internos diferentes, ao mesmo tempo que conduz a recalques desiguais (ver Fig. 8.2). Não se pode dizer, *a priori*, se os diagramas de esforços internos com a hipótese de viga rígida são a favor ou contra a segurança. Nesses casos, é necessária uma análise da interação solo-fundação, considerando-se a flexibilidade da viga.

Quando o carregamento não é centrado e a viga tem grande rigidez relativa, a análise da interação pode ser dispensada, e as pressões de contato e os recalques calculados a partir da resultante do carregamento (como descrito no item 8.3.2).

Os métodos de análise de interação serão descritos, a seguir, para vigas e, mais adiante, para grelhas de fundação. No caso das vigas, a análise é feita como um problema bidimensional, com a viga reduzida a um elemento unidimensional (ver Fig. 8.2). No caso das grelhas, se a análise é feita como um sistema de vigas associadas, o problema é, também, tratado com as vigas reduzidas a elementos unidimensionais.

Os métodos de solução de vigas de fundação podem ser classificados em:
- métodos estáticos;
- métodos baseados na Hipótese de Winkler;
- métodos baseados no meio elástico contínuo.

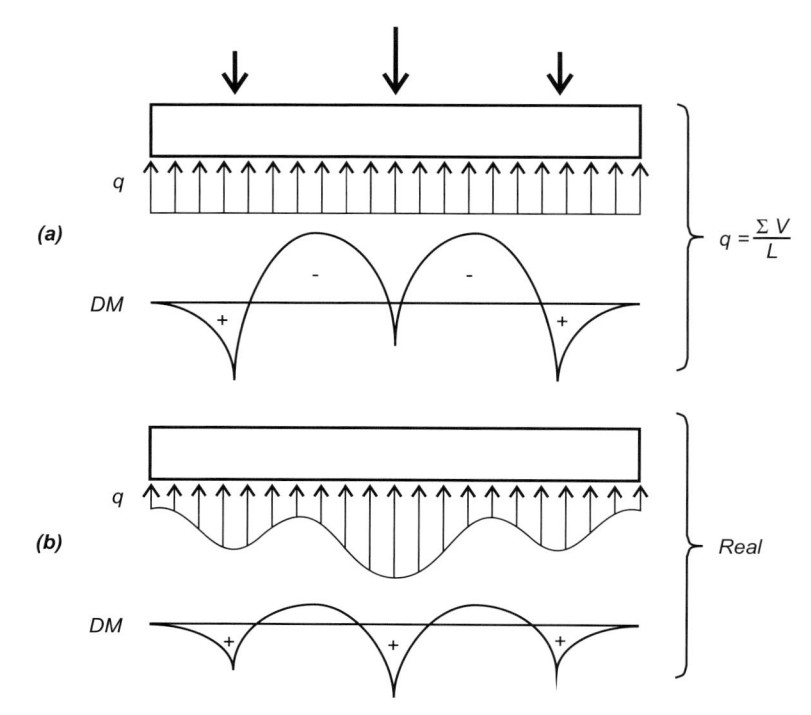

Fig. 8.2 - Pressões de contato e diagrama de momentos fletores em uma viga (a) sem e (b) com a consideração de sua flexibilidade

8.2 VIGAS - MÉTODOS ESTÁTICOS

Nos chamados métodos estáticos, a única preocupação é com o equilíbrio entre as cargas e as pressões de contato, para cuja distribuição são feitas hipóteses simples, tais como:
- variação linear das pressões de contato (Fig. 8.3a);
- pressões uniformes nas áreas de influência dos pilares (Fig. 8.3b).

A primeira hipótese sobre a distribuição das pressões se aplica a vigas mais rígidas, enquanto a segunda hipótese, a vigas mais flexíveis. Há outras hipóteses sobre a distribuição das pressões, como aquela proposta pelo American Concrete Institute – A.C.I. (1966), baseada no trabalho de Kramrich e Rogers (1961).

Hipótese de variação linear das pressões de contato

Com a hipótese de variação linear das pressões de contato, o cálculo é bastante simples, uma vez que se pode considerar apenas a resultante do carregamento (ver Fig. 8.3a). A distribuição das pressões de contato obedece à expressão:

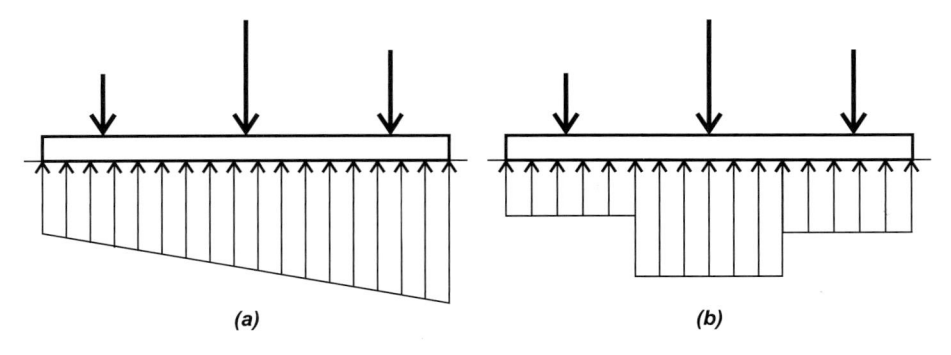

Fig. 8.3 - *Pressões de contato em uma viga por critérios estáticos: (a) variação linear ao longo da viga e (b) pressões constantes na faixa de influência dos pilares*

$$q = \frac{2R}{L}\left[-3\left(1-2\frac{a}{L}\right)\frac{x}{L}+\left(2-3\frac{a}{L}\right)\right] \quad (8.1)$$

onde:
R = resultante do carregamento;
a = distância da resultante à extremidade da viga (origem do eixo x);
L = comprimento da viga.

8.3 VIGAS – MÉTODOS BASEADOS NA HIPÓTESE DE WINKLER

8.3.1 Introdução

Hetenyi (1946) definiu a rigidez relativa *solo-viga* como:

$$\lambda = \sqrt[4]{\frac{k_v \, B}{4 \, E_c \, I}} \quad (8.2)$$

onde:
k_v = coeficiente de reação vertical (corrigido para a forma e dimensão da viga);
B = dimensão transversal da viga;
E_c = Módulo de Young do material da viga (concreto, p.ex.);
I = momento de inércia da seção transversal da viga.

Hetenyi classificou as vigas, de acordo com a rigidez relativa *viga-solo*, como:
- $\lambda < \pi/4L \rightarrow$ viga de rigidez relativa elevada;
- $\pi/4L < \lambda < \pi/L \rightarrow$ viga de rigidez relativa média;
- $\lambda > \pi/L \rightarrow$ viga de rigidez relativa baixa.

No primeiro caso, a viga pode ser resolvida como rígida, sem prejuízo da precisão dos resultados (cálculo que será mostrado no item 8.3.2). Nos segundo e terceiro casos, a viga deve ser analisada como flexível (cálculo conhecido como *de viga sobre base elástica*).

Para o cálculo das vigas considerando sua flexibilidade, Hetenyi propôs um cálculo como se a viga tivesse *comprimento infinito* e os efeitos de extremidade, corrigidos pela ação de forças auxiliares (o que é conhecido como *método de Hetenyi*). Esse método será visto no item 8.3.4, juntamente com um método semelhante, o de Bleich-Magnel, e o método aproximado de

Levinton. Como a *viga de comprimento infinito* é necessária para o método de Hetenyi, ela será estudada antes, no item 8.3.3.

No item 8.3.5 será apresentada sucintamente a resolução de vigas por métodos numéricos (Método das Diferenças Finitas e Método dos Elementos Finitos). No Apêndice 4, o leitor encontrará um exercício de cálculo de uma viga de fundação, usando-seos métodos descritos neste capítulo.

8.3.2 Vigas rígidas

Uma viga de rigidez relativa elevada tem deslocamentos que podem ser considerados como de corpo rígido. Assim, os recalques variam linearmente ao longo da viga (Fig. 8.4b). A distribuição dos recalques obedece à expressão:

$$w = \frac{2R}{KL}\left[-3\left(1-2\frac{a}{L}\right)\frac{x}{L}+\left(2-3\frac{a}{L}\right)\right] \quad (8.3)$$

onde:

K é coeficiente de reação vertical, incorporando a dimensão transversal da viga ($K = kB$).

Pela Hipótese de Winkler, as pressões de contato também variam linearmente ao longo da viga, como mostrado na Fig. 8.4c (também na 8.3a). As pressões de contato coincidem com aquelas do método estático com a hipótese de variação linear das pressões (Eq. 8.1). Com efeito, a distribuição das pressões de contato pode ser obtida, ainda, multiplicando-se a Eq. (8.3) por K, que reproduz a expressão (8.1), isto é, no caso de vigas rígidas, a Hipótese de Winkler e o método estático com variação linear de pressões coincidem.

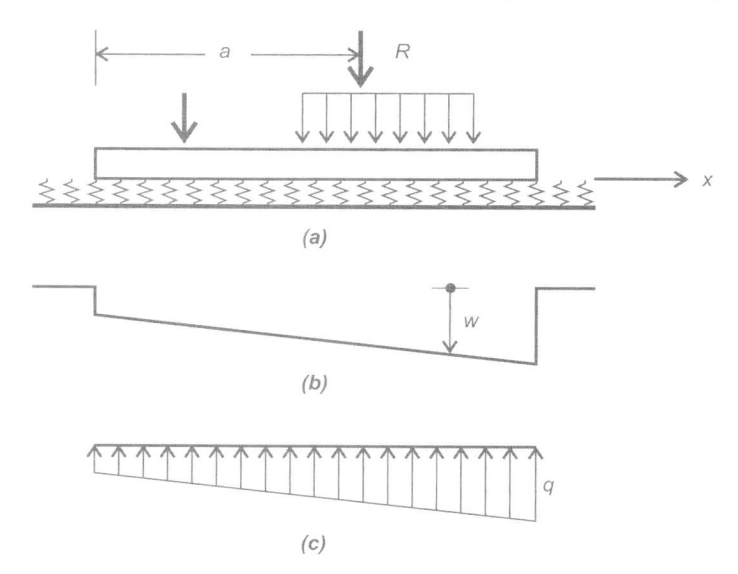

Fig. 8.4 - Pressões de contato e recalques de uma viga rígida pela Hipótese de Winkler

8.3.3 Vigas de comprimento infinito

(a) Equação diferencial da viga sobre apoio elástico

Vamos inicialmente estabelecer a equação diferencial da viga sobre apoio elástico, de acordo com a Hipótese de Winkler. No elemento de viga mostrado na Fig. 8.5, de comprimento dx, atua na extremidade esquerda M, e Q, e na direita:

$$M' = M + dM \quad e \quad Q' = Q + dQ$$

Como $\Sigma V = 0$, tem-se:

$$Q - p\,dx + q\,dx - (Q + dQ) = 0 \quad ou \quad dQ/dx = -p + q$$

Como $Q = dM/dx$, e lançando mão da equação da elástica da viga:

$$EI\frac{d^2w}{dx^2} = -M \quad (8.4)$$

tira-se:

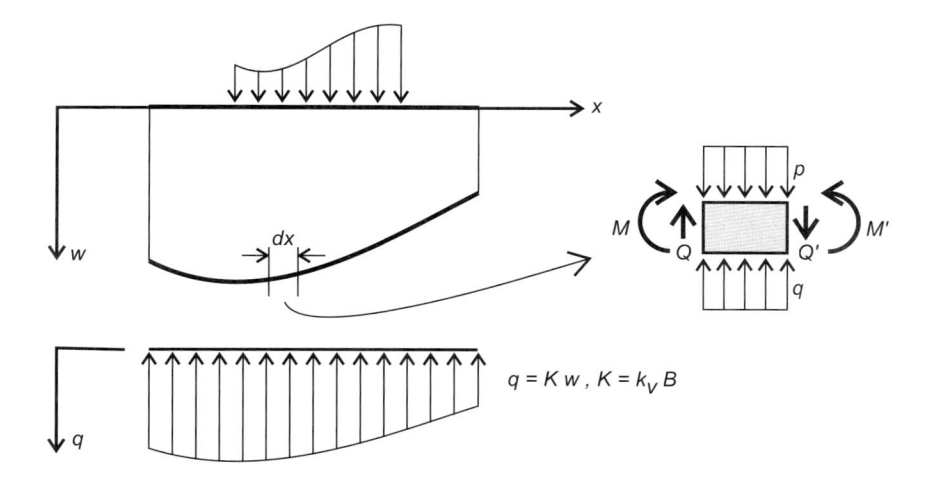

Fig. 8.5 - *Viga infinita sobre base elástica: (a) deformada da viga, (b) distribuição de pressões de contato e (c) elemento da viga com esforços nele atuantes (esforços indicados: convencionados positivos)*

$$EI\frac{d^4w}{dx^4} = p - q \tag{8.5a}$$

Introduzindo $q = K w$ (Hipótese de Winkler), onde $K = k_v B$, verifica-se:

$$EI\frac{d^4w}{dx^4} = p - Kw \tag{8.5b}$$

No trecho não carregado da viga ($p = 0$), tem-se:

$$EI\frac{d^4w}{dx^4} = -q = -Kw \tag{8.5c}$$

A integração da Eq. (8.5c) fornece:

$$w = e^{\lambda x}\left(C_1 \cos \lambda x + C_2 \operatorname{sen} \lambda x\right) + e^{-\lambda x}\left(C_3 \cos \lambda x + C_4 \operatorname{sen} \lambda x\right) \tag{8.6}$$

onde λ é definido pela Eq. (8.2).

As constantes de integração C_1, C_2, C_3, C_4 dependem das condições de contorno da viga.

As equações para os esforços cortantes Q e ângulo da deformada θ serão derivadas das equações da viga:

$$EI\frac{d^3w}{dx^3} = -Q \tag{8.7}$$

$$\frac{dw}{dx} = \tan \theta \tag{8.8}$$

(b) Caso de uma carga concentrada vertical

Para o caso de uma carga concentrada vertical (Fig. 8.6), tem-se para $x = \infty$, $w = 0$; então $C_1 = C_2 = 0$. Como para $x = 0$, $dw/dx = 0$, então $C_3 = C_4$. A Eq. (8.6) se reduz a (fazendo $C_3 = C_4 = C$):

$$w = C\, e^{-\lambda x}\left(\cos \lambda x + \operatorname{sen} \lambda x\right) \tag{8.9}$$

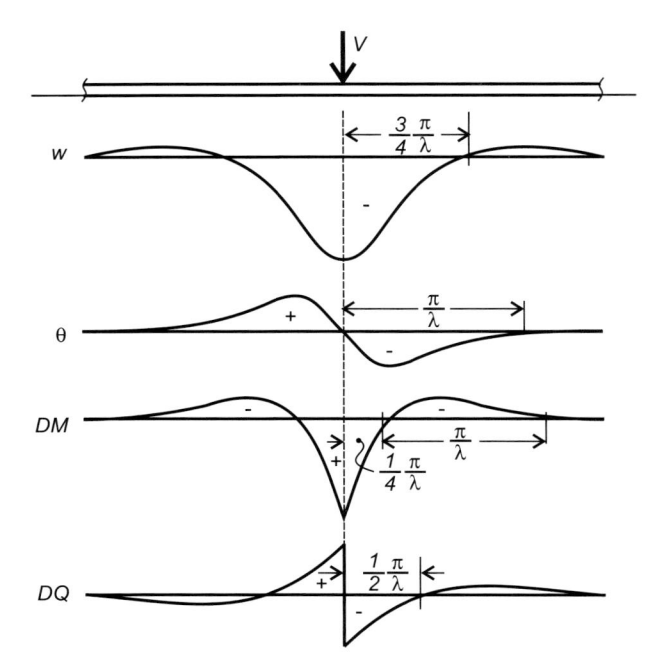

Fig. 8.6 - Recalques, rotações e esforços internos em viga infinita sob carga vertical

Como $\Sigma V = 0$, então:

$$2 \int_0^\infty q \, dx = V$$

Ainda, como:

$$2K\,C\int_0^\infty e^{-\lambda x}(\cos \lambda x + \sin \lambda x)dx = 2K\,C\,\frac{1}{\lambda} \quad \text{(8.10)}$$

então:

$$2K\,C\,\frac{1}{\lambda} = V \quad \text{(8.11a)}$$

$$C = \frac{V\lambda}{2K} \quad \text{(8.11b)}$$

Assim:

$$w = \frac{V\lambda}{2K}e^{-\lambda x}(\cos \lambda x + \sin \lambda x) = \frac{V\lambda}{2K}A \quad \text{(8.12)}$$

$$\theta = \frac{dw}{dx} = -\frac{V\lambda^2}{K}e^{-\lambda x}\sin \lambda x = -\frac{V\lambda^2}{K}B \quad \text{(8.13)}$$

$$M = -E\,I\,\frac{d^2w}{dx^2} = \frac{V}{4\lambda}e^{-\lambda x}(\cos \lambda x - \sin \lambda x) = \frac{V}{4\lambda}C \quad \text{(8.14)}$$

$$Q = -E\,I\,\frac{d^3w}{dx^3} = -\frac{V}{2}e^{-\lambda x}\cos \lambda x = -\frac{V}{2}D \quad \text{(8.15)}$$

As *funções A, B, C* e *D* foram tabeladas em função de λx por Hetenyi (1946) e podem ser vistas na Tab. 8.1. Os sinais das Eqs. (8.13) e (8.15) valem para seções à direita do ponto de aplicação da carga. Os diagramas de deslocamentos verticais, rotações e esforços internos podem ser vistos na Fig. 8.6. É interessante observar que os pontos de ordenada nula independem da intensidade da carga.

Tab. 8.1 - Funções A, B, C e D (Hetenyi, 1946)

λx	A	B	C	D	λx	A	B	C	D
0,0	1,0000	0,000	1,0000	1,0000	4,5	-,0132	-,0109	,0085	-,0023
0,5	,8231	,2908	,2415	,5323	5,0	-,0045	-,0065	,0084	-,0019
1,0	,5083	,3096	-,1108	,1988	5,5	,0000	-,0029	,0058	,0029
1,5	,2384	,2226	-,2068	,0158	6,0	,0017	-,0007	,0031	,0024
2,0	,0667	,1231	-,1794	-,0563	6,5	,0018	,0003	,0011	,0015
2,5	-,0166	,0491	-,1149	-,0658	7,0	,0013	,0006	,0001	,0007
3,0	-,0423	,0070	-,0563	-,0493	7,5	,007	,0005	-,0003	,0002
3,5	-,0389	-,0106	-,0177	-,0283	8,0	,0003	,0003	-,0004	,0000
4,0	-,0258	-,0139	,0019	-,0120	9,0	,0000	,0000	-,0001	-,0001

(c) Caso de momento aplicado

Para o caso de momento aplicado, este pode ser substituído por duas forças verticais (Fig. 8.7a). A equação do recalque fica:

$$w = \frac{V\lambda}{2K} A(x) - \frac{V\lambda}{2K} A(x+a) \tag{8.16a}$$

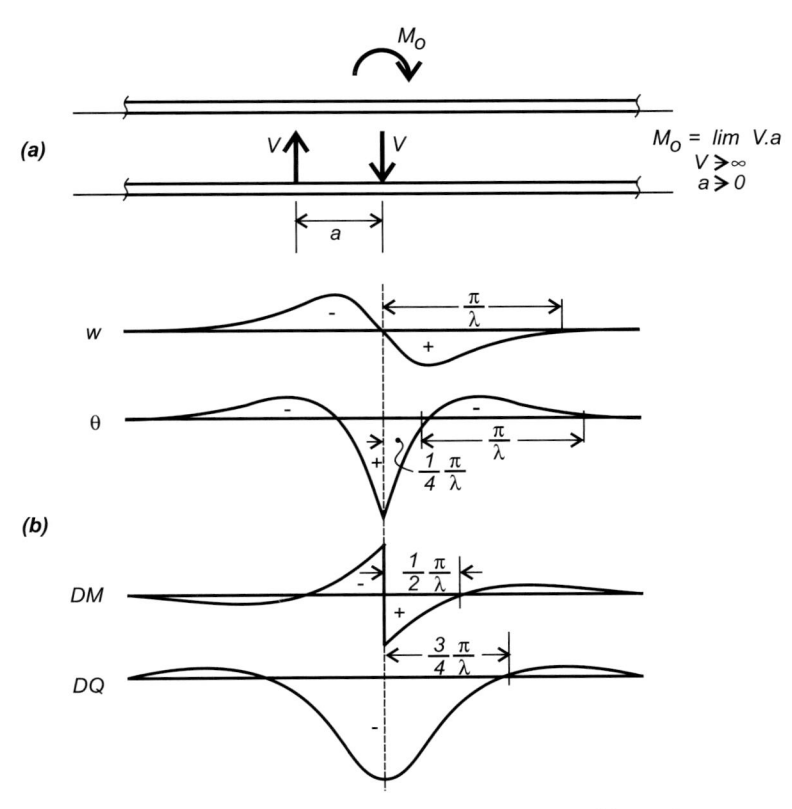

$$w = -\frac{(Va)\lambda}{2K} \frac{A(x+a) - A(x)}{a} \tag{8.16b}$$

Fig. 8.7 - Viga infinita sob momento aplicado: (a) carregamento e (b) recalques, rotações e esforços internos

Fazendo a tender para zero e V para o infinito, de tal forma que o produto $V.a$ tenda para M_o, vê-se que:

$$w = -\frac{M_o \lambda}{2K}(-2\lambda B) = \frac{M_o \lambda^2}{K}B \qquad (8.16c)$$

As equações restantes são:

$$\theta = \frac{dw}{dx} = \frac{M_o \lambda^3}{K}C \qquad (8.17)$$

$$M = \frac{M_o}{2}D \qquad (8.18)$$

$$Q = -\frac{M_o \lambda}{2}A \qquad (8.19)$$

Os diagramas de deslocamentos, rotações e esforços internos estão representados na Fig. 8.7b.

(d) Outros casos de carregamento

Outros casos de carregamento, como carga distribuída etc., estão detalhados em Hetenyi (1946), Bowles (1974) e Süssekind (1973), entre outros. Um exemplo, na prática, de viga de comprimento infinito é o de uma viga de fundação sobre a qual corre um guindaste. Por outro lado, quando a carga chega próximo da extremidade, a solução de viga infinita precisa ser corrigida.

8.3.4 Vigas de comprimento finito

(a) Método de Hetenyi

Segundo Hetenyi (1946), as vigas flexíveis podem ser separadas em duas categorias, de acordo com sua rigidez relativa λ definida pela Eq. (8.2):
- $\pi/4L < \lambda < \pi/L \rightarrow$ viga de rigidez relativa média (ou "viga de comprimento médio")
- $\lambda > \pi/L \rightarrow$ viga de rigidez relativa baixa (ou "viga longa")

O método de Hetenyi (1946) consiste em resolver a viga (que tem comprimento finito) como se fosse infinita, porém aplicando esforços auxiliares (V'_A, M'_A, V'_B, M'_B) nos pontos que correspondem às extremidades tais que ali anulem os esforços da viga infinita (Fig. 8.8).

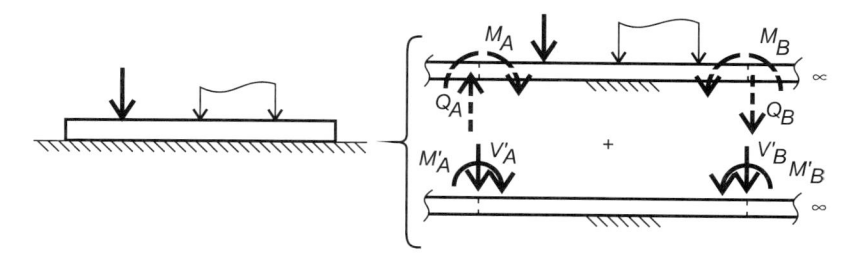

Fig. 8.8 - Método de Hetenyi

As equações que determinam os esforços a serem aplicados nos pontos que correspondem às extremidades da viga são:

8 Vigas e Grelhas

$$M_A + \frac{V'_A}{4\lambda} + \frac{M'_A}{2} + \frac{V'_B}{4\lambda}C + \frac{M'_B}{2}D = 0 \quad \text{(Momento em } \mathbf{A} = 0\text{)} \tag{8.20}$$

$$Q_A - \frac{V'_A}{2} - \lambda\frac{M'_A}{2} + \frac{V'_B}{2}D + \lambda\frac{M'_B}{2}A = 0 \quad \text{(Cortante em } \mathbf{A} = 0\text{)} \tag{8.21}$$

$$M_B + \frac{V'_A}{4\lambda}C + \frac{M'_A}{2}D + \frac{V'_B}{4\lambda} + \frac{M'_B}{2} = 0 \quad \text{(Momento em } \mathbf{B} = 0\text{)} \tag{8.22}$$

$$Q_B - \frac{V'_A}{2}D - \lambda\frac{M'_A}{2}A + \frac{V'_B}{2} + \lambda\frac{M'_B}{2} = 0 \quad \text{(Cortante em } \mathbf{B} = 0\text{)} \tag{8.23}$$

São, assim, quatro equações com quatro incógnitas: V'_A, M'_A, V'_B, M'_B.

No caso em que a viga é denominada *de comprimento médio*, o sistema de equações a ser resolvido deve ser exatamente o apresentado acima. No caso em que a viga é denominada *longa*, os esforços de correção de uma extremidade não afetam a outra extremidade. Neste caso, o sistema de equações acima se simplifica, pois nas duas primeiras equações entram apenas os esforços V'_A, M'_A, enquanto que nas duas últimas entram apenas V'_B, M'_B, ficando:

$$M_A + \frac{V'_A}{4\lambda} + \frac{M'_A}{2} = 0$$

$$Q_A - \frac{V'_A}{2} - \lambda\frac{M'_A}{2} = 0$$

$$M_B + \frac{V'_B}{4\lambda} + \frac{M'_B}{2} = 0$$

$$Q_B + \frac{V'_B}{2} + \lambda\frac{M'_B}{2} = 0$$

ou seja, o sistema de quatro equações a quatro incógnitas se reduz a dois sistemas de duas incógnitas cada um.

No Apêndice 4, encontra-se um exercício resolvido por este método, no qual podem ser observados os sinais dos esforços.

(b) Método de Bleich-Magnel

Neste método (Bleich, 1937; Magnel, 1938) serão aplicadas quatro cargas concentradas, espaçadas de $\pi/4\lambda$ dos pontos que correspondem às extremidades da viga finita, com o objetivo de anular os esforços naqueles pontos (Fig. 8.9). Ele é baseado no fato já assinalado de que, na viga de comprimento infinito, os pontos onde os esforços solicitantes são nulos independem dos valores das cargas.

Escrevemos as mesmas quatro equações do método anterior:

$$M_A + M_{T1} + M_{T3} + M_{T4} = 0 \tag{8.24}$$

$$Q_A + Q_{T1} + Q_{T3} + Q_{T4} = 0 \tag{8.25}$$

$$M_B + M_{T1} + M_{T3} + M_{T4} = 0 \tag{8.26}$$

$$Q_B + Q_{T1} + Q_{T2} + Q_{T3} = 0 \tag{8.27}$$

(a)

(b)

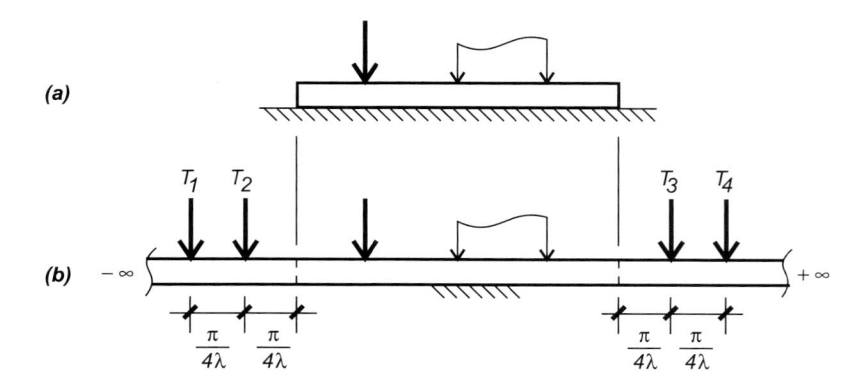

Fig. 8.9 - *Método de Bleich-Magnel*

A matriz fica mais simples, pois em cada equação falta um termo (p. ex., não tem M_{T2} na primeira, pois é zero).

Se o comprimento da viga for grande (maior que $3/\lambda$), o efeito das cargas auxiliares de um lado é desprezível no extremo oposto da viga. Neste caso, podem-se calcular as forças auxiliares por (Verdeyen et al., 1971):

$$T_1 = +\frac{\lambda}{0,052}M_A \qquad (8.28a)$$

$$T_2 = -\frac{\lambda}{0,1612}M_A \qquad (8.28b)$$

$$T_3 = +\frac{\lambda}{0,1612}Q_B \qquad (8.28c)$$

$$T_4 = +\frac{\lambda}{0,052}M_B \qquad (8.28d)$$

(c) Método de Levinton

Este é um método aproximado. O diagrama de pressões de contato é reduzido a uma poligonal definida por quatro ordenadas (Fig. 8.10a). Para se calcular as quatro ordenadas, são necessárias quatro equações: duas equações de equilíbrio e duas equações de compatibilidade de deslocamentos (flechas) da viga.

Sejam M_L e M_R os momentos do carregamento da viga em relação a **L** e **R**, definidos como mostra a Fig. 8.10b. As duas equações de equilíbrio de momentos em relação a estes dois pontos são escritas:

$$M_L - \frac{1}{2}q_2\, a\frac{1}{3}\, a - \frac{1}{2}\, q_2\, a\, a - \frac{1}{2}\, q_3\, a\, \frac{4}{3}\, a - \frac{1}{2}\, q_3\, a\, 2a - \frac{1}{2}\, q_4\, a\, \frac{7}{3}\, a = 0 \qquad (8.29a)$$

$$M_R - \frac{1}{2}q_3\, a\frac{1}{3}\, a - \frac{1}{2}\, q_3\, a\, a - \frac{1}{2}\, q_2\, a\, \frac{4}{3}\, a - \frac{1}{2}\, q_2\, a\, 2a - \frac{1}{2}\, q_1\, a\, \frac{7}{3}\, a = 0 \qquad (8.29b)$$

ou, simplificando:

$$4\, q_2 + 10\, q_3 + 7\, q_4 = \frac{6M_L}{a^2} \qquad (8.30a)$$

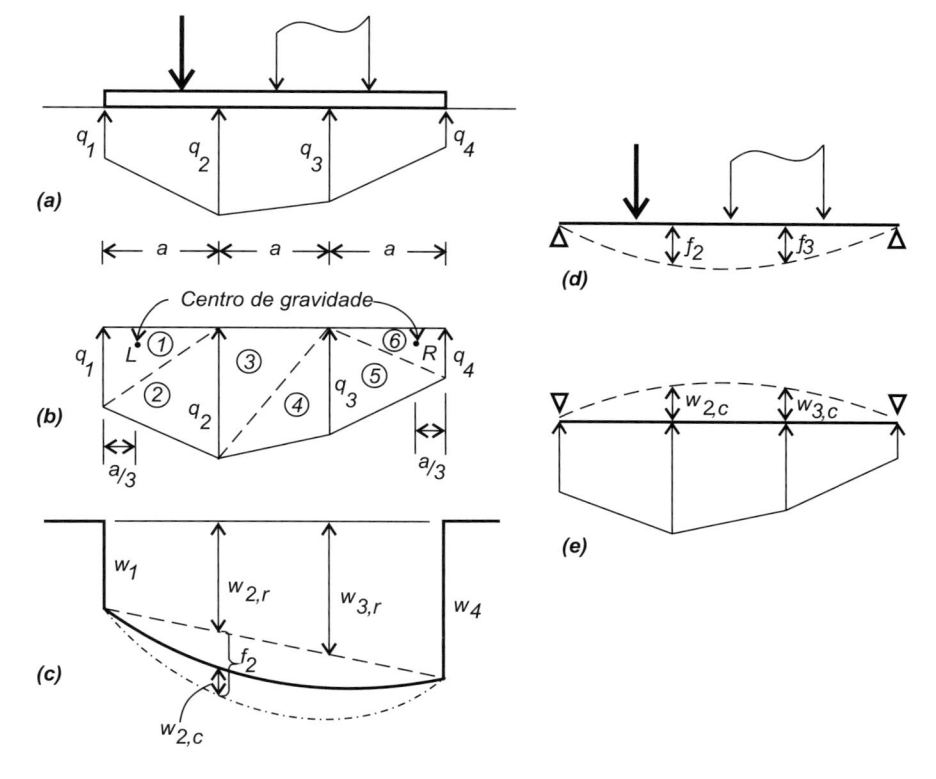

Fig. 8.10 - Esquema de cálculo pelo método de Levinton

$$7\,q_1 + 10\,q_2 + 4q_3 = -\frac{6M_R}{a^2} \tag{8.30b}$$

Para estabelecer as outras duas equações, faz-se o seguinte raciocínio (Fig. 8.10c):
1. supõe-se a viga rígida, seus extremos recalcando w_1 e w_4 (linha tracejada);
2. supõe-se que a viga retome sua flexibilidade e trabalhe apoiada nos extremos (linha traço-ponto);
3. aplicam-se, então, as pressões de contato à viga (biapoiada), que recupera parte dos recalques (linha cheia).

Deste raciocínio, tira-se para os pontos 2 e 3:

$$w_2 = w_{2,r} + f_2 - w_{2,c} \tag{8.31a}$$

$$w_3 = w_{3,r} + f_3 - w_{3,c} \tag{8.31b}$$

onde:
f_2 e f_3 são as flechas da viga biapoiada sob ação do carregamento (Fig. 8.10d), que podem ser obtidas em formulários da Resistência dos Materiais;
$w_{2,r}$ e $w_{3,c}$ são os deslocamentos da viga rígida:

$$w_{2,r} = w_1 + \frac{1}{3}(w_4 - w_1) \tag{8.32a}$$

$$w_{3,r} = w_1 + \frac{2}{3}(w_4 - w_1) \tag{8.32b}$$

$w_{2,c}$ e $w_{3,c}$ são as flechas da viga biapoiada, sob ação do diagrama de pressões de contato, fornecidas por Levinton (Fig. 8.10e):

$$w_{2,c} = \frac{a^4}{1080\,E\,I}\left(94\,q_1 + 429\,q_2 + 390\,q_3 + 77\,q_4\right) \tag{8.33a}$$

$$w_{3,c} = \frac{a^4}{1080\,E\,I}\left(77\,q_1 + 390\,q_2 + 429\,q_3 + 94\,q_4\right) \tag{8.33b}$$

Assim, pode-se escrever que o recalque no ponto 2 é (para $K' = 1/K$):

$$w_2 = K'q_2 = \frac{2}{3}K'q_1 + \frac{1}{3}K'q_4 + f_2 - \frac{a^2}{1080\,E\,I}\left(94\,q_1 + 429\,q_2 + 390\,q_3 + 77\,q_4\right)$$

ou:

$$\left(94 - \frac{2}{3}N\right)q_1 + (429 + N)\,q_2 + 390\,q_3 + \left(77 - \frac{N}{3}\right)q_4 = \frac{1080\,E\,I\,f_2}{a^4} \tag{8.34a}$$

sendo:

$$N = \frac{1080\,E\,I\,K'}{a^4}$$

No ponto 3, tem-se:

$$\left(77 - \frac{N}{3}\right)q_1 + 390\,q_2 + (429 + N)\,q_3 + \left(94 - \frac{2}{3}N\right)q_4 = \frac{1080\,E\,I\,f_3}{a^4} \tag{8.34b}$$

As Eqs. (8.34) completam, com as Eqs. (8.30), as quatro equações necessárias para a determinação das quatro ordenadas de pressão de contato que resolvem o problema.

8.3.5 Métodos numéricos

Os métodos numéricos mais utilizados na análise de vigas de fundação são o Método das Diferenças Finitas (MDF) e o Método dos Elementos Finitos (MEF). Ambos produzem a solução do problema apenas em alguns pontos selecionados (solução discreta) e, portanto, quanto maior o número de pontos, maior a precisão da solução. O aumento do número de pontos em estudo, por outro lado, aumenta o trabalho computacional.

(a) Método das Diferenças Finitas

O Método das Diferenças Finitas consiste na substituição da equação diferencial que governa o fenômeno por um sistema de equações algébricas; a integração da equação diferencial é substituída pela resolução desse sistema.

No caso de uma viga de fundação, o método substitui a equação diferencial da deformada da viga por equações algébricas que relacionam o deslocamento de um ponto aos deslocamentos de pontos vizinhos (ou o momento fletor de um ponto aos deslocamentos do próprio ponto e de pontos vizinhos). A viga é estudada através de um número finito de pontos, que definem segmentos dessa viga (Fig. 8.11a).

Para a transformação da equação diferencial, os coeficientes diferenciais são substituídos por funções dos deslocamentos dos nós da malha (w_n no ponto genérico n). Adotando-se segmentos de mesmo comprimento Δx, tem-se (por *diferença central*):

$$\frac{dw}{dx} \sim \frac{\Delta w}{\Delta x} = \frac{w_{n+1} - w_{n-1}}{\Delta x} \tag{8.35a}$$

$$\frac{d^2w}{dx^2} \sim \frac{\Delta^2 w}{\Delta x^2} = \frac{w_{n+1} - 2w_n + w_{n-1}}{\Delta x^2} \tag{8.35b}$$

$$\frac{d^3w}{dx^3} \sim \frac{\Delta^3 w}{\Delta x^3} = \frac{w_{n+2} - 2w_{n+1} + w_{n-1} - w_{n-2}}{2\Delta x^3} \tag{8.35c}$$

As equações diferenciais da viga (8.4) e (8.7) se transformam em:

$$\frac{w_{n+1} - 2w_n + w_{n-1}}{\Delta x^2} = -\frac{M}{EI} \tag{8.36}$$

$$\frac{w_{n+2} - 2w_{n+1} + w_{n-1} - w_{n-2}}{2\Delta x^3} = -\frac{Q}{EI} \tag{8.37}$$

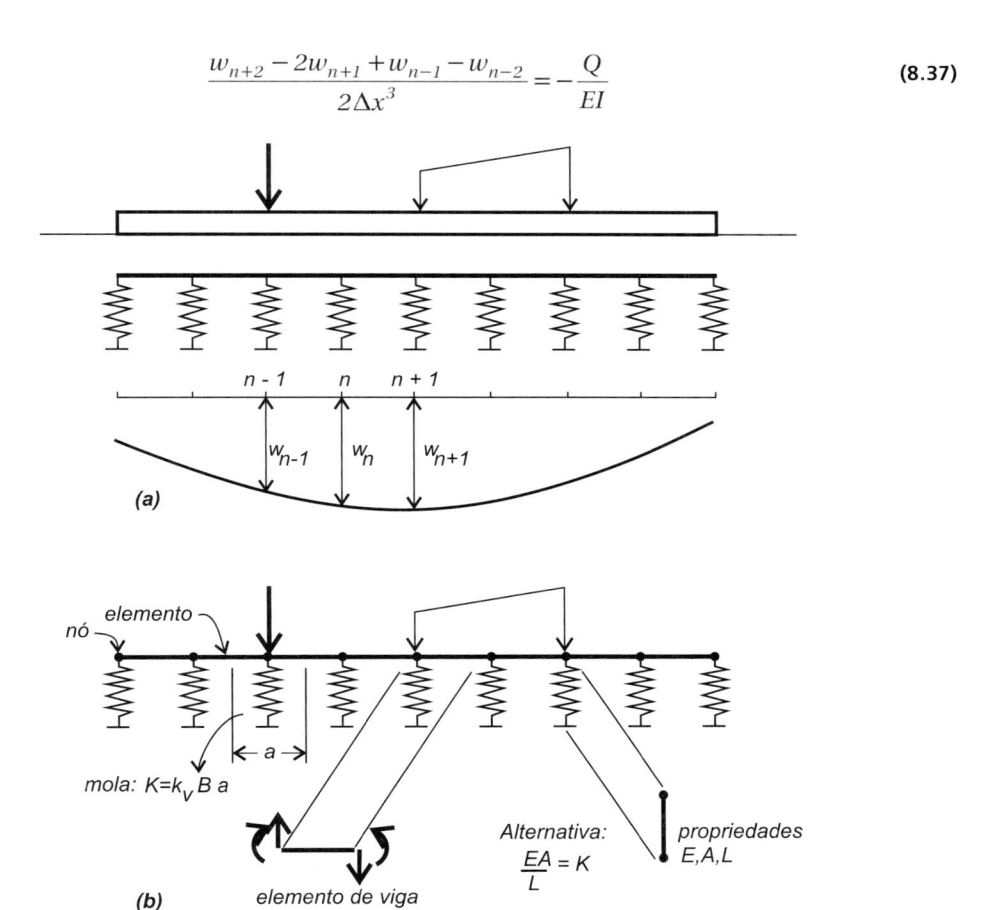

Fig. 8.11 - Viga sobre solo de Winkler pelo (a) MDF e (b) MEF

Uma descrição completa do método está fora do escopo deste trabalho, mas pode ser vista, por exemplo, em Bowles (1974, 1988).

(b) Métodos dos Elementos Finitos

Antes da formulação geral do Método dos Elementos Finitos, estruturas eram analisadas com o auxílio de computadores pelos chamados Métodos Matriciais, sendo mais utilizado o Método das Forças. O Método dos Elementos Finitos, que se tornou o principal método numérico, é uma derivação do Método dos Deslocamentos. A solução da viga sobre base elástica (modelo de Winkler) pode ser programada dentro da técnica de análise matricial, como encontrado em Bowles (1974).

O Método dos Elementos Finitos é normalmente usado por meio de programas comerciais, disponíveis no mercado. São utilizados programas para análise linear bidimensional de estruturas (tipo pórtico plano), com *elementos de viga* (elementos unidimensionais com transmissão de momento nos nós) com apoios elásticos (molas).

Quando o programa não dispõe de elementos de viga com apoio elástico *contínuo* ao longo do seu comprimento, pode-se modelar o problema como uma viga com apoios *discretos* em molas nos nós (Fig. 8.11b). Ainda, se o programa não dispõe de apoio em mola, um *elemento de treliça* (barra birrotulada) pode ser usado. Como os apoios elásticos estão nos nós, a rigidez desses apoios deve levar em conta os espaçamentos (comprimento de influência), como mostrado na figura.

O uso de apoios *discretos* (nos nós), quando não se dispõe de apoios *contínuos* (ao longo do elemento), produz esforços menores e pode ser compensado com a adoção de um maior número de elementos. O exercício resolvido do Apêndice 4 ilustra este ponto.

A potencialidade do método pode ser reconhecida quando se deseja tratar uma viga de inércia variável ao longo de seu comprimento, apoiada em trechos de solos diferentes. Uma descrição do método está fora do escopo deste trabalho, mas pode ser encontrada em livros-texto como Zienkiewicz (1971), Brebbia e Connor (1973), Brebbia e Ferrante (1975) e Soriano e Lima (1996).

8.4 VIGAS - MÉTODOS BASEADOS NO MEIO ELÁSTICO CONTÍNUO

Um método de cálculo de vigas de fundação, considerando o solo como um meio elástico contínuo, foi desenvolvido por Ohde (1942).

(a) Método de Ohde – Introdução

Do ponto de vista do cálculo estrutural, o método de Ohde (1942) se baseia na aplicação da Equação dos Três Momentos. Dados os apoios *i*, *k*, *l* de uma viga contínua que sofre deslocamentos verticais (Fig. 8.12), a Equação dos Três Momentos estabelece que:

$$L'_k M_i + 2(L'_k + L'_l)M_k + L'_l M_l + L'_k R_k + L'_l R_l - \frac{6 E I_c \delta_k (L_k + L_l)}{L_k L_l} = 0 \quad \text{(8.38a)}$$

onde:
L'_k, L'_l = comprimentos elásticos dos vãos;
I_c = momento de inércia de comparação;
E = módulo de elasticidade da viga;
M = momentos;
sendo:

$$\delta_k = w_k - \frac{w_i + w_l}{2} = \frac{-w_i + 2w_k - w_l}{2} \quad \text{(8.38b)}$$

e R_k e R_l os termos de carga.

Se $L_k = L_l = a$ e I = constante, pode-se fazer $L'_k = L'_l = a$, e não havendo carregamento aplicado, tem-se $R_k = R_l = 0$, e a Eq. (8.38a) se reduz a:

$$M_i + 4 M_k + M_l = \frac{12}{a^2} E I \delta_k \qquad (8.38c)$$

ou ainda, com (8.38b):

$$M_i + 4 M_k + M_l = \frac{6 EI}{a^2}(-w_i + 2w_k - w_l) \qquad (8.38d)$$

Fig. 8.12 - Viga contínua e sua deformada

(b) Método de Ohde – Concepção e formulação

Suponha-se que a viga de fundação abaixo seja dividida em n placas iguais (Fig. 8.13). Suponha-se a ação provida pelo solo (que é contínuo) substituída por ações discretas (forças) nos centros de gravidade das placas, e o carregamento, substituído por forças que atuam nos mesmos pontos ($P_1 ... P_n$). Os recalques w_1 a w_n podem ser calculados pelo seguinte método (segundo Kany, 1959).

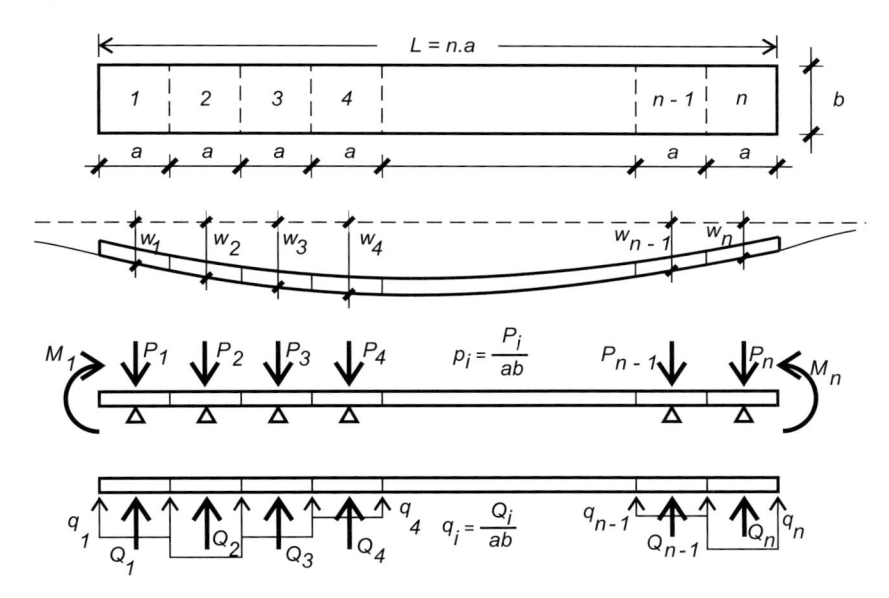

Fig. 8.13 - Esquema de cálculo do método de Ohde: divisão da viga em placas, deformada da viga, ações, pressões de contato

Inicialmente, calcula-se o recalque da superfície do terreno quando uma das placas (de $a \times b$) é carregada. Aplique-se um carregamento unitário nessa área (Fig. 8.14). O terreno se deforma, e os recalques $c_o, ..., c_n$, sob a área carregada e sob as áreas vizinhas, podem ser calculados com:

$$c_o = a \frac{1-v^2}{E} f_o \qquad (8.39)$$

$$c_2 = a\frac{1-\nu^2}{E}f_2 \tag{8.40}$$

$$c_i = \frac{c_o}{1+K_1\,i^{1,5}} \tag{8.41}$$

onde:

$$K_1 = \left(\frac{c_o}{c_2}-1\right)0,3536 \tag{8.42}$$

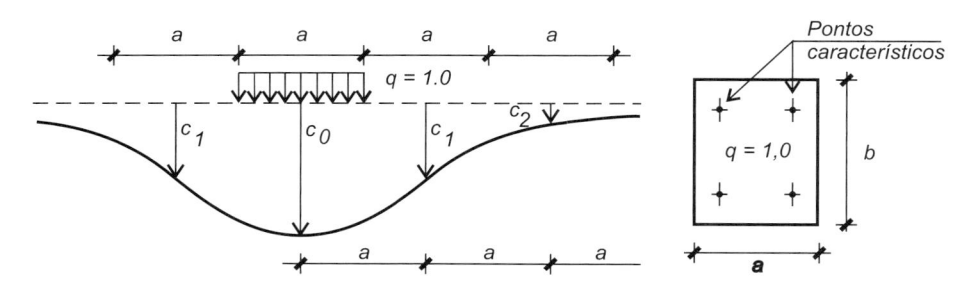

Fig. 8.14 - *Recalques da superfície do terreno devidos ao carregamento de uma placa*

Os valores dos fatores de forma f_o e f_2 para as Eqs. (8.39) e (8.40) podem ser obtidos dos Ábacos A1.6 e A1.7 do Apêndice 1. Esses ábacos apresentam soluções da Teoria da Elasticidade para o cálculo de recalques nos chamados *pontos característicos*, que são os pontos onde os recalques são iguais, tanto para placas flexíveis ("carregamento frouxo") como rígidas (Fig. 8.14).

Usando esta figura de recalque como uma linha de influência (o carregamento unitário se desloca para cada um dos elementos e, no elemento em que ele estiver, dará uma influência c_o, no vizinho c_1, no outro c_2 etc.), pode-se escrever o sistema de equações:

recalque sob a 1ª placa: $w_1 = q_1 c_o + q_2 c_1 + ... + q_n c_{n-1}$

recalque sob a 2ª placa: $w_2 = q_1 c_1 + q_2 c_o + q_3 c_1 + ... + q_n c_{n-2}$

.
.
.

recalque sob a placa n: $w_n = q_1 c_{n-1} + ... + q_n c_o$ **(Sistema 8.43)**

Aplicando agora a Equação dos Três Momentos:

apoio 2: $M_1 + 4M_2 + M_3 = \dfrac{6\,E_c I}{a^2}\left(-w_1 + 2w_2 - w_3\right)$

apoio 3: $M_2 + 4M_3 + M_4 = \dfrac{6\,E_c I}{a^2}\left(-w_2 + 2w_3 - w_4\right)$

.
.
.

apoio n-1: $M_{n-2} + 4M_{n-1} + M_n = \dfrac{6\,E_c I}{a^2}\left(-w_{n-2} + 2w_{n-1} - w_n\right)$ **(Sistema 8.44)**

Têm-se, assim, $n-2$ equações. Escrevendo os momentos nos pontos *1* a *n*, obtém-se o sistema de equações:

8 Vigas e Grelhas

$$M_1 = M_1$$
$$M_2 = M_1 + (Q_1 - P_1)a$$
$$M_3 = M_1 + (Q_1 - P_1)2a + (Q_2 - P_2)a$$
$$\vdots$$
$$M_n = \ldots$$

(Sistema 8.45)

Substituindo no Sistema (8.44) os valores dos recalques (Sistema 8.43) e dos momentos (Sistema 8.45), obtém-se, finalmente:

$$-(C_1 + \alpha) \cdot q_1 + \left(C_o - \frac{\alpha}{6}\right) \cdot q_2 - C_1 \cdot q_3 - C_2 \cdot q_4 - C_3 \cdot q_5 - \ldots = -\alpha\left(p_1 + \frac{p_2}{6} - m_1\right)$$

$$-(C_2 + 2\alpha) \cdot q_1 - (C_1 + \alpha) \cdot q_2 + \left(C_o - \frac{\alpha}{6}\right) \cdot q_3 - C_1 \cdot q_4 - C_2 \cdot q_5 - \ldots = -\alpha\left(2p_1 + p_2 + \frac{p_3}{6} - m_1\right)$$

$$-(C_3 + 3\alpha) \, q_1 - (C_2 + 2\alpha) \, q_2 - (C_1 - \alpha) \cdot q_3 + \left(C_o - \frac{\alpha}{6}\right) \cdot q_4 - C_1 \cdot q_5 - \ldots =$$
$$= -\alpha\left(3p_1 + 2p_2 + p_3 + \frac{p_4}{6} - m_1\right)$$

$$-(C_4 + 4\alpha) \, q_1 - (C_3 + 3\alpha) \, q_2 - (C_2 + 2\alpha) \, q_3 - (C_1 + \alpha) \, q_4 + \left(C_o - \frac{\alpha}{6}\right) q_5 - C_1 \, q_6 \ldots$$
$$= -\alpha\left(4p_1 + 3p_2 + 2p_3 + p_4 + \frac{p_5}{6} - m_1\right)$$

(Sistema 8.46)

onde:

$$C_o = 2(c_o - c_1)$$
$$C_1 = c_o - 2c_1 + c_2$$
$$\vdots$$
$$C_n = c_{n-1} - 2c_n + c_{n+1}$$

(Sistema 8.47)

e:

$$\alpha = \frac{a^4 \, b}{E_c \, I} \tag{8.48}$$

$$m_1 = \frac{M_1}{a^2 b} \tag{8.49}$$

Têm-se n incógnitas (q_1, q_2, ..., q_n) e $n-2$ equações (Sistema 8.46). Faltam, pois, duas equações para resolver o problema. Sejam escritas, então, as equações de equilíbrio:

$$\sum V = 0 \tag{8.50}$$

ou:

$$q_1 + q_2 + \ldots + q_n = p_1 + p_2 + \ldots + p_n \tag{8.51}$$

e:

$$\sum M = 0 \tag{8.52}$$

ou:

$$(n-1)(q_1 - p_1 - q_n + p_n) +$$
$$+(n-3)(q_2 - p_2 - q_{n-1} + p_{n-1}) +$$
$$+(n-5)(q_3 - p_3 - q_{n-2} + p_{n-2}) +$$
$$+(n-7)(q_4 - p_4 - q_{n-3} + p_{n-3}) +$$
$$+ ... + R = 0$$

(8.53)

Para n par, tem-se:

$$R = q_{\frac{n}{2}} - p_{\frac{n}{2}} - q_{\frac{n}{2}+1} + p_{\frac{n}{2}+1}$$

(8.54)

Para n ímpar, tem-se:

$$R = 2\left(q_{\frac{n-1}{2}} - p_{\frac{n-1}{2}} - q_{\frac{n+1}{2}} + p_{\frac{n+1}{2}} \right)$$

(8.55)

Observação: M_1 a M_n são os momentos, devidos ao carregamento da viga, sobre os apoios fictícios. Como o carregamento é transformado em uma série de cargas concentradas sobre o centro das placas, M_1 e M_n são nulos (só há M_2 a M_{n-1}), salvo se houver um momento aplicado nestes dois extremos.

(c) Método de Ohde – Roteiro de cálculo

Para aplicação do método de Ohde, pode-se seguir o seguinte roteiro:
1. Cálculo de α (Eq. 8.48)
2. Cálculo dos p_i (pressões decorrentes das cargas aplicadas)
3. Cálculo da linha de influência dos recalques, por meio de:
    a. Cálculo de c_o (Eq. 8.39) e Ábaco A1.6 do Apêndice 1)
    b. Cálculo de c_2 (Eq. 8.40) e Ábaco A1.7 do Apêndice 1)
    c. Cálculo de K_1 (Eq. 8.42))
    d. Cálculo dos c_i (Eq. 8.41))
4. Cálculo dos C_i (Eqs. (8.47))
5. Montagem e resolução do sistema de equações:

Eqs. (8.46) $n-2$ equações
Eq. (8.51)   1 equação   ($\Sigma Q = \Sigma P$)
Eq. (8.53)   1 equação   ($\Sigma M = 0$)
                n equações

6. Obtenção do diagrama das tensões de contato q_i
7. Obtenção dos diagramas de esforços internos (momentos e cortantes)

(d) Método de Ohde – Cargas nos elementos da viga

Os seguintes pontos precisam ser considerados quando se faz o cálculo das cargas aplicadas nos elementos da viga (P_i):
i. Nos métodos baseados em coeficiente de reação (Hipótese de Winkler), o carregamento uniformemente distribuído não provoca momentos fletores; neste método, provoca. Portanto, deve-se incluir também o peso próprio da viga.
ii. As cargas concentradas podem ser consideradas centradas nas placas (divisões da viga). Se as excentricidades forem grandes, é necessário calcular como foi mostrado na Fig 8.15a.

8 Vigas e Grelhas

Cargas concentradas excêntricas podem ser também resultantes de carregamentos triangulares ou trapezoidais.

iii. Os momentos aplicados são substituídos por duas forças nos centros dos dois elementos adjacentes (exemplo na Fig. 8.15b).

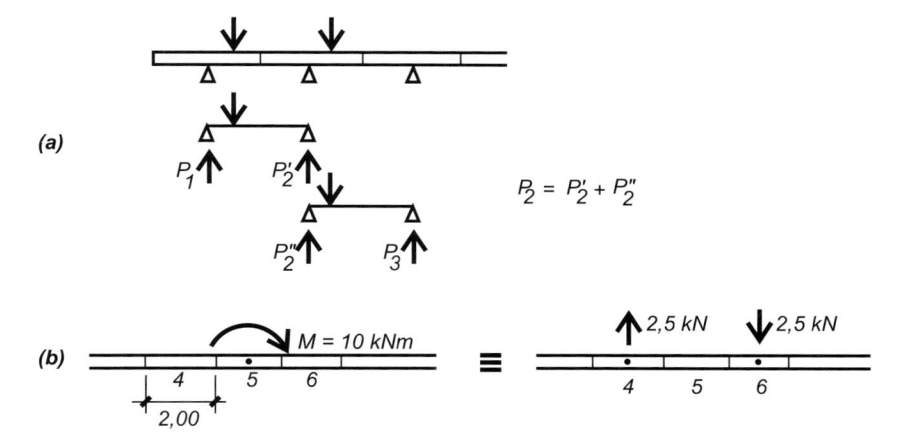

Fig. 8.15 - Preparação do carregamento para o método de Ohde

8.5 GRELHAS

As grelhas podem ser calculadas de duas maneiras:

(a) Cálculo rigoroso

Um cálculo rigoroso é feito como grelha sobre base elástica, o que requer o uso de um método numérico. O método numérico geralmente usado é o Método dos Elementos Finitos, com as vigas representadas por elementos unidimensionais (tipo viga) e o solo, por molas (Hipótese de Winkler) de forma semelhante à que foi descrita no item 8.2.5 (Fig. 8.16).

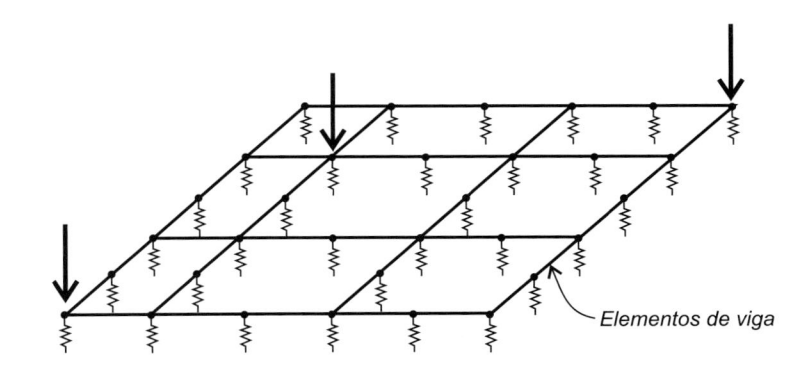

Fig. 8.16 - Possível esquema de cálculo de uma grelha pelo MEF

(b) Cálculo aproximado

Um cálculo aproximado pode ser feito analisando-se as vigas separadamente. Segundo o A. C. I. (1966), pode-se fazer uma partição da carga dos pilares para as vigas que neles se cruzam, de acordo com a rigidez destas, como mostrado na Fig. 8.17. Essa partição das cargas deve ser abandonada (tomando-se a totalidade da carga em cada direção) para um dimensionamento mais seguro.

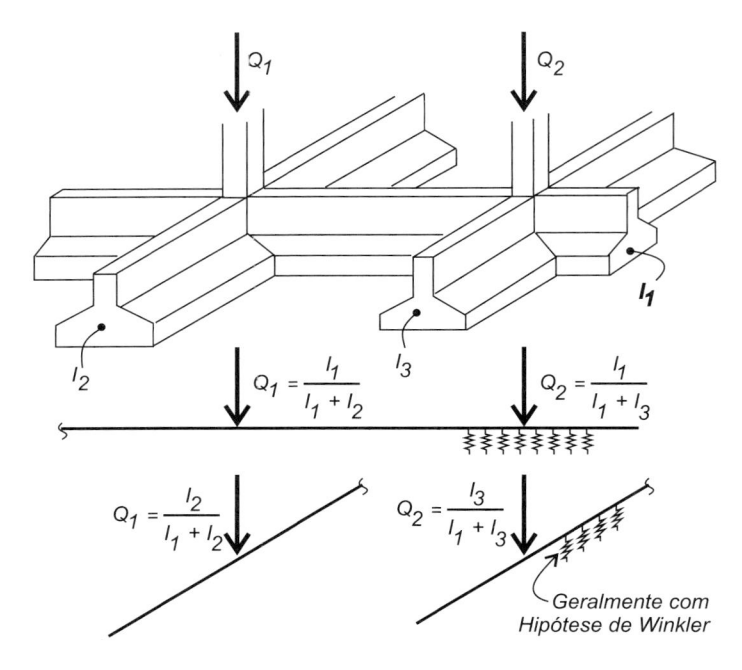

Fig. 8.17 - Esquema de partição de cargas de pilares para cálculo de grelhas como vigas (A.C.I., 1966)

REFERÊNCIAS

AMERICAN CONCRETE INSTITUTE (A. C. I.). Suggested design procedures for combined footings and mats. Report by ACI Committee 436. *Journal of the A. C. I.*, p. 1041-1057, Oct. 1966.

BLEICH, H. Berechnung von Eisenbeton – Streifenfundamenten als elastich gestutzte Träger. *Die Bautechnik*, v. 15, 1937.

BOWLES, J. E. *Analytical and computer methods in foundation engineering*. New York: MacGraw-Hill, 1974.

BOWLES, J. E. *Foundation analysis and design*. 4. ed. New York: MacGraw-Hill, 1988.

BREBBIA, C. A.; CONNOR, J. J. *Fundamentals of finite element techniques*. London: Butterworths, 1973.

BREBBIA, C. A.; FERRANTE, A. J. *The finite element technique*. Porto Alegre: Editora da UFRGS, 1975.

HETÉNYI, M. *Beams on elastic foundation*. Ann Arbour: University of Michigan Press, 1946.

KANY, M. *Berechnung von Flächengrundungen*. Berlin: W. Ernst und Sohn, 1959.

KANY, M. *Berechnung von Flächengrundungen*, 2. Auflage. Berlin: W. Ernst und Sohn, 1974.

KOLLBRUNNER, C. F. *Fundation und Konsolidation*. Zurich: Schweizer Druck und Verlagshauss, 1952.

KRAMRICH, F.; ROGERS, P. Simplified design of combined footings. *Journal Soil Mechanics and Foundation Division*, ASCE, v. 88, n. SM5, p. 19-44, 1961.

LEVINTON, Z. Elastic foundations analysed by the method of redundant reactions, *Transactions*, ASCE, v. 114, 1947.

MAGNEL, G. Le calcul des poutres sur terrain elastique. *Technique des Travaux*, 38, 1938.

OHDE, J. Die berechnung der sohldruckverteilung unter grundungskörpern, *Bauingenieur*, 23 Jahrgang, Helf 14/16, Helf 17/18, 1942.

SORIANO, H. L.; LIMA, S. S. *Método dos elementos finitos*. Rio de Janeiro: Escola de Engenharia, UFRJ, 1996.

SÜSSEKIND, J. C. *Curso de análise astrutural*. Rio de Janeiro: Editora Globo, 1973.

SZÉCHY, K. *Der Grundbau*. Wien: Springer Verlag, 1965.

VERDEYEN, J.; ROISIN, V.; NUYENS, J. *Applications de la mécanique des sols*. Paris: Vander/Dunod, 1971.

VESIC, A. S.; JOHNSON, W. Model studies of beams on a silt subgrade. *Journal Soil Mechanics and Foundation Division*, ASCE, v. 89, n. SM 1, Feb. 1963.

WÖLFER, K.-H. *Elastich Gebettete Balken*. Wiesbaden: Bauverlag GmbH, 1971.

ZIENKIEWICZ, O. C. *The finite element method in engineering science*. 2. ed. London: McGraw-Hill, 1971.

Capítulo 9

RADIERS

Segundo a norma brasileira de fundações, a expressão *radier* pode ser usada quando uma fundação superficial associada recebe todos os pilares da obra (*radier geral*) ou quando recebe apenas parte dos pilares da obra (*radier parcial*). Do ponto de vista de projeto, entretanto, estes dois casos podem ser tratados da mesma maneira.

9.1 INTRODUÇÃO

Uma fundação em *radier* é adotada quando:
- as áreas das sapatas se aproximam umas das outras ou mesmo se interpenetram (em consequência de cargas elevadas nos pilares e/ou de tensões de trabalho baixas);
- se deseja uniformizar os recalques (através de uma fundação associada).

Uma orientação prática: quando a área total das sapatas for maior que a metade da área da construção, deve-se adotar o *radier*.

Quanto à forma ou sistema estrutural, os *radiers* são projetados segundo quatro tipos principais (Fig. 9.1):
- *radiers* lisos;
- *radiers* com pedestais ou cogumelos;
- *radiers* nervurados;
- *radiers* em caixão.

Os tipos estão listados em ordem crescente da rigidez relativa. Há, ainda, os *radiers* em abóbadas invertidas, pouco comuns no Brasil.

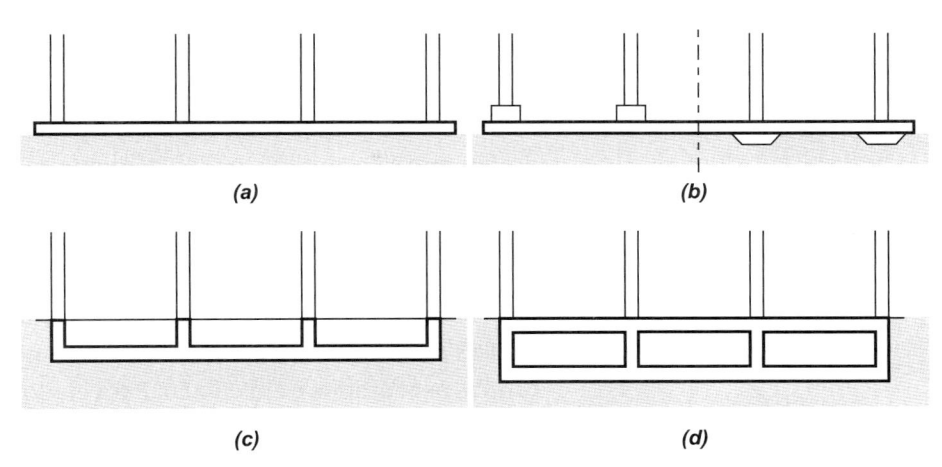

Fig. 9.1 - Radiers: (a) lisos, (b) com pedestais ou em laje cogumelo, (c) nervurados (vigas invertidas) e (d) em caixão

9.2 MÉTODOS DE CÁLCULO

É difícil classificar os métodos de cálculo de *radiers*, como foi feito no caso das vigas de fundação, separando métodos estáticos aproximados de métodos matematicamente mais elaborados, de métodos numéricos, de acordo com a natureza do método, ou separando métodos baseados na Hipótese de Winkler de métodos baseados no semiespaço elástico, de acordo com o modelo para o solo, uma vez que os métodos disponíveis têm mais de uma destas características. Assim, decidiu-se apresentar os métodos sem classificá-los.

Uma leitura introdutória sobre o assunto é o trabalho de Teng (1975) do livro editado por Winterkorn e Fang (1975). Outros trabalhos importantes são: Wlasow e Leontiew (1966), Zeevaert (1972), Sherif e Koning (1975), Selvadurai (1979) e Scott (1981). Como trabalhos brasileiros sobre *radiers*, citam-se os de Berberian (1972), Melo e Silva (1981) e Santos (1987).

9.2.1 Cálculo por método estático

Como no caso das vigas de fundação, os esforços internos em *radiers* podem ser calculados pelos chamados *métodos estáticos*, que se baseiam em alguma hipótese sobre a distribuição das pressões de contato, como:
- as pressões variam linearmente sob o *radier*;
- as pressões são uniformes nas áreas de influência dos pilares.

Essas duas hipóteses podem ser vistas, no caso das vigas, na Fig. 8.3. A primeira hipótese se aplica mais a *radiers* mais rígidos, enquanto a segunda, a *radiers* mais flexíveis. Assim, o cálculo que segue a primeira hipótese será chamado de *cálculo com variação linear de pressões*, enquanto o que segue a segunda hipótese, de *cálculo pela área de influência dos pilares*.

Nos métodos estáticos, nenhuma consideração é feita quanto à compatibilidade de deformações do solo e da estrutura com as reações do solo. Leva-se em conta apenas o equilíbrio estático das cargas atuantes e da reação do terreno. Assim, esses métodos são indicados apenas para o *cálculo de esforços internos* na fundação para seu dimensionamento estrutural (e não para avaliação da *distribuição dos recalques*).

(a) Cálculo como *radier* rígido ou com variação linear de pressões

Um cálculo por método estático em que se admite variação linear de pressões de contato coincide com aquele em que o *radier* é suposto rígido sobre solo de Winkler. Num cálculo deste tipo, as pressões de contato são determinadas somente a partir da resultante do carregamento (Fig. 9.2). As equações das pressões de contato sob sapatas rígidas podem ser utilizadas (ver item 7.2.1).

Este método normalmente é utilizado para *radiers* de grande rigidez relativa, como no caso de *radiers* nervurados e em caixão. Para efeito de análise, o *radier* é dividido em dois conjuntos de faixas ortogonais. Segundo o A.C.I. (1988), um *radier* pode ser considerado rígido se:

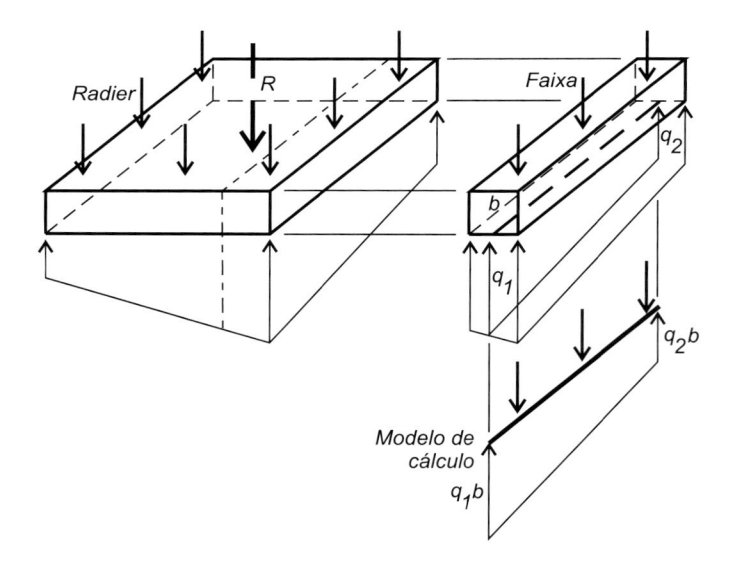

Fig. 9.2 - Pressões de contato variando linearmente sob um radier esquema de cálculo de uma faixa

i. o espaçamento entre colunas l atender a:

$$l \leq \frac{1,75}{\sqrt[4]{\dfrac{k_v\, b}{4\, E_c\, I}}} \qquad (9.1)$$

onde:
b = largura da faixa de influência da linha de colunas;
k_v = coeficiente de reação vertical (corrigido para a forma e dimensão do *radier*);
$E_c\, I$ = rigidez à flexão da faixa;

ii. a variação nas cargas e espaçamentos das colunas não for maior que 20%.

Para dimensionamento estrutural, as faixas são calculadas como vigas de fundação independentes. As pressões de contato atuantes em cada faixa são projetadas para o eixo das vigas para um cálculo como elemento unidimensional (Fig. 9.2). O problema a resolver recai, então, naquele em que as vigas têm as pressões de contato supostas variando linearmente (Fig. 8.3a).

(b) Cálculo pela área de influência dos pilares

O cálculo pela área de influência dos pilares é geralmente aplicado em *radiers* de rigidez relativa média. O procedimento seguido é (Fig. 9.3a):

a. Determinar a área de influência de cada pilar, A_i.
b. Calcular a pressão média nessa área:

$$q_i = \frac{Q_i}{A_i}$$

c. Determinar uma pressão média atuando nos painéis (média ponderada dos Q_i naquele painel).
d. Calcular, como numa laje de superestrutura, os esforços nas lajes e vigas e as reações nos apoios (pilares).

Se as reações nos apoios forem muito diferentes das cargas nos pilares, devem-se redefinir as pressões médias nos painéis.

Este método é análogo àquele em que as vigas têm suas pressões de contato supostas uniformes nas áreas de influência dos pilares (Fig. 8.3b). Por outro lado, considera a carga dos pilares sem majoração, a despeito da aproximação feita na definição das pressões de contato.

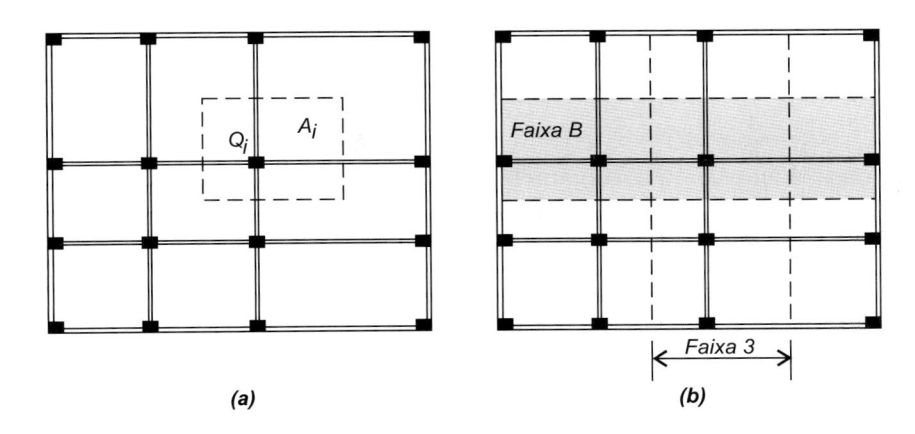

Fig. 9.3 *- Esquema de cálculo de um radier (a) pela área de influência dos pilares e (b) como um sistema de vigas*

Método de Baker

Baker (1957) propôs um método simplificado para cálculo de *radiers* assentes em terrenos cujas propriedades variam horizontalmente, que pode ser considerado um método estático. O método fornece resultados muito próximos de uma solução pelo modelo de Winkler quando o terreno é homogêneo. Além do trabalho de Baker (1957), uma descrição do método pode ser vista em Scott (1981).

9.2.2 Cálculo como um sistema de vigas sobre base elástica

Num cálculo como um sistema de vigas sobre base elástica, separa-se o *radier* em dois sistemas de faixas, como mostrado na Fig. 9.3b (e descrito no item 9.2.1). A partir daí, cada faixa é tratada como uma viga de fundação isolada sobre base elástica (geralmente com a Hipótese de Winkler). Os métodos descritos nos itens 8.3.4 e 8.3.5 podem ser utilizados. Em cada direção de estudo, deve-se tomar a totalidade da carga nos pilares. No Apêndice 6, há um exercício resolvido no qual esse método é utilizado.

9.2.3 Soluções para *radiers* em situação especial

Há algumas soluções matemáticas para *radiers* de forma especial e que estão sujeitos a carregamentos especiais. São casos de *radiers* corridos, caracterizando um problema de *estado plano de deformação*, ou circulares, caracterizando um problema *axissimétrico*. São exemplos (Fig. 9.4): galerias de águas, de metrô etc. (*plano-deformação*); caixas d'água ou cisternas circulares, tanques de óleo, fundações de torres e chaminés (*axissimétrico*).

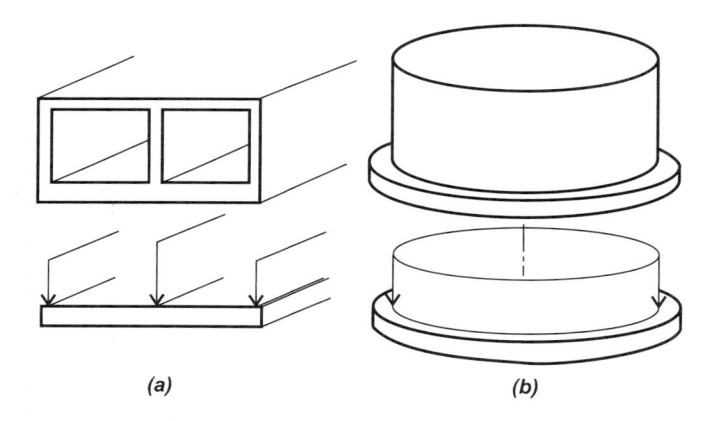

Fig. 9.4 - Casos especiais : (a) estado plano de deformações e (b) axissimétrico

Algumas soluções para carregamentos simples de placa circular, como carga distribuída em toda a área ou carga concentrada no centro da placa, foram obtidas por Brown (1969a, 1969b), por exemplo. Soluções para outras possibilidades de carregamento, mais encontradas na prática, foram desenvolvidas por autores alemães, como:
- Kany (1959) → problemas planos (Fig. 9.4a);
- Beyer (1956) → problemas axissimétricos (Fig. 9.4b);
- Grasshoff (1966) → problemas axissimétricos (Fig. 9.4b).

Esses métodos utilizam como modelo o meio elástico contínuo. O método de Grasshoff também foi formulado com base no modelo de Winkler. As formulações desse método constam do Apêndice 5. Berberian (1972) mostrou, em trabalho experimental, que, para *radiers* em areias, a formulação baseada no meio elástico contínuo é mais próxima da realidade.

Uma revisão de métodos mais elaborados matematicamente pode ser vista, por exemplo, em Selvadurai (1979), Scott (1981) e Hemsley (1998).

9.2.4 Método da placa sobre solo de Winkler

O problema da placa delgada sobre solo de Winkler foi estudado por Schleicher (1926) e Hetenyi (1946). O A. C. I. (1966) propôs o cálculo de *radiers* com base na solução obtida por aqueles autores, conforme desenvolvido adiante.

Equações das deformações e esforços internos de placa delgada sobre solo de Winkler

A equação diferencial dos deslocamentos de uma *placa delgada* assente sobre um sistema de molas (Hipótese de Winkler), considerando uma região distante dos carregamentos, é:

$$D \left(\frac{\partial^4 w}{\partial x^4} + \frac{2 \partial^4 w}{\partial x^2 \partial y^2} + \frac{\partial^4 w}{\partial y^4} \right) + k_v \, w = 0 \tag{9.2}$$

Nesta equação, o parâmetro D é a *rigidez à flexão* da placa (análogo a EI nas vigas) e é dado por:

$$D = \frac{E_c \, t^3}{12 \, (1-v^2)} \tag{9.3}$$

onde:
t = espessura da placa;
E_c = Módulo de Young do material da placa (concreto, p.ex.);
v = Coeficiente de Poisson do material da placa (concreto, p.ex.).

Se a placa e o carregamento possuem simetria radial, a Eq. (9.2) pode tomar a forma:

$$D \left(\frac{d^4 w}{dr^4} + \frac{2}{r} \frac{d^3 w}{dr^3} - \frac{1}{r^2} \frac{d^2 w}{dr^2} + \frac{1}{r^3} \frac{dw}{dr} \right) + k_v \, w = 0 \tag{9.4}$$

Numa analogia com o problema da viga, pode-se definir um parâmetro característico β (chamado de *raio de rigidez efetiva*):

$$\beta = \sqrt[4]{\frac{D}{k_v}} \tag{9.5}$$

A solução da Eq. (9.4) pode ser escrita na forma:

$$w = C_1 \, Z_1\left(\frac{r}{\beta}\right) + C_2 \, Z_2\left(\frac{r}{\beta}\right) + C_3 \, Z_3\left(\frac{r}{\beta}\right) + C_4 \, Z_4\left(\frac{r}{\beta}\right) \tag{9.6}$$

onde:

C_1, C_2, C_3, C_4 são constantes de integração;

Z_1, Z_2, Z_3, Z_4 são funções tabuladas por Hetenyi (1946), mostradas na Fig. 9.5.

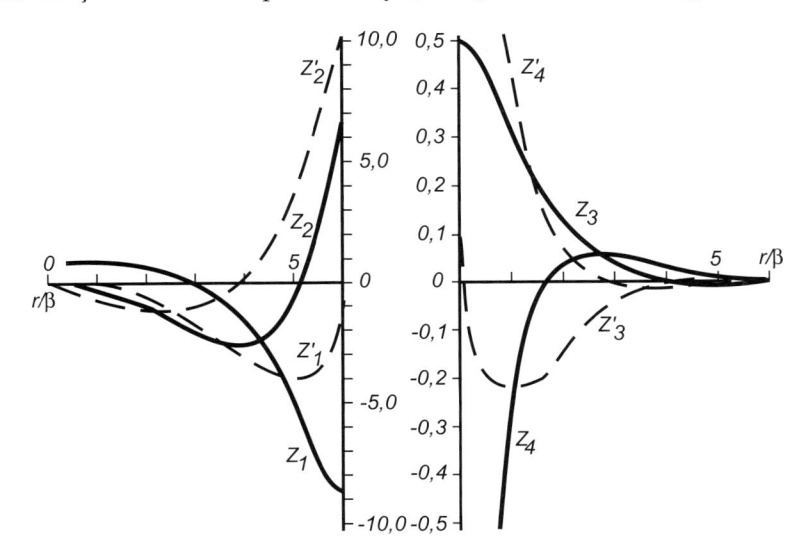

Fig. 9.5 - *Funções Z_1, Z_2, Z_3, Z'_3, Z_4, Z'_4 (Hetenyi, 1946)*

Para uma carga concentrada distante das bordas da placa, $C_1 = C_2 = C_4 = 0$, a equação do recalque fica:

$$w = C_3 \, Z_3\left(\frac{r}{\beta}\right) \tag{9.7}$$

A constante C_3 é obtida igualando-se a carga P com as pressões de contato, o que leva a:

$$w = \frac{P\beta^2}{4D} Z_3\left(\frac{r}{\beta}\right) \tag{9.8}$$

As rotações e os esforços internos, mostrados na Fig. 9.6, são obtidos pelas equações:

$$\theta = \frac{dw}{dr} = \frac{P\beta^2}{4D} Z'_3\left(\frac{r}{\beta}\right) \tag{9.9}$$

$$M_r = -D\left(\frac{d^2w}{dr^2} + \frac{\nu}{r}\frac{dw}{dr}\right) = -\frac{P}{4}\left(Z_4\left(\frac{r}{\beta}\right) - (1-\nu)\frac{Z'_3\left(\frac{r}{\beta}\right)}{\frac{r}{\beta}}\right) \tag{9.10}$$

$$M_\theta = -D\left(\nu\frac{d^2w}{dr^2} + \frac{1}{r}\frac{dw}{dr}\right) = -\frac{P}{4}\left(\nu \, Z_4\left(\frac{r}{\beta}\right) + (1-\nu)\frac{Z'_3\left(\frac{r}{\beta}\right)}{\frac{r}{\beta}}\right) \tag{9.11}$$

$$Q_r = -D\left(\frac{d^3w}{dr^3} + \frac{1}{r}\frac{d^2w}{dr^2} - \frac{1}{r^2}\frac{dw}{dr}\right) = -\frac{P}{4\beta}Z'_4\left(\frac{r}{\beta}\right) \tag{9.12}$$

onde Z'_3 e Z'_4 são as primeiras derivadas de Z_3 e Z_4. Não há *momentos volventes* (ou *torsores*), devido à axissimetria.

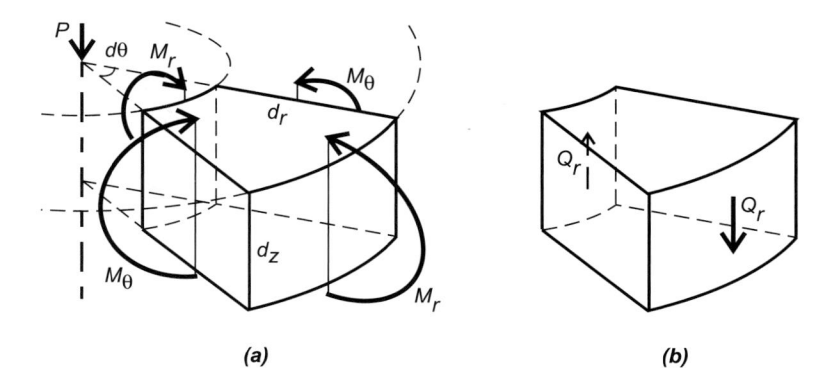

Fig. 9.6 - Esforços internos em um elemento de placa – problema axissimétrico – (esforços indicados: convencionados positivos)

Quando se examinam os esforços na origem ($r = 0$), ou seja, no ponto de aplicação da carga, estes tendem para o infinito, o que mostra que a teoria não é satisfatória sob uma carga concentrada. Para contornar esse problema, admite-se que a força concentrada se distribui em uma pequena área, por exemplo sobre um círculo de raio r_o (pilares de qualquer seção podem ser transformados em circulares). Nesse caso, segundo Selvadurai (1979), os esforços no ponto de aplicação da carga serão:

$$M_r(r=0) = M_\theta(r=0) = \frac{P(1+v)}{4\pi}\left(\log_e \frac{2\beta}{r_o} + \frac{1}{2} - \xi\right), \xi = 0,5772157 \qquad (9.13)$$

$$Q_r(r=0) = \frac{P}{2\pi r_o} \qquad (9.14)$$

Método do American Concrete Institute

O Método proposto pelo A. C. I. (1966) se baseia na solução acima descrita e é aplicável a *radiers* lisos e flexíveis. Calculam-se os momentos fletores e os cortantes em cada ponto da placa, produzidos por cada pilar. As ações de cada pilar são posteriormente somadas nos pontos em estudo (Fig. 9.7a).

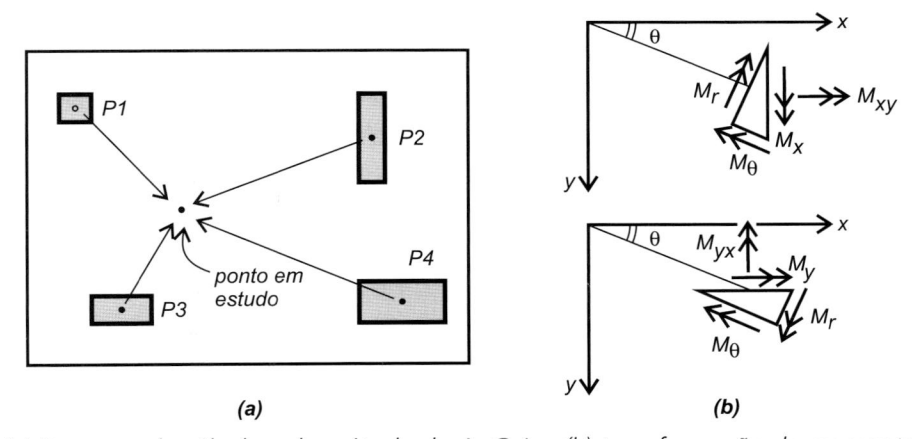

Fig.9.7 - (a) Esquema de cálculo pelo método do A. C. I. e (b) transformação de momentos fletores obtidos em coordenadas cilíndricas para coordenadas retangulares

O procedimento do método é o seguinte:
a. Calcula-se a rigidez à flexão da placa D (eq. 9.3).

b. Calcula-se o raio de rigidez efetiva β (eq. 9.5).
c. Escolhe-se um número de pontos da placa nos quais os esforços internos serão calculados. Para cada ponto, são seguidos os passos (d) a (g) abaixo.
d. Calculam-se os momentos fletores radial e tangencial (Eqs. 9.10 e 9.11).
e. Convertem-se os momentos fletores radial e tangencial para momentos, segundo coordenadas retangulares com (Fig. 9.7b):

$$M_x = M_r \cos^2 \theta + M_\theta \, sen^2 \theta \tag{9.15}$$

$$M_y = M_r \, sen^2 \theta + M_\theta \cos^2 \theta \tag{9.16}$$

f. Calcula-se o esforço cortante radial com a Eq. (9.12) e converte-se para cortantes, segundo coordenadas retangulares com:

$$Q_x = Q_r \cos \theta \tag{9.17}$$

$$Q_y = Q_r \, sen \, \theta \tag{9.18}$$

g. Os passos (d) a (f) são repetidos para cada pilar, e os resultados são somados algebricamente.

Para os esforços em coordenadas retangulares, a notação e a convenção de sinais são as apresentadas na Fig. 9.8, que seguem Timoshenko e Woinowsky-Krieger (1959). Nessa convenção, assim como naquela apresentada na Fig. 9.6, os momentos fletores são positivos quando associados a tensões de tração nas fibras inferiores da placa.

Como o método foi concebido para placa infinita, se a borda do *radier* estiver dentro do raio de influência de um pilar ($r \cong 5\beta$), há que se fazer correções com o objetivo de eliminar momentos fletores e cortantes naquela borda. As correções consistem em calcular os momentos fletores e cortantes na borda e aplicá-los com sinal contrário.

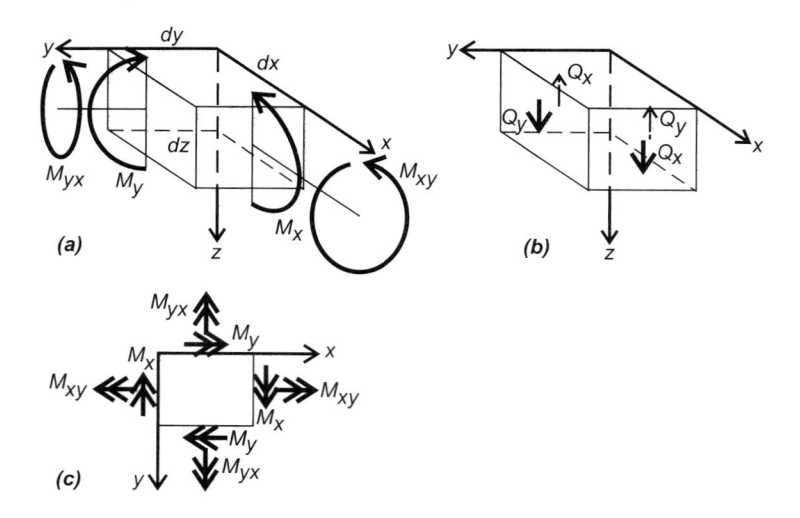

Fig. 9.8 - *(a) Momentos fletores e volventes em um elemento de placa, (b) esforços cortantes e (c) representação dos momentos em planta (esforços indicados: convencionados positivos)*

9.2.5 Método das Diferenças Finitas

Como mencionado no item 8.2.5, no Método das Diferenças Finitas substitui-se a equação diferencial da deformada da placa por um sistema de equações algébricas que relaciona o deslocamento de um ponto aos deslocamentos de pontos vizinhos. Na placa, é imaginada uma malha em cujos cruzamentos estão os pontos em estudo (Fig. 9.9). A primeira formulação do método se deve a Allen e Severn (1960, 1961, 1963).

Para a transformação da equação diferencial em uma equação de diferenças finitas, as derivadas de w são substituídas, de forma aproximada, por funções dos deslocamentos dos nós da malha (w_k no ponto genérico k). Usando-se uma interpolação com operadores centrais, obtém-se:

$$\left(\frac{\partial w}{\partial x}\right)_k = \frac{\Delta w_k}{\Delta x} = \frac{w_{k+1} - w_{k-1}}{2\Delta x} \tag{9.19a}$$

$$\left(\frac{\partial w}{\partial y}\right)_k = \frac{\Delta w_k}{\Delta y} = \frac{w_i - w_l}{2\Delta y} \tag{9.19b}$$

$$\left(\frac{\partial^2 w}{\partial x \, \partial y}\right)_k = \frac{\Delta^2 w_k}{\Delta x \, \Delta y} = \frac{w_{i+1} - w_{i-1} - w_{l+1} + w_{l-1}}{4\Delta x \, \Delta y} \tag{9.19c}$$

$$\left(\frac{\partial^2 w}{\partial x^2}\right)_k = \frac{\Delta^2 w_k}{\Delta x^2} = \frac{w_{k+1} - 2w_k + w_{k-1}}{\Delta x^2} \tag{9.19d}$$

$$\left(\frac{\partial^2 w}{\partial y^2}\right)_k = \frac{\Delta^2 w_k}{\Delta y^2} = \frac{w_i - 2w_k + w_l}{\Delta y^2} \tag{9.19e}$$

$$\left(\frac{\partial^3 w}{\partial x^3}\right)_k = \frac{\Delta^3 w_k}{\Delta x^3} = \frac{w_{k+2} - 2w_{k+1} + 2w_{k-1} - w_{k-2}}{2\Delta x^3} \tag{9.19f}$$

$$\left(\frac{\partial^3 w}{\partial y^3}\right)_k = \frac{\Delta^3 w_k}{\Delta y^3} = \frac{w_h - 2w_i + 2w_l - w_m}{2\Delta y^3} \tag{9.19g}$$

$$\left(\frac{\partial^4 w}{\partial x^2 \, \partial y^2}\right)_k = \frac{\Delta^4 w_k}{\Delta x^2 \, \Delta y^2} = \frac{4w_k - 2(w_{k+1} + w_{k-1} + w_l + w_i) + (w_{i-1} + w_{i+1} + w_{l+1} + w_{l-1})}{\Delta x^2 \, \Delta y^2} \tag{9.19h}$$

$$\left(\frac{\partial^4 w}{\partial x^4}\right)_k = \frac{\Delta^4 w_k}{\Delta x^4} = \frac{w_{k+2} - 4w_{k+1} + 6w_k - 4w_{k-1} + w_{k-2}}{\Delta x^4} \tag{9.19i}$$

$$\left(\frac{\partial^4 w}{\partial y^4}\right)_k = \frac{\Delta^4 w_k}{\Delta y^4} = \frac{w_m - 4w_l + 6w_k - 4w_i + w_h}{\Delta y^4} \tag{9.19j}$$

A equação diferencial da placa (9.4) se transforma (incluindo uma sobrecarga uniforme p) em:

$$\frac{\Delta^4 w_k}{\Delta x^4} + \frac{2\Delta^4 w_k}{\Delta x^2 \Delta y^2} + \frac{\Delta^4 w_k}{\Delta y^4} = \frac{p_k}{D} - \frac{k_v \, w_k}{D} \quad (9.20)$$

Fazendo:

$$\frac{\Delta y^2}{\Delta x^2} = \alpha$$

tem-se:

$$w_k(6(\alpha + \frac{1}{\alpha}) + 8) - 4\left[(1+\alpha)(w_{k+1} + w_{k-1}) + (1 + \frac{1}{\alpha})(w_l + w_i)\right] + 2(w_{i-1} + w_{l-1} + w_{l+1} + w_{i+1}) +$$
$$+ \alpha(w_{k+2} + w_{k-2}) + \frac{1}{\alpha}(w_m + w_h) = p_k \alpha \frac{\Delta x^4}{D} - k_v \, w_k \, \alpha \, \frac{\Delta x^4}{D} \quad (9.21)$$

Essa expressão é válida para um ponto k distante das bordas da placa, como mostrado no trecho de malha interno à placa na Fig. 9.9a e como visto no esquema da Fig. 9.10h. Na Fig. 9.10h, os termos chamados de X seguidos de um número são os coeficientes que multiplicam os deslocamentos w_k, w_{k+1} etc. da Eq. (9.21) acima (o coeficiente de w_k é $6(\alpha+1/\alpha)+8$, p. ex.). Esses coeficientes são úteis para efeito de programação do método e são apresentados na Tab. 9.1, multiplicados por $1/r^2$, sendo $r = \Delta x / \Delta y$.

Se $\Delta x = \Delta y = s$, a Eq. (9.21) se simplifica em:

$$20 w_k - 8(w_{k+1} + w_{k-1} + w_l + w_i) + 2(w_{i-1} + w_{l-1} + w_{l+1} + w_{i+1}) +$$
$$+ (w_{k+2} + w_{k-2} + w_m + w_h) = p_k \frac{s^4}{D} - k_v \, w_k \, \frac{s^4}{D} \quad (9.22)$$

Para pontos da placa próximos das suas bordas, os nós vizinhos se situariam fora do domínio da placa, conforme mostrado na Fig. 9.9a. Para contornar esse problema, há duas alternativas: (a) adotar pontos fictícios fora da placa (Fig. 9.9b) ou (b) adotar outras expressões no lugar de (9.21) com derivadas para a frente e para trás, que não requerem pontos fora da placa.

Na primeira alternativa, devem-se buscar mais equações, uma vez que se tem um maior número de incógnitas. Essas equações adicionais são dadas pelas condições de contorno de Kirchhoff associadas a uma placa retangular, de dimensões L_x e L_y, com as bordas livres, que são:

(a) bordas paralelas ao eixo dos y

$$M_x(0,y) = M_x(L_x,y) = 0$$

$$V_x = Q_x - \frac{\partial M_{xy}}{\partial y} = 0 \quad \text{para} \quad x=0 \quad e \quad x=L_x$$

(b) bordas paralelas ao eixo dos x

$$M_y(x,0) = M_y(x,L_y) = 0$$

$$V_y = Q_y - \frac{\partial M_{xy}}{\partial x} = 0 \quad \text{para} \quad y=0 \quad e \quad y=L_y$$

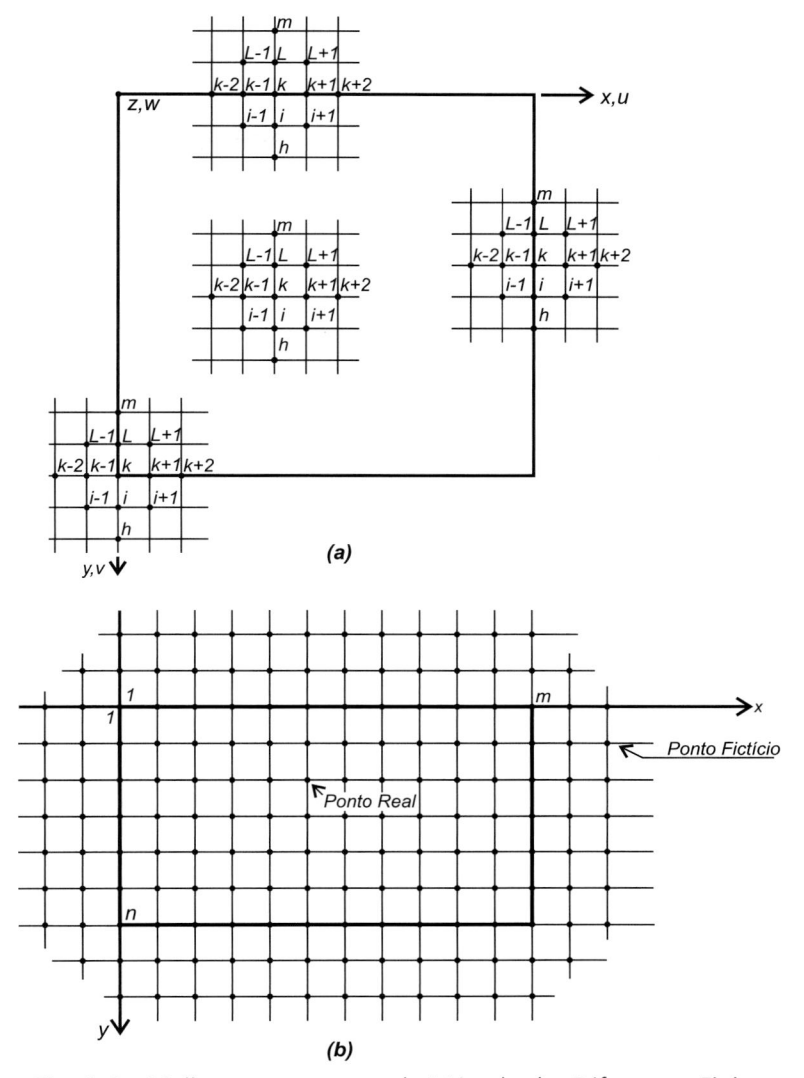

Fig. 9.9 - Malha para emprego do Método das Diferenças Finitas

Adicionalmente, têm-se as condições de reações nulas nos cantos das placas:

$$\frac{\partial^2 w}{\partial x \partial y} = 0 \qquad \begin{array}{ll} para\ x = 0 & y = 0 \\ para\ x = Lx & y = 0 \\ para\ x = 0 & y = Ly \\ para\ x = Lx & y = Ly \end{array}$$

Considerando uma malha de $m \times n$ pontos nodais (Fig. 9.9b), tem-se um total de $(mn + 4m + 4n + 4)$ incógnitas (que são os deslocamentos w_k dos pontos reais e fictícios). Pelas equações aplicadas aos pontos da malha longe das bordas da placa, obtêm-se $m \times n$ equações. Considerando as condições de contorno de Kirchhoff de momentos fletores M_x e M_y, e forças V_x e V_y nulos, têm-se quatro $(m + n)$ equações adicionais. As quatro equações remanescentes são obtidas através da condição de reação nula nos cantos da placa. A partir desse conjunto de equações, os deslocamentos w_k podem ser obtidos pela resolução do sistema assim gerado.

Na segunda alternativa, os deslocamentos dos pontos da placa são relacionados a pontos apenas no domínio da placa, resultando, portanto, num sistema de $m \times n$ equações. Esse processo é descrito por Bowles (1974), e as equações para pontos próximos ou sobre as bordas da placa estão indicadas na Fig. 9.10 e seus coeficientes, na Tab. 9.1.

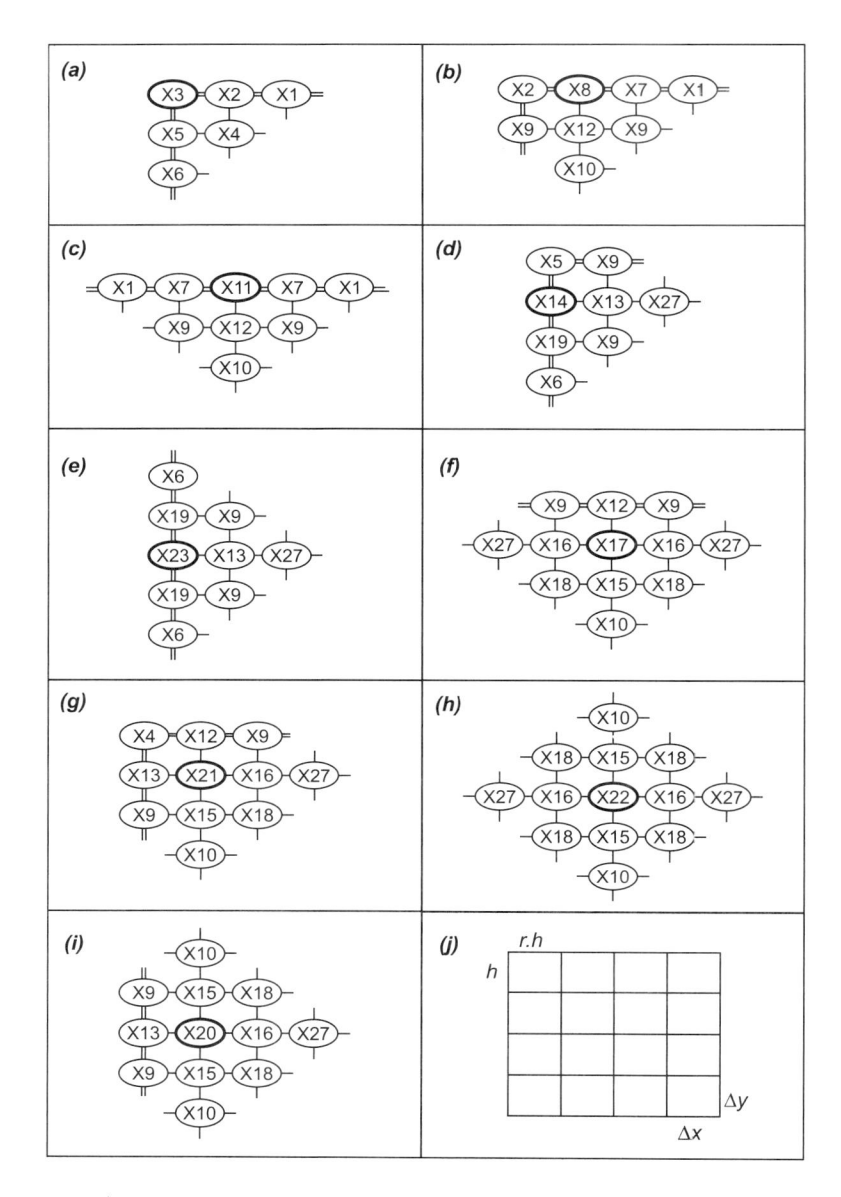

Fig. 9.10 - *Esquema das equações para pontos em diferentes posições da placa e identificação dos coeficientes de deslocamento (Bowles, 1974)*

Nas deduções feitas até o momento, admitiu-se que a carga externa atuante em toda a placa é um carregamento distribuído de valor p (com dimensão FL^{-2}). Quando a carga aplicada for concentrada em um ponto da placa, seus efeitos podem ser levados em consideração de maneira aproximada, substituindo-a por uma carga distribuída equivalente, como mostrado na Fig. 9.11a. Se a carga concentrada não atuar exatamente em um nó da placa, basta distribuí-la pelos nós vizinhos (Fig. 9.11b).

Tab. 9.1 - Coeficientes de deslocamento multiplicados por α ou $1/r^2$ (ver Fig. 9.10)

$X1 = \dfrac{1}{2r^4}\left(1-\nu^2\right)$	$X2 = -\dfrac{1}{r^4}\left(1-\nu^2\right) - \dfrac{2}{r^2}(1-\nu)$
$X3 = \dfrac{1}{2r^4}\left(1-\nu^2\right) + \dfrac{2}{r^2}(1-\nu) + \dfrac{1}{2}\left(1-\nu^2\right)$	$X4 = \dfrac{2}{r^2}(1-\nu)$
$X5 = -\dfrac{2}{r^2}(1-\nu) - \left(1-\nu^2\right)$	$X6 = \dfrac{1}{2}\left(1-\nu^2\right)$
$X7 = -\dfrac{2}{r^4}\left(1-\nu^2\right) - \dfrac{2}{r^2}(1-\nu)$	$X8 = \dfrac{5}{2r^4}\left(1-\nu^2\right) + \dfrac{4}{r^2}(1-\nu) + 1$
$X9 = \dfrac{1}{r^2}(2-\nu)$	$X10 = 1$
$X11 = \dfrac{3}{r^4}\left(1-\nu^2\right) + \dfrac{4}{r^2}(1-\nu) + 1$	$X12 = -\dfrac{2}{r^2}(2-\nu) - 2$
$X13 = -\dfrac{2}{r^4} - \dfrac{2}{r^2}(2-\nu)$	$X14 = \dfrac{1}{r^4} + \dfrac{4}{r^2}(1-\nu) + \dfrac{5}{2}\left(1-\nu^2\right)$
$X15 = -\dfrac{4}{r^2} - 4$	$X16 = -\dfrac{4}{r^4} - \dfrac{4}{r^2}$
$X17 = \dfrac{6}{r^4} + \dfrac{8}{r^2} + 5$	$X18 = \dfrac{2}{r^2}$
$X19 = -\dfrac{2}{r^2}(1-\nu) - 2\left(1-\nu^2\right)$	$X20 = \dfrac{5}{r^4} + \dfrac{8}{r^2} + 6$
$X21 = \dfrac{5}{r^4} + \dfrac{8}{r^2} + 5$	$X22 = \dfrac{6}{r^4} + \dfrac{8}{r^2} + 6$
$X23 = \dfrac{1}{r^4} + \dfrac{4}{r^2}(1-\nu) + 3\left(1-\nu^2\right)$	$X27 = \dfrac{1}{r^4}$ (obs.: ver r na Fig. 9.10j)

Incluindo a carga concentrada, a equação diferencial de flexão da placa, em termos de diferenças finitas, (9.20) passa a ser:

$$\frac{\Delta^4 w_k}{\Delta x^4} + \frac{2\Delta^4 w_k}{\Delta x^2 \Delta y^2} + \frac{\Delta^4 w_k}{\Delta y^4} = \frac{p_k}{D} - \frac{k_v\, w_k}{D} + \frac{P}{D\,\Delta x\,\Delta y} \qquad (9.23)$$

$$p = \frac{P}{\Delta x \, \Delta y} \qquad P_1 = P_2 = P_3 = P_4 = \frac{P}{4}$$

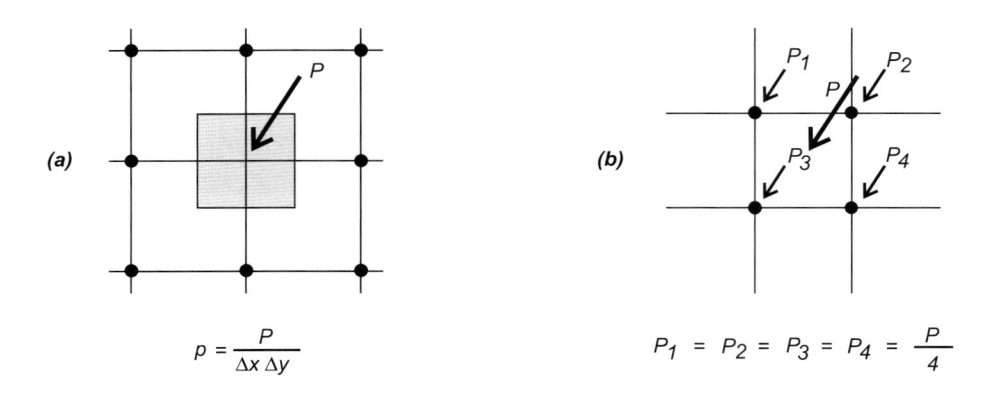

Fig. 9.11 - Formas de consideração de uma carga concentrada atuando na placa

Após o cálculo dos deslocamentos dos pontos da malha, é possível, empregando também equações de diferenças finitas centrais, calcular os esforços internos na placa. Pela teoria das placas, temos as seguintes equações diferenciais para momentos fletores e volventes e esforços cortantes (ver convenção de sinais na Fig. 9.8):

$$M_x = -D \left(\frac{\partial^2 w}{\partial x^2} + \nu \frac{\partial^2 w}{\partial y^2} \right) \tag{9.24}$$

$$M_y = -D \left(\frac{\partial^2 w}{\partial y^2} + \nu \frac{\partial^2 w}{\partial x^2} \right) \tag{9.25}$$

$$M_{yx} = -M_{xy} = -D(1-\nu) \frac{\partial^2 w}{\partial x \, \partial y} \tag{9.26}$$

$$Q_x = \frac{\partial M_x}{\partial x} + \frac{\partial M_{yx}}{\partial y} \tag{9.27}$$

$$Q_y = \frac{\partial M_y}{\partial y} - \frac{\partial M_{xy}}{\partial x} \tag{9.28}$$

Utilizando-se diferenças finitas, temos as seguintes expressões para os esforços internos em termos dos deslocamentos nodais para um ponto k genérico:

$$M_{x,k} = D \left(\frac{-w_{k+1} + 2w_k - w_{k-1}}{\Delta x^2} + \frac{\nu(-w_l + 2w_k - w_i)}{\Delta y^2} \right) \tag{9.29}$$

$$M_{y,k} = D \left(\frac{-w_l + 2w_k - w_i}{\Delta y^2} + \frac{\nu(-w_{k+1} + 2w_k - w_{k-1})}{\Delta x^2} \right) \tag{9.30}$$

$$M_{xy,k} = \frac{D(1-\nu)}{4 \Delta x \, \Delta y} (w_{l+1} - w_{l-1} - w_{i+1} + w_{i-1}) \tag{9.31}$$

$$Q_{x,k} = \frac{M_{x,k+1} - M_{x,k-1}}{2 \Delta x} + \frac{M_{yx,i} - M_{yx,l}}{2 \Delta y} \tag{9.32}$$

$$Q_{y,k} = \frac{M_{y,l} - M_{y,i}}{2 \Delta y} - \frac{M_{xy,k+1} - M_{xy,k-1}}{2 \Delta x} \tag{9.33}$$

As pressões de contato podem ser obtidas facilmente através da Hipótese de Winkler:

$$q_k = k_v \; w_k \tag{9.34}$$

Os esforços obtidos são expressos por unidade de largura, sendo os cortantes com dimensão FL^{-1} (p. ex., em kN/m) e os momentos fletores com dimensão FLL^{-1} (p. ex., em kNm/m).

Mais detalhes sobre o método e sua programação podem ser vistos em Bowles (1974), Cheung (1977), Selvadurai (1979) e Santos (1987).

9.2.6 Método dos Elementos Finitos

O Método dos Elementos Finitos é normalmente utilizado por meio de programas comerciais. São utilizados programas para análise linear bi e tridimensional de estruturas, preferencialmente com elementos de placa disponíveis e com possibilidade de apoio elástico.

Para análise do *radier*, um modelo bastante simples consiste no uso de elementos de placa para representar o *radier*, e de molas ou apoios elásticos para representar o solo (Fig. 9.12a). Um segundo modelo de cálculo utiliza elementos de placa ou sólidos para representar o *radier*, e elementos sólidos para representar o solo (Fig. 9.12b). É um modelo bem mais complexo, que permite levar em conta a heterogeneidade espacial do solo.

Comparado a diferenças finitas, um modelo de elementos finitos apresenta maiores possibilidades de acompanhar uma geometria mais complicada da placa (não só em planta, mas também em termos de espessuras) e uma variação do solo num plano horizontal. Caso elementos de placa não estejam disponíveis, um modelo em que faixas do *radier* são substituídas por elementos unidimensionais (tipo viga) conduz a um modelo de grelha, como aquele mostrado na Fig. 8.16.

Os resultados do MEF são influenciados pelo refinamento da malha e pelo tipo de elemento finito implantado no programa. Assim, o engenheiro deve procurar ganhar experiência com o programa, inicialmente analisando casos que têm solução por outros métodos.

Exemplos de aplicação do método podem ser vistos em Cheung e Nag (1968), Melo e Silva (1981) e Santos (1967). Segundo o A. C. I. (1988), as molas nas bordas da placa devem ter sua rigidez aumentada para compensar o fato de que no modelo de Winkler a placa causa recalques apenas sob ela, e não em sua vizinhança.

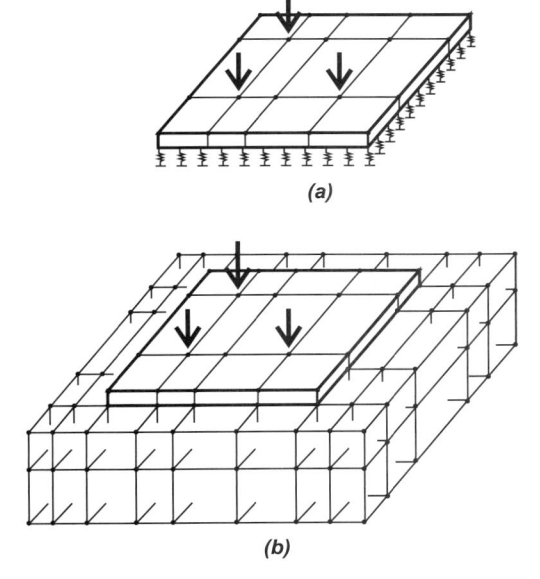

Fig. 9.12 - Possíveis modelos para análise de um radier pelo MEF

9.3 EXEMPLO DE FUNDAÇÃO EM *RADIER*

Para ilustrar a aplicação de *radier* na fundação de um edifício, apresentamos, na Fig. 9.13, as fundações do Hotel Meridien, no Rio de Janeiro. O edifício do hotel tem 40 pavimentos, incluindo 4 pavimentos de subsolo. O terreno no local é constituído basicamente por areia fina e média de compacidade crescente, com profundidade até cerca de 20,0 m, onde aparece solo residual de gnaisse. O nível d'água está a cerca de 2,0 m de profundidade. Como o projeto previa subsolos até a profundidade de 12,70 m, optou-se por uma fundação em *radier* em caixão, aproveitando-se o último nível de subsolo para uma cisterna. A tensão média aplicada pelo *radier* é da ordem de 500 kN/m² (0,5 MPa ou 5 kgf/cm²). Levando-se em conta a subpressão na base do *radier*, devida à submersão de cerca de 11,0 m, a tensão efetiva aplicada ao solo é da ordem de 400 kN/m². O subsolo foi executado por método convencional, sendo a escavação suportada por parede diafragma atirantada. A parede diafragma foi incorporada à estrutura do subsolo.

Outros exemplos podem ser vistos em Hemsley (2000).

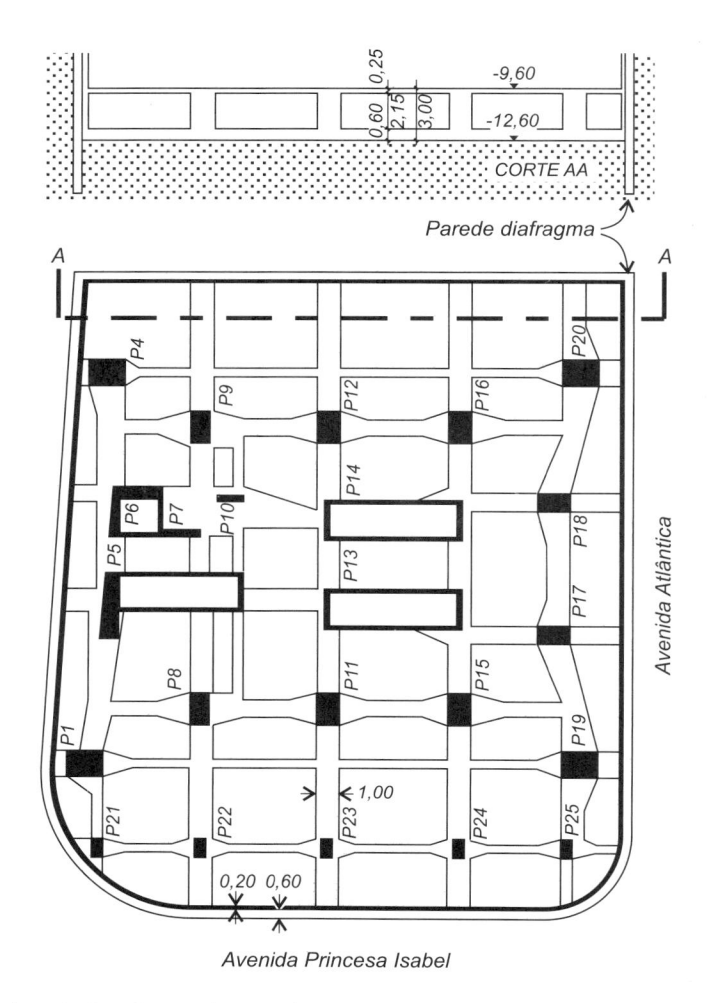

Fig. 9.13 - *Radier de fundação do Hotel Meridien, Rio de Janeiro (cortesia Projectum Enga.)*

REFERÊNCIAS

ALLEN, D. N. G.; SEVERN, R. T. The stresses in foundation rafts – I. *Proceedings of the Institution of Civil Engineers*, 1960. v. 15, p. 35-48.

ALLEN, D. N. G.; SEVERN, R. T. The stresses in foundation rafts – II. *Proceedings of the Institution of Civil Engineers*, 1961. v. 20, p. 293-304.

ALLEN, D. N. G.; SEVERN, R. T. The stresses in foundation rafts – III. *Proceedings of the Institution of Civil Engineers*, 1963. v. 25, p. 257-266.

AMERICAN CONCRETE INSTITUTE (A. C. I.). Suggested design procedures for combined footings and mats. Report by ACI Committee 436. *Journal of the A. C. I.*, p. 1041-1057, Oct. 1966.

AMERICAN CONCRETE INSTITUTE (A. C. I.). Suggested analysis and design procedures for combined footings and mats. Report by ACI Committee 336, *Journal of the A.C.I.*, p. 304-324, May-June, 1988.

BAKER, A. L. L. *Raft foundations*. 3. ed. London: Concrete Publications Ltd., 1957.

BERBERIAN, D. *Análise de placas circulares sobre base elástica*. Tese M. Sc. COPPE-UFRJ, Rio de Janeiro, 1972.

BEYER, K. *Die Statik in Stahlbetonbau*. Berlin: Springer Verlag, 1956.

BOWLES, J. E. *Analytical and computer methods in foundation engineering*. New York: McGraw-Hill Book Co., 1974.

BROWN, P. T. Numerical analyses of uniformly loaded circular rafts on elastic layers of finite depth. *Geotechnique*, v. 19, p. 301-306, 1969a.

BROWN, P. T. Numerical analyses of uniformly loaded circular rafts on deep elastic foundations. *Geotechnique*. v. 19, p. 399-404, 1969b.

CHEUNG, Y. K. Beams, slabs and pavements. In: DESAI, C. S.; CHRISTIAN, J. T. (ed.). *Numerical methods in geotechnical engineering*. New York: McGraw-Hill Book Co., 1977. Chap. 5.

CHEUNG, Y. K.; NAG, D. K. Plates and beams on elastic foundations – linear and non-linear behaviour. *Geotechnique*, v.. 18, n. 2, p. 250-260, 1968.

GRASSHOFF, H. *Das steife bauwerk auf nachgiebigem untergrund*. Berlin: W. Ernst und Sohn, 1966.

HEMSLEY, J. A. *Elastic analysis of raft foundations*. London: Thomas Telford, 1998.

HEMSLEY, J. A. (Ed.). *Design applications of raft foundations*. London: Thomas Telford, 2000.

HETENYI, M. *Beams on elastic foundation*. Ann Arbour: University of Michigan Press, 1946.

HIRSCHFELD, K. *Baustatik*. Berlin: Springer Verlag, 1959.

KANY, M. *Berechnung von Flachengründungen*. Berlin: W. Ernst und Sohn, 1959.

MELO, C. E.; SILVA, L. T. G. Comparative analysis of four methods for the design of mats. *Solos e Rochas*, v. 4, n. 2, 1981.

SANTOS, M. J. C. *Contribuição ao projeto de fundações em radier*, Tese M.Sc. COPPE-UFRJ, Rio de Janeiro, 1987.

SHERIF, G.; KONING, G. *Platten und balken auf nachgiebigen baugrund*. Berlin: Springer Verlag, 1975.

SCHLEICHER, F. *Kreisplatten auf Elastischer Unterlage*. Berlin: Julius Springer, 1926.

SCOTT, R. F. *Foundation analysis*. Englewood Cliffs: Prentice-Hall, 1981.

SELVADURAI, A. P. S. *Elastic analysis of soil-foundation interaction*. Amsterdam: Elsevier, 1979.

TENG, W. C. Mat foundations. In: WINTERKORN, H. F.; FANG, H. Y. (Ed.). *Foundation engineering handbook*. New York: Van Nostrand Reinhold Co., 1975.

TIMOSHENKO, S. P.; WOINOWSKY-KRIEGER, S. *Theory of plates and shells*. New York: McGraw-Hill Book Co., 1959.

VLASOW, V. Z.; LEONTIEV, U. N. *Beams, plates and shells on elastic foundations*. Jerusalem: Israel Program for Scientific Translations, 1966.

ZEEVAERT, D. *Foundation engineering for difficult subsoil conditions*. New York: Van Nostrand Reinhold Co., 1972.

Capítulo 10

INTRODUÇÃO ÀS FUNDAÇÕES PROFUNDAS

Este capítulo apresenta algumas definições e classificações das fundações profundas, com um breve histórico do desenvolvimento das fundações em estacas.

10.1 CONCEITOS E DEFINIÇÕES

Definições da Norma Brasileira

No Cap. 2, o conceito de fundação profunda já foi estabelecido, conforme a norma NBR 6122: a fundação profunda transmite a carga ao terreno pela base (resistência de ponta), por sua superfície lateral (resistência de fuste) ou por uma combinação das duas, e está assente em profundidade superior ao dobro de sua menor dimensão em planta e, no mínimo, a 3 m. Nesse tipo de fundação incluem-se as estacas, os tubulões e os caixões. Ainda segundo a norma, as estacas distinguem-se dos tubulões e caixões pela execução apenas por equipamentos ou ferramentas, sem descida de operário em seu interior em nenhuma fase. A diferença entre tubulão e caixão está na geometria: o primeiro é cilíndrico e o último, prismático.

A norma reconhece a execução no País dos seguintes tipos de estacas: de madeira, de concreto pré-moldado e de aço cravadas (por percussão, prensagem ou vibração), estaca tipo Strauss, tipo Franki, estaca escavada (sem revestimento, com revestimento de aço – provisório ou perdido – e com escavação estabilizada por fluido), estaca raiz, microestaca injetada e estaca hélice.

Classificação das Estacas

As fundações em estacas podem ser classificadas segundo diferentes critérios. De acordo com o material, podem ser classificadas em estacas (i) de madeira, (ii) de concreto, (iii) de aço e (iv) mistas. De acordo com o processo executivo, as estacas podem ser separadas segundo o efeito no solo (ou tipo de deslocamento) que provocam ao serem executadas e são classificadas como:
 a. "de deslocamento", onde estariam as estacas cravadas em geral, uma vez que o solo no espaço que a estaca vai ocupar é deslocado (horizontalmente), e
 b. "de substituição", onde estariam as estacas escavadas em geral, uma vez que o solo no espaço que a estaca vai ocupar é removido, causando algum nível de redução nas tensões horizontais geostáticas.

Em alguns processos de estacas escavadas, em que não há praticamente remoção de solo e/ou, na ocasião da concretagem, são tomadas medidas para restabelecer as tensões geostáticas (ao menos parcialmente), estas estacas podem ser classificadas numa categoria intermediária, que chamamos de "sem deslocamento".

Essa terminologia segue a norma inglesa de fundações (Code of Practice CP 2004:1972) que classifica as estacas em dois grandes grupos: *displacement piles* e *replacement piles*.

A Tab. 10.1 procura situar nas categorias acima os principais tipos de estaca executados no País. As estacas hélice contínua estão classificadas em duas categorias, uma vez que, dependendo de haver remoção ou não de solo durante sua execução, elas podem se aproximar de uma estaca escavada ou de uma estaca cravada (quando são chamadas de "estacas hélice de deslocamento").

Tab. 10.1 – Tipos de estacas

Tipo de execução		Estacas
De deslocamento	Grande	(i) Madeira, (ii) pré-moldadas de concreto, (iii) tubos de aço de ponta fechada, (iv) tipo Franki, (v) microestacas injetadas
	Pequeno	(i) Perfis de aço, (ii) tubos de aço de ponta aberta (desde que não haja embuchamento na cravação), (iii) estacas hélice especiais ("estacas hélice de deslocamento")
Sem deslocamento		(i) Escavadas com revestimento metálico perdido que avança à frente da escavação, (ii) estacas raíz
De substituição		(i) Escavadas sem revestimento ou com uso de lama, (ii) tipo Strauss, (iii) estacas hélice contínua em geral

Apresenta-se também a classificação clássica de Terzaghi e Peck (1967), segundo a qual as estacas podem ser agrupadas em três tipos:

- Estacas de atrito em solos granulares muito permeáveis: transferem a maior parte da carga por atrito lateral. O processo de cravação dessas estacas, próximas entre si, em grupos, reduz especialmente a porosidade e a compressibilidade do solo dentro e em torno do grupo. Consequentemente, as estacas desta categoria são, algumas vezes, chamadas *estacas de compactação*.
- Estacas de atrito em solos finos de baixa permeabilidade: também transferem ao solo as cargas que lhes são aplicadas pelo atrito lateral, porém não produzem compactação apreciável do solo. Fundações suportadas por estacas deste tipo são comumente conhecidas como *fundações em estacas flutuantes*.
- Estacas de ponta: transferem as cargas a uma camada de solo resistente situada a uma profundidade considerável abaixo da base da estrutura.

10.2 BREVE HISTÓRICO

O emprego de fundações em estacas remonta à pré-história, com a construção de palafitas. No livro de Straub (1964) sobre a história da Engenharia Civil, encontram-se algumas passagens que ilustram a utilização das estacas no passado, transcritas a seguir.

Na construção de estradas, "em regiões pantanosas ou em regiões em que os materiais rochosos eram escassos, os romanos recorriam a passadiços de madeira apoiados em estacas". Nas fundações de pontes, conforme descrição de Vitruvius (*De architecture libri decem*):

> Se o terreno firme não puder ser encontrado e o terreno for pantanoso ou fofo, o local deve ser escavado, limpo e estacas de amieiro, oliveira ou carvalho, previamente chamuscadas, devem ser cravadas com uma máquina, tão próximas umas das outras quanto possível, e os vazios entre estacas cheios com cinzas. A fundação mais pesada pode ser assentada em uma tal base.

Na Idade Média, o dominicano Fra Giocondo (1433-1515) sugere, na reconstrução da Ponte della Pietra, Verona, a proteção da fundação de um pilar no meio do rio por meio de uma cortina de estacas-prancha. Esse mesmo construtor utiliza estacas na fundação da ponte de Rialto, Veneza. Para Straub,

> Embora a famosa ponte, familiar a todos os visitantes de Veneza, não tenha dimensões extraordinárias (vão de 28,5 m e altura de 6,4 m), os detalhes técnicos são de interesse. Os encontros, formando camadas inclinadas de alvenaria, são adaptados à direção do empuxo do arco e o estaqueamento é adequadamente disposto. Durante a execução das fundações, o local foi mantido mais ou menos livre da água com o uso de muitas bombas (*con uso di molte trombe*). Quando as fundações estavam completamente terminadas, sua estabilidade foi posta em dúvida pelos céticos. Em particular, o mestre responsável foi repreendido por ter usado estacas muito curtas ou estacas insuficientemente cravadas. Foi feita uma investigação durante a qual o mestre teve oportunidade de mostrar que as estacas estavam corretamente cravadas. Uma testemunha atestou que as estacas foram cravadas até uma penetração não maior que 2 dedos para 24 golpes.

Em 1485, o italiano Leon Bathista Alberti publica um tratado de construção, *De re aedificatoria*, com algumas especificações referentes às estacas: a largura do estaqueamento deve ser igual ao dobro da largura da parede a ser suportada; o comprimento das estacas não deve ser menor de 1/8 da altura da parede e o diâmetro não deve ser menor de 1/12 do comprimento das estacas.

No final do século XVIII o engenheiro francês Jean Rodolphe Perronet, responsável pela construção das famosas pontes de Neuilly e da Concórdia sobre o Sena, publicou um ensaio "Sur les pieux et sur les pilots ou pilotis" no qual se encontram, além de regras práticas sobre comprimento, seção transversal, espaçamento e qualidade das estacas, algumas indicações sobre a resistência à cravação:

> As estacas devem ser cravadas até que a penetração para os últimos 25 a 30 golpes não seja maior que 1/12 a 1/6 de polegada ou 1/2 polegada no caso das estacas menos carregadas. A força de cravação do martelo é proporcional à altura de queda, porém não se ignora como é difícil estabelecer matematicamente alguma relação entre as forças mortas (forças estáticas) e as forças vivas.

Percebia já o ilustre engenheiro as dificuldades em estabelecer uma "fórmula dinâmica". Sobre a evolução dos bate-estacas,

> Robert Stephenson foi o primeiro a substituir o antigo martelo por um martelo a vapor, durante a execução das fundações da grande ponte ferroviária sobre o rio Tyne entre Newcastle e Grateshead em 1846. Com o auxílio do martelo a vapor ele conseguiu cravar estacas de 10 m de comprimento em 4 minutos, o que permitiu uma aceleração considerável nos trabalhos.

Em Costet e Sanglerat (1969), encontramos a notícia de que as primeiras estacas de concreto armado foram utilizadas por Hennebique, em 1897, nas fundações das usinas Babcok-Wilcox.

Atualmente, a construção das estruturas *offshore* para exploração de petróleo trouxe um espetacular desenvolvimento às fundações em estacas. Por exemplo, na plataforma Congnac, no Golfo do México, foram utilizadas estacas tubulares de aço com 2,13 m de diâmetro, pesando cerca de 500 tf. A necessidade de utilização de estacas com essas dimensões obrigou a um desenvolvimento paralelo dos bate-estacas, dos meios de controle etc.

10.3 PRINCIPAIS PROCESSOS DE EXECUÇÃO E SEUS EFEITOS

Conforme visto no item 10.1, as estacas cravadas em geral, sejam pré-moldadas ou moldadas *in situ* após a cravação de um tubo de ponta fechada, são classificadas como *de grande deslocamento*. No outro extremo estariam as estacas escavadas, em que não há uma redução nas tensões no solo e mesmo pequenos deslocamentos para o interior da escavação. Vamos discutir os efeitos desses dois processos extremos no solo que circunda a estaca.

10.3.1 Estacas Cravadas

As estacas cravadas em solos granulares, pouco a medianamente compactos, causam uma densificação ou aumento na compacidade desses solos na medida em que o volume da estaca, introduzido no terreno, acarreta uma redução do índice de vazios (Fig. 10.1a). Esse efeito é benéfico do ponto de vista do comportamento da estaca (obtém-se uma maior capacidade de carga e menores recalques do que se o solo fosse mantido em seu estado original)[1]. Se o solo já estiver muito compacto, a introdução da estaca não causará mais aumento de compacidade

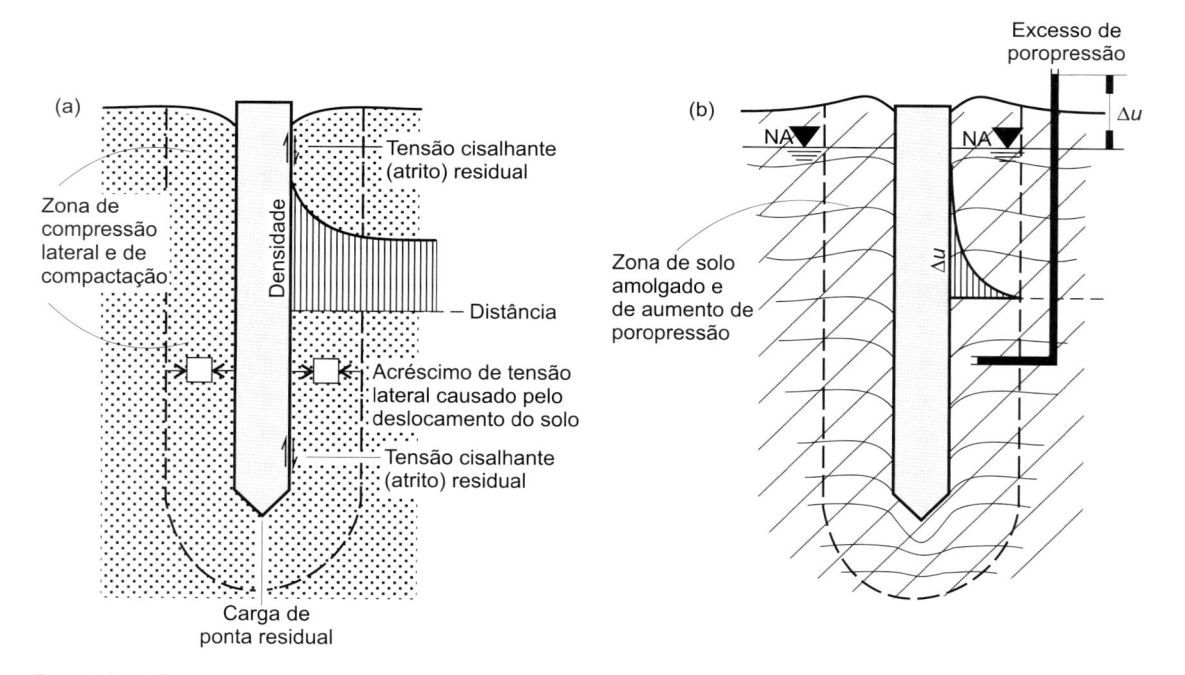

Fig. 10.1 – Efeitos da cravação de estaca sobre o terreno: (a) em areia e (b) em argila saturada (Vesic, 1977)

---

1. Um estudo dos efeitos da cravação de estacas em solos granulares pode ser visto em Alves (1998; tb. Alves e Lopes, 2001).

mas deslocamento do solo, o que poderá, eventualmente, ser danoso para outras estacas ou estruturas já executadas. Como os solos granulares são muito permeáveis, esses efeitos ocorrem praticamente durante o processo de execução; em areias finas ou solos arenosos siltosos ou argilosos, algum excesso de poropressão pode ocorrer durante o processo de cravação, e a dissipação desses excessos ocorrerá após a execução da estaca, completando o processo de densificação do solo descrito.

Estacas cravadas em solos argilosos saturados, devido à baixa permeabilidade desses solos, causam – num primeiro momento – um deslocamento do solo praticamente igual ao volume da estaca. Na região afetada há um aumento nas poropressões (especialmente nas argilas normalmente adensadas ou pouco sobreadensadas) e um amolgamento do solo (Fig. 10.1b). Após a execução da estaca, os excessos de poropressão dissipam-se num processo de adensamento radial (fluxo de água da estaca para o restante da massa de solo ou, eventualmente, do solo para a estaca se esta for de madeira ou concreto poroso) e há uma recuperação parcial da estrutura do solo chamada *recuperação tixotrópica*. Se o solo for pouco sensível e, portanto, sem uma perda considerável de resistência pelo amolgamento, o adensamento – que tem um efeito benéfico, pois causa uma redução no índice de vazios e um aumento nas tensões efetivas – pode compensar o efeito do amolgamento e tem-se, ao final do processo, um solo melhorado. Se o solo for muito sensível, pode-se ter, ao final desse processo de dissipação dos efeitos de instalação, um solo enfraquecido e até mesmo com um abatimento em torno da estaca. (Não se tem notícia da ocorrência desse caso extremo no Brasil, onde não ocorrem argilas de elevada sensibilidade.) A Fig. 10.2 apresenta gráficos do índice de vazios *versus* resistência não drenada de uma argila junto ao fuste de uma estaca cravada. A Fig. 10.2a mostra que, durante o processo de cravação, a resistência pode se reduzir do ponto A (argila intacta) para C (parcialmente amolgada), seguindo uma horizontal, já que esse processo se dá a volume constante. Após o término da cravação haverá um adensamento, que levaria o índice de vazios e a resistência para o ponto D; entretanto, com a recuperação tixotrópica, a resistência final pode corresponder ao ponto E. As Figs. 10.2b e 10.2c apresentam gráficos semelhantes para duas argilas, uma

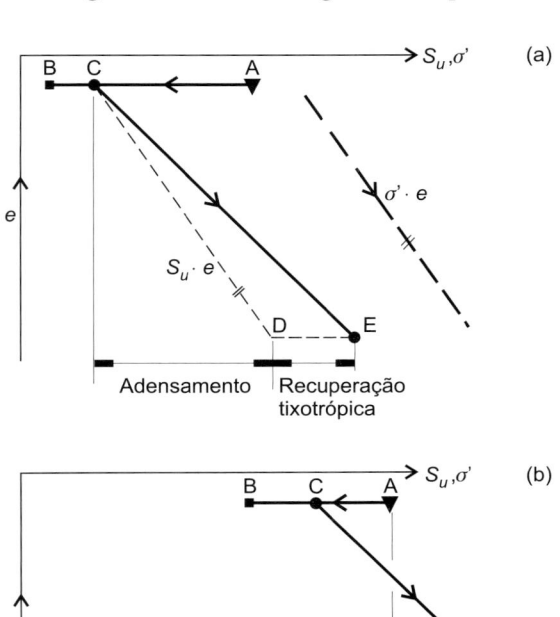

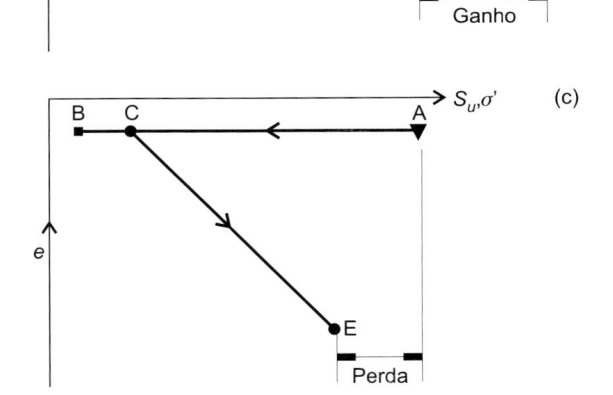

A- não amolgado   C- imediatamente após cravação
B- totalmente amolgado   D- longo prazo

Fig. 10.2 – *Efeito da cravação de uma estaca em argila: (a) amolgamento parcial seguido de recuperação tixotrópica; (b) idem, para uma argila pouco sensível; (c) idem, para uma argila muito sensível (Lopes, 1979)*

pouco sensível e outra muito sensível, mostrando que, ao final do processo de dissipação dos efeitos de instalação, pode-se ter um solo melhorado ou prejudicado pela cravação da estaca. A questão dos efeitos de instalação e posterior recuperação da resistência do solo junto à estaca com o tempo está no item 12.2.2.

10.3.2 Estacas Escavadas

Estacas escavadas podem causar uma descompressão do terreno, que será maior ou menor, dependendo do tipo de suporte. Num extremo estariam as estacas escavadas sem suporte (o que só é possível em solos com alguma porcentagem de finos e acima do nível d'água), em que a descompressão é pronunciada. No outro extremo estariam as estacas escavadas com auxílio de camisas metálicas que avançam praticamente no mesmo nível que a ferramenta de escavação, em que o alívio é muito reduzido. No meio destes extremos estariam as estacas escavadas com auxílio de fluido ou lama estabilizante. Na Fig. 10.3a estão os efeitos da execução de estacas escavada sobre o terreno, onde se observa uma região amolgada ou plastificada de pequena espessura e uma região maior, onde as tensões são reduzidas.

É interessante notar que o alívio não se processa instantaneamente, pois todos os processos que envolvem os solos incluem migração de água e comportamento viscoso (*creep*); assim, quanto menos tempo decorrer entre o término da escavação e a concretagem da estaca, menor a descompressão e, consequentemente, menor a deterioração das características do solo. Na Fig. 10.3b está a evolução das tensões horizontais e da umidade – junto ao fuste – com o tempo, em estaca escavada com auxílio de lama. Na fase de escavação, as tensões horizontais são reduzidas ao empuxo da lama (γ_l significando o peso específico da lama) e, após a concretagem, são devidas ao empuxo do concreto fresco (γ_c significando o peso específico do concreto fresco). Com o tempo, as tensões podem crescer ligeiramente. O gráfico de umidade (Fig. 10.3c) indica que, quanto menos tempo a escavação permanecer aberta, antes da concretagem, menor será o aumento de umidade do solo.

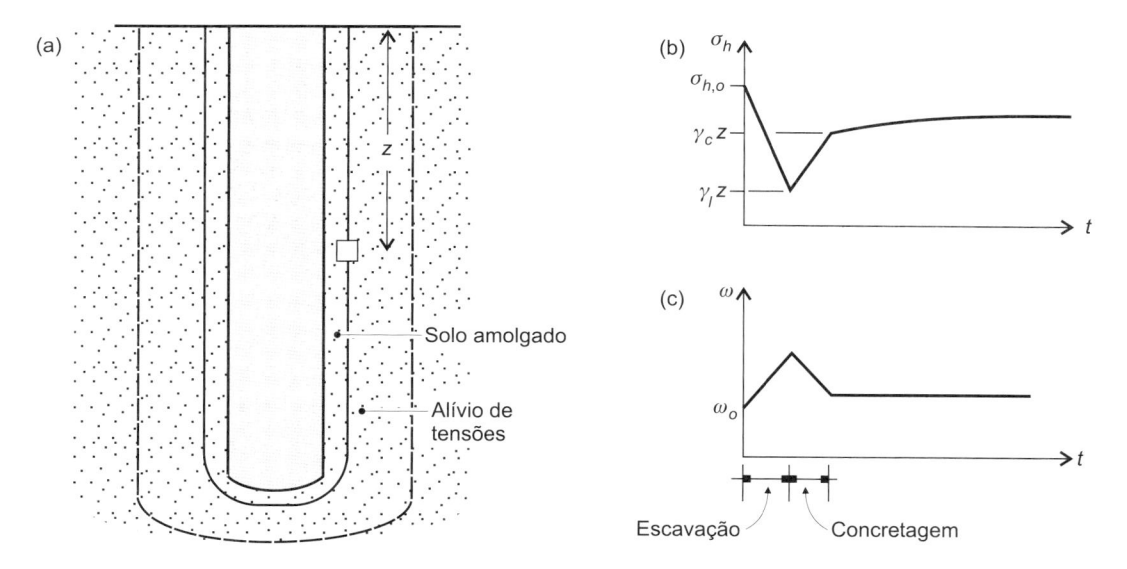

Fig. 10.3 – a) Efeitos da execução de estacas escavada sobre o terreno e evolução; (b) das tensões horizontais; (c) da umidade – junto ao fuste – com o tempo, em estaca escavada com lama

REFERÊNCIAS

ALVES, A. M. L. *Contribuição ao estudo de estacas de compactação em solos granulares*. 1998. Dissertação (Mestrado) - COPPE-UFRJ, Rio de Janeiro, 1998.

ALVES, A. M. L.; LOPES, F. R. *A contribution to the study of compaction piles in granular soils*. In: ICSMGE, 15., 2001, Istambul. Proceedings... Istanbul, 2001. v. 2, p. 1683-1686.

COSTET, J.; SANGLERAT, G. *Cours pratique de Mécanique des Sols*. Paris: Dunod, 1969.

LOPES, F. R. *The undrained bearing capacity of piles and plates studied by the Finite Element Method*. 1979. PhD Thesis – University of London, London, 1979.

STRAUB, H. *A history of Civil Engineering*. Cambridge: The M.I.T. Press, 1964.

TERZAGHI, K.; PECK, R. B. *Soil Mechanics in Engineering Practice*. 2. ed. New York: John Wiley & Sons, 1967.

VESIC, A. S. *Design of pile foundations*. Synthesis of Highway Practice 42, Transportation Research Board, National Research Council, Washington, 1977.

Capítulo 11

PRINCIPAIS TIPOS DE FUNDAÇÕES PROFUNDAS

Neste capítulo estão os principais processos de execução de estacas e tubulões empregados em nosso país.

11.1 ESTACAS DE MADEIRA

As estacas de madeira são constituídas por troncos de árvores, razoavelmente retilíneos, que têm uma preparação das extremidades (topo e ponta) para cravação, limpeza da superfície lateral e, caso sejam utilizadas em obras permanentes, um tratamento com produtos preservativos (Fig. 11.1).

No Brasil, as estacas de madeira são utilizadas, quase que exclusivamente, em obras provisórias. No passado, eram utilizadas em obras permanentes (o Teatro Municipal do Rio de Janeiro é um exemplo clássico). Na Europa e nos Estados Unidos elas são largamente empregadas em obras permanentes.

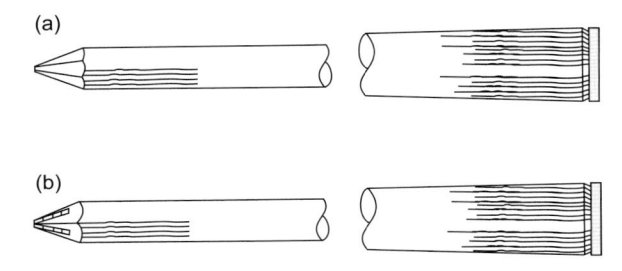

Fig. 11.1 – Estacas de madeira (a) sem e (b) com reforço da ponta (ponteira)

As estacas de madeira têm uma duração ilimitada quando mantidas permanentemente debaixo d'água. Sujeitas a alternâncias de secura e umidade, quase todas as madeiras são destruídas rapidamente (Costa, 1956; Tomlinson, 1994). Como vantagens, poderiam ser mencionadas a facilidade de manuseio, de corte e a preparação para a cravação e após a cravação.

De acordo com Tomlinson (1994), a madeira, para ser utilizada em estacas deve conservar o alburno, elemento que absorve bem o creosoto e outros preservativos, mas a casca deve ser removida.

Da preocupação de se manter em bom estado as estacas de madeira decorre que elas devem ser arrasadas, nas regiões onde o nível do lençol d'água está sujeito a variações, sempre abaixo do nível mínimo. Deve-se chamar a atenção para o fato de que o rebaixamento do lençol d'água para a execução de fundações e infraestruturas em terrenos vizinhos, ainda que temporário, pode comprometer a segurança de obras suportadas por estacas de madeira. Assim, a Companhia do Metropolitano do Rio de Janeiro teve cuidados especiais ao executar o trecho da galeria ao lado do Teatro Municipal.

Quanto à deterioração e preservação das estacas de madeira, Vargas (1955) ensina que

> A deterioração das estacas de madeira é devida a três causas principais: (a) ao apodrecimento que é produzido pela presença de vegetais, cogumelos ou fungos que vivem na madeira, (b) menos frequentemente, ao ataque por térmitas ou cupins, (c) por brocas marinhas entre as quais se incluem vários crustáceos e moluscos.

Os fungos destruidores da madeira são inúmeros, mas, entre os destruidores de estacas se destaca o grupo que ordinariamente produz a chamada podridão branca, porque destrói, preferencialmente, a lignina, liberando a celulose. Numa estaca de madeira, a parte mais sujeita ao apodrecimento é o alburno, que constitui a camada externa da estaca. Apodrecido o alburno, a seção da estaca fica reduzida e, assim, diminuída sua capacidade de carga. Entretanto, o apodrecimento não cessa na camada do alburno e prossegue pelo cerne até a inutilização completa da estaca. Daí a preferência que se dá às madeiras de maior resistência na parte do cerne. A duração de uma estaca está, portanto, condicionada à resistência do cerne da madeira.

O apodrecimento, isto é, o processo de deterioração da madeira pelo fungo só ocorre na presença de ar, de umidade e de temperatura favorável; a ausência de ar, no caso das estacas submersas, explica a duração indefinida das estacas cravadas abaixo do lençol d'água.

Os térmitas são de dois tipos: os subterrâneos e os aéreos ou de madeira seca. Os subterrâneos necessitam de umidade a qual lhes é dada pelo solo e atacam as estacas na sua parte enterrada, acima do nível d'água subterrâneo; os cupins aéreos não atacam as estacas. Poucas espécies de madeira são imunes aos cupins. Felizmente, os ataques de cupins em nosso país não constituem problema de importância.

As brocas marinhas perfuram as madeiras tanto para seu alimento como para deposição de larvas. Uma estaca de obra marinha atacada por brocas pode apresentar, exteriormente, somente alguns furos do tamanho de alfinete e, interiormente, estar completamente perfurada. Os animais marinhos que são, aliás, mais destrutivos que os outros, atacam a madeira mesmo abaixo do nível d'água.

As estacas de madeira não devem, em regra, ser utilizadas em obras terrestres sem tratamento, quando ficam inteiramente ou parcialmente acima do lençol d'água subterrâneo. Estacas de eucalipto, em condições favoráveis ao apodrecimento, têm uma vida média de, aproximadamente, 5 anos. É, portanto, necessário o emprego de preservativos nessas condições ou, então, o uso de madeiras mais resistentes.

Em obras marinhas, as estacas de madeira não devem ser utilizadas sem tratamento, em nenhuma condição.

Ao projetar um estaqueamento de madeira, em obra terrestre, sem tratamento preservativo, deve-se, sempre, cortar as estacas abaixo do nível d'água subterrâneo e levantar os blocos de amarração a partir dessa cota. É sempre conveniente verificar a probabilidade do abaixamento daquele nível d'água para que se tenha assegurada a imersão permanente das estacas.

Para a preservação das estacas, numerosos sais tóxicos de zinco, cobre, mercúrio etc., têm sido empregados na impregnação das madeiras. Todos, porém, são facilmente dissolvidos e arrastados pela água subterrânea, ou pela água do mar, em suas flutuações de nível.

O creosoto tem sido o material de melhores resultados nessa proteção. Para estacas a serem usadas no mar, a impregnação deve ser de cerca de 30 kg de creosoto por m^3 de madeira. Para estacas usadas em terra, basta a metade dessa quantidade.

As estacas devem ser secas ao ar antes do tratamento, que consiste em colocá-las em um grande cilindro onde são injetadas pelo preservativo com ajuda de um vácuo inicial, seguido de pressão que pode ir até 10 atm. O processo de impregnações em autoclave pode levar de 3 a 5 horas. Se se empregam preservativos salinos, o processo pode ser inteiramente a frio; no caso do creosoto, é necessário o aquecimento do líquido até 90°C.

Outros detalhes sobre estacas de madeira podem ser encontrados na obra de Chellis (1961), na qual, além de extenso capítulo sobre deterioração e preservação, são reproduzidas as especificações americanas mais importantes:

a. Standard Specifications for Round Timber Piles of the American Society for Testing Materials (D-25-37) and of the American Standards Association (ASA 06-1939).

b. Specifications for Driving Wood Piles of the American Railway Engineering Association, 1940.
c. Standard for the Purchase and Preservation of Forest Products Specification M1 of the American Wood-Preservers Association, 1954.
d. Standard for Preservative Treatment of Piles by Pressure Processes - All Timber Products - Specification of the American Wood-Preservers Association, 1960.
e. Standard for the Preservative Treatment of Piles by Pressure Processes - Specification C3 of the American Wood-Preservers Association, 1960.
f. Standard for Creosoted-Wood Foundation Piles - Specification C12 of the American Wood Preservers Association, 1954.
g. Standard for Pressure Treated Piles and Timber in Marine Construction - Specification C18 of the American Wood-Preservers Association, 1959.

Há as seguintes prescrições para estacas de madeira na norma brasileira NBR 6122:
- A ponta e o topo devem ter diâmetros maiores que 15 e 25 cm respectivamente, e um segmento de reta ligando os centros das seções de ponta e topo deve estar integralmente no interior da estaca.
- Os topos das estacas devem ser protegidos por amortecedores adequados para minimizar danos durante a cravação. Durante a cravação, se ocorrer algum dano na cabeça da estaca, a parte afetada deve ser cortada. Quando se tiver de penetrar ou atravessar camadas resistentes, as pontas devem ser protegidas por ponteira de aço.

A norma alemã DIN 4026 (*Rammpfähle: Herstellung, Bemessung und zulässige Belastung*), de 1975, fornece as seguintes especificações: (a) Flecha máxima: 1/300 do comprimento; (b) a redução de seção transversal entre a ponta e o topo deve ser uniforme com uma variação máxima de diâmetro entre 1 e 1,5 cm por metro; (c) o diâmetro médio (medido no meio do comprimento da estaca) deve satisfazer às condições da Tab. 11.1.

Tab. 11.1 – Relação entre comprimento e diâmetro de estacas de madeira (DIN 4026)

Comprimento L da estaca (m)	Diâmetro médio em cm (tolerância ± 2 cm)
< 6	25
⩾ 6	20 + L; L em m

Aparelhamento da estaca — toda a cortiça deve ser retirada, deixando-se o alburno. A ponta da estaca deve ser cortada em forma cônica, com uma altura de 1,2 vezes o diâmetro (caso de terrenos resistentes) a 2 vezes o diâmetro (caso de terrenos fracos). Sapatas de proteção (ou ponteiras) só serão utilizadas em casos especiais e devem ser solidamente fixadas à estaca. A cabeça da estaca deve ser protegida por um capacete ou simples anel. Em condições de difícil cravação, a cabeça da estaca pode ser danificada e ter-se-á de preparar uma nova. Uma estaca rachada é imprópria para a absorção de esforços.

Durabilidade — quando se exige uma longa duração da fundação, as estacas de madeira só podem ser empregadas desde que fiquem abaixo do limite de apodrecimento e não sejam atacadas por agentes agressivos à madeira. Estacas de madeira acima e na zona de variação do lençol d'água têm pequena duração, que pode ser aumentada quando as estacas são adequadamente protegidas e, assim, mantidas. Para essa proteção, devem-se utilizar apenas métodos que proporcionem uma proteção profunda.

Tab. 11.2 – Cargas e penetrações de estacas de madeira e pré-moldadas (DIN 4026)

	Penetração na camada resistente (m)	Carga admissível (kN)				
		Diâmetro da ponta (cm)				
Madeira		15	20	25	30	35
	3	100	150	200	300	400
	4	150	200	300	400	500
	5	—	300	400	500	600
	Penetração na camada resistente (m)	Lado da seção (cm)				
		20	25	30	35	40
Pré-moldada de concreto	3	200	250	350	450	550
	4	250	350	450	600	700
	5	—	400	550	700	850
	6	—	—	650	800	1000

Cargas admissíveis em estacas de madeira: como ordem de grandeza de cargas admissíveis, para orientação na elaboração de estudos e projetos, recomendam-se os valores da Tab. 11.2, válidos para estacas com um comprimento cravado mínimo de 5 m e desde que a camada resistente na qual esteja implantada a estaca seja areia compacta ou argila rija ao longo de uma espessura suficiente.

A norma NBR 6122 recomenda, para a definição da carga estrutural admissível, que seja considerada sempre a seção transversal mínima e adotada uma tensão admissível compatível com o tipo e a qualidade da madeira, conforme a NBR 7190.

11.2 ESTACAS METÁLICAS

As estacas metálicas ou estacas de aço são encontradas em diversas formas, desde perfis (laminados ou soldados) a tubos (de chapa calandrada e soldada ou sem costura)[1]. Entre os perfis laminados estão os trilhos, utilizados, em geral, depois de retirados das ferrovias (*trilhos usados*). Os perfis podem ser usados isolados ou associados (duplos ou triplos). A Fig. 11.2 mostra algumas das estacas mais utilizadas. Os tipos de aço mais utilizados seguem os padrões ASTM A36 (tensão de escoamento 250 MPa) e A572 Grau 50 (tensão de escoamento 345 MPa). Pode-se adicionar em sua composição uma percentagem de cobre, o que confere resistência à corrosão

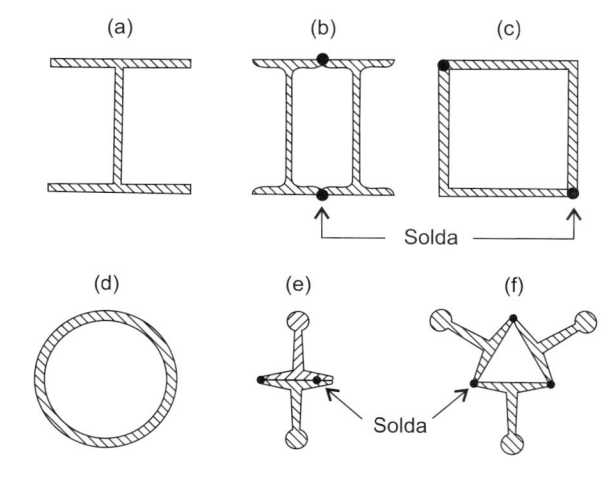

Fig. 11.2 – Estacas de aço (seções transversais): (a) perfil de chapas soldadas; (b) perfis I laminados, associados (duplo); (c) perfis tipo cantoneira, idem; (d) tubos; (e) trilhos associados (duplo); (f) idem (triplo)

---

1. No caso de perfis e tubos, devem-se preferir elementos feitos com chapas de espessura mínima de 10 mm, em função da perda de seção por corrosão.

11 Principais Tipos de Fundações Profundas

Tab. 11.3 – Estacas de perfis de aço mais utilizadas

Tipo de Estaca	Tipo / Dimensão	peso/metro (kgf/m)	Carga máx.(kN)
Trilhos usados	TR 25	24,6	200
$\sigma \cong 80\,\text{MPa}$	TR 32	32,0	250
	TR 37	37,1	300
	TR 45	44,6	350
(verificar grau de desgaste e	TR 50	50,3	400
alinhamento)	2 TR 32	64,0	500
	2 TR 37	74,2	600
	3 TR 32	96,0	750
	3 TR 37	111,3	900
Perfis I e H - Aço A36	I 8" (203 mm)	27,3	300
	I 10" (254 mm)	37,7	400
Descontados 1,5 mm para	I 12" (305 mm)	60,6	600
corrosão e aplicada	2 I 10"	75,4	800
$\sigma = 120\,\text{MPa}$	2 I 12"	121,2	1200
	H 6" (152 mm)	37,1	400
Perfis H - Aço A572	H 200 mm	46,1	700
	H 200 mm	59,0	1000
Descontados 1,5 mm e aplicada	H 250 mm	73,0	1200
$\sigma = 175\,\text{MPa}$	H 310 mm	93,0	1500
	H 310 mm	117,0	2000

σ = tensão de trabalho (adotada como 0,5 f_{yk} para peças novas)

atmosférica (aço tipo SAC ou "CORTEN"). A Tab. 11.3 apresenta cargas de serviço usuais para os perfis laminados mais utilizados (isolados e associados), considerando os dois tipos de aço (A36 e A572).

Vantagens e Desvantagens

As estacas metálicas ou estacas de aço apresentam vantagens importantes sobre as demais (Cornfield, 1974; British Steel Corporation, 1976), a saber:

a. São fabricadas com seções transversais de várias formas e dimensões, o que permite uma adaptação bem ajustada a cada caso.
b. Devido ao peso relativamente pequeno e à elevada resistência na compressão, na tração e na flexão, são fáceis de transportar e de manipular.
c. Pela elevada resistência do aço, são mais fáceis de cravar do que as estacas de madeira ou de concreto pré-moldado, podendo passar por camadas compactas ou permitir o embutimento nesses materiais.
d. Pela facilidade com que podem ser cortadas com maçarico ou emendadas por solda, não oferecem dificuldade aos ajustes de comprimento no canteiro. Além disso, os pedaços cortados podem ser aproveitados no prolongamento de outras estacas.
e. Podem-se utilizar, em casos especiais, aços resistentes à corrosão, tipo SAC.

Como desvantagens podem-se citar:

a. Em nosso país, o custo elevado. Não obstante, pode-se afirmar que, nos últimos anos, as estacas de aço, especialmente do tipo A572, têm mostrado condições de concorrência com as estacas de concreto. É evidente que, nessa análise, deve-se considerar o custo global da fundação: estaca (custos do material e de cravação), equipamento (mobilização etc.), tempo de execução e blocos de coroamento.

b. Corrosão: modernamente, os efeitos da corrosão sobre o tempo de vida das estacas de aço, graças aos inúmeros estudos realizados, têm tido sua importância devidamente limitada (Romanoff, 1962; Cornfield, 1974; Tomlinson, 1994). O primeiro autor teve a oportunidade de examinar estacas metálicas de fundações de edifícios no Rio de Janeiro, junto à Lagoa Rodrigo de Freitas e na orla marítima, assim como uma ponte sobre o rio Tamanduateí (SP), que, após dez a vinte anos, mostravam-se sem sinal de corrosão. Deve-se esclarecer que se tratava de estacas total e permanentemente enterradas.

Corrosão

Quanto à corrosão, Romanoff (1962) comenta:

> Estacas de aço que estiveram em serviço em várias estruturas enterradas por períodos de 7 a 40 anos foram inspecionadas pela retirada de estacas em 8 localidades e por escavações que tornaram visíveis as estacas em 11 localidades. As condições locais variavam largamente como indicado pelos tipos de solos, desde areias bem drenadas até argilas impermeáveis, resistividades do solo desde 300 Ohm-cm até 50.200 Ohm-cm e valores pH desde 2,3 até 8,6.[2]
>
> Os dados mostraram que o tipo e a quantidade de corrosão observada nas estacas de aço cravadas em solo natural não perturbado, independentemente das características e propriedades do solo, não é suficiente para afetar significativamente a resistência ou a vida útil das estacas como elementos de suporte de cargas.
>
> Corrosão moderada ocorreu em várias estacas cravadas em aterros, acima ou na zona do lençol d'água. Nesses níveis, os trechos de estacas são acessíveis no caso de uma proteção se mostrar necessária.
>
> Foi observado que solos intensamente corrosivos ao ferro e ao aço enterrados em trincheiras escavadas (solo perturbado), não são corrosivos a estacas de aço cravadas no solo não perturbado. A diferença em corrosão é atribuída à diferença em concentração de oxigênio. Os dados indicam que os solos não perturbados são tão pobres em oxigênio a poucos pés de profundidade ou abaixo do lençol d'água, que as estacas de aço não são apreciavelmente afetadas pela corrosão, independentemente do tipo ou propriedades do solo. Propriedades do solo, tais como tipo, drenagem, resistividade, pH ou composição química não têm valor prático na determinação do seu poder corrosivo sobre estacas de aço nele cravadas. Essa constatação é contrária àquilo que já se publicou quanto ao comportamento do aço sob condições de solo perturbado.
>
> Então, pode-se concluir que os dados do National Bureau of Standards publicados quanto a objetos (não estacas) colocados em solos perturbados não se aplicam a estacas de aço cravadas em solos não perturbados.

Essas conclusões de Romanoff, de 1962, foram confirmadas por ele em um segundo relatório publicado em 1969 (Cornfield, 1974).

---

2. Existem indicações da indústria do petróleo, para avaliação da corrosão de peças de aço enterradas, de que a corrosão é mais intensa em solos de resistividade baixa, alta concentração de íons de cloro e baixo pH.

Em resumo: a corrosão causada pelo solo em estacas de aço é, em geral, muito pequena e pode ser desprezada quando o aço está em contato com solo natural (não perturbado), de forma que qualquer proteção ou pintura pode ser dispensada.

No caso de obras marítimas, deve-se considerar separadamente a corrosão no solo, na água e na atmosfera (Cornfield, 1974):

a. *Quanto ao solo*, valem as considerações feitas para obras em terra.

b. *Quanto à água*, em estacas de aço que são totalmente imersas em água, a corrosão deve ser avaliada. Taxas de corrosão de até 0,08 mm por ano são observadas na água do mar, e de até 0,05 mm por ano, em água doce.

    A providência a tomar depende de cada caso, havendo três possibilidades:

    b.1 Nenhuma medida de proteção é tomada, aceitando-se a redução de espessura de metal. Pode-se verificar a tensão no aço no final da vida da obra, adotando-se para a taxa de corrosão os valores acima indicados.

    b.2 Aplica-se uma pintura de proteção na parte da estaca acima da superfície do terreno. Deve-se, entretanto, observar que, como não é viável fazer-se a manutenção dessa pintura, a vida útil da estaca só pode ser prolongada por um período de tempo igual ao da vida da pintura, em geral, de 5 a 10 anos. Uma pintura efetiva requer uma limpeza prévia com jato de areia e o custo total pode representar 20 a 30% (ou mesmo mais) do custo da parte protegida. Deve-se, portanto, verificar se esse acréscimo de custo é justificado pelo que se ganha em tempo de vida da estaca.

    b.3 Adota-se uma espessura de aço majorada para aumentar o tempo de vida requerido, se esse tempo calculado de acordo com o item b.1) não for considerado adequado. Frequentemente, essa é a forma mais econômica de se conseguir um tempo de vida adicional, quando necessário.

    Os comentários acima referem-se ao aço que está total e permanentemente imerso.

    A taxa de corrosão na zona de variação do nível d'água pode ser bem mais elevada. As considerações feitas nos três itens acima podem ser aplicadas conforme o caso. A manutenção de pintura, teoricamente, é possível entre marés, mas essa zona nunca estará completamente seca e ficará submersa em marés sucessivas. A preparação da superfície e o tempo de secagem apresentarão dificuldades e, na escolha do tipo de pintura, esses fatores devem ser considerados.

c. *Quanto à corrosão atmosférica*, ela pode variar muito de caso para caso. No trecho ao ar livre, a proteção por pintura não oferece dificuldades. A adição de um pequeno teor de cobre (0,25 a 0,35%) ao aço aumenta a resistência à corrosão atmosférica do aço não pintado, porém nenhum benefício traz contra a corrosão no solo ou na água. Embora a pintura pareça a melhor solução, as considerações feitas nos três itens acima são ainda aplicáveis.

    A erosão ou abrasão do aço em decorrência do movimento de areia e pedregulhos no fundo do mar é um efeito independente que deve ser considerado nas fundações em águas rasas.

Podem ocorrer aumentos significativos nas taxas de corrosão em condições excepcionais, por exemplo, em algumas localidades tropicais, ou em decorrência de agentes químicos agressivos do solo ou da água. A experiência local deve ser sempre levada em consideração. A proteção catódica é uma providência adequada em condições excepcionais, porém ela só é válida para os trechos submersos da estaca, ou abaixo do lençol d'água quando em terra. Em geral, a proteção catódica não é economicamente justificável em condições normais.

Até aqui, foram transcritos comentários de Cornfield (1974). O procedimento seguido pelos autores pode ser resumido em dois itens:

- Estacas metálicas inteira e permanentemente enterradas, salvo em casos excepcionais, dispensam qualquer proteção contra a corrosão. Em cálculos de capacidade de carga estrutural, admite-se que a corrosão inutilize apenas uma espessura de sacrifício, de acordo com a norma.
- Estacas metálicas com trecho desenterrado, no ar ou na água, exigem uma proteção. Por segurança, faz-se a proteção desde a cota de erosão até o bloco de coroamento. Nos casos usuais tem-se procedido como indicado na Fig. 11.3. Quando a estaca é constituída por um perfis I, H, ou trilhos, faz-se um encamisamento com concreto, preferencialmente, armado; quando a estaca é tubular, arma-se o trecho acima da cota de erosão, para os esforços previstos, desprezando-se, totalmente, o tubo de aço (que funcionará apenas como forma).

A Norma Brasileira

Em relação à corrosão, a norma brasileira NBR 6122 prescreve que estacas de aço total e permanentemente enterradas, independentemente da situação do lençol d'água, podem dispensar tratamento especial desde que seja descontada uma espessura de sacrifício, como indicado na tabela a seguir.

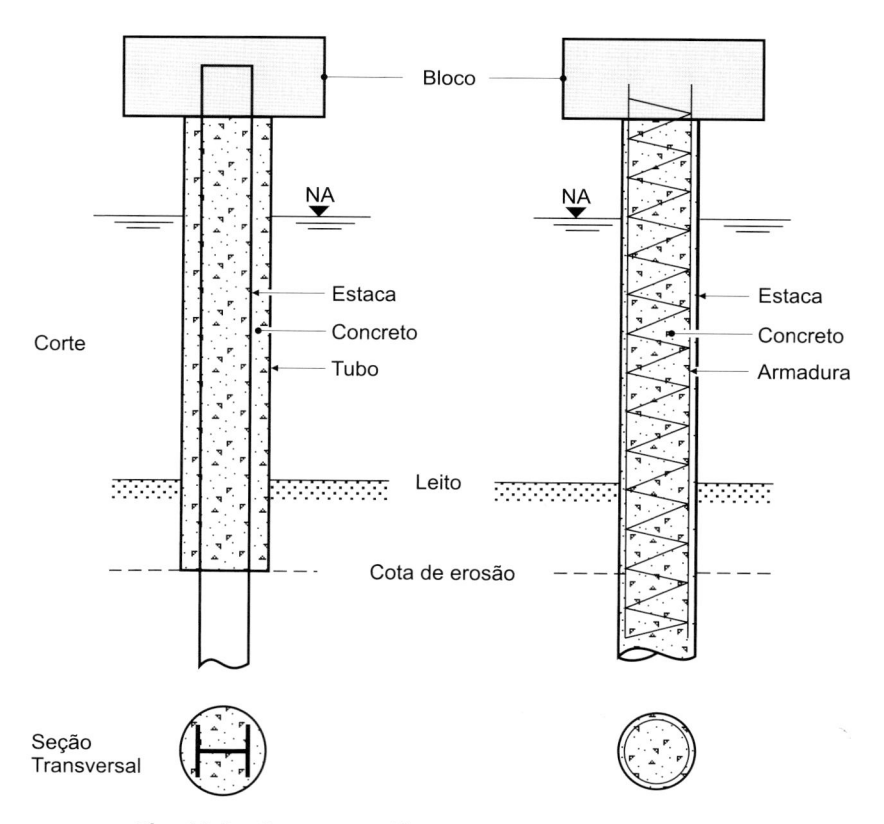

Fig. 11.3 – Estacas metálicas: proteção contra a corrosão

A parte superior da estaca que ficar desenterrada deve ser obrigatoriamente protegida com encamisamento de concreto ou outro recurso de proteção do aço especificado em projeto.

As estacas devem ser dimensionadas de acordo com

Classe do solo	Espessura de sacrifício (mm)
Solos naturais e aterros controlados	1,0
Argila orgânica	1,5
Solos turfosos	3,0
Aterros não controlados	2,0
Solos contaminados*	3,2

*Solos agressivos deverão ser estudados especificamente

a NBR 8800, considerando-se a seção reduzida (pela espessura de sacrifício) da estaca. Os desenhos de projeto devem especificar o tipo de aço da estaca.

Nas peças reutilizadas (perfis e trilhos usados), deve-se verificar a seção real mínima da peça, aceitando-se uma perda de massa por desgaste mecânico ou corrosão máxima de 20% do valor nominal da peça nova. A tensão característica deve-se limitar a $0,3f_{yk}$ quando atuarem apenas esforços axiais. Para verificações de flexocompressão e flexotração, devem ser utilizados os coeficientes $\gamma_s = 2,0$ e $\gamma_f = 1,4$. No caso de trilhos, devem-se empregar elementos cuja composição química seja de aço carbono comum, e evitar aços especiais, duros, pela dificuldade de emendas (se esse tipo de trilho for empregado, o projeto deve especificar os procedimentos de soldagem).

As emendas das estacas de aço, realizadas por meio de talas soldadas ou parafusadas, devem resistir às solicitações que possam ocorrer durante o manuseio, à cravação e ao trabalho do componente estrutural. Os procedimentos para as emendas deverão ser detalhados em projeto.

Nas emendas com solda, o eletrodo a ser utilizado deve ser especificado em projeto, compatível com o material da estaca, e de classe não inferior ao tipo AWS E 7018 para os aços ASTM A36, A572 e aços-carbono comuns. Quando a composição química do aço exigir eletrodos e procedimentos de solda especiais, eles deverão ser especificados em projeto.

Quanto à tolerância, a norma prescreve que

- as estacas de aço devem ser retilíneas, assim consideradas aquelas que apresentam flecha máxima de 0,2% do comprimento de qualquer segmento nela contido;
- nas dimensões externas, haja variações máximas de 5 mm em relação aos valores nominais (altura e largura) e, nas espessuras, variações máximas de 0,5 mm em relação aos valores nominais.

Em relação à cravação, a norma prescreve (i) que a relação entre o peso do martelo de queda livre e o da estaca não pode ser menor que 0,5, e (ii) um peso de martelo mínimo de 10kN.

Na experiência dos autores, embora um peso de martelo elevado seja vantajoso, no caso de perfis metálicos, o uso de martelos de peso e/ou altura de queda grandes, sem a observância de uma nega adequada, pode levar à cravação excessiva.

11.3 ESTACAS PRÉ-MOLDADAS

De todos os materiais de construção, o concreto é aquele que melhor se presta à confecção de estacas, graças a sua resistência aos agentes agressivos, e suporta muito bem as alternâncias de secagem e umedecimento. Por outro lado, com o concreto podem-se executar tanto estacas de pequena quanto de grande capacidade de carga.

Das estacas de concreto, serão consideradas separadamente as estacas pré-moldadas e os diversos tipos das moldadas no terreno. As estacas pré-moldadas são moldadas em canteiro ou usina e podem ser classificadas, quanto à forma de confecção, em: (a) concreto vibrado, (b) concreto centrifugado; (c) extrusão, e, quanto à armadura, em: (i) concreto armado e (ii) concreto protendido. A Fig. 11.4 apresenta algumas seções típicas. Na seção longitudinal em que a armadura é representada (Fig. 11.4e), as duas extremidades da estaca apresentam um reforço da armação transversal necessário por conta das tensões que ali surgem durante a cravação ("tensões dinâmicas").

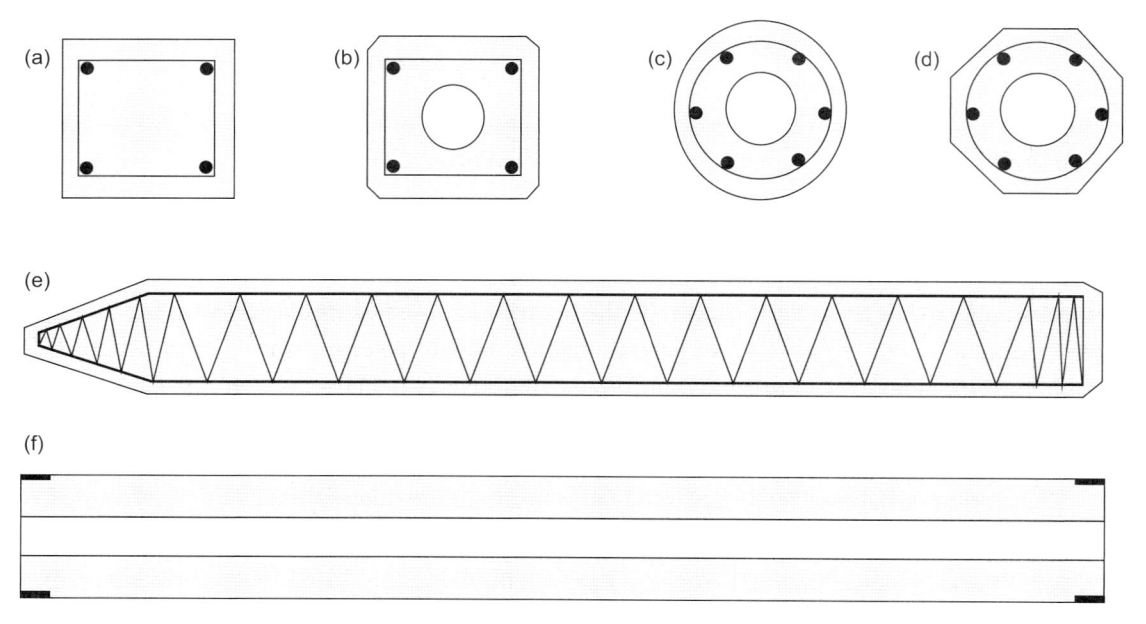

Fig. 11.4 – Estacas pré-moldadas de concreto: (a) a (d) seções transversais típicas; (e) seção longitudinal com armadura típica; (f) estaca com furo central e anel de emenda (apenas o concreto representado)

Vantagens e Desvantagens

A grande vantagem das estacas pré-moldadas sobre as moldadas no terreno está na boa qualidade do concreto que se pode obter e no fato de que os agentes agressivos, eventualmente encontrados no solo, não terão nenhuma ação na pega e cura do concreto. Outra vantagem é a segurança que oferecem na passagem através de camadas muito moles, onde a concretagem *in loco* pode apresentar problemas. Como desvantagem principal das estacas pré-moldadas pode-se apontar a dificuldade de adaptação às variações do terreno. Se a camada resistente apresentar grandes variações na sua profundidade, e se a previsão de comprimento não for feita cuidadosamente, ter-se-á de enfrentar o problema do corte ou emenda de estacas, com prejuízos para a economia da obra.

Estacas de Concreto Protendido

Para grandes cargas e grandes comprimentos têm-se utilizado estacas de concreto protendido, às quais atribuem-se as seguintes vantagens:
- elevada resistência na compressão, na flexão composta, na tração decorrente da cravação, na flexão transitória (daí, projeto mais econômico para uma dada carga axial e um dado momento fletor);
- maior capacidade na manipulação e cravação, e menor fissuração (daí, maior durabilidade);
- capacidade de suportar forças de tração elevadas (como ancoragens, para suportar subpressão, p. ex., ou em dolfins portuários, proteção de pilares de pontes etc.);

- facilidade de serem moldadas com qualquer configuração de seção transversal, maciça ou oca, para atender a exigências de projeto;
- possibilidade de serem executadas com seções transversais de grandes dimensões e grandes comprimentos. Foram executadas estacas cilíndricas de concreto protendido com até 4 m de diâmetro, como na ponte de Oesterchelde (Holanda), e com até 70 m de comprimento, como as utilizadas em plataformas de petróleo no Golfo de Maracaibo, na Venezuela;
- emprego vantajoso de protensão excêntrica a fim de aumentar a resistência à flexão, quando usadas como estacas-prancha em ensecadeiras, estruturas de arrimo, muros de cais etc.

Orientações e detalhes de projeto e execução de estacas protendidas podem ser vistos em Li e Liu (1970), Gerwick (1971) e Hunt (1979).

Manipulação e Estocagem de Estacas

As estacas pré-moldadas precisam ser dimensionadas para resistir aos esforços que sofrerão por ação da estrutura (compressão, tração, forças horizontais e momentos aplicados), e aos esforços de manipulação e cravação. Os esforços de cravação são abordados no Cap. 13. Os esforços de manipulação são calculados a partir dos modos (a) de levantamento (ou suspensão) para carga, descarga e estocagem e (b) de içamento para cravação, previstos para a estaca. Os modos de suspensão e içamento mais comuns estão na Fig. 11.5.

Os cuidados na manipulação e estocagem são:

1 Descarga

Em geral, as estacas são descarregadas de duas maneiras: (a) manualmente, com a utilização de pranchas especiais e cordas e (b) com guindastes.

1.1 Descarga manual

As estacas são descarregadas da carreta, impulsiona-se uma a uma, das mais próximas de uma das laterais à mais afastada, utilizando-se alavancas. Assim, cada uma das estacas vai descer, rolando com apoio nas pranchas inclinadas, e controla-se a descida com cordas que envolvem a estaca, com uma das extremidades fixada no chassi da carreta e a outra manuseada pelos ajudantes. A corda, deslizando pelo rolete com o qual a carreta está equipada, permite a descida suave das estacas.

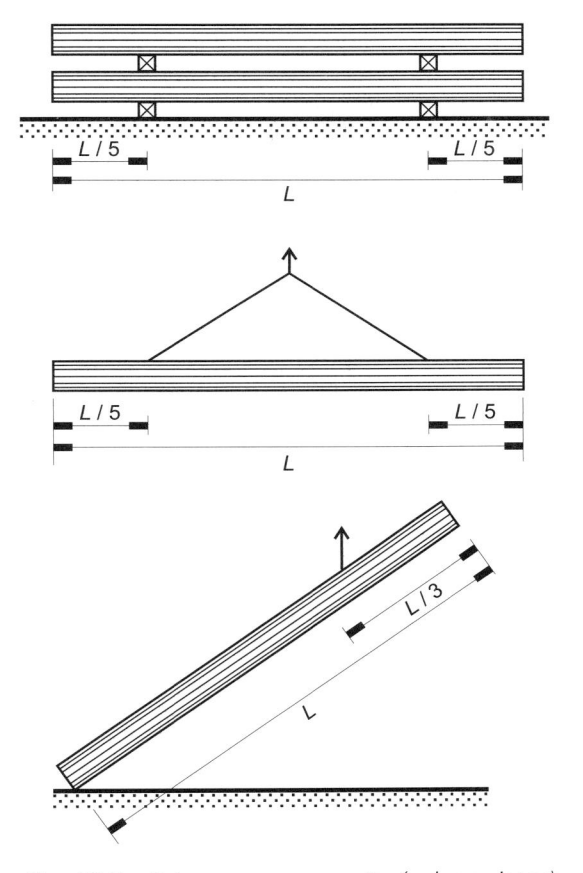

***Fig. 11.5** – Estocagem, suspensão (pelos quintos) e içamento (pelo terço) de estacas pré-moldadas*

1.2 Descarga com guindaste

As estacas são removidas das carretas com o cabo de suspensão do guindaste, prendendo cada estaca em dois pontos, conforme item 3.

2 Estocagem

Tanto no caso da descarga manual como no caso de uso de guindastes, as estacas deverão ser estocadas sobre terreno firme e plano. Em terreno perfeitamente plano, as estacas são depositadas diretamente no chão. Neste caso, não deverão ser empilhadas umas sobre as outras. As estacas deverão tocar o solo de forma suave, sem impactos.

É importante verificar que não haja nenhuma lombada ou depressão no terreno. Se a superfície do terreno não estiver perfeitamente aplainada, as estacas deverão ser estocadas, apoiando-se sobre dois caibros, como ilustrado na Fig. 11.5. Neste caso, empilham-se as estacas no máximo em duas camadas, sempre que for utilizado guindaste.

3 Pontos de suspensão e de apoio

As estacas deverão ser suspensas, sempre que for utilizado guindaste, em dois pontos equidistantes das extremidades de $1/5\ L$ (Fig. 11.5).

Da mesma forma, quando estocadas sobre caibros, estes deverão se situar a $1/5\ L$ (Fig. 11.5). No caso de empilhamento, deve-se tomar o máximo cuidado para que os caibros da segunda camada estejam perfeitamente na prumada dos caibros inferiores.

4 Içamento das estacas

O bate-estaca, por meio de cabo de aço adequado, levantará cada estaca para ser cravada, dando-se uma laçada bem apertada perto da extremidade que deverá ser a superior, e a uma distância de $3/10\ L$ (Fig. 11.5). Essa operação é bastante delicada, e deve-se tomar um especial cuidado para evitar, durante essa fase do serviço, que a estaca sofra danos pelo choque com outras estacas ou objetos existentes em seu percurso, ou com o próprio equipamento de cravação.

Dimensões e Cargas Admissíveis

Cabe distinguir algumas possibilidades: num primeiro grupo estão as estacas pré-moldadas de concreto armado vibrado executadas nos próprios canteiros de obras. Em geral, têm seção transversal quadrada, desde 20 cm × 20 cm até 40 cm × 40 cm e comprimento de 4 a 8 m. Num segundo grupo estão as estacas produzidas em fábricas de pré-moldados, num processo praticamente industrial, para cargas de trabalho maiores e com comprimentos maiores.

As tensões de trabalho das estacas pré-moldadas (a serem aplicadas à seção transversal de concreto) dependem não só da armadura e da qualidade do concreto, como também dos controles de fabricação e cravação, e ainda do uso de protensão. Assim, as tensões variam desde 6 MPa, aplicada às estacas de concreto armado com controles usuais de fabricação e sem controle de cravação por ensaios estáticos ou dinâmicos, até 14 MPa, aplicada às estacas de concreto protendido com controles rigorosos de fabricação e com controle de cravação por ensaios estáticos ou dinâmicos. Na Tab. 11.4 estão alguns tipos comuns de estacas pré-moldadas com suas cargas típicas. Essa tabela serve apenas para uma pré-seleção do tipo de estaca ou para efeito de anteprojeto; para projeto, devem-se consultar firmas executoras de fundações e não somente firmas fabricantes de estacas pré-moldadas[3].

---

3. Deve-se observar que firmas fornecedoras de estacas pré-moldadas indicam em seus catálogos cargas admissíveis do ponto de vista estrutural, daí resultando cargas elevadas (frequentemente baseadas em tensões de trabalho de até 14 MPa). Para determinados terrenos e equipamentos de cravação, essas cargas não são possíveis, e a tentativa de cravar estacas para as cargas de catálogo pode resultar em sua quebra.

11 Principais Tipos de Fundações Profundas

Tab. 11.4 – Tipos usuais de estacas e suas cargas de trabalho (do ponto de vista estrutural)

Tipo de Estaca	Dimensões (cm)	Carga Usual (kN)	Carga Máx. (kN)	Obs.
Pré-moldada vibrada, de concreto armado, quadrada maciça σ = 6 a 10 MPa	20 × 20 25 × 25 30 × 30 35 × 35	250* 400* 550* 750*	400 600 900 1200	Disponíveis até 8 m.
Pré-moldada vibrada, de concreto armado, circular com furo central σ = 9 a 12 MPa	⌀ 22 ⌀ 25 ⌀ 29 ⌀ 33	300 450 600 700	400 550 750 800	Disponíveis até 10 m. Furo central a partir do ⌀ 29 cm.
Pré-moldada vibrada, de concreto protendido σ = 10 a 14 MPa	⌀ 20 ⌀ 25 ⌀ 33	300 500 800	350 600 900	Disponíveis até 12 m. Podem ter furo central.
Pré-moldada centrifugada, de concreto armado σ = 10 a 14 MPa	⌀ 20 ⌀ 26 ⌀ 33 ⌀ 42 ⌀ 50 ⌀ 60	250 400 600 900 1300 1700	300 500 750 1150 1600 2100	Disponíveis até 12 m. Com furo central (ocas) e paredes de 6 a 12 cm.

Notas: σ = tensão de trabalho no concreto; *obras sem controle de cravação por ensaios estáticos ou dinâmicos

Para as estacas pré-moldadas podem ser fabricadas pontas especiais, que facilitam a cravação (passagem por camadas mais compactas e/ou embutimento em materiais compactos), mostradas na Fig. 11.6.

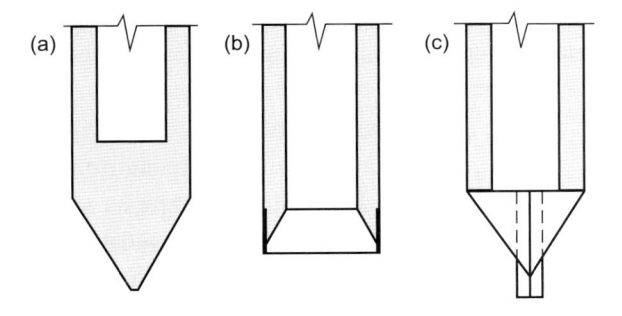

Fig. 11.6 – Pontas para estacas pré-moldadas

A Norma Brasileira

A norma sugere tratar as estacas pré-fabricadas como peças pré-moldadas estruturais pelo conceito da NBR 9062. Quanto ao dimensionamento estrutural, deve-se observar o disposto na Tab. 11.5. A adoção de uma carga de trabalho baseada nesse dimensionamento é válida se for feita a verificação da capacidade de carga na obra, por prova de carga estática (NBR 12.131) ou ensaio de carregamento dinâmico (NBR 13.208). Caso não seja feita essa verificação, a tensão média atuante na seção de concreto deve-se limitar a 7 MPa (para efeito da seção de concreto, consideram-se as seções vazadas como maciças, limitando-se a seção vazada a 40% da total).

A Norma Alemã

A Norma alemã DIN 4026 recomenda, para estacas pré-moldadas de concreto armado e protendido (seção quadrada), as cargas admissíveis da Tab. 11.2.

Tab. 11.5 – Critérios para o dimensionamento estrutural de estacas e tubulões de concreto comprimidos (adaptação da NBR 6122)

Tipo de estaca / tubulão	f_{ck} máx. de projeto[5] (MPa)	Coeficientes para dimensionamento $\gamma_f^{[6]}$	γ_c	γ_s	Armadura % mínima	Comprimento mínimo (m)	Tensão média atuante, abaixo da qual não é necessário armar (MPa)
Pré-moldada de concreto	40	1,4	1,4	1,15	0,5[1]	Armadura integral	—
Hélice[2]	20	1,4	1,8	1,15	0,5	4	6,0
Escavada sem fluido	15	1,4	1,8	1,15	0,5	2	5,0
Escavada com fluido	20	1,4	1,8	1,15	0,5	4	6,0
Strauss[3]	15	1,4	1,8	1,15	0,5	2	5,0
Franki[3]	20	1,4	1,8	1,15	0,5	Armadura integral	—
Raiz e microestacas[3,4]	20	1,4	1,8	1,15	0,5	Armadura integral	—
Trado vazado segmentado	20	1,4	1,8	1,15	0,5	Armadura integral	—
Tubulões não encamisados	15	1,4	1,8	1,15	0,5	3	5,0

[1] Não há prescrição de percentagem mínima na norma de fundações e essa indicação apenas acompanha os outros tipos de estacas; a norma de estruturas de concreto prescreve, para colunas, 0,4% da seção;   [2] Neste tipo de estaca, o comprimento da armadura é limitado devido ao processo executivo;   [3] Nesses tipos de estaca, o diâmetro considerado no dimensionamento é o do revestimento;   [4] Deve-se observar que, quando for utilizado aço com resistência ⩽ 500 MPa e a porcentagem de aço for ⩽ 6% da seção da estaca, a estaca deve ser dimensionada como pilar de concreto armado. Quando for utilizado aço com resistência > 500 MPa ou a porcentagem de aço for > 6% da seção, toda carga deve ser resistida pelo aço;   [5] O f_{ck} máximo de projeto desta tabela é aquele que deve ser empregado no dimensionamento estrutural da peça. No caso de estacas moldadas in situ, o concreto especificado para a obra deve ter o f_{ck} indicado para cada tipo de estaca nos anexos da NBR 6122. Deve-se lembrar que ao f_{ck} cabe aplicar um fator de redução de 0,85 (efeito da velocidade de ensaio ou Rusch);   [6] Um γ_f de 1,4 é normalmente aplicado às cargas finais de edifícios (NBR 6118). Para cargas de outras estruturas, como pontes, portos etc., que têm várias combinações, deve-se consultar a NBR 8681.

Cravação de Estacas Pré-moldadas

Uma questão que merece bastante atenção nas estacas pré-moldadasé a sua cravação, porque as tensões de cravação devem ser sempre inferiores à tensão característica do concreto (recomenda-se que sejam inferiores a $0,8 f_{ck}$). Como as tensões de compressão que surgem na cabeça da estaca no momento do impacto são diretamente proporcionais à altura de queda do martelo, para evitar o esmagamento da cabeça da estaca deve-se trabalhar com alturas de queda pequenas, em geral não maiores que 1 m, e adotar amortecedores. Assim, quando a estaca precisa ser cravada a grande profundidade ou penetrar camadas resistentes, devem-se adotar martelos mais pesados (é comum empregar martelos de 40 kN ou mesmo mais pesados em obras em terra). O assunto cravabilidade de estacas e tensões de cravação é abordado no Cap. 13.

A norma NBR 6122 recomenda que o martelo tenha, no mínimo, 70% do peso total da estaca, e pelo menos 20 kN.

Emendas de Estacas Pré-moldadas

Em uma obra com estacas pré-moldadas, tem-se de prever a possibilidade de emenda de elementos. As emendadas devem ser feitas de modo que as seções emendadas possam resistir a todas as solicitações que nelas ocorrem durante a cravação e a utilização da estaca. Na maioria das estacas fabricadas no Brasil, a emenda é feita soldando-se luvas ou anéis metálicos incorporadas ao concreto (Fig. 11.7a). Essas emendas permitem transmitir compressão, tração e flexão. Estacas com previsão apenas de compressão em serviço e que não atravessam solos moles podem ser emendadas por luva de encaixe (Fig. 11.7b).

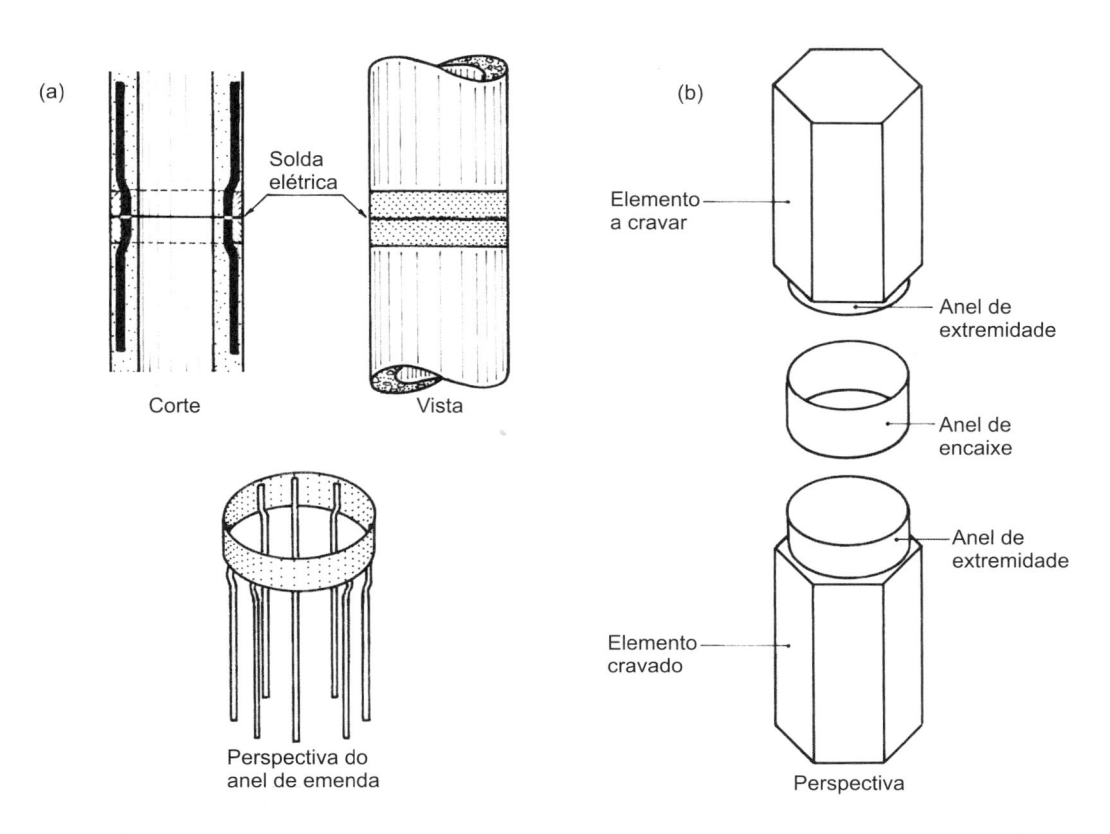

Fig. 11.7 – Emenda de estacas pré-moldadas por luvas de aço (a) soldadas e (b) apenas encaixadas

Preparação da cabeça da estaca e ligação com o bloco de coroamento

O topo da estaca deve ser preparado para a ligação com o bloco de coroamento e envolve o corte da estaca na "cota de arrasamento" por um processo que preserve o concreto e a armadura no trecho necessário para a ligação. Deve-se usar um processo de corte manual do concreto com ponteiros e talhadeiras que trabalhem horizontalmente, ao invés de marteletes/rompedores pneumáticos que trabalhem verticalmente.

A penetração do concreto da estaca no bloco deve ser, no mínimo, de 5 cm (preferivelmente 10 cm), certificando-se de que o concreto da estaca esteja perfeitamente íntegro após o corte. A penetração da armadura no bloco depende do tipo de vínculo (rótula ou engaste, estaca trabalhando a tração etc.) previsto no projeto e os detalhes da armadura a ser preservada devem constar no projeto. Quando não há necessidade de penetração da armadura da estaca no bloco, não se cortam, necessariamente, os ferros eventualmente remanescentes acima da cota de arrasamento.

É preciso atentar para o fato de que estacas de concreto protendido por cabos de aço, no caso de alguns tipos de vínculos (engaste e/ou estaca trabalhando a tração), precisam ter uma armadura convencional ("dura"), ou não poderão ser utilizadas.

Caso o topo da estaca, após a cravação ou após a remoção de concreto danificado, fique abaixo da cota de arrasamento, é possível completar a estaca com concreto de alta qualidade ou, preferivelmente, com argamassa especial (*grout*), sempre considerando a questão da armadura a ser emendada.

Vale a pena lembrar que os maiores esforços em uma estaca ocorrem justamente na sua ligação com o bloco e que, portanto, a qualidade de seu trecho final e ligação com o bloco é muito importante.

11.4 ESTACAS DE CONCRETO MOLDADAS NO SOLO

A grande vantagem das estacas moldadas no solo em relação às pré-moldadas é permitir executar a concretagem no comprimento estritamente necessário. Quanto à capacidade de carga, as estacas moldadas no solo podem oferecer valores ainda mais elevados do que as pré-moldadas. Quanto às vantagens atribuídas às pré-moldadas, no que diz respeito à qualidade do concreto, ao fato de o concreto ser posto em contato com o solo já curado, e outras de ordem executiva (execução através de camadas de argila muito mole, por exemplo), não se pode, a rigor, afirmar que as estacas moldadas no terreno apresentem as desvantagens correspondentes. A qualidade das estacas moldadas no solo depende mais da habilidade e competência da equipe executora do que a de uma estaca pré-moldada, cuja execução permite alguns controles próprios (ver, p. ex., Velloso, 1969; Aoki, 1981). Por outro lado, as estacas moldadas *in loco* podem ser executadas após escavação (com ferramentas especiais) de solos muito duros ou mesmo rochas, materiais que não poderiam ser penetrados por estacas pré-moldadas.

É extremamente grande o número de tipos de estacas de concreto moldadas no solo. apresenta-se a seguir uma descrição dos sistemas mais utilizados no Brasil. Para outros sistemas e maiores detalhes, recomenda-se a leitura de Costa (1956), Chellis (1961), Tomlinson (1994), além de catálogos de firmas executoras.

11.4.1 Estacas Escavadas sem Auxílio de Revestimento ou de Fluido Estabilizante

Essas estacas são geralmente executadas com trado manual entre 20 cm a 40 cm de diâmetro, e por trado mecânico até diâmetros maiores. Um exemplo é a estaca *tipo broca* (estaca escavada com trado manual), empregada em situações em que a base fica acima do lençol d'água ou em que se possa seguramente secar o furo antes da concretagem.

Em sua execução, uma vez atingida a profundidade prevista, faz-se a limpeza do fundo, com a remoção do material desagregado remanescente da escavação. A concretagem é feita com o concreto lançado da superfície do terreno com auxílio de funil. A norma NBR 6122 prescreve que o concreto deve apresentar f_{ck} de pelo menos 20 MPa, ter um consumo mínimo de cimento de 300 kg/m^3 e apresentar um abatimento (*slump*) mínimo de 8 cm para estacas não armadas e de 12 cm para estacas armadas.

A armadura utilizada (geralmente um conjunto de ferros longitudinais amarrados com estribos em espiral) atende à ligação com o bloco de coroamento e, se necessário, pode ter o comprimento da estaca e resistir a outros esforços da estrutura.

Como resultado do dimensionamento estrutural pela norma NBR 6122 (Tab. 11.5) e, principalmente, das condições de suporte oferecidas pelo terreno a esse tipo de estaca, as carga de trabalho são relativamente baixas. Para uma indicação das cargas de trabalho usuais nesse tipo de estaca, ver Tab. 11.6.

11 Principais Tipos de Fundações Profundas

Tab. 11.6 – Cargas de trabalho típicas dos diferentes tipos de estacas escavadas

Tipo de Estaca	Dimensão (cm)	Carga Usual (kN)	Carga Máx. (kN)	Obs.
Escavadas Circulares sem revestimento ou fluido estabilizante σ = 3 a 5 MPa	⌀ 20*	100	120	* = "estaca broca"
	⌀ 25*	150	200	
	⌀ 30*	200	250	Não são indicadas abaixo do NA.
	⌀ 60	1000	1400	
Strauss σ = 3 a 4 MPa	⌀ 25	150	200	Não são indicadas na ocorrência de argilas muito moles e abaixo do NA.
	⌀ 32	250	350	
	⌀ 38	350	450	
	⌀ 45	500	650	
Escavadas com revestimento ou com fluido estabilizante σ = 3 a 5 MPa	⌀ 60	1100	1400	Escavação estabilizada com fluido (lama) ou camisa de aço.
	⌀ 80	2000	2500	
	⌀ 100	3100	3900	
	⌀ 120	4500	5600	
	40 × 250**	4000	5000	** = "estaca-diafragma" ou "barrete" (escavação estabilizada com fluido)
	60 × 250**	6000	7500	
	80 × 250**	8000	10000	
	100 × 250**	10000	12500	
Estacas Hélice σ = 5 a 6 MPa	⌀ 40	600	800	
	⌀ 60	1400	1800	
	⌀ 80	2500	3000	
	⌀ 100	4000	4700	
Estacas Raíz σ = 11 a 12,5 MPa	⌀ 17	250	300	diâm. acabado ⌀ 20 cm
	⌀ 22	400	500	diâm. acabado ⌀ 25 cm
	⌀ 27	600	700	diâm. acabado ⌀ 30 cm
	⌀ 32	850	1000	diâm. acabado ⌀ 35 cm
	⌀ 37	1200	1400	diâm. acabado ⌀ 40 cm

σ = tensão de trabalho

11.4.2 Estacas Strauss

É um tipo de estaca moldada no solo que requer um equipamento relativamente simples: um tripé com guincho, um pequeno pilão, uma ferramenta de escavação, e tubos de revestimento. Sua qualidade depende muito do trabalho da equipe encarregada.

Começa-se por descer no terreno um tubo de revestimento, cujo diâmetro determina o da estaca, por um processo semelhante ao das sondagens a percussão ou por escavação do interior do tubo com uma ferramenta chamada sonda ou "piteira" (Fig. 11.8). Atingida a cota desejada, enche-se o tubo com cerca de 75 cm de concreto úmido, que se apiloa à medida que se vai retirando o tubo. A manobra é repetida até o concreto atingir a cota de arrasamento (na verdade, uma cota um pouco acima da de arrasamento, para se garantir que, até essa cota, o concreto tenha boa qualidade).

A estaca Strauss requer grande cuidado na execução quando se trabalha abaixo do lençol d'água, um tipo desaconselhável nesse caso. Aceita-se, caso ao final da perfuração exista água no

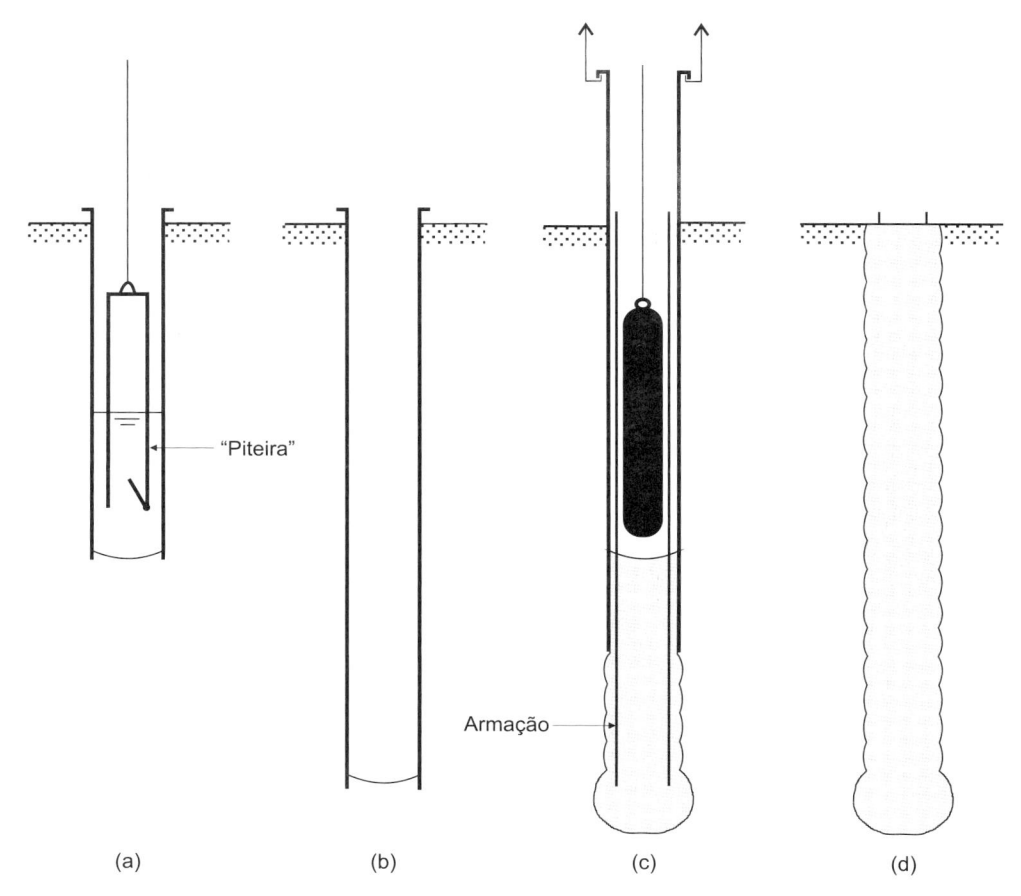

Fig. 11.8 – *Execução de estaca tipo Strauss: (a) escavação; (b) limpeza do furo; (c) concretagem após colocação da armadura; (d) estaca pronta*

fundo do furo, que não possa ser retirada pela sonda, que seja lançado um volume de concreto seco para obturar o furo. Neste caso, deve-se desprezar a contribuição da ponta da estaca na sua capacidade de carga.

As estacas Strauss podem ser armadas com uma ferragem longitudinal (barras retas) e estribos que permitam livre passagem do soquete de compactação e garantam um cobrimento da armadura, não inferior a 3 cm. Quando não armadas, deve-se providenciar uma ligação com o bloco, por meio de uma ferragem que é simplesmente cravada no concreto fresco.

A norma NBR 6122 prescreve para o concreto da estaca Strauss o mesmo da estaca broca. Para a fixação da carga admissível do ponto de vista estrutural deve-se observar a Tab. 11.5.

11.4.3 Estacas tipo Franki

A estaca Franki foi desenvolvida pelo engenheiro belga Edgard Frankignoul na década de 1910, e foi muito bem-sucedida como uma estaca de qualidade e a custo vantajoso, pelos comprimentos menores de estaca por conta da base alargada e da concretagem apenas no comprimento necessário (ultrapassando pouco a cota prevista de arrasamento). Por conta das vibrações produzidas no processo original, chamado *tipo Standard*, a estaca vinha perdendo espaço nos centros urbanos. Variantes foram propostas, como aquela em que o tubo é descido com ponta aberta e aquela em que o fuste é vibrado, apresentadas nos itens seguintes.

11 Principais Tipos de Fundações Profundas

Estacas tipo Franki *Standard*

São as seguintes as fases de execução de uma estaca Franki *Standard* (Fig. 11.9):

a. Cravação do tubo: colocado o tubo verticalmente, ou segundo a inclinação prevista para a estaca, derrama-se nele uma certa quantidade de brita e areia, que é socada de encontro ao terreno, por um pilão de 1 a 4 toneladas (dependendo do diâmetro da estaca), caindo de vários metros de altura. Sob os golpes do pilão, a mistura de brita e areia forma na parte inferior do tubo uma "bucha" estanque, cuja base penetra ligeiramente no terreno e cuja parte superior, energicamente comprimida contra as paredes do tubo, arrasta-o por atrito no seu afundamento. Impelido pelos golpes do pilão, o tubo penetra no terreno e o comprime fortemente. Graças à bucha, a água e o solo não podem penetrar no tubo de maneira que, quando a cravação é terminada, obtém-se no solo uma forma absolutamente estanque.

b. Execução da base alargada: terminada a cravação do tubo, inicia-se a fase da expulsão da bucha e execução da base alargada da estaca. Para isso, o tubo é ligeiramente levantado e mantido fixo aos cabos do bate-estacas, expulsando-se a bucha por meio de golpes de

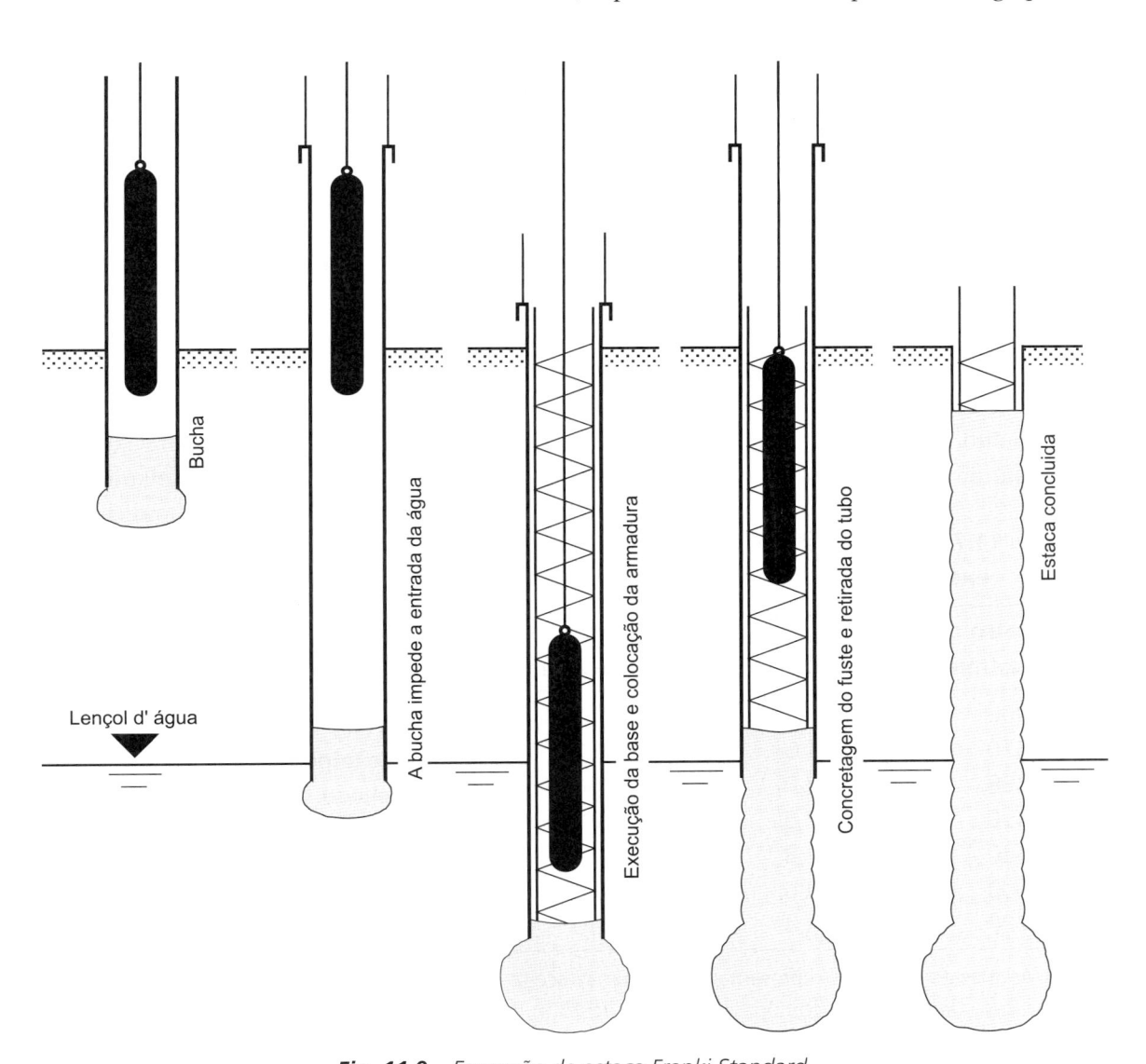

Fig. 11.9 – Execução de estaca Franki Standard

grande altura do pilão. Imediatamente após a expulsão da bucha, introduz-se concreto seco que, sob os golpes do pilão, é introduzido no terreno, formando a base alargada.

c. Colocação da armadura: pronta a base alargada, coloca-se no tubo a armadura prevista, caso a natureza do terreno aconselhe a execução de estacas armadas ou as solicitações a que a estaca será submetida. Essa colocação é feita de maneira que a armadura fique entre o tubo e o pilão, de forma que esse possa trabalhar livremente no interior da armadura. Nas estacas de tração ou quando se prevê "levantamento do terreno", a armadura é colocada antes do término do alargamento da base, de sorte a ancorá-la na base.

d. Concretagem do fuste da estaca: uma vez colocada a armadura, passa-se à execução do fuste, apiloando-se concreto (fator água/cimento 0,40 a 0,45) em camadas sucessivas de espessura conveniente, ao mesmo tempo que se retira correspondentemente o tubo, com o cuidado de deixar uma quantidade suficiente de concreto para que a água e o solo não penetrem nele.

Além do controle da quantidade do concreto deixado dentro do tubo em cada puxada, é feito um outro controle que visa acompanhar o comportamento da armadura durante a concretagem. Para isso, amarra-se a um dos ferros longitudinais um cabo fino que passa por uma roldana no topo da torre do bate-estacas, na ponta do qual se pendura um peso que mantém o cabo perfeitamente esticado. Faz-se uma marca de giz nesse cabo e outra em frente a ela na torre do bate-estacas, para verificar como a armadura se comporta, pela mudança relativa das duas marcas.

Geralmente, à medida que se apiloa o concreto, a armadura sofre pequenas deformações fazendo com que a marca do cabo suba vagarosamente em relação à marca da torre. A isso se dá o nome de "encurtamento da armadura". Uma subida brusca e de grande valor é sinal de acidente na concretagem e deve-se interromper a execução.

Quando as vibrações ou a compressão do solo não forem desejáveis, pelo perigo de levantamento de estacas próximas, a descida do tubo é feita escavando o terreno previamente, por meio de trado adequado e mantendo-se a parede do furo estável por meio de lama tixotrópica (lama bentonítica) no caso de terrenos arenosos. Pode-se, ainda, cravar o tubo com ponta aberta, procedendo-se à limpeza interna por meio da ferramenta chamada "piteira". Esse tipo de execução só é válido quando o terreno apresenta uma camada relativamente impermeável, na qual o tubo será fechado com uma bucha de concreto estanque para, em seguida, ser seco. Então, a execução prossegue normalmente.

A norma NBR 6122 estabelece, para cravação a percussão por queda livre, as relações entre diâmetro da estaca, massa e diâmetro do pilão indicadas na Tab. 11.7.

Tab. 11.7 – Características dos pilões para a execução de estacas tipo Franki

Diâmetro da estaca (mm)	Massa mínima do pilão (t)	Diâmetro mín. do pilão (mm)
300	1,0	180
350	1,5	180
400	2,0	250
450	2,5	280
520	2,8	310
600	3,0	380
700	3,4	430

Nota: As massas indicadas representam as mínimas aceitáveis; no caso de estacas de comprimento acima de 15 m, a massa mínima deve ser aumentada em função do comprimento.

A norma estabelece que, na confecção da base alargada, os últimos 0,15 m³ de concreto sejam introduzidos com uma energia mínima de 2,5 MNm para as estacas de diâmetro inferior ou igual a 450 mm, de 5,0 MNm para estacas de diâmetro de 450 mm até 600 mm e de 9,0 MNm para o diâmetro de 700 mm (nesse caso para um volume de 0,25 m³). No caso do uso de volume diferente, a energia deve ser proporcional ao volume. (A energia é obtida pelo produto do peso do pilão pela altura de queda – constante entre 5 e 8 m – pelo número de golpes, controlando-se o volume injetado pela marca do cabo do pilão em relação ao topo do tubo.)

A norma estabelece para o concreto um consumo mínimo de cimento de 350 kg/m³. Para a fixação da carga admissível do ponto de vista estrutural deve-se observar a Tab. 11.5.

No catálogo de Estacas Franki Ltda., encontra-se a Tab. 11.8, com as principais características das estacas.

Tab. 11.8 – Características das estacas tipo Franki

	Diâmetro da estaca (mm)						
	300	350	400	450	520	600	700
Volume de base (litros)							
Mínima	90	90	180	270	300	450	600
Normal	90	180	270	360	450	600	750
Usual	180	270	360	450	600	750	900
Especial	270	360	450	600	750	900	1050
Carga de trabalho a compressão (kN)							
Usual ($\sigma = 7$ MPa)	450	650	850	1100	1500	1950	2600
Máxima	800	1200	1600	2000	2600	3100	4500
Carga de trabalho a tração (kN)	100	150	200	250	300	400	500
Força horizontal máxima (kN)	20	30	40	60	80	100	150

Estaca Franki Tubada

A estaca Franki Tubada é utilizada em fundações de pontes e obras marítimas, ou seja, nos casos em que a estaca tem uma parte em água ou ar. Como nessas obras as estacas são frequentemente executadas de plataformas provisórias ou flutuantes, a estaca tubada apresenta a vantagem de não impor a essas estruturas de apoio da máquina esforços muito elevados durante sua execução, pois não há operação de extração do tubo de cravação. Em contrapartida, o tubo que constitui o fuste da estaca deve ter o trecho inferior suficientemente reforçado para suportar os esforços na cravação e no alargamento da base.

A execução é análoga à mostrada na Fig. 11.9, com a única diferença de que não há extração do tubo de cravação, isto é, a concretagem do fuste é feita totalmente dentro do tubo. Quanto à armadura, ela é, em geral, necessária no trecho livre da estaca (em ar ou em água), no qual o tubo sofre um processo de corrosão ilimitada.

Estaca Franki Mista

Trata-se de uma estaca de fuste pré-moldado ancorado em uma base alargada pelo processo Franki. A Fig. 11.10 indica as diferentes fases de execução de uma estaca Franki Mista.

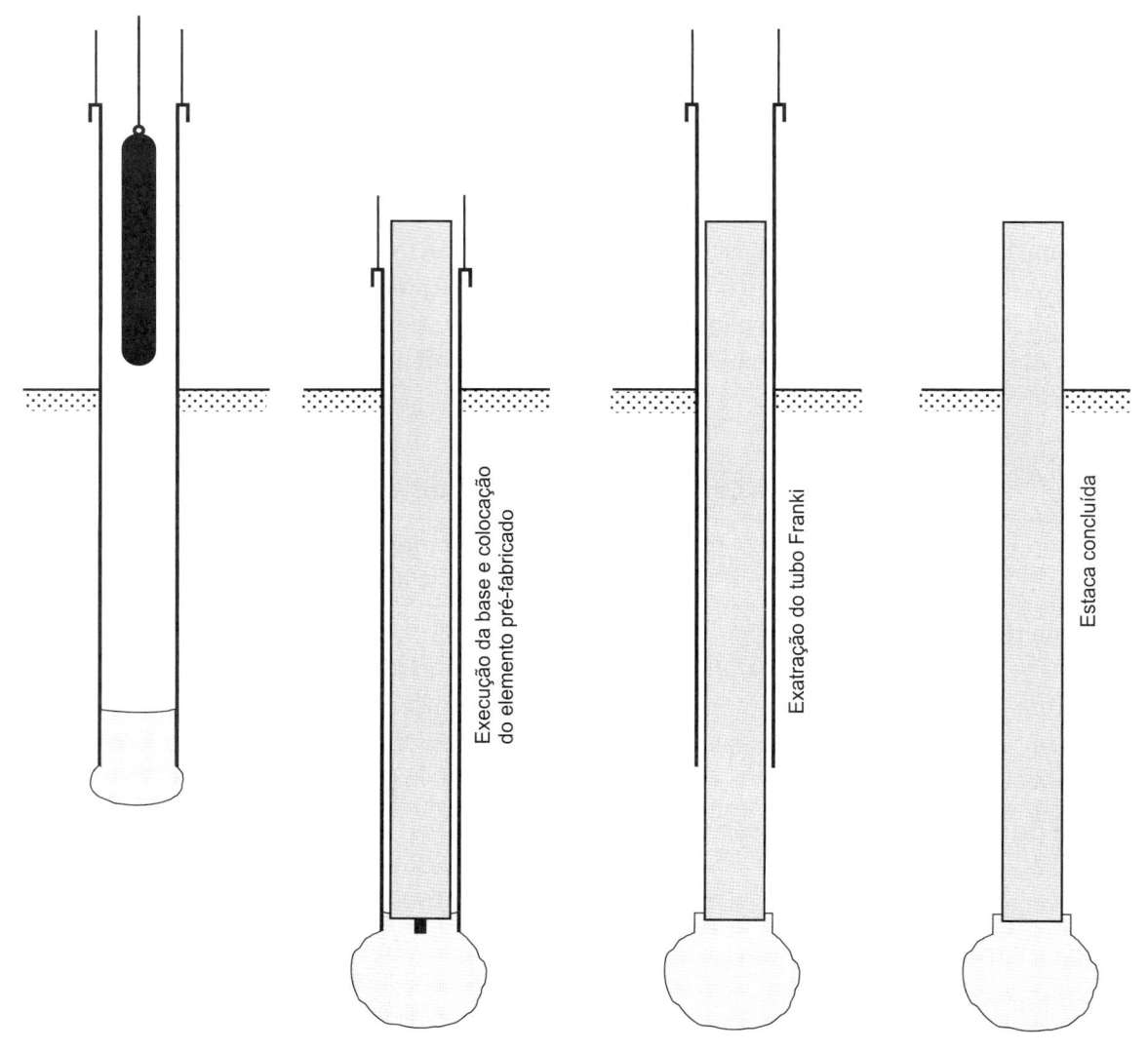

Fig. 11.10 – Execução de uma estaca Franki Mista

Inicialmente, o tubo é cravado com bucha e a base alargada é executada pelo processo descrito no caso da estaca Franki *Standard*. Coloca-se sobre a base uma certa quantidade de concreto de ligação. A seguir, desce-se o elemento pré-fabricado provido, na extremidade inferior, de pontas de vergalhão que permitem a ancoragem do elemento na base. Retira-se o tubo de cravação e a estaca fica concluída. Em certos casos, deixa-se que o próprio solo preencha o espaço vazio que se forma entre o elemento e o terreno exterior ao tubo, quando este é arrancado. Em outros casos, o espaço é preenchido com argamassa asfáltica ou de cimento.

Em determinadas circunstâncias, a estaca Franki Mista apresenta vantagens sobre a estaca Franki *Standard*, por reunir as vantagens da estaca Franki *Standard*, no que diz respeito à capacidade de carga, e da estaca pré-moldada, quanto à qualidade do concreto. As estacas mistas são recomendadas nos seguintes casos:

a. quando as estacas devem ter um trecho acima do nível do terreno (fundações de pontes, obras marítimas etc.);
b. com a ocorrência de águas excepcionalmente agressivas. As estacas Franki *Standard*, com concreto de elevada compacidade pelo processo utilizado, são resistentes às águas agres-

sivas. Em casos de elevada agressividade, utiliza-se cimento metalúrgico especialmente adequado a tais circunstâncias[4]. Nos casos de excepcional agressividade, recomenda-se a estaca mista, de fuste protegido por uma pintura betuminosa, que permanece intacta, ao contrário do que ocorre nas estacas pré-moldadas em que o produto betuminoso pode sofrer desgastes durante a cravação. Do ponto de vista de capacidade de carga, a base da estaca é, em geral, executada com uma mistura de brita e areia, não havendo razão para temer uma ação agressiva da água do subsolo.

Uma variante desse tipo de estaca é a *Mista Tubada*, utilizada na primeira etapa da Usina Termelétrica de Santa Cruz (RJ). Nesse caso, ao invés do elemento pré-moldado, é colocado, por dentro do tubo de cravação, um tubo de aço de parede fina (p. ex., 1/8") enchido de concreto antes da retirada do tubo de cravação. É aconselhável que dois ferros em U sejam soldados na extremidade inferior do tubo para ancoragem na base, a fim de evitar o levantamento de um fuste já concretado quando da execução de estacas vizinhas. A vantagem dessa variante sobre a convencional é que elimina o problema de quebra ou emenda dos elementos pré-moldados, uma vez que o tubo de chapa fina é cortado ou emendado sem dificuldade.

Estaca Franki com Fuste Vibrado

Para aumentar a produtividade, dois aperfeiçoamentos foram introduzidos na execução de estacas do tipo Franki, sem alterar sua característica fundamental de elevada capacidade de carga graças à base alargada. O primeiro aperfeiçoamento conduziu à chamada estaca *Franki com fuste vibrado*, cuja execução obedece a sequência *Standard* até a colocação da armadura. A partir daí o procedimento é o seguinte (Fig. 11.11): o tubo é enchido de uma só vez, em toda sua extensão, com concreto plástico (*slump* de 8 a 12 cm); depois de cheio, adapta-se ao tubo um vibrador especial, com vibração unidirecional vertical e o arrancamento do tubo se processa, então, de forma contínua, com o esforço do próprio bate-estacas. Com esse procedimento, a concretagem do fuste em camadas de argila mole fica bastante facilitada. Durante a retirada do tubo, o pilão deve permanecer apoiado no topo da coluna de concreto.

Estaca Franki Cravada com Martelo Automático e com Fuste Vibrado

Um segundo aperfeiçoamento consiste em cravar o tubo com um martelo automático (Fig. 11.12). Nesse caso, a clássica bucha de brita e areia ou concreto seco é substituída por uma chapa de aço com a qual o tubo é cravado, com ponta fechada, até a profundidade necessária.

Nesse momento, coloca-se em operação o pilão de queda livre, que desloca a chapa de aço da extremidade inferior do tubo e executa a característica base Franki. Em seguida, coloca-se a armadura e substitui-se o martelo pelo vibrador, executando-se a estaca com fuste vibrado.

Estaca Franki Cravada com Ponta Aberta

Nos casos em que há construções sensíveis vizinhas à obra e camadas superficiais compactas, é possível cravar o tubo com escavação interna até uma certa profundidade. Nesse caso o tubo é forçado para baixo pelos cabos de aço, enquanto seu interior é escavado com uma ferramenta (como um trado ou piteira). A partir de uma dada profundidade, o processo Franki é retomado, com a execução da base alargada etc. Esse processo não é padronizado e a qualidade

---

4. Os autores recomendam que, nesses casos, seja consultado um especialista em tecnologia do concreto. Foi o que aconteceu, por exemplo, na Estação de Tratamento do Lixo no Caju (Rio de Janeiro), onde foram executadas estacas Franki *Standard* através de aterro sanitário, apenas alterando o traço do concreto.

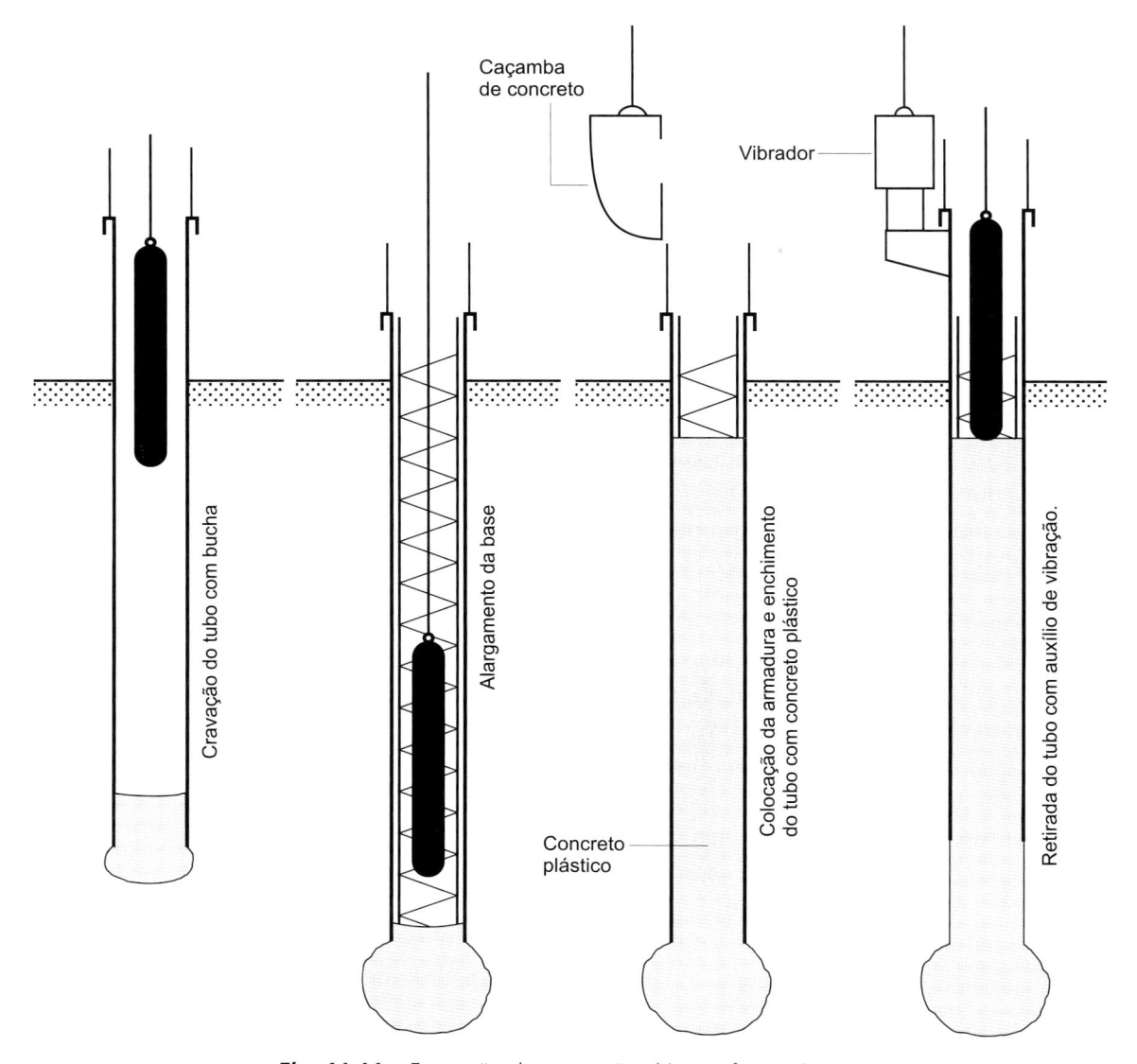

Fig. 11.11 – Execução de estaca Franki com fuste vibrado

final da estaca vai depender da retomada do processo Franki, para garantir a ausência de água no interior do tubo etc.

11.5 ESTACAS ESCAVADAS

Assim se denominam as estacas executadas por uma perfuração ou escavação no terreno (com retirada de material) que, em seguida, é enchida de concreto. Podem ter base alargada, executada com ferramenta especial (não usual em nosso país).

As escavações podem ter suas paredes suportadas ou não, e o suporte pode ser provido por um revestimento (Fig. 11.13a), recuperável ou perdido, ou por fluido estabilizante (Fig. 11.13b). Só é admitida a perfuração não suportada em terrenos argilosos, acima do lençol d'água, natural ou rebaixado. Na Fig. 11.13 estão indicadas as principais ferramentas de escavação em solo (ou até alteração de rocha ou saprólito)[5].

---

5. Estacas em rocha não são abordadas neste item, pois requerem outro tipo de equipamento (geralmente rotativos) e ferramentas (chamadas *rock bits*).

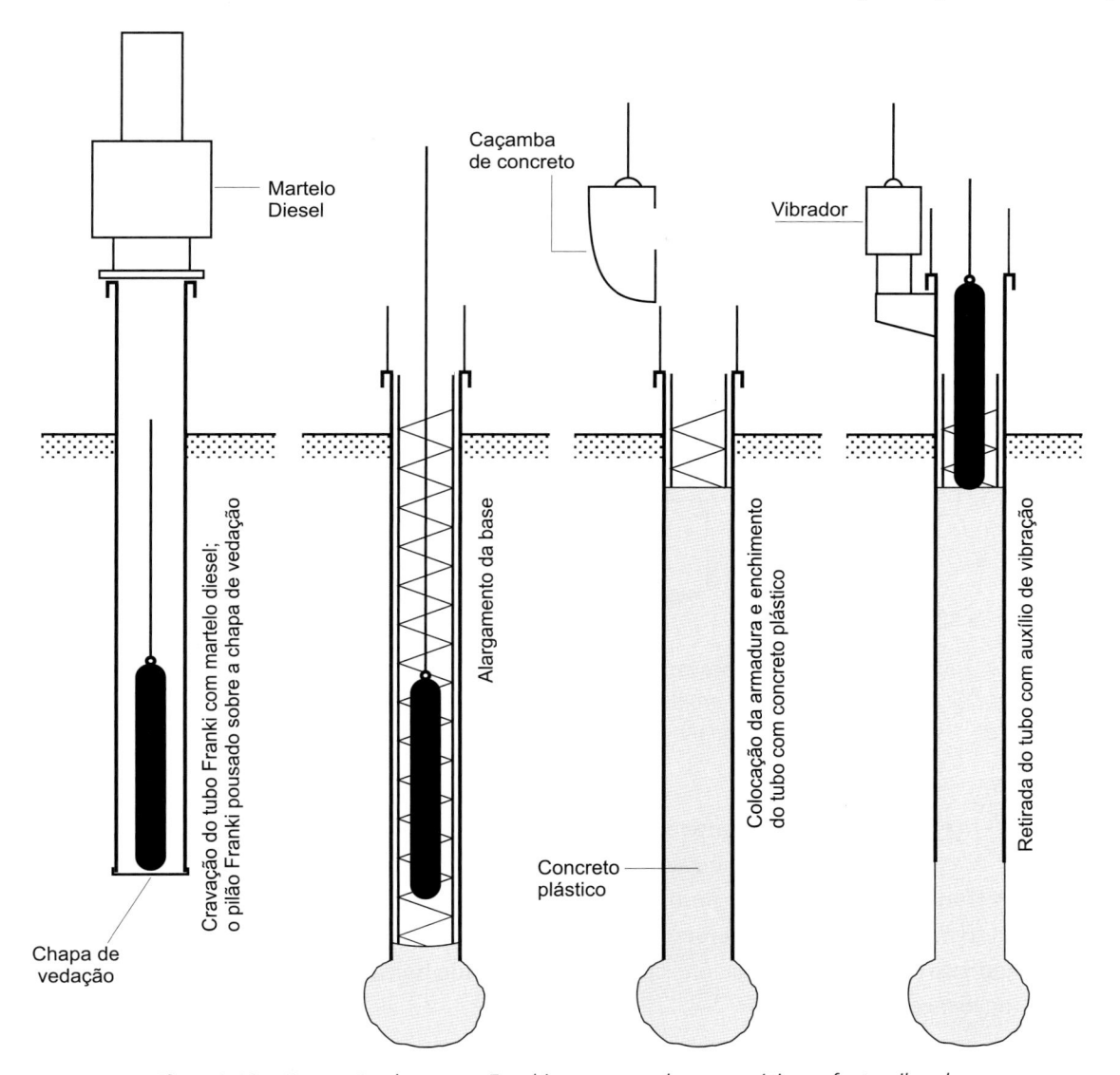

Fig. 11.12 – Execução de estaca Franki com martelo automático e fuste vibrado

Na Fig. 11.14 são mostradas as fases de execução de uma estaca escavada com fluido estabilizante (geralmente lama bentonítica).

Quanto à concretagem há as seguintes variantes:

a. perfuração não suportada isenta d'água, quando o concreto é lançado do topo da perfuração através de "tromba" de comprimento adequado;
b. perfuração suportada com revestimento perdido, isenta de água, quando o concreto é lançado do topo da perfuração sem necessidade de tromba;
c. perfuração suportada com revestimento perdido ou a ser recuperado, cheia de água, quando é adotado um processo de concretagem submersa com tremonha;
d. perfuração suportada com revestimento a ser recuperado, isenta de água, quando a concretagem pode ser feita de acordo com as modalidades a seguir:
    - o concreto é lançado em pequenas quantidades que são compactadas sucessivamente, à medida que se retira o tubo de revestimento; deve-se empregar um concreto com fator água-cimento baixo;

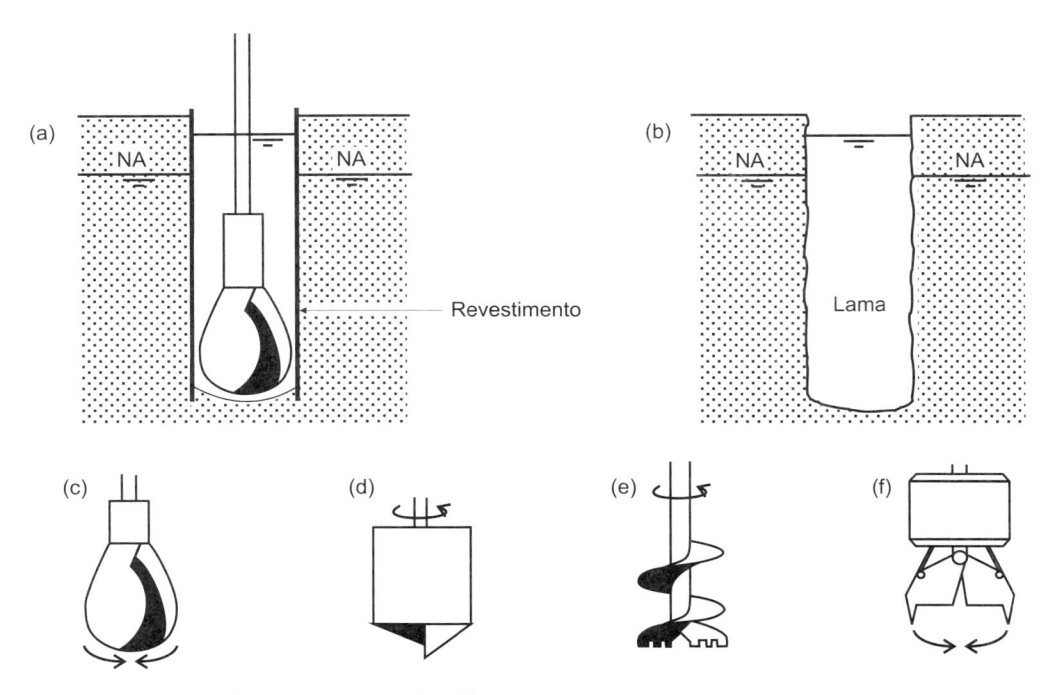

Fig. 11.13 – Execução de estaca escavada: (a) escavação revestida com camisa metálica; (b) escavação suportada por fluido estabilizante (lama), e principais ferramentas de escavação em solo: (c) clamshell esférico, (d) "balde", (e) trado helicoidal e (f) clamshell de diafragmadora

- o tubo é inteiramente enchido de concreto plástico e, em seguida, é retirado com procedimentos que garantam a integridade do fuste da estaca[6].

e. Perfuração suportada por fluido estabilizante (em geral lama bentonítica), quando é adotado um processo de concretagem submersa, com tremonha (o concreto deve ser despejado no topo da tremonha, não sendo recomendado bombeá-lo diretamente para o fundo da estaca).

Em cada caso, o concreto deve ter plasticidade adaptada à modalidade de execução, além de atender aos requisitos de resistência.

Pela importância na técnica das fundações em nosso país, será dada ênfase especial às estacas escavadas em que se utiliza uma lama tixotrópica (lama bentonítica) para suportar as paredes da perfuração. Essa técnica surgiu em torno de 1952 (Fleming e Sliwinski, 1977) e as estacas são executadas nas mais diversas condições de terreno, com comprimentos que ultrapassam os 50 m e seção transversal circular (de até 2,50 m de diâmetro) ou retangular (*estacas-diafragma* ou *barrettes*[7]). Apresentam como vantagens:

- possibilidade de execução em zonas urbanas, pois não produzem perturbações na vizinhança em decorrência de levantamento do solo ou vibrações durante a instalação;

---

6. Essas duas formas de concretar correspondem às estacas do tipo Franki *Standard* e tipo Franki com fuste vibrado, respectivamente.

7. Como as primeiras diafragmadoras produziam painéis não exatamente retangulares, mas com as extremidades arredondadas, a estaca ganhou o apelido de *boina* (*barrette* em francês).

11 Principais Tipos de Fundações Profundas

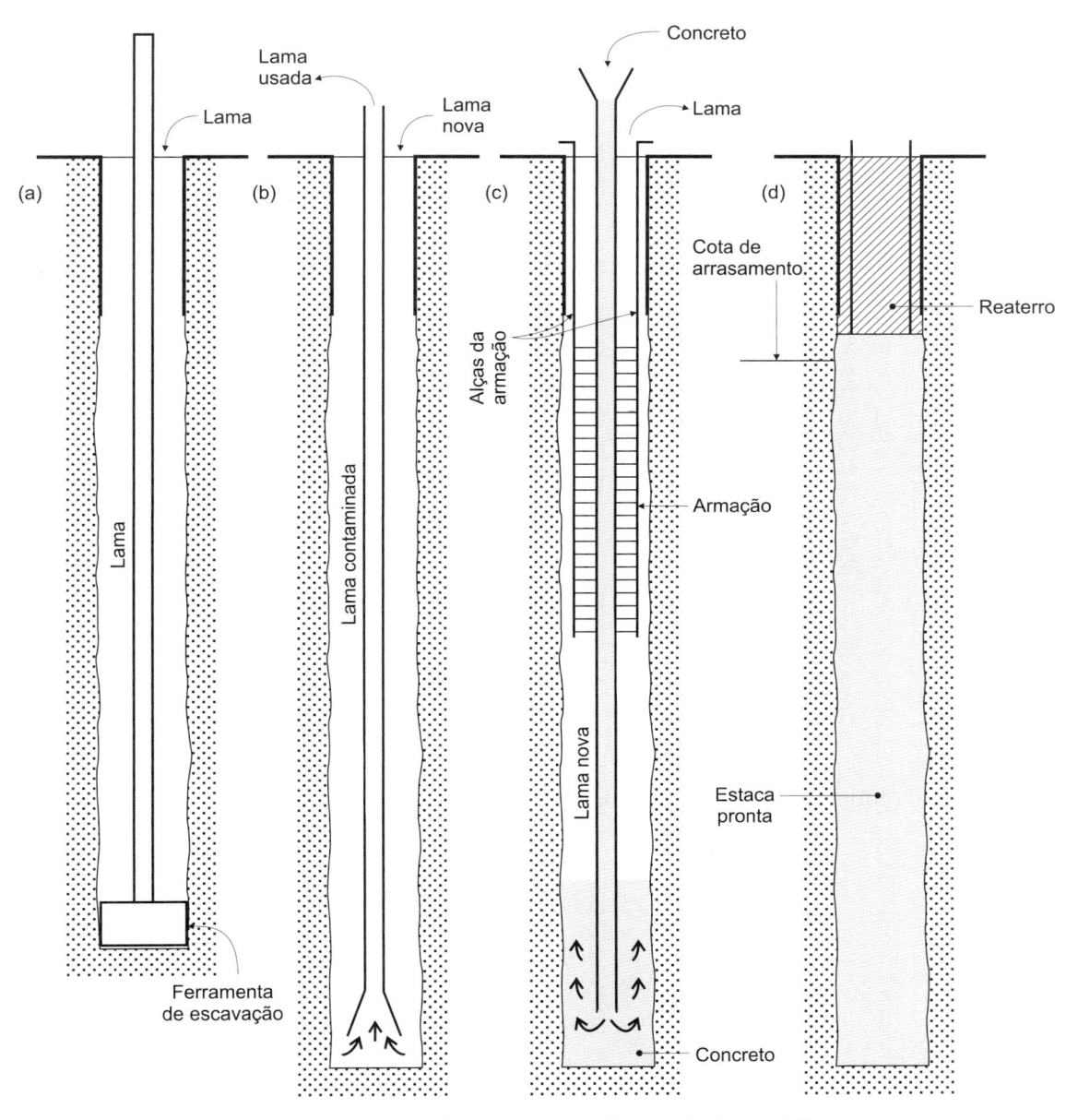

Fig. 11.14 – Execução de estaca escavada com fluido estabilizante

- cargas admissíveis elevadas (acima de 10.000 kN);
- adaptação fácil às variações de terreno;
- conhecimento do terreno atravessado etc.

Como desvantagens mencionam-se:

- vulto dos equipamentos necessários (perfuratriz, guindaste auxiliar, central de lama etc.);
- canteiro de obras mais difícil de manter;
- mobilização de grandes volumes de concreto para utilização em curto intervalo de tempo.

Fleming e Sliwinski (1977) fazem uma análise comparativa dos processos executivos com lama e com revestimento recuperável, reproduzida na Tab. 11.9.

Tab. 11.9 – Comparação dos processos executivos com lama e com revestimento recuperável

Operação	Execução com lama bentonítica	Execução com revestimento recuperável
Escavação	A estabilidade da perfuração pode ser assegurada na maioria dos casos com algumas limitações: 1. O nível do lençol freático deve estar abaixo do nível da bentonita na perfuração de forma a garantir uma sobre-pressão efetiva de bentonita na parede da perfuração. (Ver adiante, prescrição da NBR 6122.) 2. Camadas altamente permeáveis não são convenientes, porque permitem perda de bentonita e impedem a manutenção da bentonita no nível desejado. A eliminação do revestimento no processo executivo (exceto um curto revestimento para guiagem) permite o emprego irrestrito de perfuratrizes com elevada velocidade de escavação e consequente economia. O comprimento das estacas é limitado apenas pela profundidade de escavação. Com a utilização de hastes Kelly, alcançam-se profundidades de 60 m. Para maiores profundidades podem ser usados equipamentos de circulação reversa. Frequentemente, as paredes da perfuração são irregulares. As ferramentas de escavação (quando são usadas caçambas rotativas) podem produzir sobre-escavação (*overbreak*) em camadas mais fracas. Em consequência, há um maior consumo de concreto, sem qualquer efeito detrimental ao comportamento da estaca. A pressão da suspensão de bentonita que atua no fundo da perfuração restringe a perturbação da camada de apoio durante a escavação. Graças às propriedades da suspensão, a deposição de sedimentos no fundo da perfuração, no final da escavação, é reduzida.	A estabilidade de perfurações para estacas pode ser positivamente assegurada usando revestimentos. Entretanto, é essencial adotar um procedimento executivo que evite a formação de cavidades atrás do revestimento, particularmente em camadas saturadas pouco permeáveis. Grandes perturbações das camadas em torno e abaixo da estaca também devem ser evitadas. Por isso, os revestimentos são frequentemente cravados (por percussão ou vibração) até a profundidade final antes que a escavação seja executada por meio de uma perfuratriz. Esse procedimento assegura uma estaca de boa qualidade e econômica, frequentemente limitado a situações em que o revestimento tenha cerca de 20 m de comprimento. Para estacas mais longas em solo instável, podem-se usar sistemas com revestimentos em seções o que, na prática, conduz à substituição das perfuratrizes rotativas por escavação com *clamshell*. O processo torna-se mais lento. As paredes da escavação são lisas. Se um revestimento de comprimento igual ao da perfuração for instalado antes da escavação, o *overbreak* é desprezível. Perfuração abaixo da ponta do revestimento pode acarretar a formação de grandes cavidades que serão escondidas pelo revestimento. Tais cavidades constituem uma fonte de riscos na operação subsequente de concretagem da estaca. Em solos saturados, qualquer abaixamento da água dentro do revestimento pode provocar condições de *piping* na base da estaca, o que, em solos granulares, pode facilmente afetar a camada e reduzir a capacidade de carga original. Geralmente, a deposição de sedimentos na água é rápida e não será prontamente deslocada pelo concreto que escoa da tremonha. Somente quando o revestimento penetra em uma camada impermeável e que a água pode ser removida, e pode-se garantir um contato de boa qualidade com a camada de apoio.

Tab. 11.9 (cont.) – Comparação dos processos executivos com lama e com revestimento recuperável

Operação	Execução com lama bentonítica	Execução com revestimento recuperável
Concretagem	Geralmente, a concretagem é realizada com um tubo tremonha. A técnica é suficientemente desenvolvida e pode produzir excelentes resultados. O deslocamento de sedimentos de fundo é facilitado pela capacidade da bentonita conservar areia e outras partículas em suspensão. A concretagem é relativamente simples na ausência de revestimento. Em argilas muito moles, pode ser necessário um revestimento permanente, a fim de assegurar uma seção de estaca satisfatória e uniforme.	A concretagem com revestimento temporário é complicada. Mesmo nos casos mais simples, com um revestimento de comprimento total, frequentemente um vibrador é utilizado para acelerar o processo e evitar danos à integridade da estaca por efeito de arco e perda de trabalhabilidade. Os riscos associados a cavidades externas ao revestimento já foram mencionados. A extração de revestimentos em seções é especialmente complicada quando realizada simultaneamente com concretagem por tremonha e conduz a atrasos indesejáveis. Em argilas muito moles, revestimento permanente pode ser requerido a fim de assegurar uma seção de estaca satisfatória e uniforme.
Geral	As perfuratrizes podem ser desviadas da posição correta por matacões e outros obstáculos. A tolerância para verticalidade aceita é da ordem de 1:75. Estacas executadas sob bentonita podem ter seções transversais outras que a circular. Ferramentas adequadas para escavação permitem obter seções retangulares ou cruciformes, vantajosas no caso de solicitações laterais.	O uso de revestimento em seções combinado à oscilação e a uma guiagem robusta pode conduzir a uma melhor verticalidade que o emprego de perfuratriz. Uma tolerância de verticalidade de 1:200 pode ser conseguida. O uso de revestimento temporário limita a forma da seção transversal.

11.5.1 A Bentonita

Segundo Santos (1975),

> Bentonita é uma argila composta por minerais do grupo da montmorilonita. A maioria dos depósitos é considerada como tendo sido formada pela alteração das partículas vítreas da cinza vulcânica ácida. As bentonitas são caracterizadas por um brilho semelhante ao de ceras ou pérolas e por um tato untuoso. Algumas bentonitas incham naturalmente pela absorção de água, outras não incham e outras apresentam graus intermediários de inchamento (metabentonitas). O termo "bentonita" tem sido usado no Brasil de modo um pouco vago, pois misturas de argilas cauliníticas, montmoriloníticas e ilíticas não são, necessariamente, bentonitas: as argilas verdes e vermelhas do vale do Paraíba têm sido denominadas argilas bentoníticas, porém não são bentonitas. Já foram assinaladas pequenas ocorrências de bentonita verdadeira na região de Ponte Alta, próximo a Uberaba (MG). Pequenas ocorrências, sem valor comercial, foram assinaladas em jazidas de caulins provenientes da decomposição de pegmatitos, por exemplo, em Perus e no Sacomã, nas vizinhanças da cidade de São Paulo; estas últimas ocorrências recebem o nome de "cera de montanha". As argilas montmoriloníticas das regiões de Sacramento, Carmo do Paranaíba e Pará de Minas (MG) e de Boa Vista (PB) ainda não foram provadas se originarem de cinzas vulcânicas para serem denominadas bentonitas.

Para detalhes físico-químicos da bentonita ou das argilas em geral (inclusive utilizadas como fluidos de perfuração de poços de petróleo) recomendam-se Deriberé (1951), Grim (1962) e Santos (1975).

11.5.2 A Lama de Bentonita

Fleming e Sliwinski (1977) têm uma explicação clara e sucinta do que se passa numa suspensão de bentonita:

> Quando se coloca a bentonita na água, a montmorilonita sódica experimenta uma expansão intracristalina. A expansão então continua com uma rápida absorção de grande quantidade d'água (expansão osmótica). Essa expansão adicional é o resultado de forças repulsivas que são criadas entre superfícies de partículas, que fazem com que elas se afastem umas das outras. A repulsão decorre da interação das camadas difusas elétricas duplas que se desenvolvem na presença da água. A camada difusa dupla é associada à distribuição de cationtes permutáveis na superfície. Na presença da água os cationtes tendem a difundir-se a partir da superfície, porém eles são eletrostaticamente atraídos para a malha carregada. Daí resulta uma concentração de cationtes que decresce gradualmente à medida que aumenta a distância da superfície. Com a montmorilonita sódica (com pouco ou nenhum sal presente na água), as forças repulsivas são tão fortes que os cristais de argila se partem, de forma que um grande número de camadas unitárias ficará separado umas das outras. Como consequência, forma-se uma suspensão de partículas lamelares com uma carga negativa na superfície (face), uma carga positiva na aresta, envoltas em nuvens de cationtes.
>
> Em suspensão, as partículas ficam orientadas com as faces negativas em associação com as arestas positivas formando uma estrutura tridimensional de "castelo de cartas". Com isso, forma-se um gel. Essas ligações aresta/face são relativamente fracas; quando o gel é agitado, as ligações são destruídas e o sistema torna-se mais fluido. Quando a suspensão está em repouso, as ligações são refeitas e o gel se forma. Esse fenômeno é chamado tixotropia e tem implicações importantes no que concerne ao emprego da bentonita na Engenharia Civil. Esses gels comportam-se como corpos de Bingham e são caracterizados por uma tensão de escoamento de Bingham que é uma medida do número e resistência das ligações na estrutura "castelo de cartas".

Se a suspensão de bentonita for colocada sobre um filtro, forma-se uma película impermeável (*cake*) de partículas de bentonita hidratada, que constitui uma barreira à perda de água através do meio filtrante. Mesmo uma suspensão muito fraca de baixa percentagem de sólidos apresentará viscosidade maior do que a água, tixotropia e a capacidade de formar cake.

Essas são as propriedades essenciais que tornam possível o emprego da bentonita na estabilização de uma perfuração durante sua escavação e mantê-la assim até a concretagem que formará a estaca.

É possível formar lamas de argilas outras que a bentonita sódica, embora suas propriedades, em geral, não possam emparelhar com as exibidas pela bentonita sódica. Consequentemente, a bentonita sódica é usada como material básico na construção de estacas e paredes de concreto moldadas no solo.

11.5.3 A Ação Estabilizante da Lama

A experiência mostra que as paredes de uma perfuração em solo, com seção transversal circular ou retangular (com 6 m de comprimento ou mais, como na execução de paredes de concreto moldadas no solo), permanecem estáveis quando a perfuração está cheia com lama de bentonita, desde que o nível da bentonita fique em torno de 1,5 ou 2 m acima do nível do lençol freático.

Na prática, essa diferença de nível pode ser obtida com a utilização de um revestimento ou camisa-guia de altura adequada ou por meio de um rebaixamento do lençol d'água localizado.

Não se sabe explicar essa estabilização, pois, ao se fazer um cálculo de empuxo de terra pelos procedimentos clássicos, verifica-se que esse empuxo é maior do que a pressão hidrostática exercida pela bentonita. Além do efeito de arco, outras contribuições para o efeito estabilizador podem ser apontadas: a resistência ao cisalhamento aumentada na zona penetrada pela bentonita, a resistência do *cake*, a resistência ao cisalhamento da suspensão e forças eletrosmóticas (Fleming e Sliwinski, 1977).

As limitações práticas à execução de escavações sob suspensão de bentonita são:

1. Camadas muito permeáveis que permitem uma perda apreciável de suspensão de bentonita e, consequentemente, impedem a manutenção de um nível de suspensão correto (solos com permeabilidade de até 10^{-3} m/s podem ser estabilizados com suspensões de bentonita de concentração de até 6% em peso).
2. Cavidades que podem conduzir a perdas repentinas ou excessivas de suspensão.
3. Camadas muito fracas, tais como argilas muito moles, com coesão menor que 10 kPa (argilas muito moles podem apresentar problema na contenção do concreto fresco e um revestimento pode ser necessário, ainda que as condições de escavação tenham sido satisfatórias).
4. Água artesiana.

11.5.4 Especificações para a Suspensão de Bentonita

A suspensão de bentonita deve satisfazer algumas condições, para que seu desempenho seja satisfatório. Antes da concretagem, é indispensável que as condições sejam verificadas mediante a realização dos ensaios correspondentes. Caso os limites prescritos não sejam satisfeitos, a suspensão deverá ser trocada.

Na Tab. 11.10 são encontradas as definições de propriedades da suspensão de bentonita e indicados os ensaios correntes (Hutchinson et al., 1975). Para detalhes dos ensaios recomenda-se Xantakos (1979).

No Brasil, é comumente exigido da bentonita atender às especificações da Tab. 11.11.

Tab. 11.10 – Propriedades da suspensão de bentonita e ensaios

Propriedades	Definição	Ensaio
Concentração	kg de bentonita por 100 kg de água	—
Massa específica	Massa de volume unitário de lama	Balança de lama
Viscosidade plástica Viscosidade aparente Tensão de escoamento	Para uma lama (comportando-se como um corpo de Bingham) sob tensão cisalhante: Tensão cisalhante = $T + V_p S$ onde: T = tensão de escoamento; V_p = viscosidade plástica; S = velocidade de cisalhamento; viscosidade aparente = tensão cisalhante/velocidade de cisalhamento e depende da velocidade de cisalhamento para um corpo de Bingham	Viscosímetro de Fann
Viscosidade no cone de Marsh	Tempo necessário para que um dado volume de lama escoe através um cone padrão	Cone Marsh padrão como utilizado nos trabalhos de perfuração
Resistência do gel a 10 min.	Resistência ao cisalhamento atingida pela lama depois de um período de repouso de 10 min (lama violentamente mexida antes do início do ensaio)	pH - metro; papéis pH podem dar resultados não confiáveis
Conteúdo de areia	Percentagem de areia em suspensão que não passa na peneira 200	Ensaio API para determinar o conteúdo de areia (basicamente, peneira 200)
Perda de fluido	Quantidade de fluido perdida em um dado tempo por um volume fixado de lama quando filtrado, sob determinada pressão, através de um filtro padrão	Aparelho padrão utilizado pelas empresas de perfuração (600 cm^3 de lama, durante 30 min, sob 100 lb/pol^2 através de papel filtro)
Espessura de cake	Espessura do cake formado sob condições normalizadas	Medir a espessura do cake formado no ensaio de perda de fluido

Tab. 11.11 – Especificação da bentonita

Requisito	Valor
Resíduos em peneira n° 200	⩽ 1%
Teor de umidade	⩽ 15%
Limite de liquidez	⩾ 440%
Viscosidade Marsh 1500/1000 da suspensão a 6° em água destilada	⩾ 40
Decantação da suspensão a 6% em 24 h	⩽ 2%
Água separada por pressofiltração de 450 cm^3 da suspensão a 6% nos primeiros 30 min, à pressão de 0,7 MPa	⩽ 18 cm^3
pH da água filtrada	7 a 9
Espessura do cake no filtroprensa	⩽ 2,5 mm

Um amostrador de lama é mostrado na Figura 11.15.

O controle das propriedades da bentonita no fundo da estaca, antes da concretagem, é muito importante. A formação de sedimentos no fundo da perfuração deve ser evitada ou, pelo menos, suficientemente adiada para que se possa proceder à concretagem antes que ela ocorra. Um critério adotado é mudar a suspensão de bentonita quando seu peso específico for maior que 1,25 tf/m³, ou se a leitura no cone de Marsh for superior a 100.

A prática brasileira mostra que é recomendável a substituição da lama utilizada na escavação por uma lama nova imediatamente antes da concretagem.

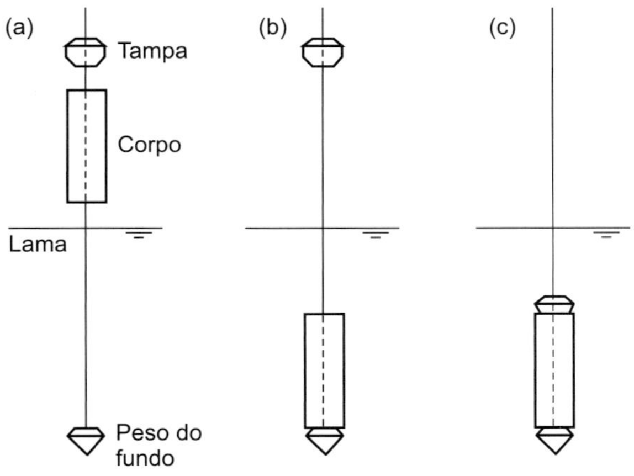

Na Tab. 11.12, de Hutchinson et al. (1975), são indicados alguns limites recomendados para as propriedades das suspensões de bentonita.

Fig. 11.15 – Amostrador de lama: (a) o peso do fundo é descido até o nível de amostragem; (b) o corpo do amostrador é descido; (c) a tampa é descida e o amostrador é recolhido (Fleming; Sliwinski, 1977)

Uma especificação bem aceita pelos empreiteiros é a preconizada pela *Federation of Piling Specialists* (1973), apresentada na Tab. 11.13. A NBR 6122 apresenta ligeiras modificações em relação a esta tabela, conforme pode ser visto na Tab. 11.14.

Tab. 11.12 – Valores recomendados para as propriedades da suspensão de bentonita

	Suporte de escavação	Vedação da escavação	Suspensão de detritos	Deslocamento pelo concreto	Limpeza física	Bombeamento	Limites
Concentração de bentonita (%)	> 4,5	> 4,5	> 4	< 15			4,5 a 15
Massa específica (Mg/m³)	> 1,034			< 1,25	< 121		1,034 a 1,25
Viscosidade plástica (cP)				< 20 (requer mais verificação)			< 20
Viscosidade aparente			Não é um parâmetro primário				
Viscosidade - cone de Marsh			Considerado somente como um ensaio qualitativo				
Resistência ao escoamento			Considerado menos importante que a resistência do gel a 10 min				
Resistência do gel a 10 min [Fann] (N/m²)	> 3,6		> 2,5			2,5 a 20	3,0 a 20
pH			< 11,7				< 11,7
Perda de fluido			Resultados enganosos, com o atual tipo de ensaio				
Conteúdo de areia (%)	> 1			< 35	< 25		1 a 25

Tab. 11.13 – Especificação para suspensão de bentonita (FPS, 1973)

Item a ser medido	Limites dos resultados a 20° C	Método de ensaio
Massa específica	menor que 1,1 g/cm^3	Balança de densidade de lama
Viscosidade	30 a 90 segundos	Funil Marsh
Resistência ao cisalhamento (resistência do gel de 10 min)	1,4 a 10 N/m^2	*Shearometer*
pH	9,5 a 12,0	Papel indicador de pH

Tab. 11.14 – Especificação para a lama bentonítica (NBR 6122)[8]

Parâmetros	Valores	Equipamento para ensaio
Massa específica	1,025 a 1,10 g/cm^3	Densímetro
Viscosidade	30 a 90 segundos	Funil Marsh
pH	7 a 11	Papel indicador de pH
Teor de areia	até 3%	*Baroid sand content* ou similar

Nota: Os parâmetros devem ser determinados em amostras retiradas do fundo de cada estaca, antes da concretagem.

11.5.5 Concretagem

A concretagem das estacas escavadas com fluido estabilizante é sempre submersa, utilizando-se, em geral, o processo da "tremonha". A tremonha é um tubo constituído por elementos emendados por rosca, com um funil na extremidade superior. Esse tubo é mergulhado no fluido, tocando o fundo da escavação. Para evitar que o fluido que está no interior do tubo se misture com o concreto, coloca-se uma bola plástica para funcionar como êmbolo, expulsando o fluido pela ação do peso do concreto. Para que a bola possa sair pela extremidade inferior do tubo, logo no início da concretagem o tubo é levantado o suficiente para a passagem da bola (Fig. 11.16). Há tremonhas que são fechadas embaixo por uma tampa articulada e, nesse caso, elas descem vazias; depois de cheias, a tampa é aberta para permitir a saída do concreto.

O concreto é lançado continuamente, e não se deve permitir uma interrupção maior do que a estritamente necessária para as manobras do caminhão-betoneira (quando não for usado concreto bombeado), encurtamento da tremonha e outras que não durem mais de 20 a 30 minutos. Interrupções mais demoradas podem conduzir às chamadas "juntas-frias", capazes de prejudicar a continuidade do fuste da estaca.

O embutimento da tremonha no concreto durante toda a concretagem não deve ser inferior a 1,50 m.

É indispensável um registro detalhado de toda a operação de concretagem, no qual constarão os tempos e quantidades lançadas de concreto, a subida teórica e a medida do topo da coluna de concreto (após o lançamento do concreto de um caminhão-betoneira determina-se, com o auxílio de uma sonda, a subida do concreto no interior da estaca).

---

8. Caso seja utilizado um polímero, os valores limite são: densidade:1,01 a 1,10 g/cm^3; viscosidade: 35 a 75s; pH: 11 a 12 (o teor de areia aceito é o mesmo).

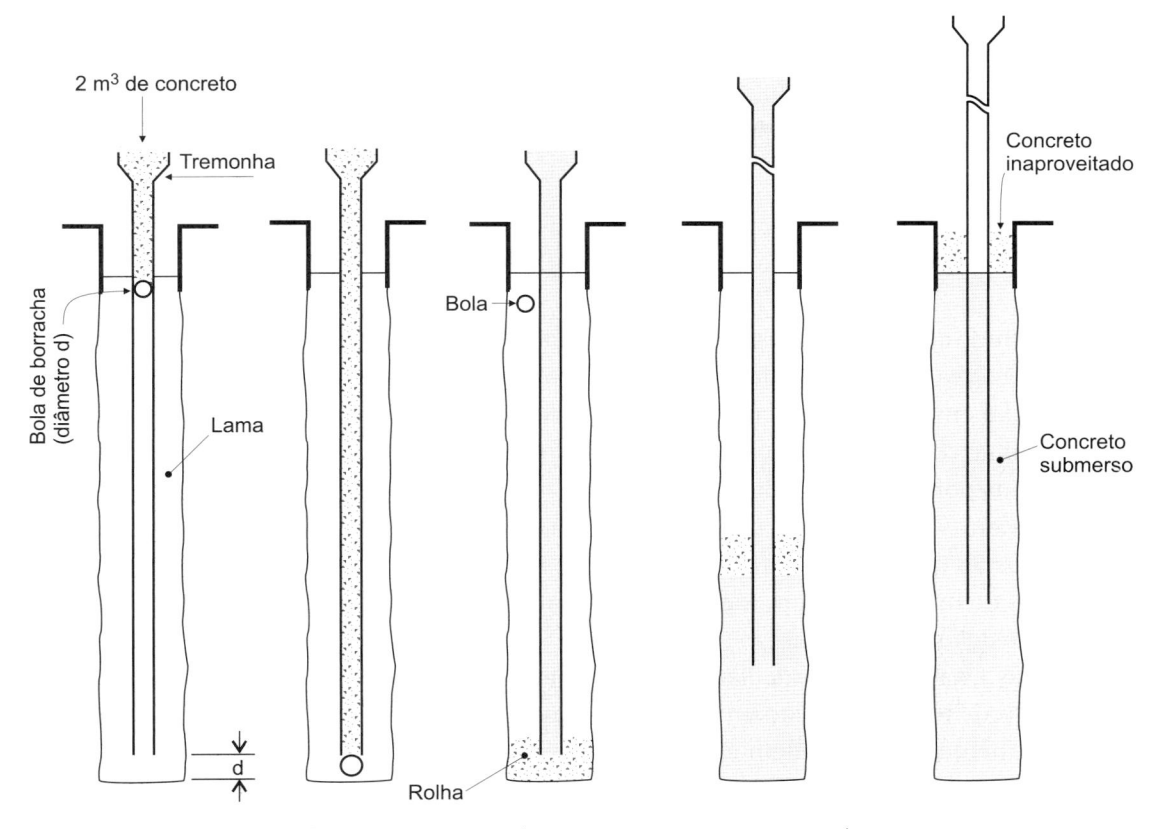

Fig. 11.16 – Etapas da concretagem com a tremonha

A concretagem deve ser levada até cerca de uma vez o diâmetro da estaca acima da cota de arrasamento prevista ou, no mínimo, 50 cm, uma vez que o concreto na parte superior, em contato com a bentonita, apresenta baixa resistência e, por isso, deve ser completamente removido quando do preparo da cabeça da estaca. Além disso, deverá ser incorporada a armadura da estaca ao bloco de coroamento.

De acordo com a norma NBR 6122, o concreto utilizado deve ter f_{ck} mínimo de 20 MPa, um consumo mínimo de cimento de 400 kg/m^3 e fator água/cimento $\leqslant$ 0,6. Deve ser bombeável, composto de cimento, areia, pedrisco e pedra 1, sendo facultativa a utilização de aditivos. O concreto deve apresentar ainda abatimento (*slump*) de 22 ± 3 cm, e uma percentagem de argamassa mínima de 55% (em massa).

Monteiro (1980) apresenta um exemplo de traço utilizado (para 1 m^3 de concreto):

Material	em peso	em volume
Cimento	400 kg	290 litros
Areia	720 kg	570 litros
Brita nº 1	980 kg	630 litros
Água	240 kg	240 litros
Plastiment VZ	1,2 kg	1,2 litros

Concluída a concretagem, o trecho escavado e não concretado (do nível do terreno ao topo do concreto) deve ser reaterrado para evitar desmoronamentos, quedas de equipamentos ou pessoas. Após o reaterro, a camisa-guia é retirada e a estaca está concluída.

11.5.6 Carga Admissível

As estacas escavadas trabalham com tensões que, de modo geral, não ultrapassam 5 MPa (ver Tab. 11.6). Para a fixação da carga admissível do ponto de vista estrutural, deve-se observar a Tab. 11.5.

11.6 ESTACAS-RAIZ

Segundo a NBR 6122, a estaca-raiz caracteriza-se pela execução (i) por perfuração rotativa ou rotopercussiva e (ii) por uso de revestimento (conjunto de tubos metálicos recuperáveis) integral no trecho em solo, e que é completada por colocação de armação em todo comprimento e preenchimento com argamassa cimento-areia. A argamassa é adensada com o auxílio de pressão, em geral dada por ar comprimido.

As estacas-raiz (na Itália, *pali-radice*) foram desenvolvidas, em sua origem, para a contenção de encostas, quando eram cravadas formando reticulados. Posteriormente, foram utilizadas em reforços de fundações e, em seguida, como fundações normais. Na Fig. 11.17 estão as fases de execução de uma estaca-raiz.

Essas estacas têm particularidades que permitem sua utilização em casos em que os demais tipos de estacas não podem ser empregados: (1) não produzem choques nem vibrações; (2) há ferramentas que permitem executá-las através de obstáculos tais como blocos de rocha ou peças de concreto; (3) os equipamentos são, em geral, de pequeno porte, o que possibilita o trabalho em ambientes restritos; (4) podem ser executadas na vertical ou em qualquer inclinação. Com essas características, as estacas-raiz (e as microestacas injetadas) praticamente eliminaram do mercado as estacas prensadas (*tipo Mega*), para reforço de fundações.

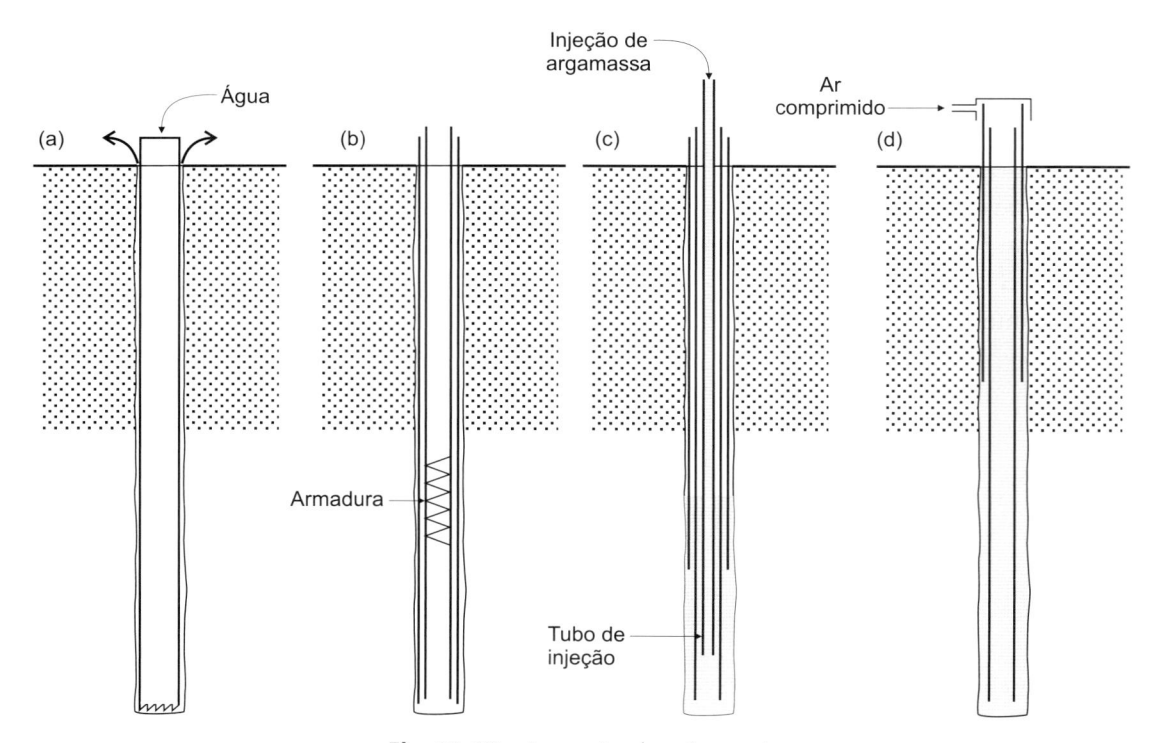

Fig. 11.17 – Execução de estaca-raiz

Descreve-se o processo executivo dessas estacas como:

a. Perfuração: utiliza-se normalmente o processo rotativo, com circulação de água ou lama bentonítica, que permite a colocação de um tubo de revestimento provisório até a ponta da estaca. Caso seja encontrado material resistente, a perfuração pode prosseguir com uma coroa diamantada ou, o que é mais comum, por processo percussivo (uso de "martelo de fundo").
b. Armadura: terminada a perfuração, introduz-se a armadura de aço, constituída por uma única barra, ou um conjunto delas, devidamente estribadas ("gaiola").
c. Concretagem: argamassa de areia e cimento é bombeada por um tubo até a ponta da estaca. À medida que a argamassa sobe pelo tubo de revestimento, este é concomitantemente retirado (com o auxílio de macacos hidráulicos), e são dados golpes de ar comprimido (com até 5 kgf/cm^2), que adensam a argamassa e promovem o contato com o solo (favorecendo o atrito lateral).

Para efeito de estudos e anteprojetos estão indicados na Tab. 11.6 alguns valores de cargas usualmente adotadas. Para a definição da carga admissível como elemento estrutural, deve-se observar a Tab. 11.5.

11.7 MICROESTACAS – ESTACAS ESCAVADAS E INJETADAS

As primeiras microestacas eram tirantes injetados que poderiam trabalhar à compressão. Em nosso país elas foram introduzidas pelo Prof. A. J. da Costa Nunes, o pioneiro na execução de tirantes injetados em solo. A Fig. 11.18 mostra a execução de uma microestaca.

O processo executivo é o seguinte:

a. Perfuração – usa-se o processo rotativo, com circulação de água ou lama bentonítica. Quando necessário – caso de areias fofas e argilas moles – coloca-se um tubo de revestimento provisório.

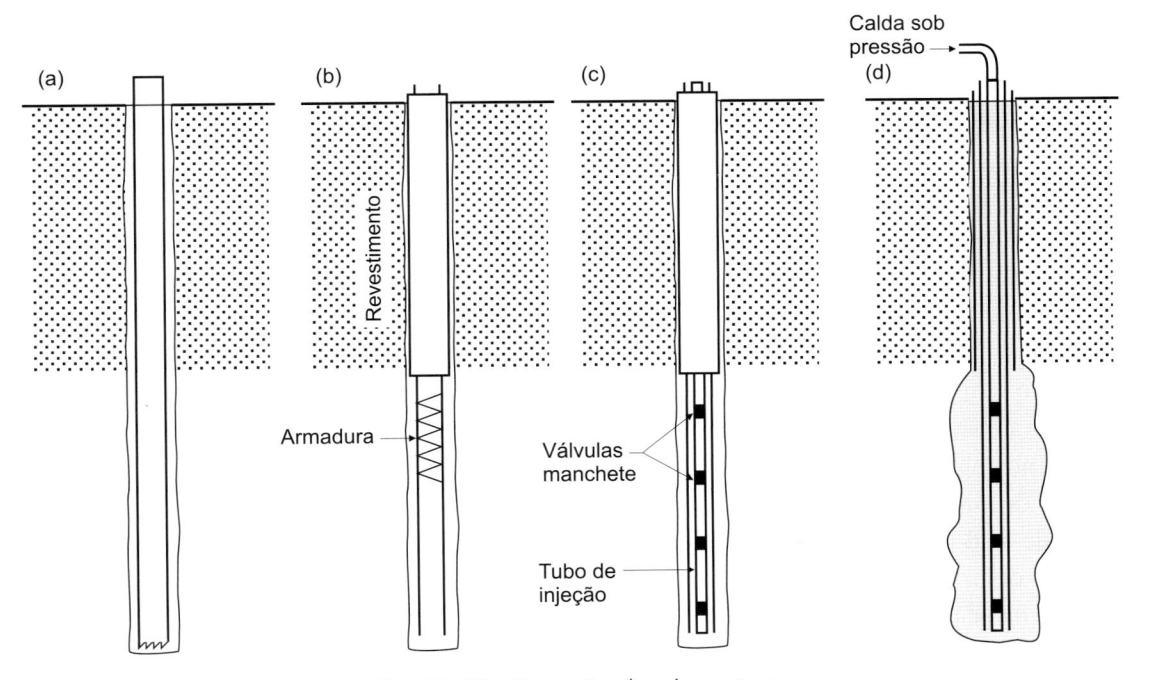

Fig. 11.18 – Execução de microestaca

b. Armadura – pode ser constituída por uma gaiola de vergalhões ou por um tubo de aço munido de válvulas expansíveis de borracha ("manchetes"), através das quais será injetada calda de cimento sob pressão. Caso seja usada uma gaiola, um tubo com válvulas manchetes é colocado no interior dela (caso da Fig. 11.18).

c. Injeção – numa primeira etapa, preenche-se o espaço anelar entre as paredes do furo e o tubo de injeção com calda de cimento. Forma-se assim uma *bainha*, que impedirá o fluxo à superfície da calda de cimento que será injetada sob pressão. A segunda etapa consiste na injeção de calda de cimento sob pressão (com até $20\,kgf/cm^2$) através das válvulas manchetes, uma a uma, a fim de se ter o controle da quantidade de calda consumida e da pressão de injeção. A injeção pode se processar em uma ou quantas fases forem necessárias para que se atinjam as pressões desejadas. Após a série de injeções, procede-se ao enchimento do tubo de injeção com argamassa ou calda de cimento. Dessa forma, obtém-se um fuste irregular – e expandido em relação à perfuração – semelhante a um bulbo de tirante.

Um resumo dos diferentes tipos dessas estacas executados no mundo é encontrado em Weltman (1981).

11.8 ESTACAS TIPO HÉLICE CONTÍNUA

A norma NBR 6122 descreve esse tipo de estaca como de concreto moldada *in loco*, executada mediante a introdução no terreno, por rotação, de um trado helicoidal contínuo e de injeção de concreto pela própria haste central do trado, simultaneamente a sua retirada. A armação sempre é colocada após a concretagem da estaca.

Utilizadas nos Estados Unidos e na Europa desde a década de 1970, foram introduzidas em nosso país no final da década de 1980. Pelas suas vantagens principais – baixo nível de vibrações e elevada produtividade – têm uma grande aceitação.

Há uma discussão técnica quanto à classificação das estacas tipo hélice contínua: se devem ser consideradas como estacas escavadas tradicionais (estacas "de substituição"), em cujo processo executivo há descompressão do solo, ou como estacas "sem deslocamento". Segundo o processo executivo, se houver retirada de praticamente todo o solo no espaço onde será constituída a estaca, ela deve ser classificada como estaca "de substituição" (ou, na terminologia da NBR 6122, como "estaca hélice contínua com escavação do solo"). Se, no processo executivo, houver deslocamento lateral do solo para criar o espaço da estaca, ela pode ser considerada uma estaca "sem deslocamento" ou mesmo "de pequeno deslocamento" (p. ex., Van Impe, 1995; Viggiani, 1989, 1993). As diferenças decorrem tanto do emprego de trados especiais, como é o caso das estacas Ômega e Atlas, como do procedimento de introdução do trado convencional.

No emprego do trado convencional, dependendo da relação entre as velocidades (i) de rotação e (ii) de avanço vertical, pode-se ter uma remoção grande de solo ou não. Se o avanço vertical, normalmente auxiliado por uma força vertical (*pull-down*), for feita a uma velocidade próxima do produto da velocidade de rotação pelo passo da hélice, não haverá praticamente subida de solo pelo trado, o que causa desconfinamento do terreno. De qualquer forma, uma avaliação do processo executivo passa pela comparação entre o volume de solo resultante da execução da estaca (volume que fica sobre o terreno), com o volume nominal da estaca. Outro fator de melhoria da capacidade de carga da estaca está no uso de uma alta pressão de bombeamento do concreto, quando o trado é praticamente empurrado pelo concreto (procedimento que leva a um maior consumo de concreto). Na etapa de projeto, quando não há maiores informações sobre o processo executivo, é prudente considerar a estaca hélice como "com escavação do solo".

11.8.1 Estacas Tipo Hélice Contínua com Escavação do Solo

Este tipo de estaca é feito com um trado em hélice de grande comprimento, composto de chapas em espiral que se desenvolvem em torno do tubo central. A extremidade inferior do trado é dotada de garras para facilitar o corte do terreno, e de uma tampa que impede a entrada de solo no tubo central durante a escavação.

Os equipamentos mais comuns permitem executar estacas com diâmetros de 30 cm a 100 cm e comprimentos de 15 m até 30 m.

Execução

Perfuração. A perfuração consiste na introdução da hélice no terreno, por meio de movimento rotacional transmitido por motores hidráulicos acoplados na extremidade superior da hélice, até a cota de projeto sem que a hélice seja retirada da perfuração em nenhum momento (Fig.11.19).

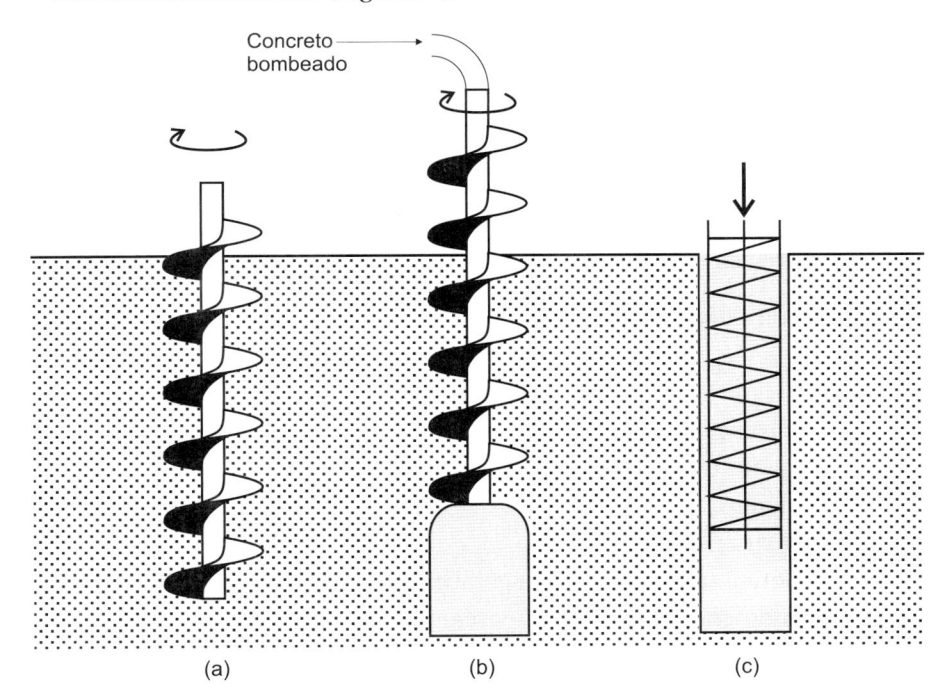

Fig. 11.19 – Execução de estaca hélice contínua

Concretagem. Alcançada a profundidade desejada, o concreto é bombeado continuamente (sem interrupções) através do tubo central, ao mesmo tempo que a hélice é retirada, sem girar, ou girando lentamente no mesmo sentido da perfuração. A velocidade de extração da hélice do terreno deve ser tal que a pressão no concreto introduzido no furo seja mantida positiva (e acima de um valor mínimo desejado). A pressão do concreto deve garantir que ele preencha todos os vazios deixados pela extração da hélice[9].

---

9. Há evidências de que uma maior pressão de bombeamento do concreto leva a uma melhoria do atrito lateral. A resistência de ponta é pequena nesse tipo de estaca e deve ser considerada com cautela.

A concretagem é levada até um pouco acima da cota de arrasamento da estaca. Quando a cota de arrasamento fica muito abaixo da superfície do terreno, é preciso cuidar da estabilidade do furo no trecho não concretado.

O concreto utilizado deve ter as mesmas características do concreto a ser utilizado nas estacas escavadas com fluido estabilizante (ver item 11.5), exceto quanto ao agregado máximo, que é o pedrisco.

Armadura. O processo executivo da estaca hélice contínua impõe que a colocação da armadura seja feita após o término da concretagem. A "gaiola" de armadura é introduzida na estaca manualmente por operários ou com auxílio de um peso ou, ou ainda, com o auxílio de um vibrador.

As estacas submetidas apenas a esforços de compressão levam uma armadura no topo, em geral, com 4 m comprimento (abaixo da cota de arrasamento). No caso de estacas submetidas a esforços transversais ou de tração, é possível introduzir uma armadura de maior comprimento (armaduras de 12 e até 18 m já foram introduzidas em estacas executadas com concretos especiais). Na extremidade inferior, a gaiola de armadura deve ter as barras ligeiramente curvadas para formar um cone (para facilitar a introdução no concreto), e deve ter espaçadores tipo rolete.

Controle da Execução

A execução dessas estacas pode ser monitorada eletronicamente, por meio de um computador ligado a sensores instalados na máquina (um desses equipamentos, de origem francesa, é denominado Taracord CE). Como resultados da monitoração, são obtidos os seguintes elementos:

- comprimento da estaca;
- inclinação;
- torque;
- velocidades de rotação;
- velocidade de penetração do trado;
- pressão no concreto;
- velocidade de extração do trado;
- volume de concreto (apresentado em geral como perfil da estaca);
- sobreconsumo de concreto (relação percentual entre o volume consumido e o teórico calculado com base no diâmetro informado).

A análise e a interpretação desses dados permite uma avaliação da estaca executada. A Fig. 11.20 reproduz uma folha de controle.

Projeto

Para a fixação da carga admissível do ponto de vista estrutural, deve-se observar a Tab. 11.5.

Segundo Alonso (1997), quando submetidas apenas a compressão, as estacas geralmente trabalham com uma tensão (na seção total) entre 5 e 6 MPa. O autor recomenda observar uma sequência executiva que garanta que apenas se inicie a execução de uma estaca quando todas as outras situadas em um círculo de raio 5 vezes o seu diâmetro já tenham sido executadas há, pelo menos, 24 horas (a NBR 6122 permite 12 horas). O espaçamento mínimo entre estacas paralelas pode ser igual a 2,5 vezes o diâmetro. A distância mínima do eixo de uma estaca à

11 Principais Tipos de Fundações Profundas

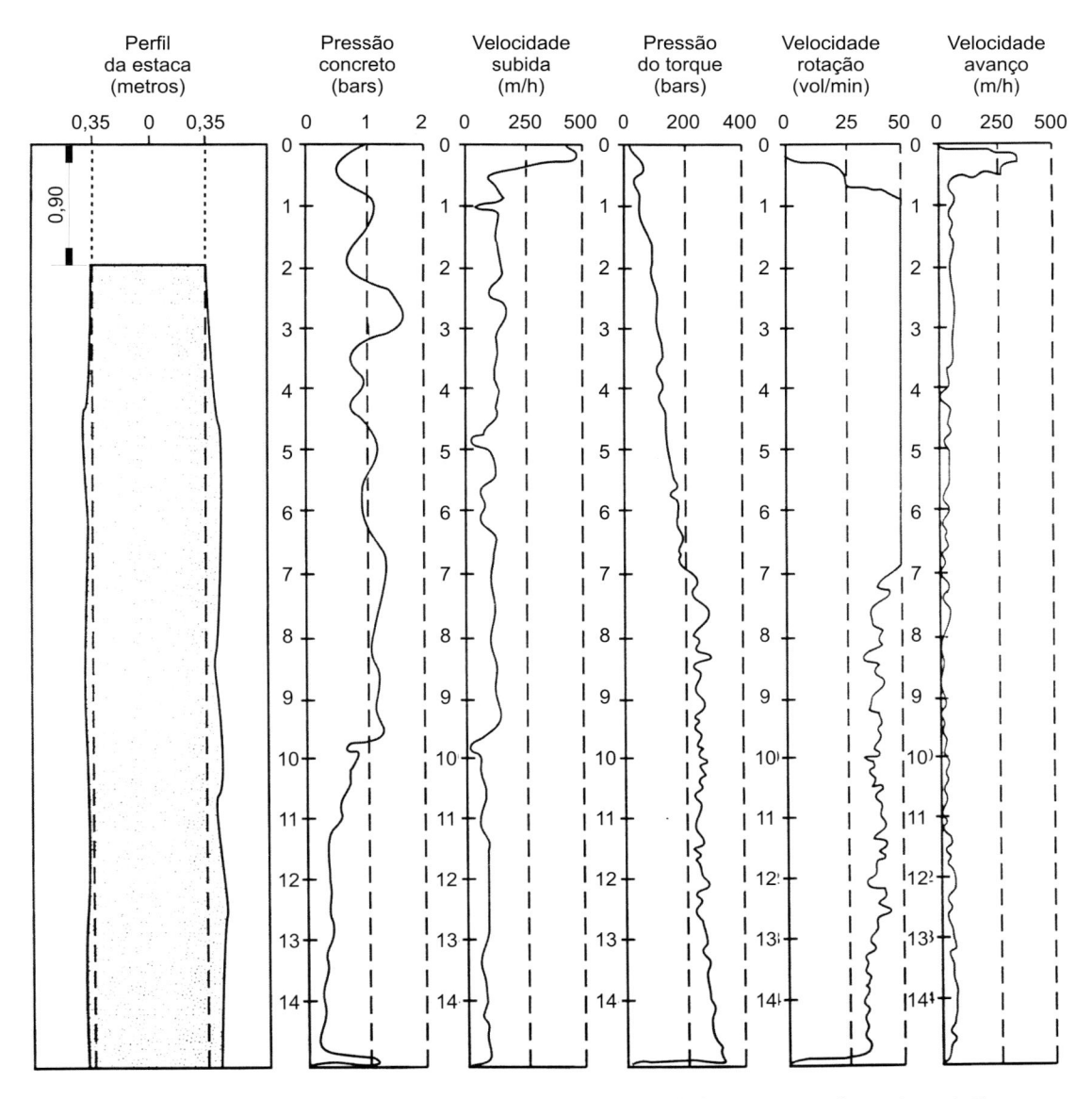

Fig. 11.20 – Folha de controle de execução de estaca hélice contínua ("monitorada")

divisa (quando existe uma parede) depende do equipamento. Os equipamentos com torque de até 35 kNm permitem colocar o centro da estaca a 35 cm da divisa, e os de maior torque requerem de 100 a 120 cm.

11.8.2 Estacas Tipo Hélice com Deslocamento do Solo

Pelo menos dois tipos de estacas hélice com deslocamento de solo devem ser mencionadas, porque diferem da descrita anteriormente na medida em que a ferramenta helicoidal (ou trado) que penetra o terreno é concebida de maneira a afastar o solo lateralmente na hora em que a ferramenta é introduzida ou extraída.

Estacas Ômega

Essas estacas podem ser executadas com diâmetros de 30 cm até 60 cm, e comprimentos de até 35 m. A carga admissível pode chegar a 2000 kN. As fases de execução dessa estaca são (Fig. 11.21a):

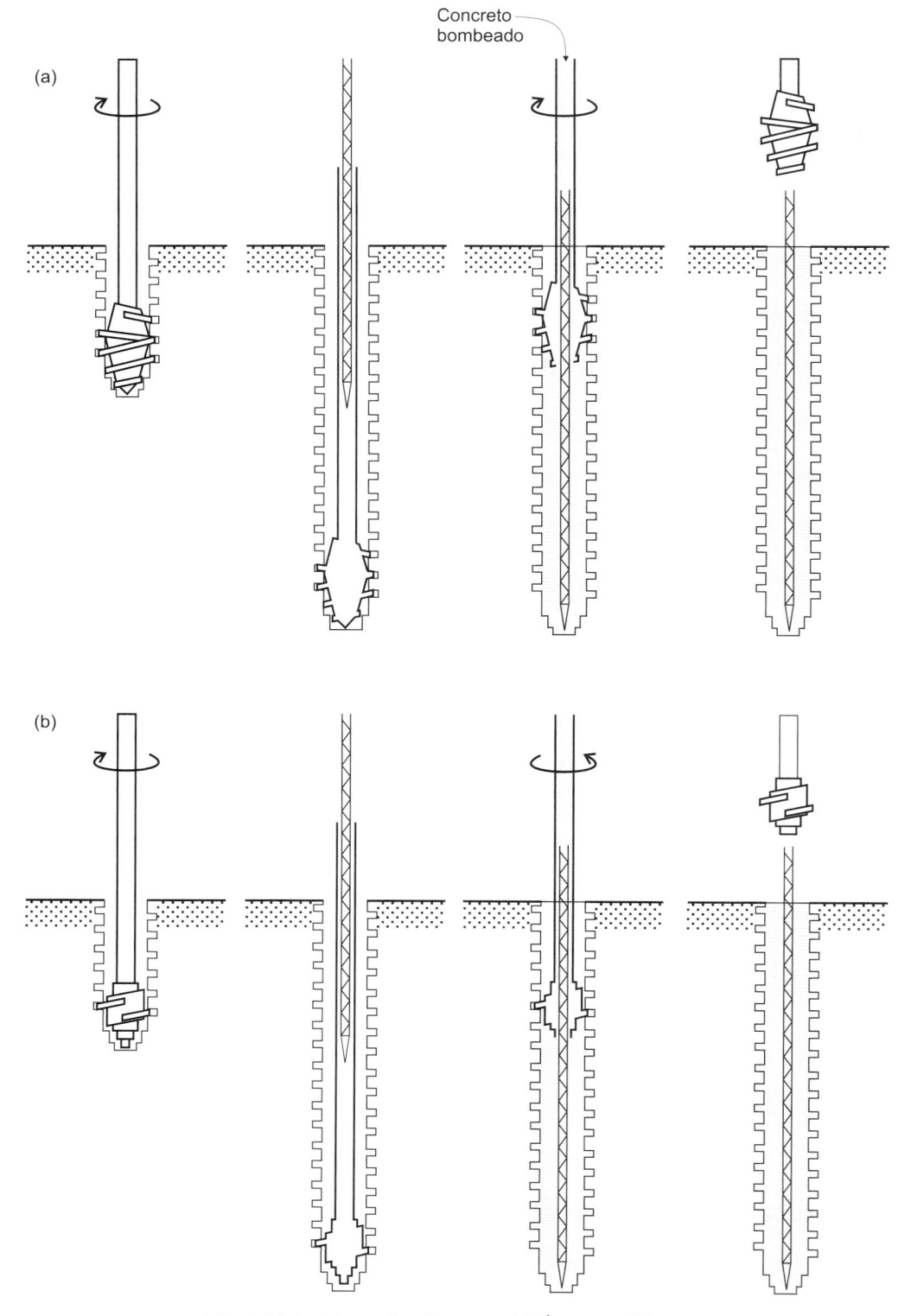

Fig. 11.21 – Execução de estaca (a) Ômega e (b) Atlas

a. Penetração por movimento de rotação e, eventualmente, força de compressão do trado. O tubo central é fechado por uma ponta metálica que será perdida.
b. A penetração é levada até a profundidade prevista. Introdução da armadura no tubo (em todo o comprimento da estaca).

11 Principais Tipos de Fundações Profundas

c. Enchimento do tubo com concreto plástico.
d. Retirada do tubo por movimento de rotação no mesmo sentido e, eventualmente, esforço de tração. Simultaneamente, o concreto é bombeado.

O trado é projetado de tal forma que, mesmo quando se chega próximo à superfície do terreno na retirada do tubo, o solo é pressionado para baixo, sem qualquer saída de solo.

Estaca Atlas

Esse tipo de estaca pode ser executado também nos diâmetros 36 a 60 cm, e atingir comprimentos de até 25 m. A execução é semelhante à da estaca Ômega, diferindo na forma de retirada do tubo, que é feita por movimento de rotação em sentido contrário ao da introdução dele. A Fig. 11.21b mostra as fases de execução desse tipo de estaca.

11.9 ESTACAS PRENSADAS

As estacas prensadas são constituídas por elementos pré-moldados de concreto (armado, centrifugado ou protendido), ou por elementos metálicos (perfis ou tubos de aço), cravados por prensagem (com auxílio de macacos hidráulicos). São conhecidas no Brasil como "estacas tipo Mega" (denominação da firma Estacas Franki) ou como "estacas de reação" (porque requerem um sistema de reação para os macacos). Inicialmente idealizadas para reforço de fundações, também podem ser utilizadas como fundações normais, onde há necessidade de evitar vibrações.

Para a cravação dessas estacas emprega-se uma plataforma com sobrecarga ou a própria estrutura como reação (Fig. 11.22). No último caso, é necessário, antes de mais nada, que o terreno possa suportar uma certa carga uma vez que, inicialmente, a construção será assente sobre fundação superficial constituída pelos blocos de coroamento, com os furos previstos para a passagem das estacas.

Na Fig. 11.23 apresentam-se alguns detalhes do processo de incorporação da estaca cravada através de furo no bloco.

A estaca prensada apresenta uma vantagem sobre todas as outras estacas: em toda estaca cravada realiza-se uma prova de carga. Por isso, normalmente, adota-se como carga de trabalho a

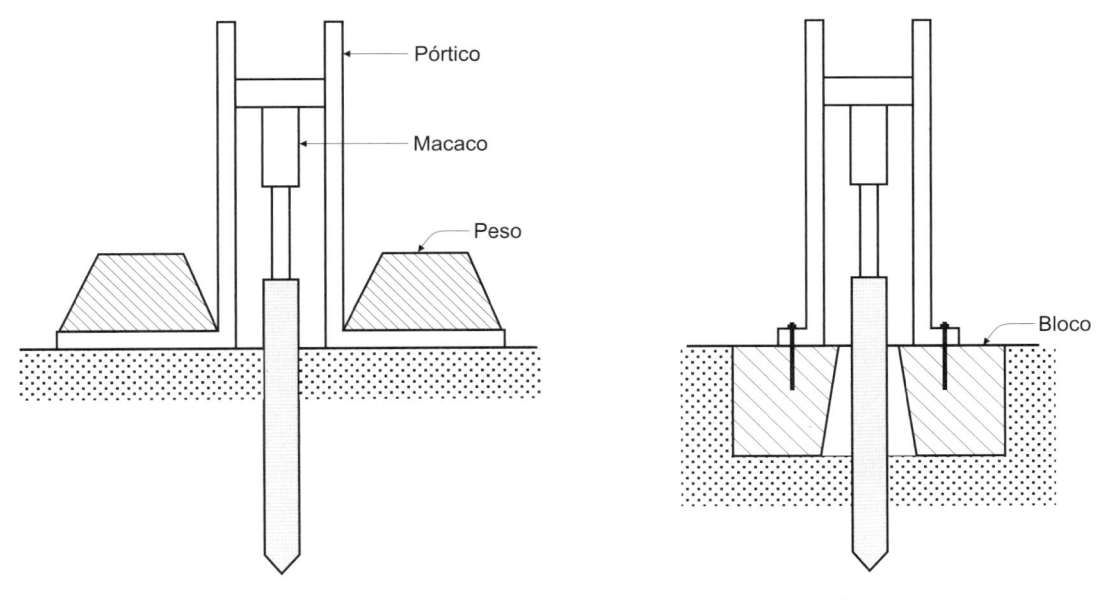

Fig. 11.22 – Execução de estaca prensada: (a) com plataforma com cargueira e (b) com reação na estrutura

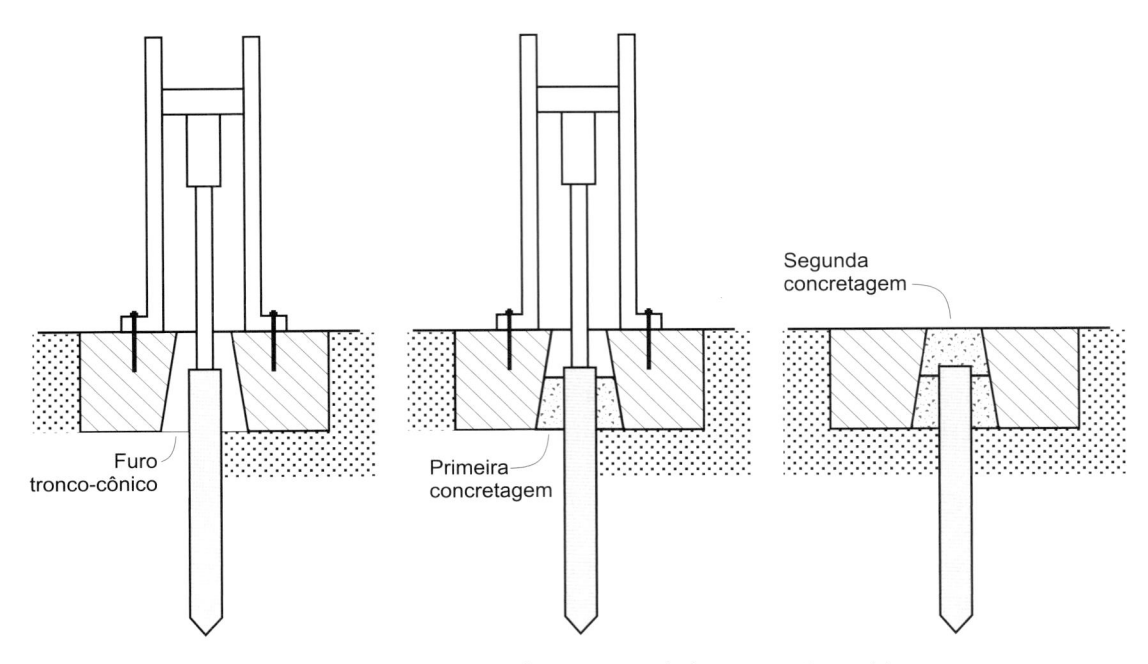

Fig. 11.23 – Estaca prensada: processo de incorporação ao bloco

de prensagem dividida por 1,5 (um fator de segurança reduzido, uma vez que todas as estacas são ensaiadas). Quanto ao tempo de execução, quando a estaca é cravada com reação na estrutura, não haverá no cronograma da obra um tempo destinado especialmente à cravação das estacas, feita simultaneamente com outras etapas da obra (alvenaria, revestimento etc.); quando ela é cravada com reação em plataforma, existem dispositivos que permitem uma execução em tempo comparável ao exigido para cravação de estacas por percussão (Velloso e Cabral, 1982).

11.10 TUBULÕES

Conforme definição da norma, os tubulões têm, em alguma fase de sua execução, a descida de operário em seu interior. O operário pode participar desde a escavação do fuste ou apenas da fase de alargamento de base (há ainda o caso em que o alargamento de base é feito por equipamento e o operário participa apenas do preparo e limpeza da base para concretagem).

Os tubulões têm sempre o fuste cilíndrico, e a base pode ser alargada ou não (Fig. 11.24). Os alargamentos podem terminar numa base circular ou "elíptica" (Fig. 11.24b,c).

Os alargamentos de base são feitos de maneira que a forma final da base dispense armadura. Assim, é adotado um ângulo de 60° com a horizontal (Fig. 11.24a). Outros fatores que definem a forma da base referem-se à estabilidade da escavação. O primeiro é o quanto a base pode ultrapassar lateralmente o fuste (d na Fig. 11.24a, chamado de *disparo da base*). Normalmente, não se permite um disparo maior que 30 cm em solos arenosos. O segundo refere-se à altura do alargamento (L na Fig. 11.24a), que não deve ultrapassar 2 m.

Para a execução do tubulão pode ser necessário ou não o uso de revestimento. Assim, quanto ao uso de revestimento, os tubulões separam-se em (Fig. 11.25):
   a. tubulões sem revestimento;
   b. tubulões com revestimento ("camisa") metálico ou de concreto.

11 Principais Tipos de Fundações Profundas

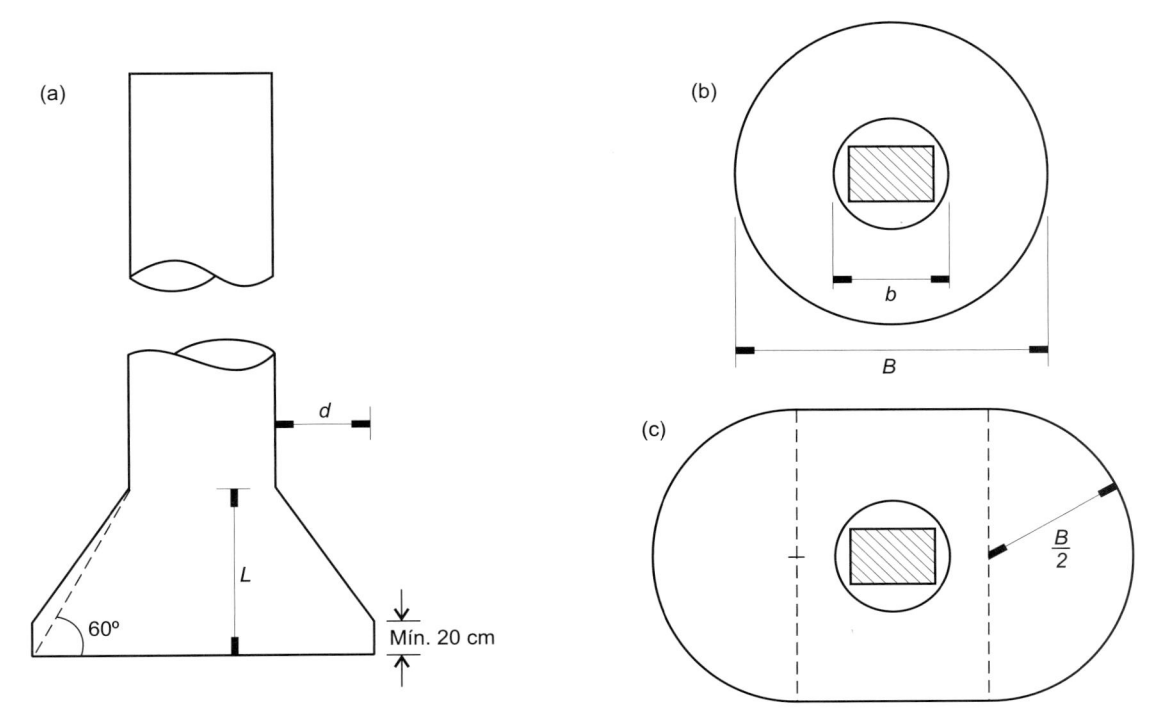

Fig. 11.24 – Tubulões: (a) em perfil, sem e com alargamento de base e formas de base usuais: (b) circular e (c) "falsa elipse"

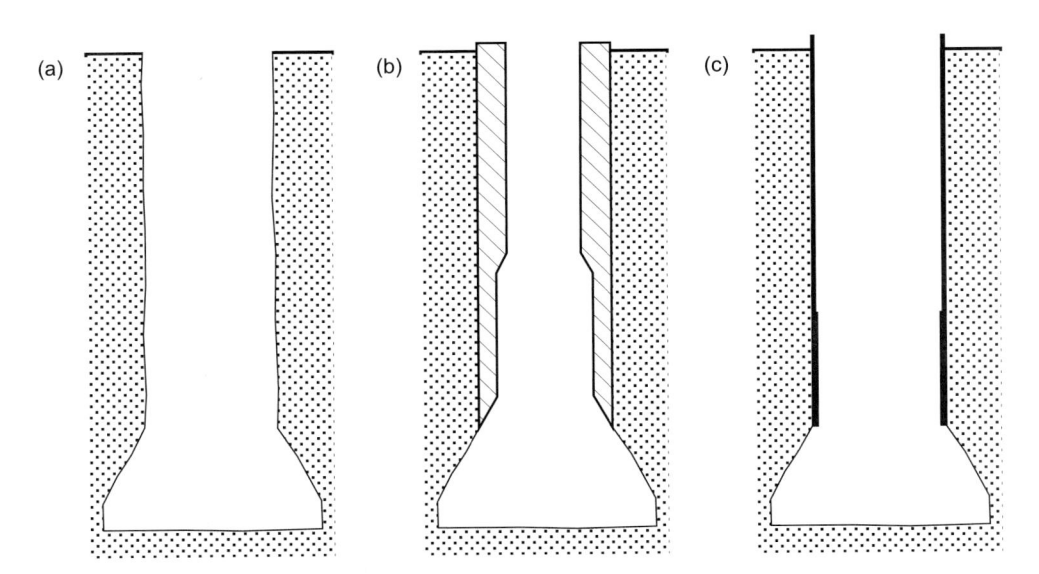

Fig. 11.25 – Tipos de tubulões quanto ao uso de revestimento: (a) sem revestimento; (b) com revestimento de concreto; (c) com revestimento metálico

A concretagem pode ser feita de duas maneiras:
(i) concretagem a seco (concreto lançado da superfície do terreno), como mostrado na Fig. 11.26b;
(ii) concretagem embaixo d'água, nesse caso, feita com o auxílio de uma tromba ou tremonha.

Pode-se lançar mão do uso de ar comprimido para manter a água fora do interior do tubulão durante sua execução. Assim, quanto ao uso de ar comprimido, os tubulões separam-se em:
   a. tubulões *a céu aberto* (sem ar comprimido);
   b. tubulões a ar comprimido (*tubulão pneumático*).

11.10.1 Tubulão a Céu Aberto

Quando a execução do tubulão é feita acima do lençol d'água, pode-se prescindir de suporte para as paredes (revestimento). É o caso dos tubulões executados em cidades do Planalto Central (Brasília, Goiânia etc.) e nas partes altas de outras cidades. Às vezes, há risco de desmoronamento nas camadas superiores, e utiliza-se um revestimento em anéis de concreto pré-moldados. Outras vezes, o fuste é escavado mecanicamente (por equipamento) e a base é alargada por operário.

Outra possibilidade do tubulão a céu aberto é abaixo do lençol d'água em solo muito argiloso, em que o fluxo de água para a escavação é muito pequeno e não compromete nem o trabalho nem a estabilidade da escavação.

As fases de execução desse tipo de tubulão estão na Fig. 11.26.

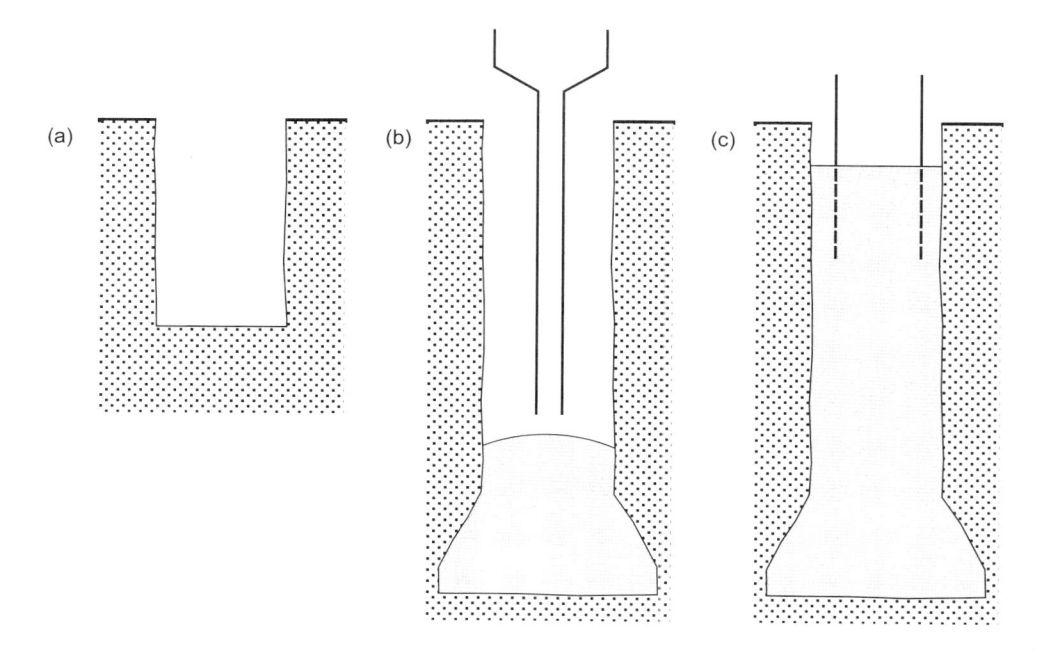

Fig. 11.26 – Execução de tubulão a céu aberto: (a) escavação, (b) concretagem a seco, (c) tubulão pronto

11.10.2 Tubulão Executado sob Ar Comprimido

Quando na execução do tubulão atinge-se o lençol d'água, tem-se de revestir a escavação e utilizar ar comprimido. Nesse caso usa-se uma *campânula*, mostrada na Fig. 11.27.

A campânula recebe ar comprimido com uma pressão que impede a entrada de água no interior do tubulão, e possui um cachimbo para descarga do material escavado. Na fase de concretagem, é montado um elemento entre a campânula e o revestimento do tubulão (Fig. 11.27), que possui um cachimbo de concretagem.

Há algumas variantes, descritas a seguir.

Fuste escavado mecanicamente

Usualmente, emprega-se um revestimento metálico, que pode ou não ser recuperado. A escavação do fuste é feita por equipamento, mantendo água no interior do tubulão (Fig. 11.28a). Atingida a profundidade prevista, é instalada a campânula, aplicado ar comprimido e os operários descem para fazer o alargamento da base (Fig. 11.28b).

Normalmente concreta-se a base e um trecho do fuste sob ar comprimido. Assim que esse concreto adquire alguma resistência, a campânula pode ser retirada e o restante do fuste é concretado a céu aberto (Fig. 11.28c).

O equipamento necessário para a execução desse tipo de tubulão consiste numa máquina que faz descer a camisa metálica (chamada *tubuladora*) e numa máquina de escavação, em que alguma das ferramentas da Fig. 11.13 é utilizada. Conforme o equipamento disponível, pode-se recuperar o revestimento metálico, cuja extração é iniciada logo após a concretagem do fuste. Em alguns casos, o revestimento metálico pode ser cravado a percussão.

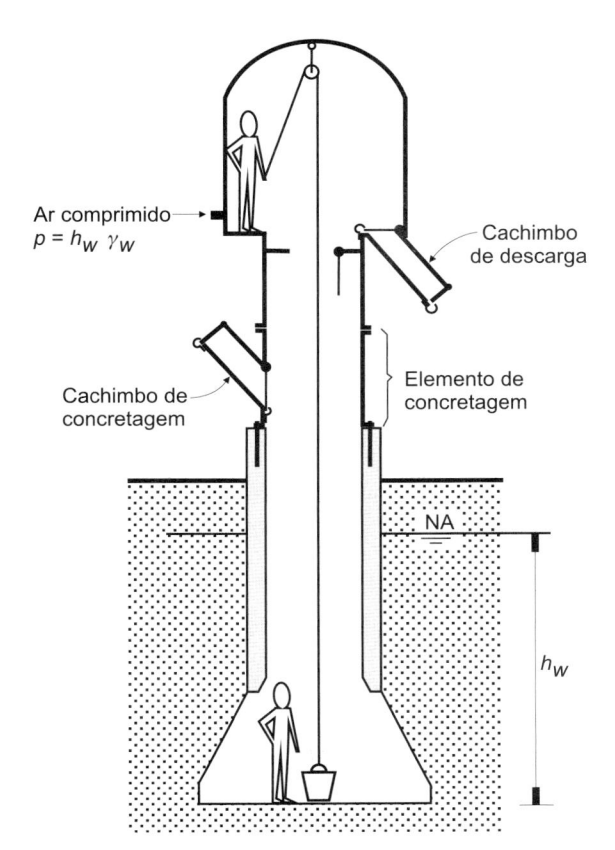

Fig. 11.27 – *Campânula para pressurização de tubulão*

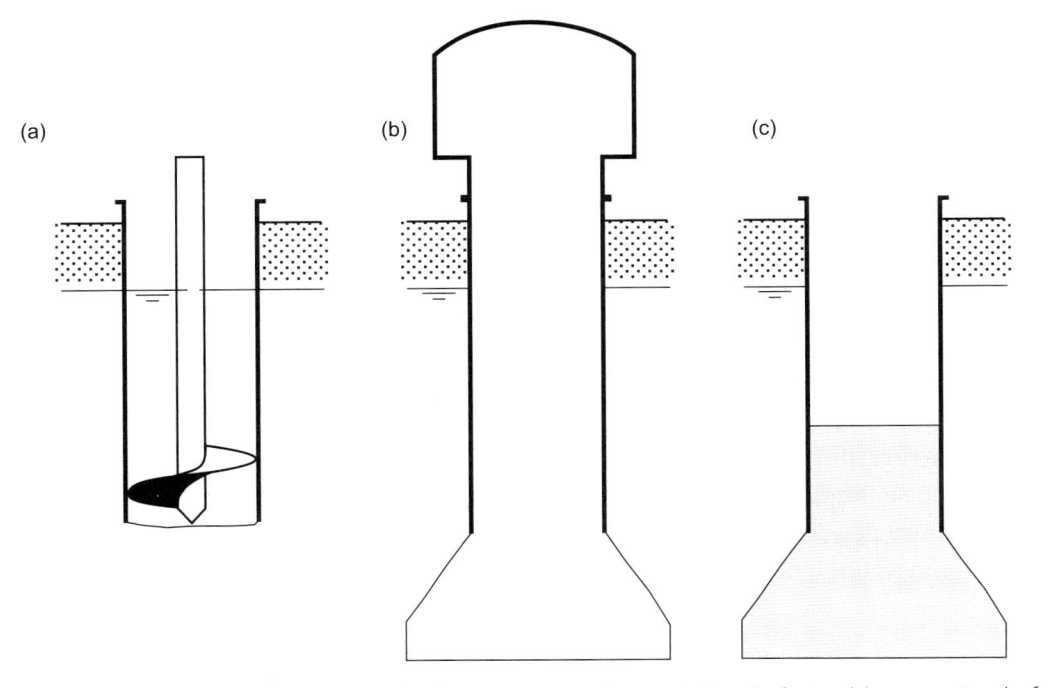

Fig. 11.28 – *Execução de tubulão pressurizado com escavação mecânica do fuste: (a) escavação do fuste; (b) alargamento de base; (c) concretagem da base concluída (e campânula retirada)*

Fuste Escavado Manualmente

Emprega-se um revestimento metálico ou de concreto. Quando o diâmetro do tubulão excede as disponibilidades de revestimento metálico (cerca de 1,50 m), ou por razões de custo, lança-se mão do revestimento de concreto armado. O revestimento de concreto, em geral, é moldado *in situ*, em trechos que descem junto com o processo de escavação. O primeiro elemento concretado tem forma especial, compreendendo uma câmara de trabalho, como mostrado na Fig. 11.29. Atingida a profundidade prevista, a base é alargada e o restante da execução é idêntico ao descrito no processo anterior (Fig. 11.29c).

Em todos os tipos de tubulão, o diâmetro mínimo (interno) é de 80 cm. No tubulão com revestimento de concreto, a espessura de parede mínima deve ter 20 cm, salvo na câmara de trabalho em que ela pode ser reduzida para 10 cm.

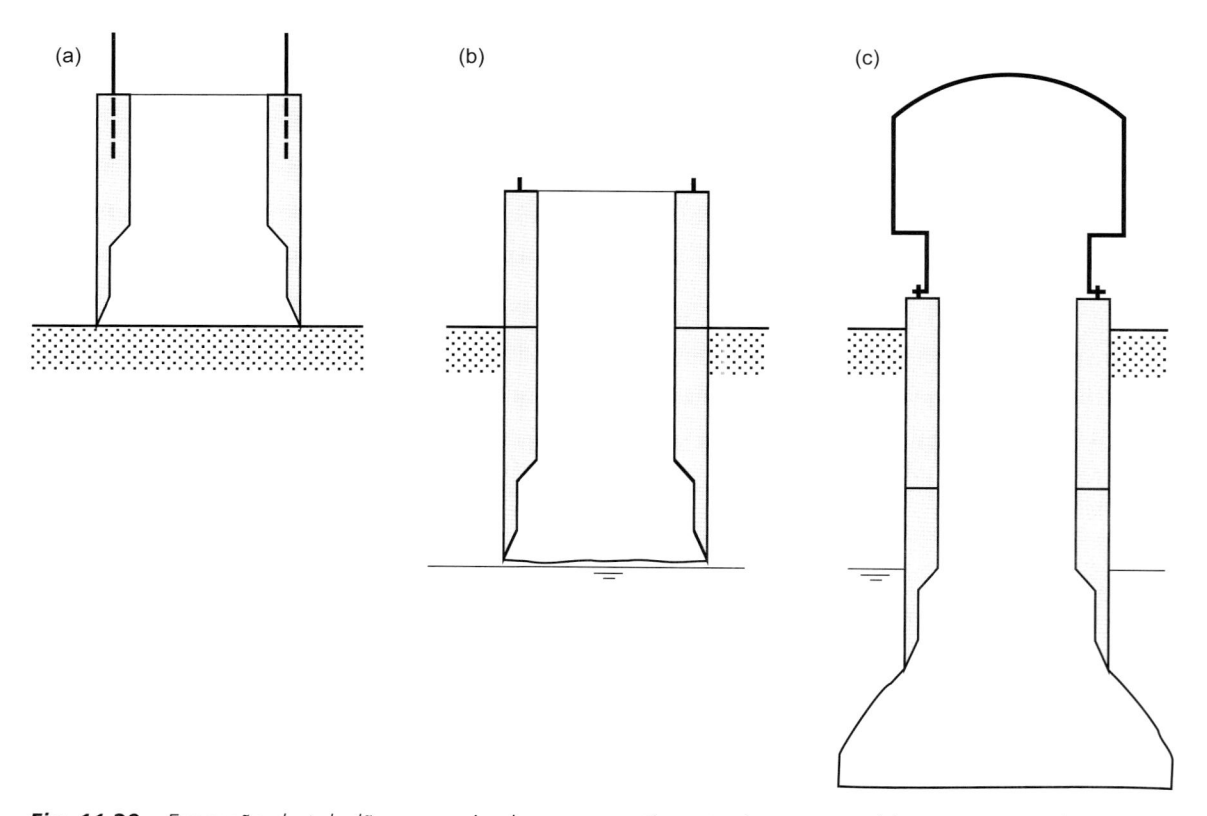

Fig. 11.29 – Execução de tubulão pressurizado com revestimento de concreto: (a) concretagem da câmara de trabalho; (b) concretagem de um trecho de revestimento; (c) tubulão pronto para concretagem

A norma NBR 6122 aborda os diferentes tipos de tubulões, bem como os cuidados a serem tomados nos trabalhos sob ar comprimido e no alargamento de base. Para projeto estrutural dos tubulões sem revestimento, deve-se observar a Tab. 11.5. Nos tubulões com camisa de concreto armado, pode-se dimensionar a estrutura da camisa com $\gamma_f = 1,4$; $\gamma_c = 1,4$ e $\gamma_s = 1,15$. Nos tubulões com camisa de aço, deve-se descontar uma espessura de sacrifício e dimensionar a camisa de acordo com a NBR 8800.

REFERÊNCIAS

ABNT – Associação Brasileira de Normas Técnicas. NBR 7190: Projeto de Estruturas de Madeira. Rio de Janeiro: ABNT, 1997.

ALONSO, U. R. Estacas Hélice Contínua: projeto. *Estacas Hélice Contínua*: Projeto, Execução e Controle. ABMS, NRSP, São Paulo, 1997.

AOKI, N. Desempenho da execução de estacas escavadas e sua estreita relação com o projeto. *Ciclo de Palestras sobre Estacas Escavadas*, Clube de Engenharia, Rio de Janeiro, 1981.

BRITISH STEEL CORPORATION. *Piling Handbook*, 1976.

CAPUTO, A. N.; STERN, E. Estacas Hélice Contínua: controle do processo. *Estacas Hélice Contínua*: Projeto, Execução e Controle. ABMS, NRSP, São Paulo, 1997.

COSTA, F. V. *Estacas para fundações*. São Paulo: Livraria Luso-Espanhola e Brasileira, 1956.

CHELLIS, R. D. *Pile foundations*. 2. ed. New York: McGraw-Hill, 1961.

CORNFIELD, G. M. *Steel bearing piles*, CONSTRADO – Constructional Steel Research and Development Organisation, Croydon (UK), 1974.

DERIBERÉ, M. *La bentonite*. Paris: Dunod, 1951.

FEDERATION OF PILING SPECIALISTS. Specification for cast-in-place concrete diaphragm walling. *Ground Engineering*, jul. 1973.

FLEMIMG, W. K.; SLIWINSKI, Z. J. *The use and influence of bentonite in bored pile construction*. CIRIA – Construction Industry Research and Information Association, London, 1977.

GERWICK, B. C. *Construction of prestressed concrete structures*. New York: Jonh Wiley & Sons, 1971.

GRIM, R. E. *Applied clay mineralogy*. London: McGraw-Hill, 1962.

HUNT, H. W. *Design and installation of driven pile foundations*. Associated Pile and Fitting Corp., Clifton, New Jersey, 1979.

HUTCHINSON, M. T.; DAW, G. P., SHOTTON, P. G.; JAMES, A. N. The properties of bentonite slurries used in diaphragm walling and their control. *Diaphragm walls and anchorages*, Institution of Civil Engineers, London, 1975.

LI, S. T.; LIU, T. C. Prestressed concrete piling, contemporary design and practice and recommendations. *ACI Journal*, 1970.

MONTEIRO, P. F. *Estacas escavadas*, Relatório interno de Estacas Franki Ltda, 1980.

ROMANOFF, M. *Corrosion of steel pilings in soils*. National Bureau of Standards Monograph 58, United States Department of Commerce, Washington, 1962.

SANTOS, P. S. *Tecnologia de argilas*. São Paulo: Edgard Blucher, 1975.

STRAUB, H. *A history of Civil Engineering*. Cambrige: The M.I.T. Press, 1964.

TAROZZO, H. Estacas Hélice Contínua: histórico e metodologia executiva. *Estacas Hélice Contínua*: projeto, execução e controle. ABMS, NRSP, São Paulo, 1997.

TOMLINSON, M. J. *Pile design and construction practice*. 4. ed. London: E & F.N Spon, 1994.

VAN IMPE, W. F. Screw pile installation parameters and the overall pile behaviour. *Bengt Broms Symposium in Geotechnical Engineering*, Singapura, 1995.

VARGAS, M. *Fundações*. Manual do Engenheiro. v. 4. Porto Alegre: Editora Globo, 1955.

VELLOSO, D. A. Alguns casos de fundações profundas. *Engenheiro Moderno*, jan. 1969.

VELLOSO, D. A.; Cabral, D. A. Uma solução para fundação em zona urbana, *Solos e Rochas*, v. 5, n. 3, 1982.

VIGGIANI, C. Influenza dei fattori tecnologici sul comportamento dei pali. In: CONVEGNO DI GEOTECNIA AGI, 17., 1989, Taormina. *Proceedings...* Taormina, 1989. v. 2, p. 83-91.

VIGGIANI, C. Further experiences with auger piles in Naples area. In: INTERNATIONAL SEMINAR ON DEEP FOUNDATIONS ON BORED AND AUGER PILES, 2., 1993, Ghent, Belgium. *Proceedings...* Ghent, Belgium, 1993. p. 445-455.

WELTMAN, A. A review of micro pile types, *Ground Engineering*, v. 14, n. 4, 1981.

XANTAKOS, P. P. *Slurry walls*. New York: McGraw-Hill, 1979.

Capítulo 12

CAPACIDADE DE CARGA AXIAL – MÉTODOS ESTÁTICOS

Uma fundação corretamente dimensionada apresenta, ao mesmo tempo, segurança em relação aos possíveis modos de colapso (atendimento aos *estados limite últimos*) e deslocamentos em serviço aceitáveis (atendimento aos *estados limite de utilização*). Assim, no projeto de uma fundação, é preciso verificar a segurança em relação à perda da *capacidade de carga* (um dos principais modos de colapso), objeto deste capítulo. Além disto, é preciso avaliar, para as cargas de serviço, os deslocamentos verticais (objeto do Cap. 14) e horizontais (objeto do Cap. 15).

12.1 Introdução

Nos métodos "estáticos" a capacidade de carga é calculada por fórmulas que estudam a estaca mobilizando toda a resistência ao cisalhamento estática do solo, obtida em ensaios de laboratório ou *in situ*. Os métodos estáticos separam-se em:

- *racionais* ou *teóricos*, que utilizam soluções teóricas de capacidade de carga e parâmetros do solo;
- *semiempíricos*, que se baseiam em ensaios *in situ* de penetração (CPT e SPT).

Haveria, ainda, os *métodos empíricos*, pelos quais a capacidade de carga da estaca ou tubulão é estimada com base apenas na classificação das camadas atravessadas. Esses métodos servem apenas para uma estimativa grosseira da capacidade de carga de uma estaca.

Nos métodos estáticos, é imaginado o equilíbrio entre a carga aplicada, o peso próprio da estaca (ou tubulão) e a resistência oferecida pelo solo (Fig. 12.1). Esse equilíbrio é expresso por

$$Q_{ult} + W = Q_{p,ult} + Q_{l,ult} \quad (12.1)$$

onde: Q_{ult} = capacidade de carga (total) da estaca (ou tubulão);
W = peso próprio da estaca (ou tubulão);
$Q_{p,ult}$ = capacidade de carga da ponta ou base;
$Q_{l,ult}$ = capacidade de carga do fuste.

Na maioria das situações, o peso próprio da estaca é desprezado em face das cargas envolvidas, e a expressão (12.1) pode ser reescrita com as resistências unitárias:

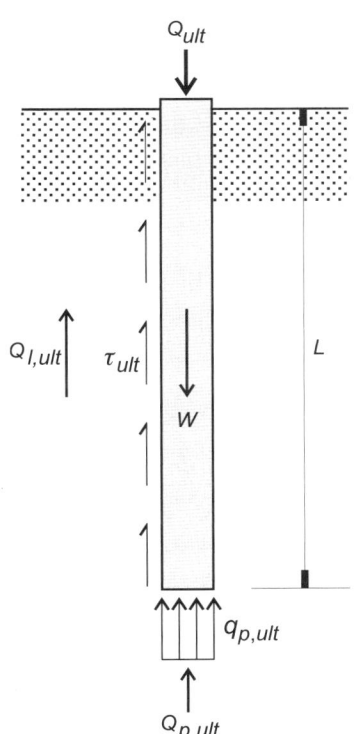

Fig. 12.1 – *Estaca ou tubulão submetido à carga de ruptura de compressão*

$$Q_{ult} = A_b q_{p,ult} + U \int_0^L \tau_{l,ult} dz = A_b q_{p,ult} + U \sum \tau_{l,ult} \Delta l \quad (12.2)$$

onde: A_b = área de ponta ou base da estaca;
$q_{p,ult}$ = resistência de ponta (unitária);
U = perímetro da estaca, suposto constante;
$\tau_{l,ult}$ = resistência lateral (unitária);
ΔL = trecho do comprimento da estaca ao qual $\tau_{l,ult}$ se aplica.

Os métodos apresentados a seguir têm como ponto de partida a Eq. (12.2).

12.2 MÉTODOS RACIONAIS OU TEÓRICOS

12.2.1 Resistência de Ponta ou Base

As primeiras fórmulas teóricas datam do início do século XX e foram instituídas por Verendeel, Bénabenq etc. (ver, p. ex., Dörr, 1922; Sansoni, 1955; Davidian, 1969). Inicialmente, serão estudadas as fórmulas ou soluções para a resistência de ponta ou base da estaca (ou tubulão), as quais se baseiam na Teoria da Plasticidade. As soluções supõem diferentes mecanismos de ruptura, conforme mostra a Fig. 12.2.

(a) Solução de Terzaghi

Esta solução foi apresentada por Terzaghi (1943), e aqui utilizam-se também as obras de Terzaghi e Peck (1948, 1967).

A ruptura do solo abaixo da base da estaca não pode ocorrer sem deslocamento de solo para os lados e para cima, conforme indicado na Fig. 12.3a. Se o solo ao longo do comprimento L da estaca é bem mais compressível do que abaixo da base, os deslocamentos produzem tensões cisalhantes desprezíveis ao longo de L. Nesse caso, a influência do solo que envolve a estaca é idêntica à de uma sobrecarga γL e a resistência de ponta pode ser calculada por uma das fórmulas a seguir (ver equivalentes no Cap. 4, do vol. 1):

a. para base circular (diâmetro B)

$$q_{p,ult} = 1{,}2\, c\, N_c + \gamma\, L\, N_q + 0{,}6\, \gamma\, \frac{B}{2}\, N_\gamma \qquad \text{(12.3a)}$$

b. para base quadrada ($B \times B$)

$$q_{p,ult} = 1{,}2\, c\, N_c + \gamma\, L\, N_q + 0{,}8\, \gamma\, \frac{B}{2}\, N_\gamma \qquad \text{(12.3b)}$$

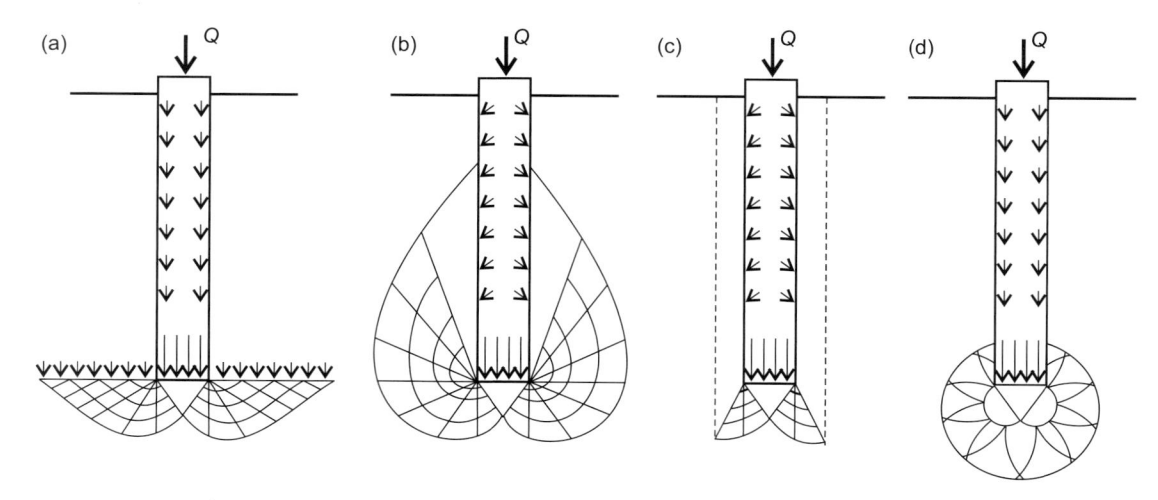

Fig. 12.2 – Figuras de ruptura das diversas soluções teóricas (Vesic, 1965)

Se o solo for homogêneo, as tensões cisalhantes nele despertadas acima da base da fundação e consequentes deslocamentos que aí ocorrem têm dois efeitos significativos: (1) podem alterar o mecanismo de ruptura de modo que os fatores de capacidade de carga N_c, N_q, N_γ deixem de ser válidos; (2) podem alterar, também, a intensidade da tensão vertical no solo junto à base da fundação. Tal fato levou Vesic (1963) a propor a substituição do produto γL, multiplicador de N_q, pela tensão efetiva vertical σ'_v que atua numa faceta horizontal próxima à base da fundação, no momento da ruptura.

Terzaghi e Peck consideram que o estado de tensões na base de uma estaca cravada é bastante complexo, e referem-se às experiências em modelos de grandes dimensões realizadas por Vesic (1963), Kérisel (1961) e Kérisel e Adam (1962) nas quais, para valores de $L/B > 5$, a resistência de base $Q_{p,ult}$ não cresce mais com a profundidade de acordo com $\gamma L N_q$, e, para $L/B > 15$, $Q_{p,ult}$ permanece praticamente constante. Esses resultados foram interpretados como indicativos de que, para valores de $L/B > 15$, a tensão σ'_v junto à estaca permanece constante, independentemente da profundidade, caracterizando uma *profundidade crítica* para efeito da resistência de ponta. Essa questão será examinada no item 12.2.2, associada ao atrito lateral de estacas cravadas.

Em argilas homogêneas, na condição não drenada ($\varphi = 0$), a resistência de base se torna aproximadamente constante para valores de L/B maiores que 4 e pode ser admitida igual a $9S_u$, segundo Skempton (1951).

Na Tab. 12.1 são fornecidos os fatores de capacidade de carga N_c, N_q, N_γ (ruptura geral para solos de elevada resistência) e N'_c, N'_q, N'_γ (ruptura local para solos de baixa resistência) apresentados por Bowles (1968).

Tab. 12.1 – Fatores de capacidade de carga (Bowles, 1968)

φ (°)	N_c	N_q	N_γ	N'_c	N'_q	N'_γ
0	5,7	1,0	0,0	5,7	1,0	0,0
5	7,3	1,6	0,5	6,7	1,4	0,2
10	9,6	2,7	1,2	8,0	1,9	0,5
15	12,9	4,4	2,5	9,7	2,7	0,9
20	17,7	7,4	5,0	11,8	3,9	1,7
25	25,1	12,7	9,7	14,8	5,6	3,2
30	37,2	22,5	19,7	19,0	8,3	5,7
35	57,8	41,4	42,4	25,2	12,6	10,1
40	95,7	81,3	100,4	34,9	20,5	18,8
45	172,3	173,3	297,5	51,2	35,1	37,7

(b) Solução de Meyerhof

Um dos pesquisadores que mais contribuíram ao estudo da capacidade de carga das fundações foi Meyerhof. Seu trabalho fundamental foi publicado na Geotechnique em 1951 (ver Cap. 4, vol. 1). Deu-se ao problema um tratamento calcado na Teoria da Plasticidade, analogamente ao que fez Terzaghi, com a seguinte diferença: na teoria de Terzaghi, o solo situado acima do nível da base da fundação é substituído por uma sobrecarga frouxa γL, de modo que as linhas de ruptura são interrompidas no plano BD; Meyerhof levou as linhas de ruptura ao maciço situado acima daquele plano (Fig. 12.3).

Meyerhof (1953) expôs um procedimento bastante simples para o cálculo da capacidade de carga das estacas. A resistência de ponta é dada por:

$$q_{p,ult} = c N_c + K_s \gamma L N_q + \gamma \frac{B}{2} N_\gamma \tag{12.4}$$

onde: K_s = coeficiente de empuxo do solo contra o fuste na zona de ruptura próxima à ponta;

N_c, N_q e N_γ = fatores de capacidade de carga, que dependem de φ e da relação L/B.

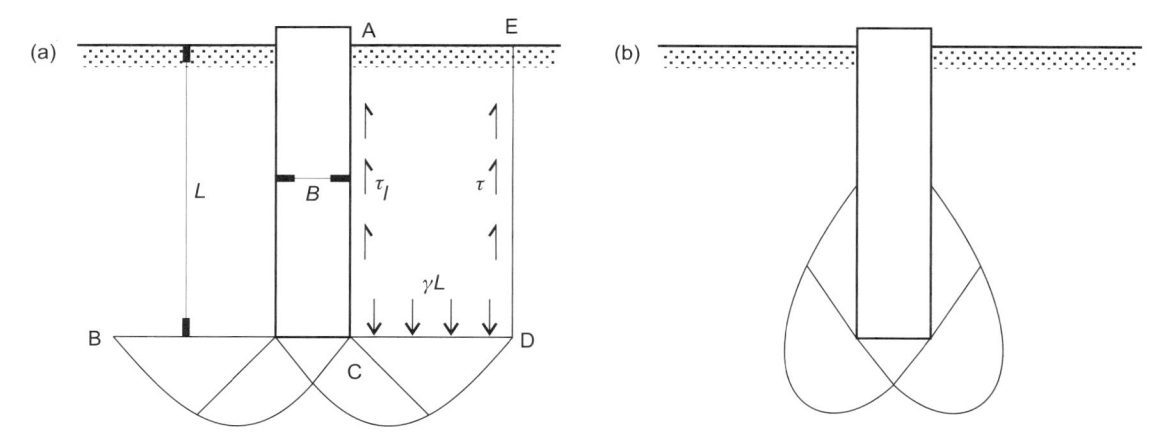

Fig. 12.3 – Comparação das figuras de ruptura de (a) Terzaghi e (b) Meyerhof

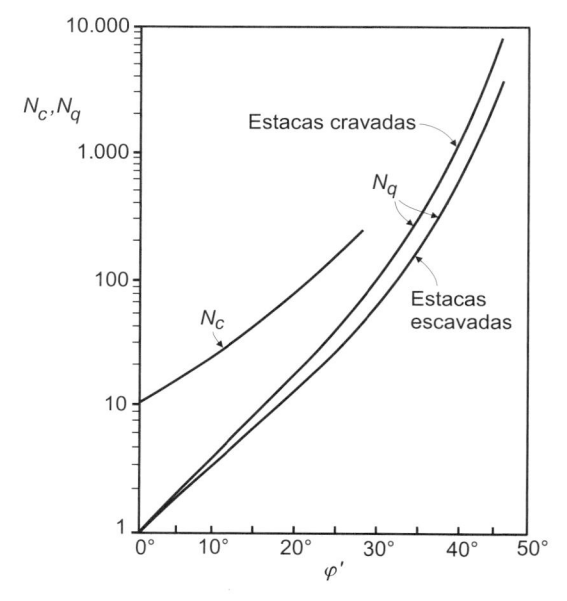

Fig. 12.4 – Fatores de capacidade de carga (Meyerhof, 1953)

Quando L/B é elevado, é comum desprezar a última parcela de (12.4) e escrever:

$$q_{p,ult} = c\,N_c + K_s\,\gamma\,L\,N_q \qquad (12.5)$$

onde N_c e N_q são os fatores da capacidade de carga para fundações profundas, dados na Fig. 12.4 para estacas de seção quadrada e circular, e para os valores correntes de φ.

Capacidade de carga de estacas em solos argilosos

Em um solo argiloso saturado ($\varphi = 0$), a Eq. (12.5) será escrita

$$q_{p,ult} = 9{,}5\,S_u + \gamma\,L \qquad (12.6)$$

uma vez que, para $\varphi = 0$, N_c está compreendido entre 9 e 10, de acordo com a Teoria da Plasticidade e com experimentos de Skempton (1951), $N_q = 1$ e K_s é aproximadamente igual à unidade.

Capacidade de carga das estacas em solos granulares

Neste caso, tomar-se-á $c = 0$ e a Expressão (12.5) será escrita

$$q_{p,ult} = K_s\,\gamma\,L\,N_q \qquad (12.7)$$

Ensaios de laboratório e de campo mostram que o coeficiente de empuxo K_s do terreno contra o fuste, na vizinhança da ponta da estaca cravada, varia entre 0,5 (areias fofas) e 1 (areias compactas). Como se verá adiante, em trabalhos posteriores (p. ex., Broms, 1966) são recomendados valores maiores.

Capacidade de carga das estacas em solo estratificado

Para uma estaca executada em solo estratificado, pode-se considerar a resistência por atrito lateral como igual à soma das resistências laterais em cada uma das camadas atravessadas. A resistência de ponta é, fundamentalmente, determinada pela camada em que se localiza a ponta da estaca.

A resistência de ponta em um solo argiloso é dada pela Eq. (12.6) desde que a penetração da ponta na camada argilosa seja igual a pelo menos $2B$. Para menores penetrações, o coeficiente N_c diminui quase linearmente até $2/3$ do seu valor quando a base da estaca estiver no topo da camada argilosa.

Analogamente, a resistência de ponta em um solo granular é dada pela Eq. (12.7), medindo a sobrecarga efetiva no nível da ponta desde que esta penetre pelo menos $10B$ no solo. Para penetrações menores, utilizam-se os coeficientes N_q e N_γ que correspondem à penetração real, introduzindo-os na Eq. (12.4) e com $c = 0$.

(c) Solução de Berezantzev e colaboradores

Os pesquisadores russos Berezantzev, Khristoforov e Grolubkov (Berezantzev et al., 1961; Berezantzev, 1965) analisaram o problema da capacidade de carga de estacas isoladas e em grupos, em solos arenosos, confrontando os resultados de provas de carga com os fornecidos por uma proposta teórica.

Se uma fundação tem uma relação L/B maior que $3/4$, a ruptura da areia pode ocorrer após apreciável compactação, acompanhada por deslocamentos de um pequeno volume de solo. Nesse caso, a capacidade de carga da estaca é determinada pelo recalque (ver fundações superficiais, item 4.2.1, vol. 1). Esse comportamento é peculiar às fundações em que, durante o processo de execução, não há compactação adicional da areia dentro de uma profundidade igual ou maior que a dimensão transversal (diâmetro) da fundação. É o que acontece, por exemplo, com as estacas escavadas.

Condições radicalmente diferentes existem quando uma estaca é cravada no solo por percussão ou vibração ou prensagem. Quando a estaca penetra no solo, ela o desloca e forma em torno de si uma massa de solo compactado. O equilíbrio limite sob a ponta da estaca corresponde ao deslocamento de zonas de ruptura que se desenvolvem, em grande parte, na areia compactada. Então, a resistência da ponta ou de base $Q_{p,ult}$ de uma estaca pode ser determinada, aproximadamente, segundo o esquema da Fig. 12.5. A sobrecarga da zona de ruptura no nível da ponta da estaca é igual ao peso do cilindro $BCDA$-$B_1C_1D_1A_1$ reduzido do valor da força de atrito interno F na superfície lateral desse cilindro que surgirá durante o deslocamento do volume $BCDA$-$B_1C_1D_1A_1$ no processo de compactação do solo abaixo da ponta da estaca.

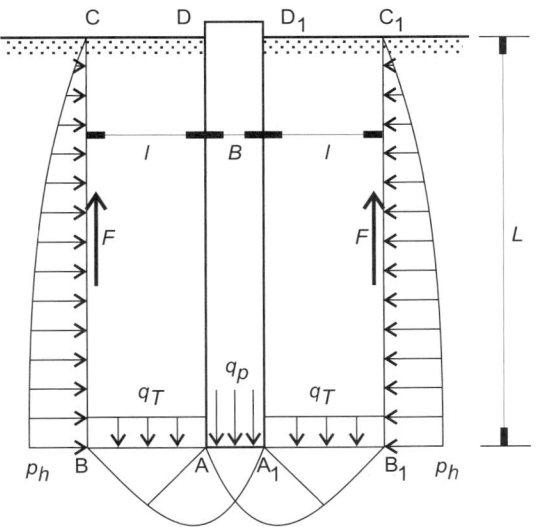

Fig. 12.5 – Solução de Berezantzev et al. (1961)

O valor do atrito lateral unitário a uma profundidade z pode ser calculado, aproximadamente, ao multiplicar $\text{tg}\,\varphi$ (φ = ângulo de atrito interno do solo naquela profundidade) por p_h, pressão lateral na superfície BCB_1C_1 de raio $l_0 = l + B/2$.

Ao analisar a distribuição de pressões laterais nas superfícies cilíndricas em problemas axissimétricos da Teoria do Equilíbrio Limite, Berezantzev chegou à seguinte expressão:

$$p_h = \frac{\text{tg}\left(\frac{\pi}{4} - \frac{\varphi}{2}\right)}{\lambda - 1} \left\{ 1 - \left[\frac{1}{1 + \frac{z}{l_0}\text{tg}\left(\frac{\pi}{4} - \frac{\varphi}{2}\right)}\right]^{\lambda - 1} \right\} \gamma \, l_o \qquad (12.8)$$

onde γ é o peso específico na profundidade z e

$$\lambda = 2\,\text{tg}\,\varphi\,\text{tg}\left(\frac{\pi}{4} + \frac{\varphi}{2}\right) \qquad (12.9)$$

A forma da superfície de ruptura abaixo da ponta da estaca é definida pela teoria de Prandtl-Caquot (ver, p. ex., Kézdi, 1970) de modo que:

$$l_0 = \frac{B}{2} + l = \frac{B}{2}\left[1 + \frac{\sqrt{2}\exp\left[\left(\frac{\pi}{2} - \frac{\varphi}{2}\right)\text{tg}\frac{\varphi}{2}\right]}{\text{sen}\left(\frac{\pi}{4} - \frac{\varphi}{2}\right)}\right] \qquad (12.10)$$

onde φ é o ângulo de atrito do solo abaixo da ponta da estaca.

Tendo em vista (12.8), chega-se à seguinte fórmula para a sobrecarga média no nível da base da estaca:

$$q_T = \alpha_T \, \gamma \, L \qquad (12.11)$$

na qual o coeficiente α_T é uma função da relação L/B e do ângulo φ, conforme Tab. 12.2.

Tab. 12.2 – Coeficientes α_T

L/B	φ				
	26°	30°	34°	37°	40°
5	0,75	0,77	0,81	0,83	0,85
10	0,62	0,67	0,73	0,76	0,79
15	0,55	0,61	0,68	0,73	0,77
20	0,49	0,57	0,65	0,71	0,75
25	0,44	0,53	0,63	0,70	0,74

A solução do problema axissimétrico da Teoria do Equilíbrio Limite fornece a expressão da resistência de ponta:

$$q_{p,ult} = A_k \, \gamma \, B + B_k \, q_T \qquad (12.12a)$$

ou

$$q_{p,ult} = A_k \, \gamma \, B + B_k \, \alpha_T \, \gamma \, L \qquad (12.12b)$$

onde A_k e B_k são funções de φ obtidas das curvas da Fig. 12.6.

De acordo com esses autores, verifica-se que a pressão horizontal contra o fuste da estaca cravada não cresce indefinida e linearmente com a profundidade.

No trabalho citado são relatados resultados de provas de carga em estacas isoladas e grupos de estacas, verticais e inclinadas submetidas a forças verticais e horizontais.

Embora grupos de estacas sejam objeto do Cap. 16, mencionamos aqui as principais conclusões:

1. Estacas de um grupo sob carregamento combinado (forças verticais, horizontais e momentos) podem estar submetidas a cargas axiais e momentos fletores. A capacidade de carga de estacas submetidas apenas a forças axiais é menor do que a de estacas submetidas a forças axiais e momentos fletores.

2. O trabalho do grupo de estacas difere do da estaca isolada. Sob o carregamento inicial, há uma compactação do solo em torno do grupo, a qual influencia o comportamento sob carregamento repetido: os recalques diminuem sensivelmente. Enquanto as cargas forem mantidas abaixo de determinados limites, a relação entre carga e recalque é praticamente linear.

3. Nos cavaletes, as estacas estão submetidas a forças axiais e momentos fletores. A capacidade de carga de um cavalete depende das ligações das estacas ao bloco. Com estacas engastadas no bloco, a carga de ruptura do cavalete pode atingir o dobro do valor de estacas rotuladas no bloco.

(d) Solução de Vesic

De acordo com as soluções clássicas, a capacidade ou resistência de ponta é função apenas da resistência do solo. Entretanto, observa-se que a rigidez do material desempenha um papel importante, pois o mecanismo de ruptura é função dessa rigidez. Imaginou-se, então, lançar mão de soluções desenvolvidas para a expansão de cavidades em um meio elastoplástico, com base na similaridade mostrada na Fig. 12.7a.

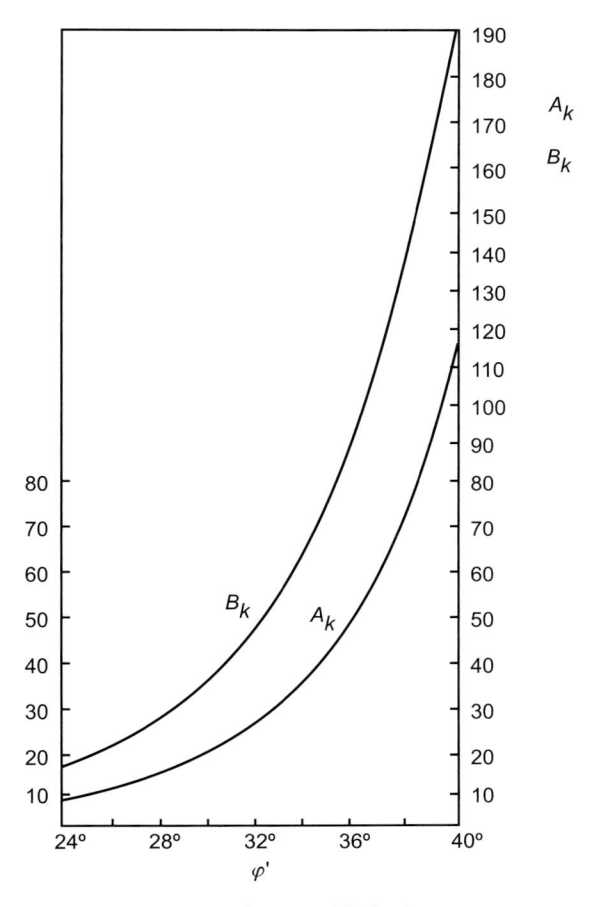

Fig. 12.6 – Fatores de capacidade de carga de Berezantzev et al. (1961)

A primeira solução para a expansão de cavidade foi estabelecida por Bishop et al. (1945) para uma cavidade esférica em um material puramente coesivo, fornecendo

$$q_{p,ult} = \frac{4}{3}\left(\ln\frac{G}{c}+1\right)c \tag{12.13}$$

Desenvolvimentos e adaptações (a solos) se seguiram, com destaque à proposta de Vesic (1972), que sugere para a resistência de ponta a seguinte expressão:

$$q_{p,ult} = c\,N_c + \sigma_o\,N_\sigma \tag{12.14}$$

onde: $\sigma_o = \frac{1+2K_o}{3}\sigma'_v$;
K_o = coeficiente de empuxo no repouso;
σ'_v = tensão efetiva vertical no nível da ponta da estaca;
N_c, N_σ = fatores de capacidade de carga, relacionados pela expressão:

$$N_c = (N_\sigma - 1)\cot\varphi \tag{12.15}$$

Portanto, verifica-se que Vesic, com base nas suas pesquisas, exprime a resistência de ponta em função da tensão normal média (σ_o) no nível da ponta da estaca e que

> *O cálculo de N_σ pode ser feito, em princípio, por qualquer método estabelecido de análise geotécnica que leva em conta a deformabilidade do solo antes da ruptura. É essencial que o cálculo seja*

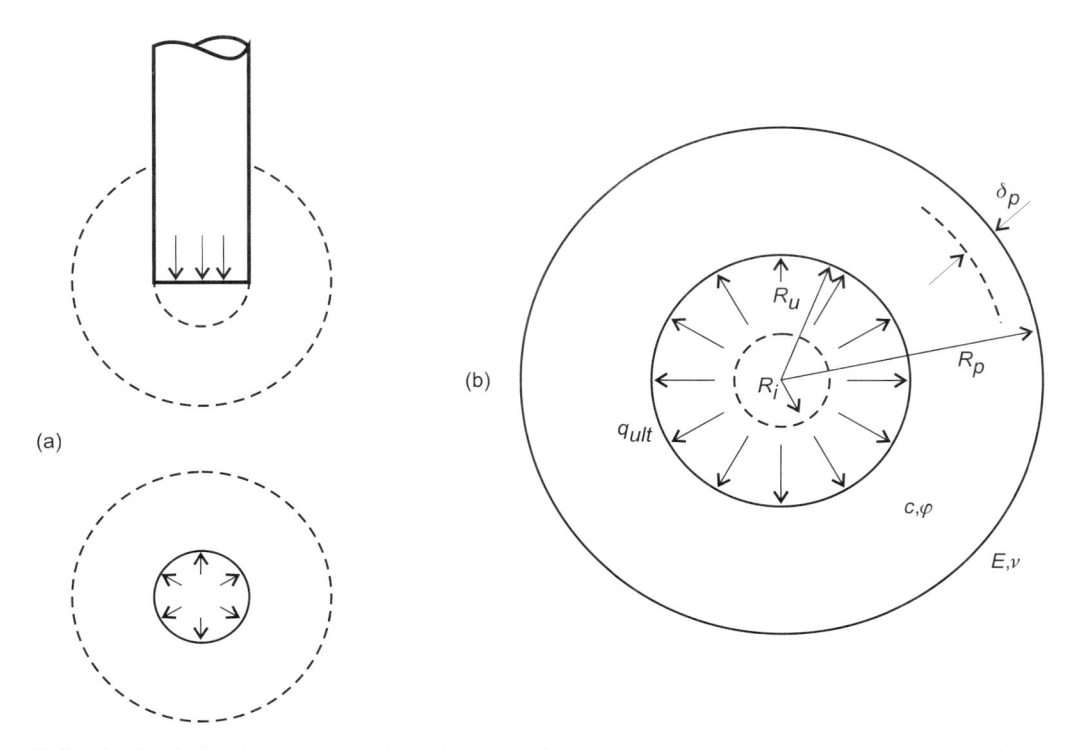

Fig. 12.7 – (a) Similaridade entre a ruptura de ponta de uma estaca e a expansão de uma cavidade esférica; (b) mecanismo de expansão de uma cavidade esférica (Vesic, 1972)

baseado em um modelo de ruptura realista. De acordo com observações em modelos e estacas em verdadeira grandeza, sempre existe sob a ponta da estaca uma cunha (I na Fig. 12.8) comprimida. Em solo relativamente fraco, essa cunha abre seu caminho através da massa de solo, sem produzir outras superfícies de ruptura visíveis. Entretanto, em solos relativamente resistentes, a cunha I empurra a zona de cisalhamento radial II lateralmente na zona plastificada III. Assim, o avanço da estaca no solo resistente é possível por expansão lateral do solo ao longo do anel circular BD, assim como por qualquer eventual compressão nas zonas I e II.

A experiência mostra que o ângulo ψ da cunha é aproximadamente igual a $45° + \varphi/2$, sendo φ o ângulo secante no nível adequado de tensão.

Segundo Vesic (1972), o fator de capacidade de carga N_σ pode ser determinado aproximadamente, ao igualar-se a tensão normal média ao longo do anel BD à pressão última necessária para expandir uma cavidade esférica em uma massa infinita de solo. Pode-se admitir que essa massa de solo tenha um comportamento de corpo elastoplástico ideal, caracterizado pelos parâmetros de resistência c e φ, pelos parâmetros de deformação E e ν e por um parâmetro de variação volumétrica Δ, que representa a deformação volumétrica média na zona plástica III que envolve a cavidade.

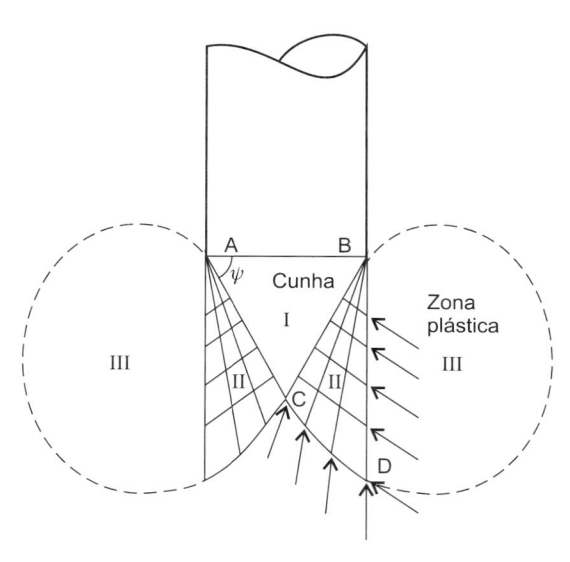

Fig. 12.8 – Modelo de ruptura admitido sob a ponta da estaca

Para explicar o significado físico do parâmetro Δ considere-se uma cavidade esférica que se expande em um meio elastoplástico e R_i o raio inicial e R_u o raio final da cavidade, R_p o raio da esfera de material plastificado e δ_p o deslocamento radial do limite da zona plastificada (Fig. 12.7b). Ao igualar a variação de volume da zona elástica, mais a variação de volume da zona plástica, tem-se:

$$\frac{4}{3}\pi R_u^3 - \frac{4}{3}\pi R_i^3 = \left[\frac{4}{3}\pi R_p^3 - \frac{4}{3}\pi (R_p - \delta_p)^3\right] + \left[\frac{4}{3}\pi R_p^3 - \frac{4}{3}\pi R_u^3\right]\Delta \qquad (12.16a)$$

ou

$$R_u^3 - R_i^3 = R_p^3 - (R_p - \delta_p)^3 + (R_p^3 - R_u^3)\Delta \qquad (12.16b)$$

equação esta que define geometricamente a deformação volumétrica Δ.

Com base nessas hipóteses, chega-se, para N_σ, à expressão:

$$N_\sigma = \frac{3}{3 - \operatorname{sen}\varphi} e^{\left(\frac{\pi}{2} - \varphi\right)\operatorname{tg}\varphi} \operatorname{tg}^2\left(\frac{\pi}{4} + \frac{\varphi}{2}\right) I_{rr}^{\frac{4\operatorname{sen}\varphi}{3(1+\operatorname{sen}\varphi)}} \qquad (12.17)$$

onde I_{rr} representa o índice de rigidez reduzido

$$I_{rr} = \frac{I_r}{1 + I_r \Delta} \qquad (12.18)$$

que, em condições de variação de volume nula (condições não drenadas) ou bastante pequena (solos pouco compressíveis) pode ser igual ao índice de rigidez I_r, dado pela expressão (ver também item 4.4.2, vol. 1):

$$I_r = \frac{E}{2(1+\nu)(c + \sigma'\operatorname{tg}\varphi)} = \frac{G}{c + \sigma'\operatorname{tg}\varphi} \qquad (12.19)$$

O valor de N_c é obtido com o auxílio da Eq. (12.15).

Pode-se mostrar que, para um solo argiloso saturado ($\varphi = 0$), tem-se:

$$N_c = \frac{4}{3}(\ln I_{rr} + 1) + \frac{\pi}{2} + 1 \qquad (12.20)$$

Na Tab. 12.3, são fornecidos valores numéricos de N_σ e N_c para diferentes valores de φ (N_c são os números superiores e N_σ os inferiores). Na Tab. 12.4 estão valores típicos do índice de rigidez.

12.2.2 Resistência Lateral

A segunda componente da capacidade de carga é a resistência por atrito lateral, conforme a Eq. (12.2). O tratamento teórico para a determinação do atrito lateral unitário $\tau_{l,ult}$ é, em geral, análogo ao usado para analisar a resistência ao deslizamento de um sólido em contato com o solo. Assim, usualmente, seu valor é considerado como a soma de duas parcelas:

$$\tau_{l,ult} = a + \sigma_h \operatorname{tg}\delta \qquad (12.21)$$

onde a é a aderência entre estaca e solo, σ_h é a tensão horizontal contra a superfície lateral da estaca e δ é o ângulo de atrito entre estaca e solo (normalmente considerados em termos efetivos). Em alguns casos, os valores de a e δ podem ser determinados a partir de ensaios de laboratório, como ensaios de resistência ao cisalhamento da interface entre o material da estaca e o solo (p. ex., Potyondy, 1961). Os dois parâmetros dependem do processo executivo, assim

Tab. 12.3 – Fatores de capacidade de carga N_c e N_σ segundo Vesic

φ	I_r									
	10	20	40	60	80	100	200	300	400	500
0	6,97	7,90	8,82	9,36	9,75	10,04	10,97	11,51	11,89	12,19
	1,00	1,00	1,00	1,00	1,00	1,00	1,00	1,00	1,00	1,00
5°	8,99	10,56	12,25	13,30	14,07	14,69	16,69	17,94	18,86	19,59
	1,79	1,92	2,07	2,16	2,23	2,28	2,46	2,57	2,65	2,71
10°	11,55	14,08	16,97	18,86	20,29	21,46	25,43	28,02	29,99	31,59
	3,04	3,48	3,99	4,32	4,58	4,78	5,48	5,94	6,29	6,57
15°	14,79	18,66	23,35	26,53	29,02	31,08	38,37	43,32	47,18	50,39
	4,96	6,00	7,26	8,11	8,78	9,33	11,28	12,61	13,64	14,50
20°	18,83	24,56	31,81	36,92	40,99	44,43	56,97	65,79	72,82	78,78
	7,85	9,94	12,58	14,44	15,92	17,17	21,73	24,94	27,51	29,67
25°	23,84	32,05	42,85	50,69	57,07	62,54	82,98	97,81	109,88	120,23
	12,12	15,95	20,98	24,64	27,61	30,16	39,70	46,61	52,24	57,06
30°	30,03	41,49	57,08	68,69	78,30	86,64	118,53	142,27	161,91	178,98
	18,24	24,95	33,95	40,66	46,21	51,02	69,43	83,14	94,48	104,33
35°	37,65	53,30	75,22	91,91	105,92	118,22	166,14	202,64	233,27	260,15
	27,36	38,32	53,67	65,36	75,17	83,78	117,33	142,89	164,33	183,16
40°	47,03	68,04	98,21	121,62	141,51	159,13	228,97	283,19	329,24	370,04
	40,47	58,10	83,40	103,05	119,74	134,52	193,13	238,62	277,26	311,50
45°	58,66	86,48	127,28	159,48	187,12	211,79	311,04	389,35	456,57	516,58
	59,66	87,48	128,28	160,48	188,12	212,79	312,04	390,35	457,57	517,58

Tab. 12.4 – Valores típicos do índice de rigidez I_r

Areias e siltes (condição drenada)			
Solo	Densidade relativa D_r	Nível de Tensão normal média σ_o (kgf/cm²)	Índice de rigidez I_r
Areia de Chattahoochee	80%	0,1	200
		1	118
		10	52
		100	12
	20%	0,1	140
		1	85
Areia de Ottawa	82%	0,05	265
	21%	0,05	89
Silte de Piedmont		0,70	10 –30

Tab. 12.4 – Valores típicos do índice de rigidez I_r (cont.)

Argilas (condição não drenada)

Solo	Índice de plasticidade Ip	Teor de umidade	Razão de sobreaden- samento (OCR)	Nível de tensão efetiva σ_o (kgf/cm²)	Índice de rigidez I_r
Argila Weald	25	23,1%	1	2,1	99
		22,5%	24	0,35	10
Argila de Drammen	19	24,9%	1	1,5	267
		25,15%		2,5	259
		27,2%		4,0	233
Argila de Lagunillas	50	65%*	1	6,5	390
				4,0	300

*antes do adensamento.

como a tensão horizontal na superfície de contato. Por isso, e preferencialmente, estima-se $\tau_{l,ult}$ com base em dados empíricos decorrentes de observações de campo.

O atrito lateral das estacas foi abordado por diversos autores, inclusive aqueles que propuseram soluções clássicas para a resistência de ponta apresentadas no item anterior (Terzaghi, Meyerhof etc.). A proposta de Terzaghi é complexa e não foi incorporada à pratica. Meyerhof propõe uma expressão para o atrito lateral unitário em solos granulares ($a = 0$) tendo como base a Eq. (12.21). Inicialmente, supõe que a tensão horizontal do solo contra o fuste, na ponta da estaca, vale:

$$\sigma'_h = \frac{K_s \gamma' L}{2 \cos \delta} \quad (12.22)$$

onde K_s é o coeficiente de empuxo horizontal (após a execução da estaca) e L é o comprimento da estaca.

O atrito lateral unitário, na ponta da estaca, de acordo com (12.21), seria

$$\tau_{l,ult} = \frac{K_s \gamma' L}{2} \operatorname{tg} \delta \quad (12.23)$$

(a) Abordagem Geral para Solos Granulares

Admite-se que $\tau_{l,ult}$ consiste de duas parcelas: aderência a, independente da tensão normal σ'_h, que atua contra o fuste, e a parcela de atrito proporcional a essa tensão normal. Em solos granulares, $a = 0$.

A tensão normal contra o fuste σ'_h é relacionada à tensão vertical efetiva na profundidade correspondente σ'_v por meio de um coeficiente de empuxo K_s. Logo, a Eq. (12.21) é escrita:

$$\tau_{l,ult} = K_s \sigma'_v \operatorname{tg} \delta \quad (12.24)$$

onde o ângulo de atrito da interface δ é igual ou menor que o ângulo de atrito interno efetivo do solo φ'. De acordo com a experiência com estacas de rugosidade normal, pode-se tomar $\delta = \varphi'$.

O coeficiente K_s depende do estado de tensões iniciais no solo e do método de execução da estaca; é afetado, ainda, pelo comprimento e forma da estaca (particularmente, se cônica).

Em *estacas escavadas*, K_s é igual ou menor que o coeficiente de empuxo no repouso (K_o). Conforme item 10.3.3, numa execução ideal de estaca escavada, em que o processo é rápido e o solo não sofre grande desconfinamento, o K_s permanece próximo do coeficiente de empuxo no repouso (K_o); caso contrário, ficará abaixo.

Em *estacas cravadas com pequeno deslocamento*, tais como as estacas metálicas em perfis H ou tubulares que não embucham, K_s é um pouco maior do que K_o, raramente excedendo 1. Para *estacas cravadas curtas e de grande deslocamento em areia*, K_s pode assumir valores maiores do que a unidade.

Valores de K_s e δ foram propostos por Broms (1966) e Aas (1966), como indicado a seguir.

Tipo de Estaca	K_s (Broms, 1966)		δ (Aas, 1966)
	Solo fofo	Solo compacto	
Aço	0,5	1	20°- 30°*
Concreto	1	2	3/4 φ'*
Madeira	1,5	3	2/3 φ'

*Tanto em estacas de aço como de concreto com rugosidade normal, é comum adotar $\delta = \varphi'$

Profundidade crítica em estacas cravadas

Algumas medições do atrito lateral em provas de carga em estacas cravadas mostram que há um crescimento do atrito até uma certa profundidade e que, em seguida, o atrito permanece aproximadamente constante (Fig. 12.9). Surgiu daí o conceito de *profundidade crítica*, a partir da qual não haveria aumento do atrito lateral nos solos arenosos e siltosos. O assunto é controvertido.

De um lado, o manual da ASCE (1993) faz referência e quantifica a profundidade crítica. Por outro lado, Kulhawy (1984), um dos primeiros a pôr em dúvida o conceito da *profundidade crítica*, observa que Vesic, introdutor do conceito em 1970 (Vesic, 1970), em seu trabalho mais

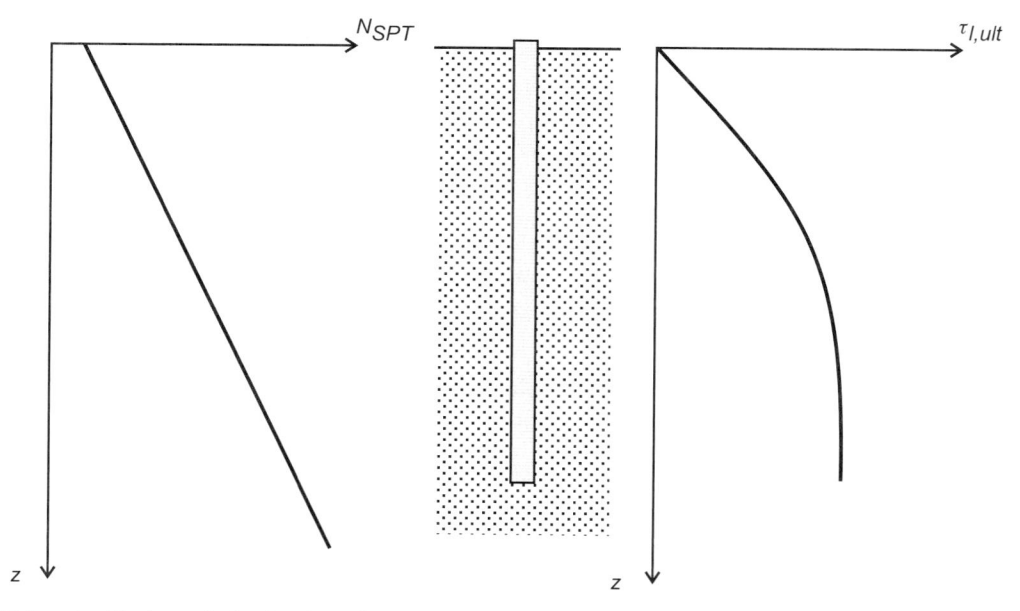

Fig. 12.9 – *Perfil de resistência do solo e de atrito lateral de estaca, submetida a carregamento após cravação*

importante sobre estacas (Vesic, 1977) não faz qualquer referência ao conceito. Altaee et al. (1993) mostram que, nas areias, ao se levar em conta as tensões residuais de cravação (ver Cap. 13), as curvas de atrito lateral mostram um crescimento até o nível da ponta da estaca e, portanto, não consideram válido o conceito de profundidade crítica. Esse ponto de vista consta do Canadian Foundation Manual (1992), que, entretanto, reconhecendo que não há evidências suficientes para permitir uma resposta conclusiva quanto às reais variações da resistência lateral unitária e de ponta com a profundidade, recomenda prudência no projeto de estacas longas em solos granulares.

Como parte da tese de Bagio (1995), foram realizados ensaios de *cravação contínua* de estacas modelo em centrífuga, que mostraram um crescimento contínuo tanto da resistência de ponta quanto do atrito lateral com a profundidade, não validando, portanto, o conceito de profundidade crítica.

(b) Métodos para Solos Argilosos Saturados

Método α ou Enfoque em Tensões Totais

Numa primeira proposta para avaliar a resistência de estacas em argilas, a resistência lateral (unitária) foi relacionada à resistência ao cisalhamento (coesão) não drenada:

$$\tau_{l,ult} = \alpha \, S_u \tag{12.25}$$

Para o coeficiente α, Tomlinson (1957, 1994) apresenta curvas que levam em conta a consistência da argila (através do S_u) e a natureza da camada sobrejacente (Fig. 12.10). Esse método é conhecido como *Método α* e considera a resistência não drenada da argila antes da instalação da estaca.

Método β ou Enfoque em Tensões Efetivas

Um outro tratamento, baseado em tensões efetivas, foi proposto por Chandler (1966, 1968) e Burland (1973). Na realidade, a abordagem em tensões efetivas tinha sido proposta por Zeevaert (1959); Eide et al. (1961); Johannessen e Bjerrum (1965), para avaliação de atrito negativo. Burland (1973) sugeriu que o atrito entre a estaca e o solo não fosse associado à resistência ao cisalhamento não drenada, pois

> Não há dúvida, do ponto de vista de projeto, da importância de se ter relações empíricas entre $\tau_{l,ult}$ e S_u, desde que sejam aplicadas ao mesmo tipo de estaca e mesmas condições de terreno para as quais foram estabelecidas. Entretanto, haverá algum perigo em extrapolá-las para situações diferentes. Por isso, é fundamental um entendimento dos princípios básicos, o que requer tratar o comportamento da estaca em termos de tensões efetivas.

Na proposta de Burland, são apresentadas as seguintes hipóteses:
1. antes do carregamento, os excessos de poropressão gerados na instalação da estaca estão completamente dissipados;
2. uma vez que a zona de maior distorção em torno do fuste é delgada, o carregamento ocorre em condições drenadas;
3. como decorrência do amolgamento durante a instalação, o solo não terá coesão efetiva e o atrito lateral em qualquer ponto será dado por uma simplificação da Eq. (12.21):

$$\tau_{l,ult} = \sigma'_h \, \text{tg}\,\delta \tag{12.26}$$

onde σ'_h é a tensão horizontal efetiva que atua na estaca (dissipados os efeitos de instalação) e δ o ângulo de atrito efetivo entre a argila e o fuste da estaca.

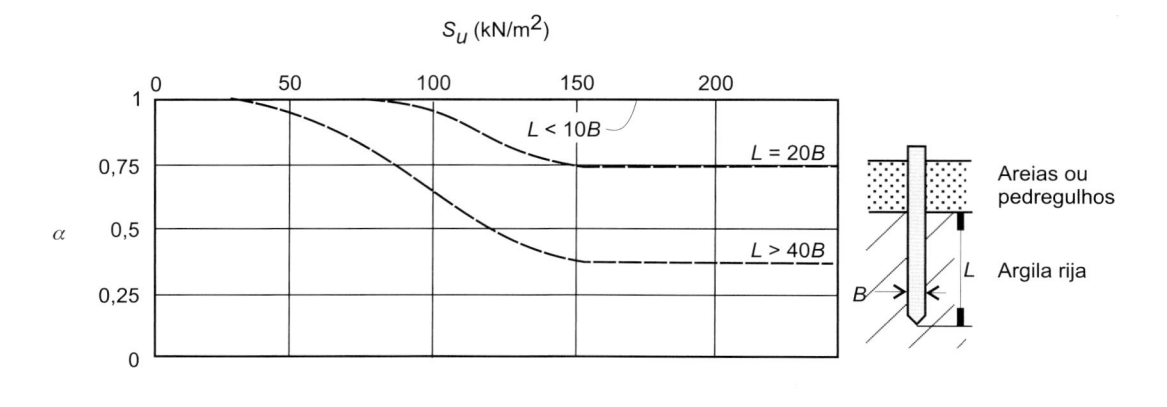

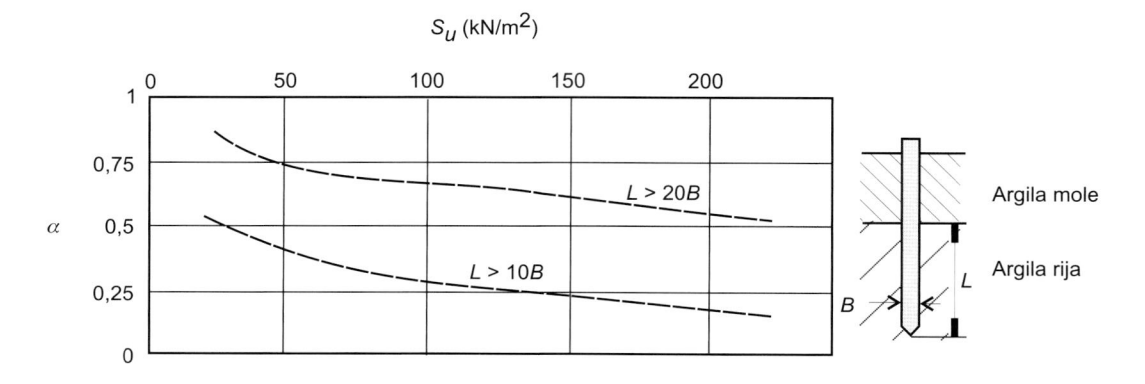

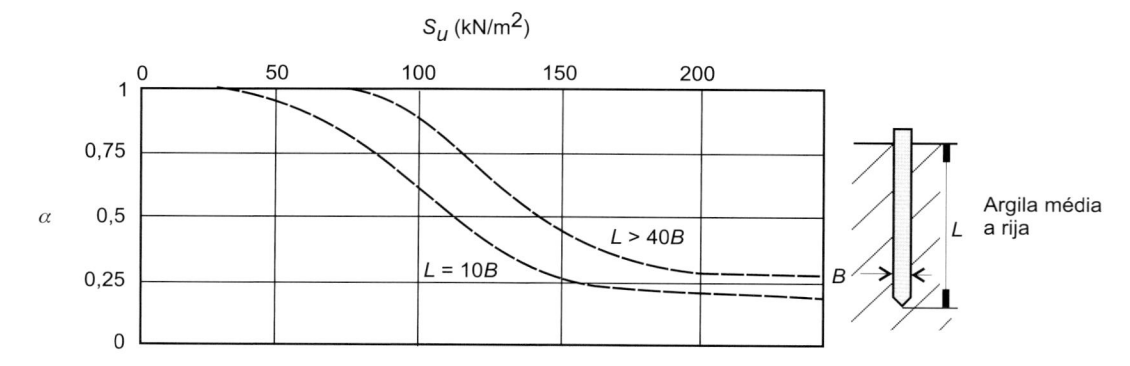

Fig. 12.10 – Curvas para o coeficiente α (Tomlinson, 1994)

4. A tensão horizontal efetiva, σ'_h, é admitida proporcional à tensão vertical efetiva inicial:

$$\sigma'_h = K\sigma'_{vo} \tag{12.27}$$

O coeficiente K representa a razão entre a tensão horizontal após a instalação e a tensão vertical inicial, e pode ser bastante diferente do valor de K_o, que representa a razão inicial ou de repouso, dependendo, principalmente, do processo de instalação da estaca. Pode-se escrever a Eq. (12.26), análoga à Eq. (12.24),

$$\tau_{l,ult} = K\sigma'_{vo} \operatorname{tg}\delta \tag{12.28}$$

O produto $K \operatorname{tg}\delta$ foi designado por β, daí resultando

$$\tau_{l,ult} = \beta\sigma'_{vo} \tag{12.29}$$

Esse método é conhecido como *Método β* e considera a tensão vertical efetiva antes da instalação da estaca. Assim, β é análogo ao fator empírico α, com a diferença que β depende dos parâmetros K e δ, em princípio, mais fáceis de avaliar.

O valor do coeficiente de empuxo K depende do tipo de solo, de sua história de tensões, e do método de instalação da estaca. O valor de δ depende do solo e das propriedades da superfície da estaca. Embora β possa assumir uma ampla faixa de valores, é possível fazer razoáveis estimativas de K e δ e, portanto, de β.

Valores médios de β podem ser obtidos empiricamente, a partir de provas de carga, desde que tenha passado algum tempo entre a instalação da estaca e o ensaio, e que este tenha sido realizado lentamente. Nesse caso, ao utilizar-se o atrito lateral médio e a tensão vertical média:

$$\bar{\beta} = \frac{\bar{\tau}_{l,ult}}{\bar{\sigma}'_{vo}} \quad (12.30)$$

Burland examina, a seguir, dois casos extremos: argila mole normalmente adensada e argila rija muito sobreadensada.

Argilas moles

Admite-se que a ruptura ocorra no solo amolgado junto ao fuste da estaca (Tomlinson, 1971), de forma que $\delta = \varphi'_a$, e φ'_a o ângulo de atrito efetivo do solo amolgado.

Antes de a estaca ser instalada, o coeficiente de empuxo K é igual ao coeficiente de empuxo no repouso K_o. Para uma estaca cravada, K deve ser maior do que K_o e, consequentemente, adotar $K = K_o$ é ficar a favor da segurança. Para uma argila normalmente adensada, tem-se adotado a expressão de Jaky:

$$K_o = 1 - \operatorname{sen} \varphi' \quad (12.31)$$

Assim, a Eq. (12.29) fica

$$\tau_{l,ult} = [(1 - \operatorname{sen} \varphi'_a) \operatorname{tg} \varphi'_a] \sigma'_{vo} \quad (12.32)$$

que fornece um limite seguro de β para estacas cravadas em argilas normalmente adensadas. Como os valores de φ'_a situam-se entre 15° e 30°, β varia entre 0,2 e 0,3. Resultados experimentais mostram que para estacas cravadas em argilas de baixa sensibilidade, o valor de β situa-se entre 0,25 e 0,30.

Argilas rijas

A resistência lateral em argilas rijas é mais difícil de avaliar. Admite-se que a Eq. (12.28) seja válida. A dificuldade está em avaliar K, que depende de alguns fatores, em especial do processo de instalação da estaca. No estado original, o valor de K (ou seja, K_o) para uma argila muito sobreadensada varia entre 3, próximo à superfície, e valores menores que 1 a grandes profundidades. Para uma "estaca ideal", cuja instalação não perturbe o solo, pode-se admitir para a resistência lateral total:

$$Q_{l,ult} = \pi B \sum_{o}^{L} \sigma'_{vo} K_o \operatorname{tg} \delta \Delta L \quad (12.33a)$$

onde B é o diâmetro da estaca e L, seu comprimento.

O valor médio $\bar{\tau}_{l,ult}$ da resistência unitária é dado por:

$$\bar{\tau}_{l,ult} = \frac{Q_{l,ult}}{\pi B L} = \frac{1}{L} \sum_{o}^{L} \sigma'_{vo} K_o \operatorname{tg} \delta \Delta L \quad (12.33b)$$

Para a argila de Londres, a Eq. (12.33b) fornece um limite superior de $\bar{\tau}_{l,ult}$ para as estacas escavadas e um limite inferior para as estacas cravadas.

Lopes (1979) investigou os possíveis motivos pelos quais o *Método β* apresenta bons resultados. Ao estudar a evolução do estado de tensões no solo ao lado do fuste de uma estaca, observou que o solo é solicitado em *cisalhamento puro*, como mostrado nos caminhos de tensões da Fig. 12.11. Assim, se o solo não é dilatante nem contrátil, não haverá geração de poropressões pelo carregamento. Isso explica porque o atrito lateral de uma estaca em argila levemente sobreadensada pode ser calculado como drenado (válida, portanto, a Eq. 12.28).

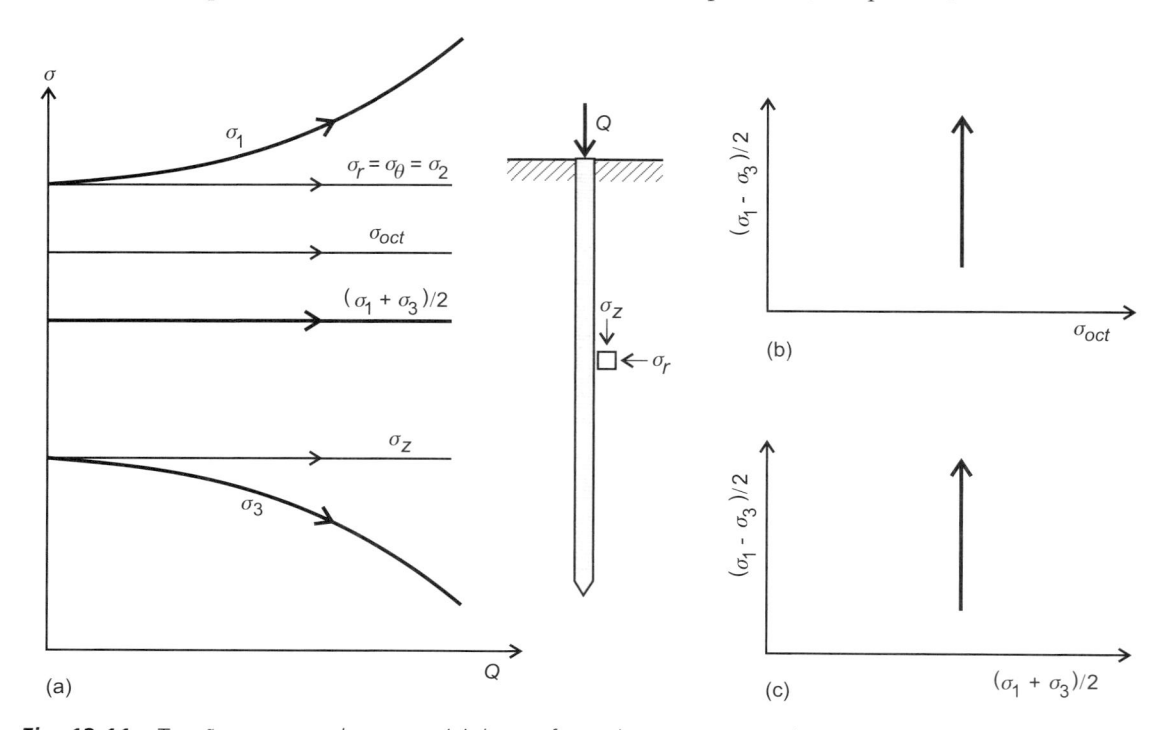

Fig. 12.11 – *Tensões em um elemento vizinho ao fuste de uma estaca sob carregamento axial: (a) evolução das tensões com a carga; (b) caminho de tensões em termos de tensão octaédrica; (c) idem, em termos de tensão média (Lopes, 1979, 1985)*

A cravação de estacas em argilas moles (não muito sensíveis) produz um leve sobreadensamento dessas argilas, que, assim, situam-se na categoria das argilas para as quais é válida uma análise em tensões efetivas, sem considerar poropressões de carregamento. As estacas, tanto cravadas como escavadas, em argilas rijas muito sobreadensadas (materiais dilatantes) fogem dessa categoria. Nesses casos, haveria uma tendência à geração de sucção com o carregamento, fazendo com que a água migre da massa de solo para a imediata vizinhança da estaca.

Método λ ou Enfoque Misto

Neste enfoque, a resistência lateral é expressa em função da tensão efetiva e da resistência não drenada da argila. Viajayvergiya e Focht (1972) propõem que a resistência lateral seja calculada com:

$$\tau_{l,ult} = \lambda \left(\sigma'_{vo} + 2S_u \right) \tag{12.34}$$

onde λ é um coeficiente que depende do comprimento da estaca, variando de cerca de 0,1 para estacas com mais de 50 m de comprimento a 0,3 para estacas com menos de 10 m de comprimento.

Parry e Swain (1977a, 1977b) e Randolph e Wroth (1982) procuraram fazer uma ligação entre os enfoques em tensões totais (α), e efetivas (β). Randolph (1985) propõe:

$$\tau_{l,ult} = \sqrt{\left(\frac{S_u}{\sigma'_{vo}}\right)_{na}} S_u^{1/2} \sigma'^{1/2}_{vo} \quad \text{para} \quad S_u/\sigma'_{vo} < 1 \tag{12.35}$$

$$\tau_{l,ult} = \sqrt{\left(\frac{S_u}{\sigma'_{vo}}\right)_{na}} S_u^{3/4} \sigma'^{1/4}_{vo} \quad \text{para} \quad S_u/\sigma'_{vo} > 1 \tag{12.36}$$

onde *na* significa normalmente adensada.

Evolução da Resistência com o Tempo após a Cravação

Desde as primeiras pesquisas sobre o comportamento de estacas em argilas moles, ficou claro que havia um aumento da resistência lateral com o tempo após a cravação, ligado à migração da água dos poros causada pelo excesso de poropressão gerado pela cravação da estaca. Por outro lado, conforme o item 10.3.1, o amolgamento causado pela cravação pode reduzir muito a resistência de argilas sensíveis e haver uma recuperação apenas parcial da resistência original.

Soderberg (1962) realizou um dos primeiros estudos do fenômeno de adensamento radial da argila ao redor da estaca e o consequente aumento da resistência lateral da estaca. O ganho de resistência com o tempo seria controlado pelo fator tempo definido por:

$$T_h = \frac{c_h t}{r^2} \tag{12.37}$$

onde c_h é o coeficiente de adensamento horizontal do solo; t o tempo decorrido desde a cravação da estaca; e r o raio da estaca. Assim, o tempo necessário para o desenvolvimento da capacidade de carga máxima seria proporcional ao quadrado do diâmetro (ou raio) da estaca.

Trabalhos posteriores a respeito da geração de poropressões na cravação e sua subsequente dissipação foram desenvolvidos por Randolph e colaboradores (Randolph e Wroth, 1979; Randolph et al., 1979; Carter et al., 1979). Em Randolph e Wroth (1979) a geração de poropressões pela cravação de uma estaca é simulada através de solução da expansão de cavidade e a dissipação é estudada por solução analítica da equação diferencial do adensamento radial[1]. Em Carter et al. (1979), a solução para a dissipação é numérica (programa CAMFE), com solo de comportamento elastoplástico, e obtêm-se tensões e deformações. Essa última solução foi empregada com sucesso nos estudos de uma estaca instrumentada cravada em argila mole no Rio de Janeiro por Dias (1988) e Soares e Dias (1986, 1989).

Dados experimentais reunidos por Vesic (1977) estão na Fig. 12.12 assim como uma previsão teórica do aumento da capacidade de carga de duas estacas de grande diâmetro cravadas em um profundo depósito de argila marinha. Observa-se que as estacas de até 35 cm de diâmetro

---

1. De acordo com essa proposta, os excessos de poropressão em argilas moles são função do índice de rigidez G/S_u, e variam segundo uma curva logarítmica definida por:
– excesso de poropressão máximo:

$$\frac{\Delta u}{S_u} = 2\ln\left(\sqrt{\frac{G}{S_u}}\right);$$

– distância atingida:

$$\frac{r_{máx}}{B} = \frac{1}{2}\sqrt{\frac{G}{S_u}}$$

Para valores típicos de G/S_u, os excessos de poropressão variam de um valor próximo de $5S_u$ junto ao fuste a zero a cerca de 6 diâmetros da estaca, o que parece concordar com medições publicadas na literatura (Alves, 2001).

atingem a capacidade de carga máxima ao final de um mês, enquanto que estacas de 60 cm de diâmetro podem levar um ano para atingir a capacidade de carga máxima. O fato deve ser lembrado ao se fixar o tempo de espera para a realização de provas de carga ou interpretar os resultados. As estacas pré-moldadas de concreto ou de madeira cravadas secas podem absorver água do terreno e, assim, acelerar o processo de dissipação dos excessos de poropressão.

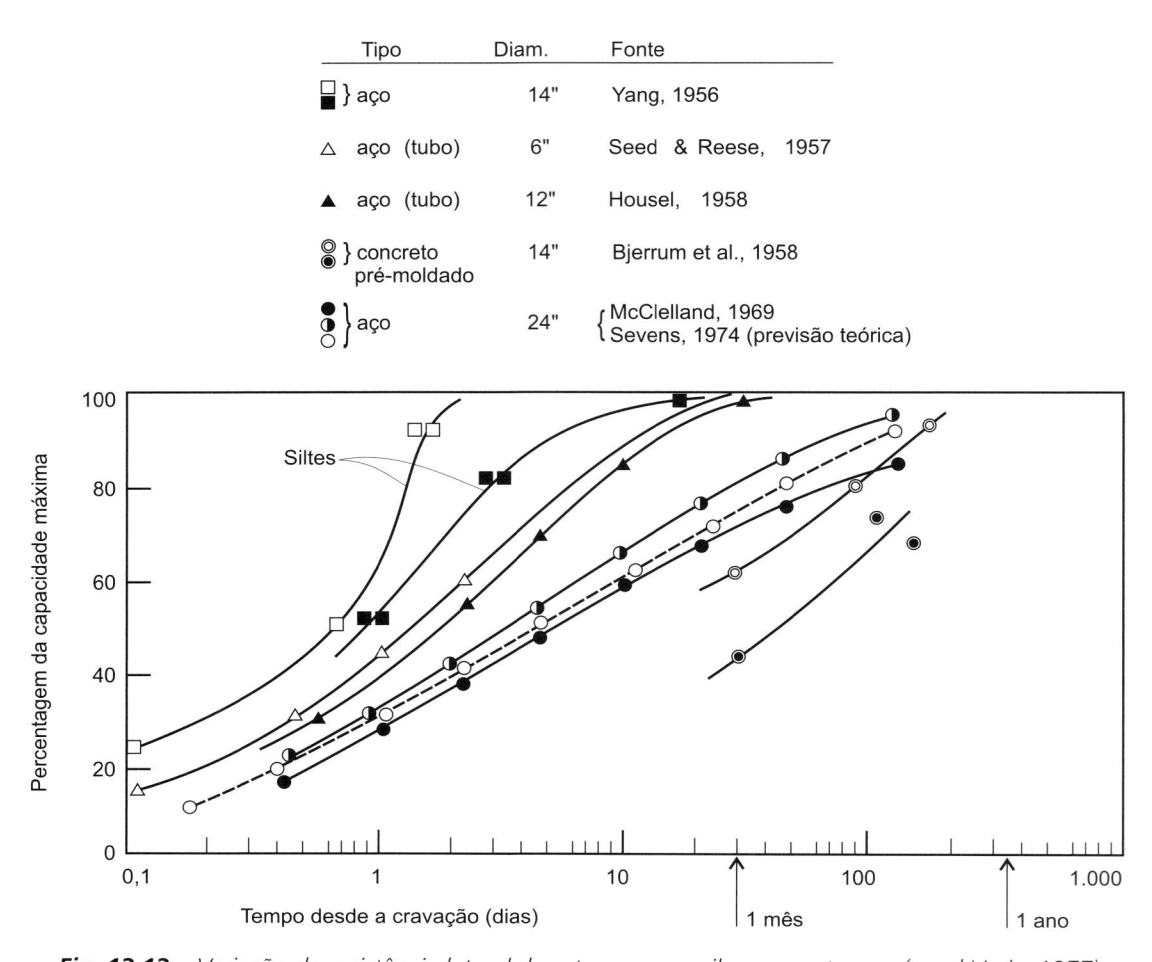

Fig. 12.12 – *Variação da resistência lateral de estacas em argilas com o tempo (apud Vesic, 1977)*

Os dados da Fig. 12.12 foram analisados por Alves (2001), que procurou normalizar as curvas, considerando o diâmetro e a permeabilidade dos solos, e concluiu que a proposta para previsão das poropressões de cravação e a solução para dissipação de Randolph e Wroth (1979) conseguem prever bastante bem os dados compilados por Vesic (1977).

Uma fórmula simples para a previsão do aumento da capacidade de carga com o tempo proposta por Skov e Denver (1988) e baseada em ensaios de carga dinâmica teve sua validade questionada (p. ex., Gravare et al., 1992; Paikowsky et al., 1996; Alves, 2001).

Em estacas cravadas em *argilas rijas*, as poropressões na argila ao redor do fuste podem diminuir em consequência da cravação (já que são materiais dilatantes) e pode haver uma migração contrária à descrita: a água migraria da massa para junto da estaca, causando um amolecimento da argila numa região junto ao fuste (Lopes, 1979, 1985).

12.3 MÉTODOS SEMIEMPÍRICOS QUE UTILIZAM O CPT

A bibliografia sobre o uso do CPT para a previsão da capacidade de carga de estacas é extensa. No 1º Congresso Internacional de Mecânica dos Solos (em Harvard, 1936) foi apresentado um trabalho pelo Laboratório de Delft (Holanda) em que se estudava a resistência de ponta de estacas cravadas. A partir daí, inúmeros trabalhos passaram a abordar aspectos teóricos do problema, critérios de projeto, comparações com resultados de provas de carga etc (como De Beer, 1948; Frank, 1948; Buisson, 1953; Geuze, 1953; Schultze, 1953; Kérisel, 1957a, 1957b; De Beer, 1963; Begemann, 1963, 1965a, 1965b; De Beer e Wallays, 1972; Weber, 1971; Silva, 2001). Sanglerat (1972) relaciona uma vasta bibliografia.

É fácil compreender a semelhança entre os modos de trabalho de uma estaca cravada e do cone do CPT. Conforme Plantema (1948), ao examinar o problema, duas questões devem ser respondidas: (1ª) Será a resistência à penetração do cone comparável à resistência de ponta ou base das estacas, uma vez que as áreas em que elas se exercem são tão diferentes? (2ª) Que fração da resistência do cone poderá ser tomada a fim de manter o recalque da estaca nos limites aceitáveis?

12.3.1 Semelhança entre a Estaca e o CPT

O problema da semelhança física entre o ensaio cone penetrométrico e a estaca foi analisado por Weber (1971), e um resumo da teoria está no Apêndice 7. Para complementar o esboço de análise teórica, é indispensável expor alguns resultados experimentais.

Solos arenosos

Em solos arenosos, são notáveis as experiências realizadas por Kérisel (1961), no laboratório de Chevreuse, perto de Paris, em que procurou estudar:

- a tensão de ruptura sob a base da fundação, definida globalmente pela relação entre a reação total e a seção transversal, sem preocupação com a distribuição da pressão;
- o atrito lateral médio definido globalmente pela relação entre a componente vertical da reação lateral e a área da superfície lateral, sem, da mesma forma, preocupação com a distribuição daquela reação;

quando se variam os parâmetros que condicionam a capacidade de carga de uma fundação profunda.

Na Fig. 12.13, é apresentado o gráfico de variação da pressão de ruptura (resistência de ponta) com a tensão vertical geostática (σ'_v) para diversos diâmetros da fundação numa areia fina muito compacta (resistência de ponta de 300 kgf/cm² no penetrômetro). Observa-se nessa figura que a profundidade na qual a resistência de ponta do penetrômetro ou estaca é atingida cresce com o diâmetro. Gráficos semelhantes foram obtidos para a mesma areia compacta (resistência de ponta de 200 kgf/cm² no penetrômetro) e medianamente compacta (resistência de ponta de 100 kgf/cm² no penetrômetro).

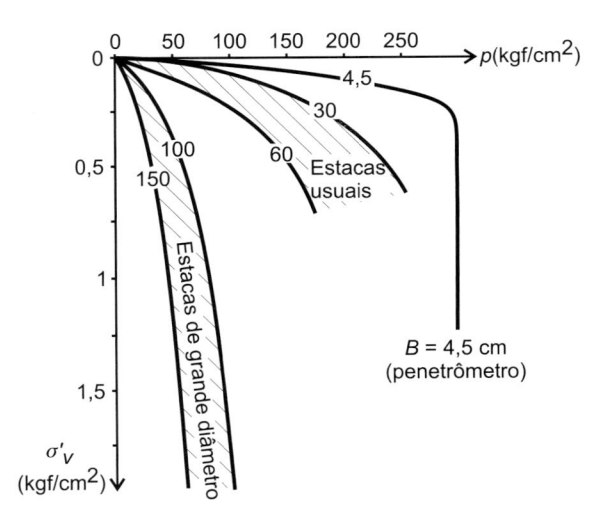

Fig. 12.13 – *Variação da resistência de ponta (pressão de ruptura) com a tensão vertical geostática em areia fina muito compacta (Kérisel, 1961)*

O exame dos gráficos de Kérisel permite concluir que

1. A influência do diâmetro não pode ser desprezada: à mesma profundidade, os penetrômetros acusam resistências maiores do que as fundações e a diferença é tanto maior quanto menor for a profundidade.
2. Essas diferenças diminuem quando a compacidade aumenta.
3. As tensões de ruptura sob as fundações de grande diâmetro não parecem variar muito em função da compacidade nos meios muito compactos a medianamente compactos.
4. Consequentemente, o fator de capacidade de carga N_q não pode ser considerado como função apenas de φ.

Outras conclusões a que chegou Kérisel foram:

5. Em solo arenoso compacto, a influência da velocidade de carregamento é pequena.
6. A partir de uma certa profundidade em solo compacto, a reação total de atrito lateral aumenta quase linearmente com a profundidade, de modo que a taxa de atrito média diminui hiperbolicamente, tendendo para um limite da ordem de 5 a 6 tf/m^2 (em Chevreuse).
7. Um ensaio penetrométrico no caso particular de um meio composto de estratos alternados de areias compactas e de argilas saturadas dá, de alguma forma, uma "caricatura" das pressões admissíveis sob uma fundação, quando as areias compactas acusam valores mais elevados e as argilas valores menos elevados em virtude da poropressão.

Ainda nos solos arenosos, devem-se mencionar os trabalhos de Vesic (1963, 1965) realizados no Instituto de Tecnologia da Geórgia, que confirmaram as conclusões de Kérisel e, em particular, no que concerne ao emprego do ensaio de penetração estática, Vesic afirma:

> *Ensaios de penetração, particularmente de penetração estática do cone, ainda são o melhor meio disponível no presente para a previsão da capacidade de carga e de recalques de estacas e fundações profundas, em geral, nas areias. Quando se trata de estacas de grande diâmetro e tubulões, deve-se fazer um esforço para interpretar os resultados do ensaio levando em conta os efeitos de escala. Ensaios triaxiais sob tensões elevadas em areias podem ser necessários para fixar convenientemente esses efeitos.*

Solos argilosos

Na obra de Sanglerat (1972), encontra-se a referência a experiências também realizadas por Kérisel em Bagnolet (Seine Saint-Denis) em argila saturada e nos siltes argilosos de Orly. Os ensaios mostraram que

- não foi observado efeito de escala sobre o atrito lateral;
- não há efeito de escala nas argilas rijas e siltes fofos; no entanto, ele é observado nas argilas duras;
- o efeito de escala é desprezível para penetrômetros com diâmetros que variam de 36 a 110 mm, independentemente do tipo de solo.

12.3.2 Método de De Beer

De Beer, do Instituto Geotécnico da Bélgica, realizou muitas pesquisas teóricas e experimentais com penetrômetro. No decorrer de 1971-1972, publicou nos *Annales des Travaux Publics de Belgique* um longo estudo sobre os métodos de dedução da capacidade de carga das estacas a partir dos resultados dos ensaios de cone. O método consiste na interpretação do perfil do ensaio de cone, de forma a abrandar picos de resistência de ponta medidos no ensaio que não

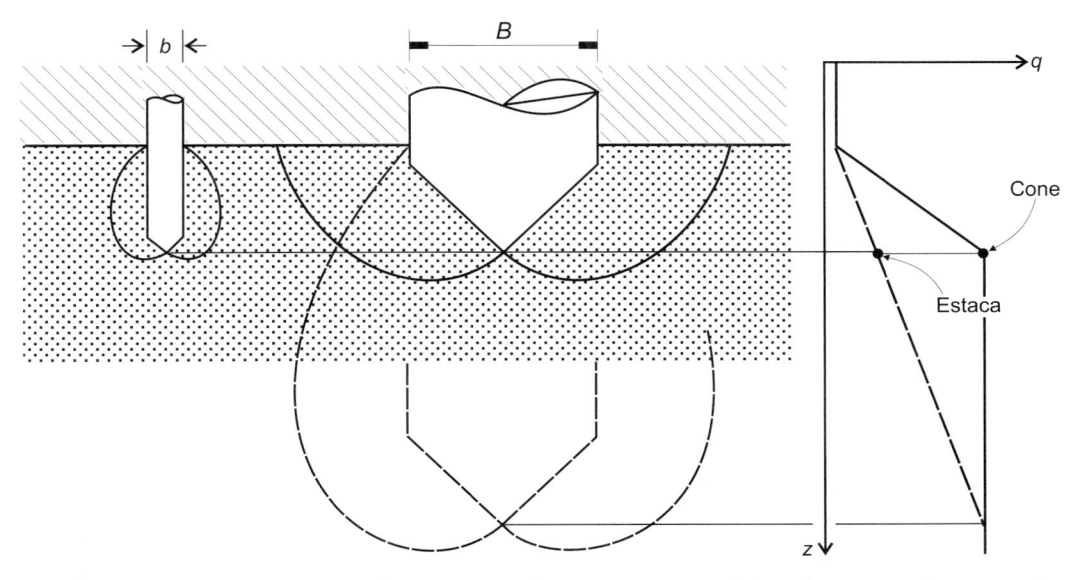

Fig. 12.14 – Interpretação do ensaio de cone segundo De Beer: mecanismos de ruptura do cone e de uma estaca com a mesma penetração numa camada resistente

corresponderão à resistência de ponta da estaca, pela diferença entre as dimensões do cone e da estaca. O cone, com dimensão menor, precisa de uma penetração menor numa dada camada para desenvolver toda a resistência de ponta que a camada pode oferecer (Fig. 12.14). A estaca precisaria uma penetração maior. O método baseia-se no mecanismo de ruptura de Meyerhof (ver item 12.2.1). Na Fig. 12.15 estão os perfis de resistência de ponta do cone e da estaca, conforme a interpretação de De Beer. O método está descrito no Apêndice 8.

12.3.3 Método de Holeyman

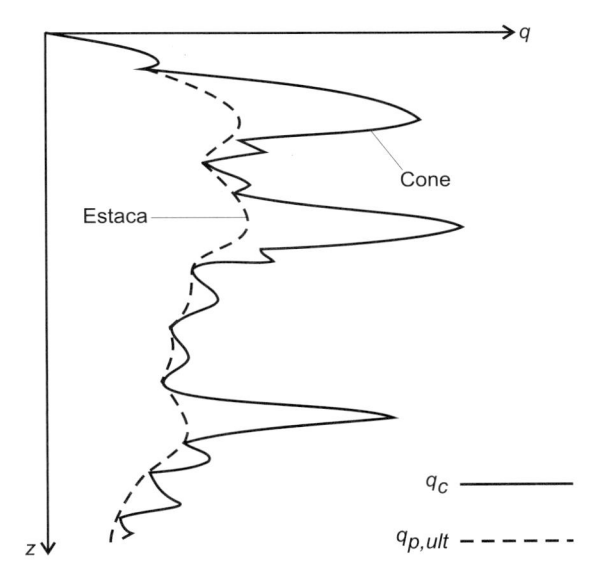

Fig. 12.15 – Perfis de resistência de ponta do cone e de uma estaca, segundo De Beer

Holeyman et al. (1997) descrevem uma metodologia atual para o cálculo da capacidade de carga de estacas com base no CPT, na qual a parcela de base é dada por:

$$Q_{p,ult} = \beta\, q_p\, A_p = \beta\, \alpha_b\, F_b\, q_{p,m}\, A_p \tag{12.38}$$

onde: β = fator de forma introduzido quando a base da estaca não for quadrada ou circular (p. ex., estaca-diafragma), função da largura B e do comprimento L:

$$\beta = \frac{1 + 0{,}3 B/L}{1{,}3}$$

α_b = fator empírico que leva em conta o processo de execução da estaca e a natureza do solo;

F_b = fator de escala que depende das características de resistência ao cisalhamento do solo (p. ex., no caso de argilas fissuradas);

$q_{p,m}$ = resistência de ponta homogeneizada calculada pelo método de De Beer.

O cálculo da parcela de resistência lateral é feito por um de três métodos: a partir da resistência lateral total (Q_l); a partir da resistência de ponta q_c do cone; a partir da resistência lateral local (τ_c).

a. O primeiro método é o mais utilizado. Pode-se escrever:

$$Q_{l,ult} = \frac{U}{u}\xi_f \Delta Q_l^c = \frac{U}{u} \Sigma\, \xi_{fi}(\Delta Q_l^c)_i \qquad (12.39)$$

onde: U = perímetro da estaca;

u = perímetro da haste do cone;

ξ_f = fator empírico global ($\xi_f = \alpha_s \beta_s \varepsilon_s$) que leva em conta os efeitos do processo de execução da estaca (α_s), o material e a rugosidade do fuste (β_s) e os efeitos de escala da estrutura do solo (ε_s);

$(\Delta Q_l^c)_i$ = acréscimo da resistência lateral do cone na camada i.

b. Em função da resistência de ponta do cone, pode-se escrever:

$$Q_{l,ult} = U \sum h_i \eta_{pi} q_{ci} = U \sum h_i \xi_{fi} \eta_{pi}^* q_{ci} \qquad (12.40)$$

onde: h_i = espessura da camada i;

q_{ci} = resistência de ponta do cone na camada i;

η_{pi} = fator empírico (da camada i) que leva em conta o processo de execução e a natureza do solo.

Esse último fator pode ser desdobrado em dois: η_p^*, que depende apenas do solo, e ξ_f já definido no primeiro método.

c. O terceiro método estima o atrito unitário da estaca, multiplicando a resistência lateral local τ_c medida no cone por um fator α que depende do tipo de estaca e da natureza do solo. Esse fator deve ser definido por meio de calibração com provas de carga estáticas. Há poucos dados sobre α.

Para os solos arenosos pode-se adotar:

$$\eta_p = \frac{1}{200} \text{ para } q_c \geqslant 20\,\text{MPa} \quad \text{e} \quad \eta_p = \frac{1}{150} \text{ para } q_c \leqslant 20\,\text{MPa}$$

Para os valores intermediários de q_c, η_p será obtido por interpolação linear entre 1/200 e 1/150.

Para os solos argilosos utilizam-se os valores da Tab. 12.5.

Tab. 12.5 – Valores de η_p e q_c para argilas

q_c (MPa)	0,075	0,2	0,5	1,0	1,5	2,0	2,5	3,0	> 3,0
$\eta_p q_c$ (kPa)	5	10	18	31	44	58	70	82	$\frac{q_c}{36,6}$

12 Capacidade de Carga Axial – Métodos Estáticos

Fatores que levam em conta o processo de execução

Esses fatores dependem do tipo da estaca e da natureza do terreno e devem ser determinados por meio de aferições com provas de carga estáticas. Quase sempre, as especificações belgas admitem todos os fatores empíricos iguais a 1,0 para as estacas de deslocamento tradicionais, de forma que:

$$Q_{ult} = Q_{p,ult} + Q_{l,ult} = q_{p,m}\, A_p + \Delta Q_l^c \frac{U}{u} \tag{12.41}$$

Entretanto, fatores mais apurados são dados a seguir. O fator F_b na Eq. (12.38) foi introduzido para levar em conta o efeito de escala do mecanismo de ruptura em argilas rijas fissuradas (argilas sobreadensadas de Boom):

$$0{,}476 \leqslant F_b \leqslant 1 - 0{,}01\left(\frac{B}{b}-1\right)$$

onde B é o diâmetro da ponta ou base da estaca e b é o diâmetro do cone.

O fator α_b varia entre 0,8 e 1,5 para as estacas cravadas com grande deslocamento de solo; entre 0,6 e 0,8 para estacas de pequeno deslocamento e entre 0,33 e 0,67 para as estacas escavadas e hélice contínua. O fator ξ_f varia, para as estacas de grande deslocamento, entre 0,6 e 1,6 nas areias e entre 0,45 e 1,25 nas argilas; para as estacas de pequeno deslocamento, entre 0,6 e 0,85; para as estacas escavadas, entre 0,4 e 0,6.

12.3.4 Outros Métodos

Bustamante e Geaneselli (1982) são autores do conhecido Método do LCPC – Laboratoire Central des Ponts et Chaussées, da França, bastante utilizado. De acordo com o método, pode-se estimar a resistência de ponta da estaca (para a Eq. 12.2, p.ex.) com

$$q_{p,ult} = q_{ca}\, k_c \tag{12.42}$$

onde: q_{ca} = resistência de ponta média do cone no nível da ponta da estaca, obtida por média aritmética entre as resistências acima e abaixo da ponta da estaca em $1{,}5B$;

k_c = fator de capacidade de carga, que assume valores típicos de 0,4 para estacas escavadas em geral e 0,5 para estacas cravadas em geral.

O atrito lateral numa dada camada pode ser estimado com

$$\tau_{l,ult} = \frac{q_c}{\alpha} \tag{12.43}$$

onde: q_c = resistência de ponta do cone (média) na camada em consideração;

α = coeficiente que leva em conta a natureza do solo e o processo de execução.

Os processos de execução são agrupados em:
- Categoria IA: estacas escavadas sem revestimento ou com uso de lama, estacas hélice, estacas-raiz.
- Categoria IB: estacas escavadas com revestimento de aço ou concreto, estacas cravadas e moldadas *in situ* (tipo Franki).
- Categoria IIA: estacas pré-moldadas cravadas.
- Categoria IIB: estacas de aço cravadas.
  Os valores sugeridos de α são:
- argilas moles: $\alpha = 30$ para todas as estacas;

- argilas médias: $\alpha = 40$ para estacas das Categorias IA e IIA e o dobro para as estacas restantes;
- argilas rijas, siltes (fofos e compactos) e areias fofas: $\alpha = 60$ para estacas das Categorias IA e IIA e o dobro para as estacas restantes;
- areias e pedregulhos medianamente compactos: $\alpha = 100$ para estacas das Categorias IA e IIA e o dobro para as estacas restantes;
- areias e pedregulhos compactos e muito compactos: $\alpha = 150$ para estacas das Categorias IA e IIA e o dobro para as estacas restantes.

Para aplicar o método, o leitor deve consultar o trabalho original.

Outros métodos importantes que utilizam o CPT foram propostos por De Ruiter e Beringen (1979) e Jardine e Chow (1997), entre outros.

Um procedimento utilizado pelos autores, para estacas cravadas, consiste em calcular a área Ω do diagrama de q_c conforme mostra a Fig. 12.16 e adotar para a resistência de ponta da estaca:

$$q_p = \frac{\Omega}{(\alpha + \beta)B} \quad (12.44)$$

Para α e β, os valores 4 e 1 podem ser adotados (Van der Veen, 1989).

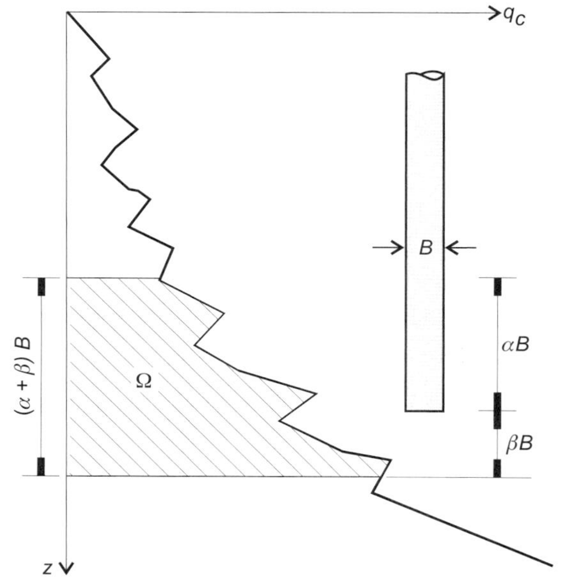

Fig. 12.16 – Uso do CPT para determinar a resistência de ponta de estacas cravadas

12.3.5 Uso do Piezocone

O ensaio de cone foi aperfeiçoado com a introdução do *piezocone*, que também permite medir a poropressão, passando o ensaio a se chamar CPTU. Para as argilas, foi desenvolvido um método que utiliza os resultados do CPTU (Almeida et al., 1996).

O atrito lateral e a resistência de ponta da estaca são dados por:

$$\tau_{l,ult} = \frac{q_T - \sigma_{vo}}{k_1} \quad (12.45)$$

$$q_{p,ult} = \frac{q_T - \sigma_{vo}}{k_2} \quad (12.46)$$

com

$$k_1 = 12 + 14{,}9 \, \log\left(\frac{q_c - \sigma_{vo}}{\sigma'_{vo}}\right) \quad (12.47)$$

$$k_2 = \frac{N_{kt}}{9} \quad (12.48)$$

onde N_{kT} é um fator de cálculo da resistência não drenada no ensaio CPTU (ver Eq. 3.8, Cap. 3, vol. 1).

12.4 MÉTODOS SEMIEMPÍRICOS QUE UTILIZAM O SPT

Em nosso país, a sondagem a percussão (com realização do SPT) é a investigação geotécnica mais difundida e realizada, assim expressa por Milititsky (1986): *A Engenharia de fundações correntes no Brasil pode ser descrita como a Geotecnia do SPT*. Por isso, há muito tempo, os profissionais de fundações têm a preocupação de estabelecer métodos de cálculo da capacidade de carga de estacas utilizando os resultados das sondagens a percussão. A seguir, serão apresentados os principais métodos utilizados no Brasil, pela ordem cronológica de sua publicação.

12.4.1 Método de Meyerhof

Foi provavelmente Meyerhof (1956) quem primeiro propôs um método para determinar a capacidade de carga de estacas a partir do SPT, ao retomar o tema em sua "Terzaghi Lecture" (Meyerhof, 1976). Os principais resultados obtidos pelo autor foram:

1. Para estacas cravadas até uma profundidade D em solo arenoso, a resistência unitária de ponta (em kgf/cm^2) é dada por:

$$q_{p,ult} = \frac{0{,}4ND}{B} \leqslant 4N \tag{12.49}$$

onde N é o numero de golpes/30 cm (últimos) no ensaio SPT.

A resistência unitária por atrito lateral (em kgf/cm^2) é dada por:

$$\tau_{l,ult} = \frac{\overline{N}}{50} \tag{12.50}$$

onde $\overline{N}$ é a média dos N ao longo do fuste.

2. Para siltes não plásticos, pode-se adotar como limite superior da resistência de ponta (em kgf/cm^2):

$$q_{p,ult} = 3N \tag{12.51}$$

3. Para estacas escavadas em solos não coesivos, a resistência de ponta é da ordem de um terço dos valores dados pelas Eqs. (12.49) e (12.51), e a resistência lateral, da ordem da metade do valor dado por (12.50).

4. Para estacas com base alargada tipo Franki, a resistência de ponta é da ordem do dobro da fornecida pelas Eqs. (12.49) e (12.51).

5. Se as propriedades da camada de suporte arenosa variam nas proximidades da ponta da estaca, deve-se adotar para N um valor médio calculado ao longo de 4 diâmetros acima e 1 diâmetro abaixo da ponta da estaca.

6. Quando a camada de suporte arenosa for sobrejacente a uma camada fraca e a espessura H entre a ponta da estaca e o topo da camada fraca for menor do que a espessura crítica da ordem de $10B$, a resistência da ponta da estaca será dada por:

$$q_{p,ult} = q_o + \frac{(q_1 - q_o)H}{10B} \leqslant q_1 \tag{12.52}$$

onde q_o e q_1 são resistências limite na camada fraca inferior e na camada resistente, respectivamente (Fig. 12.17).

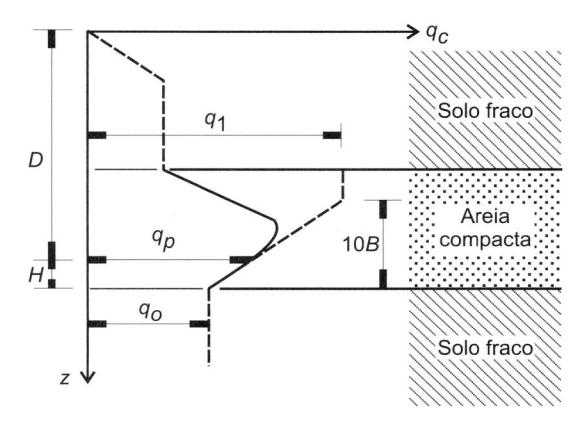

Fig. 12.17 – *Estaca assente em camada resistente sobrejacente a uma camada fraca*

7. Para as estacas em argila, nenhuma relação direta entre capacidade de carga e N é apresentada.
8. São propostas expressões para a estimativa de recalques de grupos, apresentadas no Cap.16.

12.4.2 Método Aoki-Velloso

O método de Aoki e Velloso (1975) foi desenvolvido a partir de um estudo comparativo entre resultados de provas de carga em estacas e de SPT. O método pode ser utilizado tanto com dados do SPT como do ensaio CPT. A primeira expressão da capacidade de carga da estaca pode ser escrita relacionando a resistência de ponta e o atrito lateral da estaca com resultados do CPT:

$$Q_{ult} = A_b q_{p,ult} + U \sum \tau_{l,ult} \Delta l$$
$$= A_b \frac{q_{cone}}{F1} + U \sum \frac{\tau_{cone}}{F2} \Delta l \quad (12.53)$$

onde $F1$ e $F2$ são fatores de escala e execução.

Ao introduzir-se correlações entre o SPT e o ensaio de cone holandês (CPT mecânico) do tipo

$$q_c = kN \quad (12.54)$$
$$\tau_c = \alpha q_c = \alpha k N \quad (12.55)$$

obtém-se a expressão para uso com resultados do SPT:

$$Q_{ult} = A\ q_{p,ult} + U \sum \tau_{l,ult} \Delta l$$
$$= A \frac{kN}{F1} + U \sum \frac{\alpha k N}{F2} \Delta l \quad (12.56)$$

Os valores de k e α adotados por Aoki e Velloso (1975) constam na Tab. 12.6.

Tab. 12.6 – Valores de k e α (Aoki e Velloso, 1975)

Tipo de solo	k (kgf/cm²)	α (%)
Areia	10	1,4
Areia siltosa	8	2
Areia siltoargilosa	7	2,4
Areia argilossiltosa	5	2,8
Areia argilosa	6	3
Silte arenoso	5,5	2,2
Silte arenoargiloso	4,5	2,8
Silte	4	3
Silte argiloarenoso	2,5	3
Silte argiloso	2,3	3,4
Argila arenosa	3,5	2,4
Argila arenossiltosa	3	2,8
Argila siltoarenosa	3,3	3
Argila siltosa	2,2	4
Argila	2	6

Os valores de $F1$ e $F2$ foram obtidos a partir da retroanálise de resultados de provas de carga em estacas (cerca de 100 provas entre os vários tipos). Com a Eq. (12.56), conhecidas todas as variáveis a partir dos resultados de SPT e da Tab. 12.6, é possível calcular os fatores $F1$ e $F2$. Como não se dispunha de provas de carga instrumentadas, que permitiriam separar a capacidade do fuste da capacidade da ponta, só seria possível obter um dos fatores. Assim, adotou-se $F2 = 2F1$. Os valores obtidos estão na Tab. 12.6. Para estacas escavadas, os valores foram tirados e, posteriormente adaptados, de Velloso et al., 1978.

Tab. 12.7 – Valores de $F1$ e $F2$ (Aoki e Velloso, 1975; Velloso et al., 1978)

Tipo de Estaca	$F1$	$F2$
Franki	2,5	5,0
Metálica	1,75	3,5
Pré-moldada de concreto	1,75	3,5
Escavada	3,0	6,0

Nos anos 1970, quando o método foi proposto, foram introduzidas as estacas tipo raiz e não se executavam ainda estacas tipo hélice. Em três trabalhos de final de curso na UFRJ (de Rafael Francisco G. Magalhães, em 1994, Gustavo S. Raposo e Marcio Andre D. Salem, em 1999), foram feitas avaliações do método para esses novos tipos de estacas. Os valores de $F1 = 2$ e $F2 = 4$ conduziram a uma estimativa razoável, ligeiramente conservativa, das estacas raiz, hélice e Ômega.

Os autores utilizam, para efeito de cálculo da resistência de ponta, a média de 3 valores de N: no nível de cálculo (da ponta), a 1 m acima e a 1 m abaixo. Um valor limite de $N = 50$ também é adotado.

Contribuição de Laprovitera e Benegas

Em duas dissertações de mestrado da COPPE-UFRJ (Laprovitera, 1988; Benegas, 1993), foram feitas avaliações do método Aoki-Velloso, a partir de um Banco de Dados de provas de carga em estacas compilado pela COPPE-UFRJ. Nas análises realizadas, os valores de k e α utilizados não foram os do método Aoki e Velloso original, mas aqueles modificados por Danziger (1982). Como nem todos os 15 tipos de solos tinham sido avaliados por Danziger, alguns valores foram complementados – por interpolação – por Laprovitera (1988). Os valores finais de k e α constam na Tab. 12.8.

Nas análises feitas, não se manteve a relação $F2 = 2F1$ do trabalho original de Aoki e Velloso, mas tentaram-se outras relações, de forma a obter uma melhor previsão. Na Tab. 12.9 estão valores de $F1$ e $F2$ obtidos nas dissertações. Nas avaliações feitas, para a resistência de ponta, tomou-se a média dos N numa faixa de 1 diâmetro da estaca para cima e 1 para baixo (ou pelo menos 1 m acima e 1 m abaixo), o que obriga o usuário dos novos valores a adotar o mesmo procedimento. O número de provas de carga avaliadas situava-se em torno de 200 (entre os vários tipos).

Tab. 12.8 – Valores de k e α (Laprovitera, 1988)

Tipo de solo	k (kgf/cm²)	α (%)
Areia	6	1,4
Areia siltosa	5,3	1,9
Areia siltoargilosa	5,3	2,4
Areia argilossiltosa	5,3	2,8
Areia argilosa	5,3	3
Silte arenoso	4,8	3
Silte arenoargiloso	3,8	3
Silte	4,8	3
Silte argiloarenoso	3,8	3
Silte argiloso	3	3,4
Argila arenosa	4,8	4
Argila arenossiltosa	3	4,5
Argila siltoarenosa	3	5
Argila siltosa	2,5	5,5
Argila	2,5	6

Tab. 12.9 – Valores de $F1$ e $F2$ (Laprovitera, 1988; Benegas, 1993)

Tipo de Estaca	$F1$	$F2$
Franki	2,5	3,0
Metálica	2,4	3,4
Premoldada de concreto	2,0	3,5
Escavada	4,5	4,5

Contribuição de Monteiro

Com base em sua experiência na firma Estacas Franki Ltda., Monteiro (1997) estabeleceu correlações algo diferentes, tanto para k e α, mostradas na Tab. 12.10, como para $F1$ e $F2$, mostradas na Tab. 12.11.

Algumas recomendações para a aplicação do método:
a. o valor de N é limitado a 40;
b. para o cálculo da resistência de ponta $q_{p,ult}$ deverão ser considerados valores ao longo de espessuras iguais a 7 e 3,5 vezes o diâmetro da base, para cima e para baixo da profundidade da base, respectivamente (Fig. 12.18). Os valores para cima fornecem, na média, q_{ps} e os valores para baixo fornecem q_{pi}. O valor a ser adotado será:

$$q_{p,ult} = \frac{q_{ps} + q_{pi}}{2} \qquad (12.57)$$

Tab. 12.10 – Valores de k e α (Monteiro, 1997)

Tipo de solo	k (kgf/cm²)	α (%)
Areia	7,3	2,1
Areia siltosa	6,8	2,3
Areia siltoargilosa	6,3	2,4
Areia argilossiltosa	5,7	2,9
Areia argilosa	5,4	2,8
Silte arenoso	5	3
Silte arenoargiloso	4,5	3,2
Silte	4,8	3,2
Silte argiloarenoso	4	3,3
Silte argiloso	3,2	3,6
Argila arenosa	4,4	3,2
Argila arenossiltosa	3	3,8
Argila siltoarenosa	3,3	4,1
Argila siltosa	2,6	4,5
Argila	2,5	5,5

Tab. 12.11 – Valores de $F1$ e $F2$ (Monteiro, 1997)

Tipo de estaca	$F1$	$F2$
Franki de fuste apiloado	2,3	3,0
Franki de fuste vibrado	2,3	3,2
Metálica	1,75	3,5
Pré-moldada de concreto cravada a percussão	2,5	3,5
Pré-moldada de concreto cravada por prensagem	1,2	2,3
Escavada com lama bentonítica	3,5	4,5
Raiz	2,2	2,4
Strauss	4,2	3,9
Hélice contínua	3,0	3,8

Nota: os valores indicados para estacas tipo hélice contínua requerem reserva, pois é pequeno o número de provas de carga disponível.

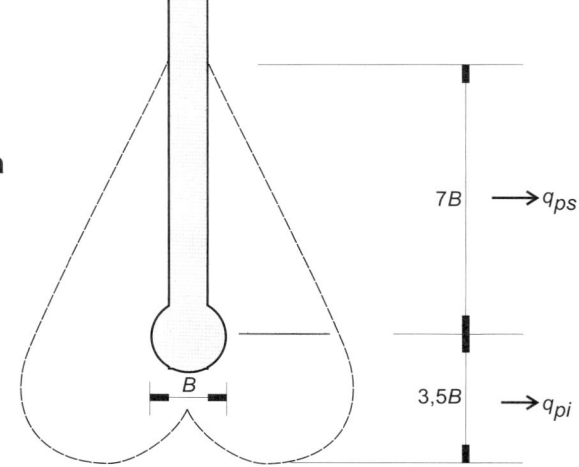

Fig. 12.18 – Determinação da resistência de ponta segundo Monteiro (1997)

12.4.3 Método Décourt-Quaresma

(a) Versão Inicial

Luciano Décourt e Arthur R. Quaresma apresentaram um método para determinar a capacidade de carga de estacas a partir do ensaio SPT (Décourt e Quaresma, 1978). O método apresenta as características descritas a seguir.

Resistência de ponta

Toma-se como valor de N a média entre o valor correspondente à ponta da estaca, o imediatamente anterior e o imediatamente posterior. A resistência de ponta em tf/m² é dada por

$$q_{p,ult} = CN \tag{12.58}$$

em que o C é dado na Tab. 12.12.

Atrito lateral

Consideram-se os valores de N ao longo do fuste, sem levar em conta aqueles utilizados para a estimativa da resistência de ponta. Tira-se a média e, na Tab. 12.13, obtém-se o atrito médio ao longo do fuste (em tf/m²). Nenhuma distinção é feita quanto ao tipo de solo.

Embora o estudo tenha sido efetuado para estacas pré-moldadas de concreto, pode-se admitir, em primeira aproximação, que seja válido também para estacas tipo Franki, estacas Strauss (apenas com a ponta em argila, como aliás deve sempre ocorrer) e estacas escavadas.

12 Capacidade de Carga Axial – Métodos Estáticos

Tab. 12.12 – Valores de C
(Décourt e Quaresma, 1978)

Tipo de solo	C (tf/m²)
Argilas	12
Siltes argilosos (alteração de rocha)	20
Siltes arenosos (alteração de rocha)	25
Areias	40

Tab. 12.13 – Valores de atrito médio
(Décourt e Quaresma, 1978)

N (médio ao longo do fuste)	Atrito lateral (tf/m²)
$\leqslant 3$	2
6	3
9	4
12	5
>15	6

(b) Segunda Versão

Décourt e Quaresma procuraram aperfeiçoar o método exposto acima (Décourt, 1982; Décourt e Quaresma, 1982) no que tange à resistência lateral (a resistência de ponta é calculada como antes), conforme segue.

Resistência lateral

A resistência lateral, em tf/m², é dada por:

$$\tau_{l,ult} = \frac{\overline{N}}{3} + 1 \qquad (12.59)$$

onde $\overline{N}$ é a média dos valores de N ao longo do fuste (a expressão independe do tipo de solo). Na determinação de $\overline{N}$, os valores de N menores que 3 devem ser considerados iguais a 3, e maiores que 50 devem ser considerados iguais a 50.

Considerações sobre coeficiente de segurança e recalques

Décourt sugere que, para *estacas escavadas com lama bentonítica*, cujo recalque não deve exceder 1 cm, deve-se considerar apenas a resistência lateral calculada pela Expressão (12.59).

Quando se admitem maiores recalques, pode-se considerar uma resistência de ponta admissível que, em kgf/cm², seria igual a $N/3$ (tomando para N a média dos valores no nível da ponta da estaca, 1 m acima e 1 m abaixo). Essa resistência de ponta admissível é somada à resistência lateral.

Uma estaca assim projetada teria um recalque, em cm, da ordem de 2/3 do diâmetro em m, ou seja:

$$w_1(cm) = \frac{2}{3}B(m) \qquad (12.60)$$

Um recalque adicional devido à deformação do solo contaminado ou amolgado é estimado com:

$$w_2 = \frac{q_p\, e}{E} \qquad (12.61)$$

onde: q_p = pressão na ponta;
e = espessura da camada contaminada ou amolgada;
E = módulo de deformação, que pode ser estimado com

$$E = 15N \quad (\text{kgf/cm}^2) \quad \text{para argilas} \qquad (12.62a)$$
$$E = 30N \quad (\text{kgf/cm}^2) \quad \text{para areias} \qquad (12.62b)$$

Se w_3 é o recalque necessário para a mobilização do atrito lateral, o recalque total da estaca será:

$$w = w_1 + w_2 + w_3 \qquad (12.63)$$

Em relação a coeficientes de segurança, sugerem que o coeficiente global F seja expresso como:

$$F = F_p F_f F_d F_w \tag{12.64}$$

onde: F_p = coeficiente de segurança relativo aos parâmetros do solo (igual a 1,1 para o atrito lateral e 1,35 para a resistência de ponta);

F_f = coeficiente de segurança relativo à formulação adotada (igual a 1);

F_d = coeficiente de segurança para evitar recalques excessivos (igual a 1 para o atrito lateral e 2,5 para a resistência de ponta);

F_w = coeficiente de segurança relativo à carga de trabalho da estaca (igual a 1,2).

Com isso, tem-se:
- para a resistência lateral: $F_s = 1,1 \times 1,0 \times 1,0 \times 1,2 = 1,32 \cong 1,3$
- para a resistência de ponta: $F_p = 1,35 \times 1,0 \times 2,5 \times 1,2 = 4,05 \cong 4,0$

e a carga admissível na estaca será dada por:

$$Q_{adm} = \frac{Q_{l,ult}}{1,3} + \frac{Q_{p,ult}}{4,0} \tag{12.65}$$

Mais recentemente, Décourt (1986) recomendou novos valores para o cálculo da resistência de ponta das estacas escavadas com lama bentonítica (Tab. 12.14).

Tab. 12.14 – Valores de C para estacas escavadas (Décourt, 1986)

Tipo de solo	C (tf/m^2)
Argilas	10
Siltes argilosos (alteração de rocha)	12
Siltes arenosos (alteração de rocha)	14
Areias	20

12.4.4 Método de Velloso

Pedro Paulo Velloso apresentou um critério para o cálculo de capacidade de carga e recalques de estacas e grupos de estacas (Velloso, 1981). A capacidade de carga de uma estaca, com comprimento L, diâmetro de fuste B e diâmetro de base B_b, pode ser estimada a partir da Eq. (12.2), tomando-se por base os valores de $Q_{l,ult}$ e $Q_{p,ult}$ obtidos com as expressões:

$$Q_{l,ult} = U \alpha \lambda \sum \tau_{l,ult} \Delta l_i \tag{12.66}$$

$$Q_{p,ult} = A_b \alpha \beta q_{p,ult} \tag{12.67}$$

onde: U = perímetro da seção transversal do fuste;

A_b = área da base (diâmetro B_b);

α = fator da execução da estaca

($\alpha = 1$ para estacas cravadas; $\alpha = 0,5$ para estacas escavadas);

λ = fator de carregamento

($\lambda = 1$ para estacas comprimidas; $\lambda = 0,7$ para estacas tracionadas);

β = fator da dimensão da base: $= \begin{cases} 1,016 - 0,016 \dfrac{B_b}{b} \\ 0 \quad \text{para estacas tracionadas (para } B_b = B) \end{cases}$

b = diâmetro da ponta do cone (3,6 cm no cone padrão).

Ensaio CPT

No caso de se dispor dos resultados de um ensaio CPT, pode-se adotar

$$\tau_{l,ult} = \tau_c \qquad (12.68)$$

$$q_{p,ult} = \frac{\overline{q}_{c1} + \overline{q}_{c2}}{2} \qquad (12.69)$$

onde: τ_c = atrito lateral medido no ensaio de cone;

$\overline{q}_{c1}$ = média dos valores medidos da resistência de ponta (q_c) no ensaio de cone, numa espessura igual a $8B_b$ logo acima do nível da ponta da estaca (adotar valores nulos de q_c, acima do nível do terreno, quando $L < 8B_b$);

$\overline{q}_{c2}$ = idem, numa espessura igual a $3,5B_b$ logo abaixo do nível da ponta da estaca.

Ensaio SPT

No caso de se dispor apenas dos resultados de sondagem a percussão (ensaio SPT), pode-se adotar:

$$\tau_{l,ult} = a' N^{b'} \qquad (12.70)$$

$$\tau_{l,ult} = aN^b \qquad (12.71)$$

onde a, b, a', b' são parâmetros de correlação entre o SPT e o CPT (cone), a serem definidos para os solos típicos da obra (ver Tab. 12.15).

Tab. 12.15 – Valores aproximados de a, b, a', b' (Velloso, 1981)

Tipo de solo	Ponta		Atrito	
	a (tf/m²)	b	a' (tf/m²)	b'
Areias sedimentares submersas[1]	60	1	0,50	1
Argilas sedimentares submersas[1]	25	1	0,63	1
Solos residuais de gnaisse arenossiltosos submersos[1]	50	1	0,85	1
Solos residuais de gnaisse siltoarenosos submersos	40[1]	1[1]	0,80[1]	1[1]
	47[2]	0,96[2]	1,21[2]	0,74[2]

[1]Dados obtidos na obra da Refinaria Duque de Caxias (RJ); [2]Dados obtidos na obra da AÇOMINAS (MG)

12.4.5 Método de Teixeira

Teixeira (1996) apresentou um método para determinar a tensão admissível em sapatas e um método para o cálculo da capacidade de carga de estacas. Apenas o segundo será abordado aqui.

A capacidade de carga à compressão de uma estaca pode ser estimada em função dos parâmetros α e β da equação geral:

$$Q_{l,ult} = \alpha \overline{N_b} A_b + U\beta \overline{N_L} L \qquad (12.72)$$

onde: $\overline{N_b}$ = valor médio obtido no intervalo de 4 diâmetros acima da ponta da estaca a 1 diâmetro abaixo;

$\overline{N_L}$ = valor médio ao longo do fuste da estaca;

A_b = área da ponta ou base;

L = comprimento da estaca.

Tab. 12.16 – Valores de α e β (Teixeira, 1996)

	Solo ↓	Tipo de estaca* →	I	II	III	IV
Valores de α (tf/m²) em função do tipo de solo (4 < N < 40)	Argila siltosa		11	10	10	10
	Silte argiloso		16	12	11	11
	Argila arenosa		21	16	13	14
	Silte arenoso		26	21	16	16
	Areia argilosa		30	24	20	19
	Areia siltosa		36	30	24	22
	Areia		40	34	27	26
	Areia com pedregulhos		44	38	31	29
Valores de β (tf/m²) em função do tipo de estaca			0,4	0,5	0,4	0,6

*Tipo de estaca: I - Estacas pré-moldadas de concreto e perfis metálicos; II - Estacas tipo Franki; III - Estacas escavadas a céu aberto; IV - Estacas-raiz

Os valores do parâmetro α estão indicados na Tab. 12.16, em função da natureza do solo e do tipo de estaca. O parâmetro β (Tab. 12.16) só depende do tipo de estaca.

Os dados da Tab. 12.16 não se aplicam ao cálculo do atrito lateral de estacas pré-moldadas de concreto cravadas em argilas moles sensíveis, quando, normalmente, o N é inferior a 3. Nesses casos, são indicados os seguintes valores:

a. argilas fluviolagunares e de baías holocênicas (SFL) – camadas situadas até cerca de 20 – 25 m de profundidade, coloração cinza-escura, ligeiramente sobreadensadas, com $N < 3$: $\tau_{l,ult}$ = 2 a 3 tf/m²

b. argilas transicionais, pleistocênicas – camadas profundas subjacentes aos sedimentos SFL, às vezes de coloração cinza-clara, pressões de pré-adensamento maiores do que aquelas do SFL, com N de 4 a 8: $\tau_{l,ult}$ = 6 a 8 tf/m²

Para as estacas dos tipos I, II e IV, Teixeira recomenda o coeficiente de segurança da norma, isto é 2; para as estacas do tipo III (escavadas), recomenda, para a ponta, um coeficiente 4 e, para o atrito lateral, 1,5.

12.4.6 Método Vorcaro-Velloso

Esse método utilizou a técnica da regressão linear múltipla (ver, p. ex., Cook e Weisberg, 1999) aplicando-a aos resultados de provas de carga estáticas do Banco de Dados da COPPE-UFRJ, com o solo caracterizado por sondagem a percussão (classificação e N no SPT). Em sua tese de doutorado, Vorcaro (2000) detalhou o método. Em dois trabalhos posteriores (Vorcaro e Velloso, 2000a; 2000b), o método foi aplicado, especificamente, às estacas hélice contínua e escavadas.

Os solos são classificados em 5 grupos (Tab. 12.17).

Na Tab. 12.18 estão indicados os números de provas de cargas utilizadas por tipo de estaca e de solo em torno da ponta da estaca.

Quando a prova de carga não foi levada até a ruptura, a carga de ruptura foi determinada pelo critério Van der Veen (1953). Somente foram utilizadas as provas em que a carga máxima medida no ensaio foi maior que 0,7 da carga extrapolada.

12 Capacidade de Carga Axial – Métodos Estáticos

Tab. 12.17 – Grupos de solos

		Grupo		
1	2	3	4	5
areia	areia siltosa	silte	silte arenoargiloso	silte argiloso
	areia siltoargilosa	silte arenoso	silte argiloarenoso	argila
	areia argilosa	argila arenosa	argila arenossiltosa	argila siltosa
	areia argilossiltosa	argila siltoarenosa		

Tab. 12.18 – Número de provas de carga e solo em torno da ponta da estaca

	Solo da ponta:					
Estaca	Grupo 1	Grupo 2	Grupo 3	Grupo 4	Grupo 5	Total
Tipo Franki	5	17	11	12	5	50
Pré-moldada	9	19	12	5	3	48
Escavada	1	7	5	0	3	26
Hélice contínua	—	8	5	9	4	26
Total	15	51	33	36	15	150

Nas equações que seguem,

$$XP = AN_{ponta} \qquad XF = U \sum N_{fuste} \Delta l$$

onde: A = área da ponta da estaca em m^2;

U = perímetro do fuste da estaca em m;

Δl = espessura de solo, em m, ao longo da qual N pode ser considerado constante;

verificou-se que a natureza do solo ao longo do fuste tem pouca importância.

As equações de previsão do valor médio provável da carga de ruptura, Q_{EST}, em kN, são:

a. Estacas tipo Franki

$Q_{EST} = \exp[(61{,}17 \ln XP + 58{,}25 \ln XF)^{1/3}]$, para bases em solos do grupo 1

$Q_{EST} = \exp[(66{,}74 \ln XP + 58{,}25 \ln XF)^{1/3}]$, para bases em solos do grupo 2

$Q_{EST} = \exp[(59{,}72 \ln XP + 58{,}25 \ln XF)^{1/3}]$, para bases em solos do grupo 3

$Q_{EST} = \exp[(60{,}65 \ln XP + 58{,}25 \ln XF)^{1/3}]$, para bases em solos do grupo 4

$Q_{EST} = \exp[(67{,}79 \ln XP + 58{,}25 \ln XF)^{1/3}]$, para bases em solos do grupo 5

b. Estacas pré-moldadas de concreto

$Q_{EST} = 676{,}0 XP^{1/2} + 3{,}1 XF$, para pontas em solos do grupo 1

$Q_{EST} = 705{,}3 XP^{1/2} + 3{,}1 XF$, para pontas em solos do grupo 2

$Q_{EST} = 648{,}3 XP^{1/2} + 3{,}1 XF$, para pontas em solos do grupo 3

$Q_{EST} = 534{,}7 XP^{1/2} + 3{,}1 XF$, para pontas em solos do grupo 4

$Q_{EST} = 649{,}5 XP^{1/2} + 3{,}1 XF$, para pontas em solos do grupo 5

c. Estacas escavadas

$$Q_{EST} = \exp[(6{,}23\ln XP + 7{,}78\ln XF)^{1/2}], \quad \text{para bases em solos do grupo 2}$$

$$Q_{EST} = \exp[(4{,}92\ln XP + 7{,}78\ln XF)^{1/2}], \quad \text{para bases em solos do grupo 3}$$

$$Q_{EST} = \exp[(6{,}96\ln XP + 7{,}78\ln XF)^{1/2}], \quad \text{para bases em solos do grupo 4}$$

$$Q_{EST} = \exp[(7{,}32\ln XP + 7{,}38\ln XF)^{1/2}], \quad \text{para bases em solos dos grupos 1 e 5}$$

d. Estacas tipo hélice contínua, e para qualquer solo

$$Q_{EST} = \exp(1{,}96\ln XP - 0{,}34\ln XP\ln XF + 1{,}36\ln XF)$$

12.4.7 Propostas para Casos Particulares

Além das contribuições descritas nos itens anteriores, há outras propostas de pesquisadores brasileiros para tipos particulares de estacas que devem ser mencionadas.

(a) Estacas Escavadas

Alonso (1983) sugere um método expedito para a determinação da transferência de carga ao longo do fuste de estacas escavadas. Na conclusão do trabalho, apresenta um critério simples para estimar o comprimento de estacas escavadas: se U é o perímetro da estaca, se os valores de N no ensaio SPT são determinados de metro em metro e se $Q_{l,ult}$ é a parcela de resistência lateral da estaca, tem-se (unidades: tf e m):

$$\sum N = \frac{\xi\, Q_{l,ult}}{U} \qquad \text{(12.73a)}$$

ou

$$Q_{l,ult} = \frac{U \sum N}{\xi} \qquad \text{(12.73b)}$$

em que o somatório é tomado ao longo do fuste da estaca. Para ξ, o valor mais provável é 3.

Coeficiente de segurança para estacas escavadas

A norma brasileira estabelece que a *carga admissível* de uma estaca escavada não ultrapasse 1,25 vezes a capacidades de carga lateral, ou seja:

$$Q_{trab} \leqslant 1{,}25\, Q_{l,ult} \qquad \text{(12.74)}$$

Quando a carga admissível for superior a esse valor, o processo executivo de limpeza da base deve ser especificado pelo projetista e ratificado pelo executor.

(b) Estacas Tipo Raiz

Segundo Cabral (1986), a capacidade de carga de estacas tipo raiz com um diâmetro final $B \leqslant 45$ cm e injetada com uma pressão $p \leqslant 4$ kgf/cm² pode ser estimada com:

$$Q_{ult} = (\beta_0 \beta_2 N_b) + U \sum (\beta_0 \beta_1 N) \Delta L \qquad \text{(12.75)}$$

onde: ΔL = espessura de solo caracterizado por um dado N;

$N_b = N$ no nível da ponta;

β_o = fator que depende do diâmetro da estaca B (em cm) e da pressão de injeção p (em kgf/cm²), podendo ser calculado pela seguinte equação (ver também Tab. 12.19):

$$\beta_0 = 1 + 0{,}11p - 0{,}01B \qquad \text{(12.76)}$$

β_1, β_2 = fatores que dependem do tipo de solo (conforme Tab. 12.20).

Tab. 12.19 – Fator β_o (Cabral, 1986)

B (cm)	p (kgf/cm²)			
	0	1	2	3
10	0,90	1,01	1,12	1,23
12	0,88	0,99	1,10	1,21
15	0,85	0,96	1,07	1,18
16	0,84	0,95	1,06	1,17
20	0,80	0,91	1,02	1,13
25	0,75	0,86	0,97	1,08
31	0,69	0,80	0,91	1,02
42	0,58	0,69	0,80	0,91

Tab. 12.20 – Fatores β_1 e β_2 (Cabral, 1986)

Solo	β_1 (%)	β_2
Areia	7	3
Areia siltosa	8	2,8
Areia argilosa	8	2,3
Silte	5	1,8
Silte arenoso	6	2
Silte argiloso	3,5	1
Argila	5	1
Argila arenosa	5	1,5
Argila siltosa	4	1

Nota: $\beta_1 N$ e $\beta_2 N_b$ em kgf/cm²; $\beta_o \beta_1 N \leqslant 2$ kgf/cm²; $\beta_o \beta_2 N_b \leqslant 50$ kgf/cm²

(c) Estacas Hélice

Foram propostos alguns métodos para a previsão da capacidade de carga de estacas hélice contínua, como os de Aoki e Velloso (1975), com os coeficientes $F1 = 2$ e $F2 = 4$, Décourt e Quaresma (1978), com coeficientes propostos em Décourt et al. (1998), Antunes e Cabral (1996), Alonso (1996a, 1996b), Vorcaro e Velloso (2000a) e Karez e Rocha (2000). Esses métodos foram avaliados por Francisco (2001), pela comparação com cerca de 100 provas de carga. Os resultados dessa avaliação mostraram que os métodos de Aoki e Velloso (1975), Alonso (1996a, 1996b) e Vorcaro e Velloso (2000a) apresentaram previsões seguras para cargas de ruptura até cerca de 250 tf. Os métodos de Décourt e Quaresma (1978) e de Antunes e Cabral (1996) apresentaram previsões seguras até cargas mais elevadas. O método de Karez e Rocha (2000) mostrou-se contra a segurança de uma maneira geral.

Os métodos Aoki-Velloso, Décourt e Vorcaro-Velloso já foram apresentados; os métodos Antunes-Cabral e Alonso são apresentados a seguir.

Método de Antunes e Cabral

Antunes e Cabral (1996) sugerem que a capacidade de carga de estacas hélice contínua seja estimada com:

$$Q_{ult} = (\beta'_2 N_b) A_b + U \sum (\beta'_1 N) \Delta L \quad \text{(12.77)}$$

onde β'_1, β'_2 são fatores que dependem do tipo de solo, conforme Tab. 12.21.

Tab. 12.21 – Fatores β'_1 e β'_2

Solo	β'_1 (%)	β'_2
Areia	4 – 5	2 – 2,5
Silte	2,5 – 3,5	1 – 2
Argila	2 – 3,5	1 – 1,5

($\beta'_1 N$ e $\beta'_2 N_b$ em kgf/cm² e $\beta'_2 N_b \leqslant 40$ kgf/cm²)

Método de Alonso

Alonso (1996a, 1996b) propõe o uso de resultados do ensaio SPT-T, que é o ensaio SPT com medição de torque, para a estimativa da capacidade de carga de estacas hélice a partir da fórmula geral (Eq. 12.2). Para essa proposta, a resistência lateral é obtida com

$$\tau_{l,ult} = \alpha f \leqslant 200 \, \text{kPa} \quad \text{(12.78)}$$

onde: $\alpha = 0,65$

$$f = \frac{100 T}{0,41 h - 0,032} \, (\text{kPa}) \quad \text{(12.79)}$$

onde: T = torque (em kgf.m);

h = comprimento cravado do amostrador (em cm).

A resistência de ponta é obtida com

$$q_{p,ult} = \beta' \frac{T_{1,mín} + T_{2,mín}}{2} \tag{12.80}$$

onde: $T_{1,mín}$ = média aritmética dos valores de torque mínimos (em kgf.m) ao longo de 8 diâmetros acima da ponta da estaca;

$T_{2,mín}$ = o mesmo, ao longo de 3 diâmetros abaixo da ponta da estaca.

Tab. 12.22 – Fatores β'' (kPa/kgf.m)

Solo	β''
Areia	200
Silte	150
Argila	100

($T_{1,mín}$ e $T_{2,mín}$ têm como limite superior 40 kgf.m)

O parâmetro β'' depende do tipo de solo, como indicado na Tab. 12.22.

(d) Estacas Tubulares

As estacas tubulares podem ser cravadas com a ponta fechada ou com a ponta aberta. No primeiro caso (quando são chamadas de *estacas tubadas*), a resistência de ponta é calculada com a área da ponta da estaca. No segundo caso, tem-se de considerar o problema da penetração de solo no tubo, que pode chegar a um ponto em que o atrito entre o solo que penetra e o interior do tubo iguala a resistência de ponta do tubo como se tivesse a ponta fechada, e, a partir daí, a ruptura passa a ser na ponta da estaca e o solo para de entrar no tubo. Nesse caso, ocorre o *embuchamento*. Para avaliar se haverá embuchamento, é necessário comparar o atrito solo - interior do tubo com a resistência de ponta da estaca como se fosse fechada. A resistência por atrito interno é calculada ao longo do comprimento da bucha e podem ser adotados os mesmos parâmetros do atrito externo, desde que não se utilize um reforço interno na ponta do tubo (em anel), caso em que o solo será amolgado.

Para as estacas de ponta aberta, de acordo com a recomendação do *American Petroleum Institute*, a capacidade de carga da estaca será dada pelo menor dos dois seguintes valores:

$$Q_{ult} = Q_{atrito\ externo} + Q_{atrito\ interno} + Q_{ponta,\ seção\ de\ aço} \tag{12.81a}$$

ou

$$Q_{ult} = Q_{atrito\ externo} + Q_{ponta,\ seção\ plena} \tag{12.81b}$$

A Eq. (12.81b) corresponde ao caso de embuchamento. Para maiores detalhes, recomenda-se Chaney e Demars (1990), Niyama (1992) e Tomlinson (1994).

12.5 ESTACAS SUBMETIDAS A ESFORÇOS DE TRAÇÃO

Frequentemente, as estacas e os tubulões são submetidos a esforços de tração. Há casos em que essa solicitação é permanente (ancoragens de lajes de subpressão, p. ex.). Em outros casos (p. ex., fundações de pontes e de torres de transmissão), a estaca ou o tubulão é, ora comprimido, ora tracionado. E pode haver a combinação de tração e flexão. Em qualquer caso, é necessário calcular ou, pelo menos, estimar a capacidade de carga à tração do elemento de fundação.

Para um estudo detalhado do tema, sugerimos Martin (1966), Barata et al. (1978), Danziger (1983), Orlando (1999) e Santos (1985, 1999)[2].

Estaca ou Tubulão Vertical Isolado

A capacidade de carga de uma estaca ou tubulão vertical trabalhando à tração deve ser o menor dos dois seguintes valores:

a. capacidade de carga considerando a ruptura na interface solo-estaca (Fig. 12.19a);
b. capacidade de carga segundo uma superfície cônica (Fig. 12.19b).

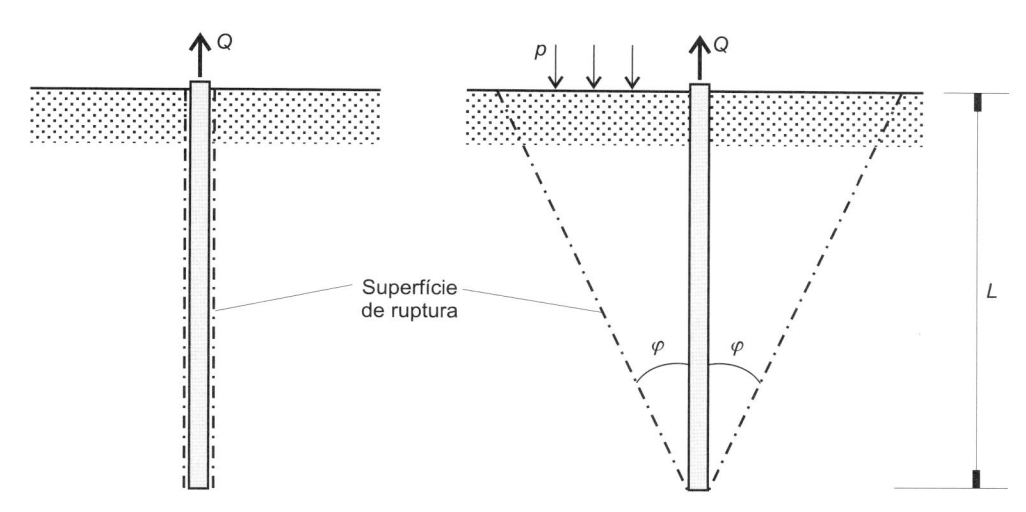

Fig. 12.19 – Estaca ou tubulão isolado tracionado: ruptura (a) na interface solo-estaca; (b) segundo uma superfície cônica

Para o mecanismo da Fig. 12.19a, a capacidade de carga pode ser calculada com o auxílio dos métodos apresentados no item 12.2.2.

A capacidade de carga, segundo uma superfície cônica, pode ser calculada com (Plagemann e Langner, 1973):

$$Q_{ult} = \pi \mu^2 L^2 \left(p + \frac{\gamma L}{3} + \frac{c}{\mu} \right) \tag{12.82}$$

onde: $\mu = \operatorname{tg}\varphi$ = coeficiente de atrito do solo;
c = coesão do solo;
p = sobrecarga aplicada na superfície do terreno;
γ = peso específico do solo.

A favor da segurança, despreza-se o peso próprio da estaca. No caso de solos arenosos ($c = 0$) e não havendo sobrecarga ($p = 0$), na Eq. (12.82), a capacidade de carga da estaca é igual ao peso de um cone de solo com o semiângulo do vértice igual ao ângulo de atrito do solo.

A experiência mostra que a ruptura se dá segundo a interface solo-fundação, exceto quando se tem uma estaca ou tubulão curto com base alargada. Assim, a capacidade de carga pode ser calculada a partir dos métodos desenvolvidos para estacas a compressão (item 12.2.2).

---

2. Empresas de geração e distribuição de energia elétrica sediadas no Rio de Janeiro patrocinaram extensa pesquisa nos anos 1970 e 1980 sobre fundações de torres de transmissão, coordenadas pelo prof. F. E. Barata, da qual resultaram a dissertação e a tese sobre fundações profundas à tração da COPPE-UFRJ citadas (Danziger, 1983; Santos, 1985) e o trabalho de Barata et al. (1978).

Por outro lado, é comum adotar um valor reduzido em relação àquele calculado para as estacas a compressão, uma vez que dados mostram uma redução considerável na capacidade de carga quando se reverte de compressão para tração, especialmente no caso de carregamento cíclico (Tomlinson, 1994). Os autores recomendam cautela na escolha das cargas admissíveis de tração, que podem ser obtidas por uma redução (p. ex., da ordem de 30%) em relação à admissível de compressão ou pela adoção de um fator de segurança maior (p. ex., de 2,5) em relação à carga de ruptura (considerando somente o fuste, naturalmente).

Estacas Inclinadas

Para estacas inclinadas de ângulo α com a vertical, tem-se (desde que $\alpha < \varphi$):

$$Q_{ult} = \pi\mu^2 L^2 \left(\frac{p + \frac{\gamma L}{3}}{\sqrt{1 + \text{tg}^2 \alpha}} + \frac{c\sqrt{1 + \text{tg}^2 \alpha}}{\mu} \right) \qquad \text{(12.83)}$$

O coeficiente de segurança recomendado para a obtenção da carga admissível é 2.

Grupo de Estacas

Quando se tem um grupo de estacas, há uma interferência das superfícies de ruptura das estacas, de modo que a capacidade de carga do grupo não será igual à soma das capacidades de carga das estacas tomadas isoladamente.

Poulos e Davis (1980), ao citarem Meyerhof e Adams, sugerem que a capacidade de carga de um grupo de estacas tracionadas seja o menor dos dois seguintes valores:

a. a soma das capacidades de carga das estacas tomadas isoladamente;
b. o peso de solo envolvido pelo grupo de estacas (Fig. 12.20).

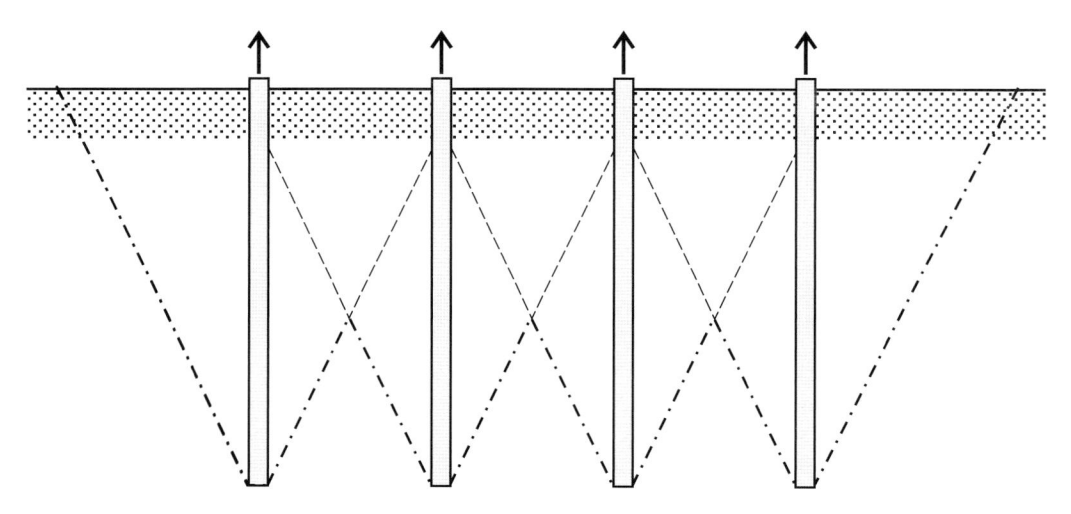

Fig. 12.20 – Grupo de estacas tracionadas

12.6 CONSIDERAÇÕES FINAIS

12.6.1 Escolha da Carga Admissível

Além de fatores de segurança (parciais e globais) para a definição de cargas admissíveis de estacas e tubulões a partir da capacidade de carga calculada por métodos estáticos, a norma NBR 6122 tem uma prescrição especial para *estacas escavadas*: a carga admissível não deve ultrapassar

1,25 vezes a capacidades de carga lateral (item 12.4.7). Isto se deve aos elevados recalques necessários para a mobilização da carga de ponta e por existirem dúvidas quanto à limpeza de fundo.

Outro caso é o de estacas ou tubulões com *base alargada*, quando o atrito lateral deve ser desprezado ao longo de um trecho inferior do fuste (acima do início do alargamento da base) igual ao diâmetro da base. Os autores observam que, no Brasil, na prática corrente de projeto de tubulões com base alargada, executados ou não sob ar comprimido, é desprezada a resistência lateral. Quando a execução é feita com descida do revestimento por peso próprio, ou com o auxílio de um equipamento para forçar a descida do revestimento, uma *tubuladora*, a hipótese se justifica. Entretanto, nos casos de tubulões concretados sem revestimento (comuns no interior do país), essa hipótese é conservadora, e um tratamento como das estacas escavadas, descrito acima, pode ser adotado, desprezando-se o atrito num trecho inferior no caso de base alargada.

12.6.2 Estacas em rocha

Quando a estaca (moldada *in situ*) atravessa um trecho de solo e tem sua ponta em rocha ou parte de seu comprimento em rocha, deve-se considerar que as deformações para mobilizar o atrito no trecho de solo e as deformações para mobilizar tanto o atrito como a resistência de ponta ou base na rocha podem ser muito diferentes. Nesses casos, não é possível somar o atrito em solo com a resistência de atrito e base na rocha, e a parcela da resistência em solo é desprezada.

Quando boa parte do fuste está em rocha, usualmente se considera, para efeito da capacidade de carga, apenas a parcela de atrito na rocha, e aplicam-se os coeficientes de segurança usuais da norma. Por outro lado, quando a estaca tem um diâmetro considerável e se puder comprovar um contato adequado em sua base entre o concreto e a rocha, pode-se considerar a contribuição da base. Nesse caso, é comum considerar que toda carga é absorvida pela base, e adotar um coeficiente de segurança maior.

Resistência por atrito lateral em rocha

É comum estimar a resistência (atrito) lateral de estacas escavadas em rocha a partir da resistência à compressão da rocha, q_u, por uma expressão como (Horvath et al., 1980):

$$\frac{\tau_{ult}}{p_{atm}} = \alpha \left(\frac{q_u}{p_{atm}}\right)^\beta \tag{12.84}$$

onde p_{atm} é a pressão atmosférica. Para a Eq. (12.84), foram obtidos valores de α entre 0,2 e 0,4, e de β entre 0,5 e 1.

A resistência acima não pode ultrapassar o valor da resistência ao cisalhamento do concreto ou argamassa da estaca, dada por

$$\tau = 0{,}05 f_{ck} \tag{12.85}$$

Resistência de ponta ou base em rocha

Em geral, a resistência de ponta em rocha é avaliada como uma fundação direta em rocha.

Trabalho conjunto atrito/base em rocha

A possibilidade de trabalho conjunto pode ser estudada a partir do trabalho clássico de Rowe e Armitage (1987).

Como o tema é muito extenso, o leitor deve pesquisar outros textos sobre o assunto, como, por exemplo, Amir (1986) e o manual do *U.S. Army Corps of Engineers* (1994).

REFERÊNCIAS

AAS, G. Baerceevne av peler I frisksjonsjordater, *NGI Forening Stipendium*, Oslo, 1966.

ALMEIDA, M. S. S.; DANZIGER, F. A. B.; LUNNE, T. Use of the piezocone test to predict the axial capacity of driven and jacked piles in clay, *Canadian Geotechnical Journal*, v. 33, n. 1, p. 23-41, 1996.

ALONSO, U. R. Estimativa da transferência de carga de estacas escavadas a partir do SPT, *Solos e Rochas*, v. 6, n. 1, 1983.

ALONSO, U. R. Estimativa de adesão em estacas a partir do atrito lateral medido com o torque no ensaio SPT-T, *Solos e Rochas*, v. 19, n. 1, p. 81-84, 1996a.

ALONSO, U. R. Estacas hélice contínua com monitoração eletrônica – Previsão da capacidade de carga através do ensaio SPT-T. In: SEFE, 3., 1996, São Paulo. *Anais*... São Paulo, 1996b. v. 2, p. 141-151.

ALTAEE, A.; FELLENIUS; B. H.; EVGIN, E. Load transfer for piles in sand and the critical depth, *Canadian Geotechnical Journal*, v. 30, p. 455-463, 1993.

ALVES, A. M. L. Sobre o crescimento da capacidade de carga de estacas cravadas em argilas normalmente adensadas ao longo do tempo, *1o. Seminário de Qualificação ao Doutorado*, COPPE-UFRJ, Rio de Janeiro, 2001.

AMIR, J. M. *Piling in Rock*. Rotterdam: Balkema, 1986.

ANTUNES, W. R.; CABRAL, D. A. Capacidade de carga de estacas hélice contínua. In: SEFE, 3., 1996, São Paulo. *Anais*... São Paulo, 1996. v. 2, p. 105-109.

AOKI, N.; VELLOSO, D. A. An approximate method to estimate the bearing capacity of piles. In: PAN AMERICAN CSMFE, 5., 1975, Buenos Aires. *Proceedings*... Buenos Aires, 1975. v. 1, p. 367-376.

BAGIO, D. *Estudo experimental e numérico do comportamento de estacas em areia*. 1995. Dissertação (Mestrado) – COPPE-UFRJ, Rio de Janeiro, 1995.

BARATA, F. E.; PACHECO, M. P.; DANZIGER, F. A. B. Uplift tests on drilled piers and footings built in residual soils. In: CBMSEF, 6., 1978, Rio de Janeiro. *Anais*... Rio de Janeiro, 1978. v. 3, p. 1-37.

BENEGAS, H. Q. *Previsões para a curva carga-recalque de estacas a partir do SPT*. 1993. Dissertação (Mestrado) – COPPE-UFRJ, Rio de Janeiro, 1993.

BEGEMANN, H. K. S. P. The use of the static penetrometer in Holland, *N.Z. Enginnering*, v. 18, n. 2, p. 41-49, 1963.

BEGEMANN, H. K. S. P. The friction jacket cone as an aid in determining the soil profile. In: ICSMFE, 6., 1966, Montreal. *Proceedings*... Montreal, 1965a. v. 1, p. 17-20.

BEGEMANN, H. K. S. P. The maximum pulling force on a single tension pile calculated on the basis of results of the adhesion jacket cone. In: ICSMFE, 6., 1965b, Montreal. *Proceedings*... Montreal, 1965b. v. 2, p. 229-233.

BEREZANTZEV, V. G.; KHRISTOFOROV, V. S.; GOLUBKOV, V. N. Load bearing capacity and deformation of piled foundations. In: ICSMFE, 5., 1961, Paris. *Proceedings*... Paris, 1961. v. 2, p. 11-15.

BEREZANTZEV, V. G. Design of deep foundations. In: ICSMFE, 6., 1965, Montreal. *Proceedings*... Montreal, 1965. v. 2, p. 234-237.

BISHOP, R. F.; HILL, R.; MOTT, N. F. The theory of indentation and hardness tests, *Proceedings of the Physical Society*, v. 57, p. 147-159, 1945.

BOWLES, J. E. *Foundation analysis and design*, 1. ed. New York: McGraw-Hill, 1968.

BROMS, B. B. Methods of calculating the ultimate bearing capacity of piles, A summary, *Sols-Soils*, n. 18-19, 1966.

BUISSON, M. Appareils français de pénétration. Enseignements tirés des éssais de pénétration, *Annales de l'Institut Technique du Batiment et des Travaux Publics*, sixième année, n. 63-64, 1953.

BURLAND, J. B. Staft friction of piles in clay – a simple fundamental approach, *Ground Engineering*, v. 6, n. 3, p. 30, May 1973.

BUSTAMANTE, M.; GIANESELLI, L. Pile bearing capacity prediction by means of static penetrometer CPT. In: EUROPEAN SYMPOSIUM ON PENETRATION TESTING, 2., 1982, Amsterdam. *Proceedings*... Amsterdam, 1982. v. 2, p. 493-500.

CABRAL, D. A. O uso da estaca raiz como fundação de obras normais. In: CBMSEF, 8., 1986, Porto Alegre. *Anais*... Porto Alegre, 1986. v. 6, p. 71-82.

CARTER, J. P., RANDOLPH, M. F.; WROTH, C. P. Stress and pore pressure changes in clay during and after the expansion of a cylindrical cavity, *International Journal for Numerical and Analytical Methods in Geomechanics*, v. 3, n. 4, p. 305-322, 1979.

CHANDLER, R. J. Discussion. In: I.C.E. CONFERENCE ON LARGE BORED PILES, 1966, London. *Proceedings*... London, 1966. p. 95-97.

CHANDLER, R. J. The shaft friction of piles in cohesive soils in terms of effective stress, *Civil Engineering and Public Works Review*, London, v. 63, n. 1, p. 48-51, Jan. 1968.

CHANEY, R. D.; DEMARS, K. R. Offshore Structure Foundations. In: *Foundation Engineering Handbook* (ed. FANG, H. Y.), 2. ed. New York: Van Nostrand Reinhold, 1990. p. 679-734.

COOK, D.; WEISBERG, S. *Applied Regression Including Computing and Graphics*. New York: John Wiley & Sons, 1999.

DANZIGER, B. R. *Estudo de correlações entre os ensaios de penetração estática e dinâmica e suas aplicações ao projeto de fundações profundas*. 1982. Dissertação (Mestrado) – COPPE-UFRJ, Rio de Janeiro, 1982.

DANZIGER, F. A. B. *Capacidade de carga de fundações submetidas a esforços verticais de tração*. 1983. Dissertação (Mestrado) – COPPE-UFRJ, Rio de Janeiro, 1983.

DAVIDIAN, Z. *Pieux et fondations sur pieux*. Paris: Eyrolles, 1969.

DE BEER, E. E. Donées concernant la résistance au cisaillement déduites des essais de pénétration en profondeur, *Geotechnique*, v. 1, n. 1, p. 22-39, 1948.

DE BEER. E. E. The scale effect in the transposition of the results of deep-sounding tests on the ultimate bearing capacity of piles and caisson foundations, *Geotechnique*, v. 13, n. 1, p. 39-75, 1963.

DE BEER, E. E.; WALLAYS, M. Franki piles with overexpanded bases, *La Technique des Travaux*, n. 333, 1972.

DÉCOURT, L. Prediction of the bearing capacity of piles based exclusively on N values of the SPT. In: EUROPEAN SYMPOSIUM ON PENETRATION TESTING, 2., 1982. *Proceedings*... Amsterdam, 1982.

DÉCOURT, L. *Previsão da capacidade de estacas com base nos ensaios SPT e CPT*, Divisão Técnica de Mecânica dos Solos e Fundações - Instituto de Engenharia, São Paulo, 1986.

DÉCOURT, L.; QUARESMA, A. R. Capacidade de carga de estacas a partir de valores de SPT. In: CBMSEF, 6., 1978, Rio de Janeiro. *Anais*... Rio de Janeiro, 1978. v. 1, p. 45-53.

DÉCOURT, L.; QUARESMA, A. R. Como calcular (rapidamente) a capacidade de carga limite de uma estaca, *A Construção São Paulo*, n. 1800, ago. 1982.

DÉCOURT, L.; ALBIERO, J. H.; CINTRA, J. C. A. Análise e Projeto de Fundações Profundas, Cap. 8. In: *Fundações – Teoria e Prática*. 2. ed. São Paulo: Editora Pini, p. 265-327, 1998.

DE RUITER, J.; BERINGEN, F. L. Pile foundations for large North Sea structures, *Marine Geotechnology*, v. 3, n. 3, p. 267-314, 1979.

DIAS, C. R. R. *Comportamento de uma estaca instrumentada cravada em argila mole*. 1988. Tese (Doutorado) - COPPE-UFRJ, Rio de Janeiro, 1988.

DÖRR, H. *Die tragfihigkeit der pfahle*, Verlag von W. Berlin: Ernst und Sohn, 1922.

EIDE, O.; HUTCHINSON, J. N.; LANDVA, A. Short and long term test loading of friction piles in clay. In: ICSMFE, 5., 1961, Paris. *Proceedings*... Paris, 1961. v. 2, p. 45-53.

FRANCISCO, G. M. Capacidade de carga axial de estacas com ênfase em estacas hélice contínua, *1. Seminário de Qualificação para o Doutorado*, COPPE-UFRJ, Rio de Janeiro, 2001.

FRANK, C. The bearing capacity of piles as derived from deepsounding, loading tests and formulae. In: ICSMFE, 4., 1948, Rotterdam. *Proceedings*... Rotterdam, 1948. v. 4, p. 118-121.

GEUZE, E. C. W. A. Résultats d'éssais de pénétration en profondeur et mise en charge de pienx-modèle, *Annales de l'Institut Technique du Batiment et des Travaux Publics*, sixième année, n. 63-64, 1953.

GRAVARE, C. J.; HERMANSSON, I.; SVENSSON, T. Dynamic testing on piles in cohesive soil. In: INTERNATIONAL CONFERENCE ON THE APPLICATION OF STRESS-WAVE THEORY TO PILES, 4., 1992, Haia. *Proceedings*... Haia, 1992. p. 409-411.

HOLEYMAN, A.; BAUDUIN, C.; BOTTIAU, M.; DEBACKER, P.; DE COCK, F.; DUPONT, E.; HILDE, J. L.; LEGRAND, C.; HUYBRECHTS, N.; MENGÉ, P.; MILLER, J. P.; SIMON, G.; Design of axially loaded piles, Belgian practice. In: SEMINAR ON DESIGN OF AXIALLY LOADED PILES, EUROPEAN PRACTICE, 1997, Brussels. *Proceedings...* Brussels, 1997. p. 57-82 (Balkema).

HORVATH, R. G.; TROW, W. A.; KENNEY, T. C. Results of tests to determine shaft resistance of rock-socketed drilled piers. In: INTERNATIONAL CONF. ON STRUCTURAL FOUNDATIONS ON ROCK, 1980, Sidney. *Proceedings...* Sidney, 1980. v. 1, p. 349-361.

JARDINE, R. J.; CHOW, F. C. Improved pile design methods from field testing research. In: Seminar on design of axially loaded piles, European Practice, 1997, Brussels. *Proceedings...* Brussels, 1997. p. 27-38 (Balkema).

JOHANNESSEN, I. J.; BJERRUM, L. Measurements of the compression of a steel pile to rock due to settlement of the surrounding clay. In: ICSMFE, 6., 1965, Montreal. *Proceedings...* Montreal, 1965. v. 2, p. 261-264.

KAREZ, M. B.; ROCHA, E. A. C. Estacas tipo hélice contínua – previsão da capacidade de carga. In: SEFE, 4., 2000, São Paulo. *Anais...* São Paulo, 2000. v. 1, p. 274-278.

KÉRISEL, J. Contribuition à la détermination expérimentale des réactions d'un milieu pulvérulent sous une fondation profonde. In: ICSMFE, 4., 1957, London. *Proceedings...* London, 1957a. v. 1, p. 328-334.

KÉRISEL, J. Discussion, Foundations of structures: General subjects and foundations other than piled foundations. In: ICSMFE, 4., 1957, London. *Proceedings...* London, 1957b. v. 3, p. 147-148.

KÉRISEL, J. Foundations profondes en milieu sableux: variation de la force portante limite en fonction de la densité, de la profondeur, du diamètre et de la vitesse d'enfoncemnt. In: ICSMFE, 5., 1961, Paris. *Proceedings...* Paris, 1961. v. 2, p. 73-83.

KÉRISEL, J.; ADAM, M. Fondations profondes, *Annales de l'Institut Technique du Batiment et des Travaux Publics*, 15eme. année, n. 79, 1962.

KÉZDI, A. *Handbuch der Bodenmechanick*, Band II. Berlin: VEB Verlag fur Bauwesen, 1970.

KULHAWY, F. H. Limiting tip and side resistance, fact or fallacy. In: SYMPOSIUM ON ANALYSIS AND DESIGN OF PILE FOUNDATION, 1984, San Francisco. *Proceedings...* San Francisco: ASCE, 1984. p. 80-98.

LAPROVITERA, H. *Reavaliação de método semi-empírico de previsão da capacidade de carga de estacas a partir de Banco de Dados*. 1988. Dissertação (Mestrado) – COPPE-UFRJ, Rio de Janeiro, 1988.

LOPES, F. R. *The undrained bearing capacity of piles and plates studied by the Finite Element Method*. 1979. PhD Thesis – University of London, London, 1979.

LOPES, F. R. Lateral resistance of piles in clay and possible effect of loading rate. In: Simpósio Teoria e Prática de Fundações Profundas, 1985, Porto Alegre. *Anais...* Porto Alegre, 1985. v. 1, p. 53-68.

MARTIN, D. *Étude à la rupture de différents ancrages sollicitées verticalement*. 1966. Thèse de Docteur-Ingénieur – Faculté des Sciences de Grenoble, Grenoble, 1966.

MEYERHOF, G. G. The ultimate bearing capacity of foundations, *Geotechnique*, v. 2, n. 4, p. 301-332, 1951.

MEYERHOF, G. G. The bearing capacity of foundations under eccentric and incmidruled loads. In: ICSMFE, 3., 1953, Zurich. *Proceedings...* Zurich, 1953. v. 1.

MILITITSKY, J. Relato do estado atual de conhecimento: fundações. In: CBMSEF, 8., 1986, Porto Alegre. *Anais...* Porto Alegre, 1986. v. 7.

MONTEIRO, P. F. Capacidade de carga de estacas – método Aoki-Velloso, *Relatório interno de Estacas Franki Ltda*, 1997.

NIYAMA, S. *Contribuição para o estudo do embuchamento em estacas cravadas de ponta aberta*. 1992. Tese (Doutorado) – EP-USP, São Paulo, 1992.

ORLANDO, C. *Contribuição ao estudo da resistência de estacas tracionadas em solos arenosos*. Análise comparativa da resistência lateral na tração e na compressão. 1999. Tese (Doutorado) – EP-USP, São Paulo, 1999.

PAIKOWSKY, S. G.; LABELLE, V. A.; HOURANI, N. M. Dynamic analyses and time dependent pile capacity. In: INTERNATIONAL CONFERENCE ON THE APPLICATION OF STRESS-WAVE THEORY TO PILES, 5., 1996, Orlando. *Proceedings...* Orlando, 1996. p. 325-339.

PARRY, R. H. G.; SWAIN, C. W. Effective stress methods of calculating skin friction on driven piles in soft clay, *Ground Engineering*, v. 10, n. 3, p. 24-26, abr. 1997a.

PARRY, R. H. G.; SWAIN, C. W. A study of skin friction on piles in stiff clays, *Ground Engineering*, v. 10, n. 8, p. 33-37, nov. 1977b.

PLAGEMANN, W.; LANGNER, W. *Die Grundung von Bauwerken*, Teil 2. Leipzig: BSB B.G. Teubner Verlagsgesellschaft, 1973.

PLANTEMA, G. Results of a special loading test on a reinforced concrete pile, a so-called pile sounding; interpretation of the results of deep-sounding. Permissible pile loads and extended settlement observations. In: ICSMFE, 4., 1948, Rotterdam. *Proceedings...* Rotterdam, 1948. v. 4, p.112-118.

POTYONDY, J. G. Skin friction between cohesive granular soils and construction materials, *Geotechnique*, v. 11, n. 4, p. 339- 353, 1961.

POULOS, H. G.; DAVIS, E. H. *Pile foundation analysis and design*. New York: John Wiley & Sons, 1980.

RANDOLPH, M. F. Theoretical methods for deep foundations. In: SIMPÓSIO TEORIA E PRÁTICA DE FUNDAÇÕES PROFUNDAS, 1985, Porto Alegre. *Anais...* Porto Alegre, 1985. v. 1, p. 1-51.

RANDOLPH, M. F.; WROTH, C. P. An analytical solution for the consolidation around a driven pile, *International Journal for Numerical and Analytical Methods in Geomechanics*, v. 3, n. 2, p. 217-229, 1979.

RANDOLPH, M. F.; WROTH, C. P. Recent developments in understanding the axial capacity of piles in clay, *Ground Engineering*, v. 15, n. 7, p. 17-25, 32, 1982.

RANDOLPH, M. F.; CARTER, J. P.; WROTH, C. P. Driven piles in clay – the effects of installation and subsequent consolidation, *Geotechnique*, v. 29, n.4, p. 361-394, 1979.

ROWE, R. K.; ARMITAGE, H. H. A design method for drilled piers in soft rock, *Canadian Geotechnical Journal*, v. 24, n. 1, p. 126-142, 1987.

SANGLERAT, G. *The penetrometer and soil exploration*. Amsterdam: Elsevier, 1972.

SANSONI, R. *Pali e fondazioni su pali*. Milano: Editore Ulrico Hoepli, 1955.

SANTOS, A. P. R. *Análise de fundações submetidas a esforços de arrancamento pelo Método dos Elementos Finitos*. 1985. Dissertação (Mestrado) – COPPE-UFRJ, Rio de Janeiro, 1985.

SANTOS, A. P. R. *Capacidade de carga de fundações submetidas a esforços de tração em taludes*. 1999. Tese (Doutorado) – COPPE-UFRJ, Rio de Janeiro, 1999.

SCHULTZE, E. État actuel des méthodes d'évaluation de la force portante des pieux en Alemagne, *Annales de l'Institut Technique du Batiment et des Travaux Publics*, sixième année, n. 63-64, 1953.

SILVA, M. F. *Estudo do efeito de escala na resistência de ponta de estacas*. 2001. Dissertação (Mestrado) – COPPE-UFRJ, Rio de Janeiro, 2001.

SKEMPTON, A. W. The bearing capacity of clays. In: BUILDING RESEARCH CONGRESS, 1951, London. *Proceedings...* London, 1951. p. 180-189.

SKOV, R.; DENVER, H. Time-dependence of bearing capacity of piles. In: INTERNATIONAL CONFERENCE ON THE APPLICATION OF STRESS-WAVE THEORY TO PILES, 3., 1988, Ottawa. *Proceedings...* Ottawa, 1988. p. 879-888.

SOARES, M. M.; DIAS, C. R. R. Previsão do comportamento de estacas instaladas em argila. In: CBMSEF, 8., 1986, Porto Alegre. *Anais...* Porto Alegre, 1986. v. 6, p. 157-167.

SOARES, M. M.; DIAS, C. R. R. Behavior of an instrumented pile in the Rio de Janeiro clay. In: ICSMFE, 12., 1989, Rio de Janeiro. *Proceedings...* Rio de Janeiro, 1989. v. 1, p. 319-322.

SODERBERG, L. O. Consolidation theory applied to foundation pile time effects, *Geotechnique*, v. 12, n. 3, p. 217-225, 1962.

TEIXEIRA, A. H. Projeto e execução de fundações. In: SEFE, 3., 1996, São Paulo. *Anais...* São Paulo, 1996. v. 1.

TERZAGHI, K. *Theoretical Soil Mechanics*. New York: John Wiley & Sons, 1943.

TERZAGHI, K.; PECK, R. B. *Soil Mechanics in Engineering Practice*. 1. ed. New York: John Wiley & Sons, 1948.

TERZAGHI, K.; PECK, R. B. *Soil Mechanics in Engineering Practice*. 2. ed. New York: John Wiley & Sons, 1967.

TOMLINSON, M. J. The adhesion of piles driven in clay soils. In: ICSMFE, 4., 1957, London. *Proceedings...* London, 1957. v. 2, p. 66-71.

TOMLINSON, M. J. Adhesion of piles in stiff clays, *C.I.R.I.A. Report n. 26*, London, 1971.

TOMLINSON, M. J. *Pile design and construction practice*. 4. ed. London: E & F.N Spon, 1994.

U.S. ARMY CORPS OF ENGINEERS. *Rock Foundations*, Manual 1110-1-2908, Washington, 1994.

VAN DER VEEN, C. The bearing capacity of a pile. In: ICSMFE, 3., 1953, Zurich. Proceedings... Zurich, 1953. v. 2, p. 84-90.

VAN DER VEEN, C. The dutch cone penetration test and its use in determining the pile bearing capacity, *Piling and deep foundations*, Burland and Mitchell editors, Balkema, Rotterdam, 1989.

VELLOSO, P. P. C. Estacas em solo: dados para a estimativa do comprimento, *Ciclo de Palestras sobre Estacas Escavadas*, Clube de Engenharia, Rio de Janeiro, 1981

VELLOSO, D. A.; AOKI, N.; SALAMONI, J. A. Fundações para o silo vertical de 100.000 t no porto de Paranaguá. In: CBMSEF, 6., 1978, Rio de Janeiro. *Anais...* Rio de Janeiro, 1978. v. 3, p. 125-151.

VESIC, A. S. Bearing capacity of deep foundations in sand, *Highway Research Record*, n. 39, Washington, 1963.

VESIC, A. S. Ultimate loads and settlements of deep foundations in sand, *Bearing Capacity and Settlement of Foundations*, Symposium held at Duke University, Durham, North Carolina, 1965.

VESIC, A. S. Expansion of cavities in infinite soil mass, *JSMFD*, ASCE, v. 98, n. SM3, p. 265-290, 1972.

VESIC, A. S. *Design of pile foundations*. Synthesis of Highway Practice 42, Transportation Research Board, National Research Council, Washington, 1977.

VIAJAYVERGIYA, V. N.; FOCHT, J. A. A new way to predict the capacity of piles in clay. In: OFFSHORE TECHNOLOGY CONFERENCE, 1972. Houston, Texas. *Proceedings...* Houston, Texas, 1972. v. 2, p. 865-874.

VORCARO, M. C. *Estimativa de carga última compressiva em estacas a partir do SPT por regressão linear múltipla*. 2000. Tese (Doutorado) – COPPE-UFRJ, Rio de Janeiro, 2000.

VORCARO, M. C.; VELLOSO, D. A. Avaliação de carga última em estacas hélice-contínua por regressão linear múltipla. In: SEFE, 4., 2000, São Paulo. *Anais...* São Paulo, 2000a. v. 2, p. 315-330.

VORCARO, M. C.; VELLOSO, D. A. Avaliação de carga última em estacas escavadas por regressão múltipla. In: SEFE, 4., São Paulo, 2000. *Anais...* São Paulo, 2000b. v. 2, p. 331-344.

WEBER, J. D. *Les applications de la similitude physique aux problemes de la Mécanique des Sols*. Paris: Eyrolles-Gauthier Villars, 1971.

ZEEVAERT, L., 1959, Reduction of point-bearing capacity of piles because of negative friction. In: PAN-AMERICAN CSMFE, 1., 1959, Mexico. *Proceedings...* Mexico, v. 3, p. 1145-1152.

Capítulo 13

A CRAVAÇÃO DE ESTACAS E OS MÉTODOS DINÂMICOS

Neste capítulo são apresentados os processos de cravação de estacas a percussão e os registros da resposta que a estaca apresenta durante a cravação. A seguir, são abordados os métodos de avaliação da capacidade de carga de estacas cravadas baseados no registro da resposta à cravação, chamados de "métodos dinâmicos". A parte final do capítulo apresenta métodos de previsão da cravabilidade das estacas.

13.1 A CRAVAÇÃO DE ESTACAS

As estacas podem ser cravadas por percussão, prensagem (com o uso de macacos hidráulicos) ou vibração (com vibradores). O processo mais utilizado é o de percussão, no qual a estaca é instalada no terreno por golpes de um martelo, e é dele que trataremos neste capítulo.

13.1.1 Sistemas de Cravação a Percussão

A cravação a percussão é feita por um bate-estacas no qual atua um martelo ou pilão. Os bate-estacas tradicionais são constituídos por uma plataforma sobre rolos, com uma torre e um guincho (Fig. 13.1a). Para estacas cravadas com maior comprimento e emprego de martelos automáticos, é comum usar-se uma torre (*pilling rig*) acoplada a um guindaste (Fig. 13.1c).

Os martelos são de dois tipos principais: de queda livre e automático. O martelo de queda livre é levantado pelo guincho e deixado cair quando o tambor do guincho é desacoplado do motor por um sistema de embreagem (Fig. 13.1a). No martelo automático, o peso é levantado pela explosão de óleo diesel (martelo diesel) ou pela ação de um fluido, que pode ser vapor, ar comprimido ou óleo (martelo hidráulico). Quando um martelo automático é usado (p. ex. num bate-estacas tradicional na Fig. 13.1b), um cabo de guincho é utilizado apenas para posicioná-lo sobre a cabeça da estaca; a partir daí, os golpes são aplicados na estaca automaticamente pelo martelo.

Entre o martelo e a estaca são utilizados os *acessórios de cravação*: (a) *capacete*, para guiar a estaca e acomodar os amortecedores; (b) o primeiro amortecedor – *cepo* –, colocado em cima do capacete visando proteger o martelo de tensões elevadas; (c) o segundo amortecedor – *almofada* ou *coxim* –, colocado entre o capacete e a estaca, visando proteger a estaca (Fig. 13.1d). Em estacas de aço, o coxim é frequentemente dispensado.

Os esquemas de alguns martelos automáticos estão na Fig. 13.2. No martelo diesel (Fig. 13.2a), a massa cadente é um pistão, como em um motor de explosão. Após a explosão, quando o pistão atinge uma certa altura, os gases são liberados para a atmosfera e o pistão cai novamente. Os martelos a vapor/ar comprimido têm uma câmara que recebe os gases para levantar a massa cadente. Nos martelos mais antigos, a ação do gás era apenas a de levantar a massa (*martelo de ação simples*); posteriormente, foi introduzido um sistema em que o gás, após

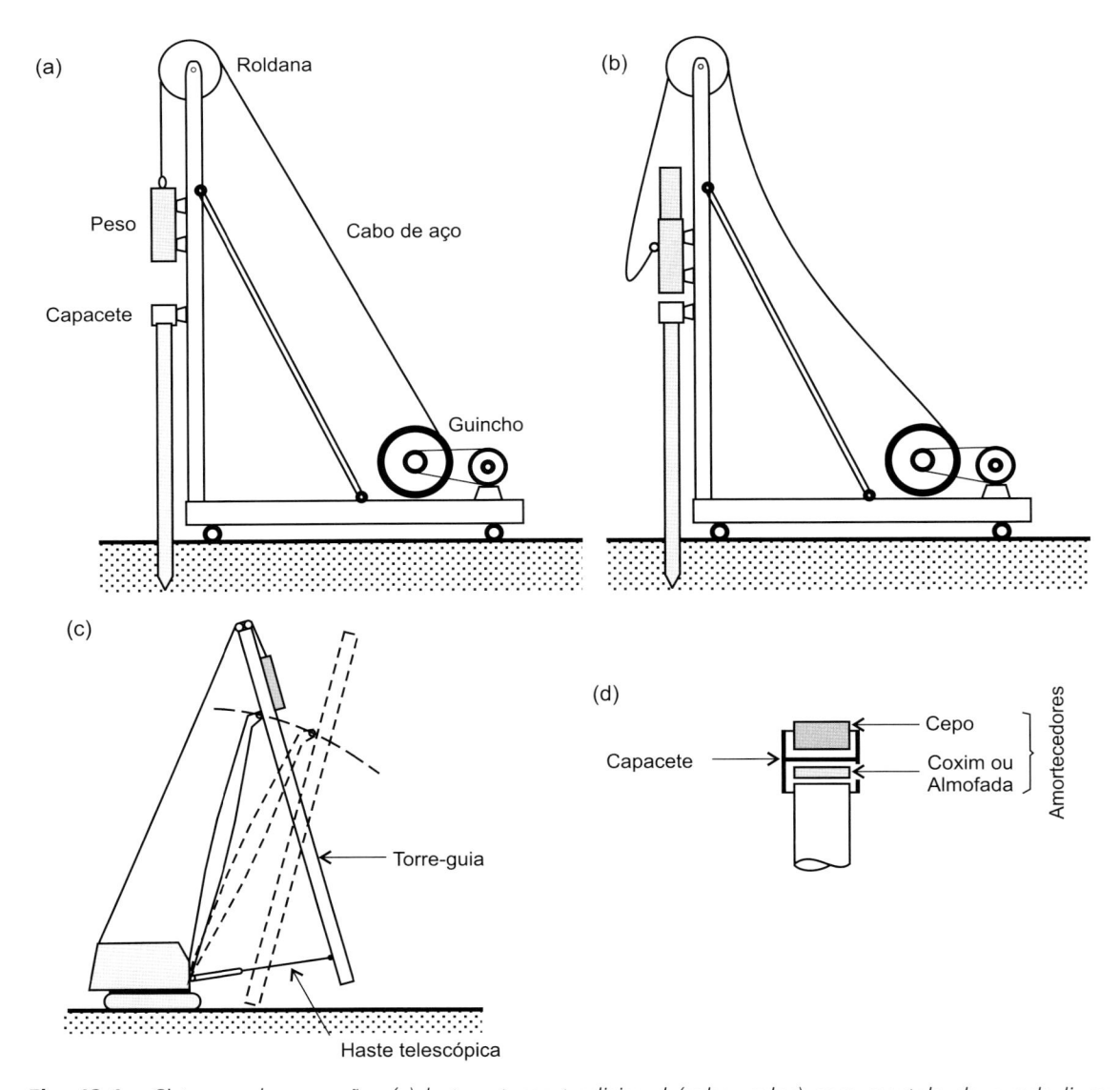

Fig. 13.1 – Sistemas de cravação: (a) bate-estacas tradicional (sobre rolos) com martelo de queda livre; (b) idem, com martelo automático; (c) equipamento de cravação com uso de guindaste e martelo automático; (d) detalhe dos acessórios de cravação

ser liberado da câmara que levanta a massa, é injetado numa segunda câmara para acelerar o golpe (*martelo de dupla ação*), como mostrado na Fig. 13.2b.

Um terceiro tipo de equipamento é o martelo hidráulico, que tem o mesmo princípio do martelo a vapor/ar comprimido, porém usa óleo pressurizado ao invés do gás.

Um quarto tipo de equipamento automático é o vibrador, que tem algumas variantes: numa aplicam-se pequenos golpes (Fig. 13.2c), em alta frequência, e essa cravação ainda seria considerada a percussão. Em outra variante, é imposto um movimento vertical alternado à estaca, também de alta frequência. Essa vibração reduz substancialmente a resistência de solos saturados, e a estaca penetra por seu peso próprio e pelo do vibrador (essa cravação não é considerada propriamente *a percussão*).

Frequentemente, em obras portuárias e *offshore*, são empregados martelos automáticos que utilizam a própria estaca para guiá-los. Nesse caso, há um acessório como um capacete longo, que "veste" a estaca na sua parte inferior e acomoda o martelo na sua parte superior.

13 A Cravação de Estacas e os Métodos Dinâmicos

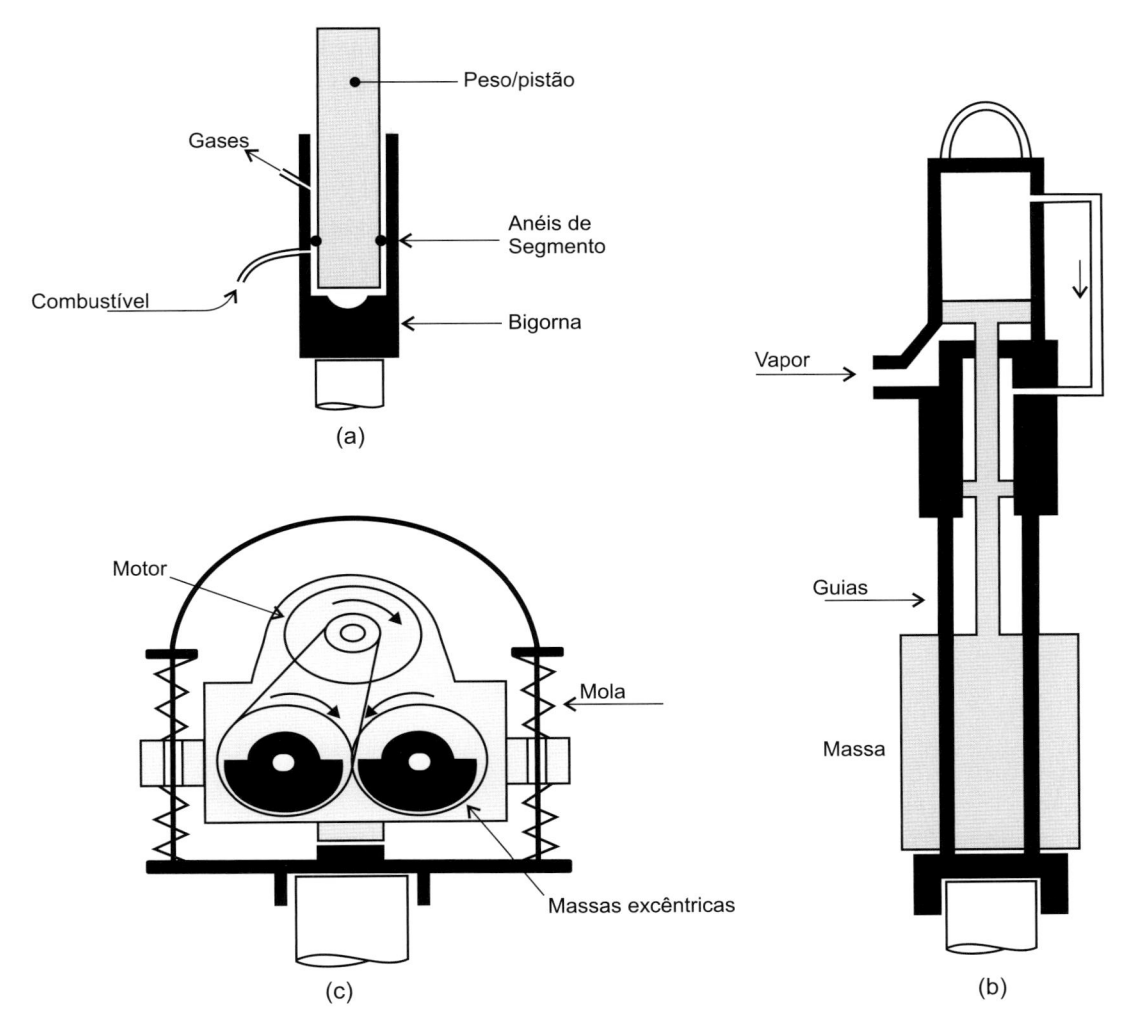

Fig. 13.2 – Esquema de alguns martelos automáticos: (a) martelo diesel; (b) martelo a ar/vapor de duplo estágio; (c) vibrador

Ainda em relação a obras *offshore*, há martelos hidráulicos que podem trabalhar submersos e que prosseguem na cravação de uma estaca no trecho de lâmina d'água.

13.1.2 Observação da Resposta à Cravação

A observação da resposta à cravação de uma estaca pode ser feita de diferentes maneiras, envolvendo diferentes graus de sofisticação. A maneira mais simples consiste em riscar a lápis uma linha horizontal na estaca, com uma régua apoiada em 2 pontos da torre do bate-estacas, aplicar 10 golpes, riscar novamente e medir a distância entre os dois riscos (Fig. 13.3a). Essa distância, dividida por 10, é a penetração permanente média por golpe, chamada de *nega*[1].

A segunda maneira consiste em prender uma folha de papel ao fuste da estaca e, no momento do golpe, passar um lápis na horizontal, com o auxílio de uma régua apoiada em

---

1. É preciso se atentar para a forma como a nega calculada ou medida é comunicada, pois, nos cálculos, ela é obtida por golpe, enquanto no campo, ela é geralmente referida a 10 golpes. Portanto, é sempre recomendável que, na comunicação, se explicite o número de golpes a que se refere a nega.

pontos fora da estaca. Nesse caso, o lápis deixará marcado no papel o movimento da estaca ao receber o golpe. Esse registro indicará a *nega* e o *repique* da estaca (Fig. 13.3b).

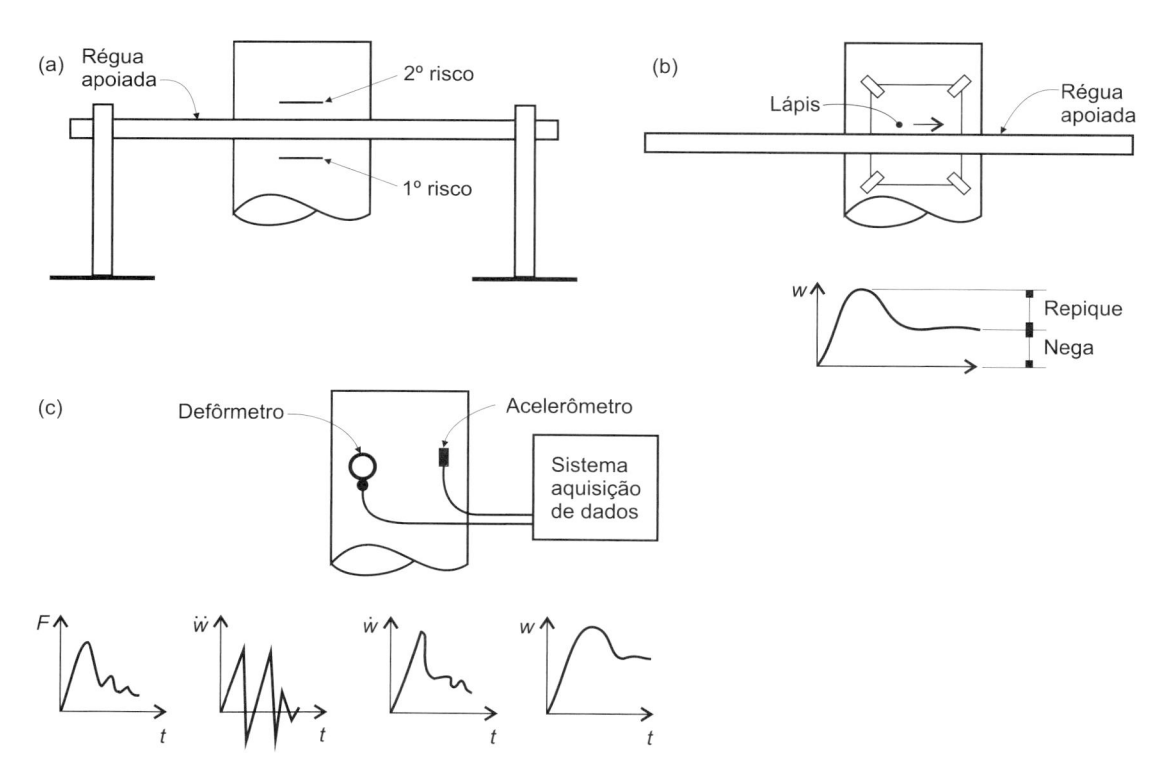

Fig. 13.3 – *Observação da resposta à cravação de uma estaca: (a) medida simples da nega; (b) medida de nega e repique; (c) monitoração da cravação com instrumentos eletrônicos*

Um procedimento mais sofisticado consiste na *monitoração da cravação* com instrumentos eletrônicos, que registrarão velocidades/deslocamentos e forças no topo da estaca ao longo do tempo. A monitoração é feita com dois tipos de instrumentos, preferivelmente instalados em pares, diametralmente opostos: (i) acelerômetros para se ter o registro de velocidades e deslocamentos após a integração das acelerações no tempo e (ii) extensômetros ou defôrmetros para medir as deformações, a partir das quais se tem o registro das tensões ou forças (Fig. 13.3c). Esse tipo de registro pode ser feito continuamente durante a cravação ou apenas no final, quando se faz o chamado *ensaio de carregamento dinâmico*, que será estudado no Cap. 17.

Diagrama de Cravação

Outro registro importante é o *diagrama de cravação*, que consiste em anotar o número de golpes necessário para cravar um comprimento escolhido, normalmente 50 cm no Brasil (nos Estados Unidos, adota-se 1 pé, ou 30 cm, e a contagem de golpes é chamada de *blows per foot*). O procedimento é bastante simples e consiste em se pintar riscas a cada 0,5m da estaca e anotar numa planilha o número de golpes que a estaca recebe para cada trecho de 0,5m cravado. A planilha pode, então, ser convertida num gráfico (Fig. 13.4). O diagrama de cravação deve ser feito, pelo menos, a cada 10 estacas, ou em uma estaca de cada grupo (ou pilar), ou ainda, sempre que uma estaca for cravada perto de uma sondagem. Ele pode servir para confirmar a sondagem, como proposto por Vieira (2006).

13 A Cravação de Estacas e os Métodos Dinâmicos

Estaca						Sondagem				
Tipo de estaca	Dimensão	A material (m²)	A ponta (m²)	Perímetro (m)		Nº furo	Empresa	Data	Distância da estaca	Prof. N.A.
P. Moldada	D = 0,8m	0,300	0,500	2,51		SP 02	InvestGeo	6/3/2008	5,8 m	0,55
Martelo	Tipo	Peso (kg)	Alt. queda (m)	Data da crav.						
	Autom.	20000	0,8	8/7/2008						

Diagrama de Cravação		Sondagem SPT		
Prof.	Número de golpes por 50 cm	Nº golpes para 50cm	Prof.	N (SPT)	N	Código do solo

Prof.	Nº golpes para 50cm	Prof.	N	Código do solo
0,5 - 1,0	1	0,0 - 1,0	2	11
1,0 - 1,5	1			
1,5 - 2,0	3	1,0 - 2,0	2	11
2,0 - 2,5	4			
2,5 - 3,0	4	2,0 - 3,0	2	11
3,0 - 3,5	4			
3,5 - 4,0	6	3,0 - 4,0	2	11
4,0 - 4,5	7			
4,5 - 5,0	6	4,0 - 5,0	2	11
5,0 - 5,5	13			
5,5 - 6,0	28	5,0 - 6,0	7	1
6,0 - 6,5	28			
6,5 - 7,0	50	6,0 - 7,0	9	1
7,0 - 7,5	50			
7,5 - 8,0	50	7,0 - 8,0	7	1
8,0 - 8,5	55			
8,5 - 9,0	56	8,0 - 9,0	10	1
9,0 - 9,5	58			
9,5 - 10,0	60	9,0 - 10,0	41	11
10,0 - 10,5	60			
10,5 - 11,0	67	10,0 - 11,0	21	1
11,0 - 11,5	70			
11,5 - 12,0	76	11,0 - 12,0	31	1
12,0 - 12,5	91			
12,5 - 13,0	74	12,0 - 13,0	50	1
13,0 - 13,5	74			
13,5 - 14,0	114	13,0 - 14,0	21	1
14,0 - 14,5	81			
14,5 - 15,0	85	14,0 - 15,0	17	1
15,0 - 15,5	78			
15,5 - 16,0	83	15,0 - 16,0	23	1
16,0 - 16,5	84			
16,5 - 17,0	75	16,0 - 17,0	10	14
17,0 - 17,5	61			
17,5 - 18,0	50	17,0 - 18,0	9	14
18,0 - 18,5	45			
18,5 - 19,0	44	18,0 - 19,0	9	14
19,0 - 19,5	44			
19,5 - 20,0	45	19,0 - 20,0	8	14
20,0 - 20,5	43			
20,5 - 21,0	42	20,0 - 21,0	14	4
21,0 - 21,5	42			
21,5 - 22,0	42	21,0 - 22,0	16	4
22,0 - 22,5	42			
22,5 - 23,0	45	22,0 - 23,0	24	1
23,0 - 23,5	61			
23,5 - 24,0	68	23,0 - 24,0	48	1
24,0 - 24,5	147			
24,5 - 25,0	140	24,0 - 25,0	49	1
25,0 - 25,5	50			
25,5 - 26,0	45	25,0 - 26,0	39	1
26,0 - 26,5	98			
26,5 - 27,0	71	26,0 - 27,0	25	1
27,0 - 27,5	60			
27,5 - 28,0	63	27,0 - 28,0	12	4
28,0 - 28,5	59			
28,5 - 29,0	58	28,0 - 29,0	34	4
29,0 - 29,5	52			
29,5 - 30,0	47	29,0 - 30,0	24	1
30,0 - 30,5	45			
30,5 - 31,0	93	30,0 - 31,0	50	1
31,0 - 31,5				
31,5 - 32,0		31,0 - 32,0	54	1
32,0 - 32,5				
32,5 - 33,0		32,0 - 33,0	52	1
33,0 - 33,5				

Fig. 13.4 – *Diagrama de cravação de estaca com perfil de sondagem próxima (depois que as anotações de campo são passadas para planilha eletrônica)*

13.2 MÉTODOS DINÂMICOS: AS FÓRMULAS DINÂMICAS

Os chamados *métodos dinâmicos* são aqueles em que uma estimativa da capacidade de carga de uma estaca é feita com base na observação da sua resposta à cravação, ou ainda, em que uma dada resposta à cravação é especificada para o controle da cravação (com vistas a garantir uma determinada capacidade de carga). São métodos formulados no século XIX, mais antigos do que aqueles apresentados no Cap. 12. Os chamados *métodos estáticos* do Cap. 12 surgiram com os trabalhos de Terzaghi, na primeira metade do século XX, e analisam a estaca em equilíbrio estático, enquanto os antigos métodos baseados na observação da cravação passaram a ser chamados de *métodos dinâmicos*.

Há duas famílias de métodos dinâmicos: na primeira estão as chamadas "Fórmulas Dinâmicas" e, na segunda, as soluções da "Equação da Onda" (equação da propagação de ondas de tensão em barras). As Fórmulas Dinâmicas utilizam leis da Física que governam o comportamento de corpos que se chocam. As soluções da Equação da Onda estudam a estaca como uma barra ao longo da qual se propaga uma onda de tensão (ou força) gerada pelo golpe do martelo, sujeita à atenuação, pela presença do solo que envolve a estaca.

A Equação da Onda será estudada no item 13.3 e serve tanto para a previsão de nega quanto para os estudos de cravabilidade. Também é a base dos métodos de interpretação dos *ensaios de carregamento dinâmico* abordados no Cap. 17.

13.2.1 Introdução às Fórmulas Dinâmicas

A cravação de uma estaca é um fenômeno dinâmico, e, portanto, além da resistência estática do solo, há a mobilização de resistência viscosa (ou "dinâmica"), e, eventualmente, o aparecimento de forças inerciais. Assim, quando se usam Fórmulas Dinâmicas, há que se considerar que a resistência oferecida pelo solo à penetração da estaca não é a *capacidade de carga estática* da estaca. Nas *fórmulas estáticas* (tratadas no Cap. 12), que fornecem a capacidade de carga estática, a carga de trabalho é obtida dividindo-se essa carga por um *coeficiente de segurança* (usualmente 2). Nas *fórmulas dinâmicas*, a carga de trabalho pode ser obtida dividindo-se a *resistência à cravação* por um coeficiente que fará o devido desconto da resistência dinâmica. Como as fórmulas dinâmicas são estabelecidas com base em diferentes hipóteses, seus resultados são bastante diferentes e, portanto, o *coeficiente de correção* depende da fórmula utilizada e pode variar numa faixa bastante larga (tipicamente, entre 2 e 10).

Tendo em vista as incertezas nos resultados da aplicação das fórmulas dinâmicas, seu melhor uso está no controle de homogeneidade ou qualidade de um estaqueamento. Nesse caso, o procedimento recomendado é:

- cravar uma estaca próximo de uma sondagem, até a profundidade prevista por método estático para aquela sondagem, observando a *nega* e/ou o *repique*;
- executar provas de carga estática e/ou ensaios de carregamento dinâmico, e assim obter o *coeficiente de correção F* para a fórmula escolhida;
- empregar a fórmula escolhida – com o coeficiente F obtido – em todo o estaqueamento para controle de qualidade.

É óbvio que será melhor se várias provas de carga e ensaios dinâmicos puderem ser realizados.

13.2.2 Fórmulas Dinâmicas: a Conservação da Energia

As primeiras Fórmulas Dinâmicas baseavam-se no princípio da conservação da energia, ou seja, igualavam a energia potencial do martelo ao trabalho realizado na cravação da estaca (produto da resistência do solo vencida pela estaca pela penetração da mesma). A mais antiga, a Fórmula de Sanders (de meados do Século XIX), exprime exatamente isto:

$$Wh = Rs \qquad (13.1)$$

onde: W = peso do martelo;
h = altura de queda;
R = resistência à cravação;
s = penetração ou *nega*.

Desde o início, reconheceu-se que há perdas de energia por diferentes motivos, e os principais são:
- atrito do martelo nas guias do bate-estacas;
- atrito dos cabos nas roldanas do bate-estacas;
- repique (levantamento após o choque) do martelo;
- deformação elástica do cepo e do coxim (denominada c_1);
- deformação elástica da estaca (denominada c_2);
- deformação elástica do solo (denominada *quake* ou c_3).

As duas primeiras perdas de energia são devidas ao bate-estacas (ou ao martelo), a terceira se deve ao problema da restituição da energia após o choque e as três últimas se devem às deformações elásticas dos amortecedores, da estaca e do solo.

A incorporação de perdas de energia na fórmula (13.1) pode ser feita da seguinte maneira:

$$\eta W h = Rs + X \qquad (13.2)$$

onde: η = fator que representa as perdas de energia no bate-estacas (ou no martelo);
X = perdas de energia no choque e nas deformações elásticas.

Fórmula de Wellington ou da *Engineering News Record*

Essa fórmula, publicada por A. M. Wellington, em 1888, na revista *Engineering News Record*, baseia-se na premissa de que a estaca se encurta elasticamente sob a ação do martelo e depois penetra no solo, encontrando uma dada resistência R, conforme o diagrama OABC da Fig. 13.5. Assim, parte do trabalho executado pelo martelo é gasto para provocar o encurtamento elástico da estaca e do solo, c, e parte para fazer penetrar a estaca de s. O trabalho total corresponde à área OABD = OABC + BDC e vale $R \cdot s + \frac{1}{2} R \cdot c$, o que conduz a

$$\eta W h = R\left(s + \frac{c}{2}\right) \qquad (13.3)$$

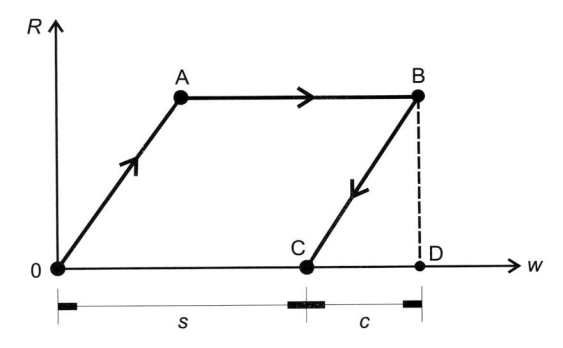

Fig. 13.5 – Gráfico força – penetração de uma estaca

Valores empíricos foram sugeridos para o encurtamento elástico:

$c/2 = 1"$ (2,5 cm) para martelos de queda livre

$c/2 = 0,1"$ (0,25 cm) para martelos a vapor

Para o uso dessa fórmula, recomenda-se $F = 6$.

13.2.3 Fórmulas Dinâmicas que Incorporam a Lei do Choque de Newton

A lei de Newton para o choque entre dois corpos prevê a seguinte perda de energia:

$$\frac{(1-e^2)M_1 M_2 (v_1 - v_2)^2}{2(M_1 + M_2)} \tag{13.4}$$

onde: M_1 = massa de um corpo (o martelo, p. ex.);
M_2 = massa do segundo corpo (a estaca, p. ex.);
v_1 = velocidade de um corpo (o martelo);
v_2 = velocidade do segundo corpo (a estaca);
e = coeficiente de restituição no choque.

Na cravação de estacas, tem-se (g é a aceleração da gravidade e P, o peso da estaca):

$$M_1 = W/g, \quad M_2 = P/g, \quad v_1 = \sqrt{2gh}, \quad v_2 = 0$$

A perda de energia poderia, então, ser expressa como

$$X = \frac{(1-e^2)WPh}{W+P} \tag{13.5}$$

Essa perda de energia pode ser levada à Eq. (13.2), obtendo-se, com $\eta = 0$,

$$\frac{W+e^2 P}{W+P} Wh = Rs \tag{13.6}$$

Nessa linha estão algumas das fórmulas apresentadas a seguir.

Fórmula dos Holandeses

A Fórmula dos Holandeses (ou de Eytelwein) levanta a hipótese de que $e = 0$[2], obtendo-se

$$\frac{W^2 h}{W+P} = Rs \tag{13.7}$$

Para o uso dessa fórmula, recomenda-se $F = 10$ para martelos de queda livre, e $F = 6$ para martelos a vapor.

---

2. Na realidade, o choque não se dá do martelo diretamente com a estaca, pois entre eles há amortecedores (cepo e coxim). Os amortecedores têm seus próprios coeficiente de restituição (cepo mais elevado e coxim mais baixo). A consideração dos coeficientes dos amortecedores individualmente só é feita na solução da Equação da Onda. Entretanto, para efeito das fórmulas dinâmicas, pode-se adotar um valor de e que varia de 0, para cepo e coxim macios, a 0,5, para cepo duro e sem coxim (Chelis, 1951).

Fórmula de Janbu

A Fórmula de Janbu (1953) é:

$$Rs = \frac{Wh}{C'\left(1 + \sqrt{1 + \frac{\lambda}{C'}}\right)} \tag{13.8}$$

onde:

$$C' = 0{,}75 + 0{,}15\frac{P}{W} \quad \text{e} \quad \lambda = \frac{WhL}{AE_p s^2} \tag{13.9}$$

A = área da seção transversal da estaca;
E_p = módulo de Young do material da estaca;
L = comprimento da estaca;
Para o uso dessa fórmula o autor recomenda $F = 2$.

Fórmula dos Dinamarqueses

A Fórmula de Sorensen e Hansen (1957) tem como ponto de partida a Eq. (13.2). A perda de energia X nesta fórmula é dada por

$$X = \frac{R}{2}\sqrt{\frac{2\eta WhL}{AE_p}} \tag{13.10}$$

onde o fator η, chamado de *fator de eficiência do sistema de cravação*, representa as perdas de energia no bate-estacas.

Assim, tem-se

$$R = \frac{\eta Wh}{s + \frac{1}{2}\sqrt{\frac{2\eta WhL}{AE_p}}} \tag{13.11}$$

Para a *eficiência do sistema de cravação*, são sugeridos $\eta = 0{,}7$ para martelos de queda livre operados por guincho e $\eta = 0{,}9$ para martelos automáticos, e recomenda-se $F = 2$. Sugerem, ainda, como orientação para cravação:

Estaca	$(\eta h)_{máx}$	$(W/P)_{mín}$
Pré-moldada de concreto	1 m	0,5
Aço	2 m	1,5
Madeira	4 m	0,75

Fórmula de Hiley

A fórmula de Hiley incorpora todos os fatores de perda de energia e pode ser escrita:

$$R = \frac{\eta Wh}{s + \frac{c}{2}} \frac{W + e^2 P}{W + P} \tag{13.12}$$

onde c corresponde ao encurtamento elástico total (amortecedores + estaca + solo). As parcelas do encurtamento elástico podem ser estimadas antes da obra, com base em

$$c_1 = \frac{Rt}{A_c E_c} \qquad c_2 \cong \frac{RL}{2A_p E_p} \qquad c_3 \cong 5\%B$$

onde t, A_c e E_c são a espessura, a área e o módulo de Young dos amortecedores, respectivamente; e L, B, A_p e E_p o comprimento, o diâmetro, a área e o módulo de Young da estaca, respectivamente. Porém, no início da obra, essas parcelas (ou a soma delas) devem ser medidas pelo repique para a revisão da nega calculada.

Para essa fórmula, recomenda-se $2 < F < 6$.

Avaliação das Fórmulas Dinâmicas

O número de fórmulas dinâmicas chega a uma centena. Os resultados da aplicação das diferentes fórmulas indicam negas (ou cargas de serviço previstas) diferentes[3]. Na literatura técnica, encontram-se revisões de algumas fórmulas, baseadas em comparações de suas previsões com resultados de provas de carga estáticas (p. ex., Olsen e Flaate, 1967; Tavenas e Andy, 1972; Poulos e Davis, 1980). Na revisão feita por Poulos e Davis (1980), por exemplo, a fórmula da *Engineering News Record* é considerada pouco confiável, pois foram encontrados valores de F numa ampla faixa, enquanto as fórmulas de Janbu e dos Dinamarqueses apresentam valores de F com menor dispersão e bastante próximos de 2. Os autores têm uma boa experiência com esta última fórmula para estacas metálicas e pré-moldadas de concreto.

13.2.4 Cravação de Estacas Inclinadas

No caso de cravação de estacas inclinadas, a componente axial do peso do pilão deve ser utilizada nas fórmulas. Além disto, no caso de martelos de queda livre, deve-se considerar que o atrito martelo-guias é considerável, uma vez que o martelo se apoia nas guias durante sua corrida. Assim, nas fórmulas dinâmicas, o termo W deve ser substituído por

$$W' = W \operatorname{sen} \alpha - kW \cos \alpha \tag{13.13}$$

onde: α = ângulo de cravação com a horizontal;

k = coeficiente de atrito martelo-guias (na falta de dados, pode-se adotar 0,15).

13.2.5 Uso do Repique

A utilização do *repique* – deslocamento elástico medido no topo da estaca (que corresponde a $c_2 + c_3$) – como meio de controle de cravação foi primeiro sugerida por Chellis (1951). O repique, descontado o encurtamento elástico do solo (c_3 ou *quake*), indica o quanto a estaca é solicitada axialmente, o que reflete a capacidade de carga do solo (a força que o solo oferece como reação à penetração da estaca). Realmente, à medida que a estaca atinge uma profundidade maior, próxima daquela necessária para sua capacidade de carga, a nega diminui e o repique aumenta, como pode ser visto na Fig. 13.6a.

Segundo Chellis (1951), a resistência à cravação é proporcional ao encurtamento elástico, ou

$$R \cong c_2 \frac{AE_p}{L} \tag{13.14}$$

---

[3]. Exemplo: calcular a nega para uma estaca de aço com $A = 80\,\text{cm}^2$ e $L = 22$ m, para uma carga de trabalho de 900kN, cravada com martelo de queda livre de 35kN e altura de queda de 1,2 m.
- Fórmula dos Holandeses (com $F = 10$): s = 3,4 mm (por golpe)
- Fórmula dos Dinamarqueses (com $\eta = 0,7$ e $F = 2$): s = 2,5 mm (por golpe)
- Fórmula de Hiley (com $c = 10$ mm e $F = 4$): $s = 0,9$ mm (por golpe)

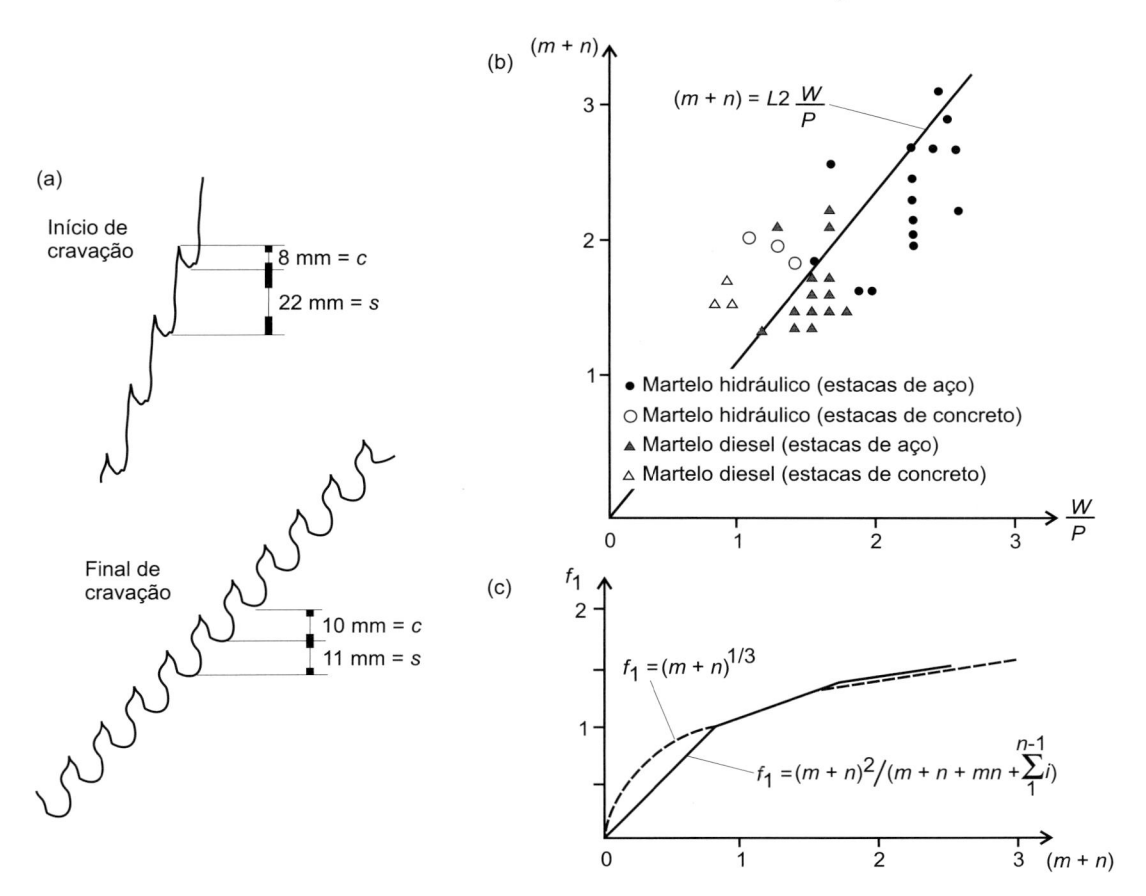

Fig. 13.6 – (a) Registros típicos de cravação de estacas e gráficos para a obtenção de (b) (m+n) e (c) f_1 (Uto et al., 1985)

Mais recentemente, Aoki (1986) propôs que o encurtamento elástico do fuste, estimado com

$$c_2 = \frac{L}{AE_p}\left(Q_{p,ult} + \alpha Q_{l,ult}\right),$$
(13.15)

fosse somado ao *quake* (c_3), fornecendo, assim, o repique a ser exigido na cravação das estacas. Aoki (1986) também sugeriu que o cálculo de c_2 fizesse parte do cálculo de capacidade de carga por método estático, em que as duas parcelas da capacidade de carga são conhecidas, assim como a distribuição do atrito lateral, que vai determinar o valor de α.[4]

Os valores para o *quake* a serem somados situam-se numa faixa que vai de 2,5 mm (o valor clássico de 0,1" sugerido por Smith, 1960) para areias, até 7,5 mm para argilas.

Uto et al. (1985) desenvolveram uma fórmula dinâmica semiempírica, que utiliza o repique, e resultados do ensaio SPT (para a dedução completa, ver, p.ex., Gomes, 1986):

$$R = \frac{c\,A\,E_p}{f_1 L} + \frac{U\bar{N}L}{f_2}$$
(13.16)

onde: c = repique;

$\bar{N}$ = número de golpes médio no SPT ao longo do fuste;

---

[4]. Esta proposição é válida para estacas relativamente curtas, cujo comprimento é da ordem do comprimento da onda de tensão. Nesses casos, existe compressão em todo o comprimento da estaca. Para estacas longas, esta proposição não é válida, uma vez que apenas parte do fuste é comprimida num certo intervalo de tempo.

U = perímetro da estaca;
f_1 = fator adimensional para a resistência de ponta;
f_2 = fator de correção do SPT para o atrito lateral, adotado igual a 2,5 [5].

O fator adimensional f_1 depende de $(m+n)$, que representa o número de repetições da onda de tensão decorrente de um golpe até que a estaca apresente seu deslocamento máximo de topo $(s+c)$, sendo que $(m+n)$ depende da razão W/P (ver gráficos da Fig. 13.6b,c).

O uso do repique foi analisado em trabalho recente de Massad (2001).

13.2.6 Alterações na Resposta da Estaca após a Paralisação da Cravação

É comum ocorrerem alterações na resposta de uma estaca (tanto *nega* como *repique*) após a paralisação da cravação, especialmente em solos finos, pelo fato de que (conforme itens 10.3.1 e 12.2.2), durante a cravação, são gerados excessos de poropressão (em geral positivos) e o processo de cravação causa alterações na estrutura do solo (amolgamento). Tanto os excessos de poropressão são dissipados com o tempo como, em menor escala, ocorre alguma alteração na estrutura do solo com o tempo.

Quando os excessos de poropressão de cravação são positivos e ainda ocorre a recuperação estrutural do solo (recuperação *tixotrópica*), há uma melhora na resposta da estaca com o "tempo de descanso" (ou seja, ao se retomar a cravação, a nega diminui e o repique aumenta). Nesses casos, diz-se que houve uma *recuperação do solo* (*set-up* em inglês).

Em certos casos, porém, após um descanso, há uma piora na resposta da estaca, situação em que se diz que houve *relaxação do solo*. Embora raros, alguns desses casos são relatados (ver, p. ex., Vorcaro Gomes, 1997).

13.2.7 Fórmula Especial para Estacas Tipo Franki

Embora as fórmulas dinâmicas não se apliquem às estacas moldadas *in situ*, a firma Estacas Franki desenvolveu uma fórmula a partir da Fórmula de Brix, introduzindo correções que levam em conta os fatos de se cravar um tubo-molde e não a estaca e de se ter posteriormente um alargamento da base da estaca.

O controle da cravação de estacas tipo Franki é feito pela medição da nega do tubo ao se atingir a profundidade prevista. A altura de queda usual na fase de descida do tubo situa-se entre 6 e 8m, e a nega é tirada para 10 golpes de 1 m e para 1 golpe de 5m (as duas têm de ser atendidas). A cravação é concluída quando, próximo da profundidade prevista para a estaca, obtém-se – no mínimo em dois trechos consecutivos de 50 cm – a energia mínima mostrada na Tab. 13.1, e negas iguais ou menores do que as especificadas.

A fórmula para controle da cravação de estacas tipo Franki origina-se na fórmula de Brix:

$$R = \frac{4W^2 Ph}{(W+P)^2 s} \tag{13.17}$$

A adaptação é feita com:

P = peso do tubo (não mais da estaca)

---

5. Esse fator é semelhante ao $F2$ do método semiempírico de Aoki e Velloso (1975) apresentado no Cap. 12.

13 A Cravação de Estacas e os Métodos Dinâmicos

Tab. 13.1 – Pesos de pilão e energia mínima de cravação para estacas tipo Franki

Diâmetro da estaca (mm)	Peso de pilão usual (tf)	Energia de cravação (tf.m)
350	2,0	250
400	2,1	250
450	2,6	300
520	3,0	350
600	3,5	350

e admite-se:

$$R = R_{fuste} + R_{base}; \quad R_{fuste} = 0,3R; \quad R_{base} = 0,7R\frac{A_b}{A_f}$$

onde: A_b = área do círculo máximo da esfera com volume igual ao volume da base, V_b;
A_f = área da seção transversal da estaca (Tab. 13.2).

Na consideração dessas áreas, introduzem-se dois coeficientes empíricos:
- 0,75 por falta de rugosidade do fuste (execução deficiente);
- 0,85 pelo fato de a área da base ser inferior durante a cravação.

A fórmula final fica:

$$R = 0,75\left(\frac{4W^2 Ph}{(W+P)^2 s}\right)\left(0,3 + 0,6\frac{A_b}{A_f}\right) \tag{13.18}$$

A carga admissível para a estaca, Q_{adm}, deve ser inferior a $R/10$ (ou seja, $F = 10$)[6].

Quando não se tem a base definida, toma-se para volume da base o valor mínimo para cada diâmetro de estaca. Os volumes mínimos e usuais de base, para cada diâmetro das estacas, são os apresentados na Tab. 13.2, com os respectivos valores de A_b e A_f, bem como os pesos de tubo usuais.

Tab. 13.2 – Características de estacas tipo Franki

Diâmetro (mm)	V_b mínimo (litros)	V_b usual (litros)	A_b mínimo (m²)	A_b usual (m²)	A_f (m²)	P/m típico (kgf/m)
350	90	180		0,243	0,099	180
400	180	270		0,386	0,126	200
450	270	360	0,316	0,505	0,159	250
520	360	450	0,453	0,542	0,212	300
600	450	600		0,710	0,283	400

---

6. A partir de 1985, a empresa Estacas Franki Ltda. aumentou o *coeficiente de correção F* de 10 para 20, visando um melhor ajuste aos resultados estáticos.
Exemplo de aplicação: o cálculo da nega para um golpe de 5 m de um pilão de 30kN a ser exigida na execução de uma estaca Franki de 520 mm, com um volume de base de 300 litros, para uma carga de trabalho de 1300kN, executada com um tubo-molde de 15 m e peso de 300kgf/m, indica $s = 1,52$ cm.

13.3 A CRAVAÇÃO COMO UM FENÔMENO DE PROPAGAÇÃO DE ONDAS DE TENSÃO EM BARRAS

A análise da cravação como um fenômeno de propagação de ondas de tensão em barras (Equação da Onda) apresenta as seguintes vantagens:
- permite distinguir as componentes estática e dinâmica (viscosa e inercial) da resistência oferecida pelo solo;
- permite examinar os efeitos do martelo e dos acessórios de cravação (permite, portanto, otimizar o sistema de cravação);
- permite prever a distribuição das tensões na estaca, tanto de compressão como de tração.

Além de servir como um método de previsão (simulação) da cravação, serve como método de análise de dados obtidos com instrumentos eletrônicos: *monitoração da cravação* ou *ensaio de carregamento dinâmico* (Cap. 17).

13.3.1 A Equação da Onda de Tensões em Barras

A equação da propagação de ondas de tensão em barras homogêneas foi deduzida por Saint-Venant. Partindo da 2a. Lei de Newton,

$$Q = m\ddot{u} \tag{13.19}$$

onde:

$$m = A\,dx\,\rho \tag{13.20}$$

$$\ddot{u} = \frac{\partial^2 u}{\partial t^2} \tag{13.21}$$

e sendo A = área da seção transversal da barra; ρ = massa específica do material da barra; u = deslocamento; $\dot{u}$ = velocidade; $\ddot{u}$ = aceleração da partícula (no sentido x), obtém-se

$$Q = A\,dx\,\rho\,\frac{\partial^2 u}{\partial t^2} \tag{13.22}$$

Pelo equilíbrio das forças num elemento da barra tem-se (Fig. 13.7):

$$Q = A\left(\sigma_x + \frac{\partial \sigma_x}{\partial x}dx - \sigma_x\right) = A\frac{\partial \sigma_x}{\partial x}dx \tag{13.23}$$

Como

$$\varepsilon_x = \frac{\partial u}{\partial x} = \frac{\sigma_x}{E} \quad \therefore \quad \sigma_x = \frac{\partial u}{\partial x}E$$

então

$$Q = A\frac{\partial^2 u}{\partial x^2}E\,dx \tag{13.24}$$

Ao combinar-se a Eq. (13.22) com a (13.24), tem-se

$$A\frac{\partial^2 u}{\partial x^2}E\,dx = A\,dx\,\rho\,\frac{\partial^2 u}{\partial t^2}$$

$$\frac{\partial^2 u}{\partial t^2} - \frac{E}{\rho}\frac{\partial^2 u}{\partial x^2} = 0 \tag{13.25a}$$

13 A Cravação de Estacas e os Métodos Dinâmicos

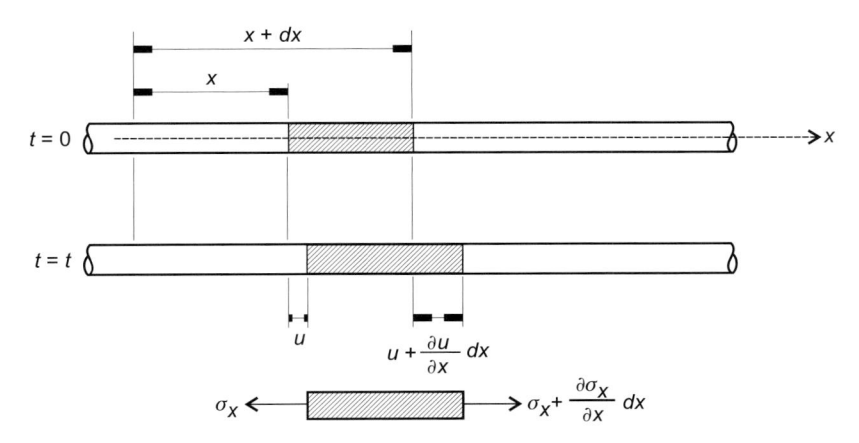

Fig. 13.7 – Barra homogênea sujeita a onda de tensão compressiva

ou

$$\frac{\partial^2 u}{\partial t^2} - C^2 \frac{\partial^2 u}{\partial x^2} = 0 \qquad (13.25b)$$

onde $C = \sqrt{E/\rho}$ é a *velocidade de propagação da onda de tensão*[7].

A velocidade da onda não deve ser confundida com a velocidade de uma partícula qualquer da barra – chamada de *velocidade de partícula* – que é obtida supondo-se que o deslocamento de um ponto da barra se deve à compressão de um segmento de comprimento Ct, o que conduz a

$$\dot{u} = \frac{\Delta u}{\Delta t} = \frac{\varepsilon_x C t}{t} = \frac{\sigma_x C}{E} = \frac{\sigma_x}{\sqrt{\rho E}} \qquad (13.26)$$

Define-se, ainda, *impedância da barra* (ou *da estaca*) como

$$Z = \frac{AE}{C} = A\sqrt{E\rho} \qquad (13.27a)$$

Daí

$$F = Z\dot{u} \qquad (13.27b)$$

A impedância traduz a maneira como a barra transmite o pulso (quanto maior a impedância, mais alto o pico da onda de tensão). Em cravação de estacas, quanto maior a força, será mais fácil vencer a resistência do solo; assim, o aumento da impedância da estaca facilitará sua cravação.

13.3.2 A Equação da Onda e o Problema da Cravação de uma Estaca

Neste item será estudado o problema da propagação da onda de tensão ao longo de barras – representando estacas em condições idealizadas – com vistas a um entendimento preliminar do fenômeno de cravação de estacas.

Encontro e reflexão de ondas de tensão

Quando se aplica uma tensão de compressão na extremidade de uma barra, a velocidade da onda e a velocidade de partícula têm o mesmo sentido. Quando a tensão é de tração, a velocidade de partícula tem sentido contrário à velocidade da onda.

---

[7]. A velocidade de propagação da onda de tensão é uma constante do material. Por exemplo, numa barra ou estaca de aço, em que $E = 2,1 \times 10^8$ kN/m², $\gamma = 78,5$ kN/m³ ou $\rho = 8$ kNs²/m⁴, tem-se $C = 5.120$ m/s; numa estaca de concreto, em que $E = 2,3 \times 10^7$ kN/m², $\gamma = 24$ kN/m³ ou $\rho = 2,5$ kNs²/m⁴, tem-se $C = 3.000$ m/s.

A Equação da Onda (13.25) é linear, ou seja, no caso de haver duas soluções, sua soma também será uma solução, isto é, é válido o princípio da superposição. Se duas ondas de tensão caminham em sentidos opostos e se superpõem, as tensões e velocidades de partícula resultantes são obtidas por superposição.

Se uma onda de compressão caminha ao longo do sentido positivo da barra e uma onda de tração com o mesmo comprimento e mesma magnitude, caminha no sentido oposto (Fig. 13.8a), quando elas se superpõem, as tensões se anulam e a região da barra onde ocorre a superposição fica com tensões nulas. A velocidade de partícula nessa região é dobrada e fica igual a $2v$. Após a superposição, as ondas retornam à sua forma original (Fig. 13.8b). Na seção A, as tensões serão sempre nulas e ela pode ser considerada uma extremidade livre de uma barra (Fig. 13.8c). Conclui-se que, no caso de uma extremidade livre, uma onda de compressão é refletida como uma onda de tração.

Por outro lado, quando duas ondas de compressão caminham em sentidos opostos (Fig. 13.9a) e se superpõem, as tensões dobram e a velocidade de partícula se anula no ponto de encontro. Após a superposição, as ondas retornam à sua forma original (Fig. 13.9b). Na seção A, a velocidade de partícula é nula, e essa seção pode ser considerada igual a uma extremidade fixa de uma barra (Fig. 13.9c).

O problema simplificado da cravação de uma estaca

Durante a cravação de uma estaca, pode acontecer de a ponta da estaca penetrar uma camada mole, que não oferece resistência, ou de a estaca encontrar uma camada tão resistente que praticamente impede sua penetração. No primeiro caso, a onda de tensão de compressão é refletida como uma onda de tração (Fig. 13.10). Estas tensões de tração podem danificar uma estaca de concreto armado que não tenha sido dimensionada para esses esforços (e as emendas de estacas de qualquer tipo devem ser dimensionadas para resistir a essas tensões). No segundo caso, que ocorre quando uma estaca encontra camada muito resistente antes da profundidade prevista (p. ex., contendo pedregulhos) ou no final de cravação, a tensão de compressão é do-

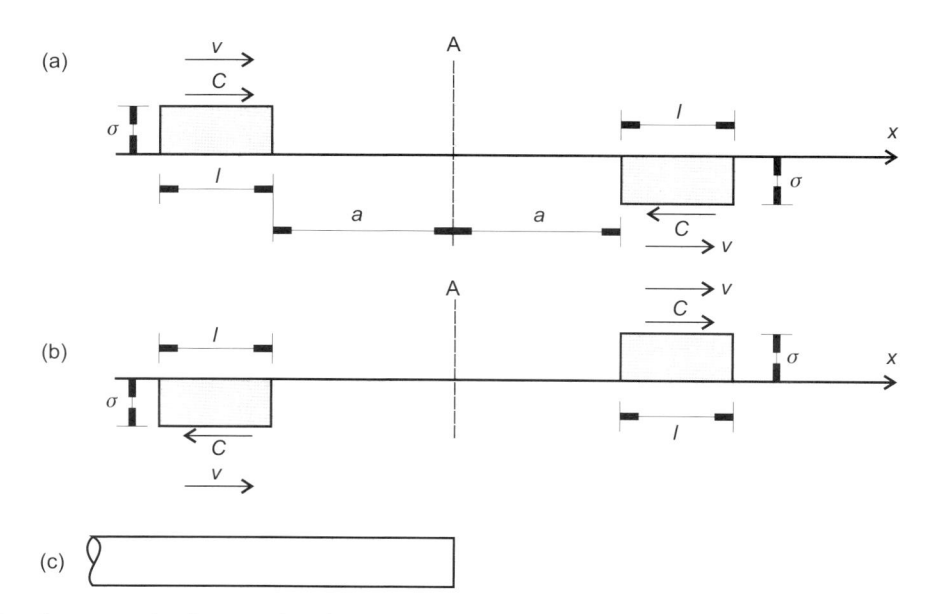

Fig. 13.8 – Encontro de duas ondas de tensão, uma de compressão e outra de tração (Timoshenko e Goodier, 1970)

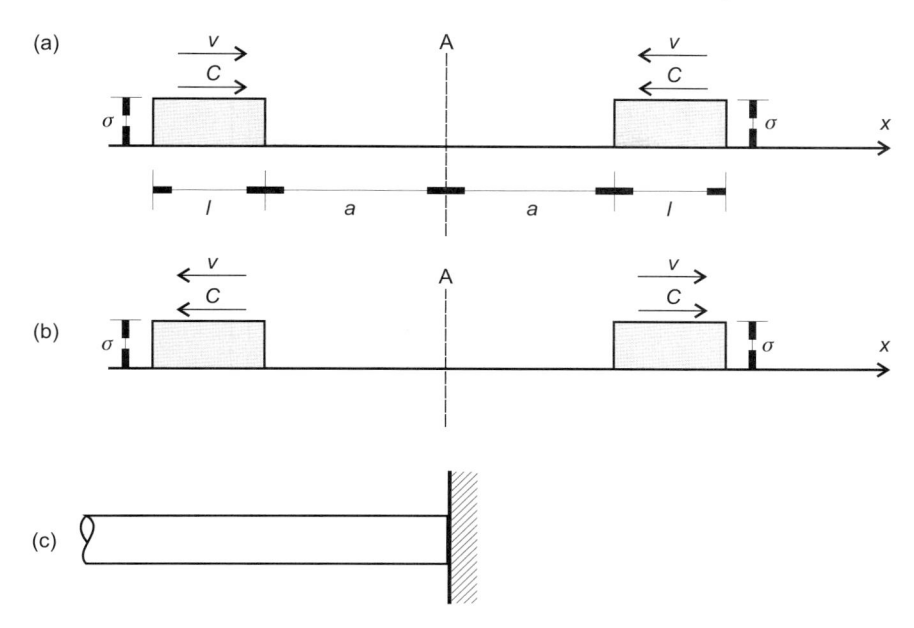

Fig. 13.9 – Encontro de duas ondas de compressão (Timoshenko e Goodier, 1970)

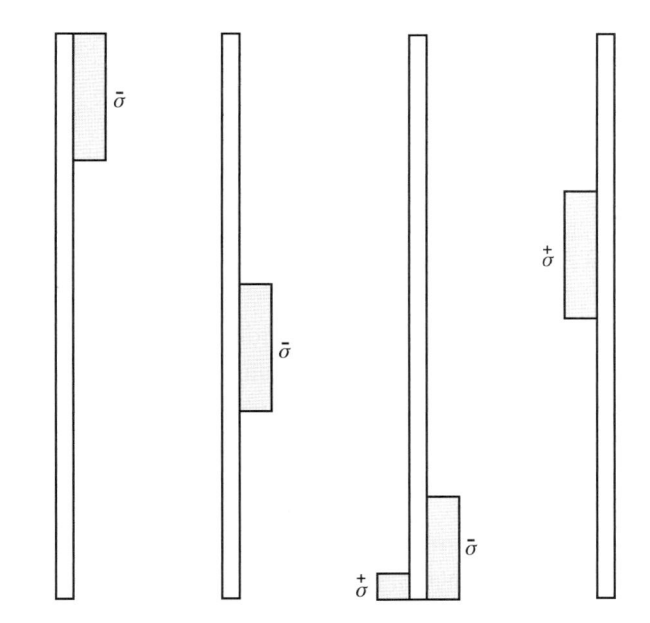

Fig. 13.10 – Evolução das tensões numa estaca cuja ponta não encontra resistência

brada na ocasião da superposição (Fig. 13.11). Essas tensões de compressão podem danificar seriamente a ponta da estaca.

O problema real da cravação de uma estaca

O problema da cravação de uma estaca é mais complexo do que apresentado acima, uma vez que a estaca não é uma barra livre, mas imersa em um meio que oferece resistência ao deslocamento. Para considerar essa resistência, inclui-se na Eq. (13.25) um termo R, que fica (vamos usar w, que indica deslocamento vertical ou recalque, ao invés de u, que indica deslocamento segundo x):

$$\frac{\partial^2 w}{\partial t^2} - C^2 \frac{\partial^2 w}{\partial z^2} + R = 0 \qquad (13.28a)$$

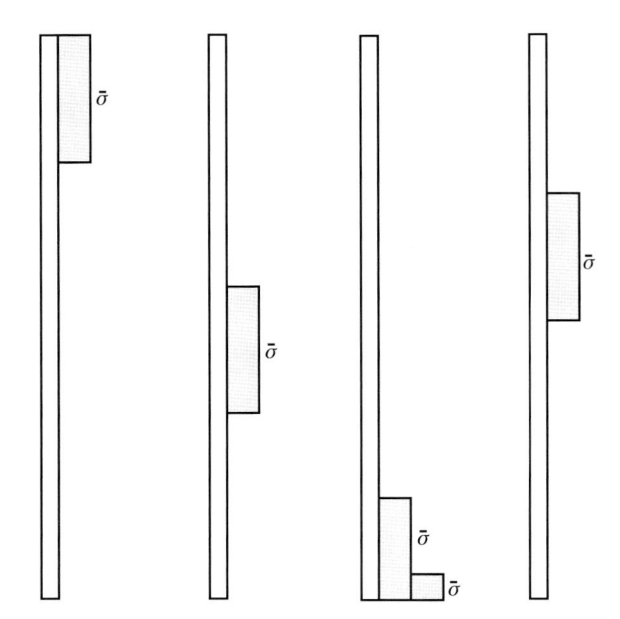

Fig. 13.11 – Evolução das tensões numa estaca cuja ponta encontra material muito resistente

ou, mais formalmente,

$$\frac{\partial^2 w}{\partial t^2} - C^2 \frac{\partial^2 w}{\partial z^2} + \frac{\tau U}{\rho A} = 0 \qquad \text{(13.28b)}$$

A resistência lateral R (ou τ) oferecida pelo solo possui duas componentes: uma estática e outra dinâmica.

A Eq. (13.28) tem de ser resolvida para as condições reais de contorno do problema, o que é praticamente impossível, em especial ao se considerar a ação do solo. Assim, Smith (1960) propôs uma solução numérica, descrita no próximo item.

Modelo discreto

Um modelo simples para a representação da resistência R, proposto por Smith (1960), está na Fig. 13.12. Nesse modelo, a resistência estática é dada pela mola, proporcional, portanto, ao deslocamento, e a dinâmica é dada pelo amortecedor, proporcional, portanto, à velocidade de deslocamento, ou seja,

$$R = Kw + J\dot{w} \qquad \text{(13.29)}$$

onde: K = constante de mola; J = *coeficiente de amortecimento*.

A resistência estática pode ser limitada a um dado valor, como mostrado no modelo da Fig. 13.12d.

Modelo de meio contínuo

Outros modelos mais sofisticados apareceram posteriormente, e consideram o solo como um meio contínuo, como os propostos por Simons (1985); Simons e Randolph (1985) e Randolph e Deeks (1992).

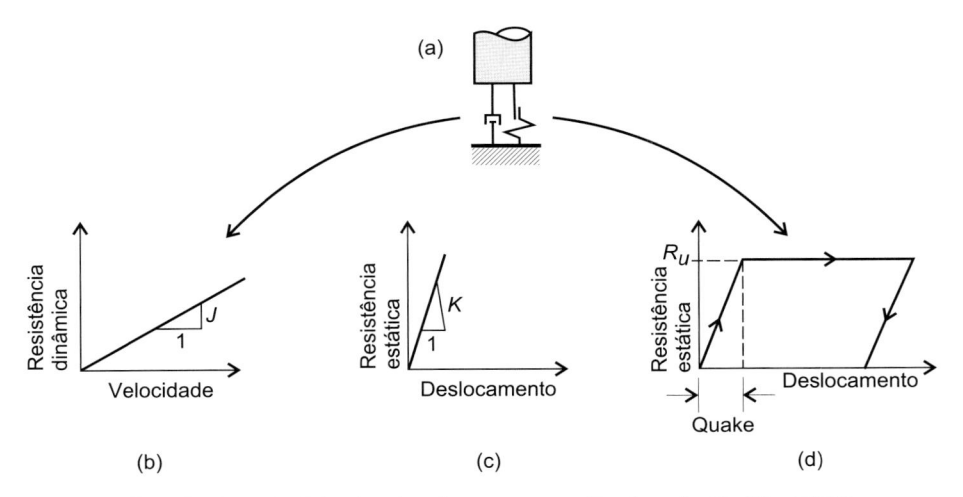

Fig. 13.12 – Modelo simples de representação do solo (Smith, 1960)

13.3.3 Método Numérico Proposto por Smith

Um método numérico foi desenvolvido por Smith (1955, 1960) para a solução da Equação da Onda aplicada à cravação de estacas. Nesse método, a estaca é representada por uma série de pesos concentrados, separados por molas, cada par peso + mola representando um segmento da estaca (Fig. 13.13a).

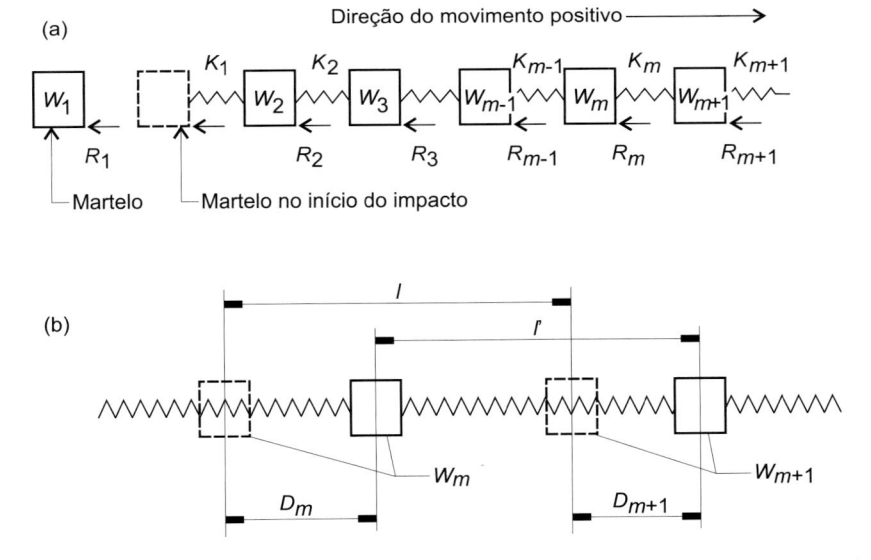

Fig. 13.13 – (a) Representação da estaca segundo Smith (1955, 1960); (b) determinação da compressão $C_{m,n}$ da mola m

O tempo de análise é dividido em intervalos, que devem ser pequenos o suficiente para que, com erros desprezíveis, se possa admitir que todas as velocidades, forças e deslocamentos sejam constantes no intervalo. O cálculo numérico se dá passo a passo e, em cada intervalo de tempo, calculam-se as cinco variáveis D_m, C_m, F_m, Z_m e V_m, definidas como:

D_m = deslocamento do peso m medido em relação à posição inicial

C_m = compressão da mola m

F_m = força exercida pela mola m

Z_m = força resultante que atua no peso m

V_m = velocidade do peso m

As cinco grandezas acima referem-se a um intervalo de tempo n qualquer. Em Smith (1955, 1960), a notação empregada em letras maiúsculas é para um dado intervalo n e letras minúsculas para o intervalo anterior $n-1$. No presente trabalho, adotou-se uma notação em que dois subíndices são empregados, um para designar o elemento (mola ou peso) e outro o intervalo de tempo. Assim, as variáveis D_m, C_m, F_m, Z_m e V_m, anteriormente definidas e correspondentes a um intervalo de tempo n passam a ser escritas $D_{m,n}$, $C_{m,n}$, $F_{m,n}$, $Z_{m,n}$ e $V_{m,n}$.

Para o desenvolvimento das fórmulas básicas, em primeiro lugar, é estabelecido que $D_{m,n}$ é igual a $D_{m,n-1}$ acrescido do deslocamento adquirido durante um intervalo de tempo Δt, tomado simplesmente como $V_{m,n-1}\Delta t$. Ou seja,

$$D_{m,n} = D_{m,n-1} + V_{m,n-1}\Delta t \tag{13.30}$$

Na expressão (13.30) os valores de $D_{m,n-1}$, $V_{m,n-1}$ e Δt são dados iniciais ou foram calculados previamente.

A expressão para determinar $C_{m,n}$ é obtida a partir da observação da Fig. 13.13b, na qual as posições iniciais dos pesos m e $m+1$ são representadas em linhas tracejadas, e suas posições finais num intervalo n, em linhas cheias.

O comprimento inicial da mola m é l, enquanto seu comprimento final é l'. Logo

$$C_{m,n} = l - l' \tag{13.31}$$

Mas, como

$$l + D_{m+1,n} = D_{m,n} + l'$$

então

$$C_{m,n} = D_{m,n} - D_{m+1,n} \tag{13.32}$$

Tem-se, portanto, a expressão para a força $F_{m,n}$

$$F_{m,n} = C_{m,n} \cdot K_m \tag{13.33}$$

Observa-se na Fig. 13.13a que o peso m sofre a ação das molas $m-1$ e m e da força externa ou resistência R_m. Logo, a força resultante que age sobre o peso m é:

$$Z_{m,n} = F_{m-1,n} - F_{m,n} - R_m \tag{13.34}$$

A velocidade $V_{m,n}$ é igual à velocidade $V_{m,n-1}$ acrescida de um incremento adquirido em um intervalo Δt. Esse incremento, ΔV, pode ser obtido a partir da segunda Lei de Newton, ou seja,

$$Z_{m,n} = \frac{W_m}{g}\frac{\Delta V}{\Delta t} \tag{13.35}$$

sendo g a aceleração da gravidade. Logo, tem-se

$$V_{m,n} = V_{m,n-1} + Z_{m,n}\Delta t\frac{g}{W_m} \tag{13.36}$$

Dessa nova velocidade resultará um novo deslocamento $D_{m,n+1}$ no intervalo de tempo seguinte, e o ciclo repete-se para cada elemento, cada intervalo de tempo, até que todas as velocidades se anulem ou mudem de sentido.

As expressões (13.32) a (13.36) constituem as equações básicas do método de Smith.

13 A Cravação de Estacas e os Métodos Dinâmicos

Posteriormente, Smith (1960)[8] comentou que a combinação das cinco equações básicas do método pode resultar numa equação que também pode ser obtida pela formulação da Equação da Onda (com resistência incluída) em diferenças finitas:

$$D_{m,n} = 2D_{m,n-1} - D_{m,n-2} + \frac{g\Delta t^2}{W_m}\left[(D_{m-1,n-1} - D_{m,n-1})K_{m-1} - (D_{m,n-1} - D_{m+1,n-1})K_m - R_m\right] \quad \textbf{(13.37)}$$

ou $\quad w_{m,t} = 2w_{m,t-\Delta t} - w_{m,t-2\Delta t}$

$$+ \frac{g\Delta t^2}{W_m}\left[(w_{m-1,t-\Delta t} - w_{m,t-\Delta t})K_{m-1} + (w_{m,t-\Delta t} - w_{m+1,t-\Delta t})K_m - R_{m,t}\right] \quad \textbf{(13.38)}$$

onde R é a resistência oferecida pelo solo à penetração da estaca.

O método foi desenvolvido por Smith (1960), especificamente para o caso de estacas. Nesse caso, algumas considerações adicionais são feitas em relação ao sistema de cravação (ver Fig. 13.14):

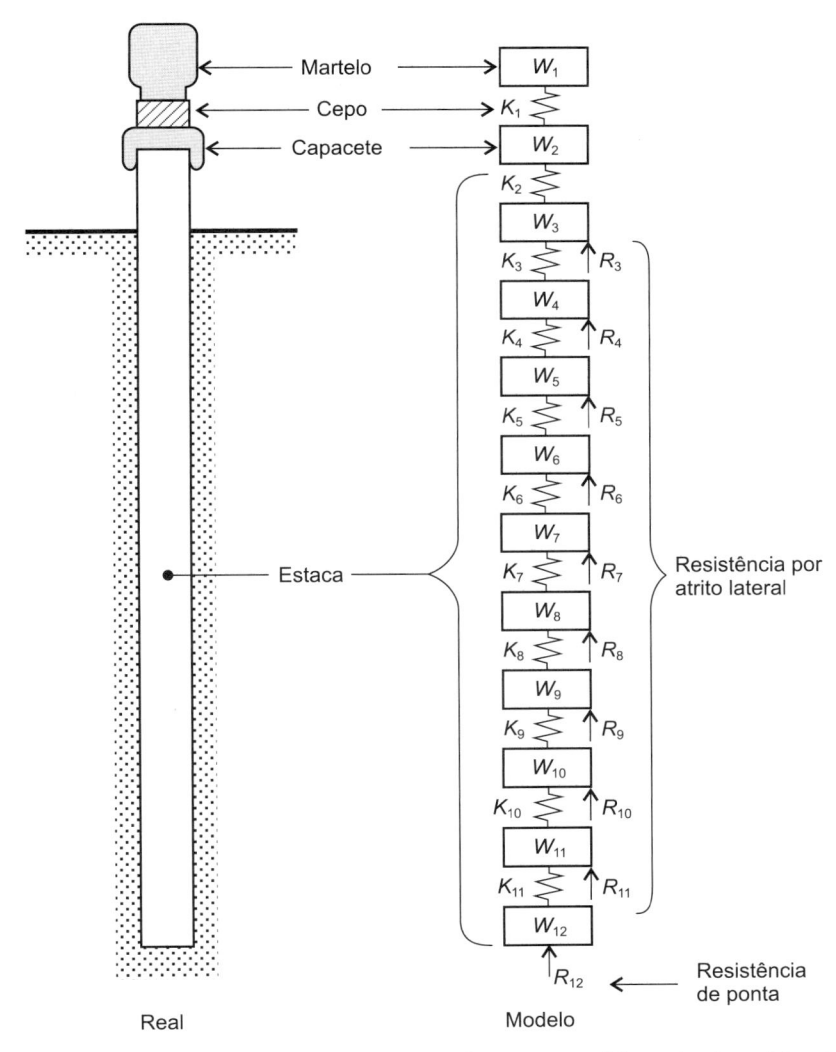

Fig. 13.14 – *Representação da estaca e do sistema de cravação (discretizado arbitrariamente em 12 elementos), segundo Smith (1960)*

---

8. O trabalho de Smith (1960) foi republicado em 1962 nas *Transactions* da ASCE; daí muitos autores se referirem a esse trabalho como 1962 e não 1960.

- normalmente, o pilão e o capacete são objetos curtos, pesados e rígidos, e podem ser, para efeito de análise, simulados por pesos individuais sem elasticidade;
- o cepo e o coxim são representados por molas sem peso, podendo ter ou não um comportamento elástico.

No caso de o cepo e o coxim apresentarem comportamento inelástico, o diagrama admitido é apresentado na Fig. 13.15, e Smith (1960) caracteriza o coeficiente de restituição e como

$$e^2 = \frac{\text{área BCD}}{\text{área ABC}} = \frac{\text{energia que retorna do sistema}}{\text{energia fornecida ao sistema}} \quad (13.39)$$

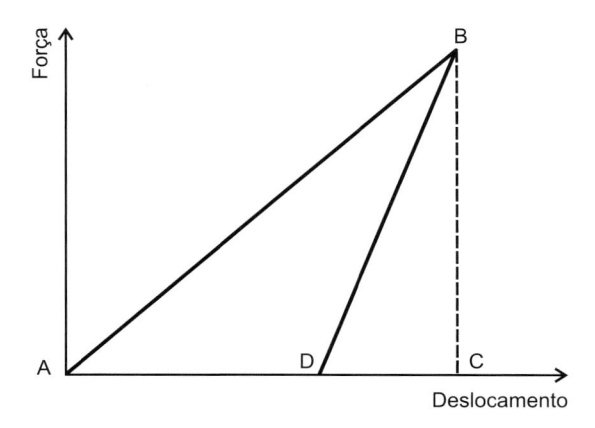

Fig. 13.15 – Diagrama força - deslocamento para cepo e coxim (Smith, 1960)

Resistência do solo

A resistência oferecida pelo solo à penetração da estaca, tanto pela ponta como pelo atrito lateral, possui uma componente estática e uma dinâmica. A parcela estática é admitida como elastoplástica, conforme modelo apresentado na Fig. 13.12d. O *quake q* define o deslocamento para o qual a resistência estática R_u [9] é atingida. O valor de q sugerido por Smith é 0,1", tanto para a ponta como para o atrito lateral, independentemente da natureza do solo.

A parcela dinâmica, de natureza viscosa, é admitida como proporcional à velocidade do elemento da estaca e à resistência estática. A constante de proporcionalidade, denominada *coeficiente de amortecimento*, é notada J_p para a ponta e J_l para o atrito lateral (Smith sugere os valores 0,48s/m e 0,16s/m, respectivamente).

No trabalho de Smith (1960), são fornecidas as rotinas para aplicar o método em todos os seus detalhes, bem como exemplos de aplicação. Um programa para solucionar a Equação da Onda foi fornecido por Bowles (1974). A análise de cravação pela Equação da Onda foi objeto de algumas dissertações da COPPE-UFRJ: Nakao (1981), Almeida (1985), Gomes (1986), Araújo (1988) e a tese de Danziger (1991).

A representação matemática da reação do solo para o modelo de Smith (1960), empregando mola, amortecedor e bloco de atrito, utilizada por Goble (1986) é:

$$R_d = \frac{R_u}{q}(1 + J\dot{w})w \quad \text{para } w < q; \quad R_d = R_u(1 + J\dot{w}) \quad \text{para } w \geqslant q$$

que apresenta vantagens computacionais.

---

9. A resistência estática que a estaca apresenta durante a cravação pode não ser equivalente à capacidade de carga estática Q_{ult} (calculada - Cap. 12 -, ou medida em prova de carga estática - Cap. 17, item 17.4), por conta de alterações que ocorrem após a cravação (item 13.2.6). Assim, é comum usar como notação para a resistência estática R_u, e não Q_{ult}.

13.3.4 Enfoque Simplificado

O enfoque simplificado, conhecido como *solução da impedância* (*impedance solution*), acompanha as ondas descendentes e ascendentes que caminham ao longo da estaca, modificando-as em função das condições de contorno que incluem as resistências do solo e eventualmente mudanças na seção transversal da estaca. Esse enfoque, segundo Beringen et al. (1980), foi introduzido por Jansz et al. (1976) e permite uma melhor visualização dos movimentos e maior facilidade na compreensão do fenômeno. O enfoque simplificado nada mais é do que o *Método das Características*, sendo exato no caso linear.

A solução da impedância incorpora uma notação para as ondas descendentes e ascendentes, e inclui setas indicativas do sentido de propagação da onda ao longo da estaca.

A solução da Equação da Onda (13.25b) foi pesquisada por D'Alembert no século XVIII, que concluiu que ela tem a forma:

$$u(x,t) = f(x-Ct) + g(x+Ct) \tag{13.40a}$$

onde as funções f e g representam duas ondas que se propagam em sentidos contrários com velocidade C. Essa solução pode ser escrita como:

$$u(x,t) = u\!\downarrow + u\!\uparrow \tag{13.40b}$$

A partir da solução (13.40a), chega-se também às equações para força e velocidade de partícula:

$$F = -EA\left[\frac{df(x-Ct)}{d(x-Ct)} + \frac{dg(x+Ct)}{d(x+Ct)}\right] \tag{13.41a}$$

$$\dot{u} = -C\frac{df(x-Ct)}{d(x-Ct)} + C\frac{dg(x+Ct)}{d(x+Ct)} \tag{13.42a}$$

Essas funções também podem ser escritas pela notação simplificada:

$$F = F\!\downarrow + F\!\uparrow \tag{13.41b}$$

$$v = v\!\downarrow + v\!\uparrow \tag{13.42b}$$

Pode-se demonstrar que, juntamente com as expressões (13.41) e (13.28),

$$F\!\downarrow = Zv\!\downarrow \tag{13.43}$$

e

$$F\!\uparrow = -Zv\!\uparrow \tag{13.44}$$

Assim, tem-se:

$$F = F\!\downarrow + F\!\uparrow = Z(v\!\downarrow - v\!\uparrow) \tag{13.45}$$

$$v = v\!\downarrow + v\!\uparrow = (F\!\downarrow - F\!\uparrow)/Z \tag{13.46}$$

Conforme lembrado por Niyama (1983), por ocasião da instrumentação no topo da estaca obtêm-se apenas os valores totais de força ou de velocidade. No entanto, as ondas ascendentes (ou originadas da reflexão) conduzem informações dos efeitos externos e internos, se houver, que provocam justamente as reflexões (condições de contorno do problema). Novos arranjos das expressões acima são necessários para o conhecimento isolado das amplitudes das ondas descendentes e ascendentes, como mostrado a seguir:

$$F = F\downarrow + F\uparrow \quad \Rightarrow \quad F\uparrow = F - F\downarrow$$
$$v = (F\downarrow - F\uparrow)/Z \quad \Rightarrow \quad v = (2F\downarrow - F)/Z$$
$$vZ = 2F\downarrow - F$$

Logo,

$$F\downarrow = (F + Z)/2 \tag{13.47}$$
$$F\uparrow = F - F\downarrow = F - (F + Z)/2$$

e

$$F\uparrow = (F + Z)/2 \tag{13.48}$$

Nessas equações, está implícita a ideia básica da técnica de instrumentação durante a cravação da estaca.

As ondas ascendentes, originadas da reflexão, podem ser vistas como formadas para possibilitar o cumprimento das condições de contorno, tais como: resistência de ponta, atrito lateral e mesmo mudança na impedância da estaca (Clough e Penzien, 1975).

Nas figuras que seguem, as forças indicadas à esquerda são aquelas existentes antes do contato com a descontinuidade (resistência do solo, variação de área da estaca etc.) e, à direita, aquelas após o contato (Jansz et al., 1976; Beringen et al., 1980; Niyama, 1983).

(a) Estaca com Ponta Livre

Neste caso, a resistência de ponta da estaca é nula, $R_p = 0$ (Fig. 13.16a), ou seja,

$$R_p = F = 0$$
$$F\downarrow + F\uparrow = 0$$

Logo,

$$F\uparrow = -F\downarrow$$
$$v = v\downarrow + v\uparrow = F\downarrow/Z + (-F\uparrow/Z) = 2F\downarrow/Z$$
$$v = 2v\downarrow$$

Conclui-se (ver Fig. 13.8) que a onda de compressão chega à extremidade inferior da estaca e reflete-se como onda de tração e, para manter o equilíbrio, a extremidade da estaca acelera de novo e a velocidade reflete-se com o mesmo sinal, duplicando a amplitude da onda incidente (Niyama, 1983).

Convém ressaltar que a superposição ocorre apenas durante um intervalo de tempo correspondente à duração do pulso.

(b) Estaca com Ponta Fixa

Neste caso, o deslocamento da ponta e, consequentemente, a velocidade são sempre nulos (Fig. 13.16b). Tem-se, portanto, que:

$$v = v\downarrow + v\uparrow = 0$$

Logo

$$v\uparrow = -v\downarrow$$

e

$$-F\uparrow/Z = -F\downarrow/Z \quad \text{ou} \quad F\uparrow = F\downarrow$$

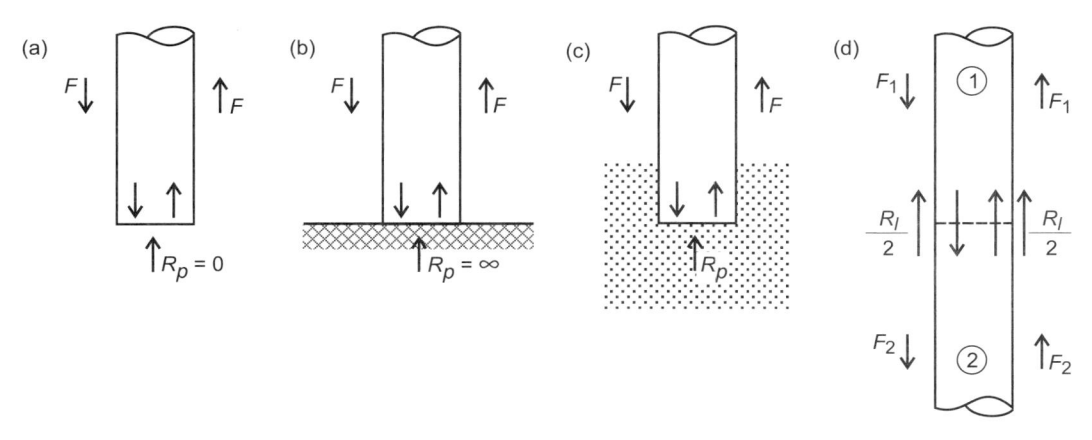

Fig. 13.16 – Estaca (a) com ponta livre; (b) com ponta fixa; (c) com resistência de ponta; (d) com atrito lateral (Beringen et al., 1980; Niyama, 1983)

Assim,

$$F = F\downarrow + F\uparrow = 2F\downarrow$$

Dessa forma, a onda descendente, que é de compressão, chega à ponta refletindo-se também como onda de compressão. A velocidade reflete-se com o sinal oposto, anulando-se nesta extremidade; a estaca "repica".

Convém ressaltar que essa condição é satisfeita desde que o apoio da ponta apresente um comportamento rígido plástico, com uma resistência pelo menos igual a duas vezes a força incidente (Jansz et al., 1976; Nakao, 1981); de outra forma, a estaca move-se violando a condição de fixação.

(c) Estaca com Resistência de Ponta Finita

Neste caso, tem-se (Fig. 13.16c):

$$R_p = F\downarrow + F\uparrow$$

Logo,
$$F\uparrow = R_p - F\downarrow$$
$$v\uparrow = -F\uparrow/Z = -(R_p - F\downarrow)/Z$$

e

$$v = v\downarrow + v\uparrow = F\downarrow/Z - (R_p - F\downarrow)/Z = (2F\downarrow - R_p)/Z$$

Dessa forma, a velocidade na ponta pode ser calculada ou explicitada em função da amplitude da força incidente, da resistência de ponta e da impedância da estaca (Beringen et al., 1980; Niyama, 1993).

(d) Estaca com Atrito Lateral

Ao considerar-se o equilíbrio na seção pontilhada, tem-se (Fig. 13.16d):

$$F_1\downarrow + F_1\uparrow = F_2\downarrow + F_2\uparrow + R_l \tag{13.49}$$

sendo R_l a resistência por atrito lateral. E, ainda,

$$v_1\downarrow + v_1\uparrow = v_2\downarrow + v_2\uparrow$$
$$F_1\downarrow/Z_1 + (-F_1\uparrow)/Z_1 = F_2\downarrow/Z_2 + (-F_2\uparrow)/Z_2$$

Mas, como $Z_1 = Z_2$, vem $F_1\downarrow - F_1\uparrow = F_2\downarrow - F_2\uparrow$

Desta forma, $F_1 \downarrow -F_2 \downarrow = F_1 \uparrow -F_2 \uparrow$ e de (13.49) vem

$$F_1 \downarrow -F_2 \downarrow = -F_1 \uparrow +F_2 \uparrow +R_l$$

Ao igualar-se as duas expressões acima, obtém-se:

$$F_1 \uparrow -F_2 \uparrow = -F_1 \uparrow +F_2 \uparrow +R_l$$

$$2F_1 \uparrow = 2F_2 \uparrow +R_l$$

Logo,

$$F_1 \uparrow = F_2 \uparrow +R_l/2 \tag{13.50}$$

Da mesma forma,

$$F_2 \downarrow = F_1 \downarrow -R_l/2 \tag{13.51}$$

Conclui-se que a amplitude da força descendente é reduzida pela metade do valor da resistência de atrito lateral. Por outro lado, a amplitude da força refletida aumenta no mesmo valor. Isso se aplica ao caso da estaca estar com velocidade positiva, ou seja, num movimento para baixo. Caso contrário, o sinal da resistência R_l será invertido (Jansz et al., 1976; Beringen et al., 1980; Niyama, 1983).

13.4 ESTUDOS DE CRAVABILIDADE

Os estudos de cravabilidade têm por objetivo verificar se as tensões de cravação são aceitáveis e se o martelo previsto para a cravação tem condições de levar a estaca até a profundidade de projeto (ou capacidade de carga prevista). As tensões de cravação, tanto de compressão como de tração, são fornecidas por uma análise pela Equação da Onda. As tensões de compressão também podem ser estimadas por fórmulas, como as do item 13.4.1. A adequação do martelo pode ser melhor examinada por uma solução da Equação da Onda, que considera, além das características do martelo e da estaca, os acessórios e o solo. Essa adequação pode ser avaliada de forma simplista por uma fórmula dinâmica. Em ambos os casos, em termos de negas para resistências crescentes, os resultados obtidos são levados a um gráfico de cravação (item 13.4.2).

13.4.1 Previsão de Tensões de Cravação por Fórmulas

Fórmula da Christiani-Nielsen

Segundo Johannessen (1981), na firma Christiani-Nielsen calcula-se a tensão máxima durante a cravação com a expressão empírica:

$$\sigma_{c,\,máx} = f\sqrt{\gamma_p h E_p} \tag{13.52}$$

onde: γ_p = peso especifico do material da estaca (kgf/m³);
h = altura de queda do martelo (m);
E_p = módulo de elasticidade da estaca (kgf/m²);
f = fator empírico.

O fator f depende dos amortecedores, do solo, das variações na onda refletida na ponta da estaca, assim como da eficiência do equipamento de cravação e tem seus valores fornecidos na Tab. 13.3.

13 A Cravação de Estacas e os Métodos Dinâmicos

Tab. 13.3 – Valores de f para a fórmula da Christiani-Nielsen

Amorte-cimento (coxim) ↓	Nega →	s > 5mm			s < 2 mm			Nega + quake: $s+q$ > 25 mm
	Resit. lateral →	Baixa	Média	Alta	Média	Média	Baixa	
	Resit. de ponta →	Baixa	Média	Média	Média	Alta	Alta	
Duro	$+f$	1	1	1	1,2–1,5	1,5–1,8	1,8–2,0	1
	$-f$	0,7–0,9	0,4–0,7	0,1–0,3	0	0	0	1
Médio	$+f$	0,75	0,75	0,75	0,9–1,2	1,2–1,4	1,4–1,5	0,75
	$-f$	0,5–0,7	0,3–0,5	0,1–0,2	0	0	0	0,75
Macio	$+f$	0,5	0,5	0,5	0,6–0,8	0,8–0,9	0,9–1,0	0,5
	$-f$	0,4–0,5	0,2–0,3	0,0–0,1	0	0	0	0,5

Nas notas da palestra que Johannessen proferiu no Clube de Engenharia, encontram-se indicações para o limite de tensões aceitáveis (Tab. 13.4), que é função da resistência à compressão do concreto aos 28 dias (σ_{c28}), da tensão de escoamento do aço (σ_y) e da relação seção de aço/seção de concreto da estaca (μ). Admite-se, ainda, um aumento de 20% nessas tensões para o caso de uns poucos golpes.

Tab. 13.4 – Valores de tensão dinâmica admissível

Tipo de estaca	Concreto armado	Concreto protendido
Compressão	$0{,}55\,\sigma_{c28} + 0{,}9\mu\sigma_y$	$0{,}65\,\sigma_{c28} - \sigma_{prot}$
Tração	$0{,}8\mu\sigma_y$	σ_{prot}

Fórmula de Gambini

Segundo Gambini (1982), na firma SCAC calcula-se a tensão máxima durante a cravação com o peso e a altura de queda do martelo e a constante elástica do coxim usado, combinados na seguinte expressão semiempírica:

$$\sigma_{c,\,máx} = \frac{v_o I_M c}{A} \qquad (13.53)$$

onde: $v_o = \sqrt{2gh'}$ = velocidade do conjunto martelo-capacete no choque (m/s);
g = aceleração da gravidade (m/s²);
$h' = \eta h \left(\frac{W}{W+W_c}\right)^2$ = altura equivalente de queda (m);
$c = 0{,}86(1 - e^{-1,12R})$;
$R = I_P/I_M$ = razão entre impedâncias;
$I_P = \rho_p C A$ = impedância da estaca (Ns/m);
$I_M = \sqrt{WK}$ = impedância do sistema de cravação (Ns/m);
ρ_p = massa específica do concreto (N s²/m⁴);
C = velocidade de propagação da onda de tensão no concreto (m/s);
E_p = módulo de elasticidade do material da estaca – concreto (N/m²);
A = área da seção transversal da estaca – concreto (m²);
η = eficiência do martelo;
W = peso do martelo (N);
W_c = peso do capacete (N);
K = coeficiente de rigidez do coxim (N/m).

Análise Crítica das Fórmulas

Lopes e Almeida (1985) realizaram um estudo paramétrico por solução da Equação da Onda, com o objetivo de avaliar os principais fatores que influem nas tensões de cravação, para posteriormente verificar se esses fatores estão presentes nas fórmulas propostas. Os parâmetros testados foram: peso do martelo, peso do capacete, coeficiente de restituição do cepo, coeficiente de rigidez do cepo, coeficiente de restituição do coxim e coeficiente de rigidez do coxim, parâmetros que podem ser ajustados no sistema de cravação para aumentar sua eficiência e/ou reduzir as tensões de cravação. O estudo está apresentado com detalhes na dissertação de Almeida (1985). Os resultados do estudo paramétrico podem ser sumarizados, em termos de tensões de cravação, da seguinte maneira:

- parâmetros com grande influência:
  - energia do martelo (em particular a altura de queda);
  - coeficiente de restituição do cepo;
  - coeficiente de rigidez do coxim;
- parâmetros com pequena influência:
  - resistência (estática) do solo;
  - peso do capacete (exceto quando muito elevado);
  - coeficiente de restituição do coxim;
  - coeficiente de rigidez do cepo.

A fórmula da Christiani-Nielsen não considera diretamente nenhum dos parâmetros importantes de acordo com o estudo paramétrico; apenas considera indiretamente, por meio do fator f, os parâmetros de amortecimento. Por sua vez, leva em conta a altura de queda, que tem efeito nas tensões.

Entre os parâmetros considerados importantes na simulação, dois estão presentes na fórmula da SCAC: altura de queda, peso do martelo e coeficiente de rigidez do coxim. O terceiro fator de grande importância, o coeficiente de restituição do cepo, não varia muito. Seu efeito deve ter sido considerado na fórmula de natureza empírica.

13.4.2 Gráficos de Cravabilidade

A relação entre *nega* e a resistência à cravação R prevista pela maioria das fórmulas dinâmicas é não linear, assim como a relação entre *nega* e resistência estática R_u prevista por solução da Equação da Onda. Os resultados podem ser levados a um gráfico como o da Fig. 13.17, conhecido como *gráfico de cravabilidade* ou *de cravação*, no qual o eixo horizontal pode apresentar a nega s ou o número de golpes para uma dada penetração. A penetração que costuma ser 1 pé nos EUA (daí o *blows per foot*) e 50 cm no Brasil (p. ex., $s = 0,2$ cm correspondem a 250 golpes/50 cm). A análise do gráfico indica se um determinado martelo e acessórios são adequados para a cravação da estaca em questão.

13.4.3 Tensões Residuais de Cravação

Após a cravação, é comum que a estaca se encontre ligeiramente encurtada e sob a ação de tensões compressivas, chamadas *tensões residuais de cravação*, que decorrem do fato de que, inicialmente, sob a ação de um golpe do martelo, a estaca se encurta elasticamente e penetra no terreno; cessada a ação do golpe, a estaca tende a voltar ao seu comprimento inicial, mas o solo ao redor do fuste restringe o levantamento, causando tensões cisalhantes de cima para baixo, semelhantes ao atrito negativo. Esse atrito negativo existe na maior parte do fuste, sempre em seu trecho superior, enquanto na ponta da estaca permanecem tensões compressivas. As tensões

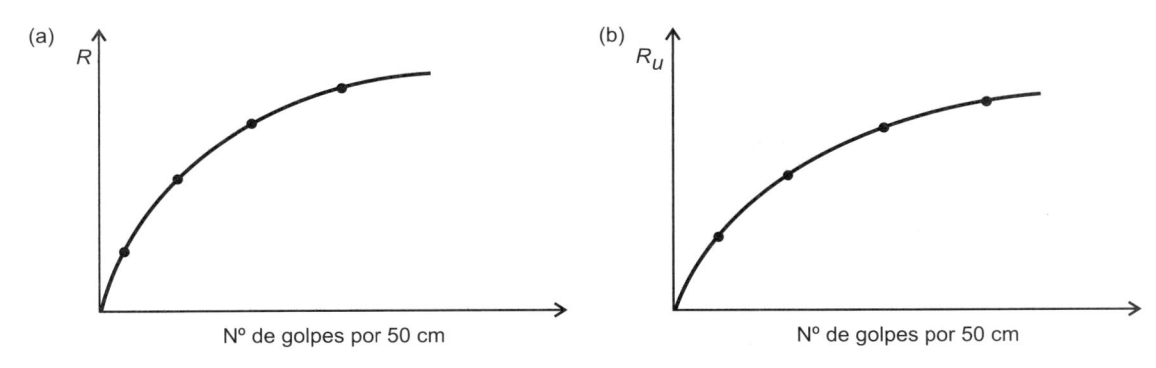

Fig. 13.17 – Gráfico de cravabilidade (a) por fórmula dinâmica e (b) por Equação da Onda

residuais são mais notáveis em estacas cravadas em solos arenosos, capazes de oferecer tanto um atrito lateral importante quanto uma resistência de ponta[10].

Apesar de não influenciar a capacidade de carga de uma estaca, as tensões residuais devem ser consideradas na análise do seu comportamento carga - recalque uma vez que o mecanismo de transferência de carga ao solo é alterado pela presença das tensões (ver Cap. 14). As tensões residuais de cravação são importantes, ainda, na simulação da cravação para a previsão da nega, pois as tensões resultantes de um golpe do martelo influem no comportamento da estaca sob o golpe subsequente. A análise de cravação em que o estado final de um golpe é considerado no golpe subsequente é chamada de *análise de golpes múltiplos* e foi estudada por Holloway et al. (1978), Hery (1983) e Danziger et al. (1993), entre outros.

Darrag e Lovell (1989), a partir de um estudo paramétrico com o programa CUWEAP, desenvolvido por Hery (1983), apresentam ábacos e algumas expressões simples para estimar a carga residual na ponta da estaca em solos arenosos e para a previsão do perfil da distribuição das cargas ao longo do fuste. Costa et al. (2001) analisam os métodos de previsão das tensões residuais de cravação.

REFERÊNCIAS

ALMEIDA, H. R. *Monitoração de estacas e o problema de tensões na cravação*. 1985. Dissertação (Mestrado) – COPPE-UFRJ, Rio de Janeiro, 1985.

AOKI, N. Controle "in situ" da capacidade de carga de estacas pré-fabricadas via repique elástico da cravação, *Publicação da ABMS/NRSP, ABEF e IE/SP*, São Paulo, 1986.

ARAÚJO, M. G. *Avaliação de Métodos de Controle da Cravação de Estacas*. 1988. Dissertação (Mestrado) – COPPE-UFRJ, Rio de Janeiro, 1988.

BERIGEN, F. L.; VAN HOOYDONK, W. R.; SCHAAP, L. H. J. Dynamic pile testing: an aid in analysing driving behaviour. In: INT. SEMINAR ON THE APPLICATION OF STRESS-WAVE THEORY TO PILES, 1980, Stockholm. *Proceedings...* Stockholm, 1980. p. 77-97.

BOWLES, J. E. *Analytical and computer methods in Foundation Engineering*. New York: McGraw-Hill, 1974.

CHELLIS, R. D. *Pile foundations*. New York: McGraw-Hill, 1951.

CLOUGH, R.W.; PENZIEN, J. *Dynamics of structures*. Tokyo, Kogakusha: McGraw-Hill, 1975.

COSTA, L. M.; DANZIGER, B. R.; LOPES, F. R. Prediction of residual driving stresses in piles. *Canadian Geotechnical Journal*, v. 38, p. 410-421, 2001.

DANZIGER, B. R. *Análise dinâmica da cravação de estacas*. 1991. Tese (Doutorado) –COPPE-UFRJ, Rio de Janeiro, 1991.

---

10. Quando a estaca apresenta um atrito elevado e uma pequena resistência de ponta, ou vice-versa, as tensões de cravação não se mantêm.

DANZIGER, B. R.; COSTA, A. M.; LOPES, F. R.; PACHECO, M. P. A influência das tensões residuais na determinação da nega ao final da cravação. In: SIMPÓSIO GEOTÉCNICO COMEMORATIVO DOS 30 ANOS DA COPPE (COPPEGEO), 1993, Rio de Janeiro. *Anais...* Rio de Janeiro, 1993. p. 237-246.

DARRAG, A. A.; LOVELL, C. W. A simplified procedure for predicting residual stresses for piles. In: ICSMFE, 12., 1989, Rio de Janeiro. *Proceedings...* Rio de Janeiro, 1989. v. 2, p. 1127-1130.

GAMBINI, F. *Manuale dei piloti SCAC*, SCAC, 1982.

GOMES, R. C.; LOPES, F. R. Uma avaliação de métodos de controle da cravação de estacas. In: CBMSEF, 8., 1986, Porto Alegre. *Anais...* Porto Alegre,1986. v. 6, p. 23-34.

HERY, P. *Residual stress analysis in WEAP*. 1983. Master's Thesis – University of Boulder, Colorado, 1983.

HOLLOWAY, D. M.; CLOUGH, G. W.; VESIC, A. S. The effects of residual driving stress on piles performance under axial loads. In: OFFSHORE TECHNOLOGY CONFERENCE, OTC 3306, 1978, Houston. *Proceedings...* Houston, 1978. p. 2225-2236.

JANBU, N. An energy analysis of pile driving using non-dimensional parameters, *Annales de l'Institut Technique du Batiment et des Travaux Publics*, n. 63-64, p. 352-360, 1953.

JANSZ, J. W.; VAN HAMME, G. E. J. S. L.; GERRITSE, A.; BOMER, H. Controlled pile driving above and under water with a hydraulic hammer. In: OFFSHORE TECHNOLOGY CONFERENCE, 1976, Dallas. *Proceedings...* Dallas, 1976. paper 2477, p. 593-609.

JOHANNESSEN, A. Impacto longitudinal: aplicação à cravação de estacas, *Publicação de palestra*, Clube de Engenharia, Rio de Janeiro, 1981.

LOPES, F. R.; Almeida, H. R. O problema de tensões de cravação em estacas de concreto. In: SIMPÓSIO REGIONAL DE MECÂNICA DOS SOLOS E ENGENHARIA DE FUNDAÇÕES, 3., 1985, Feira de Santana. *Anais...* Feira de Santana: ABMS, 1985. p. 195-211.

MASSAD. F. On the use of the elastic rebound to predict pile capacity. In: ICSMGE, 15., 2001, Istambul. *Proceedings...* Istambul, 2001. v. 2, p. 959-964.

NAKAO, R. *Aplicação da equação da onda na análise do comportamento de estacas cravadas*.1981. Dissertação (Mestrado) – COPPE, UFRJ, Rio de Janeiro, 1981.

NIYAMA, S. *Medições dinâmicas na cravação de estacas*. 1983. Dissertação (Mestrado) – EP-USP, São Paulo, 1983.

OLSEN, R. E.; FLAATE, K. S. Pile-driving formulas for friction piles in sand, *JSMFD*, ASCE, v. 93, n. SM6, p. 279-296, 1967.

POULOS, H. G.; DAVIS, E. H. *Pile Foundation Analysis and Design.* New York: John Willey & Sons, 1980.

RANDOLPH, M. F.; DEEKS, A. J. Dynamic and static soil models for axial pile response (Keynote Lecture). In: INTERNATIONAL CONFERENCE ON THE APPLICATION OF STRESS-WAVE THEORY TO PILES, 1992, Haia. *Proceedings...* Haia, 1992, p. 3-14.

SIMONS, H. A. *A theoretical study of pile driving*. 1985. PhD Thesis – Cambridge University, Cambridge, 1985.

SIMONS, H. A.; RANDOLPH, M. F. A new approach to one-dimensional pile driving analysis. In: INT. CONF. ON NUMERICAL METHODS IN GEOMECHANICS, 5., 1985, Nagoya. *Proceedings...* Nagoya, 1985. v. 3, p. 1457-1464.

SMITH, E. A. L. Impact and longitudinal wave transmission, *Transactions*, American Society of Mechanical Engineers, p. 963-973, 1955.

SMITH, E. A. L. Pile driving analysis by the wave equation, *JSMFD*, ASCE, v. 86, n. SM4, p. 35-61, 1960.

SORENSEN, T.; HANSEN, J. B. Pile driving formulae, an investigation based on dimensional considerations and a statistical analysis. In: ICSMFE, 4., 1957, London. *Proceedings...* London, v. 2, p. 61-65, 1957.

TAVENAS, F.; ANDY, R. Limitations of the driving formulas for predicting the bearing capacities of piles in sand, *Canadian Geotechnical Journal*, v. 14, n. 1, p. 34-51, 1972.

TIMOSHENKO, S.; GOODIER, J. N. *Theory of Elasticity*, 3. ed. New York: McGraw-Hill, 1970.

UTO, K.; FUYUKI, M.; SAKURAI, M.; HASHIZUME, T.; OSHIMA, J.; SAKAY, Y.; WATANABE, M.; WATANABE, T.; SATO, S.; NAITO, S.; KUMAMOTO, K.; EYA, S. Dynamic bearing capacity, wave theory pile driving control. In: INT. SYMPOSIUM ON PENETRABILITY AND DRIVABILITY OF PILES, 1985, San Francisco. *Proceedings...* San Francisco, 1985. v. 1, 201-204.

VIEIRA, S. H. A. 2006. *Controle de cravação de estacas pré-moldadas*: avaliação de diagramas de cravação e fórmulas dinâmicas. Tese de M.Sc. COPPE. UFRJ, Rio de Janeiro, 2006.

VORCARO GOMES, M. C. *A cravação de estacas e sua influência sobre o solo*. 1997. Dissertação (Mestrado) – PUC-RJ, Rio de Janeiro, 1997.

Capítulo 14

ESTIMATIVA DE RECALQUES SOB CARGA AXIAL

No Cap. 12, a capacidade de carga da estaca foi estudada, e supôs-se que a estaca se desloca o suficiente para mobilizar toda a resistência do solo, seja ao redor do fuste, seja sob a base. Antes desse estágio (*último* ou *de ruptura*) – por exemplo, no nível das *cargas de serviço* –, a mobilização da resistência é parcial, e boa parte do solo que envolve a estaca está distante da ruptura. O comportamento de uma *estaca isolada* – em particular, o seu recalque –, neste estágio intermediário é o objeto deste capítulo. Embora se mencionem apenas estacas, os mecanismos e métodos descritos também valem para tubulões. O comportamento de um *grupo de estacas* será objeto do Cap. 16.

14.1 MECANISMO DE TRANSFERÊNCIA DE CARGA E RECALQUE

Para entender o comportamento da estaca desde o início do seu carregamento até a ruptura, é preciso estudar o *mecanismo de transferência de carga da estaca para o solo*. Esse estudo também é chamado de *interação estaca-solo*, e pode ser entendido melhor com o auxílio das Figs.14.1 e 14.2.

Na Fig. 14.1a é apresentada a carga aplicada à estaca e a ação do solo sobre a estaca, ou melhor, a reação do solo à estaca, que consiste em tensões cisalhantes no fuste (*atrito lateral*) e tensões normais na base. A resultante das tensões cisalhantes é a carga de fuste Q_f e a das tensões normais é a carga de base ou ponta Q_p (que equilibram a carga aplicada Q). A Fig. 14.1b mostra um diagrama de carga axial ao longo do fuste, com as componentes da reação do terreno. A Fig. 14.1c apresenta o deslocamento da estaca sob a carga Q, com o recalque da cabeça da estaca w e da base ou ponta w_p.

O diagrama de atrito lateral da Fig. 14.1a e de distribuição de carga ao longo do fuste da Fig. 14.1b correspondem a um atrito uniforme. Outros casos de distribuição de atrito lateral e correspondentes diagramas de distribuição de carga estão na Fig. 14.1d (Vesic, 1977).

Algumas relações básicas podem ser estabelecidas:

$$w = w_p + \rho \qquad (14.1)$$

onde ρ é o encurtamento (essencialmente elástico) do fuste, que vale

$$\rho = \int_o^L \frac{Q(z)}{AE_p} dz = \frac{1}{AE_p} \int_o^L Q(z)dz = \frac{\Delta}{AE_p} \qquad (14.2)$$

A primeira simplificação da expressão acima é válida quando a área da seção transversal A e o módulo de elasticidade do material da estaca E_p são constantes, e a segunda utiliza a área Δ do diagrama carga-profundidade (ver Fig. 14.1b).

São as seguintes as relações entre carga, atrito lateral e recalque, para uma dada profundidade z, que permitem a construção dos diagramas das Figs. 14.1 e 14.2:

$$Q(z) = AE_p \frac{dw}{dz} \tag{14.3}$$

$$\tau(z) = -\frac{1}{U}\frac{dQ(z)}{dz} \tag{14.4}$$

$$w(z) = w - \frac{1}{AE_p}\int_o^z Q(z)dz \tag{14.5}$$

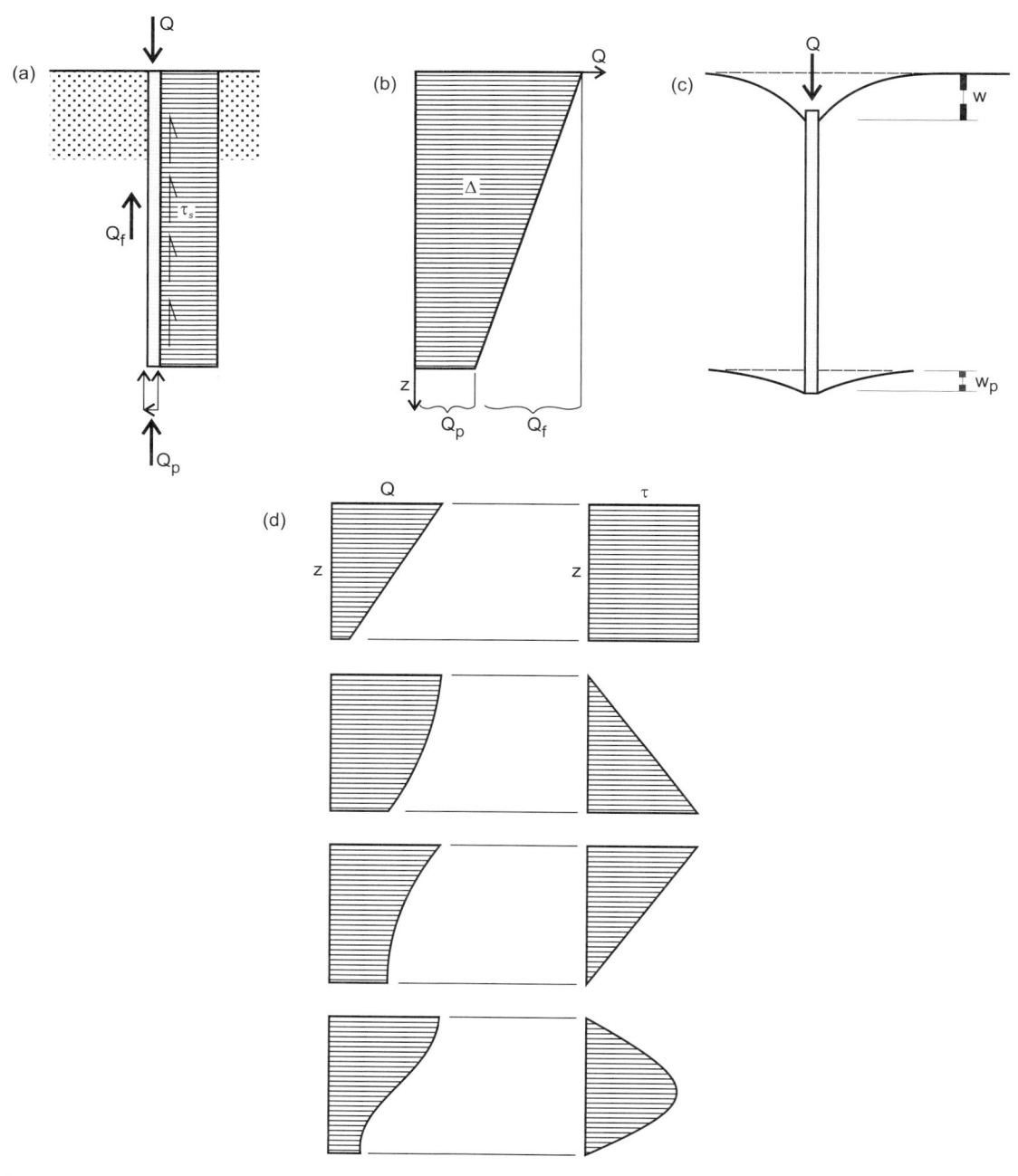

Fig. 14.1 – Elementos do mecanismo de transferência de carga da estaca para o solo: (a) cargas e tensões na estaca; (b) diagrama carga-profundidade; (c) recalques; (d) diagramas de atrito lateral e de carga axial correspondentes (Vesic, 1977)

14 Estimativa de Recalques sob Carga Axial

A Fig. 14.2 apresenta o comportamento completo de uma estaca – relativamente esbelta – carregada até a ruptura, tanto em termos de diagramas de deslocamento (recalque), de atrito lateral e de carga *versus* profundidade como em termos da relação carga-recalque. A figura não representa uma prova de carga específica mas reúne de forma didática os principais aspectos observados em provas instrumentadas (provas de carga reais que serviram de base para sua elaboração podem ser vistas em Vesic, 1977). Quatro estágios de carga foram assinalados, e o último corresponde à carga de ruptura do solo. Inicialmente, é importante considerar a capacidade da estaca de se encurtar elasticamente (mais pronunciada nas estacas esbeltas), uma vez que no início do carregamento apenas a parte superior da estaca se desloca (ver Fig. 14.2a com os encurtamentos sob os 4 níveis de carga). Em consequência, a mobilização do atrito lateral, que necessita do deslocamento da estaca, ocorre de cima para baixo, como pode ser visto na Fig. 14.2b.

Outro aspecto importante do mecanismo de transferência de carga estaca-solo é que a mobilização do atrito lateral exige deslocamentos muito menores do que a mobilização da resistência de base. Assim, somente quando boa parte do atrito lateral está esgotado é que a resistência de ponta começa a ser mobilizada. As Figs. 14.2b e c mostram que os dois primeiros estágios de carga são absorvidos praticamente só por atrito lateral. Sob o nível de carga 3, quando

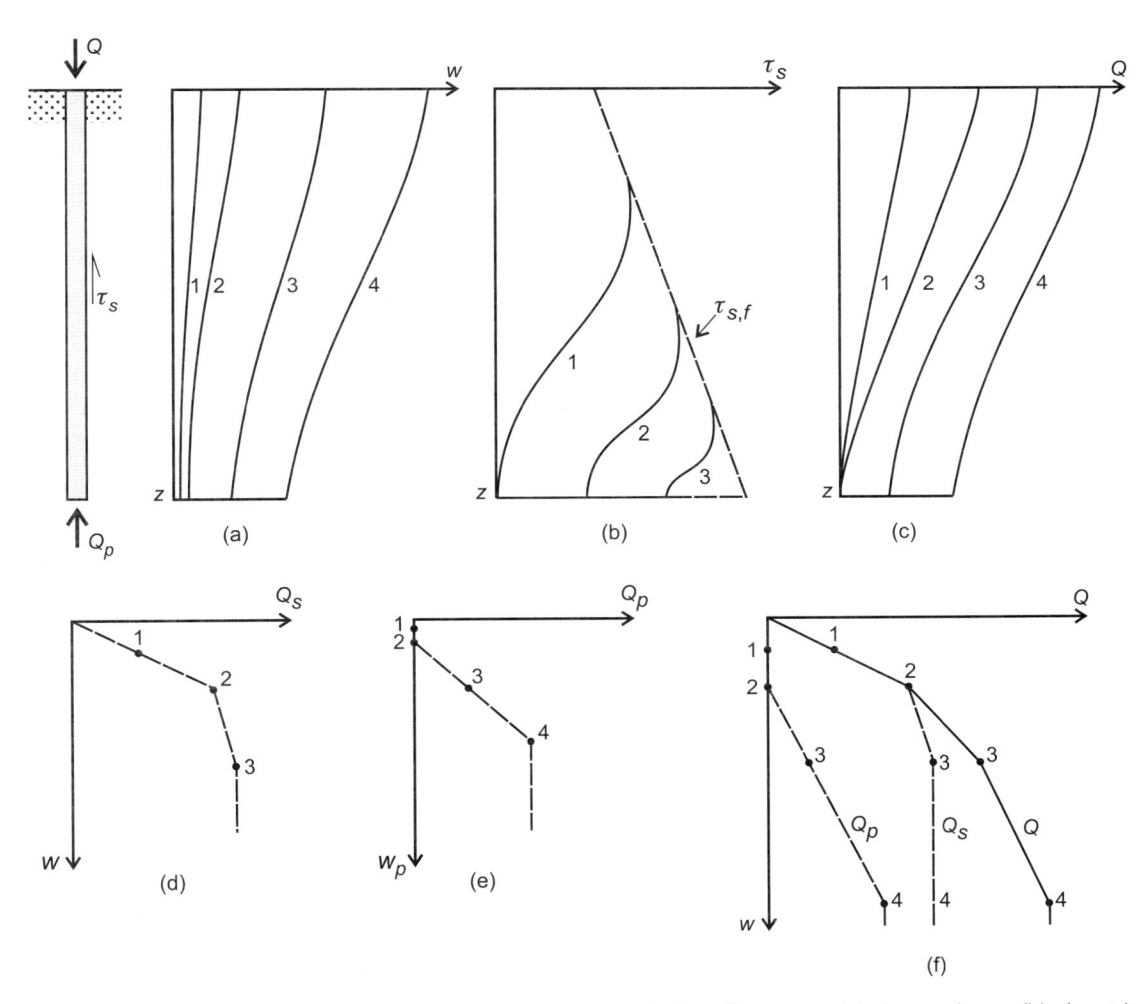

Fig. 14.2 – Comportamento idealizado de uma estaca esbelta: diagramas (a) de recalque; (b) de atrito lateral; (c) de carga versus profundidade, e relações carga-recalque para (d) o fuste, (e) a base (f) a cabeça da estaca (Lopes, 1979)

a resistência lateral está quase esgotada, a carga chega à base da estaca, mobilizando parte da resistência do solo aí disponível, como pode ser visto na Fig. 14.2d. O acréscimo de carga final vai praticamente todo para a base.

A Fig. 14.2d mostra a relação da carga de fuste *versus* o recalque médio do fuste e a Fig. 14.2e mostra a relação da carga de base *versus* o recalque da base. A resposta do solo ao carregamento do fuste é mais rígida (apresenta menores recalques para um determinado nível de carga) do que ao carregamento da base da estaca. A Fig. 14.2f mostra a relação carga-recalque (na cabeça da estaca), que resulta da composição dos dois comportamentos.

No cálculo de recalques de fundações superficiais, é usual lançar mão de soluções da Teoria da Elasticidade, uma vez que as cargas de serviço estão distantes da ruptura, o que acontece também com fundações profundas. Entretanto, quando tais soluções são utilizadas, os resultados devem ser avaliados em termos do modo de transferência de carga pois o atrito lateral pode estar esgotado para a carga de serviço. Por outro lado, há métodos que colocam um limite para a carga de fuste, que deve ser fornecida em função da resistência lateral.

Classificação dos Métodos de Previsão de Recalques

Os métodos de previsão de recalques podem ser classificados de diferentes maneiras. Uma delas seria – como no caso das fundações superficiais (Cap. 5) – separar métodos racionais de semiempíricos, os primeiros constituídos por soluções teoricamente corretas alimentadas por parâmetros que representam o comportamento tensão-deformação dos solos envolvidos, e os segundos constituídos por soluções adaptadas a correlações com ensaios de penetração (SPT e CPT). Os métodos racionais podem ser separados em:

- baseados em funções de transferência de carga;
- baseados na Teoria da Elasticidade;
- métodos numéricos.

Hoje, os métodos baseados em funções de transferência de carga são quase sempre utilizados em métodos computacionais e podem, portanto, ser agrupados com os métodos numéricos. Assim, os métodos de previsão de recalques serão separados em:

- métodos baseados na Teoria da Elasticidade;
- métodos numéricos (inclusive baseados em funções de transferência de carga);
- métodos semiempíricos.

Quando disponíveis, serão reproduzidas as sugestões dos autores dos métodos quanto a parâmetros a serem utilizados. Quando for o caso, serão sugeridos parâmetros correlacionados a ensaios de penetração, com base na experiência dos autores.

14.2 MÉTODOS BASEADOS NA TEORIA DA ELASTICIDADE

14.2.1 Uso de Soluções para Acréscimo de Tensões

Soluções pela Teoria da Elasticidade para o acréscimo de tensões no solo causado pelo carregamento de uma estaca foram obtidas por Martins (1945)[1], apresentada na Fig. 14.3, e por Geddes (1966). Essas soluções fornecem os acréscimos de tensão em qualquer ponto na vizinhança da estaca devidos à carga de fuste e à de ponta.

---

1. O trabalho de Martins (1945), pouco divulgado, foi apresentado posteriormente por Grillo no Congresso Internacional de Rotterdam; daí, a referência mais comum a Grillo (1948).

14 Estimativa de Recalques sob Carga Axial

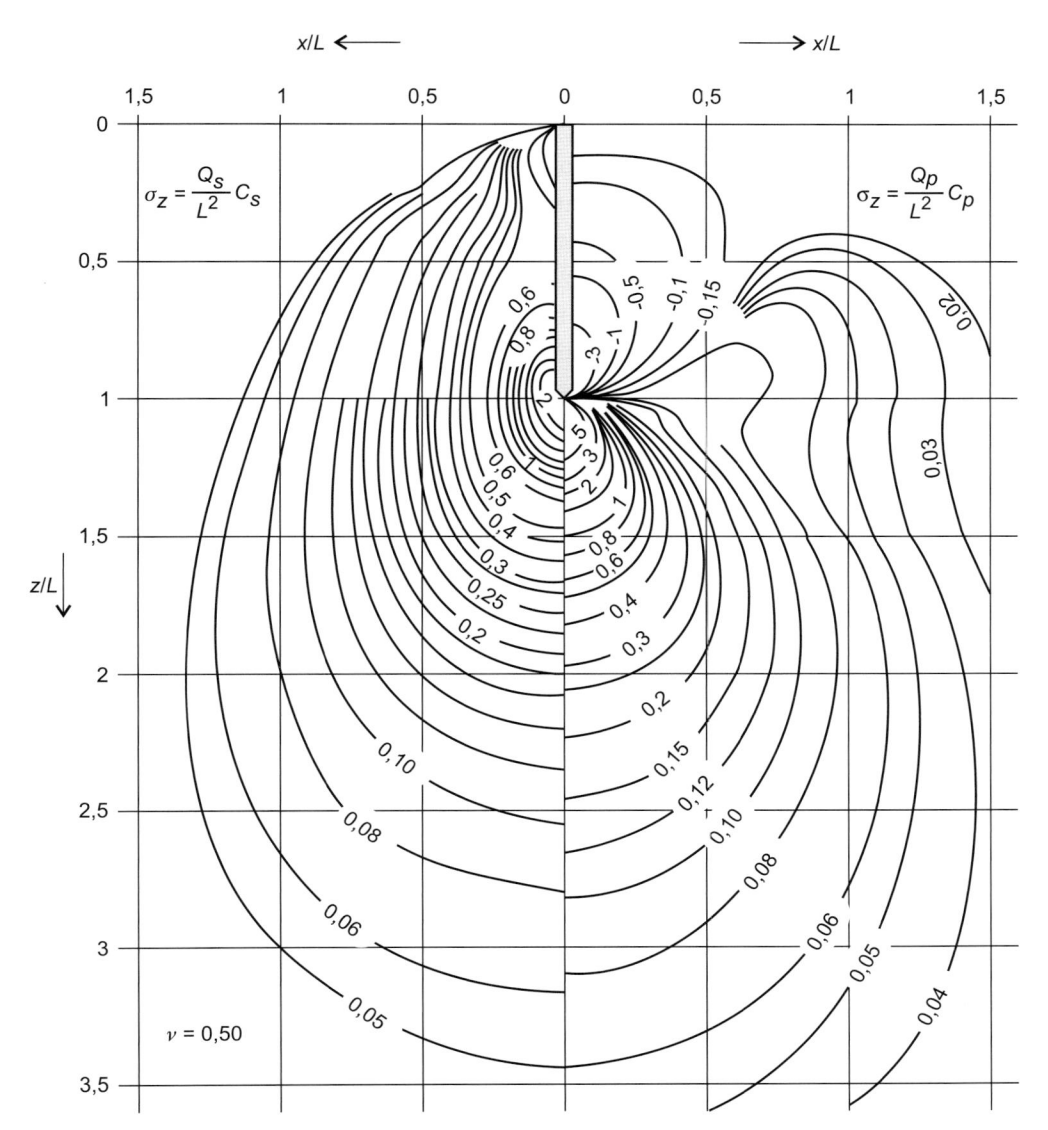

Fig. 14.3 – *Solução para o cálculo do acréscimo de tensões no solo causado por uma estaca (Martins, 1945)*

Os acréscimos de tensão, obtidos em pontos abaixo da ponta da estaca, podem ser combinados com as propriedades de deformação dos solos (abaixo da estaca), num *cálculo indireto* do recalque da ponta da estaca (como explicado no item 5.4.2 para fundações superficiais). A esse recalque precisa ser somado o encurtamento elástico do fuste, dado pela Eq. (14.2), para se obter o recalque da cabeça da estaca. Tanto para uso na solução para o acréscimo de tensão como para o cálculo do encurtamento elástico do fuste, é necessário estimar as cargas transferidas pelo fuste e pela ponta no nível da carga de serviço (*modo de transferência de carga*). Para tanto, são úteis os elementos do item 14.1.

14.2.2 Contribuição de Poulos e Davis

No livro de Poulos e Davis (1980), encontra-se um resumo de seus trabalhos (e de colaboradores) sobre o comportamento carga-recalque de estacas. Os autores utilizaram um processo numérico que emprega a solução de Mindlin (1936) para calcular a ação da estaca sobre o solo. As soluções desenvolvidas estão em forma de ábacos, e seu modo de obtenção pode ser programado.

Na metodologia utilizada, a estaca é dividida em um número de elementos uniformemente carregados e a solução é obtida impondo compatibilidade entre os deslocamentos da estaca e os deslocamentos do solo adjacente para cada elemento da estaca (Fig. 14.4). Os deslocamentos da estaca são obtidos considerando-se a compressibilidade da estaca sob carga axial e os deslocamentos do solo são obtidos através da equação de Mindlin.

Inicialmente, obteve-se a solução para uma estaca incompressível em um meio elástico semi-infinito com coeficiente de Poisson igual a 0,5:

$$w = \frac{QI_o}{EB} \quad \text{(14.6a)}$$

onde, além dos termos definidos anteriormente, B é o diâmetro da estaca e I_o é o fator de influência dado na Fig. 14.5a (função da razão entre o diâmetro da base da estaca, B_b, e o diâmetro da estaca).

Em seguida, foram obtidas soluções para estacas compressíveis, em solo de espessura finita e com ponta em material resistente, além de considerar diferentes valores para o coeficiente de Poisson. A fórmula geral para cálculo de recalques é:

$$w = \frac{QI}{EB} \quad \text{(14.6b)}$$

sendo

$$I = I_o R_k R_h R_v R_b \quad \text{(14.7)}$$

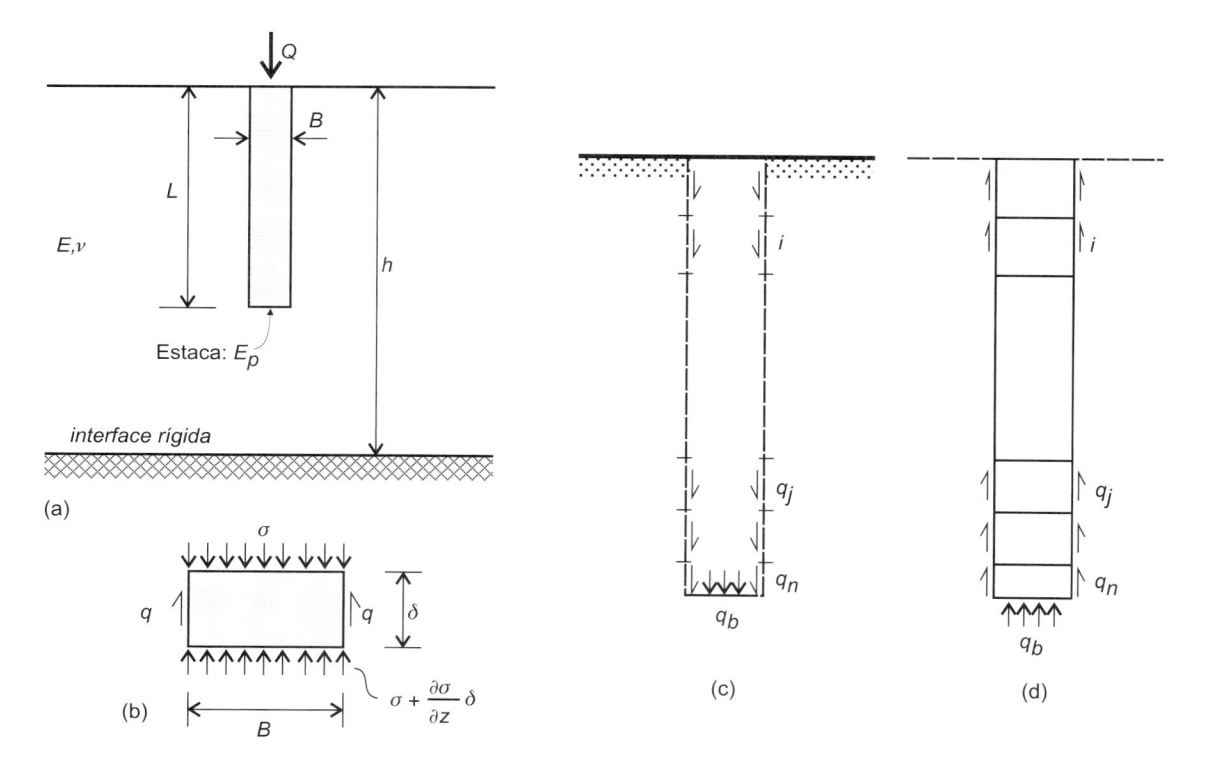

Fig. 14.4 – Modelo de Poulos e Davis (1974): (a) o problema analisado; (b) o elemento de estaca; (c) a ação da estaca sobre o solo; (d) a ação do solo sobre a estaca

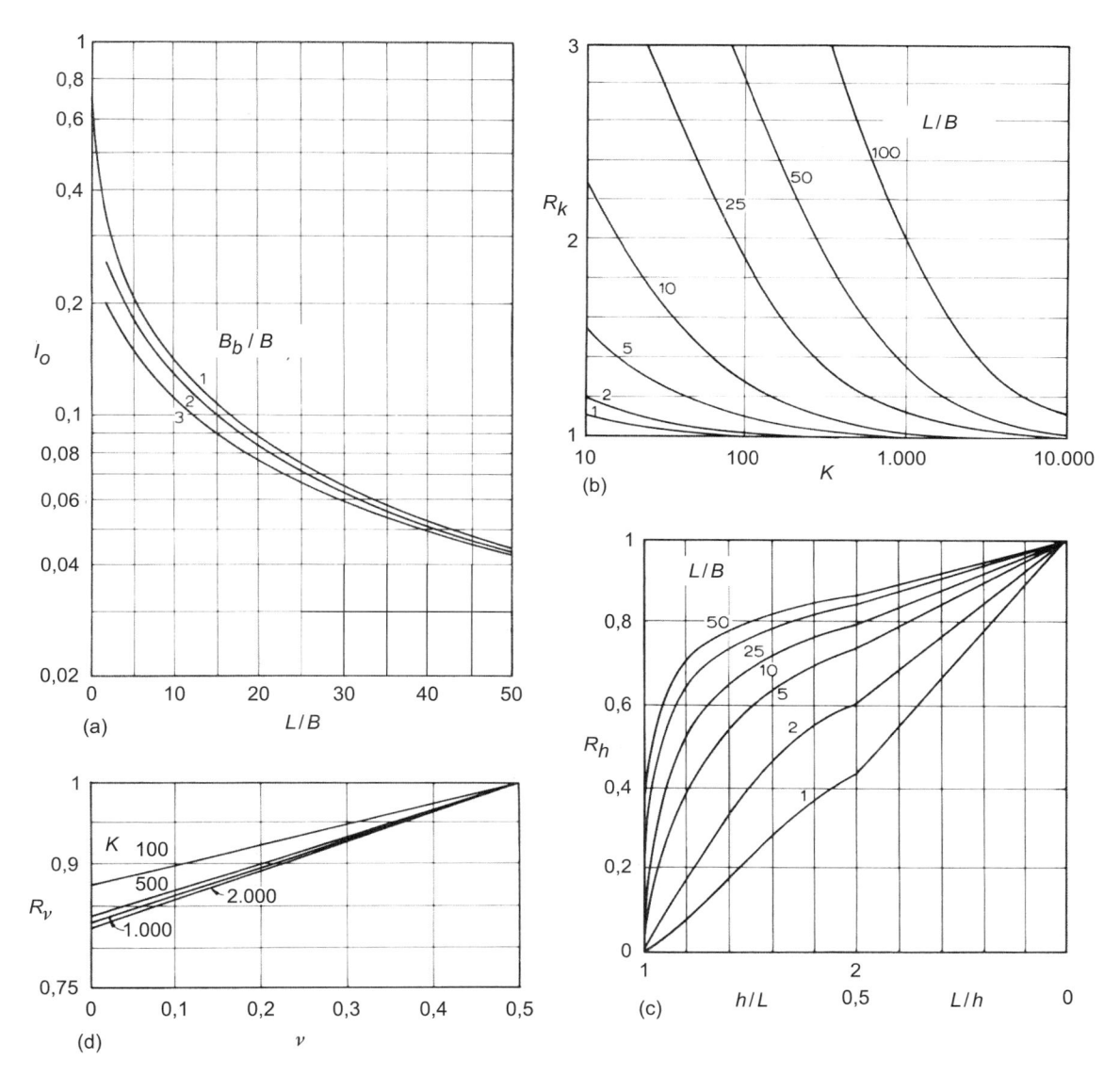

Fig. 14.5 – Fatores para o cálculo de recalque de estacas: (a) fator I_o; (b) influência da compressibilidade da estaca; (c) da espessura (finita) do solo compressível; (d) do coeficiente de Poisson do solo (Poulos; Davis, 1974)

onde: R_k = fator de correção para a compressibilidade da estaca[2] (Fig. 14.5b);

R_h = fator de correção para a espessura h (finita) de solo compressível (Fig. 14.5c);

R_v = fator de correção para o coeficiente de Poisson do solo (Fig. 14.5d);

R_b = fator de correção para a base ou ponta em solo mais rígido (Fig. 14.6), sendo E_b o módulo de Young do solo sob a base.

O trabalho de Poulos e Davis (1980) aborda também a questão do deslizamento na interface estaca-solo, a questão do meio heterogêneo e ainda a influência do bloco de coroamento.

---

2. A compressibilidade da estaca é expressa por um fator de rigidez:
$$K = E_p R_A / E$$
onde $R_A = A_p / \pi B^2 / 4$, ou seja, a razão entre a área da seção transversal estrutural da estaca e a área do círculo externo (para estacas maciças $R_A = 1$).

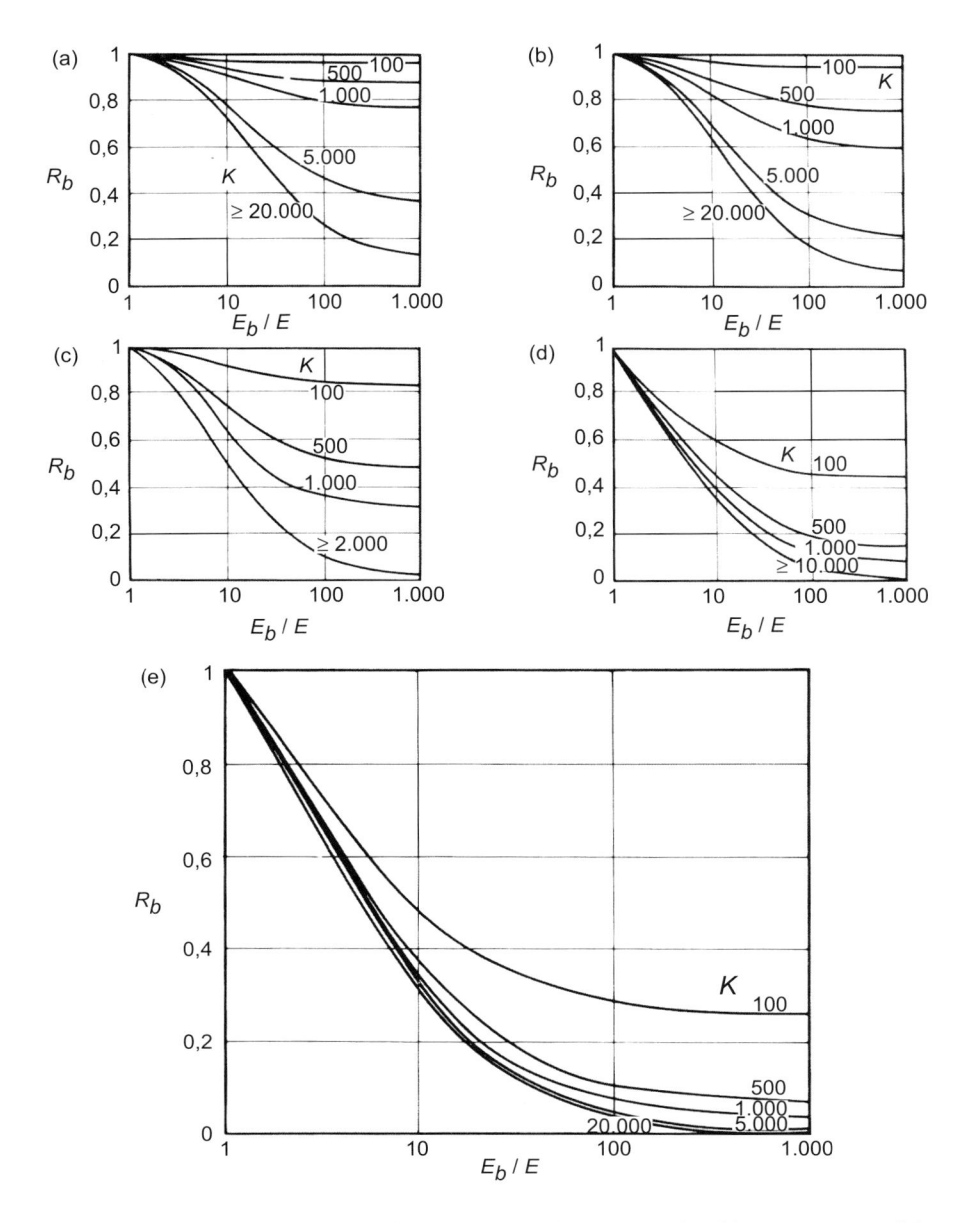

Fig. 14.6 – Fator de correção para a base da estaca em solo mais rígido: (a) para L/B=75; (b) para L/B=50; (c) para L/B=25; (d) para L/B=10; (e) para L/B=5 (Poulos e Davis, 1974)

A partir de uma avaliação do método para algumas provas de carga, os autores sugerem os valores das propriedades de deformação da Tab. 14.1.

Em termos de metodologia, um trabalho semelhante ao de Poulos e Davis, foi realizado por Butterfield e Banerjee (1971).

14.2.3 Método de Randolph

Randolph (1977) e Randolph e Wroth (1978) estudaram o recalque de uma estaca isolada carregada verticalmente, inicialmente com as cargas transferidas pela base e pelo fuste separadamente e posteriormente juntando os dois efeitos para produzir uma solução aproximada.

O modelo usado na análise é o da Fig. 14.7a, no qual o solo afetado pela estaca é dividido em duas camadas por um plano horizontal que passa pela base da estaca. É admitido que a

14 Estimativa de Recalques sob Carga Axial

Tab. 14.1 – Valores de E', v' (Poulos e Davis, 1980)

Solo	consistência / compacidade	E'	v'
Argila	mole		0,4
	média	$200 < \dfrac{E'}{S_u} < 400$	0,3
	rija		0,15
Areia	fofa	27 - 55 MN/m²	
	median. compacta	55 - 70 MN/m²	0,3
	compacta	70 - 110 MN/m²	

camada superior se deforma exclusivamente devido à carga transferida pelo fuste, e a camada inferior, por sua vez, exclusivamente devido à carga transferida pela base. A Fig. 14.7b mostra os modos de deformação admitidos para a parte superior e inferior da camada.

(a) Interação entre o Fuste da Estaca e o Solo

A equação de equilíbrio em coordenadas cilíndricas é:

$$\frac{\partial}{\partial r}(r,\tau) + r\frac{\partial \sigma_z}{\partial z} = 0 \tag{14.8a}$$

O estado de deformação do solo ao redor do fuste de uma estaca pode ser descrito como de cisalhamento puro (Cooke, 1974; Lopes, 1979) e como $\partial \sigma_z/\partial z$ é muito pequeno, pode ser desprezado. Assim, tem-se:

$$\frac{d}{dr}(r,\tau) = 0 \tag{14.8b}$$

Ao resolver-se a equação diferencial, considerando uma estaca de raio r_0 e uma tensão cisalhante na interface solo-estaca (atrito lateral) τ_s, tem-se:

$$\tau(r) = \frac{\tau_s r_0}{r} \tag{14.9}$$

Supondo que o módulo de elasticidade transversal ou de cisalhamento G não varia com a profundidade, a distorção do solo ao lado da estaca é dada por:

$$\gamma = \frac{\tau}{G} = \frac{\partial u}{\partial z} + \frac{\partial w}{\partial r} \tag{14.10}$$

onde: u = deslocamento radial (horizontal);
w = deslocamento vertical.

Novamente a deformação vertical é dominante e $\partial u/\partial z$ é desprezível. Ao combinar-se (14.9) com (14.10), resolvendo para o deslocamento vertical, tem-se para o recalque do fuste:

$$w_s = \int_{r_0}^{r_m} \gamma\, dr = \int_{r_0}^{r_m} \frac{\tau_s}{G}\frac{r_0}{r}dr = \frac{\tau_s \cdot r_0}{G}\zeta \tag{14.11}$$

onde r_m é o raio máximo, dado por

$$r_m \simeq 2{,}5L(1-v) \tag{14.12}$$

sendo L o comprimento da estaca e

$$\zeta = \ln\left(\frac{r_m}{r_0}\right) \cong 4 \tag{14.13}$$

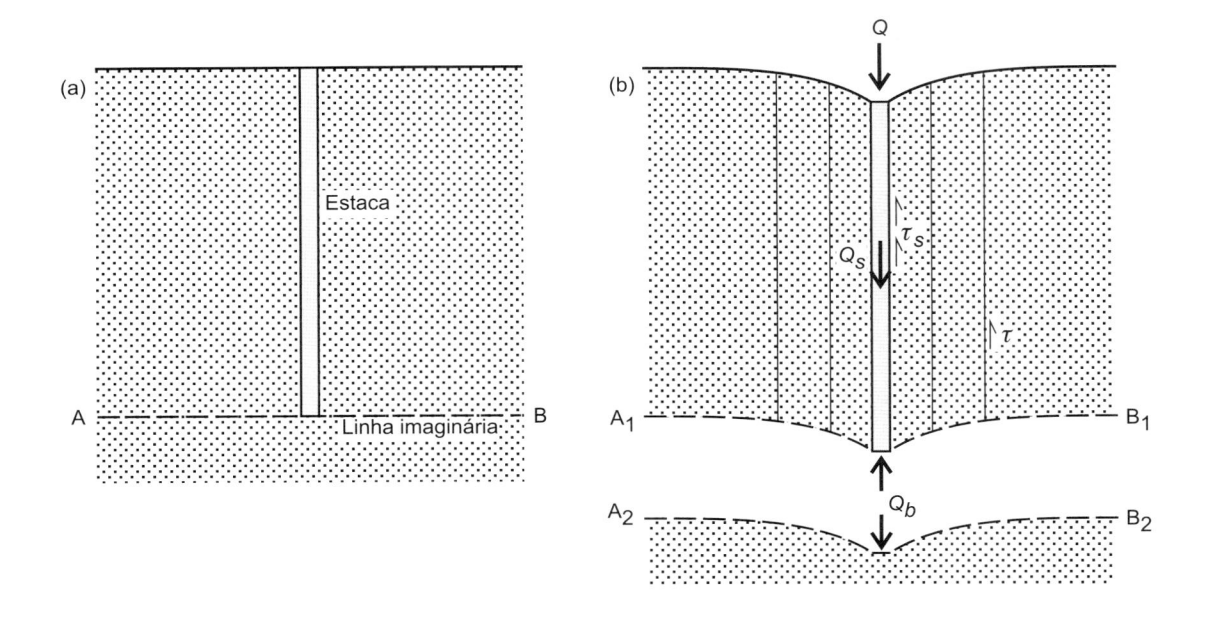

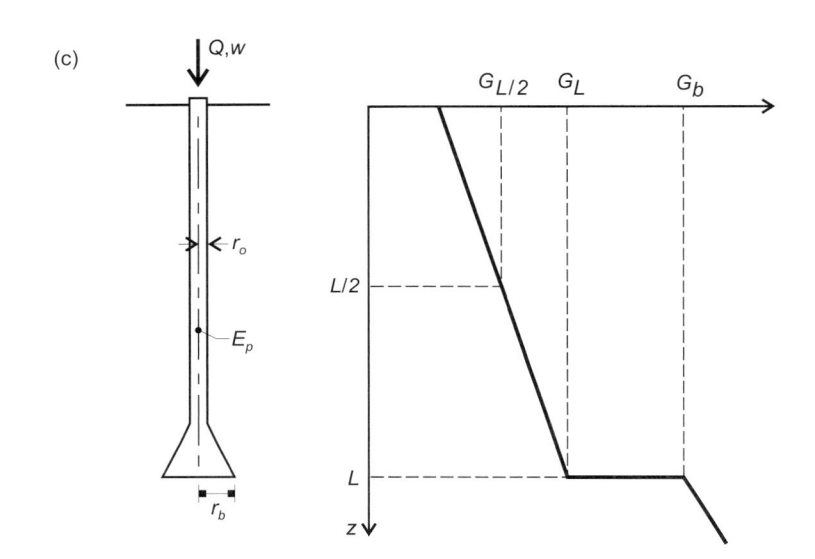

Fig. 14.7 – Camadas de solo superior e inferior e modos de deformação no modelo de Randolph (1977)

A Eq. (14.11) fornece a relação entre recalque (devido à carga de fuste) e tensão cisalhante na interface solo-estaca. Para uma estaca rígida, o recalque é constante ao longo do comprimento, assim como o atrito lateral.

A seguinte expressão relaciona a carga axial transferida ao solo e a tensão cisalhante:

$$\frac{dQ(z)}{dz} = -2\pi r_0 \tau_s \tag{14.14}$$

Como a tensão cisalhante não varia com a profundidade, a carga total transferida pela estaca ao solo é:

$$Q_s = 2\pi r_0 \tau_s L \tag{14.15}$$

Ao combinar-se as expressões (14.11) e (14.15), obtém-se a relação entre carga de fuste e recalque:

$$\frac{Q_s}{w_s} = \frac{2\pi L G}{\zeta} \qquad (14.16)$$

(b) Interação entre a Base da Estaca e o Solo

O recalque causado, na parte inferior em que o solo é dividido, por uma placa rígida é dado por (ver Eq. 5.12, Cap. 5, vol. 1):

$$w_b = \frac{(1-\nu)Q_b}{4 r_0 G} \qquad (14.17)$$

onde, além dos termos já definidos, ν é o coeficiente de Poisson do solo.

(c) Combinando o Fuste com a Base

Para uma estaca rígida, valem as seguintes relações:

$$w = w_s = w_b \qquad (14.18)$$

e

$$Q = Q_s + Q_b \qquad (14.19)$$

Daí vem a relação carga-recalque na cabeça da estaca

$$\frac{Q}{w r_o G} = \frac{4}{(1-\nu)} + \frac{2\pi L}{\xi r_o} \qquad (14.20)$$

O módulo de cisalhamento do solo foi preferido no lugar do Módulo de Young, porque a deformação que ocorre no solo adjacente à estaca é principalmente cisalhante, e o módulo não é afetado, pelo menos teoricamente, pelas condições de carregamento (se drenado ou não drenado).

(d) Estaca Compressível

Para o caso de estacas compressíveis, as Eqs. (14.8) e (14.9) também valem, mas o recalque e a tensão cisalhante variam com a profundidade. Assim, a Eq. (14.11) fica

$$w_s(z) = \frac{\tau_s(z) r_0}{G} \zeta \qquad (14.21)$$

a primeira expressão para determinar a relação carga-recalque da estaca.

Analogamente ao caso de estaca rígida, a segunda expressão é dada pela relação entre a tensão cisalhante na interface solo-estaca e a carga axial atuante no fuste:

$$\frac{dQ(z)}{dz} = -2\pi r_0 \tau_s(z) \qquad (14.22)$$

A consideração da compressibilidade da estaca conduz a uma terceira expressão que compatibiliza a deformação axial (recalque) de um ponto da estaca com a carga axial atuante:

$$\frac{dw_s(z)}{dz} = -\frac{Q(z)}{\pi r_o^2 E_p} \qquad (14.23)$$

onde E_p é o Módulo de Young da estaca.

Tem-se, assim, um sistema de três equações a três incógnitas, que, resolvido para o recalque, conduz à equação diferencial que descreve o comportamento à deformação da estaca:

$$\frac{d^2 w_s(z)}{dz^2} - \frac{2}{r_0^2 \zeta \lambda} w_s(z) = 0 \tag{14.24}$$

onde $\lambda = \frac{E_p}{G}$ é a chamada rigidez relativa (*stiffness ratio*).

Solução Compacta

Resolvendo-se a equação diferencial e utilizando-se as condições de contorno listadas a seguir, relativas à base da estaca, pode-se chegar a uma solução particular para os recalques.

$$w_b(z = L) = \frac{(1-\nu)}{4} \frac{Q_b}{r_0 G} \tag{14.25}$$

$$\frac{dw_b}{dz}(z = L) = -\frac{Q_b}{\pi r_0^2 \lambda G} \tag{14.26}$$

Com a expressão (14.22) do sistema de equações, pode-se determinar por integração a solução particular para a força axial atuante no fuste da estaca.

Randolph e Wroth (1978) resumiram seu procedimento, aplicado apenas à cabeça da estaca, por meio da relação:

$$\frac{Q}{wr_0 G} = \left[\frac{\dfrac{4}{(1-\nu)} + \dfrac{2\pi}{\zeta} \dfrac{L}{r_o} \dfrac{tgh(\mu L)}{\mu L}}{1 + \dfrac{4}{(1-\nu)} \dfrac{1}{\pi \lambda} \dfrac{L}{r_o} \dfrac{tgh(\mu L)}{\mu L}} \right] \tag{14.27}$$

onde $\mu = \frac{1}{r_0} \left(\frac{2}{\xi \lambda}\right)^{1/2}$.

(e) Solução Aproximada para Solo Não Homogêneo

É possível considerar casos simples de heterogeneidade como aquela em que a rigidez do solo varia linearmente com a profundidade (*solo de Gibson*)[3]. Nesses casos o módulo de cisalhamento é expresso como:

$$G = m(b + z) \tag{14.28}$$

A expressão geral para a estaca rígida é:

$$\frac{Q}{wr_o G_L} = \frac{4}{(1-\nu)} + \frac{2\pi L}{\xi r_o} \rho \tag{14.29}$$

onde: $\rho = G_{L/2}/G_L$
$\lambda = Ep/G_L$
$r_m \cong 2{,}5L(1-\nu)\rho$

O caso de uma estaca compressível em solo tipo Gibson é mais complexo, e apenas uma solução aproximada pode ser proposta:

$$\frac{Q}{wr_o G_L} = \left[\frac{\dfrac{4}{(1-\nu)} + \dfrac{2\pi}{\zeta} \dfrac{L}{r_o} \dfrac{tgh(\mu L)}{\mu L} \rho}{1 + \dfrac{4}{(1-\nu)} \dfrac{1}{\pi \lambda} \dfrac{L}{r_o} \dfrac{tgh(\mu L)}{\mu L}} \right] \tag{14.30}$$

---

3. Trabalho rigoroso sobre cálculo de recalques de estacas em meios heterogêneos, tanto lineares como por estratificação, é a dissertação de Oliveira (1991), que requer um maior trabalho matemático.

Solução Completa

Randolph (1985) sugeriu modificações nessa última expressão para solos que apresentam um aumento abrupto de G logo abaixo da base (simulando estacas com a base em um substrato mais rígido do que aquele que envolve o fuste) e para o caso de base alargada (de raio r_b). A nova expressão é:

$$\frac{Q}{wr_o G_L} = \left[\frac{\dfrac{4n}{(1-v)\Omega} + \dfrac{2\pi}{\zeta}\dfrac{L}{r_o}\dfrac{tgh(\mu L)}{\mu L}\rho}{1 + \dfrac{4n}{(1-v)\Omega}\dfrac{1}{\pi\lambda}\dfrac{L}{r_o}\dfrac{tgh(\mu L)}{\mu L}}\right] \quad (14.31)$$

onde: $\Omega = G_L/G_b$
$n = r_b/r_o$

(f) Correlações Obtidas para o Método de Randolph a partir de Provas de Carga

Os parâmetros que caracterizam o comportamento à deformação do solo no método de Randolph são o módulo de cisalhamento G e o coeficiente de Poisson v. Esses parâmetros foram avaliados a partir do Banco de Dados de Provas de Carga em Estacas disponível na COPPE-UFRJ (item 12.4.2).

O valor do módulo G pode ser relacionado da maneira mais simples com o valor da resistência de ponta no CTP, q_c, ou com o número de golpes N no ensaio SPT, por:

$$G = \eta q_c = \eta k N \quad (14.32)$$

onde o coeficiente empírico η deve ser definido em função do tipo de estaca.

Com o recalque medido no topo da estaca sob carga de trabalho, e ao arbitrar-se um valor para v em função da compacidade do solo, foi possível obter o valor de G (por retroanálise) e daí η. A metodologia adotada na retroanálise foi desenvolvida por Oliveira (1991) e aplicada por Benegas (1993) às provas de carga do Banco de Dados, indicando os valores de η da Tab. 14.2. Os valores de η refletem não só o método executivo, mas também o nível de deformação em que o solo é solicitado pela carga de serviço. Os valores de η para estacas de concreto cravadas (estacas de grande deslocamento) são maiores do que para perfis de aço (estacas de pequeno deslocamento). Por outro lado, um valor de η ainda maior foi encontrado para estacas escavadas, que transmitem a maior parte da carga por atrito e, portanto, solicitam o solo em um nível de deformação relativamente pequeno.

Tab. 14.2 – Valores de η (adaptada de Lopes et al., 1993)

Tipo de Estaca	η
metálica (perfis)	1,5
pré-moldada de concreto	3,0
tipo Franki	3,5
escavada de grande diâmetro	8,0

Na impossibilidade de obter dois parâmetros a partir de provas de carga em que apenas a carga e o recalque do topo da estaca são conhecidos, decidiu-se estimar o valor do coeficiente de Poisson em função da compacidade ou consistência do solo. Arbitrariamente, adotaram-se três faixas de valor de N no ensaio SPT, e atribuíram-se os seguintes valores:

$$v = \begin{cases} 0,3 & \text{para} \quad N \leqslant 10 \\ 0,4 & \text{para} \quad 10 < N \leqslant 20 \\ 0,5 & \text{para} \quad N > 20 \end{cases} \quad (14.33)$$

14.3 MÉTODOS NUMÉRICOS

14.3.1 Método de Aoki e Lopes

Em qualquer ponto no interior de um meio elástico, o método de Aoki e Lopes (1975) fornece o recalque e as tensões causados por uma estaca ou um conjunto de estacas. No método, é feita a substituição das tensões transmitidas pela estaca ao terreno, tanto por fuste como por base, por um conjunto de cargas concentradas, cujos efeitos serão superpostos no ponto em estudo (Fig. 14.8). As estacas podem ser cilíndricas ou prismáticas. Ao supor a base dividida em $N1 \times N2$ cargas concentradas e o fuste em $N1 \times N3$ cargas, tem-se:

$$w = \sum_{i=1}^{N1} \sum_{j=1}^{N2} w_{i,j} + \sum_{i=1}^{N1} \sum_{k=1}^{N3} w_{i,k} \tag{14.34a}$$

onde $w_{i,j}$ são os recalques induzidos pelas forças concentradas devidas à carga na base e $w_{i,k}$ são os recalques induzidos pelas forças equivalentes ao atrito lateral (carga de fuste). O mesmo vale para as tensões:

$$\{\sigma\} = \sum_{i=1}^{N1} \sum_{j=1}^{N2} \{\sigma\}_{i,j} + \sum_{i=1}^{N1} \sum_{k=1}^{N3} \{\sigma\}_{i,k} \tag{14.34b}$$

Os efeitos das cargas concentradas (tanto recalque como tensões) são calculados com as equações de Mindlin, e a substituição das tensões transmitidas pela estaca por um conjunto de cargas concentradas é feita por um conjunto de equações fornecidas pelos autores.

A substituição das tensões transmitidas pela estaca por cargas concentradas, o cálculo dos efeitos dessas cargas e a superposição dos efeitos podem ser feitos com um programa simples de computador.

Como ponto de partida, o método requer o modo de transferência de carga. Conforme o item 14.1, a capacidade de carga de fuste é utilizada primeiro, e uma aproximação, feita na

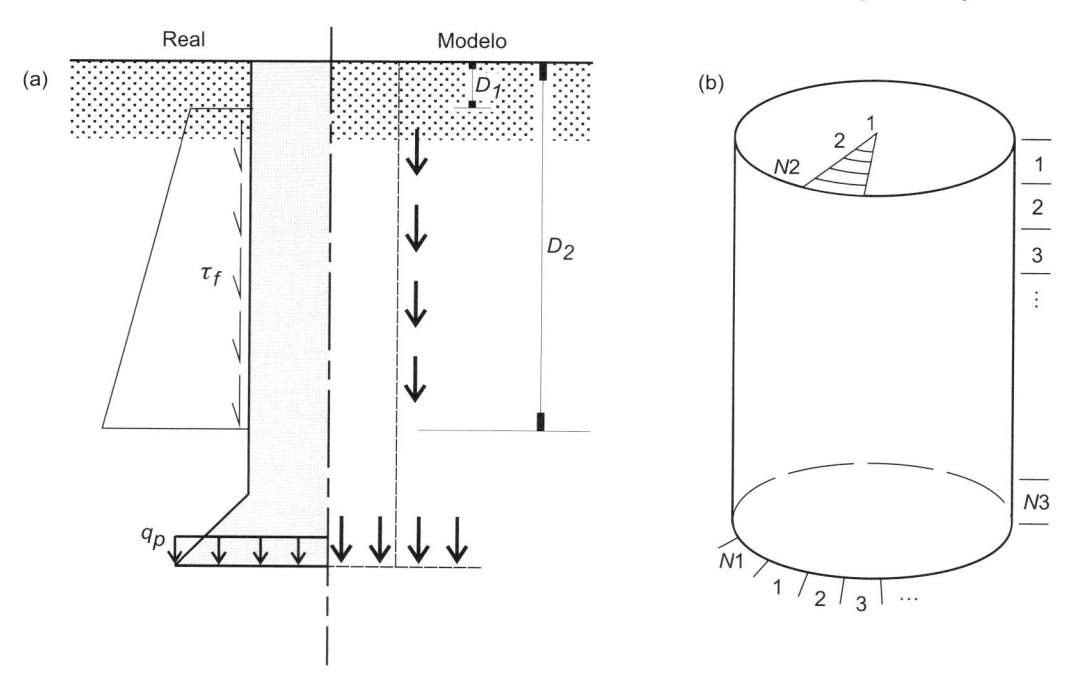

Fig. 14.8 – *Método Aoki e Lopes (1975): (a) estaca (ou tubulão) real e sua modelagem; (b) modo de divisão da superfície do fuste e da base*

definição do modo de transferência de carga para o método, consiste em supor que, sob a carga de serviço, toda a capacidade de carga do fuste é utilizada e apenas a parcela que falta para a carga de trabalho vai para a ponta. Assim, pode-se calcular a capacidade de carga por um método qualquer (p. ex., Aoki e Velloso, 1975) e tomar a capacidade de carga lateral como carga transferida pelo fuste, aproveitando, inclusive, a distribuição do atrito lateral com a profundidade; daí supõe-se que a carga restante é transferida pela base.

Para a estimativa do recalque do topo de uma estaca, deve-se utilizar o método para prever o recalque da ponta da estaca e a ele somar o encurtamento elástico do fuste, com as Eqs. (14.1) e (14.2).

Encurtamento Elástico

Para a previsão do encurtamento elástico do fuste, podem ser adotados os valores de Módulo de Young dos materiais das estacas sugeridos na Tab. 14.3. Os módulos das estacas pré-moldadas de concreto foram estimados com f_{ck} entre 15 e 25 MPa e as taxas usuais de armadura, o que leva a E_p entre 2,5 e 3,5 10^7 kPa[4].

As correlações obtidas para o método de Randolph, mostradas na Tab. 14.1, foram testadas com sucesso no método Aoki-Lopes, com a devida conversão de G para E, com

Tab. 14.3 – Valores típicos de E_p

Tipo de estaca	E_p (MPa)
Metálica (aço)	210 000
Pré-moldada vibrada	25 000
Pré-moldada centrifugada	30 000
Franki	22 000
Escavada	20 000

$$G = \frac{E}{2(1+v)} \qquad (14.35)$$

Com a avaliação do modo de transferência de carga descrita acima, o método foi utilizado num concurso internacional de interpretação de provas de carga, promovido pela Sociedade Japonesa de Geotecnia, por ocasião do 12º Congresso Internacional de Mecânica dos Solos, em 1989. Os dados das estacas e do terreno foram fornecidos previamente aos interessados e os resultados das provas de carga só foram divulgados no Congresso. A previsão do método, combinada com a previsão de capacidade de carga pelo método Aoki-Velloso, foi a vencedora (Aoki, 1989).

14.3.2 Funções de Transferência

Alguns métodos propõem substituir a ação do solo sobre a estaca por uma função chamada *função de transferência* (Fig. 14.9). Os primeiros trabalhos sobre estas funções foram de Reese e colaboradores (p. ex., Coyle e Reese, 1966). Cambefort (1964) também propôs funções de transferência, utilizadas no Brasil por Massad (1991).

---

4. Segundo Gomes (1999), os módulos de elasticidade de estacas de concreto armado, se estimados conforme a NBR 6118, estariam na faixa de 25 000 a 40 000 MPa. Esses valores foram obtidos com a armadura mínima de 0,5% recomendada para colunas e com o módulo de Young do concreto (válido para o início da curva tensão-deformação e para primeiro carregamento) suposto como

$$E_c = 6600\sqrt{f_{cj}}(MPa)$$

e tomando-se

$$f_{cj} = f_{ck} + 3,5(MPa)$$

Os valores sugeridos na tabela abrangeriam um nível de carregamento maior e vários ciclos de carregamento, além de serem a favor da segurança.

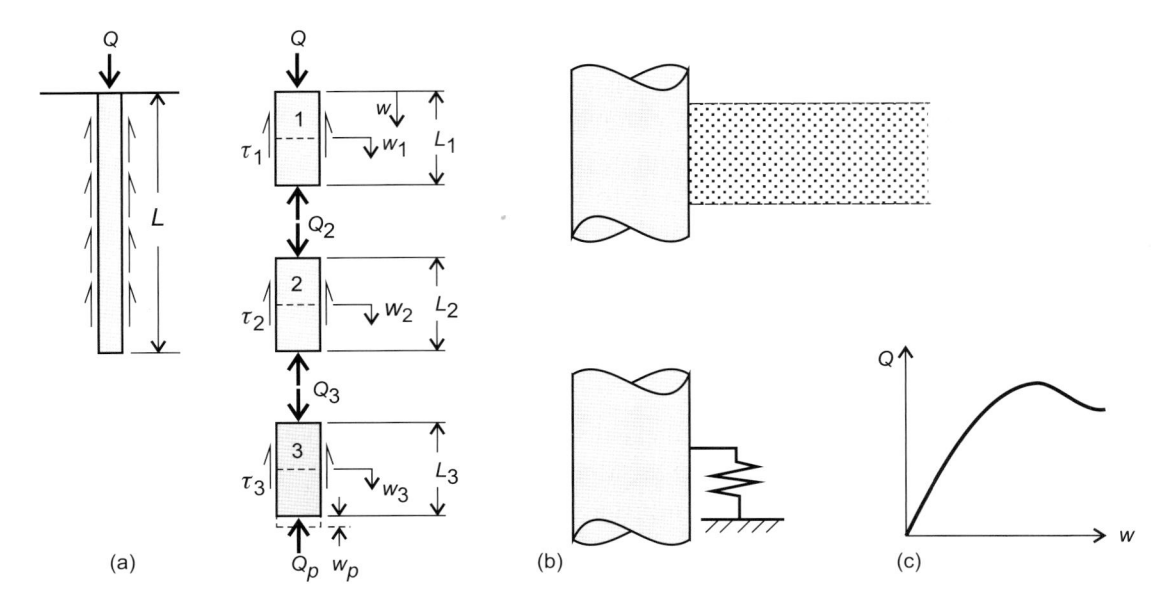

Fig. 14.9 – *Função de transferência de carga: (a) divisão da estaca em elementos; (b) fatia de solo e modelo que a substitui; (c) resposta da mola que constitui o modelo*

Inicialmente utilizadas em cálculo manual, as funções de transferência foram empregadas em métodos numéricos que são hoje parte do Método dos Elementos Finitos. Nesse caso, elementos unidimensionais representam a estaca, e molas não lineares, com comportamento definido por uma das funções de transferência, representam o solo (p. ex., Carvalho, 1996).

14.3.3 Método dos Elementos Finitos

O Método dos Elementos Finitos é usualmente empregado em programas comerciais. São mais facilmente encontrados programas para análise linear bi e tridimensional de estruturas, com elementos unidimensionais (elementos de viga), bidimensionais (planos) e tridimensionais (sólidos), com a possibilidade de apoio elástico (molas). São também encontrados programas especializados para problemas geotécnicos, com modelos próprios para os solos, como o *modelo hiperbólico* e o *Cam-Clay*. Para um estudo do MEF, sugerem-se livros a respeito, como os de Brebbia e Ferrante (1975), e Zienkiewicz e Taylor (1991).

(a) Modelos 1-D: curvas "t-z"

Estacas isoladas sob cargas axiais (verticais) podem ser tratadas como elementos unidimensionais tipo viga, com molas verticais nos nós. A resposta das molas pode ser linear ou não, neste caso expressa pelas curvas "$t-z$" e "$q-z$", para atrito lateral e resistência de base, respectivamente. No primeiro caso, pode-se usar um programa para a análise de pórticos planos. No segundo caso, são necessários programas para a análise não linear, o que requer uma técnica incremental ou iterativa.

As curvas "$t-z$" e "$q-z$" foram desenvolvidas pela indústria *offshore* e uma proposta bastante detalhada é apresentada pelo American Petroleum Institute (2000).

(b) Modelos 2-D e 3-D

Estacas de seção circular sob cargas axiais constituem um problema axissimétrico, que pode ser resolvido em duas dimensões. Os primeiros trabalhos a respeito foram realizados nos anos 1970 (p. ex., Holloway et al., 1975; Lopes, 1979). Seguiram-se muitos outros, como o de Brugger et al. (1994), que compara resultados da análise de uma estaca em argila por modelos elástico não linear (hiperbólico) e elastoplástico (*Cam-Clay*). Esse tipo de análise justifica-se mais em pesquisas (estudos de mecanismos de comportamento etc.) do que em projetos correntes.

14.4 PREVISÃO DA CURVA CARGA-RECALQUE

A previsão da curva carga-recalque completa pode ser feita de algumas maneiras. A maneira mais simples consiste em ajustar uma curva que passa pelo ponto carga de trabalho-recalque e que tem a capacidade de carga (carga última) como assíntota (Fig. 14.10). Uma maneira mais sofisticada consiste em estabelecer a curva carga-recalque tanto para o fuste como para a ponta e somá-las, como mostrado nas Figs. 14.2 e 14.11.

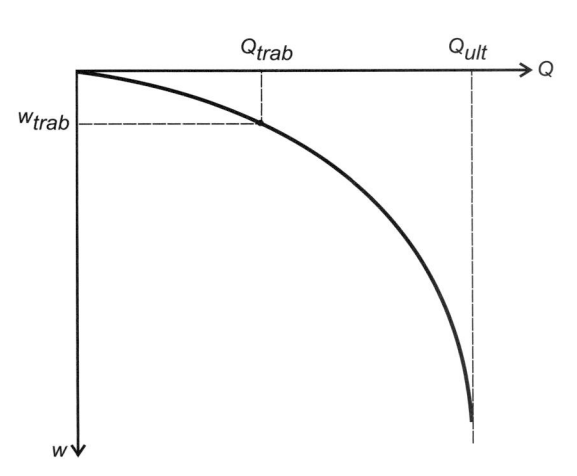

Fig. 14.10 – Curva carga-recalque de estaca a partir da previsão de recalque para a carga de trabalho e admitindo-se uma assíntota na capacidade de carga

14.4.1 Ajuste de uma Curva

De posse da previsão da capacidade de carga da estaca, Q_{ult}, e da previsão de recalque para a carga de trabalho (em geral metade da capacidade de carga), w_{trab}, pode-se fazer uma previsão do comportamento carga-recalque completa, traçando-se uma curva que passe pelo ponto carga de trabalho – recalque, tendo a capacidade de carga (carga última) como assíntota. Uma curva que pode ser escolhida é a de Van der Veen (1953), usada normalmente na extrapolação da curva carga-recalque de provas de carga quando a prova é interrompida antes de se obter uma carga de ruptura (ver Cap. 17). Essa curva mostra-se adequada para compor uma previsão de comportamento carga-recalque de estacas, como demonstrado, por exemplo, por Aoki (1989).

A equação da curva carga-recalque de Van der Veen (1953) é:

$$Q = Q_{ult}(1 - e^{-\alpha w}) \tag{14.36}$$

Essa equação fornece valores de recalque w correspondentes a quaisquer cargas Q, conhecidos Q_{ult} e o parâmetro α. O valor de α é obtido a partir do recalque para a carga de trabalho por:

$$\alpha = \frac{-\ln(1 - Q_{trab}/Q_{ult})}{w_{trab}} \tag{14.37}$$

Se a carga de trabalho for a metade da capacidade de carga, tem-se $\alpha = -\ln 0{,}5/w_{trab}$.

14.4.2 Combinação do Comportamento do Fuste com o da Ponta

A segunda maneira de se prever o comportamento completo da estaca consiste em estabelecer a curva carga-recalque tanto para o fuste como para a ponta e somá-las, como mostrado na Fig. 14.11 (Burland et al., 1966; Burland e Cooke, 1974).

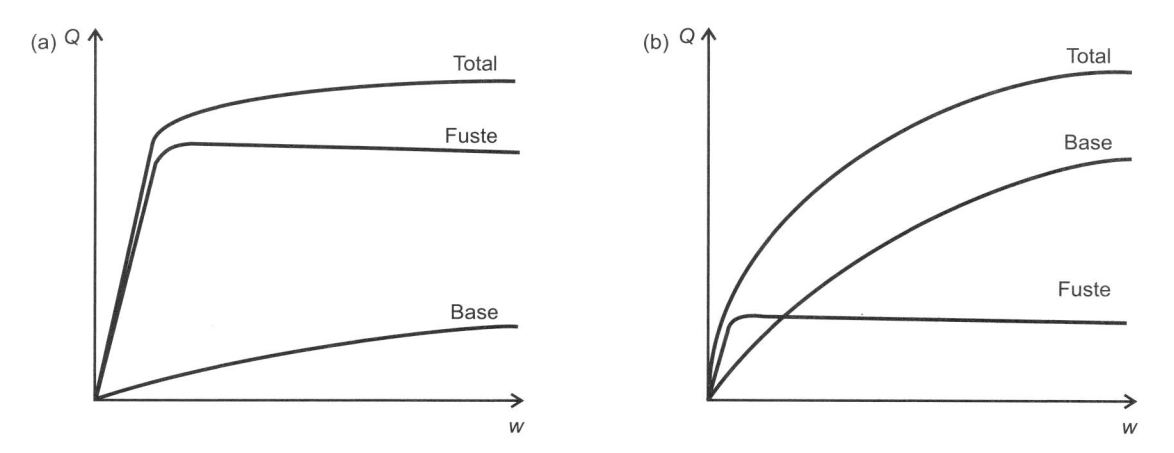

Fig. 14.11 – Curva carga-recalque de estaca a partir da combinação do comportamento do fuste com o da ponta: exemplo de (a) estaca esbelta, com muito atrito, e (b) tubulão com base alargada (Burland e Cooke, 1974)

14.5 INFLUÊNCIA DAS TENSÕES RESIDUAIS DE CRAVAÇÃO NO COMPORTAMENTO CARGA-RECALQUE

Na análise do comportamento de uma estaca cravada, é comum considerar-se que, após sua instalação no terreno, ela se encontra sob tensões nulas, até que algum carregamento externo seja aplicado. No entanto, conforme mencionado no Cap. 13, estacas cravadas em solos arenosos estão sujeitas a *tensões residuais de cravação*, e apresentam em parte do seu fuste atrito negativo e uma força compressiva na ponta. Essas tensões podem afetar o comportamento carga-recalque da estaca uma vez que o mecanismo de transferência de carga ao solo é alterado pela presença de tais tensões. Na interpretação de provas de carga, a consideração das tensões residuais pode conduzir a diferentes valores para a resistência lateral e de ponta, como indica, p. ex., Holloway et al. (1978). A consideração das tensões residuais leva a uma previsão de comportamento mais rígido da estaca, como discutido por Massad (1992, 1993), Costa (1994), e Costa et al. (1994).

REFERÊNCIAS

AMERICAN PETROLEUM INSTITUTE – API. *Recommended practice for planning, designing and constructing fixed offshore platforms*, Working stress design, RP 2A-WSD, 21. ed., 2000.

AOKI, N. Discussion to Session 14. In: ICSMFE, 12., 1989, Rio de Janeiro. *Proceedings...* Rio de Janeiro, v. 5, p. 2963-2966, 1989.

AOKI, N.; LOPES, F. R. Estimating stresses and settlements due to deep foundations by the Theory of Elasticity. In: Pan American CSMFE, 5., 1975, Buenos Aires. *Proceedings...* Buenos Aires, 1975. v. 1, p. 377-386.

AOKI, N.; VELLOSO, D. A. An approximate method to estimate the bearing capacity of piles. In: PAN AMERICAN CSMFE, 5., 1975, Buenos Aires. *Proceedings...* Buenos Aires, 1975. v. 1, p. 367-376.

BENEGAS, E. Q. *Previsões para a curva carga-recalque de estacas a partir do SPT*. 1993. Dissertação (Mestrado) – COPPE-UFRJ, Rio de Janeiro, 1993.

BREBBIA, C. A.; FERRANTE, A. J. *The finite element technique*. Porto Alegre: Editora da UFRGS, 1975.

BRUGGER, P. J.; LOPES, F. R.; ALMEIDA, M. S. S. Étude par éléments finis du frottement latéral des pieux dans de l'argile, *Revue Française de Geotechnique*, n. 66 (1er. trimestre, 1994), p. 47-56, 1994.

BURLAND, J. B.; COOKE, R. W. The design of bored piles in stiff clay, *Ground Engineering*, v. 7, n. 4, p. 28-35, 1974.

BURLAND, J. B.; BUTLER, F. G.; DUNICAN, P. The behaviour and design of large-diameter bored piles in stiff clay. In: SYMPOSIUM ON LARGE BORED PILES, 1966, London. *Proceedings...* London, 1966. p. 51-71.

BUTTERFIELD, R.; BANERJEE, P. K. The elastic analysis of compressible piles and pile groups, *Geotechnique*, v. 21, n. 1, p. 43-60, 1971

CAMBEFORT, M. Essai sur le comportement en terrain homogene des pieux isolées et des groupes de pieux, *Annales de l'Institut du Batiment et des Travaux Publiques*, n. 204, dec. 1964.

CARVALHO, E. G. D. *Uma análise não linear de fundações no estudo da interação solo-estrutura*. 1996. Dissertação (Mestrado) – COPPE-UFRJ, Rio de Janeiro, 1996.

COOKE, R. W. The settlement of friction pile foundations. In: CONFERENCE ON TALL BUILDINGS, 1974, Kuala Lumpur. *Proceedings...* Kuala Lumpur, 1974. p. 7-19.

COSTA, L. M. *Previsão do comportamento de estacas considerando as tensões residuais de cravação*. 1994. Dissertação (Mestrado) – COPPE-UFRJ, Rio de Janeiro, 1994.

COSTA, L. M.; LOPES, F. R.; DANZIGER, B. R. Consideração das tensões residuais de cravação na previsão da curva carga-recalque de estacas. In: CBMSEF, 10., 1994, Foz do Iguaçu. *Anais...* Foz do Iguaçu, 1994. v. 1, p. 143-150.

COYLE, H. M.; REESE, L. C. Load transfer for axially loaded piles in clay, *JSMFD*, ASCE, v. 92, n. 2, p. 1-26, 1966.

GEDDES, J. D. Stresses in foundation soils due to vertical subsurface loading, *Geotechnique*, v. 16, n. 3, p. 231-255, 1966.

GOMES, M. C. V. *Comunicação pessoal*, 1999.

GRILLO, O. Influence scale and influence chart for the computation of stresses due, respectively, to surface point load and pile load. In: ICSMFE, 2., 1948, Rotterdam. *Proceedings...* Rotterdam, 1948. v. 6, p. 70-72.

HOLLOWAY, D. M.; CLOUGH, G. W.; VESIC, A. S. Mechanics of pile-soil interaction in cohesionless soil, *Contract Report S-75-5*, U.S. Army Waterways Experiment Station, Vicksburg (also *Duke University Soil Mechanics Series n. 39*), 1975.

HOLLOWAY, D. M., CLOUGH, G. W.; VESIC, A. S. The effects of residual driving stress on piles performance under axial loads In: OFFSHORE TECHNOLOGY CONFERENCE, OTC 3306, 1978, Houston. *Proceedings...* Houston, 1978. p. 2225-2236.

LOPES, F. R. *The undrained bearing capacity of piles and plates studied by the Finite Element Method*. 1979. PhD Thesis – University of London, London, 1979.

LOPES, F. R.; LAPROVITERA, H.; OLIVEIRA, H. M.; BENEGAS, E. Q. Utilização de um Banco de Dados para previsão do comportamento de estacas. In: SIMPÓSIO GEOTÉCNICO COMEMORATIVO DOS 30 ANOS DA COPPE (COPPEGEO), 1993, Rio de Janeiro. *Anais...* Rio de Janeiro, 1993. p. 281-294.

MARTINS, H. A. Tensões transmitidas ao terreno por estacas, *Revista Politécnica*, maio 1945.

MASSAD, F. Análise da transferência de carga em duas estacas instrumentadas, quando submetidas à compressão axial. In: SEMINÁRIO DE FUNDAÇÕES ESPECIAIS (SEFE), 2., 1991, São Paulo. *Anais...* São Paulo, 1991. v. 1, p. 235-244.

MASSAD, F. Sobre a interpretação de provas de carga em estacas, considerando as cargas residuais na ponta e a reversão do atrito lateral. Parte I: solos relativamente homogêneos, *Solos e Rochas*, v. 15, n. 2, p. 103-115, 1992.

MASSAD, F. Sobre a interpretação de provas de carga em estacas, considerando as cargas residuais na ponta e a reversão do atrito lateral. Parte II: estaca embutida em camada mais resistente, *Solos e Rochas*, v. 16, n. 2, p. 93-112, 1993.

MINDLIN, R. D. Force at a point in the interior of a semi-infinite solid, *Physics*, v. 7, 1936.

OLIVEIRA, H. M. *Contribuição ao cálculo de recalques de estacas*. 1991. Dissertação (Mestrado) – COPPE-UFRJ, Rio de Janeiro, 1991.

POULOS, H. G.; DAVIS, E. H. *Elastic solutions for soil and rock mechanics*. New York: John Willey & Sons, 1974.

POULOS, H. G.; DAVIS, E. H. *Pile Foundation Analysis and Design*. New York: John Willey & Sons, 1980.

RANDOLPH, M. F. *A theoretical study of the performance of piles*. 1977. PhD Thesis – University of Cambridge, Cambridge, 1977.

RANDOLPH, M. F. Theoretical methods for deep foundations. In: Simpósio Teoria e Prática de Fundações Profundas, 1985, Porto Alegre. *Anais...* Porto Alegre, 1985. v. 1, p. 1-50.

RANDOLPH, M. F.; WROTH, C. P. Analysis of deformation of vertically loaded piles, *Journal of Geotechical Engineering*, ASCE, v. 104, n. GT12, p. 1465-1488, 1978.

VAN DER VEEN, C. The bearing capacity of a pile. In: ICSMFE, 3., 1953, Zurich. *Proceedings...* Zurich, 1953. v. 2, p. 84-90.

VESIC, A. S. *Design of pile foundations*. Synthesis of Highway Practice 42, Transportation Research Board, National Research Council, Washington, 1977.

ZIENKIEWICZ, O. C.; TAYLOR, R. L. *The Finite Element Method*. London: McGraw-Hill, 1991.

Capítulo 15

ESTACAS E TUBULÕES SOB ESFORÇOS TRANSVERSAIS

Este capítulo dedica-se ao estudo das fundações profundas (estacas e tubulões) submetidas a forças transversais, em particular, aos elementos verticais submetidos a forças horizontais. Embora em alguns itens se mencionem apenas as estacas, a metodologia é válida também para tubulões. O assunto deste capítulo foi extensamente desenvolvido, por exemplo, na obra de Reese e van Impe (2001).

15.1 INTRODUÇÃO

No caso geral, tem-se de projetar uma fundação em estacas ou tubulões para suportar um sistema de cargas verticais, horizontais e momentos. Por exemplo, num pilar de ponte, têm-se carga vertical, decorrente do peso próprio e das cargas sobre a ponte (trem-tipo etc.), cargas horizontais longitudinais (frenagem, efeito de temperatura etc.) e cargas horizontais transversais (vento, força centrífuga etc.). Há dois partidos de projeto: o primeiro utiliza estacas inclinadas, para que as estacas trabalhem predominantemente sob forças axiais de compressão ou tração. Em alguns casos, é a solução desejável, pois os deslocamentos do bloco ficam muito reduzidos. Entretanto, a execução de estacas inclinadas, sobretudo em fundações em água, oferece algumas dificuldades e, por isso, num projeto desse tipo, é indispensável uma troca de ideias entre o projetista e quem vai executar as estacas. O segundo modo de projetar consiste em absorver as cargas horizontais por flexão das estacas ou tubulões, e projetam-se estacas ou tubulões verticais submetidos a solicitações de flexocompressão (ou flexotração). Às vezes, utilizam-se estacas inclinadas na direção da maior força horizontal, absorvendo-se, por flexão das estacas, a força horizontal que atua em outra direção (numa ponte, p. ex., podem-se utilizar estacas inclinadas apenas na direção longitudinal).

O problema apresenta inicialmente três aspectos: (1) estabilidade (ou segurança à ruptura do solo), isto é, verificar se o solo é capaz de suportar, com a segurança desejada, as tensões que lhe são transmitidas pela estaca ou tubulão; (2) deslocamentos, isto é, verificar se o deslocamento (e rotação) do topo da estaca ou tubulão sob a carga de trabalho é compatível com a estrutura suportada; (3) dimensionamento estrutural da estaca ou tubulão, quando será necessário prever os esforços internos.

15.2 A REAÇÃO DO SOLO

Um aspecto fundamental no estudo das estacas carregadas transversalmente é a reação do solo, ou seja, como o terreno resiste à ação da estaca (Fig. 15.1a). É um problema complexo. Sabe-se que essa reação depende da natureza do solo e do nível do carregamento (uma vez que o solo é um material não linear), do tipo de solicitação (estática, cíclica etc.) e da forma e dimensão da estaca. Ao se imaginar uma estaca vertical submetida a uma força horizontal H

aplicada acima da superfície do terreno, à medida que H cresce, os deslocamentos horizontais da estaca e a correspondente reação do solo crescem, até atingir a ruptura do solo, supondo que a estaca resista às solicitações fletoras que aparecem.

Alguns métodos analisam a *condição de trabalho* e fornecem os deslocamentos horizontais e esforços internos na estaca, para as forças horizontais de serviço. Nesses métodos, o solo é representado de duas formas ou modelos: a primeira é uma extensão da hipótese de Winkler do estudo das vigas de fundação, em que o solo é substituído por molas, aqui horizontais, independentes entre si (Fig. 15.1b); a segunda considera o solo como um meio contínuo, normalmente elástico (ver no Cap.6, vol. 1, uma análise desses modelos).

Em ambos os modelos, as tensões despertadas no solo precisam ser verificadas quanto à possibilidade de se esgotar a resistência passiva dele, num processo à parte, se as molas forem consideradas lineares ou o meio elástico linear. Numa forma mais elaborada, em que a reação é do tipo mola – porém não linear –, o comportamento do solo é modelado até a ruptura pelas conhecidas "curvas $p-y$". Assim, a possibilidade de se esgotar a resistência passiva do solo numa dada profundidade é considerada pelo modelo.

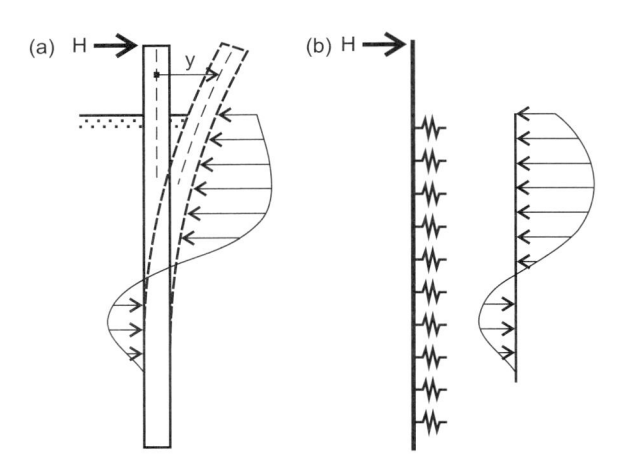

Fig. 15.1 – *Estaca submetida a uma força transversal: reação do solo (a) real e (b) modelada pela Hipótese de Winkler*

Como o solo ao redor de uma estaca carregada horizontalmente é solicitado em compressão de um lado e em tração do outro, do lado tracionado o solo tende a não acompanhar a estaca (os solos não resistem normalmente à tração). Assim, o modelo de meio elástico contínuo não representa adequadamente o solo na vizinhança de uma estaca sob carga horizontal. Além disso, o modelo de Winkler é mais utilizado na prática e, portanto, há uma maior experiência no seu uso (Prakash e Sharma, 1990). Esse modelo será examinado neste capítulo.

Outros métodos analisam a estaca na *condição de ruptura* ou *equilíbrio plástico*, fornecendo a força horizontal que levaria à ruptura do solo e/ou da estaca, força essa que precisará ser reduzida por um fator de segurança (global) para a obtenção da máxima força horizontal de serviço. Alternativamente, pode-se introduzir a força horizontal de serviço majorada por um fator parcial, e a resistência passiva do solo minorada por fatores parciais de minoração da resistência, para se verificar se há um equilíbrio (nominal). Os chamados *métodos de ruptura* normalmente não fornecem deslocamentos para as cargas de serviço.

15.2.1 Hipótese de Winkler

No caso de uma viga de fundação, a substituição do solo por "molas independentes" pode ser compreendida facilmente. O mesmo não acontece com uma estaca imersa no solo. Qualquer que seja a forma da seção transversal, o solo resiste ao deslocamento horizontal da estaca por tensões normais contra a frente da estaca e por tensões cisalhantes que atuam nas laterais (Fig. 15.2a); quase não há resistência na parte de trás da estaca. Para efeitos práticos, considera-se que a resultante dessas tensões atua numa área correspondente à frente da estaca,

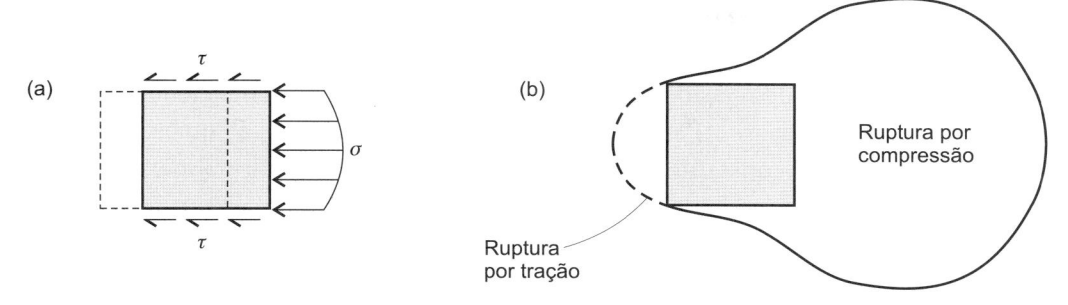

Fig. 15.2 – *Reação do solo contra o deslocamento horizontal da estaca: (a) tensões despertadas; (b) mecanismo de ruptura*

ou seja, numa faixa com largura igual ao diâmetro ou largura da estaca B. Assim, a reação do solo é suposta uma tensão normal (geralmente chamada de p), atuando numa faixa de largura B, perpendicular à qual ocorre o deslocamento horizontal.

Pela Hipótese de Winkler, pode-se escrever:

$$p = k_h v \qquad (15.1a)$$

ou

$$p = k_h y \qquad (15.1b)$$

onde: p = tensão normal horizontal (dimensão FL^{-2}) atuando na frente da estaca (numa faixa de largura B = diâmetro ou largura da estaca);
k_h = *coeficiente de reação horizontal* (dimensão FL^{-3});
v = deslocamento horizontal (no sentido do eixo y); no estudo de estacas sob forças transversais, frequentemente recebe a notação y, como aparece na Eq. (15.1b) e na Fig. 15.1.

É preciso atentar para a forma como o coeficiente de reação horizontal é expresso nos diferentes trabalhos a esse respeito. Além do coeficiente descrito na Eq. (15.1), há o coeficiente de reação incorporando a dimensão transversal da estaca B, ou seja, $K_h = k_h B$ (dimensão FL^{-2}). Este, por sua vez, não deve ser confundido com o coeficiente de rigidez de mola correspondente a um dado segmento de estaca K (dimensão FL^{-1}), obtido pela multiplicação de K_h pelo comprimento do segmento[1].

O coeficiente de reação horizontal k_h pode ser constante ou variar com a profundidade. Nesse caso, pode-se exprimir o valor do coeficiente numa dada profundidade z de duas maneiras:

$$k_h = m_h z \qquad (15.2a)$$

ou

$$k_h = n_h \frac{z}{B} \qquad (15.2b)$$

onde: m_h = *taxa de crescimento do coeficiente de reação horizontal com a profundidade* (dimensão FL^{-4});
n_h = *taxa de crescimento do coeficiente de reação horizontal com a profundidade, incluindo a dimensão transversal B*, ou seja, $n_h = m_h B$ (dimensão FL^{-3}).

---

1. Esse cuidado deve se estender também à pressão horizontal p, que, dependendo do método, incorpora a dimensão transversal da estaca, e fica com a dimensão FL^{-1}. É recomendável que, ao se aplicar um determinado método, faça-se uma análise dimensional de suas principais equações para determinar as unidades de seus parâmetros.

Contribuições à avaliação do coeficiente de reação horizontal

Terzaghi (1955) analisou tanto o coeficiente de reação vertical (para fundações superficiais) como o coeficiente de reação horizontal (para estacas). Para o coeficiente de reação horizontal, distinguiu dois casos: (1) argilas muito sobreadensadas, para as quais k_h poderia ser considerado praticamente constante com a profundidade; (2) argilas normalmente adensadas e areias, para as quais k_h cresceria linearmente com profundidade.

Se E é o módulo de elasticidade do solo e considerando que os deslocamentos a uma distância da estaca maior que $3B$ não têm influência sobre o comportamento da estaca, Terzaghi (1955) propôs

$$k_h = 0{,}74 \frac{E}{B} \quad (15.3)$$

Outros autores, como Broms (1964a), Pyke e Beiake (1985), sugerem relações diferentes entre o módulo de elasticidade do solo e dimensão transversal da estaca; para efeitos práticos, pode-se adotar

$$k_h \cong \frac{E}{B} \quad (15.4)$$

Há que se lembrar que o módulo de elasticidade depende das condições de drenagem e do tipo e nível de carregamento.

Carregamento drenado e não drenado

Nos solos argilosos saturados, admite-se uma condição não drenada num carregamento rápido. Se a carga for mantida, deverá ocorrer drenagem e os deslocamentos crescerão com o tempo, ou seja, os deslocamentos de longo prazo devem ser calculados com parâmetros drenados. Se E_u e ν_u (~ 0,5) são o módulo de elasticidade e o coeficiente de Poisson não drenados, e E' e ν' parâmetros na condição drenada, tem-se (Eq. 5.4)

$$E_u = \frac{3E'}{2(1+\nu')} \quad (15.5)$$

Sendo 0,2 um valor típico de ν', tem-se $E_u \cong 1{,}3E'$. Daí se conclui que os deslocamentos ao longo do tempo deverão ser, pelo menos, 30% dos deslocamentos iniciais. Na realidade o processo de adensamento não é corretamente descrito pela Teoria da Elasticidade e, na prática, adota-se um coeficiente de reação drenado com cerca de 50% a 60% do não drenado.

Tipo e nível de carregamento

Nas fundações superficiais, cujo projeto precisa atender à limitação dos recalques, os carregamentos são bastante distantes da ruptura. Os módulos de elasticidade dos solos envolvidos correspondem a valores iniciais da curva tensão-deformação ou secantes até tensões bastante distantes da ruptura. Nas estacas sob forças horizontais, conforme o perfil do terreno, podem ser atingidos elevados níveis de mobilização da resistência (ou até a ruptura) dos solos superficiais, mesmo para as cargas de serviço. Assim, na escolha do coeficiente de reação horizontal, é preciso levar em conta o nível de mobilização da resistência e verificar se o carregamento é cíclico.

No caso não drenado (argilas saturadas), por exemplo, é comum se estimar o módulo de elasticidade a partir da razão E_u/S_u, que se situa na faixa de 300 a 400 para baixos níveis de mobilização de resistência, como em fundações superficiais. Em níveis maiores de mobilização, esta razão cai para 100 ou 200. Em areias, para um nível maior de deformação, observa-se uma redução no coeficiente de reação horizontal à metade ou um terço do valor de pequenas deformações (Poulos e Davis, 1980). Uma maneira de se avaliar o coeficiente de reação para um dado nível de mobilização da resistência consiste em construir a *curva p-y* (objeto do próximo item) daquele material e tirar o coeficiente secante no nível de mobilização esperado.

A questão do carregamento cíclico é mais complexa, pois alguns solos apresentam uma rigidez maior, que corresponde a um módulo de elasticidade de descarregamento/recarregamento, de valor próximo do inicial ou "de pequenas deformações", enquanto outros apresentam um decréscimo do módulo de elasticidade com a repetição da carga, p. ex., solos argilosos sensíveis, que sofrem quebra de estrutura.

Outro aspecto importante: os solos superficiais são os mais solicitados pelo carregamento horizontal das estacas, e, portanto, a escolha de parâmetros deve ser dirigida a eles. Na aplicação dos métodos tradicionais de análise de estacas sob forças horizontais, observa-se que os acréscimos de tensões horizontais pelo carregamento praticamente desaparecem abaixo de 4 ou 5 vezes o chamado *comprimento característico*. Assim, no início dos cálculos, deve-se estimar o comprimento característico e verificar que solos serão solicitados.

Argilas moles (normalmente adensadas)

No caso de argilas moles, Terzaghi (1955) não fornece valores típicos. Pode-se tentar estimá-los a partir da razão E_u/S_u (tipicamente 300 para carregamentos distantes da ruptura e 100 para mais próximos da ruptura) e da razão S_u/σ'_{vo} (tipicamente 0,25 para argilas sedimentares de elevada plasticidade, normalmente adensadas). A tensão vertical efetiva original (σ'_{vo}) é função do peso específico submerso, que depende da idade do sedimento ("envelhecimento" ou "*aging*" do sedimento) e do teor de areia.

Supondo que o depósito tenha uma idade considerável e que a argila, submersa, apresenta $\gamma_{sub} = 5\,kN/m^3$, tem-se

$$S_u \cong 1,2z \quad \text{(para } z \text{ em m e } S_u \text{ em kN/m}^2\text{)} \tag{15.6}$$

Ao combinar-se a Eq. (15.6) com a razão E_u/S_u e com (15.4), obtém-se, para uma baixa mobilização de resistência,

$$k_h \cong \frac{300 S_u}{B} \cong \frac{360 z}{B} \quad \text{(para } z \text{ e } B \text{ em m e } k_h \text{ em kN/m}^3\text{)} \tag{15.7}$$

Daí, obtém-se

$$m_h = \frac{k_h}{z} \cong \frac{360}{B} \quad \text{(para } B \text{ em m e } m_h \text{ em kN/m}^4\text{)} \tag{15.8a}$$

ou

$$n_h = m_h B \cong 360\,kN/m^3 \tag{15.8b}$$

Para uma elevada mobilização de resistência, deve-se adotar a metade ou um terço desse valor. Para incorporar a drenagem, deve-se reduzir, ainda, a 50%.

Sedimentos orgânicos recentes, permanentemente submersos em baías e estuários ("lodo" ou "vasa"), encontrados em obras de portos, podem apresentar γ_{sub} de $2\,kN/m^3$. Nesses casos, valores ainda menores da taxa do coeficiente de reação devem ser usados, como $n_h \sim 60\,kN/m^3$.

Na literatura há algumas sugestões de valores de n_h e m_h para solos argilosos moles, com as quais se construiu a Tab. 15.1.

Tab. 15.1 – Valores da taxa de crescimento do coeficiente de reação horizontal com a profundidade para argilas e solos orgânicos moles

Tipo de solo	Faixa de valores de n_h (kN/m³)*	Valores sugeridos para m_h (kN/m⁴)**
Solos orgânicos recentes (vasa, lodo, turfa etc.)	1 a 10	15
Argila orgânica, sedimentos recentes	10 a 60	80
Argila siltosa mole, sedimentos consolidados (norm. adensados)	30 a 80	150

*adaptado de Davisson (1970), suposto válido para estacas de 0,3 m de lado; **adaptado de Miche (1930)

Argilas rijas (muito sobreadensadas)

Para o coeficiente de reação horizontal de argilas muito sobreadensadas, k_h, suposto constante com a profundidade, Terzaghi (1955) sugere os mesmos valores obtidos com placas horizontais de 30 × 30 cm (cuja notação é k_{s1} no Cap. 6, vol. 1). Os valores sugeridos estão na Tab. 6.1, e variam entre 240 e 960 kN/m³ para argilas de rija a dura. Esses valores foram obtidos com uma placa de 30 cm e, para estacas de dimensões maiores, cabe uma correção de dimensão (multiplicar esses valores por b/B, onde $b = 30$ cm e B é o diâmetro da estaca). Não há menção do nível de carregamento etc.

Areias

Para areias, os valores da taxa de crescimento do coeficiente de reação horizontal com a profundidade que incorporam a dimensão transversal (n_h) sugeridos por Terzaghi (1955) estão na Tab. 15.2. Não há menção do nível de carregamento etc.

A premissa de que o coeficiente de reação num subsolo de areia cresce linearmente com a profundidade deve ser verificada pelo exame do perfil de ensaios SPT ou CPT. O perfil pode indicar uma situação diferente, com camadas de compacidades distintas e, nesse caso, adota-se um coeficiente de reação para cada camada, e pode-se lançar mão de correlações entre o módulo de elasticidade do solo e resultados de ensaios de penetração. Uma correlação típica para o SPT é (Lopes et al., 1994):

Tab. 15.2 – Valores típicos do coeficiente de reação horizontal para areias, válidos para estacas de 30 cm de lado* (Terzaghi, 1955)

Compacidade	n_h (MN/m³)	
	Acima do NA	Abaixo do NA
Fofa	2,3	1,5
Medianamente compacta	7,1	4,4
Compacta	17,8	11,1

*Para uma estaca com dimensão transversal B, multiplicar os valores acima por b/B, com $b = 30$ cm

$$E' \sim 2N \quad \text{(para } E' \text{ em MN/m}^2\text{)} \tag{15.9}$$

válida para carregamentos de baixa mobilização da resistência (ou cíclicos). Assim, combinando-se as Eqs. (15.4) e (15.9), obtém-se

$$k_h = \frac{E'}{B} \sim \frac{2N}{B} \quad \text{(para } B \text{ em m e } k_h \text{ em MN/m}^3\text{)} \tag{15.10a}$$

Para o primeiro carregamento e uma elevada mobilização da resistência, deve-se reduzir o valor acima, pelo menos, à metade, ou seja,

$$k_h \sim \frac{N}{B} \quad \text{(para } B \text{ em m e } k_h \text{ em MN/m}^3\text{)} \tag{15.10b}$$

Pode-se fazer uma avaliação da previsão pelas equações acima e uma comparação com os valores de Terzaghi, supondo uma estaca com 30 cm de lado num subsolo de areia submersa em que o perfil de SPT indica um crescimento linear com a profundidade. Se a areia for fofa e a 10 m de profundidade apresentar $N = 10$, pela Eq. (15.10a), com $N = 10$, obtém-se $k_h = 67 \text{ MN/m}^3$. Como esse coeficiente vale para 10 m de profundidade, tem-se a taxa de crescimento $n_h = 67 \times 0{,}3/10{,}0 = 2 \text{ MN/m}^3$. Se fosse utilizada a Eq. (15.10b), para uma elevada mobilização da resistência, seria $n_h = 1 \text{ MN/m}^3$. O valor de Terzaghi (Tab. 15.2) situa-se entres esses dois valores.

15.2.2 Curvas $p - y$

Com o desenvolvimento das plataformas *off-shore*, foram realizadas amplas pesquisas sobre as estacas submetidas a forças transversais e, ao invés das molas lineares estudadas até aqui, foram introduzidas molas não lineares, cujo comportamento é expresso pelas "curvas $p - y$". Com essas curvas, definidas para cada camada, é possível considerar diferentes níveis de mobilização da resistência lateral do solo em função do deslocamento sofrido pela estaca. Na Fig. 15.3 são mostradas 4 curvas $p - y$, para 4 profundidades diferentes, observando-se diferentes níveis de mobilização em cada uma delas, em função do deslocamento da estaca, e até mesmo a ruptura do material superficial.

A adoção das curvas $p - y$ implica a utilização de soluções computacionais (métodos numéricos).

São apresentados a seguir os procedimentos para a construção das curvas $p - y$ para argilas moles, argilas rijas e areias. A bibliografia utilizada é a recomendada pelo *American Petroleum Institute* (API, 2000) [2].

(a) Argilas Moles

Para argilas moles (Matlock, 1970), o parâmetro do solo que aparece em primeiro lugar é a resistência (pressão horizontal última) por unidade de comprimento da estaca

$$p_u = N_p S_u B \tag{15.11}$$

onde: S_u = resistência ao cisalhamento não drenada;

B = diâmetro da estaca;

N_p = coeficiente adimensional de resistência, que varia de 3 na superfície do solo até 9 a uma profundidade z_r (profundidade de resistência reduzida), dada por:

$$z_r = \frac{6B}{\frac{\gamma B}{S_u} + J} \tag{15.12}$$

J = coeficiente a ser determinado experimentalmente; na falta dessa determinação pode-se tomar $J = 0{,}5$.

---

[2]. Os procedimentos descritos utilizam parâmetros de resistência e deformabilidade obtidos em geral por ensaios de laboratório ou por correlações com ensaios *in situ* SPT e CPT. Há propostas para a obtenção dessas curvas diretamente de ensaios *in situ*, como os ensaios pressiométrico PMT (p. ex., Frank, 1985) e dilatométrico DMT (p. ex., Robertson *et al.*, 1987).

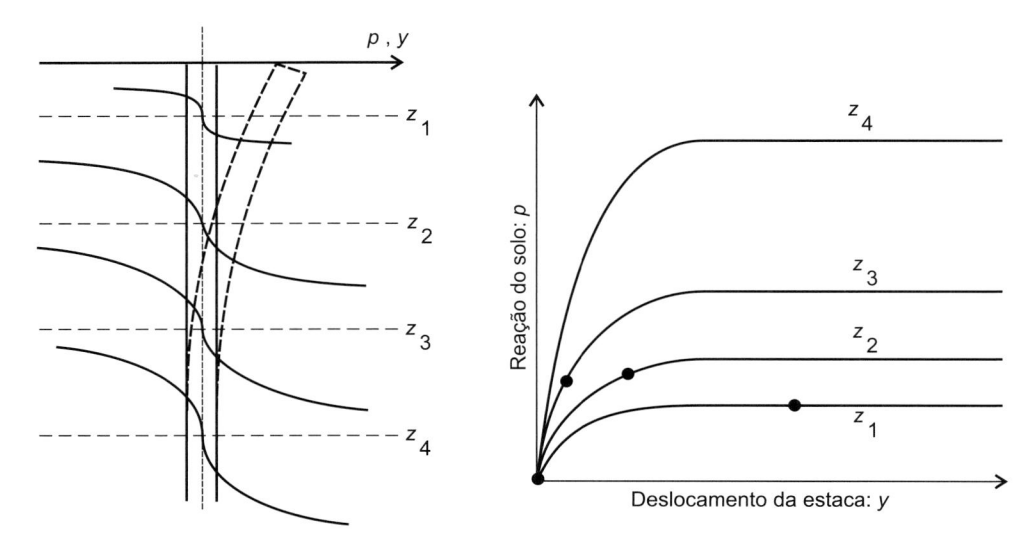

Fig. 15.3 – *Curvas p-y definidas para cada camada do subsolo e mobilização da resistência lateral em função do deslocamento sofrido pela estaca*

O segundo parâmetro é o deslocamento correspondente a uma deformação ε_c correspondente à metade da tensão máxima de uma curva tensão-deformação obtida em laboratório. Com o tratamento de Skempton (1951), a expressão geral do deslocamento é:

$$y_c = 2{,}5\varepsilon_c B \tag{15.13}$$

A deformação ε_c pode ser determinada dividindo S_u por um módulo de elasticidade E_u secante. Um valor razoável é $\varepsilon_c = 0{,}01$.

Na Fig. 15.4 são mostradas as curvas $p - y$ para os carregamentos estático, cíclico e pós-cíclico.

Algumas recomendações feitas por Matlock:

1. As curvas apresentadas aplicam-se a solos argilosos submersos, normalmente adensados ou levemente sobreadensados.
2. Os carregamentos considerados são: (a) estático de pequena duração; (b) cíclico que ocorre durante o desenvolvimento de uma tormenta; (c) recarregamento subsequente com forças menores que as anteriormente aplicadas. Na Fig. 15.4c, o ponto **A** corresponde ao máximo deslocamento anteriormente atingido, a partir do qual se deu o descarregamento.
3. Admite-se que o espaçamento entre as estacas permita que elas atuem independentemente entre si.
4. A resistência de uma estaca em argila mole carregada transversalmente não cresce linearmente com o deslocamento nem as tensões crescem linearmente com o carregamento. A ruptura será mais brusca nas estacas curtas, rígidas. Em consequência, devem-se obter soluções para cargas maiores do que as de trabalho, para avaliar adequadamente a segurança disponível; para condições próximas à de máxima resistência, pequenas variações no carregamento, na resistência do solo ou nas aproximações de projeto podem provocar variações apreciáveis nas tensões e deslocamentos calculados.

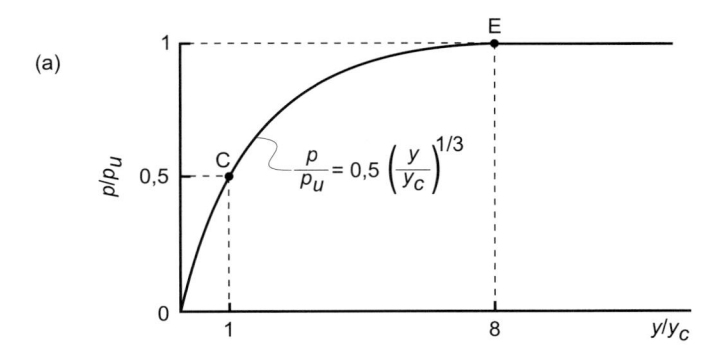

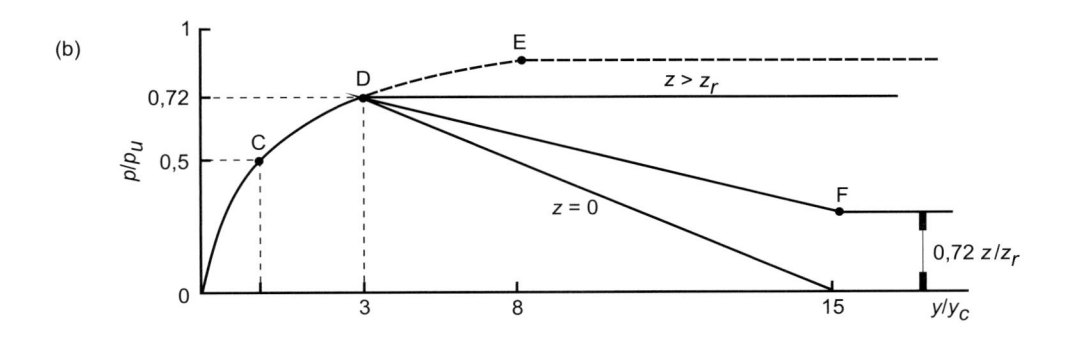

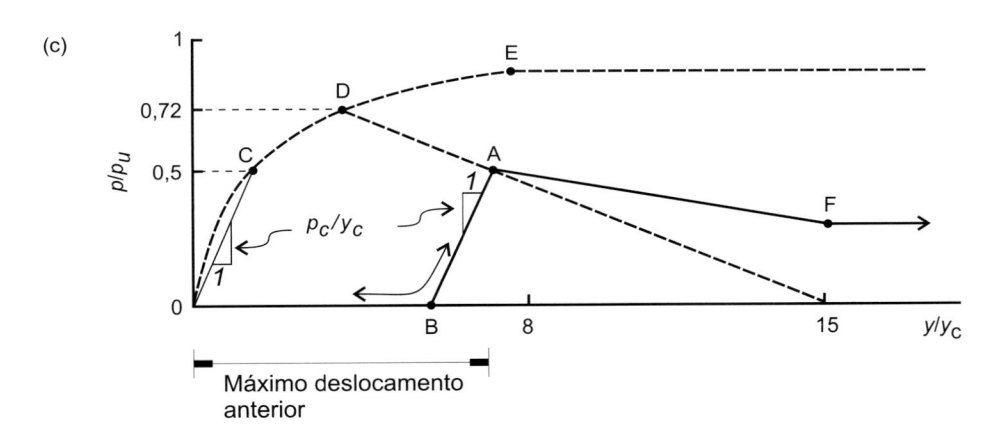

Fig. 15.4 – Curvas p-y para argilas moles: carregamentos (a) estático, (b) cíclico e (c) pós-cíclico (Matlock, 1970)

(b) Argilas Rijas

No trabalho de Reese et al. (1975), há um detalhamento explicativo e justificativo das curvas $p - y$ para argilas rijas. Aqui será fornecido apenas o procedimento para a construção das curvas (ver Fig. 15.5).

Carregamento estático

1º) Obter valores para a resistência não drenada S_u e do peso específico do solo, entre a superfície do terreno e a profundidade z para a qual se vai construir a curva $p - y$.

2º) Determinar o S_u médio até a profundidade z.

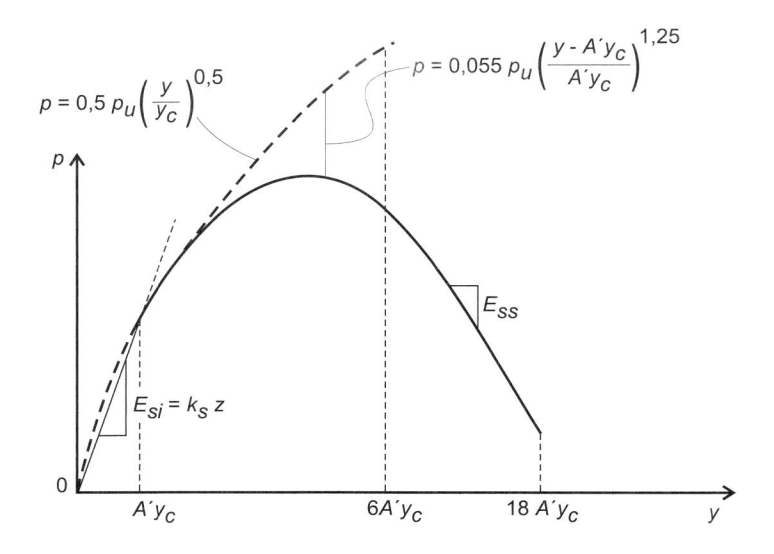

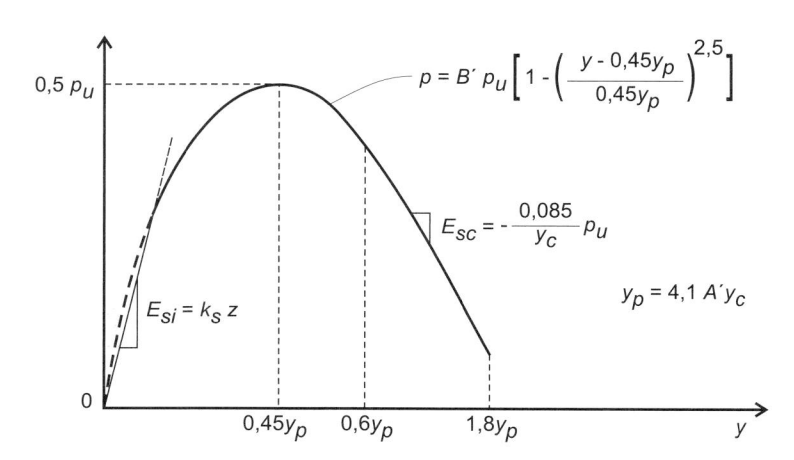

Fig. 15.5 – Curvas p-y para argilas rijas: carregamentos (a) estático e (b) cíclico

3º) Calcular a resistência do solo na profundidade z pelas fórmulas (o menor valor será tomado como resistência do solo p_u):

$$p_{u1} = 2S_u B + \gamma' B z + 2{,}83 S_u z \qquad \text{(15.14a)}$$

$$p_{u2} = 11 S_u B \qquad \text{(15.14b)}$$

4º) Tirar da Fig. 15.6a o valor do coeficiente adimensional A' correspondente à profundidade relativa z/B.

5º) Traçar o trecho inicial retilíneo dado por (k_s tirado da Tab. 15.3)

$$p = k_s z y \qquad \text{(15.15)}$$

6º) Calcular (com ε_c tirado da Tab. 15.3)

$$y_c = \varepsilon_c B \qquad \text{(15.16)}$$

7º) Traçar o primeiro trecho parabólico da curva

$$p = 0{,}5 p_u \left(\frac{y}{y_c}\right)^{0,5} \qquad \text{(15.17)}$$

Tab. 15.3 – Valores de k_s (kgf/cm^3) e ε_c para argila rija

	Resistência não drenada (kgf/cm²)		
	0,5 – 1	1 – 2	2 – 4
k_s p/ carregamento estático	14	28	56
k_c p/ carregamento cíclico	5,5	11	22
ε_c	0,007	0,005	0,004

Essa parábola é válida entre a intersecção com a reta $p = k_s z y$ e o deslocamento $A' y_c$. Caso não aconteça essa intersecção, vale a parábola.

8°) Traçar o segundo trecho parabólico, definido pela equação

$$p = 0{,}5 p_u \left(\frac{y}{y_c}\right)^{0{,}5} - 0{,}055 p_u \left(\frac{y - A' y_c}{A' y_c}\right)^{1{,}25} \tag{15.18}$$

válida para os deslocamentos $A' y_c \leqslant y \leqslant 6 A' y_c$

9°) O trecho seguinte é retilíneo e definido por

$$p = 0{,}5 p_u (6 A')^{0{,}5} - 0{,}411 p_u - \frac{0{,}0625}{y_c} p_u (y - 6 A' y_c) \tag{15.19}$$

válido para os deslocamentos $6 A' y_c \leqslant y \leqslant 18 A' y_c$

10°) Traçar o trecho final retilíneo dado por

$$p = 0{,}5 p_u (6 A')^{0{,}5} - 0{,}411 p_u - 0{,}75 p_u A' \tag{15.20}$$

válido para $18 A' y_c \leqslant y$

Carregamento cíclico

1°) Os passos 1°, 2°, 3° e 5° são idênticos ao do carregamento estático.

4°) Tirar da Fig. 15.6a o valor do coeficiente adimensional B' correspondente à profundidade relativa z/B.

6°) Calcular

$$y_c = \varepsilon_c B \tag{15.21a}$$

$$y_p = 4{,}1 B' y_c \tag{15.21b}$$

7°) Traçar o trecho parabólico da curva $p - y$:

$$p = B' p_u \left[1 - \left(\frac{y - 0{,}45 y_p}{0{,}45 y_p}\right)^{2{,}5}\right] \tag{15.22}$$

Essa parábola é válida desde a intersecção com a reta $p = k_c z y$ até o deslocamento $0{,}6 y_p$. Não havendo essa intersecção, é válida a parábola.

8°) Entre os deslocamentos $0{,}6 y_p$ e $1{,}8 y_p$ vale a reta

$$p = 0{,}936 B' p_u - \frac{0{,}085}{y_c} p_u (y - 0{,}6 y_p) \tag{15.23a}$$

9°) Para deslocamentos maiores que $1{,}8 y_p$ vale a reta

$$p = 0{,}936 B' p_u - \frac{0{,}102}{y_c} p_u y_p \tag{15.23b}$$

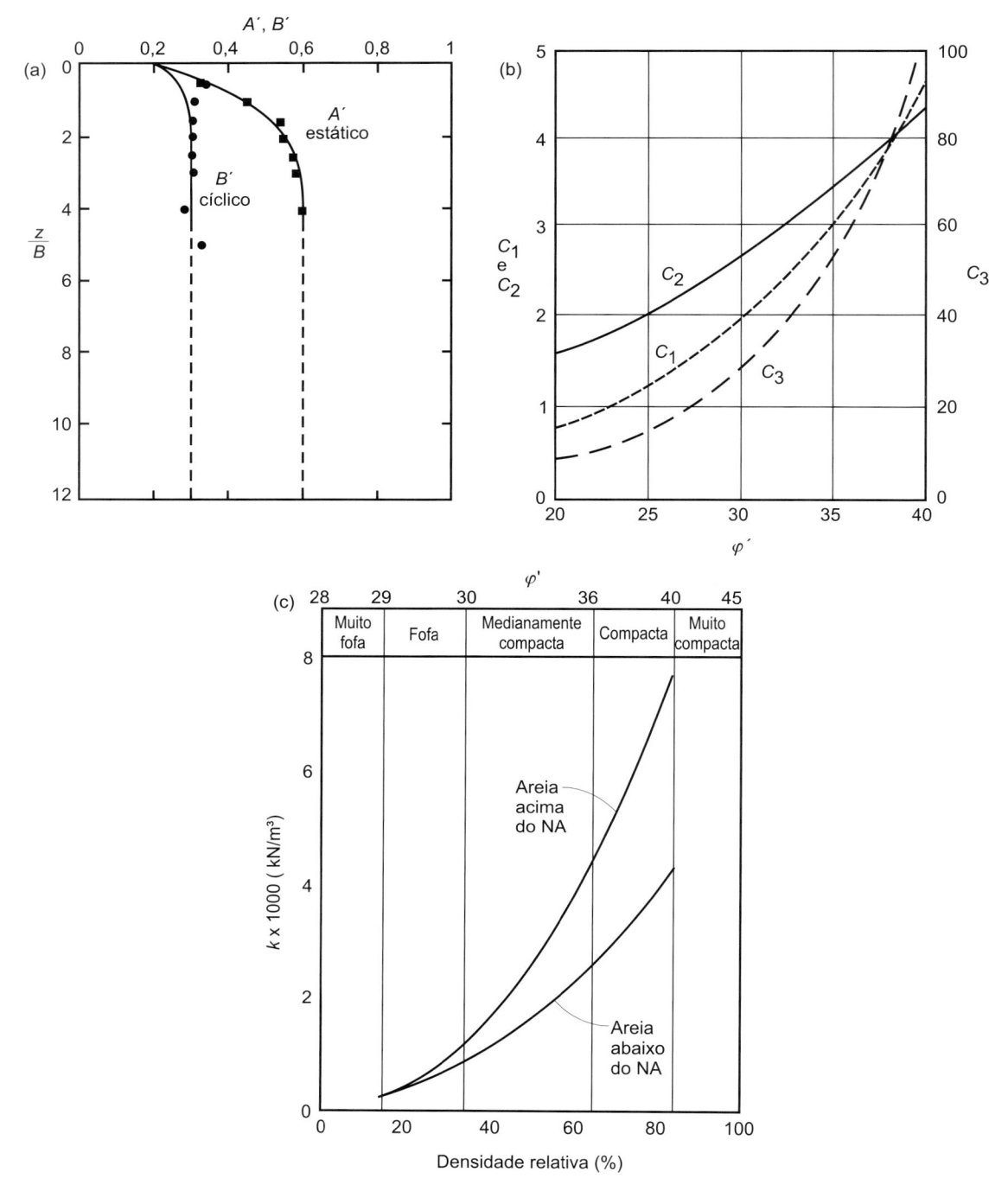

Fig. 15.6 – Coeficientes adimensionais (a) A' e B' (Reese et al., 1975); (b) coeficientes C_1, C_2 e C_3; (c) coeficiente de reação horizontal inicial (API, 2000)

No final do trabalho, seus autores observam que há necessidade de um maior número de ensaios em verdadeira grandeza e que, consequentemente, as curvas sugeridas devem ser utilizadas com cuidado.

(c) Areias

No documento da API (2000) para projeto de estruturas *off-shore* encontra-se uma sugestão para a construção das curvas $p-y$ para areias:

15 Estacas e Tubulões sob Esforços Transversais

$$p = A'' p_u \, tgh\left(\frac{kz}{A'' p_u} y\right) \tag{15.24}$$

onde: A'' = fator que leva em conta o tipo de carregamento:
- cíclico: $A'' = 0{,}9$
- estático: $A'' = \left(3 - 0{,}8\frac{z}{B}\right) \geqslant 0{,}9$

p_u = capacidade de carga do solo na profundidade z (dimensão FL^{-1}), determinada pelo menor dos dois valores fornecidos pelas equações:

$$p_{us} = (C_1 z + C_2 B)\gamma' z \tag{15.25}$$

$$p_{ud} = C_3 B \gamma'_z \tag{15.26}$$

sendo os coeficientes C_1, C_2 e C_3 funções do ângulo de atrito, da Fig. 15.6b;
k = coeficiente de reação horizontal inicial (dimensão FL^{-3}), função da densidade relativa, da Fig. 15.6c.

Reese et al. (1974) encontraram outras formas das curvas $p - y$ para areias. Recomenda-se Ruiz (1986) para um estudo das incertezas envolvidas nas curvas $p - y$.

15.3 SOLUÇÕES PARA ESTACAS OU TUBULÕES LONGOS BASEADAS NO COEFICIENTE DE REAÇÃO HORIZONTAL

Os métodos deste item analisam, na condição de serviço, estacas e, eventualmente, tubulões, cujo comprimento é tal que podem ser tratados como vigas flexíveis semi-infinitas com apoio elástico (ou seja, vigas ou estacas cujos efeitos do carregamento numa extremidade desaparecem antes da extremidade oposta). As estacas ou os tubulões são ditos *longos* quando seu comprimento é cinco vezes o *comprimento característico*, explicado a seguir. Para Hetenyi (1946), em trabalho sobre vigas de fundação, e Miche (1930), o limite para o comprimento característico é π ou 4, enquanto no método de Matlock e Reese (1960) o limite é 5.

15.3.1 Solução para o Coeficiente de Reação Horizontal Constante com a Profundidade

O estudo da estaca carregada transversalmente recai na viga sobre base elástica, estudada no Cap. 8 (vol. 1), como mostrado na Fig. 15.7. O comprimento de uma estaca L permite tratá-la como viga de comprimento semi-infinito se (Hetenyi, 1946)

$$\lambda L > 4$$

sendo a *rigidez relativa solo-estaca* (ver expressão equivalente 8.2, Cap. 8, vol. 1)

$$\lambda = \sqrt[4]{\frac{k_h B}{4 E_p I}} = \sqrt[4]{\frac{K_h}{4 E_p I}} \tag{15.27}$$

onde: E_p = módulo de elasticidade da estaca;
I = momento de inércia da seção transversal da estaca em relação ao eixo principal normal ao plano de flexão.

Para estacas, é mais comum usar a *rigidez relativa estaca-solo*, T, com $T = 1/\lambda$. Esse parâmetro também é chamado de *comprimento característico* (tem a dimensão de comprimento).

Fórmulas importantes são:

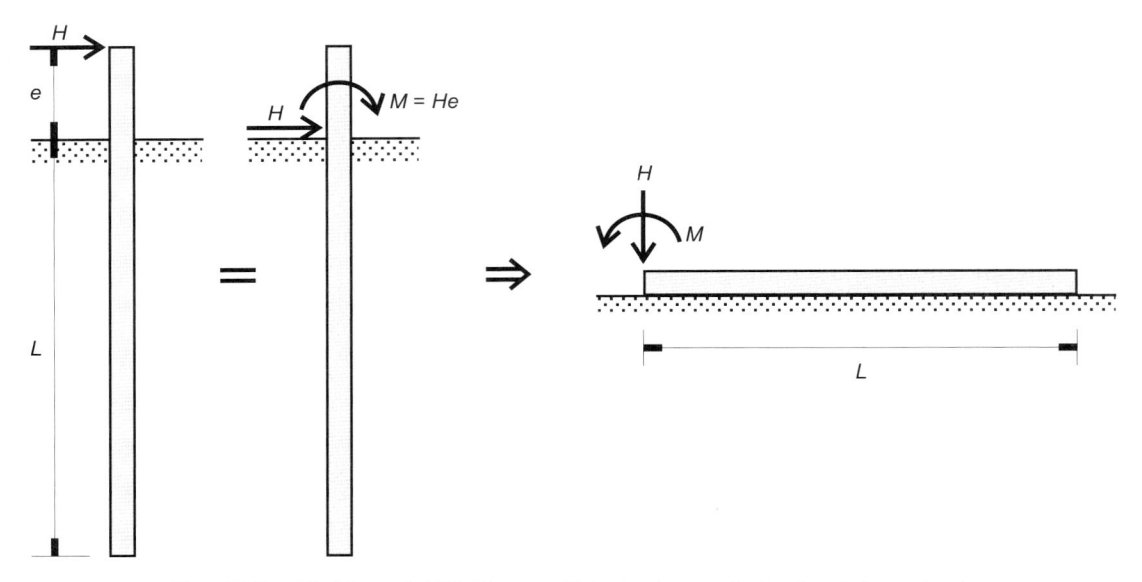

Fig. 15.7 – Hipótese de Winkler: coeficiente de reação horizontal constante

- Deslocamento horizontal na superfície do terreno:

$$y_o = \frac{2H\lambda}{K_h} + \frac{2M\lambda^2}{K_h} \qquad (15.28)$$

- Momento fletor máximo (valor aproximado) a uma profundidade aproximada de $0,7/\lambda$:

$$M_{\text{máx}} = 0,32\frac{H}{\lambda} + 0,7M \qquad (15.29)$$

15.3.2 Solução para Coeficiente de Reação Horizontal Variável com a Profundidade

Apresentam-se a seguir alguns métodos de cálculo com o coeficiente de reação horizontal que varia com a profundidade.

Método de Miche

Pelo que se sabe, Miche (1930) foi o primeiro autor a resolver o problema da estaca em solo com um coeficiente de reação horizontal crescendo *linearmente* com a profundidade, adotando o tratamento da viga sobre base elástica, isto é, levando em conta a deformabilidade da estaca, ao contrário de trabalhos mais antigos, como o de Dörr (1922), em que a estaca é considerada rígida.

Assim, ao considerar-se uma estaca de diâmetro ou largura B, com $k_h = m_h z = n_h z/B$ (ver Eq. 15.2), a equação diferencial do problema é:

$$E_p I \frac{d^4 y}{dz^4} + n_h \frac{z}{B} B y = 0 \qquad (15.30a)$$

ou

$$E_p I \frac{d^4 y}{dz^4} + n_h z y = 0 \qquad (15.30b)$$

Com a definição da *rigidez relativa estaca-solo* (ou *comprimento característico*)

$$T = \sqrt[5]{\frac{E_p I}{n_h}} = \sqrt[5]{\frac{E_p I}{m_h B}} \qquad (15.31)$$

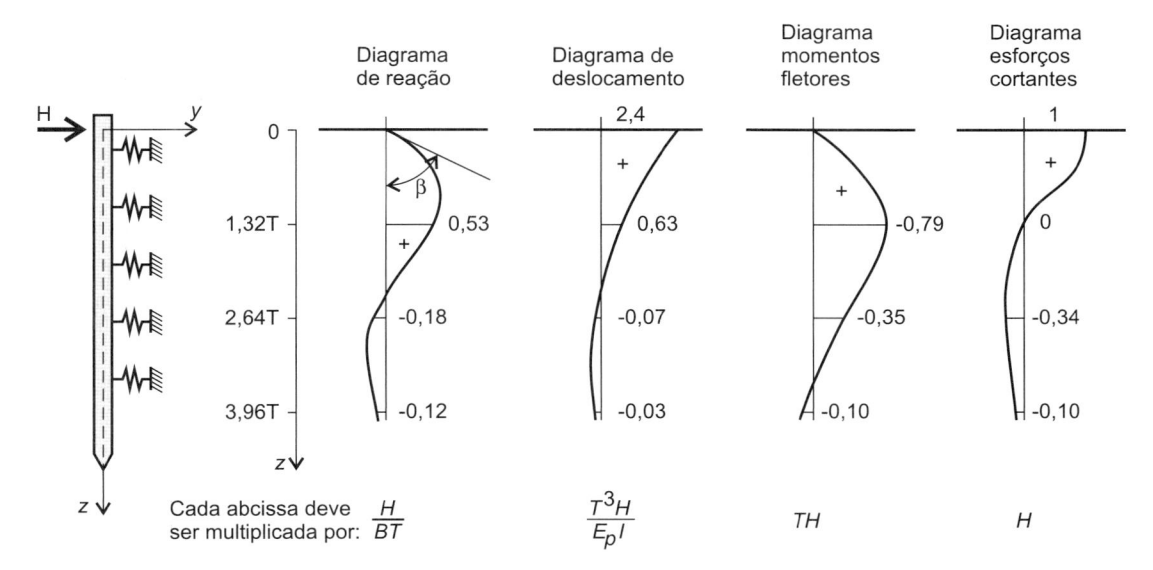

15 Estacas e Tubulões sob Esforços Transversais

Fig. 15.8 – Método de Miche: estaca vertical submetida a uma força horizontal aplicada no topo, coincidente com a superfície do terreno

foram obtidos os seguintes resultados:

- deslocamento horizontal no topo da estaca

$$y_o = 2{,}40 \frac{T^3 H}{E_p I} \tag{15.32a}$$

- tangente ao diagrama de reação do solo

$$\operatorname{tg}\beta = 2{,}40 \frac{H}{BT^2} \tag{15.32b}$$

- momento fletor máximo (a uma profundidade $1{,}32\,T$)

$$M_{\text{máx}} = 0{,}79\,HT \tag{15.32c}$$

A uma profundidade da ordem de $4T$, os momentos fletores e os esforços cortantes são muito pequenos e podem ser desprezados.

Se o comprimento da estaca for menor que $1{,}5T$, ela será calculada como rígida e

$$M_{\text{máx}} = 0{,}25\,HT \tag{15.33}$$

Se o comprimento da estaca estiver compreendido entre $1{,}5T$ e $4T$, o momento fletor máximo pode ser obtido, com razoável aproximação, a partir da Fig.15.9.

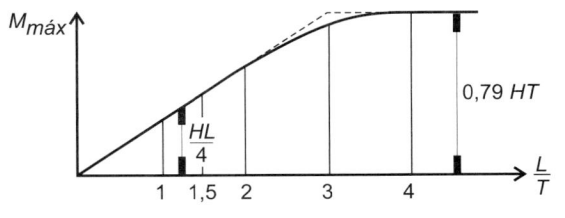

Fig. 15.9 – Método de Miche: cálculo aproximado do momento fletor máximo

Método de Matlock e Reese

Das contribuições desses autores para o cálculo de estacas submetidas a solicitações transversais destacam-se as publicadas em 1956, 1960 e 1961. Matlock e Reese (1956) consideram o caso do coeficiente de reação horizontal que varia linearmente com a profundidade para a estaca vertical submetida a uma força horizontal e a um momento aplicados no topo. Matlock e Reese (1960) fornecem um encaminhamento para se resolver o problema com diferentes leis de variação do coeficiente de reação. Matlock e Reese (1961) retomam o caso do coeficiente de reação que varia linearmente com a profundidade (na notação dos autores: E_s, com dimensão FL^{-2}). Aqui será explorado esse caso.

Considere-se uma estaca de comprimento L, diâmetro ou largura B, rigidez à flexão $E_p I$ (Fig. 15.10). O topo é suposto livre.

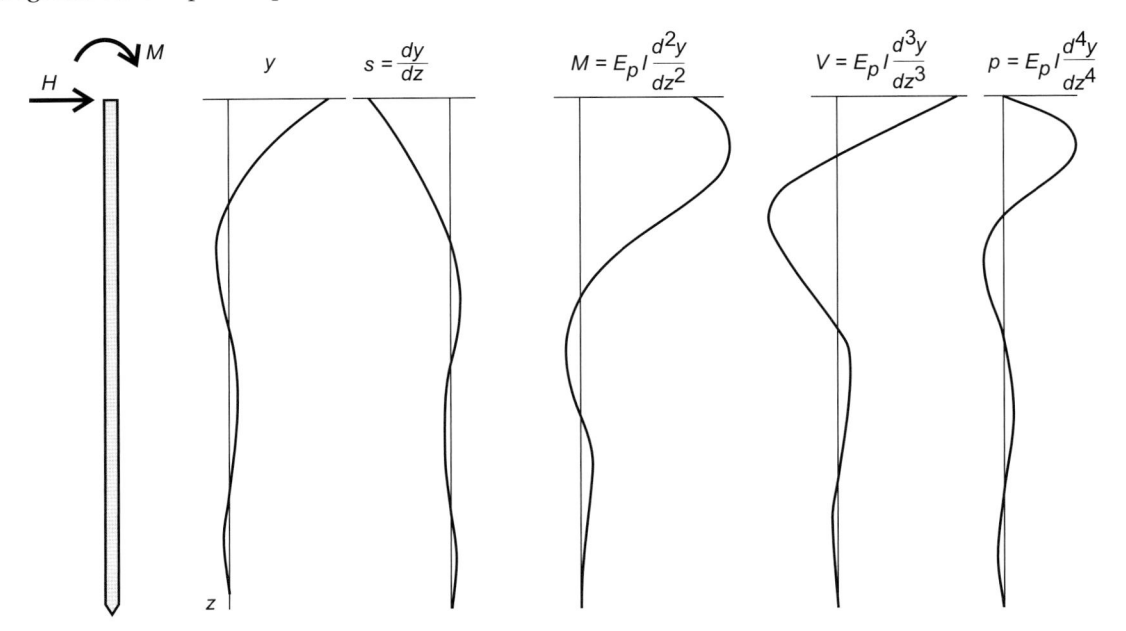

Fig. 15.10 – Estaca vertical, topo livre, submetida a uma força horizontal e a um momento (topo da estaca = superfície do terreno)

Nesse método, o *comprimento característico* ou *rigidez relativa estaca-solo* T depende da lei de variação do coeficiente de reação com a profundidade. É evidente que

$$y = f(z, T, L, K_h, E_p I, H_t, M_t) \tag{15.34}$$

Ao se admitir que o comportamento da estaca é elástico e que os deslocamentos são pequenos em relação ao diâmetro da estaca, pode-se aplicar o princípio da superposição e, nesse caso, os efeitos de H_t e de M_t podem ser calculados separadamente e, em seguida, superpostos. Assim, se y_A é o deslocamento produzido por H_t e y_B produzido por M_t, o deslocamento total será

$$y = y_A + y_B \tag{15.35}$$

Além disso, em regime elástico, tem-se:

$$\frac{y_A}{H_t} = f_A(z, T, L, K_h, E_p I) \quad \text{e} \quad \frac{y_B}{M_t} = f_B(z, T, L, K_h, E_p I)$$

em que f_A e f_B representam duas funções diferentes das mesmas variáveis. Em cada caso, há seis variáveis e duas dimensões (força e comprimento) envolvidas. Pode-se reduzir de seis para quatro as variáveis adimensionais independentes.

$$\text{Para o caso A: } \frac{y_A E_p I}{H_t T^3}, \frac{z}{T}, \frac{L}{T}, \frac{K_h T^4}{E_p I}$$

$$\text{Para o caso B: } \frac{y_B E_p I}{M_t T^2}, \frac{z}{T}, \frac{L}{T}, \frac{K_h T^4}{E_p I}$$

15 Estacas e Tubulões sob Esforços Transversais

Para satisfazer as condições de semelhança, cada uma dessas variáveis deve ser igual no modelo e no protótipo:

$$\frac{z_H}{T_H} = \frac{z_M}{T_M} \tag{15.36}$$

$$\frac{L_H}{T_H} = \frac{L_M}{T_M} \tag{15.37}$$

$$\frac{K_{h,H} T_H^4}{(E_p I)_H} = \frac{K_{h,M} T_M^4}{(E_p I)_M} \tag{15.38}$$

$$\frac{y_{A,H}(E_p I)_H}{H_{t,H} T_H^3} = \frac{y_{A,M}(E_p I)_M}{H_{t,M} T_M^3} \tag{15.39}$$

$$\frac{y_{B,H}(E_p I)_H}{M_{t,H} T_H^2} = \frac{y_{B,M}(E_p I)_M}{M_{t,M} T_M^2} \tag{15.40}$$

Pode-se definir um grupo de variáveis adimensionais que terão os mesmos valores numéricos para qualquer par de casos estruturalmente semelhantes ou para qualquer modelo e seu protótipo. São elas:

- coeficiente de profundidade

$$Z = \frac{z}{T} \tag{15.41a}$$

- coeficiente de profundidade máxima

$$Z_{\text{máx}} = \frac{L}{T} \tag{15.41b}$$

- função coeficiente de reação do solo

$$\phi(Z) = \frac{K_h T^4}{E_p I} \tag{15.41c}$$

- coeficiente de deslocamento – caso A

$$A_y = \frac{y_A E_p I}{H_t T^3} \tag{15.41d}$$

- coeficiente de deslocamento – caso B

$$B_y = \frac{y_B E_p I}{M_t T^2} \tag{15.41e}$$

Assim, para (1º) sistemas com rigidez solo-estaca semelhante; (2º) posições semelhantes ao longo do eixo da estaca; (3º) comprimento de estacas semelhantes (salvo quando os comprimentos forem muito grandes e não precisarem ser considerados), a solução do problema poderá ser expressa por:

$$y = \left[\frac{H_t T^3}{E_p I}\right] A_y + \left[\frac{M_t T^2}{E_p I}\right] B_y \tag{15.42a}$$

Analogamente,

- rotação:

$$s = s_A + s_B = \left[\frac{H_t T^2}{E_p I}\right] A_s + \left[\frac{M_t T}{E_p I}\right] B_s \tag{15.42b}$$

- momento fletor:

$$M = M_A + M_B = [H_t T] A_m + [M_t] B_m \tag{15.42c}$$

- esforço cortante:

$$V = V_A + V_B = [H_t] A_v + \left[\frac{M_t}{T}\right] B_v \qquad \text{(15.42d)}$$

- reação do solo:

$$p = H_A + H_B = \left[\frac{H_t}{T}\right] A_p + \left[\frac{M_t}{T^2}\right] B_p \qquad \text{(15.42e)}$$

É necessário obter um conjunto particular de coeficientes A e B, como funções de Z, pela solução de um modelo particular. As Eqs. (15.42) são independentes das características do modelo, exceto quanto ao comportamento elástico do sistema solo-estaca, e pequenos deslocamentos. O *comprimento característico* T não foi definido e a variação de K_h com a profundidade, ou seja, a função $\phi(Z)$ não foi especificada.

Da teoria da flexão das vigas, sabe-se que

$$E_p I \frac{d^4 y}{dz^4} = p \qquad \text{(15.43)}$$

Com $p = -K_h y$ vem:

$$\frac{d^4 y}{dz^4} + \frac{K_h}{E_p I} y = 0 \qquad \text{(15.44)}$$

Com o princípio da superposição válido, essa equação pode ser desdobrada em:
- caso A:

$$\frac{d^4 y_A}{dz^4} + \frac{K_h}{E_p I} y_A = 0 \qquad \text{(15.45a)}$$

- caso B:

$$\frac{d^4 y_B}{dz^4} + \frac{K_h}{E_p I} y_B = 0 \qquad \text{(15.45b)}$$

Ao introduzir-se as variáveis adimensionais definidas pelas Eqs. (15.41), tem-se:
- Caso A:

$$\frac{d^4 A_y}{dz^4} + \phi(Z) A_y = 0 \qquad \text{(15.46a)}$$

- Caso B:

$$\frac{d^4 B_y}{dz^4} + \phi(Z) B_y = 0 \qquad \text{(15.46b)}$$

Para obter um conjunto particular de coeficientes adimensionais A e B é necessário: especificar $\phi(Z)$ incluindo uma definição adequada do *comprimento característico* T; e resolver as equações diferenciais (15.46a, b). Os coeficientes assim obtidos, levados às Eqs. (15.42), permitirão calcular deslocamentos, rotações, momentos fletores, esforços cortantes e reações do terreno para qualquer estaca semelhante àquela para a qual os coeficientes foram calculados.

Como já foi visto, para o caso de coeficiente de reação constante, obtém-se uma solução fechada tanto para H_t como para M_t. Para o caso de coeficiente de reação que varia linearmente com a profundidade, Miche integrou a equação diferencial para a estaca submetida apenas à força H_t.

Matlock e Reese (1960) sugerem duas leis para K_h:

$$K_h = k z^n \qquad \text{(15.47)}$$

e

$$K_h = k_o + k_1 z + k_2 z^2 \qquad \text{(15.48)}$$

e detalham os casos da estaca rígida e da estaca flexível. A seguir, será estudado apenas o caso da estaca flexível.

(a) Função de potência $K_h = kz^n$

Nesse caso,

$$\phi(Z) = \frac{k}{E_p I} z^n T^4 \quad (15.49)$$

Por conveniência, o *comprimento característico* será definido por

$$T^{n+4} = \frac{E_p I}{k} \quad (15.50)$$

e, então,

$$\phi(Z) = \frac{z^n T^4}{T^{n+4}} = \left(\frac{z}{T}\right)^n \quad (15.51)$$

ou, como $Z = z/T$,

$$\phi(Z) = Z^n \quad (15.52)$$

Assim, a função $\phi(Z)$ contém apenas um parâmetro arbitrário: o expoente n. Consequentemente, para cada valor de n, as Eqs. (15.46) fornecerão um conjunto completo de soluções adimensionais independentes.

(b) Função polinomial do 2º grau $K_h = k_o + k_1 z + k_2 z^2$

Nesse caso,

$$\phi(Z) = \frac{k_o T^4}{E_p I} + \frac{k_1 T^5}{E_p I}\left(\frac{z}{T}\right) + \frac{k_2 T^6}{E_p I}\left(\frac{z}{T}\right)^2 \quad (15.53)$$

O comprimento característico T deve ser definido de forma a simplificar um termo. Por exemplo, para simplificar o segundo termo,

$$T^5 = \frac{E_p I}{k_1} \quad (15.54a)$$

que resulta em

$$\phi(Z) = r_o + Z + r_2 Z^2 \quad (15.54b)$$

com

$$r_o = \frac{k_o}{k_1}\left(\frac{1}{T}\right) \quad (15.54c)$$

$$r_2 = \frac{k_2}{k_1} T \quad (15.54d)$$

Do ponto de vista prático, teria interesse a função

$$\phi(Z) = r_o + Z^2 \quad (15.55)$$

mas não foi desenvolvida no trabalho ora analisado.

(c) Comparação de soluções para $K_h = kz^n$ com diferentes valores de n

Matlock e Reese analisaram o comportamento (deslocamento e momentos fletores) de uma estaca com $Z_{máx} = L/T > 5$, para $n = 1/2$, 1 e 2. Algumas conclusões:

1. Embora os coeficientes de reação sejam bastante diferentes, os deslocamentos e momentos fletores pouco diferem entre si. A razão é que o comportamento depende da raiz $(n+4)$ do *comprimento característico T*, ou seja, depende da raiz $(n+4)$ do coeficiente de reação do solo.
2. Os deslocamentos e momentos fletores máximos crescem quando n cresce.
3. Os valores do coeficiente de reação para $Z < 1$ comandam o comportamento da estaca.
4. Ainda que o coeficiente de reação do solo não varie linearmente com a profundidade, isto é, se $n > 1$, a hipótese de $n = 1$ é satisfatória na prática.

(d) Resultados para $n = 1$

Pela importância que esse caso tem, reproduzem-se, de Reese e Matlock (1956) e Matlock e Reese (1961), tabelas e gráficos que permitem o cálculo rápido de deslocamentos e solicitações na estaca. A convenção de sinais está indicada na Fig. 15.11.

Na Tab. 15.4 são fornecidos os coeficientes A e B para uma estaca longa ($Z_{máx} \geqslant 5$) e topo livre. Na Fig. 15.12 são apresentadas curvas para o cálculo do deslocamento decorrente de H_t e M_t ($Z_{máx} \geqslant 5$).

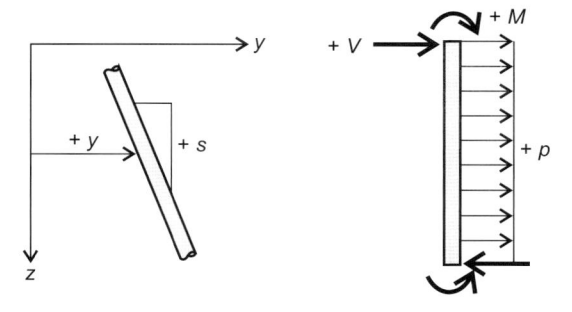

Fig. 15.11 – Convenção de sinais para as equações de Matlock e Reese

Tab. 15.4 – Coeficientes A e B (Matlock e Reese, 1961)

Z	A_y	A_s	A_m	A_v	A_p	B_y	B_s	B_m	B_v	B_p
0,0	2,435	-1,623	0,000	1,000	0,000	1,623	-1,750	1,000	0,000	0,000
0,1	2,273	-1,618	0,100	0,989	-0,227	1,453	-1,650	1,000	-0,007	-0,145
0,2	2,112	-1,603	0,198	0,956	-0,422	1,293	-1,550	0,999	-0,028	-0,259
0,3	1,952	-1,578	0,291	0,906	-0,586	1,143	-1,450	0,994	-0,058	-0,343
0,4	1,796	-1,545	0,379	0,840	-0,718	1,003	-1,351	0,987	-0,095	-0,401
0,5	1,644	-1,503	0,459	0,764	-0,822	0,873	-1,253	0,976	-0,137	-0,436
0,6	1,496	-1,454	0,532	0,677	-0,897	0,752	-1,156	0,960	-0,181	-0,451
0,7	1,353	-1,397	0,595	0,585	-0,947	0,642	-1,061	0,939	-0,226	-0,449
0,8	1,216	-1,335	0,649	0,489	-0,973	0,540	-0,968	0,914	-0,270	-0,432
0,9	1,086	-1,268	0,693	0,392	-0,977	0,448	-0,878	0,885	-0,312	-0,403
1,0	0,962	-1,197	0,727	0,295	-0,962	0,364	-0,792	0,852	-0,350	-0,364
1,2	0,738	-1,047	0,767	0,109	-0,885	0,223	-0,629	0,775	-0,414	-0,268
1,4	0,544	-0,893	0,772	-0,056	-0,761	0,112	-0,482	0,688	-0,456	-0,157
1,6	0,381	-0,741	0,746	-0,193	-0,609	0,029	-0,354	0,594	-0,477	-0,047
1,8	0,247	-0,596	0,696	-0,298	-0,445	-0,030	-0,245	0,498	-0,476	0,054
2,0	0,142	-0,464	0,628	-0,371	-0,283	-0,070	-0,155	0,404	-0,456	0,140
3,0	-0,075	-0,040	0,225	-0,349	0,226	-0,089	0,057	0,059	-0,213	0,268
4,0	-0,050	0,052	0,000	-0,106	0,201	-0,028	0,049	-0,042	0,017	0,112
5,0	-0,009	0,025	-0,033	0,013	0,046	0,000	0,011	-0,026	0,029	-0,002

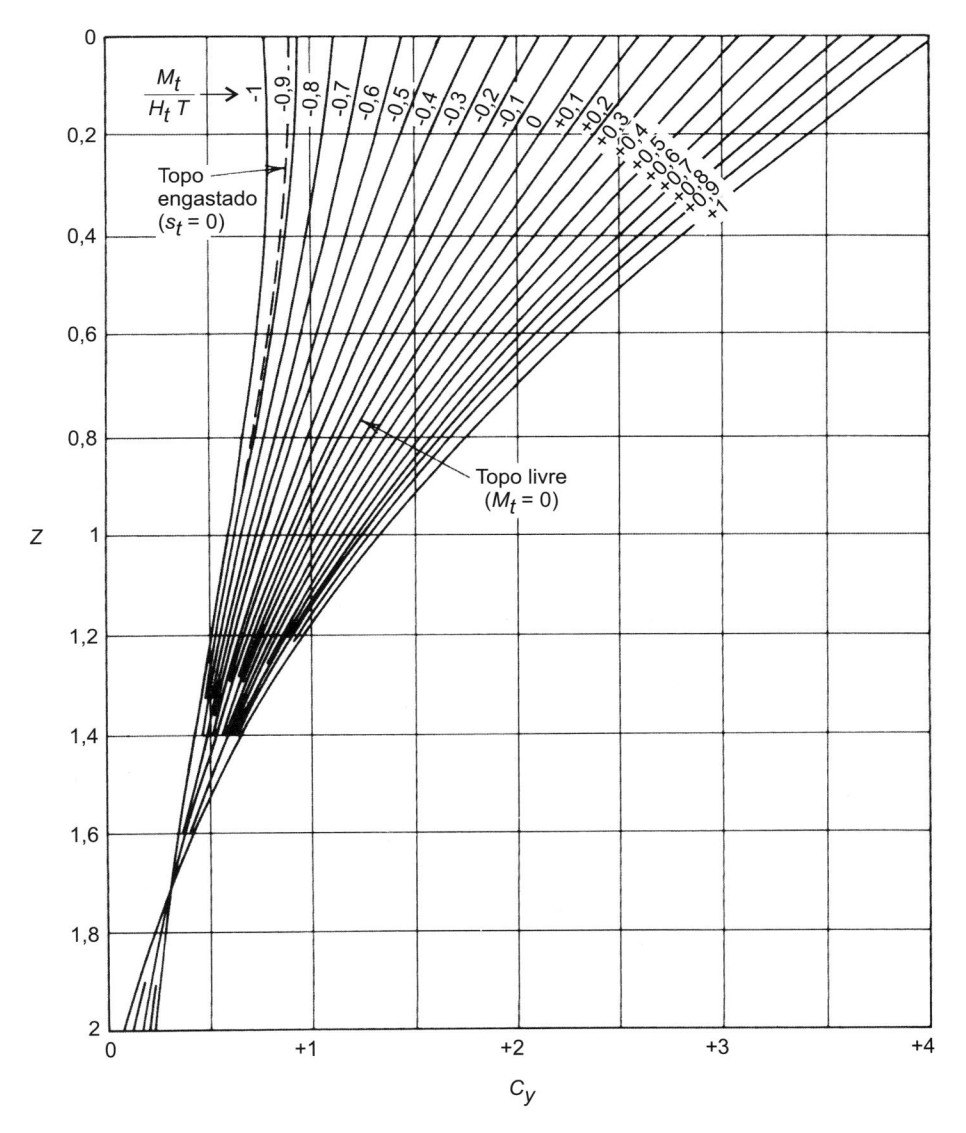

Fig. 15.12 – Coeficiente C_y para cálculo do deslocamento (Matlock e Reese, 1961)

Os coeficientes C_y são definidos por

$$C_y = A_y + \frac{M_t}{H_t T} B_y \qquad (15.56)$$

e

$$y = C_y \frac{H_t T^3}{E_p I} \qquad (15.57)$$

Nas Figs. 15.13 e 15.14, são fornecidas curvas para os coeficientes A e B para diversos valores de $Z_{\text{máx}}$ e estaca com o topo livre.

Quando o topo da estaca tem rotação impedida, as equações que fornecem o deslocamento, o momento fletor e a reação do solo são:

$$y_f = F_y \frac{H_t T^3}{E_p I} \qquad (15.58)$$

$$M_f = F_M H_t T \qquad (15.59)$$

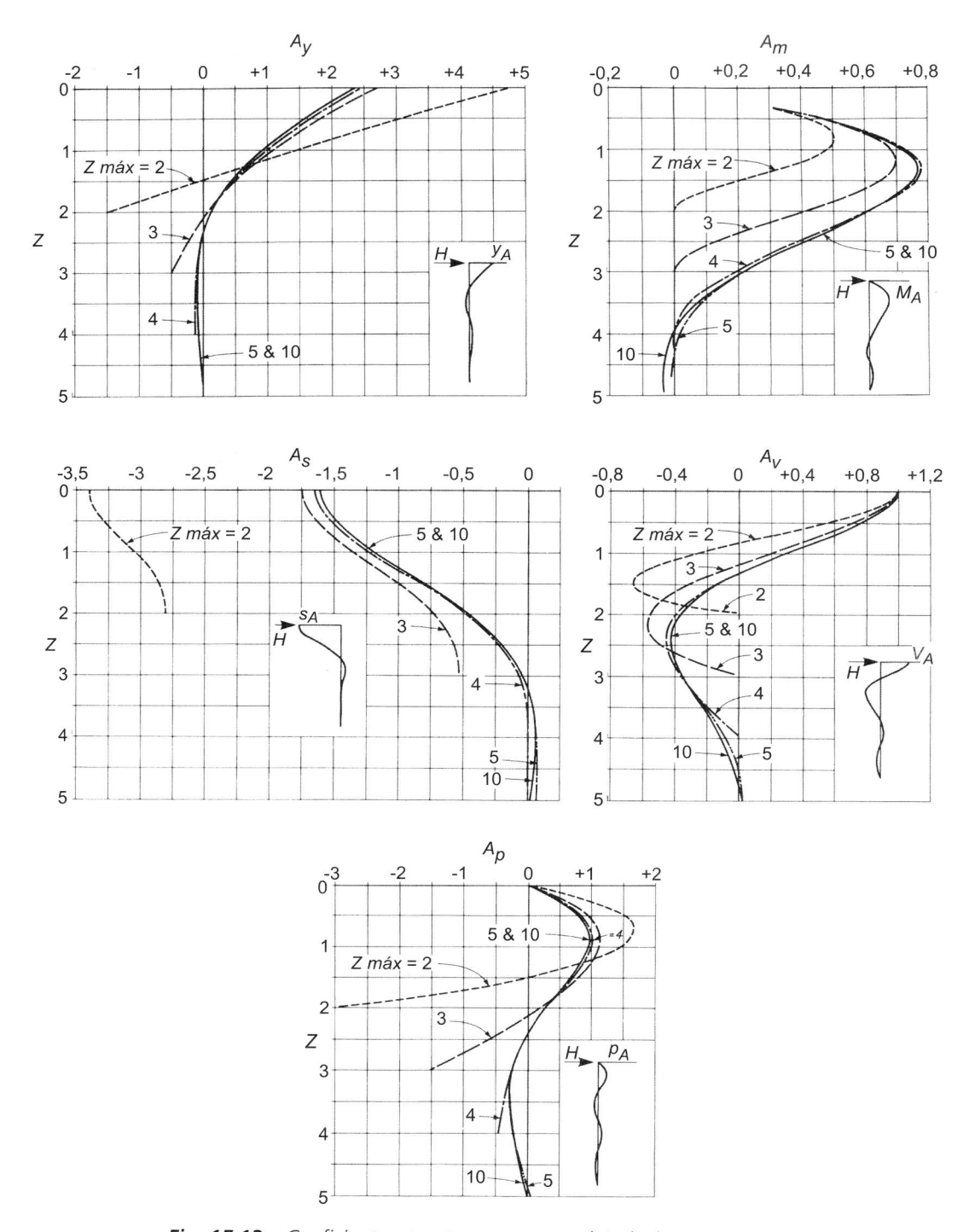

Fig. 15.13 – Coeficientes A_y, A_m, A_s, A_v, A_p (Matlock e Reese, 1961)

$$H_f = F_H \frac{H_t}{T} \qquad (15.60)$$

Na Fig. 15.15 são encontradas as curvas de F_y, F_M e F_H para diversos valores de $Z_{máx}$.

Uma vez determinadas as curvas $p - y$ para diferentes profundidades, é possível, por tentativas, ajustar uma reta $K_h = kz$ da qual se tira o valor de k, para calcular as solicitações e os deslocamentos da estaca.

Fig. 15.14 – Coeficientes B_y, B_m, B_s, B_v, B_p (Matlock e Reese, 1961)

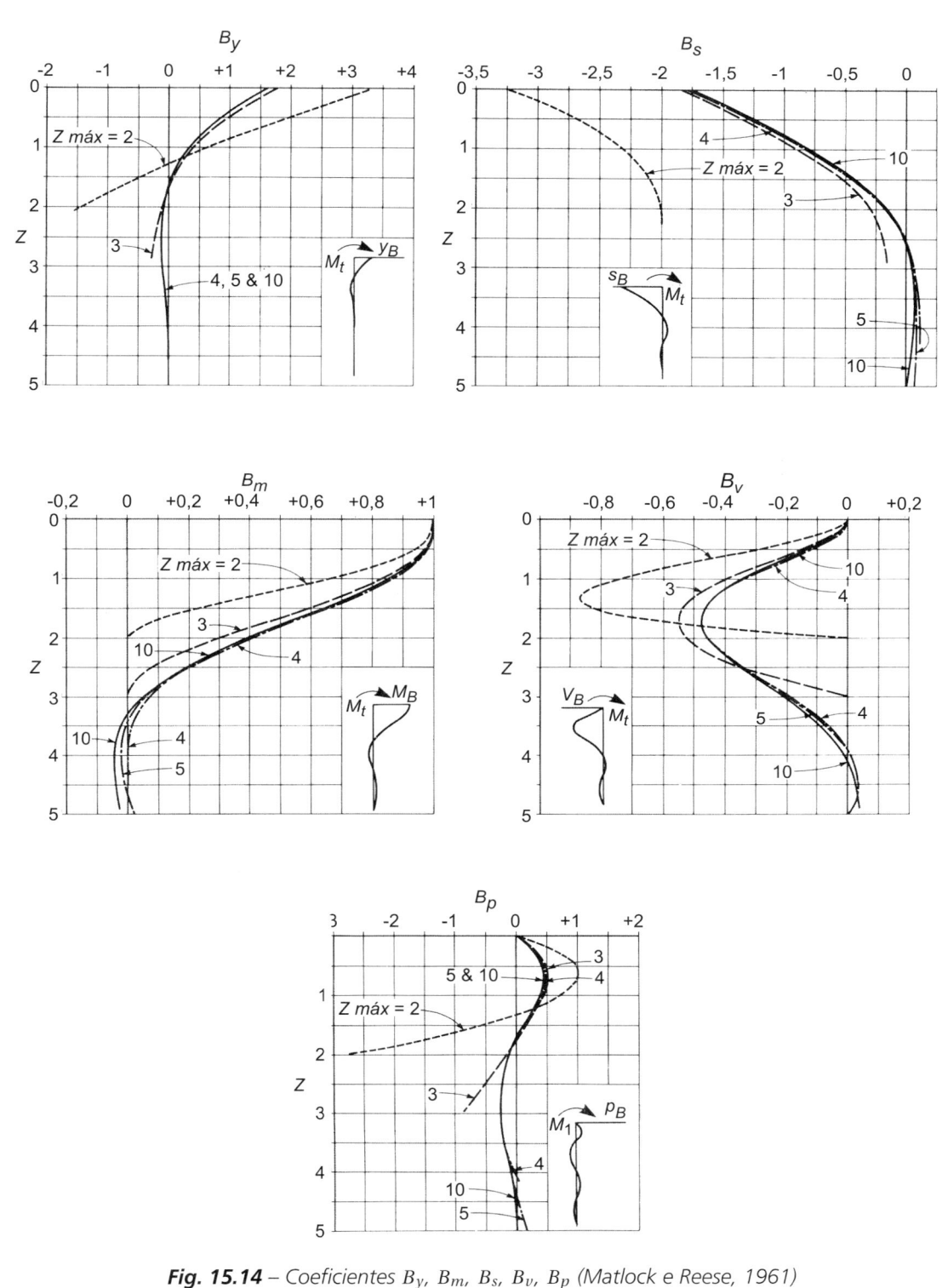

15.3.3 Método de Duncan, Evans e Ooi

As pesquisas realizadas para o estabelecimento das curvas $p - y$ mostraram que a reação do solo, desde o início da solicitação, é não linear. Isso significa que o princípio da superposição, ao contrário do que foi suposto nos itens anteriores, não é aplicável. Na Fig. 15.16 são mostrados

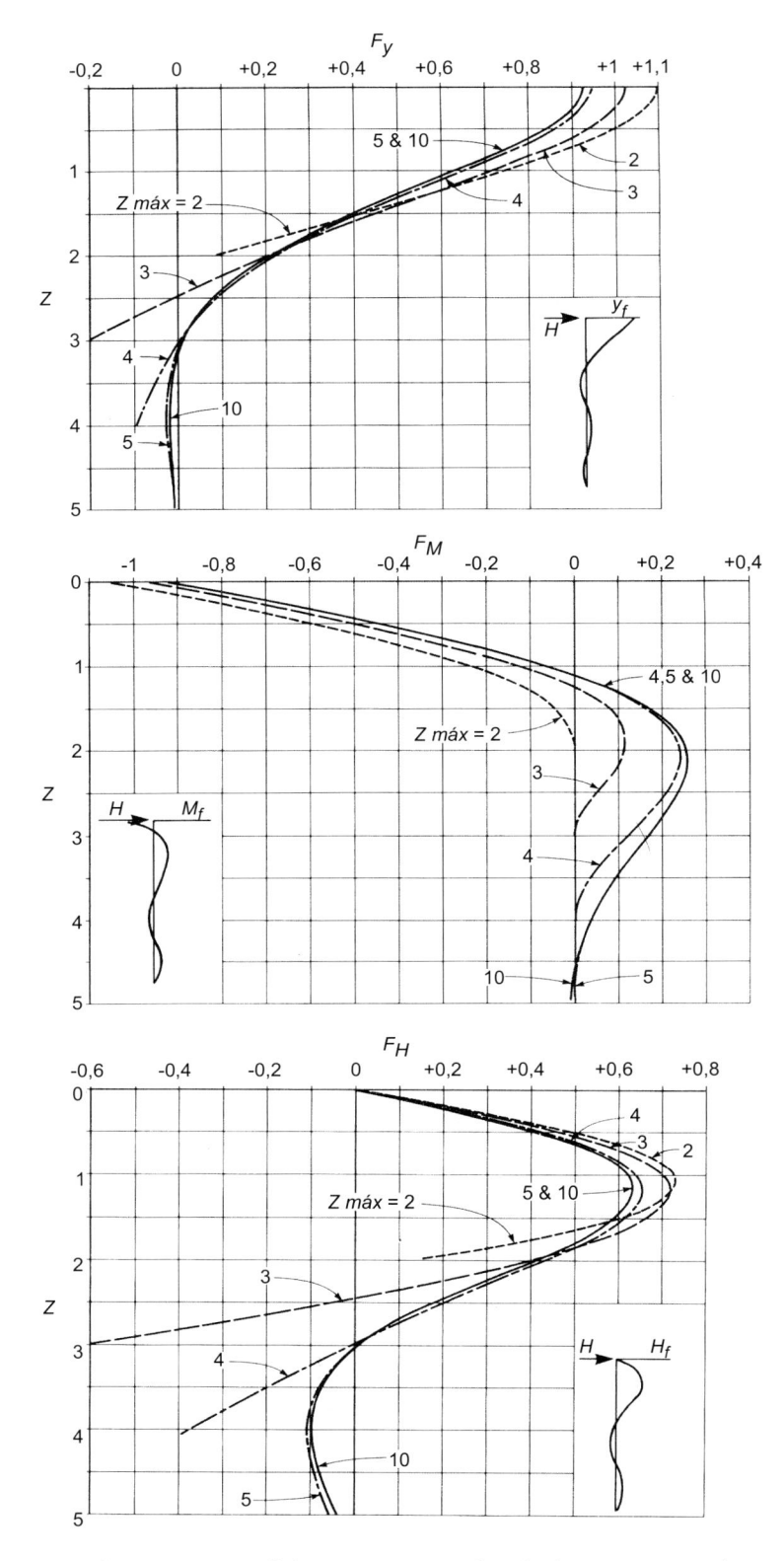

Fig. 15.15 – Coeficientes F_y, F_M, F_H (Matlock e Reese, 1961)

resultados experimentais de uma estaca vertical submetida a uma força horizontal na superfície do terreno. Verifica-se, pelos diagramas de deslocamentos, reação do terreno e momentos

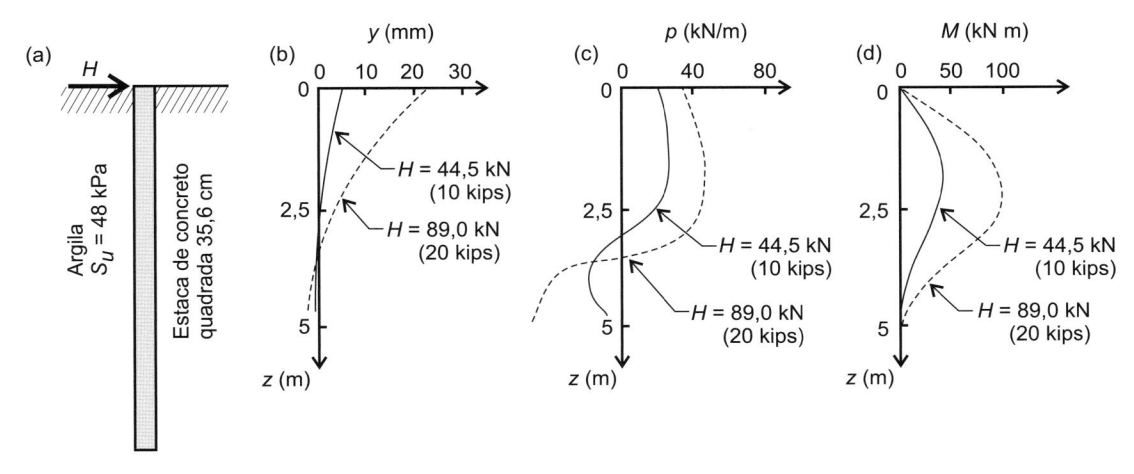

Fig. 15.16 – Resposta de uma estaca de concreto protendido, submetida a uma força horizontal na superfície do terreno (Duncan et al., 1994)

fletores que, quando a carga dobra, os deslocamentos são multiplicados por 4,4 e os momentos fletores por 2,4.

Dois fatores contribuem para o comportamento não linear: o comportamento carga-deslocamento do solo é não linear (ainda que o comportamento da estaca, como elemento estrutural, seja linear, o comportamento do sistema solo-estaca não o será); e, à medida que a resistência do solo é atingida na parte superior da estaca, acréscimos de carga devem ser transferidos para maiores profundidades, onde a resistência do solo não foi ainda totalmente mobilizada. Isso faz com que, por exemplo, o momento fletor cresça mais rapidamente do que a força aplicada no topo da estaca.

Embora as curvas $p - y$ representem melhor o comportamento do solo, a dificuldade em aplicar essa metodologia (tempo requerido para preparar dados e realizar cálculos) torna-a pouco utilizada na prática. O método desenvolvido por Duncan et al. (1994) é aproximado, mas é suficiente para os casos simples e recebeu o nome de *método da carga característica*. Pode ser aplicado para determinar: (1) os deslocamentos na superfície do terreno para uma força transversal com o topo da estaca livre, engastado ou acima da superfície do terreno; (2) os deslocamentos na superfície do terreno decorrentes de momentos aí aplicados; (3) os momentos fletores máximos para a estaca com o topo livre, topo engastado e topo acima da superfície do terreno; (4) a posição do momento fletor máximo.

O método resultou da aplicação das curvas $p - y$ a inúmeros casos e, com o emprego de variáveis adimensionais, tornou possível representar uma ampla gama de condições reais por meio de relações bastante simples. Para se chegar às variáveis adimensionais, as forças são divididas por uma força característica H_c, os momentos por um momento característico M_c e os deslocamentos pelo diâmetro B da estaca. Quanto maior for o valor de H_c tanto maior será a capacidade da estaca de suportar forças transversais; quanto maior for M_c, tanto maior a capacidade de suportar momentos aplicados.

Têm-se as seguintes expressões para as forças e momentos característicos.

Para argila:

$$H_c = 7{,}34 B^2 (E_p R_L) \left(\frac{S_u}{E_p R_L} \right)^{0,68} \tag{15.61}$$

$$M_c = 3{,}86 B^3 (E_p R_L) \left(\frac{S_u}{E_p R_L} \right)^{0{,}46} \tag{15.62}$$

Para areia:

$$H_c = 1{,}57 B^2 (E_p R_L) \left(\frac{\gamma' B \varphi' K_p}{E_p R_L} \right)^{0{,}57} \tag{15.63}$$

$$M_c = 1{,}33 B^3 (E_p R_L) \left(\frac{\gamma' B \varphi' K_p}{E_p R_L} \right)^{0{,}40} \tag{15.64}$$

onde: H_c = força característica (F);
M_c = momento característico (FL);
B = diâmetro da estaca (L);
E_p = módulo de elasticidade do material da estaca (FL^{-2});
R_L = relação entre o momento de inércia da estaca e o momento de inércia de uma estaca de seção transversal circular maciça de diâmetro B (adimensional);
S_u = resistência não drenada (FL^{-2});
γ' = peso específico efetivo da areia (FL^{-3});
φ' = ângulo de atrito efetivo da areia (graus);
$K_p = \text{tg}^2(45° + \varphi'/2)$ = coeficiente de empuxo passivo de Rankine (adimensional).

Os valores de S_u, no caso de solos argilosos, e de φ', no caso de solos arenosos, devem ser determinados ao longo de uma profundidade igual a $8B$ abaixo da superfície do terreno. Quando a estaca for de concreto, a rigidez à flexão ($E_p I$) deve ser calculada levando em conta a fissuração do concreto.

(a) Deslocamentos horizontais devidos à força aplicada na superfície do terreno (= topo da estaca)
Na Fig. 15.17 estão as curvas que permitem calcular o deslocamento y_t na superfície do terreno e, na Tab. 15.5, são fornecidos os valores traduzidos pelas curvas.

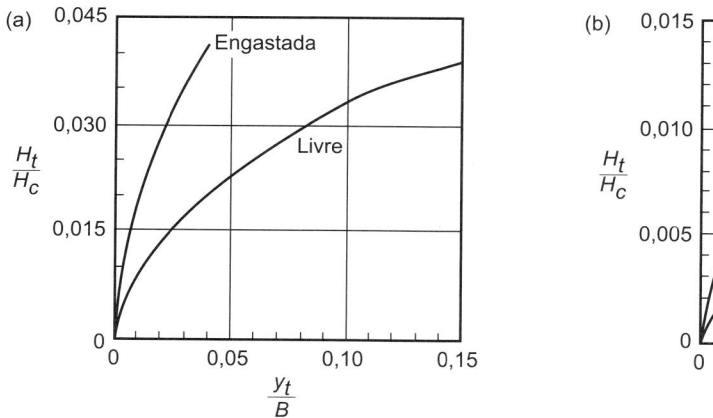

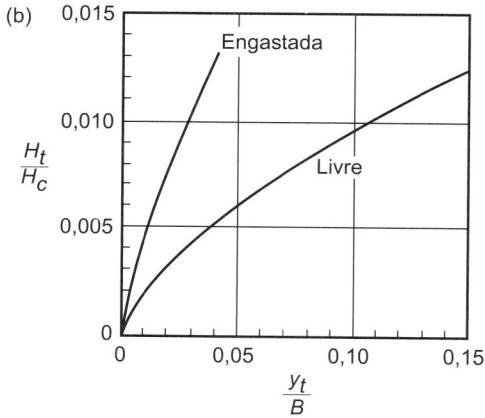

Fig. 15.17 – Deslocamento horizontal na superfície do terreno = topo da estaca, produzido por uma força horizontal em (a) argila e (b) areia

(b) Deslocamentos devidos a um momento aplicado na superfície do terreno (= topo da estaca)
Os elementos necessários para o cálculo estão na Fig. 15.18 e na Tab. 15.6.

Tab. 15.5 – Coeficientes para determinar o deslocamento horizontal na superfície do terreno, produzido por força horizontal

y_t/B	Argila		Areia	
	Topo livre H_t/H_c	Topo fixo H_t/H_c	Topo livre H_t/H_c	Topo fixo H_t/H_c
0,0000	0,0000	0,0000	0,0000	0,0000
0,0025	0,0040	0,0088	0,0008	0,0016
0,0050	0,0065	0,0133	0,0013	0,0028
0,0075	0,0078	0,0168	0,0017	0,0039
0,0100	0,0091	0,0197	0,0021	0,0049
0,0150	0,0113	0,0247	0,0027	0,0065
0,0200	0,0135	0,0289	0,0033	10,0079
0,0300	0,0171	0,0359	0,0043	0,0104
0,0400	0,0200	0,0419	0,0052	0,0125
0,0500	0,0226	0,0471	0,0060	0,0144
0,0600	0,0250	—	0,0068	—
0,0800	0,0292	—	0,0083	—
0,1000	0,0332	—	0,0097	—
0,1500	0,0412	—	0,0124	—

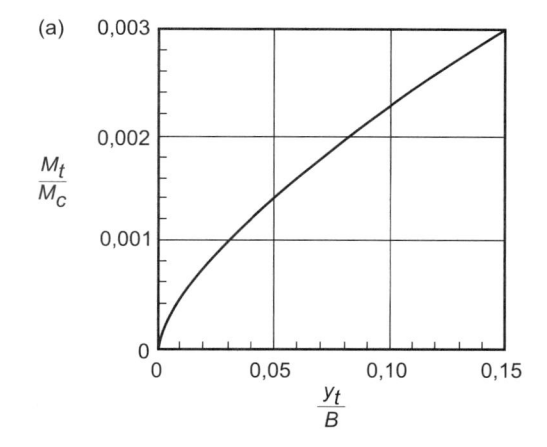

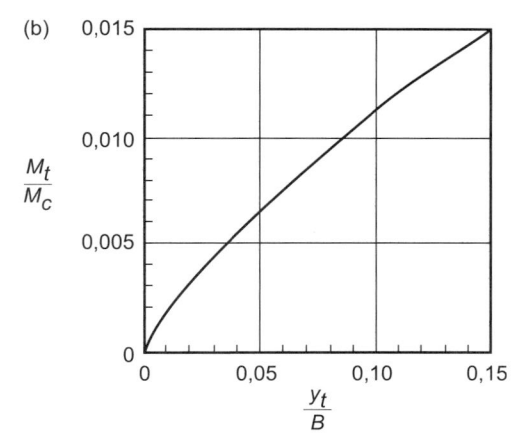

Fig. 15.18 – Deslocamento horizontal na superfície do terreno = topo da estaca, produzido por um momento aí aplicado em (a) argila e (b) areia

Tab. 15.6 – Coeficiente para determinar o deslocamento horizontal na superfície do terreno produzido por um momento

y_t/B	Momento Aplicado	
	Argila M_t/M_c	Areia M_t/M_c
0,00	0,0000	0,0000
0,01	0,0048	0,0019
0,02	0,0074	0,0032
0,03	0,0097	0,0044
0,04	0,0119	0,0055
0,05	0,0139	0,0065
0,06	0,0158	0,0075
0,08	0,0193	0,0094
0,10	0,0226	0,0113
0,15	0,0303	0,0150

(c) Deslocamentos devidos a esforços aplicados acima do nível do terreno

Os esforços (força e momento) aplicados acima da superfície do terreno produzem, nesse nível, uma força e um momento, conforme mostra a Fig. 15.19 (parte superior). Como o comportamento é não linear, os efeitos não podem ser superpostos.

Um procedimento aproximado é o seguinte (Fig. 15.19):

1º passo: calcula-se o deslocamento ($y_{t,H}$) produzido pela força que atua sozinha;
2º passo: calcula-se o deslocamento ($y_{t,M}$) produzido pelo momento que atua sozinho;
3º passo: calcula-se a força (H_M) capaz de provocar o deslocamento $y_{t,M}$;
4º passo: calcula-se o momento (M_H) capaz de provocar o deslocamento $y_{t,H}$;
5º passo: calcula-se o deslocamento ($y_{t,HM}$) produzido pela força $H_t + H_M$;
6º passo: calcula-se o deslocamento ($y_{t,MH}$) produzido pelo momento $M_t + M_H$.

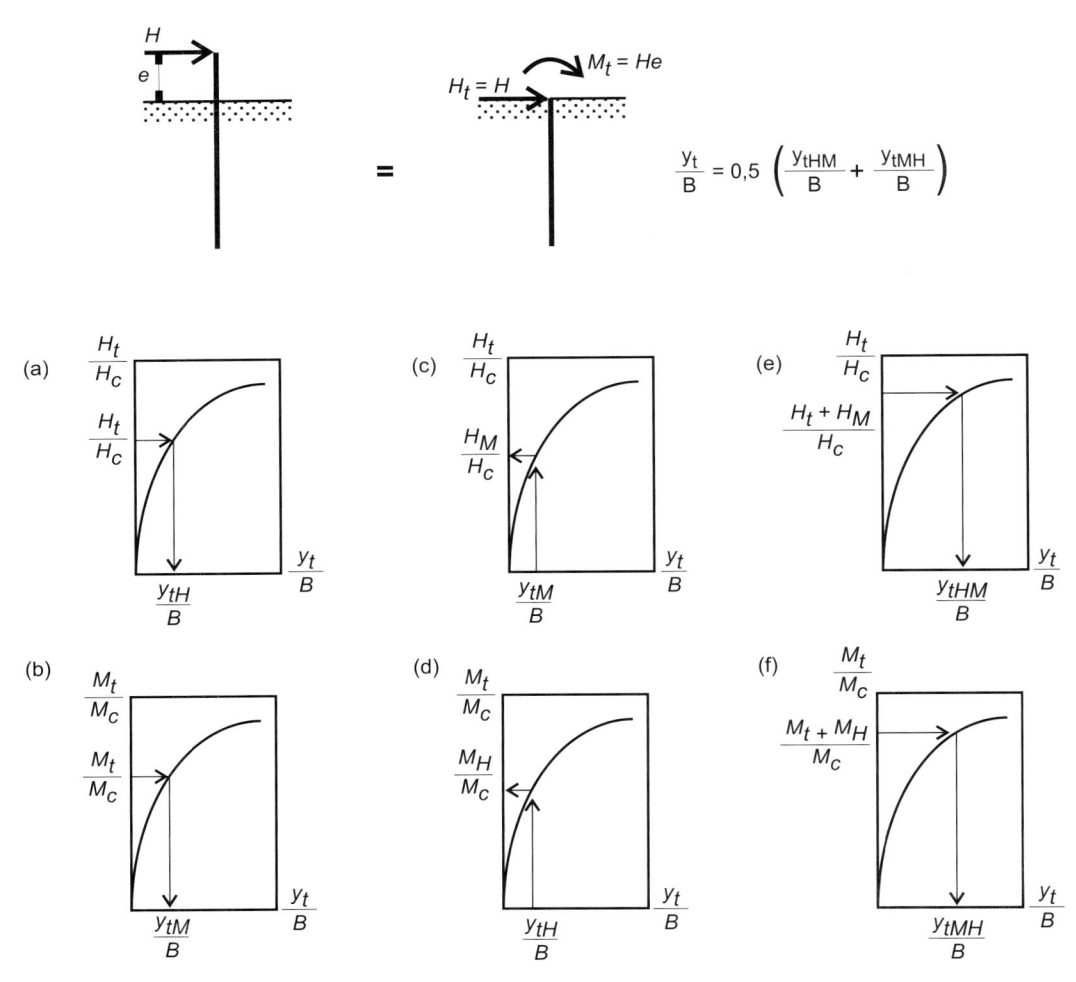

Fig. 15.19 – *Superposição não linear de deslocamentos produzidos por força e momento: (a) 1º passo; (b) 2º passo; (c) 3º passo; (d) 4º passo; (e) 5º passo; (f) 6º passo*

Um valor aproximado do deslocamento produzido pelas cargas aplicadas acima da superfície do terreno será:

$$y_t = (y_{t,HM} + y_{t,MH})/2 \tag{15.65}$$

(d) Momentos fletores máximos

Na Fig. 15.20 e na Tab. 15.7, são fornecidos os elementos necessários para o cálculo do momento fletor máximo na estaca.

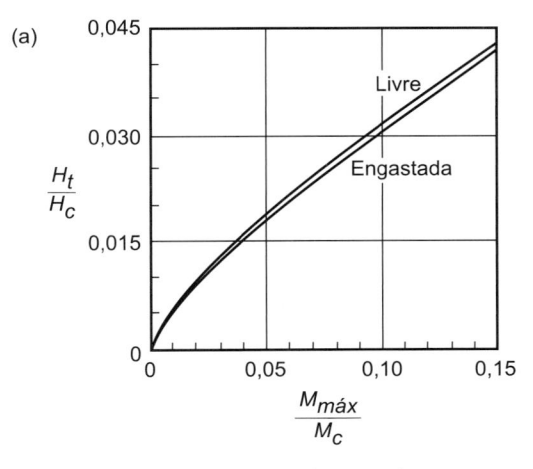

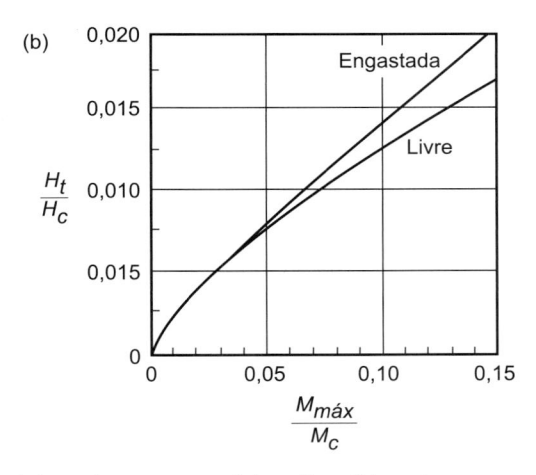

Fig. 15.20 – Determinação do momento fletor máximo de estaca em (a) argila e (b) areia

Tab. 15.7 – Coeficientes para determinar o momento fletor máximo

$M_{\text{máx}}/M_c$	Argila		Areia	
	Topo livre H_t/H_c	Topo fixo H_t/H_c	Topo livre H_t/H_c	Topo fixo H_t/H_c
0,00	0,0000	0,0000	0,0000	0,0000
0,001	0,0050	0,0041	0,0021	0,0019
0,002	0,0090	0,0078	0,0038	0,0037
0,003	0,0125	0,0112	0,0052	0,0052
0,004	0,0157	0,0144	0,0065	0,0067
0,005	0,0185	0,0175	0,0076	0,0080
0,006	0,0212	0,0204	0,0087	0,0093
0,008	0,0264	0,0258	0,0107	0,0117
0,010	0,0319	0,0308	0,0126	0,0138
0,015	0,0432	0,0419	0,0168	0,0186

(e) Cálculo do momento fletor máximo para cargas aplicadas acima da superfície do terreno

Quando a estaca tem o topo livre acima da superfície do terreno e é carregada transversalmente, o momento fletor máximo ocorre a uma certa profundidade, abaixo da superfície do terreno. Pode-se estimar essa profundidade e o valor do momento máximo com a teoria do coeficiente de reação horizontal crescente com a profundidade.

Uma vez determinado o deslocamento combinado y na superfície do terreno, pela Eq. (15.65), utilizam-se os coeficientes de Matlock e Reese (item 15.3.2), para escrever:

$$y_t = \frac{2{,}43 H_t}{E_p I} T^3 + \frac{1{,}62 M_t}{E_p I} T^2 \tag{15.66}$$

onde T é o *comprimento característico* da estaca. Dessa equação, tira-se o valor de T, com o qual calculam-se os momentos fletores pela expressão

$$M_z = A_m H_t T + B_m M_t \tag{15.67}$$

do método de Matlock e Reese.

O momento fletor máximo causado pela força aplicada na superfície do terreno ocorre a uma profundidade $z = 1,3T$. O momento fletor máximo causado pelo momento aplicado ocorre na superfície do terreno. Quando as duas cargas atuam, o momento fletor máximo ocorrerá entre a superfície do terreno e a profundidade $1,3T$.

(f) Limitações do método da carga característica

A principal limitação do método da carga característica é que ele só é aplicável a estacas suficientemente longas para que seu comportamento não seja afetado pelo seu comprimento. Os comprimentos mínimos estão indicados na Tab. 15.8.

Se o comprimento da estaca for menor do que o indicado na Tab. 15.8, o deslocamento correto será maior e o momento fletor máximo será menor do que os calculados pelo método da carga característica.

Uma outra limitação é que o método supõe que o solo seja uniforme, pelo menos ao longo de uma profundidade de $8B$ (a partir da superfície do terreno).

Tab. 15.8 – Comprimentos mínimos para a aplicabilidade do método da carga característica

Solo	Critério		Comprimento mínimo (em diâmetros)
Argila	$\dfrac{E_p R_L}{S_u}$	= 100.000	6
		= 300.000	10
		= 1.000.000	14
		= 3.000.000	18
Areia	$\dfrac{E_p R_L}{\gamma' B \varphi' K_p}$	= 10.000	8
		= 40.000	11
		= 200.000	14

(g) Comparações com ensaios

No trabalho de Duncan et al. (1994) há comparações de resultados de aplicações do método da carga característica com os resultados de provas de carga estáticas. Em argilas, os deslocamentos calculados podem ser até 70% maiores do que os medidos. Os momentos fletores máximos calculados são praticamente iguais aos medidos. Em areias, os deslocamentos calculados são cerca de 10% maiores do que os medidos. Os momentos fletores máximos calculados coincidem com os medidos.

15.3.4 Método de Davisson e Robinson

Davisson e Robinson (1965) fornecem um procedimento de fácil aplicação para o cálculo de estacas submetidas a esforços transversais e para a verificação da flambagem. (A flambagem de estacas será tratada no Cap. 18.)

Considere-se uma estaca parcialmente enterrada submetida no topo às forças V_t e H_t e ao momento M_t (Fig. 15.21). Davisson e Robinson determinaram um comprimento L_s tal que, somado ao comprimento livre L_u, conduza a uma haste rigidamente engastada, de comprimento $L_e = L_u + L_s$, que tenha o mesmo deslocamento y_t da estaca ou a mesma carga crítica de flambagem.

A equação diferencial de uma viga sobre base elástica submetida a uma carga axial V_t aplicada no topo é:

$$E_p I \frac{d^4 y}{dz^4} + V_t \frac{d^2 y}{dz^2} + K_h y = 0 \qquad (15.68)$$

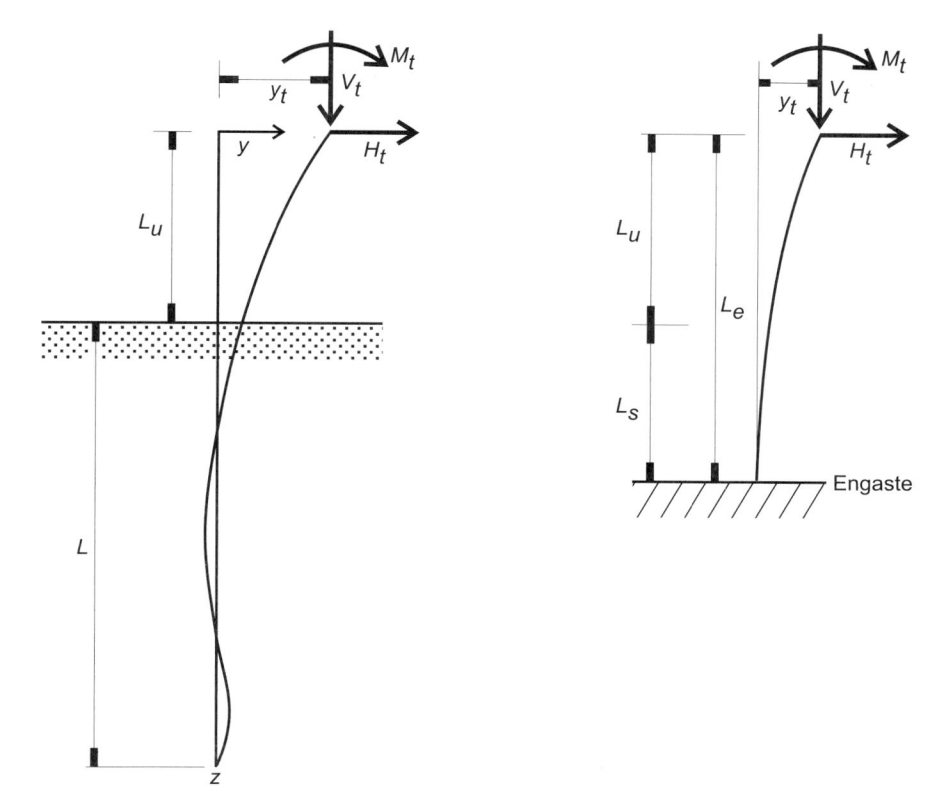

Fig. 15.21 – Estaca parcialmente enterrada

O coeficiente de reação horizontal K_h é igual a zero do topo da estaca até a superfície do terreno. A partir daí, são considerados dois casos.

1º caso: K_h = *constante*
Com:

$$R = \sqrt[4]{\frac{E_p I}{K_h}}, \quad L = \frac{z}{R} \quad \text{e} \quad U = \frac{V_t R^2}{E_p I} \tag{15.69}$$

a Eq. (15.68) será escrita

$$\frac{d^4 y}{dL^4} + U \frac{d^2 y}{dL^2} + y = 0 \tag{15.70}$$

São introduzidas as seguintes grandezas adimensionais (Fig. 15.22):

$$L_{máx} = \frac{L}{R}, \quad S_R = \frac{L_s}{R} \quad \text{e} \quad J_R = \frac{L_u}{R} \tag{15.71}$$

O comprimento equivalente será $L_e = (S_R + J_R)R$.

Ao adotar-se a solução de Hetenyi para a viga de comprimento semi-infinito ou, aproximadamente, para $L_{máx} > 4$, obtém-se as curvas da Fig. 15.23a, com o critério mencionado de igualdade de deslocamento y_t da estaca e da estaca equivalente rigidamente engastada na profundidade L_s.

Verifica-se que, para uma ampla variação de J_R, o S_R varia entre 1,3 e 1,6. Um valor S_R = 1,33 pode ser adotado na maioria dos casos.

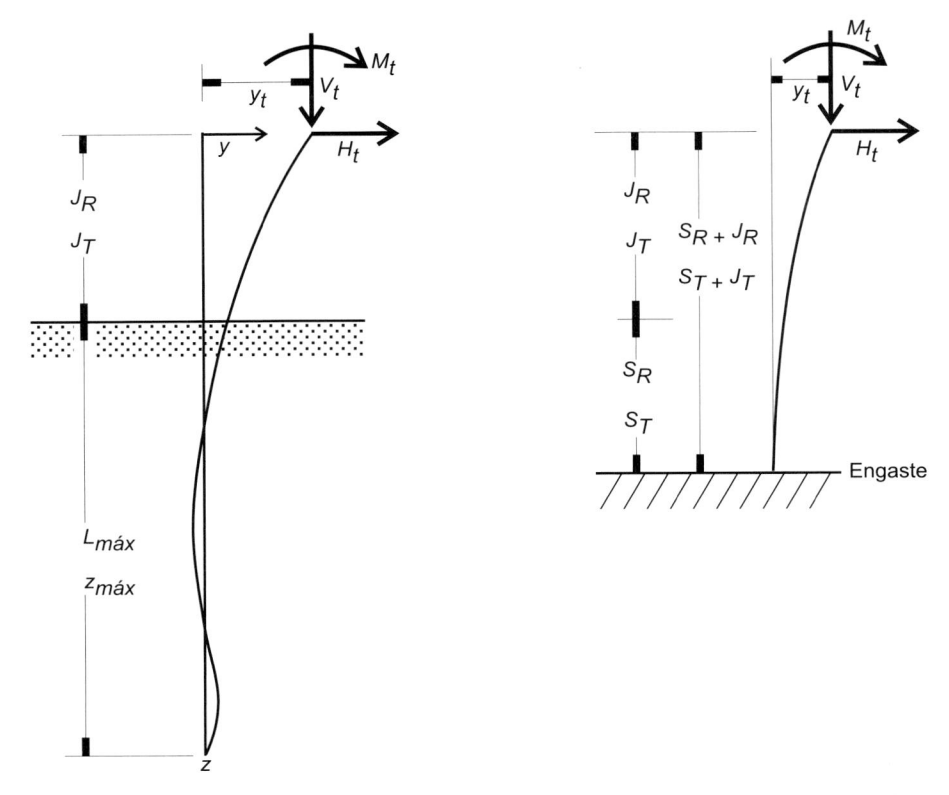

Fig. 15.22 – Representação adimensional de uma estaca parcialmente enterrada

A carga crítica da flambagem será dada por

$$V_{crit} = \frac{\pi^2 E_p I}{4R^2(S_R + J_R)^2} \tag{15.72}$$

com o S_R tirado da Fig. 15.23b. A extremidade inferior da estaca sempre foi considerada livre e o topo, livre ou engastado com translação possível. A figura mostra que, para $J_R > 2$, pode-se tomar $S_R = 1,5$.

2º caso: $K_h = n_h z$
Com

$$T = \sqrt[5]{\frac{E_p I}{n_h}}, \quad Z = \frac{z}{T} \quad e \quad V = \frac{V_t T^2}{E_p I} \tag{15.73}$$

a Eq. (15.68) será escrita

$$\frac{d^4 y}{dZ^4} + V\frac{d^2 y}{dZ^2} + Zy = 0 \tag{15.74}$$

São introduzidas as grandezas adimensionais:

$$Z_{máx} = \frac{L}{T}, \quad S_t = \frac{L_s}{T} \quad e \quad J_t = \frac{L_u}{T} \tag{15.75}$$

Para os mesmos critérios adotados no 1º caso, os resultados estão indicados nas Figs. 15.23a (flexão) e 15.23b (flambagem). Para a flexão, verifica-se que o valor $S_T = 1,75$ pode ser considerado para a maioria dos casos. Da mesma forma, para a flambagem, tem-se o valor representativo $S_T = 1,8$.

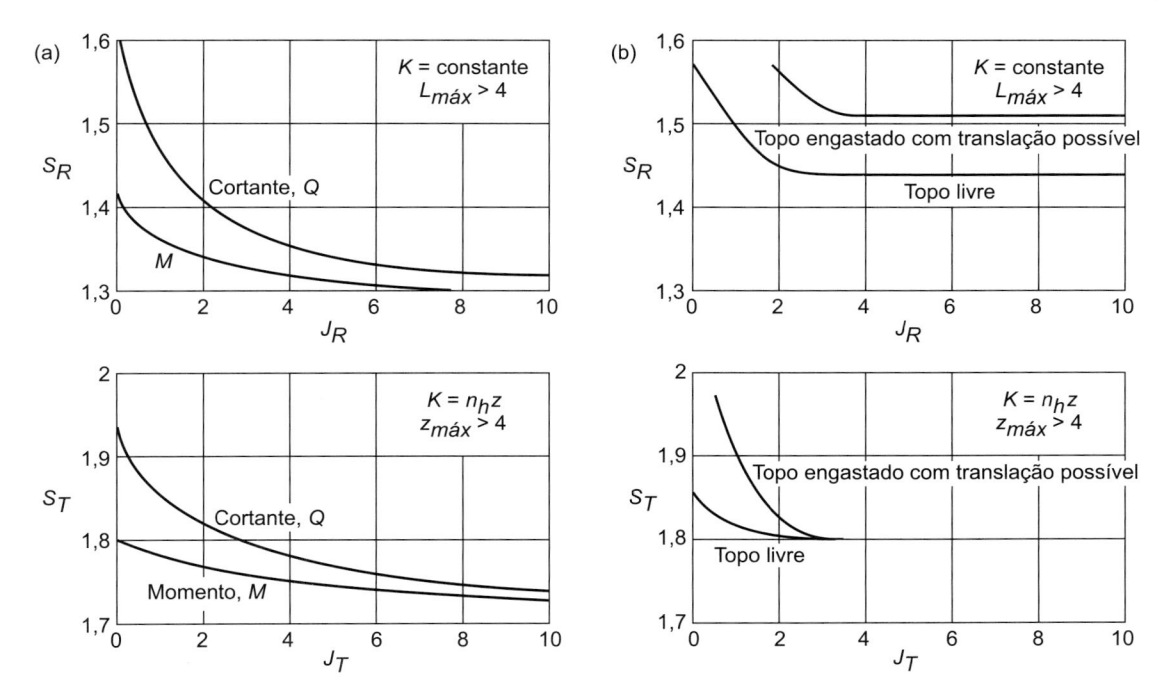

Fig. 15.23 – Coeficientes para (a) flexão e (b) flambagem

O procedimento de Davisson e Robinson é extremamente útil quando se tem de incorporar as estacas à superestrutura para efeito de análise estrutural. É o caso, por exemplo, de pontes, cais de portos e estruturas *offshore*.

Quando o comprimento L_s é relativamente elevado, o cálculo dos momentos fletores nas estacas ou tubulões, sem levar em conta a reação do solo na parte enterrada, pode conduzir a valores muito desfavoráveis. Diniz (1972) verificou que um resultado satisfatório pode ser obtido da seguinte forma:

1. com o auxílio dos gráficos de Davisson e Robinson, estabelece-se o quadro rigidamente engastado equivalente à estrutura sobre estacas;
2. determinam-se os esforços seccionais (momento fletor e esforço cortante) no nível do terreno;
3. com esses esforços e a aplicação de um dos métodos descritos em 15.3, determina-se o momento fletor máximo na estaca.

15.4 CÁLCULO DA CARGA DE RUPTURA

Serão apresentados dois métodos que analisam a estaca sob esforços transversais na ruptura.

15.4.1 Método de Hansen

O método de Hansen (1961) é baseado na teoria do empuxo de terra. Oferece como vantagem: aplicabilidade aos solos com resistência ao cisalhamento expressa por c, φ e aos solos estratificados. Como desvantagens: aplicação restrita às estacas curtas e solução por tentativas.

Considere-se uma estaca de dimensão transversal B e comprimento enterrado L, submetida a uma força horizontal H aplicada a uma altura e acima da superfície do terreno (Fig. 15.24).

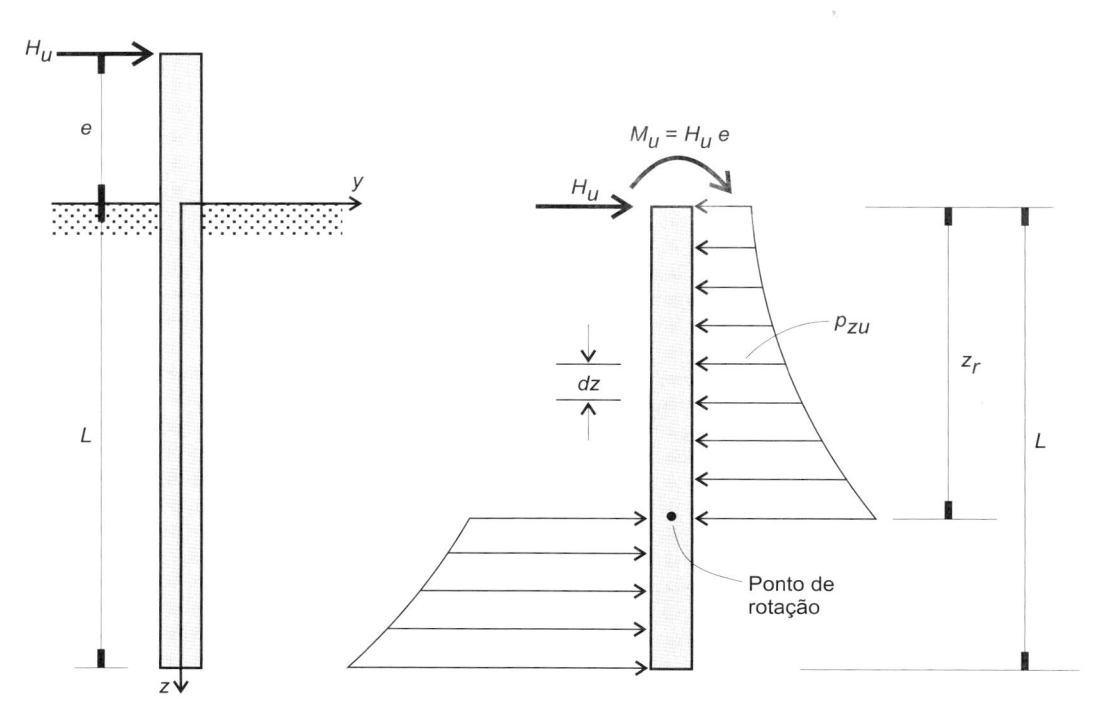

Fig. 15.24 – Estaca vertical sob a ação de uma carga horizontal – Método de Hansen

O valor de H pode aumentar até o valor H_u no qual a reação do terreno atinge o seu valor máximo, ou seja, o correspondente ao empuxo passivo (p_{zu}). As equações de equilíbrio são escritas (o somatório de momentos em relação ao nível do terreno):

$$\Sigma F_y = 0 \quad H_u - \int_0^{z_r} p_{zu} B dz + \int_{z_r}^{L} p_{zu} B dz = 0$$

$$\Sigma M = 0 \quad H_u e + \int_0^{z_r} p_{zu} B z dz - \int_{z_r}^{L} p_{zu} B z dz = 0$$

Conhecida a distribuição de p_{zu}, essas duas equações permitem, por tentativas, determinar os valores de z_r e H_u. Hansen (1961) fornece

$$p_{zu} = \sigma'_{vz} K_q + c K_c \tag{15.76}$$

onde: σ'_{vz} = tensão vertical efetiva no nível z;

K_q e K_c = coeficientes de empuxo que dependem de φ e de z/B, dados na Fig. 15.25.

No caso de argilas saturadas, para carregamentos rápidos deve-se usar a resistência não drenada S_u; para carregamentos lentos (ou para uma avaliação do comportamento a longo prazo) usam-se parâmetros drenados c' e φ'.

Exemplo numérico: pede-se calcular o H_u para uma estaca com 6 m de comprimento, seção circular de 0,5 m de diâmetro, 4,5 m cravados em um solo arenoso com $\varphi' = 30°$ e $c = 0$, peso específico 1,8 tf/m³; o lençol d'água está na superfície do terreno (Fig. 15.26). Tem-se (usando $\gamma_{sub} = 0,8$ tf/m³) os valores a seguir.

z (m)	z/B	σ'_{vz} (tf/m²)	K_q	p_{zu} (tf/m²)
0	0	0	5,0	0
0,9	1,8	0,72	6,5	4,68
1,8	3,6	1,44	7,6	10,94
2,7	5,4	2,16	9,0	19,44
3,6	7,2	2,88	9,5	27,36
4,5	9,0	3,60	10,3	37,08

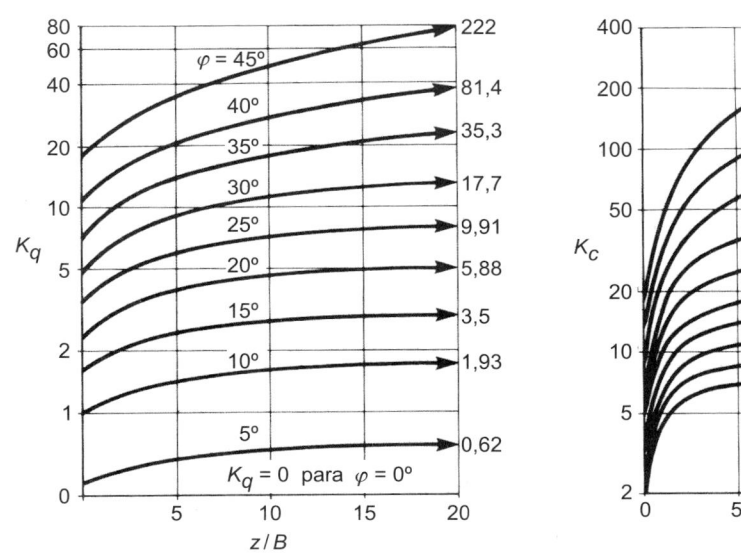

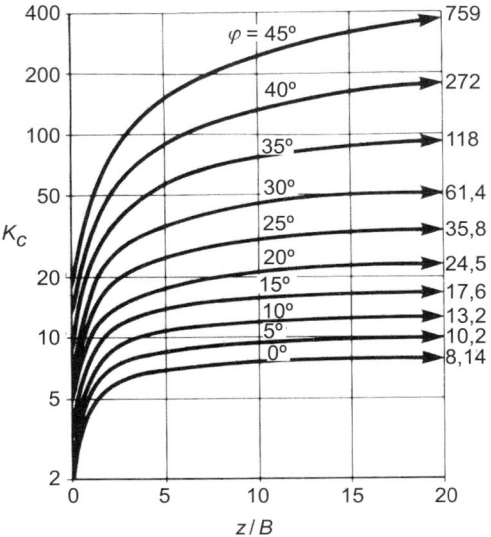

Fig. 15.25 – Coeficientes K_q e K_c de Hansen

1ª tentativa: admita-se o ponto de rotação a 2,7 m do nível do terreno. Tomam-se os momentos em relação ao ponto de aplicação de H_u obtém-se:

$\Sigma M = 2{,}34 \times 0{,}9 \times 1{,}95 + 7{,}81 \times 0{,}9 \times 2{,}85 + 15{,}19 \times 0{,}9 \times 3{,}75 - 23{,}40 \times 0{,}9 \times 4{,}65 - 32{,}22 \times 0{,}9 \times 5{,}55$

$= -288{,}02 \text{ tfm/m}$

2ª tentativa: admitindo o ponto de rotação a 3,6 m obtém-se:

$\Sigma M = 14{,}42 \text{ tfm/m}$

Então, pode-se admitir o centro de rotação a 3,6 m de profundidade. Com os momentos em relação ao centro de rotação, obtém-se:

$H_u(1{,}5 + 3{,}6) = 2{,}34 \times 0{,}9 \times 3{,}15 + 7{,}81 \times 0{,}9 \times 2{,}25$

$+ 15{,}19 \times 0{,}9 \times 1{,}35$

$+ 23{,}40 \times 0{,}9 \times 0{,}45$

$- 32{,}22 \times 0{,}9 \times 0{,}45$

$= 37{,}33 \text{ tf/m}$

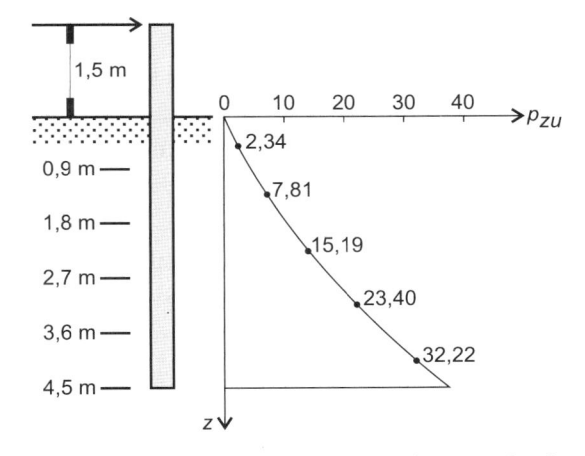

Fig. 15.26 – Exemplo numérico do método de Hansen

e $H_u = 7{,}32 \text{ tf/m}$

Para a estaca de 0,5 m de diâmetro tem-se:

$H_u = 7{,}32 \times 0{,}5 = 3{,}66 \text{ tf}$

e uma carga admissível: $H_{adm} = H_u/2{,}5 = 1{,}46 \text{ tf}$

15.4.2 Método de Broms

Em dois artigos, Broms (1964a, 1964b) analisou o comportamento das estacas em argilas na condição não drenada ("solos coesivos") e areias ("solos não coesivos"). Posteriormente, num terceiro artigo (Broms, 1965), resumiu suas conclusões e apresentou um critério para o cálculo de estacas carregadas transversalmente.

O método de Broms adota a filosofia dos métodos de ruptura, lembrando que o projeto de um grupo de estacas carregadas é governado pelas exigências de que (i) a ruptura completa do grupo de estacas ou da estrutura de suporte não deve ocorrer mesmo sob as mais adversas condições e (ii) os deslocamentos para as cargas de trabalho não prejudiquem o funcionamento da fundação ou da superestrutura. Assim, em uma estrutura na qual apenas pequenos deslocamentos podem ser tolerados, o projeto será definido pelos deslocamentos sob as cargas de trabalho, enquanto no caso de estruturas que podem suportar deslocamentos relativamente grandes, o projeto será definido pela resistência à ruptura das estacas.

A ruptura de uma fundação em estacas ocorre quando um *mecanismo de ruptura* se forma em cada estaca do grupo. Exemplos de mecanismos de ruptura estão na Fig. 15.27.

De modo geral, pode-se admitir que as estacas de grande comprimento rompam pela formação de uma (Fig. 15.27d) ou duas (Fig. 15.27a) rótulas plásticas ao longo do seu comprimento e que as estacas curtas rompam quando a resistência do terreno for vencida (Fig. 15.27b, c, e).

Os deslocamentos da estaca sob a carga de trabalho (da ordem de 1/2 a 1/3 da carga de ruptura) podem ser aproximadamente calculados pelos métodos abordados em 15.3 ou pela Teoria da Elasticidade (item 15.5).

(a) Coeficientes de majoração das cargas e de redução da resistência

A ruptura de um grupo de estacas ou de estacas isoladas carregadas lateralmente pode ocorrer: (a) se as cargas efetivamente atuantes ultrapassam largamente as previstas no projeto; (b) se os parâmetros de resistência do solo ou do material da estaca forem superestimados; (c) se o método de cálculo superestimar a resistência lateral da estaca. Broms observa que as tensões na estaca não variam proporcionalmente com as cargas atuantes e, por isso, o uso do conceito de tensões admissíveis pode conduzir a um coeficiente de segurança variável em relação à carga aplicada, à resistência ao cisalhamento do solo, e à resistência estrutural da estaca. Recomenda que o projeto de estacas carregadas lateralmente seja baseado no *comportamento da fundação na ruptura*, utilizando coeficientes de majoração das cargas e de redução da resistência para levar em conta as imprecisões na determinação das cargas, das propriedades do solo e no método de cálculo.

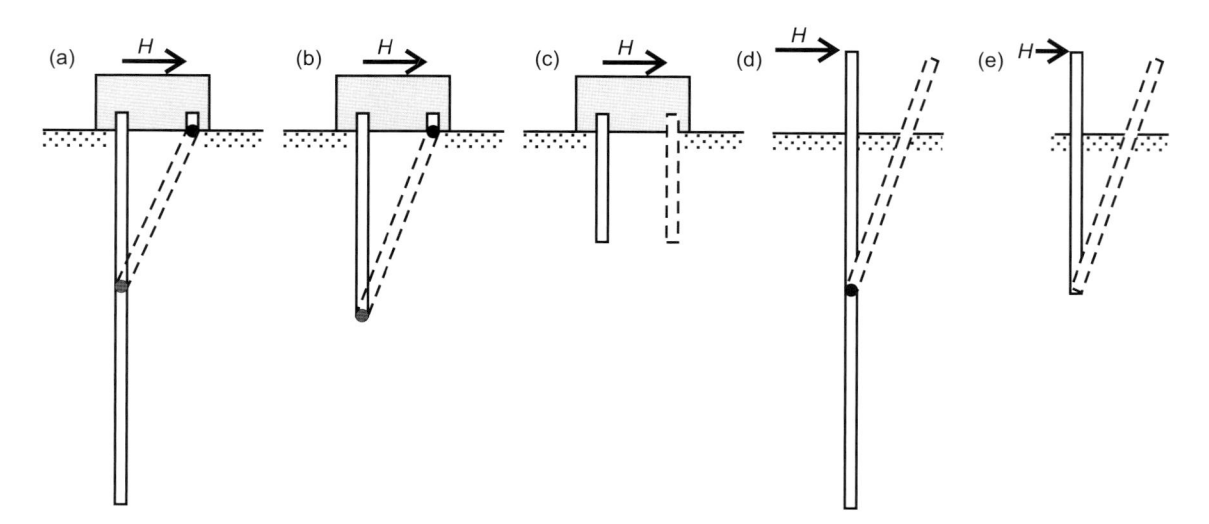

Fig. 15.27 – Mecanismos de ruptura de uma estaca

15 Estacas e Tubulões sob Esforços Transversais

Os valores indicados para esses coeficientes são:

a. majoração dos esforços
- cargas permanentes: 1,5
- cargas acidentais: 2,0
- profundidade de erosão: 1,25 a 1,5.

d. redução das resistências
- coesão de projeto = 0,75 c
- tgφ de projeto = 0,75 tgφ

(b) Resistência lateral na ruptura

Na Fig. 15.28 estão os mecanismos de ruptura, as distribuições de pressões e os diagramas de momentos fletores para uma estaca curta, e na Fig. 15.29 os mesmos diagramas para uma estaca longa. Nessas figuras, S_u = resistência não drenada, B = diâmetro ou largura da estaca, γ = peso específico do solo e K_p = coeficiente de empuxo passivo, de Rankine.

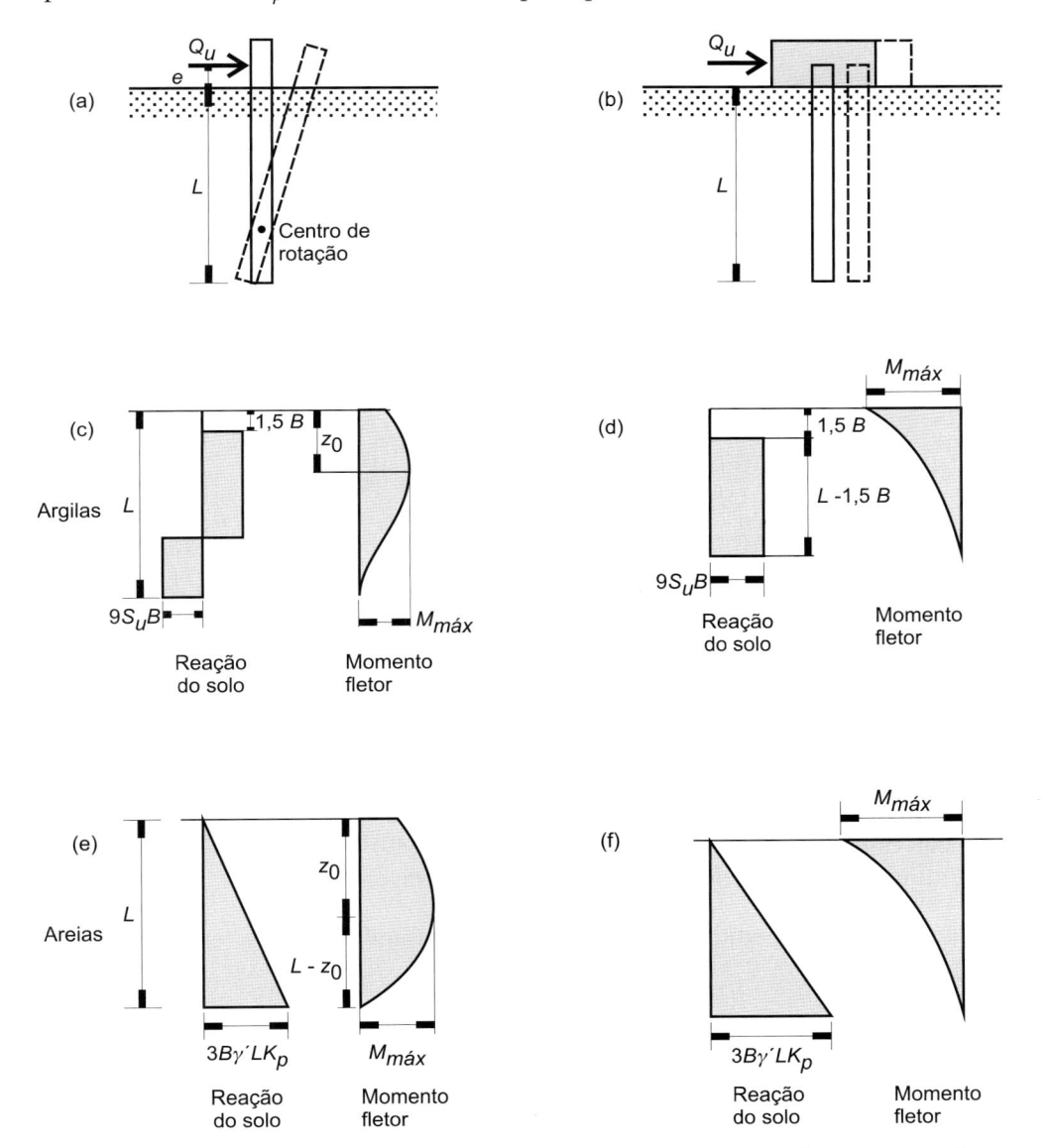

Fig. 15.28 – Mecanismos de ruptura, distribuição de pressões e diagramas de momentos fletores para estacas curtas

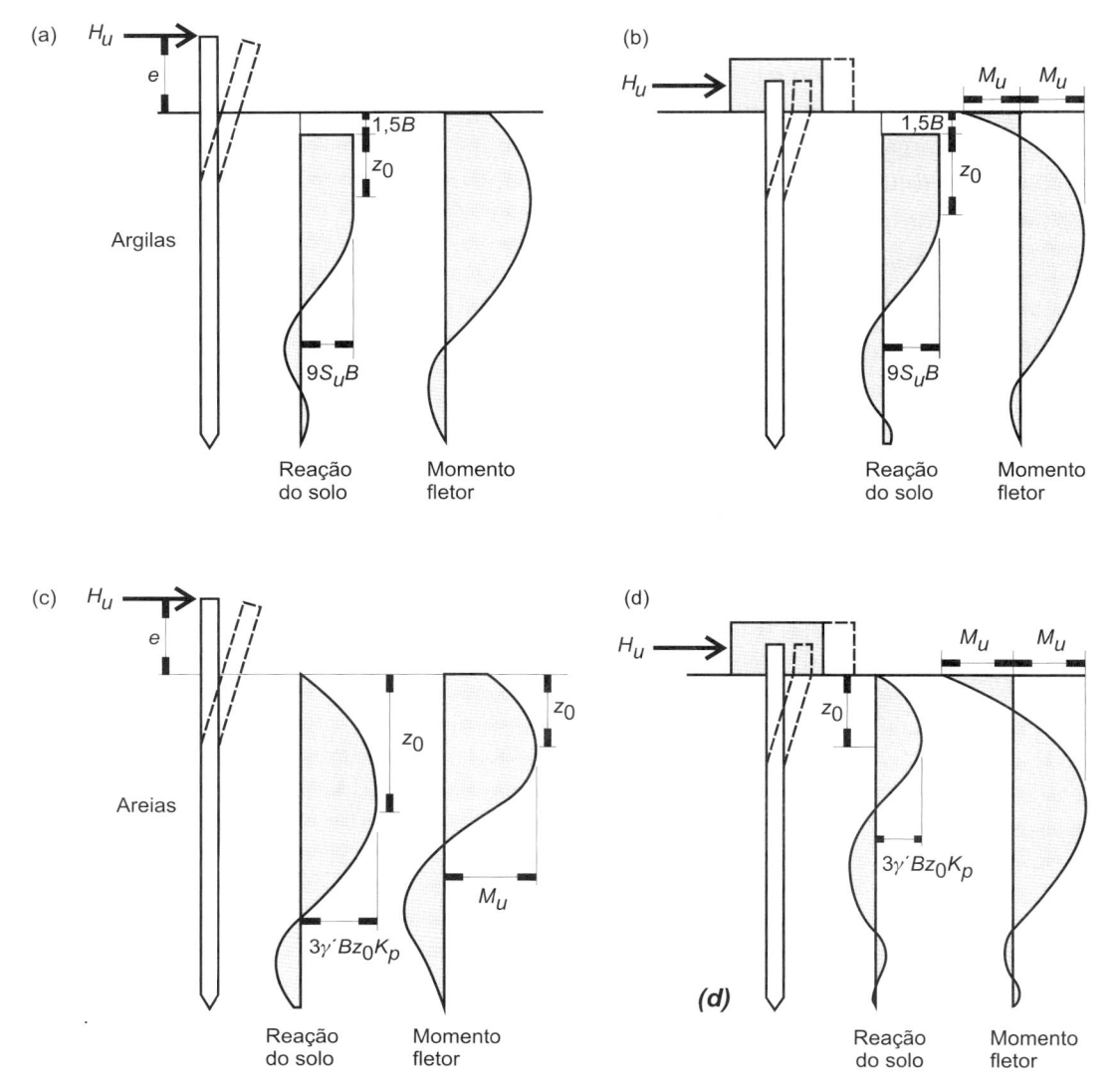

Fig. 15.29 – *Mecanismos de ruptura, distribuição de pressões e diagrama de momentos fletores para estacas longas*

(c) Mecanismos de ruptura

Estacas curtas livres — a ruptura ocorre quando a estaca, como um corpo rígido, gira em torno de um ponto localizado a uma certa profundidade (Fig. 15.28a).

Estacas longas livres — a ruptura ocorre quando a resistência à ruptura (ou plastificação) da estaca é atingida a uma certa profundidade (Fig. 15.29a, c).

Estacas curtas impedidas — a ruptura ocorre quando a estaca tem uma translação de corpo rígido (Fig. 15.28b).

Estacas longas impedidas — a ruptura ocorre quando se formam duas rótulas plásticas: uma na seção de engastamento e outra a uma certa profundidade (Fig. 15.29b, d).

(d) Resistência à ruptura (ou plastificação) da estaca

No tipo de análise feita por Broms, é necessário que, no estado de ruptura, a capacidade de rotação das rótulas plásticas formadas ao longo do comprimento da estaca seja suficiente para: (a) desenvolver o empuxo passivo do solo acima da rótula plástica inferior; (b) provocar a redistribuição completa dos momentos fletores ao longo da estaca; (c) utilizar a total resistência à ruptura (ou plastificação) da estaca nas seções críticas.

Com os dados de que dispunha, Broms concluiu que:

a. *Estacas de aço* têm capacidade de rotação suficiente para produzir completa redistribuição de momentos e despertar o empuxo passivo acima da rótula plástica (Figs. 15.29a a d) ou acima do centro de rotação (Fig. 15.28a). No caso de estacas tubulares, cumpre evitar a flambagem local, o que pode ser conseguido enchendo-as com areia ou concreto.

b. Provavelmente, as *estacas de concreto* têm uma capacidade de rotação suficiente para desenvolver o empuxo passivo antes que ocorra a ruptura no caso de solos não coesivos e provocar uma completa redistribuição de momentos se as estacas forem subarmadas e se a ruptura ocorrer antes pelo escoamento da armadura do que pelo esmagamento do concreto. Os resultados de ensaios em número suficiente ainda não estão disponíveis, consequentemente, deve-se ter cuidado na utilização do método proposto no caso de solos coesivos e quando a ruptura é provocada pela formação de uma ou mais rótulas plásticas (Fig. 15.29).

c. No caso de *estacas de madeira*, as informações disponíveis não permitem recomendar o método.

Para o cálculo dos momentos de ruptura (ou plastificação) da estaca, basta consultar um livro de concreto armado ou estruturas metálicas. No cálculo desses momentos, cumpre não esquecer a influência da força normal.

(e) Cargas na ruptura

Em areias ("solos não coesivos")

Para *estacas curtas com o topo livre*. Para estacas curtas ($L/B \leqslant 2$), a carga de ruptura é dada por

$$H_u = \frac{0{,}5\gamma B L^3 K_p}{(e+L)} \quad \text{(15.77)}$$

desde que o momento fletor máximo que solicita a estaca seja menor do que o momento de ruptura (ou plastificação) da estaca. O valor adimensional $H_u/K_p B^3 \gamma'$ está representado na Fig. 15.30a em função da relação L/B.

Estacas longas com o topo livre. O mecanismo de ruptura está na Fig. 15.29c. A ruptura ocorre quando uma rótula plástica se forma a uma profundidade z_o, correspondente à localização do momento fletor máximo. São obtidos os valores:

$$z_o = 0{,}82\sqrt{\frac{H_u}{\gamma' B K_p}} \quad \text{(15.78)}$$

e

$$M_{máx} = H_u(e + 0{,}67 z_o) \quad \text{(15.79)}$$

Ao igualar-se esse momento fletor máximo ao momento de ruptura (ou plastificação) M_u, obtém-se:

$$H_u = \frac{M_u}{e + 0{,}55\sqrt{\frac{H_u}{\gamma' B K_p}}}$$

O valor adimensional $H_u/K_p B^3 \gamma'$ está representado na Fig. 15.30b em função de $M_u/K_p B^4 \gamma'$ e de e/B.

Estacas curtas impedidas. A carga de ruptura é dada por:

$$H_u = 1{,}5 L^2 B \gamma' K_p \tag{15.80}$$

desde que o momento fletor negativo máximo, que ocorre na ligação da estaca com o bloco, for menor do que o momento de ruptura (ou plastificação) da estaca.

Estaca longa engastada. Se a seção da estaca tiver momento de ruptura positivo (M_u^+) diferente do negativo (M_u^-), a carga de ruptura será dada por:

$$H_u = \frac{M_u^+ + M_u^-}{e + 0{,}54\sqrt{\dfrac{H_u}{\gamma B K_p}}} \tag{15.81}$$

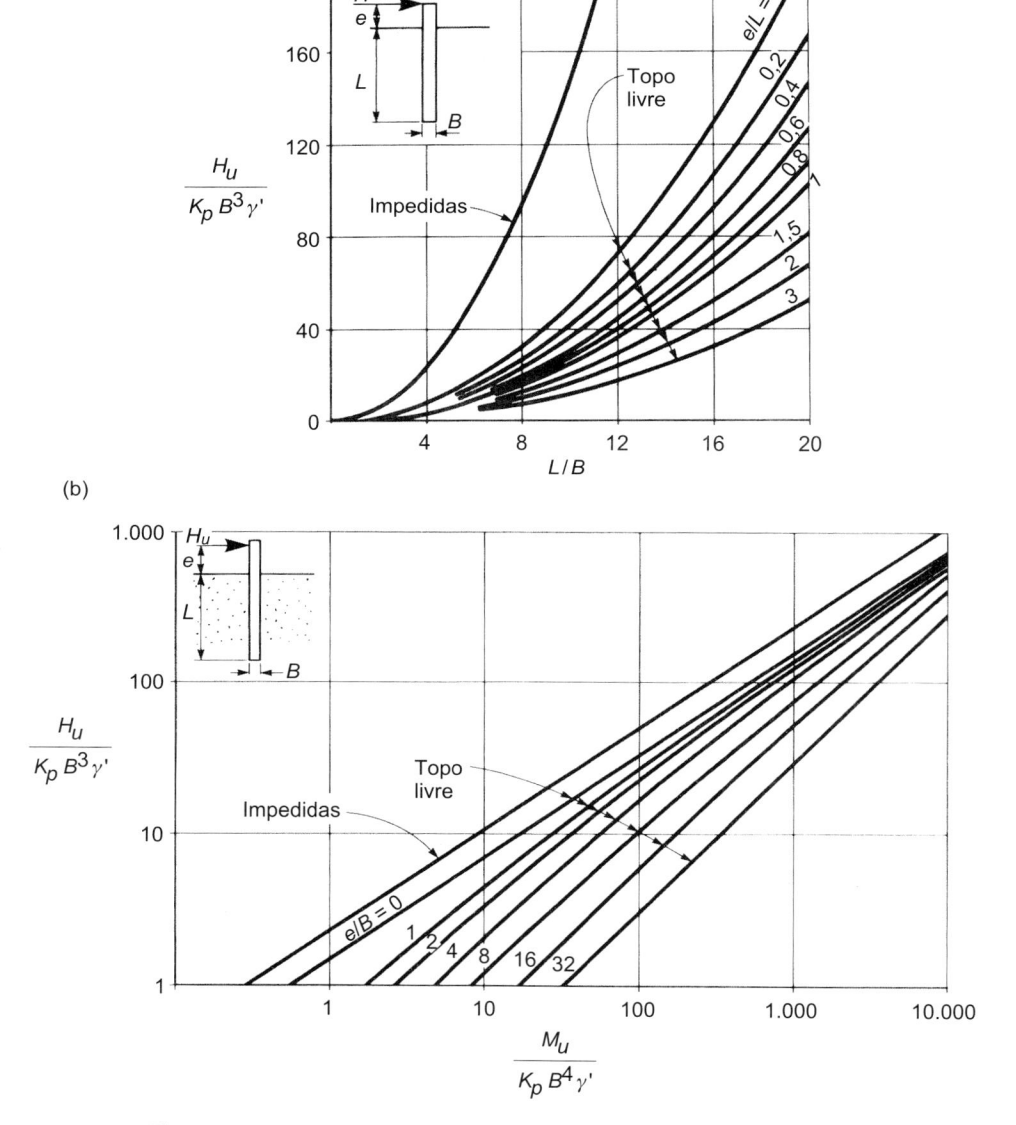

Fig. 15.30 – Estacas em areias: (a) estacas curtas e (b) estacas longas

Se os dois momentos de ruptura forem iguais,

$$H_u = \frac{2M_u}{e + 0{,}54\sqrt{\frac{H_u}{\gamma B K_p}}} \qquad (15.82)$$

Os valores de H_u podem ser obtidos da Fig. 15.30.

Em argilas saturadas ("solos coesivos")

Estacas curtas (L/B ⩽ 2) com o topo livre. Têm-se as seguintes equações:

$$M_{máx} = H_u(e + 1{,}5B + 0{,}5z_o) \qquad (15.83)$$

ou

$$M_{máx} = 2{,}25 B S_u (L - 1{,}5B - z_o)^2 \qquad (15.84)$$

e

$$z_o = \frac{H_u}{9 S_u B} \qquad (15.85)$$

A Fig. 15.31a fornece $H_u/S_u B^2$ em função de L/B e de e/B.

Estacas longas (L/B > 4) com o topo livre. A ruptura ocorre quando o momento fletor calculado pela Eq. (15.84) iguala o momento de ruptura da estaca. As distribuições da reação do terreno e dos momentos fletores estão na Fig. 15.29a. É admitido que os deslocamentos laterais são suficientemente grandes para mobilizar plenamente a resistência passiva do solo abaixo da profundidade em que ocorre o momento fletor máximo. A Fig. 15.31b fornece $H_u/S_u B^2$ em função de $M_u/S_u B^3$.

Estacas curtas engastadas. Como no caso dos solos não coesivos, na ruptura, a estaca experimenta uma translação de corpo rígido. Tem-se:

$$H_u = 9 S_u B (L - 1{,}5B) \qquad (15.86)$$

A fim de que o referido mecanismo de ruptura aconteça, é necessário que o momento fletor negativo máximo seja menor ou igual ao momento de ruptura da estaca:

$$H_u(0{,}5L + 0{,}75B) < M_u$$

Estacas longas engastadas. A Fig. 15.31b permite calcular a carga de ruptura H_u a partir de M_u.

15.5 TRATAMENTO PELA TEORIA DE ELASTICIDADE

A aplicação da Teoria de Elasticidade às estacas carregadas lateralmente foi feita por Poulos e colaboradores e os resultados estão reunidos no livro de Poulos e Davis (1980). Esta abordagem tem a limitação de admitir que o solo junto à face de trás da estaca (face tracionada) permanece aderido a ela. O meio é considerado elástico, linear, homogêneo, isótropo, constituindo um espaço semi-infinito, de módulo de elasticidade E e coeficiente de Poisson ν.

Os fundamentos do método serão expostos para o caso de uma estaca flutuante (Fig. 15.32). A estaca é assimilada a uma viga de seção retangular de largura B, comprimento L e rigidez à flexão $E_p I$ constante (ao aplicar-se os resultados da análise a uma estaca de seção

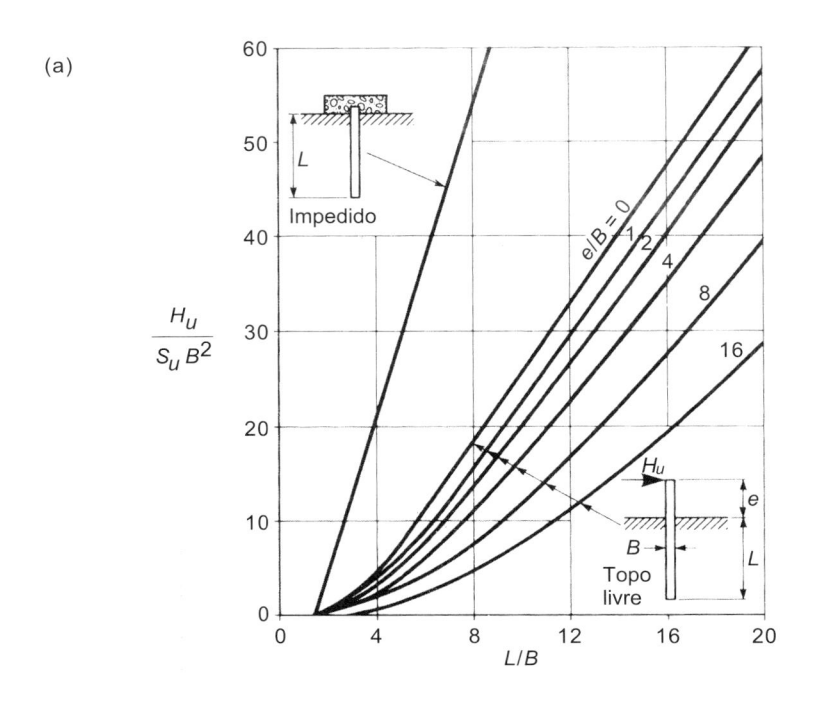

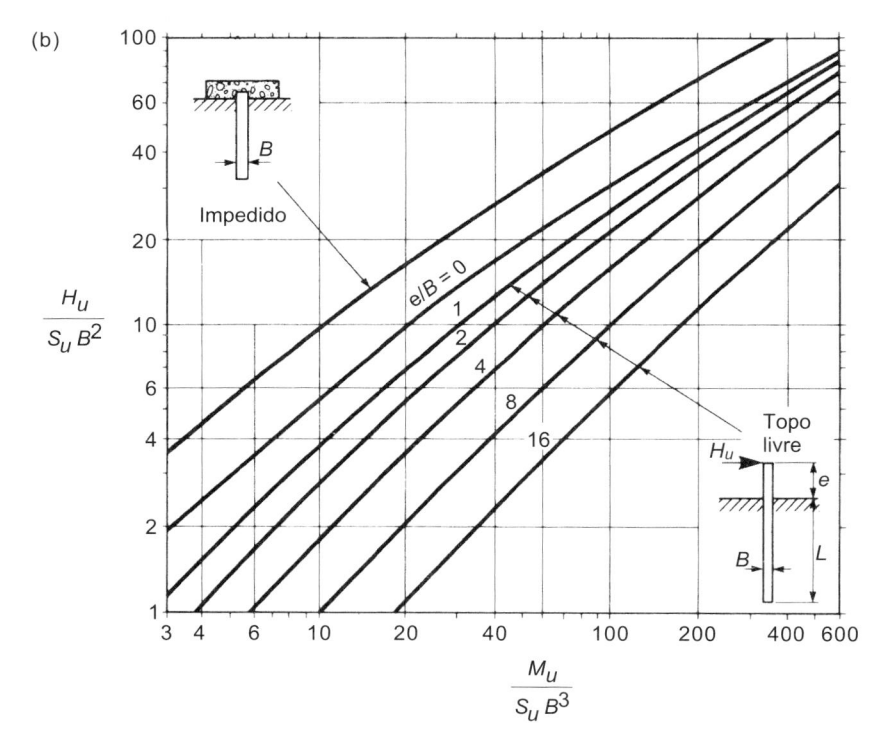

Fig. 15.31 – *Estacas em solos coesivos: (a) estacas curtas e (b) estacas longas*

circular, B será o diâmetro da estaca). São desprezadas as tensões cisalhantes que podem se desenvolver entre o solo e a estaca. A estaca é dividida em $n+1$ elementos iguais de comprimento δ, exceto os elementos do topo e da ponta, que têm comprimento $\delta/2$. Em cada elemento atuará uma pressão horizontal uniformemente distribuída, p, que será admitida constante ao longo da largura da estaca.

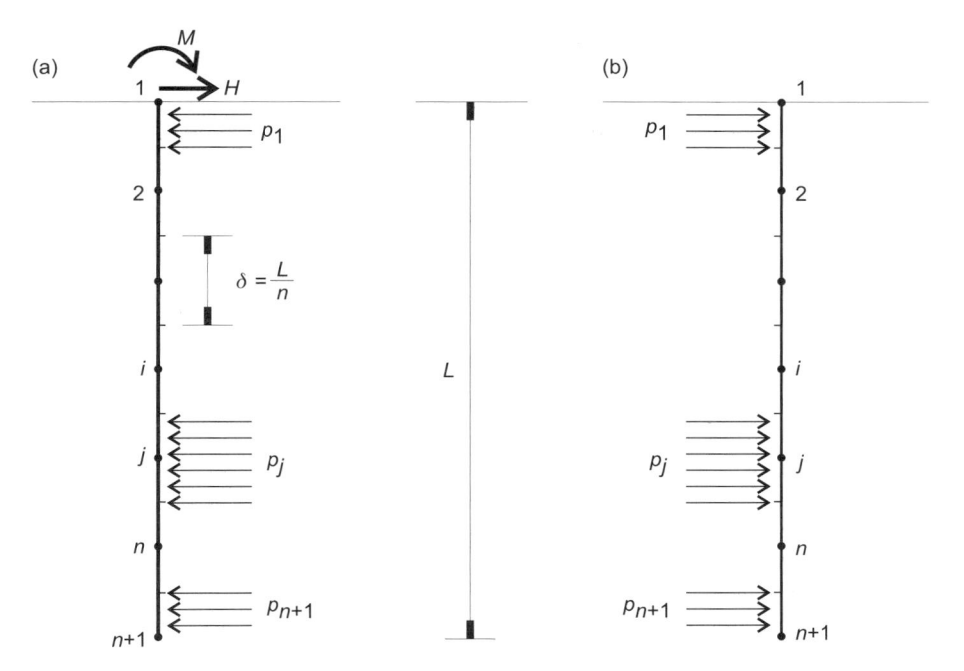

Fig. 15.32 – Estaca flutuante: tensões que atuam (a) na estaca e (b) no solo

Em regime puramente elástico, os deslocamentos horizontais da estaca e do solo devem ser iguais. Na análise que segue, serão igualados os deslocamentos nos centros dos elementos, com exceção dos dois elementos extremos, para os quais serão calculados os deslocamentos no topo e na ponta da estaca.

Os deslocamentos do solo podem ser expressos pela equação matricial:

$$\{\delta_s\} = \frac{B}{E}[I_s]\{p\} \tag{15.87}$$

onde $\{\delta_s\}$ e $\{p\}$ são os vetores colunas com $n+1$ elementos dos deslocamentos do solo e das pressões horizontais aplicadas pela estaca ao solo. $[I_s]$ é a matriz quadrada $(n+1)\times(n+1)$ dos fatores de influência dos deslocamentos do solo. Os elementos I_{ij} de $[I_s]$ são avaliados por integração sobre uma área retangular da equação de Mindlin para o deslocamento horizontal de um ponto no maciço causado por uma força horizontal aplicada em outro ponto.

Para determinar os deslocamentos da estaca, usa-se a equação diferencial da flexão de uma viga, a qual pode ser escrita em diferenças finitas para os pontos 2 a n e, usando as condições de extremidade apropriadas no topo e na ponta para eliminar deslocamentos fictícios em pontos da estaca, as equações que seguem podem ser deduzidas.

Estaca com o Topo Livre

$$-\{p\} = \frac{E_p I n^4}{BL^4}[D]\{\delta_p\} + \frac{E_p I}{BL^4}\{A\} \tag{15.88}$$

onde: $\{\delta_p\}$ = vetor coluna de $(n-1)$ elementos dos deslocamentos da estaca;

$[D]$ = matriz $(n-1) \times (n+1)$ dos coeficientes das diferenças finitas, abaixo, juntamente com $\{A\}$:

$$[D] = \begin{bmatrix} -2 & 5 & -4 & 1 & 0 & 0 & .. & 0 & 0 & 0 & 0 \\ 1 & -4 & 6 & -4 & 1 & 0 & ... & 0 & 0 & 0 & 0 \\ 0 & 1 & -4 & 6 & -4 & 1 & ... & 0 & 0 & 0 & 0 \\ ... & ... & ... & ... & ... & ... & ... & ... & ... & ... \\ ... & ... & ... & ... & ... & ... & ... & ... & ... & ... \\ 0 & 0 & 0 & 0 & 0 & 0 & 1 & -4 & 6 & -4 & 1 \\ 0 & 0 & 0 & 0 & 0 & 0 & 0 & 1 & -4 & 5 & 2 \end{bmatrix} \quad \{A\} = \begin{Bmatrix} \frac{ML^2}{h^2 E_p I} \\ 0 \\ 0 \\ \vdots \\ 0 \\ 0 \\ 0 \end{Bmatrix}$$

Ao igualar-se os deslocamentos do solo dados pela Eq. (15.87) e da estaca pela Eq. (15.88), vem

$$[[I] + K_R n^4 [D][I_s]]\{p\} = \{B\} \tag{15.89}$$

onde:

$$\{B\} = \begin{Bmatrix} -\frac{Mn^2}{BL^2} \\ 0 \\ 0 \\ \vdots \\ 0 \end{Bmatrix}$$

$[I]$ = matriz unitária $(n-1) \times (n+1)$
$K_R = \frac{E_p I}{EL^4}$ = fator de flexibilidade da estaca

As equações de equilíbrio de forças horizontais e de momentos completam o sistema de equações que resolve o problema, e podem ser escritas:

$$\{E\}\{p\} = \frac{nL}{B}\frac{H}{L^2} \tag{15.90}$$

onde: $\{E\}$ é um vetor linha de $n+1$ elementos, com:
$E_j = 1$ para $1 < j < n+1$
$E_j = 0{,}5$ para $j = 1, n+1$

e

$$\{F\}\{p\} = -n^2\left(\frac{L}{B}\right)\frac{M}{L^3} \tag{15.91}$$

onde: $\{F\}$ é um vetor linha de $n+1$ elementos, com:
$F_j = j-1$ para $1 < j < n+1$
$F_j = 0{,}125$
$F_{n+1} = 0{,}5 - 0{,}125$

Resolvidas as Eqs. (15.89), (15.90) e (15.91), têm-se as pressões p, e o problema fica resolvido.

Outros casos também são abordados pelos autores, como a estaca com o topo engastado, e ainda o módulo que varia linearmente com a profundidade (mais correta no caso de areias e de argilas normalmente adensadas).

15.6 SOLUÇÃO PARA ESTACAS OU TUBULÕES CURTOS, BASEADA NO COEFICIENTE DE REAÇÃO HORIZONTAL

Quando a estaca ou o tubulão não passa no critério estabelecido no item 15.3, para que seja tratado como viga flexível com apoio elástico, deve-se lançar mão de uma solução para elemento rígido com apoio elástico tipo Winkler. Uma dessas soluções é o chamado Método Russo.

Método Russo

O método descrito na norma russa para cálculo de elementos rígidos enterrados prevê uma contenção lateral tipo Winkler com coeficiente de reação horizontal crescente com a profundidade (Darkov e Kusnezow, 1953; Ordujanz, 1954; San Martin, 1965; Jumikis, 1971). O método considera também o suporte da base tipo Winkler (de valor constante k_v). O problema a ser resolvido está na Fig. 15.33[3].

O equilíbrio do elemento de fundação fornece deslocamentos (horizontal e vertical) e rotação do topo, diagramas de tensões laterais (inclusive ponto de tensão nula) e sob a base pelo seguinte conjunto de fórmulas:

$$v = \frac{2H}{k_L LB} + \frac{2}{3}L\alpha \quad (\alpha \text{ em radianos}) \tag{15.92}$$

$$w = \frac{V}{k_v A_b} \tag{15.93}$$

$$\alpha = \frac{2HL + 3M}{\frac{1}{12}k_L L^3 B + \frac{3}{16}k_v A_b B_b^2} \tag{15.94}$$

$$\sigma_h = -\frac{k_L}{L}zv + \frac{k_L}{L}z^2\alpha \tag{15.95}$$

$$z_o = \frac{v}{\alpha} \tag{15.96}$$

$$\sigma_v = \frac{V}{A_b} \pm \frac{k_v B_b}{2}\alpha \tag{15.97}$$

Com o diagrama de tensões horizontais, podem ser calculados os esforços internos (momentos fletores e cortantes). As tensões horizontais devem ser inferiores à diferença entre a tensão passiva e ativa, dividida por um coeficiente de segurança, ou seja,

$$\sigma_h \leq \frac{\sigma_{h,pas} - \sigma_{h,ati}}{CS} \tag{15.98}$$

As tensões verticais, calculadas com a Eq. (15.97), devem ser compatíveis com as características do solo no nível da base.

Esse método é utilizado em nosso país no projeto de tubulões (ver, p. ex., Velloso e Kaminski, 1979). Uma alternativa de solução numérica pelo Método das Diferenças Finitas foi proposta por Botelho (1986).

---

[3]. A possibilidade de base alargada foi introduzida pelo Eng. Paulo Faria, de Estacas Franki Ltda., falecido em acidente de automóvel, a quem os autores prestam, nesta oportunidade, sincera homenagem.

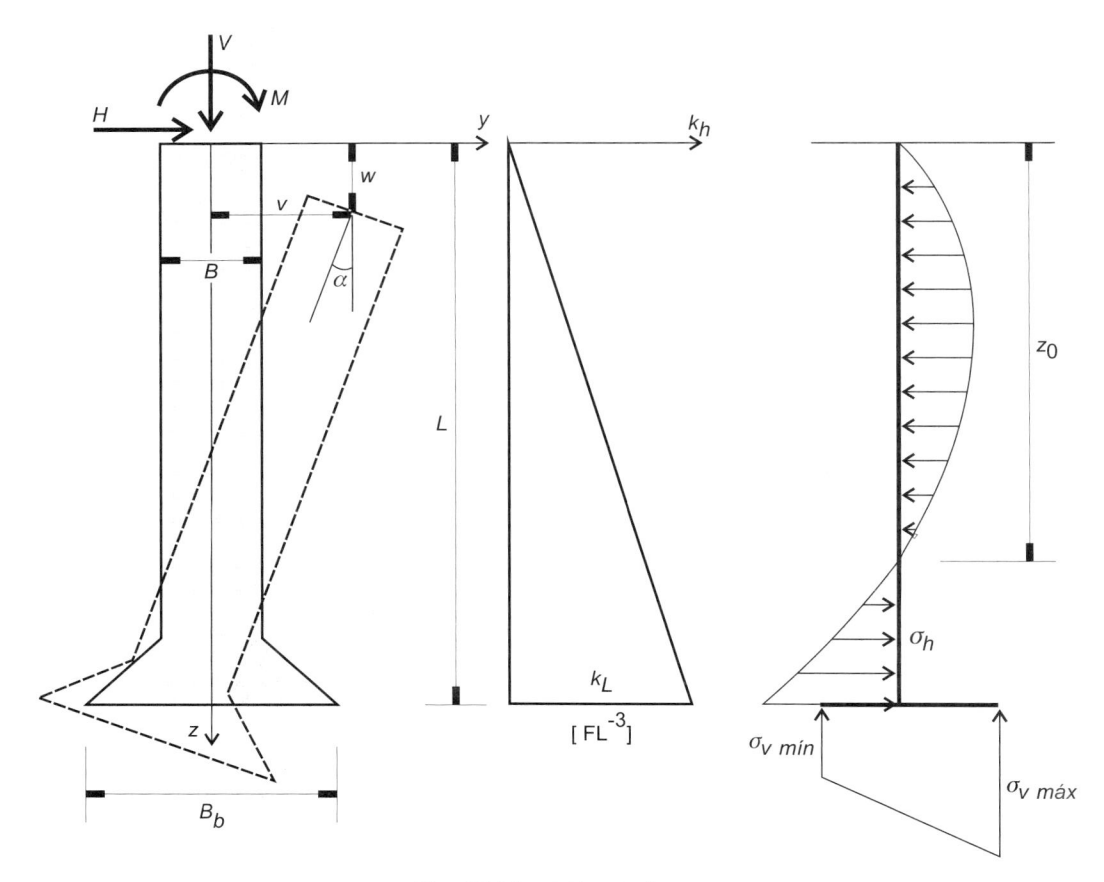

Fig. 15.33 – Método Russo

15.7 GRUPOS DE ESTACAS OU TUBULÕES

Frequentemente, são utilizados grupos de estacas (ou tubulões) verticais para absorver forças horizontais. Em geral, despreza-se a contribuição do bloco, que, na realidade, será eliminada no caso de uma escavação em torno dele. Tem-se então o problema da distribuição da força atuante H pelo grupo de n estacas que o constituem. Como as estacas deslocam-se igualmente (bloco rígido), é razoável atribuir a cada estaca a mesma força H/n. Por outro lado, se as estacas estiverem próximas, haverá uma interação entre elas de forma que o deslocamento de uma estaca no grupo será maior do que se estivesse isolada e submetida à mesma carga. Desse maior deslocamento decorre um maior momento fletor. Assim, o efeito do grupo pode ser levado em conta reduzindo-se o coeficiente de reação lateral (Davisson, 1970).

Segundo Davisson (1970), para estacas espaçadas de $3B$, o coeficiente de reação deve ser 25% daquele da estaca isolada, que só seria adotado para espaçamentos maiores que $8B$. Para espaçamentos intermediários seria adotada uma interpolação linear.

No projeto de estruturas *offshore*, adotam-se processos mais sofisticados, como aquele proposto por Foch e Koch (1973) em que é admitido o conceito de que o deslocamento de um grupo tem duas componentes: uma decorrente do comportamento não linear estaca-solo e outra decorrente da interação entre estacas. A primeira é calculada pelas curvas $p-y$ e a segunda, pela solução da Teoria da Elasticidade (p. ex., Poulos e Davis, 1980).

Há um terceiro procedimento, conhecido como *processo de amplificação de grupo*, proposto por Ooi e Duncan (1994).

Um trabalho recente quanto à contribuição do bloco de coroamento de um grupo de estacas submetido a forças horizontais é de Rollins e Sparks (2002).

REFERÊNCIAS

API - AMERICAN PETROLEUM INSTITUTE. Recommended practice for planning, designing and constructing fixed offshore platforms, Working stress design, RP 2A-WSD, 21. ed., 2000.

BOTELHO, H. C. Fundações de pontes em tubulões a ar comprimido com base alargada, *Solos e Rochas*, v. 9, n. 3, p. 13-31, 1986.

BROMS, B. B. Lateral resistance of piles in cohesive soil, *JSMFD*, ASCE, v. 90, n. SM2, p. 27-65, 1964a.

BROMS, B. B. Lateral resistance of piles in cohesionless soil, *JSMFD*, ASCE, v. 90, n. SM3, p. 123-156, 1964b.

BROMS, B. B. Design of the lateral loaded piles, *JSMFD*, ASCE, v. 91, n. SM3, p. 79-99, 1965.

DARKOV, A. W.; KUSNEZOW, W. J. *Baustatik*. Berlin: VEB Verlag Technic, 1953.

DAVISSON, M. T. Lateral load capacity of piles, *Highway Research Record*, n. 333, 1970.

DAVISSON, M. T.; ROBINSON, K. E. Bending and buckling of partially embedded piles. In: ICSMFE, 6., 1965, Montreal. *Proceedings...* Montreal, 1965. v. 2, 1965.

DINIZ, R. A. C. *Análise de esforços em estruturas aporticadas com fundações em estacas.* 1972. Dissertação (Mestrado) – COPPE-UFRJ, Rio de Janeiro, 1972.

DÖRR, H. *Die Standsicherheit des Masten und Wände in Erdreich*. Berlin: W. Ernst und Sohn, 1922.

DUNCAN, J. M.; EVANS JR., L. T.; OOI, P. S. K. Lateral load analysis of single piles and drilled shafts, *JGED*, ASCE, v. 120, n. 6, p. 1018-1033, 1994.

FOCHT, J. A.; KOCH, K. J. Rational analysis of the lateral performance of offshore pile groups. In: ANNUAL OFFSHORE TECHNOLOGY CONFERENCE, 5., 1973, Dallas. *Proceedings...* Dallas, Texas, 1973.

FRANK, R. Recent developments in the prediction of pile behaviour from pressuremeter tests. In: Simpósio Teoria e Prática de Fundações Profundas, 1985, Porto Alegre. *Anais...* Porto Alegre, 1985. v. 1, p. 69-99.

HANSEN, J. B. The Ultimate resistance of rigid piles against transversal forces, *Bulletin n. 12*, Danish Geotechnical Institute, 1961.

HETENYI, M. *Beams on elastic foundation*. Ann Arbor: University of Michigan Press, 1946.

JUMIKIS, A. R. *Foundation engineering*. Scranton, USA: Intext Educational Publishers, 1971.

LOPES, F. R.; SOUZA, O. S. N.; SOARES, J. E. S. Long-term settlement of a raft foundation on sand. *Geotechnical Engineering*, v. 107, issue 1, pp. 11-16, 1994.

MATLOCK, H. Correlations for design of laterally loaded piles in soft clay. In: ANNUAL OFFSHORE TECHNOLOGY CONFERENCE, 2., 1970 Dallas. *Proceedings...* Dallas, Texas, 1970.

MATLOCK, H.; REESE, L. C. Non-dimensional solutions for laterally loaded piles with soil modulus assumed proportional to depth, *Proceedings of the 8th Texas Conference on SMFE*, 1956.

MATLOCK, H.; REESE, L. C. Generalised solutions for laterally loaded piles, *JSMFD*, ASCE, v. 86, n. SM5, p. 63-95, 1960.

MATLOCK, H.; REESE, L. C. Foundation analysis of offshore pile supported structures. In: ICSMFE, 5., 1961, Paris. *Proceedings...* Paris, 1961. p. 91-97.

MICHE, R. J. Investigation of piles subject to horizontal forces. Application to quay walls, *Journal of the School of Engineering*, n. 4, Giza, Egito, 1930.

POULOS, H. G.; DAVIS, E. H. *Pile foundation analysis and design*. New York: John Wiley & Sons, 1980.

PRAKASH, S.; SHARMA, H. D. *Pile foundations in engineering practice*. New York: John Wiley & Sons, 1990.

PYKE, R.; BEIKAE, M. A new solution for the resistance of single piles to lateral loading, *Laterally loaded deep foundations: analysis and performance*, STP 835, ASTM, Philadelphia, p. 3-20, 1985.

OOI, P. S. K.; DUNCAN, J. M. Lateral load analysis of groups of piles and drilled shafts, *JGED*, ASCE, v. 120, n. 6, p. 1034-1050, 1994.

ORDUJANZ, K. S. *Gründungen für Bauwerke*. Berlin: VEB Verlag Technik, 1954.

REESE, L. C.; VAN IMPE, W. F. *Single piles and pile groups under lateral loading*. Rotterdam: A. A. Balkema, 2001.

REESE, L. C.; COX, W. R.; KOOP, F. D., Analysis of laterally piles in sand. In: ANNUAL OFFSHORE TECHNOLOGY CONFERENCE, 1974, Dallas, Texas. *Proceedings*... Dallas, Texas, 1974.

REESE, L. C.; COX, W. R.; KOOP, F. D. Field testing and analysis of laterally loaded piles in stiff clay. In: ANNUAL OFFSHORE TECHNOLOGY CONFERENCE, 1975, Dallas, Texas. *Proceedings*... Dallas, Texas, 1975.

ROBERTSON, P. K.; DAVIES, M. P.; CAMPANELLA, R. G. Design of laterally loaded piles using the flat dilatometer, *ASTM Geotechnical Testing Journal*, n. 1, p. 30-38, 1987.

ROLLINS, K. M.; SPARKS, A. Lateral resistance of full-scale pile cap with gravel backfill, *Journal of Geotechnical and Geoenvironmental Engineering*, ASCE, v. 128, n. 9, Sep. 2002.

RUIZ, S. E. Uncertainty about p-y curves for piles in soft clays, *Journal of Geotechnical Engineering*, ASCE, v. 112, n.6, p. 594-607, 1986.

SAN MARTIN, F. J. Cálculo simplificado de pilares parcialmente enterrados, *Sanevia*, n. 27, 1965.

SKEMPTON, A. W. The bearing capacity of clays. In: BUILDING RESEARCH CONGRESS, 1951, London. *Proceedings*... London, 1951. p. 180-189.

TERZAGHI, K. Evaluation of coefficients of subgrade reaction, *Geotechnique*, v. 5, n. 4, 1955.

VELLOSO, D. A.; KAMINSKI, S. Fundações da nova ponte sobre o Canal de São Gonçalo, *Solos e Rochas*, v. 2, n. 1, p. 33-42, 1979.

Capítulo 16

GRUPOS DE ESTACAS E TUBULÕES

Este capítulo trata do comportamento de grupos de estacas (ou tubulões), enfocando os problemas da capacidade de carga das estacas no grupo, dos recalques do grupo (ou do bloco que o forma), e da distribuição de esforços entre estacas do grupo sob um carregamento qualquer.

16.1 GRUPO DE ESTACAS

Frequentemente, as estacas e, às vezes, os tubulões trabalham em grupo. Caracteriza-se um grupo pela ligação estrutural no topo, geralmente um bloco de coroamento. Nessa condição, a capacidade de carga e os recalques do grupo são diferentes do comportamento de uma estaca isolada. A diferença se deve à interação entre estacas (ou tubulões) próximas através do solo que as circunda, como ilustrado na Fig. 16.1, e é chamada de *efeito de grupo*.

Os grupos são uma decorrência (a) de cargas elevadas nos pilares em relação à carga de trabalho das estacas disponíveis ou (b) de esforços nas fundações, tais que a utilização de um grupo de estacas inclinadas ou em cavaletes oferece uma melhor maneira de absorver os esforços.

Convencionalmente, estuda-se o efeito de grupo separadamente em termos de capacidade de carga e em termos de recalques, o que será feito nos itens a seguir. Um último aspecto a ser examinado é o cálculo da distribuição de esforços entre estacas do grupo sob um carregamento qualquer, usualmente chamado *cálculo do estaqueamento*.

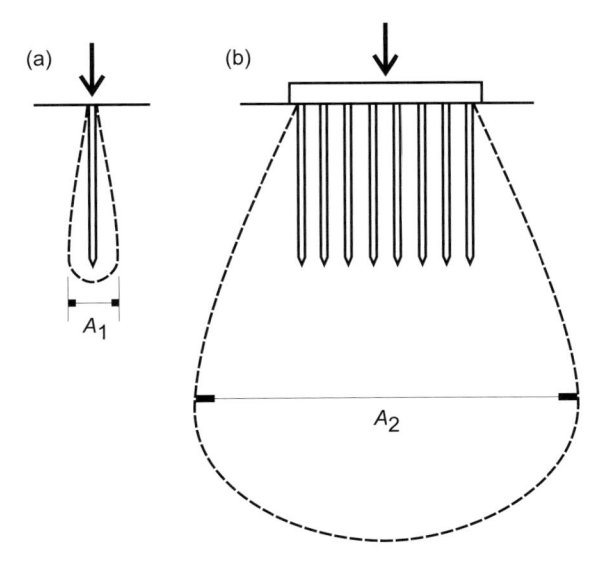

Fig. 16.1 – *Massa de solo mobilizada pelo carregamento (a) de uma estaca isolada e (b) de um grupo de estacas*

16.2 RECALQUE DE GRUPOS SOB CARGA VERTICAL

Quando estacas (ou tubulões) estão relativamente distantes num grupo, o modo de transferência de carga (Cap. 14) não é afetado, e o recalque do grupo pode ser estimado pela superposição de efeitos das várias estacas analisadas como isoladas (submetidas a uma carga equivalente à carga do grupo dividida pelo numero de estacas). Quando o espaçamento é pequeno, as estacas têm seu modo de transferência afetado, e as estacas periféricas absorvem mais carga do que as estacas internas, como mostra a Fig. 16.2[1].

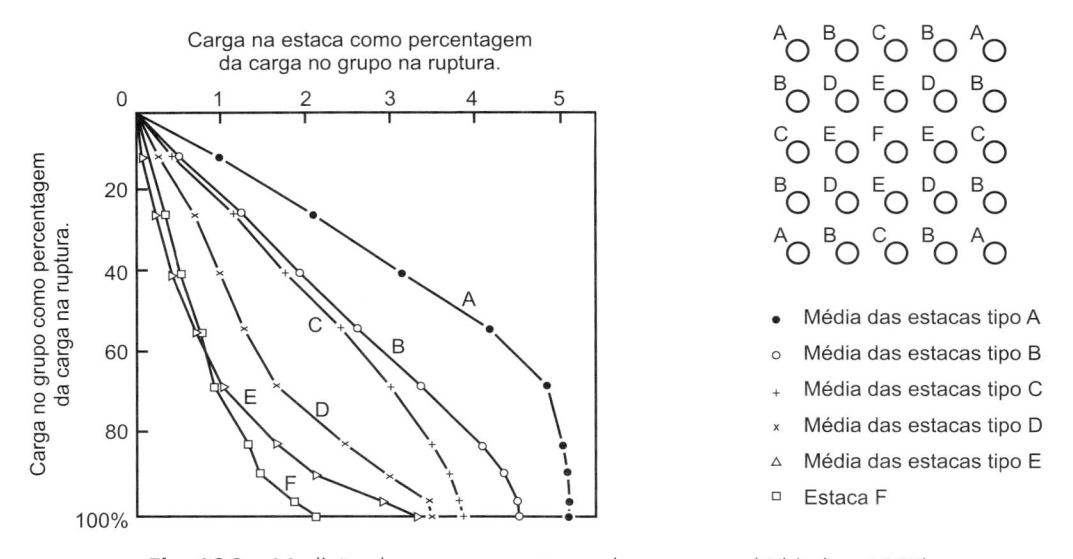

Fig. 16.2 – Medição de cargas em estacas de um grupo (Whitaker, 1957)

A seguir, apresentam-se alguns dos métodos mais utilizados para a estimativa de recalques de grupos. Uma revisão dos métodos pode ser vista, por exemplo, em Dias (1977).

16.2.1 Artifício do Radier Fictício

A primeira abordagem do problema de estimativa de recalques de um grupo de estacas foi feita por Terzaghi e Peck (1948) através do chamado *radier fictício*, uma fundação direta imaginada a alguma altura acima da base das estacas (dependendo de as estacas trabalharem mais por atrito ou por ponta), como mostrado na Fig. 16.3. O objetivo é calcular o acréscimo de tensões em camadas compressíveis abaixo da ponta das estacas para um cálculo convencional de recalques, como o de fundações superficiais (Cap. 5). Esse esquema de cálculo é aceito pela norma brasileira NBR 6122.

---

1. Essa constatação poderia nos levar a reforçar as estacas periféricas para suportar cargas maiores sob esforços de serviço. Outra maneira de encarar o fato seria - ao contrário - colocar estacas mais curtas na periferia que, com menor rigidez, permitiriam um trabalho maior das estacas internas (Fleming et al., 1985).

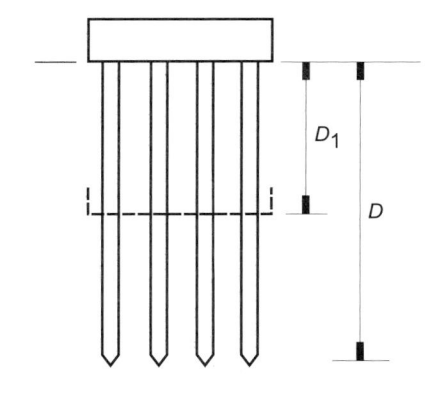

$\frac{D_1}{D}$	
1	Estacas através de solo mole e ponta em solo resistente Estacas escavadas em geral
$\frac{2}{3}$	Estacas cravadas em meio homogêneo
$\frac{1}{3}$	Estacas cravadas através de solo resistente e ponta em solo mole

Fig. 16.3 – Esquema de cálculo pelo radier fictício, com sugestões para a profundidade do radier

16.2.2 Métodos Empíricos

Foram feitas algumas propostas com base empírica para a previsão do recalque de um grupo de estacas, para definir uma razão ξ entre os recalques de um grupo de estacas e aquele de uma única estaca sob sua parcela de carga no grupo. As proposições foram feitas para condições particulares e devem ser vistas com reserva, pois, em determinadas aplicações, os resultados são muito diferentes.

Uma das primeiras propostas é de Skempton (1953), que indica para estimativa do recalque de um grupo de estacas em areia:

$$\xi = \left(\frac{4B_g + 3}{B_g + 4}\right)^2 \tag{16.1}$$

onde B_g é a dimensão transversal do grupo de estacas, em metros.

Meyerhof (1959) propôs uma fórmula que leva em conta o espaçamento entre as estacas:

$$\xi = \frac{\varsigma(5 - \varsigma/3)}{\left(1 + \frac{1}{n_r}\right)^2} \tag{16.2}$$

onde: ς = razão entre o espaçamento entre estacas e o diâmetro das estacas ($\zeta = s/B$);
n_r = número de linhas de estacas num bloco quadrado.

Em trabalho posterior, Meyerhof (1976) sugere que o recalque (em polegadas) de um grupo de estacas em areias e pedregulhos seja estimado pela expressão baseada na experiência com fundações superficiais:

$$w = \frac{2q\sqrt{B_g}}{N} \tag{16.3}$$

onde B_g é a largura do grupo de estacas, em pés; q, a pressão aplicada ao solo pelo grupo de estacas, em kgf/cm²; N, a média no SPT ao longo de uma profundidade igual à largura do grupo. Para areias siltosas, recomenda adotar o dobro do valor dado por (16.3).

Se as estacas penetram D' na camada de suporte, o valor obtido por (16.3) deverá ser multiplicado por um fator de influência I dado por:

$$I = 1 - \frac{D'}{8B} \geq 0,5$$

Vesic (1969) sugeriu

$$\xi = \sqrt{B_g/B} \qquad \text{(16.4a)}$$

Mais recentemente, Fleming et al. (1985) sugeriram

$$\xi = n^\eta \qquad \text{(16.4b)}$$

onde: n = número de estacas do grupo;

η = expoente, que varia entre 0,4 e 0,6 para a maioria dos grupos.

Para o expoente η acima, Poulos (1989) sugere 0,33 para o grupo de estacas flutuantes em areia e 0,5 para estacas em argila.

16.2.3 Métodos Elásticos

Os métodos elásticos são aplicáveis quando o espaçamento é suficientemente grande para permitir o trabalho independente das estacas. Neste item apresentam-se três métodos, embora haja muitos outros trabalhos (p. ex., Butterfield e Banerjee, 1971, semelhante ao de Poulos, 1968; Caputo e Viggiani, 1984, que abordaram o problema com a consideração da não linearidade). O terceiro método inclui o efeito do bloco de coroamento que, no caso de solo superficial resistente, transmite parte da carga do grupo diretamente para o terreno, conduzindo a recalques menores do que aqueles estimados sem essa consideração.

(a) Método de Poulos e Davis

Poulos e colaboradores (Poulos, 1968; Poulos e Davis, 1980; Poulos, 1989) aplicaram a metodologia exposta no Cap. 14 para estaca isolada ao problema do grupo de estacas.

Interação entre Duas Estacas

A interação em termos de recalque entre duas estacas iguais e igualmente carregadas pode ser expressa por um fator de interação α, definido como

$$\alpha = \frac{\text{recalque adicional provocado por uma estaca adjacente}}{\text{recalque de uma estaca sob sua própria carga}} \qquad \text{(16.5)}$$

A Fig. 16.4 mostra valores de α, para estacas compressíveis e inseridas em um meio semi-infinito ($h/L = \infty$), em função da relação espaçamento entre estacas/diâmetro das estacas (s/B) e do fator de rigidez ($K = E_p R_A/E$, conforme definição no item 14.2.2) para diferentes valores da razão L/B.

A Fig. 16.5 apresenta correções para a espessura (finita) do meio, o alargamento de base e o coeficiente de Poisson (diferente de 0,5), que modificam o valor de α de acordo com (ver estaca isolada, Cap. 14):

$$\alpha' = \alpha N_h N_B N_v \qquad \text{(16.6)}$$

Há, ainda, a correção para a variação do módulo de Young com a profundidade e para a presença de solo mais rígido no nível da base.

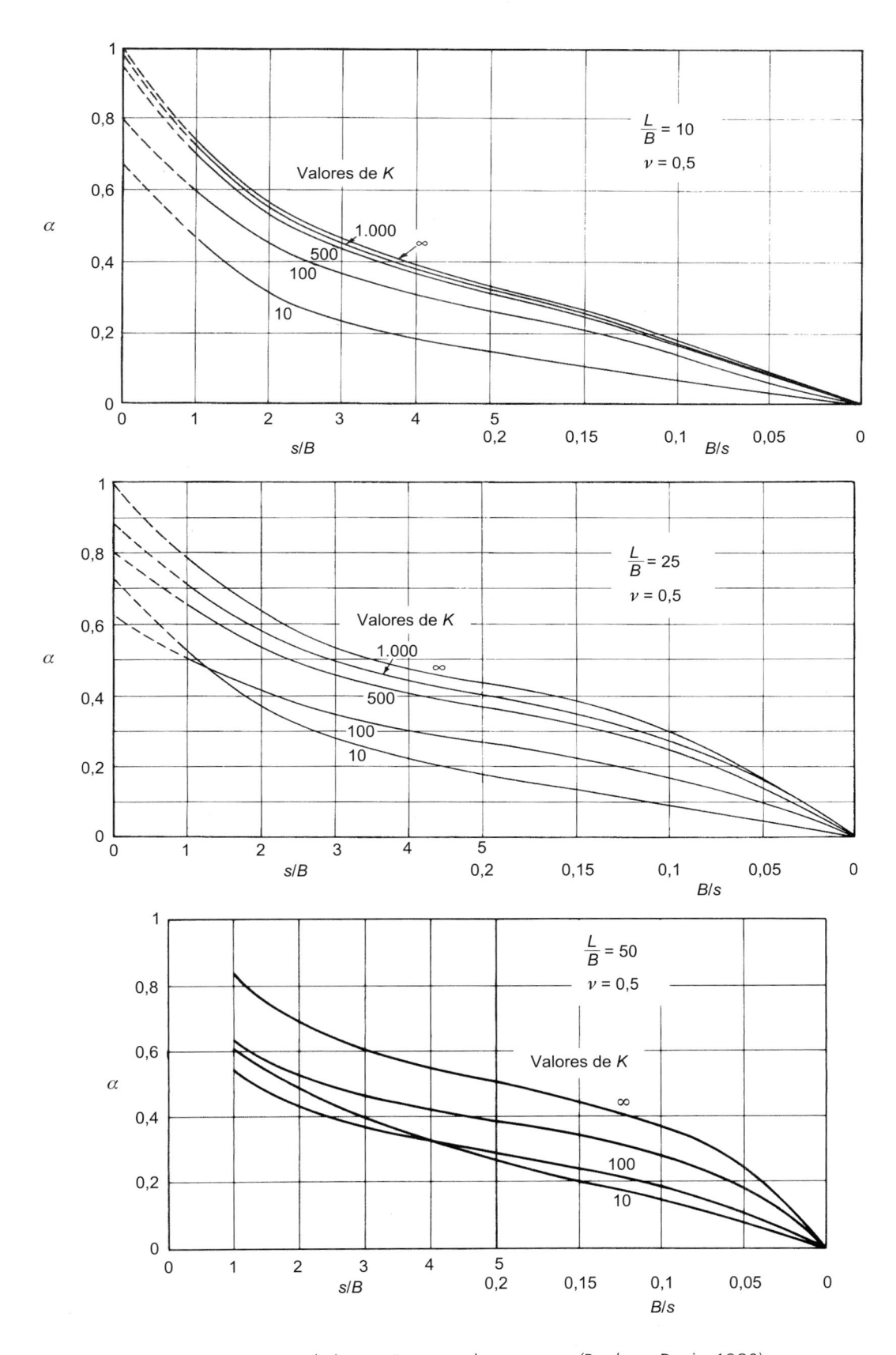

Fig. 16.4 – Fator de interação entre duas estacas (Poulos e Davis, 1980)

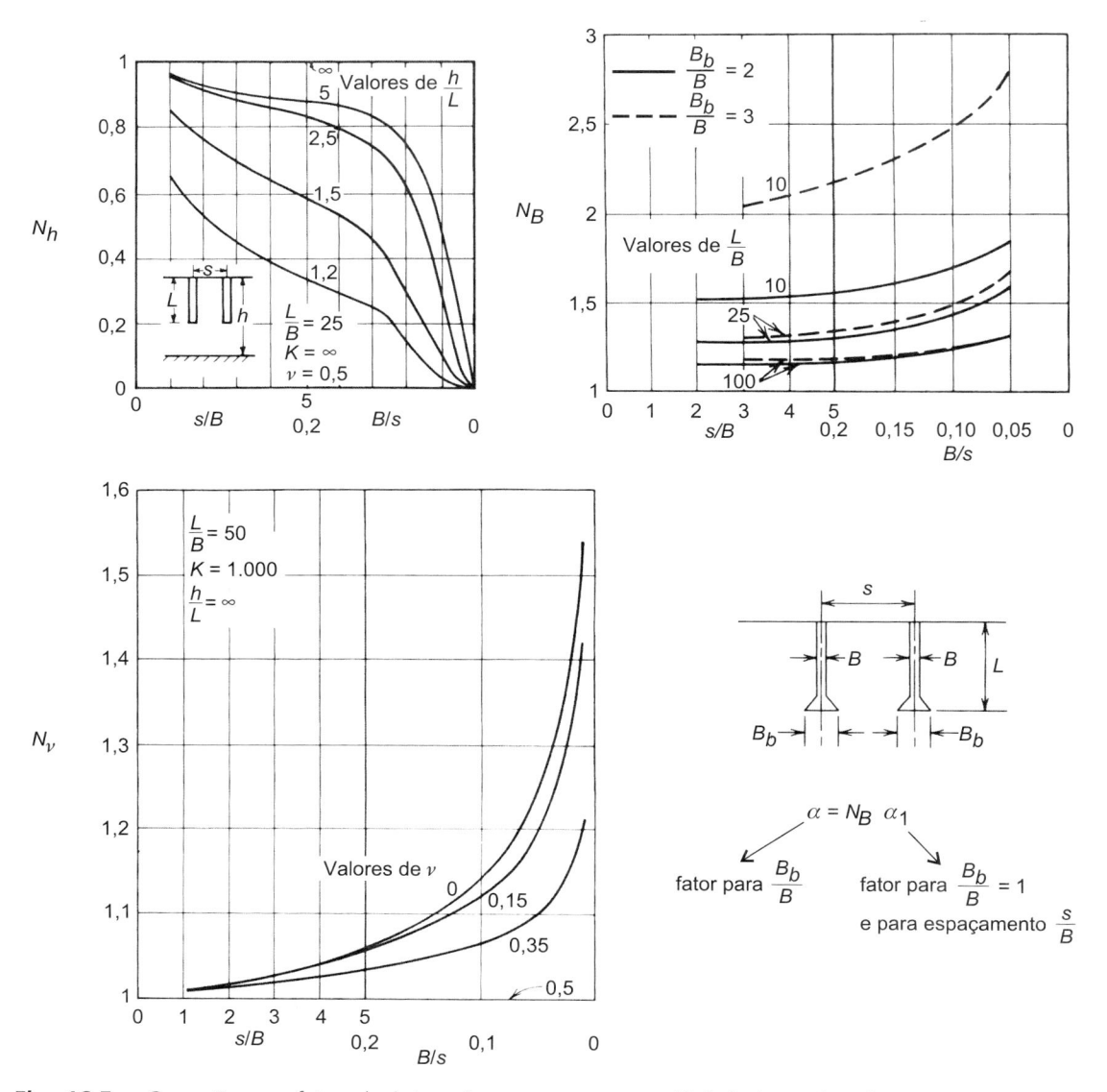

Fig. 16.5 – Correções ao fator de interação para: espessura (finita) do meio, alargamento de base e coeficiente de Poisson (Poulos e Davis, 1980)

Grupos de Estacas

A interação entre estacas em um grupo de arranjo qualquer pode ser obtida com boa aproximação pela superposição dos fatores acima descritos. Por exemplo, para um grupo de n estacas *iguais*, o recalque da estaca i pode ser dado por

$$w_i = w_1 \left[\sum_{\substack{j=1 \\ j \neq i}}^{n} \left(Q_j \alpha_{ij} \right) + Q_i \right] \tag{16.7}$$

onde: α_{ij} = fator de interação entre as estacas i e j;
Q_j = carga na estaca j;
w_1 = recalque da estaca isolada sob carregamento unitário.

Para um grupo de n estacas *diferentes*, o recalque da estaca k pode ser dado por

$$w_k = \sum_{\substack{j=1 \\ j \neq k}}^{n} \left(w_{1j} Q_j \alpha_{kj} \right) + w_{1k} Q_k \qquad \text{(16.8)}$$

onde: α_{kj} = fator de interação entre as estacas k e j, para os parâmetros geométricos da estaca j;
Q_k = carga na estaca k;
w_{1j} = recalque da estaca isolada j sob carregamento unitário.

As Eqs. (16.7) ou (16.8) podem ser escritas para todas as estacas do grupo, fornecendo n equações para recalques. Além disso, o equilíbrio de forças verticais exige que a carga total do grupo seja:

$$Q_g = \sum_{j=1}^{n} Q_j \qquad \text{(16.9)}$$

As $n+1$ equações assim obtidas podem ser resolvidas para duas condições simples:
1. cargas iguais (ou cargas conhecidas) em todas as estacas – caso de um grupo de estacas sob uma placa flexível (como acontece, p. ex., em um tanque de óleo);
2. recalques iguais em todas as estacas – caso de um bloco de coroamento rígido.

No Caso 1, $Q_j = Q_g/n$, as Eqs. (16.7) ou (16.8) podem ser usadas para calcular o recalque de cada estaca do grupo e, daí, os recalques diferenciais.

No Caso 2, os recalques dados pelas Eqs. (16.7) ou (16.8) são igualados e reduzidos a uma incógnita (recalque do grupo). As n equações que resultam somadas à equação de equilíbrio (16.9) fornecem um sistema de $n+1$ equações que permite calcular o recalque do grupo e as cargas nas n estacas. Nos casos da prática, frequentemente o número de equações será reduzido por conta da simetria na disposição das estacas.

Verifica-se que o recalque médio de um grupo com estacas igualmente carregadas é aproximadamente igual ao recalque do grupo com o bloco de coroamento rígido. Assim, a hipótese de cargas iguais seria adequada na maioria dos casos, se o recalque for calculado em uma estaca representativa que não esteja nem no centro nem nos vértices do grupo.

Conclui-se que a análise de um grupo de estacas pode ser feita com os fatores de interações de duas estacas e o conhecimento do recalque da estaca isolada. Os resultados dessa análise podem ser expressos por dois parâmetros:

a. a relação de recalque R_s:

$$R_s = \frac{\text{recalque médio do grupo}}{\text{recalque de uma estaca sob a carga média por estaca}} \qquad \text{(16.10)}$$

b. o fator de redução do grupo R_g:

$$R_g = \frac{\text{recalque médio do grupo}}{\text{recalque de uma estaca sob a carga total do grupo}} \qquad \text{(16.11)}$$

O fator R_g só terá sentido se for admitido que o solo tem um comportamento elástico linear e que a estaca isolada não atinge a ruptura se submetida à carga total do grupo.

R_g satisfaz à dupla desigualdade:

$$1/n \leqslant R_g \leqslant 1$$

e está relacionado a R_s por:

$$R_s = nR_g$$

Na análise feita, não foi considerada a influência de uma eventual camada compressível abaixo das pontas das estacas. Nesse caso, ao recalque do grupo, calculado como indicado, deve-se somar o recalque decorrente da camada compressível que pode ser calculado substituindo-se o grupo de estacas por uma fundação única de área igual à área do grupo e à mesma profundidade que as estacas (artifício do *radier fictício*, item 16.2.1).

Poulos (1989) apresenta uma comparação de resultados de cálculos com medições para um grupo de estacas.

(b) Método de Aoki e Lopes

O método apresentado por Aoki e Lopes (1975), descrito no Cap. 14, pode ser aplicado a um grupo de estacas. Nesse caso, os efeitos de recalques, calculados com as equações de Mindlin, causados por cada estaca, são superpostos nos pontos em estudo (p. ex., pontos imediatamente abaixo da base de cada uma das estacas). É o mesmo procedimento descrito no Cap. 14, porém estendido a várias estacas. Os efeitos de tensões verticais e horizontais causados pelas estacas do grupo podem também ser calculados com as equações de Mindlin e superpostos em pontos em estudo (p. ex., para estudo de empuxos em cortinas de contenção próximas).

Como o método prevê o recalque de cada uma das estacas do grupo, sem levar em conta a presença do bloco de coroamento, os recalques calculados são diferentes. Caso as estacas tenham um bloco de coroamento rígido (que iguale os recalques), é possível fazer um processo iterativo para igualar os recalques e alterar as cargas inicialmente atribuídas às estacas (Santana, 2008; Santana et al., 2008).

(c) Contribuição do Bloco de Coroamento

Quando a base do bloco de coroamento está em contato com um solo de qualidade, é possível considerar a contribuição do bloco na redução do recalque do grupo de estacas. Esse tipo de consideração levou à concepção das *fundações mistas* tipo *radier estaqueado* ou *radier sobre tubulões*.

Randolph (1983, 1994) sugeriu um método aproximado de análise de radier estaqueado que utiliza um fator de interação entre as estacas e o bloco, α_{cp}. Sendo a rigidez do radier ou bloco de coroamento, k_c, e do grupo de estacas, k_g, a rigidez global (estacas mais bloco) será

$$k_f = \frac{k_g + k_c(1 - 2\alpha_{cp})}{1 - \alpha_{cp}^2 k_c/k_g} \qquad (16.12)$$

A rigidez do grupo de estacas k_g é obtida dividindo-se a carga total aplicada pelo recalque do grupo (sem bloco de coroamento), utilizando-se uma solução qualquer para recalques de grupos.

A rigidez do bloco de coroamento k_c pode ser obtida com o auxílio de uma expressão para recalque de placa sobre meio elástico (ver item 5.4.1, Cap. 5) como, por exemplo,

$$k_c = \frac{2G}{I_s(1-\nu)}\sqrt{ab} \qquad (16.13)$$

na qual as propriedades do solo como meio elástico são dadas por G (módulo cisalhante) e ν (coeficiente de Poisson), a e b são as dimensões do bloco e I_s é um fator de forma (ver item 5.4.1).

O fator de interação pode ser obtido pela expressão aproximada

$$\alpha_{cp} = \frac{\ln(r_m/r_c)}{\ln(r_m/r_o)} \quad (16.14)$$

onde: r_m = o raio de influência da estaca, conforme Eq. (14.12); r_c = raio efetivo do bloco associado a cada estaca, calculado de forma que a área correspondente a um grupo de n estacas ($n\pi r_c^2$) seja igual à área do bloco A_c, o que leva a

$$r_c = \sqrt{\frac{A_c}{n\pi}} \quad (16.15)$$

r_o = raio da estaca.

Se Q_c é a carga suportada pelo bloco e Q_g a suportada pelas estacas, pode-se escrever

$$\frac{Q_c}{Q_c + Q_g} = \frac{k_c(1 - \alpha_{cp})}{k_g + k_c(1 - 2\alpha_{cp})} \quad (16.16)$$

O recalque do conjunto bloco-estacas é dado por:

$$w = w_I + w_{II} \quad (16.17)$$

onde: w_I = recalque do bloco sujeito a Q_c;
w_{II} = recalque adicional devido à carga Q_g, estimado com

$$w_{II} = \alpha_{cp} \xi w_{su} \quad (16.18)$$

w_{su} = recalque necessário para mobilizar a capacidade de carga total da estaca.

Diversos outros pesquisadores dedicaram-se ao tema, como, por exemplo, Poulos (2001) e Cunha et al. (2001).

16.3 CAPACIDADE DE CARGA DE GRUPOS SOB CARGA VERTICAL

Quando estacas ou tubulões estão próximos, há uma interação entre eles através do solo que os circunda, que torna a capacidade de carga diferente da capacidade de carga daquele elemento isolado. De acordo com a forma de execução daquele elemento de fundação, e do tipo de terreno, o efeito de grupo pode ser benéfico ou o contrário. Será examinado o comportamento em termos de capacidade de carga de estacas e tubulões em grupo, separando-os em duas categorias: (a) estacas escavadas e tubulões; (b) estacas cravadas, com duas situações: solos arenosos e solos argilosos saturados.

De uma maneira geral, elementos de fundação executados muito próximos comportam-se – juntamente com o solo aprisionado entre eles – em bloco, e o solo não participa do atrito lateral nas estacas internas (Fig. 16.6a). Esse comportamento em bloco não é desejável e, assim, um espaçamento mínimo entre estacas deve ser obedecido para evitá-lo.

Pode-se verificar a possibilidade de comportamento em bloco ao comparar-se os valores de capacidade de carga calculados (a) pela soma das capacidades individuais e (b) como um elemento único, com uma base igual à área do grupo e uma superfície lateral igual à superfície externa do grupo (Fig. 16.6b). O valor menor corresponderá ao comportamento mais provável.

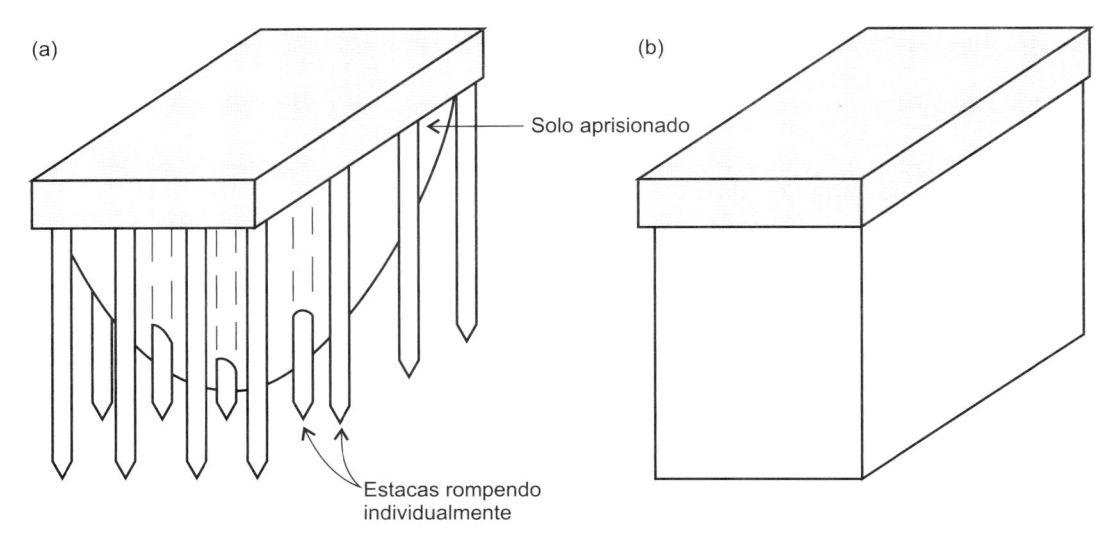

Fig. 16.6 – Superfície de ruptura de um grupo de estacas pouco espaçadas: (a) real e (b) simplificado para cálculo

16.3.1 Capacidade de Carga de Estacas Cravadas em Solos Argilosos

Os trabalhos clássicos sobre o assunto, de Withaker (1957) e Sowers et al. (1961), indicam que, para um espaçamento pequeno, menor que cerca de $2B$, ocorre o comportamento em bloco, caracterizado por uma eficiência baixa (ver inflexão na Fig. 16.7a). A partir desse espaçamento, a eficiência cresce e fica próxima de 1.

16.3.2 Capacidade de Carga de Estacas Cravadas em Solos Arenosos

Os trabalhos de Kezdi (1957) e Stuart et al. (1960), entre outros, indicam que estacas pouco espaçadas em areias fofas têm um efeito benéfico pela cravação de estacas vizinhas. Esse efeito é máximo para espaçamentos da ordem de $2B$ e diminui com o espaçamento crescente, voltando a uma eficiência 1 a cerca de $6B$ (Fig. 16.7b). Em areias compactas, é difícil caracterizar um efeito positivo, e a cravação de estacas próximas em areias compactas pode causar danos às estacas já executadas (ver Cap. 18).

16.3.3 Capacidade de Carga de Estacas Escavadas e Tubulões

Estacas escavadas e tubulões que transmitem carga pelo fuste não têm o efeito benéfico da compactação e a proximidade apenas criaria o efeito de bloco, que deve ser evitado. Nos tubulões que trabalham apenas de base, o efeito de grupo não é marcante.

Deve-se adotar um espaçamento mínimo da ordem de 3 diâmetros (entre eixos) entre estacas, para permitir um comportamento individual pleno das estacas do ponto de vista da capacidade de carga. Quando se adotam estacas inclinadas *para fora do grupo* (caso mais comum), o problema é minimizado. No caso dos tubulões, pode ser obedecido um espaçamento menor, mas *em relação às bases*.

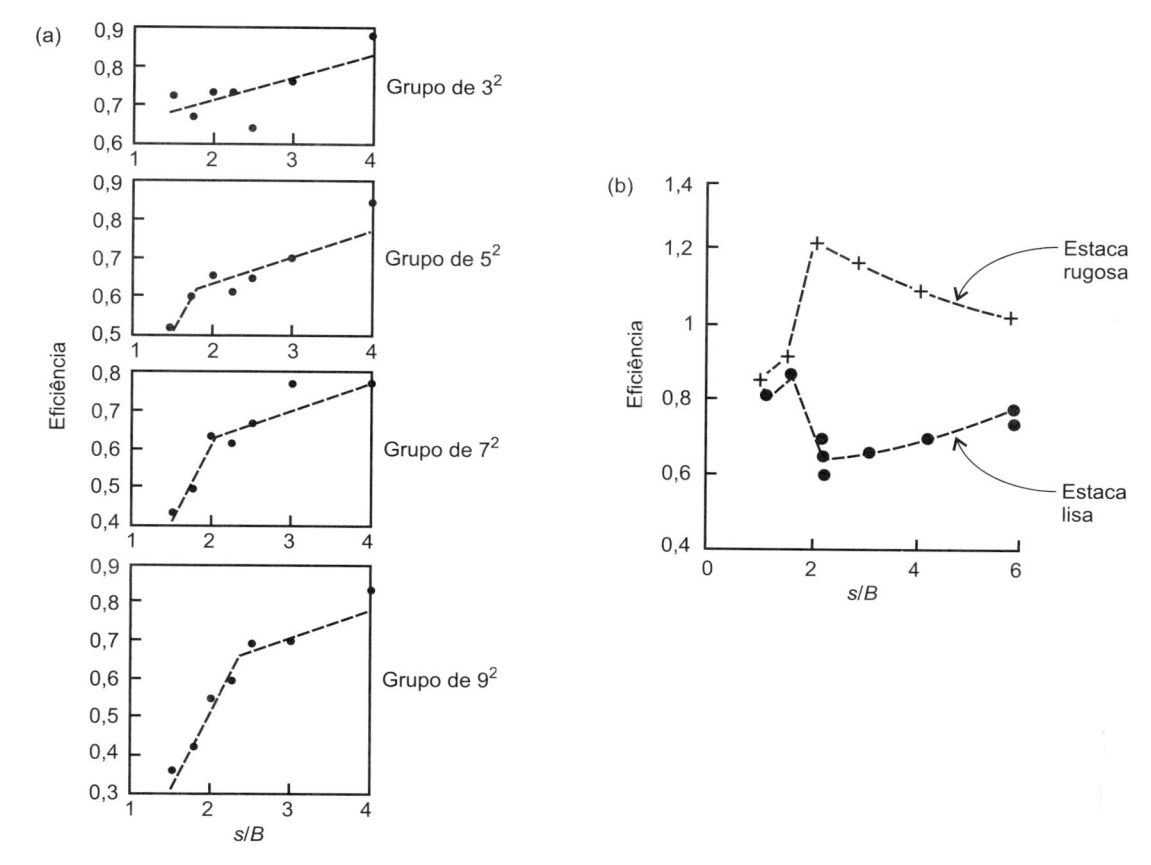

Fig. 16.7 – Resultados típicos dos fatores de eficiência de uma estaca num grupo em (a) argila (Whitaker, 1957) e (b) areia fofa (Stuart et al., 1960)

16.4 DISTRIBUIÇÃO DE ESFORÇOS ENTRE ESTACAS OU TUBULÕES DE UM GRUPO SOB UM CARREGAMENTO QUALQUER

Neste item apresentam-se os métodos para o cálculo dos esforços a que cada estaca de um grupo estará submetida quando o bloco que as solidariza for submetido a um carregamento qualquer (Fig. 16.8). Como um grupo de estacas solidarizadas por um bloco de coroamento é geralmente chamado de *estaqueamento*, o cálculo é conhecido como *cálculo de estaqueamento*. As cargas aplicadas aos estaqueamentos são, em geral, constituídas por forças verticais e horizontais e por momentos. Os esforços na estacas são, no caso mais geral, compressão, tração e momentos fletores e de torção.

Os estaqueamentos são formados por estacas verticais e/ou inclinadas. Projetar um estaqueamento consiste em determinar o número, a disposição, as inclinações das estacas de tal forma que, sob os diferentes carregamentos que podem solicitá-lo, as forças nas estacas estejam compreendidas entre suas cargas admissíveis à tração, à compressão ou flexão composta. O projeto de estaqueamento compreende duas etapas: a concepção ou "lançamento", em que o projetista se baseia em sua experiência, e o "cálculo do estaqueamento", em que o projetista, seguindo um determinado método, calcula os esforços que atuarão em cada estaca.

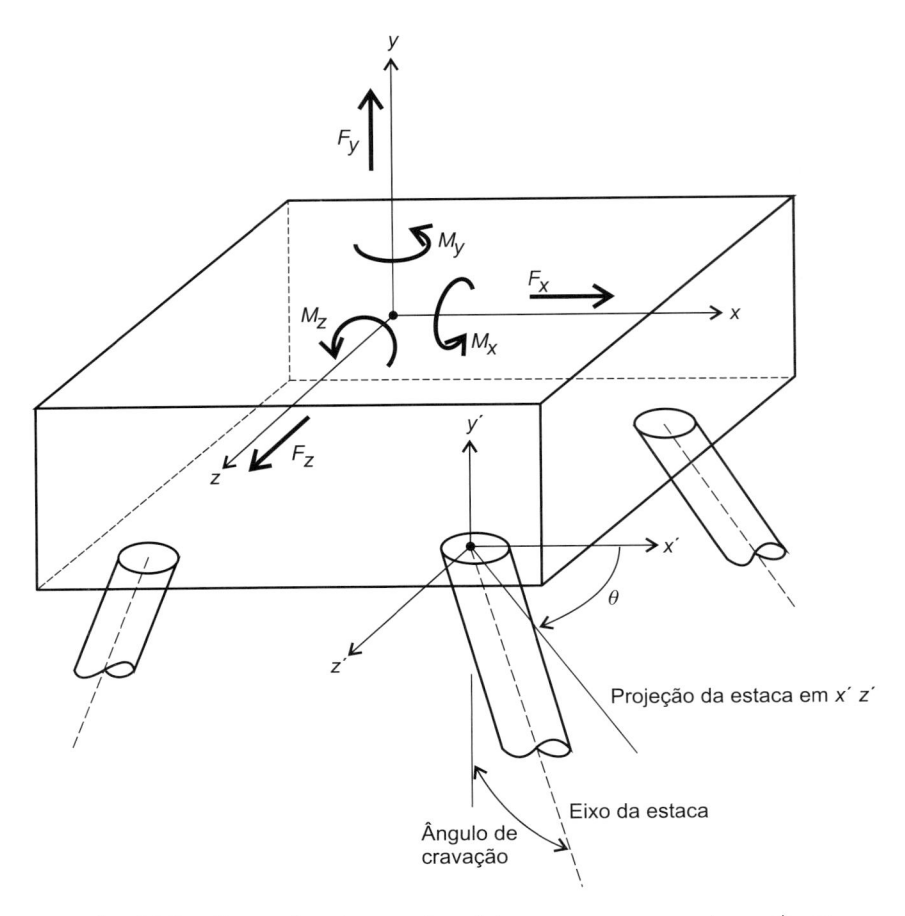

Fig. 16.8 – Grupo de estacas submetido a um carregamento qualquer

16.4.1 Histórico e Classificação dos Métodos

O cálculo de estaqueamento é um problema de certa complexidade, estudado desde o início do século XX, e procura-se aperfeiçoar não só as hipóteses de cálculo como também os métodos de solução. Na evolução das hipóteses, menciona-se o fato de que, inicialmente, desprezava-se qualquer influência do solo envolvendo as estacas e consideravam-se as estacas apenas rotuladas no bloco e com comportamento carga-deslocamento elástico. O cálculo da distribuição da carga entre estacas, considerando tanto a contenção do solo como a interação entre estacas, que se processa através do solo que as envolve, não é um problema simples, como observou Terzaghi (1943).

Hoje dispõe-se de métodos que consideram a contenção oferecida pelo solo, e estacas vinculadas de diferentes maneiras ao bloco e mesmo com comportamento elastoplástico. Há também soluções por métodos numéricos para a consideração da interação entre estacas.

Numa revisão histórica dos métodos mais importantes para o cálculo de estaqueamentos, destacam-se:

1º) Nökkenteved (1924) abordou, nas hipóteses de bloco rígido, comportamento elástico das estacas e sem contenção do solo, todos casos de estaqueamento.

2º) Asplund (1947) e Schiel (1957, 1960, 1970) mantiveram as hipóteses básicas de Nökkenteved e introduziram o cálculo matricial, trazendo grande simplificação ao tratamento matemático e facilitando a programação do método.

3º) Hrenikoff (1950), Vesic (1956), Asplund (1956) e Aschenbrenner (1967) levaram em conta a influência do solo, suposto homogêneo ao longo de todo o comprimento da estaca.

4º) Hansen (1959) introduziu o conceito de *cálculo na ruptura* (*limit design*); cumpre dizer que essa ideia havia sido lançada por Schiel em 1957, sob o nome de "cálculos segundo a capacidade"; posteriormente, Schiel (1970) desenvolveu a mesma conceituação.

5º) Gruber (1960) estuda grupos de estacas com relação carga-recalque não linear.

6º) Paduart (1949) e Demonsablon (1967) estudaram estaqueamentos planos levando em conta a deformabilidade do bloco (nos trabalhos anteriores o bloco de coroamento é suposto infinitamente rígido)[2].

7º) Trabalhos baseados na *Análise Matricial de Estruturas* foram desenvolvidos por Diaz (1973) – com estacas de características variáveis ao longo do comprimento, suportadas elasticamente pelo solo nas três direções –, Costa (1973), Golebiowski (1970) e Silva (1999), entre outros.

8º) Programas para resolver estaqueamentos que considerem a interação entre estacas por meio elástico e *Método dos Elementos de Contorno* foram desenvolvidos por Banerjee e Driscoll (1978), Poulos (1980) e Randolph (1980); uma comparação de soluções pode ser vista na obra de Poulos e Davis (1980), Poulos e Randolph (1983) e Santana (2008).

Outras referências são Jacoby (1954) e os brasileiros Caputo (1982) e Alonso (1989).

A seguir serão abordados os métodos elásticos, com destaque aos métodos de Schiel e de Aschenbrenner, e o método de ruptura de Hansen.

16.4.2 Métodos Elásticos

(a) Métodos Gráficos e Fórmulas

Os primeiros métodos de cálculo de estaqueamentos tratavam de problemas planos e os resolviam graficamente ou por intermédio de fórmulas simples. Os métodos gráficos clássicos são os de Culman e de Westergard, que estão praticamente em desuso diante da possibilidade de uso de calculadoras e computadores. Nökkenteved (1924) desenvolveu fórmulas para várias situações no plano (casos mais comuns estão na Fig. 16.9) que podem ser combinadas para resolver casos tridimensionais. O método consiste em calcular (com as fórmulas) as cargas nas estacas devidas a cada componente do carregamento do bloco e somar essas cargas posteriormente numa planilha. Trata-se de um método simples e que vale a pena ser usado por engenheiros iniciantes como uma forma de se familiarizar com a participação de cada estaca na absorção de cada componente do carregamento do bloco e, assim, desenvolver a capacidade de conceber o estaqueamento.

(b) Método de Schiel

O método de Schiel (1957, 1960, 1970) e também de Vesic (1956) tem as seguintes hipóteses fundamentais:

1º) o bloco de coroamento é suficientemente rígido para que se possa desprezar sua deformação diante das deformações das estacas;

---

2. A consideração de deformabilidade do bloco (ou plataforma) sobre as estacas pode ser feita com programas de elementos finitos para pórticos espaciais (como o STRESS, SAP etc.).

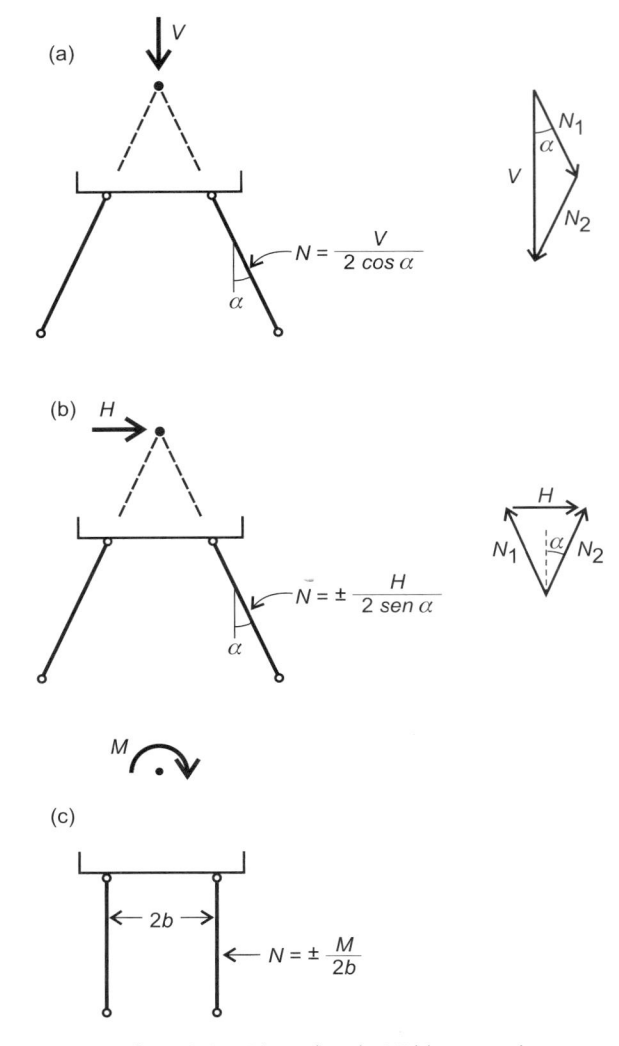

Fig. 16.9 – Fórmulas de Nökkenteved

2º) as estacas são suficientemente esbeltas e o deslocamento do bloco é tão pequeno que se podem desprezar os momentos nas estacas decorrentes desse deslocamento, assim como se despreza o empuxo do solo sobre as estacas (em outras palavras, as estacas se comportam como se fossem rotuladas no bloco e na ponta);

3º) o esforço axial na estaca é proporcional à projeção do deslocamento do topo da estaca sobre seu eixo.

Quanto à primeira hipótese, nos casos de edifícios e pontes, em geral ela é razoavelmente satisfeita, uma vez que os blocos de coroamento têm alturas apreciáveis face às dimensões em planta (as deformações, mesmo as flexionais, são muito pequenas diante das deformações das estacas); em outras estruturas, como plataformas de cais, essa hipótese pode estar longe de ser verificada[3]. A segunda hipótese, estacas birotuladas, é ainda usualmente adotada, mas abandonada nos métodos que consideram a contenção do solo envolvente ou, então, quando se supõem

---

3. Uma recomendação frequentemente esquecida é: *se o estaqueamento foi calculado dentro da hipótese de bloco rígido, no dimensionamento desse bloco, deve-se entrar com os valores das forças nas estacas obtidos naquele cálculo.*

as estacas engastadas no bloco e/ou no solo a uma dada profundidade. Finalmente, a terceira hipótese caracteriza os métodos elásticos e é abandonada nos métodos plásticos ou de ruptura.

Uma consequência das três hipóteses feitas é que as estacas devem trabalhar independentemente umas das outras. É importante a observação de Hansen (1959) de que o comportamento em bloco deve ser evitado.

Embora possam ser feitas críticas às três hipóteses acima, a experiência mostra que estaqueamentos projetados de acordo com elas se comportam satisfatoriamente, e que o dimensionamento está a favor da segurança. Com a introdução das hipóteses de engaste das estacas no bloco e de contenção pelo terreno, as cargas axiais nas estacas ficam mais próximas umas das outras, ou seja, cargas elevadas em algumas estacas desaparecem, *porém ao custo de momentos fletores nas estacas que não eram previstos com as hipóteses anteriores*. Vale lembrar que momentos fletores nas estacas obrigam não só o dimensionamento das estacas para flexão como também o detalhamento da ligação da estaca com o bloco, com a passagem de armadura etc.

Sistema de Coordenadas e Parâmetros Característicos

Como sistema de coordenadas, adota-se um sistema cartesiano destrógiro x, y, z, com eixo dos x vertical e positivo para baixo (Fig. 16.10). As estacas são numeradas 1,2,...,n. As coordenadas do centro de gravidade B_i da seção do topo da estaca i serão designadas por x_i, y_i, z_i. Os ângulos que o eixo da estaca faz com as direções dos eixos coordenados serão chamados de α_i, β_i, γ_i. Na prática, um estaqueamento é dado por uma planta baixa que localiza os topos das estacas e indica suas cotas (cotas de arrasamento) e fornece o ângulo de cravação e o ângulo projetado na planta baixa, por exemplo.

Neste caso, têm-se as relações:

$$\cos \beta = \operatorname{sen} \alpha \cos \omega; \qquad \cos \gamma = \operatorname{sen} \alpha \operatorname{sen} \omega \qquad (16.19)$$

Para determinar os esforços na estaca, utilizam-se as componentes de um vetor unitário $\overline{p_i}$ com a origem no topo da estaca e dirigido para a ponta da estaca e, também, dos momentos desse vetor em relação aos eixos coordenados:

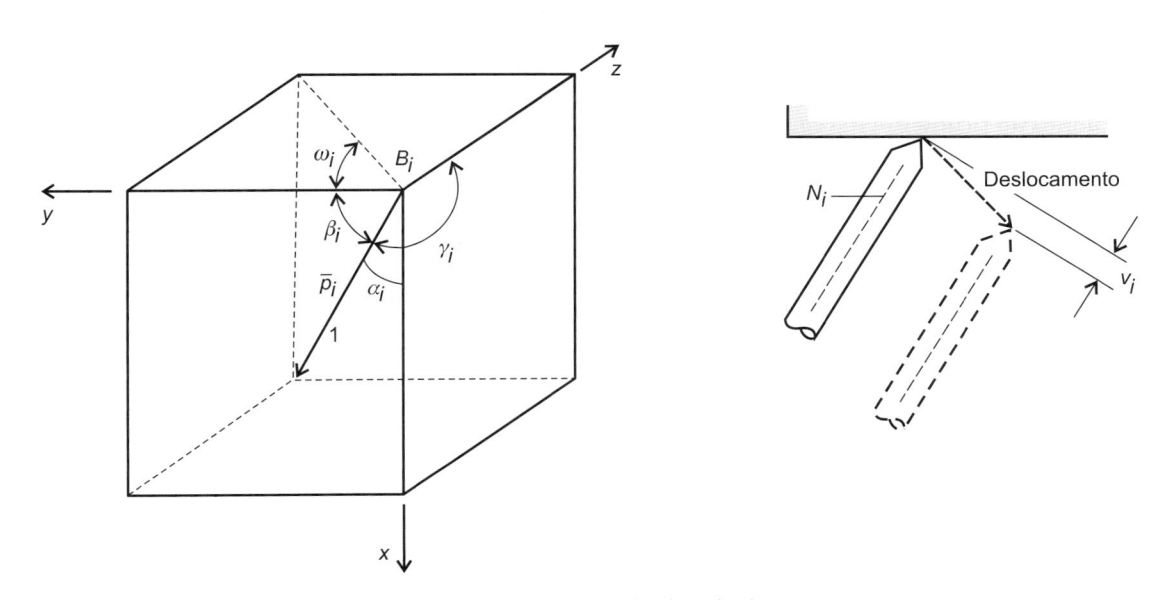

Fig. 16.10 – *Método de Schiel*

Componente segundo x: $p_x = \cos\alpha$

Componente segundo y: $p_y = \cos\beta = \operatorname{sen}\alpha \cos\omega$

Componente segundo z: $p_z = \cos\gamma = \operatorname{sen}\alpha \operatorname{sen}\omega$

Momento em torno do eixo dos x: $p_a = y p_z - z p_y$

Momento em torno do eixo dos y: $p_b = z p_x - x p_z$

Momento em torno do eixo dos z: $p_c = x p_y - y p_x$

(16.20)

O segundo grupo das Eqs. (16.20) pode ser escrito em forma matricial

$$(p_a, p_b, p_c) = (p_x, p_y, p_z)\begin{bmatrix} 0 & z & -y \\ -z & 0 & x \\ y & -x & 0 \end{bmatrix}$$

(16.21)

Ao reunir-se em uma matriz os valores correspondentes a todas as estacas, obtém-se a *matriz das estacas*:

$$\mathbf{P} = \begin{bmatrix} p_{x1} & p_{x2} & \cdots & p_{xn} \\ p_{y1} & p_{y2} & \cdots & p_{yn} \\ p_{z1} & p_{z2} & \cdots & p_{zn} \\ p_{a1} & p_{a2} & \cdots & p_{an} \\ p_{b1} & p_{b2} & \cdots & p_{bn} \\ p_{c1} & p_{c2} & \cdots & p_{cn} \end{bmatrix}$$

(16.22a)

À estaca *i* corresponde a matriz coluna $\mathbf{P}_i$, cuja transposta é:

$$\mathbf{P}_i^T = (p_{xi}\, p_{yi}\, p_{zi}\, p_{ai}\, p_{bi}\, p_{ci})$$

(16.22b)

Entre os seis parâmetros relativos a uma estaca, existem duas relações:

$$p_x^2 + p_y^2 + p_z^2 = 1$$

(16.23)

$$p_x p_a + p_y p_b + p_z p_c = 0$$

(16.24)

o que mostra que daqueles seis parâmetros apenas quatro são independentes. A Eq. (16.23) decorre do vetor p_i ser unitário; a Eq. (16.24) exprime a ortogonalidade entre um vetor e o vetor-momento do primeiro em relação a um ponto.

Devido à hipótese de rigidez infinita do bloco, o carregamento pode ser sempre reduzido a uma resultante $\overline{R}$ de componentes:

R_x = *componente da resultante na direção dos x;*

R_y = *componente da resultante na direção dos y;*

R_z = *componente da resultante na direção dos z;*

R_a = *momento da resultante em relação ao eixo dos x;*

R_b = *momento da resultante em relação ao eixo dos y;*

R_c = *momento da resultante em relação ao eixo dos z;*

Essas componentes dispostas em uma matriz-coluna constituem a *matriz carregamento*:

$$\mathbf{R}^T = (R_x\ R_y\ R_z\ R_a\ R_b\ R_c)$$

(16.25)

16 Grupos de Estacas e Tubulões

À força axial atuante na estaca i chama-se de N_i, que será positiva quando de compressão e negativa quando de tração. Esses valores constituem a matriz das forças nas estacas:

$$\mathbf{N} = \begin{bmatrix} N_1 \\ N_2 \\ \vdots \\ N_n \end{bmatrix} \quad \text{ou} \quad \mathbf{N}^T = (N_1 \ N_2 \ ... \ N_n) \qquad (16.26)$$

Classificação dos estaqueamentos de acordo com o comportamento elástico

Tendo em vista as definições dos parâmetros das estacas $(p_x p_y p_z p_a p_b p_c)$, o equilíbrio do bloco, submetido à ação do carregamento e das forças nas estacas será dado por:

$$R_x = \sum_{1}^{n} N_i p_{xi} \quad R_y = \sum_{1}^{n} N_i p_{yi} \quad R_z = \sum_{1}^{n} N_i p_{zi}$$

$$R_a = \sum_{1}^{n} N_i p_{ai} \quad R_b = \sum_{1}^{n} N_i p_{bi} \quad R_c = \sum_{1}^{n} N_i p_{ci}$$

ou, sob a forma matricial,

$$\mathbf{R} = \mathbf{P} \mathbf{N} \qquad (16.27)$$

Se o estaqueamento for estaticamente determinado e constituído por seis estacas, as Eqs. (16.27) poderão ser resolvidas obtendo-se as forças nas estacas N_i. Entretanto, não basta o critério do número de estacas para que o estaqueamento seja estaticamente determinado. É necessário que as estacas sejam dispostas de tal forma que, submetidas apenas a esforços normais, possam absorver o carregamento dado.

Um estaqueamento que só pode resistir a certos carregamentos é dito *degenerado*. Por exemplo: um *estaqueamento plano*, isto é, cujas estacas têm os eixos contidos em um plano, é degenerado porque só pode resistir a carregamentos cujas resultantes estejam no plano do estaqueamento. É óbvio que, nessa consideração, se obedece rigorosamente à hipótese de estacas birotuladas. Na realidade, as estacas têm sempre uma possibilidade de resistir a pequenos esforços de flexão. Assim, por exemplo, nas fundações de edifícios, empregam-se, quase que exclusivamente, estacas verticais. Para a solicitação de vento, essas estacas trabalharão, necessariamente, à flexão composta.

Com base na teoria das equações lineares (Regra de Rouché[4]), escrevem-se as condições para que o sistema (16.27) possa fornecer as forças nas estacas. Em forma matricial, a solução é escrita:

$$\mathbf{N} = \mathbf{P}^{-1} \mathbf{R} \qquad (16.28)$$

---

4. A Regra de Rouché para o estudo dos sistemas de equações lineares pode ser enunciada (p. ex., Menezes, 1959):
   1º) formar a matriz dos coeficientes das incógnitas;
   2º) fixar o determinante principal do sistema, assinalando no sistema as equações secundárias;
   3º) formar e calcular os determinantes característicos, relativos às equações secundárias;
   4º) se forem nulos todos os determinantes característicos o sistema será possível, sendo:
   (a) possível determinado quando $p = n$ (ordem do determinante principal igual ao número de incógnitas);
   (b) possível indeterminado quando $p < n$;
   5º) basta um dos determinantes característicos não ser nulo para que o sistema seja impossível, isto é, equações incompatíveis;
   6º) no caso de possibilidade, destacar o sistema principal (constituído pelas equações principais), e resolvê-lo pela Regra de Cramer, a fim de obter a solução ou as soluções do sistema dado.

Constitui-se a *matriz reunida das estacas e carregamento*:

$$\mathbf{H} = \begin{bmatrix} p_{x1} & p_{y1} & p_{z1} & p_{a1} & p_{b1} & p_{c1} \\ p_{x2} & p_{y2} & p_{z2} & p_{a2} & p_{b2} & p_{c2} \\ \vdots & \vdots & \vdots & \vdots & \vdots & \vdots \\ p_{xn} & p_{yn} & p_{zn} & p_{an} & p_{bn} & p_{cn} \\ R_x & R_y & R_z & R_a & R_b & R_c \end{bmatrix} \quad (16.29)$$

Se O_H e O_P são as ordens das matrizes **H** e **P**, respectivamente, tem-se:

(i) Quanto à degeneração:

$$O_P = 6 \rightarrow \text{não degenerado}$$
$$O_P < 6 \rightarrow \text{degenerado}$$
$$6 - O_P = \text{número de graus de liberdade}$$

(ii) Quanto à compatibilidade estática do carregamento:

$$O_H = O_P \rightarrow \text{compatível}$$
$$O_H > O_P \rightarrow \text{incompatível}$$

(iii) Quanto à determinação estática (n = número de estacas):

$$n = O_P \rightarrow \text{estaticamente determinado}$$
$$n > O_P \rightarrow \text{estaticamente indeterminado}$$
$$n - O_P = \text{grau de hiperestaticidade}$$

Deslocamentos elásticos

Sejam v_x = *translação do bloco na direção do eixo x*
v_y = *translação do bloco na direção do eixo y*
v_z = *translação do bloco na direção do eixo z*
v_a = *rotação do bloco em torno do eixo x*
v_b = *rotação do bloco em torno do eixo y*
v_c = *rotação do bloco em torno do eixo z*.

Os seis valores dispostos em uma coluna constituem a *matriz deslocamento*:

$$\mathbf{V}^T = (v_x\ v_y\ v_z\ v_a\ v_b\ v_c) \quad (16.30)$$

No caso geral, as seis componentes são independentes. Casos particulares são:

– *translação:* $v_a = v_b = v_c = 0$

– *rotação do bloco em torno de um eixo que passa pela origem:* $v_x = v_y = v_z = 0$;

– *rotação (sem translação) em torno de um eixo qualquer:* $v_x v_a + v_y v_b + v_z v_c = 0$.

Admite-se que essas componentes do deslocamento do bloco sejam suficientemente pequenas para que se possa utilizar uma *Teoria de 1ª Ordem*: na pesquisa do equilíbrio, desprezam-se as modificações de geometria do sistema decorrentes do deslocamento do bloco.

Projete-se o deslocamento do topo B_i da estaca i sobre o seu eixo; seja v_i essa projeção; da Mecânica Racional (ver, p. ex., Synge e Griffih, 1959) sabe-se que o deslocamento $\overline{v_i}$ de um ponto i definido pelo vetor de posição $\overline{r_i}(x,y,z)$ é dado por (× indicando produto vetorial):

$$\overline{v_i} = \overline{v} + \overline{v^*} \times \overline{r_i} \tag{16.31}$$

onde $\overline{v}$ é o vetor translação de componentes v_x, v_y, v_z e $\overline{v^*}$ é o vetor de rotação de componentes v_a, v_b, v_c. Ao projetar-se $\overline{v_i}$ sobre o eixo da estaca, tem-se:

$$v_i = \overline{v_i} \cdot \overline{p_i} = \overline{v} \cdot \overline{p_i} + \overline{v^*} \times \overline{r_i} \cdot \overline{p_i} = \overline{v} \cdot \overline{p_i} + \overline{v^*} \cdot \overline{r_i} \times \overline{p_i} = \overline{v} \cdot \overline{p_i} + \overline{v^*} \cdot \overline{m_i} \tag{16.32}$$

onde $\overline{m_i}$ é o vetor momento do vetor estaca $\overline{p_i}$ em relação à origem, isto é, o vetor de componente p_a, p_b, p_c. Ao desenvolver-se os produtos escalares que aparecem em (16.32), tem-se:

$$v_i = p_{xi}v_x + p_{yi}v_y + p_{zi}v_z + p_{ai}v_a + p_{bi}v_b + p_{ci}v_c = \mathbf{P}_i^T \mathbf{V} \tag{16.33}$$

Os valores v_i são proporcionais às forças nas estacas e os fatores de proporcionalidade são as rijezas s_i das estacas obtidas a partir da terceira hipótese: a um encurtamento Δl_i do comprimento l_i da estaca corresponde uma força N_i (positiva se compressão) dada por:

$$N_i = \frac{E_i A_i}{l_i} \Delta l_i \tag{16.34}$$

onde E_i é o módulo de elasticidade do material da estaca e A_i, a área da sua seção transversal. Em (16.34), Δl_i é dado por v_i, calculado por (16.33), e o fator $E_i A_i / l_i$ é a rigidez s_i. Na maioria dos casos, interessam apenas os valores relativos da rigidez; assim, para a estaca i, pode-se escrever:

$$s_i = \frac{E_i}{E_o} \frac{A_i}{A_o} \frac{l_o}{l_i} \tag{16.35}$$

onde E_o, A_o, l_o são grandezas de comparação convenientemente escolhidas. Muitas vezes, a suposição $s_i = 1$ para todas as estacas é suficientemente exata. A transmissão parcial da carga por atrito no fuste e a deslocabilidade da ponta da estaca podem ser levados em conta na determinação dos s_i. Na prática, quando, por razões diversas, se é obrigado a utilizar estacas de diferentes tipos no mesmo bloco, não se pode adotar $s_i = 1$ para todas as estacas do bloco.

As forças nas estacas serão dadas por:

$$N_i = s_i \mathbf{P}_i^T \mathbf{V} \tag{16.36}$$

Levando-se (16.36) às equações de equilíbrio (16.27), obtém-se como coeficiente das incógnitas $v_x, v_y, \ldots, v_c$ somatórios como os seguintes:

$$S_{xx} = \sum_1^n s_i p_{xi}^2$$

$$S_{xy} = \sum_1^n s_i p_{xi} p_{yi}$$

ou, em geral,

$$S_{gh} = \sum_1^n s_i p_{gi} p_{hi} \quad \text{com } g, h = x, y, \ldots, c \tag{16.37}$$

Com isso, as condições de equilíbrio (16.27) serão escritas:

$$R_x = S_{xx}v_x + S_{xy}v_y + S_{xz}v_z + S_{xa}v_a + S_{xb}v_b + S_{xc}v_c$$
$$R_y = S_{yx}v_x + S_{yy}v_y + S_{yz}v_z + S_{ya}v_a + S_{yb}v_b + S_{yc}v_c$$
$$R_z = S_{zx}v_x + S_{zy}v_y + S_{zz}v_z + S_{za}v_a + S_{zb}v_b + S_{zc}v_c$$
$$R_a = S_{ax}v_x + S_{ay}v_y + S_{az}v_z + S_{aa}v_a + S_{ab}v_b + S_{ac}v_c$$
$$R_b = S_{bx}v_x + S_{by}v_y + S_{bz}v_z + S_{ba}v_a + S_{bb}v_b + S_{bc}v_c$$
$$R_c = S_{cx}v_x + S_{cy}v_y + S_{cz}v_z + S_{ca}v_a + S_{cb}v_b + S_{cc}v_c$$

(16.38)

ou, em forma matricial,

$$\mathbf{R} = \mathbf{S}\,\mathbf{V}$$

(16.38a)

Pela lei de formação dos *coeficientes de rigidez* (elementos de **S**), decorre que:

$$S_{gh} = S_{hg}$$

o que significa que a matriz **S** é simétrica. Entre os coeficientes de rigidez, são satisfeitas as seguintes relações:

$$S_{xx} + S_{yy} + S_{zz} = \sum_{1}^{n} s_i$$
$$S_{xa} + S_{yb} + S_{zc} = 0$$

(16.39)

Os coeficientes de rigidez têm a seguinte interpretação física: fazendo em (16.38) $v_x = 1$ e $v_y = v_z = \ldots = v_c = 0$ tem-se

$$R_x = S_{xx} \qquad R_y = S_{yx} \qquad R_z = S_{zx}$$
$$R_a = S_{ax} \qquad R_b = S_{bx} \qquad R_c = S_{cx}$$

isto é, os coeficientes de rigidez S_{gh} são as componentes do carregamento que produzem um deslocamento com componente unitária na "direção" h e componentes nulas nas demais "direções" ao atuarem sobre a fundação.

Cálculo das Forças nas Estacas

Para se obter as forças nas estacas, (i) calculam-se os coeficientes de rigidez a partir de (16.38), (ii) monta-se o sistema (16.38) e (iii) resolve-se esse sistema. Com isso, obtêm-se as componentes de **V** que, levadas em (16.36), fornecem as forças nas estacas. Na forma matricial, pode-se escrever:

$$\mathbf{N} = \mathbf{D}\,\mathbf{P}^T\,\mathbf{V}$$

(16.40)

Com a matriz diagonal:

$$\mathbf{D} = \begin{bmatrix} s_1 & 0 & 0 & \cdots & 0 \\ 0 & s_2 & 0 & \cdots & 0 \\ . & . & . & \cdots & . \\ . & . & . & \cdots & . \\ 0 & 0 & 0 & \cdots & s_n \end{bmatrix}$$

(16.41)

e as equações de equilíbrio escrevem-se:

$$\mathbf{R} = \mathbf{P}\,\mathbf{N} = \mathbf{P}\,\mathbf{D}\,\mathbf{P}^T\,\mathbf{V}$$

(16.42)

Com (16.38a), obtém-se:

$$\mathbf{S} = \mathbf{P}\,\mathbf{D}\,\mathbf{P}^T$$

(16.43)

De **R** = **S V** decorre **V** = **S**$^{-1}$ **R** que, introduzido em (16.40), fornece:

$$\mathbf{N} = \mathbf{D}\,\mathbf{P}^T\,\mathbf{S}^{-1}\,\mathbf{R} \qquad (16.44)$$

Quando um estaqueamento é submetido a vários carregamentos, é conveniente introduzir a *matriz de influência*

$$\mathbf{F} = \mathbf{D}\,\mathbf{P}^T\,\mathbf{S}^{-1} \qquad (16.45)$$

a qual depende, apenas, da geometria do estaqueamento. Levando a (16.44) vem:

$$\mathbf{N} = \mathbf{F}\,\mathbf{R} \qquad (16.46)$$

A matriz de influência **F** tem, para os estaqueamentos não degenerados, *seis* colunas e n linhas. A iésima linha F_i pode ser denominada *matriz de influência da estaca i*. Seus elementos $f_{xi}, f_{yi}, ..., f_{ci}$ são as forças na estaca N_i para os carregamentos $R_x = 1$, $R_y = R_z = ... = R_c = 0$, depois $R_x = 0$, $R_y = 1$, $R_z = ... = R_c = 0$ e assim por diante, de tal modo que, para um carregamento **R**, a força N_i será dada por:

$$N_i = \mathbf{F}_i^T\,\mathbf{R} = f_{xi}R_x + f_{yi}R_y + ... + f_{ci}R_c \qquad (16.47)$$

Um controle necessário, mas não suficiente, é:

$$\mathbf{P}\,\mathbf{F} = \mathbf{E} = \text{matriz unitária} \qquad (16.48)$$

A seguir, particulariza-se o tratamento geral a dois tipos de estaqueamentos muito utilizados: o *estaqueamento paralelo* e o *estaqueamento com dupla simetria*.

Estaqueamento Paralelo

Como o nome indica, o estaqueamento paralelo possui todas as estacas com a mesma direção (Fig. 16.11). É o estaqueamento típico das fundações de edifícios, em que as forças horizontais (efeitos de vento), bastante pequenas diante das verticais, são absorvidas por empuxo passivo contra os blocos e as próprias estacas.

Trata-se, obviamente, de um estaqueamento degenerado. Ao colocar o eixo dos x na direção das estacas, o estaqueamento só poderá resistir a carregamentos com $R_y = R_z = R_a = 0$. O sistema (16.38) reduz-se a:

$$R_x = S_{xx}v_x + S_{xb}v_b + S_{xc}v_c$$
$$R_b = S_{bx}v_x + S_{bb}v_b + S_{bc}v_c \qquad (16.49)$$
$$R_c = S_{cx}v_x + S_{cb}v_b + S_{cc}v_c$$

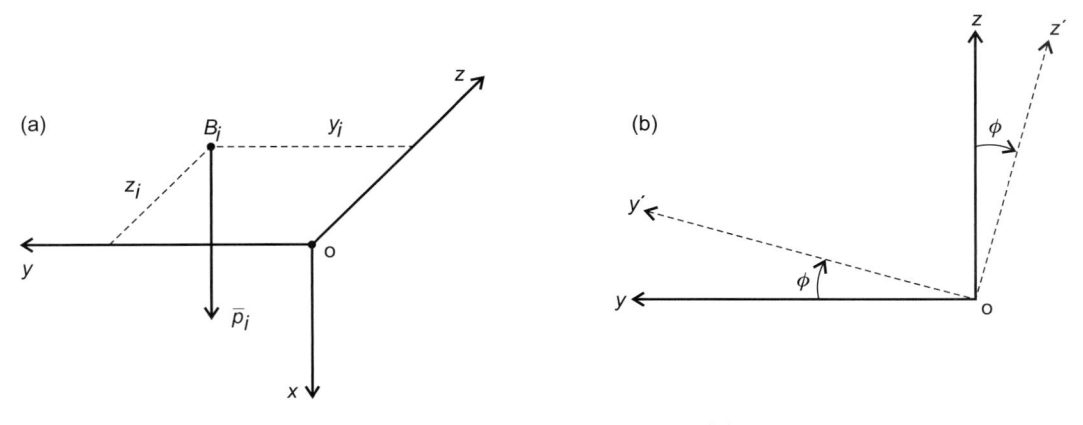

Fig. 16.11 – Estaqueamento paralelo

E as forças nas estacas serão dadas por:

$$N_i = s_i(P_{xi} v_x + P_{bi} v_b + P_{ci} v_c) \tag{16.50}$$

Para estabelecer as expressões dos coeficientes de rigidez nesse caso, os vetores $\overline{p_i}$ de todas as estacas são paralelos ao eixo dos x (Fig. 16.11). Assim,

$$S_{xx} = \sum_1^n s_i p_{xi}^2 = \sum s_i = A \qquad \textit{(área)}$$

$$S_{xb} = \sum_1^n s_i p_{xi} p_{bi} = \sum s_i z_i = M_y \qquad \textit{(momento estático)}$$

$$S_{xc} = \sum_1^n s_i p_{xi} p_{ci} = -\sum s_i y_i = -M_z \qquad \textit{(momento estático)}$$

$$S_{bb} = \sum_1^n s_i p_{bi} p_{bi} = \sum s_i z_i^2 = I_y \qquad \textit{(momento de inércia)}$$

$$S_{cc} = \sum_1^n s_i p_{ci} p_{ci} = \sum s_i y_i^2 = I_z \qquad \textit{(momento de inércia)}$$

$$S_{bc} = \sum_1^n s_i p_{bi} p_{ci} = -\sum s_i y_i z_i = I_{yz} \qquad \textit{(produto de inércia)}$$

Ao assimilar a rigidez s_i a uma área concentrada no topo B_i da estaca i, as expressões acima permitem dar uma disposição ao sistema de coordenadas que simplifica apreciavelmente o sistema de equações (16.49). Com efeito, ao se colocar a origem das coordenadas no centro de gravidade das áreas s_i, ter-se-á $S_{xb} = S_{xc} = 0$ e, além disso, ao se colocar os eixos dos y e dos z nas direções principais de inércia das áreas s_i, ter-se-á $S_{bc} = 0$. Assim, a matriz **S** fica diagonalizada.

Como se sabe da geometria das massas (ver, p. ex., Santos, 1959), a posição dos eixos principais de inércia fica definida pelo ângulo ϕ dado por:

$$\operatorname{tg} 2\phi = \frac{2 S_{bc}}{S_{bb} - S_{cc}} \tag{16.51}$$

E com referência aos novos eixos, os coeficientes de rigidez serão:

$$\left\{ \begin{array}{c} S'_{bb} \\ S'_{cc} \end{array} \right\} = \frac{S_{bb} + S_{cc}}{2} \pm \sqrt{\left(\frac{S_{bb} - S_{cc}}{2}\right)^2 + S_{bc}^2} \tag{16.52}$$

Os novos eixos coordenados são referidos como *eixos elásticos* e sua determinação só se faz interessante quando o estaqueamento tiver de ser calculado para vários carregamentos. Caso contrário, procura-se apenas colocar a origem das coordenadas no centro de gravidade das áreas s_i ou, como se diz usualmente, no "centro de gravidade das estacas". Nesse caso, o sistema (16.49) é escrito:

$$\begin{aligned} R_x &= S_{xx} v_x \\ R_b &= S_{bb} v_b + S_{bc} v_c \\ R_c &= S_{cb} v_b + S_{cc} v_c \end{aligned} \tag{16.53}$$

Quando se utilizam os eixos elásticos, as cargas nas estacas serão dadas por uma fórmula análoga à da flexão composta na Resistência dos Materiais. Fazendo

$$R'_x = R \qquad R'_b = z'_r R \qquad R'_c = -y'_r R$$

tem-se:

$$N_i = s_i R \left[\frac{1}{S_{xx}} + \frac{z'_r z'_i}{S'_{bb}} + \frac{y'_r y'_i}{S'_{cc}} \right] \quad (16.54)$$

Estaqueamento com dupla simetria

O estaqueamento com dupla simetria é adotado nas pontes.

Colocam-se os eixos coordenados de modo que os planos xy e xz sejam os planos de simetria. Ao considerar-se as quatro estacas simétricas i_1, i_2, i_3 e i_4 da Fig. 16.12, têm-se os componentes indicados na Tab. 16.1.

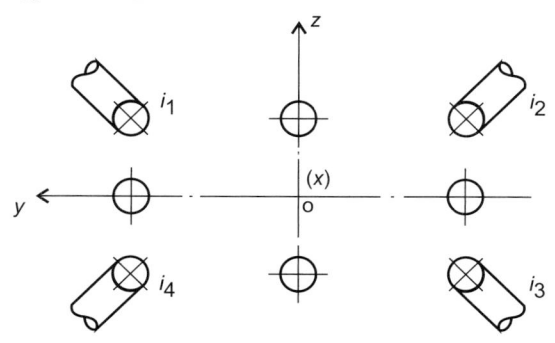

Fig. 16.12 – Estaqueamento com dupla simetria

Tab. 16.1 – Componentes dos vetores unitários segundo as estacas

Estaca	x	y	z	p_x	p_y	p_z	p_a	p_b	p_c
i_1	x	y	z	p_x	p_y	p_z	p_a	p_b	p_c
i_2	x	$-y$	z	p_x	$-p_y$	p_z	$-p_a$	p_b	$-p_c$
i_3	x	$-y$	$-z$	p_x	$-p_y$	$-p_z$	p_a	$-p_b$	$-p_c$
i_4	x	y	$-z$	p_x	p_y	$-p_z$	$-p_a$	$-p_b$	p_c

É fácil verificar que os coeficientes de rigidez S_{xy}, S_{xz}, S_{xa}, S_{xb}, S_{xc}, S_{yz}, S_{ya}, S_{yb}, S_{za}, S_{zc}, S_{ab}, S_{ac}, S_{bc}, são nulos, e o sistema (16.40) reduz-se a:

$$\begin{aligned}
R_x &= S_{xx} v_x & R_a &= S_{aa} v_a \\
R_y &= S_{yy} v_y + S_{yc} v_c & R_c &= S_{yc} v_y + S_{cc} v_c \\
R_z &= S_{zz} v_z + S_{zb} v_b & R_b &= S_{zb} v_z + S_{bb} v_b
\end{aligned} \quad (16.55)$$

Portanto, pode-se estudar separadamente os vários componentes do carregamento:
a. força R_x segundo o eixo de simetria;
b. momento R_a em relação ao eixo de simetria;
c. força R_y e momento R_c que atua no plano de simetria xy;
d. força R_z e momento R_b que atua no plano de simetria xz.

Por isso, costuma-se afirmar que o estaqueamento com dupla simetria é resolvido pela superposição de dois estaqueamentos planos obtidos pelas projeções do estaqueamento espacial sobre os dois planos de simetria.

(c) Método de Aschenbrenner

O método de Aschenbrenner (1967, ver também Bowles, 1968) tem as seguintes hipóteses fundamentais:
1º) bloco rígido;
2º) estacas rotuladas no bloco de coroamento;

3º) é conhecida a relação entre as cargas admissíveis Q_a e P_a nas direções transversal e axial, respectivamente,

$$r = \frac{Q_a}{P_a} \tag{16.56}$$

4º) os deslocamentos do bloco são pequenos;

5º) o deslocamento axial d_a do topo da estaca é constituído por duas parcelas: recalque do solo abaixo da ponta da estaca e deformação elástica da estaca[5];

6º) a estaca é suportada lateralmente, ao longo de todo seu comprimento e é considerada como uma viga sobre apoio elástico de comprimento infinito carregada em uma extremidade. O deslocamento lateral do topo da estaca d_t não pode ser maior do que o deslocamento axial $d_{a,\text{adm}}$ provocado pela carga axial admissível, P_a, ou seja,

$$d_t \leqslant d_{a,\text{adm}} \tag{16.58}$$

7º) A força axial P e a força transversal Q suportadas por uma estaca são proporcionais (método elástico) ao deslocamento axial d_n e ao deslocamento transversal d_t, respectivamente, do topo da estaca, e escreve-se:

$$P = a d_n \tag{16.59a}$$

$$Q = t d_t \tag{16.59b}$$

onde a e t são constantes da estaca, definidas como as forças com que a estaca atua sobre o bloco quando o seu topo experimenta os deslocamentos unitários $d_n = 1$ e $d_t = 1$. Essas relações carga-deslocamento são aplicadas a todas as estacas da fundação.

Generalidades

Em princípio, o raciocínio feito para a determinação das forças das estacas é análogo ao método de Schiel. A diferença essencial está nas forças nas estacas que terão, aqui, uma componente axial e uma componente transversal. Para uma estaca i define-se, além de α_i, β_i, γ_i, os seguintes ângulos:

$\alpha'_i = $ *ângulo entre a direção da força transversal decorrente de um movimento unitário qualquer e o eixo dos x;*

$\beta'_i = $ *ângulo entre a direção da força transversal decorrente de um movimento unitário qualquer e o eixo dos y;*

$\gamma'_i = $ *ângulo entre a direção da força transversal decorrente de um movimento unitário qualquer e o eixo dos z.*

Além disso, introduzem-se as seguintes notações:

$$r = \frac{t}{a}; \quad \rho_i = \sqrt{x_i^2 + y_i^2}$$

Consideram-se os eixos x e y no plano de arrasamento das estacas, suposto horizontal, e o eixo dos z segundo a vertical, positivo para baixo.

---

5. Para a carga axial admissível, podem-se considerar os seguintes valores limite:

$$d_{a,\text{máx}} = 1{,}25\,cm \tag{16.57a}$$

$$d_{a,\text{mín}} = PL/AE_p \text{ — estaca trabalhando pela base} \tag{16.57b}$$

$$d_{a,\text{mín}} = PL/2AE_p \text{ — estaca trabalhando por atrito lateral} \tag{16.57c}$$

Coeficientes de rigidez

Para $v_g = 1$: $(g = x, y, z, a, b, c)$

$$S_{gx} = \sum_{i=1}^{n} [(ad_a \cos \alpha_i) + (td_t \cos \alpha'_i)]_g = \sum_{i=1}^{n} \overline{x_g} \qquad (16.60a)$$

$$S_{gy} = \sum_{i=1}^{n} [(ad_a \cos \beta_i) + (td_t \cos \beta'_i)]_g = \sum_{i=1}^{n} \overline{y_g} \qquad (16.60b)$$

$$S_{gz} = \sum_{i=1}^{n} [(ad_a \cos \gamma_i) + (td_t \cos \gamma'_i)]_g = \sum_{i=1}^{n} \overline{z_g} \qquad (16.60c)$$

$$S_{ga} = \sum_{i=1}^{n} (\overline{z_g} y_i) \qquad (16.60d)$$

$$S_{gb} = -\sum_{i=1}^{n} (\overline{z_g} x_i) \qquad (16.60e)$$

$$S_{gc} = \sum_{i=1}^{n} (-\overline{x_g y_g} x_i) \qquad (16.60f)$$

Para facilitar os cálculos, é conveniente dividir as expressões acima por n, obtendo-se:

$$S'_{gh} = \frac{1}{n} S_{gh} \qquad (16.61)$$

Forças nas estacas resultantes de deslocamentos unitários e cossenos diretores das forças transversais

A cada um dos seis deslocamentos unitários $v_g = 1$ $(g = x, y, z, a, b, c)$ corresponde uma força axial ad_a e uma força transversal td_t em cada estaca da fundação. Essa força transversal tem uma direção caracterizada pelos ângulos α', β', γ', que são funções de g. A Tab. 16.2 apresenta os resultados obtidos por Aschenbrenner (1967).

Com as expressões dessa tabela e as Eqs. (16.59) e (16.60) obtêm-se, para os coeficientes de rigidez reduzidos, as expressões da Tab. 16.3, para o caso de um estaqueamento qualquer. Aschenbrenner (1967) fornece as expressões simplificadas para estaqueamentos com um e dois planos de simetria.

Tab. 16.2 – Forças nas estacas resultantes dos movimentos unitários $v_g = 1$ e cossenos diretores das forças transversais (Aschenbrenner, 1967)

g	ad_a	td_t	$\cos \alpha'_i$	$\cos \beta'_i$	$\cos \gamma'_i$
$v_x = 1$	$-a \cos \alpha_i$	$t \operatorname{sen} \alpha_i$	$-\operatorname{sen} \alpha_i$	$\cot \alpha_i \cos \beta_i$	$\cot \alpha_i \cos \gamma_i$
$v_y = 1$	$-a \cos \beta_i$	$t \operatorname{sen} \beta_i$	$\cos \alpha_i \cot \beta_i$	$-\operatorname{sen} \beta_i$	$\cot \beta_i \cos \gamma_i$
$v_z = 1$	$-a \cos \gamma_i$	$-t \operatorname{sen} \gamma_i$	$-\cos \alpha_i \cot \gamma_i$	$-\cos \beta_i \cot \gamma_i$	$\operatorname{sen} \gamma_i$
$v_a = 1$	$-a \cos \gamma_i \cdot y_i$	$-t \operatorname{sen} \gamma_i \cdot y_i$	$-\cos \alpha_i \cot \gamma_i$	$-\cos \beta_i \cot \gamma_i$	$\operatorname{sen} \gamma_i$
$v_b = 1$	$a \cos \gamma_i \cdot x_i$	$t \operatorname{sen} \gamma_i \cdot x_i$	$-\cos \alpha_i \cot \gamma_i$	$-\cos \beta_i \cot \gamma_i$	$\operatorname{sen} \gamma_i$
$v_c = 1$	$-a \cos \varepsilon_i \cdot \rho_i$	$t \operatorname{sen} \varepsilon_i \cdot \rho_i$	$\dfrac{\operatorname{sen} \lambda_i + \cos \alpha_i \cos \varepsilon_i}{\operatorname{sen} \varepsilon_i}$	$\dfrac{-\cos \lambda_i + \cos \beta_i \cos \varepsilon_i}{\operatorname{sen} \varepsilon_i}$	$\dfrac{\cos \gamma_i \cos \varepsilon_i}{\operatorname{sen} \varepsilon_i}$

$\cos \varepsilon_i = -\operatorname{sen} \lambda_i \cos \alpha_i + \cos \lambda_i \cos \beta_i \qquad \operatorname{tg} \lambda_i = \dfrac{y_i}{x_i}$

Tab. 16.3 – Coeficientes de rigidez reduzidos (Aschenbrenner, 1967)

G	H	$S_{gh} = S_{hg}$
x	x	$\sum_{1}^{n} -\left(\cos^2 \alpha_i + r \operatorname{sen}^2 \alpha_i\right)$
x	y	$\sum_{1}^{n} (r-1) \cos\alpha_i \cos\beta_i$
x	z	$\sum_{1}^{n} (r-1) \cos\alpha_i \cos\gamma_i$
x	a	$\sum_{1}^{n} (r-1) \cos\alpha_i \cos\gamma_i y_i$
x	b	$\sum_{1}^{n} (1-r) \cos\alpha_i \cos\gamma_i x_i$
x	c	$\sum_{1}^{n} (-\cos\alpha_i \cos\varepsilon_i + r \operatorname{sen}\lambda_i + \cos\alpha_i \cos\varepsilon_i)\rho_i$
y	y	$\sum_{1}^{n} -\left(\cos^2 \beta_i + r \operatorname{sen}^2 \beta_i\right)$
y	z	$\sum_{1}^{n} (r-1) \cos\beta_i \cos\gamma_i$
y	a	$\sum_{1}^{n} (r-1) \cos\beta_i \cos\gamma_i y_i$
y	b	$\sum_{1}^{n} (1-r) \cos\beta_i \cos\gamma_i x_i$
y	c	$\sum_{1}^{n} -[\cos\beta_i \cos\varepsilon_i + r(\cos\lambda_i - \cos\beta_i \cos\varepsilon_i)\rho_i]$
z	z	$\sum_{1}^{n} -\left(\cos^2 \gamma_i + r \operatorname{sen}^2 \gamma_i\right)$
z	z	$\sum_{1}^{n} -\left(\cos^2 \gamma_i + r \operatorname{sen}^2 \gamma_i\right) y_i$
z	a	$\sum_{1}^{n} \left(\cos^2 \gamma_i + r \operatorname{sen}^2 \gamma_i\right) x_i$
z	b	$\sum_{1}^{n} (r-1) \cos\gamma_i \cos\varepsilon_i \rho_i$
a	a	$\sum_{1}^{n} -\left(\cos^2 \gamma_i + r \operatorname{sen}^2 \gamma_i\right) y_i^2$
a	b	$\sum_{1}^{n} \left(\cos^2 \gamma_i + r \operatorname{sen}^2 \gamma_i\right) x_i y_i$
a	c	$\sum_{1}^{n} (r-1) \cos\gamma_i \cos\varepsilon_i \rho_i y_i$
b	b	$\sum_{1}^{n} -\left(\cos^2 \gamma_i + r \operatorname{sen}^2 \gamma_i\right) x_i^2$
b	c	$\sum_{1}^{n} (1-r) \cos\gamma_i \cos\varepsilon_i \rho_i x_i$
c	c	$\sum_{1}^{n} \{[\cos\alpha_i \cos\varepsilon_i - r(\operatorname{sen}\lambda_i + \cos\alpha_i \cos\varepsilon_i)]\rho_i y_i$ $- [\cos\beta_i \cos\varepsilon_i + r(\cos\lambda_i - \cos\beta_i \cos\varepsilon_i)]\rho_i x_i\}$

Introduzindo essas expressões dos coeficientes de rigidez no sistema (16.38), pode-se resolvê-lo e, assim, obter-se os deslocamentos do bloco, os quais permitem calcular os esforços axial e transversal nas estacas.

$$P_i = ad_a = -v_x \cos\alpha_i - v_y \cos\beta_i - v_z \cos\gamma_i - v_a y_i \cos\gamma_i + v_b x_i \cos\gamma_i - v_c \rho_i \cos\varepsilon_i \quad \textbf{(16.62a)}$$

$$Q_{ix} = ad_t \cos\alpha'_i = -v_x \operatorname{sen}^2 \alpha_i + v_y \cos\alpha_i \cos\beta_i + v_z \cos\alpha_i \cos\gamma_i$$
$$+ v_a y_i \cos\alpha_i \cos\gamma_i - v_b x_i \cos\alpha_i \cos\gamma_i + v_c (\operatorname{sen}\lambda_i + \cos\gamma_i \cos\varepsilon_i)\rho_i \quad \textbf{(16.62b)}$$

$$Q_{iy} = ad_t \cos\beta'_i = v_x \cos\alpha_i \cos\beta_i - v_y \operatorname{sen}^2 \alpha_i - v_z \cos\beta_i \cos\gamma_i$$
$$+ v_a y_i \cos\beta_i \cos\gamma_i - v_b x_i \cos\beta_i \cos\gamma_i + v_c(-\cos\lambda_i + \cos\beta_i \cos\varepsilon_i)\rho_i \quad \text{(16.62c)}$$

$$Q_{iz} = ad_t \cos\gamma'_i = v_x \cos\alpha_i \cos\gamma_i + v_y \cos\alpha_i \cos\gamma_i - v_z \operatorname{sen}^2 \gamma_i$$
$$+ v_a y_i \operatorname{sen}^2 \gamma_i + v_b x_i \operatorname{sen}^2 \gamma_i + v_c \rho_i \cos\gamma_i \cos\varepsilon \quad \text{(16.62d)}$$

A força transversal resultante será

$$Q = r(Q_{ix}^2 + Q_{iy}^2 + Q_{iz}^2)^{1/2} \quad \text{(16.63)}$$

Constantes das estacas

A substituição das cargas admissíveis, P_a e Q_a, e seus deslocamentos correspondentes $(d_a)_a$ e $(d_t)_a$ nas Eqs. (16.59) fornece:

$$P_a = a(d_a)_a \quad \text{e} \quad Q_a = t(d_t)_a \quad \text{(16.64)}$$

donde as constantes das estacas:

$$a = \frac{P_a}{(d_a)_a} \quad \text{e} \quad t = \frac{Q_a}{(d_t)_a} \quad \text{(16.65)}$$

De acordo com Aschenbrenner, para cargas admissíveis convenientemente fixadas, admite-se $(d_a)_a = (d_t)_a$, donde:

$$r = \frac{t}{a} = \frac{Q_a}{P_a} \quad \text{(16.66)}$$

Ainda segundo Aschenbrenner, um valor aproximado da constante t pode ser obtido considerando-se a estaca como uma viga sobre base elástica de comprimento infinito, carregada na extremidade livre:

$$t = 0{,}5k\lambda^{-1} \quad \text{(16.67)}$$

16.4.3 Métodos de Ruptura

Schiel (1967, 1960, 1970) e Hansen (1959) introduziram os conceitos de *cálculo na ruptura* (*limit design*) no projeto de estaqueamentos. Schiel define a carga limite de um grupo de estacas da forma que segue.

Imagine-se um estaqueamento solicitado por uma carga

$$\vec{R} = R\vec{f}$$

em posição invariável definida pelo vetor unitário $\vec{f}$, mas de valor crescente a partir de zero, e estude-se a variação do deslocamento de um ponto qualquer do bloco. No início, crescerá proporcionalmente a R: trabalho elástico do estaqueamento, com as cargas N_i em todas as estacas menores do que a capacidade de carga de uma estaca isolada $N_{máx}$ (se, como usualmente acontece, a capacidade de carga à tração $N_{mín}$ for diferente da capacidade de carga à compressão $N_{máx}$, deve-se ter, na fase elástica, $N_{mín} < N_i < N_{máx}$). Em seguida, ocorrerá um escoamento plástico na estaca mais carregada ($N_i = N_{máx}$), por exemplo, por afundamento do terreno, e o deslocamento crescerá mais rapidamente do que na fase elástica (Fig. 16.13a). Assim será até que uma segunda estaca entre em escoamento $N_2 = N_i = N_{máx}$ quando os deslocamentos crescerão mais rapidamente. Esse comportamento se repete até que, em caso de escoamento ou ruptura do estaqueamento, os deslocamentos cresçam sem variação de R que atingiu o seu valor limite: carga limite.

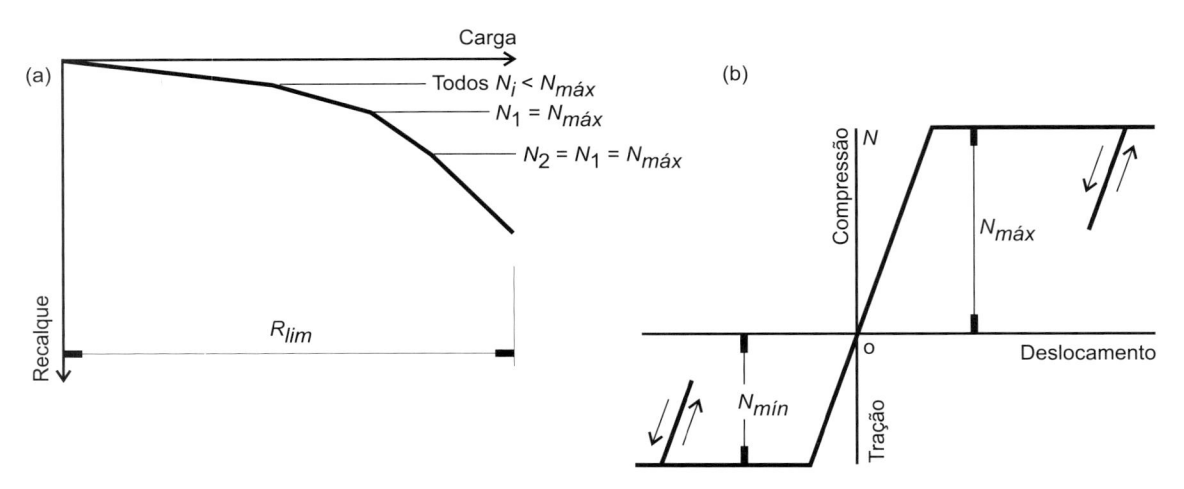

Fig. 16.13 – Método de ruptura

Cumpre observar que a carga limite depende não só do estaqueamento, mas da posição da carga $\vec{R}$, ou seja, do vetor unitário $\vec{f}$.

É fácil compreender que, num estaqueamento projetado nesse esquema, o grau de utilização das estacas é bem mais elevado que no estaqueamento projetado por método elástico. Apresenta-se, em linha gerais, como se calcula um estaqueamento pelo método das cargas limites, com a exposição de Hansen (1959).

Hipóteses fundamentais

São admitidas as seguintes hipóteses fundamentais:
1°) o bloco de coroamento é suficientemente rígido para que se possa desprezar sua deformação diante das deformações das estacas;
2°) as estacas são suficientemente esbeltas e o deslocamento do bloco é tão pequeno que se podem desprezar os momentos nas estacas decorrentes desse deslocamento, assim como o empuxo do solo sobre as estacas. Ou seja, as estacas se comportam como se fossem rotuladas no bloco e no solo;
3°) o esforço axial na estaca, na fase elástica, é proporcional à projeção do deslocamento do topo da estaca sobre o seu eixo;
4°) a ruptura ou escoamento de uma estaca ocorrerá quando a carga de compressão atingir o valor $N_{máx}$ ou quando a carga de tração atingir um valor $N_{mín}$;
5°) no descarregamento, a curva de compressão será representada por uma reta paralela à que corresponde à fase elástica.

Cargas nas estacas na fase elástica

Na fase elástica, as cargas nas estacas são determinadas como descrito no item 16.4.2 (Método de Schiel). Nessa fase, não havendo ruptura local, as cargas nas estacas devem satisfazer à seguinte condição:

$$N_{mín} \leqslant v_e N_i \leqslant N_{máx} \tag{16.68}$$

O coeficiente de segurança v_e, que deve ser maior ou pelo menos igual à unidade, é obtido como o maior valor que satisfaz (16.68) para todas as estacas.

16 Grupos de Estacas e Tubulões

Cargas nas estacas na fase elastoplástica

O estaqueamento está na fase elastoplástica quando algumas estacas já atingiram a carga extrema – α estacas atingiram a carga máxima de compressão $N_{máx}$, e β estacas a carga máxima de tração $N_{mín}$ e as demais e estacas estão ainda na fase elástica ($N_{mín} < N_e < N_{máx}$). Com o diagrama carga-recalque das estacas representado pela Fig. 16.13b, as equações de equilíbrio (16.26) podem ser escritas sob a forma:

$$R_x = \sum_e N_e \cdot p_{xe} + \sum_\alpha N_{máx} \cdot p_{x\alpha} + \sum_\beta N_{mín} \cdot p_{x\beta} \qquad (16.69)$$

com

$$N_{mín} < N_e = s_e(p_{xe}v_x + p_{ye}v_y + \cdots + p_{ce}v_c) < N_{máx}$$
$$N_{máx} < N_\alpha = s_\alpha(p_{x\alpha}v_x + p_{y\alpha}v_y + \cdots + p_{c\alpha}v_c) \qquad (16.70)$$
$$N_{mín} > N_\beta = s_\beta(p_{x\beta}v_x + p_{y\beta}v_y + \cdots + p_{c\beta}v_c)$$

N_α e N_β são valores fictícios de cargas nas estacas dos grupos α e β visto que, nessas estacas, os deslocamentos não são mais proporcionais às cargas. Hansen mostra que o problema pode ser resolvido por dois métodos, ambos por tentativas. Um deles é descrito a seguir.

Inicialmente, arbitram-se, com base num cálculo prévio na fase elástica, os três grupos de estacas (e, α e β). As equações de equilíbrio do tipo (16.21) poderão, então, ser escritas:

$$\sum_e N_e \cdot p_{xc} = R_x - \sum_\alpha N_{máx} \cdot p_{x\alpha} - \sum_\beta N_{mín} \cdot p_{x\beta} \qquad (16.71)$$

Isto é, distribui-se sobre as estacas do grupo e a diferença entre o carregamento aplicado e as cargas suportadas pelas estacas dos grupos α e β:

$$S^e_{xx} \cdot v_x + S^e_{xy} \cdot v_y + S^e_{xz} \cdot v_z + S^e_{xa} \cdot v_a + S^e_{xb} \cdot v_b + S^e_{xc} \cdot v_c = R_x - \sum_\alpha N_{máx} \cdot p_{x\alpha} - \sum_\beta N_{mín} \cdot p_{x\beta} \qquad (16.72)$$

sendo S^e_{gh} os coeficientes de rigidez calculados, considerando-se apenas as estacas do grupo e.

Resolvido o sistema (16.24), obtêm-se os deslocamentos $v_x, v_y, ..., v_c$, que, introduzidos em (16.23), permitem calcular N_e, N_α e N_β. Se as desigualdades (16.22) forem satisfeitas, os grupos e, α e β estão corretos. Caso contrário, será necessário fazer nova distribuição dos grupos e refazer os cálculos.

Ruptura do estaqueamento

O estaqueamento entra em ruptura quando se transforma num mecanismo, isto é, quando a ordem da matriz das estacas do grupo e, $\mathbf{P}_e$, é menor que 6.

Para um determinado vetor unitário $\vec{f}$, o valor de R correspondente à ruptura pode ser determinado pelo método do item anterior, por tentativas. O valor procurado é aquele para o qual o grupo e é tal que a ordem da matriz $\mathbf{P}_e$ é igual a 5 (estaqueamento espacial) ou 2 (estaqueamento plano).

Pode-se determinar por um método mais simples o coeficiente de segurança v_r do estaqueamento na ruptura, definido pela relação R_r/R entre a carga de ruptura R_r e uma carga qualquer R, ambas com o mesmo vetor unitário $\vec{f}$.

Inicialmente, escolhe-se o grupo e de M estacas na fase elástica ($M = 5$ no caso de estaqueamento espacial e $M = 2$ no caso de estaqueamento plano).

Na fase de ruptura, os deslocamentos do bloco podem ser decompostos em duas parcelas: uma corresponde às estacas na ruptura (ou escoamento) e a outra corresponde às estacas e.

$$v_x = v_x^e + k \cdot v_x^p$$

sendo k uma constante arbitrária. Apenas a primeira parcela contribui para as forças N_e de modo que se pode escrever, para cada estaca do grupo e, uma equação do tipo:

$$v_x^p \cdot p_{xe} + v_y^p \cdot p_{ye} + \cdots + v_c^p \cdot p_{ce} = 0 \tag{16.73}$$

Tem-se, assim, um sistema de M equações a $M+1$ incógnitas ($v_x^p, v_y^p, ..., v_c^p$), portanto, determinadas a menos de uma constante k.

As estacas dos grupos α e β atingiram o escoamento por compressão ou tração, respectivamente, e deve-se ter:

para o grupo α: $\quad v_x^p \cdot p_{x\alpha} + v_y^p \cdot p_{y\alpha} + \cdots + v_c^p \cdot p_{c\alpha} > 0 \tag{16.74}$

para o grupo β: $\quad v_x^p \cdot p_{x\beta} + v_y^p \cdot p_{y\beta} + \cdots + v_c^p \cdot p_{c\beta} < 0 \tag{16.75}$

As equações de equilíbrio são do tipo:

$$v_r \cdot R_x = \sum_e N_e \cdot p_{xe} + \sum_\alpha N_{máx} \cdot p_{x\alpha} + \sum_\beta N_{mín} \cdot p_{x\beta} \tag{16.76}$$

Ao multiplicar-se ambos os membros dessas equações por v_x^p, somando os resultados, obtém-se:

$$v_r(R_x v_x^p + R_y v_y^p + \cdots + R_c v_c^p) = \sum_e N_e \cdot (p_{xe} v_x^p + p_{ye} v_y^p + \cdots + p_{ce} v_c^p)$$
$$+ \sum_\alpha N_{máx} \cdot (p_{x\alpha} v_x^p + p_{y\alpha} v_y^p + \cdots + p_{c\alpha} v_c^p) + \sum_\beta N_{mín} \cdot (p_{x\beta} v_x^p + p_{y\beta} v_y^p + \cdots + p_{c\beta} v_c^p) \tag{16.77}$$

ou, tendo em vista (16.73)

$$v_r(R_x v_x^p + R_y v_y^p + \cdots + R_c v_c^p) =$$
$$\sum_\alpha N_{máx} \cdot (p_{x\alpha} v_x^p + p_{y\alpha} v_y^p + \cdots + p_{c\alpha} v_c^p) + \sum_\beta N_{mín} \cdot (p_{x\beta} v_x^p + p_{y\beta} v_y^p + \cdots + p_{c\beta} v_c^p) \tag{16.78}$$

De onde se tira o valor de v_r.

Ao introduzir-se v_r nas equações de equilíbrio (16.76), obtém-se um sistema de equações:

$$\sum_e N_e \cdot p_{xe} = v_r \cdot R_x - \sum_\alpha N_{máx} \cdot p_{x\alpha} - \sum_\beta N_{mín} \cdot p_{x\beta}$$

Tem-se aí um sistema de $M+1$ equações e M incógnitas, devendo ser ao menos uma equação combinação linear das outras cinco. Ao calcular os primeiros membros de (16.74) e (16.75) pode-se obter alguma dessas somas igual a zero, significando que o grupo e terá mais de cinco estacas. Nesse caso, o procedimento acima não se aplica e o leitor é remetido ao trabalho de Hansen (1959).

De qualquer forma, obtidos os N_e, deve-se ter:

$$N_{mín} \leqslant N_e \leqslant N_{máx}$$

Caso contrário, escolhe-se um novo grupo de equações e e repete-se o cálculo.

Observações finais

Nos trabalhos de Hansen demonstra-se que a situação de ruptura é única para um determinado $\vec{f}$, isto é, independe de marcha de cálculo seguida em determiná-la; e o problema de acomodação (*shake-down*) está convenientemente estudado.

Outras referências quanto aos métodos de ruptura são: Hansen (1959), Massonnet e Maus (1962), Vandepitte (1957), Velloso (1967), Demonsablon (1972) e Cabral (1982).

REFERÊNCIAS

ALONSO, U. R. Dimensionamento de fundações profundas. *São Paulo: Edgard Blucher, 1989.*

AOKI, N.; LOPES, F. R. Estimating stresses and settlements due to deep foundations by the Theory of Elasticity. In: PAN AMERICAN CSMFE, 5., 1975, Buenos Aires. *Proceedings...* Buenos Aires, 1975. v. 1, p. 377-386.

ASPLUND, S. O. A study of three-dimensional pile groups, *Mémoires*, Association Internationale des Ponts et Charpentes, 1947.

ASPLUND, S. O. Generalised elastic theory for pile groups, *Mémoires*, Association Internationale des Ponts et Charpentes, 1956.

ASCHENBRENNER, R. Three-dimensional analysis of piles foundations, *Journal of the Structural Division*, ASCE, n. ST1, Feb. 1967.

BANERJEE, P. K.; DRISCOLL, R. M. C. Program for the analysis of pile groups of any geometry subjected to horizontal and vertical loads and moments PGROUP, HCEB, *Department of Transport*, London, 1978.

BOWLES, J. E. *Foundation analysis and design*. 1. ed. New York: McGraw-Hill, 1968.

BUTTERFIELD, R.; BANERJEE, P. K. The elastic analysis of compressible piles and pile groups, *Geotechnique*, v. 21, n. 1, p. 43-60, 1971.

CABRAL, D. A. *Análise de estaqueamento pelo método das cargas limites*. 1982. Dissertação (Mestrado) – COPPE-UFRJ, Rio de Janeiro, 1982.

CAPUTO, H. P. Mecânica dos solos e suas aplicações, *Livros Técnicos e Científicos*, Rio de Janeiro, 1982.

CAPUTO, V.; VIGGIANI, C. Pile foundation analysis: a simple approach to nonlinearity effects, *Rivista Italiana di Geotecnica*, v. 18, n. 1, p. 32-51, 1984.

COSTA, I. D. B. *Estudo elástico de estaqueamentos*. 1973. Dissertação (Mestrado) – PUC-RJ, Rio de Janeiro, 1973.

CUNHA, R. P.; POULOS, H; SMALL, J. Investigation of design alternatives for a piled raft case history, *Journal of Geotechnical Engineering*, ASCE, v. 127, n. 08, p. 635-641, 2001.

DEMONSABLON, P. Calcul des efforts et réactions dans les pletelages déformables fondés sur groupes de pieux, *Travaux*, jan. 1967.

DEMONSABLON, P. Calcul à la rupture des fondations sur groupes de pieux avec réaction latérales des térrains. In: EUROPEAN CONFERENCE ON SMFE, 5., 1972, Madrid. *Proceedings...* Madrid, 1972.

DIAS, C. R. R. *Recalques de fundações em estacas*. Dissertação (Mestrado) – COPPE-UFRJ, Rio de Janeiro, 1977.

DIAZ, B. E. Determination of forces, displacements and soil reactions of a group of piles. In: ICSMFE, 8., 1973, Moscow. *Proceedings...* Moscow, 1973.

FLEMING, W. G. K.; WELTMAN, A. J.; RANDOLPH, M. F.; ELSON, W. K. *Piling Engineering*. Glasgow: Surrey University Press, 1985.

GOLEBIOWSKI, B. Analise matricial de fundações em estacas com aplicações em computadores digitais, *Publicação Técnica do Escritório de Engenharia Antônio Alves de Noronha Ltda.*, Rio de Janeiro, 1970.

GRUBER, E. Die Berechnung der aus pfählen mit Krummen Arbeitslinien best-henden Roste, *Mémoires*, Association Internationale des Ponts et Charpentes, 1960.

HANSEN, J. B. Limit design of piles foundations, a new design method for pile, *Bulletin n. 6*, Danish Geotechnical Institute, 1959.

HRENIKOFF, A. Analysis of pile foundation with batter piles, *Transactions*, American Society of Civil Engineers, v. 115, 1950.

JACOBY, E. Die Lastverteilung auf die pfähle eines Pfahlrostes, *Der Bauingenieur*, v. 29, n. 2, p. 47-50, 1954.

KEZDI, A. Bearing capacity of piles and piles groups. In: ICSMFE, 4., 1957, London. *Proceedings...* London, v. 2, p. 47-51, 1957.

MASSONET, C.; MAUS, H. Force portante plastique des systemes de pieux, *Symposium sur l'Utilisation des Calculatrices dans le Génie Civil*, Lisboa, 1962.

MENEZES, D. L. Abecedário da Álgebra, *Departamento de Imprensa Nacional*, Rio de Janeiro, v. 2, 1959.

MEYERHOF, G. G. Compaction of sands and bearing capacity of piles, *JSMFD*, ASCE, v. 85, n. SM6, p. 1-29, 1959.

MEYERHOF, G. G. Bearing capacity and settlement of pile foundations (Terzaghi Lecture), *JGED*, ASCE, v. 102, n. GT3, p. 197-228, 1976.

NÖKKENTVED, C. *Beregning av Paleverker*. Kopenhagen, 1924. (Tradução alemã: Berechnung von Pfahlrosten. Berlin: Springer Verlag, 1928, não apresenta o capítulo sobre sistemas espaciais).

PADUART, A. Calcul des semelles de foundation de raideur finie reposant sur pieux verticaux et inclinés, *Anales des Travaux Publics de Belgique*, 1949.

POULOS, H. G. Analysis of the settlement of pile groups, *Geotechnique*, v. 18, n. 4, p. 449-471, 1968.

POULOS, H. G. Users guide to program DEFPIG – deformation analysis of pile groups, *Department of Civil Engineering*, University of Sidney, 1980.

POULOS, H. G. Pile behaviour – theory and application, Rankine Lecture, *Geotechnique*, v. 39, n. 3, p. 365-415, 1989.

POULOS, H. G. Piled raft foundations: design and applications, *Geotechnique*, v. 51, n. 2, p. 95-113, 2001.

POULOS, H. G.; DAVIS, E. H. *Pile Foundation Analysis and Design*. New York; John Willey & Sons, 1980.

POULOS, H. G.; RANDOLPH, M. F. Pile group analysis: a study of two methods, *JGED*, ASCE, v. 109, n. 3, p. 355-372, 1983.

RANDOLPH, M. F. PIGLET: a computer program for the analysis and design of pile groups under general loading conditions, Research Report – Soils TR91, *Engineering Department*, University of Cambridge, 1980.

RANDOLPH, M. F. Design of piled raft foundation, Research Report – Soils TR163, *Engineering Department*, University of Cambridge, 1983.

RANDOLPH, M. F. Design methods for pile group and piled raft. In: ICSMFE, 13., 1994, New Delhi. *Proceedings...* New Delhi, 1994. v. 5, p. 61-82.

SANTANA, C. M. *Comparação entre metodologias de análise de efeito de grupo de estacas*. 2008. Dissertação (Mestrado) – COPPE-UFRJ, Rio de Janeiro, 2008.

SANTANA, C. M.; LOPES, F. R.; DANZIGER, F. A. B. Extensão do método Aoki-Lopes à hipótese de bloco de coroamento rígido. In: CONGRESSO NACIONAL DE GEOTECNIA, 11.; CONGRESSO LUSO-BRASILEIRO DE GEOTECNIA, 4., 2008, Coimbra. Anais... Coimbra, 2008. v. 4, p. 171-178.

SANTOS, S. M. G., Cálculo Estrutural, *Ao Livro Técnico*, Rio de Janeiro, v. 1, 1959.

SCHIEL, F. Estática dos Estaqueamentos, Publicação n. 10, Escola de Engenharia de São Carlos, São Paulo, 1957.

SCHIEL, F. *Statik der Pfahlwerke*. Berlin: Springer Verlag, 1960.

SCHIEL, F. *Statik der Pfahlwerke*, Zweite neubearbeitete Auflage. Berlin: Springer Verlag, 1970.

SILVA, M. F. Análise elástica de estaqueamento, *Projeto de Final de Curso*, Escola de Engenharia, UFRJ, Rio de Janeiro, 1999.

SKEMPTON, A. W. Piles and pile foundations, Discussion. In: ICSMFE, 3., 1953, Zurich. *Proceedings...* Zurich, 1953. v. 3, p. 172.

SOWERS, G. F.; MARTIN, C.B.; WILSON, L.; FAULSOLD, M. The bearing capacity of friction pile groups in homogeneous clay from model studies. In: ICSMFE, 5., *Proceedings...* Paris, 1961. v. 2, p. 155-159.

STUART, J. G.; HANNA, T. H.; NAYLOR, A. H. Notes on the behaviour of model pile groups in sand. In: SYMPOSIUM ON PILE FOUNDATIONS, 1960, Stockholm. *Proceedings...* Stockholm: Intern. Assoc. Bridge and Struct. Engrg., 1960. p. 97-103.

SYNGE, J. L.; GRIFFIH, B. A. *Principles of Mechanics*. New York: McGraw-Hill, 1959.

TERZAGHI, K. *Theoretical Soil Mechanics*. New York: John Wiley & Sons, 1943.

TERZAGHI, K.; PECK, R. B. *Soil Mechanics in Engineering Practice*. 1. ed. New York: John Wiley & Sons, 1948.

VANDEPITTE, D. La charge portante des fondations sur pieux, *Annales des Travaux Publics de Belgique*, n. 1 e 2, 1957.

VELLOSO, D. A. O método das cargas limites na teoria das fundações. In: Jornada Luso-Brasileira de Engenharia Civil, 2., 1967, Rio de Janeiro. Anais... Rio de Janeiro, 1967.

VESIC, A. S. Contribution à l'étude des fondations sur pieux verticaux et inclinés, *Annales des Travaux Publics de Belgique*, n. 6, 1956.

VESIC, A. S. Experiments with instrumented pile groups in sand, Performance of Deep Foundations, *ASTM STP*, n. 444, p. 171-222, 1969.

WHITAKER, H. *The design of piled foundations*. Oxford: Pergamon Press, 1957.

Capítulo 17

VERIFICAÇÃO DA QUALIDADE E DO DESEMPENHO

Este capítulo aborda os métodos que avaliam fundações profundas, em especial estacas (embora alguns desses métodos sejam aplicáveis também a tubulões), tanto do ponto de vista da integridade do elemento estrutural de fundação como do comportamento do conjunto solo-fundação sob carregamento. Os métodos fazem parte de um conjunto de medidas para garantir a qualidade de um serviço de fundação, que incluem o controle dos materiais (ensaios de corpos de prova etc.) e os relatórios de execução (diagramas de cravação, negas, registros de torque e de consumo de concreto etc.), que não serão abordados aqui.

Quanto à qualidade e ao desempenho de estacas e tubulões, serão abordados separadamente os *métodos de verificação de integridade* do elemento estrutural de fundação; os *métodos dinâmicos* de avaliação do desempenho da fundação sob carregamento axial; e os *métodos estáticos* de avaliação do desempenho da fundação sob carregamento axial e transversal.

17.1 MONITORAÇÃO DE ESTACAS NA CRAVAÇÃO

Conforme o Cap. 13, que trata dos *métodos dinâmicos*, a resposta da estaca à cravação pode ser interpretada para fornecer uma previsão de sua capacidade de carga estática. A observação da resposta à cravação pode ser feita com diferentes graus de sofisticação, desde a simples medição da *nega* à *monitoração da cravação* com instrumentos eletrônicos.

Na *monitoração da cravação*, utilizam-se dois tipos de instrumentos, instalados em pares e diametralmente opostos (Fig. 13.1c):
1. acelerômetros, para se ter o registro das velocidades e dos deslocamentos após a integração das acelerações no tempo;
2. extensômetros ou defôrmetros, para medir as deformações, que serão multiplicadas pela área da seção e pelo módulo de elasticidade da estaca, para se ter o registro das forças.

A *nega* (Cap. 13) deve ser um instrumento de controle de homogeneidade e não um método de verificação do desempenho da estaca. A monitoração da cravação, com seus resultados analisados pela teoria da Equação da Onda, pode ser utilizada na verificação da qualidade e desempenho da estaca. Esse procedimento é chamado de *ensaio de carregamento dinâmico* e, às vezes, inadequadamente, de *prova de carga dinâmica* e está previsto na norma NBR 13208 de 1994.

A interpretação dos resultados da monitoração da cravação – pela teoria da Equação da Onda – pode ser feita em dois níveis:
- no momento da monitoração, por exemplo, pelo Método Case ou similar;
- posteriormente, por solução completa da Equação da Onda pelo Método CAPWAP, por exemplo.

Tanto a técnica de monitoração quanto os primeiros métodos de interpretação (caso dos dois métodos mencionados acima) foram desenvolvidos na *Case Western Reserve University*, de Cleveland (Ohio, Estados Unidos), num programa de pesquisa que durou de 1964 a 1976. A empresa *Pile Dynamics Inc.* (PDI), criada pelos pesquisadores da *Case Western*, passou a comercializar tanto serviços como produtos baseados nessa técnica, hoje difundidos no mundo todo. As primeiras aplicações no Brasil ocorreram na década de 1980, em plataformas *offshore*, quando o IPT-SP adquiriu da PDI o primeiro analisador de cravação PDA (*Pile Driving Analizer*). Posteriormente, algumas empresas brasileiras especializaram-se na prestação desse tipo de serviço, com equipamentos da PDI americana. Ocorreram alguns desenvolvimentos de sistemas de medição alternativos, como o *Monitor*, da COPPE-UFRJ (Lopes e Araújo, 1988).

As técnicas têm sido divulgadas e discutidas em congressos próprios, intitulados *International Conference on the Application of Stress-wave Theory to Piles*. Os dois primeiros realizaram-se em Estocolmo (1980 e 1984), e os seguintes em Otawa (1988), Haia (1992), Orlando (1996), São Paulo (2000), Cingapura (2004) e Lisboa (2008).

Outro aspecto importante é que essas técnicas foram normatizadas em alguns países, como nos Estados Unidos (ASTM, 1989, D-4945-89) e no Brasil (ABNT, 1994, NBR 13208).

A metodologia ensejou o desenvolvimento de procedimentos de aplicação de cargas dinâmicas em estacas que não foram cravadas (com grande interesse em estacas escavadas, moldadas *in situ*, de grande diâmetro), que serão descritos no final do item 17.1.1.

17.1.1 Método Case

O Método Case é mais simples e pode ser aplicado à medida que os golpes são aplicados, fornecendo uma estimativa da capacidade de carga estática da estaca em tempo real. Com a instrumentação, obtém-se um registro contínuo no tempo da força e da velocidade no nível da instrumentação (próximo da cabeça da estaca). Esses registros são usualmente apresentados juntos (a velocidade multiplicada pela impedância) e toma-se como referência inicial da escala

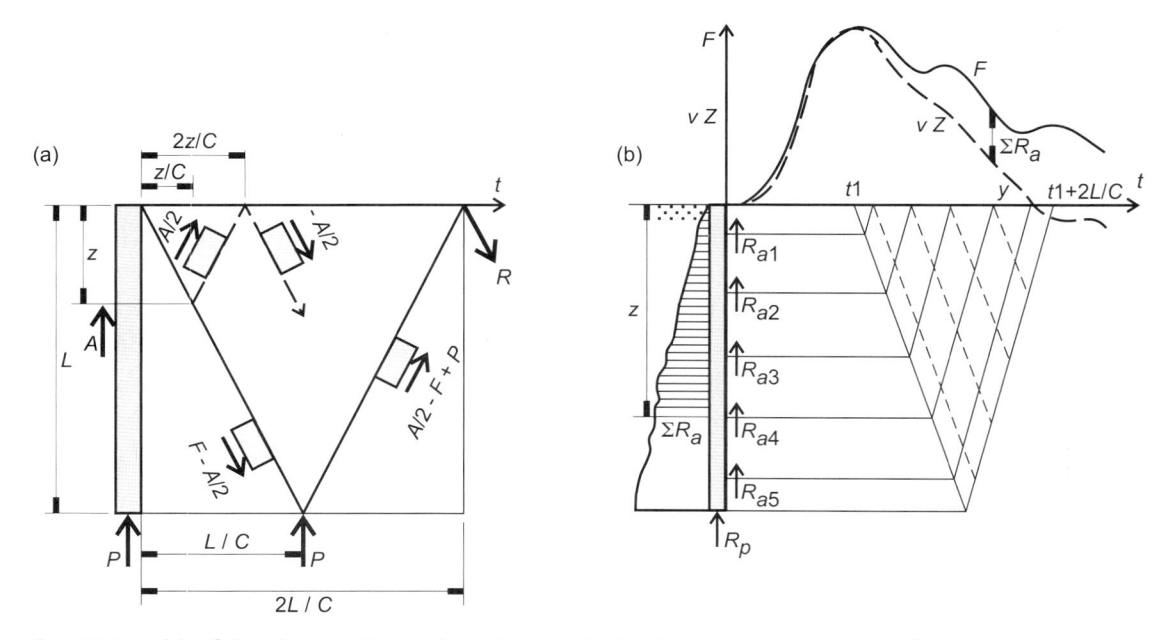

Fig. 17.1 – (a) Efeito da resistência do solo na velocidade no topo da estaca; (b) registro de força e velocidade versus tempo e sua relação com o comprimento da estaca e resistências encontradas

de tempo o instante em que a onda descendente passa pelo nível da instrumentação. Se não houvesse resistência do solo antes da ponta da estaca, as duas curvas se superporiam até $2L/C$. Entretanto, as resistências do solo ao longo do fuste (atrito lateral) causam ondas de compressão que se deslocam para cima, o que aumenta a força na cabeça da estaca e diminui a velocidade. A Fig. 17.1a mostra que a ocorrência de uma resistência A à profundidade z causa um acréscimo de $A/2$ na amplitude da força ascendente, que será sentida pela instrumentação no tempo $2z/C$, enquanto a redução de $A/2$ na amplitude da força descendente será sentida posteriormente. Então, as duas curvas começam a se afastar e a distância entre elas, medida na vertical, será o somatório dos atritos laterais (Fig. 17.1b).

Teoria do método

A formulação desenvolvida neste item segue o *enfoque simplificado* da solução da Equação da Onda apresentado no item 13.3.4 do Cap. 13 (Jansz et al., 1976).

A onda descendente, ao percorrer uma distância dz, tem sua amplitude reduzida de $1/2R_a(z)dz$, enquanto a onda ascendente tem um incremento de mesmo valor, sendo $R_a(z)$ o atrito lateral unitário que atua no segmento dz da estaca. Na Fig. 17.2a observa-se que a influência do solo só começa a se manifestar no instante $2(L-D)/C$, com a chegada das primeiras reflexões.

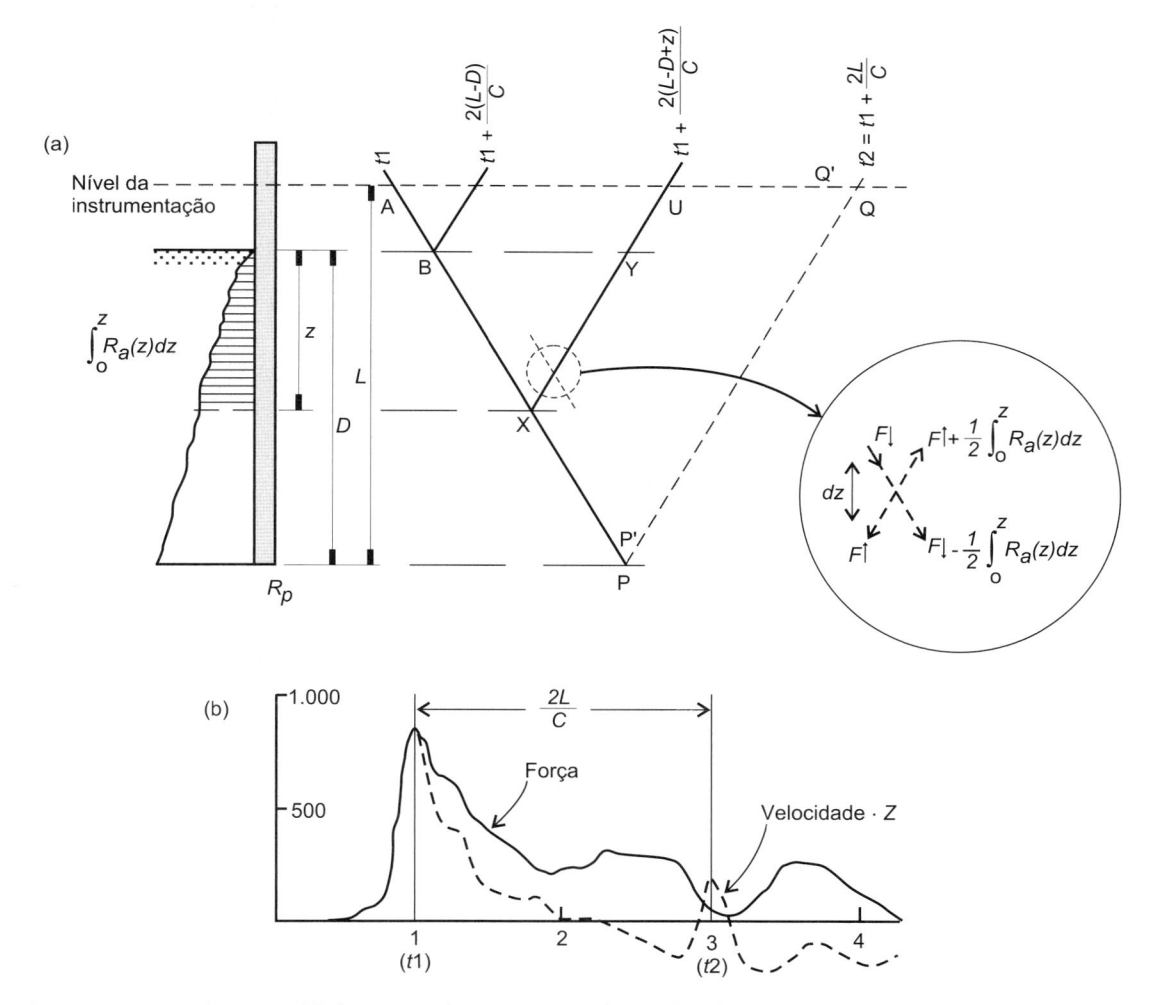

Fig. 17.2 – Método Case: (a) diagrama das trajetórias das ondas de tensão (Jansz et al., 1976); (b) registro (no tempo) típico de força e do produto velocidade × impedância de uma estaca

A amplitude da onda ascendente na trajetória **XY** é aumentada de $F_X\uparrow$ para

$$F_Y\uparrow = F_X\uparrow + \frac{1}{2}\int_o^z R_a(z)dz \tag{17.1}$$

Sendo o ponto **X** atingido pela primeira onda descendente, tem-se $F_x\uparrow = 0$, e

$$F_Y\uparrow = \frac{1}{2}\int_o^z R_a(z)dz \tag{17.2}$$

Desta forma, para a trajetória **P'Q'** (**P'** é uma posição imediatamente acima da ponta) no caso da primeira onda descendente, tem-se:

$$F_{Q'}\uparrow = 1/2\sum R_a \tag{17.3}$$

e

$$\sum R_a = \int_o^D R_a(z)dz$$

No instante seguinte, a onda reflete-se na ponta e, de acordo com o item 13.3.4c, tem-se:

$$F_P\uparrow = R_p - F_P\downarrow$$

Como

$$F_P\downarrow = F_A\downarrow - 1/2\sum R_a$$

então

$$F_P\uparrow = R_p - F_A\downarrow + 1/2\sum R_a \tag{17.4}$$

Como na trajetória **PQ** há um acréscimo de $1/2\sum R_a$, tem-se:

$$F_Q\uparrow = F_P\uparrow + 1/2\sum R_a = R_p + \sum R_a - F_A\downarrow$$

ou

$$F_A\downarrow + F_Q\uparrow = R_p + \sum R_a \tag{17.5}$$

A expressão (17.5) pode ser escrita na forma geral, lembrando as expressões (13.47) e (13.48), e que o trem de ondas incidentes atinge o ponto **A**, nível da instrumentação, no instante $t1$, enquanto a onda refletida em **Q** é registrada no nível da instrumentação em $t2 = t1 + 2L/C$:

$$\frac{F_{t1} + Zv_{t1}}{2} + \frac{F_{t2} - Zv_{t2}}{2} = R_p + \sum R_a \tag{17.6}$$

ou

$$R = R_p + \sum R_a = \frac{1}{2}\{(F_{t1} + F_{t2}) + Z(v_{t1} - v_{t2})\} \tag{17.7}$$

A Eq. (17.7) é a expressão básica do método Case, que mostra a resistência total da estaca R determinada através dos registros de força e velocidade medidos na cabeça da estaca, durante a passagem da onda de tensão.

A parcela dinâmica da resistência

De forma simplificada, a parcela dinâmica da resistência é considerada proporcional à velocidade da ponta da estaca, v_p, da seguinte forma:

$$R_d = J_c \frac{EA}{C} v_p \qquad (17.8)$$

onde J_c é uma constante de amortecimento.

O valor de v_p pode ser explicitado, ao considerar que a força descendente (medida em $t1$) chega à ponta da estaca reduzida na sua magnitude de metade do atrito lateral, e lembrando as expressões (13.47) e $v_p = (2F\downarrow - R_p)/Z$ (item 13.3.4c), chega-se a:

$$v_p = \left\{ 2\left[\frac{F_{t1} + Zv_{t1}}{2} - \frac{1}{2}\sum R_a\right] - R_p \right\} \frac{1}{Z}$$

$$v_p = \left\{ [F_{t1} + Zv_{t1}] - \sum R_a - R_p \right\} \frac{1}{Z}$$

$$v_p = \left\{ [F_{t1} + Zv_{t1}] - R \right\} \frac{1}{Z}$$

Se no instante $t1$ não há ondas ascendentes provenientes de reflexões, existe a proporcionalidade entre força e velocidade de partícula ($F = Zv$), podendo-se escrever:

$$v_p = 2v_{t1} - \frac{R}{Z} = 2v_{t1} - \frac{C}{EA}R \qquad (17.9)$$

Ao substituir-se a expressão (17.9) em (17.8), tem-se:

$$R_d = J_c \left(2\frac{EA}{C} v_{t1} - R \right) \qquad (17.10a)$$

ou

$$R_d = J_c(2F_{t1} - R) \qquad (17.10b)$$

A resistência estática pode ser obtida pela diferença entre a resistência total (dada pela Eq. 17.7) e a dinâmica:

$$R_u = R - J_c(2F_{t1} - R) \qquad (17.11)$$

A constante de amortecimento

A constante de amortecimento do método Case, J_c, depende do tipo de solo. De acordo com Rausche et al. (1985), um grande número de análises de distribuição de resistências pelo método CAPWAP (item 17.1.2) mostrou que o amortecimento pode ser admitido como concentrado na ponta da estaca.

A partir da análise de um grande número de estacas monitoradas na cravação e depois testadas estaticamente (provas de carga estáticas), valores de J_c foram obtidos, subtraindo-se a resistência estática na ruptura, medida na prova estática, da resistência total obtida pelo método Case e daí explicitando o valor de J_c. Desta forma, Rausche et al. (1985) propuseram os valores de J_c apresentados na Tab. 17.1.

Rausche et al. (1985) ressaltam que, nos casos em que a velocidade da ponta é muito pequena, o valor da resistência estática R_s é aproximadamente igual ao da resistência total R e é praticamente independente da escolha do valor de J_c (ver expressão 17.8). No caso de cravações muito fáceis, a velocidade da ponta da estaca é muito alta e, portanto, o valor calculado da capacidade de carga estática torna-se muito sensível ao valor escolhido de J_c.

Tab. 17.1 – Valores de J_c sugeridos por Rausche et al. (1985)

Tipo de solo	Faixa de valores de J_c	Valor sugerido de J_c
Areia	0,05 – 0,20	0,05
Areia siltosa ou silte arenoso	0,15 – 0,30	0,15
Silte	0,20 – 0,45	0,30
Argila siltosa e silte argiloso	0,40 – 0,70	0,55
Argila	0,60 – 1,10	1,10

Aplicação do método

Em um registro da força e da velocidade no tempo, no nível da instrumentação, como na Fig. 17.2b, a aplicação do método é feita com as Eqs. (17.7) e (17.11) [1].

As duas curvas de força e velocidade *versus* impedância afastam-se e a distância entre elas indica a ocorrência de atrito lateral. Como a onda refletida $F_Y \uparrow$, após o ponto X ser atingido pela primeira onda incidente, é igual a $1/2 \int R_a(z)dz$ ou $1/2 \sum R_a$ e, ainda, que $F_Y \uparrow = (F - Zv)/2$ (Eq. 13.48), tem-se:

$$F - Zv = \sum R_a$$

Assim, é possível, com certa experiência, avaliar a resistência por atrito lateral durante a cravação pela interpretação desses registros.

Rausche et al. (1985) ressaltam que a expressão (17.7) fornece a resistência total da estaca, obtida com base nas premissas de que a seção transversal da estaca é constante, o comportamento da estaca é elástico linear, apenas tensões axiais são impostas à estaca, e a resistência do solo é do tipo rígido-plástico, mobilizada simultaneamente ao longo de toda a estaca.

Os autores enumeram as seguintes possibilidades de erro na determinação da capacidade de carga pelo processo acima:

- a capacidade de carga pode não ser totalmente mobilizada no instante $t1 + 2L/C$;
- a energia do impacto pode não ser suficiente para ativar todas as forças resistentes do solo;
- a onda de tensão pode ser curta relativamente ao comprimento da estaca sobre o qual as forças resistentes atuam; portanto, as forças resistentes não poderiam ser mantidas no seu valor total durante o período de tempo considerado;
- similar ao 1º erro, a resistência de ponta pode não ser totalmente mobilizada no tempo $t1 + 2L/C$;
- o valor da capacidade de carga pode variar com o tempo por conta da recuperação (*set-up*) ou relaxação do solo.

O último ponto foi examinado no Cap. 13, e suas possíveis explicações – no caso de ganho de resistência com o tempo (*set-up*) em solos argilosos – estão no Cap. 10. A mudança com o tempo na resposta dinâmica de uma estaca em solo argiloso foi abordada por Alves et al. (2004).

A questão da energia empregada não ser suficiente para mobilizar toda a resistência do solo é muito importante, e foi demonstrada de forma pioneira por Aoki (1989), que apresentou

---

1. A aplicação das Eqs. (17.7) e (17.11) aos registros da Fig. 17.2b, com $J_c = 0{,}1$, conduzem a:
$R = ((870 + 40) + (870 - 170))/2 = 455 + 350 = 805 \text{ kN}$ $R_u = 805 - 0{,}1(1740 - 805) = 711{,}5 \text{ kN}$

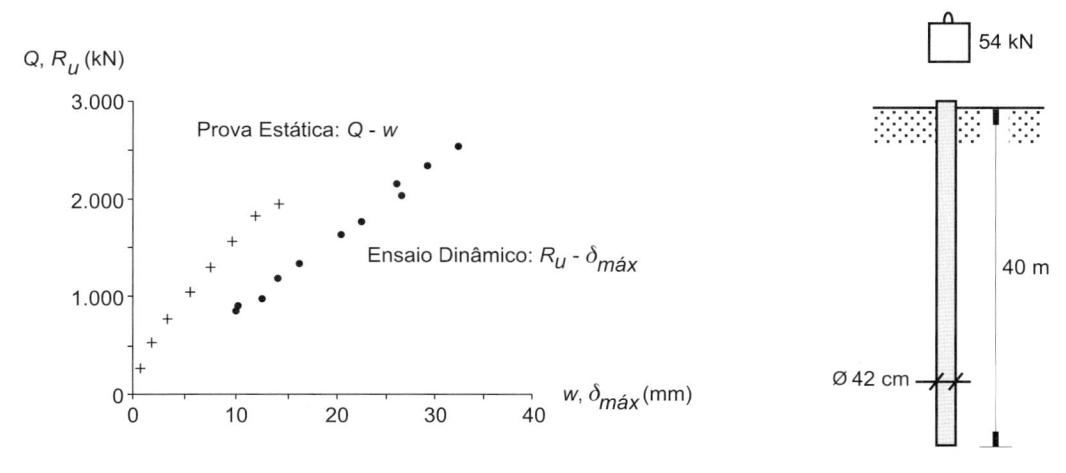

Fig. 17.3 – Curvas de resistência estática mobilizada na cravação versus deslocamento máximo e carga versus recalque em prova de carga estática, na mesma estaca (Aoki, 1989)

os resultados da monitoração da cravação de uma estaca com um martelo caindo de uma altura que variou de 10cm a 140cm. Os deslocamentos máximos obtidos foram plotados contra as resistências estáticas calculadas, e obteve-se uma curva semelhante à curva carga-recalque numa prova de carga estática (ambas as curvas estão na Fig. 17.3). Essa curva mostra que a resistência mobilizada cresce com o nível de energia aplicada, até que seja mobilizada toda a resistência disponível.

Variantes do método

A aplicação do método Case pode ser feita de maneira um pouco diferente da descrita acima, permitindo duas outras determinações de capacidade de carga: uma *capacidade máxima* e uma *capacidade mínima*.

A primeira variante baseia-se no fato de que o Método Case foi deduzido para um material rígido-plástico e, como o solo é um material elastoplástico (a parte elástica caracterizada pelo *quake*), o pico de velocidade pode não corresponder à mobilização da resistência. Nessa variante, toma-se como ponto de partida para a aplicação do método não apenas aquele que corresponde ao pico de velocidade, como também a outros tempos posteriores, que fornecerão diferentes valores da capacidade de carga estática. O valor máximo obtido dentre essas determinações é a chamada *capacidade ou resistência máxima*.

A segunda variante tem por objetivo levar em conta o desconhecimento do valor exato da velocidade de propagação da onda de tensões no material da estaca que, na aplicação do método (com o $2L/C$ incorreto), pode fornecer um valor irreal. Esse procedimento é indicado em estacas de concreto moldadas *in situ* ou mesmo em pré-moldadas quando não se tem acesso a uma estaca não cravada para determinar a velocidade da onda na estaca[2]. O método é aplicado com valores de $2L/C$ que variam de ± 20% do valor estimado. O valor mínimo obtido dentre essas determinações é a chamada *capacidade ou resistência mínima*.

---

2. A velocidade da onda de tensões no aço é bem conhecida: 5.120 m/s. A velocidade no concreto varia entre 3.000 e 4.500 m/s.

17.1.2 Método CAPWAP

Um outro tipo de interpretação dos sinais de cravação consiste em, primeiro, prever a velocidade no ponto onde foram instalados os instrumentos, com solução da Equação da Onda – e com parâmetros pré-escolhidos – tendo como ponto de partida a força medida. Ao comparar essa previsão com os registros de velocidade feitos na monitoração, pode-se verificar se os parâmetros adotados estão corretos e, eventualmente, ajustá-los (ver Fig. 17.4)[3]. Esse tipo de método – basicamente um programa de computador com solução da Equação da Onda que recebe como *input* o registro de força – é chamado de *NUSUMS*, de *NUmerical Simulations Using Measured Signals* (Holeyman, 1992).

Entre os programas desse tipo, o mais conhecido é o CAPWAP, desenvolvido pela *Case Western Reserve University* e a *Pile Dynamics* (Raushe et al., 1985). Outros programas comerciais são o TNO-WAVE do instituto de pesquisas TNO da Holanda (Middendorp, 1987) e o francês SIMBAT (Paquet, 1988). Danziger (1991) adaptou um programa de Equação da Onda para retroanálise de sinais de cravação com o modelo de Simons, mencionado no item 13.3.2 (ver também Danziger et al., 1993, 1999).

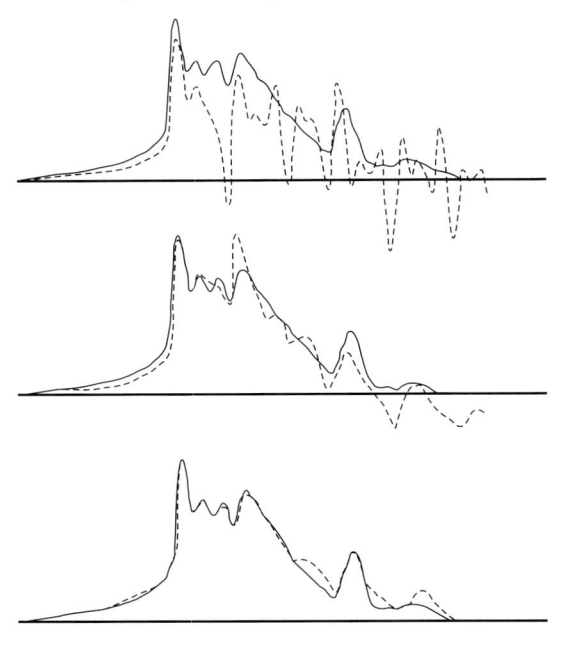

Fig. 17.4 – *Sequência de ajuste de um sinal pelo Método CAPWAP: linha cheia = sinal medido; linha tracejada = solução pela Equação da Onda*

O processamento de sinais

Um processamento tipo *NUSUMS* (CAPWAP etc.) é mais complexo do que a aplicação do Método Case e, como requer certo tempo de processamento, só é realizado posteriormente no escritório. Esse tipo de processamento fornece uma estimativa da capacidade de carga estática da estaca sem necessitar que parâmetros, como o coeficiente de amortecimento (J), sejam arbitrados[4]. Como a solução não é simplificada como a do Método Case, pode-se definir também a distribuição do atrito lateral e o valor da resistência de ponta no processo de ajuste do sinal calculado com o sinal medido.

Segundo os criadores do método CAPWAP, só há um conjunto de parâmetros capaz de produzir o registro de verificação, que não o utilizado como função de entrada. Entretanto, Danziger et al. (1996) questionam a unicidade de solução tipo CAPWAP.

---

3. Pode-se utilizar tanto o registro de *força* como de *velocidade* como função imposta, e, para a verificação de parâmetros, a outra grandeza medida (*velocidade* ou *força*).

4. No ajuste pelo método CAPWAP, são variados a resistência estática R_u, o *quake* q e as constantes de amortecimento J. A experiência com análises CAPWAP mostra que os valores de J obtidos ao final do ajuste não têm relação com o tipo de solo. Assim, o J – e também o q – devem ser encarados como parâmetros de ajuste e não como propriedades dos solos.

17.1.3 Outras Informações Obtidas na Monitoração

Além da capacidade de carga, a monitoração da cravação fornece ainda a energia líquida transferida à estaca e informações sobre a sua integridade. A questão da integridade será vista no item 17.2. A *energia líquida transferida à estaca*, também conhecida como ENTHRU (de *energy through*), é o valor máximo de cálculos em diferentes tempos com

$$E(t) = \int_0^t F(t)v(t)dt \qquad (17.12)$$

Essa energia não deve ser confundida com a energia *líquida aplicada pelo martelo*, usada nas fórmulas dinâmicas (Cap. 13), expressa como ηWh. Como η corrige basicamente perdas de energia por atrito, em geral seu valor situa-se entre 0,7 e 0,9. A razão entre o *ENTRHU* e Wh, que reflete perdas também pelo sistema de amortecimento, situa-se tipicamente entre 0,3 e 0,6.

17.1.4 Equipamentos Especiais para Carregamento Dinâmico

A técnica de monitoração da cravação foi desenvolvida para estacas cravadas, pré-moldadas de concreto ou de aço. Pensou-se em estender essa técnica a estacas de concreto moldadas *in situ* (ou tubulões) que, depois de curadas, seriam submetidas a golpes de um martelo de bate-estacas (ou simplesmente de um peso levantado por um guindaste e deixado cair no topo da estaca ou tubulão).

Um primeiro tipo de estaca moldada *in situ* a ser testada por esse processo foi a estaca tipo Franki, que, depois de curada, recebia golpes aplicados pelo mesmo pilão utilizado em sua execução, em um capacete especial, como mostrado na Fig. 17.5a.

Os sistemas mais comuns consistem em uma massa levantada por guindaste que aplica no topo da estaca um golpe amortecido por um dos amortecedores usuais de cravação (madeira ou plástico), como mostrado na Fig. 17.5b. Uma alternativa consiste em utilizar, como amortecedores, um conjunto de molas (caso do chamado método *Dynatest*, desenvolvido na França). Em outro sistema, chamado *Statnamic*, desenvolvido no Canadá, combustível sólido é queimado numa câmara contida acima por uma massa e abaixo pela estaca, aplicando, assim, uma pressão elevada sobre o topo da estaca (Fig. 17.5c).

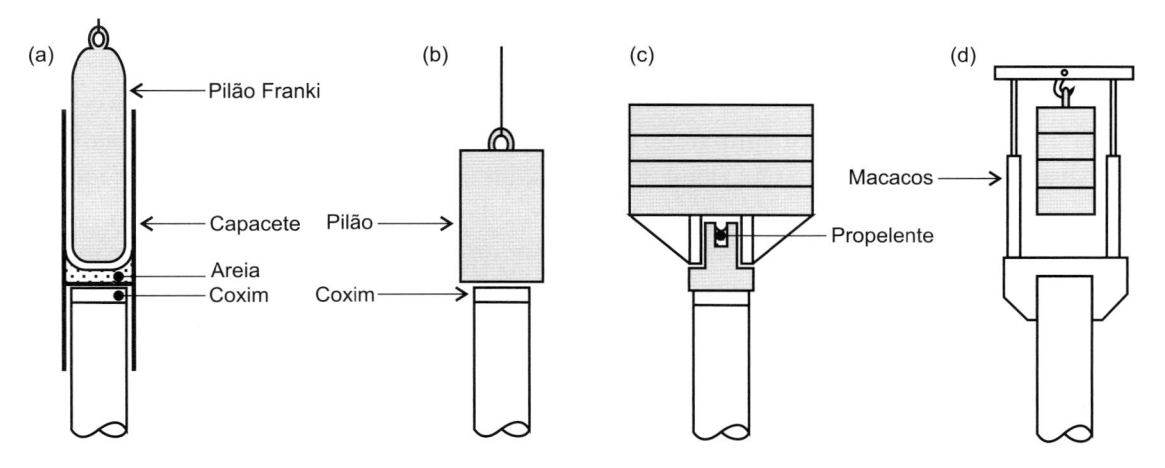

Fig. 17.5 – Sistemas especiais para carregamento dinâmico de estacas moldadas in situ *ou tubulões: (a) capacete para estaca tipo Franki; (b) sistema baseado em peso levantado por guindaste; (c) sistema Statnamic; (d) sistema utilizado pela Geomec*

No Brasil, a empresa Geomec desenvolveu um sistema de carregamento dinâmico baseado num conjunto de pesos (Fig. 17.5d).

17.1.5 Comentários sobre o Método

A questão da confiabilidade dos *ensaios de carregamento dinâmico* e em que medida tais métodos podem substituir as provas de carga estáticas, foi motivo de debate, tanto no Brasil como no exterior. Por exemplo, para Holeyman (1997),

> As primeiras dificuldades e limitações associadas a testes de grandes deformações são a conversão da resistência mobilizada dinamicamente durante o teste em resistência estática e o deslocamento transiente limitado causado pelo impacto. A conversão da resistência dinâmica em estática é difícil, em parte, por:
> - efeitos inerciais e de amortecimento radial, que dependem da frequência;
> - diferenças nos mecanismos de deformação ao longo do fuste e sob a base, sob carregamento estático e dinâmico;
> - efeito da geração e dissipação de poropressões;
> - a resistência ao cisalhamento e o módulo de deformação do solo dependem da velocidade.
>
> Para estacas cravadas, consideram-se os efeitos de geração de poropressões e set-up (ou relaxação). Com menor frequência, problemas com a medição de forças em estacas moldadas *in situ* e de velocidades e deslocamentos em geral devem ser considerados. Finalmente, o desenvolvimento, o sucesso comercial e a persistência em métodos simplistas iniciais, que ainda representam o grosso da prática, impedem que a maioria dos usuários lide com a complexidade dos fenômenos em jogo.

17.2 VERIFICAÇÃO DA INTEGRIDADE

Um dos problemas frequentemente encontrados na prática de estaqueamentos – nos casos em que a dúvida se justifica – é a verificação da integridade da estaca após sua execução. Essa dúvida pode ocorrer com:

(i) estacas pré-moldadas de concreto (ou mesmo metálicas), que podem ter sido danificadas no processo de cravação;

(ii) estacas moldadas *in situ* tipo Strauss, Franki ou hélice, que podem ter sofrido estrangulamento de fuste com o concreto ainda fresco;

(iii) tubulões e estacas escavadas moldadas *in situ*, que podem ter sofrido falhas no processo de concretagem, como "juntas frias" (quando a concretagem é interrompida e fica uma fina camada de lama entre os dois concretos), desmoronamentos etc.

Uma investigação natural consiste na perfuração da estaca ou tubulão com sonda rotativa (com retirada de testemunhos). Entretanto esse processo é caro e demorado, com a necessidade, inclusive, de mais de um furo nos elementos de grande diâmetro. Assim, foram desenvolvidos diversos outros métodos de verificação de integridade, destacando-se (Fig. 17.6):

- método sísmico, em que uma pequena fonte de vibração é introduzida num furo e a captação dessa vibração é feita por um sensor colocado em um furo aberto ao lado (caso *cross-hole*) ou no mesmo furo em nível diferente (caso *down-hole*);
- método radioativo, em que uma fonte de radiação é introduzida num furo e a contagem de isótopos é feita em um furo vizinho (tipo *cross-hole*);
- método de excitação do topo, em que um vibrador é preso ao topo da estaca e um acelerômetro (com integrador no tempo) permite verificar a velocidade do topo, que indicará a integridade da estaca;
- método de impacto ou dinâmico.

Os dois primeiros tipos requerem um ou mais furos ao longo do elemento de fundação, o que é conseguido pela colocação de um ou mais tubos antes da concretagem ou pela perfuração posterior com sonda rotativa. Quando não se capta a vibração há uma falha no elemento de fundação. No segundo tipo de teste, uma falha é indicada pela captação da radiação (ver, p. ex., Fragelli et al., 1986).

O terceiro tipo, desenvolvido no CEBTP da França, teve bastante aplicação naquele país e no Reino Unido nos anos 1970, mas foi substituído pelos métodos de impacto.

O quarto tipo, desenvolvido mais recentemente, não requer furos, mas um golpe aplicado no topo do elemento de fundação. A interpretação é feita com base na propagação da onda de tensão, como no caso do *ensaio de carregamento dinâmico*. De acordo com a intensidade do impacto, as deformações são de maior ou menor magnitude, e originam duas categorias de ensaio:

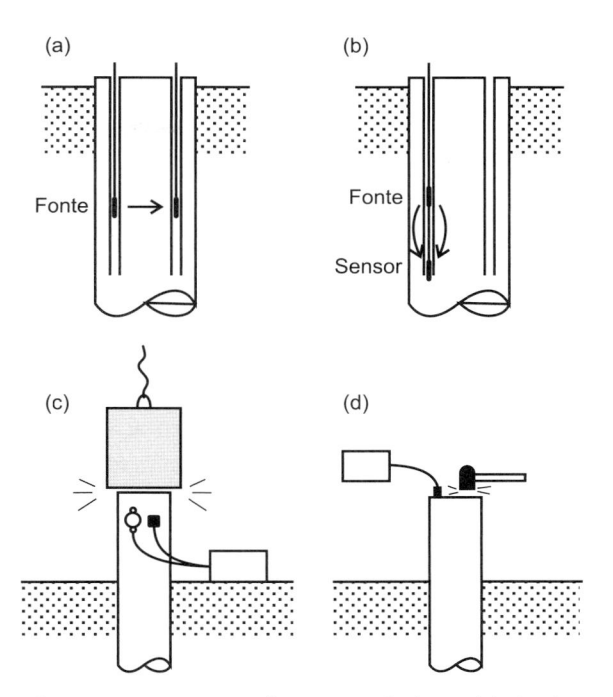

Fig. 17.6 – Esquema dos testes de integridade tipo (a) cross-hole, (b) down-hole, (c) de grande deformação e (d) de pequena deformação

- de grande deformação (*high strain method*);
- de pequena deformação (*low strain method*).

Método dinâmico de grande deformação

O ensaio de grande deformação é feito com o golpe de um martelo de bate-estacas (ou pela queda de um peso) e a interpretação é feita a partir dos registros de força e de velocidade feitos por um analisador de cravação – como o *PDA* – para o Método Case (item 17.1.1).

A interpretação é baseada no fato de a onda de tensão que desce ao longo da estaca sofrer uma reflexão ao encontrar uma variação de impedância, e o tempo que a onda refletida leva para chegar ao topo da estaca indica a localização da variação da impedância. A onda refletida causa mudança na força e na velocidade medidas no topo da estaca. Assim, a variação da relação entre força e velocidade permite determinar a variação da impedância. A PDI propôs o cálculo de um fator de variação de impedância – que seria um fator de integridade – chamado *Beta*, a partir de

$$Beta = \frac{Z_{reduz}}{Z_{plena}} = \frac{1-A}{1+A} \qquad (17.13)$$

sendo

$$A = \frac{v_{ur} - v_{ud}}{2(v_{di} + v_{ur})} \qquad (17.14)$$

onde: v_{ur} = velocidade da onda ascendente, no instante do início da reflexão, causada pela resistência do solo;
v_{ud} = velocidade da onda ascendente devida à reflexão do dano;
v_{di} = velocidade da máxima onda descendente devida ao impacto.

A PDI sugere a seguinte classificação (apenas indicativa):

Beta (%)	Estado da estaca
100	íntegra
80 a 100	com pequeno dano
60 a 80	danificada
menor que 60	quebrada

Método dinâmico de pequena deformação

O ensaio de pequena deformação é feito com um golpe de martelo manual aplicado no topo da estaca, onde foi colado um acelerômetro. Pelo registro do tempo que a onda de tensão gerada pelo golpe volta ao topo da estaca (detectado pelo acelerômetro), infere-se o comprimento do trecho íntegro da estaca. Se a onda de tensão voltar antes de $2L/C$, a estaca tem uma interrupção no seu fuste.

Esse ensaio requer um equipamento relativamente simples. A empresa *Pile Dynamics Inc.* comercializa um dos equipamentos, com alguns recursos a mais, chamado *Pile Integrity Tester – PIT –*, no qual as acelerações medidas são integradas no tempo para fornecer um registro de velocidade no tempo, e a força aplicada pelo martelo é medida por um acelerômetro no martelo (que multiplica a massa do martelo). O registro de velocidade, combinado ao registro da força aplicada, permite uma interpretação mais detalhada, que examina todo o registro de velocidade, descrita acima como "método Beta". Neste caso, o ensaio se propõe a detectar variações na seção da estaca com a profundidade. Na adaptação do método Beta para o *PIT*, a Eq. (17.14) fica

$$A = \frac{v_{top}}{2v_i} \quad (17.15)$$

onde: v_{top} = velocidade da onda num determinado instante z/C;
v_i = velocidade da onda descendente no instante do impacto.

Uma limitação do método Beta é que a resistência do solo também provoca reflexões da onda de tensão, que precisam ser distinguidas dos danos[5].

A técnica do ensaio dinâmico de pequenas deformações é muito utilizada em todo o mundo, mas apresenta limitações. Por exemplo, durante a 4ª Conferência sobre uso da Equação da Onda (Haia, 1992) foram instaladas 10 estacas com diferentes defeitos e foram convidadas 12 empresas que prestam esse tipo de serviço para identificar os defeitos. Os resultados foram desapontadores (ver Van Weele, 1992; Strain, 1993; e estudo final na *Ground Engineerig* de abril de 1993). Na 6ª Conferência sobre uso da Equação da Onda (São Paulo, 2000) foram relatados casos de danos observados posteriormente em escavações, que não tinham sido identificados pelo ensaio, e de danos detectados pelo ensaio e não comprovados por escavações. Aparentemente, o ensaio é bem-sucedido em estacas não muito longas, com profundidade de até 30 vezes o diâmetro.

---

5. Numa tentativa de interpretar melhor o ensaio, a *PDI* americana criou a chamada análise *PIT-WAP* (semelhante à *CAPWAP*), que se propõe, a partir do conhecimento da distribuição da resistência do solo com a profundidade (ou do sinal de uma estaca com impedância constante), fornecer um perfil da estaca. Esse processo não está aprovado, porque as deformações decorrentes do golpe do martelo manual são insuficientes para mobilizar a resistência do terreno.

O ensaio frequentemente apresenta problemas de interpretação nas estacas moldadas *in situ*, quando indicações de danos no ensaio não se confirmam em escavações ou outros ensaios posteriores. Esses problemas com o ensaio ocorrem por (i) variações na geometria do fuste para maior (ou seja, alargamentos), (ii) variações na densidade do concreto e (iii) presença de armadura apenas no trecho superior da estaca.

Um ensaio com *energia intermediária* entre a do bate-estacas e de um martelo manual foi proposto por Lopes et al. (2004). O ensaio usa o equipamento do ensaio SPT e do PDA, permitindo detectar danos em estacas a profundidades de até 60 vezes o diâmetro.

17.3 PROVAS DE CARGA ESTÁTICAS

Provas de carga estáticas são realizadas em estacas (e tubulões) com um dos seguintes objetivos:
- verificar o comportamento previsto em projeto (capacidade de carga e recalques);
- definir a carga de serviço em casos em que não se consegue fazer uma previsão de comportamento.

Atualmente, é possível prever – dentro de certos limites – a carga de um determinado tipo de estaca num determinado terreno (ver métodos do Cap. 12) e, assim, as provas de carga são feitas mais pelo primeiro motivo. No passado, o segundo motivo era comum.

Outras questões que se colocam são (i) quando realizar as provas de carga, se *a priori* (antes de se iniciar o estaqueamento), em *estacas-teste* ou *piloto*, ou se *a posteriori*, em estacas da obra, e (ii) quantas estacas devem ser ensaiadas. A norma de fundações NBR 6122 permite uma redução no fator de segurança nas obras controladas por provas de carga, e essa vantagem econômica só poderá ser utilizada se as provas forem feitas *a priori* (e não após se constatar problemas) e num número que represente uma boa amostra da obra. Quando as provas de carga não são feitas *a posteriori*, as estacas a serem ensaiadas devem ser escolhidas ao acaso ou pela Fiscalização da obra, e não em estacas que tenham sido pré-definidas, para evitar uma execução especial das estacas de prova. Uma amostra razoável seria de 1% do número total de estacas. Dado o elevado custo de uma prova de carga estática (em geral, da ordem de 10 dólares por kN de carga), o teste de um grande número de estacas torna-se, frequentemente, muito oneroso. Uma alternativa seria realizar provas estáticas em uma ou duas estacas (uma em cada tipo ou dimensão) e completar o controle com ensaios de carregamento dinâmico, que têm um custo menor (a norma permite a troca de uma prova estática por três ensaios de carregamento dinâmico).

Mesmo quando não se deseja reduzir o fator de segurança, é recomendável que toda obra com mais de 100 estacas tenha, pelo menos, uma prova de carga estática e – muito importante – deve-se ter em mente que os ensaios de carregamento dinâmico não substituem as provas estáticas.

As provas de carga estáticas estão normatizadas pela NBR 12131. A norma prevê algumas variações que serão examinadas a seguir. Será dada ênfase às provas de carga de compressão, embora na descrição das montagens também sejam apresentadas provas de tração e de força horizontal.

Um aspecto para o qual se precisa atentar é se a estaca em ensaio estará sujeita, com o tempo, a atrito negativo (ver Cap.18). Nesse caso, as camadas que irão gerar atrito negativo oferecerão, na ocasião da prova de carga, atrito positivo. Assim, a estaca sujeita a atrito negativo precisará apresentar uma capacidade de carga tal que, descontado o atrito nas camadas superficiais, deverá atender ao que exige a norma para a carga útil e negativa (p. ex., uma estaca com carga útil de 100 tf e carga negativa de 20 tf, precisará apresentar na prova de carga, se o F.S. for 2, uma capacidade de carga de 260 tf). Isto vale também para o Ensaio de Carregamento Dinâmico.

17.3.1 Procedimentos de Carregamento

A aplicação de carga tem três categorias:
- carga controlada: carga incremental lenta (Fig. 17.7a);
  carga incremental rápida (Fig. 17.7b);
  carga cíclica;
- deformação (deslocamento) controlada (Fig. 17.7c);
- método "do equilíbrio" (Fig. 17.7d).

Ensaios de carga controlada

Dentre os ensaios de carga controlada, os mais comuns são de carga incremental, com suas variantes em incrementos de carga mantidos até a estabilização (*ensaio lento*) e em incre-

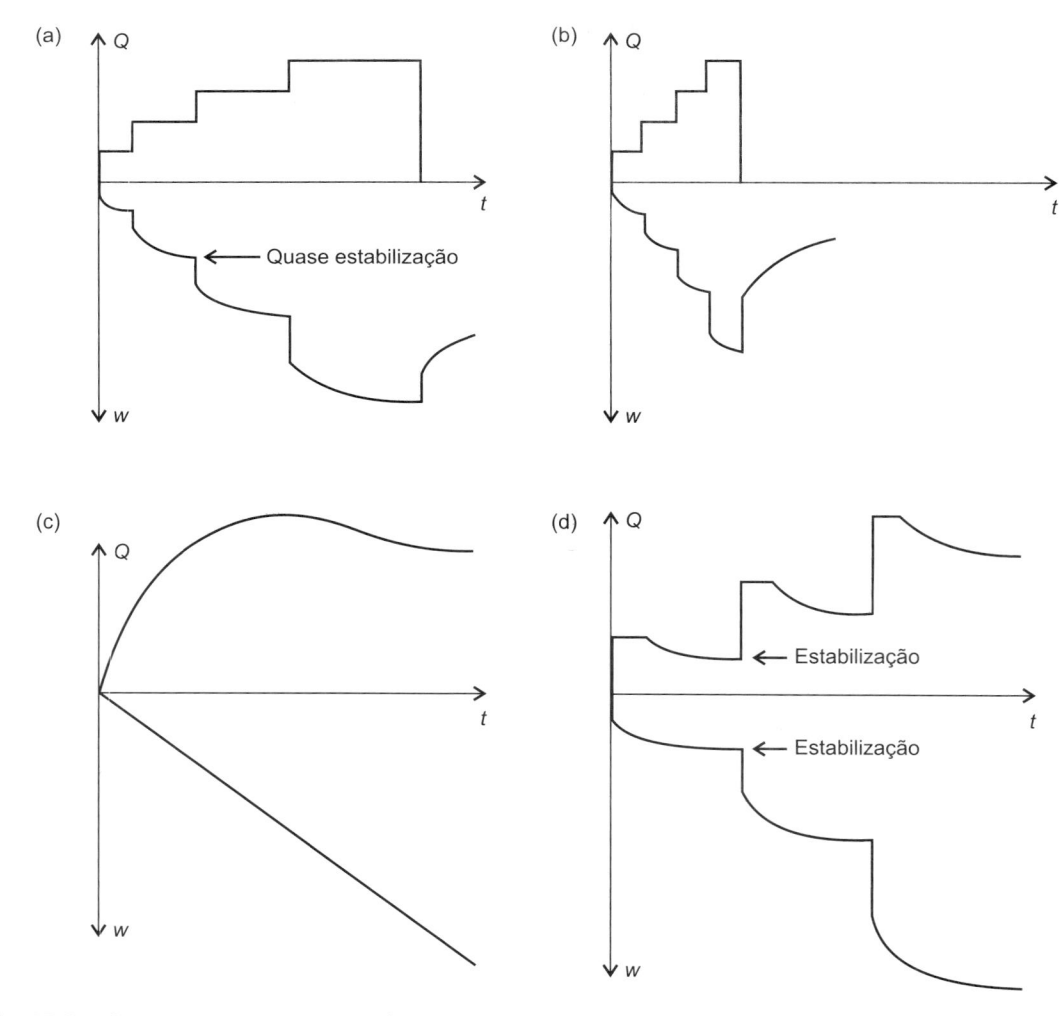

Fig. 17.7 – Curvas carga-tempo e recalque-tempo de diferentes procedimentos de carregamento em prova de carga

mentos de carga mantidos por um tempo preestabelecido, normalmente 15 min (*ensaio rápido*). Os dois tipos de provas são conhecidos pelas siglas inglesas SML (*slow maintained load*) e QML (*quick maintained load*). Os ensaios de carga cíclica são especiais, em que o projetista prevê um certo padrão de carregamento e especifica esse padrão para o ensaio.

Ensaio de carga incremental lenta

O ensaio de carga incremental mantida lenta aproxima-se melhor do carregamento que a estaca terá sob a estrutura futura nos casos mais correntes, como de edifícios, silos, tanques, pontes etc. Como uma estabilização completa só seria atingida a tempos muito grandes, a norma permite que se considere estabilizado o recalque quando o incremento de recalque lido entre dois tempos sucessivos, com as leituras feitas em tempos dobrados (1, 2, 4, 8, 15, 30, 60 min etc.), não ultrapasse 5% do recalque medido naquele estágio de carga[6]. Normalmente, nos primeiros estágios de carga, a estabilização é alcançada logo, e se mantém a carga por 30 min apenas para atender o tempo mínimo. À medida que o carregamento se aproxima da ruptura, os estágios de carga necessitam de mais de 30 min para a estabilização.

As deformações que a estaca sofre com o tempo nos estágios de carga são devidas principalmente a *creep* (deformações viscosas) e não a adensamento (Lopes, 1979, 1985). Sabe-se que a viscosidade do solo faz com que o solo apresente menores deformações e maior resistência[7] ao ser cisalhado mais rapidamente. Assim, estágios mais prolongados de carga, ou seja, uma velocidade de carregamento menor, conduzem a recalques maiores e a capacidades de carga menores (Fig. 17.8a). Num trabalho de avaliação desse fenômeno, Ferreira (1985), Ferreira e Lopes (1985) observaram que estacas de prova que atenderam ao critério de estabilização da norma sob uma carga 1,5 vezes a carga de trabalho – máxima exigida na prova de carga pela norma antiga –, quando mantidas nessa carga por 12 horas (que a norma exige para o último estágio), sofreram ruptura. Na realidade, os quatro tipos de curva recalque-tempo mostradas na Fig. 17.8b foram observados. Os casos 2 e 3 indicam um aumento contínuo do recalque com o tempo, o que significa ruptura da estaca naquele nível de carga. O caso 4 corresponde a uma mudança de tendência de ruptura para a estabilização, difícil de explicar, exceto por problemas com o ensaio, como relaxação de carga.

Uma análise da evolução dos recalques no último estágio pode ser feita com a definição de um *coeficiente de fluência* ou *de creep* (Lopes, 1989):

$$\chi = \frac{(w_2 - w_1)/B}{\log \frac{t_2}{t_1}} \qquad (17.16)$$

onde w_2 e w_1 são os recalque nos tempos t_2 e t_1, respectivamente.

Os recalques foram divididos pelo diâmetro da estaca, para tornar esse coeficiente adimensional. Os resultados de várias provas de carga mostraram que, independentemente do tipo de terreno, há uma relação entre o coeficiente χ (calculado com $t_1 = 10$ min e $t_2 = 100$ min) e o tipo de curva recalque-tempo, relação que pode ser expressa da seguinte forma:

---

6. Numa prova de carga em que se buscou estabilização completa, caracterizada por três leituras iguais (feitas de hora em hora), apresentada por Velloso et al. (1975), o tempo de prova chegou a 25 dias. Nos estágios finais, com duração de até 200 horas, o critério da norma seria atendido nas primeiras horas.

7. Uma evidência pode ser encontrada nas provas de carga apresentadas por Whitaker e Cooke (1966), que tiveram carregamento tipo SML até um certo nível de carga e depois passaram para o método de penetração controlada, CRP, mais rápido. Uma estaca rompeu na fase SML, apresentando recalques elevados. Quando submetida ao ensaio CRP, apresentou um ganho considerável de resistência.

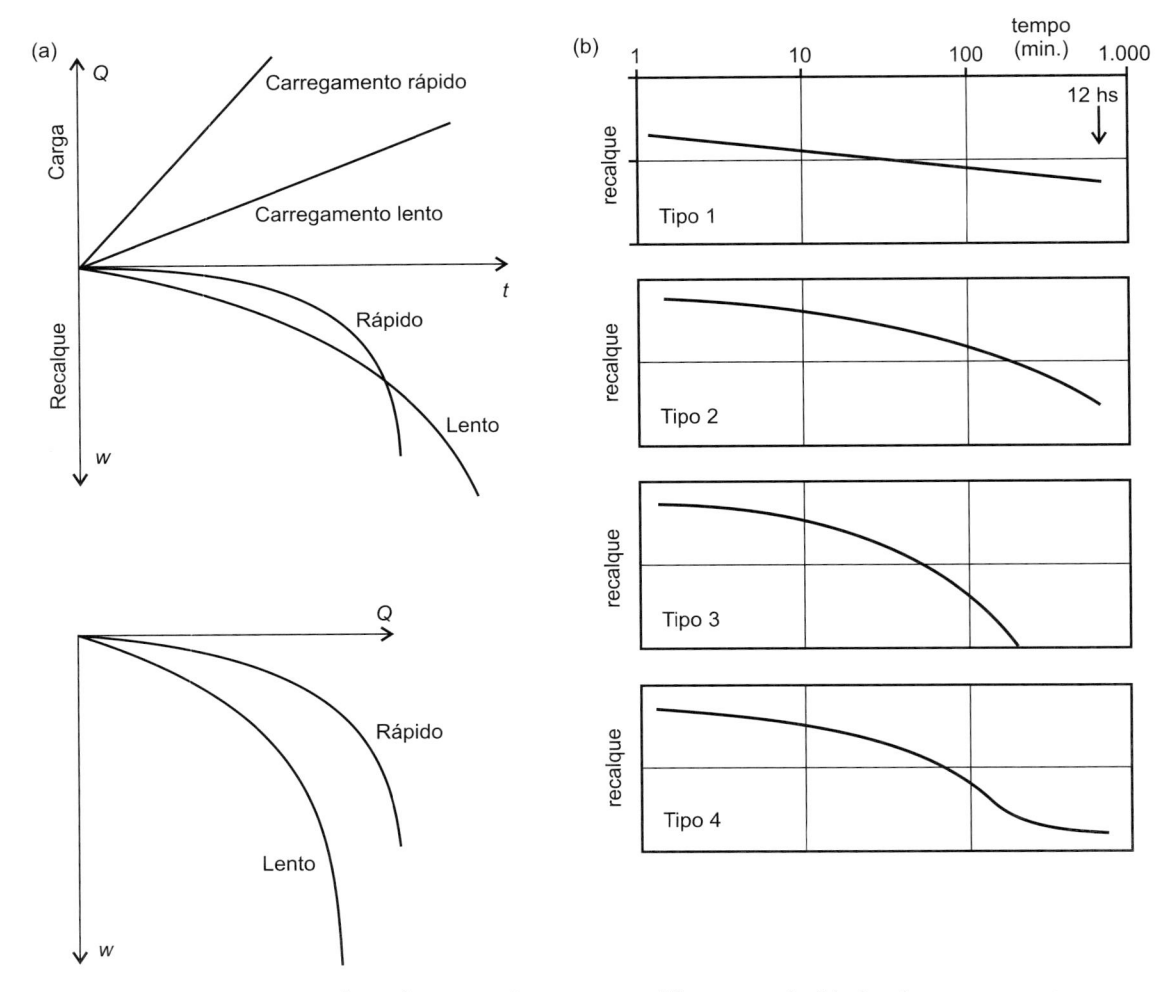

Fig. 17.8 – *Curvas carga-recalque de provas de carga com diferentes velocidades de carregamento e curvas recalque-tempo no último estágio de carga (Lopes, 1989)*

$\chi < 4 \times 10^{-4}$: curva tipo 1;
$\chi > 1 \times 10^{-3}$: curva tipo 2;
$\chi > 3 \times 10^{-3}$: curva tipo 3 (ruptura em 12 horas).

Uma abordagem interessante do problema é feita pelos franceses (Fig. 17.9) que, em sua norma de provas de carga, estabelecem que da curva recalque-tempo de cada estágio (de 60 min) deve-se tirar um coeficiente de fluência α (semelhante ao χ acima). Esse coeficiente deve ser levado a um gráfico α *versus* carga (Fig. 17.9b) e, nesse gráfico, determina-se uma *carga crítica de fluência*, Q_c, que seria a carga correspondente a uma mudança de comportamento do coeficiente α. A carga de trabalho deve ter o menor valor entre a carga de ruptura dividida pelo coeficiente de segurança tradicional (2, p. ex.) e a carga crítica de fluência dividida por um coeficiente menor (1,5).

Método de Deformação Controlada

O método de deformação controlada mais conhecido é o *ensaio de velocidade de penetração constante* (*constant rate of penetration test* ou *CRP*), desenvolvido no Reino Unido (Whitaker e Cooke, 1961). O carregamento é feito com um macaco que recebe óleo a uma vazão constante, enviado por uma bomba elétrica. Nesse teste, com as velocidades de penetração usualmente

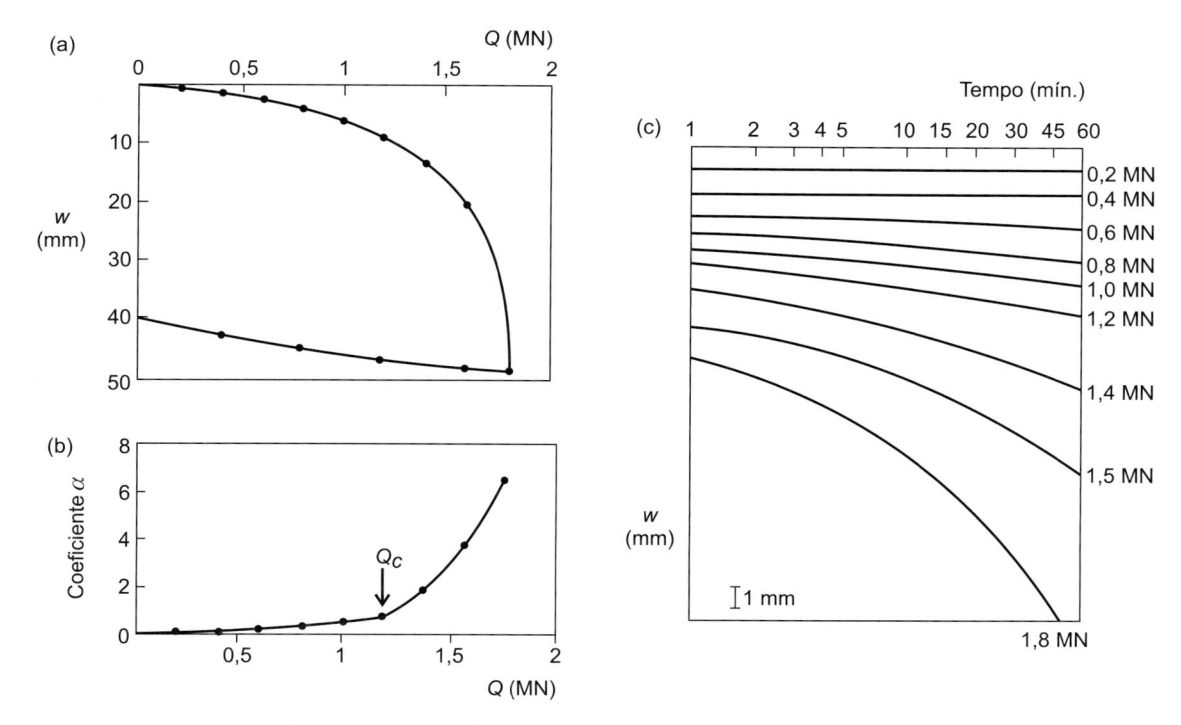

Fig. 17.9 – Prova de carga de acordo com a norma francesa

adotadas naquele país, a estaca é levada à ruptura em poucas horas, o que o classifica como um ensaio rápido, com as desvantagens apresentadas anteriormente.

Método do Equilíbrio

A prova de carga rápida pode ser enganosa, tanto em termos de recalque quanto de capacidade de carga. Por outro lado, uma prova com estabilização pode ser muito demorada e inviável em obras que esperam o resultado da prova para definir o estaqueamento. Uma alternativa interessante é o chamado *método do equilíbrio*, proposto por Mohan et al. (1967), no qual, após se atingir a carga do estágio e mantê-la constante por um tempo (como 15 min), deixa-se a carga relaxar (sem bombear mais o macaco) até que não se observem mais recalques ou variações de carga. É interessante observar que esse equilíbrio é atingido em um tempo relativamente curto. Assim, a carga atingida no estágio (carga de equilíbrio) corresponde a um recalque estabilizado.

Uma primeira prova com o emprego desse procedimento foi realizada pelo DERSA na ponte sobre o Mar Pequeno (ligando Santos a São Vicente), com resultados muito interessantes (Ferreira, 1985).

O trabalho de Francisco (2004) mostrou que o método de equilíbrio é uma maneira simples de eliminar os efeitos de tempo ou velocidade nas provas de carga e que deveria ser incorporado à prática. É um procedimento mais simples do que o método de carga mantida e estabilizada, no qual a prova de carga é realizada em estágios ou incrementos (de 20% da carga de trabalho), sendo, em cada estágio, a carga mantida por 30 minutos e em seguida deixada relaxar por outros 30 minutos. A curva carga-recalque assim obtida corresponderá a uma velocidade de carregamento nula, ou seja, uma prova rigorosamente estática.

17.3.2 Montagem e Instrumentação

Nas provas de carga de compressão, o carregamento é feito por um macaco hidráulico que reage contra um sistema de reação, que pode ser (Fig. 17.10):

- uma plataforma com peso (dado por areia, ferro, água ou mesmo estacas ainda não cravadas), chamada *cargueira* (Fig. 17.10a)[8];
- de vigas presas a estacas vizinhas à de prova, que serão tracionadas (Fig. 17.10b);
- de vigas ou capacete ancorados no terreno (Fig. 17.10c)[9].

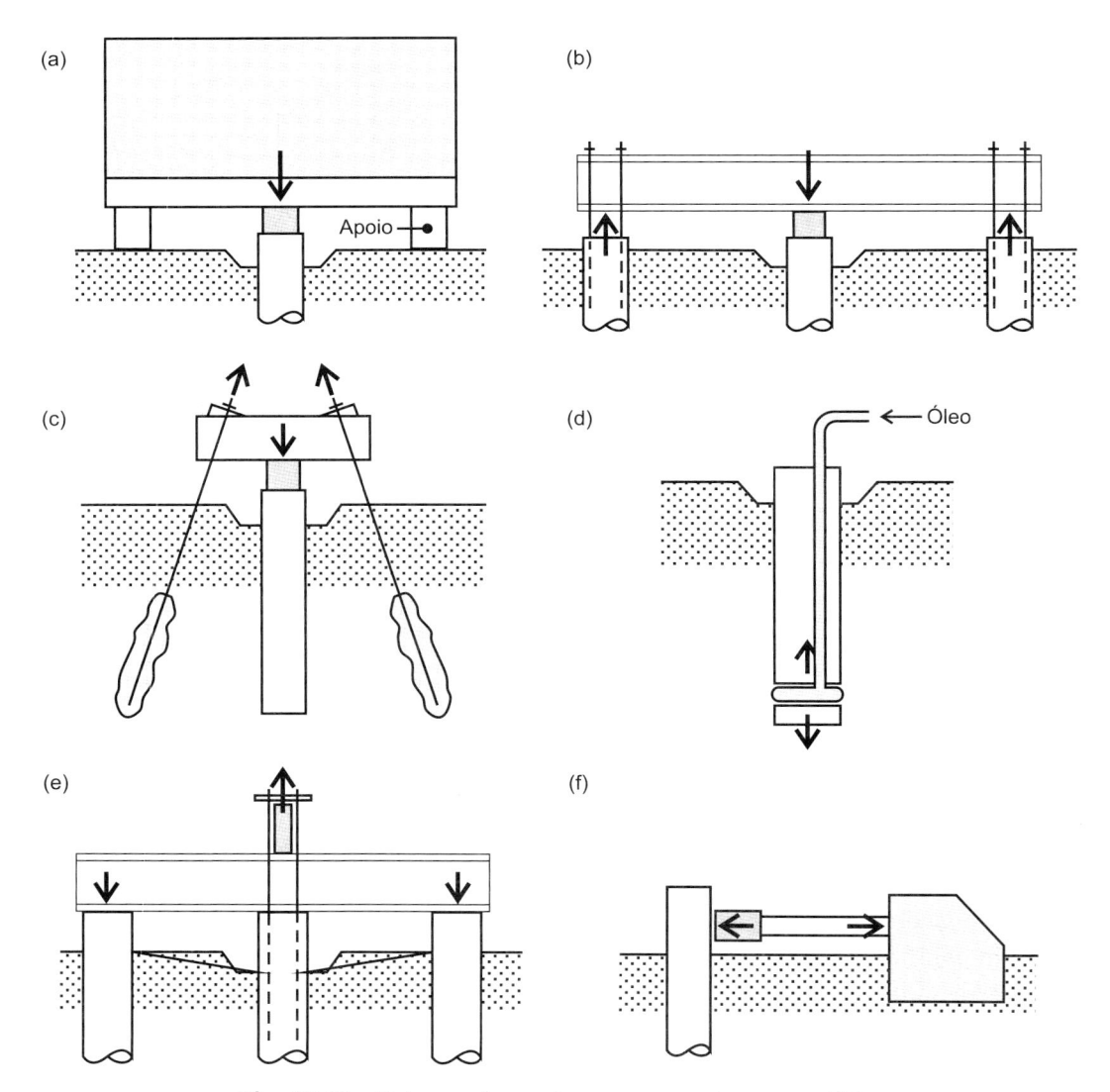

Fig. 17.10 – Sistemas de reação para prova de carga estática

---

[8]. Se a cargueira for muito alta, pode ser instável. Na obra da ponte Rio-Niterói, a reação para uma prova de carga constituída por uma cargueira com tanques de água desequilibrou-se e caiu sobre um flutuante onde estavam os engenheiros e técnicos. Entre os que perderam a vida estava o eng. José Machado, do IPT-SP (homenageado pela ABMS com a criação de um prêmio que leva seu nome).

[9]. As ancoragens devem se situar a uma distância da estaca para não afetar os resultados da prova de carga. Velloso e Santos (1985, 1986) apresentam um estudo desse problema.

Há um processo alternativo, desenvolvido por um brasileiro (Silva, 1986), em que uma célula expansora é introduzida no fuste da estaca, em geral próximo da ponta, que, ao ser acionada, carrega a parte inferior da estaca (a ponta) em compressão e a parte superior (o fuste) para cima, como um elemento tracionado (Fig. 17.10d). Esse processo dispensa o sistema de reação (cargueira ou tirantes) e de carregamento (macaco). Uma limitação do processo é a interrupção da prova ao se esgotar uma das capacidades de carga. Outra alternativa possível em tubulões executados acima do nível d'água consiste em instalar macacos hidráulicos convencionais entre o fuste e a base, a partir de um poço de visita executado ao lado (Berberian, 1998).

Nas provas de carga de tração, o macaco hidráulico pode reagir contra vigas ligadas a estacas vizinhas, neste caso comprimidas (Fig. 17.10e). Nas provas de carga horizontal, o macaco hidráulico pode reagir contra uma estaca vizinha ou um bloco de reação (Fig. 17.10f).

A instrumentação mínima (para prova de compressão e tração) é constituída por quatro extensômetros (medidores de deslocamento), com resolução de centésimo de milímetro, colocados diametralmente opostos (em cruz), a fim de medir recalques e verificar se ocorre rotação do topo da estaca (decorrente de mau alinhamento do conjunto estaca/macaco/sistema de reação, caso em que a prova deve ser suspensa e o conjunto realinhado). Também é um requisito mínimo ter o macaco hidráulico, juntamente com o manômetro, aferido (com certificado de calibração recente por órgão credenciado).

Recomenda-se o uso de uma célula de carga, geralmente colocada entre o macaco e o sistema de reação (Fig. 17.11), para eliminar dúvidas quanto à calibração do macaco, pois um pequeno desalinhamento na montagem da prova – frequentemente imperceptível – pode causar um aumento considerável de atrito no macaco; daí adotar-se uma rótula entre a célula de carga e o sistema de reação.

Para se conhecer o modo de transferência de carga, deve-se instrumentar o fuste da estaca com um ou mais dos seguintes sistemas:
- defôrmetros colados na face da estaca ou em barras de armadura;
- defôrmetros de contato removíveis, instalados em furos na estaca;
- extensômetros de haste (chamados *tell-tales*);
- células de carga (interrompendo o fuste).

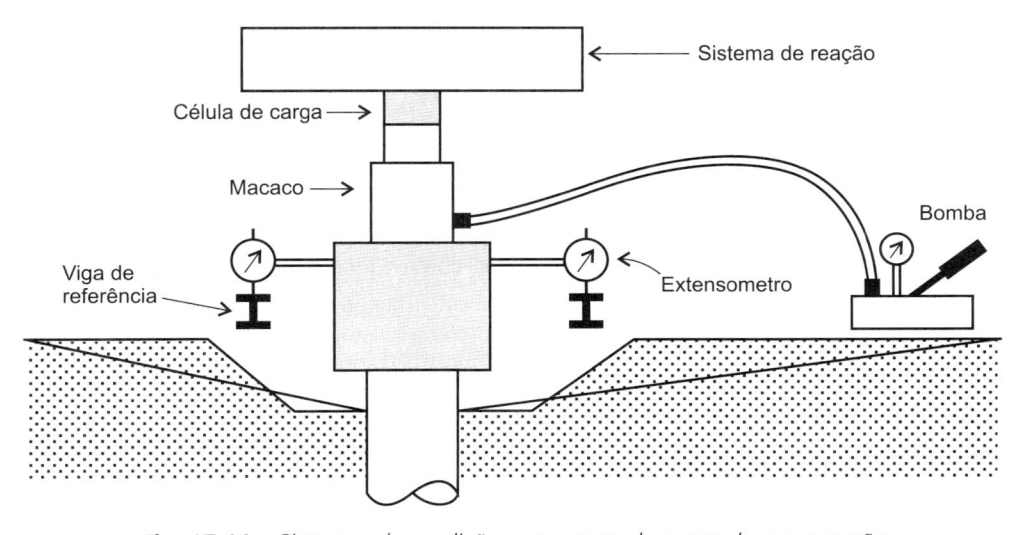

Fig. 17.11 – Sistemas de medição para prova de carga de compressão

A instrumentação mínima para a prova de força horizontal também é constituída por defletômetros para medir deslocamentos do topo da estaca. Uma instrumentação adicional é constituída por inclinômetro (*slope indicator*), para medir a deformada da estaca.

17.3.3 Extrapolação da Curva Carga-recalque

Quando a prova de carga não é levada até a ruptura (ou até um nível de recalque que caracterize a ruptura) [10], pode-se tentar uma extrapolação da curva carga – recalque, baseada numa equação matemática ajustada ao trecho que se dispõe da curva carga-recalque. As principais funções utilizadas são:
- função exponencial proposta por van der Veen (1953) [11];
- função parabólica proposta por Hansen (1963);
- função hiperbólica proposta por Chin (1970);
- função polinomial proposta por Massad (1986).

As quatro funções apresentam uma assíntota que corresponde à carga de ruptura (como a da Fig. 17.12a).

Uma função muito utilizada no Brasil é a de Van der Veen (1953):

$$Q = Q_{ult}(1 - e^{-\alpha w}) \qquad (17.17)$$

A carga de ruptura é obtida experimentando-se diferentes valores para a carga, até que se obtenha uma reta no gráfico $-\ln(1 - Q/Q_{ult})$ versus w (Fig. 17.12b).

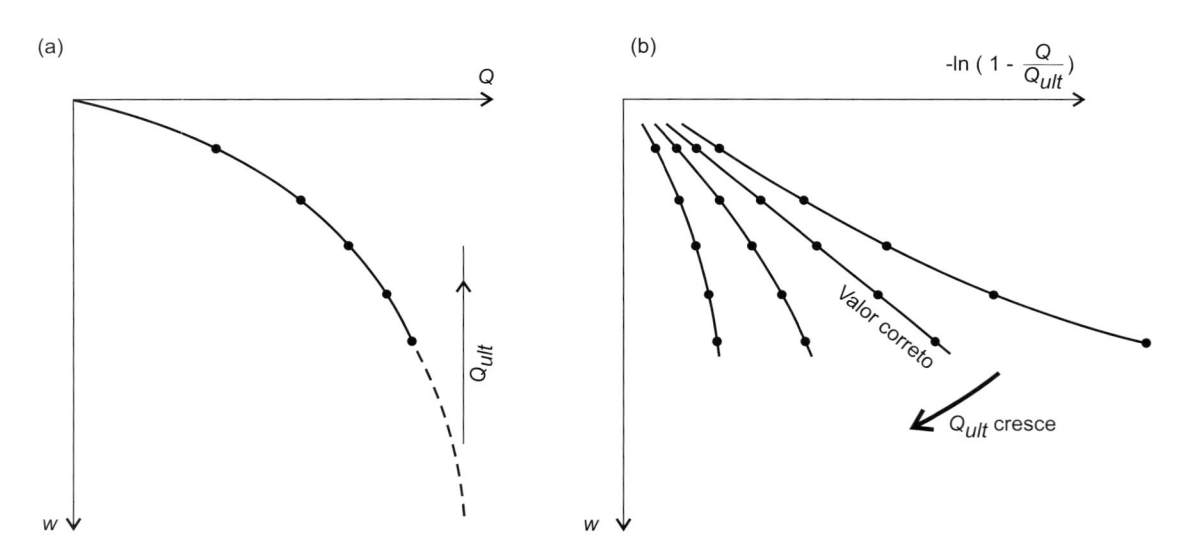

***Fig. 17.12** – Extrapolação da curva carga-recalque segundo Van der Veen (1953)*

---

10. É difícil definir a ruptura de uma estaca ou tubulão. Utilizam-se as expressões (i) *ruptura real* ou *física* nas situações (raras) em que o recalque não se estabiliza para uma dada carga, e (ii) *ruptura convencional* quando a curva carga-recalque mostra que a estaca continua suportando um aumento de carga mas com recalques elevados, e escolhe-se um dado recalque para caracterizar a ruptura.

11. Massad (1986) demonstrou que o método gráfico de Mazurquiewicz (1972) conduz ao mesmo resultado que o método de Van der Veen (1953).

Na aplicação do método de Van der Veen, Aoki (1976) observou que a reta obtida (correspondente à carga de ruptura) não passava pela origem do gráfico, mas apresentava um intercepto. Assim, Aoki propôs a inclusão do intercepto daquela reta (chamado β), ficando a expressão da curva carga-recalque:

$$Q = Q_{ult}(1 - e^{\beta - \alpha w}) \qquad (17.18)$$

A curva carga-recalque assim prevista, se seguida a equação rigorosamente, não se inicia na origem. Isto pode parecer um contrassenso. Entretanto, ao reconhecer que o solo é um material viscoso – que apresenta uma resistência viscosa associada a cada velocidade de carregamento – e ao lembrar que a prova de carga estática na realidade é quase estática (com uma velocidade de carregamento, ainda que pequena), haveria um salto viscoso na prova de carga assim como ocorre em ensaios de laboratório. O salto viscoso foi reconhecido por Martins (1992) em ensaios de laboratório e incluído em seu modelo reológico para os solos. Esse modelo, programado para o Método dos Elementos Finitos por Guimarães (1996), previu um salto viscoso em provas de carga (embora a aplicação fosse em placas) tão maior quanto maior a velocidade de carregamento. Pode-se concluir que o intercepto no gráfico $-\ln(1 - Q/Q_{ult})$ versus w tem uma razão.

Há uma discussão quanto à confiabilidade da extrapolação pelo método de Van der Veen das curvas obtidas em provas de carga. Extrapolações tentadas de curvas carga-recalque que ficaram apenas num nível de carregamento baixo (ou seja, num trecho inicial, quase elástico) conduzem a valores de carga de ruptura exagerados, para não dizer absurdos. A experiência dos autores com a extrapolação de curvas carga-recalque pelo método de Van der Veen indica que se pode obter uma extrapolação razoável se o recalque máximo atingido na prova for de, pelo menos, 1% do diâmetro da estaca.

Outra questão que se apresenta no método de Van der Veen é que a curva carga-recalque extrapolada apresenta uma assíntota vertical, o que não corresponde à realidade da maioria das estacas (carregadas até um nível elevado de carga).

17.3.4 Interpretação da curva carga-recalque

A curva carga-recalque precisa ser interpretada para se definir a carga admissível da estaca (ou tubulão). Um elemento a ser interpretado é a *carga de ruptura* ou *capacidade de carga* da estaca. Um exame apenas visual da curva pode ser enganador mesmo nos casos em que a curva tende a uma assíntota vertical. Conforme mostrado por Van der Veen (1953), a simples mudança da escala do eixo dos recalques pode dar uma impressão muito diferente do comportamento da estaca. Assim, algum critério inequívoco precisa ser aplicado.

Há um grande número de critérios, como mostram Vesic (1975), Fellenius (1975) e Godoy (1983), que podem ser agrupados em quatro categorias:
1. critérios que se baseiam num valor absoluto (ou relativo ao diâmetro) do recalque, seja total, plástico ou residual (observado após o descarregamento);
2. critérios que se baseiam na aplicação de uma regra geométrica à curva (Fig. 17.13a);
3. critérios que buscam uma assíntota vertical (Fig. 17.13b);
4. critérios que caracterizam a ruptura pelo encurtamento elástico da estaca somado a uma percentagem do diâmetro da base (Fig. 17.13c,d).

Na primeira categoria estão as normas de algumas cidades americanas (Nova Iorque, Boston). Quando estabelecem valores absolutos, esses critérios não reconhecem alguns fatos

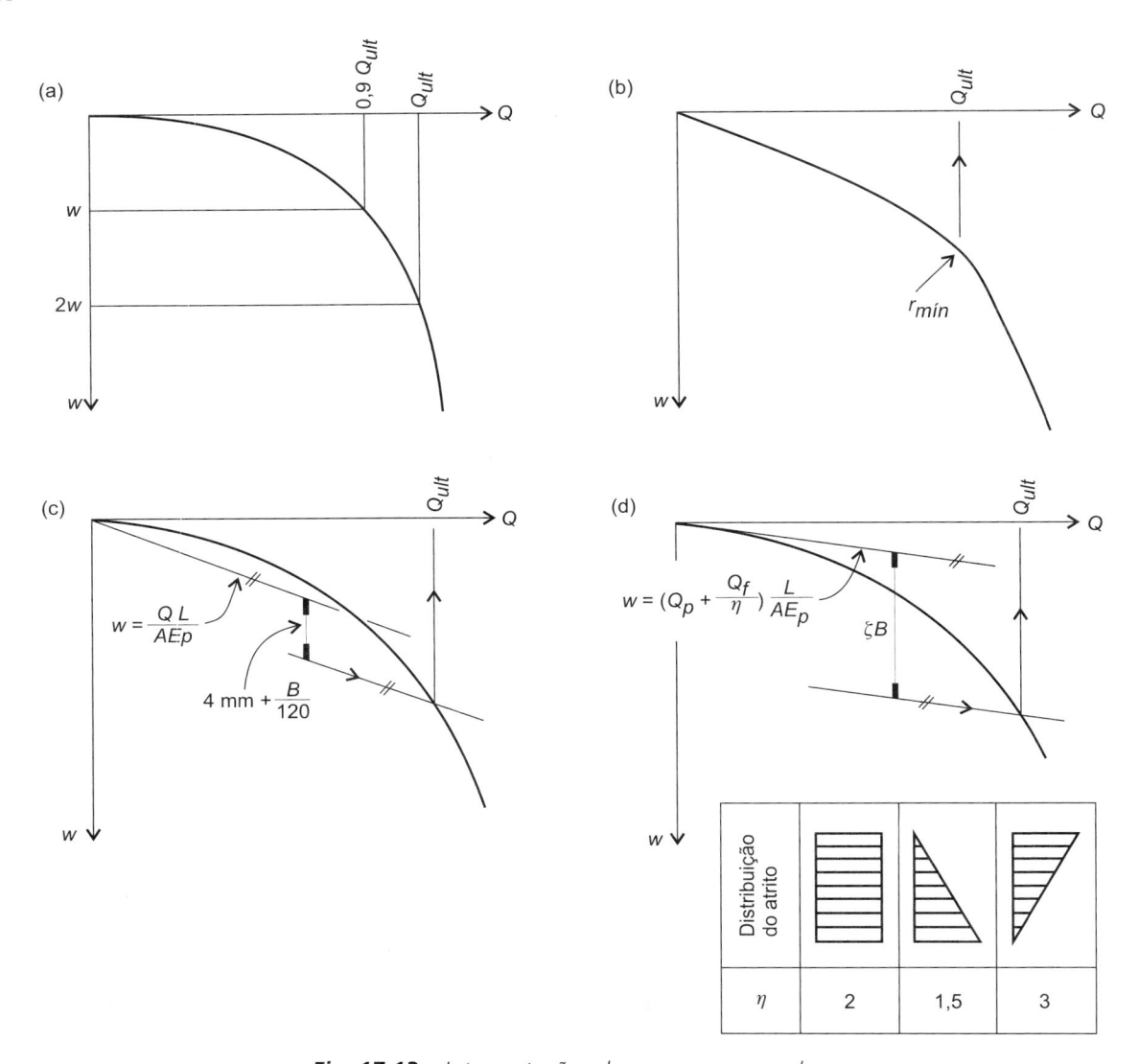

Fig. 17.13 – Interpretações da curva carga-recalque

básicos sobre a mobilização do atrito e da resistência de ponta ou base[12]. Estes critérios passam a ser mais realistas quando estabelecem valores relativos ao diâmetro.

Na segunda categoria estão a norma sueca (Fig. 17.13a) e o critério que reconhece como ruptura o ponto de maior curvatura (Fig. 17.13b). Uma alternativa é aquela em que a ruptura é caracterizada pelo ponto de inflexão no gráfico $\log Q - \log w$ (De Beer, 1967, 1968).

Na terceira categoria estão os métodos de Van der Veen, Chin etc., que procuram estabelecer uma assíntota vertical para a curva. Esses critérios são difíceis de aplicar na maioria dos casos da prática em que há uma assíntota inclinada.

---

12. Vesic (1977) sugeriu que o atrito lateral seria todo mobilizado com deslocamentos da ordem de 2% do diâmetro do fuste e a resistência de base com deslocamentos da ordem de 10% do diâmetro da base. Pela experiência dos autores, as indicações são exageradas, em especial para estacas cravadas (as percentagens seriam, no máximo, a metade das sugeridas por Vesic). Para estacas escavadas, é difícil caracterizar a *ruptura física* e, em geral, adota-se uma *ruptura convencional*, caracterizada por um recalque de 10% do diâmetro, por exemplo.

Na quarta categoria está a norma canadense, baseada no conhecido método de Davisson (1972)[13], que caracteriza a ruptura pelo recalque correspondente ao encurtamento elástico da estaca (calculado como uma coluna), somado a um deslocamento de ponta igual a $B/120+4\,mm$ (Fig. 17.13c).

A norma brasileira segue a norma canadense, exceto em que o deslocamento a ser somado é $B/30$. O critério da norma pode ser aplicada mesmo quando a curva apresenta uma assíntota vertical, conduzindo à interpretação de uma carga de ruptura menor (a favor da segurança).

Lopes (1979) sugere que a carga de ruptura seja definida de forma semelhante à de Davisson (ou da norma brasileira), porém incluindo uma estimativa do encurtamento elástico mais realista e um deslocamento de ponta maior. A ruptura seria definida pelo recalque (Fig. 17.13d):

$$w = \left(Q_p + \frac{Q_f}{\eta}\right)\frac{L}{AE_p} + \zeta B \qquad (17.19)$$

onde: η = fator de modo de distribuição do atrito lateral (Fig. 17.13d);

ζ = fator de mobilização da resistência de ponta, que pode ser tomado como 0,05 (ou seja, 5%).

Uma proposta de interpretação mais recente, devida a Decourt (1996), consiste na apresentação dos resultados da prova de carga no *gráfico de rigidez*. Este gráfico apresenta no eixo vertical a rigidez (razão carga/recalque) em cada estagio de carregamento e no eixo horizontal a carga atingida no estagio. Decourt observou que apenas no caso de estacas cravadas que têm a quase totalidade da sua capacidade de carga devida a atrito lateral, o gráfico apresenta uma reta que, se prolongada, atingiria o eixo horizontal indicando rigidez nula e portanto, *ruptura física*. Em trabalho recente, Decourt (2008) propõe que o gráfico de rigidez seja interpretado (i) com os pontos correspondentes aos primeiros estágios como indicadores do comportamento do atrito e (ii) com os pontos correspondentes aos últimos estágios como indicadores do comportamento da ponta ou base. O primeiro gráfico poderá se apresentar como uma reta, o que indica rigidez nula e *ruptura física* para o atrito lateral, enquanto o segundo gráfico provavelmente será uma curva que não chegará ao eixo horizontal; portanto, sem indicar *ruptura física* para a ponta ou base.

A interpretação de provas de carga é uma questão ainda controversa, com diferentes visões do processo de ruptura (ver, p. ex., Aoki, 1997). Nesse ponto vale lembrar as palavras de Davisson (1970): "Provas de carga não fornecem respostas, apenas dados para interpretar".

REFERÊNCIAS

ALVES, A. M. L.; LOPES, F. R.; RANDOLPH, M. F.; DANZIGER, B. R. The influence of time on the dynamic response of a model pile driven in soft clay. In: INT. CONFERENCE ON THE APPLICATION OF STRESS-WAVE THEORY TO PILES, 7., 2004, Kuala Lumpur. *Proceedings...* Kuala Lumpur, 2004.

AOKI, N. Considerações sobre a capacidade de carga de estacas isoladas, *Notas de Aula*, Universidade Gama Filho, 1976.

AOKI, N. Discussion to Session 15. In: ICSMFE, 12., 1989, Rio de Janeiro. *Proceedings...* Rio de Janeiro, 1989. v. 5, p. 2977-2978.

---

13. O método de Davisson, mais conservativo que o da norma brasileira, foi utilizado na interpretação das provas estáticas, para determinar valores da constante de amortecimento J_c (Tab. 17.1).

AOKI, N. *Determinação da capacidade de carga última de estaca cravada em ensaio de carregamento dinâmico de energia crescente*. 1997. Tese (Doutorado) – Escola de Engenharia de São Carlos – USP, São Carlos, 1997.

ASTM. Standard test method for high-strain dynamic testing of piles, D4945-89, *Annual Book of ASTM*, v. 4.08, 1989.

BERBERIAN, D. O método B.FIVE para provas de carga em tubulões. In: CBMSEG, 11., 1998, Brasília. *Anais...* Brasília, 1998. v. 2, p. 1007-1014.

CHIN, F. K. Discussion: "Pile tests. Arkansas River Project", *JSMFD*, ASCE, v. 97, n. SM7, p.930-932, 1970.

DANZIGER, B. R. *Análise dinâmica da cravação de estacas*. 1991. Tese (Doutorado) –COPPE-UFRJ, Rio de Janeiro, 1991.

DANZIGER, B. R.; COSTA, A. M.; LOPES, F. R.; PACHECO, M. P. A retroanálise de sinais de cravação de estacas: observações registradas e sua interpretação, *Solos e Rochas*, v. 16, n. 4, p. 313-323, 1993.

DANZIGER, B. R.; COSTA, A. M.; LOPES, F. R.; PACHECO, M. P. Back analysis of offshore pile driving with an improved soil model, *Geotechnique*, v. 49, n. 6, p. 777-799, 1999.

DANZIGER, B. R.; LOPES, F. R.; COSTA, A. M.; PACHECO, M. P. A discussion on the uniqueness of CAPWAP-type analyses. In: INTERNATIONAL CONFERENCE ON THE APPLICATION OF STRESS-WAVE THEORY TO PILES, 5., 1996, Miami. *Proceedings...* Miami, 1996.

DAVISSON, M. T. *Static measurement of pile behaviour*, Design and installation of pile foundations and cellular structures. FANG, H-Y (ed.). Bethlehem, USA: Envo Publishing, p. 159-164, 1970.

DAVISSON, M. T. High capacity piles, Innovations in Foundation Construction, A.S.C.E. *Lecture Series*, Illinois, 1972.

DE BEER, E. Proefondervindelijke bijdrage tot de studie van het grensdraag vermogen van zand onder funderingen op staal, *Annales des Travaux Publics deBelgique*, n. 6 (1967), n. 1, 4, 5 e 6 (1968), 1967-1968.

DECOURT, L. A ruptura de fundações avaliada com base no conceito de rigidez. In: SEMINÁRIO DE FUNDAÇÕES ESPECIAIS (SEFE), 3., 1996, São Paulo. *Anais...* São Paulo, 1996. v. 1, p. 215-224.

DECOURT, L. Provas de carga em estacas podem dizer muito mais do que têm dito. In: SEMINÁRIO DE FUNDAÇÕES ESPECIAIS (SEFE), 6., 2008, São Paulo. *Anais...* São Paulo, 2008. v. 1, p. 221-245.

FELLENIUS, B. H. Test loading of piles and new proof testing procedure, *JGED*, ASCE, v. 101, n. GT9, p. 855-869, sep. 1975.

FERREIRA, A. C. *Efeito da velocidade de carregamento e a questão dos recalques de estacas em prova de carga*. 1985. Dissertação (Mestrado) – COPPE-UFRJ, Rio de Janeiro, 1985.

FERREIRA, A. C.; LOPES, F. R. Contribuição ao estudo do efeito do tempo de carregamento no comportamento de estacas de prova. In: SEMINÁRIO DE FUNDAÇÕES ESPECIAIS (SEFE), 1., 1985, São Paulo. *Anais...* São Paulo, 1985.

FRAGELLI, C. L. R.; VELLOSO, D. A.; SOARES, M. M.; ROLDÃO, J. S. F. Um torpedo de radiação gama na verificação da integridade de estacas escavadas. In: CBMSEF, 8., 1986, Porto Alegre. *Anais...* Porto Alegre, 1986. v. 6, p. 141-155.

FRANCISCO, G. M. *Estudo dos efeitos de tempo em estacas de fundação em solos argilosos*. 2004. Tese (Doutorado) – COPPE-UFRJ, Rio de Janeiro, 2004.

GODOY, N. S. Interpretação de provas de carga em estacas. In: Encontro Técnico sobre Capacidade de Carga de Estacas pré-moldadas, 1983, São Paulo. *Anais...* São Paulo: ABMS-NRSP, 1983. p. 25-60.

GUIMARÃES, L. J. N. *Aplicações de um modelo reológico para solos*. 1996. Dissertação (Mestrado) – COPPE-UFRJ, Rio de Janeiro, 1996.

HANSEN, J. B. Discussion of "Hyperbolic stress-strain response; Cohesive soils", *JSMFD*, ASCE, v. 89, n. SM4, p. 241-242, 1963.

HOLEYMAN, A. Technology of pile dynamic testing, Keynote Lecture. In: INTERNATIONAL CONFERENCE ON THE APPLICATION OF STRESS-WAVE THEORY TO PILES, 4., 1992, Haia. *Proceedings...* Haia, 1992. p. 195-215.

HOLEYMAN, A. Pile dynamic testing, driving formulae, monitoring and quality control: Background for discussion. In: Seminar on Design of Axially Loaded Piles – European Practice, 1997, Brussels. *Proceedings...* Rotterdam: Balkema, 1997. p. 47-53.

JANSZ, J. W.; VAN HAMME, G. E. J. S. L.; GERRITSE, A.; BOMER, H. Controlled pile driving above and under water with a hydraulic hammer. In: OFFSHORE TECHNOLOGY CONFERENCE, 1976, Dallas. *Proceedings...* Dallas, 1976. paper 2477, p. 593-609.

LOPES, F. R. *The undrained bearing capacity of piles and plates studied by the Finite Element Method.* 1979. PhD Thesis – University of London, London, 1979.

LOPES, F. R. Lateral resistance of piles in clay and possible effect of loading rate. In: SIMPÓSIO TEORIA E PRÁTICA DE FUNDAÇÕES PROFUNDAS, 1895, Porto Alegre. *Anais...* Porto Alegre, 1985. v. 1, p. 53-68.

LOPES, F. R. Discussion to Session 15. In: ICSMFE, 12., 1989, Rio de Janeiro. *Proceedings...* Rio de Janeiro, v. 5, p. 2981-2983.

LOPES, F. R.; ARAUJO, M. G. A pile monitoring system developed at the Federal University of Rio de Janeiro. In: INTERNATIONAL CONFERENCE ON THE APPLICATION OF STRESS-WAVE THEORY TO PILES, 1988, Ottawa. *Proceedings...* Ottawa, 1988. p. 311-317.

LOPES, F. R.; BEIM, J. W.; ROSA, R. L.; SANDRONI, S. S. Ensaio de verificação da integridade de estacas com energia média. In: SIMPÓSIO DE FUNDAÇÕES ESPECIAIS E GEOTECNIA (SEFE), 5., 2004, São Paulo. *Anais...* São Paulo, 2004. v. 2, p. 187-193.

MARTINS, I. S. M. *Fundamentos de um modelo de comportamento de solos argilosos saturados.* 1992. Dissertação (Mestrado) – COPPE-UFRJ, Rio de Janeiro, 1992.

MASSAD, F. Notes on the interpretation of failure load from routine pile load tests, *Solos e Rochas*, v. 9, n. 1, p. 33-36, 1986.

MAZURKIEWICZ, B. K. Test loading of piles according to Polish regulations, *Preliminary Report n. 35*, Commission on Pile Research, Royal Swedish Academy of Engineering Sciences, Stockholm, 1972.

MIDDENDORP, P. Numerical model for TNO-WAVE, *Report BI-86-75*, TNO Building and Construction Research, Delft, 1987.

MOHAN, D.; JAIN, G. S.; JAIN, M. P. A new approach to load tests, *Geotechnique*, v. 17, n. 3, p. 274-283, 1967.

PAQUET, J. Checking bearing capacity of dynamic loading – Choise of a methodology. In: INTERNATIONAL CONFERENCE ON THE APPLICATION OF STRESS-WAVE THEORY TO PILES, 3., *Proceedings...* Ottawa, 1988. p. 383-398.

RAUSHE, F.; GOBLE, G. G.; LIKINS, G. E. Dynamic determination of pile capacity, *JGED*, ASCE, v. 111, n. 3, p. 367-383, 1985.

SILVA, P. E. C. A. F. Célula expansiva hidrodinâmica – uma nova maneira de executar provas de carga. In: CBMSEF, 8., 1986, Porto Alegre. *Anais...* Porto Alegre, 1986. v. 6, p. 223-241.

STRAIN, R. Test's integrity is questionable (Carta), *Ground Engineering*, p. 7, jan./feb. 1993.

VAN DER VEEN, C. The bearing capacity of a pile. In: ICSMFE, 3., 1953, Zurich. *Proceedings...* Zurich, 1953. v. 2, p. 84-90.

VAN WEELE, A. F. Making waves (Carta), *Ground Engineering*, p. 28, nov. 1992.

VELLOSO, D. A.; SANTOS, S. H. C. Analysis of pile load tests using the Finite Element Method. In: ICSMFE, 11., 1985, San Francisco. *Proceedings...* San Francisco, 1985. v. 4, p. 2269-2272.

VELLOSO, D. A.; SANTOS, S. H. C. Análise de provas de carga sobre estacas pelo Método dos Elementos Finitos. In: CBMSEF, 8., 1986, Porto Alegre. *Anais...* Porto Alegre, 1986. v. 6, p. 45-56.

VELLOSO, D. A., AOKI, N., LOPES, F. R.; SALAMONI, J. A. Instrumentação simples para prova de carga em tubulões e estacas escavadas. In: SIMPÓSIO SOBRE INSTRUMENTAÇÃO DE CAMPO EM ENGENHARIA DE SOLOS E FUNDAÇÕES, 1975, Rio de Janeiro. *Anais...* Rio de Janeiro: COPPE-UFRJ, 1975. p. 269-279.

VESIC, A. S. Principles of pile foundation design, *Soil Mechanics Series n. 38*, Duke University, School of Engineering, 1975.

VESIC, A. S. *Design of pile foundations*. Synthesis of Highway Practice 42, Transportation Research Board, National Research Council, Washington, 1977.

WHITAKER, T.; COOKE, R. W. A new approach to pile testing. In: ICSMFE, 5., 1961, Paris. *Proceedings...* Paris, 1961. v. 2, p. 171-176.

WHITAKER, T.; COOKE, R. W. An investigation of the shaft and base resistance of large bored piles in London clay. In: SYMPOSIUM ON LARGE BORED PILES, 1966, London. *Proceedings...* London, 1966. p. 7-49.

Capítulo 18

PROBLEMAS ESPECIAIS EM FUNDAÇÕES PROFUNDAS

Neste capítulo, são abordados três tipos de problemas que devem ser considerados no projeto de fundações profundas: o atrito negativo, a influência de sobrecargas unilaterais ou assimétricas e a flambagem de estacas. O capítulo contém, ainda, um estudo sobre outros problemas que surgem por ocasião da obra em estacas cravadas: danos causados a edificações próximas e mesmo a outras estacas, e desvios do alinhamento.

18.1 ATRITO NEGATIVO

18.1.1 Conceitos

O atrito lateral entre solo e estaca ocorre quando há um deslocamento relativo entre o solo e a estaca. Quando a estaca recalca mais do que o solo, manifesta-se o *atrito positivo*, que contribui para a capacidade de carga da estaca. Quando, ao contrário, o solo recalca mais, tem-se o *atrito negativo*, que sobrecarrega a estaca. Alguns casos em que se manifesta o atrito negativo são os seguintes:

a. uma estaca cravada, através de uma camada de argila mole, amolga um certo volume dessa argila. A argila amolgada tende a se adensar sob a ação de seu próprio peso, o que faz com que ela recalque em relação à estaca (Fig. 18.1a). Esse efeito é tão mais severo quanto mais sensível for a argila e, para as argilas brasileiras, pode ser considerado de pequeno valor[1].

b. O caso mais importante e frequente é quando estacas atravessam uma camada de argila mole sobre a qual se depositou recentemente um aterro. A argila mole, em processo de adensamento, sofre recalques e o atrito negativo desenvolve-se ao longo das camadas de aterro e de argila mole (Fig. 18.1b).

c. Um terceiro caso, semelhante ao segundo, ocorre quando se promove um rebaixamento do lençol d'água em camada de areia acima de argila mole (Fig. 18.1c) ou alívio de pressões em camada de areia abaixo de argila mole (Fig. 18.1d). Coloca-se a argila mole em processo de adensamento e provoca-se o atrito negativo nas estacas executadas naquela obra ou em estacas de obras vizinhas[2].

---

1. Segundo Zeevaert (1983), pode-se admitir que o volume de argila amolgada seja igual ao volume da estaca. Assim, uma estaca de seção circular de diâmetro B, amolga uma coroa circular de espessura da ordem de $0,2B$. O atrito negativo decorrente desse efeito será, no máximo, igual ao peso do solo amolgado.

2. Quando se construiu o metrô do Rio de Janeiro ao longo da Avenida Presidente Vargas, foram constatados recalques em prédios estaqueados ao longo da avenida.

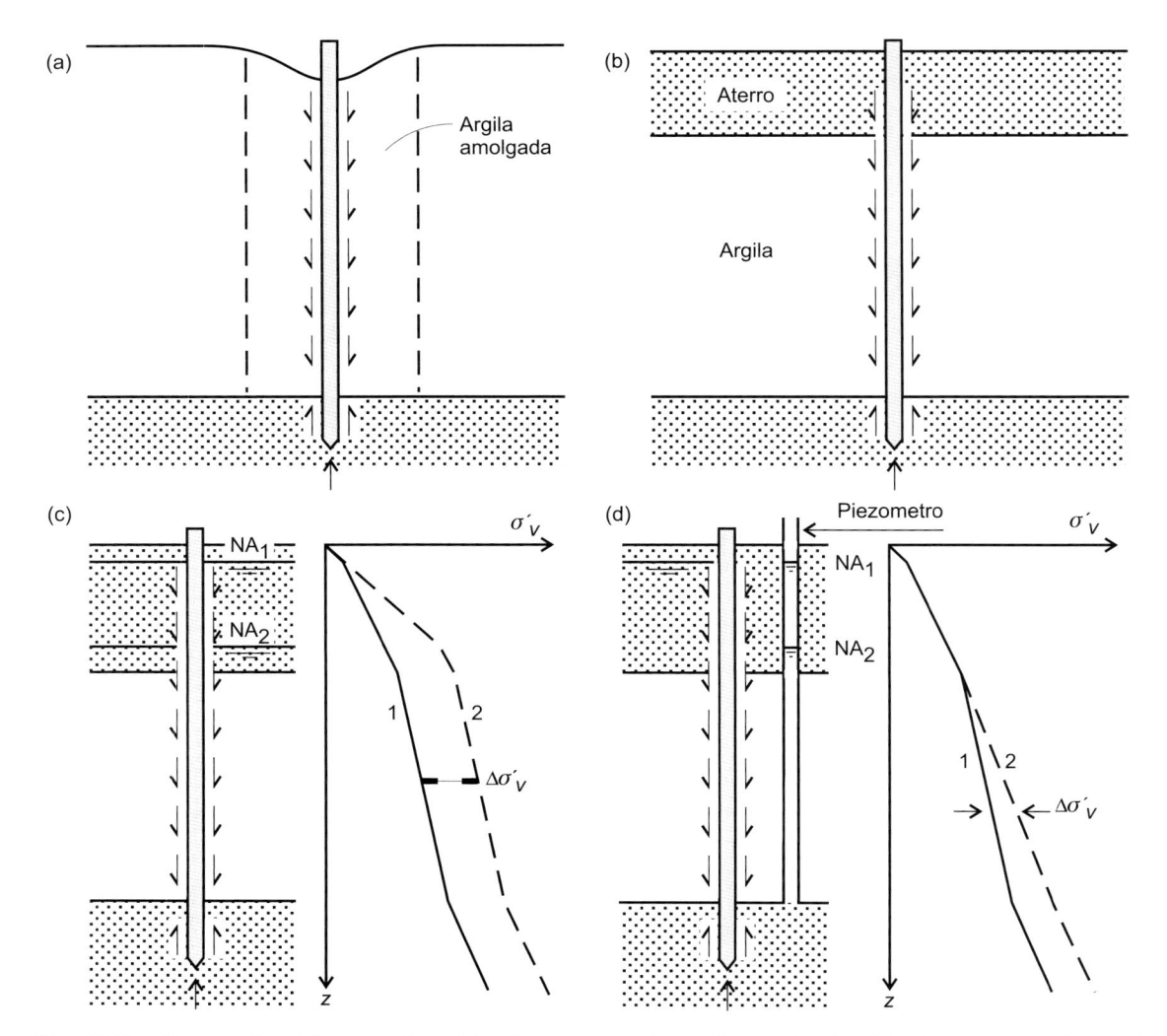

Fig. 18.1 – Causas do atrito negativo: (a) adensamento de argila amolgada; (b) adensamento de argila por aterro; (c) idem por rebaixamento do lençol d'água; (d) idem por alívio de poropressões em lençol confinado

d. As estacas cravadas em solos subadensados, em processo de adensamento sob a ação do peso próprio, também estarão sujeitas ao atrito negativo.
e. As estacas cravadas em solos colapsíveis que, quando saturados, entram em processo de adensamento. Crê-se ter sido essa a causa dos elevados recalques em algumas obras do início da construção de Brasília, quando se desconhecia a colapsibilidade da argila porosa lá encontrada.

Em todos os casos mencionados, verifica-se que o atrito negativo decorre do adensamento de camadas de solo de baixa permeabilidade. Consequentemente, é um fenômeno que se desenvolve ao longo do tempo, crescendo até atingir um valor máximo (ver, por exemplo, Endo et al., 1969). Na bibliografia sobre o assunto, fica claro que o atrito negativo é um problema de recalque da fundação. Ele não é capaz de levar à ruptura uma estaca por perda da capacidade de carga do solo, pois essa ruptura seria precedida de um recalque da estaca em relação ao solo que inverteria o sinal do atrito. Teoricamente, pelo menos, seria possível a ruptura estrutural da estaca, seja por compressão, seja por flambagem (Combarieu, 1985).

Na literatura internacional, são inúmeros os relatos de problemas decorrentes desse efeito. Uma boa retrospectiva é encontrada em Combarieu (1985) e os casos mais impressionantes são relatados por Zeevaert (1973, 1983) de obras na Cidade do México.

Pelo exposto, fica claro que o atrito negativo ocorre quando o recalque do terreno em torno da estaca é maior do que o da estaca; o atrito positivo ocorre quando o recalque do terreno é menor do que o da estaca. Haverá uma certa profundidade onde os recalques são iguais, isto é, uma profundidade onde não haverá deslocamento relativo entre a estaca e o solo. Essa profundidade define o *ponto neutro*. Acima do ponto neutro tem-se atrito negativo; abaixo, o atrito positivo.

Quando há apenas uma camada de argila mole sobrejacente a solo competente, não há duvida de que o *ponto neutro* situa-se na base dessa camada, ou um pouco acima (se ela for muito espessa). Entretanto, em alguns casos da prática, quando há uma sequência de camadas de baixa consistência intercaladas por camadas de material de melhor qualidade, fica-se em dúvida sobre onde estaria situado o *ponto neutro* (ou até que camada se deve considerar geradora de atrito negativo). Nesses casos, é preciso elaborar um perfil de recalques do terreno provocados pelo aterro, e acrescentar uma linha ou perfil que represente o recalque esperado para a estaca; o *ponto neutro* estaria onde os perfis se cruzarem.

O atrito negativo como um carregamento adicional

Há dois aspectos a considerar no atrito negativo: (1) é um carregamento adicional (soma-se às cargas aplicadas no topo da estaca) e (2) influencia a capacidade de carga da estaca.

No primeiro aspecto, segundo Combarieu (1985), uma estaca atravessa uma camada de solo compressível que se adensa e provoca sobre a estaca um atrito negativo Q_n; se no topo da estaca for aplicada uma carga permanente Q, conforme o valor relativo entre Q_n e Q, tem-se um diagrama de esforços normais na estaca como mostrado na Fig. 18.2a ou b.

Ao se aplicar uma sobrecarga temporária S ao topo da estaca, o diagrama de esforços normais tem a configuração mostrada na Fig. 18.2c, em que a sobrecarga S não se soma às forças Q e Q_n. Ela provoca deformações elásticas na estaca, que produzem, local e temporariamente, uma redução do atrito negativo pela inversão do deslocamento relativo entre solo e estaca.

As experiências realizadas na França e no Canadá mostram que uma sobrecarga S aplicada no topo da estaca, de mesma intensidade que o atrito negativo Q_n, produz um esforço normal na estaca, na altura do ponto neutro, que pode ser superior a $Q + Q_n$. O aspecto benéfico do caráter cíclico das sobrecargas leva às duas seguintes condições a serem verificadas no dimensionamento:

$$Q + Q_n < Q_{adm} \qquad \text{(18.1a)}$$

$$Q + S < Q_{adm} \qquad \text{(18.1b)}$$

onde Q_{adm} é a carga admissível da estaca calculada abaixo do ponto neutro.

A segurança na ocorrência de atrito negativo pela norma brasileira

A norma brasileira NBR 6122 propõe que a carga admissível de uma estaca sujeita a atrito negativo seja calculada com

$$Q_{adm} = \frac{Q_{p,ult} + Q_{l,ult}}{FS} - Q_n \qquad \text{(18.2)}$$

onde $Q_{l,ult}$ é a capacidade de carga lateral positiva (que se desenvolve abaixo do ponto neutro) e FS é o fator de segurança global (cujo emprego é conhecido como "método de valores admissíveis"). Para o valor de FS, deve-se consultar a norma. Há, ainda, na norma, a alternativa de

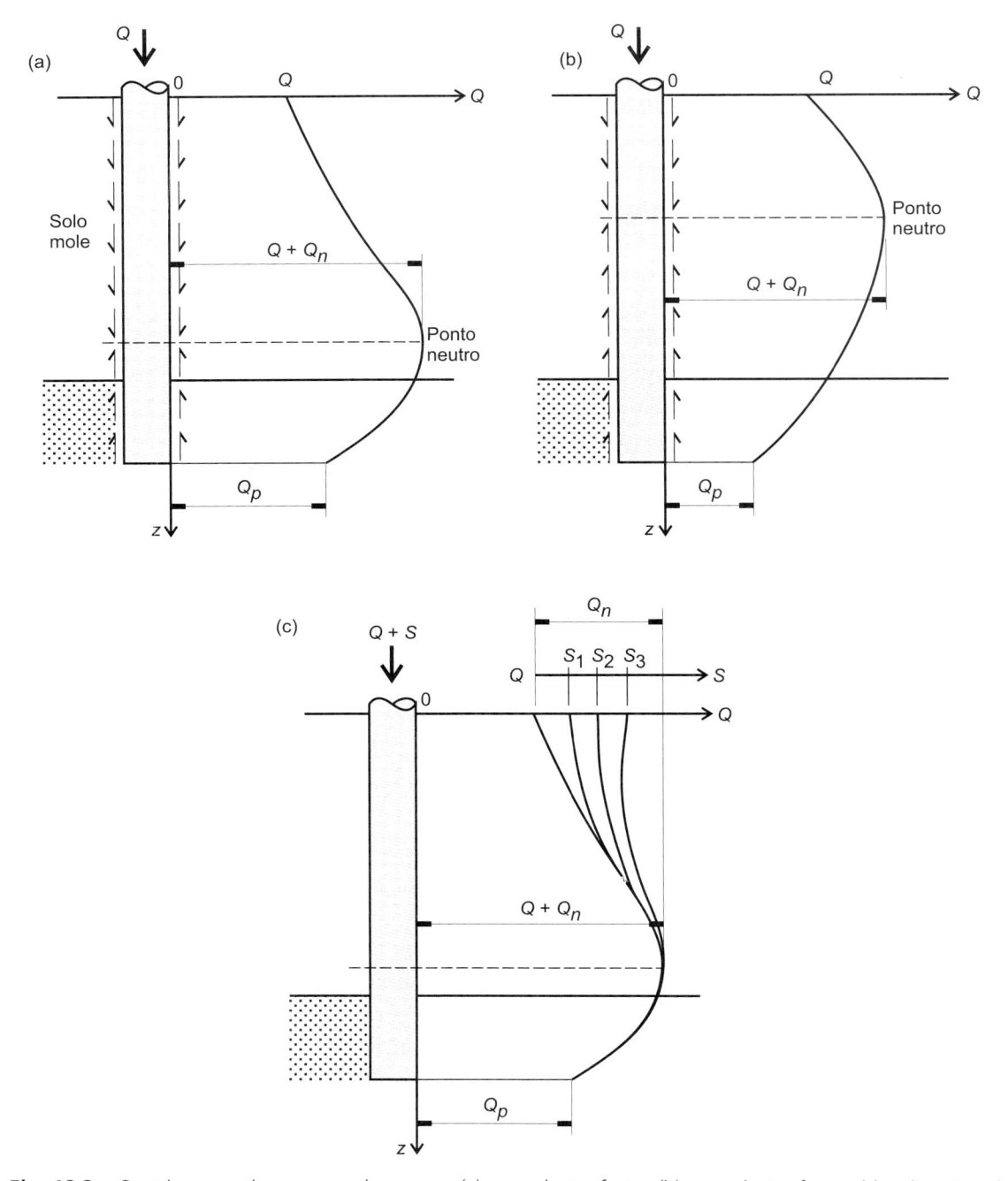

Fig. 18.2 – *O atrito negativo como sobrecarga: (a) caso de Q_n forte; (b) caso de Q_n fraco; (c) aplicações de sobrecargas temporárias*

verificar a carga na estaca por fatores de segurança parciais (também conhecido como "método de valores de projeto").

O atrito negativo como capaz de reduzir a capacidade de carga da estaca

Como visto no Cap. 12, a capacidade de carga de uma estaca depende das tensões efetivas atuantes ao longo do fuste e no nível da ponta. Quando há atrito negativo, o solo que envolve a estaca como que "se pendura" nela, o que causa um *alívio de tensões verticais* nas proximidades da estaca. Assim, as tensões verticais efetivas junto da estaca são menores do que as tensões a uma certa distância (que seriam as tensões geostáticas, considerando a presença do aterro). A Fig. 18.3a mostra a tensão vertical efetiva real junto da estaca σ'_z e a tensão geostática $(q_o + \gamma' z)$, que se cruzam na profundidade h_c correspondente ao ponto neutro. A rigor, portanto, as tensões verticais efetivas junto da estaca abaixo do ponto neutro, que produzem atrito positivo, não podem ser consideradas iguais às geostáticas.

18.1.2 Estimativa do Atrito Negativo

A compreensão do fenômeno do atrito negativo é bastante simples, enquanto a quantificação é bastante complexa. O atrito negativo depende do deslocamento relativo entre o solo e a estaca, ou seja, da diferença entre os recalques do solo e da estaca. Como o cálculo do recalque do solo pressupõe o conhecimento do campo de tensões gerado pela sobrecarga, uma parte do solo "se pendura" na estaca e, consequentemente, o campo de tensões não é o mesmo que se teria se não houvesse estaca. Por outro lado, esse efeito depende do recalque da estaca. Em resumo, os recalques do solo e da estaca não podem ser calculados independentemente. Se, para a estaca isolada, o problema já é complicado, ele é mais ainda quando se tem um grupo de estacas. Também a avaliação do atrito unitário τ_n não é simples.

Segundo Combarieu (1985), os métodos de cálculo do atrito negativo podem ser classificados em dois grupos: elásticos e elastoplásticos.

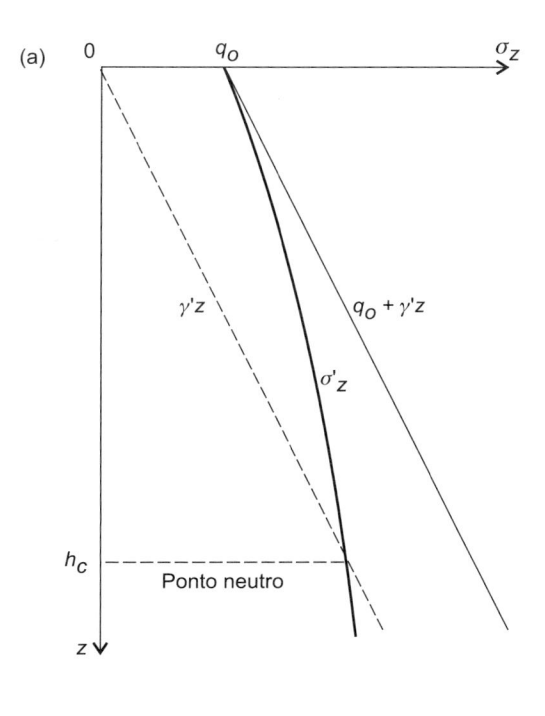

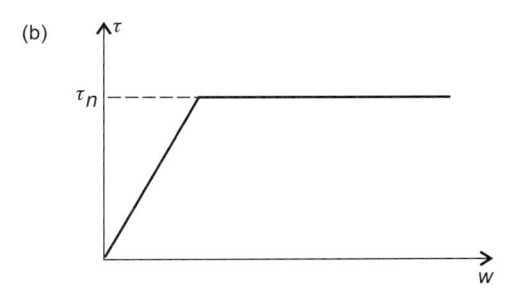

Fig. 18.3 – Atrito negativo: (a) perfil de tensões verticais reais e geostáticas e (b) relação elasto-plástica para atrito versus recalque

Nos *métodos elásticos*, levanta-se a hipótese de que o solo é um material elástico linear. Outras hipóteses são introduzidas como, por exemplo, a indeslocabilidade da ponta da estaca. É o caso do método de Poulos e Davis (1980).

Nos *métodos elastoplásticos*, adota-se uma lei que relaciona o deslocamento vertical w à tensão cisalhante τ, cujo máximo é τ_n, que permanece constante além de um dado deslocamento (Fig. 18.3b).

Apresentam-se a seguir os principais métodos de previsão do atrito negativo. Os resultados da aplicação dos diversos métodos podem ser muito diferentes. O primeiro método é o mais simples e não considera a possibilidade do ponto neutro situar-se acima da base da camada de argila mole, nem a presença de outras estacas. Os métodos seguintes, que consideram essas possibilidades, podem fornecer estimativas de atrito negativo menores, em especial no caso de estacas longas e que estejam próximas de outras. A aplicação dos diferentes métodos a um caso bem documentado da literatura, de Combarieu (1985), pode ser vista na obra de Oliveira (2000).

(a) Método Simples

Um método simples consiste em supor que o ponto neutro está na base da camada de argila mole e em utilizar uma expressão para o cálculo do atrito em condições drenadas (ver Eq. 12.21). Essa suposição é correta, pois se trata de um fenômeno que se desenvolve com o processo de adensamento, atingindo o valor máximo na condição drenada. A expressão fundamental para o atrito é:

$$\tau_n = a + K \sigma'_v \, \mathrm{tg}\,\delta \qquad (18.3)$$

onde: a = aderência entre solo e estaca, geralmente desprezada;
σ'_v = tensão vertical efetiva *junto da estaca* na profundidade em estudo;
K = coeficiente de empuxo lateral;
δ = ângulo de atrito solo-estaca.

Pode-se dizer que σ'_v depende dos seguintes fatores: (a) tipo de estaca (processo de execução); (b) grau de adensamento; (c) presença de outras estacas (efeito de grupo).

Para uma estaca isolada (ou em grupo esparso), pode-se adotar, por simplicidade (Long e Healy, 1974),

$$\tau_n = K \, \mathrm{tg}\,\delta \, \xi \, \sigma'_{vo} = \beta \xi \, \sigma'_{vo} \qquad (18.4)$$

onde: $\beta = K \, \mathrm{tg}\,\delta$ (Cap. 12, Eqs. 12.28 e 12.29);
ξ = fator que considera a redução da tensão vertical efetiva geostática em decorrência da transferência de carga do solo para a estaca (*alívio de tensão vertical*);
σ'_{vo} = tensão vertical efetiva geostática na profundidade em estudo.

As sugestões para valores de $\beta\xi$ para estimar o atrito negativo são (Long e Healy, 1974):

Solo	$\beta\xi$
Argilas	0,20 a 0,25
Siltes	0,25 a 0,35
Areias	0,35 a 0,50

(b) Contribuição de Zeevaert

Zeevaert foi o autor que mais pesquisou o atrito negativo. Na segunda edição do seu livro (Zeevaert, 1983) encontra-se uma detalhada análise do problema para estacas isoladas e grupos de estacas. É uma referência para os que desejam se aprofundar no assunto.

(c) Contribuição de De Beer e Wallays

De Beer e Wallays (1968) publicaram um notável trabalho a partir das ideias de Zeevaert, procurando melhorá-las.

Se γ é o peso específico efetivo do solo, o equilíbrio de uma fatia *abcd* (ver Fig. 18.4) fornece:

$$A\gamma \, dz + p_{v,z} A - \left(p_{v,z} + \frac{dp_{v,z}}{dz} dz\right) A - \tau U \, dz = 0 \qquad (18.5a)$$

ou, simplificando,

$$A\gamma - \frac{dp_{v,z}}{dz} A = \tau U \qquad (18.5b)$$

Ao se admitir que $p_{v,z}$ é constante ao longo da área A (o que é uma hipótese a favor da segurança porque, junto à estaca, essa pressão é menor e, consequentemente, menor será a tensão cisalhante τ entre solo e estaca), tem-se:

$$\tau = \sigma_{h,z}\,\mathrm{tg}\,\delta = p_{v,z} K_o\,\mathrm{tg}\,\delta \qquad (18.6)$$

desprezando a aderência. Para K_o, pode-se adotar o valor correspondente ao coeficiente de empuxo no repouso de solos normalmente adensados $1 - \mathrm{sen}\,\varphi'$ e, para δ, pode ser tomar o valor do ângulo de atrito efetivo φ' do solo. Com isso,

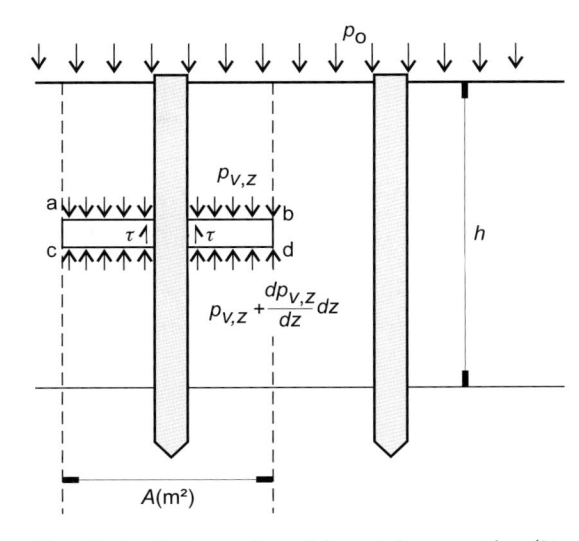

$$K_o\,\mathrm{tg}\,\delta = (1 - \mathrm{sen}\,\varphi')\,\mathrm{tg}\,\varphi' \qquad (18.7)$$

Fig. 18.4 – Estaca submetida a atrito negativo (De Beer; Wallays, 1968)

Para os valores usuais de φ', compreendidos entre 15° e 30°, a expressão (18.7) assumirá valores entre 0,2 e 0,3, com o valor médio 0,25 frequentemente adotado.

Com

$$m_1 = \frac{K_o\,\mathrm{tg}\,\varphi'\,U}{A} \qquad (18.8)$$

a equação diferencial (18.5b) fica:

$$\frac{dp_{v,z}}{dz} + m_1 p_{v,z} = \gamma \qquad (18.9)$$

Ao levar-se em conta que, para $z = 0$, $p_{v,z} = p_o$, a integração de (18.9) conduz a:

$$p_{v,z} = \frac{\gamma}{m_1}[1 - \exp(-m_1 z)] + p_o \exp(-m_1 z) \qquad (18.10)$$

Essa fórmula é análoga à que fornece a pressão em um silo e mostra o efeito mencionado do solo "se pendurar" na estaca (ou *alívio de tensão vertical*), uma vez que

$$p_{v,z} \leqslant p_{o,z} = \gamma z + p_o \qquad (18.11)$$

Se h é a espessura da camada compressível, o atrito negativo Q_n sobre a estaca é dado por:

$$Q_n = \int_0^h U\tau\,dz \qquad (18.12)$$

Tendo em vista (18.5b),

$$Q_n = \int_0^h \left(A\gamma - \frac{dp_{v,z}}{dz}A\right)dz \qquad (18.13)$$

ou

$$Q_n = A(p_{o,h} - p_{v,h}) \qquad (18.14)$$

Com

$$p_{o,h} = p_o + \gamma h \qquad (18.15)$$

$$p_{v,h} = \frac{\gamma}{m_1}[1 - \exp(-m_1 h)] + p_o \exp(-m_1 h) \qquad (18.16)$$

e considerando-se a Eq. (18.8), obtém-se (com algumas transformações)

$$Q_n = A\left\{\gamma h + \left(p_o - \frac{\gamma}{\frac{U}{A}K_o \operatorname{tg}\varphi'}\right)\left[1 - \exp\left(-\frac{Uh}{A}K_o \operatorname{tg}\varphi'\right)\right]\right\} \quad (18.17)$$

ou ainda

$$\frac{Q_n}{\gamma h A} = 1 + \left(\frac{p_o}{\gamma h} - \frac{1}{\frac{Uh}{A}K_o \operatorname{tg}\varphi'}\right)\left[1 - \exp\left(-\frac{Uh}{A}K_o \operatorname{tg}\varphi'\right)\right] \quad (18.18)$$

Quando o produto $K_o \operatorname{tg}\varphi'$ puder ser admitido constante, a Eq. (18.18) representa uma relação entre três relações adimensionais:

$$\frac{Q_n}{\gamma h A}, \quad \frac{p_o}{\gamma h} \quad \text{e} \quad \frac{Uh}{A}$$

O atrito negativo sobre uma estaca é a soma de duas parcelas:
- o termo $Q_{n,o}$ que considera a influência da sobrecarga p_o e
- o termo $Q_{n,\gamma}$ que considera o peso do solo em torno da estaca, ou

$$Q_n = Q_{n,o} + Q_{n,\gamma} \quad (18.19)$$

Com efeito, com $\gamma = 0$, obtém-se:

$$\frac{Q_{n,o}}{A p_o} = 1 - \exp\left(-\frac{Uh}{A}K_o \operatorname{tg}\varphi'\right) \quad (18.20)$$

e com $p_o = 0$:

$$\frac{Q_{n,\gamma}}{\gamma h A} = 1 - \frac{1}{\frac{Uh}{A}K_o \operatorname{tg}\varphi'}\left[1 - \exp\left(-\frac{Uh}{A}K_o \operatorname{tg}\varphi'\right)\right] \quad (18.21)$$

Ao aplicar-se (18.20) e (18.21) em (18.19), reproduz-se (18.17).

Pode-se determinar um valor máximo para o atrito negativo, o qual será obtido desprezando-se o alívio de tensões no terreno decorrente da presença das estacas, isto é, com:

$$p_{v,z} = p_{o,z}$$

tem-se:

$$Q_{n,\text{máx}} = K_o U \operatorname{tg}\varphi' \int_o^h p_{o,z}\, dz \quad (18.22)$$

ou

$$Q_{n,\text{máx}} = K_o U \operatorname{tg}\varphi' \left(p_o h + \frac{\gamma h^2}{2}\right) \quad (18.23)$$

As Eqs. (18.8) e (18.9) mostram que esse valor de atrito negativo máximo é obtido fazendo-se nessa equações $A \to \infty$.

A contribuição de De Beer e Wallays procura corrigir a adoção de $p_{v,z}$ sobre a área A, utilizando uma hipótese simplificadora que conduz a um procedimento de cálculo bem mais simples do que o proposto por Zeevaert (1983). Admite-se que a influência de uma sobrecarga não se faz sentir fora de um cone, com ângulo no vértice de 90°, e vértice no ponto de aplicação da carga (Fig. 18.5a).

Considere-se separadamente a influência da sobrecarga p_o sobre a camada mole e do peso próprio dessa camada. De acordo com a hipótese admitida, no ponto **N** (Fig. 18.5b) à profundidade z, as pressões são influenciadas pela sobrecarga p_o que se encontra no interior do cone, cujo círculo de base tem o diâmetro

$$nn' = 2z$$

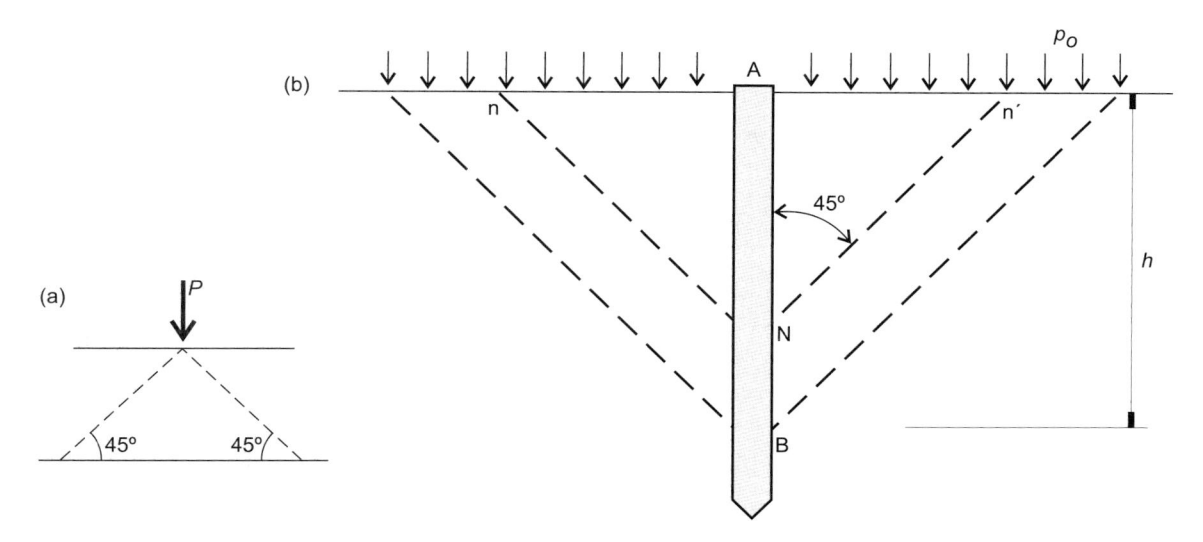

18 Problemas Especiais em Fundações Profundas

Fig. 18.5 – Influência da sobrecarga (De Beer; Wallays, 1968)

O diâmetro desse círculo é nulo para o ponto A e igual a $2h$ para o ponto B. Portanto, o valor médio é igual a h. Assim, admite-se, aproximadamente, que a área A_o a introduzir no cálculo de $Q_{n,o}$ para o caso de uma estaca isolada é:

$$A_o = \frac{\pi h^2}{4} \qquad (18.24)$$

Para o cálculo da parcela $Q_{n,\gamma}$, correspondente ao peso próprio da camada mole, pode-se demonstrar que o diâmetro de influência é igual a $h/2$ e admite-se, aproximadamente, que a área A_γ a introduzir no cálculo é:

$$A_\gamma = \frac{\pi h^2}{16} \qquad (18.25)$$

O valor obtido com (18.24) é levado em (18.20) e o valor obtido com (18.25) em (18.21). Esses valores referem-se à estaca isolada.

Quando se tem um grupo de estacas, cabe distinguir as estacas internas, as de bordo e as de canto.

(a) Para o cálculo da influência de p_o

Para uma estaca isolada (ver Fig. 18.6), foi admitido que a área de influência é dada pela Eq. (18.24). O lado x do quadrado de mesma área vale:

$$x = h\sqrt{\frac{\pi}{4}} \cong 0{,}9h \qquad (18.26)$$

Se a e b são os espaçamentos entre as linhas de estacas (Fig. 18.6) supõe-se que
$a < 0{,}9h$ e $b < 0{,}9h$

Nesse caso, a área A_o é calculada da seguinte forma:
- Estaca interior: $A_o = ab$
- Estaca no bordo: $A_o = \left(0{,}9\frac{h}{2} + \frac{b}{2}\right)a$ ou $A_o = \left(0{,}9\frac{h}{2} + \frac{a}{2}\right)b$
- Estaca no canto: $A_o = (a + 0{,}9h)(b + 0{,}9h)/4$

Nessas expressões foi suposto que $a < 0{,}9h$ e $b < 0{,}9h$. No caso contrário, deve-se substituir a e/ou b por $0{,}9\,h$, conforme o caso.

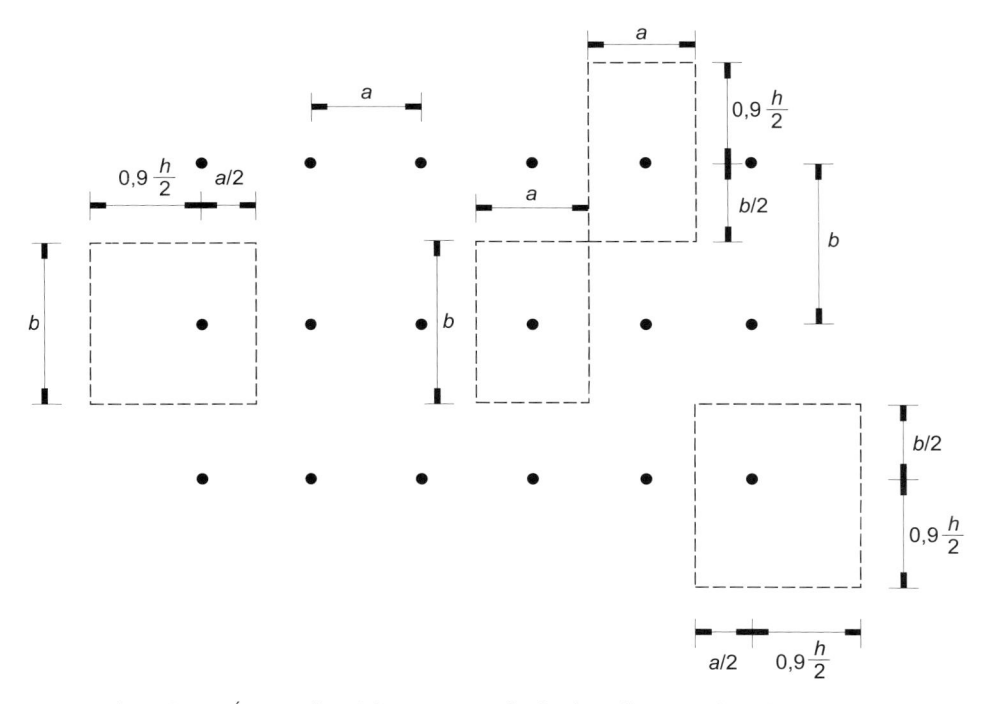

Fig. 18.6 – Áreas tributárias para o cálculo da influência da sobrecarga p_o

(b) Para o cálculo da influência do peso próprio γ

Para uma estaca isolada, foi admitido que a área de influência é dada pela Eq. (18.25). O lado y de um quadrado de mesma área é dado por:

$$y = h\sqrt{\frac{\pi}{16}} \cong 0{,}45h \tag{18.27}$$

Admite-se inicialmente que (Fig. 18.7)

$$a < 0{,}45h \quad \text{e} \quad b < 0{,}45h$$

Nesse caso, as áreas tributárias são calculadas da seguinte forma:
- Estaca interior: $A_\gamma = ab$
- Estaca no bordo: $A_\gamma = \left(0{,}45\frac{h}{2} + \frac{b}{2}\right)a$ ou $A_\gamma = \left(0{,}45\frac{h}{2} + \frac{a}{2}\right)b$
- Estaca no canto: $A_\gamma = (a + 0{,}45h)(b + 0{,}45h)/4$

Nessas expressões, foi suposto que $a < 0{,}45h$ e $b < 0{,}45h$. No caso contrário, deve-se substituir a e/ou b por $0{,}45h$, conforme o caso.

Caso em que o atrito negativo envolve duas camadas diferentes

Acontece frequentemente que o atrito negativo decorre de duas camadas diferentes (Fig. 18.8). É o caso de estacas que atravessam uma camada de aterro depositado sobre argila mole. Suponha que a camada superior tenha espessura h_1, peso específico efetivo γ_1, e ângulo de atrito efetivo φ_1, e, na camada inferior, esses parâmetros valem h_2, γ_2 e φ_2, respectivamente.

- Camada 1

De acordo com a Eq. (18.16), obtém-se na base da camada 1 uma pressão vertical média:

$$p_{v,h_1} = \frac{\gamma_1}{m_1}\left[1 - \exp(-m_1 h_1)\right] + p_o \exp(-m_1 h_1) \tag{18.28}$$

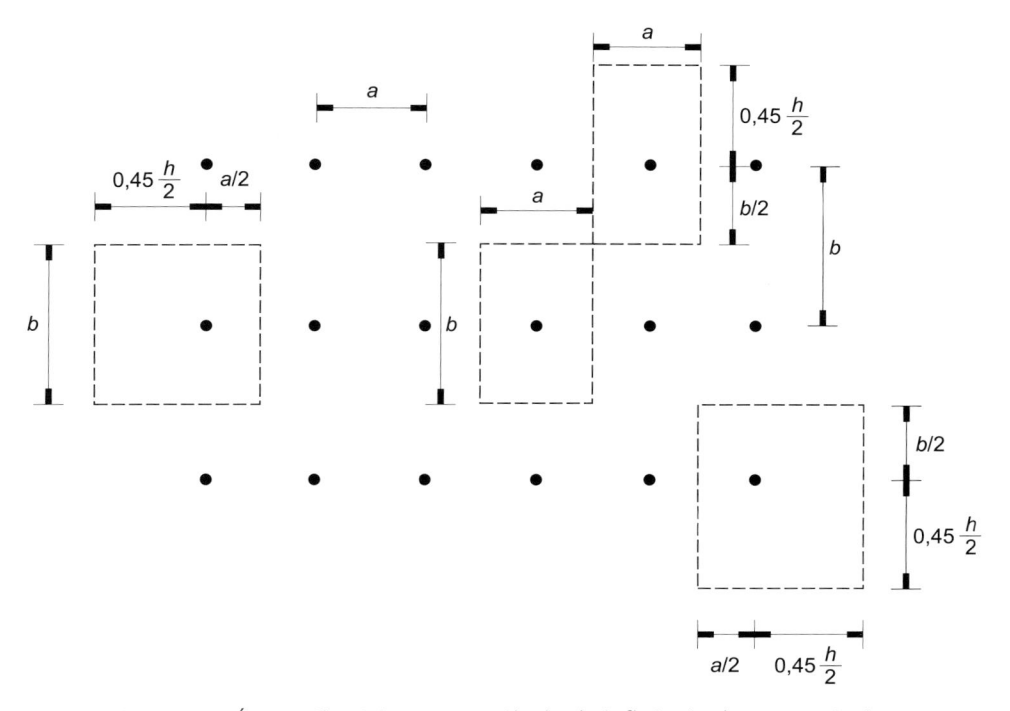

18 Problemas Especiais em Fundações Profundas

Fig. 18.7 – Áreas tributárias para o cálculo da influência do peso próprio γ

e, de acordo com (18.14), o atrito negativo na camada 1 valerá:

$$Q_{n,1} = A_1 \left(p_{o,h_1} - p_{v,h_1} \right) \quad \text{(18.29)}$$

com

$$p_{o,h_1} = p_o + \gamma_1 h_1 \quad \text{(18.30)}$$

Além disso,

$$Q_{n,1} = Q_{n,o,1} + Q_{n,\gamma,1} \quad \text{(18.31)}$$

separando-se as parcelas decorrentes da sobrecarga e do peso próprio.

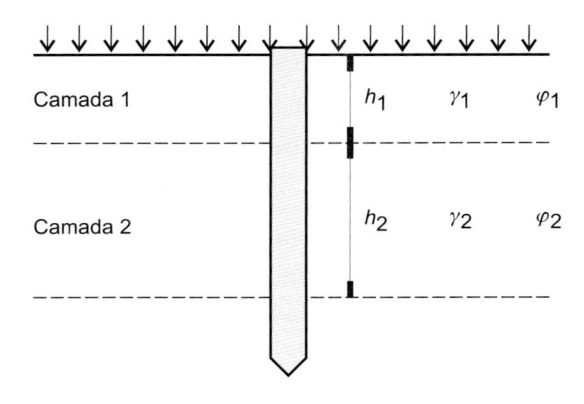

Fig. 18.8 – Atrito negativo em terreno constituído por duas camadas diferentes

- Camada 2

A camada 2 é carregada com:

$$(p_o)_2 = p_{v,h_1}$$

Na base da camada 2 obtém-se a pressão vertical média:

$$p_{v,h_2} = \frac{\gamma_2}{m_2} \left[1 - \exp(-m_2 h_2) \right] + (p_o)_2 \exp(-m_2 h_2) \quad \text{(18.32)}$$

de acordo com (18.14), o atrito negativo na camada 2 será:

$$Q_{n,2} = A_2 \left[(p_{o,h})_2 - p_{v,h_2} \right] \quad \text{(18.33)}$$

onde

$$(p_{o,h})_2 = (p_o)_2 + \gamma_2 h_2 \quad \text{(18.34)}$$

Algumas transformações mostram que se pode escrever:

$$Q_{n,2} = A_2 \left(p_{o,h_2} - p_{v,h_2} + p_{v,h_1} - p_{o,h_1} \right) \quad (18.35)$$

com

$$p_{o,h_2} = p_o + \gamma_1 h_1 + \gamma_2 h_2 \quad (18.36)$$

O atrito negativo $Q_{n,2}$ na camada 2 pode ser decomposto em duas parcelas:

$$Q_{n,2} = Q_{n,o,2} + Q_{n,\gamma,2} \quad (18.37)$$

correspondentes à sobrecarga e ao peso próprio, respectivamente.

Se as áreas $A_{o,1}$ e $A_{o,2}$ forem diferentes, a sobrecarga $(p_o)'_2$ no topo da camada 2 pode ser calculada pela fórmula:

$$(p_o)'_2 = \frac{A_{o,2}\, p_{o,h_1} - Q_{n,1}}{A_{o,2}} \quad (18.38)$$

Profundidade do Ponto Neutro

De Beer e Wallays chegam, para a profundidade h_c do ponto neutro, à expressão:

$$\frac{h_c D}{A} = \frac{2{,}3}{\pi K_o \operatorname{tg}\varphi} \log \frac{1 - \pi K_o \operatorname{tg}\varphi \frac{p_o D}{\gamma A}}{1 - \pi K_o \operatorname{tg}\varphi \frac{h_c D}{A}} \quad (18.39)$$

Essa profundidade deve ser calculada quando a espessura da camada mole for grande ou quando a sobrecarga (ou espessura de aterro) for pequena.

Influência da aderência

Segundo o *Teorema dos Estados Correspondentes* de Caquot, um solo caracterizado por c e φ atinge um estado limite de equilíbrio sob um dado carregamento quando um solo caracterizado pelo mesmo φ, mas com $c = 0$, é submetido ao mesmo carregamento acrescido de uma pressão esférica igual a $c \cot \varphi$. De Beer e Wallays mostram que, ao se aplicar esse teorema quando se faz a aderência a igual à coesão c, tudo se passa como se o solo tivesse um peso específico fictício dado por:

$$\gamma_f = \gamma - \frac{K_o U c}{A} \quad (18.40)$$

Valor de K_o

De acordo com De Beer e Wallays, pode-se tomar para K_o o valor correspondente ao empuxo no repouso de solos normalmente adensados ($K_o = 1 - \operatorname{sen}\varphi'$) no caso de estacas escavadas e de estacas cravadas em argilas moles. Já no caso de estacas cravadas em solos arenosos, é possível que apareçam tensões horizontais bem acima do valor correspondente ao empuxo no repouso. Nesses casos, é prudente adotar um K_o maior do que 1.

(d) Contribuição de Combarieu

Em seu extenso trabalho de pesquisa, Combarieu (1985) apresenta um método de cálculo do atrito negativo, em estacas isoladas e grupos de estacas, detalhado a seguir.

Estaca isolada

Admite-se, como regra geral, que o atrito negativo unitário máximo τ_n é dado por:

$$\tau_n = K\,\mathrm{tg}\,\delta\; q'(z) \tag{18.41}$$

onde: $q'(z)$ = tensão vertical efetiva no solo junto à estaca, na profundidade z;
$\mathrm{tg}\,\delta$ = coeficiente de atrito solo-estaca;
K = coeficiente de empuxo.

Se h_c é o comprimento da estaca ao longo do qual atua o atrito negativo, tem-se:

$$Q_n = 2\pi R \int_o^{h_c} (K\,\mathrm{tg}\,\delta)\,q'(z)\,dz \tag{18.42}$$

onde $R = U/2\pi$, sendo U o perímetro da estaca.

A experiência mostra que não se pode determinar analiticamente o termo $K\,\mathrm{tg}\,\delta$. Em obras importantes, ele deverá ser medido em ensaio no local. Para efeito de cálculos aproximados, fornecem-se os valores da Tab. 18.1.

Tab. 18.1 – Valores de $K\,\mathrm{tg}\,\delta$

Tipo de estaca e de solo	$K\,\mathrm{tg}\,\delta$
Estacas com pintura asfáltica em argilas	0,02
Estacas com película anular de bentonita	0,05
Estacas cravadas em solos argilosos moles e solos orgânicos	0,20*
Estacas escavadas sem revestimento, idem acima	0,15
Estacas escavadas com revestimento perdido, idem acima	0,10
Estacas cravadas em solos argilosos rijos a duros	0,30**
Estacas escavadas sem revestimento, idem acima	0,20
Estacas escavadas com revestimento perdido, idem acima	0,15
Estacas cravadas em solos argilosos sensíveis – atrito negativo por amolgamento	0,10
Estacas em areias, pedregulhos, fofos	0,35
Estacas em areias e pedregulhos, medianamente compactos	0,45
Estacas em areias e pedregulhos, compactos	0,5 a 1 e mais***

*Reduzir para 0,15 em estacas cravadas com ponta aberta;   **Reduzir para 0,20 em estacas cravadas com ponta aberta;   ***Às estacas cravadas correspondem os valores mais elevados; às estacas escavadas, os menores.

Método de cálculo

O método de cálculo proposto por Combarieu prescinde do valor do recalque do solo, supondo, apenas, que ele tenha uma "compressibilidade suficiente", e leva em conta a influência da presença da estaca sobre as tensões que atuam junto a ela. O princípio do método está no fato de que o atrito negativo resulta da transmissão de um esforço do solo para a estaca. Esse mecanismo não pode se desenvolver sem que haja uma redução da tensão vertical no solo nas proximidades da estaca: essa redução é máxima junto à estaca e se anula a uma certa distância (Fig. 18.9).

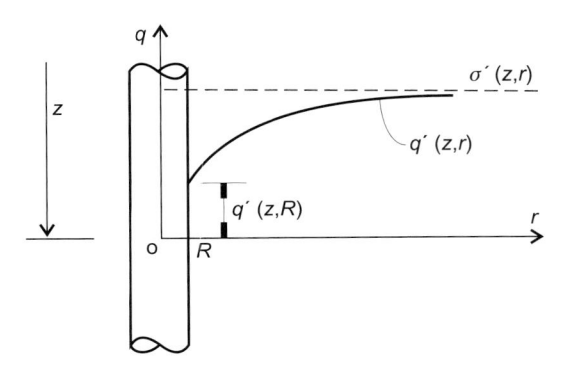

Fig. 18.9 – Variação da tensão vertical próximo da estaca

Sejam: $\sigma'_o(z)$ = tensão efetiva vertical no solo inicial, antes da instalação das estacas;

$\sigma'(z,r)$ = tensão efetiva vertical no solo após receber a sobrecarga, sem levar em conta as estacas (tensão não perturbada), igual a $q_o + \sigma'_o(z)$ no caso de uma sobrecarga q_o;

$q'(z,r)$ = tensão efetiva vertical *real*, ou seja, aquela que leva em conta a presença das estacas, que junto da estaca é $q'(z,R)$ determinando $\tau_n = K \operatorname{tg}\delta \, q'(z,R)$ [3].

É proposta para $q'(z,r)$ a seguinte expressão, para $r \geq R$:

$$q'(z,r) = q'(z,R) + [\sigma'(z,r) - q'(z,R)] \left[1 - \exp\left(-\lambda \frac{r-R}{R}\right)\right] \quad (18.43)$$

O coeficiente λ traduz a ação do solo "pendurar-se" na estaca. Se $\lambda = 0$, tem-se $q'(z,r) = q'(z,R)$, isto é, a suspensão é máxima; para $\lambda \to \infty$, tem-se $q'(z,r) = \sigma'(z,r)$, isto é, a suspensão é nula, e tudo se passa como se a estaca não existisse.

Para determinar o valor de $q'(z,R)$ faz-se o equilíbrio de uma fatia de solo de espessura dz em torno da estaca. Obtém-se a seguinte equação diferencial:

$$\frac{dq'(z,R)}{dz} + m(\lambda) \, q'(z,R) = \frac{d\sigma'(z,R)}{dz} \quad (18.44)$$

com

$$m(\lambda) = \frac{\lambda^2}{1+\lambda} \frac{K \operatorname{tg}\delta}{R} \quad (18.45)$$

Ao considerar-se um intervalo em que $d\sigma'/dz$ possa ser admitido constante, a integração da Eq. (18.44) fornece:

$$q'(z,R) = \frac{1}{m}\frac{d\sigma'}{dz} + e^{-mz}\left[\sigma'(0,R) - \frac{1}{m}\frac{d\sigma'}{dz}\right] \quad (18.46a)$$

Quando $\lambda = 0$:

$$q'(z,R) = \sigma'(0,R) + z\frac{d\sigma'}{dz} = \sigma'(z,R) \quad (18.46b)$$

como era de se esperar.

A profundidade crítica h_c é determinada com a hipótese de que o atrito negativo só ocorre enquanto $q'(z,R)$ for maior do que a tensão inicial $\sigma'_o(z)$, ou seja

$$q'(h_c, R) = \sigma'_o(h_c) \quad (18.47)$$

---

3. De Beer e Wallays admitem que essa tensão $q'(z,r)$, chamada por eles de $p_{v,z}$, seja constante a uma dada profundidade, isto é, independente de r. Por isso, o valor do atrito negativo calculado por eles é maior do que o calculado por Combarieu. Zeevaert, nos seus últimos trabalhos, também fez variar $q'(z,r)$ com r.

18 Problemas Especiais em Fundações Profundas

Então, o atrito negativo total que carrega a estaca poderá ser calculado por uma das duas seguintes expressões:

$$Q_n = 2\pi R \int_0^{h_c} K\,\mathrm{tg}\,\delta\, q'(z,R)\,dz \quad \text{se} \quad h_c < H \tag{18.48}$$

ou

$$Q_n = 2\pi R \int_0^{H} K\,\mathrm{tg}\,\delta\, q'(z,R)\,dz \quad \text{se} \quad h_c > H \tag{18.49}$$

Cálculo prático geral

Tensão $\sigma'(z,r)$: é calculada por uma fórmula de distribuição de pressões, p. ex., Boussinesq. No caso de um carregamento uniformemente distribuído e infinito p_o tem-se

$$\sigma'(z,r) = p_o + \gamma' z$$

Coeficiente de suspensão λ: podem-se adotar os seguintes valores obtidos experimentalmente:

$$\lambda = \frac{1}{0{,}5 + 25 K\,\mathrm{tg}\,\delta} \quad \text{se} \quad K\,\mathrm{tg}\,\delta \leqslant 0{,}15$$

$$\lambda = 0{,}385 - K\,\mathrm{tg}\,\delta \quad \text{se} \quad 0{,}15 \leqslant K\,\mathrm{tg}\,\delta \leqslant 0{,}385$$

$$\lambda = 0 \quad \text{se} \quad K\,\mathrm{tg}\,\delta > 0{,}385$$

Tensão $q'(z,R)$ *ao longo da estaca*: o terreno é decomposto em camadas de espessura tal que se possa considerar $d\sigma'(z)/dz$ e $K\,\mathrm{tg}\,\delta$ como constantes. Na primeira camada, geralmente um aterro, de espessura h_1, $\sigma'(o,r)$ é conhecida e, em princípio, nula. As Eqs. (18.46) fornecem os valores de $q'(z,R)$ nessa camada e, em particular, $q'(h_1,R)$ será o valor $q'(o,R)$ na camada seguinte. Assim prosseguindo, de camada em camada, calcula-se o valor de $q'(z,R)$ ao longo de todo o fuste da estaca.

Profundidade crítica: nos casos mais frequentes, pode-se tomar a profundidade crítica como a altura da camada de solo mole acrescida da espessura da camada de aterro.

Atrito negativo: dado por

$$Q_n = \sum Q_{ni}$$

sendo Q_{ni} o atrito negativo na camada i de características constantes, dado por

$$Q_{ni} = \frac{2\pi R (K\,\mathrm{tg}\,\delta)_i}{m_i} \left\{ [\sigma'(h_{i+1}) - \sigma'(h_i)] - [q'(h_{i+1},R) - q'(h_i,R)] \right\} \tag{18.50a}$$

ou, se o $m_i = \lambda_i = 0$, dado por

$$Q_{ni} = 2\pi R (K\,\mathrm{tg}\,\delta)_i \int_i \sigma'(z,R)\,dz \tag{18.50b}$$

O cálculo é estendido até a profundidade h_c, se $h_c < H$, ou H, se $H \leqslant h_c$, em solo compressível, ou h'_c se $h'_c \ll h_c$ ou H em solo pouco compressível.

Caso particular de um solo homogêneo, uniformemente carregado

Nesse caso

$$q'(z,R) = \frac{\gamma'}{m} + e^{-mz}\left(p_o - \frac{\gamma'}{m}\right)$$

fornecendo, para $\sigma'(h_c,R) = \sigma'_o(h_c)$,

$$\frac{\gamma'}{m} + e^{-mh_c}\left(p_o - \frac{\gamma'}{m}\right) = \gamma' h_c$$

donde

$$e^{-mh_c} = \frac{mh_c - 1}{m\frac{p_o}{\gamma'} - 1}$$

com h_c determinado pela Fig. 18.10.

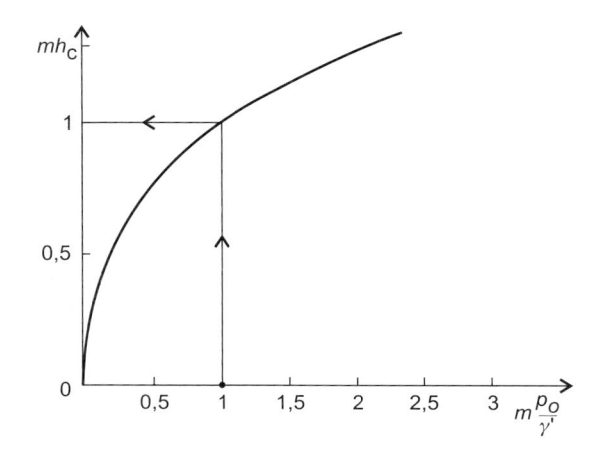

Fig. 18.10 – Determinação da profundidade crítica em solo homogêneo carregado uniformemente

Tem-se, finalmente, se $h_c < H$,

$$Q_n = Q_{n(h_c)} = \frac{2\pi R K \operatorname{tg}\delta}{m} p_o$$

portanto, há proporcionalidade entre Q_n e p_o.

E, se $h_c > H$,

$$Q_n = Q_{n(H)} = \frac{2\pi R K \operatorname{tg}\delta}{m}\left[\gamma' H + p_o - q'(H,R)\right].$$

Se a estaca atravessar uma camada de aterro de espessura h_{at} e peso específico γ_{at}, soma-se o termo correspondente $2\pi R (K \operatorname{tg}\delta) \gamma_{at}\frac{h_{at}^2}{2}$, posto que, em geral, nesse material, $\lambda = 0$.

Grupos de estacas

Efeito de grupo

No caso de uma estaca isolada, o efeito de suspensão do solo em torno da estaca provoca uma redução da tensão vertical. Em presença de várias estacas, esse efeito é ampliado tanto mais quanto menor for o espaçamento entre as estacas. É o efeito de grupo.

Grupo ilimitado

Considere-se um grupo ilimitado de estacas de seção transversal A_e e de raio equivalente $R = U/2\pi$, sendo U o perímetro, regularmente espaçadas, como mostra a Fig. 18.11a.

O elemento de altura H e área A_i é um elemento repetitivo na Fig. 18.11a. O problema, para uma estaca interior (e_i) pode ser resolvido como se fosse uma área anular de raio externo

$$r = \sqrt{\frac{ab}{\pi}}$$

e

$$A_i = \pi r^2 - A_e$$

O cálculo é feito como se fosse uma estaca isolada, com a análise restrita ao intervalo (R, r) e não mais (R, ∞).

Chega-se à equação diferencial:

$$\frac{dq'(z,R)}{dz} + m(\lambda,r)\, q'(z,R) = \frac{d\sigma'(z)}{dz} \quad (18.51)$$

com

$$m(\lambda,r) = \frac{\lambda^2}{1 + \lambda - \left(1 + \frac{\lambda r}{R}\right)\exp\left(-\lambda \frac{r-R}{R}\right)} \frac{K\,\mathrm{tg}\,\delta}{R} \quad (18.52a)$$

se $\lambda \neq 0$, ou ainda, se $\lambda = 0$:

$$m(0,r) = \frac{2}{\left(\frac{r}{R}\right)^2 - 1} \frac{K\,\mathrm{tg}\,\delta}{R} \quad (18.52b)$$

O caso da estaca isolada aparece como um caso limite do grupo quando r tende para o infinito com $m(\lambda,\infty) = m(\lambda)$ dado pela Eq. (18.45). Os valores de m são dados na Fig. 18.12.

A determinação da altura crítica e o cálculo do atrito negativo são feitos da mesma maneira como para uma estaca isolada.

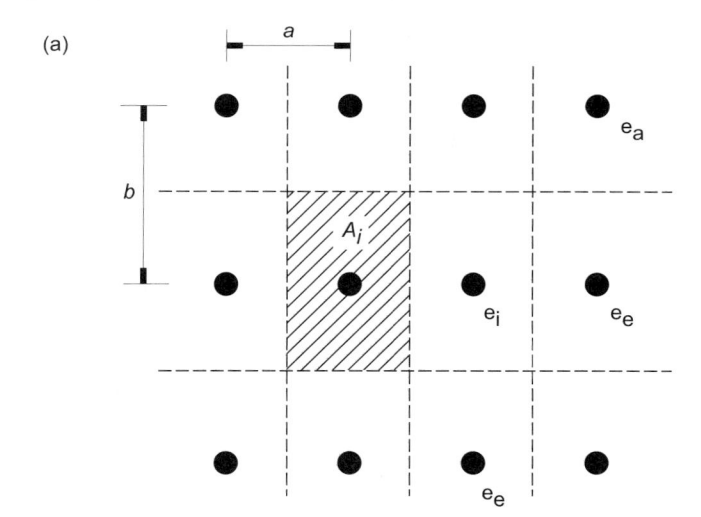

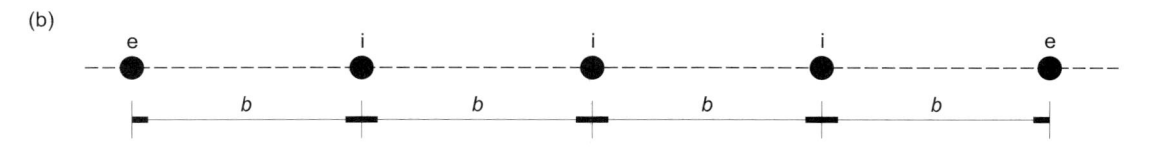

Fig. 18.11 – Grupos de estacas: (a) em malha retangular e (b) em linha

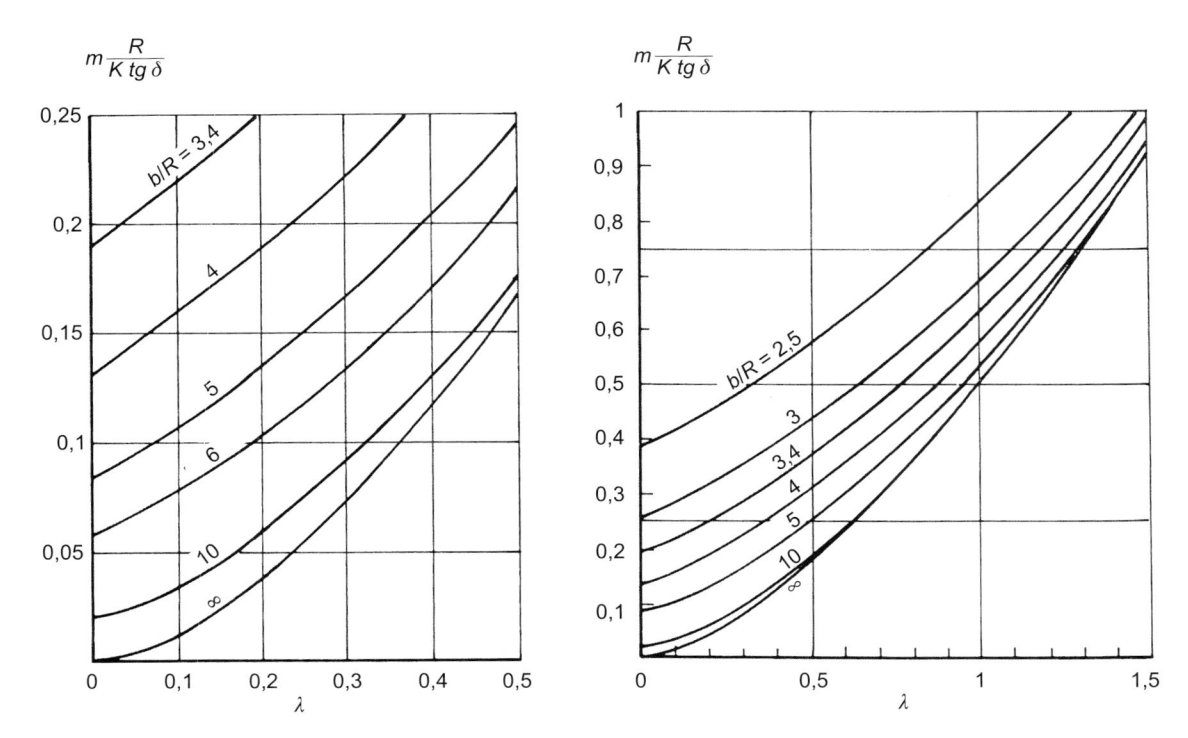

Fig. 18.12 – Determinação de m

Para um solo homogêneo em particular, uniformemente carregado com p_o, evidencia-se a existência da profundidade crítica h_c dada por:

$$e^{-m(\lambda,r)h_c} = \frac{m(\lambda,r)h_c - 1}{m(\lambda,r)\frac{p_o}{\gamma'} - 1} \quad \text{(ver Fig. 18.10)}$$

e os valores

$$Q_{n(h_c)} = \frac{2\pi RK \operatorname{tg}\delta}{m(\lambda,r)} p_o \leqslant p_o A_i, \quad \text{se} \quad h_c < H$$

ou

$$Q_{n(H)} = \frac{2\pi RK \operatorname{tg}\delta}{m(\lambda,r)} [\gamma' H + p_o - q'(H,R)], \quad \text{se} \quad h_c > H.$$

Cálculo prático do atrito negativo – grupo limitado de estacas

Uma linha de estacas

Neste caso (Fig. 18.11b):

$$r = \frac{b}{\sqrt{\pi}}$$

- Estacas de extremidade:

$$Q_n(e) = \frac{1}{3}Q_n(b) + \frac{2}{3}Q_n(\infty)$$

- Estacas intermediárias:

$$Q_n(i) = \frac{2}{3}Q_n(b) + \frac{1}{3}Q_n(\infty)$$

onde: $Q_n(\infty)$ é o valor do atrito negativo total para a estaca suposta isolada ($b = \infty$);
$Q_n(b)$ é o valor do atrito negativo total para a estaca suposta no interior de um grupo ilimitado.

Várias linhas de estacas

$$r = \sqrt{\frac{ab}{\pi}}$$

- Estaca de canto:

$$Q_n(c) = \frac{7}{12} Q_n(b) + \frac{5}{12} Q_n(\infty)$$

- Estaca no bordo:

$$Q_n(e) = \frac{5}{6} Q_n(b) + \frac{1}{6} Q_n(\infty)$$

- Estaca no interior:

$$Q_n(i) = Q_n(b)$$

No caso de solo pouco compressível em que, para uma estaca isolada, Q_n será considerado apenas ao longo de h'_c, os valores de $Q_n(c)$, $Q_n(e)$ e $Q_n(i)$ são multiplicados por:

$$\frac{Q_n(h'_c)}{Q_n(\infty)}$$

Influência do bloco de coroamento

Por conta de sua rigidez, o bloco de coroamento produz uma redistribuição de esforços de tal forma que, na prática, pode-se considerar um efeito de atrito negativo único em todas as estacas, dado por:

$$\overline{Q_n} = \frac{\sum_{j=1}^{N} Q_{nj}}{N}$$

onde os Q_{nj} são os esforços calculados levando em consideração as posições das estacas no bloco, e N é o número de estacas no bloco.

(e) Contribuição de Poulos e Davis

O método de Poulos e Davis (1980) é baseado na análise elástica que leva em conta a possibilidade de deslizamento entre o solo e a estaca. São consideradas apenas as estacas que trabalham predominantemente por resistência de ponta, na verdade, o caso mais importante. As "estacas flutuantes", isto é, aquelas que trabalham predominantemente por atrito lateral, são tratadas em Poulos e Davis (1980) no capítulo das estacas em solos expansivos.

Valor final do atrito negativo

Enquanto prevalecem as condições elásticas, os deslocamentos, em cada ponto, do solo e da estaca são igualados, tal como no Cap. 14, admitindo-se que o recalque na ponta da estaca seja nulo. O recalque do solo em qualquer ponto decorre de duas causas: das tensões cisalhantes ao longo do fuste da estaca e do adensamento do solo. Os recalques causados pelas tensões cisalhantes são dados por:

$$\{s_1\rho\} = -\frac{B}{E}[I - I']\{p\} \tag{18.53}$$

onde: $\{s_1\rho\}$ = vetor dos deslocamentos do solo causados pelas tensões cisalhantes;

B = diâmetro da estaca;

E = módulo de elasticidade do solo;

$\{p\}$ = vetor das tensões cisalhantes;

$[I - I']$ = matriz do fator de influência dos deslocamentos; e o sinal negativo leva em conta que, aqui, esses deslocamentos são para cima.

Os recalques resultantes serão, então:

$$\{s\rho\} = \{S\} + \{s_1\rho\} = \{S\} - \frac{B}{E}[I - I']\{p\} \tag{18.54}$$

onde $\{S\}$ = vetor dos recalques por adensamento dos elementos ao longo da estaca.

Para determinar a força final do atrito negativo, $\{S\}$ deve exprimir os recalques finais por adensamento.

Para o caso particular em que a ponta da estaca está assente em camada rígida e uma força axial de compressão Q_a é aplicada em seu topo, os deslocamentos da estaca são expressos por:

$$\{p\rho\} = \frac{1}{E_p R_a}[D]\{p\} + \frac{Q_a}{A_p E_p}\{h\} \tag{18.55}$$

onde: $\{p\rho\}$ = vetor dos deslocamentos da estaca;
$\{p\}$ = vetor das tensões cisalhantes;
$[D]$ = matriz $n \times n$ dos fatores de deslocamento da estaca, definidos com:

$$D_{ij} = 4\delta h_j B \quad \text{para} \quad i < j \quad \text{ou} \quad D_{ij} = 4\delta h_i B \quad \text{para} \quad i \geq j$$

$\delta = L/n$, sendo L o comprimento da estaca e n o número de elementos em que é dividida;
h_i, h_j = distâncias da base aos centros dos elementos i ou j;
$\{h\}$ = vetor das distâncias h_i do centro do elemento i acima da base;
E_p = módulo de elasticidade da estaca;
A_p = área da seção transversal da estaca;
R_a = relação de área dada por (B é o diâmetro do círculo que circunscreve a seção transversal da estaca):

$$R_a = \frac{A_p}{\pi B^2/4}$$

Ao igualar-se os deslocamentos do solo e da estaca, dados pelas Eqs. (18.53) e (18.55), respectivamente, obtém-se:

$$\left[\frac{D}{KB} + I - I'\right]\{p\} = \frac{E}{B}\{S\} - \left(\frac{q_a}{KB}\right)(R_a)\{h\} \tag{18.56}$$

onde: $K = \left(\frac{E_p}{E}\right)(R_a)$ é o fator de rigidez da estaca;
q_a = tensão axial aplicada = $\frac{Q_a}{A_p}$.

A Eq. (18.56) pode ser resolvida, fornecendo as n tensões cisalhantes que atuam ao longo da estaca. A tensão q_b na ponta da estaca pode ser determinada por uma consideração de equilíbrio:

$$q_b = \frac{4}{\pi B^2} q_a A_p + \frac{4L}{nB} \sum_{j=1}^{n} \tau_j \tag{18.57}$$

Modificações na análise elástica

Cabem duas modificações: uma para levar em conta o deslizamento da estaca em relação ao solo e outra para um eventual esmagamento do material da estaca. Consideraremos apenas a primeira, pela sua importância, sobretudo em terrenos de argila mole. Em qualquer instante, a tensão cisalhante τ em um elemento, determinada pela Teoria da Elasticidade, é comparada à resistência ao cisalhamento τ_a entre solo e estaca, naquele elemento. Se τ for maior do que τ_a, ela é igualada a τ_a e a compatibilidade de deslocamentos será restrita aos elementos que ainda permanecem na fase elástica. Nova solução é obtida e o procedimento é repetido até que as tensões cisalhantes, em todos os elementos, sejam menores ou iguais a τ_a. O valor de τ_a, em qualquer instante, pode ser determinado pela lei de Mohr-Coulomb:

$$\tau_a = a' + \sigma'_n \, \text{tg} \, \varphi'_a \quad (18.58)$$

onde: a', φ'_a = aderência e ângulo de atrito efetivos entre solo e estaca, respectivamente;
σ'_n = tensão normal horizontal efetiva no instante t.

No caso de se ter uma sobrecarga uniformemente distribuída na superfície do terreno, e admitindo-se que o lençol d'água coincida com o topo da camada em adensamento ou esteja acima dele, a Eq. (18.58) pode ser escrita, em forma adimensional, para um ponto i, à profundidade z abaixo da superfície, como:

$$\frac{\tau_a}{q} = \frac{a'}{q} + K_s \, \text{tg} \, \varphi'_a \left[\left(\frac{\gamma' L}{q} \right) \frac{z}{L} + \frac{q_t}{q} - \frac{u_i}{q} \right] \quad (18.59)$$

onde: K_s = coeficiente de empuxo, suposto constante durante o adensamento;
γ' = peso específico submerso do solo;
u_i = poropressão no ponto i, no instante t;
q_t = pressão efetiva da sobrecarga aplicada no instante t;
q = valor de referência da pressão efetiva de sobrecarga (p. ex., o valor máximo).

Se a camada em adensamento é subjacente a outras camadas e tem uma tensão efetiva inicial q_o no topo da camada, ela pode ser considerada com uma aderência estaca-solo equivalente a a'_e, dada por

$$a'_e = a' + q_o K_s \, \text{tg} \, \varphi'_a \quad (18.60)$$

Solução teórica para a estaca isolada

A força final máxima na estaca ocorre em sua ponta e pode ser expressa por:

$$Q_{\text{máx}} = Q_{NFS} N_R N_T + Q_a \quad (18.61)$$

onde: Q_{NFS} = força de atrito negativo final máximo na hipótese de pleno deslizamento entre solo e estaca;
N_R = fator de correção para casos em que o deslizamento entre solo e estaca não é pleno;
N_T = fator de correção para levar em conta o tempo em que a estaca foi instalada;
Q_a = força axial na estaca no topo da camada em adensamento.

A primeira parcela de (18.61) representa a máxima força de atrito negativo. A soma do termo Q_a só é rigorosamente correta se ocorrer pleno deslizamento entre o solo e a estaca; caso contrário, ela será apenas aproximada. Entretanto, o erro cometido é pequeno e a favor da segurança. Deve ser anotado que Q_a pode incluir a força axial causada por atrito negativo ao longo de camadas sobrejacentes àquela que se adensa e, também, a carga aplicada no topo da estaca. Se aquelas camadas forem arenosas, uma aproximação aceitável é supor, para o cálculo de Q_a, que haja pleno deslizamento entre a estaca e aquelas camadas.

Tem-se:

$$Q_{NFS} = \pi B \int_0^L \tau_a \, dz \quad (18.62)$$

onde τ_a é a aderência final entre solo e estaca.

Para uma camada de solo uniforme,

$$Q_{NFS} = \pi B L \left[a' + K_s \, \mathrm{tg}\,\varphi'_a \left(\frac{\gamma L}{2} + q \right) \right] \quad \text{(18.63)}$$

Os fatores de correção N_R estão na Fig. 18.13.

Uma redução em K_s ou em L/B tende a reduzir N_R, mas os efeitos são em geral pequenos, de forma que as figuras podem ser utilizadas na maioria dos casos que envolvem deslizamento pleno ou parcial. Quando a'/q ou $\gamma L/q$ crescem, N_R tende a decrescer, porém somente para elevados valores (geralmente, $a'/q > 5$), as condições elásticas prevalecem. Tais casos acontecem quando o solo for rijo ou quando a camada em adensamento é subjacente à espessa camada de solo ou quando a sobrecarga aplicada é pequena.

Valores de N_T são mostrados na Fig. 18.14.

O fator N_T representa a relação entre a força de atrito negativo para uma estaca instalada no tempo T_0 e a correspondente ao tempo $T_0 = 0$. As figuras mostram que, para certas combinações dos parâmetros do solo e da estaca, N_T oscila porque um atrito positivo é desenvolvido próximo à ponta da estaca quando a instalação é postergada, o que faz com que a locação do ponto de máxima força de atrito negativo desloque-se para cima.

Parâmetros do solo e estaca

Os parâmetros importantes são os que determinam a resistência ao cisalhamento entre o solo e a estaca, o módulo de elasticidade E e o coeficiente de Poisson v do solo. Os primeiros são importantes se o deslizamento pleno ou parcial ocorrer, enquanto E e v só serão importantes quando as condições forem elásticas ou quase. Na maioria dos casos envolvendo solos moles, as estimativas de E e v não são necessárias.

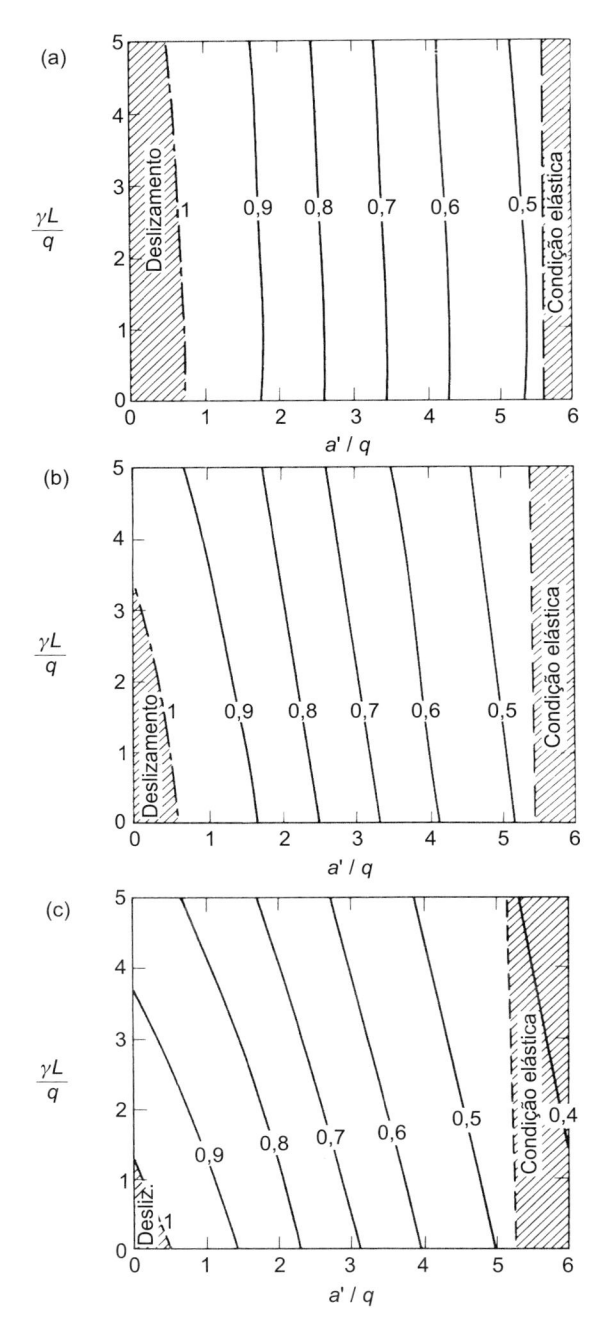

Fig. 18.13 – Fatores de redução N_R para (a) $K_s \, \mathrm{tg}\,\varphi'_a = 0{,}05$, (b) $K_s \, \mathrm{tg}\,\varphi'_a = 0{,}2$ e (c) $K_s \, \mathrm{tg}\,\varphi'_a = 0{,}4$, sendo $L/B = 50$, $K = 1000$, $v' = 0$, $T_0 = 0$

Fig. 18.15 Em argilas normalmente adensadas pode-se admitir que $a'/q = 0$, a menos que a argila seja subjacente a outras camadas, quando um valor equivalente a'_e pode ser determinado pela Eq. (18.60). Se $a'/q = 0$, então $\tau_a/\sigma'_v = K_s \, \mathrm{tg}\,\varphi'_a$. Na Fig. 18.15 são fornecidos valores de τ_a/σ'_v obtidos por Dawson (1970) a partir de ensaios de campo. Pode-se adotar, em geral, τ_a igual à resistência ao cisalhamento não drenada S_u (Endo et al., 1969).

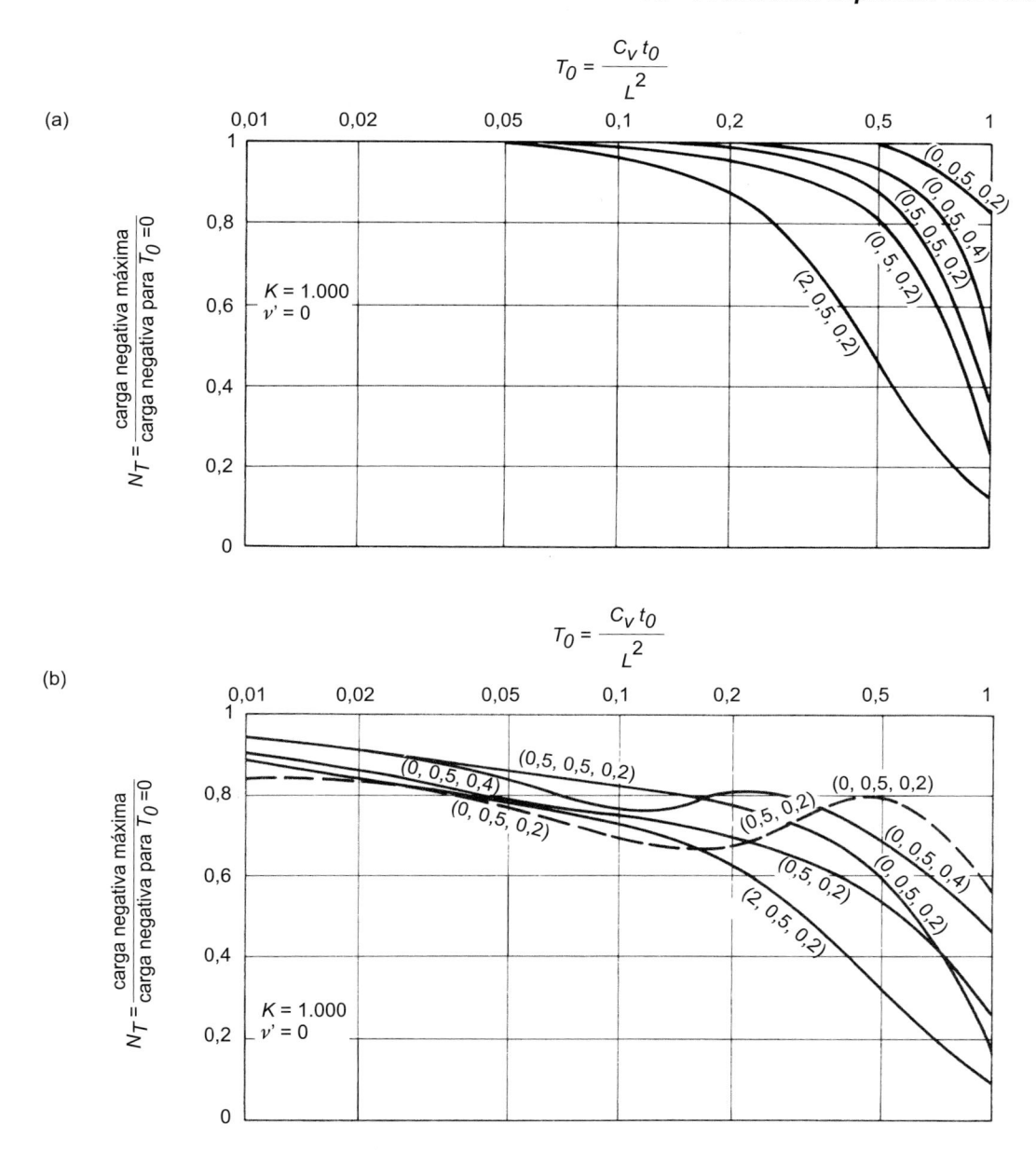

Fig. 18.14 – Fatores de redução N_T para drenagem (a) unifacial e (b) bifacial, com valores entre parênteses correspondentes a a'/q, $\gamma L/q$ e $K_s \operatorname{tg}\varphi'_a$

O valor de E pode ser determinado a partir de um ensaio oedométrico por (ver Eq. 5.11, Cap. 5):

$$E = \frac{(1-2v')(1+v')}{m_v(1-v')} \tag{18.64}$$

onde m_v é o coeficiente de compressibilidade específica. Para o coeficiente de Poisson v', no caso de argilas normalmente adensadas, pode-se adotar um valor compreendido entre 0,3 e 0,4. Para argilas sobreadensadas, v' cai para 0,2 ou valores menores.

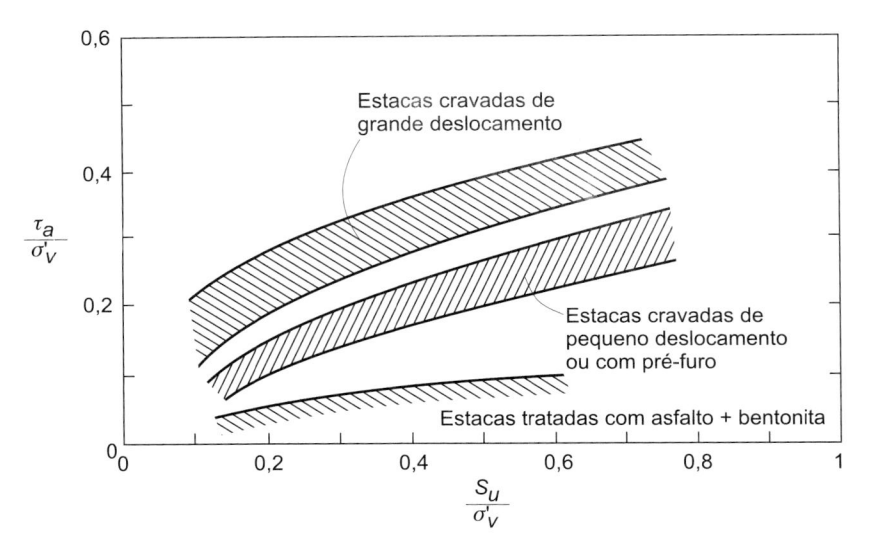

Fig. 18.15 – Valores sugeridos para a aderência solo-estaca (Dawson, 1970)

(f) Método Estático

Parâmetros do solo e estaca

No *Código Dinamarquês de Fundações* (1978), e também na obra de Long e Healy (1974), há indicações sobre as cargas que atuam nas fundações em estacas atravessando solos que recalcam em consequência de aterros. Segundo esse código, além das cargas advindas da superestrutura, a fundação pode receber (1) *cargas adicionais no bloco*, que seriam transmitidas diretamente a superfícies estruturais inclinadas ou horizontais (blocos, projeções de fundações etc.), e (2) *atrito negativo* nas estacas e, eventualmente, em paredes de subsolos, laterais de blocos e vigas etc.

Quando não houver uma definição precisa destes carregamentos, eles serão determinados de acordo com o que se segue (ver Fig. 18.16).

1. A *carga adicional no bloco* é dada pelo peso de aterro e pelos carregamentos de superfície que atuam numa área determinada pela intersecção de uma superfície (cônica ou piramidal) inclinada de 1 (horizontal): 2 (vertical), que se inicia nos contornos do bloco, com a superfície do terreno.

2. O *atrito negativo* pode ser determinado pelo menor dos dois seguintes valores:

(i) a resistência por atrito lateral ao longo das camadas acima da camada resistente, calculada por processo estático usual;

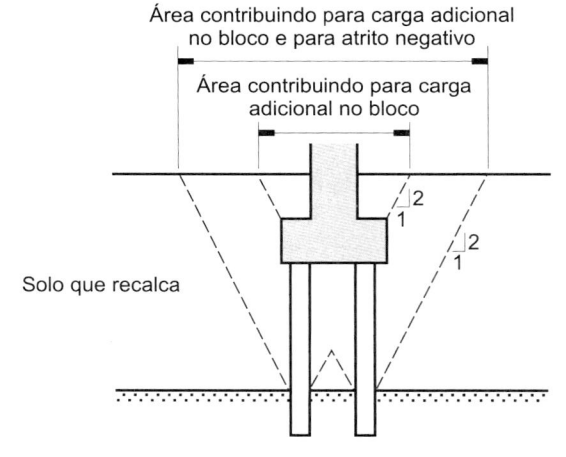

Fig. 18.16 – Método estático

(ii) carregamento capaz de produzir recalques (aterro e carregamentos de superfície), que atua numa área definida por uma superfície (cônica ou piramidal) inclinada de 2 (vert.): 1 (horiz.) que se inicia na intersecção da estaca com a camada resistente, menos a parte que foi incluída como *carga adicional no bloco*. A parte do carregamento capaz de produzir recalques a considerar é responsável pelos recalques que se desenvolverão após a instalação das estacas.

No caso de haver uma superposição pelo carregamento de estacas vizinhas, deve-se fazer uma distribuição estimada entre as estacas.

O *Código Dinamarquês* lembra que pode-se reduzir o atrito negativo por meio de um revestimento betuminoso. Se a superfície lateral da estaca de concreto for lisa, e o revestimento betuminoso tiver características adequadas (ver item 18.1.3) ao longo do trecho da estaca acima da camada resistente, o atrito negativo pode ser reduzido para uma tensão da ordem de 10 kPa. Entretanto, sem uma análise mais detalhada, não menos de 25% do atrito negativo pleno, como calculado acima, devem ser considerados, devido ao risco de danos ao revestimento asfáltico.

Para Long e Healy (1974), o cálculo segundo o item (ii) acima é apresentado como "método aproximado baseado na estática". É adotada a mesma inclinação 2 (vertical): 1 (horizontal), que é a hipótese arbitrária do método. Se correta, a estática impõe que o atrito negativo não pode ser maior do que a sobrecarga colocada na superfície da área indicada.

(g) Estacas Inclinadas em Solos que Recalcam

Nos solos que recalcam por conta do adensamento provocado por sobrecargas ou rebaixamento do lençol d'água, as estacas inclinadas, além do atrito negativo, ficam sujeitas a um outro efeito: o recalque do solo tem uma componente perpendicular ao eixo das estacas, que introduz nelas uma solicitação fletora. Nas referências bibliográficas, encontram-se alguns trabalhos: De Beer e Wallays (1972), Broms e Fredriksson (1976), Rao et al. (1994), Lopes e Mota (1999). Será detalhado o procedimento estabelecido por De Beer e Wallays (1972) e recomendado, para cálculos mais precisos, o trabalho de Lopes e Mota (1999).

A influência do deslocamento horizontal do solo sobre as estacas pode ser estimada, em primeira aproximação, por:

$$M_i = M_v \cos \alpha$$

onde: M_i = momento fletor na estaca inclinada;

M_v = momento fletor na estaca vertical de mesmo diâmetro;

α = ângulo de inclinação da estaca.

Em geral, o ângulo de inclinação das estacas é pequeno, e os momentos fletores, decorrentes do deslocamento horizontal do solo, nas estacas inclinadas, pouco diferem daqueles que ocorrem nas estacas verticais de mesmo diâmetro.

Considere-se a influência do recalque do solo sobre a estaca inclinada. A posição inicial da estaca é **AMBE** (Fig. 18.17a). O solo compreendido entre **A** e **B** recalca segundo a curva representada na Fig. 18.17b, sendo w o recalque de um ponto qualquer. A estaca sendo inclinada de um ângulo α em relação à vertical, a componente do deslocamento do solo segundo a normal à estaca é $w_{máx}$ (Fig. 18.17a). A curva **BM"A** da Fig. 18.17a representa a projeção do deslocamento do solo sobre a normal à estaca. Sob a ação das pressões transversais que o solo exerce sobre a estaca, essa se desforma e assume a forma **ADE**. O ponto **E** deve situar-se na camada incompressível, logo abaixo de **B**.

Quando o recalque do solo é homogêneo, o ponto **D** da deformada da estaca e da curva $w \, \text{sen} \, \alpha$ está situado entre **M"** e **B**, sendo **MM"** a projeção do deslocamento do solo segundo a normal à estaca no ponto **M**, centro de **AB**.

Resulta daí que a curva das pressões transversais do solo sobre a estaca tem a forma indicada na Fig. 18.17c. As pressões são ativas entre **A** e **D** porque o deslocamento do solo medido normalmente ao eixo da estaca é maior do que o deslocamento da estaca, isto é, há uma

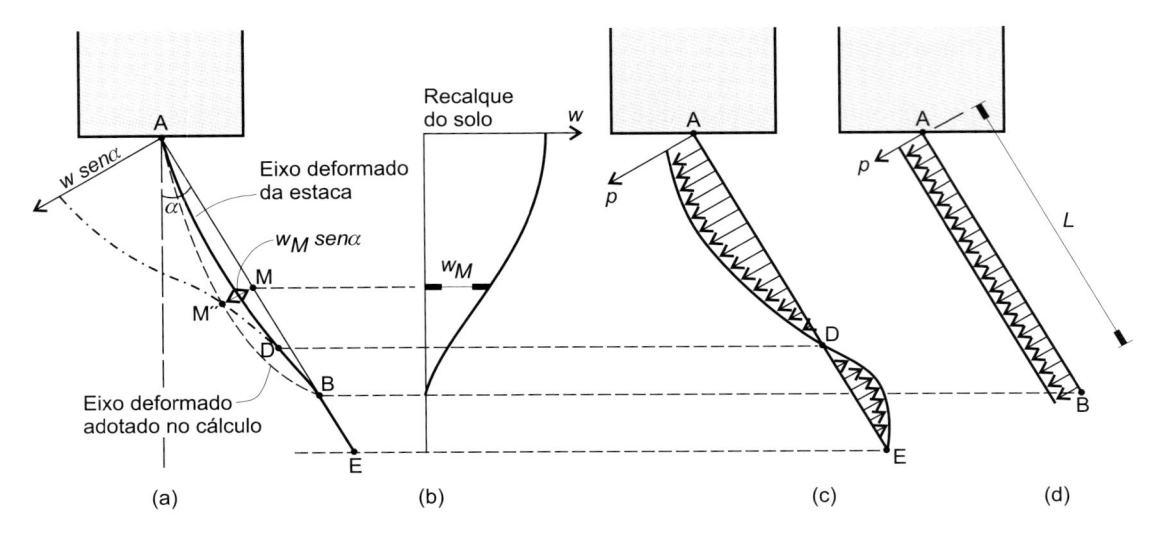

Fig. 18.17 – Estacas inclinadas em solo que recalca

separação entre o solo e a estaca. Ao contrário, entre **D** e **E**, as pressões do solo são passivas porque o deslocamento da estaca é maior do que a componente normal do recalque do solo. Para avaliar com alguma precisão o diagrama de pressões da Fig. 18.17c, tem-se de apelar para procedimentos de cálculo mais sofisticados (ver, p. ex., Lopes e Mota, 1999). Um procedimento simplificado, a favor da segurança, consiste em admitir que a deformada da estaca seja **AM"B** com **MM"** igual à componente normal à estaca do recalque do solo no ponto **M** no centro de **AB**. Isso significa admitir que a flecha f da estaca será:

$$f = w_M \operatorname{sen} \alpha$$

Tem-se, então, um valor aproximado do momento fletor máximo M_c na estaca, considerando uma viga equivalente de mesmo diâmetro que a estaca, com apoios em **A** e **B** submetida a uma carga uniformemente distribuída, tal que, no centro da viga, se tenha a flecha f

$$f = \frac{5}{384} \frac{pL^4}{E_p I} \tag{18.65a}$$

$$M_{máx} = \frac{pL^2}{8} = \frac{384}{40} \frac{E_p I}{L^2} f \approx 10 \frac{E_p I}{L^2} w_M \operatorname{sen} \alpha \tag{18.65b}$$

onde $E_p I$ é a rigidez à flexão da estaca e L o comprimento da estaca na camada compressível.

A Eq. (18.65b) permite calcular um limite superior para o momento fletor máximo decorrente do recalque do solo. A fórmula é aproximada e não se pretende obter a forma do diagrama de momentos.

Os recalques do solo são, em geral, bem maiores do que as flechas que uma estaca pode suportar. Por isso, deve-se evitar o emprego de estacas inclinadas em solos que recalcam. Resta considerar a superposição dos momentos decorrentes dos deslocamentos horizontal e vertical do solo.

Seja w o recalque do solo em um ponto qualquer da estaca e d, o deslocamento horizontal do solo no mesmo tempo. A Fig. 18.18a corresponde ao caso de uma estaca inclinada para o lado do aterro e a Fig. 18.18b, ao caso da estaca inclinada para o vazio. A decomposição dos deslocamentos d e w, segundo o eixo da estaca e sua normal e, em seguida, a superposição das componentes normais, mostra que, no caso de uma estaca inclinada para o lado do aterro, as

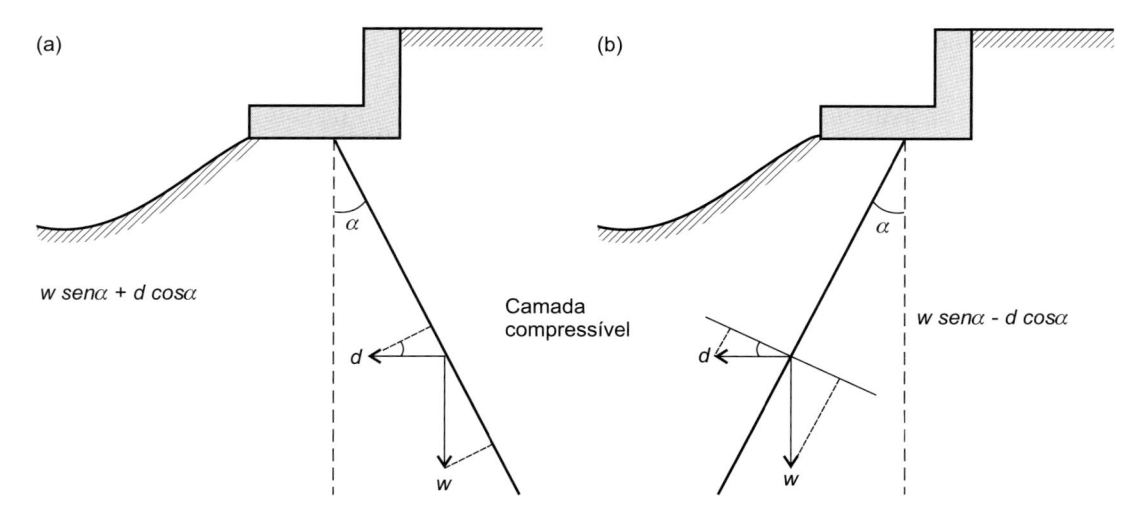

18 Problemas Especiais em Fundações Profundas

Fig. 18.18 – Composição dos deslocamentos em estacas inclinadas

componentes normais se somam, enquanto no caso de uma estaca inclinada para o vazio, elas se subtraem. Isso explica porque é perigoso utilizar estacas inclinadas para o lado do aterro quando o solo pode recalcar. Essa conclusão é importante, porque os recalques do solo do lado do aterro são maiores do que os recalques do lado vazio.

18.1.3 Redução do Atrito Negativo

Há casos em que o atrito negativo assume valores tão elevados que a adoção de recursos executivos que os reduzam mostra-se economicamente interessante. Na literatura especializada, são indicados alguns recursos (Baligh et al., 1978; Combarieu, 1985):

- redução dos recalques por meio de aplicação prévia de sobrecarga com drenos verticais (ou pelo uso de eletro-osmose);
- utilização de um revestimento capaz de evitar o contato entre a estaca e o solo (normalmente preenchido com lama bentonítica);
- pintura da estaca com um produto capaz de reduzir o atrito entre ela e o solo.

Em nosso país, foi utilizado o último recurso, com o emprego de betumes especiais (disponíveis no mercado brasileiro) em algumas obras: Aço-Minas (MG), Terminal de Contêineres no Porto de Santos (SP), CIEP em Macaé (RJ) e Subestação São José de FURNAS (RJ).

A validade da pintura betuminosa é confirmada pela comparação dos resultados de provas de carga em estacas pintadas e não pintadas, executadas no mesmo terreno (Hutchinson; Jensen, 1968; Bjerrum et al., 1969; Claessen e Horvat, 1974). Para ser usado como redutor de atrito negativo, o betume deve atender a um conjunto de condições. Claessen e Horvat (1974) enumeram esses requisitos:

1. Os principais:
    - o recalque do solo só pode provocar pequena sobrecarga na estaca;
    - a camada deslizante (*slip layer*) deve ter um custo razoavelmente baixo e deve ser possível aplicá-la de maneira simples e confiável;
    - durante o tempo de armazenamento das estacas pintadas, a camada deslizante deve permanecer praticamente inalterada;
    - durante a cravação, a camada deslizante não pode fissurar nem ser arrancada em consequência dos choques e das forças de cisalhamento.

2. Os secundários:
    - a camada deslizante não pode ser forçada nem para cima nem para baixo, em consequência de diferenças de pressões horizontais no solo;
    - areias grossas ou pedregulhos não devem penetrar na camada deslizante.

Quando se conhece o comportamento reológico do betume, é possível determinar, pelo menos aproximadamente, as características daquele que servirá para a finalidade que se tem em vista. Briaud (1997) dá algumas indicações.

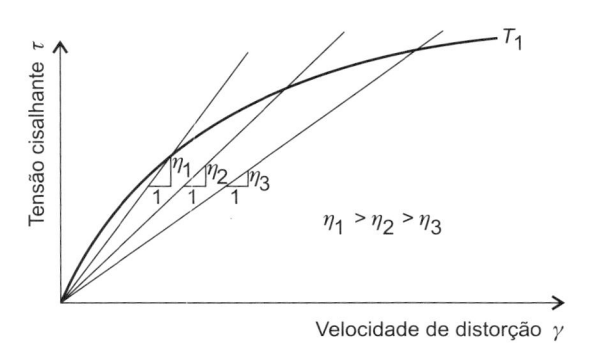

Fig. 18.19 – Influência da velocidade de distorção sobre a viscosidade

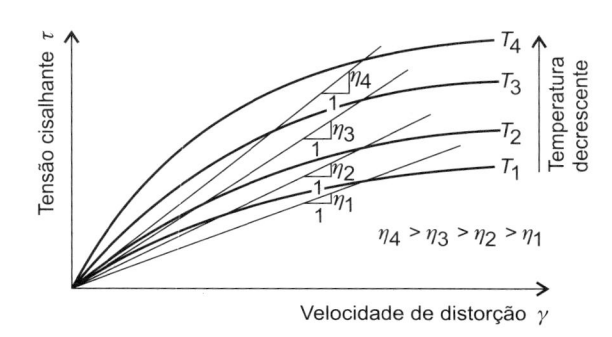

Fig. 18.20 – Influência da temperatura sobre a viscosidade

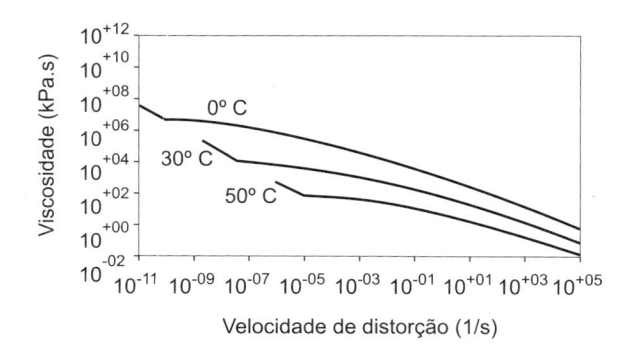

Fig. 18.21 – Curvas características de um betume (fluido)

Num material viscoso, a resposta a uma solicitação cisalhante é dada por:

$$\tau = \eta \dot{\gamma}$$

onde: τ = tensão cisalhante;
η = coeficiente de viscosidade;
$\dot{\gamma}$ = velocidade de distorção
(ou deformação cisalhante).

Quando $\dot{\gamma}$ cresce, τ cresce, mas decresce a relação $\tau/\dot{\gamma}$, que é o coeficiente de viscosidade η, porque o betume é um material viscoso não linear (Fig. 18.19).

Uma viscosidade elevada significa uma elevada resistência ao escoamento. A unidade de η é o Pa.s. A viscosidade não é constante para um dado betume, uma vez que ela é extremamente sensível à temperatura (Fig. 18.20).

Para um dado betume, a variação de η em função da temperatura T e da velocidade de distorção $\dot{\gamma}$ é descrita pelas curvas características ou *master curves* (Fig. 18.21).

A resistência ao cisalhamento τ de um betume e sua viscosidade são independentes da tensão normal no plano de cisalhamento, da direção do cisalhamento, do deslocamento e da espessura da zona de cisalhamento. Assim, a temperatura e a velocidade de distorção são os parâmetros que controlam o processo de seleção de um betume.

Sem entrar em detalhes, Briaud (1997) estabeleceu quatro critérios para aquela seleção, a partir dos requisitos enumerados.

Critério de armazenamento

Sendo d a espessura da camada deslizante, h o deslocamento por cisalhamento admissível (usualmente, tomado igual a d), ρ_g o peso específico do betume, t_{ar} o tempo de armazenamento, a viscosidade η_{ar} é dada por:

$$\eta_{ar} = \frac{\rho_g t_{ar} d^2}{h} \quad \text{(18.66a)}$$

Então, o betume deve ter uma viscosidade na temperatura T_{ar} de armazenamento, e para um $\dot{\gamma}_{ar} = \frac{h/d}{t_{ar}}$, maior do que η_{ar}. Se as estacas pintadas forem armazenadas ao sol, a temperatura de armazenamento pode ser considerada igual à temperatura ambiente, acrescida de 10°C; se as estacas forem armazenadas na sombra, a temperatura de armazenamento pode ser igual à ambiente.

Critério para a cravação

Para que a camada deslizante resista à cravação, a viscosidade deve ser maior do que

$$\eta_{crav} = \frac{\tau_s t d}{h} \quad \text{(18.66b)}$$

onde t é o tempo associado ao deslocamento h durante o choque do martelo e τ_s a resistência ao cisalhamento do solo. Pode t variar entre 0,001 e 0,02 segundos. Essa viscosidade deve corresponder à temperatura T_{ar} de armazenamento e a um $\dot{\gamma}_{crav} = \frac{h/d}{t}$. Não se considera a temperatura T_{solo} porque se admite que não haja tempo para o betume resfriar ou aquecer até a temperatura do solo durante a cravação. Observa-se que os deslocamentos h de cada choque não se acumulam, porque o betume recupera a deformação, conforme mostram as estacas retiradas do solo.

Critério para a redução do atrito negativo

A velocidade de distorção no betume depende da velocidade $\dot{w}$ de recalque do solo. Se τ_{bet} é a tensão cisalhante no betume, a viscosidade η_{neg} do betume sob atrito negativo é dada por

$$\eta_{neg} = \frac{\tau_{bet} d}{\dot{w}} \quad \text{(18.67)}$$

O betume deve ter uma viscosidade menor que η_{neg} na temperatura do solo T_{solo} e a um $\dot{\gamma}_{neg} = \frac{\dot{w}}{d}$. A tensão τ_{bet} é escolhida pelo projetista para reduzir o efeito do atrito negativo a um valor aceitável. A experiência mostra que $\tau_{bet} = \tau_s/10$ pode ser obtido com o betume adequado. A temperatura do solo 1 a 2 metros abaixo da superfície é constante e igual à média anual do local.

Critério para a penetração de partículas

As grandes partículas de solo podem penetrar no revestimento de betume, forçadas pela pressão efetiva horizontal σ'_h. O critério aceita que a penetração através de toda a espessura da camada deslizante aconteça até o final do período de vida previsto para a estrutura.

Esse problema não ocorre para argilas, siltes e areias finas, com diâmetro máximo de 0,5 mm, mas dificilmente se conseguirá um betume que possa resistir à penetração de pedregulhos. Nesse caso, torna-se necessário fazer um preparo e colocar um revestimento para impedir o contato. Para casos intermediários, a Fig. 18.22 pode ser utilizada.

Recomendações

Os autores recomendam que a escolha do betume seja feita com o auxílio de um especialista em betumes, para satisfazer os requisitos apresentados.

É importante que o revestimento betuminoso não seja levado até a ponta da estaca, pois o trecho inferior da estaca, que responderá pela capacidade de carga, não deverá ser pintado.

Uma espessura de 5 mm seria suficiente para a camada deslizante, embora Briaud (1997) sugira uma espessura mínima de 5 mm e uma espessura ideal de 10 mm.

Para outros detalhes, o leitor é remetido ao trabalho de Briaud (1997).

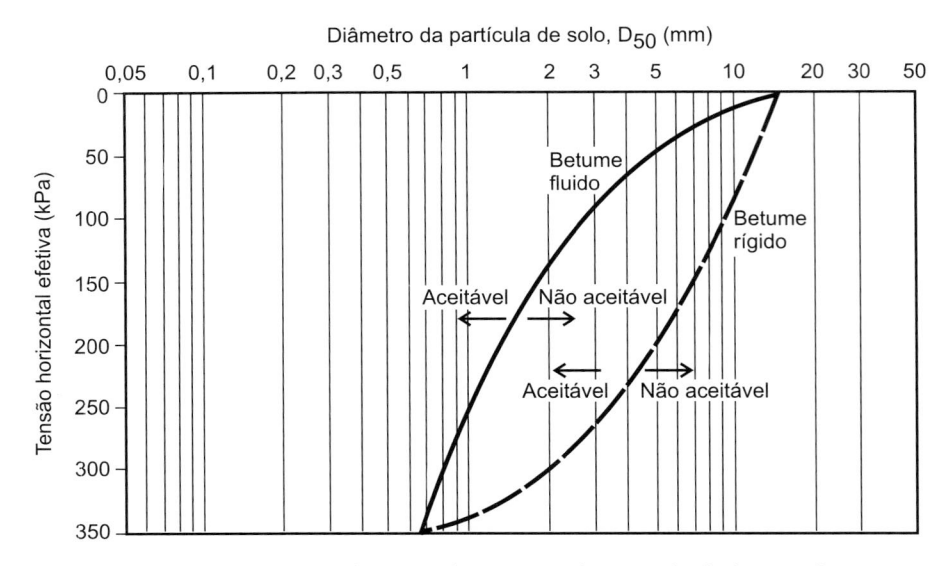

Fig. 18.22 – *Verificação da penetração de partículas através da camada deslizante (base: 10mm de penetração após 50 anos, a 20° C)*

18.2 ESFORÇOS DEVIDOS A SOBRECARGAS ASSIMÉTRICAS ("EFEITO TSCHEBOTARIOFF")

18.2.1 Definição

Toda sobrecarga aplicada diretamente sobre um solo de fundação induz tensões e deslocamentos no interior da massa de solo, tanto na direção vertical como na horizontal. No caso de haver estacas nas proximidades da área carregada (e a sobrecarga situar-se de forma assimétrica em relação às estacas), estas se constituirão num impedimento à deformação do solo e, consequentemente, ficarão sujeitas aos esforços dessa restrição.

Esse fenômeno foi descrito em detalhes pela primeira vez por Tschebotarioff, em 1962, e passou a ser conhecido como *efeito Tschebotarioff*. Na literatura técnica também se encontram referências a estacas sujeitas a esse tipo de solicitação como *estacas passivas sob esforços horizontais*, para distingui-las das estacas que recebem forças horizontais no topo e que passam a solicitar o solo, chamadas *estacas ativas sob esforços horizontais* (tratadas no Cap. 15).

Tschebotarioff (1962) verificou que, para a avaliação dos esforços de flexão em estacas devidos à sobrecarga assimétrica, distinguem-se duas condições limite. Na primeira, as estacas atravessam solos arenosos fofos, suscetíveis a deformações até elevadas por ação de tensões altas como, por exemplo, na base de muros de arrimo com fundação direta, mas que não sofrem recalques consideráveis pelo reaterro, por exemplo. Nessas condições, as tensões de flexão em estacas são muito baixas e podem ser desprezadas. Na segunda situação, as estacas são cravadas através de uma camada de argila mole que não é comprimida, mas apenas deslocada e amolgada pela cravação das estacas. Esse depósito argiloso, ainda mais se amolgado, sofrerá, pela ação de uma sobrecarga, um deslocamento horizontal (a volume constante) e, depois, adensamento, ambos causando solicitação nas estacas.

Diferentemente do exposto por Tschebotarioff (1962), uma pesquisa realizada pela empresa Pieux Franki (1963), descrita no próximo item, revelou esforços de flexão bastante elevados em estacas que atravessam depósito arenoso de baixa compacidade, dependendo do valor da sobrecarga.

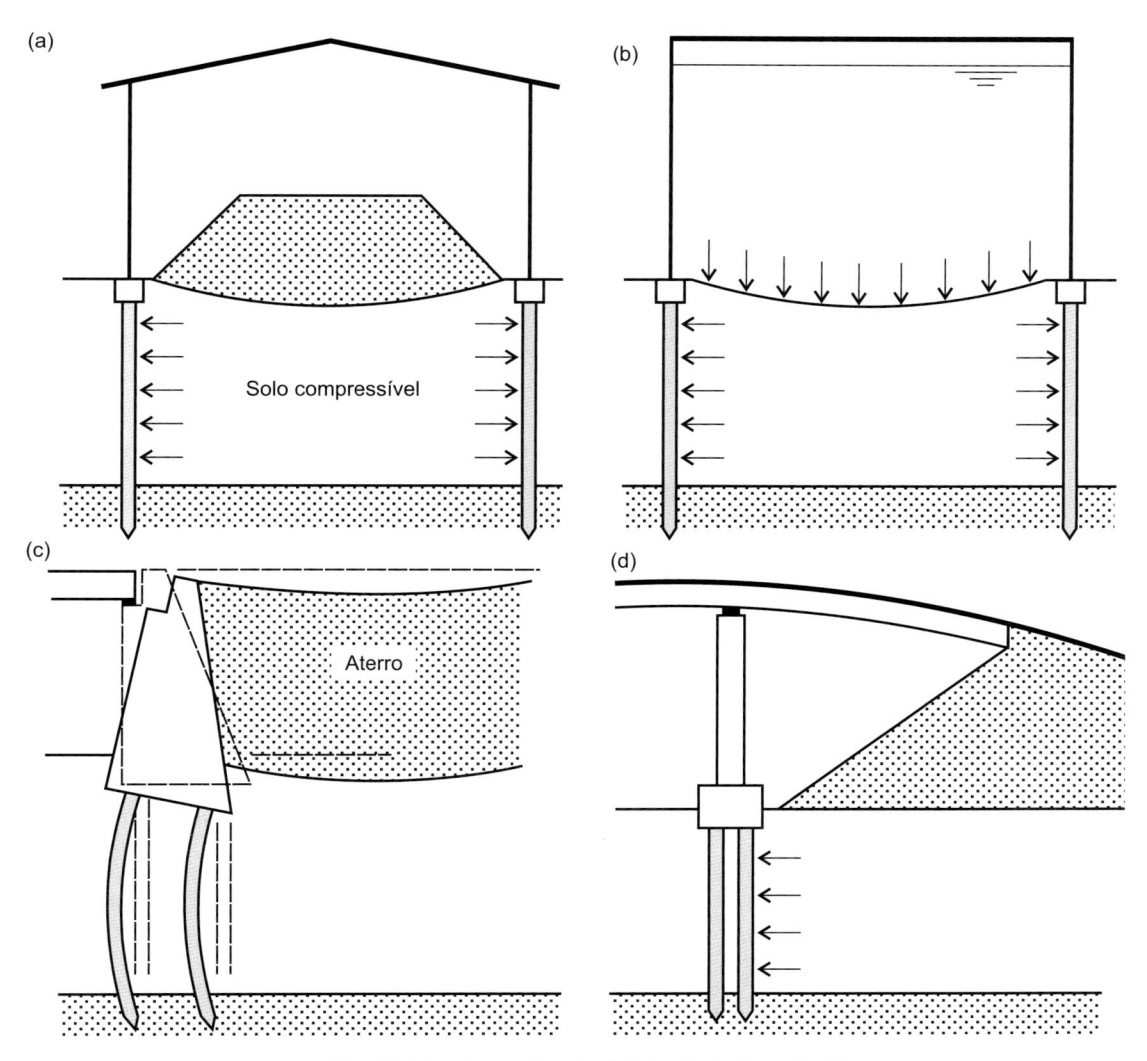

18 Problemas Especiais em Fundações Profundas

Fig. 18.23 – Exemplos do "efeito Tschebotarioff"

Convém ressaltar que nas estacas próximas de áreas carregadas deve ser considerado o fenômeno do atrito negativo (item anterior), além dos esforços horizontais.

Exemplos clássicos do chamado efeito Tschebotarioff são (Fig. 18.23):

a. armazém estaqueado apenas na periferia, onde o material armazenado transmite tensões à camada compressível, que se desloca lateralmente e pressiona as estacas periféricas;
b. tanque de armazenamento de fluidos estaqueado apenas na periferia (semelhante ao caso acima);
c. muros de arrimo sobre estacas;
d. muros de encontro de pontes (semelhante ao caso acima);
e. aterro de acesso a pontes.

Destacam-se os seguintes fatores que influenciam na solicitação lateral de estacas:
1. valor da sobrecarga (altura e peso específico do material de aterro ou do material armazenado);
2. características da camada compressível;
3. fator de segurança à ruptura global (decorrente dos dois fatores acima);
4. distância das estacas à sobrecarga;

5. rigidez das estacas;
6. geometria do estaqueamento;
7. tempo.

Com relação ao fator tempo, convém ressaltar que a situação logo após a atuação da sobrecarga pode não ser a pior. Ao longo do tempo, embora haja um acréscimo de resistência pelo adensamento, que é um fator favorável, as deformações também aumentam, resultando num efeito desfavorável. Não é possível estabelecer *a priori* qual dessas influências irá comandar o comportamento do conjunto. É possível que a fundação seja capaz de resistir durante um certo tempo e que, apenas depois de alguns meses ou mesmo anos, apresente problema (De Beer, 1972)[4].

Um fator muito importante é a segurança à ruptura global (o fator de segurança em questão é aquele associado a superfícies que atinjam o estaqueamento e não simplesmente o fator mínimo, que pode estar associado a uma superfície distante do estaqueamento). Quando o fator de segurança é reduzido, o efeito nas estacas é muito intenso. Assim, se não for possível alterar a sobrecarga e sua distância ao estaqueamento, convém pensar em remover ou estabilizar o solo mole com um pré-carregamento (eventualmente empregando drenos de areia).

As medidas que podem ser tomadas para evitar ou minimizar o fenômeno são:
1. remoção da argila mole (solução viável se a camada não for muito espessa);
2. melhoria da argila mole por pré-carregamento, com emprego de drenos verticais para acelerar os recalques;
3. utilização de reforço com geogrelhas na base do aterro;
4. execução de laje estaqueada para receber a sobrecarga;
5. no caso de aterros, diminuição da sobrecarga pela utilização de material com peso específico reduzido (como argila expandida) ou pela utilização de aterro com vazios constituídos por bueiros (Aoki, 1970) ou isopor[5];
6. utilização de estacas com adequada resistência à flexão e orientadas com seu eixo de maior inércia normal à direção do movimento;
7. encamisamento (com folgas) das estacas no trecho sujeito aos maiores movimentos.

18.2.2 Principais Pesquisas e Contribuições

Neste item apresentam-se, em ordem cronológica, as principais pesquisas e contribuições sobre o efeito de sobrecargas assimétricas em estacas[6].

Pesquisas em Amsterdã por Heyman e Boersma

Heyman e Boersma (1961) descrevem uma pesquisa realizada em Amsterdã sobre o efeito da execução de aterro na proximidade de estacas. O subsolo local era constituído por uma delgada camada de areia seguida de cerca de 10m de argila/turfa mole. As estacas foram instrumentadas com *strain gauges* e instalaram-se inclinômetros no terreno. Depois de cravadas as

---

4. Em dois pontilhões da refinaria Duque de Caxias, da Petrobras, as consequências desse efeito foram constatadas cerca de 4 anos após o término das obras.
5. Na Linha Verde, rodovia que liga Salvador a Aracaju pelo litoral, foram adotados aterros com blocos de isopor.
6. Nesse item fez-se uso da pesquisa bibliográfica realizada por Bernadete R. Danziger para um seminário apresentado em 1990, como parte dos requisitos para qualificação para o doutoramento na COPPE-UFRJ.

estacas, um aterro hidráulico foi construído, inicialmente a 30m de distância, e progressivamente estendido em estágios de 5 m para as proximidades das estacas, num total de seis etapas, a cada duas semanas.

O momento fletor máximo nas estacas foi observado, aproximadamente, no nível que separa as camadas de areia e argila mole (cerca de 2,5 m de profundidade) e cresceu, quase linearmente, cerca de 20 kNm quando o aterro estava a 30m até 130 kNm e o aterro chegou a 5 m de distância. Os movimentos horizontais da superfície do solo atingiram cerca de 27 cm.

A conclusão da pesquisa, que visava a região de Amsterdã, foi recomendar a utilização de estacas com armação reforçada em todos os casos de fundações em estacas a uma distância inferior a 25 m de um futuro aterro.

Contribuição de Tschebotarioff

Tschebotarioff (1962) levantou vários casos de muros de arrimo sobre estacas que apresentaram problemas de flexão e até ruptura das estacas. O autor admitiu que a magnitude e a distribuição de pressões laterais provenientes de uma sobrecarga unilateral em estacas que atravessam camadas de argila mole eram difíceis de determinar, uma vez que não dispunha ainda de resultados de instrumentações. Assim, na falta de um critério mais rigoroso, recomendou, em uma estimativa grosseira do momento fletor nas estacas, que as pressões laterais deveriam ser representadas por um carregamento triangular com uma ordenada máxima, no centro da camada compressível, de (Fig. 18.24):

$$p_h = 2BK\gamma H \quad \text{(dimensão FL}^{-1}\text{)} \qquad (18.68)$$

onde: B = largura da estaca;
γH = pressão correspondente a um aterro de altura H;
K = coeficiente de empuxo.

O coeficiente de empuxo, K, para um depósito normalmente adensado e não amolgado, pode ser tomado como 0,4 ou 0,5.

As estacas da fileira mais próxima do aterro deveriam ser dimensionadas como vigas simplesmente apoiadas com vão igual à espessura da camada argilosa.

Nesses casos, Tschebotarioff (1962) recomendou a utilização de estacas com elevada resistência à flexão e que causassem pequeno deslocamento quando da cravação, como, por exemplo, perfis metálicos e estacas tubulares.

Pesquisa em Allamuchy, New Jersey (1970)

A empresa de consultoria King and Gavaris, para a qual trabalhava Tschebotarioff, foi contratada pelo New Jersey State Highway Department para uma pesquisa sobre o empuxo em estacas. O Highway Research Board, embora reconhecesse a necessidade de se preverem esforços de flexão em estacas de encontros em regiões de argilas moles, considerava que as especificações *Standard Specifications for Highway Bridges* da AASHO apresentam um tratamento excessivamente simplificado do problema.

A pesquisa incluiu a instrumentação de estacas em uma ponte em Allamuchy e foi descrita por Tschebotarioff (1967) e King e Gavaris (1970). Tschebotarioff (1970, 1973), após a análise dos resultados da instrumentação, manteve o diagrama de pressões triangular que sugerira anteriormente, recomendando, entretanto, uma redução na pressão p_h para

$$p_h = BK\Delta\sigma_z \quad \text{(dimensão FL}^{-1}\text{)} \qquad (18.69)$$

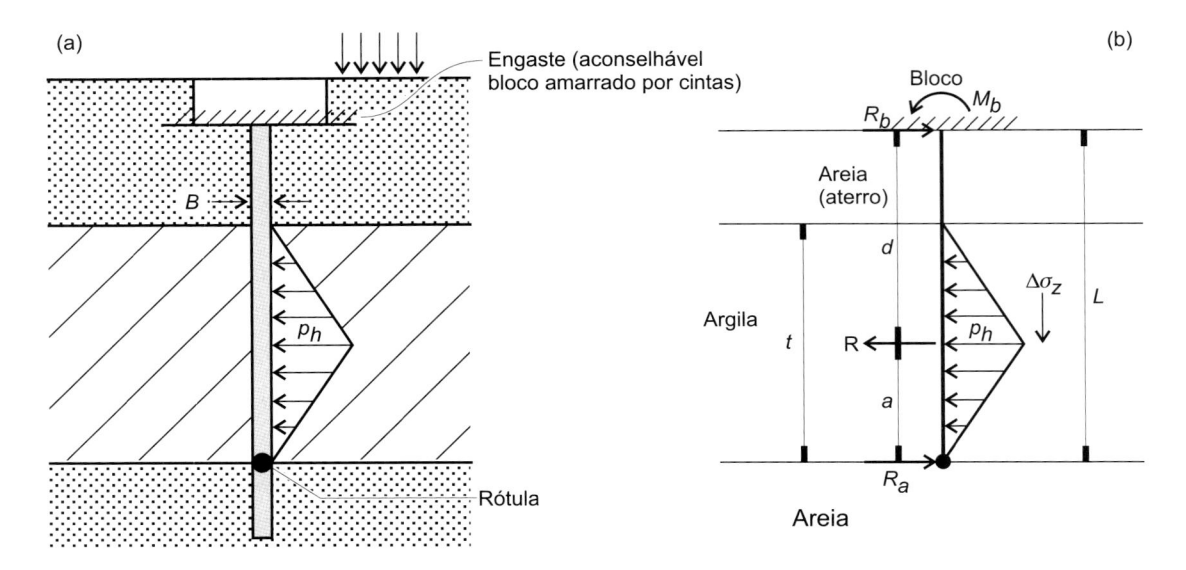

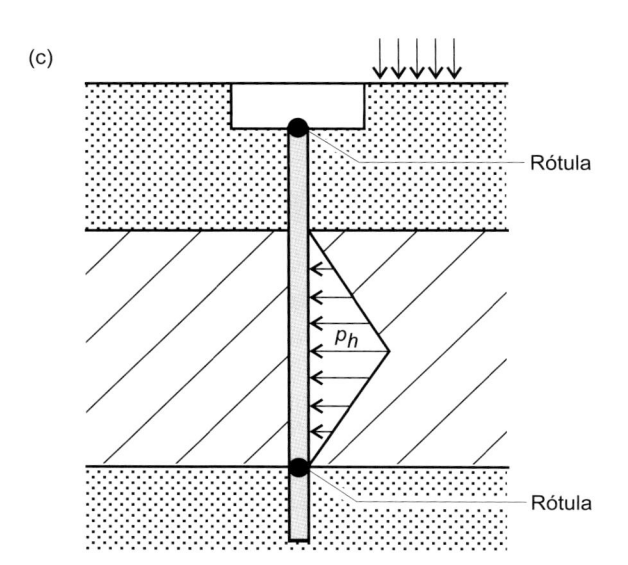

Fig. 18.24 – *Proposta de Tschebotarioff: (a) caso em que a estaca pode ser considerada engastada no bloco; (b) esquema de cálculo para esse caso; (c) caso em que a estaca não pode ser considerada engastada no bloco*

onde $\Delta\sigma_z$ é o acréscimo de tensão vertical pela ação do aterro, no centro da camada argilosa e junto à estaca[7].

Em relação à expressão (18.69), os autores recomendam o uso de $2B$ ao invés de B, como estava na Eq. (18.68), considerando que a faixa de solo envolvida no empuxo da estaca tem uma largura de duas vezes a largura da estaca (como no caso em que a estaca tem carga horizontal e o solo reage à estaca, problema estudado no Cap. 15).

---

7. Os autores calcularam $\Delta\sigma_z$ pela Teoria da Elasticidade, considerando o aterro como uma sobrecarga na superfície de um meio elástico. Quando a aterro se situa de um lado apenas da estaca analisada (p. ex., apenas do lado direto da Fig. 18.23c, d), $\Delta\sigma_z$ é obtido considerando diretamente o aterro. Se parte do aterro está de um lado da estaca (p. ex., do lado direto) e parte do outro (p. ex., do lado esquerdo), é preciso calcular o $\Delta\sigma_z$ devido às duas partes separadamente e considerar a diferença.

18 Problemas Especiais em Fundações Profundas

Tschebotarioff (1973) destaca as seguintes conclusões da pesquisa:

- o empuxo atuante no encontro diminuiu com o tempo após a colocação do aterro.
- Os recalques nas bases dos encontros tiveram início quando a altura do aterro atingiu uma altura tal que seu peso se aproximou de três vezes a resistência não drenada da camada argilosa.
- Os movimentos laterais dos apoios do tabuleiro iniciaram-se nessa mesma ocasião.
- As medidas de deformações realizadas numa estaca metálica instrumentada revelaram momentos fletores apreciáveis, especialmente próximos à base do muro. Medições efetuadas com inclinômetro também indicaram flexão das estacas na região da camada argilosa.
- Uma pausa de 6 meses na construção permitiu algum adensamento e correspondente aumento da resistência ao cisalhamento da camada de argila, de forma que o alteamento final do aterro não resultou em movimentos adicionais significativos.

Quanto às condições de apoio, no caso da estaca estar engastada no bloco e o solo superficial ser resistente, Tschebotarioff (1973) recomenda considerar a estaca rotulada na base da argila e engastada no bloco, como indicado na Fig. 18.24a. As fórmulas para o momento fletor na ligação com o bloco e o momento máximo, nesse caso, são (Fig. 18.24b):

$$M_b = -\frac{Ra(L^2 - a^2)}{2L^2} \tag{18.70a}$$

$$M_{máx} = +\frac{Ra}{2}\left(2 - \frac{3a}{L} + \frac{a^3}{L^3}\right) \tag{18.70b}$$

onde R é a resultante do empuxo:

$$R = 0{,}9\frac{p_h t}{2} \tag{18.70c}$$

No caso de haver dúvidas quanto ao perfeito engastamento da estaca no bloco, a solicitação máxima pode ser avaliada supondo-se a estaca birrotulada (Fig.18.24c).

Tschebotarioff (1973) recomenda que em todos os casos onde a pressão do aterro superar três vezes a resistência não drenada da camada argilosa, atenção especial deve ser dada aos esforços de flexão nas estacas (Fig. 18.25). Esta pressão corresponde a um fator de segurança de 1,7 em relação à ruptura do aterro (que romperia com uma pressão da ordem de $5S_u$), indicando que um fator de segurança menor do que esse deve ser evitado.

Contribuição de Wenz

Wenz (1963) apud Sinniger e Viret (1975) baseou seu estudo em modelos reduzidos e propôs um método em que a estaca é considerada simplesmente apoiada nos níveis superior e inferior da camada mole, sendo submetida ao diagrama de pressões limite que se desenvolverá quando da ruptura do solo de fundação do aterro (Fig. 18.26). O método permite considerar o efeito de grupo (Schenck, 1966): para um grupo de estacas, a pressão aumenta em função da relação B/a, sendo B a largura ou diâmetro da estaca e a o espaçamento entre eixos.

Para uma estaca isolada, o diagrama retangular de pressões que atua no trecho de seu comprimento embutido na camada argilosa, por ocasião da ruptura do solo de fundação, tem ordenada p_u da forma:

$$p_u = B(2 + 2\pi)S_u \tag{18.71}$$

Para a estaca num grupo, o diagrama de pressões é multiplicado por um coeficiente ψ (tal que $p'_u = \psi p_u$), obtido na Fig. 18.26 a partir da relação B/a.

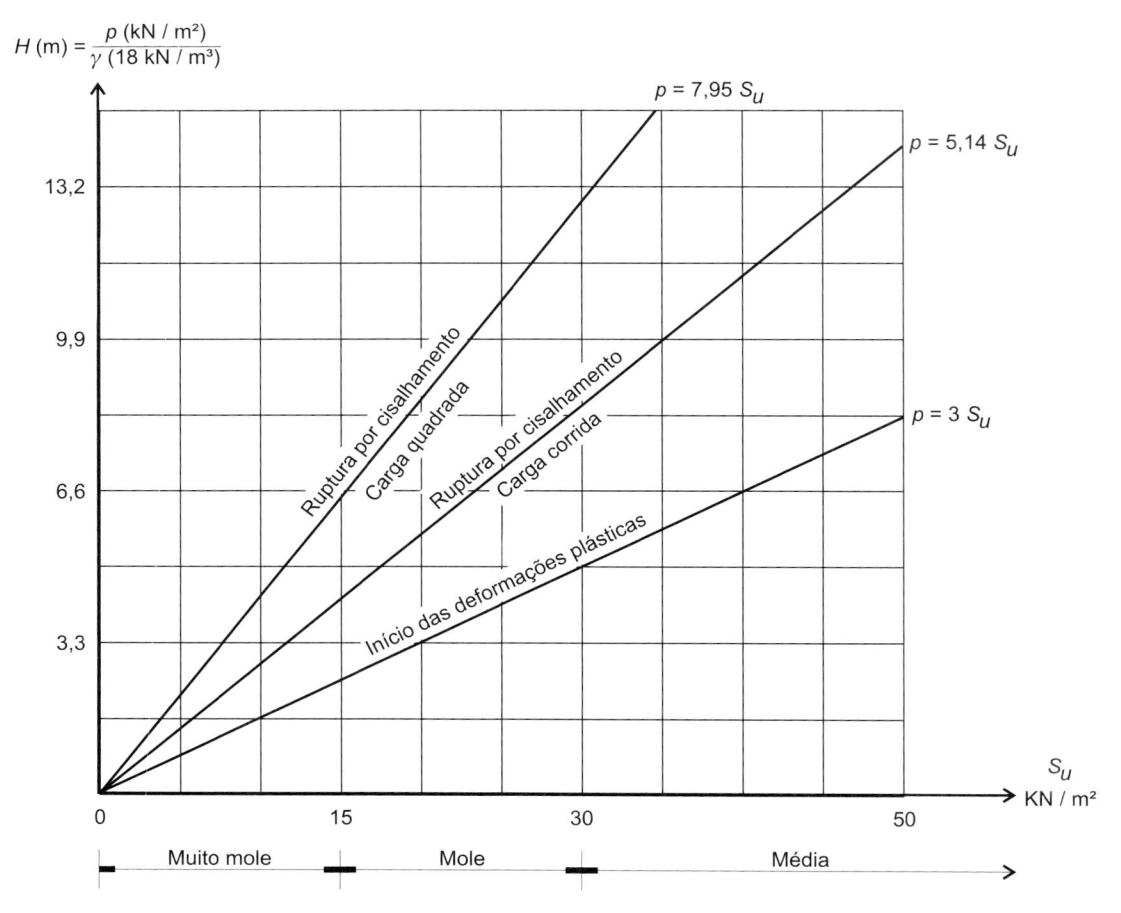

Fig. 18.25 – Relação entre tensão aplicada (dividida por um peso específico de aterro de $\gamma = 18\,kN/m^3$) e consequências, em função da resistência da argila (Tschebotarioff, 1973)

Testes em Zelzate pela Franki

A empresa Pieux Franki (matriz da Estacas Franki Ltda.) testou, em 1963, quatro estacas de diferentes tipos, com o objetivo de avaliar a influência da estocagem de placas de aço em fundações próximas, na obra da Siderúrgica em Zelzate (Bélgica). A sobrecarga devida às placas metálicas foi simulada por um aterro de areia com 16m de altura, contido lateralmente por uma estrutura de arrimo (Fig. 18.27). As estacas, previamente instaladas a 1,3 m do muro, tinham as seguintes características:

- Estaca tubular de aço com 90 cm de diâmetro e espessura de parede de 1,5 cm colocada num furo de 1,28m de diâmetro. No interior do tubo, foram instalados defôrmetros ao longo de duas verticais diametralmente opostas. O espaço anelar entre a estaca e o furo foi preenchido com areia fina.
- Estaca de concreto pré-moldado fortemente armada (4,27% de taxa de armação), com diâmetro de 60 cm, foi instalada num furo de 1,07m de diâmetro. No interior da estaca foi deixado, antes da concretagem, um tubo plástico de 6 cm de diâmetro com o objetivo de medir as deformações horizontais da estaca. Foram colados 24 defôrmetros (*strain gauges*) nas armaduras longitudinais. O espaço anelar entre a estaca e o furo foi preenchido com areia fina.
- Estaca pré-moldada de concreto armado com 45 cm de diâmetro e 0,75% de taxa de armação instalada num furo de 1,07m de diâmetro, de modo semelhante à anterior.

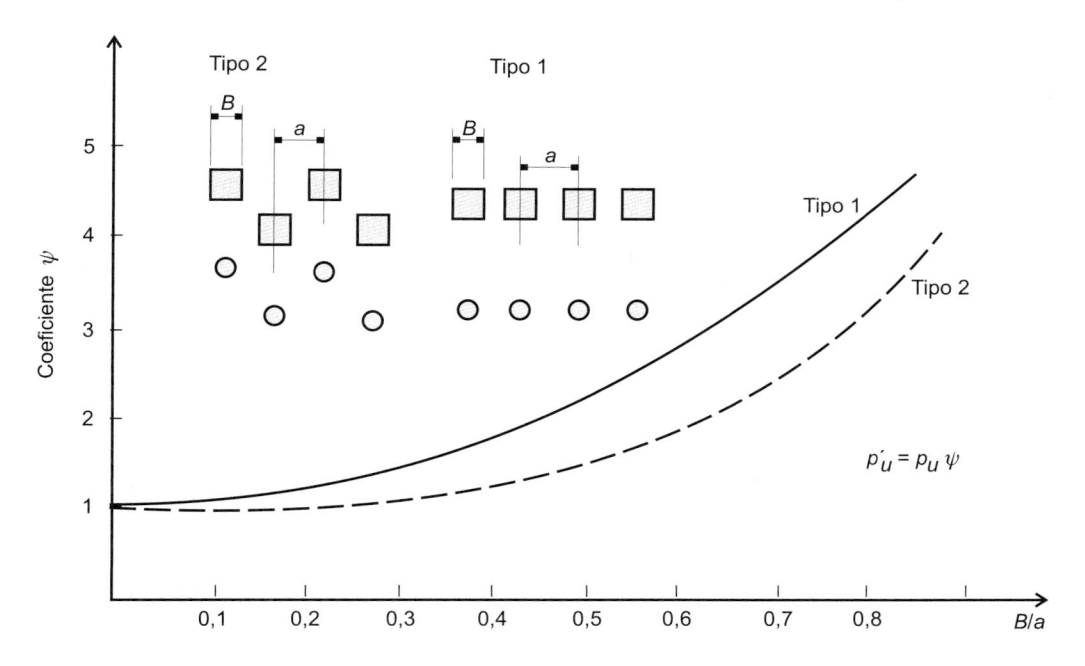

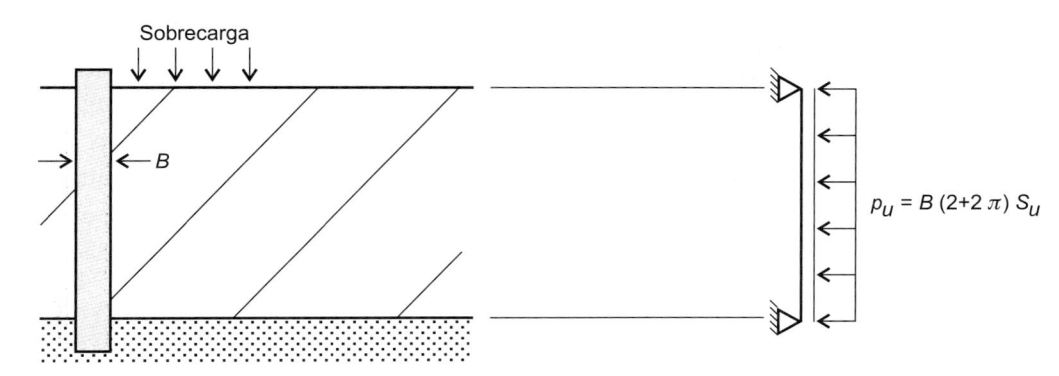

18 Problemas Especiais em Fundações Profundas

Fig. 18.26 – Método de Wenz (1963)

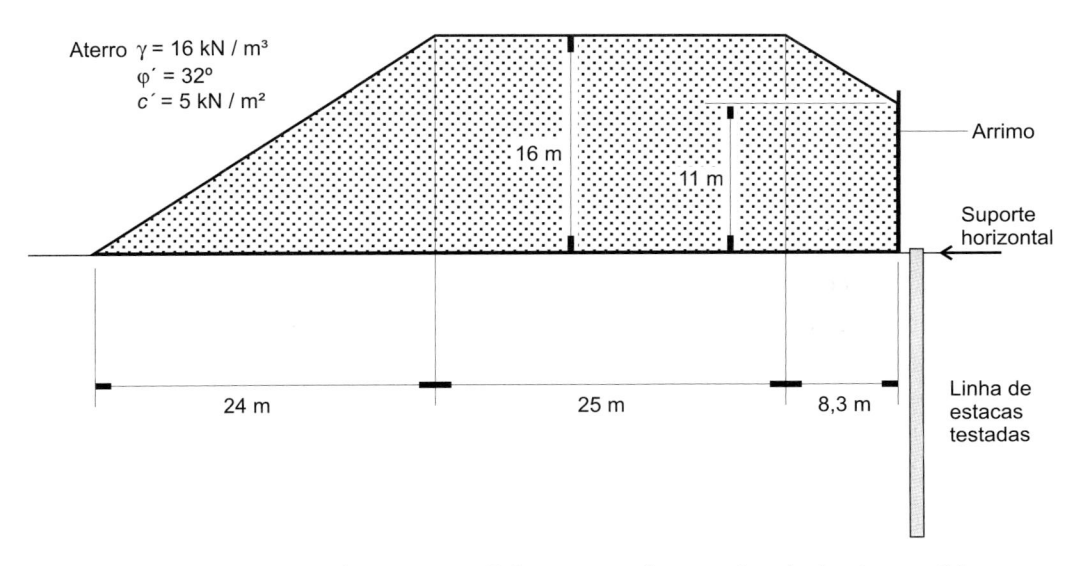

$$p_u = B(2+2\pi)S_u$$

$$p'_u = p_u \psi$$

Fig. 18.27 – Esquema dos testes em Zelzate: extensão aproximada do aterro = 54 m

Aterro $\gamma = 16\ kN/m^3$
$\varphi' = 32°$
$c' = 5\ kN/m^2$

- Estaca pré-moldada de concreto armado com diâmetro de 35 cm e 0,83% de taxa de armação, instalada num furo de 0,80m de diâmetro, de modo semelhante às anteriores.

O subsolo local é constituído por areia de compacidade crescente com a profundidade, fofa na superfície e chegando a compacta a cerca de 15 m de profundidade. As estacas tinham um comprimento de 24 e 28m, e suas cabeças foram impedidas de se deslocar. Na última etapa de carregamento (250 kN/m^2), o momento fletor atingiu 1260 kNm para a estaca de 90 cm e 265 kNm para a estaca de 60 cm. O deslocamento horizontal máximo do solo ocorreu na camada de areia fofa e atingiu 6 cm para a sobrecarga máxima, enquanto as estacas, com o topo restrito, deslocaram-se até 2 cm abaixo da superfície.

Testes no Norte da Alemanha por Leussink e Wenz

Leussink e Wenz (1969) apresentaram testes em um local do Norte da Alemanha onde um depósito para minério seria responsável por uma sobrecarga de 300 kN/m^2. O subsolo consiste de uma camada superficial de 4 a 5 m de aterro hidráulico, sobrejacente a uma espessa camada de argila mole (cerca de 15 m), abaixo da qual aparece uma espessa camada de areia. A resistência não drenada inicial da argila mole é de cerca de 20 kN/m^2 (após adensamento a 300 kN/m^2 a resistência atinge 100 kN/m^2). Para a manipulação do minério através de um pórtico rolante, foram previstas vigas-caixão em concreto armado, apoiadas sobre estacas, para o suporte dos trilhos. Para avaliar o carregamento horizontal nas estacas, três estacas metálicas de seção quadrada de 85 cm de lado foram instrumentadas e cravadas até a camada inferior de areia. As extremidades superiores das estacas foram ligadas à viga-caixão. Durante o primeiro ano de observação, a sobrecarga proveniente de um aterro arenoso chegou a 160 kN/m^2 e, durante o segundo, 280 kN/m^2. Para uma sobrecarga de 180 kN/m^2 os deslocamentos horizontais do solo atingiram 50 cm e aí ocorreu a ruptura de uma estaca. Para a sobrecarga máxima, a estaca, já rompida, deslocou-se até 80 cm. Após os testes, Leussink e Wenz (1969) optaram pela utilização de drenos de areia para melhorar as características do material de fundação.

Contribuição de De Beer e Colaboradores

Em três trabalhos de De Beer e colaboradores (De Beer e Wallays, 1969, 1972; De Beer, 1972) encontra-se uma proposta de método empírico para diversas situações de carregamento próximo a estacas. Com base nos resultados das pesquisas de Heyman e Boersma (1961) e de Leussink e Wenz (1969), De Beer e colaboradores distinguiram dois casos:
a. as tensões cisalhantes no solo são consideravelmente menores do que os valores de ruptura;
b. as tensões cisalhantes aproximam-se dos valores de ruptura.

Caso A

De Beer e Wallays (1972) indicam este método apenas quando o fator de segurança global, desprezando a presença das estacas, for superior a 1,6.

Quando a sobrecarga atuante é uniforme (Fig. 18.28), a pressão horizontal p_h nas estacas, na camada sujeita às deformações horizontais, é igual à sobrecarga q atuante, ou seja,

$$p_h = q \qquad \text{(18.72a)}$$

Quando a sobrecarga lateral não é uniforme, mas definida por um talude (Fig. 18.29), um fator de redução f, dado por:

$$f = \frac{\alpha - \varphi'/2}{\pi/2 - \varphi'/2} \qquad \text{(18.73)}$$

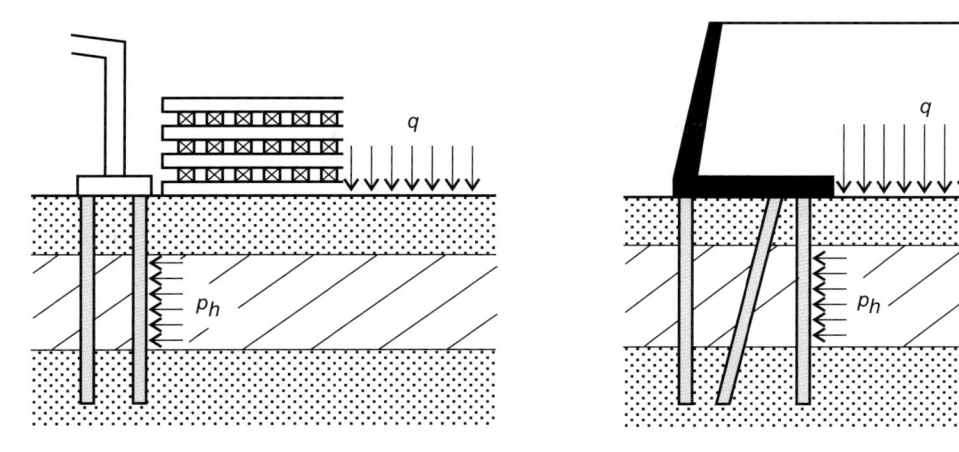

18 Problemas Especiais em Fundações Profundas

Fig. 18.28 – Pressão horizontal p_h nas estacas no caso de sobrecarga uniforme (De Beer e Wallays, 1969)

é introduzido, obtendo-se

$$p_h = f q \qquad (18.72b)$$

onde α é o ângulo de um talude fictício, dado em radianos, definido na Fig. 18.29, e φ', o ângulo de atrito efetivo do solo.

A pressão p_h pode ser multiplicada pela largura ou diâmetro da estaca.

Como os autores do método basearam-se num material com peso específico 18 kN/m³, para um material qualquer, é preciso calcular uma altura fictícia do talude, dada por

$$H_f = H \frac{\gamma_k}{18} \qquad (18.74)$$

onde: H_f = altura do talude fictício;

H = altura do talude real;

γ_k = peso específico do material do talude real em kN/m³.

O cálculo dos momentos fletores deve ser feito com as condições indicadas na Fig. 18.30.

De Beer e Wallays (1972) ressaltam que o método semiempírico proposto é aproximado e serve para a estimativa do valor máximo do momento fletor. O método não fornece a variação do momento fletor ao longo da estaca e, por segurança, as estacas devem ser armadas em todo o seu comprimento para o máximo momento calculado.

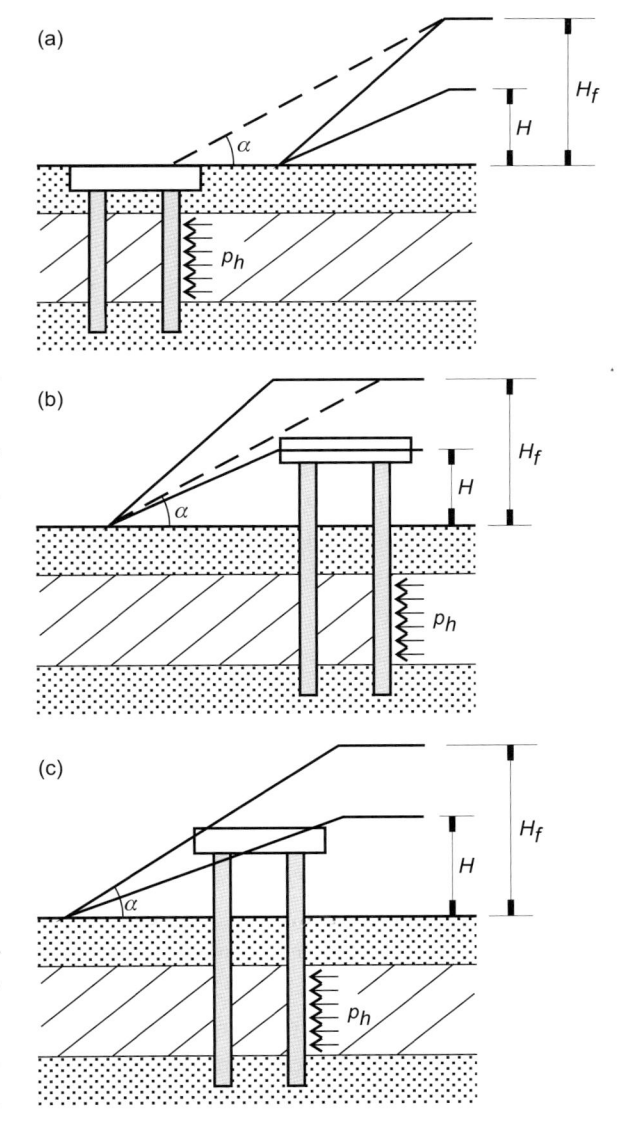

Fig. 18.29 – Estacas submetidas a pressões laterais na vizinhança de um talude

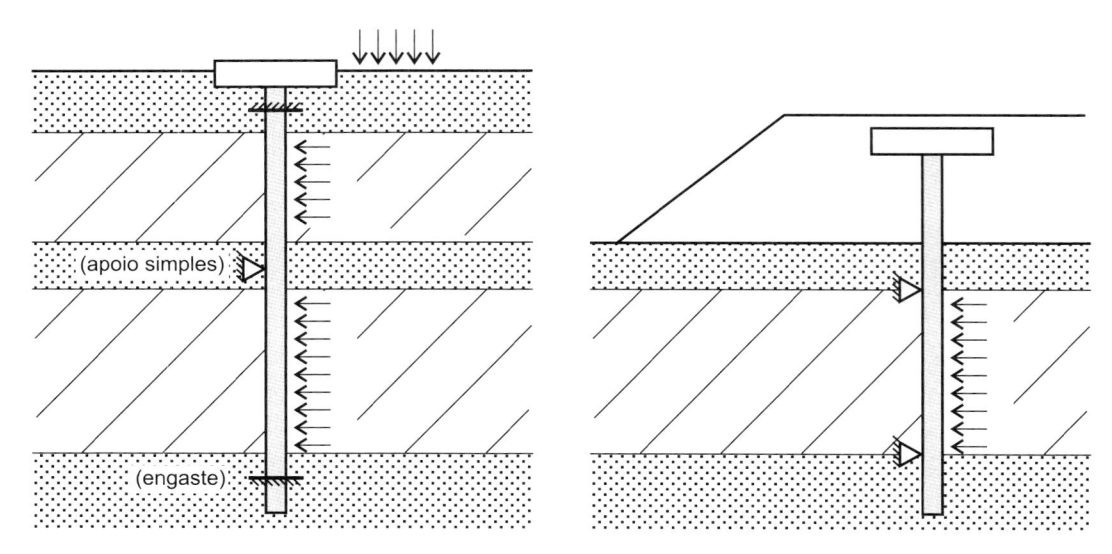

***Fig. 18.30** – Exemplos de condições de contorno de deslocabilidade horizontal*

Caso B

No caso de o fator de segurança à ruptura global ser baixo, as estacas estarão submetidas a um carregamento muito maior do que o indicado pelo método acima. Nessa situação, De Beer e Wallays (1972) e De Beer (1972) recomendam que o carregamento horizontal máximo atuante na estaca seja calculado com base no trabalho de Hansen (1961), considerando uma região de influência para cada estaca de três vezes o seu diâmetro.

Observações de Aoki

Aoki (1970) relata a ocorrência de esforços horizontais em estacas devidos à execução de aterros de acesso a pontes construídas na BR-101 no Rio Grande do Norte. Durante a realização dos serviços de terraplenagem de uma das pontes, sobre o rio Curimataú, ocorreu a ruptura da camada de argila mole e foram observados desaprumos e fissuras em vários pilares. Os deslocamentos medidos na altura dos blocos atingiram até 20 cm. Diante desse fato, realizou-se um programa mais detalhado de reconhecimento do subsolo, que revelou a ocorrência de um afundamento acentuado do aterro na argila mole. Algumas avaliações de esforços com base na literatura indicaram solicitações de flexão nas estacas muito superiores à sua capacidade resistente. As fundações em estacas tipo Franki e estacas tubadas foram reforçadas com estacas metálicas (perfis duplo I 12" com reforço). A cravação dessas estacas foi inicialmente prevista com reação na estrutura, mas verificou-se, no decorrer dos serviços, que era possível realizar a cravação com bate-estacas colocado em cima da ponte. Como solução complementar, para diminuir o valor da sobrecarga, foi prevista a execução de um novo aterro de acesso provido de vazios criados por bueiros metálicos tipo ARMCO.

Contribuição de Marche e Lacroix

O estudo de Marche e Lacroix (1972) baseia-se na análise de quinze pontes nas quais foram observados movimentos apreciáveis dos encontros. Para cada uma dessas pontes, os autores examinaram as condições do subsolo local, o tipo das fundações, a sequência de construção e a natureza e amplitude dos movimentos observados. A partir dessa análise, Marche e Lacroix (1972) tentaram caracterizar as condições para as quais existe grande probabilidade de movimentação excessiva em encontros de pontes projetados de acordo com os métodos convencionais.

18 Problemas Especiais em Fundações Profundas

Os movimentos horizontais dos encontros são definidos pelo aumento (ou diminuição) da distância inicial entre o tabuleiro e o encontro. Os movimentos são considerados positivos quando se referem a um afastamento do encontro em relação ao tabuleiro da ponte e negativos em caso contrário (Fig. 18.31).

Os quinze casos analisados apresentavam geometria da obra e condições de subsolo muito diversas. Os autores realizaram sua análise segundo dois critérios distintos:

(i) uma análise qualitativa, resultado da observação, para definir as condições gerais em que ocorreriam movimentos;

(ii) uma análise quantitativa, baseada nos princípios da análise dimensional, com as variáveis escolhidas indicadas na Fig. 18.31.

Como resultado da análise qualitativa, Marche e Lacroix (1972) observaram a ocorrência de três tipos de movimento. No primeiro (Fig. 18.32a), movimentos positivos foram observados em encontros que se situavam a meia altura do aterro. O trecho inferior do aterro mobiliza um empuxo que restringe a movimentação do trecho superior das estacas e o encontro gira na direção do aterro. No segundo (Fig. 18.32b), os movimentos observados são negativos. Os encontros apresentavam a mesma altura do aterro e a camada de argila mole não mobilizava o empuxo necessário para restringir a translação do encontro no sentido do tabuleiro da ponte. No terceiro (Fig. 18.32c), os movimentos observados são positivos. As cabeças das estacas deslocam-se contra o aterro. A presença do aterro sob a região do tabuleiro mobiliza um empuxo suficiente.

Quanto às amplitudes dos movimentos, os autores ressaltam que, para as 15 pontes consideradas, o nível de carregamento superou o limite correspondente ao início das deformações plásticas segundo o critério de Tschebotarioff (1970). Os casos onde foram registrados os maiores movimentos corresponderam aos maiores valores da relação $\Delta\sigma_z/S_u$, sendo $\Delta\sigma_z$ o acréscimo de tensão vertical na superfície da camada mole. Nos casos em que foram observadas estacas rompidas, o nível de carregamento aproxima-se do correspondente à capacidade de carga de uma sapata corrida.

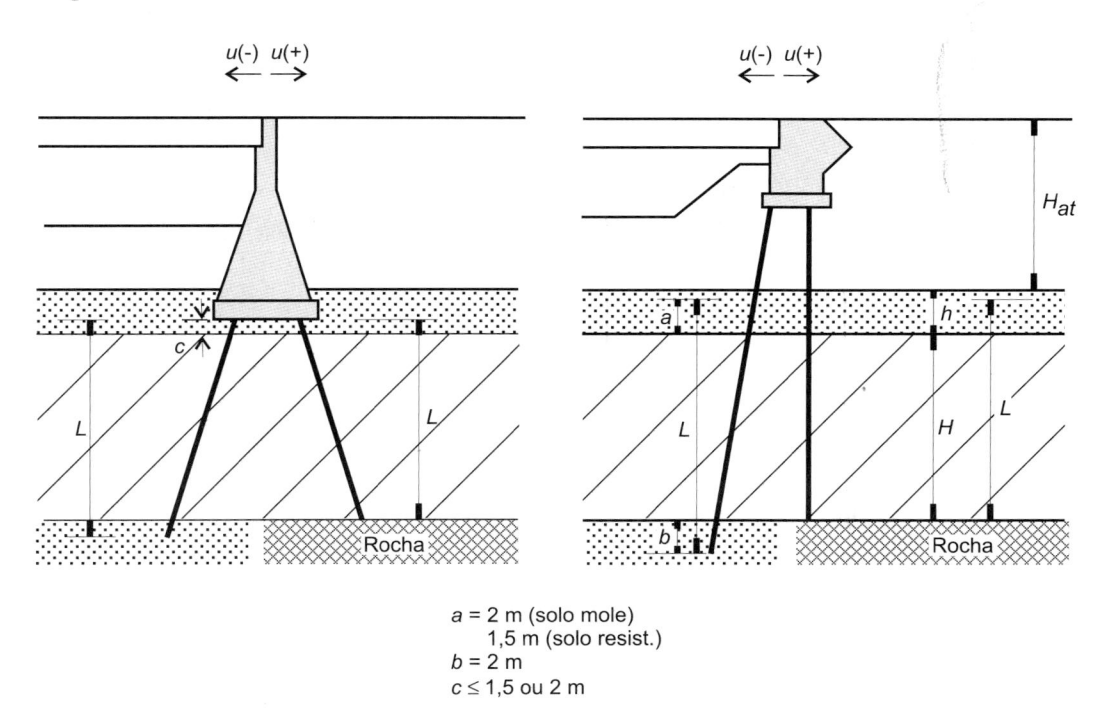

$a = 2$ m (solo mole)
$1,5$ m (solo resist.)
$b = 2$ m
$c \leq 1,5$ ou 2 m

Fig. 18.31 – Notação utilizada (Marche e Lacroix, 1972)

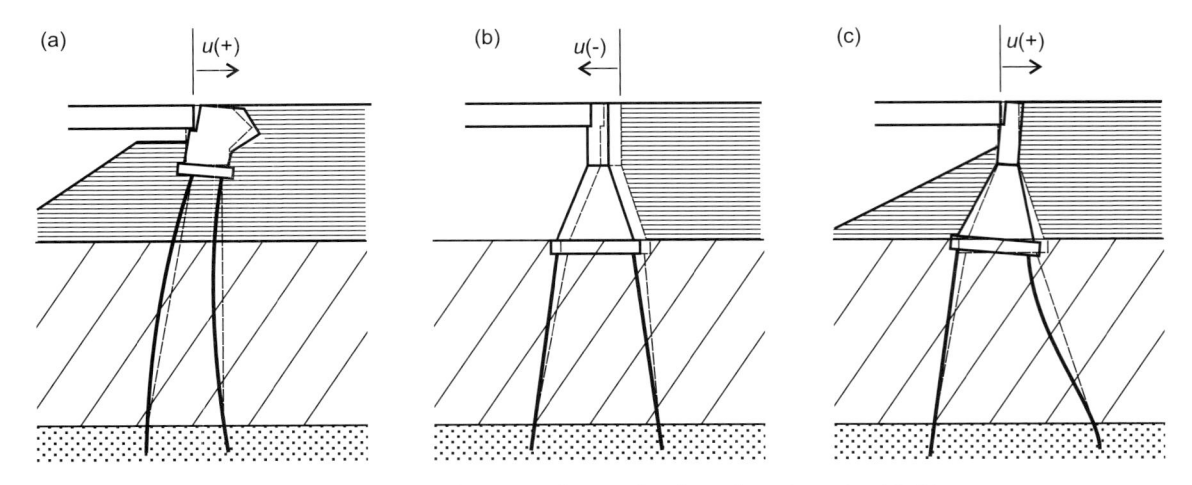

Fig. 18.32 – Movimentos observados (Marche e Lacroix, 1972)

Quanto à sequência de construção, em todas as pontes analisadas as estacas foram instaladas antes da construção do aterro. Marche e Lacroix (1972) enfatizaram o caráter prático da pesquisa de Tschebotarioff (1970) em que, após o adensamento parcial da camada argilosa sob a ação de um trecho de aterro tal que $\Delta\sigma_z < 3S_u$, a construção da parte final do aterro não ocasionou movimentos nem esforços adicionais.

Quanto à estabilização dos movimentos, Marche e Lacroix (1972) observaram que, em 14 das 15 pontes analisadas, os movimentos estabilizaram-se alguns anos após a construção dos aterros. Tal fato foi atribuído ao ganho de resistência devido ao adensamento sob ação do aterro. Para uma das pontes, 20 anos após sua construção, as deformações não se estabilizaram, apesar da instalação de um escoramento entre os encontros. Tais movimentos, segundo os autores, têm características de fluência (*creep*), cujas condições na época não pareciam claramente estabelecidas.

Na análise quantitativa, os autores procuraram definir o nível de carregamento mínimo para o qual se iniciam os movimentos, levando em conta a rigidez das estacas e a compressibilidade da camada argilosa. As variáveis escolhidas para caracterizar o fenômeno estudado, além de S_u e $\Delta\sigma_z$, são:

E = módulo de Young equivalente obtido da análise de recalques dos aterros;

L^4/I = relação entre a quarta potência do comprimento definido na Fig. 18.31 e o momento de inércia da seção da estaca;

E_p = módulo de elasticidade do material da estaca.

As variáveis adimensionais escolhidas são:

$\Delta\sigma_z/S_u$ = variável que caracteriza o nível de carregamento;

EL^4/E_pI = rigidez relativa solo-estaca.

Na Fig. 18.33 são representados, em função das variáveis adimensionais, os pontos correspondentes às 15 pontes analisadas. A envoltória desses pontos define o nível de carregamento mínimo provável para o qual se iniciam os movimentos. Essa envoltória define dois domínios: o primeiro engloba os pontos correspondentes às 15 pontes analisadas e representa o domínio em que movimentos apreciáveis são muito prováveis. O segundo domínio não engloba nenhum ponto representativo de pontes, cujos encontros tenham sofrido deformações apreciáveis sendo, portanto, o domínio em que movimentos apreciáveis são pouco prováveis.

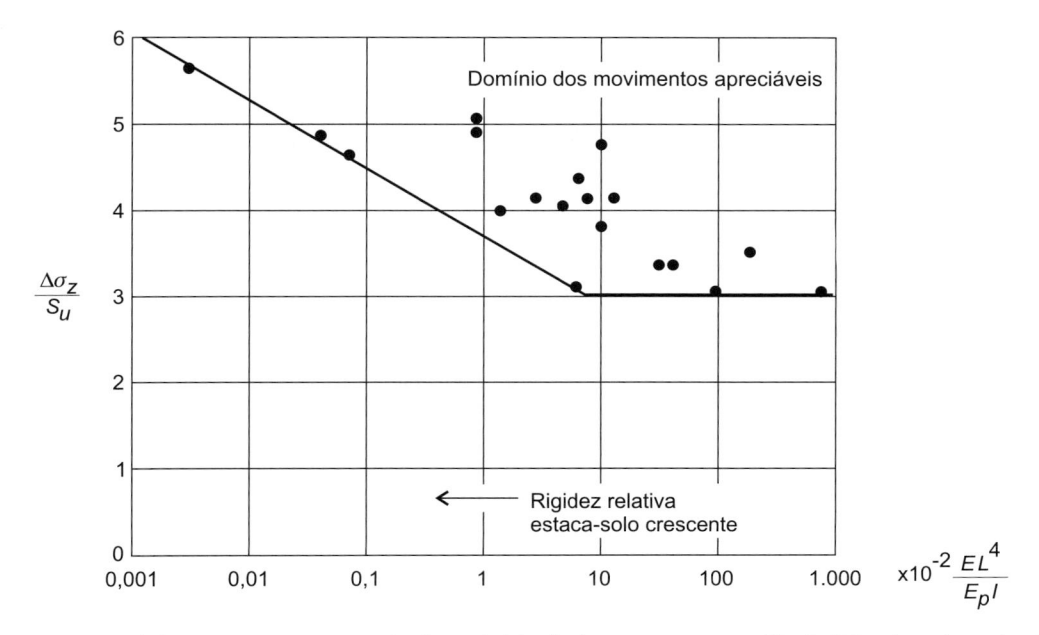

Fig. 18.33 – Nível de carregamento provável que inicia deslocamentos apreciáveis (Marche e Lacroix, 1972)

Do ponto de vista prático, se a sequência de construção consiste na instalação das estacas antes da construção dos aterros ou durante sua construção, a Fig. 18.33 permite a verificação da possibilidade de uma movimentação apreciável dos encontros.

Uma outra tentativa dos autores, na análise quantitativa, foi definir os movimentos máximos prováveis dos encontros com fundações em estacas de aço que atravessam camadas de argila mole. Como variáveis que caracterizam o fenômeno, foram escolhidas, além de S_u, L^4/I e E_p, definidas anteriormente:

w = recalque do aterro;
u = deslocamento horizontal do topo do encontro.

As variáveis adimensionais escolhidas são:
u/w = deslocamento relativo;
$S_u L^4 / E_p I$ = flexibilidade relativa solo-estaca.

Os pontos representativos das pontes construídas sobre estacas de aço estão na Fig. 18.34. A envoltória desses pontos define o deslocamento relativo máximo provável dos encontros. Com base nos recalques previstos, na resistência ao cisalhamento da argila e na flexibilidade das estacas, é possível estimar o deslocamento máximo provável de um encontro sobre estacas de aço. Convém ressaltar que os dados que deram origem à Fig. 18.34 referem-se a encontros assentes a meia altura dos aterros.

Marche e Lacroix (1972) concluem seu trabalho sugerindo o seguinte procedimento para a análise das fundações dos encontros de pontes:

(i) As estacas devem ser verificadas de forma a resistirem às cargas transmitidas pelo encontro e às transmitidas por atrito negativo.
(ii) Se a pressão transmitida pelo aterro superar $3S_u$, há riscos de deformações plásticas no interior da massa de solo e, consequentemente, movimentos dos encontros (usar Fig. 18.34 para verificar se tais movimentos são prováveis).

(iii) Caso se trate de encontro assente em estacas de aço a meia altura do aterro, a Fig. 18.33 fornecerá uma indicação dos movimentos máximos prováveis. Nesse caso, pode ser empregado um dispositivo de apoio do tabuleiro que permita o deslocamento do encontro sem afetar a funcionalidade da obra.

(iv) Uma solução simples para o problema de movimentação excessiva consiste no pré-carregamento (eventualmente com o emprego de drenos verticais) nas vizinhanças dos encontros antes da instalação das estacas.

Os autores também sugerem, além do pré-carregamento e da redução do peso do aterro, uma estrutura com uma rampa de acesso à ponte (solução mais elementar de todas para evitar o fenômeno).

Tschebotarioff, ao analisar o trabalho de Marche e Lacroix (1972), comenta que a utilização de estacas inclinadas nas fundações dos encontros é um meio eficaz de resistir à tendência de deslocamento dos encontros. Sugere que a falta de estacas inclinadas em ambas as direções e com adequada rigidez à flexão ocasionou os movimentos negativos relatados por Marche e Lacroix (1972).

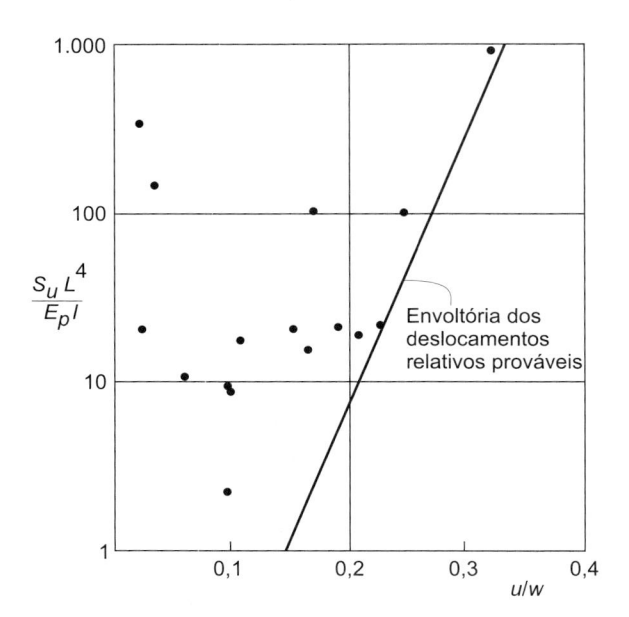

Fig. 18.34 – Deslocamentos relativos em função da flexibilidade relativa (Marche e Lacroix, 1972)

Contribuição de Poulos

Poulos (1973) desenvolveu uma solução para a análise de uma estaca isolada embutida num solo – considerado um material elástico ideal, isotrópico, com módulo de Young E e coeficiente de Poisson v – que esteja sujeito a movimentos horizontais. Essa solução é semelhante àquelas apresentadas no Cap. 14 para a previsão de recalques, e no Cap. 15 para o comportamento sob forças horizontais no topo (*estacas ativas*). A estaca é analisada como uma viga vertical, dividida em elementos; o solo é dividido no mesmo número de elementos, sendo p_y a máxima pressão horizontal capaz de ser exercida na estaca (variável com a profundidade).

A solução do problema é obtida pela imposição de compatibilidade de deslocamentos da estaca e do solo adjacente. Os deslocamentos da estaca são obtidos pela equação de flexão de uma viga. Os deslocamentos do solo são decorrentes tanto da sobrecarga imposta como das pressões devidas à interação entre a estaca e o solo. Os deslocamentos provenientes dessa interação são obtidos pelas equações de Mindlin.

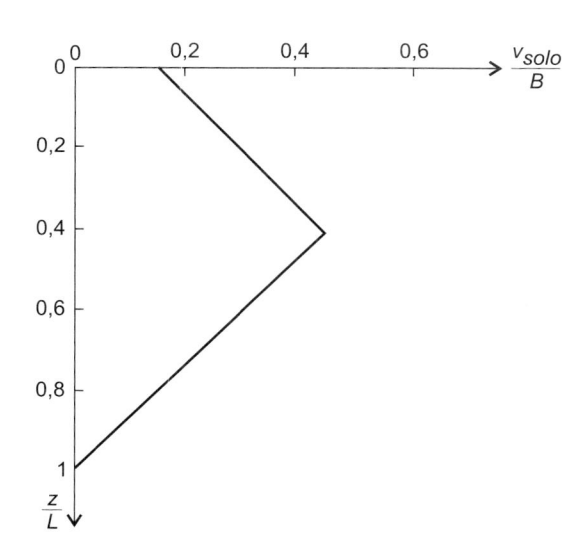

Fig. 18.35 – Distribuição inicial assumida para os deslocamentos do solo (Poulos, 1973)

18 Problemas Especiais em Fundações Profundas

Essa solução baseia-se numa distribuição inicial admitida para os deslocamentos do solo (Fig. 18.35), o que constitui, na prática, o parâmetro mais difícil de se obter previamente à construção do aterro. Esse método requer também os valores de E e p_y para cada profundidade, bem como as características físicas da estaca.

Poulos (1973) montou um sistema de equações pelo Método das Diferenças Finitas. Na primeira iteração do cálculo numérico, a deformação do solo é igual à deformação admitida, e determinam-se os deslocamentos e, consequentemente, as pressões horizontais atuantes na estaca. Se para algum elemento a pressão horizontal calculada superar a pressão horizontal máxima p_y, uma nova iteração deverá ser procedida substituindo-se p, a pressão calculada, por p_y. Os deslocamentos finais são obtidos quando as pressões horizontais ao longo do fuste forem inferiores a p_y. Com esses deslocamentos e pressões finais, os esforços na estaca podem ser determinados.

Acredita-se que o interesse principal do trabalho de Poulos (1973) esteja na verificação da influência de diversos fatores sobre o comportamento da estaca. Os fatores estudados por Poulos foram: (i) flexibilidade relativa; (ii) condições de contorno; (iii) distribuição dos movimentos do solo; (iv) magnitude dos movimentos do solo; (v) diâmetro da estaca; e (vi) distribuição de E e p_y.

Para ilustrar, na Fig. 18.36 é apresentado o efeito da rigidez relativa para os casos de

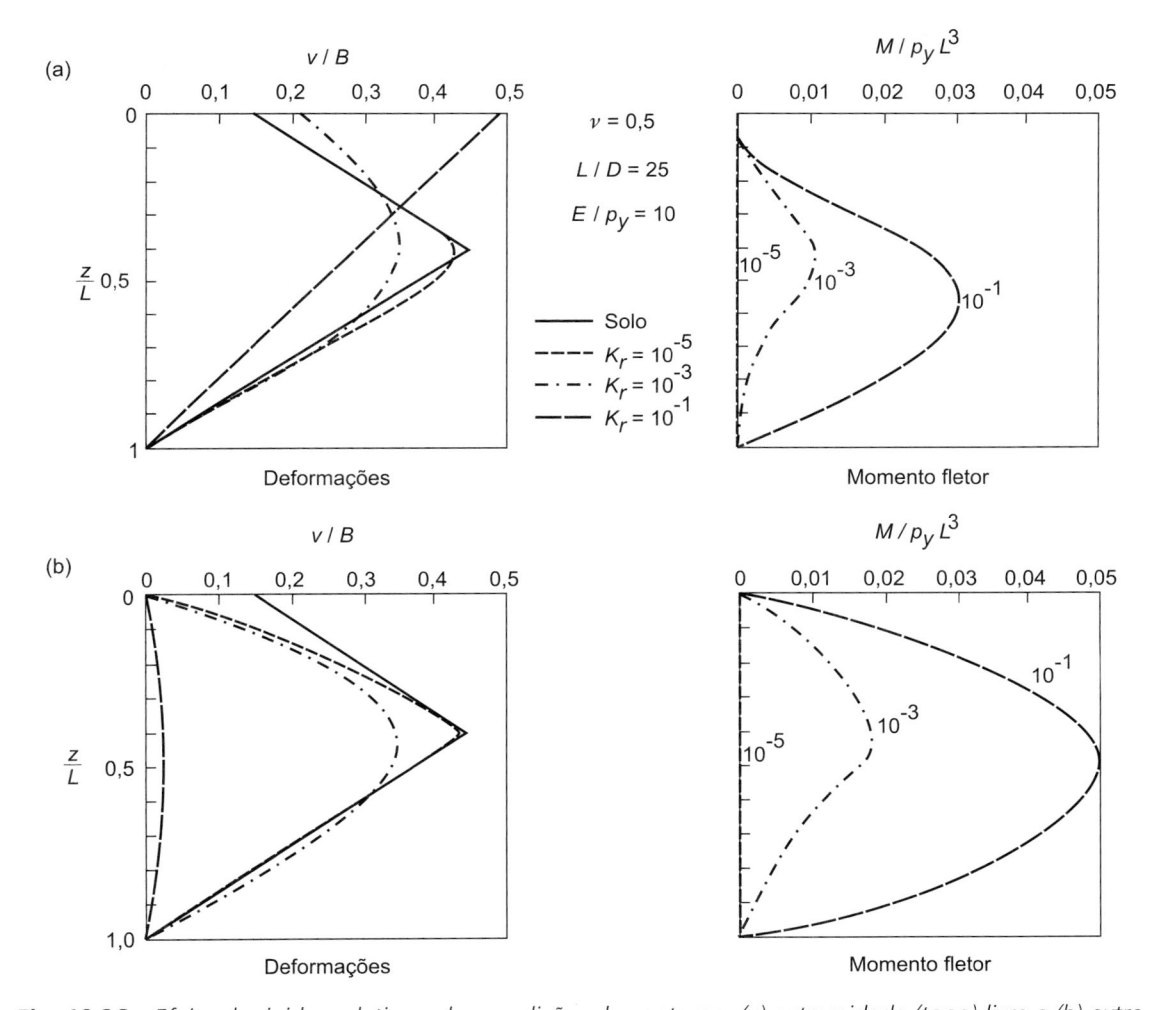

Fig. 18.36 – Efeito da rigidez relativa e das condições de contorno: (a) extremidade (topo) livre e (b) extremidade impedida (Poulos, 1973)

extremidade livre e extremidade impedida. Pode-se observar que quanto mais flexível a estaca, mais seus deslocamentos se aproximam do deslocamento do solo e menores os esforços nela atuantes.

Poulos (1973) recomenda os seguintes procedimentos para aplicar em problemas práticos: os movimentos iniciais do solo sob a ação da sobrecarga podem ser estimados a partir da Teoria da Elasticidade, por uma análise por elementos finitos ou, preferencialmente, a partir de leituras *in situ* feitas por inclinômetros; o módulo de Young do solo pode ser avaliado por correlações; a pressão horizontal de escoamento pode ser obtida com as recomendações de Broms (1965) ou Hansen (1961). Poulos (1973) comparou os resultados da aplicação de sua solução com os resultados das medições de Heyman e Boersma (1961) e Leussink e Wenz (1969), chegando a resultados satisfatórios, e concluiu que o método pode ser utilizado na solução de problemas práticos.

Contribuição de Bigot, Bourges, Frank e Guegan

Bigot et al. (1977) comentam que os métodos de Tschebotarioff e de De Beer e Wallays são semiempíricos e se propõem a estabelecer um novo método, que utilize resultados de ensaios pressiométricos (que formam a base da prática francesa de projeto de fundações). Assim, monitoraram uma estaca metálica (diâmetro 90 cm) instalada no pé do talude de um aterro com 7m de altura total (coeficiente de segurança mínimo de 2) executado sobre uma camada turfosa. Foram medidas as deformações das fibras extremas da estaca, a cada metro de profundidade, o deslocamento e a rotação do topo, o que possibilitou a determinação dos momentos fletores, dos esforços cortantes e da pressão do solo sobre a estaca. Os deslocamentos do solo foram medidos com inclinômetros e as características geotécnicas do subsolo foram avaliadas com ensaios pressiométricos (PMT).

A proposição dos autores consiste na utilização das curvas pressiométricas como curvas de reação.

A equação básica do fenômeno é:

$$E_p I \Delta y^4 + E \Delta y = 0 \tag{18.75}$$

onde: $E_p I$ = rigidez à flexão da estaca;

E = módulo horizontal do solo, função da profundidade e do nível de carregamento;

$\Delta y = y_e - y_s$, sendo y_e o deslocamento da estaca e y_s o deslocamento do solo.

Se y_s puder ser representado por um polinômio de grau igual ou inferior a 3, a Eq. (18.75) pode ser escrita

$$E_p I y^4 + E \Delta y = 0 \tag{18.76}$$

Ao comparar os resultados obtidos experimentalmente com os resultados teóricos, os autores concluíram que a utilização das curvas pressiométricas constitui uma metodologia satisfatória pela simplicidade de análise de um fenômeno complexo, e fornece valores da mesma ordem de grandeza daqueles medidos. O método esbarra na necessidade do conhecimento prévio dos deslocamentos do solo, y_s, conhecidos no teste.

Observações de Velloso e Grillo

Velloso e Grillo (1982) descrevem um programa de controle de movimentos horizontais numa camada de argila muito mole, realizado durante a construção do tanque 413 na refinaria Duque de Caxias (REDUC), no Rio de Janeiro. A cravação das estacas foi precedida pela execução de um aterro que serviu de base tanto para o trabalho do bate-estacas como para a concretagem da infraestrutura do tanque. O programa de controle consistiu em executar a saia do aterro com duas inclinações bem diferentes (1:1,5 e 1:5) e instalar inclinômetros nos quatro quadrantes do tanque. O acompanhamento dos movimentos horizontais foi feito desde o início do aterro até a conclusão da cravação das 293 estacas de fundação do tanque. Procurou-se minimizar o carregamento horizontal das estacas iniciando-se o estaqueamento depois de cessados os deslocamentos horizontais causados pelo carregamento do aterro e dirigindo-se o caminhamento do bate-estacas do centro para a periferia do tanque. Verificaram que os deslocamentos horizontais máximos devidos à cravação de estacas, e ocorridos após a cravação, atingiram valores da ordem do dobro do valor máximo obtido com o aterro para o talude de 1:1,5 e o triplo desse valor para o talude de 1:5. Os autores estimam que o volume de argila deslocado pela cravação seja da ordem de 500m^3, ou seja, 70% do volume de concreto introduzido no terreno pelas estacas (745 m^3). Os autores consideram que a diferença entre o volume de concreto e o volume de argila deslocada corresponda ao adensamento ocorrido durante os 130 dias em que se executaram as fundações do tanque. Foi verificado que os deslocamentos horizontais aumentavam sensivelmente em decorrência da aproximação do bate-estacas.

A verificação dos momentos fletores nas estacas foi feita pelos autores pelo método de Poulos (1973) e consideram-se as seguintes hipóteses de carregamento para uma estaca periférica:

a. estaca executada antes do aterro e submetida aos deslocamentos devidos apenas ao aterro;

b. estaca executada após o deslocamento da argila sob o aterro e submetida exclusivamente aos deslocamentos causados pela cravação das estacas interiores.

Na Tab. 18.2 estão indicados os momentos fletores máximos obtidos para o caso (a), tanto para o talude de 1:5 como para o de 1:1,5, e para o caso (b). Supôs-se que a estaca tinha cabeça livre e ponta rotulada.

Os autores concluíram que,

1. no dimensionamento de estacas cravadas através de argila mole, deve-se considerar a possibilidade da ocorrência de esforços horizontais causados por deslocamentos devidos a carregamentos assimétricos de aterros e à cravação de estacas vizinhas.

2. Os esforços podem ser reduzidos pela execução dos aterros com grande antecedência, de forma que a maior parte dos recalques ocorra antes da cravação das estacas.

Tab. 18.2 – Momentos fletores obtidos (Velloso e Grillo, 1982)

Caso analisado	Momento fletor máximo (kNm)
Talude 1:5	68,2
Talude 1:1,5	133,3
Cravação das estacas vizinhas	182,9

3. Em casos de concentração de estacas, a sequência de cravação deve ser iniciada no centro do grupo, para permitir que a argila se desloque mais livremente para a periferia do grupo.

4. É sempre recomendável a instalação de instrumentação, especialmente inclinômetros, para se observar e controlar o deslocamento da argila antes e durante a execução da obra.

Conforme mencionado na introdução deste item, a situação final de construção pode não ser a pior e, portanto, a instrumentação deve ser mantida por algum tempo após a conclusão da obra.

Contribuição de Ratton

Ratton (1985) pesquisou a pressão lateral em estacas por meio de um estudo tridimensional pelo Método dos Elementos Finitos. Foi realizada análise elástica linear de um maciço estratificado, formado por três camadas de deformabilidades diferentes, atravessado por um grupo de estacas e solicitado lateralmente em profundidade (Fig. 18.37).

O autor efetuou uma análise dimensional para a definição de algumas variáveis de um estudo paramétrico. Foram observados os elementos que interessam ao engenheiro de fundações: momentos fletores máximos nas estacas; deslocamentos máximos das estacas em profundidade; deslocamentos nas cabeças das estacas; profundidades dos momentos máximos; e profundidades dos deslocamentos máximos. Alguns ábacos de dimensionamento foram desenvolvidos, como o da Fig. 18.38.

As principais conclusões do autor, a partir da análise paramétrica realizada, são as seguintes.

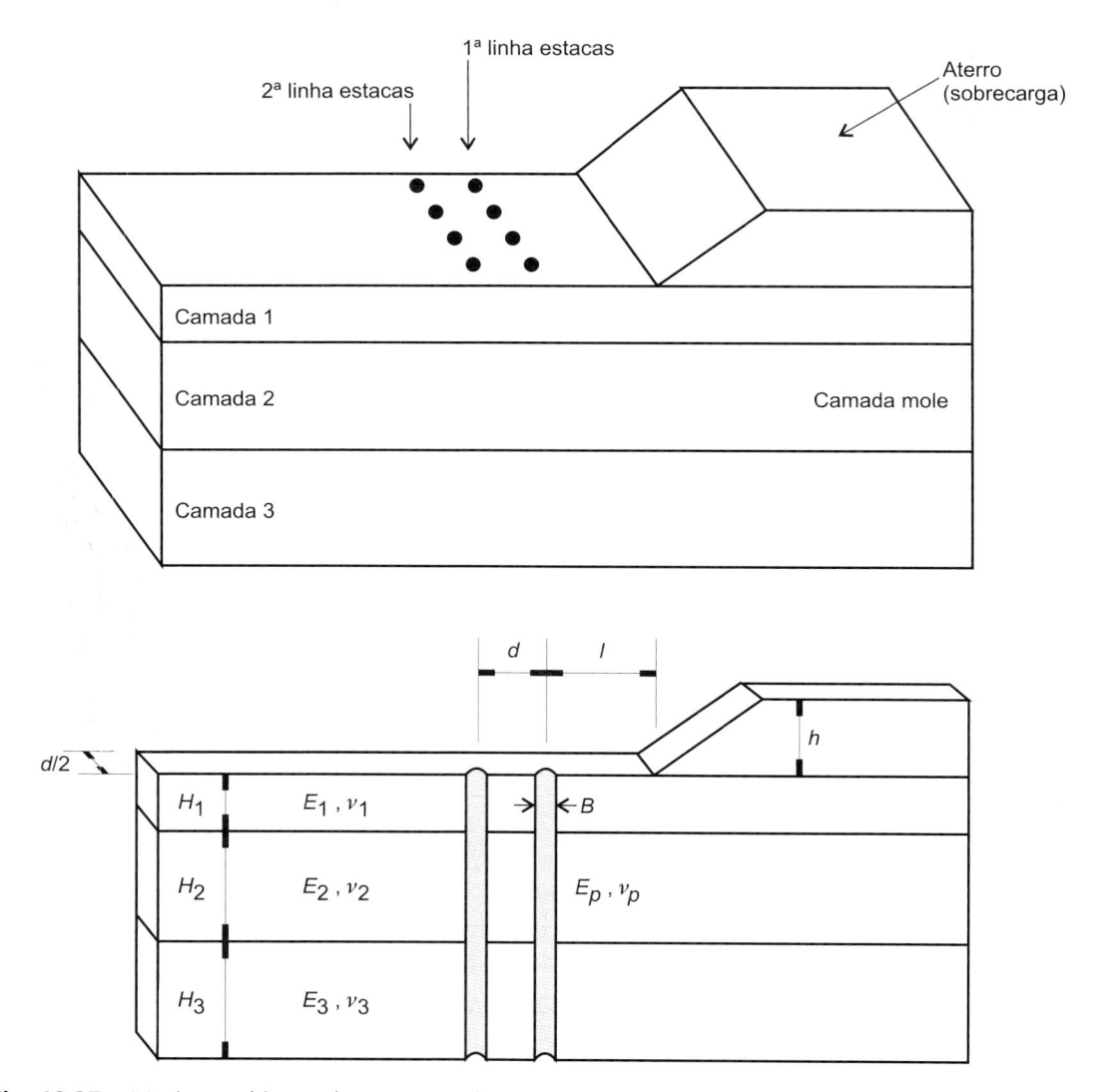

Fig. 18.37 – Maciço multicamadas atravessado por um grupo de estacas: (a) problema analisado; (b) modelo de cálculo (Ratton, 1985)

(1) Em relação às deformadas das estacas e diagramas de momentos fletores:
   a. Para estacas de grande diâmetro (> 100 cm), os deslocamentos máximos desenvolvem-se sempre na superfície, e com a redução do diâmetro tais deslocamentos acontecem em profundidades cada vez maiores, tendo como limite o centro da camada mole.
   b. A amplitude dos deslocamentos em profundidade das estacas de pequeno diâmetro é maior do que nas estacas de maior diâmetro, enquanto que os momentos fletores desenvolvidos são crescentes com o diâmetro e rigidez das estacas. A profundidade onde se desenvolve o momento máximo diminui com a redução do diâmetro das estacas.

(2) Em relação à variação dos momentos e deslocamentos na cabeça da estaca em função da rigidez relativa:

Há um valor crítico de rigidez relativa, cerca de 4,5, que separa duas faixas bem definidas, sendo a rigidez relativa definida por

$$\frac{H}{l^*} = \sum_{i=1}^{3} \frac{H_i}{l_i^*} \quad \text{onde} \quad l_i^* = \sqrt[4]{\frac{4E_p I}{E_i}}$$

   a. $0 < H/l^* < 4,5$

   Nesse intervalo observam-se as seguintes características:
   - Os momentos máximos aumentam quando a rigidez relativa cresce (Fig. 18.38).
   - Os deslocamentos do topo das estacas variam no mesmo sentido da rigidez relativa.
   - Os deslocamentos máximos se produzem quase sempre na superfície do solo.
   - A deformada tende a uma reta.
   - Diagrama de momentos apresenta uma única curvatura.
   - As características observadas permitem classificar essas estacas como "rígidas".

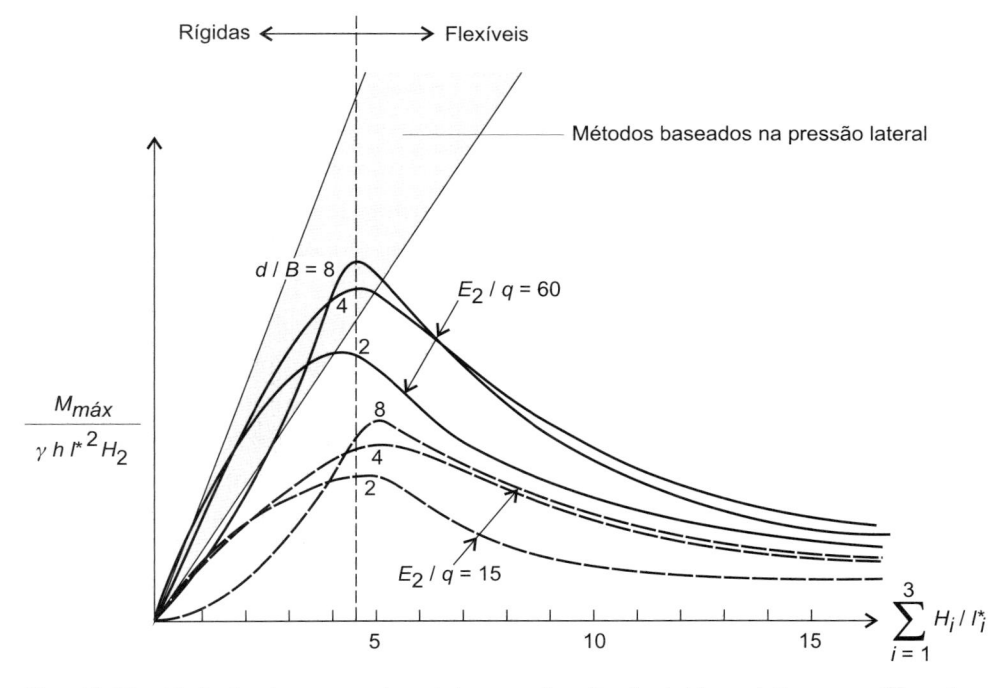

Fig. 18.38 – Variação do momento máximo em função da rigidez relativa para diferentes valores de d/B – estacas 1ª linha (Ratton, 1985)

b. $H/l^* > 4{,}5$

As características observadas neste caso são:
- Os momentos diminuem com o aumento da rigidez relativa (Fig. 18.38).
- Os deslocamentos máximos apresentam-se sempre em profundidade.
- As deformadas apresentam curvatura dupla e os deslocamentos nas cabeças das estacas podem se desenvolver no sentido contrário ao deslocamento do solo.
- Os diagramas de momentos apresentam várias curvaturas.
- As características apresentadas permitem classificar essas estacas como "flexíveis".

A partir da Fig. 18.38, Ratton (1985) conclui que os métodos baseados na avaliação de uma pressão limite podem ser aceitos para o dimensionamento de sistemas rígidos; por outro lado, a aplicação desses métodos ao caso de sistemas flexíveis conduz a resultados muito conservativos, portanto, para esses casos, é necessária uma análise tridimensional por um método que considere os fenômenos de interação solo-estaca.

Contribuição de Schmiedel

Schmiedel (1984) sugere que o empuxo sobre uma estaca, devido a um aterro cuja ação seja representada pela pressão vertical q sobre a camada mole, pode ser calculado pela diferença entre o empuxo ativo do lado do aterro e o passivo – ou "no repouso", a favor da segurança – do lado externo, dados por:

$e_a = \gamma z + q - 2S_u$ (não drenado)   ou $e_a = \gamma' z K_a + q - 2c'\sqrt{K_a}$ (drenado)

$e_p = \gamma z$ (não drenado ou drenado) [8]

A pior situação entre os casos não drenado e drenado deve ser levada para o cálculo da pressão atuante na estaca dada por:

$$p_h = a(e_a - e_p)$$

onde a será o maior entre os valores: (i) $3B$, ou seja, três vezes o diâmetro ou largura da estaca; (ii) a distância média entre estacas no bloco, perpendicularmente à ação do empuxo (ou largura de influência da estaca no bloco).

Contribuição de Stewart, Jewell e Randolph

Recentemente, estudos em modelos reduzidos em centrífuga embasaram novos métodos de cálculo, como os de Springman (1989), Springman et al. (1991) Stewart et al. (1994), Goh et al. (1997).

Stewart et al. (1994) apresentam resultados de ensaios em centrífuga comparados a observações de campo e a resultados de cálculos elaborados de acordo com alguns critérios. Verificou-se que há um valor crítico da sobrecarga, em torno de $3S_u$ que altera o comportamento das estacas: para valores da sobrecarga menores que $3S_u$, os momentos fletores e os deslocamentos das estacas são muito pequenos; para valores maiores, essas grandezas tornam-se apreciáveis.

Os autores apresentam dois procedimentos de projeto, e aqui se reproduz o primeiro deles, no qual utilizam-se as curvas mostradas na Fig. 18.39 para a previsão do momento máximo e do deslocamento do bloco de estacas com as grandezas adimensionais:

---

8. A rigor, para o caso drenado, o empuxo resistente deve ser expresso em tensões efetivas como $e_p = \gamma' z K$, com $K = 1$.

$$M_q = \frac{\Delta M_{\text{máx}}}{\Delta q B L_{eq}^2} \qquad \text{(fator adimensional para o momento máximo)}$$

$$y_q = \frac{\Delta y E_p I}{\Delta q B L_{eq}^4} \qquad \text{(fator adimensional para o deslocamento do bloco de estacas)}$$

$$K_R = \frac{E_p I}{E H^4} \qquad \text{(rigidez relativa estaca-solo)}$$

onde: $\Delta M_{\text{máx}}$ = acréscimo no momento fletor máximo correspondente ao acréscimo Δq na sobrecarga;

Δy = acréscimo no deslocamento horizontal do bloco de estacas correspondente ao acréscimo Δq;

B = diâmetro ou largura da estaca;

L_{eq} = comprimento equivalente da estaca entre pontos de fixação;

E_p = módulo de elasticidade do material da estaca;

I = momento de inércia da seção transversal da estaca;

E = módulo de elasticidade do solo (argila mole);

H = espessura da camada de argila mole.

Quanto ao comprimento equivalente, são dadas as seguintes indicações (L é o comprimento geométrico da estaca):

$L_{eq} = L$ no caso de estaca engastada no bloco, com deslocamento horizontal permitido;

$L_{eq} = 0,6L$ no caso de estaca rotulada em bloco indeslocável;

$L_{eq} = 1,3L$ no caso de estaca com topo livre.

Essas curvas foram preparadas para o caso das estacas serem cravadas antes ou durante a deposição do aterro. Quando as estacas forem cravadas após a conclusão do aterro, elas podem ser utilizadas desde que se considere um E que leve em conta os deslocamentos laterais do solo ocorridos nas fases não drenada e drenada.

Imediatamente após a fase não drenada, pode-se adotar um módulo igual a $4E$. Para qualquer outro instante, um módulo equivalente é definido quando se puder determinar o recalque ocorrido até aquele instante. Uma proporção com o recalque total indicará

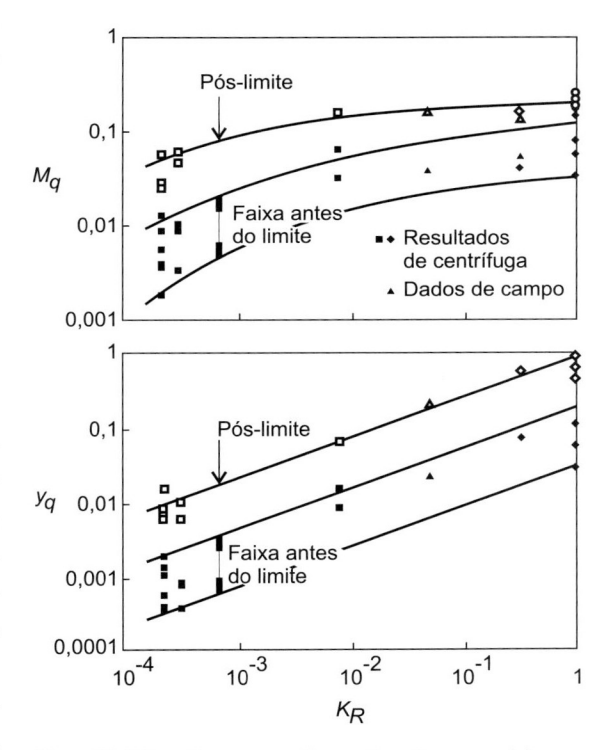

Fig. 18.39 – Fatores adimensionais para (a) momento máximo; (b) deslocamento do bloco de estacas, em função da rigidez relativa estaca-solo (Stewart et al., 1994)

o valor do módulo equivalente. Durante a fase não drenada, o deslocamento lateral é de cerca de 30% do recalque e, ao final do adensamento, é de cerca de 40% do recalque total.

Comentários sobre os métodos propostos

Da análise dos métodos propostos para a determinação dos esforços de flexão em estacas devidos a sobrecarga assimétrica, verifica-se que a maior parte dos autores procurou avaliar o critério proposto com base nos resultados das instrumentações reportadas na bibliografia. Como tais instrumentações referem-se às pesquisas resumidas no item 18.2.2, os critérios de determinação dos esforços de flexão nas estacas, pelos diversos métodos, deveriam fornecer resultados próximos. Tal, infelizmente, não acontece. Ao comparar, por exemplo, os diagramas de pressão estabelecidos por De Beer e Wallays (1972) e Tschebotarioff (1973) para uma sobrecarga limitada por um talude vertical ($\alpha = \pi/2$), tem-se:

- De Beer e Wallays: $p_h = qB = \gamma HB$ (diagrama retangular)
- Tschebotarioff: $p_h = 2BK\Delta\sigma_z = B0{,}4\gamma H$ (diagrama triangular)

No caso de um esquema de cálculo do tipo viga birrotulada, tem-se:
- De Beer e Wallays: $M_{máx} = \gamma HBL^2/8$
- Tschebotarioff: $M_{máx} = B0{,}4\gamma HL^2/12 = B\gamma HL^2/30$

Observa-se que o esforço de flexão obtido por De Beer e Wallays (1972) é muito superior ao obtido por Tschebotarioff (1973).

Os métodos baseados na Teoria da Elasticidade, que levam em conta a rigidez relativa solo-estaca, a nosso ver, têm sua utilização restrita aos casos para os quais o fator de segurança à ruptura global é elevado (o que nem sempre ocorre na prática). A utilização dos métodos semiempíricos nos casos de fatores de segurança elevados pode ser muito conservativa.

Veem-se com reserva as propostas para se considerar a deformabilidade da estaca como forma de reduzir os esforços, como alguns autores (p. ex., Oteo, 1972) propõem.

Pode-se concluir que a determinação dos esforços de flexão no fuste de estacas submetidas a sobrecarga assimétrica carece ainda de uma formulação mais abrangente, que englobe tanto a verificação da segurança à ruptura do solo como a verificação da ruptura da estaca como elemento estrutural. Até lá, os resultados da avaliação dos esforços de flexão nos fustes das estacas indicarão resultados, aparentemente incoerentes, provenientes de diagramas de pressões determinados com diferentes níveis de segurança em relação à ruptura do solo. Talvez uma abordagem semelhante à de Broms (1965) para o caso de estacas carregadas transversalmente pudesse ser frutífera. São indispensáveis mais resultados de estacas instrumentadas.

Uma comparação de resultados de alguns dos métodos propostos pode ser vista em Velloso et al. (2001).

18.3 FLAMBAGEM DE ESTACAS

Salvo nos casos de estacas com trecho desenterrado, como em fundações de pontes e obras marítimas, não se fazia qualquer verificação da segurança à flambagem das estacas, mesmo em terrenos com espessa camada de argila mole. Nos anos 1950, Bergfelt (1957) alertava para a possibilidade de ocorrência de flambagem de estacas totalmente enterradas. Em nosso país, com a utilização de estacas com seções transversais de dimensões reduzidas, como, por exemplo, as estacas-raiz e as microestacas injetadas, passou-se a temer a flambagem de estacas ainda que totalmente enterradas. Estacas de aço muito esbeltas (perfil I ou trilhos simples) que atravessam espessas camadas de argila mole são, ainda, motivo de preocupação.

Solução de Timoshenko

Nessa solução (Timoshenko e Gere, 1961), admite-se que a reação do terreno é caracterizada por um coeficiente de reação horizontal – constante com a profundidade – que leva em

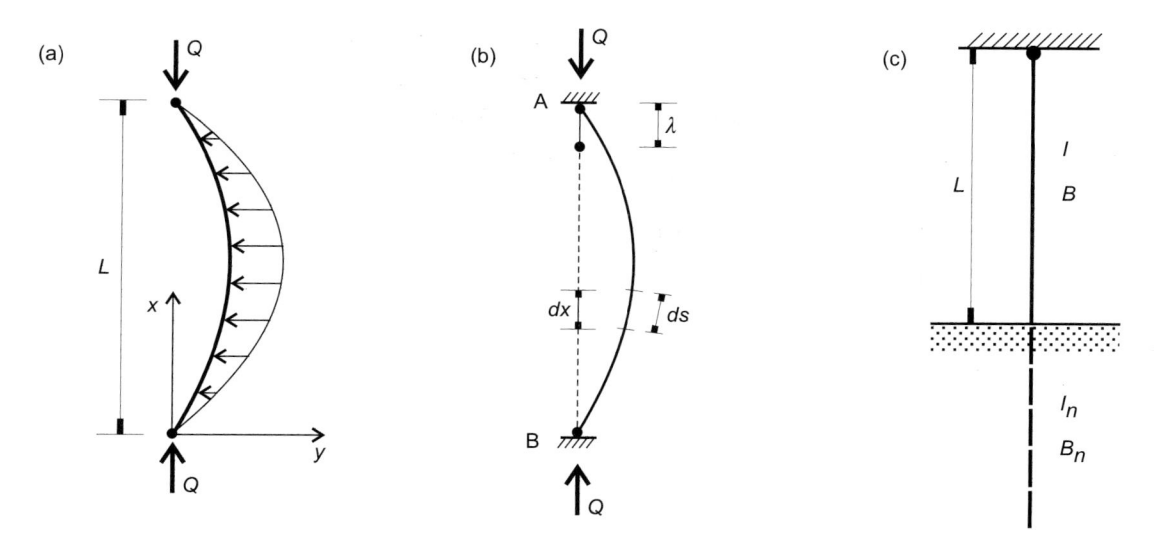

Fig. 18.40 – Flambagem de estacas: (a) estaca totalmente enterrada; (b) trabalho realizado pela força Q; (c) elementos de uma estaca mista

conta a dimensão transversal da estaca, definido por $K_h = k_h B$ (dimensão FL^{-2}). Emprega-se o método energético. Pode-se escrever a expressão geral da deformada de uma haste birrotulada (Fig. 18.40a) pela série

$$y = a_1 \operatorname{sen}\frac{\pi x}{z} + a_2 \operatorname{sen}\frac{2\pi x}{z} + a_3 \operatorname{sen}\frac{3\pi x}{z} + \cdots \quad (18.77)$$

A energia de deformação por flexão é dada por:

$$\Delta U_1 = \frac{E_p I}{2} \int_o^L \left(\frac{d^2 y}{dx^2}\right)^2 dx \quad (18.78)$$

Com (18.77), tem-se:

$$\frac{d^2 y}{dx^2} = -a_1 \frac{\pi^2}{L^2}\operatorname{sen}\frac{\pi x}{L} - 2^2 a_2 \frac{\pi^2}{L^2}\operatorname{sen}\frac{2\pi x}{L} - 3^2 a_3 \frac{\pi^2}{L^2}\operatorname{sen}\frac{3\pi x}{L} - \cdots$$

Verifica-se que a integral da Eq. (18.78) contém termos de dois tipos:

$$a_n^2 \frac{n^4 \pi^4}{L^4}\operatorname{sen}^2\frac{n\pi x}{L} \quad \text{e} \quad 2 a_n a_m \frac{n^2 m^2 \pi^4}{L^4}\operatorname{sen}\frac{n\pi x}{L}\operatorname{sen}\frac{m\pi x}{L}$$

sendo

$$\int_o^L \operatorname{sen}^2 \frac{n\pi x}{L} dx = \frac{L}{2} \quad \text{e} \quad \int_o^L \operatorname{sen}\frac{n\pi x}{L}\operatorname{sen}\frac{m\pi x}{L} dx = 0$$

Assim, a expressão da energia (Eq. 18.78) é dada por:

$$\Delta U_1 = \frac{\pi^4 E_p I}{4L^3}\left(a_1^2 + 2^4 a_2^2 + 3^4 a_3^2 + \cdots\right) = \frac{\pi^4 E_p I}{4L^3}\sum_{n=1}^{\infty} n^4 a_n^2 \quad (18.79)$$

A reação do solo ao longo de um elemento dx da haste é dada por $K_h y dx$ e a energia correspondente será $(K_h y^2/2) dx$. Então, a energia de deformação total do solo será:

$$\Delta U_2 = \frac{K_h}{2}\int_o^L y^2 dx \quad (18.80)$$

ou, tendo em vista a Eq. (18.77),

$$\Delta U_2 = \frac{K_h L}{4}\sum_{n=1}^{\infty} a_n^2 \quad (18.81)$$

Examine o trabalho realizado pela força de compressão Q (Fig. 18.40b). Supondo que a extremidade **B** é indeslocável por conta da deformação da haste, a extremidade **A** se deslocará de λ, cujo valor é igual à diferença entre o comprimento da haste fletida e o comprimento **AB** = L. Se ds é o elemento de comprimento da haste deformada e dx o correspondente na haste na situação inicial tem-se:

$$ds - dx = \sqrt{(dx)^2 + (dy)^2} - dx = dx\sqrt{1 + \left(\frac{dy}{dx}\right)^2} - dx \cong \frac{1}{2}\left(\frac{dy}{dx}\right)^2 dx$$

e, portanto,

$$\lambda = \frac{1}{2}\int_o^L \left(\frac{dy}{dx}\right)^2 dx \tag{18.82}$$

Tendo em vista a Eq. (18.77)

$$\frac{dy}{dx} = a_1 \frac{\pi}{L}\cos\frac{\pi x}{L} + 2a_2 \frac{\pi}{L}\cos\frac{2\pi x}{L} + 3a_3 \frac{\pi}{L}\operatorname{sen}\frac{3\pi x}{L} + \cdots$$

a expressão de $\left(\frac{dy}{dx}\right)^2$ conterá termos de dois tipos:

$$n^2 a_n^2 \frac{\pi^2}{L^2}\cos^2\frac{n\pi x}{L} \quad \text{e} \quad mn\, a_m a_n \frac{\pi^2}{L^2}\cos\frac{m\pi x}{L}\cos\frac{n\pi x}{L}$$

com as integrais

$$\int_o^L \cos^2\frac{n\pi x}{L}dx = \frac{L}{2} \quad \text{e} \quad \int_o^L \cos\frac{m\pi x}{L}\cos\frac{n\pi x}{L}dx = 0$$

Logo, a Eq. (18.82) será escrita

$$\lambda = \frac{1}{2}\frac{\pi^2}{L^2}\frac{L}{2}\left(a_1^2 + 2^2 a_2^2 + 3^2 a_3^2 + \cdots\right) = \frac{\pi^2}{4L}\sum_{n=1}^{\infty} n^2 a_n^2$$

e o trabalho ΔT da força Q será

$$\Delta T = \frac{Q\pi^2}{4L}\sum_{n=1}^{\infty} n^2 a_n^2 \tag{18.83}$$

O valor crítico da carga Q é obtido ao igualar o trabalho da força Q à soma dos trabalhos de deformação da haste e do solo:

$$\Delta T = \Delta U_1 + \Delta U_2$$

ou

$$\frac{\pi^4 E_p I}{4L^3}\sum_{n=1}^{\infty} n^4 a_n^2 + \frac{K_h L}{4}\sum_{n=1}^{\infty} a_n^2 = \frac{Q\pi^2}{4L}\sum_{n=1}^{\infty} n^2 a_n^2 \tag{18.84}$$

donde:

$$Q = \frac{\pi^2 E_p I}{L^2}\;\frac{\sum_{n=1}^{\infty} n^4 a_n^2 + \frac{K_h L^4}{\pi^4 E_p I}\sum_{n=1}^{\infty} a_n^2}{\sum_{n=1}^{\infty} n^2 a_n^2} \tag{18.85}$$

Para obter o valor crítico de Q, os parâmetros a_1, a_2, ... devem ser ajustados de maneira que a Eq. (18.85) seja um mínimo. Imagine uma série de frações do tipo:

$$\frac{a}{b},\,\frac{c}{d},\,\frac{e}{f},\ldots \tag{18.86}$$

onde cada um dos números $a, b, c, \ldots$ é admitido positivo. Somando-se os numeradores e denominadores, obtém-se a fração:

$$\frac{a+c+e+\cdots}{b+d+f+\cdots} \tag{18.87}$$

O valor dessa fração está compreendido entre o menor e o maior valor das frações de (18.86). A expressão (18.85) é análoga à (18.87). Consequentemente, o mínimo de (18.85) será obtido tomando-se, apenas, um termo da série do numerador e um termo da série do denominador. Ou seja, todos os coeficientes, exceto um (a_m), serão anulados. Assim,

$$y = a_m \operatorname{sen} \frac{m\pi x}{L}$$

e

$$Q = \frac{\pi^2 E_p I}{L^2}\left(m^2 + \frac{K_h L^4}{m^2 \pi^4 E_p I}\right) \tag{18.88a}$$

onde m é um inteiro que representa o número de meias-ondas senoidais em que a haste é subdividida no momento da flambagem. Assim, a menor carga crítica pode ocorrer com $m = 1, 2, 3, \ldots$ dependendo dos valores das demais constantes.

No caso extremo de $K_h = 0$ (estaca livre), deve-se tomar $m = 1$ e chega-se à clássica carga de Euler:

$$Q_{cr} = \frac{\pi^2 E_p I}{L^2} \tag{18.88b}$$

Quando K_h cresce, chega-se a uma situação em que o Q dado pela Eq. (18.88) é menor para $m = 2$ do que para $m = 1$. O valor de K_h que corresponde à transição de $m = 1$ para $m = 2$ é determinado pela condição de que, com esse valor de K_h, a Eq. (18.88) fornece, para $m = 1$ e $m = 2$, o mesmo Q, isto é:

$$1 + \frac{K_h L^4}{\pi^4 E_p I} = 4 + \frac{K_h L^4}{4\pi^4 E_p I}$$

donde:

$$\frac{K_h L^4}{\pi^4 E_p I} = 4 \quad \text{ou} \quad K_h = \frac{4\pi^4 E_p I}{L^4} \tag{18.89}$$

Então, para valores de K_h menores do que os dados por (18.89), deve-se adotar $m = 1$ e, para valores de K_h maiores (18.89), deve-se adotar $m = 2$.

Quando K_h cresce, obtêm-se condições em que o número de meias-ondas é $m = 3, 4, \ldots$ Para obter o valor de K_h para o qual o número de meias-ondas muda de m para $m + 1$, resolve-se a equação

$$m^2 + \frac{K_h L^4}{m^2 \pi^4 E_p I} = (m+1)^2 + \frac{K_h L^4}{(m+1)^2 \pi^4 E_p I}$$

Daí

$$\frac{K_h L^4}{\pi^4 E_p I} = m^2(m+1)^2 \quad \text{ou} \quad K_h = \frac{m^2(m+1)^2 \pi^4 E_p I}{L^4} \tag{18.90}$$

Dados E_p, I e K_h, essa equação permite determinar m, o número de meias-ondas. Ao levar-se o valor de m à Eq. (18.88), calcula-se a carga crítica. A Eq. (18.88) pode ser escrita na forma:

$$Q_{cr} = \frac{\pi^2 E_p I}{L'^2} \tag{18.91}$$

onde L' é um "comprimento reduzido" que depende de K_h, E_p e I. A Tab. 18.3 fornece valores de L'/L calculados para diferentes valores de $K_h L^4/16 E_p I$ e os m dados pela Eq. (18.90).

Tab. 18.3

$K_h L^4/16 E_p I$	0	1	3	5	10	15	20	30
L'/L	1	0,927	0,819	0,741	0,615	0,537	0,483	0,437
$K_h L^4/16 E_p I$	40	50	75	100	200	300	500	700
L'/L	0,421	0,406	0,376	0,351	0,286	0,263	0,235	0,214
$K_h L^4/16 E_p I$	1000	1500	2000	3000	4000	5000	8000	10000
L'/L	0,195	0,179	0,165	0,149	0,140	0,132	0,117	0,110

Considere uma estaca de concreto, seção circular maciça de 25 cm de diâmetro, para 450 kN de carga de trabalho, cravada 15 m em argila mole (adotado K_h = 0,1 MN/m^2). Tem-se:

$$\frac{K_h L^4}{16 E_p I} = \frac{100 \times 15^4}{16 \times 25000000 \times 0,00019} = 66,6$$

A Tab. 18.3 fornece, aproximadamente, L'/L = 0,4 e, portanto, L' = 15 × 0,4 = 6 m.

A carga crítica será:

$$Q_{cr} = \frac{\pi^2 \times 25000000 \times 0,00019}{6,0^2} = 1.302 \, kN$$

que é um valor maior do que a carga de ruptura na compressão simples dessa estaca. Explica-se, assim, por que estacas com as dimensões usuais não apresentam problemas de flambagem, *a menos que ocorram desvios construtivos*.

Fórmula de Bergfelt

Bergfelt (1957) sugere uma fórmula empírica bastante simples para a carga crítica de uma estaca de rigidez à flexão $E_p I$ cravada em uma argila de resistência não drenada S_u:

$$Q_{cr} = 8 \quad a \quad 10 \sqrt{S_u E_p I} \tag{18.92}$$

Solução de van Langendonck

Van Langendonck (1957) estudou a flambagem de postes e estacas parcialmente enterradas. Para o solo, é admitido um coeficiente de reação horizontal constante, dado por k_h (dimensão FL^{-3}). Os resultados a que chegou conduziram ao ábaco mostrado na Fig. 18.41, no qual

$$Q_{fl} = \frac{c^2 E_p I}{L^2} = \frac{\pi^2 E_p I}{L_{fl}^2} \tag{18.93a}$$

$$k_o = \frac{L}{5} \sqrt[4]{\frac{k_h B}{E_p I}} \tag{18.93b}$$

São consideradas as condições de extremidade:
a. Para a extremidade emersa: livre ou com variabilidade transversal, mas não angular. Essa segunda condição corresponde ao caso, frequente na prática (como em pontes, p. ex.), em que as estacas de um grupo são reunidas por um bloco suficientemente rígido para impedir o deslocamento angular mas que permite um movimento do conjunto em direção normal aos eixos das estacas.

b. Para a extremidade imersa: livre, que corresponde às estacas flutuantes, ou rotulada, que corresponde às estacas cuja ponta estaria em terreno resistente capaz de impedir deslocamentos horizontais.

Transcrevem-se as considerações de van Langendonck quanto ao valor a adotar para o módulo de elasticidade:

> Quanto ao módulo de elasticidade a adotar, não há dúvida quando se está no regime de aplicação da lei de Hooke, mas deve ser ele reduzido, desde que se ultrapasse o limite de aplicação dessa lei. Seguindo a teoria de Shanley deveria usar-se o módulo tangente, empregando, por exemplo, uma das fórmulas de uso corrente. Pode, entretanto, evitar-se essas considerações, quando se segue o critério de normas que recomendam valores para o coeficiente de flambagem ω, fixado em função do índice de esbeltez $\lambda = L_{fl}/i$ da barra. De fato, $i = \sqrt{I/A}$ é conhecido e também o é L_{fl}, através do c tirado do ábaco:
>
> $$L_{fl} = \frac{\pi}{c} L \qquad \text{(18.93c)}$$
>
> Conhecido ω, calcula-se a peça como se não fosse passível de flambagem, mas para carga ω vezes maior que a carga real. Nesse caso, ainda restaria saber que valor de E_p usar no cálculo de k_o; como aí se acha ele sob um radical de quarto grau, pequena é a influência de sua variação, tanto mais que, também, em geral, é com pouca precisão que se conhece o valor de k_h. A favor da segurança pode usar-se E_p maior que o usado na fórmula de Shanley, tomando-se, por exemplo, o próprio E_p da fórmula de Euler, isto é, do regime da lei de Hooke.

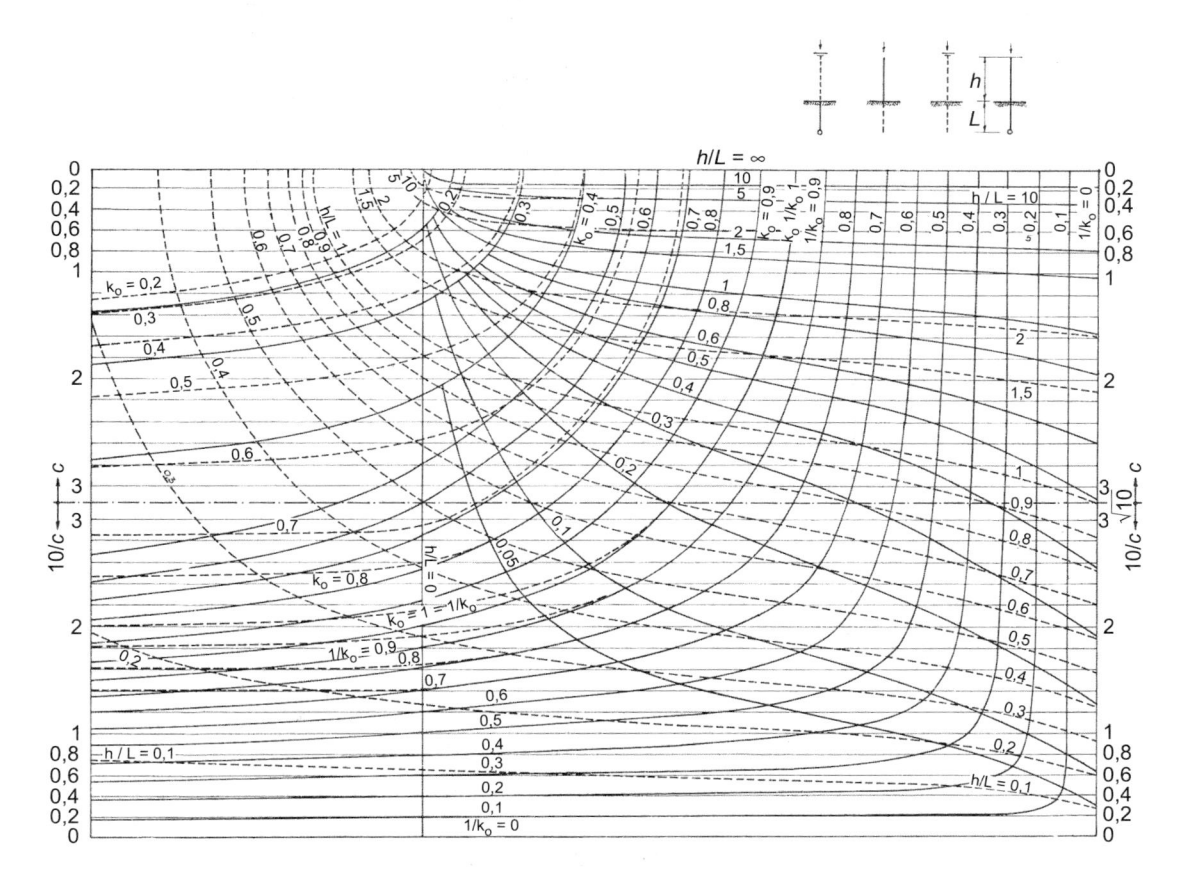

Fig. 18.41 – Ábaco de van Langendonck (1957): usar linhas de h/L com o traço correspondente à parte superior da peça e usar linhas de k_o com o traço correspondente à parte inferior da peça

Solução de Costa Nunes e Tepedino

Para as fundações das pontes sobre o Guaíba, na obra do acesso a Porto Alegre (1ª etapa, anos 1950) foram utilizadas estacas com o trecho enterrado em Franki e o trecho livre em estaca tubada. Como as estacas possuem duas inércias diferentes (Fig. 18.40c), A. J. Costa Nunes e José M. Tepedino (na época, de Estacas Franki Ltda.) sugerem o seguinte método para verificação da segurança à flambagem (Nunes, 1957).

A estaca é suposta rotulada no bloco e elasticamente no solo, para o qual foi atribuída a hipótese de Winkler com o coeficiente de reação horizontal constante com a profundidade. O cálculo é feito por aproximações sucessivas, partindo-se da consideração inicial de estaca com comprimento enterrado infinito. Outra simplificação feita foi desprezar o efeito da carga axial na linha elástica da parte enterrada, tal como fez Belluzzi (1950). A seguir, são apresentadas as fórmulas que permitem resolver o problema[9].

Para a estaca suposta com um comprimento enterrado infinito, tem-se:

$$\operatorname{tg}(aL) = 2\alpha a \frac{2\alpha^3 L - n^2 a^2}{4\alpha^4 + n^2 a^2 (4\alpha^3 L + 4\alpha^2 - n^2 a^2)} \quad \textbf{(18.94)}$$

onde:

$$\alpha = \sqrt[4]{\frac{k_h B_n}{4 E_p I_n}} \qquad n = \sqrt{\frac{I}{I_n}} \qquad a^2 = \frac{Q_{fl}}{E_p I} \qquad C = 2\alpha^2 \frac{1 + \alpha L}{2\alpha^3 L - n^2 a^2} \quad \textbf{(18.95)}$$

---

[9]. A explicação dessas equações será mostrada por meio do seguinte exemplo numérico. Sejam:

$$E_p = 1000000\,\text{tf/m}^2 \quad k_h = 5000\,\text{tf/m}^3 \quad L = 18\,\text{m} \quad L_n = 5\,\text{m} \quad B = 0{,}66\,\text{m} \quad B_n = 0{,}52\,\text{m}$$

Portanto:

$$I = 0{,}0093\,\text{m}^4 \quad I_n = 0{,}0036\,\text{m}^4 \quad n = \sqrt{\frac{0{,}0093}{0{,}0036}} = 1{,}61 \quad \alpha = \sqrt[4]{\frac{5000 \times 0{,}52}{4 \times 1000000 \times 0{,}0036}} = 0{,}65\,\text{m}^{-1}$$

$$\operatorname{tg} L_n \alpha = \operatorname{tg}(5 \times 0{,}65) = 0{,}105 \qquad e^{2L_n \alpha} = e^{6{,}5} = 665$$

1) Com a Eq. (18.94):

$$\operatorname{tg}(a \times 18) = 2 \times 0{,}65 a \frac{2 \times 0{,}65^3 \times 18 - 1{,}61^2 \times a^2}{4 \times 0{,}65^4 + 1{,}61^2 \times a^2 (4 \times 0{,}65 \times 18 + 4 \times 0{,}65^2 - 1{,}61^2 a^2)}$$

Por tentativa: $a = 0{,}213$

2) Com a Eq. (18.95): $B = 1{,}09$

3) Levando-se esse primeiro valor de B – isto é, com $B_n = B$ – nas Eqs. (18.96) e (18.97), obtém-se:

$$L + 1{,}09 M \times 0{,}105 = (1 + 1{,}09 \times 0{,}105)/665 \quad \text{ou} \quad L + 0{,}115 M = 0{,}0017$$

$$l(1 - 0{,}105) + 1{,}09 M (1 + 0{,}105) = \frac{1{,}09 - 1 - (1{,}09 + 1) \times 0{,}105}{665}$$

ou $L + 1{,}345 = -0{,}0002$ Daí: $L = 0{,}00186$ e $M = -0{,}00153$

4) Com as Eqs. (18.98) e (18.99):

$$B_k = 2 \times 0{,}65^2 \frac{0{,}65 \times 18 (1 + 0{,}00186) + 1 - 0{,}00186}{2 \times 0{,}65^3 \times 18 (1 + 0{,}00153) - 1{,}61^2 a^2 (1 - 0{,}00153)}$$

$$(1 + 0{,}00153) B_k = \frac{2 \times 0{,}65^2 (1 + 0{,}00186) - 1{,}61^2 a^2 (1 + 0{,}00186) + \frac{2 \times 0{,}65 a (1 - 0{,}00186)}{\operatorname{tg} 18 a}}{1{,}61^2 a^2 + 2 \times 0{,}65^2}$$

Por tentativas: $a = 0{,}213 B_k = 1{,}105$

5) Ao aplicar-se novamente as Eqs. (18.96) e (18.97), tem-se: L = 0,00186 M = - 0,00155

6) Pode-se, então, adotar $a = 0{,}213$ e a carga crítica de flambagem será: $Q_{fl} = 422$ tf

A essa carga de flambagem corresponde, na parte enterrada, uma tensão de 20 MPa, que deve ultrapassar o limite de proporcionalidade do concreto e o cálculo precisaria ser refeito com um módulo de elasticidade menor.

em que Q_{fl} é a carga crítica de flambagem; L é o comprimento acima do nível do solo; I e I_n, B e B_n são os momentos de inércia e os diâmetros das partes fora do solo e enterradas, respectivamente; k_h é o coeficiente de reação horizontal suposto constante; e E_p é o módulo de elasticidade do material da estaca (suposto igual para os dois trechos).

As equações relativas ao caso de comprimento enterrado finito (L_n) são:

$$L + MB_n \operatorname{tg} L_n \alpha = \frac{1 + B_n \operatorname{tg} L_n \alpha}{e^{2L_n \alpha}} \tag{18.96}$$

$$L(1 - \operatorname{tg} L_n \alpha) + B_n M(1 + \operatorname{tg} L_n \alpha) = \frac{B_n - 1 - (B_n + 1)\operatorname{tg} L_n \alpha}{e^{2L_n \alpha}} \tag{18.97}$$

$$B_n = 2\alpha^2 \frac{\alpha L(1+L) + 1 - L}{2\alpha^3 L(1-M) - n^2 a^2 (1+M)} \tag{18.98}$$

$$(1-M)B_n = \frac{2\alpha^2(1+L) - n^2 a^2(1+L) + \frac{2\alpha a(1-L)}{\operatorname{tg} aL}}{n^2 a^2 + 2\alpha^2} \tag{18.99}$$

Contribuição de Davisson e Robinson

Nos trabalhos até aqui examinados, a reação do solo foi expressa pela hipótese de Winkler, com um coeficiente de reação horizontal constante ao longo da profundidade. Davisson (1963) examinou a importância do coeficiente de reação horizontal sobre o valor da carga crítica e apresentou soluções para a estaca enterrada em solo com aquele coeficiente constante e variável linearmente com a profundidade. Foram consideradas algumas possibilidades para as condições de extremidade:

- topo: livre, rotulado, engastado e engastado com translação;
- ponta: livre, rotulada.

Destacam-se algumas conclusões:

a. Importância das condições de extremidade.
b. A hipótese de k_h constante com a profundidade não é razoável próximo à superfície do terreno; uma vez que k_h é pequeno nessa região, a flambagem tende a se iniciar aí.
c. Para a maioria dos solos moles, de maior interesse quanto à flambagem, o coeficiente de reação k_h cresce de forma aproximadamente linear com a profundidade.
d. A carga crítica elástica representa um limite superior. Quando a estaca apresenta uma deformação inicial, a carga crítica fica limitada pela tensão de escoamento do material da estaca ou do solo, valendo o que ocorrer primeiro.
e. Grupos de estacas: quando o espaçamento entre estacas no plano de flexão é maior que 8 diâmetros e, no plano normal, maior que 3 diâmetros, o efeito de grupo é desprezível. Quando o espaçamento no plano de flexão for igual a 2,5 diâmetros, os comprimentos característicos, R ou T, devem ser multiplicados por 1,3.

Posteriormente, Davisson e Robinson (1965) publicaram um trabalho (Cap. 15) de grande valor prático (ver Eq. 15.72 e Fig. 15.23b). Para o caso de flambagem, a profundidade de engaste L_s é definida de forma que as cargas críticas de flambagem da estaca e da haste engastada sejam iguais.

Os resultados teóricos dessas contribuições foram confirmados pelos trabalhos experimentais de Lee (1968).

Solução pela Teoria da Elasticidade

A solução pela Teoria da Elasticidade de Poulos e Davis (1980) segue a mesma metodologia adotada pelos autores no estudo das estacas submetidas a cargas transversais. Os resultados são praticamente idênticos aos obtidos com a teoria do coeficiente de reação horizontal e, por isso, não serão aqui detalhados.

Outras Contribuições

Belluzzi (1950) é responsável pelo trabalho mais antigo em que é estudada a estaca parcialmente enterrada. O tratamento é aproximado, pois despreza a influência da força de compressão no trecho enterrado.

Walter (1951) considera estacas totalmente e parcialmente enterradas. O solo é representado pelo modelo de Winkler com o coeficiente de reação constante. Apresenta resultados de ensaios para a verificação da teoria.

Gouvenot (1975) relata resultados de ensaios em modelos e em microestacas muito esbeltas. Os ensaios em modelos foram realizados com solos preparados de resistência muito reduzida e revelaram a ocorrência de flambagem. Os ensaios em microestacas, em solos argilosos moles, não revelaram o fenômeno. Nas conclusões, Gouvenot, com bastante prudência, afirma:

> *Le phénomene de flambement, s'il est peu remarqué sur les pieux de diamètre ordinaire, ne doit pas être négligé sur les fondations de petit diamètre, qui sont par ailleurs sensibles aux excentricités de charge*[10].

Reddy e Valsangkar (1970) consideram a influência da transferência da carga por atrito lateral em estacas total e parcialmente enterradas. Concluíram que o atrito lateral aumenta a carga crítica. Souche (1984) oferece ábacos de fácil emprego para a estaca total e parcialmente enterrada em solo com coeficiente de reação constante.

Recomendações

Do exposto, recomendam-se as seguintes precauções:

1. Estacas parcialmente enterradas sempre devem ser verificadas à flambagem. No caso de seção constante, podem ser utilizados o ábaco de van Langendonck ou o trabalho de Davisson e Robinson.
2. Estacas totalmente enterradas, se muito esbeltas e em solo de baixa resistência, devem ser verificadas à flambagem.
3. Devem ser avaliados possíveis desvios construtivos (desvios de locação, inclinações não previstas, desalinhamentos em emendas etc.), que são os principais responsáveis pela flambagem de estacas.
4. Devem ser corretamente consideradas as condições de vínculo da estaca com o bloco de coroamento.

18.4 PROBLEMAS CAUSADOS PELA CRAVAÇÃO DE ESTACAS

18.4.1 Danos a Estacas e Construções Vizinhas por Levantamento do Solo

A cravação de estacas de grande deslocamento em solos argilosos (especialmente mais rijos) pode causar o levantamento do terreno e, com isso, causar danos a construções vizinhas à obra e mesmo a estacas da própria obra. Há relatos de estaqueamentos feitos com estacas tipo

---

10. Apesar de pouco notável em estacas de diâmetro normal, o fenômeno de flambagem não deve ser desprezado em fundações de pequeno diâmetro, as quais são sensíveis às excentricidades das cargas.

Franki que causaram levantamentos da ordem de 50 cm numa extensa área ao seu redor. Para se ter uma ideia da região afetada pelo estaqueamento pode-se adotar um critério mostrado na Fig. 18.42a.

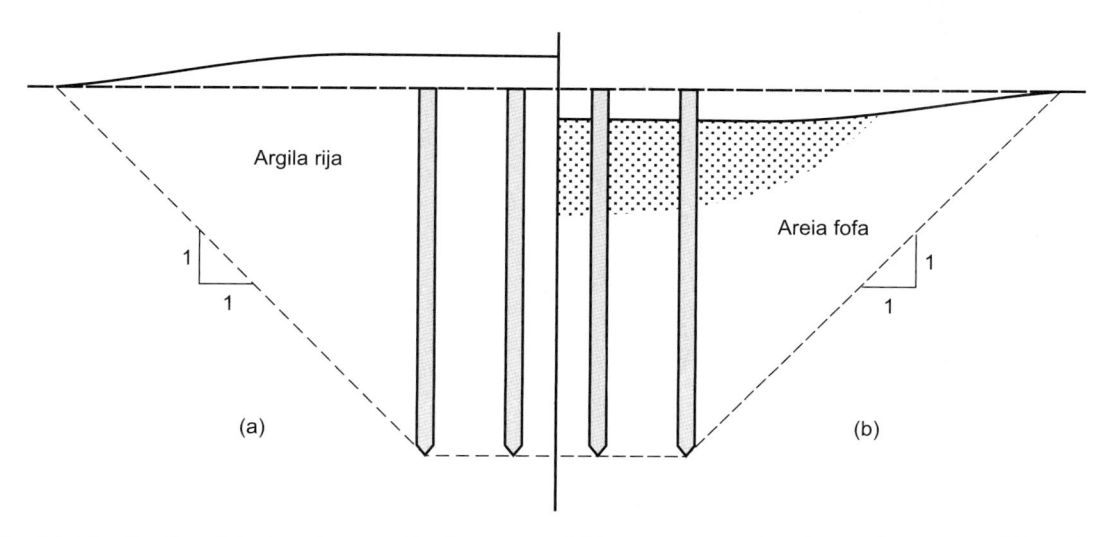

Fig. 18.42 – *Região afetada pela cravação de estacas: (a) levantamento de solos argilosos rijos; (b) recalque de solos arenosos fofos (Broms, 1981)*

Danos a Estacas Vizinhas

Para efeitos práticos, a cravação de estacas não causa danos estruturais a estacas metálicas ou pré-moldadas de concreto já instaladas no terreno. Essas estacas podem acompanhar o levantamento do terreno causado pela cravação de estacas próximas, cabendo recravá-las se necessário. Deve-se prever (p. ex., Broms, 1981) a possibilidade de que o levantamento do terreno cause danos a estacas pré-moldadas de concreto emendadas apenas por pinos verticais ou anéis prensados (e não soldados).

Por outro lado, a cravação de estacas pode danificar estacas moldadas *in situ* recém-concretadas. É o caso das estacas tipo Franki, em que a execução de uma estaca por cravação de um tubo de ponta fechada, que causa grande deslocamento do solo, pode provocar o estrangulamento do fuste de uma estaca vizinha recém-executada (e mesmo a separação entre o fuste e a base). Esse fenômeno é conhecido como *levantamento de estaca Franki*, porque o estrangulamento do fuste é acompanhado de um levantamento da parte superior da estaca.

Levantamento de Estacas Tipo Franki

O levantamento de estacas tipo Franki pela cravação de estacas vizinhas ocorre mais em solos argilosos rijos. Usualmente, toma-se por referência um N de 20 golpes no SPT, como aquele a partir do qual podem ocorrer problemas deste tipo. Quando o levantamento se dá na fase de abertura da base da estaca nova, pode ocorrer o levantamento de toda a estaca, sem danos maiores (Fig. 18.43a). Se, por outro lado, o levantamento for pronunciado e ocorrer na fase de cravação do tubo, pode haver um estrangulamento do fuste de concreto fresco (Fig. 18.43b). Outras vezes, ocorre uma separação entre o fuste e a base, que fica evidente numa prova de carga estática, que apresenta um recalque acentuado, correspondente ao reencontro das partes separadas (Fig. 18.43c).

Quando se preveem levantamentos pequenos, que não constituem problemas para as estacas, adota-se um detalhe de armação e execução que garanta a ancoragem da armação na

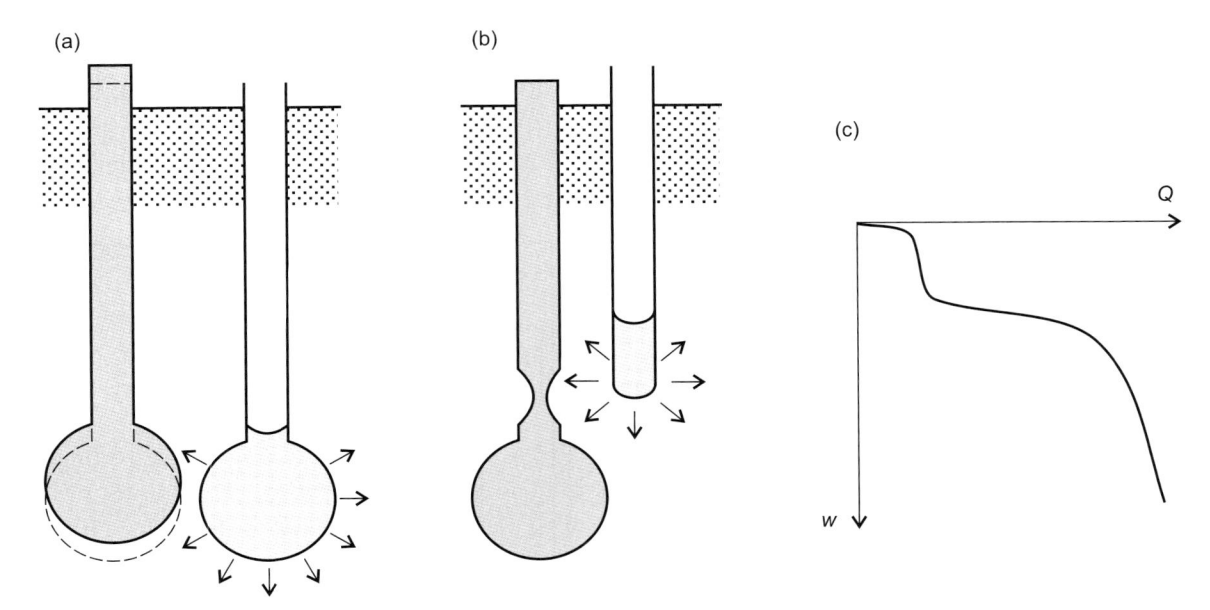

Fig. 18.43 – Danos em estaca tipo Franki pela execução de estaca vizinha: (a) levantamento de toda a estaca; (b) dano ao fuste; (c) prova de carga em estaca danificada

base alargada. Quando se preveem levantamentos maiores, além dessa providência, deve-se, após executar uma estaca, passar para outros blocos (ou grupos), e só voltar ao bloco inicial após 24 ou 48 horas (o que, naturalmente, implica o aumento do tempo de execução da obra). Em casos extremos, pode-se adotar a cravação com ponta aberta, na qual o interior do tubo é constantemente limpo por uma ferramenta tipo "piteira" e o tubo é forçado a descer por tração de cabos de aço.

Pela experiência das empresas executoras de estacas tipo Franki, os levantamentos de até 25 mm não prejudicam o comportamento da estaca (especialmente se boa parte desse levantamento se dá na fase de abertura da base da estaca nova e desde que não haja separação entre o fuste e a base). Há poucos dados na literatura técnica sobre o levantamento de estacas e suas consequências no comportamento posterior delas. Os trabalhos de Monteiro (1991) e de Santa Maria (1993) mostram que os levantamentos não afetaram o comportamento das estacas, mesmo aqueles de certa magnitude.

Numa obra na ilha do Governador, no Rio de Janeiro, na qual estacas tipo Franki de 520 mm, com armadura ancorada na base, foram cravadas através de solo sedimentar mole em solo residual siltoargiloso com $N \sim 25$ (no SPT), foi avaliado o efeito da execução de ponta fechada e de ponta aberta junto a estacas recém-executadas. As estacas vizinhas a estacas cravadas de ponta fechada sofreram levantamentos de 20 a 25 mm, e diversas estacas apresentaram levantamentos superiores a 25 mm, os quais, aparentemente, não causaram danos, uma vez que as provas de carga executadas posteriormente indicaram um comportamento satisfatório das estacas ensaiadas. Quando foi adotada a cravação com ponta aberta, a estaca anterior não subiu mais do que 5 mm.

Em diversas obras que apresentaram levantamentos acentuados de estacas tipo Franki, adotou-se o procedimento de cravar por prensagem a estaca já curada, utilizando macaco e cargueira. Tem-se notícia de recravações feitas a percussão, ou seja, com pilão, mas esse procedimento é problemático, uma vez que a cabeça da estaca não está preparada para receber tensões elevadas decorrentes de uma cravação a percussão (ver Velloso e Alonso, 2000).

18.4.2 Danos a Construções Vizinhas por Vibração

Os danos causados pela cravação de estacas a construções próximas podem estar associados tanto a levantamentos como a recalques do terreno. Os recalques do terreno são típicos de solos arenosos fofos e são devidos às vibrações causadas pela cravação das estacas. O problema de levantamento do terreno foi abordado no item 18.4.1 e, portanto, apenas o problema de recalques de solos arenosos fofos devidos à vibração será examinado neste item. Para se ter uma ideia da região afetada, um critério semelhante àquele adotado no caso do levantamento pode ser utilizado para a densificação dos solos arenosos, como mostrado na Fig. 18.42b.

As vibrações dependem do processo de cravação da estaca: estacas cravadas com vibradores causam mais danos – na presença de areias fofas – do que estacas cravadas a percussão. Outro aspecto: quanto maior o deslocamento causado pela estaca cravada, maiores os danos. Assim, estacas de pequeno deslocamento, como perfis metálicos ou estacas metálicas tubulares que não embucham no processo de cravação, causam pequenos danos de maneira geral. As estacas pré-moldadas e tipo Franki (executadas com ponta fechada) podem causar vibrações consideráveis. Outro fator importante é a compacidade da areia: quanto mais fofa a areia, mais acentuada a densificação em consequência da vibração.

Um terceiro fator diz respeito às características da construção. Prédios mais antigos, com paredes de alvenaria espessas, são extremamente sensíveis. Embora apresentem grande rigidez por conta dos elementos maciços, são, ao mesmo tempo, frágeis.

Além dos danos às construções, as vibrações podem causar incômodo às pessoas e limitar algumas atividades, como o trabalho de precisão em fábricas ou o uso de equipamentos eletrônicos (p. ex., computadores). O assunto foi estudado com detalhes na Europa, onde há muitas construções históricas a serem preservadas, e onde a preocupação com o conforto das pessoas e com a atividade profissional é grande. Alguns países como Portugal, Reino Unido (Inglaterra), Alemanha, Suíça, entre outros, produziram normas a este respeito.

Quando não é possível a adoção de um processo executivo que provoque somente pequenas vibrações, podem-se minorar esses efeitos com a execução de trincheiras, que impedem a propagação das vibrações geradas pela cravação.

Um estudo do fenômeno pode ser visto em Massarch (1992). No Brasil, efeitos da cravação de estacas em construções próximas foram examinados por Silva (1996), em um estudo de três obras, o qual mostrou que um incômodo considerável era sentido pelas pessoas antes de ocorrerem danos às construções. Os níveis de vibração medidos foram comparados a valores limite de algumas das normas internacionais.

18.4.3 Desvio do Alinhamento durante a Cravação

Durante a cravação, estacas esbeltas podem sofrer um desvio do alinhamento. Esse fenômeno é, às vezes, chamado de *instabilidade elástica na cravação*[11]. Esses desvios de alinhamento são detectados facilmente em estacas metálicas tubulares ou pré-moldadas ocas, ao descer uma lâmpada suspensa por um fio no seu interior. Às vezes chega-se a perder a visão da lâmpada. Um processo mais preciso consiste no uso de inclinômetro (*slope indicator*).

---

11. Não se trata de terrenos com matacões que, como é conhecido, provocam desvios violentos em estacas metálicas.

A principal causa dos desvios é o desalinhamento resultante de emendas em estacas pré-moldadas e metálicas. Entretanto, mesmo estacas sem emendas podem desalinhar, apesar do cuidado de se manter o prumo da estaca na cravação, especialmente quando a camada inicial é mole. Talvez um motivo seja o encontro com uma camada mais resistente que, se não for penetrada verticalmente (segundo uma normal ao contato), iniciará um processo de desvio. Este deve ser o motivo porque estacas inclinadas tendem a se deformar mais do que as verticais.

Segundo Broms (1981), estacas verticais cravadas em grupos podem se aproximar de estacas já cravadas se houver um amolecimento de argila sensível. Pode-se concluir que as estacas tenderiam a se afastar das já cravadas se houver uma compactação de solos granulares.

Alguns pesquisadores sugerem que esses desvios também seriam decorrentes de um fenômeno dinâmico, às vezes chamado *drapejamento*, que é a vibração que ocorre na extremidade de elementos esbeltos. É difícil imaginar essa vibração na parte enterrada da estaca, embora ocorra uma vibração notável na parte desenterrada de estacas esbeltas, como perfis metálicos, sob percussão. Acredita-se mais na possibilidade de desvio por desalinhamento e encontro com solos mais resistentes.

O assunto foi inicialmente abordado por Johnson (1962) e Broms (1963). Hanna (1968) e Chan e Hanna (1979) relatam desvios na horizontal de até 18% do comprimento em estacas longas com 60m. Estudos realizados por Burgess (1975, 1976) e Omar (1978) indicam que o encurvamento ocorre abaixo de uma certa profundidade (chamada *profundidade crítica*).

Não se acredita que as teorias possam *prever* esses desalinhamentos (o que criaria mais uma obrigação para os projetistas). Há propostas de previsão da deformada da estaca, como a de Broms (1981), que assemelha a deformada a uma senoide, mas não nos parece realista. As medições indicam que é mais comum haver um trecho inicial quase vertical e um encurvamento crescente (inclusive levando a ponta de estacas metálicas até quase a horizontal). Considera-se mais razoável a *verificação dos desalinhamentos no campo*, com o Projetista informado para uma eventual verificação dos esforços nas estacas[12].

Embora acentuados em alguns casos, esses desvios não significam necessariamente que a estaca terá um mau desempenho. Aoki e Alonso (1988) relatam resultados satisfatórios em provas de carga em estacas premoldadas cravadas 40m em argila mole, em Santos, cujas pontas se desviaram até 5 m na horizontal.

REFERÊNCIAS

AOKI, N. Esforços horizontais em estacas de pontes provenientes da ação de aterros de acesso. In: CBMSEF, 4., 1970, Rio de Janeiro. *Anais...* Rio de Janeiro, 1970. v. 1, tomo I.

AOKI, N.; ALONSO, U. R. Instabilidade dinâmica na cravação de estacas em solos moles da Baixada Santista. In: SIMPÓSIO SOBRE DEPÓSITOS QUATERNÁRIOS DAS BAIXADAS BRASILEIRAS, 1988, Rio de Janeiro. *Anais...* Rio de Janeiro: ABMS/ABGE, 1988.

BALIGH, M. M.; VIVATAT, V.; FIGI, H. Downdrag on bitumen coated piles, *JGED*, ASCE, v. 104, n. 11, p. 1355-1370, 1978.

BELLUZZI, O. Calcolo semplificato dei pilastri parzialmente interrati e caricati di punta, *Giornale del Genio Civile*, nov. 1950.

---

12. Um modelo de cálculo para essa verificação poderia utilizar elementos finitos, modelando a estaca *com a forma detectada*, submetida à carga do topo e contida lateralmente por molas definidas a partir do coeficiente de reação horizontal ou curva "$p - y$". Além dessas molas, haveria outras segundo o eixo da estaca e sob a ponta, representando o atrito lateral e a resistência de ponta.

BERGFELT, A. The axial and lateral load bearing capacity and failure by buckling of piles in soft clay. In: ICSMFE, 4., 1957, London. *Proceedings...* London, 1957. v. 2, p. 8-13.

BIGOT, G.; BOURGES, F.; FRANK, R.; GUEGAN, Y. Action du déplacement latéral du sol sur un pieu. In: ICSMFE. 9., 1977, Tokyo. *Proceedings...* Tokyo, 1977. v. 1, p. 407-410.

BJERRUM, L.; JOHANNESSEN, I. J.; EIDE, O. Reduction of negative skin friction on steel piles to rock. In: 7th. ICSMFE, 7., 1969, Mexico. *Proceedings...* Mexico, 1969. v. 2, p. 27-34.

BRIAUD, J. L. Bitumen selection for reduction of downdrag on piles, *JGGE*, ASCE, v. 123, n. 12, p. 1127-1134, 1997.

BROMS, B. B. Allowable bearing capacity of initially bent piles, *JSMFD*, ASCE, v. 89, n. SM5, p. 73-90, 1963.

BROMS, B. B. Design of laterally loaded piles, *JSMFD*, ASCE, v. 91, n. SM3, p. 79-99, 1965.

BROMS, B. B. *Precast piling practice*. London: Thomas Telford, 1981.

BROMS, B. B.; FREDRIKSSON, A., 1976, Failure of pile supported structures caused by settlements. In: EUROPEAN CSMFE, 6., 1976, Viena. *Proceedings...* Vienna, 1976.

BURGESS, I. W. A note on the directional stability of driven piles, *Geotechnique*, v. 25, n. 2, p. 413-416, 1975.

BURGESS, I. W. The stability of slender piles during driving, *Geotechnique*, v. 26, n. 2, p. 281-292 (ver tb. discussão no v. 30, n. 3), 1976.

CHAN, S. F.; HANNA, T. H. The loading behaviour of initially bent large scale laboratory piles in sand, *Canadian Geotechnical Journal*, v. 16, n. 1, p. 43-58, 1979.

CLAESSEN, A. I. M.; HORVAT, E. Reducing negative friction with bitumen slip layers, *JGED*, ASCE, v. 100, n. GT8, p. 925-944, 1974.

COMBARIEU, O. Frottement négatif sur les pieux, Laboratoire Central des Ponts et Chaussées, *Rapport de Recherche n. 136*, 1985.

DAVISSON, M. T., 1963, Estimating buckling loads for piles. In: PAN-AMERICAN CSMFE, 2., 1963, Brazil. *Proceedings...* Brasil, v. 1, p. 351-371.

DAVISSON, M. T.; ROBINSON, K. E. Bending and buckling of partially embedded piles. In: ICSMFE, 6., 1965, Montreal. *Proceedings...* Montreal, 1965. v. 2, 1965.

DAWSON, A. W. Downdrag of pile foundations, *M.Sc. Engineering Project*. Cambridge: M.I.T., 1970.

DE BEER, E. E. Forces induced in piles by unsymmetrical surcharges on the soil around the piles, *Conference à Caracas*, Société Vénézuelienne Fundaciones Franki, Mars, 1972.

DE BEER, E. E.; WALLAYS, M. Quelques problèmes que posent les fondations sur pieux dans les zones portuaires, *La Technique des Travaux*, p. 375-384, nov./dec. 1968.

DE BEER, E. E.; WALLAYS, M. Die Berechnung der waagerechten, Beanspruchung von Pfahlen in Weichen Biden, *Der Bauingenieur*, v. 44, Hef 6, jun 1969.

DE BEER, E. E.; WALLAYS, M., Forces induced in piles by unsymmetrical surcharges on the soil around the piles. In: EUROPEAN CSMFE, 5., 1972, Madrid *Proceedings...* Madrid, 1972. v. 1, p. 325-332.

ENDO, M.; MINOU, A.; KAWASAKI, T.; SHIBATA, T. Negative skin friction acting on steel pipe pile in clay. In: ICSMFE, 7., 1969, Mexico. *Proceedings...* Mexico, 1969. v. 2, p. 85-92.

GOH, A. T. C.; TEH, C. I.; WONG, K. S. Analysis of piles subjected to embankment induced lateral soil movements, *JGGED*, ASCE, v. 123, n. 9, 1997.

GOUVENOT, D. Essais de chargement et de flambement de pieux aiguilles, *Annales de l'Institut Technique du Batiment et des Travaux Publics*, n. 334, 1975.

JOHNSON, S. M. Determining the capacity of bent piles, *JSMFD*, ASCE, v. 88, n. SM6, p. 65-76, 1962.

HANNA, T. H. The bending of long H-section piles, *Canadian Geotechnical Journal*, v. 5, n. 3, p. 150-172, 1968.

HANSEN, J. B. The ultimate resistance of rigid piles against transversal forces, *Danish Geotechnical Institute*, Copenhagen, Bulletin n. 12, 1961.

HEYMAN, L.; BOERSMA, L. Bending moments in piles due to lateral earth pressure. In: ICSMFE, 5., 1961, Paris. *Proceedings...* Paris, 1961. v. 2, p. 425-429.

HUTCHINSON, J. N.; JENSEN, E. V. Loading tests on piles driven into estuarine clays at Port of Khorramshahr, and observations on the effect of bitumen coatings on shaft bearing capacity, *Norwegian Geotechnical Institute Publication n. 78*, 1968.

KING & GAVARIS. Movement towards its backfill of pile supported bridge abutment, *Research Report to the New Jersey State Department of Transportation*, Sep. 1970.

LEE, K. L. Buckling of partially embedded piles in sand, *JSMFD*, ASCE, v. 94, n. SM1, p. 255-271, 1968.

LEUSSINK, H.; WENZ, K. P. Storage yard foundations on soft cohesive soils. In: ICSMFE, 7., 1969, Mexico. *Proceedings...* Mexico, 1969. v. 2.

LONG, R. P.; HEALY, K. A. Negative skin friction on piles, *Project 73-1, School of Engineering*, University of Connecticut, 1974.

LOPES, N. A. F.; MOTA, J. L. C. P. A method to analyse the behaviour of batter piles in setting soils. In: PAN-AMERICAN CSMGE, 11., 1999, Foz do Iguaçu. *Proceedings...* Foz do Iguaçu, 1999. v. 3, p. 1379-1386.

MARCHE, R.; LACROIX, Y. Stabilité des culées de ponts établies sur des pieux traversant une couche molle, *Canadian Geotechnical Journal*, v. 9, n.1, p. 1-24, 1972.

MASSARACH, K. R. Static and dynamic soil displacements caused by pile driving, Keynote Lecture. In: INTERNATIONAL CONFERENCE ON THE APPLICATION OF STRESS-WAVE THEORY TO PILES, 4., 1992, Haia. *Proceedings...* Haia, 1992. p. 15-24.

MONTEIRO, P. F. F. Recravação de estacas tipo Franki. In: SEFE – SEMINÁRIO DE ENGENHARIA DE FUNDAÇÕES ESPECIAIS, 2., 1991, São Paulo. *Anais...* São Paulo, 1991, v. 1, p. 276-284.

NUNES, A. J. C. Pieux de fondations avec grand hauteur libre. In: ICSMFE, 4., 1957, London. *Proceedings...* London, 1957. v. 2, p. 24-26.

OLIVEIRA, J. F. P. *Estudo do atrito negativo em estacas com auxílio de modelagem numérica.* 2000. Dissertação (Mestrado) – COPPE-UFRJ, Rio de Janeiro, 2000.

OMAR, R. M. Discussions, *Geotechnique*, v. 28, n. 2, p. 211-233, 1978.

OTEO, C. S. Displacement of a vertical pile group subjected to lateral loads. In: EUROPEAN CSMFE, 1972, Madrid. *Proceedings...* Madrid, 1972, v. 1, p. 397-405.

PIEUX FRANKI. Problème de fondation dans le terrain Sidmar à Zelzate, Essais de flexion de pieux sous l'action d'une surcharge latéral du terrain, *Rapport non publié*, Liège, oct. 1963.

POULOS, H. G. Analysis of piles in soil undergoing lateral movement, *JSMFD*, ASCE, v. 99, n. SM5, p. 391-406, 1973.

POULOS, H. G.; DAVIS, E. H. *Pile foundation analysis and design.* New York: John Wiley & Sons, 1980.

RAO, S. N.; MURTHY, T. V. B. S .S.; VEERESH, C. Induced bending moments in batter piles in settling soils, *Soils and Foundations*, v. 34, n. 1, p. 127-133, 1994.

RATTON, E. Dimensionamento de estacas carregadas lateralmente em profundidade, *Solos e Rochas*, v. 8, n. 1, 1985.

REDDY, A. S.; VALSANGKAR, A. J. Buckling of fully and partially embedded piles, *JSMFD*, ASCE, v. 96, n. SM6, p. 1951-1967, 1970.

SANTA MARIA, P. E. L. Um caso de levantamento de estacas tipo Franki: procedimentos executivos, medições e ensaios. In: COPPEGEO – SIMPÓSIO COMEMORATIVO DOS 30 ANOS DA COPPE, 1993, Rio de Janeiro. *Anais...* Rio de Janeiro, 1993. p. 309-320.

SCHENCK, W. *Grundbau Taschenbuch, Band I, 2 Auflage.* Berlin: W. Ernst und Sohn, 1966.

SCHMIEDEL, U. Seitendruck auf pfahle, *Bauingenieur*, n. 59, p. 61-66, 1984.

SILVA, C. B. L. *Estudo do efeito vibratório causado por cravação de estacas.* 1996. Dissertação (Mestrado) – COPPE-UFRJ, Rio de Janeiro, 1996.

SINNIGER, R.; VIRET, K. *Fondations, Première Partie*, Ecole Polytechnique Fédérale de Lausanne, Departament de Génie Civil, Lausanne, 1975.

SOUCHE, P. Étude du flambement de pieux partiellement immergés dans um milieu ofrant latéralement une réaction élastique pure, *Annales de l'Institut Technique du Batiment et des Travaux Publics*, n. 423, 1984.

SPRINGMAN, S. M. *Lateral loading on piles due to simulated embankment construction.* PhD Thesis – Cambridge University, Cambridge, 1989.

SPRINGMAN, S. M.; RANDOLPH, M. F.; BOLTON, M. D. Modelling the behaviour of piles subjected to surcharge loading. In: CENTRIFUGE 1991, Balkema, Colorado. *Proceedings...* Balkema, Colorado, 1991.

STEWART, D. P.; JEWELL, R. J.; RANDOLPH, M. F. Design of piled bridge abutments on soft clay for loading from lateral soil movements, *Geotechnique*, v. 44, n. 2, p. 277-296, 1994.

TIMOSHENKO, S. P.; GERE, J. M. *Theory of Elastic Stability.* 2. ed. New York: McGraw-Hill, 1961.

TSCHEBOTARIOFF, G. P. Retaining Structures. In: LEONARDS, G. A. (eds.). *Foundation Engineering.* New York: McGraw-Hill, 1962.

TSCHEBOTARIOFF, G. P. Earth Pressure, Retaining Walls and Sheet Piling, General Report – Division 4. In: PAN-AMERICAN CSMFE, 3., 1967, Caracas. *Proceedings...* Caracas, 1967. v. 3, p. 301-322.

TSCHEBOTARIOFF, G. P. Bridge abutments on piles driven through plastic clay. In: CONFERENCE ON DESIGN AND INSTALLATION OF PILE FOUNDATIONS AND CELLULAR STRUCTURES, 1970, Bethlehem. *Proceedings...* Lehigh Univ., Bethlehem, 1970.

TSCHEBOTARIOFF, G. P. *Foundations, Retaining and Earth Structures.* 2. ed. Tokyo: McGraw-Hill Kogakusha, 1973.

VAN LANGENDONCK, T. Flambagem de postes e estacas parcialmente enterrados, *Associação Brasileira de Cimento Portland*, São Paulo, 1957.

VELLOSO, D. A.; ALONSO, U. R. Observações sobre os deslocamentos horizontais de argila mole sob aterro e seu efeito no fuste de estacas. In: CBMSEF, 7., 2000, Refice. *Anais...* Recife, 2000. v. 3.

VELLOSO, D. A.; DE MELLO, L. G.; BILFINGER, W. Piles subjected to horizontal loads due to asymmetrical surcharges on the surface. In: 15th. ICSMGE, 15., 2001, Istanbul. *Proceedings...* Istanbul, 2001. v. 2, p. 1035-1038.

VELLOSO, P. P. C.; GRILLO, S. Previsão, controle e desempenho de fundações, *Previsão de Desempenho – Comportamento Real*, ABMS-NRSP, 1982.

WALTER, H. Das Knickproblem bei Spitzenpfählen, deren Schaft ganz oder teilweise in nachgiebigen Boden steht, *Bautechnic Archiv*, Heft 6, W. Ernst und Sohn, 1951.

WENZ, K. P. Uber die Gröbe des Seiten-druckes auf Pfahle in bindingen Erdstoffen, *Verofentlichungen des Inst. Bodenmech. Grundbau der Techn. Hochs. Frid. in Karlsruhe*, Heft 12, 1963.

ZEEVAERT, L. *Foundation engineering for difficult subsoil conditions.* New York: Van Nostrand Reinhold, 1973.

ZEEVAERT, L. *Foundation engineering for difficult subsoil conditions* 2. ed. New York: Van Nostrand Reinhold, 1983.

APÊNDICE 1

Tabelas e Ábacos para Cálculo de Acréscimos de Tensão e Recalques pela Teoria da Elasticidade

A1.1 Cálculo de recalques sob o centro de área circular carregada

$$w_z = w_0 - qB\frac{(1-\nu^2)}{E}I_z$$

$$w_0 = qB\,\frac{1-\nu^2}{E}\,I_0 \; , \; I_0 = 0{,}7853$$

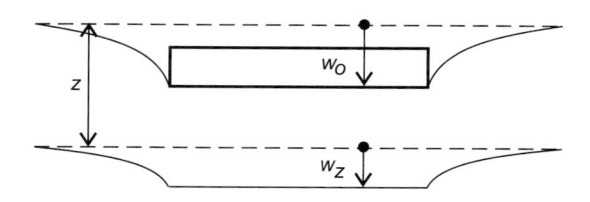

Fig. A1.1 - Esquema do cálculo de recalques

Tabela A1.1 - Fatores de forma I_z

z/B	$\nu =$	0,50	0,33	0,25	0
0,10		0,0025	0,0269	0,0345	0,0506
0,20		0,0178	0,0616	0,0753	0,1040
0,30		0,0496	01056	0,1232	0,1599
0,40		0,0935	0,1554	0,1748	0,2154
0,50		0,1427	0,2061	0,2260	0,2677
0,60		0,1921	0,2545	0,2741	0,3151
0,70		0,2388	0,2986	0,3176	0,3570
0,80		0,2814	0,3384	0,3563	0,3937
0,90		0,3196	0,3734	0,3903	0,4257
1,00		0,3536	0,4043	0,4202	0,4536
1,20		0,4105	0,4555	0,4697	0,4992
1,40		0,4555	0,4957	0,5083	0,5347
1,60		0,4916	0,5277	0,5391	0,5628
1,80		0,5210	0,5537	0,5640	0,5855
2,00		0,5453	0,5751	0,5845	0,6041
2,50		0,5905	0,6149	0,6226	0,6386
3,00		0,6217	0,6423	0,6488	0,6623
3,50		0,6445	0,6622	0,6678	0,6795
4,00		0,6617	0,6773	0,6822	0,6925
5,00		0,6861	0,6986	0,7026	0,7108
6,00		0,7024	0,7129	0,7162	0,7231
8,00		0,7231	0,7310	0,7334	0,7386
10,00		0,7355	0,7418	0,7438	0,7480
20,00		0,7604	0,7636	0,7645	0,7667
∞		0,7853	0,7853	0,7853	0,7853

A1.2 Cálculo de tensões sob área circular carregada

$\Delta \sigma_z = q \, I_\sigma$

Tab. A1.2 - Fatores de influência para tensões $I\sigma$ (Vesic)

z/r \ x/r	0	0,2	0,4	0,6	0,8	1,0	1,2	1,5	2	3	4	5	6
0	1,0	1,0	1,0	1,0	1,0	,5	0	0	0	0	0	0	0
0,1	,999	,999	,998	,996	,976	,484	,017	,001	,000	,000	,000	,000	,000
0,2	,992	,991	,987	,970	,890	,468	,077	,008	,001	,000	,000	,000	,000
0,3	,976	,973	,963	,922	,793	,451	,136	,022	,003	,000	,000		
0,4	,949	,943	,920	,860	,713	,435	,179	,041	,006	,000	,000	,000	,000
0,5	,911	,902	,869	,796	,646	,417	,207	,060	,011				
0,6	,864	,852	,814	,732	,591	,400	,224	,079	,022				
0,7	,811	,798	,756	,674	,545	,367	,233	,095					
0,8	,756	,742	,699	,619	,504	,366	,237	,109					
0,9	,701	,688	,644	,570	,467	,349	,238	,119					
1,0	,646	,633	,591	,525	,434	,332	,235	,127	,042	,006	,002	,000	,000
1,2	,547	,535	,501	,447	,377	,300	,226	,136	,053	,009	,002	,001	,000
1,5	,424	,416	,392	,355	,308	,256	,205	,138	,065	,015	,004	,001	,001
2	,284	,286	,268	,248	,224	,196	,167	,126	,073	,022	,008	,003	,001
2,5	,200	,197	,191	,180	,167	,151	,134	,109	,072	,028	,011	,005	,002
3	,146	,145	,141	,135	,127	,118	,108	,092	,067	,031	,014	,006	,003
4	,087	,086	,085	,082	,080	,075	,072	,065	,053	,031	,017	,009	,005
5	,057	,057				,052			,040	,028	,018	,011	,007
6	,040					,038			,031	,024	,017	,011	,007

A1.3 Cálculo de tensões sob o canto de área retangular carregada

$\Delta \sigma_z = q\, I_\sigma$

Tab. A1.3 - Fatores de influência para tensões I_σ (Vesic)

z/B \ L/B	1,0	1,2	1,4	1,6	1,8	2,0	3,0	4,0	5,0	10	100
0,1	0,2498	0,2499	0,2499	0,2499	0,2499	0,2499	0,2499	0,2499	0,2499	0,2499	,2499
0,2	0,2486	0,2489	0,2491	0,2491	0,2491	0,2491	0,2492	0,2492	0,2492	0,2492	0,2492
0,3	0,2455	0,2464	0,2468	0,2470	0,2472	0,2472	0,2474	0,2474	0,2474	0,2474	0,2474
0,4	0,2401	0,2420	0,2429	0,2434	0,2437	0,2439	0,2442	0,2443	0,2443	0,2443	0,2443
0,5	0,2325	0,2356	0,2373	0,2382	0,2388	0,2391	0,2397	0,2398	0,2398	0,2399	0,2399
0,6	0,2229	0,2275	0,2301	0,2315	0,2324	0,2330	0,2339	0,2341	0,2342	0,2342	0,2342
0,7	0,2119	0,2180	0,2215	0,2236	0,2249	0,2257	0,2271	0,2274	0,2275	0,2276	0,2276
0,8	0,1999	0,2075	0,2120	0,2147	0,2165	0,2176	0,2196	0,2200	0,2202	0,2202	0,2202
0,9	0,1876	0,1964	0,2018	0,2053	0,2075	0,2089	0,2116	0,2122	0,2124	0,2125	0,2125
1,0	0,1752	0,1851	0,1914	0,1955	0,1981	0,1999	0,2034	0,2042	0,2044	0,2046	0,2046
1,2	0,1516	0,1628	0,1705	0,1757	0,1793	0,1818	0,1870	0,1882	0,1885	0,1888	0,1888
1,4	0,1305	0,1423	0,1508	0,1569	0,1613	0,1644	0,1712	0,1730	0,1735	0,1740	0,1740
1,6	0,1123	0,1241	0,1329	0,1396	0,1445	0,1482	0,1566	0,1590	0,1598	0,1604	0,1604
1,8	0,0969	0,1083	0,1172	0,1240	0,1294	0,1334	0,1434	0,1463	0,1474	0,1482	0,1483
2,0	0,0840	0,0947	0,1034	0,1103	0,1158	0,1202	0,1314	0,1350	0,1363	0,1374	0,1375
2,5	0,0602	0,0691	0,0767	0,0832	0,0886	0,0931	0,1063	0,1114	0,1134	0,1153	0,1154
3,0	0,0447	0,0519	0,0583	0,0640	0,0689	0,0732	0,0870	0,0931	0,0959	0,0987	0,0990
3,5	0,0343	0,0401	0,0454	0,0503	0,0546	0,0585	0,0720	0,0788	0,0822	0,0859	0,0863
4,0	0,0270	0,0318	0,0362	0,0403	0,0441	0,0475	0,0603	0,0674	0,712	0,0758	0,0764
5,0	0,0179	0,0212	0,0243	0,0273	0,0301	0,0328	0,0435	0,0504	0,0547	0,0610	0,0620
6	0,0127	0,0151	0,0174	0,0196	0,0217	0,0238	0,0325	0,0388	0,0431	0,0506	0,0521
8	0,0073	0,0087	0,0101	0,0114	0,0127	0,0140	0,0198	0,0246	0,0283	0,0367	0,0394
10	0,0047	0,0056	0,0065	0,0074	0,0083	0,0092	0,0132	0,0168	0,0198	0,0279	0,0316
20	0,0012	0,00146	0,0017	0,0019	0,0021	0,0024	0,0035	0,0046	0,0057	0,0099	0,0159

A1.4 Ábaco para cálculo de tensões sob área circular carregada

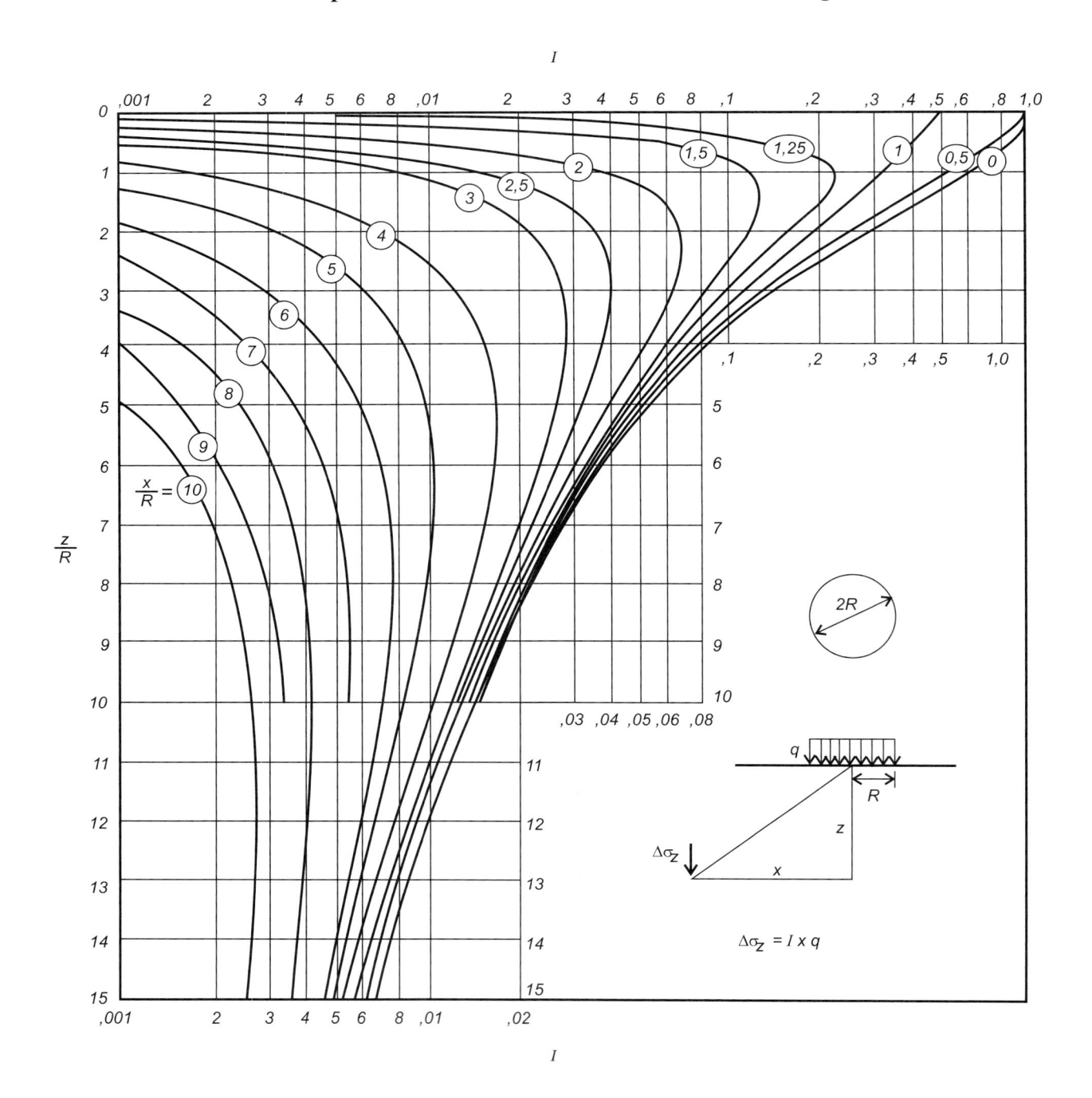

$\Delta\sigma_z = I \times q$

REFERÊNCIA

FOSTER, C. R. e AHLVIN, R. G. Stresses and deflections induced by a uniform circular load, Proc. *Highway Research Board*, n. 34, 1954.

Apêndice 1

A1.5 Ábaco para cálculo de tensões sob o canto de área retangular carregada

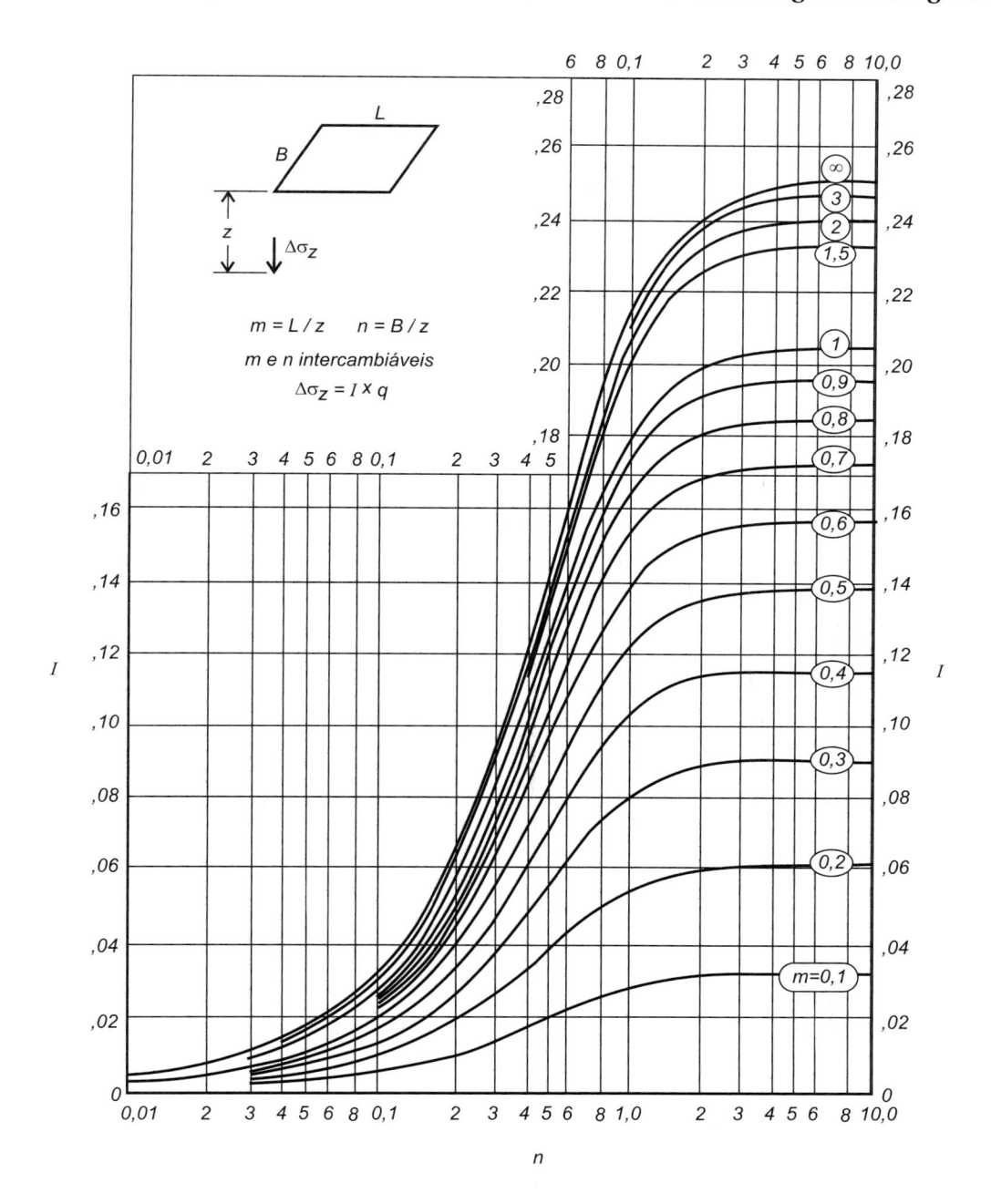

$m = L/z \qquad n = B/z$

m e n intercambiáveis

$\Delta\sigma_z = I \times q$

REFERÊNCIA

FADUM, R. E. Influence values for estimating stresses in elastic foundations, *Proceedings*... 2., ICSMFE, Rotterdam, 1948.

A1.6 Ábaco para cálculo de recalque sob área retangular carregada

$$w_o = q\, a\, \frac{1-v^2}{E}\, f_o$$

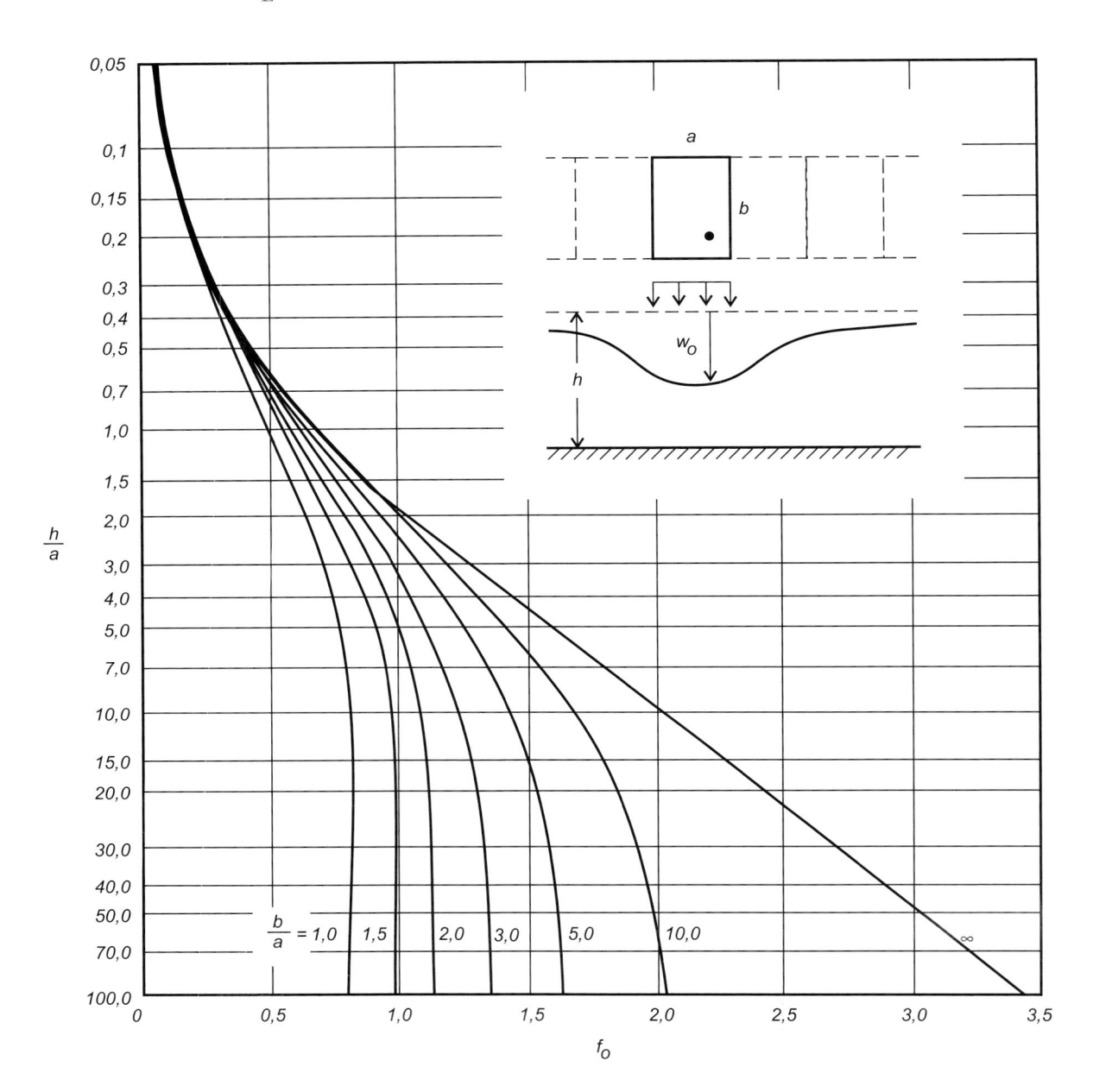

REFERÊNCIA

KANY, M. *Berechnung von Flächengründungen*, 2. Auflage, Berlin: W. Ernst und Sohn 1974.

A1.7 Ábaco para cálculo de recalque ao lado de área retangular carregada

$$w_2 = q\,a\,\frac{1-v^2}{E}\,f_2$$

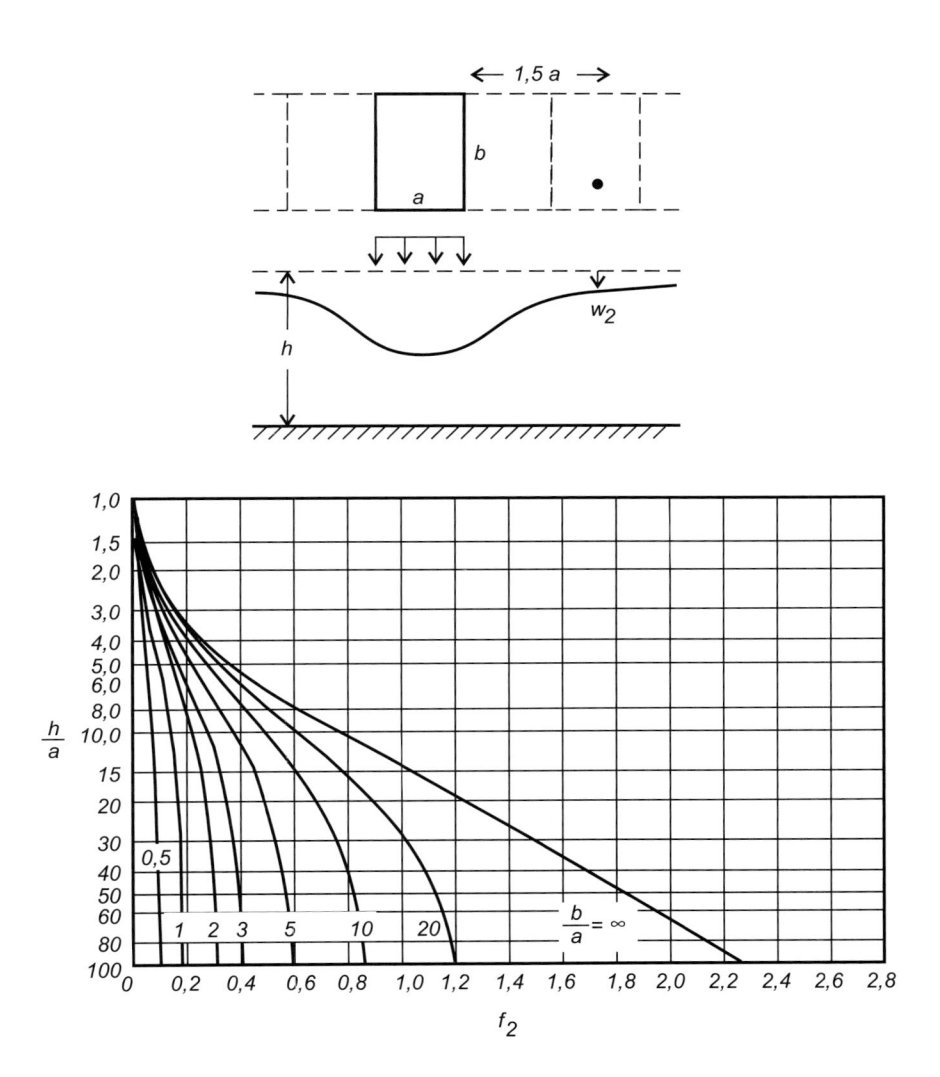

REFERÊNCIA

KANY, M. *Berechnung von Flächengründungen*, 2. Auflage, Berlin: W. Ernst und Sohn, 1974.

APÊNDICE 2

Cálculo do Acréscimo de Tensões sob Fundações pelo Método de Salas

O Método de Salas (1948) permite calcular o acréscimo de tensões em um ponto % ou em vários pontos de uma vertical % devido a um conjunto de áreas carregadas de geometria qualquer. Pode ser classificado como um dos chamados "métodos das áreas de influência", como é o método de Newmark.

Um círculo de raio R, carregado uniformemente em sua superfície, produz, a uma profundidade z, uma tensão vertical:

$$\Delta\sigma_z = q\, I_{R,z}$$

onde:

$I_{R,z}$ é um coeficiente de influência dado por:

$$I_{R,z} = 1 - \frac{z^3}{(R^2 + z^2)^{3/2}}$$

Para uma coroa definida pelos raios R e $R+1$, a tensão induzida será:

$$\Delta\sigma z = q\, I_{R,R+1,z}$$

onde:

$$I_{R,R+1,z} = \frac{z^3}{(R^2 + z^2)^{3/2}} - \frac{z^3}{\left[(R+1)^2 + z^2\right]^{3/2}}$$

Se a área carregada cobre apenas um setor da coroa, que corresponde a uma percentagem A daquela coroa, a tensão será:

$$\Delta\sigma_z = q\, I_{R,R+1,z}\, A(\%)\, /100$$

Esta percentagem é chamada de *peso do setor de coroa*.

Pode-se desenhar um *ábaco de influência* em que os raios e as percentagens dos setores de coroa são preestabelecidos, como aquele mostrado na Fig. A2.1. Neste ábaco, o raio foi dividido em vinte partes, ficando, portanto, os setores de coroa com peso de 5%. As divisões do raio podem ser diminuídas longe do centro do ábaco (como foi feito na Fig. A2.1, em que foram dobradas a partir da 10ª divisão) com o objetivo de diminuir os cálculos sem prejuízo da precisão. Os fatores de influência (função do intervalo R - $R + \Delta R$, e de z) constam da Tab. A2.1.

O procedimento completo do método é:
1. preparar um ábaco de influência (como o da Fig. A2.1);

Apêndice 2

2. desenhar (ou superpor) sobre o ábaco a planta das áreas carregadas (planta das sapatas, p. ex.), ficando o(s) ponto(s) onde se deseja conhecer as tensões no centro do ábaco, numa escala tal que todas as áreas caiam dentro do ábaco; vamos supor que a escala da planta seja *1/E;*
3. calcular o parâmetro λ, que é o produto $\Delta R \cdot E$;
4. determinar as interseções da(s) área(s) carregada(s) com os setores de coroa A (%) e levar a uma planilha;
5. tirar os fatores de influência da Tab. A2.1 para cada profundidade em estudo (função de z/λ);
6. multiplicar $q \cdot A$ (ou $q \cdot A(\%)/100$) pelos fatores de influência;
7. somar os produtos do passo anterior para obter $\Delta\sigma_z$.

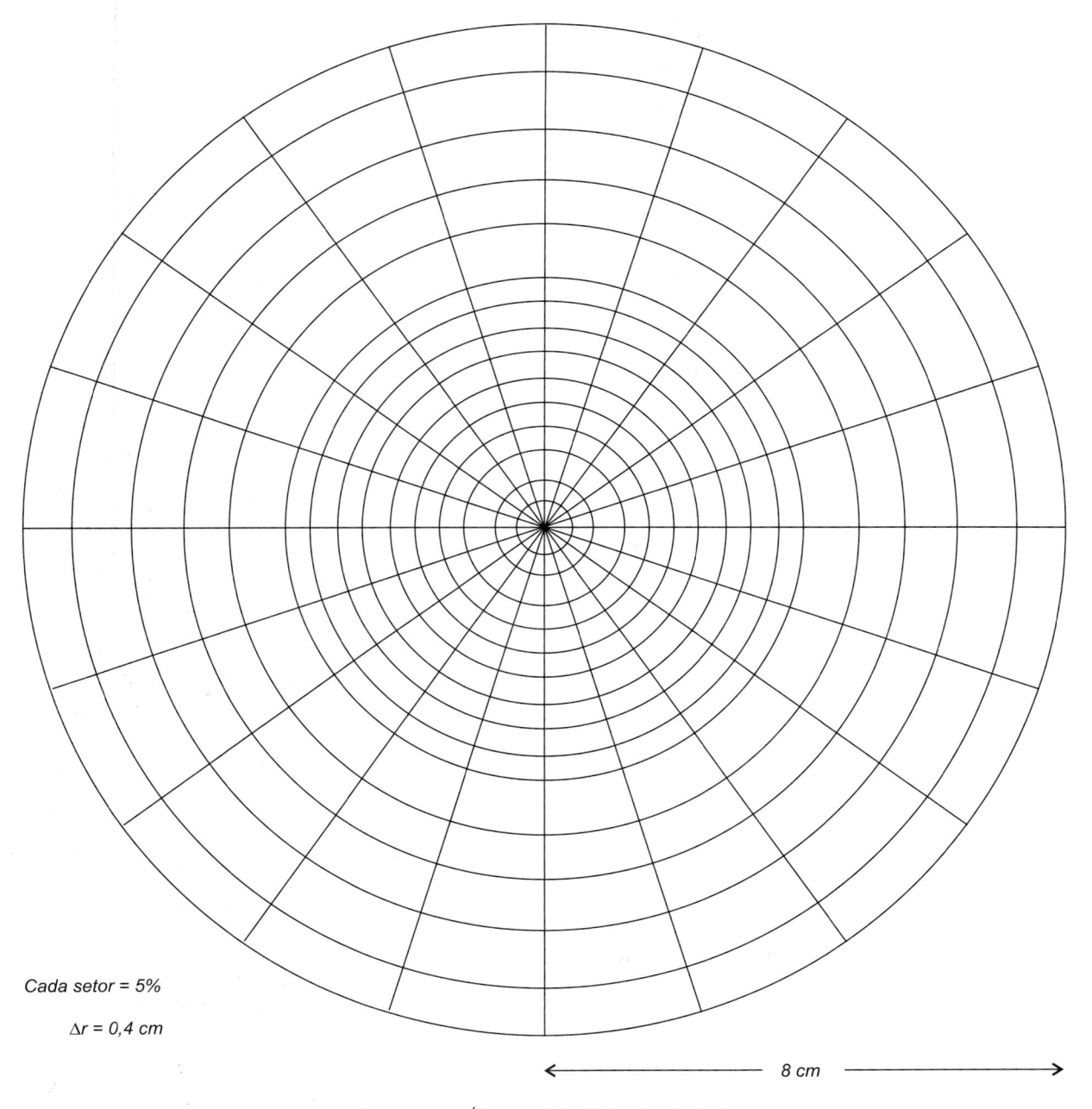

Cada setor = 5%

$\Delta r = 0{,}4$ cm

← 8 cm →

Fig. A2.1 - *Ábaco de influência de Salas*

Tab. A2.1 - Fatores de influência (função do intervalo R a $R + \Delta R$, e de z)

z/λ \ R/λ	0,1	0,2	0,3	0,4	0,5	0,6	0,7	0,8	0,9	1	2	3	4	5
20-18	0	0	0	0	0	0	0	0	0	0,0001	0,0004	0,0012	0,0027	0,0049
18-16	0	0	0	0	0	0	0	0	0,0001	0,0001	0,0006	0,0018	0,0041	0,0074
16-14	0	0	0	0	0	0	0	0,0001	0,0001	0,0001	0,0009	0,0029	0,0065	0,0115
14-12	0	0	0	0	0	0	0,0001	0,0001	0,0002	0,0002	0,0016	0,0051	0,0109	0,0189
12-10	0	0	0	0	0	0,0001	0,0001	0,0002	0,0003	0,0004	0,0031	0,0095	0,0196	0,0325
10-9	0	0	0	0	0,0001	0,0001	0,0001	0,0002	0,0002	0,0004	0,0027	0,0079	0,0158	0,0251
9-8	0	0	0	0	0,0001	0,0001	0,0002	0,0003	0,0004	0,0006	0,0040	0,0117	0,0225	0,0343
8-7	0	0	0	0,0001	0,0001	0,0002	0,0003	0,0005	0,0007	0,0009	0,0065	0,0179	0,0327	0,0475
7-6	0	0	0	0,0001	0,0002	0,0004	0,0006	0,0008	0,0012	0,0016	0,0109	0,0283	0,0486	0,0660
6-5	0	0	0,0001	0,0002	0,0004	0,0007	0,0011	0,0017	0,0023	0,0031	0,0196	0,0467	0,0731	0,0912
5-4	0	0,0001	0,0002	0,0005	0,0009	0,0016	0,0025	0,0036	0,0050	0,0067	0,0382	0,0798	0,1098	0,1226
4-3	0	0,0002	0,0006	0,0013	0,0025	0,0042	0,0066	0,0096	0,0131	0,0174	0,0812	0,1376	0,1585	0,1544
3-2	0,0001	0,0007	0,0023	0,0052	0,0098	0,0162	0,0243	0,0341	0,0454	0,0578	0,1829	0,2225	0,2035	0,1699
2-1	0,0009	0,0066	0,0205	0,0437	0,0752	0,1125	0,1525	0,1926	0,2303	0,2641	0,3620	0,2778	0,1975	0,1425
1-0	0,9990	0,9925	0,9763	0,9488	0,9106	0,8638	0,8114	0,7562	0,7006	0,6465	0,2845	0,1462	0,0869	0,0571

z/λ \ R/λ	6	7	8	9	10	20	30	40	50	60	70	80	90	100
20-18	0,0079	0,0116	0,0158	0,0203	0,0251	0,0571	0,0545	0,0428	0,0325	0,0249	0,0195	0,0155	0,0126	0,0104
18-16	0,0117	0,0168	0,0225	0,0284	0,0343	0,0655	0,0564	0,0421	0,0310	0,0233	0,0180	0,0143	0,0115	0,0095
16-14	0,0178	0,0250	0,0327	0,0403	0,0475	0,0737	0,0572	0,0404	0,0290	0,0215	0,0164	0,0129	0,0104	0,0085
14-12	0,0283	0,0385	0,0486	0,0579	0,0660	0,0807	0,0563	0,0379	0,0265	0,0193	0,0146	0,0114	0,0091	0,0075
12-10	0,0468	0,0607	0,0731	0,0834	0,0912	0,0850	0,0534	0,0343	0,0234	0,0169	0,0127	0,0098	0,0079	0,0064
10-9	0,0345	0,0428	0,0495	0,0542	0,0571	0,0428	0,0249	0,0155	0,0104	0,0074	0,0056	0,0043	0,0034	0,0028
9-8	0,0453	0,0541	0,0603	0,0640	0,0655	0,0421	0,0233	0,0143	0,0095	0,0067	0,0050	0,0039	0,0031	0,0025
8-7	0,0596	0,0680	0,0727	0,0743	0,0737	0,0404	0,0215	0,0129	0,0085	0,0060	0,0045	0,0034	0,0027	0,0022
7-6	0,0779	0,0841	0,0858	0,0842	0,0807	0,0379	0,0193	0,0114	0,0075	0,0053	0,0039	0,0030	0,0024	0,0019
6-5	0,0998	0,1011	0,0978	0,0920	0,0850	0,0343	0,0169	0,0098	0,0064	0,0045	0,0033	0,0026	0,0020	0,0016
5-4	0,1227	0,1157	0,1057	0,0951	0,0849	0,0299	0,0142	0,0082	0,0053	0,0037	0,0027	0,0021	0,0017	0,0013
4-3	0,1395	0,1220	0,1053	0,0907	0,0783	0,0243	0,0113	0,0064	0,0041	0,0029	0,0021	0,0016	0,0013	0,0011
3-2	0,1383	0,1124	0,0922	0,0764	0,0641	0,0180	0,0082	0,0046	0,0030	0,0021	0,0015	0,0012	0,0009	0,0008
2-1	0,1059	0,0812	0,0639	0,0516	0,0423	0,0111	0,0050	0,0028	0,0018	0,0012	0,0009	0,0007	0,0006	0,0005
1-0	0,0403	0,0299	0,0230	0,0182	0,0148	0,0037	0,0017	0,0009	0,0006	0,0004	0,0003	0,0002	0,0002	0,0002

APÊNDICE 3

Exercício Resolvido de Cálculo de Tensões pelo Método de Salas[1]

Calcule os acréscimos de tensão vertical na camada de argila sob o centro das três sapatas abaixo, que aplicam uma tensão de 3 kgf/cm².

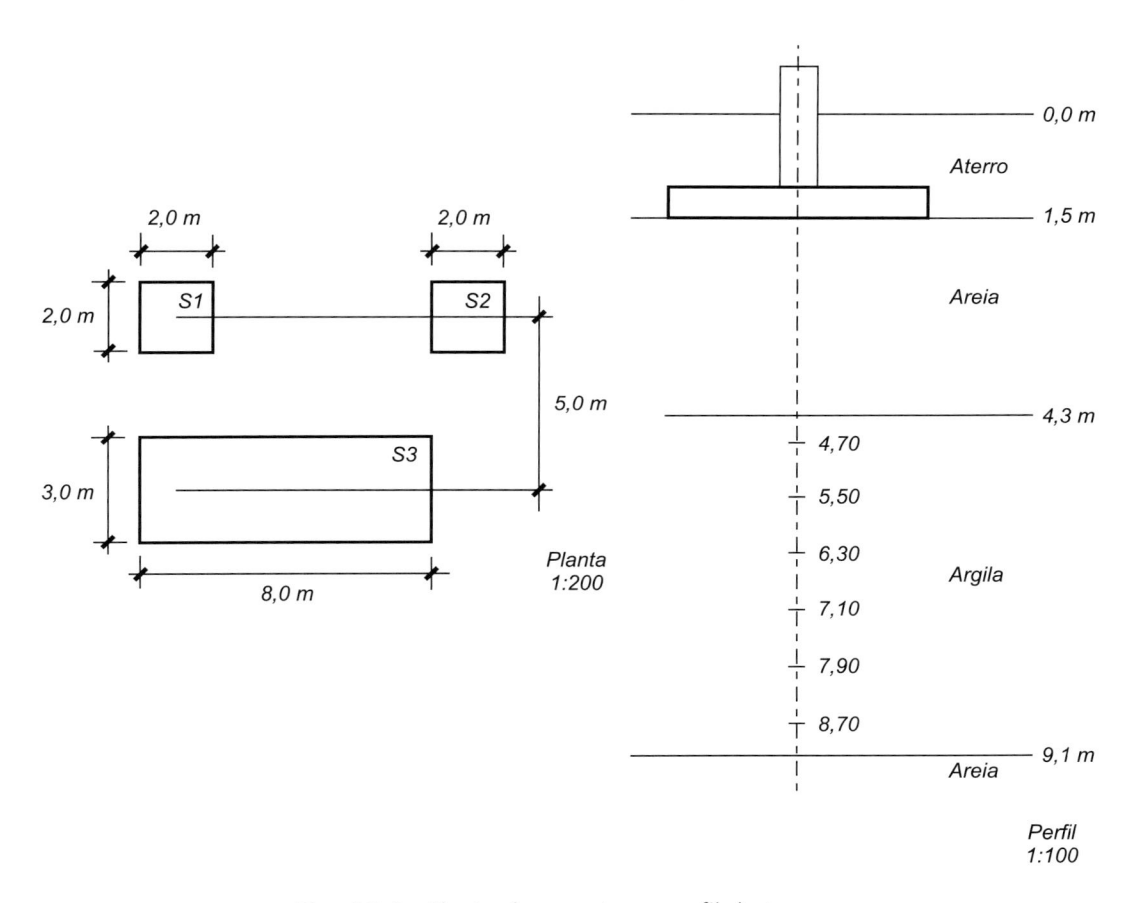

Fig. A3.1 - Planta das sapatas e perfil do terreno

O ábaco de Salas fornecido tem $\Delta R = 0{,}4$ cm. A escala do desenho é 1:200. Assim, $\lambda = 0{,}4 \times 200 = 0{,}8$ m.

Foram escolhidos seis pontos na camada de argila (z é a profundidade abaixo da sapata):

Prof. (m)	z (m)	z/λ
4,70	3,20	4
5,50	4,00	5
6,30	4,80	6
7,10	5,60	7
7,90	6,40	8
8,70	7,20	9

---

1. Este exercício foi resolvido pelo Prof. Ian S.M. Martins quando aluno da disciplina Fundações I da COPPE-UFRJ de 1980. Os cálculos são manuais e, portanto, sujeitos a pequenos erros de arredondamento.

Tab. A3.1 - Sapata 1

R/λ	A (%)	$q.A$	I $z/\lambda=4$	$q.A.I$ $z/\lambda=4$	I $z/\lambda=5$	$q.A.I$ $z/\lambda=5$	I $z/\lambda=6$	$q.A.I$ $z/\lambda=6$	I $z/\lambda=7$	$q.A.I$ $z/\lambda=7$	I $z/\lambda=8$	$q.A.I$ $z/\lambda=8$	I $z/\lambda=9$	$q.A.I$ $z/\lambda=9$
20-18	0	0	0,0027	0	0,0049	0	0,0079	0	0,0116	0	0,0158	0	0,0203	0
18-16	0	0	0,0041	0	0,0074	0	0,0117	0	0,0168	0	0,0225	0	0,0284	0
16-14	0	0	0,0065	0	0,0115	0	0,0178	0	0,0250	0	0,0327	0	0,0403	0
14-12	0	0	0,0109	0	0,0189	0	0,0283	0	0,0385	0	0,0486	0	0,0579	0
12-10	6	0,18	0,0196	0,0035	0,0325	0,0059	0,0467	0,0084	0,0607	0,0109	0,0731	0,0132	0,0834	0,0150
10-9	13	0,39	0,0158	0,0062	0,0251	0,0098	0,0345	0,0135	0,0428	0,0167	0,0495	0,0193	0,0542	0,0211
9-8	14	0,42	0,0225	0,0095	0,0343	0,0144	0,0453	0,0190	0,0541	0,0227	0,0603	0,0253	0,0640	0,0269
8-7	18	0,54	0,0327	0,0177	0,0475	0,0257	0,0596	0,0322	0,0680	0,0367	0,0727	0,0393	0,0743	0,0401
7-6	17	0,51	0,0486	0,0248	0,0660	0,0337	0,0779	0,0397	0,0841	0,0429	0,0858	0,0438	0,0842	0,0429
6-5	14	0,42	0,0731	0,0307	0,0912	0,0383	0,0998	0,0419	0,1011	0,0425	0,0978	0,0411	0,0920	0,0386
5-4	7	0,21	0,1098	0,0231	0,1226	0,0257	0,1227	0,0258	0,1157	0,0243	0,1057	0,0222	0,0951	0,0200
4-3	0	0	0,1585	0	0,1544	0	0,1395	0	0,1220	0	0,1053	0	0,0907	0
3-2	0	0	0,2035	0	0,1699	0	0,1383	0	0,1124	0	0,0922	0	0,0764	0
2-1	44	1,32	0,1975	0,2607	0,1425	0,1681	0,1059	0,1398	0,0812	0,1072	0,0639	0,0843	0,0516	0,0681
1-0	100	3,0	0,0869	0,2607	0,0571	0,1716	0,0403	0,1209	0,0299	0,0897	0,0230	0,0690	0,0182	0,0546
$\Delta\sigma_z$ (kgf/cm²)		→		0,64		0,51		0,44		0,39		0,36		0,33

Tab. A3.2 - Sapata 2

R/λ	A (%)	$q.A$	I $z/\lambda=4$	$q.A.I$ $z/\lambda=4$	I $z/\lambda=5$	$q.A.I$ $z/\lambda=5$	I $z/\lambda=6$	$q.A.I$ $z/\lambda=6$	I $z/\lambda=7$	$q.A.I$ $z/\lambda=7$	I $z/\lambda=8$	$q.A.I$ $z/\lambda=8$	I $z/\lambda=9$	$q.A.I$ $z/\lambda=9$
20-18	0	0	0,0027	0	0,0049	0	0,0079	0	0,0116	0	0,0158	0	0,0203	0
18-16	0	0	0,0041	0	0,0074	0	0,0117	0	0,0168	0	0,0225	0	0,0284	0
16-14	0	0	0,0065	0	0,0115	0	0,0178	0	0,0250	0	0,0327	0	0,0403	0
14-12	3	0,09	0,0109	0,0010	0,0189	0,0017	0,0283	0,0025	0,0385	0,0035	0,0486	0,0044	0,0579	0,0052
12-10	10	0,30	0,0196	0,0059	0,0325	0,0098	0,0467	0,0140	0,0607	0,0182	0,0731	0,0219	0,0834	0,0250
10-9	13	0,39	0,0158	0,0062	0,0251	0,0098	0,0345	0,0135	0,0428	0,0167	0,0495	0,0193	0,0542	0,0211
9-8	13	0,39	0,0225	0,0088	0,0343	0,0134	0,0453	0,0177	0,0541	0,0211	0,0603	0,0235	0,0640	0,0250
8-7	13	0,39	0,0327	0,0128	0,0475	0,0185	0,0596	0,0232	0,0680	0,0265	0,0727	0,0284	0,0743	0,0290
7-6	11	0,33	0,0486	0,0160	0,0660	0,0218	0,0779	0,0257	0,0841	0,0278	0,0858	0,0283	0,0842	0,0278
6-5	7	0,21	0,0731	0,0154	0,0912	0,0192	0,0998	0,0210	0,1011	0,0212	0,0978	0,0205	0,0920	0,0193
5-4	1	0,03	0,1098	0,0033	0,1226	0,0037	0,1227	0,0037	0,1157	0,0035	0,1057	0,0032	0,0951	0,0029
4-3	0	0	0,1585	0	0,1544	0	0,1395	0	0,1220	0	0,1053	0	0,0907	0
3-2	0	0	0,2035	0	0,1699	0	0,1383	0	0,1124	0	0,0922	0	0,0764	0
2-1	44	1,32	0,1975	0,2607	0,1425	0,1881	0,1059	0,1398	0,0812	0,1072	0,0639	0,0843	0,0516	0,0681
1-0	100	3,0	0,0869	0,2607	0,0571	0,1713	0,0403	0,1209	0,0299	0,0897	0,0230	0,0690	0,0182	0,0546
$\Delta\sigma_z$ (kgf/cm²)		→		0,59		0,46		0,38		0,34		0,30		0,28

Apêndice 3

Tab. A3.3 – Sapata 3

R/λ	A (%)	q.A	I $z/λ=4$	$q.A.I$ $z/λ=4$	I $z/λ=5$	$q.A.I$ $z/λ=5$	I $z/λ=6$	$q.A.I$ $z/λ=6$	I $z/λ=7$	$q.A.I$ $z/λ=7$	I $z/λ=8$	$q.A.I$ $z/λ=8$	I $z/λ=9$	$q.A.I$ $z/λ=9$
20-18	0	0	0,0027	0	0,0049	0	0,0079	0	0,0116	0	0,0158	0	0,0203	0
18-16	0	0	0,0041	0	0,0074	0	0,0117	0	0,0168	0	0,0225	0	0,0284	0
16-14	0	0	0,0065	0	0,0115	0	0,0178	0	0,0250	0	0,0327	0	0,0403	0
14-12	0	0	0,0109	0	0,0189	0	0,0283	0	0,0385	0	0,0486	0	0,0579	0
12-10	1	0,03	0,0196	0,0006	0,0325	0,0010	0,0467	0,0014	0,0607	0,0018	0,0731	0,0022	0,0834	0,0025
10-9	4	0,12	0,0158	0,0019	0,0251	0,0030	0,0345	0,0041	0,0428	0,0051	0,0495	0,0059	0,0542	0,0065
9-8	8	0,23	0,0225	0,0052	0,0343	0,0079	0,0453	0,0104	0,0541	0,0124	0,0603	0,0139	0,0640	0,0147
8-7	8	0,23	0,0327	0,0075	0,0475	0,0109	0,0596	0,0137	0,0680	0,0156	0,0727	0,0167	0,0743	0,0171
7-6	5	0,15	0,0486	0,0073	0,0660	0,0099	0,0779	0,0117	0,0841	0,0126	0,0858	0,0129	0,0842	0,0126
6-5	3	0,09	0,0731	0,0066	0,0912	0,0082	0,0998	0,0090	0,1011	0,0091	0,0978	0,0088	0,0920	0,0083
5-4	28	0,81	0,1098	0,0889	0,1226	0,0993	0,1227	0,0994	0,1157	0,0937	0,1057	0,0856	0,0951	0,0770
4-3	36	1,04	0,1585	0,1648	0,1606	0,1606	0,1395	0,1451	0,1220	0,1269	0,1053	0,1095	0,0907	0,0943
3-2	58	1,68	0,2035	0,3419	0,1699	0,2854	0,1383	0,2323	0,1124	0,1888	0,0922	0,1549	0,0764	0,1284
2-1	100	2,90	0,1975	0,5728	0,1425	0,4133	0,1059	0,3071	0,0812	0,2355	0,0639	0,1853	0,0516	0,1496
1-0	100	2,90	0,0869	0,2520	0,0571	0,1656	0,0403	0,1169	0,0299	0,0867	0,0230	0,0667	0,0182	0,0528
$\Delta\sigma_z$ (kgf/cm²)		→		1,45		1,17		0,95		0,79		0,66		0,56

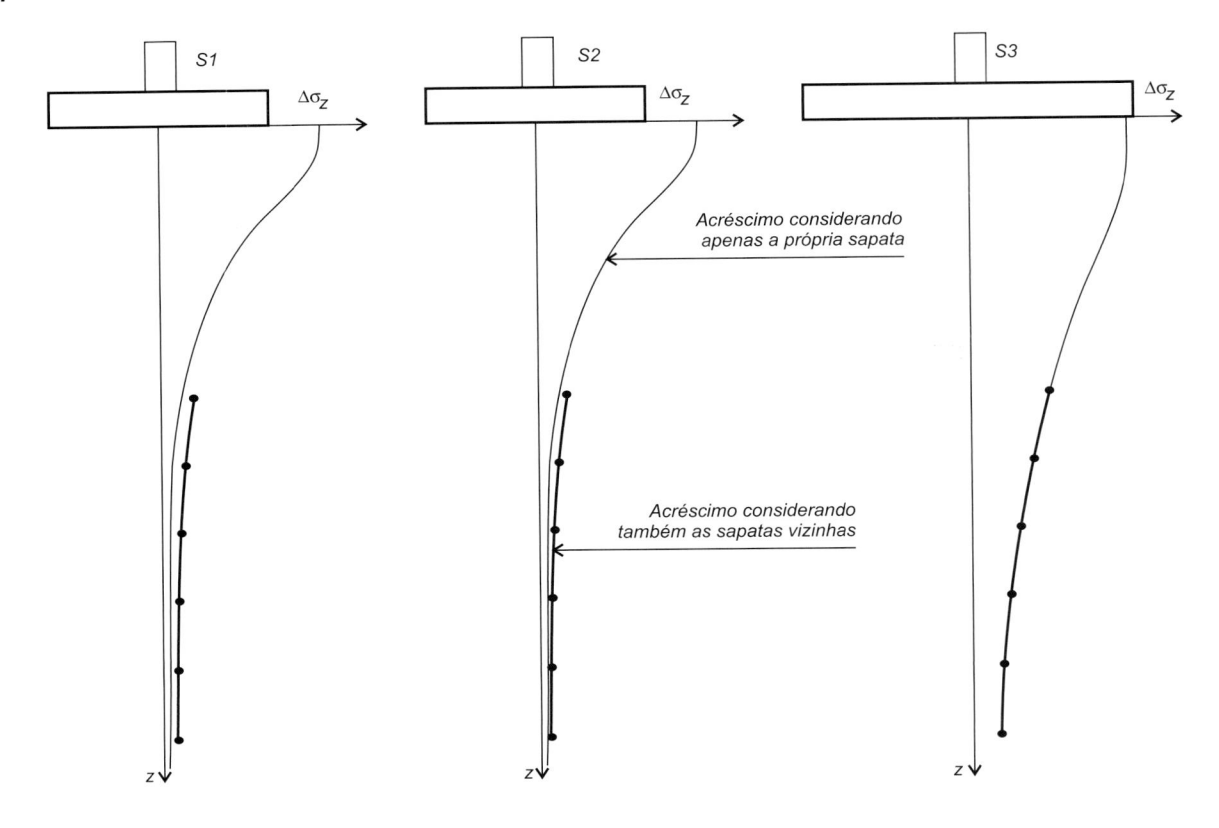

Fig. A3.2 - Perfis de acréscimos de tensão sob as sapatas

APÊNDICE 4

Exercício Resolvido de Viga de Fundação[1]

A4.1. Dados do problema

Seja prever esforços internos e deslocamentos da viga de concreto armado mostrada na Fig. A4.1, pelos métodos: (1) *estático* (com variação linear das pressões de contato) ou *de viga rígida*; (2) Hetenyi; (3) Bleich-Magnel; (4) Levinton; (5) Ohde; (6) Matricial; (7) método dos elementos finitos.

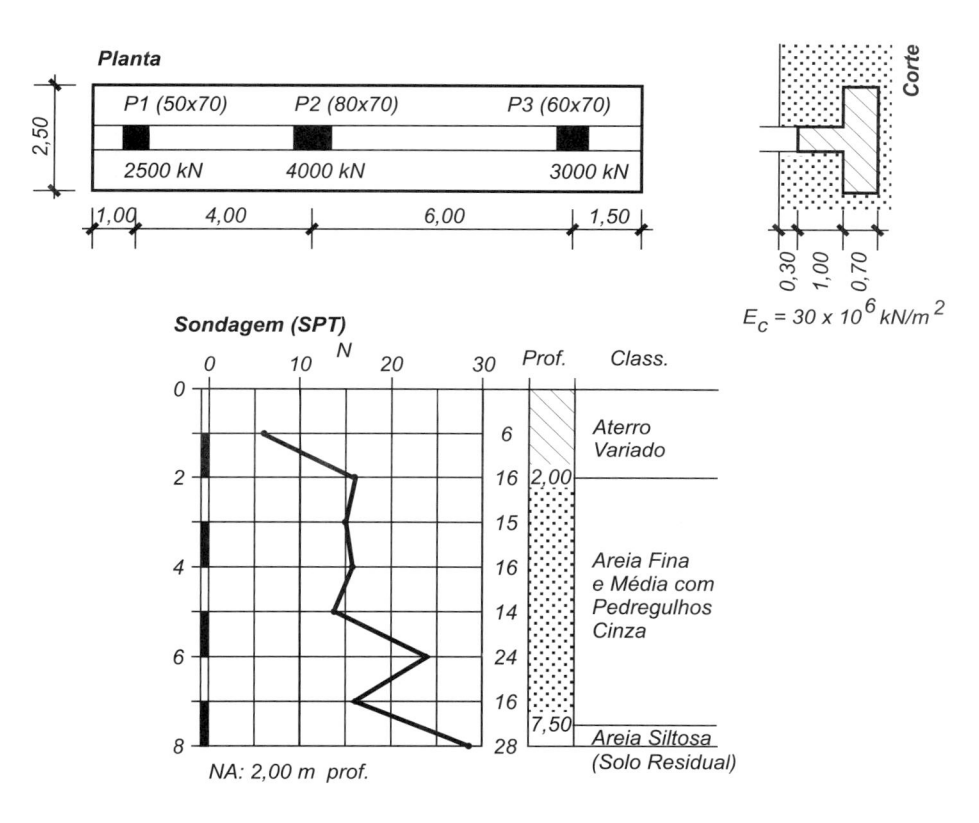

Fig. A4.1 - Viga a ser calculada

---

[1]. Este exercício foi resolvido pelos seguintes alunos da disciplina Fundações I da COPPE-UFRJ de 1988: Alexandre D. Gusmão, Carlos Alberto M. Ferreira, Celina Aida B. Schmidt, Marcos B. de Mendonça e Paulo Jose Brugger. Os cálculos dos métodos (1) a (5) listados acima foram manuais e, portanto, apresentam pequenos erros de arredondamento.

A4.2. Parâmetros do Solo para Cálculo da Viga

(a) Relação pressão-recalque

A fim de obter parâmetros do solo para cálculo da viga, vamos inicialmente estabelecer a relação pressão-recalque supondo a viga rígida. Como dispomos apenas do resultado de sondagem com SPT, e dada a natureza arenosa do solo de fundação, vamos utilizar um método semiempírico.

(a.1) Segundo Alpan (1964)

Estimando a tensão vertical geostática na profundidade de 2,0 m (nível da base da viga) e a uma profundidade correspondente a uma vez a menor dimensão da viga (2,0 + 2,5 m), tem-se:

$$\sigma'_{vo} = 2,0 \times 17 \sim 34 \; kN/m^2 \quad N = 15 \; ; \rightarrow N_{corr} \sim 40$$

$$\sigma'_{vo} = 34 + 2,5 \times 8 \sim 54 \; kN/m^2 \quad N = 15 \; ; \rightarrow N_{corr} \sim 30$$

Decidiu-se adotar o N_{corr} médio de 35 golpes.

Desprezando o peso próprio da viga, tem-se $q \sim 300 \; kN/m^2$. Para a expressão:

$$w_B = m \, a_o \, q \left(\frac{2B}{B+b}\right)^2$$

tem-se:

$$L/B = 5 \rightarrow m = 1,94$$

$$N_{corr} = 35 \rightarrow a_o \sim 1,7 \times 10^{-5} \; m^3/kN$$

o que fornece:

$$w \sim 0,031 \; m$$

(a.2) Segundo Burland e Burbidge (1985)

Com:

$$Z_I = 2,0 \; m \rightarrow N \sim 16$$
$$f_s = 1,2 \; ; \; f_l = 1,0$$

obtém-se (com a Eq. 5.28a):

$$w = 300 \times 2,5^{0,7} \; \frac{1,71}{16^{1,4}} \; 1,2 \times 1,0 \sim 26 \; mm$$

Adotou-se, para o recalque, a média dos dois resultados acima: 2,8 cm.

(b) Parâmetros da hipótese de Winkler

(b.1) Cálculo de k_v

$$k_v = \frac{q}{w} \sim \frac{300}{0,028} \sim 10,8 \times 10^3 \; kN/m^3$$

(b.2) Cálculo de λ

Com:

$$K = kB = 10,8 \times 10^3 \times 2,5 = 27,0 \times 10^3 \ kN/m^2 \quad ; \quad E_c = 3 \times 10^7 \ kN/m^2$$

e o momento de inércia:

$$I = \frac{2,50 \times 0,70^3}{12} + 1,75 \ (0,243)^2 + \frac{0,70 \times 1,00^3}{12} + 0,70 \ (0,607)^2 = 0,49 m^4$$

obtém-se (Eq. 8.2):

$$\lambda \sim 0,146 \ m^{-1}$$

Como λL = 12,5 x 0,146 = 1,825, concluímos que se trata de uma viga "de rigidez relativa média".

(c) Parâmetros do meio elástico

Para o cálculo de $E^* = E/(1 - v^2)$ de acordo com a equação:

$$w = qB \ \frac{1-v^2}{E} \ I = qB \ \frac{1}{E^*} \ I$$

tem-se:

$$q = 300 \ kN/m^2 \quad ; \quad B = 2,5 \ m$$
$$I = 1,3 \ (considerando \ a \ espessura \ compressível \ limitada)$$

o que conduz a:

$$E^* \sim 35000 \ kN/m^2$$

A4.3. Cálculo pelo Método Estático

O cálculo pelo método estático (supondo-se uma variação linear das pressões de contato) – ou pela hipótese de viga rígida – pode ser feito de acordo com o esquema mostrado na Fig. 8.4a. Para este cálculo, tem-se R = 9500 kN e a distância do ponto de passagem da resultante a = 5,84 m.

(a) Determinação das pressões de contato

Com a Eq. (8.1), tem-se (considerando a pressão de contato multiplicada por B):

$$q_A = 908,8 \ kN/m \quad ; \quad q_B = 611,2 \ kN/m$$

(b) Determinação dos recalques supondo a viga rígida e solo de Winkler

Os recalques podem ser determinados com a Eq. (8.3), obtendo-se:

$$w_A = 33,7 \ mm \quad ; \quad w_B = 22,6 \ mm$$

(c) Determinação de esforços cortantes e momentos fletores

O cálculo de cortantes e momentos é mostrado na Tab. A4.1 e os diagramas pressões de contato, esforços internos e deslocamentos, na Fig. A4.2.

Tab A4.1 – Cálculo de esforços e momentos

x (m)	Cortante (kN)	Momento Fletor (kN.m)
0	0	0
1,0 esq	897	450
1,0 dir	-1603	450
2,0	-730	-714
3,0	119	-1018
4,0	944	-484
5,0 esq	1746	863
5,0 dir	-2254	863
6,0	-1476	-1000
7,0	-722	-2098
8,0	08	-2453
9,0	715	-2090
10,0	1397	-1032
11,0 esq	2056	697
11,0 dir	-944	697
12,0	-309	72
12,50	0	0

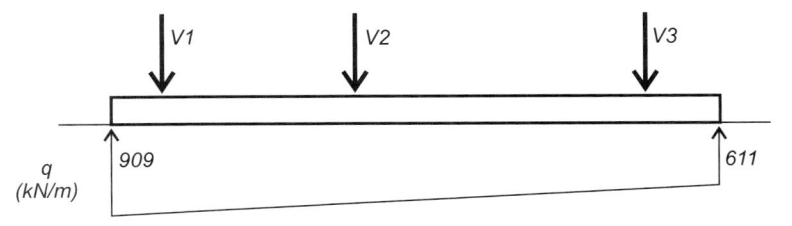

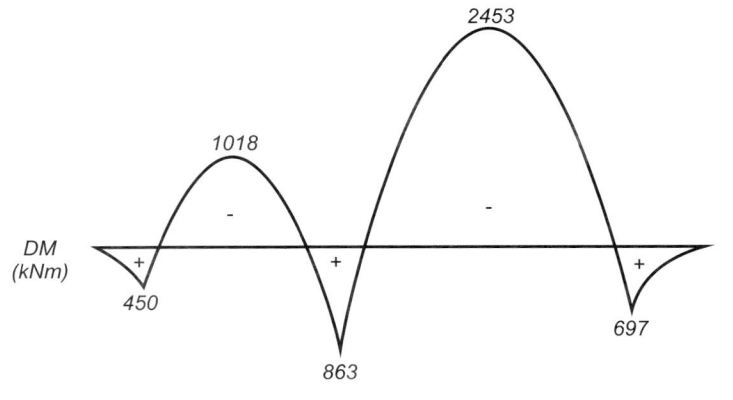

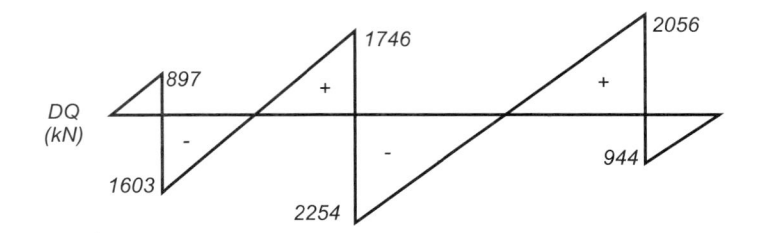

Fig. A4.2 - Esquema de cálculo e resultados pelo método estático (viga rígida)

A4.4. Cálculo pelo método de Hetenyi

A viga real é mostrada na Fig. A4.3a. Primeiramente resolve-se a viga como infinita e calculam-se, nos pontos que correspondem às extremidades da viga, os esforços cortantes (Q) e os momentos fletores (M) devidos às cargas (Fig. A4.3b e Tab. A4.2).

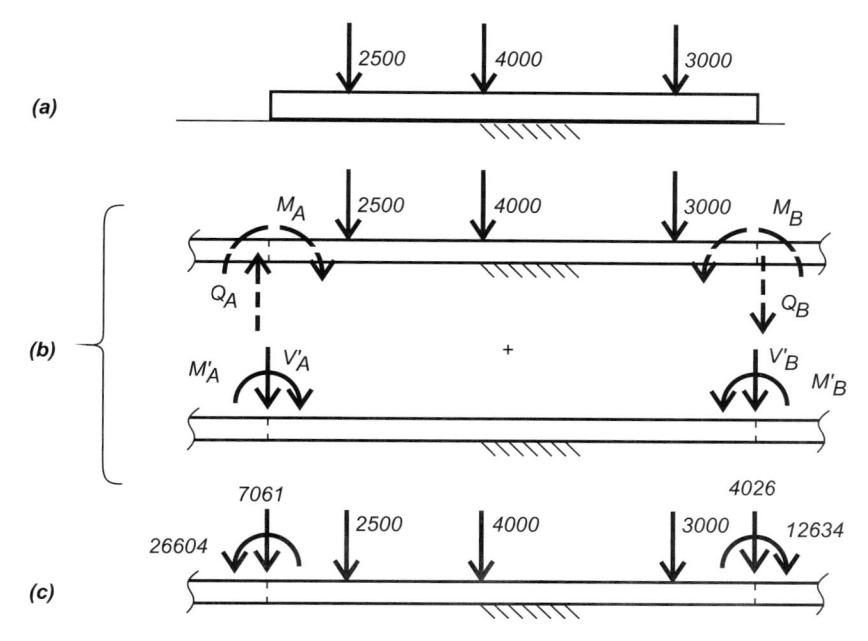

Fig. A4.3 - Esquema de cálculo pelo método de Hetenyi

Tab. A4.2 - Cálculo de esforços nas extremidades da viga

	V1	V2	V3	Σ
M_A (kNm)	3.121,8	258,5	-1066,6	2313,7
M_B (kNm)	-880,2	-987,3	3131,6	1264,1
Q_A (kN)	1.068,7	718,2	-10,6	1776,3
Q_B (kN)	25,2	-306,5	-1176,2	-1457,5

O cálculo dos esforços auxiliares é feito com o Sistema de equações (8.20 a 8.23). Com:
$$\lambda = 0{,}146 \; ; \; A = 0{,}1155 \; ; \; C = -0{,}1966 \; ; \; D = -0{,}0405$$

monta-se o Sistema de equações:

$+ 1{,}712\, V'_A$	$+ 0{,}5\, M'_A$	$- 0{,}337\, V'_B$	$- 0{,}0203\, M'_B$	$= -2313{,}7$
$-0{,}5\, V'_A$	$-0{,}073\, M'_A$	$- 0{,}0203\, V'_B$	$+ 0{,}0084\, M'_B$	$= -1776{,}3$
$-0{,}337\, V'_A$	$-0{,}0203\, M'_A$	$+ 1{,}712\, V'_B$	$+ 0{,}5\, M'_B$	$= -1264{,}1$
$+ 0{,}0203\, V'_A$	$-0{,}0084\, M'_A$	$+ 0{,}5\, V'_B$	$+ 0{,}073\, M'_B$	$= 1457{,}5$

Resolvendo o Sistema, obtém-se:
$$V'_A = 7061 \text{ kN}$$
$$M'_A = -26604 \text{ kNm}$$

$$V'_B = 4026 \text{ kN}$$
$$M'_B = -12634 \text{ kNm}$$

Para a solução da viga de comprimento finito, teremos que somar os esforços devidos ao carregamento (Fig. A4.3b) com os esforços devidos às cargas e aos momentos auxiliares (Fig. A4.3c). O esquema de cálculo final é mostrado na Fig. A4.3d.

Os resultados dos cálculos (em intervalos de 1,0 m) de recalque (w), cortante (Q) e momento fletor (M) para a viga de comprimento finito são apresentados nas Tabs. A4.3 a A4.5. Para os esforços auxiliares V'_A e M'_A, serão considerados no ponto 0,0 m os valores à direita (na viga), respectivamente para cortante e momento fletor. Para os esforços auxiliares V'_B e M'_B, serão considerados no ponto 12,5 m os valores à esquerda (na viga), respectivamente para cortante e momento fletor. Os resultados são apresentados graficamente na Fig. A4.4.

Tab. A4.3 - Cálculo dos recalques

x (m)	w (mm)							
	V1	V2	V3	V'_A	M'_A	V'_B	M'_B	Σ
0,0	6,62	7,35	1,57	19,06	0,00	1,25	-1,55	34,30
1,0	6,75	8,34	2,08	18,69	-2,64	1,80	-1,85	33,17
2,0	6,62	9,26	2,66	17,73	-4,51	2,43	-2,15	32,04
3,0	6,28	10,04	3,30	16,36	-5,74	3,16	-2,45	30,95
4,0	5,79	10,59	4,01	14,73	-6,45	3,99	-2,72	29,94
5,0	5,21	10,80	4,75	12,97	-6,74	4,90	-2,96	28,93
6,0	4,59	10,59	5,51	11,18	-6,71	5,87	-3,13	27,90
7,0	3,96	10,04	6,26	9,43	-6,44	6,88	-3,21	26,92
8,0	3,34	9,26	6,95	7,78	-6,00	7,90	-3,15	26,08
9,0	2,75	8,34	7,53	6,26	-5,45	8,97	-2,92	25,38
10,0	2,21	7,35	7,94	4,89	-4,84	9,74	-2,47	24,82
11,0	1,73	6,33	8,10	3,69	-4,21	10,41	-1,74	24,31
12,0	1,31	5,34	7,94	2,66	-3,58	10,01	-0,68	23,80
12,5	1,12	4,87	7,76	2,20	-3,27	10,86	0,00	23,54

Tab. A4.4 - Cálculo dos cortantes

x (m)	Q (kN)							
	V1	V2	V3	V'_A	M'_A	V'_B	M'_B	Σ
0,0	1069	718	-11	-3531	1943	-82	-106	0
1,0	1250	930	38	-3019	1905	-41	-152	912
1,0	-1250							-1588
2,0	-1069	1169	102	-2525	1807	16	-206	-706
3,0	894	1430	183	-2064	1667	92	-269	1934
4,0	-730	1710	282	-1643	1501	188	-339	969
5,0	-581	2000	400	-1268	1322	308	-416	1765
5,0		-2000						-2235
6,0	-449	-1710	539	-941	1140	454	-498	-1466
7,0	-333	-1430	698	-663	961	626	-584	-725
8,0	-235	-1169	877	-430	793	826	-671	-9
9,0	-152	-930	1073	-241	638	1053	-753	686
10,0	-85	-718	1282	-91	498	1305	-827	1365
11,0	-32	-533	1500	25	376	1578	-884	2029
11,0			-1500					-971
12,0	9	-375	-1282	110	271	1866	-918	-320
12,5	25	-306	-1176	143	224	2012	-922	-0

Apêndice 4

Tab. A4.5 - Cálculo dos momentos fletores

x (m)	M (kNm)							
	V1	V2	V3	V'$_A$	M'$_A$	V'$_B$	M'$_B$	Σ
0,0	3122	258	-1066	12093	-13308	-1355	256	-0
1,0	4281	1080	-1054	8819	11378	-1417	127	459
2,0	3122	2128	-985	6049	-9517	-1430	-51	-685
3,0	2141	3426	-843	3757	-7777	-1378	-288	-963
4,0	1330	4995	-613	1909	-6191	-1240	-591	-403
5,0	675	6849	-274	456	-4779	-993	-968	967
6,0	161	4995	194	-644	-3548	-614	-1425	-882
7,0	-228	3426	810	-1443	-2498	-77	-1966	-1975
8,0	-511	2128	1596	-1986	-1622	647	-2593	-2341
9,0	-703	1080	2569	-2318	-908	1584	-3306	-2001
10,0	-820	258	3746	-2481	-342	12761	-4097	-974
11,0	-878	-365	5137	-2511	94	4201	-4954	724
12,0	-889	-817	3746	-2441	416	5922	-5857	78
12,5	-880	-987	3131	-2377	539	6891	-6318	0

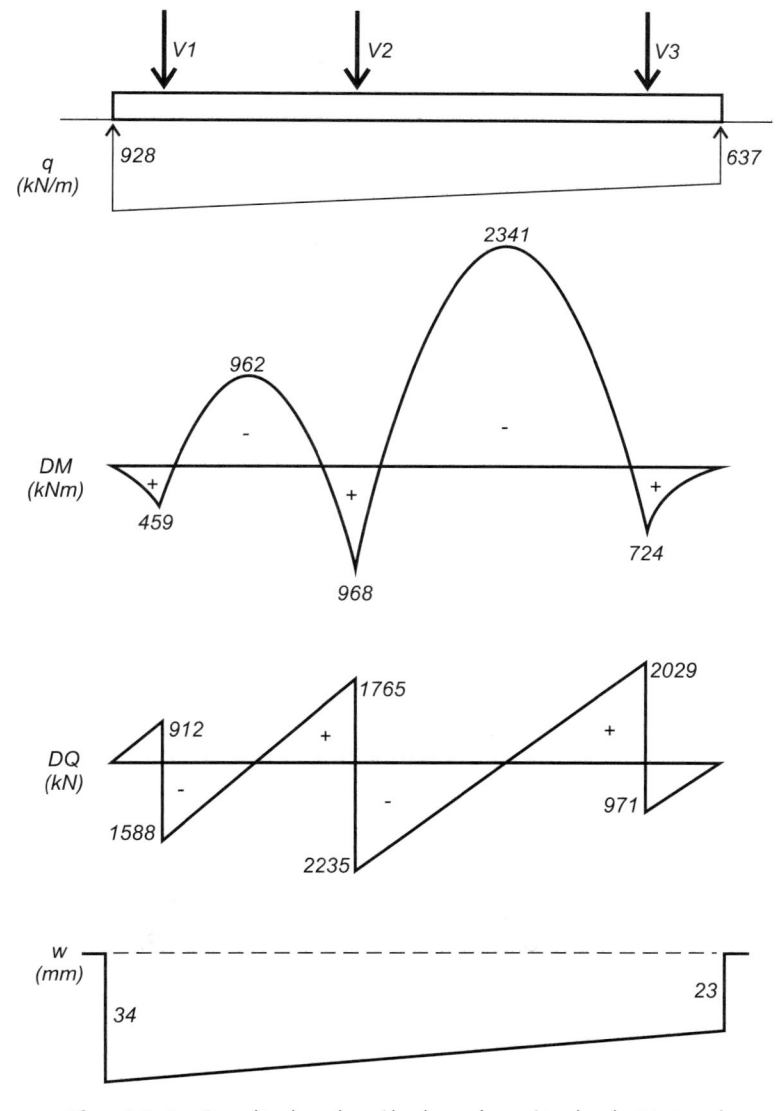

Fig. A4.4 - Resultados do cálculo pelo método de Hetenyi

A4.5. Cálculo pelo Método de Bleich-Magnel

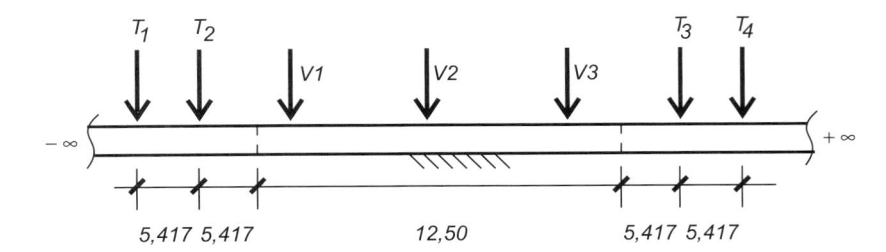

Fig. A4.5 - *Esquema de cálculo pelo método de Bleich-Magnel*

Os esforços nas extremidades da viga devidos ao carregamento real e às forças auxiliares estão na Tab. A4.6.

Tab. A4.6 – Esforços nas extremidades da viga

Ponto	Carga (kN)	λx*	Momento (kNm)	Cortante (kN)
A	2500	0,145	3151	1070
	4000	0,73	260	720
	3000	1,60	-1075	- 9
	Somatório		2336	1781
	T_1	$\pi/2$	$-0,358\ T_1$	0
	T_2	$\pi/4$	0	$-0,16\ T_2$
	T_3	2,60	$-0,176\ T_3$	$-0,032\ T_3$
	T_4	3,38	$-0,043\ T_4$	$-0,017\ T_4$
B	2500	1,67	-888	23
	4000	1,09	-983	-1177
	3000	0,22	3160	-310
	Somatório		1289	-1464
	T_1	3,38	$-0,04\ T_1$	$0,017\ T_1$
	T_2	2,60	$-0,18\ T_2$	$0,032\ T_2$
	T_3	$\pi/4$	0	$0,16\ T_3$
	T_4	$\pi/2$	$-0,36\ T_4$	0

* na aplicação deste método foi adotado $\lambda = 0,145$

O Sistema de equações (8.24 a 8.27) fica:

$$2336 - 0,358\ T_1 - 0,176\ T_3 - 0,043\ T_4 = 0$$
$$1781 - 0,16\ T_2 - 0,032\ T_3 - 0,017\ T_4 = 0$$
$$1289 - 0,04\ T_1 - 0,18\ T_2 - 0,36\ T_4 = 0$$
$$-1464 + 0,017\ T_1 + 0,032\ T_2 + 0,16\ T_3 = 0$$

A solução do Sistema fornece:

$$T_1 = 3396\ kN$$
$$T_2 = 9960\ kN$$

Apêndice 4

$$T_3 = 6798\ kN$$
$$T_4 = -1777\ kN$$

Na Tab. A4.7 estão os recalques, cortantes e momentos nos pontos A, B, C, D, E, F da viga. Os diagramas de esforços obtidos são praticamente os mesmos do método de Hetenyi. Na Fig. A4.6 está uma verificação da anulação do cortante nas extremidades da viga pelas forças auxiliares.

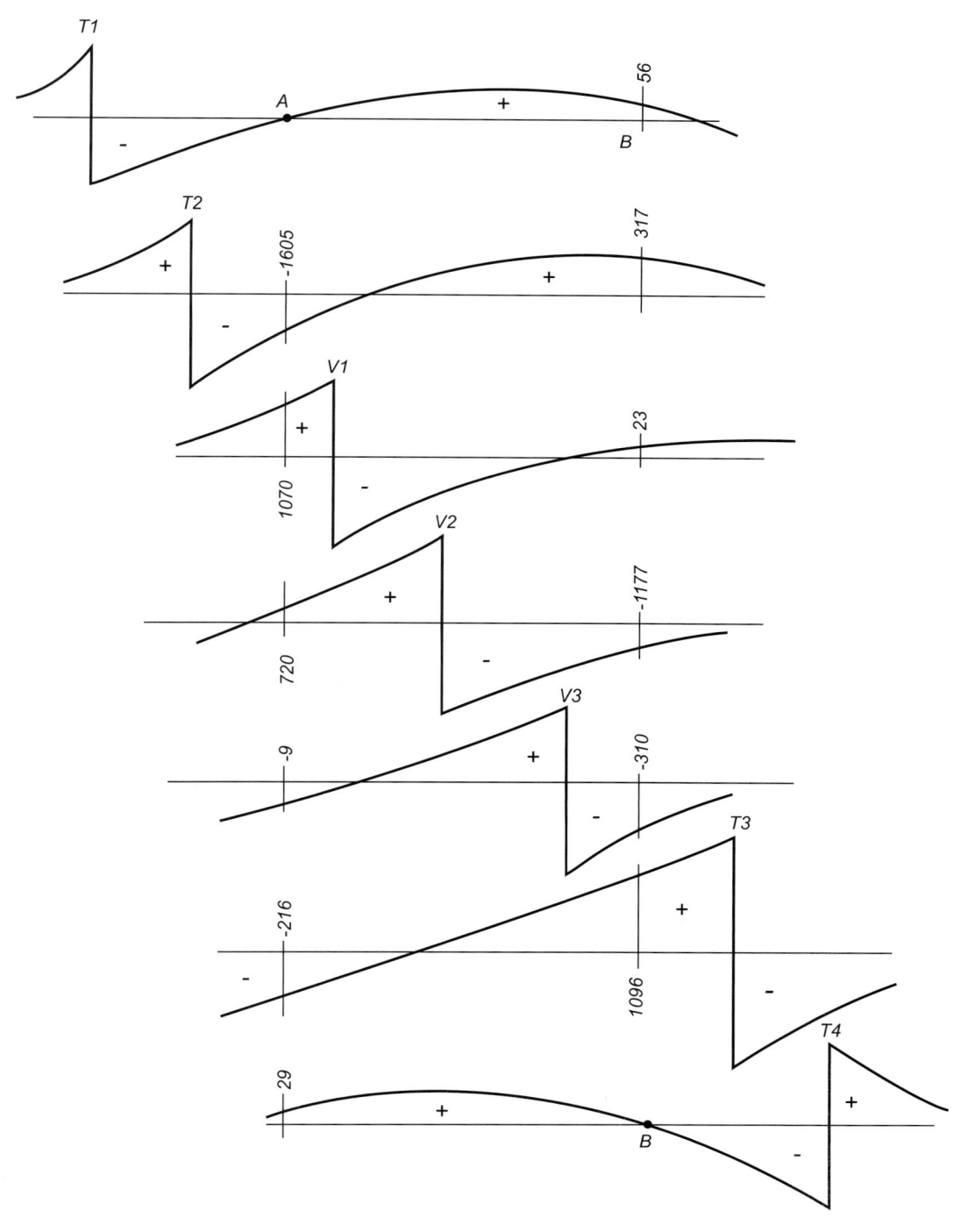

Fig. A4.6 - Verificação da anulação do cortante nas extremidades da viga pelo método de Bleich-Magnel

Tab. A4.7 – Recalques, cortantes e momentos na viga

Ponto	Carga (kN)	λx	w (mm)	Momento (kNm)	Cortante (kN)
A	2500	0,145	6,8	3151	1070
	4000	0,73	7,5	260	720
	3000	1,60	1,6	-1075	-9
	3396	p/2	1,9	-1217	0
	9960	p/4	17,8	0	-1605
	6798	2,60	-0,5	-1195	-216
	-1777	3,38	-0,2	77	29
	Somatório		34,9	1*	-11*
B	2500	1,67	1,2	-888	23
	4000	1,09	5,0	-983	-1177
	3000	0,218	7,9	3160	-310
	3396	3,38	-0,4	-147	56
	9960	2,60	-0,7	-1750	317
	6798	$\pi/4$	12,1	0	1096
	-1777	$\pi/2$	-1,0	637	0
	Somatório		24,1	28*	-5*
C (sob 2500 kN)	2500	0	6,9	4310	-
	4000	0,58	8,6	1114	937
	3000	1,45	2,2	-1058	42
	3396	1,72	1,4	-1193	45
	9960	0,93	15,2	-1381	-1175
	6798	2,45	-0,2	-1424	-226
	-1777	3,24	0,2	108	35
	Somatório		34,3	476	-342**
D (sob 4000 kN)	2500	0,58	5,4	696	-585
	4000	0	11,1	6897	-
	3000	0,87	4,9	-259	405
	3396	2,30	0,1	-829	113
	9960	1,51	6,4	-3556	-67
	6798	1,87	1,9	-2259	-154
	-1777	2,66	0,2	289	55
	Somatório		30,0	979	-233**
E (meio de D - F)	2500	1,02	3,4	-511	-236
	4000	0,44	9,5	2127	-1165
	3000	0,44	7,1	1595	874
	3396	2,73	-0,3	-503	101
	9960	1,95	2,2	-3174	262
	6798	1,44	5,0	-2391	105
	-1777	2,22	-0,1	466	58
	Somatório		26,8	-2391	-1
F (sob 3000 kN)	2500	1,45	1,8	-882	-35
	4000	0,87	6,5	-345	-540
	3000	0	8,3	5172	-
	3396	3,17	-0,4	-239	71
	9960	2,38	-0,1	-2247	334
	6798	1,00	9,6	-1299	675
	-1777	1,79	-0,6	610	32
	Somatório		25,1	771	537**

* Estes valores deveriam ser nulos

**Cortantes: Ponto C: 908 (esq); -1592 (dir)
Ponto D: 1767 (esq); -2233 (dir)
Ponto F: 2037 (esq); -963 (dir)

A4.6. Cálculo pelo Método de Levinton

O esquema de cálculo consta da Fig. A4.7a. No caso, tem-se: $a = 12{,}50 / 3 = 4{,}17\ m$.

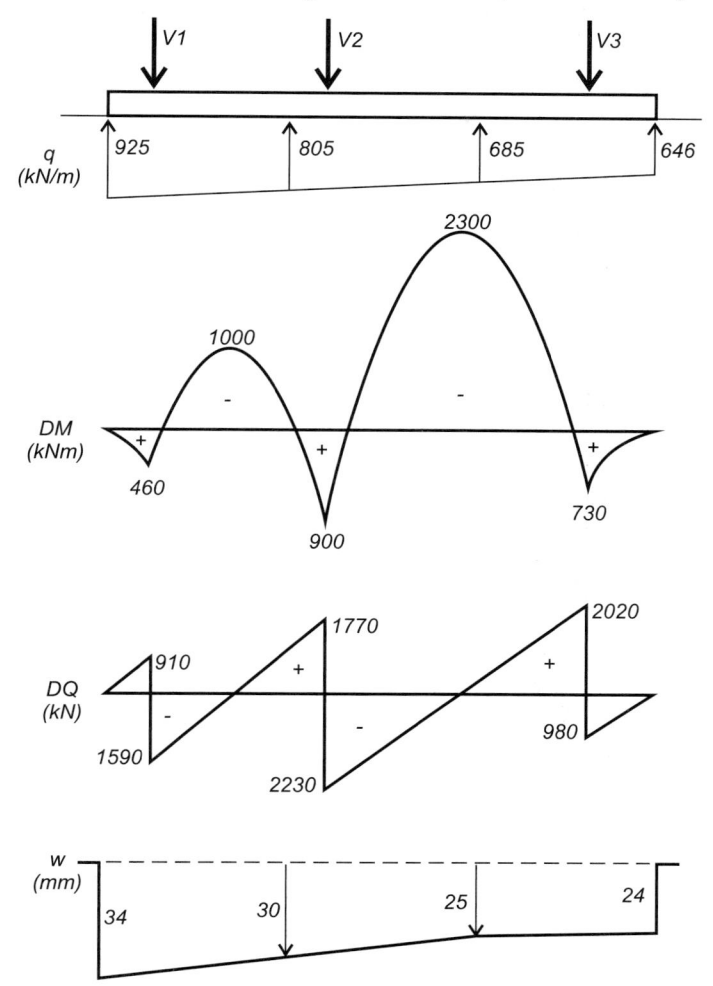

Fig. A4.7 - *Resultados do cálculo pelo método de Levinton*

(a) Equações baseadas no equilíbrio

$$M_L = -2500\ (1{,}39 - 1{,}0) + 4000\ (5{,}0 - 1{,}39) + 3000\ (11{,}0 - 1{,}39) \cong 42295\ kNm \tag{1}$$

$$M_R = -2500\ (11{,}5 - 1{,}39) - 4000\ (7{,}5 - 1{,}39) - 3000\ (1{,}5 - 1{,}39) \cong -50045\ kNm \tag{2}$$

Logo:
$$4\,q_2 + 10\,q_3 + 7\,q_4 = 14594 \tag{1}$$

$$7\,q_1 + 10\,q_2 + 4\,q_3 = 17268 \tag{2}$$

(b) Equações baseadas na compatibilidade de deformações

$$K' = (10800 \times 2{,}5)^{-1} = 3{,}7 \times 10^{-5}\ m^2/kN$$

$$N = \frac{1080\ E\ I\ K'}{a^4} = \frac{1080 \times 3 \times 10^7 \times 0{,}49 \times 3{,}7 \times 10^{-5}}{4{,}17^4} = 1943$$

De uma tabela de resistência dos materiais pode-se tirar:

$$f_2 = \frac{4000 \times 7{,}50 \times 4{,}17}{6 \times 12{,}5 \times 1{,}47 \times 10^7} \left[12{,}50^2 - 7{,}50^2 - 4{,}17^2\right] +$$

$$+ \frac{3000 \times 1{,}50 \times 4{,}17}{6 \times 12{,}5 \times 1{,}47 \times 10^7} \left[12{,}50^2 - 1{,}50^2 - 4{,}17^2\right] +$$

$$+ \frac{2500 \times 1{,}0\ (12{,}5 - 4{,}17)}{6 \times 12{,}5 \times 1{,}47 \times 10^7}\left[2 \times 12{,}5 \times 11{,}5 - 11{,}5^2 - (12{,}5 - 4{,}17)^2\right] = 1{,}33 \times 10^{-2}\ m$$

Daí vem:
$$-1200\ q_1 + 2372\ q_2 + 390\ q_3 - 570\ q_4 = 699360 \quad (3)$$

Última equação:

$$f_3 = \frac{3000 \times 1{,}50 \times 8{,}33}{6 \times 12{,}5 \times 1{,}47 \times 10^7}\left[12{,}50^2 - 1{,}50^2 - 8{,}33^2\right] +$$

$$+ \frac{2500 \times 1{,}0 \times (12{,}5 - 8{,}33)}{6 \times 12{,}5 \times 1{,}47 \times 10^7}\left[2 \times 12{,}5 \times 11{,}5^2 - 11{,}5^2 - (12{,}5 - 8{,}33)^2\right] +$$

$$+ \frac{4000 \times 5{,}0\ (12{,}5 - 8{,}33)}{6 \times 12{,}5 \times 1{,}47 \times 10^7}\left[2 \times 12{,}5 \times 7{,}5 - 7{,}5^2 - (12{,}5 - 8{,}33)^2\right] = 1{,}22 \times 10^{-2}\ m$$

Daí vem:
$$-570\ q_1 + 390\ q_2 + 2372\ q_3 - 1200\ q_4 = 637090 \quad (4)$$

Resolvendo o sistema, obtém-se:

$$q_1 = 924{,}9\ kN/m$$

$$q_2 = 805{,}3\ kN/m$$

$$q_3 = 685{,}2\ kN/m$$

$$q_4 = 645{,}9\ kN/m$$

Pressões de contato, esforços internos e recalques da viga constam das Figs. A4.7b a A4.7e.

A4.7 Cálculo pelo Método de Ohde

Inicialmente, tem-se $\gamma_{conc} = 25$ kN/m³, o que conduz a um peso próprio por metro de 2,45 x 25 = 61,25 kN/m, e adotou-se um número de elementos (divisões da viga) igual a 6.

(1) Cálculo de α:

$$\alpha = \frac{a^4\ b}{E_c\ I} = \frac{2{,}083^4 \times 2{,}5}{3 \times 10^7 \times 0{,}49} = 3{,}2 \times 10^{-6}\ m^3/kN$$

Apêndice 4

(2) Cálculo dos p_i:

Peso próprio/divisão:
$$\frac{61,25 \cdot a}{a \cdot b} = \frac{61,25}{2,5} = 24,5 \ kN/m^2$$

Com a área da divisão $a \, b = 2,5 \times 2,083 = 5,21 \ m^2$, tem-se:

$p_1 = \dfrac{2500}{5,21} + 24,5 = 504,6 \ kN/m^2$ $\qquad$ $p_4 = 24,5 \ KN/m^2$

$p_2 = 24,5 \ KN/m^2$ $\qquad$ $p_5 = 24,5 \ KN/m^2$

$p_3 = \dfrac{4000}{5,21} + 24,5 = 792,6 \ kN/m^2$ $\qquad$ $p_6 = \dfrac{3000}{5,21} + 24,5 = 600,6 \ kN/m^2$

(3) Cálculo dos c_i:

$\dfrac{b}{a} = \dfrac{2,5}{2,083} = 1,2$ $\qquad$ $\dfrac{h}{a} = \dfrac{5,5}{2,083} = 2,6$

$f_0 = 0,70$ $\qquad$ $f_2 = 0,04$

$c_0 = \dfrac{2,083}{35000} \times 0,7 = 4,17 \times 10^{-5}$

$c_2 = \dfrac{2,083}{35000} \times 0,04 = 2,38 \times 10^{-6}$

$K_1 = \left(\dfrac{4,17 \times 10^{-5}}{2,38 \times 10^{-6}} - 1\right) 0,3536 = 5,84$

$c_1 = 6,10 \times 10^{-6}$

$c_3 = 1,33 \times 10^{-6}$

$c_4 = 8,74 \times 10^{-7}$

$c_5 = 6,29 \times 10^{-7}$

(4) Cálculo dos C_i:

$C_0 = 7,12 \times 10^{-5}$ $\quad$ $C_1 = 3,19 \times 10^{-5}$

$C_2 = 2,67 \times 10^{-6}$ $\quad$ $C_3 = 5,94 \times 10^{-7}$

$C_4 = 2,11 \times 10^{-7}$

(5) Montagem do sistema de equações (8.46) e, ainda, com (8.51) e (8.53) ($m_1 = 0$):

$-3{,}51 \times 10^{-5} q_1 + 7{,}07 \times 10^{-5} q_2 - 3{,}19 \times 10^{-5} q_3 - 2{,}67 \times 10^{-6} q_4 - 5{,}94 \times 10^{-7} q_5 + 2{,}11 \times 10^{-7} q_6 = -1{,}63 \times 10^{-3}$

$-9{,}07 \times 10^{-6} q_1 - 3{,}51 \times 10^{-5} q_2 + 7{,}07 \times 10^{-5} q_3 - 3{,}19 \times 10^{-5} q_4 - 2{,}67 \times 10^{-6} q_5 - 5{,}94 \times 10^{-7} q_6 = -3{,}73 \times 10^{-3}$

$-1{,}02 \times 10^{-5} q_1 - 9{,}07 \times 10^{-6} q_2 - 3{,}51 \times 10^{-5} q_3 + 7{,}07 \times 10^{-5} q_4 - 3{,}19 \times 10^{-5} q_5 - 2{,}67 \times 10^{-6} q_6 = -7{,}55 \times 10^{-3}$

$-1{,}30 \times 10^{-5} q_1 - 1{,}02 \times 10^{-5} q_2 - 9{,}07 \times 10^{-6} q_3 - 3{,}51 \times 10^{-5} q_4 + 7{,}07 \times 10^{-5} q_5 - 3{,}19 \times 10^{-5} q_6 = -1{,}19 \times 10^{-2}$

$q_1 + q_2 + q_3 + q_4 + q_5 + q_6 = 1971{,}30$

$5 q_1 + 3 q_2 + q_3 - q_4 - 3 q_5 - 5 q_6 = 288{,}1$

(6) Pressões de contato:

$q_1 = 395{,}567 \; kN/m^2$ $\qquad$ $q_1 B = 988{,}9 \; kN/m$

$q_2 = 325{,}455 \; kN/m^2$ $\qquad$ $q_2 B = 813{,}6 \; kN/m$

$q_3 = 304{,}935 \; kN/m^2$ $\qquad$ $q_3 B = 762{,}3 \; kN/m$

$q_4 = 290{,}702 \; kN/m^2$ $\qquad$ $q_4 B = 726{,}8 \; kN/m$

$q_5 = 296{,}437 \; kN/m^2$ $\qquad$ $q_5 B = 741{,}1 \; kN/m$

$q_6 = 358{,}204 \; kN/m^2$ $\qquad$ $q_6 B = 895{,}5 \; kN/m$

(7) Cálculo dos recalques (sistema 8.43):

$w_1 = q_1 c_0 + q_2 c_1 + q_3 c_2 + q_4 c_3 + q_5 c_4 + q_6 c_5 = 20{,}1 \; mm$

$w_2 = q_1 c_1 + q_2 c_0 + q_3 c_1 + q_4 c_2 + q_5 c_3 + q_6 c_4 = 19{,}2 \; mm$

$w_3 = q_1 c_2 + q_2 c_1 + q_3 c_0 + q_4 c_1 + q_5 c_2 + q_6 c_3 = 18{,}6 \; mm$

$w_4 = q_1 c_3 + q_2 c_2 + q_3 c_1 + q_4 c_0 + q_5 c_1 + q_6 c_2 = 18{,}0 \; mm$

$w_5 = q_1 c_4 + q_2 c_3 + q_3 c_2 + q_4 c_1 + q_5 c_0 + q_6 c_1 = 17{,}8 \; mm$

$w_6 = q_1 c_5 + q_2 c_4 + q_3 c_3 + q_4 c_2 + q_5 c_1 + q_6 c_0 = 18{,}4 \; mm$

Apêndice 4

(8) Cálculo dos momentos fletores (Sistema 8.45)

$M_1 = 0\ kNm$

$M_2 = -1178\ kNm$

$M_3 = 908\ kNm$

$M_4 = -2295\ kNm$

$M_5 = -2610\ kNm$

$M_6 = 23\ kNm$

Não é possível traçar o diagrama de momentos a partir dos dados acima, obtidos com o sistema de equações (8.45), por haver um número insuficiente de pontos. Assim, calculamos os momentos fletores fazendo uso das pressões de contato (multiplicadas por b), esforços atuantes e peso próprio. Os resultados dos cálculos constam da Fig. A4.8.

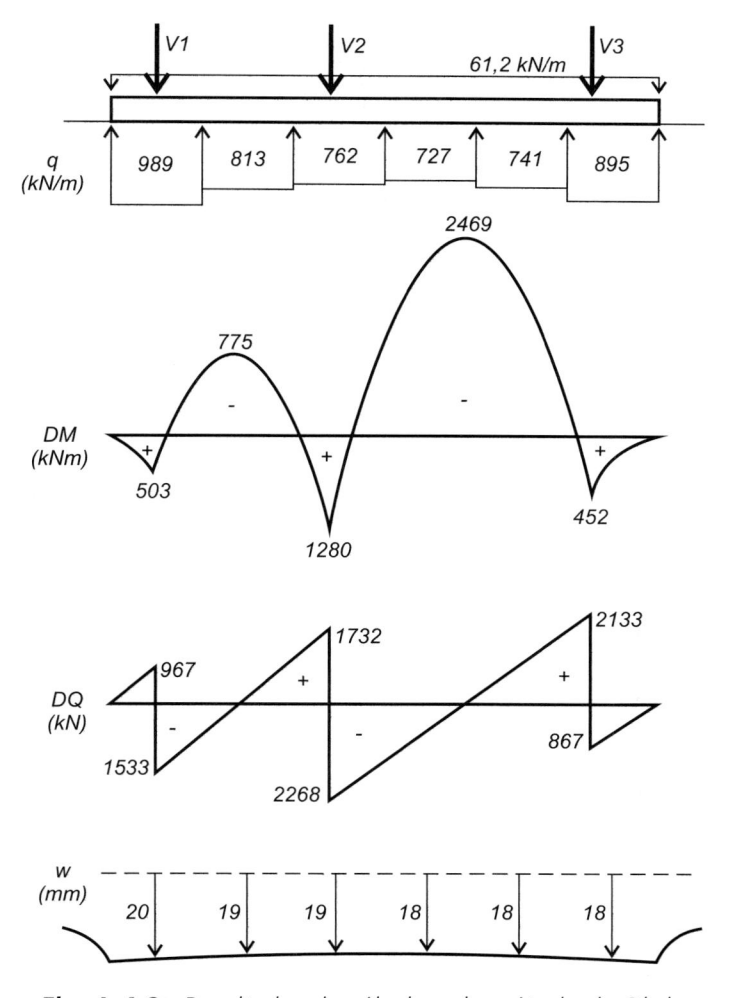

Fig. A.4.8 *- Resultados do cálculo pelo método de Ohde*

A4.8. Métodos Numéricos

(a) Método Matricial

Os Métodos Matriciais antecedem o Método dos Elementos Finitos e são formulados para problemas específicos, como é o caso de viga sobre base elástica pela Hipótese de Winkler. Um programa para solução por Método Matricial é apresentado em Bowles (1974). O programa ali fornecido foi aplicado à viga em questão, fazendo-se uma divisão dela em 25 elementos iguais. Os resultados obtidos constam da Fig. A4.9. Como pode ser observado, os resultados são muito próximos daqueles obtidos pelo método de Hetenyi.

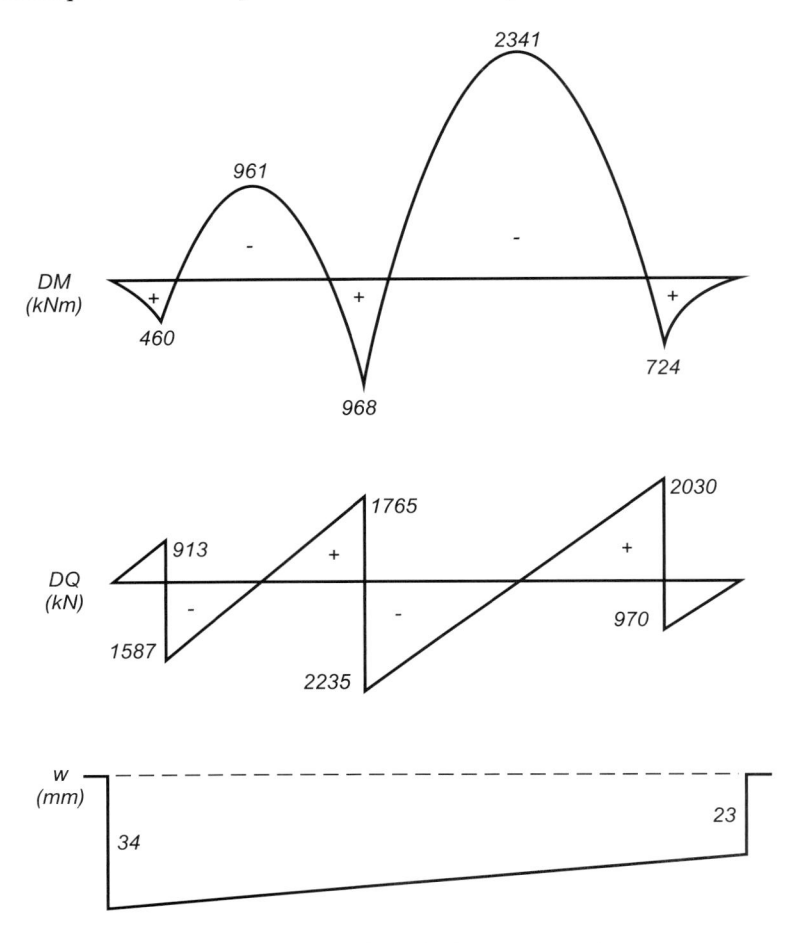

Fig. A.4.9 - Resultados do cálculo por método matricial

(b) Método dos Elementos Finitos

O Método dos Elementos Finitos pode ser utilizado através de programas de uso geral em análise estrutural. Quando o programa não tem o elemento com apoio contínuo por molas, utilizam-se apoios discretos nos pontos nodais. Estes apoios podem ser molas ou, na falta delas, barras birrotuladas.

Para exemplo de solução por este método, foi utilizado o programa **SALT**, desenvolvido no Departamento de Mecânica Aplicada e Estruturas, da Escola de Engenharia da UFRJ, pelos Profs. Humberto L. Soriano e Silvio S. Lima. A viga foi dividida em 25 elementos iguais, ficando com 26 nós, onde estão as molas (Fig. A4.10, parte superior).

Apêndice 4

As molas das extremidades devem ter metade da rigidez das molas restantes, uma vez que o comprimento de influência delas é metade do comprimento de influência das molas restantes. Os resultados obtidos são muito próximos daqueles apresentados na Fig. A4.9. Pequenas diferenças se devem às aproximações próprias dos métodos numéricos, devendo a solução melhorar à medida que se aumenta o número de elementos e nós.

Um cálculo com a rigidez das molas extremas igual à do restante das molas conduziu a resultados significativamente diferentes, como mostrado na Fig. A4.10 (diagrama de esforços na parte inferior).

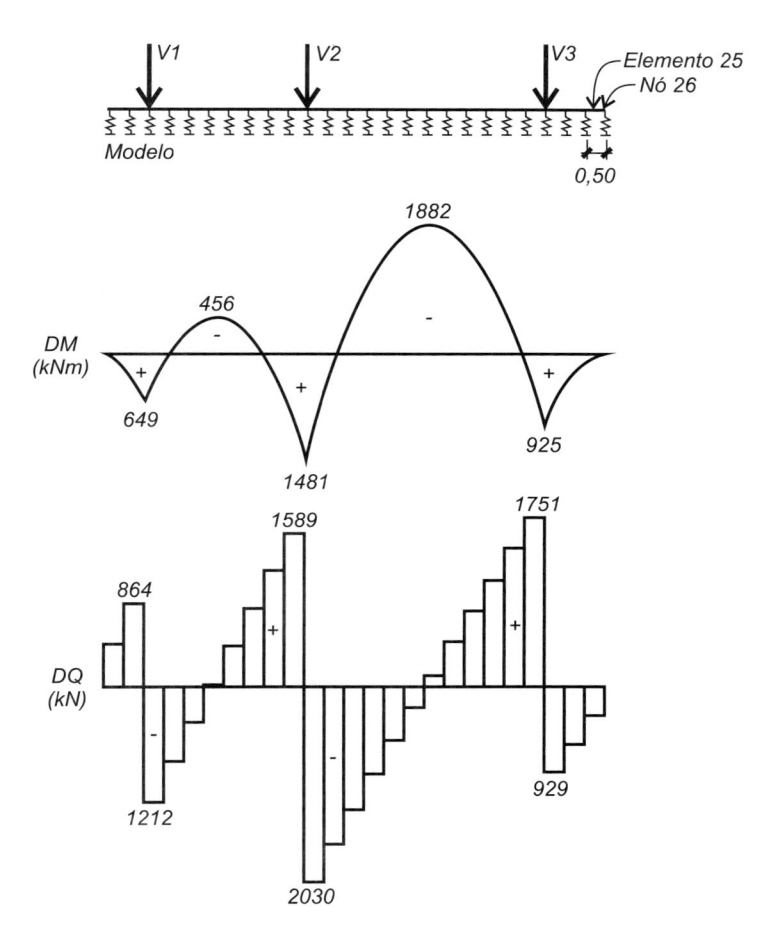

Fig. A.4.10 - Esforços na viga calculados pelo MEF

APÊNDICE 5

Cálculo de Placas Circulares pelo Método de Grasshoff (1966)

A5.1 Formulação geral

Considere-se uma placa circular, submetida a carregamento axissimétrico (Fig. A5.1a). Sob a placa atuarão pressões de contato caracterizadas pelas ordenadas q_1, q_2, q_3 e q_4 em pontos que distam do centro da placa r, $3/4\,r$, $1/2\,r$ e $1/6\,r$.

O equilíbrio de forças verticais permite escrever (Teorema de Guldin):

$$\tfrac{1}{2} q_1 \cdot \tfrac{r}{4} \cdot 2\pi \cdot \tfrac{11}{12} \cdot r + \tfrac{1}{2} q_2 \cdot \tfrac{r}{2} \cdot 2\pi \cdot \tfrac{3}{4} \cdot r + \tfrac{1}{2} q_3 \cdot \tfrac{r}{4} \cdot 2\pi \cdot \tfrac{7}{12} \cdot r +$$
$$+ \tfrac{1}{2} q_3 \cdot \tfrac{r}{3} \cdot 2\pi \cdot \tfrac{7}{18} r + \tfrac{1}{2} q_4 \cdot \tfrac{r}{3} \cdot 2\pi \cdot \tfrac{5}{18} r + q_4 \cdot \pi \cdot \tfrac{r^2}{36} = \Sigma P \quad \text{(A5.1a)}$$

ou:

$$\tfrac{11}{48} q_1 + \tfrac{3}{8} q_2 + \tfrac{119}{423} q_3 + \tfrac{26}{216} q_4 = \frac{\Sigma P}{\pi\, r^2} \quad \text{(A5.1b)}$$

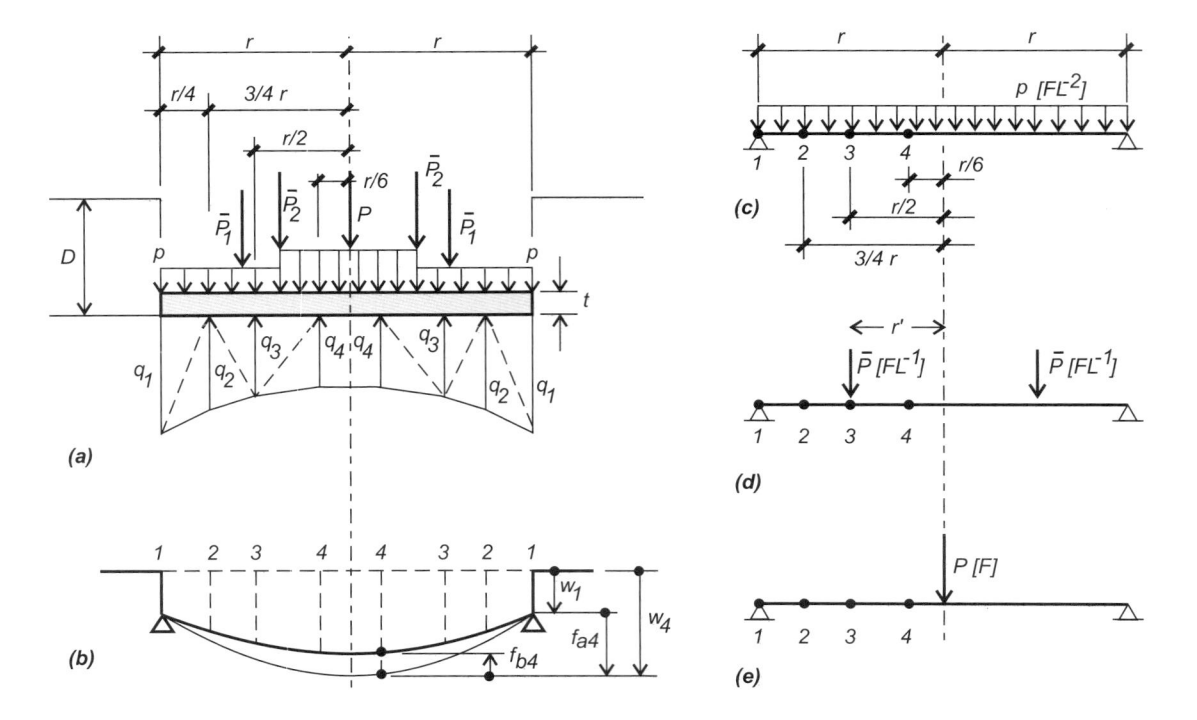

Fig. A5.1 - Esquema de cálculo pelo método de Grasshoff

Apêndice 5

O recalque de um ponto i qualquer pode ser considerado como a superposição de três parcelas: (i) recalque da placa como se fosse rígida, w_l; (ii) flecha do ponto i como se a placa fosse apoiada nas bordas e submetida ao carregamento, f_{ai}; e (iii) flecha do ponto i como se a placa fosse apoiada nas bordas e submetida apenas às pressões de contato, f_{bi}, ou (Fig. A5.1b):

$$w_i = w_l + f_{ai} - f_{bi} \qquad \text{(A5.2)}$$

sendo:

$$f_{bi} = \frac{r}{E_c} \left(\frac{r}{t}\right)^3 (q_1\, \xi^o_{i,1} + q_2\, \xi^o_{i,2} + q_3\, \xi^o_{i,3} + q_4\, \xi^o_{i,4}) \qquad \text{(A5.3)}$$

onde:
E_c = módulo de elasticidade do material da placa.

Os valores de ξ^o para um Coeficiente de Poisson, v_c, igual a 1/6, são:

$\xi^o_{2,1}$	0,019873	$\xi^o_{3,1}$	0,034315	$\xi^o_{4,1}$	0,044717
$\xi^o_{2,2}$	0,092483	$\xi^o_{3,2}$	0,164515	$\xi^o_{4,2}$	0,214748
$\xi^o_{2,3}$	0,126197	$\xi^o_{3,3}$	0,237289	$\xi^o_{4,3}$	0,325750
$\xi^o_{2,4}$	0,069777	$\xi^o_{3,4}$	0,135171	$\xi^o_{4,4}$	0,194728

De (A5.2) e (A5.3), vem:

$$w_i = w'_i + f_{ai} - \frac{r}{E_c} \left(\frac{r}{t}\right)^3 (q_1\, \xi^o_{i,1} + q_2\, \xi^o_{i,2} + q_3\, \xi^o_{i,3} + q_4\, \xi^o_{i,4}) \qquad \text{(A5.4)}$$

Essa equação será escrita para $i = 2, 3$ e 4.

As flechas f_{ai} são tiradas de um formulário de placas circulares, para uma variedade de carregamentos, como aqueles mostrados na Fig. A5.1a. Grasshoff fornece fórmulas para três tipos de carregamento mais frequentes, mostrados nas Figs. A5.1c a A5.1e.

(a) Carregamento uniformemente distribuído em toda a placa *(Fig. A5.1c)*

$$f_{ai} = p \cdot \frac{r}{E_c} \left(\frac{r}{d}\right)^3 \frac{3}{16} (1 - v_c^2)(1 - \rho_i^2) \left(\frac{5+v_c}{1+v_c} - \rho_i^2\right)$$

ou, resumidamente:

$$f_{ai} = p \cdot \frac{r}{E_c} \left(\frac{r}{d}\right)^3 \omega^o_i$$

sendo os valores de ω^o dados, para $v_c = 1/6$, em função de $\rho = r_i / r$, por:

$$\rho_2 = 3/4 \rightarrow \omega_2^o = 0{,}308330$$
$$\rho_3 = 1/2 \rightarrow \omega_3^o = 0{,}571289$$
$$\rho_4 = 1/6 \rightarrow \omega_4^o = 0{,}779944$$

(b) Carregamento linear, circular *(Fig. A5.1d)*

(b.1) $r' \geq 1/2\, r$

$$f_{ai} = \frac{\bar{P}}{r}\ \frac{r}{E_c}\left(\frac{r}{t}\right)^3 x$$

$$x\ \ 3/2 \cdot \beta\,(1-v_c)\{[(3+v_c)-(1-v_c)\beta^2]\,(1-\rho^2)+2\,(1+v_c)\,(\beta^2+\rho^2)+\ln\rho\}$$

onde:
β é a razão entre a distância da carga ao centro (r') e o raio da placa (r).

(b.2) $r' \leq 1/2\, r$

$$f_{ai} = \frac{\bar{P}}{r}\ \frac{r}{E_c}\left(\frac{r}{t}\right)^3 x$$

$$3/2 \cdot \beta\,(1-v_c)\{(3+v_c)(1-\beta^2)+2\,(1+v_c)\beta^2 \ln\beta - [(1-v_c)(1-\beta^2)-2(1+v_c)\ln\beta]\rho^2\}$$

ou, resumidamente:

$$f_{ai} = \frac{\bar{P}}{r}\ \frac{r}{E_c}\left(\frac{r}{t}\right)^3 \omega_i^o$$

Para $\beta = 1/2$ (carga no ponto 3) e $v_c = 1/6$, os valores de ω^o são dados em função de $\rho = r_i / r$ por:

$$\rho_2 = 3/4 \rightarrow \omega_2^o = 0{,}468046$$
$$\rho_3 = 1/2 \rightarrow \omega_3^o = 0{,}881299$$
$$\rho_4 = 1/6 \rightarrow \omega_4^o = 1{,}192736$$

(c) Carga concentrada no centro da placa *(Fig. A5.1e)*

$$f_{ai} = \frac{P}{\pi\,r^2}\ \frac{r}{E_c}\left(\frac{r}{t}\right)^3\ 3/4(1-v_c^2)\left[\frac{3+v_c}{1+v_c}(1-\rho^2)+2\,\rho^2 \ln\rho\right]$$

ou, resumidamente:

$$f_{ai} = \frac{P}{\pi r^2} \frac{r}{E_c} \left(\frac{r}{t}\right)^3 \omega^o$$

sendo os valores de ω^o dados, para $v_c = 1/6$, em função de $\rho = r_i / r$, por:

$$\rho_2 = 3/4 \rightarrow \omega_2^o = 0{,}629896$$
$$\rho_3 = 1/2 \rightarrow \omega_3^o = 1{,}231665$$
$$\rho_4 = 1/6 \rightarrow \omega_4^o = 1{,}851607$$

Os recalques dependem do modelo adotado para o solo. Serão consideradas duas possibilidades: modelo de Winkler e meio elástico contínuo. No primeiro caso, as equações são bastante simples, uma vez que o recalque de um ponto depende da pressão apenas naquele ponto.

A5.2 Formulação complementar pela Hipótese de Winkler

Por este modelo, tem-se:

$$w_i = \frac{q_i}{k_{v,i}}$$

onde:
$k_{v,i}$ = coeficiente de reação vertical (que pode variar de ponto para ponto).

Trabalhando com c_i, o inverso de $k_{v,i}$, tem-se:

$$w_i = c_i \cdot q_i \tag{A5.5}$$

De (A5.4) e (A5.5), vem:

$$(\xi_{2,1}^o - c_1 R^o) q_1 + (\xi_{2,2}^o + c_2 R^o) q_2 + \xi_{2,3}^o q_3 + \xi_{2,4}^o q_4 = f_{a2} R^o$$
$$(\xi_{3,1}^o - c_1 R^o) q_1 + \xi_{3,2}^o q_2 + (\xi_{3,3}^o + c_3 R^o) q_3 + \xi_{3,4}^o q_4 = f_{a3} R^o \tag{A5.6}$$
$$(\xi_{4,1}^o - c_1 R^o) q_1 + \xi_{4,2}^o q_2 + \xi_{4,3}^o q_3 + (\xi_{4,4}^o + c_4 R^o) q_4 = f_{a4} R^o$$

onde:

$$R^o = \frac{E_c}{r} \left(\frac{t}{r}\right)^3$$

Com as Eqs. (A5.1) e (A5.6), achamos q_1, q_2, q_3 e q_4.

A5.3 Formulação complementar baseada no Meio Elástico Contínuo

Nesse caso, o solo será caracterizado pelo módulo de elasticidade confinado $E^* = E/(1-\nu^2)$, e as equações da deformação serão:

$$
\begin{aligned}
(\xi^o_{2,1}.N^o + \eta^o_{2,1}).q_1 + (\xi^o_{2,2}.N^o + \eta^o_{2,2})\,q_2 + (\xi^o_{2,3}.N^o + \eta^o_{2,3})\,q_3 + \\
+ (\xi^o_{2,4}.N^o + \eta^o_{2,4}).q_4 = \alpha^o_2.E^* + x^o_2.q_o \\
(\xi^o_{3,1}.N^o + \eta^o_{3,1}).q_1 + (\xi^o_{3,2}.N^o + \eta^o_{3,2})\,q_2 + (\xi^o_{3,3}.N^o + \eta^o_{3,3})\,q_3 + \\
+ (\xi^o_{3,4}.N^o + \eta^o_{3,4}).q_4 = \alpha^o_3.E^* + x^o_3.q_o \\
(\xi^o_{4,1}.N^o + \eta^o_{4,1}).q_1 + (\xi^o_{4,2}.N^o + \eta^o_{4,2})\,q_2 + (\xi^o_{4,3}.N^o + \eta^o_{4,3})\,q_3 + \\
+ (\xi^o_{4,4}.N^o + \eta^o_{4,4}).q_4 = \alpha^o_4.E^* + x^o_4.q_o
\end{aligned}
\qquad (A5.7)
$$

onde:

$$ N^o = \frac{E^*}{E_c}\left(\frac{r}{t}\right)^3 \;;\; \alpha^o_i = \frac{f_{ai}}{r} $$

$q_o = \gamma\,D$, sendo γ = peso específico do solo e D = profundidade da placa.

$$
\begin{aligned}
\eta^o_{i,1} &= \xi^o_{i,1} - \xi^o_{1,1} \\
\eta^o_{i,2} &= \xi^o_{i,2} - \xi^o_{1,2} \\
\eta^o_{i,3} &= \xi^o_{i,3} - \xi^o_{1,3} \\
x^o_i &= \xi^o_i + \xi^o_1
\end{aligned}
$$

Os valores de η^o e x^o são:

$\eta^o_{2,1}$	-0,077281	$\eta^o_{3,1}$	-0,124625	$\eta^o_{4,1}$	-0,144143
$\eta^o_{2,2}$	0,310322	$\eta^o_{3,2}$	0,117322	$\eta^o_{4,2}$	0,042646
$\eta^o_{2,3}$	0,133029	$\eta^o_{3,3}$	0,477874	$\eta^o_{4,3}$	0,304098
$\eta^o_{2,4}$	0,039408	$\eta^o_{3,4}$	0,124620	$\eta^o_{4,4}$	0,510161
x^o_2	2,951956	x^o_3	3,141669	x^o_4	3,259240

Com as Eqs. (A5.1) e (A5.7), achamos q_1, q_2, q_3 e q_4.

A5.4 Cálculo de momentos fletores

O momento fletor radial será: $M_{ri} = M'_{ri} - M''_{ri}$

O momento fletor tangencial será: $M_{\theta i} = M'_{\theta i} - M''_{\theta i}$

Inicialmente, vejamos os valores de M'_{ri} e $M'_{\theta i}$ (devidos ao carregamento aplicado à placa).

Apêndice 5

(a) Carregamento uniformemente distribuído em toda a placa *(Fig. A5.1c)*

$M'_{ri} = q\, r^2\, \varepsilon_i$ $M'_{\theta i} = q\, r^2\, \varphi_i$
$\varepsilon_1 = 0$ $\varphi_1 = 0{,}1041667$
$\varepsilon_2 = 0{,}0865886$ $\varphi_2 = 0{,}1451823$
$\varepsilon_3 = 0{,}1484375$ $\varphi_3 = 0{,}1744792$
$\varepsilon_4 = 0{,}1924190$ $\varphi_4 = 0{,}1953125$

(b) Carregamento circular *(Fig. A5.1d)*

$M'_{ri} = \overline{P}\, r\, \varepsilon_i$ $M'_{\theta i} = \overline{P}\, r\, \varphi_i$
$\varepsilon_1 = 0$ $\varphi_1 = 0{,}156250$
$\varepsilon_2 = 0{,}104162$ $\varphi_2 = 0{,}219903$
$\varepsilon_3 = 0{,}280293$ $\varphi_3 = 0{,}280293$
$\varepsilon_4 = 0{,}280293$ $\varphi_4 = 0{,}280293$

(c) Carga concentrada no centro da placa *(Fig. A5.1e)*

$M'_{ri} = P\, \varepsilon_i$ $M'_{\theta i} = P\, \varphi_i$
$\varepsilon_1 = 0$ $\varphi_1 = 0{,}0663146$
$\varepsilon_2 = 0{,}0267085$ $\varphi_2 = 0{,}0930231$
$\varepsilon_3 = 0{,}0643521$ $\varphi_3 = 0{,}1306666$
$\varepsilon_4 = 0{,}1663477$ $\varphi_4 = 0{,}2326622$

Os valores de M''_{ri} são dados por:

$$M''_{ri} = r^2\, (q_1\, \varepsilon_{i,1} + q_2\, \varepsilon_{i,2} + q_3\, \varepsilon_{i,3} + q_4\, \varepsilon_{i,4})$$

$\varepsilon_{1,1}$	0	$\varepsilon_{2,1}$	0,0092431	$\varepsilon_{3,1}$	0,0092431	$\varepsilon_{4,1}$	0,0092428
$\varepsilon_{1,2}$	0	$\varepsilon_{2,2}$	0,0374545	$\varepsilon_{3,2}$	0,0463139	$\varepsilon_{4,2}$	0,0463143
$\varepsilon_{1,3}$	0	$\varepsilon_{2,3}$	0,0290346	$\varepsilon_{3,3}$	0,0656278	$\varepsilon_{4,3}$	0,0786853
$\varepsilon_{1,4}$	0	$\varepsilon_{2,4}$	0,0108564	$\varepsilon_{3,4}$	0,0272527	$\varepsilon_{4,4}$	0,0581766

Os valores de $M''_{\theta i}$ são dados por:

$$M''_{\theta i} = r^2\, (q_1\, \varphi_{i,1} + q_2\, \varphi_{i,2} + q_3\, \varphi_{i,3} + q_4\, \varphi_{i,4})$$

$\varphi_{1,1}$	0,0071344	$\varphi_{2,1}$	0,0092430	$\varphi_{3,1}$	0,0092599	$\varphi_{4,1}$	0,0092433
$\varphi_{1,2}$	0,0317382	$\varphi_{2,2}$	0,0441097	$\varphi_{3,2}$	0,0462803	$\varphi_{4,2}$	0,0463137
$\varphi_{1,3}$	0,0421621	$\varphi_{2,3}$	0,0593540	$\varphi_{3,3}$	0,0743895	$\varphi_{4,3}$	0,0786853
$\varphi_{1,4}$	0,0231320	$\varphi_{2,4}$	0,0324756	$\varphi_{3,4}$	0,0445495	$\varphi_{4,4}$	0,0610702

APÊNDICE 6

Exercício Resolvido de *Radier*[1]

A6.1. Dados do problema

Seja prever os esforços internos no *radier* (liso) de concreto armado mostrado na Fig. A6.1, assente num terreno que pode ser representado pela Hipótese de Winkler por um coeficiente de reação de 4.000 kN/m^3. Devem ser aplicados: (1) método do A. C. I.; (2) método das diferenças finitas; (3) método dos elementos finitos; (4) um método simplificado (como um conjunto de vigas). Na apresentação dos resultados, serão enfocados apenas os momentos fletores, embora os métodos forneçam também esforços cortantes, pressões de contato e deslocamentos (recalques). Será desprezado o peso próprio do *radier*.

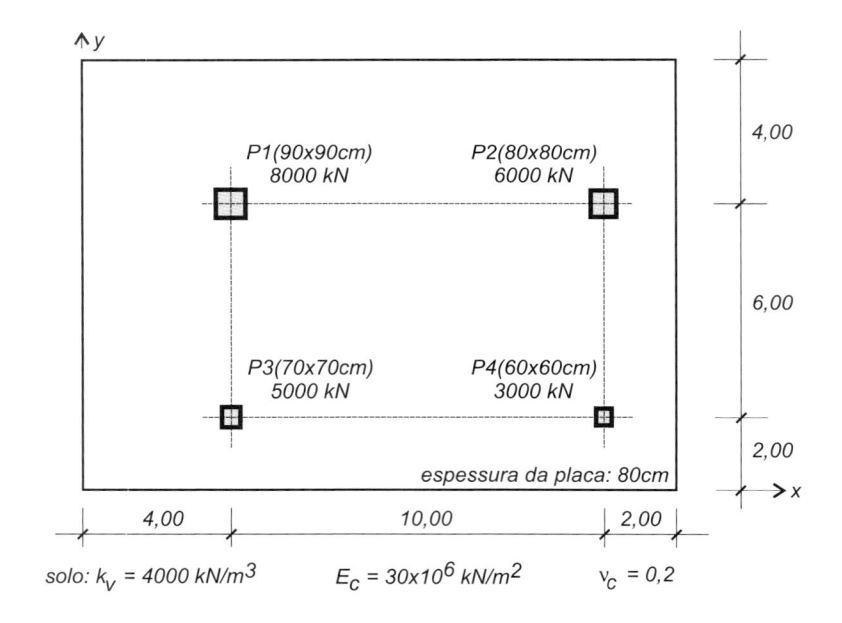

Fig. A6.1 - *Radier a ser calculado*

---

[1]. Este exercício foi resolvido pelos seguintes alunos da disciplina Fundações da COPPE-UFRJ de 1996: Antonio Marcos L. Alves, Marcos Massao Futai e Bruno T. Dantas.

A6.2. Cálculo pelo Método do American Concrete Institute

O cálculo pelo método do A.C.I. (1966) é feito para um conjunto de pontos, tendo sido escolhidos pontos numa malha de 1 x 1 m, como mostrado na Fig. A6.2. No cálculo foi utilizado o programa desenvolvido por Santos (1987). Os resultados do cálculo são apresentados na Fig. A6.3 e na Tab. A6.1, em termos de momentos fletores em 4 eixos:

Eixo A: passando pelos pilares P1 e P2
Eixo B: passando pelos pilares P3 e P4
Eixo 1: passando pelos pilares P2 e P4.
Eixo 1: passando pelos pilares P1 e P3

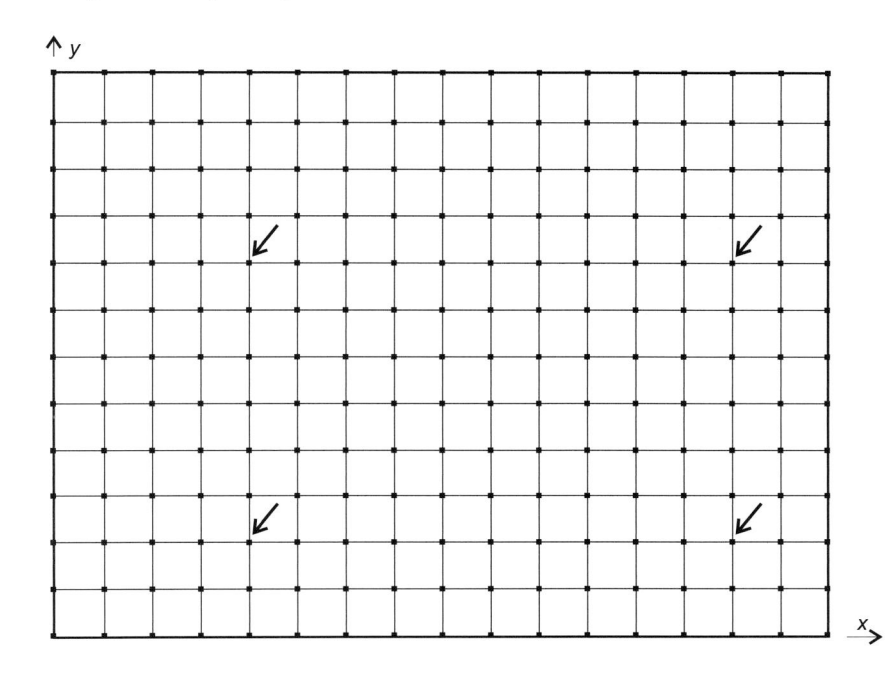

Fig. A6.2 - Pontos para cálculo de esforços no radier pelo método do A. C. I.

**Tab. A6.1 - Momentos fletores pelo método do A. C. I.,
Método das Diferenças Finitas e Método dos Elementos Finitos**

	Momento	Método		
		ACI	MDF	MEF
Eixo 1	M1*	268	581	767
	M2	-308	-116	-36
	M3	1034	1704	2085
Eixo 2	M1	436	1023	1298
	M2	-550	-108	-73
	M3	1270	2068	2522
Eixo A	M4	1333	2060	2432
	M5	-1175	-774	-794
	M6	503	1142	1477
Eixo B	M4	926	1434	1637
	M5	-664	-746	-780
	M6	258	477	647

*Ver localização dos momentos na Fig. A6.7

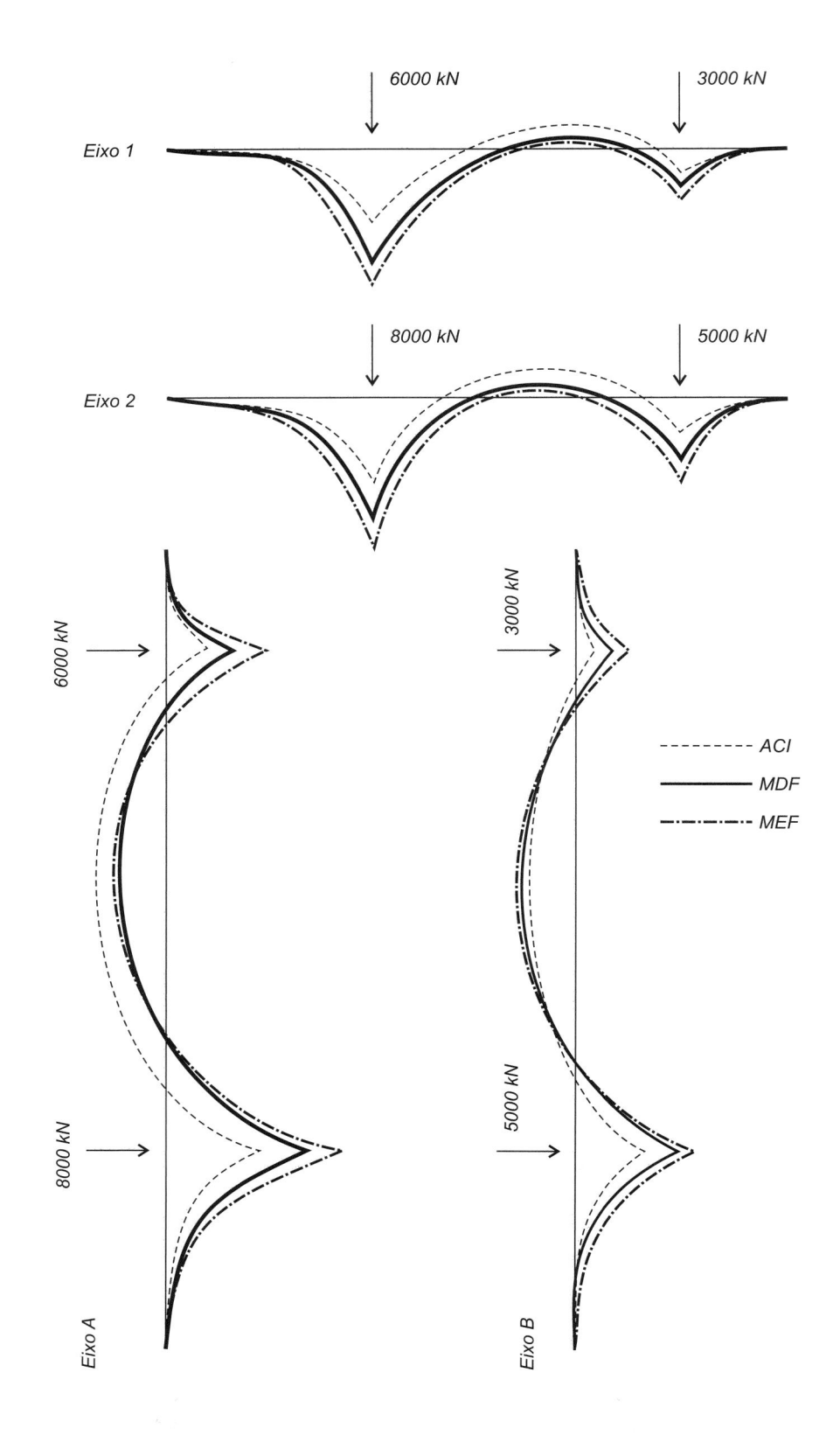

Fig. A6.3 - Resultados do cálculo pelo método do A. C. I.,
Método das Diferenças Finitas e Método dos Elementos Finitos

A6.3. Cálculo pelo Método das Diferenças Finitas

Para o cálculo pelo método das diferenças finitas, foi utilizado o programa desenvolvido por Santos (1987). O cálculo é feito para um conjunto de pontos, tendo sido escolhidos pontos numa malha de 1 x 1 m, igual à do método do A. C. I. (Fig. A6.2). Os resultados do cálculo também são apresentados na Fig. A6.3 e na Tab. A6.1, em termos de momentos fletores nos mesmos quatro eixos. Os resultados podem ser visualizados também em termos de relevo, como mostrado na Fig. A6.4.

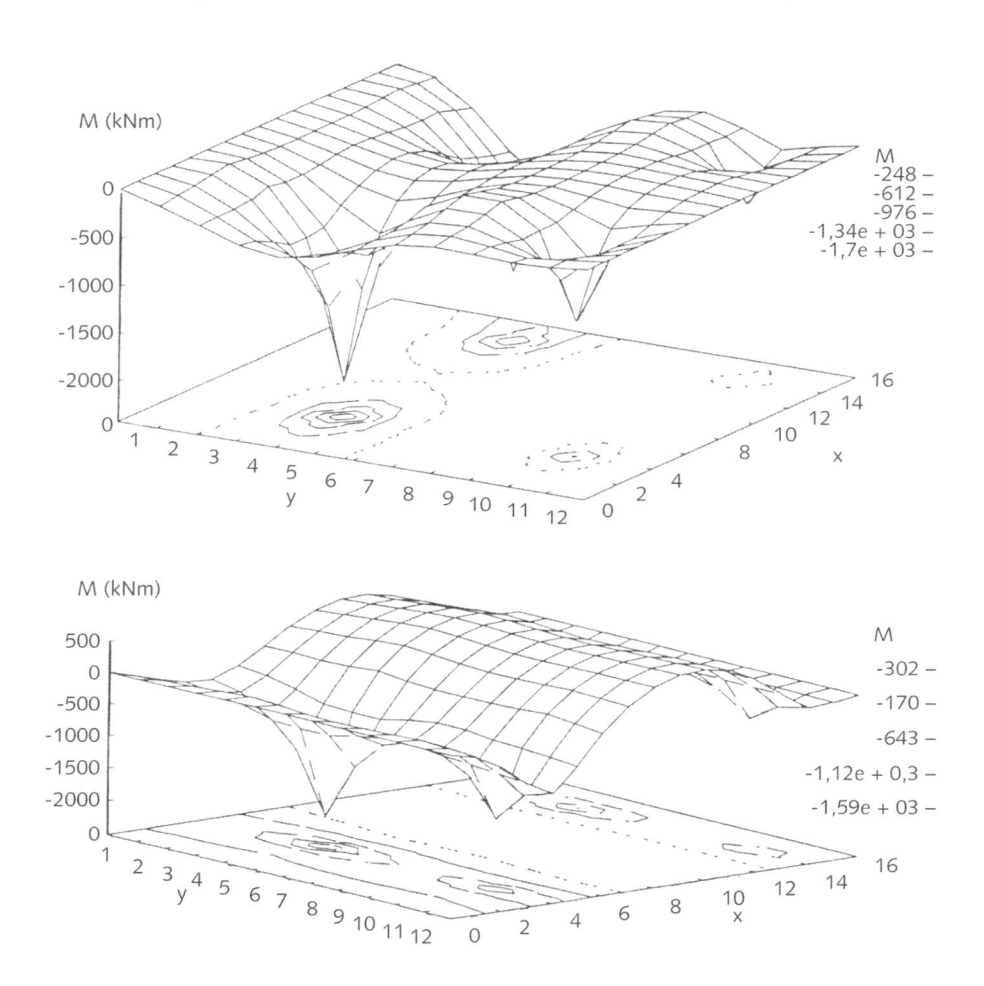

Fig. A6.4 - Representação dos resultados do método das diferenças finitas em termos de relevo

A6.4. Cálculo pelo Método dos Elementos Finitos

Para exemplo de solução por este método, foi utilizado o programa **SAP 90**. O elemento de placa utilizado tem quatro pontos nodais e os momentos de um dado nó são obtidos pela média dos momentos fornecidos pelos elementos que possuem aquele nó em comum. O *radier* foi dividido em 168 elementos, ficando com 195 nós, onde estão as molas (Fig. A6.5). A rigidez de cada mola é obtida pelo produto do k_v por sua área de influência (têm-se, assim, valores de K_v de 2000 a 8000 kN/m).

Os resultados do cálculo são apresentados também na Fig. A6.3 e na Tab. A6.1. Como se pode observar, os esforços são superiores aos do Método das Diferenças Finitas. Esta diferença se deve, em parte, ao refinamento da rede de elementos finitos, que é pobre na região das cargas (teoricamente, sob uma carga concentrada, o momento fletor é infinito, e um valor realista só pode ser obtido se se fizer uma rede refinada na região das cargas dos pilares e se esta for distribuída entre os nós situados na região do pilar).

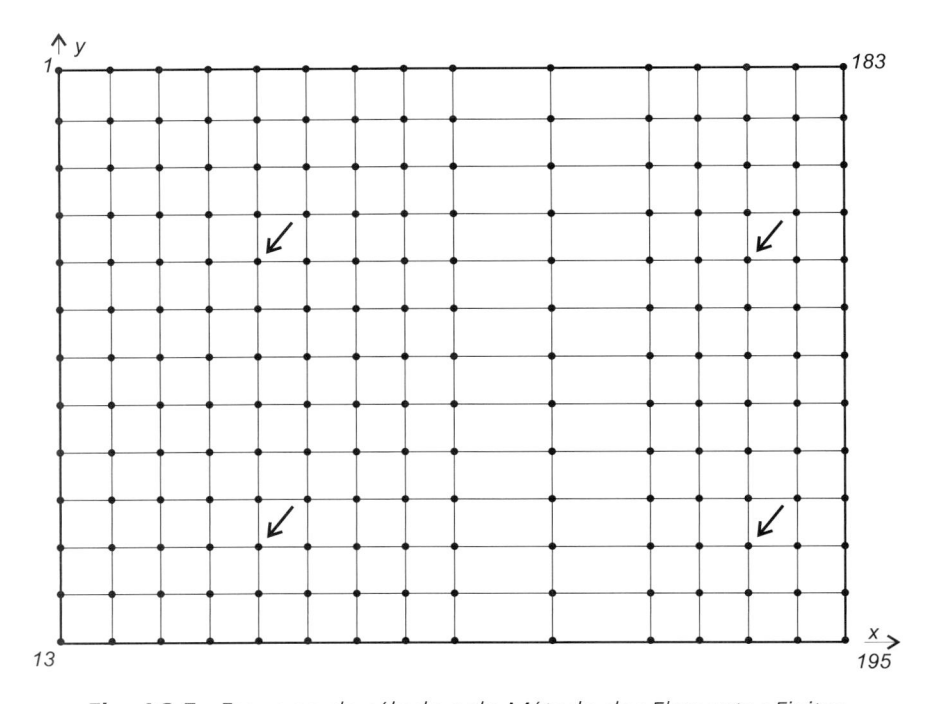

Fig. A6.5 - Esquema de cálculo pelo Método dos Elementos Finitos

A6.5. Cálculo por Método Simplificado: como um Conjunto de Vigas

Um cálculo simplificado pode ser feito dividindo-se o *radier* em faixas e calculando-se estas faixas como vigas (ver item 9.2.2). As vigas foram calculadas como flexíveis sobre base elástica, pelo método de Hetenyi (1946). Foram consideradas as seguintes vigas:

Viga A: faixa dos pilares P1 e P2 (dimensões: 16,00 x 7,00 x 0,80 m)
Viga B: faixa dos pilares P3 e P4 (dimensões: 16,00 x 5,00 x 0,80 m)
Viga 1: faixa dos pilares P2 e P4 (dimensões: 12,00 x 7,00 x 0,80 m)
Viga 1: faixa dos pilares P1 e P3 (dimensões: 12,00 x 9,00 x 0,80 m)

Os resultados do cálculo são apresentados na Fig. A6.6. Os momentos fletores apresentados são momentos da viga e não podem ser comparados diretamente com os momentos fornecidos por uma solução de placa (como dos itens A6.2 a A6.4), que são momentos para uma seção de largura unitária. Uma divisão do momento fletor da viga pela largura da viga, por outro lado, forneceria um momento (unitário) médio muito baixo e certamente não cobriria os momentos máximos indicados numa solução como placa. Uma possível tentativa de distribuir melhor os momentos da viga pela sua largura seria utilizar o critério das lajes cogumelo, incluído na Norma NBR 6118/80, item 3.2.2.11. O resultado da aplicação deste critério é apresentado na Fig. A6.7. Como pode ser observado nesta figura, os momentos do cálculo como viga distribuídos como laje cogumelo não cobrem, em alguns pontos, os momentos da placa (tomando-se como

Apêndice 6

referência os momentos do Método das Diferenças Finitas), sendo que, em alguns pontos, a diferença é considerável. Uma conclusão que pode ser tirada é que os critérios de laje cogumelo incluídos na Norma valem para lajes em que o painel se aproxima do quadrado e em que há continuação de vãos (a norma menciona dupla simetria), situação diferente daquela do *radier* do exercício, em que há, por exemplo, grandes balanços.

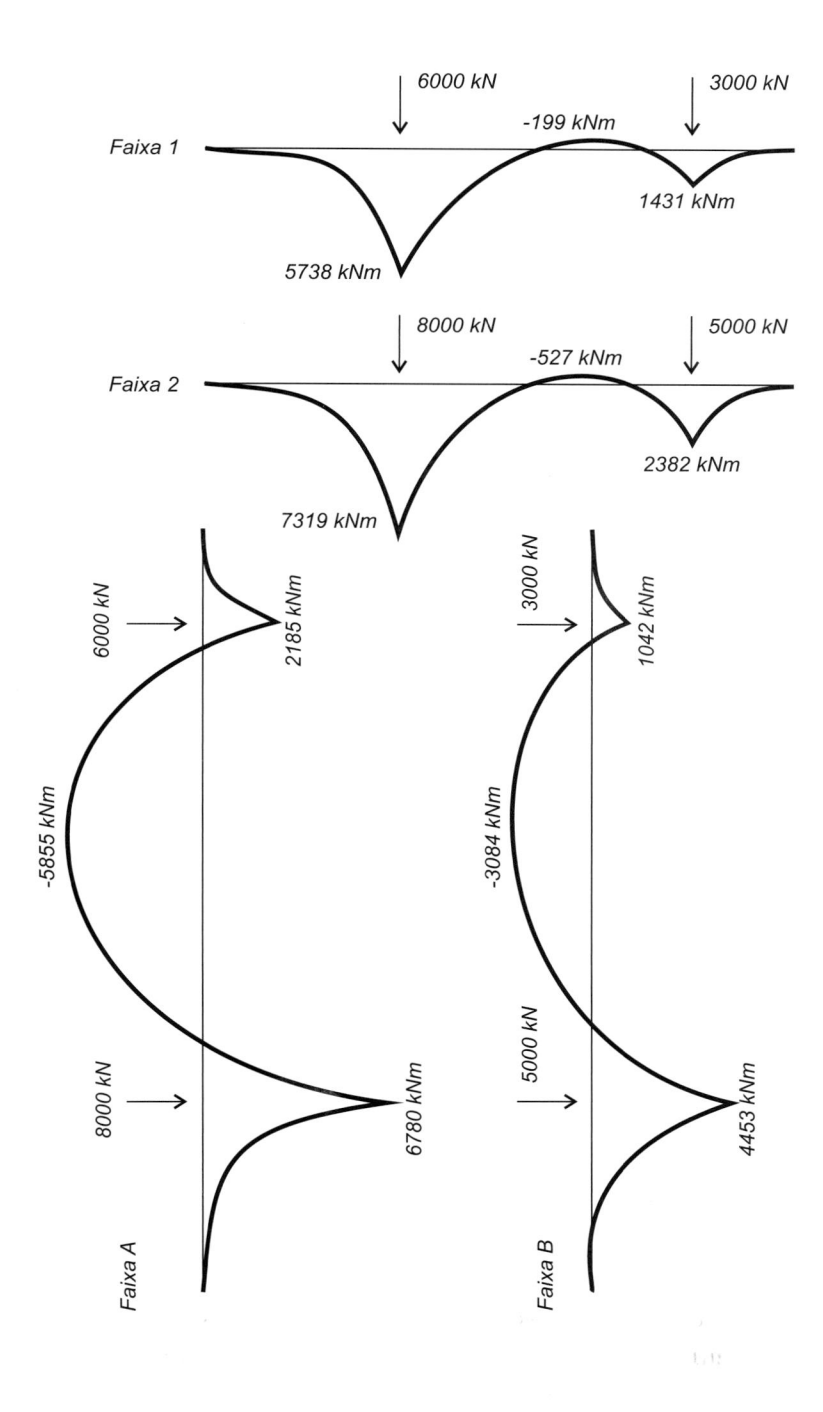

Fig. A6.6 - *Momentos fletores do cálculo como um conjunto de vigas*

Velloso e Lopes

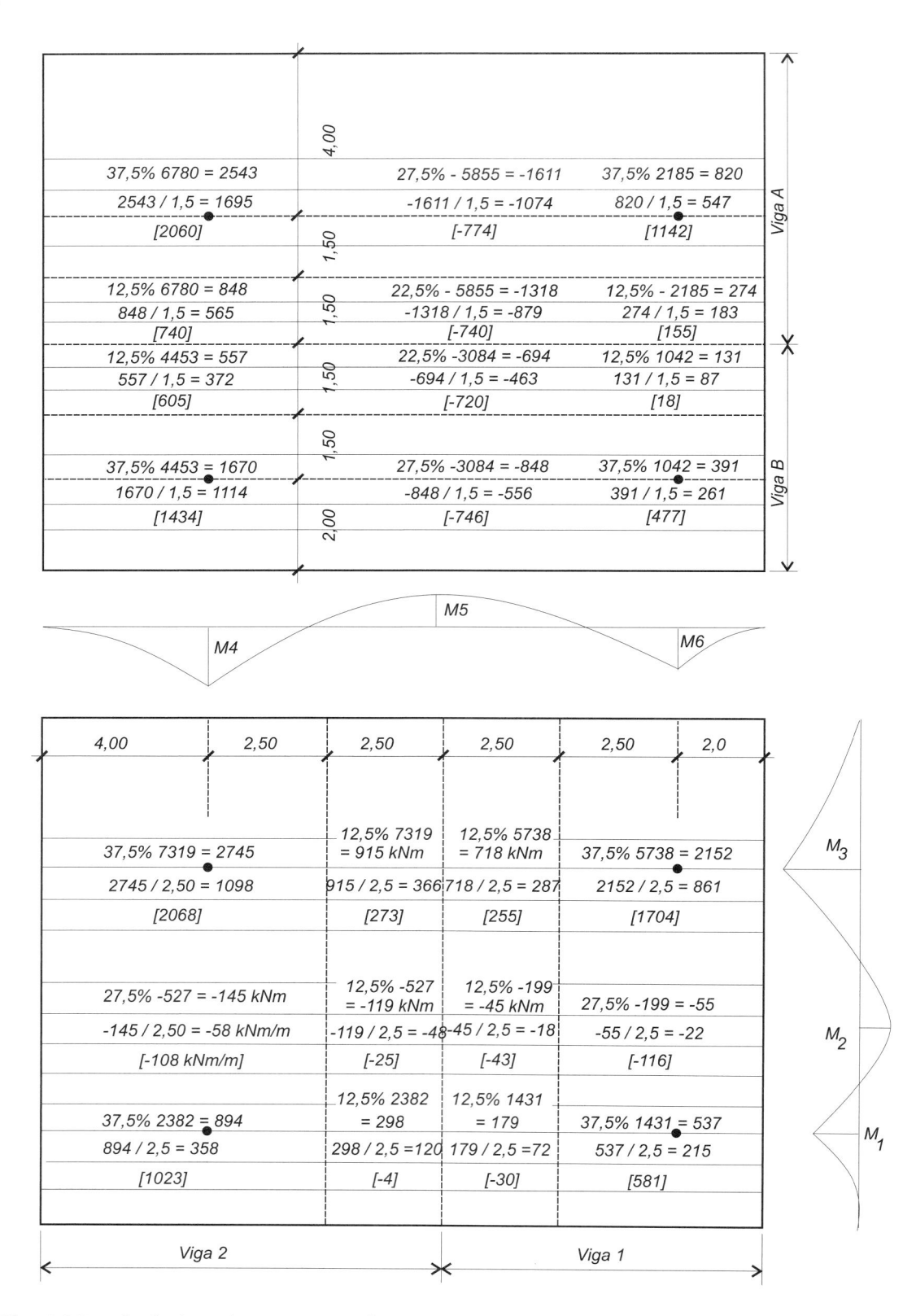

37,5% 6780 = 2543	27,5% - 5855 = -1611	37,5% 2185 = 820
2543 / 1,5 = 1695	-1611 / 1,5 = -1074	820 / 1,5 = 547
[2060]	[-774]	[1142]
12,5% 6780 = 848	22,5% - 5855 = -1318	12,5% - 2185 = 274
848 / 1,5 = 565	-1318 / 1,5 = -879	274 / 1,5 = 183
[740]	[-740]	[155]
12,5% 4453 = 557	22,5% -3084 = -694	12,5% 1042 = 131
557 / 1,5 = 372	-694 / 1,5 = -463	131 / 1,5 = 87
[605]	[-720]	[18]
37,5% 4453 = 1670	27,5% -3084 = -848	37,5% 1042 = 391
1670 / 1,5 = 1114	-848 / 1,5 = -556	391 / 1,5 = 261
[1434]	[-746]	[477]

Dimensões verticais: 4,00 / 1,50 / 1,50 / 1,50 / 1,50 / 2,00
Viga A / X / Viga B
M4, M5, M6

4,00	2,50	2,50	2,50	2,50	2,0
37,5% 7319 = 2745	12,5% 7319 = 915 kNm	12,5% 5738 = 718 kNm	37,5% 5738 = 2152	
2745 / 2,50 = 1098	915 / 2,5 = 366	718 / 2,5 = 287	2152 / 2,5 = 861	
[2068]	[273]	[255]	[1704]	
27,5% -527 = -145 kNm	12,5% -527 = -119 kNm	12,5% -199 = -45 kNm	27,5% -199 = -55	
-145 / 2,50 = -58 kNm/m	-119 / 2,5 = -48	-45 / 2,5 = -18	-55 / 2,5 = -22	
[-108 kNm/m]	[-25]	[-43]	[-116]	
37,5% 2382 = 894	12,5% 2382 = 298	12,5% 1431 = 179	37,5% 1431 = 537	
894 / 2,5 = 358	298 / 2,5 = 120	179 / 2,5 = 72	537 / 2,5 = 215	
[1023]	[-4]	[-30]	[581]	

Viga 2 / Viga 1
M_3, M_2, M_1

Fig. A6.7 - *Distribuição dos momentos fletores do cálculo como um conjunto de vigas, considerando a teoria de lajes cogumelo*

A6.6. Considerações sobre os resultados

Os resultados deste exercício bastante simples permitem concluir que:
- os momentos fletores do Método do A. C. I. são muito baixos e, portanto, não confiáveis;
- os resultados do Método das Diferenças Finitas são próximos aos do Método dos Elementos Finitos quando os refinamentos de malha/rede são compatíveis;
- os resultados de um método simplificado em que o *radier* é tratado como um conjunto de vigas sobre base elástica forneceram valores, em alguns pontos, inferiores aos do cálculo como placa; no emprego de métodos aproximados, algumas hipóteses a favor da segurança, como a de que a viga é rígida (abrindo-se mão do cálculo como viga flexível sobre base elástica), devem ser introduzidas para compensar as aproximações do método.

APÊNDICE 7

Teoria da Semelhança entre o Ensaio Cone Penetrométrico e a Estaca

O problema da semelhança física entre o ensaio cone penetrométrico e a estaca foi analisado por Weber (1971). São estabelecidas duas regras relativas à cravação de uma estaca (diâmetro B) e de um penetrômetro (diâmetro b), em um mesmo solo homogêneo e não saturado:

1ª) Em um mesmo solo homogêneo e não saturado, a uma mesma profundidade, a tensão média exercida sob a ponta do penetrômetro é sempre superior à exercida sob a ponta da estaca. A diferença entre essas duas pressões será tanto menor quanto maior for a profundidade em que se estiver;

2ª) Em um mesmo solo homogêneo e não saturado, para uma mesma profundidade relativa H/B e h/b da estaca e do penetrômetro, a tensão q_p exercida na ponta da estaca e a tensão q_c exercida na ponta do penetrômetro verificam a dupla desigualdade:

$$q_c < q_p < \frac{B}{b} q_c;$$

q_p aproxima-se de q_c nos solos coesivos e para grandes valores de H/B.

A fim de justificar essas regras, são enunciadas as leis de semelhança física (Weber, 1971):

1ª lei) Deformação dos meios materialmente simples sem peso e desprezadas as forças de inércia.

Dois corpos P (protótipo) e M (modelo reduzido na escala $1/\lambda$), geometricamente semelhantes e constituídos pelo mesmo material sem peso (Fig. A7.1); esses corpos podem ser ligados a apoios rígidos dispostos em certas porções homólogas de suas superfícies exteriores.

Pode-se enunciar a primeira lei da seguinte forma:

Se, a partir de um instante inicial, os elementos homólogos de área das superfícies externas de P e M forem submetidos a pressões mantidas iguais entre si, a todo instante: (a) os tensores das tensões em dois pontos homólogos quaisquer escolhidos no interior de P e M são iguais, em qualquer instante; (b) as deformações experimentadas por P e M são tais que esses dois corpos permanecem rigorosamente

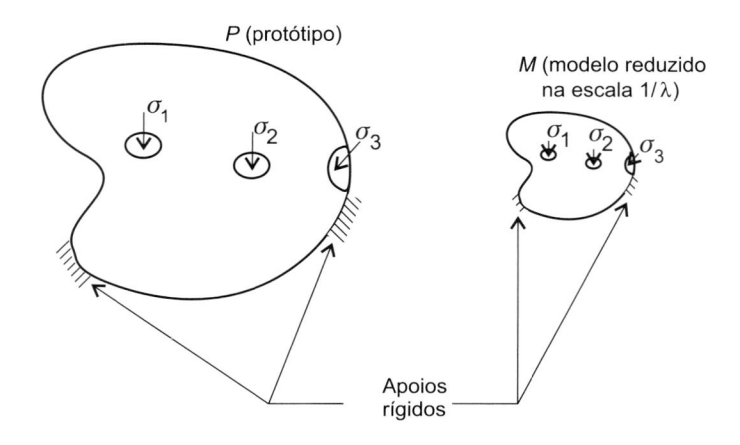

Fig. A7.1 – Protótipo e modelo constituídos por sólidos semelhantes em qualquer instante; (c) a fissuração e a ruptura de P e M produzem-se simultaneamente.

Apêndice 7

Vale lembrar: (1º) um meio materialmente simples é aquele em que a tensão em cada partícula é um funcional do gradiente de deformação na partícula em relação a alguma configuração de referência da vizinhança da partícula (Malvern, 1969); (2º) os solos saturados d'água não são meios materialmente simples e, consequentemente, a primeira lei de semelhança não lhes é aplicável; (3º) no caso particular em que o solo tem um comportamento elástico, e no qual as deformações são infinitamente pequenas, o modelo pode ser constituído por um material elástico qualquer com o mesmo coeficiente de Poisson que o solo. Para obter uma semelhança das tensões e deformações, basta exercer na superfície externa de M tensões proporcionais (em uma relação qualquer K) àquelas que são exercidas sobre a superfície exterior de P; as equações de elasticidade mostram que as tensões em dois pontos homólogos quaisquer escolhidos no interior de P e de M também são proporcionais na relação K (Weber, 1971).

2ª lei[1]) Meios granulares pesados; forças de inércia desprezíveis.

O protótipo é suposto constituído por um empilhamento de grãos, G_P, massa específica ρ, módulo de elasticidade E, coeficiente de Poisson ν (Fig. A7.2); supõe-se que o atrito intergranular obedeça à lei de Coulomb e seja caracterizado pelo coeficiente $f = T/N$ (se T = força tangencial limite; N = força normal correspondente).

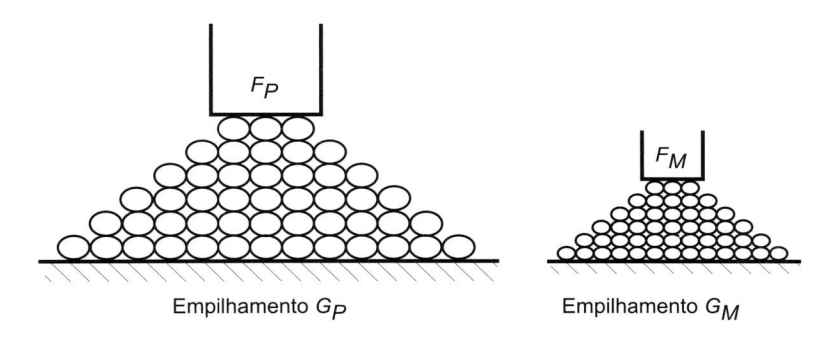

Fig. A7.2 – Protótipo e modelo constituídos por grãos

O modelo é suposto constituído por um empilhamento de grãos G_M, cada um dos quais seria geometricamente semelhante, na relação $1/\lambda$, a um grão G_P, com os empilhamentos construídos, grão por grão, de forma semelhante. Além disso, admite-se que os grãos G_M têm a mesma massa específica ρ, o mesmo coeficiente de Poisson ν e o mesmo coeficiente de atrito intergranular f que os grãos G_P; ao contrário, o módulo de elasticidade E' dos grãos G_M é suposto reduzido na relação λ quanto ao módulo de elasticidade E dos grãos G_P, ou seja, $E' = E/\lambda$.

Isto posto, pode-se enunciar a seguinte lei de semelhança física. Quando os empilhamentos G_P e G_M são colocados sobre um suporte rígido e, em seguida, submetidos à ação da gravidade:

1º) Os tensores das tensões em dois pontos homólogos quaisquer escolhidos no interior de dois grãos homólogos quaisquer de G_M e G_P são ligados pela relação:

$$\sigma'_{ij} = \frac{1}{\lambda}\sigma_{ij}$$

---

1. Em Weber (1971) é a terceira lei.

2º) Os tensores das deformações nesses pontos homólogos são idênticos, de modo que os empilhamentos permanecem geometricamente semelhantes mesmo se consideradas as deformações provocadas pela gravidade.

3º) Ao se puncionar G_P com uma punção F_P e G_M com uma punção F_M geometricamente semelhante a F_P (na relação $1/\lambda$), as tensões médias σ e σ' exercidas respectivamente sobre F_P e F_M para obter a mesma deformação relativa de G_P e G_M são ligadas pela relação:

$$\sigma' = \frac{1}{\lambda}\sigma$$

Volta-se, então, às regras concernentes ao penetrômetro.

Justificativa da 1ª regra: Se o solo fosse um meio materialmente simples sem peso, ter-se-ia $q_p = q_c$ para $H/B = h/b$ de acordo com a primeira lei de semelhança. Ora, q_c é uma função crescente de h, para um penetrômetro de diâmetro b dado. Tem-se, então,

$$q_c > q_p \quad \text{para } H = h$$

Esse resultado pode ser aplicado às camadas superficiais dos solos coesivos, em que a influência da gravidade sobre a deformabilidade do solo é desprezível. Por outro lado, nas camadas profundas, e para $H = h$, a gravidade tem sobre a resistência de ponta o mesmo efeito que uma tensão vertical uniforme que seria exercida sobre um plano horizontal situado um pouco acima do nível da ponta, com o solo suposto sem peso; obtém-se, então, $q_p = q_c$ mediante a aplicação da primeira lei de semelhança.

Justificativa da 2ª regra: Para $H/B = h/b$, tem-se $q_p = q_c$ em um meio materialmente simples, sem peso, de acordo com a primeira lei de semelhança; como a gravidade diminui a deformabilidade das camadas profundas, q_c é, na realidade, um pouco menor do que q_p.

Por outro lado, em um meio granular pesado, ter-se-ia $q_c = (b/B)q_p$, de acordo com a segunda lei de semelhança, se os grãos, no ensaio do penetrômetro, tivessem dimensões e módulos de elasticidade reduzidos na razão b/B, em relação aos grãos reais. Como o ensaio de penetrômetro é efetuado no solo real, tem-se $q_c < (b/B)q_p$. Então

$$q_c < q_p < \frac{b}{B}q_p$$

fica demonstrado nos casos do solo coesivo não pesado e do meio granular pesado; é natural admitir que a regra seja verificada em todos os casos intermediários, isto é, para todos os solos homogêneos não saturados.

Caso de um solo não homogêneo não saturado

A 1ª regra permanece válida, mesmo se a deformabilidade das camadas atravessadas experimentar variações muito importantes.

A 2ª regra pode apresentar exceções se a deformabilidade das camadas experimentar grandes variações. Ao encontrar uma camada resistente, q_p pode atingir valores elevados que ultrapassem mesmo $(B/b)q_c$.

As duas regras deixam de ser aplicáveis quando o solo contém pedregulhos ou matacões cujas dimensões não sejam desprezíveis diante de B e de b: o penetrômetro pode encontrar "pontos duros" e a interpretação do ensaio torna-se muito incerta ou mesmo impossível. Nesse caso, o solo não pode ser assimilado a um meio contínuo e as justificativas dadas para as duas regras perdem a validade.

Caso do solo saturado

Parece que os movimentos da água em relação ao esqueleto sólido do solo só desempenham um papel secundário quando da penetração da estaca ou do penetrômetro.

A 1ª regra permanece, então, válida em todos os casos. A 2ª regra é aplicável a um solo homogêneo inteiramente saturado, no qual o nível do lençol freático coincide com a superfície horizontal do terreno. Exceções podem ocorrer quando o solo não é homogêneo ou não é totalmente saturado.

REFERÊNCIAS

MALVERN, L. E. *Introduction to the mechanics of a continuum medium.* New Jersey: Prentice-Hall, 1969.

WEBER, J. D. *Les applications de la similitude physique aux problemes de la Mécanique des Sols.* Paris: Eyrolles-Gauthier Villars, 1971.

APÊNDICE 8

Previsão da Resistência de Ponta de Estacas a partir do CPT pelo Método de De Beer

De Beer (1963) publicou um trabalho no qual propôs um critério detalhado para se calcular a capacidade de carga da ponta de estacas cravadas a partir do CPT, levando em conta o efeito de escala entre o cone e a estaca. Na Fig. A8.1a, **ABCD** é o gráfico de resistência de ponta q_c obtido com um cone de diâmetro b, em um terreno constituído por uma camada superior de resistência desprezível ($\varphi_o \cong 0$, $c_o \cong 0$) sobreposta a uma camada resistente (φ, c). O trecho **BC** desse diagrama corresponde à espessura h_{cr} que o cone deve penetrar na camada resistente para que a superfície de ruptura (Fig. A8.1b) a ele correspondente se desenvolva integralmente nessa camada. A partir de **C**, o aumento da resistência de ponta se deve ao aumento da pressão do solo sobrejacente (efeito de profundidade), para φ constante. No caso de uma estaca de diâmetro B, a superfície de ruptura terá dimensões B/b vezes às correspondentes ao cone. Portanto, a mesma resistência de ponta **CC'** só será atingida a uma profundidade

$$H_{cr} = h_{cr} \frac{B}{b} \qquad \text{(A8.1)}$$

Com isso, o diagrama de resistência de ponta da estaca seria dado, aproximadamente, por **ABC'**. Entretanto, como a profundidade H_{cr} é, em geral, relativamente grande (alguns metros), cometer-se-á apreciável erro, ao se desprezar o aumento da pressão do solo, sobrejacente. Por isso, a vertical **CC'** deve ser substituída pela inclinada **CD**. No caso da estaca, a presença da

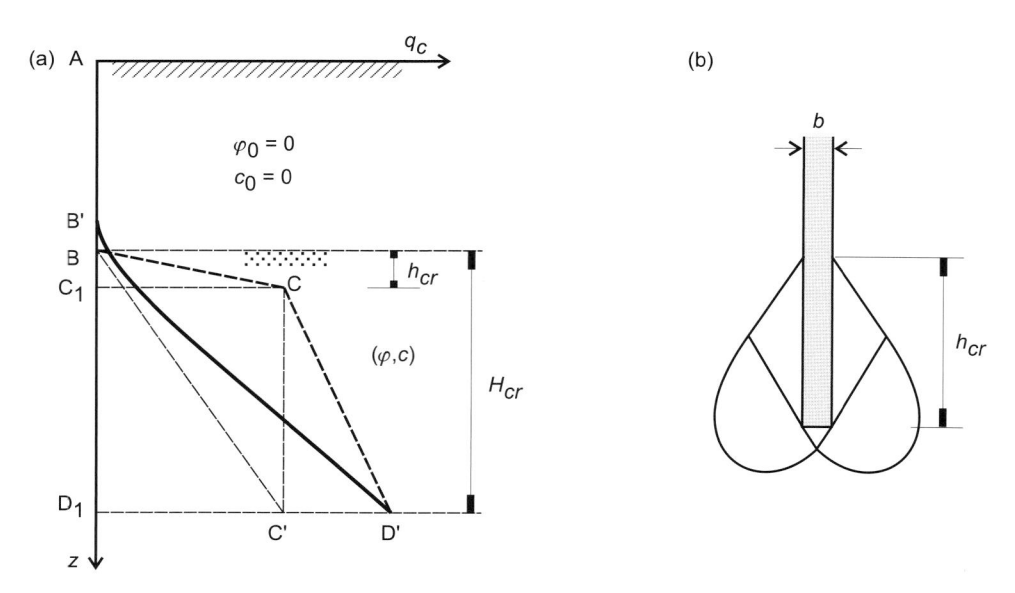

Fig. A8.1 – Perfil de resistência de ponta do cone (CPT) e de estaca e mecanismo de ruptura de ponta do cone

Apêndice 8

camada resistente se faz sentir antes do que no caso do penetrômetro, o que implica deslocar o ponto **B** para cima, para uma certa posição **B'**. Chega-se, assim, ao diagrama **AB'D** para a resistência de ponta da estaca. Em geral, despreza-se a mudança do ponto **B**, e fica-se com o diagrama **ABD**.

Entretanto, essa construção torna-se impraticável na maioria dos casos reais, em que o diagrama de q_c apresenta um andamento extremamente irregular. No seu último trabalho, De Beer (1972) procurou aperfeiçoar o método para torná-lo aplicável a qualquer forma do diagrama q_c. Chamou o novo método de *Método R.I.G.*, a seguir, detalhado.

(a) Valor do Ângulo de Atrito Aparente

A penetração do cone no terreno é consequência de dois fenômenos: deslocamento e compressão do solo, combinados de forma que a energia envolvida seja mínima. Assim, ao introduzir o valor medido de q_c em uma fórmula baseada na hipótese do deslocamento puro (ruptura como admitida na Teoria da Plasticidade) e na qual intervêm os parâmetros de resistência ao cisalhamento do solo, obter-se-ão valores desses parâmetros situados do lado da segurança.

Se a envoltória de Mohr (ou curva intrínseca) do solo for assimilada a duas retas de inclinações φ e φ' (Fig. A8.2), cujo ponto de interseção tem uma abcissa σ_t igual à pressão das camadas sobrejacentes ou, se for o caso, igual à pressão de pré-adensamento, pode-se escrever a relação:

$$q_c = V_p'' \sigma_t \quad \textbf{(A8.2)}$$

com

$$V_p'' = 1,3 \left\{ \left[e^{2\pi \operatorname{tg}\varphi'} \operatorname{tg}^2\left(\frac{\pi}{4} + \frac{\varphi'}{2}\right) - 1 \right] \frac{\operatorname{tg}\varphi}{\operatorname{tg}\varphi'} + 1 \right\} \quad \textbf{(A8.3)}$$

Se $\varphi = 30°$, as relações (A8.2) e (A8.3) permitem calcular o ângulo de atrito aparente φ' a partir do valor q_c.

Ao se obter $\varphi' > \varphi$, chega-se a uma impossibilidade física. Põe-se, então, $\varphi' = \varphi$, donde:

$$q_c = V_p \sigma_t \quad \textbf{(A8.4)}$$

com

$$V_p = 1,3 e^{2\pi \operatorname{tg}\varphi} \operatorname{tg}^2\left(\frac{\pi}{4} + \frac{\varphi}{2}\right) \quad \textbf{(A8.5)}$$

A Fig. A8.3 dá os valores de $V_p''\,(\varphi = 30°)$ em função de φ', e os de V_p, em função de φ.

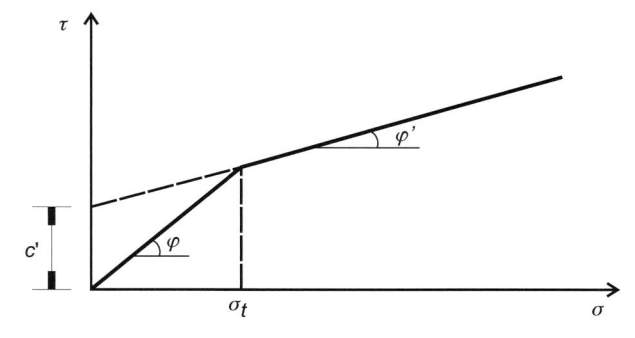

Fig. A8.2 – Envoltória de resistência do solo

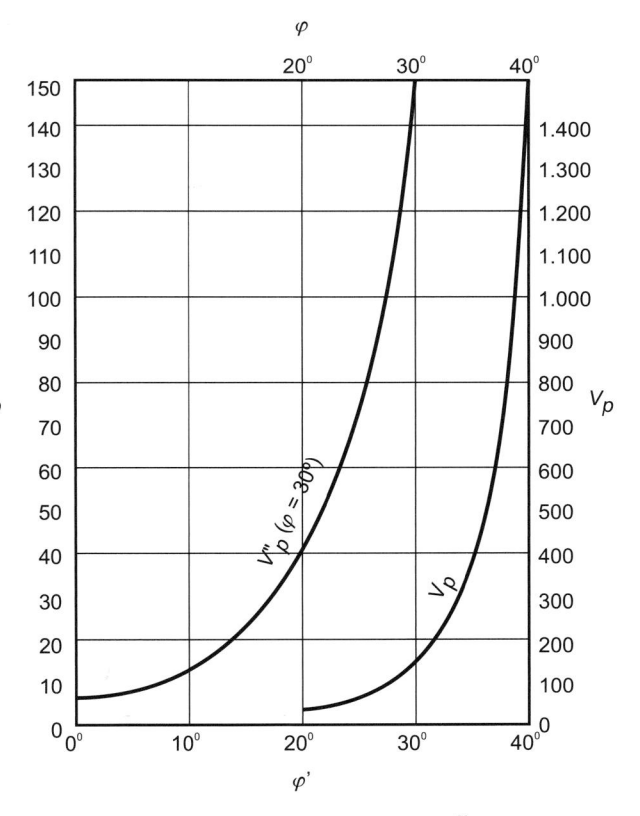

Fig. A8.3 – Coeficientes V_p e V_p''

Os valores de φ e φ' assim calculados são inferiores aos valores reais, e a diferença será tanto maior quanto maior for a contribuição da compressão do solo para a penetração do cone.

(b) Influência da Profundidade Crítica

Para que uma fundação seja considerada profunda, é necessário que a sua base esteja a uma profundidade suficiente abaixo da superfície do solo e abaixo da superfície da camada resistente. A profundidade abaixo da qual uma fundação satisfaz essas condições é chamada de *profundidade crítica* h_{cr} (Fig. A8.1).

Para a determinação de h_{cr} adota-se o critério de Meyerhof (1951), que estudou o problema plano pelas hipóteses da Teoria da Plasticidade e, portanto, supondo um material incompressível. Para levar em conta, ainda que indiretamente, a compressão do solo, pode-se introduzir na fórmula de Meyerhof o ângulo de atrito aparente, ao invés do ângulo de atrito real.

Na Fig. A8.4, o ângulo β de inclinação da *superfície livre equivalente* depende de um coeficiente m, chamado *coeficiente de mobilização da resistência ao cisalhamento na superfície livre equivalente*: quando $m = 0$ não se desenvolve resistência na superfície livre e quando $m = 1$ a mobilização é total (ver Cap. 4).

Quando $m = 0$, no caso plano (bidimensional ou 2D) existe, entre a profundidade h da fundação, sua largura b e o ângulo β, a seguinte relação:

$$\left(\frac{h}{b}\right)_{2D} = \text{tg}\left(\frac{\pi}{4} + \frac{\varphi'}{2}\right) e^{\frac{\pi}{2}\text{tg}\varphi'} \operatorname{sen}\beta \, e^{\beta \text{tg}\varphi'} \quad \text{(A8.6)}$$

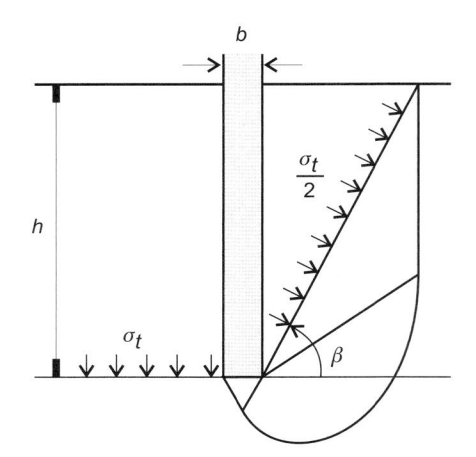

Fig. A8.4 – *Mecanismo de ruptura de Meyerhof (1951)*

No caso de uma fundação profunda: $\beta = \pi/2$.

Considerem-se duas fundações corridas de larguras b e B assentes à mesma profundidade h na qual atua uma tensão vertical σ_t (Fig. A8.5). De acordo com Meyerhof, tem-se

$$q_b = e^{2\left(\frac{\pi}{2}+\beta_b\right)\text{tg}\varphi'} \text{tg}^2\left(\frac{\pi}{4} + \frac{\varphi'}{2}\right)\frac{\sigma_t}{2} \quad \text{(A8.7)}$$

$$q_B = e^{2\left(\frac{\pi}{2}+\beta_B\right)\text{tg}\varphi'} \text{tg}^2\left(\frac{\pi}{4} + \frac{\varphi'}{2}\right)\frac{\sigma_t}{2} \quad \text{(A8.8)}$$

donde

$$q_B = \frac{q_b}{e^{2(\beta_b-\beta_B)\text{tg}\varphi'}} \quad \text{(A8.9)}$$

A Eq. (A8.9) é válida enquanto

$$h < h_{cr} \quad \text{(A8.10)}$$

Se

$$H_{cr} > h \geqslant h_{cr}$$

tem-se

$$\beta_b = \frac{\pi}{2} \quad \text{e} \quad \beta_B < \frac{\pi}{2} \quad \text{(A8.11)}$$

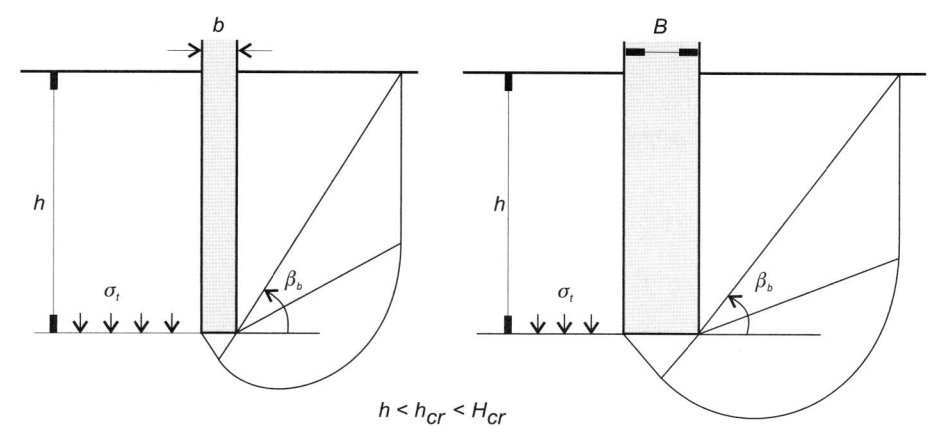

Fig. A8.5 – Duas fundações corridas de larguras b e B, assentes à mesma profundidade, com mecanismos de ruptura parcialmente desenvolvidos na camada resistente

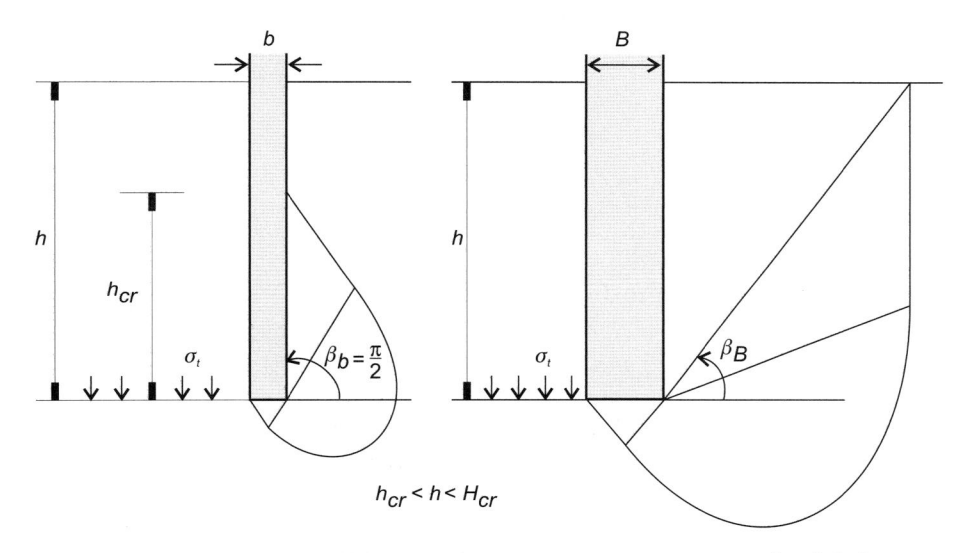

Fig. A8.6 – Duas fundações corridas de larguras b e B, assentes à mesma profundidade, uma delas com mecanismo de ruptura parcialmente desenvolvido na camada resistente

E, de acordo com Meyerhof,

$$q_b = e^{2\pi \operatorname{tg}\varphi'} \operatorname{tg}^2\left(\frac{\pi}{4}+\frac{\varphi'}{2}\right)\frac{\sigma_t+\sigma_t-\gamma h_{cr}}{2} \qquad \text{(A8.12)}$$

$$q_B = e^{2\left(\frac{\pi}{2}+\beta_B\right)\operatorname{tg}\varphi'} \operatorname{tg}^2\left(\frac{\pi}{4}+\frac{\varphi'}{2}\right)\frac{\sigma_t}{2} \qquad \text{(A8.13)}$$

ou

$$q_B = \frac{q_b}{e^{2\left(\frac{\pi}{2}-\beta_B\right)\operatorname{tg}\varphi'}}\frac{1}{2}\frac{\sigma_t}{\sigma_t-\gamma\frac{h_{cr}}{2}} \qquad \text{(A8.13a)}$$

Para $h = h_{cr}$ obtém-se:

$$\sigma_t = \gamma h_{cr}$$

e

$$q_B = \frac{q_b}{e^{2\left(\frac{\pi}{2}-\beta_B\right)\operatorname{tg}\varphi'}} \qquad \text{(A8.13b)}$$

Finalmente, se $h > H_{cr}$ (Fig. A8.7):

$$q_b = e^{2\pi \text{tg}\varphi'} \text{tg}^2\left(\frac{\pi}{4} + \frac{\varphi'}{2}\right)\left(\sigma_t - \frac{\gamma h_{cr}}{2}\right) \tag{A8.14}$$

$$q_B = e^{2\pi \text{tg}\varphi'} \text{tg}^2\left(\frac{\pi}{4} + \frac{\varphi'}{2}\right)\left(\sigma_t - \frac{\gamma H_{cr}}{2}\right) \tag{A8.15}$$

ou

$$q_B = q_b \frac{\sigma_t - \gamma \frac{H_{cr}}{2}}{\sigma_t - \gamma \frac{h_{cr}}{2}} \tag{A8.16}$$

Quando $h = H_{cr}$ tem-se:

$$q_B = q_b \frac{\frac{\sigma_t}{2}}{\sigma_t - \gamma \frac{h_{cr}}{2}} \tag{A8.17}$$

Como as figuras de ruptura são geometricamente semelhantes,

$$h_{cr} = \frac{b}{B} H_{cr} \tag{A8.1}$$

e chega-se a:

$$q_B = \frac{1}{2} q_b \frac{1}{1 - \frac{1}{2}\frac{b}{B}} \tag{A8.18}$$

e, quando $\frac{B}{b}$ é muito grande, dá aproximadamente:

$$q_B = \frac{1}{2} q_b \quad \text{para} \quad h = H_{cr} \tag{A8.19}$$

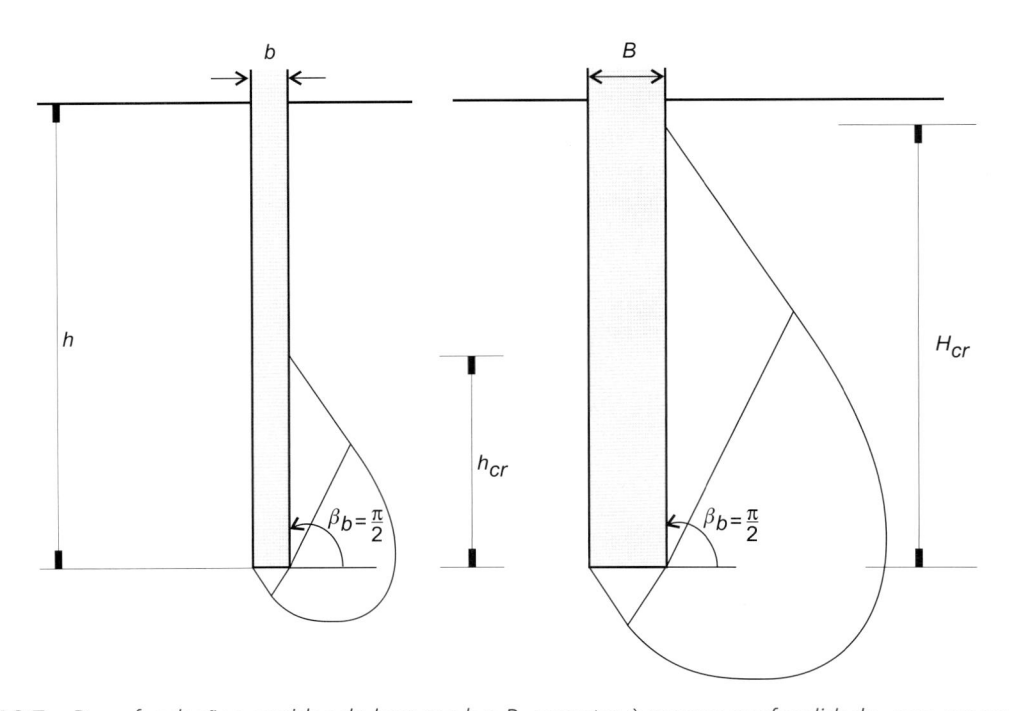

Fig. A8.7 – Duas fundações corridas de larguras b e B, assentes à mesma profundidade, com mecanismos de ruptura totalmente desenvolvidos na camada resistente

A Eq. (A8.16) pode ser escrita:

$$q_B = q_b \frac{\sigma_t - \gamma \frac{B}{b} \frac{h_{cr,b}}{2}}{\sigma_t - \gamma \frac{h_{cr,b}}{2}} \quad \textbf{(A8.20)}$$

ou

$$q_B = q_b \frac{1 - \gamma \frac{B}{b} \frac{h_{cr,b}}{2\sigma_t}}{1 - \gamma \frac{h_{cr,b}}{2\sigma_t}} \quad \textbf{(A8.20a)}$$

que, para $h \to \infty$ ou $\sigma_t \to \infty$, fornece

$$q_B = q_b \quad \textbf{(A8.21)}$$

É necessário frisar que as fórmulas acima foram estabelecidas para o caso de fundações corridas e na hipótese de deslocamento plano. Nesse caso, verificou-se (Eq. A8.19) que na profundidade crítica H_{cr}, correspondente à fundação de maior largura, a pressão de ruptura q_B é apenas a metade do valor correspondente ao valor q_b obtido para a sapata de menor largura, pelo menos quando B/b for muito grande. Essa conclusão não pode ser aplicada diretamente ao caso das estacas por duas razões:

(1) No caso de estacas, trata-se de um problema em três dimensões (3D) e, então, o deslocamento do solo se faz mais facilmente do que no caso de duas dimensões (2D). Pode-se escrever:

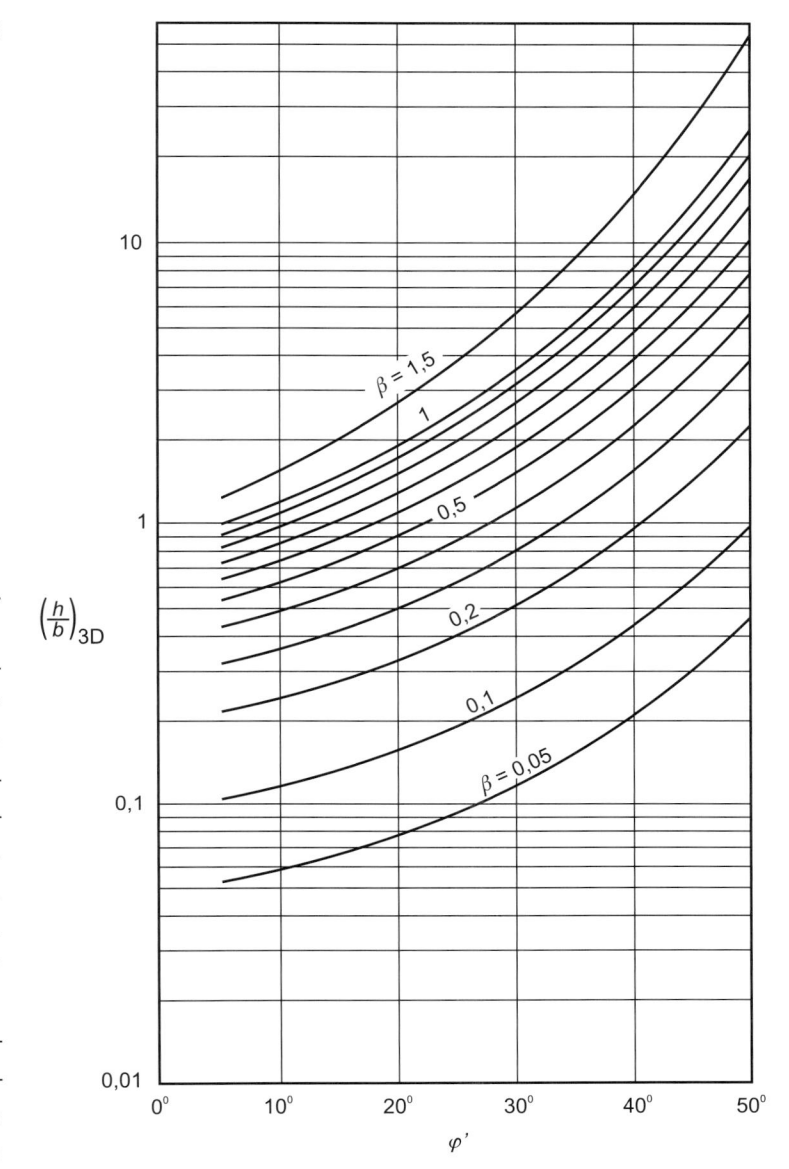

Fig. A8.8 – Gráfico para a obtenção de β em função de h/b (para o caso 3D) e φ'

$$\left(\frac{h}{b}\right)_{cr,3D} < \left(\frac{h}{b}\right)_{cr,2D}$$

$$\left(\frac{h}{B}\right)_{cr,3D} < \left(\frac{h}{B}\right)_{cr,2D}$$

(2) Na profundidade $H_{cr} = h_{cr} B/b$ a penetração do cone decorre essencialmente de compressão, enquanto que, para a estaca, a influência da compressão em relação à do deslocamento é relativamente pouco importante. Assim, nos dois casos – penetrômetro e estaca – a relação entre as contribuições do deslocamento e da compressão é diferente. Por isso, as fórmulas estabelecidas requerem um confronto com os resultados de experiências.

Para isso, De Beer valeu-se dos resultados obtidos por Kérisel (ensaios de Chevreuse). Por tentativas, chegou a:

$$\left(\frac{h}{b}\right)_{cr,3D} = \frac{\left(\frac{h}{B}\right)_{cr,2D}}{1 + \delta \operatorname{sen} 2\varphi'} \quad \textbf{(A8.22)}$$

com $\delta = B/L$, relação entre as dimensões da base da fundação (para as seções quadrada e circular, $\delta = 1$).

Por analogia, obtém-se, a partir da expressão (A8.6)

$$\left(\frac{h}{b}\right)_{3D} = \frac{\text{tg}\left(\frac{\pi}{4} + \frac{\varphi'}{2}\right) e^{\frac{\pi}{2}\text{tg}\varphi'} \text{sen}\beta \, e^{\beta\text{tg}\varphi'}}{1 + \delta\,\text{sen}\,2\varphi'} \tag{A8.23}$$

donde $\beta = f\left(\varphi', \frac{h}{b}\right)$.

O caso de fundação profunda corresponde a $\beta = \frac{\pi}{2}$.

A função $\beta = f\left(\varphi', \frac{h}{b}\right)$ está representada na Fig. A8.8.

Para levar em conta o fato de que, quando se ultrapassa a profundidade h_{cr}, a resistência de ponta q_c é determinada pela compressão e que na profundidade H_{cr} tem-se $q_{p,ult} = q_c$ e não $q_{p,ult} = 1/2 q_c$ ($q_{p,ult}$ é a resistência de ponta ou de base da estaca e q_c é a resistência de ponta no ensaio de penetração estática), as Eqs. (A8.13), (A8.13a) e (A8.20) podem ser adaptadas ao caso de três dimensões e substituídas por uma única:

$$q_{p,ult} = \frac{q_c}{e^{2(\beta_b - \beta_B)\text{tg}\varphi'}} \tag{A8.24}$$

com $\beta_b \leq \pi/2$ e $\beta_B \leq \pi/2$, sendo β_b o valor do ângulo β correspondente ao penetrômetro (diâmetro b) e β_B o correspondente à estaca (diâmetro B), obtidos a partir da Fig. A8.8.

As fórmulas (A8.23) e (A8.24) ajustam-se satisfatoriamente aos resultados obtidos por Kérisel.

(c) Cálculo de Valores $q_{p,ult}^{(1)}$ a partir de um Solo Considerado Homogêneo

Começa-se com um primeiro cálculo supondo o solo homogêneo. O valor q_c medido a uma certa profundidade é considerado independentemente dos valores de q_c obtidos acima e abaixo. Ou seja, supõe-se que a camada encontrada no nível do q_c considerado estenda-se por toda a altura. Nesse caso, calcula-se a essa profundidade um $q_{p,ult}^{(1)}$ por meio da Eq. (A8.24). Traça-se a curva dos valores $q_{p,ult}^{(1)}$ assim obtidos e que coincidirão com os q_c para profundidades $h > H_{cr}$.

No caso de camadas heterogêneas, esses valores de $q_{p,ult}^{(1)}$ não podem ser utilizados imediatamente porque se desprezou, deliberadamente, a influência das camadas que envolvem o nível considerado.

(d) Adaptação para Heterogeneidade das Camadas - Método do Gradiente de Acréscimo

Considerem-se a Fig. A8.9 (semelhante à Fig. A8.1b) e a Eq. (A8.1); $\sigma_{t,o}$ como a pressão vertical no topo da camada resistente. As pressões verticais a meia altura de h_{cr} e H_{cr} serão, respectivamente:

$$\sigma_{t,o} + \frac{\gamma h_{cr}}{2} \quad \text{e} \quad \sigma_{t,o} + \frac{\gamma H_{cr}}{2}]$$

Para o penetrômetro, a Eq. (A8.4) permite escrever:

$$q_{c,cr} = V_p\left(\sigma_{t,o} + \frac{\gamma h_{cr}}{2}\right) \tag{A8.25}$$

Analogamente, para a estaca:

$$q_{p,cr} = V_p\left(\sigma_{t,o} + \frac{\gamma H_{cr}}{2}\right) \tag{A8.26}$$

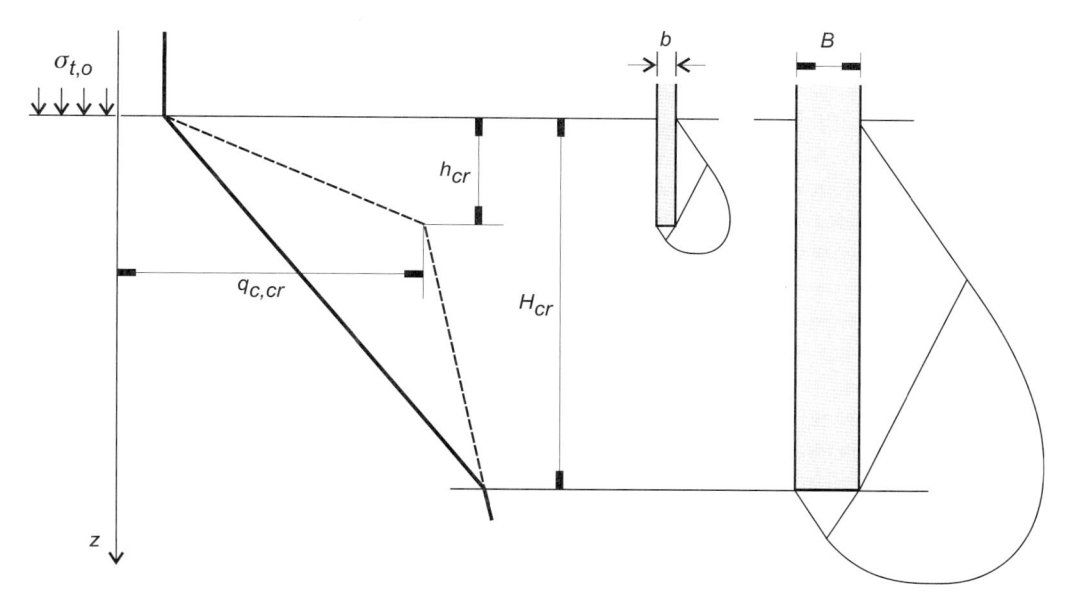

Fig. A8.9 – Penetração ou altura crítica para cone e estaca

Com as hipóteses feitas, o valor de V_p nas Eqs. (A8.25) e (A8.26) é o mesmo, e deduz-se que:

$$q_{p,cr} = \frac{\sigma_{t,o} + \gamma \frac{H_{cr}}{2}}{\sigma_{t,o} + \gamma \frac{h_{cr}}{2}} q_{c,cr} \qquad \text{(A8.27)}$$

ou ainda:

$$q_{p,cr} = \frac{1 + \frac{\gamma H_{cr}}{2\sigma_{t,o}}}{1 + \frac{\gamma h_{cr}}{2\sigma_{t,o}}} q_{c,cr} \qquad \text{(A8.27a)}$$

Com base na Fig. A8.10, a uma profundidade z caracterizada por $h_{cr} + z_o > z > z_o$, obtém-se para o cone

$$q_c = q_{c,o} + (q_{c,cr} - q_{c,o}) \frac{z - z_o}{h_{cr}} \qquad \text{(A8.28)}$$

e para a estaca

$$q_{p,ult} = q_{p,o} + (q_{p,cr} - q_{p,o}) \frac{z - z_o}{H_{cr}} \qquad \text{(A8.29)}$$

onde: z_o = profundidade a partir da qual começa a camada resistente;

$q_{c,o}$ = resistência do cone de diâmetro b na profundidade z_o;

$q_{p,o}$ = resistência de ponta (ou de base) da estaca de diâmetro B, na profundidade z_o.

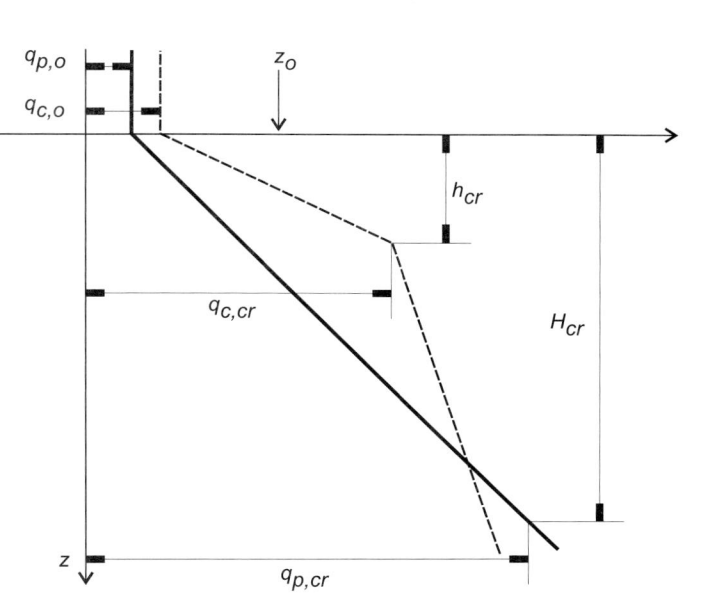

Fig. A8.10 – Perfis de resistência para estaca e cone no início de camada resistente

Ao introduzir-se (A8.27a) em (A8.29), obtém-se:

$$q_{p,ult} = q_{p,o} + \left[\frac{1 + \frac{\gamma H_{cr}}{2\sigma_{t,o}}}{1 + \frac{\gamma h_{cr}}{2\sigma_{t,o}}} q_{c,cr} - q_{p,o}\right] \frac{z - z_o}{H_{cr}} \quad \text{(A8.30)}$$

$$q_{p,ult} = q_{p,o} + \left[\frac{1 + \frac{\gamma H_{cr}}{2\sigma_{t,o}}}{1 + \frac{\gamma h_{cr}}{2\sigma_{t,o}}} q_{c,cr} - q_{p,o}\right] \frac{z - z_o}{\frac{B}{b} h_{cr}} \quad \text{(A8.31)}$$

Daí:

$$\Delta q_p = q_p - q_{p,o} = \left[\frac{1 + \frac{\gamma H_{cr}}{2\sigma_{t,o}}}{1 + \frac{\gamma h_{cr}}{2\sigma_{t,o}}} q_{c,cr} - q_{p,o}\right] \frac{z - z_o}{\frac{B}{b} h_{cr}} \quad \text{(A8.32)}$$

Para $z - z_o = h_{cr}$, obtém-se:

$$\Delta q_p = \left[\frac{1 + \frac{\gamma H_{cr}}{2\sigma_{t,o}}}{1 + \frac{\gamma h_{cr}}{2\sigma_{t,o}}} q_{c,cr} - q_{p,o}\right] \frac{1}{B/b} \quad \text{(A8.33)}$$

Essas considerações valem para o caso ideal da passagem de uma camada homogênea de fraca resistência para uma outra camada homogênea resistente e em condições tais que as superfícies de ruptura para o cone e a estaca sejam geometricamente semelhantes, quando se consideram profundidades semelhantes (não as mesmas) abaixo da superfície de separação das duas camadas.

Essa condição não é satisfeita quando se está na proximidade da superfície do terreno, mas que pode ser satisfeita quando aquela superfície de separação das duas camadas se achar a uma profundidade suficiente abaixo da superfície do terreno.

Entretanto, a realidade, é bem mais complexa, visto como o diagrama q_c tem um andamento muito irregular. Para enfrentar essa realidade, e permanecer do lado da segurança, De Beer introduziu as seguintes aproximações.

(1) Assimila-se todo acréscimo de dois valores $q_{c,j+1} > q_{c,j}$ consecutivos de q_c, medidos nas profundidades j e $j + 1$, com um intervalo de 0,20 m, a uma passagem entre duas camadas idealizadas. Supõe-se, então, simplesmente, que $h_{cr} = 0,20$ m e $q_{c,cr} = q_{c,j+1}$. Daí, a partir de (A8.33):

$$q_{p,j+1} = q_{p,j} + \left[\frac{1 + \frac{\gamma H_{cr,f}}{2\sigma_{t,j}}}{1 + \frac{\gamma h_{cr,f}}{2\sigma_{t,j}}} q_{c,j+1} - q_{p,j}\right] \frac{1}{B/b} \quad \text{(A8.34)}$$

O índice f indica que, agora, os valores são fictícios.

(2) As fórmulas obtidas no esquema da "passagem idealizada" apenas são válidas a partir da superfície. Todavia, obtém-se valores situados do lado da segurança ao se substituir em (A8.34) $q_{c,j+1}$ pelo valor dito "homogêneo" $q_{p,j+1}^{(1)}$ dado pela Eq. (A8.24):

$$q_{p,j+1}^{(1)} = \frac{q_{c,j+1}}{e^{2(\beta_b - \beta_B)\,\text{tg}\,\varphi'}} \quad \text{(A8.34a)}$$

Dessa maneira, pode-se efetuar os cálculos partindo da superfície. A aproximação introduzida tem uma importância pequena, desde que a profundidade ultrapasse algumas vezes o diâmetro da estaca.

Para se obter valores mais precisos para fundações pouco profundas, basta fazer os cálculos de capacidade de carga a partir da fórmula clássica e introduzir os valores de φ e de φ'. Entretanto, considera-se, aqui, o caso de fundações em estacas que sempre são assentes a profundidades bem maiores do que os respectivos diâmetros.

Cabe observar que, abaixo da profundidade crítica real, válida para a estaca, o valor "homogêneo" $q_{p,j+1}^{(1)}$ confunde-se com o valor $q_{c,j+1}$.

Pode-se, então, escrever de forma geral:

$$q_{p,j+1} = q_{p,j} + \left[\frac{1 + \frac{\gamma H_{cr,f}}{2\sigma_{t,j}}}{1 + \frac{\gamma h_{cr,f}}{2\sigma_{t,j}}} q_{p,j+1}^{(1)} - q_{p,j} \right] \frac{1}{B/b} \quad \text{(A8.35)}$$

Ao se representar por a o intervalo de leituras q_c (em geral, $a = 0,20$ m), tem-se:

$$h_{cr,f} = a \qquad H_{cr,f} = a\frac{B}{b}$$

Como $h_{cr,f} = 0,20$ m, desde que a profundidade ultrapasse alguns metros, pode-se desprezar $\frac{\gamma h_{cr,f}}{2\sigma_{t,j}}$ diante da unidade, o que permite escrever:

$$q_{p,j+1} = q_{p,j} + \left[\left(1 + \frac{\gamma H_{cr,f}}{2\sigma_{t,j}}\right) q_{p,j+1} - q_{p,j} \right] \frac{1}{B/b} \quad \text{(A8.36)}$$

(3) A fórmula básica (A8.34) foi estabelecida para a passagem de uma camada fraca para uma camada resistente, o que supõe, necessariamente que $q_{c,j+1} > q_{c,j}$. Todavia, pode acontecer que sendo $q_{c,j+1} < q_{c,j}$ se tenha $q_{p,j+1}^{(1)} > q_{p,j}$. Nesse caso, continua-se a aplicar a fórmula (A8.35). Dois casos podem ocorrer:

(a) o efeito positivo decorrente do aumento de profundidade é maior do que o efeito negativo devido à passagem para uma camada menos resistente e, então, será confirmada aquela desigualdade;

(b) se, pelo contrário, a aplicação da fórmula (A8.35) der para $q_{p,j+1}$ um valor maior do que $q_{p,j+1}^{(1)}$, far-se-á:

$$q_{p,j+1} = q_{p,j+1}^{(1)}$$

Assim, ao proceder da superfície para baixo, pode-se calcular, a partir dos valores homogêneos $q_{p,j}^{(1)}$, valores $q_{p,j+1}$ que levam em conta a limitação do gradiente de acréscimo.

Os valores $q_{p,j+1}$ assim calculados serão chamados de valores *descendentes*, dados pelas fórmulas (A8.35) ou (A8.36) com a condição de que $q_{p,j+1}^{(1)} > q_{p,j+1}$ e pela relação $q_{p,j+1} = q_{p,j+1}^{(1)}$ quando $q_{p,j+1}^{(1)} \leqslant q_{p,j+1}$.

Nas profundidades em que $q_{p,j+1}^{(1)} < q_{p,j}$, encontra-se uma inclusão menos resistente e, então, uma brusca redução $q_{p,j} - q_{p,j+1}^{(1)}$.

A mesma razão que leva a considerar um efeito de escala quando da passagem de uma camada fraca para uma camada subjacente resistente, exige que se proceda da mesma forma na passagem de uma camada resistente para uma camada subjacente fraca. Se, para o cone (Fig. A8.11), a presença da camada fraca se faz

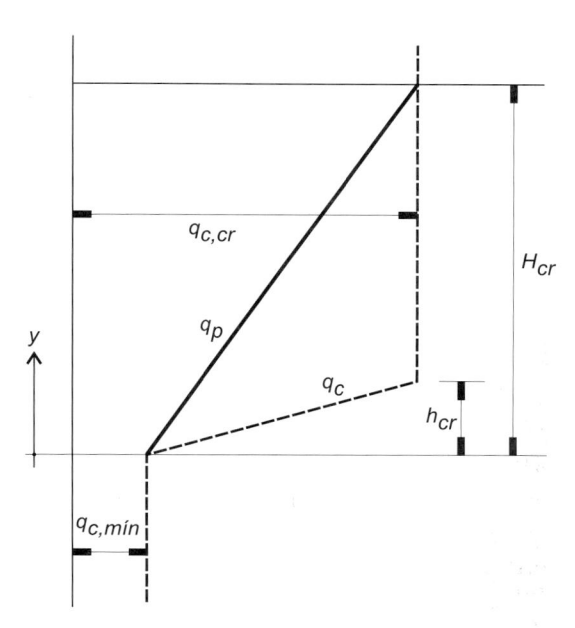

Fig. A8.11 – *Perfis de resistência para estaca e cone no final de camada resistente*

sentir a partir de uma altura h_{cr}, para a estaca de diâmetro B ela se fará sentir a partir de $H_{cr} = h_{cr} B/b$.

Escolha-se um eixo y dirigido para cima, a partir da superfície superior da camada caracterizada por $q_{c,mín}$. Para valores de $y < h_{cr}$, tem-se:

$$q_c = q_{c,mín} + (q_{c,cr} - q_{c,mín}) \frac{y}{h_{cr}} \tag{A8.37}$$

e, para a estaca,

$$q_p = q_{c,mín} + (q_{c,cr} - q_{c,mín}) \frac{y}{H_{cr}} \tag{A8.38}$$

ou

$$q_p = q_{c,mín} + (q_{c,cr} - q_{c,mín}) \frac{y}{h_{cr} B/b} \tag{A8.39}$$

para $y = h_{cr}$ obtém-se:

$$q_p = q_{c,mín} + (q_{c,cr} - q_{c,mín}) \frac{1}{B/b} \tag{A8.40}$$

Considerem-se agora, as leituras para cima, a partir da profundidade da camada fraca e com o número de ordem designado por k.

Para enfrentar a complexa realidade, será admitido que todo acréscimo para cima (um decréscimo para baixo, portanto) entre dois valores sucessivos $q_{c,k}$ e $q_{c,k+1}$, medidos a um intervalo $a = 0,20$ m, corresponde a uma passagem entre duas camadas idealizadas, a camada resistente encontra-se, desta vez, acima da camada fraca.

Como já se dispõe dos valores $q_{p,j+1}$, é o gradiente para cima desses valores que é necessário limitar.

Obtém-se, finalmente,

$$q_{p,k+1} = q_{p,k} + \left[(q_{p,j+1})_{k+1} - q_{p,k} \right] \frac{1}{B/b} \tag{A8.41}$$

A partir das inclusões menos resistentes, sobe-se até o ponto em que $(q_{p,j+1})_{k+1} < q_{p,k}$. A partir desse nível, os valores $q_{p,j+1}$ permanecem válidos.

(e) Introdução de um Valor Médio ao longo da Espessura B

Até aqui, foram calculados os valores ditos homogêneos $q_p^{(1)}$, os valores descendentes $q_{p,j+1}$ e os valores ascendentes $q_{p,k+1}$, o que permitiu introduzir o gradiente de acréscimo. Dessa forma, são obtidos valores de q_p que se aproximam bastante da realidade. Todavia, subsistem algumas imperfeições.

No percurso de cima para baixo, admitiu-se que, nos níveis em que $q_{p,j+1}^{(1)} < q_{p,j+1}$, tem-se $q_{p,j+1} = q_{p,j+1}^{(1)}$, ou seja, o valor homogêneo permanece válido.

No percurso de baixo para cima, admite-se que, onde $(q_{p,j+1})_{k+1} < q_{p,k}$, tem-se $q_{p,k+1} = q_{p,j+1}$.

Nas inclusões pouco resistentes, retêm-se os valores homogêneos $q_{p,j+1}^{(1)}$, mas se a inclusão é pouco espessa em relação ao diâmetro da estaca e se ela é cercada de camadas resistentes, a capacidade de carga da estaca, com a base naquela inclusão fraca, pode ser superior ao valor homogêneo. Nesse caso, o problema será regido pela resistência ao *squeezing* da camada fraca. Será bem o caso quando a espessura e_s da camada fraca for sensivelmente menor do que o diâmetro B da estaca. Ao contrário, se e_s for da ordem de B, a majoração do *squeezing* em relação à ruptura em uma camada ilimitada poderá ser considerada fraca.

Isso ilustra o fato de que até aqui, os resultados não foram suficientemente homogeneizados, o que pode ser feito tomando-se a média dos valores $q_{p,k+1}$ obtidos ao longo de uma espessura igual a uma vez o diâmetro da estaca sob o nível considerado. Todavia, introduz-se a limitação de que essa média não poderá ser superior ao valor homogêneo $q_{p,q+1}^{(1)}$ nas profundidades em que esta for inferior a $q_{c,q+1}$. É o que acontece próximo à superfície do terreno.

Os valores assim homogeneizados serão indicados por $q_p^{(m)}$.

(f) Influência do Intervalo a entre Leituras

No método apresentado, admitiu-se que cada variação dos valores q_c corresponde à passagem de duas camadas homogêneas. Isso significa admitir que h_{cr} é igual ao intervalo a entre duas leituras sucessivas. Tal procedimento é inexato, posto que o intervalo a é um parâmetro arbitrário. Usualmente, adota-se $a = 0{,}20$ m, mas nada impede que se faça $a = 0{,}10$ m ou que se use um registro contínuo de leituras, ou seja, $a = 0$.

De Beer examinou os erros que se cometem quando se assimila a profundidade crítica h_{cr} a um intervalo a arbitrariamente escolhido e recomendou o procedimento que segue.

Quando o ângulo de atrito aparente φ' deduzido do ensaio de penetração for inferior a $32{,}5°$, os cálculos serão feitos com $a = 0{,}20$ m. Se o ângulo φ' deduzido do ensaio de penetração for tal que $32{,}5° \leqslant \varphi' \leqslant 37{,}5°$, os cálculos serão efetuados, sucessivamente, com $h_{cr} = 0{,}20$ m e $h_{cr} = 0{,}60$ m, adotando-se os menores valores obtidos. Finalmente, se esse ângulo for $\varphi' \geqslant 37{,}5°$, os cálculos serão efetuados, sucessivamente, com $h_{cr} = 0{,}40$ m e $h_{cr} = 0{,}60$ m, adotando-se os menores valores obtidos.

Por razões de segurança, na zona considerada, é suficiente que φ' ultrapasse, em uma dada profundidade, um daqueles limites, para que se apliquem as condições referentes à camada superior. Essa zona considerada corresponde a três leituras consecutivas ($3a = 0{,}60$ m).

A fim de não tornar exagerada a margem de segurança, limitam-se os valores de h_{cr} a considerar ao diâmetro da base da estaca em estudo, isto é, sempre $h_{cr} \leqslant B$.

A Tab. A8.1 resume o que se acabou de expor ($b = 3{,}6$ cm).

Como, em geral, as leituras são feitas a intervalos $a = 0{,}20$ m, calcula-se o valor descendente $q_{p,j+1}$ pela fórmula:

$$q_{p,j+1} = q_{p,j} + \frac{a}{h_{cr}} \frac{b}{B} \left[\frac{\sigma_{t,j} + \frac{B}{b}\frac{\gamma h_{cr}}{2}}{\sigma_{t,j} + \frac{\gamma h_{cr}}{2}} q_{p,h_{cr}}^{(1)} - q_{p,j} \right] \qquad \text{(A8.42)}$$

Tab. A8.1 – Valores de h_{cr}

B (diâmetro da base da estaca cravada)	$\varphi'_{máx}$ (maior de três valores consecutivos do ângulo de atrito aparente deduzido do ensaio)	h_{cr} (espessura crítica a considerar em A8.23)
$B < 0{,}40$ m	—	0,20 m
$0{,}40 \leqslant B < 0{,}60$ m	$\varphi' < 32{,}5°$	0,20 m
	$\varphi' \geqslant 32{,}5°$	0,20 e 0,40 m
$B \geqslant 0{,}60$ m	$\varphi' < 32{,}5°$	0,20 m
	$32{,}5° \leqslant \varphi' < 37{,}5°$	0,20 e 0,40 m
	$\varphi' \geqslant 37{,}5°$	0,20 m, 0,40 m, 0,60 m

com, sucessivamente,

$$q_{p,hcr}^{(1)} = q_{p,j+1}^{(1)} \quad \text{se } h_{cr} = a = 0{,}20\,\text{m}$$

$$q_{p,hcr}^{(1)} = q_{p,j+2}^{(1)} \quad \text{se } h_{cr} = 2a = 0{,}40\,\text{m}$$

$$q_{p,hcr}^{(1)} = q_{p,j+3}^{(1)} \quad \text{se } h_{cr} = 3a = 0{,}60\,\text{m}$$

e, assim, procede-se para baixo de 0,20 m em 0,20 m, o que permite utilizar todas as leituras.

Os valores de h_{cr} são assimilados a um múltiplo inteiro do intervalo das leituras. Quanto à limitação de h_{cr} em relação a B, para não exagerar a margem de segurança, convém abaixar o valor de $h_{cr} \leqslant B$ para o múltiplo inferior de a.

Assim, por exemplo, se $B = 0{,}55$ m, tem-se $h_{cr} \leqslant B = 0{,}55$ m e, mesmo se $\varphi' \geqslant 37{,}5°$, limita-se o valor de $h_{cr} = 2a = 0{,}40$ m (que é menor do que $B = 0{,}55$ m).

O aperfeiçoamento assim esboçado deve ser aplicado unicamente aos valores descendentes $q_{p,j+1}$. Para os valores ascendentes, mantém-se o valor $a = 0{,}20$ m.

O valor homogeneizado $q_p^{(1)}$ é calculado como anteriormente exposto.

(g) Atrito Lateral

É mais difícil deduzir dos resultados dos ensaios de penetração estática valores corretos para o atrito lateral, tal é o número de parâmetros que exercem influência.

No caso de uma *estaca cravada*, está-se do lado da segurança, em geral, ao utilizar uma simples regra de três:

$$Q_{l,ult} = Q_{l,c}\frac{B}{b} \tag{A8.43}$$

onde $Q_{l,ult}$ é a resistência da estaca por atrito lateral e $Q_{l,c}$ é a resistência lateral do penetrômetro. O diagrama de $Q_{l,c}$ é obtido ao subtrair-se do diagrama de resistência total a resistência de ponta total.

REFERÊNCIAS

DE BEER. E. E. The scale effect in the transposition of the results of deep-sounding tests on the ultimate bearing capacity of piles and caisson foundations, *Geotechnique*, v. 13, n. 1, p. 39-75, 1963.

MEYERHOF, G. G. The ultimate bearing capacity of foundations, *Geotechnique*, v. 2, n. 4, p. 301-332, 1951.